HANDBUCH DER PHYSIK

UNTER REDAKTIONELLER MITWIRKUNG VON

R. GRAMMEL-STUTTGART · F. HENNING-BERLIN
H. KONEN-BONN · H. THIRRING-WIEN · F. TRENDELENBURG-BERLIN
W. WESTPHAL-BERLIN

HERAUSGEGEBEN VON

H. GEIGER UND KARL SCHEEL

BAND VII

MECHANIK DER FLÜSSIGEN UND GASFÖRMIGEN KÖRPER

SPRINGER-VERLAG BERLIN HEIDELBERG GMBH

1927

MECHANIK DER FLÜSSIGEN UND GASFÖRMIGEN KÖRPER

BEARBEITET VON

J. ACKERET · A. BETZ · PH. FORCHHEIMER
A. GYEMANT · L. HOPF · M. LAGALLY

REDIGIERT VON R. GRAMMEL

MIT 290 ABBILDUNGEN

SPRINGER-VERLAG BERLIN HEIDELBERG GMBH

1927

ISBN 978-3-662-34253-4 ISBN 978-3-662-34524-5 (eBook)
DOI 10.1007/978-3-662-34524-5

URSPRÜNGLICH ERSCHIENEN BEI JULIUS SPRINGER IN BERLIN 1927
SOFTCOVER REPRINT OF THE HARDCOVER 1ST EDITION 1927

Inhaltsverzeichnis.

Kapitel 1.

Allgemeine physikalische Konstanten

(September 1926)[1].

a) Mechanische Konstanten.

Gravitationskonstante	$6{,}6_5 \cdot 10^{-8}$ dyn · cm² · g⁻²
Normale Schwerebeschleunigung	$980{,}665$ cm · sec^{-2}
Schwerebeschleunigung bei 45° Breite	$980{,}616$ cm · sec^{-2}
1 Meterkilogramm (mkg)	$0{,}980665 \cdot 10^{8}$ erg
Normale Atmosphäre (atm)	$1{,}01325_3 \cdot 10^{6}$ dyn · cm^{-2}
Technische Atmosphäre	$0{,}980665 \cdot 10^{6}$ dyn · cm^{-2}
Maximale Dichte des Wassers bei 1 atm	$0{,}999973$ g · cm^{-3}
Normales spezifisches Gewicht des Quecksilbers	$13{,}5955$

b) Thermische Konstanten.

Absolute Temperatur des Eispunktes	$273{,}2_0$°
Normales Litergewicht des Sauerstoffes	$1{,}42900$ g · l^{-1}
Normales Molvolumen idealer Gase	$22{,}414_5 \cdot 10^{3}$ cm³
Gaskonstante für ein Mol	$0{,}8204_5 \cdot 10^{2}$ cm³-atm · grad^{-1} $0{,}8313_2 \cdot 10^{8}$ erg · grad^{-1} $0{,}8309_0 \cdot 10^{1}$ int joule · grad^{-1} $1{,}985_8$ cal · grad^{-1}
Energieäquivalent der 15°-Kalorie (cal)	$4{,}184_2$ int joule $1{,}1623 \cdot 10^{-6}$ int k-watt-st $4{,}186_3 \cdot 10^{7}$ erg $4{,}268_8 \cdot 10^{-1}$ mkg

c) Elektrische Konstanten.

1 internationales Ampere (int amp)	$1{,}0000_0$ abs amp
1 internationales Ohm (int ohm)	$1{,}0005_0$ abs ohm
Elektrochemisches Äquivalent des Silbers	$1{,}11800 \cdot 10^{-3}$ g · int coul^{-1}
Faraday-Konstante für ein Mol und Valenz 1	$0{,}9649_4 \cdot 10^{5}$ int coul
Ionisier.-Energie/Ionisier.-Spannung	$0{,}9649_4 \cdot 10^{5}$ int joule · int volt^{-1}

d) Atom- und Elektronenkonstanten.

Atomgewicht des Sauerstoffs	$16{,}000$
Atomgewicht des Silbers	$107{,}88$
LOSCHMIDTsche Zahl (für 1 Mol)	$6{,}06_1 \cdot 10^{23}$
BOLTZMANNsche Konstante k	$1{,}372 \cdot 10^{-16}$ erg · grad^{-1}
$^1/_{16}$ der Masse des Sauerstoffatoms	$1{,}650 \cdot 10^{-24}$ g
Elektrisches Elementarquantum e	$1{,}592 \cdot 10^{-19}$ int coul $4{,}77_4 \cdot 10^{-10}$ dyn$^{1/2}$ · cm
Spezifische Ladung des ruhenden Elektrons e/m	$1{,}76_6 \cdot 10^{8}$ int coul · g^{-1}
Masse des ruhenden Elektrons m	$9{,}02 \cdot 10^{-28}$ g
Geschwindigkeit von 1-Volt-Elektronen	$5{,}94_5 \cdot 10^{7}$ cm · sec^{-1}
Atomgewicht des Elektrons	$5{,}46 \cdot 10^{-4}$

e) Optische und Strahlungskonstanten.

Lichtgeschwindigkeit (im Vakuum)	$2{,}998_5 \cdot 10^{10}$ cm · sec^{-1}
Wellenlänge der roten Cd-Linie (1 atm, 15° C)	$6438{,}470_0 \cdot 10^{-8}$ cm
RYDBERGsche Konstante für unendl. Kernmasse	$109737{,}1$ cm^{-1}
SOMMERFELDsche Konstante der Feinstruktur	$0{,}729 \cdot 10^{-2}$
STEFAN-BOLTZMANNsche Strahlungskonstante σ	$5{,}7_5 \cdot 10^{-12}$ int watt · cm^{-2} · grad^{-4} $1{,}37_4 \cdot 10^{-12}$ cal · cm^{-2} · sec^{-1} · grad^{-4}
Konstante des WIENschen Verschiebungsgesetzes	$0{,}288$ cm · grad
WIEN-PLANCKsche Strahlungskonstante c_2	$1{,}43$ cm · grad

f) Quantenkonstanten.

PLANCKsches Wirkungsquantum h	$6{,}55 \cdot 10^{-27}$ erg · sec
Quantenkonstante für Frequenzen $\beta = h/k$	$4{,}77_5 \cdot 10^{-11}$ sec · grad
Durch 1-Volt-Elektronen angeregte Wellenlänge	$1{,}233 \cdot 10^{-4}$ cm
Radius der Normalbahn des H-Elektrons	$0{,}529 \cdot 10^{-8}$ cm

[1]) Erläuterungen und Begründungen s. Bd. II d. Handb. Kap. 10, S. 487—518.

Kapitel 1.

Ideale Flüssigkeiten.

Von

M. Lagally, Dresden.

Mit 22 Abbildungen.

I. Einleitung.

1. Begriff der idealen Flüssigkeit. Befindet sich eine natürliche Flüssigkeit im Gleichgewicht, so gilt an jeder Stelle im Innern der Flüssigkeit das Gesetz des isotropen Druckes: Auf alle Flächenelemente, die durch einen Punkt im Innern der Flüssigkeit gehen, wirkt der spezifische Druck der Flüssigkeit in Richtung der Normalen und besitzt für jede Richtung den gleichen Betrag. Im Zustand der Bewegung gilt für eine natürliche Flüssigkeit das Gesetz des isotropen Druckes nicht mehr; die innere Reibung der Flüssigkeit verursacht das Auftreten einer Scherkraft in der Ebene eines Flächenelements, welches zwei Flüssigkeitsteilchen trennt. Auch an der festen Begrenzung der Flüssigkeit treten infolge der Randreibung Scherkräfte auf, während im Zustand der Ruhe der Flüssigkeitsdruck auf der Begrenzung senkrecht steht.

Die Tatsache, daß bei den meisten Bewegungsvorgängen vieler Flüssigkeiten die Scherkräfte außerordentlich gering sind, gibt Veranlassung, sie unter der idealisierenden Annahme zu betrachten, daß die Scherkräfte überhaupt verschwinden, und auf diese Weise ihre mathematische Behandlung wesentlich zu vereinfachen. Eine Flüssigkeit, für welche auch im Zustand der Bewegung das Gesetz des isotropen Druckes gilt, heißt eine vollkommene oder ideale Flüssigkeit.

Eine Flüssigkeit erfüllt in dem von ihr eingenommenen Gebiet den Raum stetig. Ist die Dichte ϱ der Flüssigkeit im ganzen Gebiet konstant, so spricht man von einer inkompressiblen oder volumbeständigen Flüssigkeit. Nicht nur tropfbare Flüssigkeiten, sondern auch Gase können unter ziemlich weitgehenden Voraussetzungen, wenn die auftretenden Geschwindigkeiten klein gegenüber der Schallgeschwindigkeit sind, mit hoher Annäherung als inkompressible Flüssigkeiten behandelt werden[1]. Indessen bringt auch die Zulassung veränderlicher Dichte bei vielen Fragen keine wesentliche Erschwerung der mathematischen Behandlung mit sich, wenn die Dichte nur eine Funktion des Druckes ist; anders wird die Sache, wenn thermodynamische Vorgänge auf die Dichte von Einfluß sind. Dieser Fall wird hier nicht behandelt[2].

Die Theorie der idealen Flüssigkeiten führt infolge der zugrunde liegenden vereinfachenden Annahmen nur zu einem idealisierten Bild der wirklichen Flüssigkeitsbewegung. Indessen darf man ihren Wert für die Beschreibung

[1]) Vgl. Kap. 4, Ziff. 18 ds. Bd. des Handb. [2]) Vgl. vielmehr Kap. 5 ds. Bd.

der wirklichen Strömungsvorgänge nicht unterschätzen. Für Flüssigkeiten mit geringer innerer Reibung stimmen die Ergebnisse der Theorie im allgemeinen gut mit den Ergebnissen der Beobachtungen überein; nur in unmittelbarer Nähe der Begrenzung ist eine Korrektur notwendig, und erst beim Auftreten sehr rascher, insbesondere turbulenter Bewegungen tritt ein völliges Versagen der Theorie ein.

Ausführliche Angaben über die Literatur[1]) findet man in dem unten zitierten Buche von LAMB, sowie in der Enzyklopädie der math. Wiss.; neuere Arbeiten sind im Text angeführt.

II. Grundlagen und allgemeine Theorie.

2. Strömungsfeld. Faßt man eine strömende Flüssigkeit in einem bestimmten Zeitpunkt t ins Auge, so besitzt zunächst jedes „Flüssigkeitsteilchen", d. h. der Inhalt einer kleinen geschlossenen Fläche, eine bestimmte mittlere Geschwindigkeit. Dadurch, daß man die geschlossene Fläche sich gegen einen Punkt zusammenziehen läßt, kommt man dazu, jedem Punkt $P(x, y, z)$ in dem von Flüssigkeit erfüllten Gebiet eine Strömungsgeschwindigkeit zuzuordnen. Man pflegt die Geschwindigkeit in einem Punkt durch Angabe der Werte ihrer Komponenten u, v, w in Richtung der Achsen X, Y, Z eines Koordinatensystems zu bestimmen, das als Rechtssystem vorausgesetzt ist. Der Betrag der Geschwindigkeit ist

$$|\mathfrak{v}| = \sqrt{u^2 + v^2 + w^2}. \tag{1}$$

[1]) I. Lehrbücher und Sammelwerke: H. LAMB, Lehrbuch der Hydrodynamik. Deutsch von J. FRIEDEL. Leipzig 1907; W. WIEN, Lehrbuch der Hydrodynamik. Leipzig 1900; G. KIRCHHOFF, Mechanik. Leipzig 1876; B. RIEMANN-H. WEBER, Die partiellen Differentialgleichungen der Physik. Braunschweig 1901, und zahlreiche Neuauflagen; W. THOMSON u. P. G. TAIT, Handbuch der theoretischen Physik. Deutsch von H. HELMHOLTZ u. G. WERTHEIM. Braunschweig 1871; F. W. LANCHESTER, Aerodynamik. Deutsch von C. u. A. RUNGE. Leipzig 1909; R. GRAMMEL, Die hydrodynamischen Grundlagen des Fluges. Braunschweig 1917; H. LORENZ, Technische Hydrodynamik. München u. Berlin 1910; F. PRASIL, Technische Hydrodynamik. Berlin 1913; R. v. MISES, Elemente der technischen Hydrodynamik. Leipzig 1914; N. JOUKOWSKY, Aerodynamique. Paris 1916; A. FÖPPL, Vorlesungen über technische Mechanik, VI. Bd. Die wichtigsten Lehren der höheren Dynamik. Leipzig u. Berlin 1909; A. SCHÄFER, Einführung in die theoretische Physik. Leipzig 1914; A. HAAS, Einführung in die theoretische Physik. Leipzig 1921; Enzyklopädie der mathematischen Wissenschaften, Bd. 4: Mechanik; WINKELMANN, Handbuch der Physik: AUERBACH, Hydrostatik, Hydrodynamik usw. 2. Aufl. Leipzig 1908; L. PRANDTL, Abriß der Lehre von der Flüssigkeits- und Gasbewegung. Sonderdruck aus dem Handwörterbuch der Naturwissenschaften, Bd. IV. Jena 1913; TH. v. KÁRMÁN u. T. LEVI CIVITA, Vorträge aus dem Gebiete der Hydro- und Aerodynamik (Innsbruck 1922). Berlin 1924; C. B. BIEZENO u. E. M. BURGERS, Proceedings of the first International Congress for Applied Mecanics (Delft 1924). Delft 1925. — II. Einige wichtige Abhandlungen und Monographien: D. BERNOULLI, Hydrodynamica. Straßburg 1738; L. EULER, Principes généraux de l'état de l'équilibre des fluides. Berlin, Hist. de l'Acad. Bd. 11. 1755; L. EULER, Principes généraux du mouvement des fluides. Berlin, Hist. de l'Acad. Bd. 11. 1755; L. EULER, De principiis motus fluidorum. Petersburg, Novi Comm. Bd. 14. 1770; J. L. DE LAGRANGE, Mémoire sur la théorie du mouvement des fluides. Berl. Mém. (2) Bd. 12. 1781; G. G. STOKES, On the steady motion of incompressible fluids. Cambr. Phil. Soc. Trans. Bd. 7. 1842; G. B. AIRY, Tides and Waves. Encyclopaedia Metropolitana, London 1847; H. HELMHOLTZ, Über Integrale der hydrodynamischen Gleichungen, welche den Wirbelbewegungen entsprechen. Journ. f. Math. Bd. 55. 1858; H. HELMHOLTZ, Über diskontinuierliche Flüssigkeitsbewegungen. Berl. Ber. 1868; G. KIRCHHOFF, Zur Theorie freier Flüssigkeitsstrahlen. Crelles Journ. Bd. 70. 1869; W. THOMSON, On vortex motion. Edinburgh Roy. Soc. Trans. Bd. 25. 1868; J. BOUSSINESQ, Essai sur la théorie des eaux courantes. Mém. div. sav. Bd. 23. Paris 1877; C. NEUMANN, Hydrodynamische Untersuchungen. Leipzig 1883; H. POINCARÉ, Théorie des tourbillons. Paris 1893.

Die Geschwindigkeit selbst ist nach Richtung und Betrag durch einen Vektor

$$\mathfrak{v} = \mathfrak{i}u + \mathfrak{j}v + \mathfrak{k}w \tag{2}$$

bestimmt; dabei bedeuten $\mathfrak{i}$, $\mathfrak{j}$, $\mathfrak{k}$ die Einheitsvektoren in Richtung der Achsen des Koordinatensystems, u, v, w sind im ganzen Gebiet, ausgenommen etwa einzelne Punkte, Linien, oder Flächen, als endlich, eindeutig und stetig vorausgesetzt.

Die Vorstellung des Strömungsfeldes, d. h. der Verteilung der Geschwindigkeit in dem von Flüssigkeit erfüllten Gebiet, gewinnt an Deutlichkeit durch Einführung der Stromlinien. Das sind die Kurven, deren Richtung in jedem Punkt mit der Richtung der dort herrschenden Geschwindigkeit zusammenfällt. Sie sind die Integralkurven des simultanen Systems

$$dx : dy : dz = u : v : w \tag{3a}$$

unter Voraussetzung eines festen Zeitpunktes t. Die durch eine kleine geschlossene Kurve hindurchgehenden Stromlinien bilden eine Stromröhre, die in einer Stromröhre enthaltene Flüssigkeit heißt ein Stromfaden.

Im allgemeinen ändert sich mit der Zeit nicht nur die Geschwindigkeit eines bewegten Teilchens, sondern es ändert sich auch die Geschwindigkeit an einer festen Stelle des Feldes. Damit ändern sämtliche Stromlinien dauernd ihre Gestalt. Die von den Teilchen durchlaufenen Bahnkurven sind also mit den Stromlinien nicht identisch; die Bahnkurven sind die Integralkurven des simultanen Systems

$$\frac{dx}{dt} = u, \qquad \frac{dy}{dt} = v, \qquad \frac{dz}{dt} = w. \tag{3b}$$

Nur wenn die Bewegung stationär ist, d. h. die Geschwindigkeit an einer jeden Stelle des Feldes von der Zeit unabhängig ist, fallen die Bahnkurven mit den Stromlinien zusammen. Dann bewegt sich die Flüssigkeit, die einmal in einer Stromröhre enthalten ist, in ihr wie in einer festen Röhre; durch jeden Querschnitt strömt in der Zeiteinheit die gleiche Flüssigkeitsmenge.

Aufgabe der Hydrodynamik ist die Untersuchung der Strömungsvorgänge in kinematischer und dynamischer Beziehung. Dabei kann man sich darauf beschränken, das Feld als Ganzes mit seinen Stromlinien in jedem Zeitpunkt kennenzulernen, ohne nach der Bewegung der einzelnen Flüssigkeitsteilchen zu fragen; oder man kann auch den Verbleib jedes einzelnen Teilchens in die Untersuchung einbeziehen, also die Frage nach den Bahnkurven und nach der zeitlichen Bewegung jedes Teilchens in seiner Bahn stellen. Alle hydrodynamischen Größen, auch Druck und Dichte, ergeben sich im ersten Fall an die Punkte des Feldes gebunden, im zweiten Fall an die einzelnen Flüssigkeitsteilchen gebunden als Funktionen der Zeit.

Einen sehr wichtigen Sonderfall bildet die ebene Strömung. Von einer solchen spricht man, wenn die Bewegung sämtlicher Teilchen in Ebenen verläuft, die einer festen Ebene parallel sind, und wenn senkrecht übereinanderliegende Flüssigkeitsteilchen in sämtlichen Ebenen kongruente Bahnkurven beschreiben und dauernd senkrecht übereinander bleiben. Die ganze Strömung ist also durch die Strömung in einer Ebene, wofür im allgemeinen die xy-Ebene gewählt wird, zu beschreiben.

3. Kontinuitätsgleichung. Die Verteilung der Geschwindigkeit in einem Strömungsfeld muß vor allem einer kinematischen Bedingung genügen: Die einzelnen Flüssigkeitsteilchen müssen sich so nebeneinander herbewegen, daß bei Erhaltung ihrer Masse der Raum gerade lückenlos ausgefüllt bleibt. Die Möglichkeit, daß an einzelnen Stellen, oder auch stetig über das Feld verteilt,

Flüssigkeit neu hinzutritt oder verschwindet, daß also Quellen und Senken in dem betrachteten Gebiet vorhanden sind, soll für den Augenblick beiseite gelassen und die Betrachtung auf quellenfreie Strömungen beschränkt werden. Faßt man dann ein Raumelement $d\tau = dx\,dy\,dz$ ins Auge, so kann sich die in ihm enthaltene Flüssigkeitsmenge

$$dm = \varrho\, d\tau$$

in dem Zeitelement dt nur dadurch ändern, daß sich ihre Dichte ändert; der so entstehende Zuwachs an Flüssigkeitsmenge $\frac{\partial \varrho}{\partial t} d\tau dt$ wird dadurch hervorgerufen, daß in das Volumelement in der Zeit dt mehr Flüssigkeit einströmt als aus ihm austritt, und muß gleich dem Überschuß der einströmenden über die ausströmende Flüssigkeitsmenge sein:

$$-\left[\frac{\partial(\varrho u)}{\partial x} + \frac{\partial(\varrho v)}{\partial y} + \frac{\partial(\varrho w)}{\partial z}\right] d\tau\, dt\,.$$

Hieraus folgt die Kontinuitätsgleichung

$$\frac{\partial \varrho}{\partial t} + \frac{\partial(\varrho u)}{\partial x} + \frac{\partial(\varrho v)}{\partial y} + \frac{\partial(\varrho w)}{\partial z} = 0 \quad \text{oder} \quad \frac{\partial \varrho}{\partial t} + \operatorname{div}(\varrho \mathfrak{v}) = 0\,. \tag{1}$$

Für inkompressible Flüssigkeiten nimmt sie die einfache Gestalt an

$$\frac{\partial u}{\partial x} + \frac{\partial v}{\partial y} + \frac{\partial w}{\partial z} = 0 \quad \text{oder} \quad \operatorname{div}\mathfrak{v} = 0\,. \tag{1'}$$

In diesem Fall drückt sie die Gleichheit der in einem Zeitelement einströmenden und ausströmenden Flüssigkeitsmenge aus.

Befinden sich in der Flüssigkeit Quellen kontinuierlich über das Strömungsfeld verteilt, und ist e die Ergiebigkeit der in der Volumeinheit enthaltenen Quellen in der Zeiteinheit, die Quelldichte, so tritt an Stelle der Kontinuitätsgleichung (1) die allgemeinere Gleichung:

$$\frac{\partial \varrho}{\partial t} + \frac{\partial(\varrho u)}{\partial x} + \frac{\partial(\varrho v)}{\partial y} + \frac{\partial(\varrho w)}{\partial z} = e \quad \text{oder} \quad \frac{\partial \varrho}{\partial t} + \operatorname{div}(\varrho \mathfrak{v}) = e\,. \tag{2}$$

Die Ergiebigkeit der in einem Volumelement enthaltenen Quellen wird im allgemeinen einerseits eine Erhöhung der Dichte der Flüssigkeit in dem Volumelement, andererseits eine Abgabe von Flüssigkeit aus dem Volumelement zur Folge haben.

Für ebene Strömungen in inkompressiblen Flüssigkeiten reduziert sich die Kontinuitätsgleichung auf

$$\frac{\partial u}{\partial x} + \frac{\partial v}{\partial y} = 0\,.$$

Sie kann mittels einer Hilfsfunktion $\psi(x, y)$ [oder auch $\psi(x, y, t)$ bei nichtstationärer Bewegung] in folgender Weise integriert werden:

$$u = \frac{\partial \psi}{\partial y}\,, \qquad v = -\frac{\partial \psi}{\partial x}\,. \tag{3}$$

Nach Ziff. 2, Gleichung (3a) ist

$$d\psi = 0\,, \qquad \psi = \text{konst.}$$

die Gleichung der Stromlinien; ψ wird als Stromfunktion bezeichnet.

4. Gaussscher Integralsatz, Fluß. Die Bemerkung, daß die Ergiebigkeit der in einem begrenzten Volumen eingeschlossenen Quellen gleich der Summe aus der Zunahme der eingeschlossenen Flüssigkeit infolge Zunahme ihrer Dichte und aus dem Überschuß der ausströmenden über die einströmende Flüssigkeit ist, gilt offenbar auch für endliche Volumina. Es ist möglich, diesen Überschuß durch ein über die Begrenzung zu erstreckendes Oberflächenintegral auszudrücken, das den Fluß durch die Begrenzung angibt.

Unter Fluß durch eine berandete oder geschlossene Fläche versteht man die in der Zeiteinheit durch die Fläche hindurchtretende Flüssigkeitsmenge. Für eine der beiden Durchströmungsrichtungen wird der Fluß positiv gerechnet; in diese Richtung läßt man die positive Normalenrichtung fallen. Für geschlossene Flächen soll die positive Normale nach innen gerichtet vorausgesetzt werden.

Bezeichnet man mit $\mathfrak{n}$ den Einheitsvektor der zu einem Flächenelement do gehörigen positiven Normalen, und mit $d\mathfrak{o} = \mathfrak{n}\,do$ das orientierte Flächenelement, so ist $\int \varrho\mathfrak{v}\mathfrak{n}\,do$ oder kürzer $\int \varrho\mathfrak{v}\,d\mathfrak{o}$ der Fluß durch eine Fläche. Die Ergiebigkeit der im Innern einer geschlossenen Fläche befindlichen Quellen ist nach Ziff. 3, Gleichung (2) $\int \operatorname{div}(\varrho\mathfrak{v})\,d\tau$, stationäre Bewegung vorausgesetzt. Dann gilt die Gleichung

$$\int \operatorname{div}(\varrho\mathfrak{v})\,d\tau = -\int \varrho\mathfrak{v}\,d\mathfrak{o}\,. \tag{1a}$$

Im Fall konstanter Dichte ergibt sich

$$\left.\begin{aligned} &\int \operatorname{div}\mathfrak{v}\,d\tau = -\int \mathfrak{v}\,d\mathfrak{o} \\ \text{oder}\quad &\int\left(\frac{\partial u}{\partial x} + \frac{\partial v}{\partial y} + \frac{\partial w}{\partial z}\right)d\tau = -\int (u\cos\alpha + v\cos\beta + w\cos\gamma)\,do\,, \end{aligned}\right\} \tag{1b}$$

wenn α, β, γ die Richtungswinkel der Normalen bedeuten. Diese Gleichung wird meist als Gaussscher Integralsatz bezeichnet, manchmal auch, namentlich in der englischen Literatur, den Greenschen Sätzen zugerechnet.

Aus (1a) kann eine etwas allgemeinere Fassung des Gaussschen Integralsatzes erhalten werden:

$$\int \mathfrak{v}\operatorname{grad}\varrho\,d\tau + \int \varrho\operatorname{div}\mathfrak{v}\,d\tau = -\int \varrho\mathfrak{v}\,d\mathfrak{o}\,. \tag{1c}$$

5. Deformation eines Flüssigkeitsteilchens. Betrachtet man ein kleines, von Flüssigkeit erfülltes Gebiet in der Umgebung eines Punktes $O(x, y, z)$, der eine Geschwindigkeit $\mathfrak{v}$ besitzt, so wird ein beliebiger Punkt

$$P(x + dx,\ y + dy,\ z + dz)$$

des Gebietes eine Geschwindigkeit

$$\mathfrak{v} + d\mathfrak{v} = \mathfrak{v} + \left(\frac{\partial\mathfrak{v}}{\partial x}dx + \frac{\partial\mathfrak{v}}{\partial y}dy + \frac{\partial\mathfrak{v}}{\partial z}dz\right)$$

im gleichen Zeitpunkt besitzen. Der Geschwindigkeitsunterschied $d\mathfrak{v}$ in den beiden benachbarten Punkten O und P hat zur Folge, daß sich in der Zeit „Eins" der Ortsunterschied zwischen O und P um $d\mathfrak{v}$ ändert; er bewirkt also eine Verzerrung des von Flüssigkeit erfüllten Gebietes in der Umgebung von O und ist das Maß dieser Verzerrung. Die skalaren Geschwindigkeitsunterschiede du, dv, dw:

$$\left.\begin{aligned} du &= \frac{\partial u}{\partial x}dx + \frac{\partial u}{\partial y}dy + \frac{\partial u}{\partial z}dz\,, \\ dv &= \frac{\partial v}{\partial x}dx + \frac{\partial v}{\partial y}dy + \frac{\partial v}{\partial z}dz\,, \\ dw &= \frac{\partial w}{\partial x}dx + \frac{\partial w}{\partial y}dy + \frac{\partial w}{\partial z}dz \end{aligned}\right\} \tag{1}$$

bestimmen die Komponenten der Verzerrung in Richtung der x-, y-, z-Achse. Man kann die Verzerrung in zwei Teile zerlegen, aus denen sich durch Superposition die gesamte Verzerrung ergibt

$$du = d_1 u + d_2 u, \qquad dv = d_1 v + d_2 v, \qquad dw = d_1 w + d_2 w, \tag{2}$$

und die beiden Teile so wählen, daß die Bestimmungsgleichungen des ersten Teiles eine symmetrische, die des zweiten eine antisymmetrische Determinante besitzen:

$$\left.\begin{aligned} d_1 u &= \frac{\partial u}{\partial x} dx + \frac{1}{2}\left(\frac{\partial u}{\partial y} + \frac{\partial v}{\partial x}\right) dy + \frac{1}{2}\left(\frac{\partial u}{\partial z} + \frac{\partial w}{\partial x}\right) dz, \\ d_1 v &= \frac{1}{2}\left(\frac{\partial v}{\partial x} + \frac{\partial u}{\partial y}\right) dx + \frac{\partial v}{\partial y} dy + \frac{1}{2}\left(\frac{\partial v}{\partial z} + \frac{\partial w}{\partial y}\right) dz, \\ d_1 w &= \frac{1}{2}\left(\frac{\partial w}{\partial x} + \frac{\partial u}{\partial z}\right) dx + \frac{1}{2}\left(\frac{\partial w}{\partial y} + \frac{\partial v}{\partial z}\right) dy + \frac{\partial w}{\partial z} dz; \end{aligned}\right\} \tag{3}$$

$$\left.\begin{aligned} d_2 u &= -\frac{1}{2}\left(\frac{\partial v}{\partial x} - \frac{\partial u}{\partial y}\right) dy + \frac{1}{2}\left(\frac{\partial u}{\partial z} - \frac{\partial w}{\partial x}\right) dz, \\ d_2 v &= \frac{1}{2}\left(\frac{\partial v}{\partial x} - \frac{\partial u}{\partial y}\right) dx - \frac{1}{2}\left(\frac{\partial w}{\partial y} - \frac{\partial v}{\partial z}\right) dz, \\ d_2 w &= -\frac{1}{2}\left(\frac{\partial u}{\partial z} - \frac{\partial w}{\partial x}\right) dx + \frac{1}{2}\left(\frac{\partial w}{\partial y} - \frac{\partial v}{\partial z}\right) dy. \end{aligned}\right\} \tag{4}$$

Von den beiden Teilen der Verzerrung ist der erste, durch (3) bestimmte, eine Dilatation, d. h. eine reine Dehnung nach drei zueinander senkrechten Richtungen. Der zweite, durch (4) bestimmte Teil, ist eine Drehung um eine Achse, wobei sich die die Umgebung von O erfüllende Flüssigkeit wie ein starrer Körper verhält. Man bezeichnet diese Drehbewegung der Flüssigkeitselemente als Wirbelbewegung, gebraucht also in der Hydrodynamik das Wort Wirbel in einem Sinn, der sich mit dem Sprachgebrauch nicht völlig deckt. Die Größen

$$\xi = \frac{1}{2}\left(\frac{\partial w}{\partial y} - \frac{\partial v}{\partial z}\right), \qquad \eta = \frac{1}{2}\left(\frac{\partial u}{\partial z} - \frac{\partial w}{\partial x}\right), \qquad \zeta = \frac{1}{2}\left(\frac{\partial v}{\partial x} - \frac{\partial u}{\partial y}\right) \tag{5}$$

heißen die Wirbelkomponenten; der Vektor

$$\mathfrak{u} = \mathfrak{i}\xi + \mathfrak{j}\eta + \mathfrak{k}\zeta = \frac{1}{2}\begin{vmatrix} \mathfrak{i} & \mathfrak{j} & \mathfrak{k} \\ \frac{\partial}{\partial x} & \frac{\partial}{\partial y} & \frac{\partial}{\partial z} \\ u & v & w \end{vmatrix}, \tag{6}$$

der mit dem Geschwindigkeitsvektor

$$\mathfrak{v} = \mathfrak{i}u + \mathfrak{j}v + \mathfrak{k}w$$

durch die Beziehung

$$\mathfrak{u} = \tfrac{1}{2}\operatorname{rot}\mathfrak{v} \tag{6a}$$

zusammenhängt, heißt der Wirbelvektor. Seine Achse fällt in die Richtung der Drehachse eines Flüssigkeitsteilchens; sein Betrag

$$\omega = \sqrt{\xi^2 + \eta^2 + \zeta^2} \tag{7}$$

gibt die Winkelgeschwindigkeit der Drehung, deren Komponenten um die Achsen des Koordinatensystems durch ξ, η, ζ bestimmt sind.

Damit ist dem Strömungsfeld einer Flüssigkeit ein weiteres Vektorfeld, das Wirbelfeld, zugeordnet. Die Feldlinien des Wirbelfeldes, die Wirbellinien, sind dadurch charakterisiert, daß ihre Richtung in jedem Punkt in die

Drehachse des dort befindlichen Teilchens fällt; sie sind die Integralkurven des simultanen Systems

$$dx : dy : dz = \xi : \eta : \zeta . \tag{8}$$

Die Wirbellinien, welche durch eine kleine geschlossene Kurve gehen, bilden eine Wirbelröhre; die in einer Wirbelröhre enthaltene Flüssigkeit wird als Wirbelfaden bezeichnet.

Um auch über den anderen Teil der Verzerrung, die reine Dilatation, genaueren Aufschluß zu erhalten, schreibt man (3) kürzer in der Form

$$\left.\begin{aligned} d_1 u &= \frac{\partial u}{\partial x} dx + h\,dy + g\,dz\,, \\ d_1 v &= h\,dx + \frac{\partial v}{\partial y} dy + f\,dz\,, \\ d_1 w &= g\,dx + f\,dy + \frac{\partial w}{\partial z} dz \end{aligned}\right\} \tag{9}$$

und betrachtet in der Umgebung des Punktes $O\,(x, y, z)$ die Dilatationsflächen zweiter Ordnung:

$$2F = \frac{\partial u}{\partial x}(dx)^2 + 2h\,dx\,dy + \frac{\partial v}{\partial y}(dy)^2 + 2g\,dx\,dz + 2f\,dy\,dz + \frac{\partial w}{\partial z}(dz)^2 = \text{konst.} \tag{10}$$

Damit werden die Punkte P des Gebietes um O mit den relativen Koordinaten dx, dy, dz gegenüber O auf einer Schar von ähnlichen Flächen zweiter Ordnung angeordnet; und die bei der Dilatation auftretenden Verzerrungen $d_1 u$, $d_1 v$, $d_1 w$, d. h. die Änderungen der relativen Koordinaten, können in die Form

$$d_1 u = \frac{\partial F}{\partial (dx)}\,, \qquad d_1 v = \frac{\partial F}{\partial (dy)}\,, \qquad d_1 w = \frac{\partial F}{\partial (dz)} \tag{11}$$

gebracht werden. Die Dilatation ist also der Gradient des Feldes, dessen Niveauflächen die Dilatationsflächen sind; sie ist durch (11) nach Größe und Richtung bestimmt.

Die Kontinuitätsgleichung — die Bedingung für das Verschwinden der Volum-Dilatation —

$$\frac{\partial u}{\partial x} + \frac{\partial v}{\partial y} + \frac{\partial w}{\partial z} = 0$$

ist der Ausdruck einer invarianten Eigenschaft der Dilatationsflächen. Legt man die Achsen des Koordinatensystems in die Hauptachsen der Dilatationsflächen, setzt also

$$2F = A\,(dx)^2 + B\,(dy)^2 + C\,(dz)^2 = \text{konst.},$$

so wird

$$A + B + C = 0\,.$$

Diese Gleichung drückt eine Beziehung zwischen den Längen der drei Hauptachsen aus und läßt erkennen, daß nur Mittelpunktsflächen zweiter Ordnung von einer bestimmten Klasse, nämlich die sog. orthogonalen Hyperboloide, als Dilatationsflächen auftreten können, wenn die Flüssigkeit inkompressibel ist.

6. Wirbelfreie Strömung; Geschwindigkeitspotential. Eine weitreichende und mathematisch einfache, aber auch physikalisch sehr wichtige Klasse von Strömungen bilden diejenigen, bei denen die Flüssigkeitsteilchen nur eine Dilatation, aber keine Drehung erleiden. Solche Strömungen heißen wirbelfrei. Aus dem Verschwinden der Wirbelkomponenten ξ, η, ζ, also aus

$$\frac{\partial v}{\partial x} - \frac{\partial u}{\partial y} = 0\,, \qquad \frac{\partial w}{\partial y} - \frac{\partial v}{\partial z} = 0\,, \qquad \frac{\partial u}{\partial z} - \frac{\partial w}{\partial x} = 0 \quad \text{oder} \quad \operatorname{rot}\mathfrak{v} = 0 \tag{1}$$

folgt, daß sich die Geschwindigkeitskomponenten u, v, w als partielle Differentialquotienten einer Funktion $\varphi(x, y, z, t)$ darstellen lassen

$$u = \frac{\partial \varphi}{\partial x}, \qquad v = \frac{\partial \varphi}{\partial y}, \qquad w = \frac{\partial \varphi}{\partial z}{}^{1)} \quad \text{oder} \quad \mathfrak{v} = \operatorname{grad} \varphi. \tag{2}$$

Diese Funktion φ heißt das Geschwindigkeitspotential. Es ist von der Zeit t unabhängig, wenn die Strömung stationär ist.

Für wirbelfreie Bewegungen einer inkompressiblen Flüssigkeit folgt aus der Kontinuitätsgleichung [Ziff. 3, Gleichung (1')]

$$\frac{\partial^2 \varphi}{\partial x^2} + \frac{\partial^2 \varphi}{\partial y^2} + \frac{\partial^2 \varphi}{\partial z^2} = 0 \quad \text{oder kürzer} \quad \Delta \varphi = 0, \tag{3}$$

wenn Δ den LAPLACEschen Operator bedeutet. Das Geschwindigkeitspotential genügt der LAPLACEschen Gleichung. In Punkten, an denen die Kontinuitätsgleichung nicht gilt, also in den Punkten eines Quellenfeldes, tritt nach Ziff. 3, Gleichung (2) an die Stelle der LAPLACEschen Gleichung die POISSONsche Gleichung

$$\frac{\partial^2 \varphi}{\partial x^2} + \frac{\partial^2 \varphi}{\partial y^2} + \frac{\partial^2 \varphi}{\partial z^2} = \frac{e}{\varrho} \quad \text{oder} \quad \Delta \varphi = \frac{e}{\varrho}. \tag{4}$$

In der Regel ist es zulässig, namentlich dann, wenn eine Strömung nur kinematisch untersucht wird, die Dichte $\varrho = 1$ zu setzen. Dann gilt in einem Quellenfeld

$$\Delta \varphi = e. \tag{4'}$$

Diese Gleichung kann man auch erhalten, indem man in (4) den Nenner ϱ in e hineinnimmt, also mit e die auf die Dichte „Eins" reduzierte Quelldichte bezeichnet.

Für ebene Potentialströmungen reduziert sich (3) auf

$$\frac{\partial^2 \varphi}{\partial x^2} + \frac{\partial^2 \varphi}{\partial y^2} = 0; \tag{5}$$

diese Gleichung läßt sich durch

$$\varphi = \Re \Omega(x + i y) \tag{6}$$

integrieren, indem man φ als Realteil eines komplexen Potentials Ω, d. h. einer Funktion der komplexen Veränderlichen $x + i y$ ansetzt.

7. Beispiele: a) Laminarbewegung: Als Laminarbewegung bezeichnet man eine ebene Bewegung, bei der die Geschwindigkeit aller Teilchen einer festen Geraden (etwa der x-Achse) parallel ist. Setzt man die Geschwindigkeit dem Abstand von dieser Geraden proportional, so ist

$$u = c y, \qquad v = 0.$$

Dabei gibt der Proportionalitätsfaktor c die auf der Geraden $y = 1$ herrschende Geschwindigkeit. Diese Bewegung besitzt eine im ganzen Strömungsfeld konstante Wirbelkomponente

$$\zeta = -\frac{c}{2}.$$

Die Dilatationskurven der ebenen Bewegung sind gleichseitige Hyperbeln:

$$2F = c\, dx\, dy = \text{konst.}$$

---

[1]) Viele Autoren, z. B. LAMB (Hydrodynamik), ersetzen φ durch $-\varphi$ in Analogie zum Potential einer Kraft:

$$X = -\frac{\partial V}{\partial x}, \qquad Y = -\frac{\partial V}{\partial y}, \qquad Z = -\frac{\partial V}{\partial z}.$$

Die gesamte Verzerrung eines jeden Teilchens

$$du = c\,dy\,, \qquad dv = 0$$

setzt sich aus einer reinen Dilatation

$$d_1 u = \frac{c}{2}\,dy\,, \qquad d_1 v = \frac{c}{2}\,dx$$

und einer reinen Drehung („Wirbelbewegung")

$$d_2 u = \frac{c}{2}\,dy\,, \qquad d_2 v = -\frac{c}{2}\,dx$$

zusammen.

b) Rotation: Wenn sich eine Flüssigkeit in einem Gefäß wie ein starrer Körper mit der Winkelgeschwindigkeit ω um die z-Achse dreht, ist die ebene Bewegung in jedem Schnitt senkrecht zur Drehachse durch

$$u = -\omega y\,, \qquad v = \omega x$$

gegeben. Die Bewegung besitzt im ganzen Feld die konstante Wirbelkomponente

$$\zeta = \omega\,;$$

eine Dilatation ist nicht vorhanden. Der Charakter der Bewegung ist also der einer reinen Wirbelbewegung, im Gegensatz zum gewöhnlichen Sprachgebrauch.

c) Isolierter Wirbel: Wenn die Stromlinien einer ebenen Bewegung Kreisbahnen um einen festen Mittelpunkt sind, und die Geschwindigkeit auf jedem Kreis dem Radius r umgekehrt proportional ist, läßt sich die Bewegung durch

$$u = -\mu\,\frac{y}{r^2}\,, \qquad v = \mu\,\frac{x}{r^2}$$

geben. Der Proportionalitätsfaktor μ gibt die auf dem Kreis vom Radius 1 herrschende Geschwindigkeit.

Bei dieser Bewegung ist an jeder Stelle des Feldes eine reine Dilatation vorhanden; die Dilatationskurven sind gleichseitige Hyperbeln. Dagegen ist an keiner Stelle des Feldes eine Drehung der Teilchen vorhanden außer im Mittelpunkt, wo die Wirbelkomponente ζ zunächst unbestimmt bleibt. Wie sich später ergibt (Ziff. 18 u. 27), ist man berechtigt, die Winkelgeschwindigkeit dort unendlich groß anzunehmen.

Die geschilderte Bewegung deckt sich einigermaßen mit dem Begriff „Wirbel" des gewöhnlichen Sprachgebrauchs. Von diesem abweichend stellt sie sich mathematisch als wirbelfrei heraus außer im Mittelpunkt, den man als „isolierten Wirbel" bezeichnen kann und dessen Stärke durch den Faktor μ charakterisiert ist. Die Bewegung besitzt ein Geschwindigkeitspotential

$$\varphi = \mu \operatorname{arctg}\frac{y}{x}\,.$$

8. EULERsche Gleichungen. Um die Differentialgleichungen der Bewegung aufzustellen, welche eine ideale Flüssigkeit unter dem Einfluß äußerer Kräfte ausführt, kann man sich auf das Grundgesetz der Dynamik stützen.

Die äußeren Kräfte sind Massenkräfte, die auf die Masseneinheit bezogen mit $\mathfrak{K}$ bezeichnet werden und deren Komponenten in Richtung der Achsen des Koordinatensystems die Werte X, Y, Z haben sollen. Neben ihnen wirkt auf jedes Flüssigkeitsteilchen als Oberflächenkraft der Flüssigkeitsdruck, der bezogen auf die Flächeneinheit mit p bezeichnet werden soll. Von dem Flüssigkeitsdruck auf die ganze Oberfläche eines Teilchens ist die Resultante zu bilden und in Komponenten in Richtung der Achsen des Koordinatensystems zu zerlegen. Deren Werte sind, auf die Volumeinheit bezogen

$$-\frac{\partial p}{\partial x}, \qquad -\frac{\partial p}{\partial y}, \qquad -\frac{\partial p}{\partial z};$$

also auf die Masseneinheit bezogen

$$-\frac{1}{\varrho}\frac{\partial p}{\partial x}, \qquad -\frac{1}{\varrho}\frac{\partial p}{\partial y}, \qquad -\frac{1}{\varrho}\frac{\partial p}{\partial z}.$$

An der Begrenzung der Flüssigkeit tritt an Stelle des Flüssigkeitsdruckes p ein normaler äußerer Druck P, der ihm gleich ist; das gilt für freie und bewegliche Oberflächen ebenso wie für feste Begrenzungen.

Bezeichnet man nun mit du/dt, dv/dt, dw/dt die Beschleunigungen, so werden die Bewegungsgleichungen

$$\left.\begin{aligned} \frac{du}{dt} &= X - \frac{1}{\varrho}\frac{\partial p}{\partial x}, \\ \frac{dv}{dt} &= Y - \frac{1}{\varrho}\frac{\partial p}{\partial y}, \\ \frac{dw}{dt} &= Z - \frac{1}{\varrho}\frac{\partial p}{\partial z} \end{aligned}\right\} \tag{1}$$

oder in Vektoren

$$\frac{d\mathfrak{v}}{dt} = \mathfrak{K} - \frac{1}{\varrho}\operatorname{grad} p. \tag{1a}$$

Eine begriffliche Schwierigkeit bei dieser Ableitung bietet die Beschleunigung, die für ein Massenteilchen höchstens als Mittelwert definiert werden kann und erst, wenn die Masse des Teilchens gegen Null konvergiert, einem Grenzwert zustrebt. Es ist deshalb eine etwas andere Ableitung methodisch vorzuziehen. Setzt man für ein beliebiges (endliches) Teilchen die Resultante aller angreifenden Massen- und Oberflächenkräfte gleich der zeitlichen Änderung seines Impulses, so hat man

$$\frac{d}{dt}\int \varrho\,\mathfrak{v}\,d\tau = \int \varrho\,\mathfrak{K}\,d\tau + \int p\,d\mathfrak{o}.$$

Wenn man berücksichtigt, daß die Differentiation auf der linken Seite unter dem Integral nur an $\mathfrak{v}$ vollzogen werden muß, da die Masse eines jeden Teilchens bei der Bewegung unverändert bleibt, und wenn man den zweiten Summanden der rechten Seite mittels des GAUSSschen Integralsatzes in ein Raumintegral verwandelt, erhält man sofort die Gleichung (1a).

Die Differentialquotienten du/dt, dv/dt, dw/dt in (1) sind in der Weise zu bilden, daß die Änderungen der an ein bewegtes Massenteilchen gebundenen Geschwindigkeiten oder Impulse, also ihre „substantiellen" Änderungen in dem Zeitelement dt berechnet werden.

Die substantielle Änderung df/dt irgendeiner an ein bewegtes Massenteilchen gebundenen Größe f setzt sich aus zwei Teilen zusammen: aus der lokalen Änderung $\partial f/\partial t$, welche die Größe f auch dann erleiden würde, wenn das Teilchen seinen Ort nicht ändern würde, und welche nur bei stationären Strömungen verschwindet, und aus der konvektiven Änderung

$$\frac{\partial f}{\partial x}\frac{dx}{dt} + \frac{\partial f}{\partial y}\frac{dy}{dt} + \frac{\partial f}{\partial z}\frac{dz}{dt} = u\frac{\partial f}{\partial x} + v\frac{\partial f}{\partial y} + w\frac{\partial f}{\partial z} = \mathfrak{v}\nabla f,$$

welche die Größe f infolge der Bewegung des Teilchens erfährt und welche auch bei stationärer Bewegung nicht verschwindet. Die substantielle Änderung von f ist also

$$\frac{df}{dt} = \frac{\partial f}{\partial t} + u\frac{\partial f}{\partial x} + v\frac{\partial f}{\partial y} + w\frac{\partial f}{\partial z} \tag{2}$$

oder

$$\frac{df}{dt} = \frac{\partial f}{\partial t} + \mathfrak{v}\,\nabla f\,. \tag{2a}$$

Mithin werden die Bewegungsgleichungen

$$\left.\begin{aligned}
\frac{\partial u}{\partial t} + u\frac{\partial u}{\partial x} + v\frac{\partial u}{\partial y} + w\frac{\partial u}{\partial z} &= X - \frac{1}{\varrho}\frac{\partial p}{\partial x}\,,\\
\frac{\partial v}{\partial t} + u\frac{\partial v}{\partial x} + v\frac{\partial v}{\partial y} + w\frac{\partial v}{\partial z} &= Y - \frac{1}{\varrho}\frac{\partial p}{\partial y}\,,\\
\frac{\partial w}{\partial t} + u\frac{\partial w}{\partial x} + v\frac{\partial w}{\partial y} + w\frac{\partial w}{\partial z} &= Z - \frac{1}{\varrho}\frac{\partial p}{\partial z}\,.
\end{aligned}\right\} \tag{3}$$

oder

$$\frac{\partial \mathfrak{v}}{\partial t} + \mathfrak{v}\,\nabla\cdot\mathfrak{v} = \mathfrak{K} - \frac{1}{\varrho}\operatorname{grad} p\,. \tag{3a}$$

Man bezeichnet diese Form der Bewegungsgleichungen als EULERsche Gleichungen; sie geben Aufschluß über das Strömungsfeld und seine Änderung, sagen aber nichts über die Bewegung des einzelnen Teilchens aus.

Durch eine bekannte Umformung erhält man folgende Gestalt der EULERschen Gleichungen

$$\frac{\partial \mathfrak{v}}{\partial t} + \frac{1}{2}\operatorname{grad}\mathfrak{v}^2 + [\operatorname{rot}\mathfrak{v},\,\mathfrak{v}] = \mathfrak{K} - \frac{1}{\varrho}\operatorname{grad} p\,, \tag{3b}$$

die namentlich zur Untersuchung wirbelfreier Strömungen nützlich ist, da sie sich in diesem Fall wegen des Verschwindens von $\operatorname{rot}\mathfrak{v}$ vereinfacht.

Erwähnt sei noch die besonders einfache Gestalt, die die EULERschen Gleichungen annehmen, wenn die Strömung stationär ist und die äußeren Kräfte konservativ sind:

$$\mathfrak{v}\,\nabla\cdot\mathfrak{v} = -\operatorname{grad} V - \frac{1}{\varrho}\operatorname{grad} p; \tag{3c}$$

hier bedeutet V das Potential der auf die Masseneinheit bezogenen äußeren Kräfte.

9. LAGRANGEsche Gleichungen. Wünscht man die Bahn des einzelnen Flüssigkeitsteilchens und seine Bewegung in der Bahn kennenzulernen, so macht man die Koordinaten x, y, z eines Teilchens zur Zeit t abhängig von seinen (rechtwinkligen oder generalisierten) Anfangskoordinaten a, b, c zur Zeit t_0 und von der Zeit t. Dann gehen die substantiellen Differentialquotienten

$$\frac{du}{dt} = \frac{d^2x}{dt^2}\,,\qquad \frac{dv}{dt} = \frac{d^2y}{dt^2}\,,\qquad \frac{du}{dt} = \frac{d^2z}{dt^2}$$

in Ziff. 8, Gleichung (1) über in die partiellen Differentialquotienten $\partial^2 x/\partial t^2$, $\partial^2 y/\partial t^2$, $\partial^2 z/\partial t^2$. Dann sind aber auch die übrigen in Ziff. 8, Gleichung (1) auftretenden Größen nicht mehr als von x, y, z, t, sondern von a, b, c, t abhängig zu betrachten. Um das für den Druck p auch analytisch auszudrücken, stellt man aus Ziff. 8, Gleichung (1) durch geeignete Kombination drei neue Gleichungen her:

$$\left.\begin{aligned}
\frac{\partial^2 x}{\partial t^2}\frac{\partial x}{\partial a} + \frac{\partial^2 y}{\partial t^2}\frac{\partial y}{\partial a} + \frac{\partial^2 z}{\partial t^2}\frac{\partial z}{\partial a} &= X\frac{\partial x}{\partial a} + Y\frac{\partial y}{\partial a} + Z\frac{\partial z}{\partial a} - \frac{1}{\varrho}\frac{\partial p}{\partial a}\,,\\
\frac{\partial^2 x}{\partial t^2}\frac{\partial x}{\partial b} + \frac{\partial^2 y}{\partial t^2}\frac{\partial y}{\partial b} + \frac{\partial^2 z}{\partial t^2}\frac{\partial z}{\partial b} &= X\frac{\partial x}{\partial b} + Y\frac{\partial y}{\partial b} + Z\frac{\partial z}{\partial b} - \frac{1}{\varrho}\frac{\partial p}{\partial b}\,,\\
\frac{\partial^2 x}{\partial t^2}\frac{\partial x}{\partial c} + \frac{\partial^2 y}{\partial t^2}\frac{\partial y}{\partial c} + \frac{\partial^2 z}{\partial t^2}\frac{\partial z}{\partial c} &= X\frac{\partial x}{\partial c} + Y\frac{\partial y}{\partial c} + Z\frac{\partial z}{\partial c} - \frac{1}{\varrho}\frac{\partial p}{\partial c}\,.
\end{aligned}\right\} \tag{1}$$

Man bezeichnet die Bewegungsgleichungen in dieser Form als LAGRANGEsche Gleichungen, obwohl sie ebenso wie die sog. EULERschen Gleichungen [Ziff. 8, Gleichung (3)] zuerst von EULER aufgestellt worden sind.

Die auf der rechten Seite von (1) auftretenden Summen

$$X\frac{\partial x}{\partial a}+Y\frac{\partial y}{\partial a}+Z\frac{\partial z}{\partial a}$$

usw. sind generalisierte Kräfte Q_a usw. im Sinne von LAGRANGE. Wenn die äußeren Kräfte ein Potential besitzen, also in den EULERschen Gleichungen

$$X=-\frac{\partial V}{\partial x}, \qquad Y=-\frac{\partial V}{\partial y}, \qquad Z=-\frac{\partial V}{\partial z}$$

ist, wird auch in den LAGRANGEschen Gleichungen

$$X\frac{\partial x}{\partial a}+Y\frac{\partial y}{\partial a}+Z\frac{\partial z}{\partial a}=-\frac{\partial V}{\partial a} \quad \text{usw.}$$

Die LAGRANGEschen Gleichungen sind u. a. dann mit Vorteil zu gebrauchen, wenn unstationäre Flüssigkeitsbewegungen mit einer freien Oberfläche untersucht werden sollen. Ein Teilchen, das sich zu irgendeiner Zeit an der Oberfläche befindet, bleibt infolge der Stetigkeit der Bewegung dauernd an der Oberfläche. Die LAGRANGEschen Gleichungen geben also die Koordinaten der Oberflächenpunkte zu jeder Zeit als Funktionen derjenigen Werte von a, b, c, welche die Koordinaten der Oberflächenpunkte zur Zeit $t=t_0$ waren.

Bei Verwendung der LAGRANGEschen Gleichungen muß auch die Kontinuitätsgleichung [Ziff. 3, Gleichung (1)] auf die unabhängigen Veränderlichen a, b, c, t transformiert werden; der Einfachheit halber soll angenommen werden, daß a, b, c die rechtwinkligen, nicht die generalisierten Koordinaten eines Teilchens zur Zeit $t=0$ sind.

Eine in einer geschlossenen Fläche enthaltene Flüssigkeitsmenge m läßt sich bei Einführung der unabhängigen Veränderlichen a, b, c, t in folgender Weise angeben:

$$m=\int\varrho\,dx\,dy\,dz=\int\varrho\frac{\partial(x,y,z)}{\partial(a,b,c)}\,da\,db\,dc,$$

wo

$$\frac{\partial(x,y,z)}{\partial(a,b,c)}=\begin{vmatrix}\frac{\partial x}{\partial a} & \frac{\partial y}{\partial a} & \frac{\partial z}{\partial a}\\ \frac{\partial x}{\partial b} & \frac{\partial y}{\partial b} & \frac{\partial z}{\partial b}\\ \frac{\partial x}{\partial c} & \frac{\partial y}{\partial c} & \frac{\partial z}{\partial c}\end{vmatrix}$$

die JACOBIsche Determinante ist.

Die Kontinuitätsgleichung bringt zum Ausdruck, daß sich die Masse eines Flüssigkeitsteilchens im Laufe der Bewegung nicht ändert; also muß

$$\frac{\partial}{\partial t}\left[\varrho\frac{\partial(x,y,z)}{\partial(a,b,c)}\right]=0$$

sein, oder $\varrho\,\partial(x,y,z)/\partial(a,b,c)$ einen mit der Zeit unveränderlichen Wert besitzen. Zur Zeit $t=0$, bei einer Dichte $\varrho=\varrho_0$ fallen die Koordinaten x, y, z mit ihren Anfangswerten a, b, c zusammen; die JACOBIsche Determinante ist dann $=1$; mithin wird die Kontinuitätsgleichung

$$\varrho\frac{\partial(x,y,z)}{\partial(a,b,c)}=\varrho_0 \tag{2}$$

und speziell für inkompressible Flüssigkeiten

$$\frac{\partial (x, y, z)}{\partial (a, b, c)} = 1 . \tag{2'}$$

10. Hydrostatik; Schwimmen. Die Gleichgewichtsbedingungen ergeben sich unmittelbar aus den EULERschen Gleichungen der Bewegung in der Form

$$\varrho X = \frac{\partial p}{\partial x}, \qquad \varrho Y = \frac{\partial p}{\partial y}, \qquad \varrho Z = \frac{\partial p}{\partial z} \tag{1}$$

Sie sagen aus, daß die Form

$$\varrho (X dx + Y dy + Z dz)$$

ein vollständiges Differential dp sein muß; zu den Kraftlinlen muß eine Schar von Orthogonalflächen existieren, eben die Flächen konstanten Druckes. Sind die äußeren Kräfte konservativ, und bezeichnet V ihr Potential, so lassen sich die Gleichgewichtsbedingungen (1) in

$$\varrho \operatorname{grad} V = -\operatorname{grad} p \tag{1'}$$

zusammenfassen. Hieraus folgt, daß unter der Wirkung konservativer Kräfte Gleichgewicht nur dann bestehen kann, wenn die Dichte konstant oder eine Funktion des Druckes allein ist (keinesfalls also beim Hinzutreten thermischer Vorgänge). Umgekehrt kann bei konstanter oder nur vom Druck abhängiger Dichte Gleichgewicht nicht durch andere als konservative Kräfte hervorgebracht werden; die Niveauflächen des Potentials sind dann zugleich Flächen konstanten Druckes und konstanter Dichte. Eine freie Oberfläche ist stets Niveaufläche des Potentials, wenn Gleichgewicht herrscht.

Ein sehr einfaches Beispiel bietet das isotherme Gleichgewicht der Atmosphäre; hier ist die Dichte dem Druck proportional zu setzen:

$$p = R \varrho ;$$

als einzige Kraft kommt das Gewicht der Masseneinheit, gemessen durch die Schwerebeschleunigung g,

$$Z = -g$$

in Frage. Damit nimmt die dritte der Gleichgewichtsbedingungen (1) die Gestalt

$$-p g = R \frac{\partial p}{\partial z}$$

an, und liefert nach der Integration die sog. barometrische Höhenformel

$$g (z - z_0) + R \lg \frac{p}{p_0} = 0$$

in ihrer rohesten Form; p_0 und z_0 sind zusammengehörige Ausgangswerte von Druck und Höhe.

Ein hydrodynamisch wichtigerer Fall ist das Gleichgewicht einer schweren inkompressiblen Flüssigkeit in Verbindung mit ganz oder teilweise eingetauchten Körpern. Der Oberflächendruck der Flüssigkeit auf einen Körper besitzt eine Resultante, die nach oben gerichtet ist und durch den Schwerpunkt der von dem eingetauchten Teile des Körpers verdrängten Flüssigkeit geht. Der Betrag dieses hydrostatischen Auftriebes ist gleich dem Gewicht der von dem Körper verdrängten Flüssigkeit. Dieser Satz ist das Archimedische Prinzip in seiner alten speziellen Fassung.

Wenn der Körper teilweise eingetaucht ist und schwimmt, so hält der Auftrieb dem Gewicht des Körpers das Gleichgewicht.

Die Frage nach den Gleichgewichtslagen eines schwimmenden Körpers und der Stabilität der Gleichgewichtslagen wird durch eine von DUPIN begründete geometrische Theorie beherrscht, deren Grundzüge in Kürze angegeben werden sollen. In jeder Schwimmlage wird durch die Ebene der Wasseroberfläche, die Schwimmebene, ein eingetauchtes Volumen, abgeschnitten, dessen Größe durch das Archimedische Prinzip bestimmt ist. Jeder Lage der Schwimmebene entspricht als Schwerpunkt des eingetauchten Volumens ein bestimmtes Auftriebszentrum C. Der geometrische Ort des Auftriebszentrums heißt Auftriebsfläche. Wenn der Körper im Gleichgewicht frei schwimmt, so geht die Normale der Auftriebsfläche in dem der Gleichgewichtslage entsprechenden Auftriebszentrum C durch den Schwerpunkt S des ganzen Körpers; dabei ist sie vertikal gerichtet. Damit ist die Bestimmung der möglichen Gleichgewichtslagen auf die Aufsuchung derjenigen Normalen der Auftriebsfläche zurückgeführt, die durch den Schwerpunkt S gehen. Die beiden Punkte M_1 und M_2 der Normalen in C, welche die Mittelpunkte der Krümmungskreise in den durch C gehenden Hauptschnitten der Auftriebsfläche sind, heißen die beiden Metazentren der zugehörigen Schwimmlage. Eine Gleichgewichtslage ist stabil, wenn beide Metazentren oberhalb des Schwerpunkts liegen, labil, wenn auch nur eines der Metazentren unterhalb des Schwerpunktes liegt. Die DUPINsche Theorie führt die Schwimmbewegung eines Körpers zurück auf die Rollbewegung eines von der Auftriebsfläche begrenzten Hilfskörpers auf einer horizontalen Ebene.

Um nochmals auf das Archimedische Prinzip zurückzukommen, so bezeichnet man heute mit diesem Namen vielfach einen wesentlich allgemeineren Satz, als historisch berechtigt ist. Wenn ein Körper in einer imkompressiblen Flüssigkeit eine virtuelle Verrückung erfährt, an der notwendig auch die umgebende Flüssigkeit teilnimmt, so ist die virtuelle Arbeit irgendwelcher konservativer äußerer Kräfte gerade so groß, als ob die Verrückung des Körpers im leeren Raum erfolgte und die in jedem Volumelement des Körpers enthaltene Masse um die Masse der verdrängten Flüssigkeit verringert wäre.

Ist die wirkende Kraft die Schwerkraft, so folgt hieraus das spezielle Archimedische Prinzip.

11. Freie Oberfläche bei Rotation einer Flüssigkeit; Gleichgewichtsfiguren[1]). Wenn eine Flüssigkeit mit konstanter Winkelgeschwindigkeit ω um eine feste Achse (die z-Achse) rotiert, so kann man unter Zugrundelegung eines mit der Flüssigkeit rotierenden Koordinatensystems die Zentrifugalkraft wie eine äußere Massenkraft einführen und erhält dann für das relative Gleichgewicht der rotierenden Flüssigkeit die Bedingung

$$\operatorname{grad}\left[V - \frac{\omega^2}{2}(x^2 + y^2)\right] = -\frac{1}{\varrho}\operatorname{grad} p\,.$$

Dabei ist $-\frac{1}{2}\omega^2(x^2 + y^2)$ das Potential der Zentrifugalkraft, V das Potential der äußeren Kräfte.

Wirkt nur die Schwere, und zwar entgegengesetzt der Richtung der z-Achse, so wird die Gleichgewichtsbedingung für eine homogene Flüssigkeit

$$g z - \frac{\omega^2}{2}(x^2 + y^2) = -\frac{1}{\varrho}(p - p_0)\,.$$

---

[1]) Bezüglich der neuesten Untersuchungen siehe L. LICHTENSTEIN, Astronomie und Mathematik in ihrer Wechselwirkung. Leipzig 1923; Existenzfragen bei L. LICHTENSTEIN. Math. ZS. Bd. 23, S. 72 u. 89. 1925. Weitere Literatur: S. OPPENHEIM, Theorie der Gleichgewichtsfiguren der Himmelskörper. Enzyklopädie der mathematischen Wissenschaften Bd. VI, 2, S. 21; W. THOMSON und P. G. TAIT, Handbuch der theor. Physik Bd. 2, S. 770ff.; H. LAMB, Hydrodynamik, 12. Kap.

Die Flächen konstanten Druckes sind also Umdrehungsparaboloide um die z-Achse, ein solches ist auch die entstehende freie Oberfläche, sowie eine etwaige Trennungsfläche von Flüssigkeiten verschiedener Dichte, die sich nicht mischen.

Viel interessanter als die Frage nach der freien Oberfläche einer schweren Flüssigkeit im Schwerefeld der Erde ist die nach den freien Oberflächen rotierender Flüssigkeitsmassen unter dem Einfluß der eigenen Gravitation. Mit dem Studium dieser Gleichgewichtsfiguren, die von größter Wichtigkeit für Fragen der Astronomie, insbesondere für die kosmogonische Frage nach der Gestalt der Himmelskörper und ihrem Werdegang sind, hat sich eine Reihe der besten Mathematiker seit fast zwei Jahrhunderten beschäftigt. Trotzdem zahlreiche schöne Ergebnisse erzielt und die Methoden namentlich in den letzten Jahrzehnten sehr hoch entwickelt worden sind, steht auch heute die Antwort auf die meisten grundlegenden Fragen noch aus. Physikalische Untersuchungen im Sinne des PLATEAUschen Versuchs, bei dem eine rotierende Ölkugel in einer Flüssigkeit von der gleichen Dichte der Schwerewirkung entzogen wird, sind für die Frage nach den Gleichgewichtsfiguren gravitierender Massen ohne Beweiskraft; denn für die Gestalt des PLATEAUschen Öltropfens ist die Oberflächenspannung von ausschlaggebender Bedeutung. Übrigens existieren auch über die PLATEAUschen Gleichgewichtsfiguren theoretische Untersuchungen[1]).

Bei der Untersuchung der Gleichgewichtsfiguren einer gravitierenden Flüssigkeit, die der Einfachheit halber homogen vorausgesetzt wird, liegt es nahe, zuerst nach der Existenz ellipsoidischer Gleichgewichtsfiguren zu fragen. Die Frage läßt sich auf die Theorie des Potentials V eines homogenen Ellipsoids zurückführen. Dieses ist eine quadratische Funktion der Koordinaten des Aufpunkts von der Form

$$V = V_0 - V_1 x^2 - V_2 y^2 - V_3 z^2 .$$

Dabei sind V_0, V_1, V_2, V_3 im Innern des Ellipsoids konstante Größen, während sie für äußere Punkte noch von einem Parameter abhängen, welcher in allen Punkten eines zu dem homogenen Ellipsoid konfokalen Ellipsoids denselben Wert besitzt. So wird insbesondere in den Punkten der Oberfläche des homogenen Ellipsoids das Potential mit Einschluß des Potentials der Zentrifugalkraft eine quadratische Funktion der Koordinaten. Man sucht die Abmessungen des Ellipsoids so zu bestimmen, daß diese quadratische Funktion zufolge der Gleichung des Ellipsoids in allen Punkten der Oberfläche denselben Wert besitzt; dann wird die Oberfläche selbst Potentialfläche, mithin das Ellipsoid eine Gleichgewichtsfigur sein.

Auf diese Weise kommt man zu zwei verschiedenen Typen von ellipsoidischen Gleichgewichtsfiguren, deren erster von MACLAURIN und deren zweiter fast 100 Jahre später von JACOBI entdeckt wurde.

Die MACLAURINschen Ellipsoide sind abgeplattete Rotationsellipsoide. Die möglichen Gleichgewichtsfiguren dieser Art, die eine gegebene flüssige Masse annehmen kann, bilden eine lineare Reihe. Die Reihe beginnt mit einer Kugel und endet unter wachsender Abplattung mit einer Scheibe, deren Dicke in Richtung der Rotationsachse den Grenzwert Null und deren Durchmesser den Grenzwert unendlich besitzt. Dabei steigt die Drehgeschwindigkeit von Null bis zu einem Höchstwert an, um dann wieder auf Null abzusinken. Es gibt also zu jeder Drehgeschwindigkeit unterhalb des Höchstwertes zwei MACLAURINsche Gleichgewichtsfiguren, oberhalb keine.

Die JACOBIschen Ellipsoide sind dreiachsige Ellipsoide und bilden ebenfalls eine lineare Reihe. Diese Reihe beginnt mit einem Rotationsellipsoid und endet

[1]) Vgl. Kap. 6, Ziff. 17 ds. Bd. des Handb.

mit einem elliptischen Zylinder. Dabei sinkt die Drehgeschwindigkeit von einem endlichen Anfangswert bis Null. Es ist wichtig zu bemerken, daß die Anfangsfigur der Reihe der JACOBIschen Ellipsoide, das erwähnte Rotationsellipsoid, der Reihe der MACLAURINschen Ellipsoide geometrisch und mechanisch angehört. Die letztere besitzt also eine Verzweigungsstelle, an der die Reihe der JACOBIschen Ellipsoide von ihr abzweigt.

Von den Ergebnissen der neueren Forschung ist eines der wichtigsten die von LIAPOUNOFF und POINCARÉ gemachte Entdeckung, daß außer den beiden genannten Reihen von ellipsoidischen Gleichgewichtsfiguren noch unendlich viele lineare Reihen von Gleichgewichtsfiguren existieren, die alle an Verzweigungsstellen miteinander zusammenhängen. So gibt es als nächste Reihe nach den beiden Reihen von Ellipsoiden eine Reihe von birnförmigen Körpern[1]), die von der Reihe der JACOBIschen Ellipsoide abzweigt.

Von großer Bedeutung ist ferner die Frage nach der Stabilität der Gleichgewichtsfiguren; namentlich dann, wenn man aus der Kenntnis der linearen Reihen und ihrer Zusammenhänge Schlüsse auf die Entstehung der Himmelskörper ziehen will. An gesicherten Ergebnissen der außerordentlich schwierigen Untersuchungen existiert nicht viel; stabil ist die Reihe der MACLAURINschen Ellipsoide mindestens bis zu der Stelle, an der die JACOBIschen Ellipsoide abzweigen; stabil ist auch ein Stück der Reihe der JACOBIschen Ellipsoide. Dagegen scheint die Verzweigungsfigur, bei der die birnförmigen Körper POINCARÉS abzweigen, endgültig als unstabil erwiesen zu sein[2]). Übrigens darf nicht übersehen werden, daß für die Stabilität einer Gleichgewichtsfigur in Wirklichkeit auch die innere Reibung der Flüssigkeit von bestimmendem Einfluß ist.

Neben den Gleichgewichtsfiguren einer freien gravitierenden Masse sind die Gleichgewichtsfiguren einer gravitierenden Masse im Gravitationsfeld einer anderen Masse schon frühzeitig Gegenstand des Interesses und der Untersuchung gewesen. So wurde LAPLACE bei der Frage nach der möglichen Gestalt des Erdmondes auf ein dreiachsiges Ellipsoid geführt, das von der Kugel sehr wenig verschieden ist. Die von LAPLACE gegebene Näherungsrechnung ist heute nicht mehr befriedigend; indessen haben bessere Methoden zum gleichen Ergebnis und zum Nachweis der Stabilität geführt. Allgemeiner sind die ROCHEschen Ellipsoide, Gleichgewichtsfiguren einer Flüssigkeitsmasse, die wie ein starrer Körper um ein nahes oder fernes Attraktionszentrum rotiert. Auch das Problem der Doppelsterne ist in letzter Zeit erheblich gefördert worden.

Endlich hat das Ringsystem des Saturn den Anstoß gegeben zur Untersuchung ringförmiger Gleichgewichtsfiguren, wie solche auch an anderen Objekten des gestirnten Himmels, nämlich an gewissen kosmischen Nebeln beobachtet werden. Allerdings rotieren diese gasförmigen Massen nicht wie ein starrer Körper mit konstanter Umdrehungsgeschwindigkeit; ebensowenig wie das Ringsystem des Saturn, dessen inkohärenter Zustand heute sicher erkannt ist. Die ringförmigen Gleichgewichtsfiguren idealer Flüssigkeiten sind deshalb ohne kosmogonische Bedeutung. Daß solche Gleichgewichtsfiguren, rein analytisch betrachtet, mit und ohne Zentralkörper existieren können, ist nicht in Abrede zu stellen; indessen kann von Stabilität eines derartigen Gebildes schwerlich die Rede sein.

Bei der Untersuchung von Gleichgewichtsfiguren sind hydrodynamische Fragen von dem hydrostatischen Problem nicht zu trennen, das zuerst bei der MACLAURINschen Untersuchung aufgetreten ist. Hydrodynamischen Charakter

[1]) H. POINCARÉ, Acta math. Bd. 7, S. 259—380. 1885.
[2]) Über diese für die KANT-LAPLACEsche Theorie wichtige Streitfrage vgl. L. LICHTENSTEIN, l. c. S. 21.

tragen alle Stabilitätsuntersuchungen, gleichgültig, ob die Eigenschaften einer Figur nur mit denen benachbarter Figuren gleicher Art verglichen, oder ob von vornherein Störungen allgemeinerer Art in Frage gezogen werden. Auch unabhängig von der Stabilitätsfrage wurden Untersuchungen über flüssige Massen bei veränderlicher Gestalt der Oberfläche seit der Mitte des vorigen Jahrhunderts namentlich für ellipsoidische Begrenzung von DIRICHLET, RIEMANN, DEDEKIND u. a. ausgeführt; bemerkenswert ist eine von DEDEKIND angegebene Reihe von Ellipsoiden, die der äußeren Gestalt nach mit den JACOBIschen übereinstimmt, in deren Innerem aber Bewegung herrscht.

12. Druckgleichung; Energiegleichung. Wenn eine Strömung wirbelfrei ist und die äußeren Kräfte ein Potential besitzen, läßt sich aus den EULERschen Gleichungen [Ziff. 8, Gleichung (3b)] ein Integral ableiten. Man hat dort jetzt $\operatorname{rot}\mathfrak{v} = 0$ und $\mathfrak{K} = -\operatorname{grad} V$ zu setzen:

$$\frac{\partial \mathfrak{v}}{\partial t} + \frac{1}{2}\operatorname{grad}\mathfrak{v}^2 = -\operatorname{grad} V - \frac{1}{\varrho}\operatorname{grad} p\,.$$

Berücksichtigt man im ersten Glied dieser Gleichung, daß nach Ziff. 6, Gleichung (2) $\mathfrak{v} = \operatorname{grad}\varphi$ ist, so erhält man

$$\operatorname{grad}\left(\frac{\partial \varphi}{\partial t} + \frac{\mathfrak{v}^2}{2}\right) = -\operatorname{grad} V - \frac{1}{\varrho}\operatorname{grad} p$$

und hieraus das Integral

$$\frac{\partial \varphi}{\partial t} + \frac{\mathfrak{v}^2}{2} = -V - \int\frac{dp}{\varrho} + F(t)\,. \tag{1}$$

Hier ist zufolge der eingangs getroffenen Voraussetzung, daß die Dichte ϱ eine Funktion des Druckes p ist, dp/ϱ ein totales Differential; die willkürliche Funktion $F(t)$ wird man zweckmäßig in $\partial\varphi/\partial t$ hineinrechnen. Besonders einfach werden die Verhältnisse, wenn man sich auf stationäre Strömungen einer inkompressiblen Flüssigkeit beschränkt; dann reduziert sich (1) auf

$$\frac{p}{\varrho} + \frac{\mathfrak{v}^2}{2} + V = C\,. \tag{2a}$$

Diese Gleichung ist der Ausdruck des Energiesatzes: Die linke Seite gibt die Gesamtenergie der Masseneinheit als Summe der Druckenergie p/ϱ, der Bewegungsenergie $\mathfrak{v}^2/2$ und der potentiellen Energie V im Feld der äußeren Kräfte; diese Gesamtenergie ist für jedes Teilchen zeitlich unveränderlich und bezogen auf die Masseneinheit im ganzen Feld dieselbe.

Ein ganz ähnliches Integral läßt sich für stationäre Strömungen auch dann erhalten, wenn die Bewegung nicht wirbelfrei ist. Um sich über die Bedeutung eines Integrals für diesen Fall klar zu sein, darf man nicht übersehen, daß nicht wirbelfreie Strömungen nur unter engen Bedingungen stationär sein können (vgl. Ziff. 19); indessen sind gerade Strömungen dieser Art praktisch wichtig. Für die äußeren Kräfte soll wie bisher ein Potential vorausgesetzt werden.

Aus den EULERschen Gleichungen in der ursprünglichen Form Ziff. 8, Gleichung (3a), leitet man durch skalare Multiplikation mit $\mathfrak{v}$ folgende Gleichung her:

$$\frac{\partial}{\partial t}\left(\frac{\mathfrak{v}^2}{2}\right) + \mathfrak{v}\nabla\frac{\mathfrak{v}^2}{2} = -\mathfrak{v}\operatorname{grad} V - \frac{1}{\varrho}\mathfrak{v}\operatorname{grad} p\,; \tag{3}$$

hier ist die linke Seite die substantielle Änderung $\frac{d}{dt}\left(\frac{\mathfrak{v}^2}{2}\right)$; dagegen ist

$$\mathfrak{v}\operatorname{grad} V = \frac{dV}{dt}\,,$$

die auf die Masseneinheit bezogene konvektive Änderung des Potentials; ähnlich ist die Deutung des letzten Gliedes. Eine Integration ist nur für stationäre Strömungen und nur längs der Stromlinien möglich; das sich ergebende Integral

$$\frac{p}{\varrho} + \frac{\mathfrak{v}^2}{2} + V = C \tag{2b}$$

unterscheidet sich von (2a) dadurch, daß die Konstante C von Stromlinie zu Stromlinie ihren Wert ändert. Die auf die Masseneinheit bezogene Gesamtenergie eines Teilchens ist zeitlich unveränderlich und für alle Teilchen derselben Strömröhre dieselbe; für zwei Teilchen verschiedener Stromlinien aber besitzt sie einen verschiedenen Wert.

Den gleichen Wert im ganzen Feld besitzt die Energie der Masseneinheit neben dem bereits besprochenen Fall der wirbelfreien stationären Strömung noch in einem zweiten Fall: Bildet man in (2a) den Gradienten der linken Seite, so kommt

$$\frac{1}{\varrho}\operatorname{grad} p + \frac{1}{2}\operatorname{grad}\mathfrak{v}^2 + \operatorname{grad} V = 0\,.$$

Durch Vergleich mit der EULERschen Gleichung in der Form Ziff. 8, Gleichung (3c), erhält man

$$\mathfrak{v}\nabla\cdot\mathfrak{v} = \tfrac{1}{2}\operatorname{grad}\mathfrak{v}^2$$

und hieraus durch eine einfache Umformung

$$[\mathfrak{v}\operatorname{rot}\mathfrak{v}] = 0\,.$$

Diese Bedingung läßt erkennen, daß die Gleichung (2a) für einen festen Wert der Konstanten C im ganzen Feld außer für wirbelfreie Strömungen auch dann gilt, wenn die Wirbellinien mit den Stromlinien zusammenfallen. Es ist dies ein in der Tragflügeltheorie auftretender und deshalb praktisch bedeutungsvoller Fall[1]).

Die Gleichung (2a) bzw. (2b) heißt BERNOULLIsche Gleichung. Durch Multiplikation mit ϱ entsteht (unter leichter Änderung der Bezeichnung der Konstanten) die Druckgleichung

$$p + \frac{\varrho\mathfrak{v}^2}{2} + \varrho V = p_0\,. \tag{4}$$

Sämtliche Summanden der linken Seite haben die Dimension eines Druckes; p_0 ist ein konstanter Druck. Die Druckgleichung läßt erkennen, daß unter sonst gleichen Umständen der Druck kleiner wird, wenn die Geschwindigkeit wächst; die engsten Stellen einer Röhre sind die Stellen kleinsten Druckes.

Sieht man von äußeren Kräften ab, so wird die Druckgleichung

$$p + \frac{\varrho\mathfrak{v}^2}{2} = p_0; \tag{4'}$$

p_0 ist der Wert des größten Druckes, der überhaupt eintreten kann; er entspricht der Geschwindigkeit $\mathfrak{v} = 0$ und heißt Staudruck. Die größte Geschwindigkeit, welche möglich ist, entspricht dem Druck $p = 0$; ihr Wert ist $\sqrt{2p_0/\varrho}$. Bei größeren Geschwindigkeiten würden negative Drucke auftreten, die indessen zu einem Zerreißen des stetigen Verlaufs der Bewegung, zur Kavitation führen.

Wirkt von äußeren Kräften nur die Schwerkraft, so ist $V = gz$ (die z-Achse geht vertikal nach oben). Man pflegt dann die BERNOULLIsche Gleichung durch Division mit g so umzuformen, daß sämtliche Summanden die Dimension einer Länge erhalten:

$$\frac{p}{\varrho g} + \frac{\mathfrak{v}^2}{2g} + z = z_0\,. \tag{5}$$

---

1) L. PRANDTL, Tragflügeltheorie, I. Mitt. Göttinger Nachr. 1918. Vgl. auch Kap. 4 ds. Bd. des Handb.

$p/\varrho g$ heißt die Druckhöhe, $\mathfrak{v}^2/2g$ die Geschwindigkeitshöhe, z die Ortshöhe; ihre Summe ist längs einer Stromröhre konstant ($=z_0$). Die Gleichung (5) ist von grundlegender Wichtigkeit für die Hydraulik.

Die bisher gefundenen Sätze geben Aufschluß über die Energieumwandlungen in einer Strömung in besonderen Fällen; ein Resultat von größerer Allgemeinheit ist zu erhalten, wenn man (3) mit $d\tau$ multipliziert und über das ganze von Flüssigkeit erfüllte Gebiet integriert; der Einfachheit halber sei V von der Zeit unabhängig vorausgesetzt. Nach einigen Umformungen der Integrale, wobei besonders auf das letzte Integral der verallgemeinerte GAUSSsche Satz [Ziff. 4, Gleichung (1c)] zur Anwendung kommt, ergibt sich

$$\frac{d}{dt}\int\frac{\varrho\mathfrak{v}^2}{2}\,d\tau+\frac{d}{dt}\int\varrho V\,d\tau=\int p\operatorname{div}\mathfrak{v}\,d\tau+\int p\,\mathfrak{v}\,d\mathfrak{o}\,. \tag{6}$$

Die drei ersten Integrale sind über den Inhalt, das letzte über die Oberfläche des von Flüssigkeit erfüllten Gebietes zu erstrecken. Ihre Bedeutung ist folgende:

$$\int\frac{\varrho\mathfrak{v}^2}{2}\,d\tau=\boldsymbol{T}$$

ist die Bewegungsenergie der Strömung;

$$\int\varrho\,V d\tau=\boldsymbol{\Pi}$$

ist die potentielle Energie der Flüssigkeit im Feld der äußeren Kräfte;

$$\int p\operatorname{div}\mathfrak{v}\,d\tau=-\frac{d\boldsymbol{\Pi}^*}{dt},$$

wo $\boldsymbol{\Pi}^*$ die Druckenergie der Flüssigkeit ist, berechnet durch die Arbeitsleistung, um jedes Massenteilchen von einem Anfangsdruck Null auf den Druck p zu bringen, den es besitzt; dabei ist die Dichte als Funktion des Druckes vorausgesetzt.

$$\left(\int p\,\mathfrak{v}\,d\mathfrak{o}\right)dt=\int p\frac{d\mathfrak{r}}{dt}\,d\nu\,dt=\int p\,d\mathfrak{r}\,d\nu=d\boldsymbol{A}$$

ist die Arbeit, welche die auf die Begrenzung wirkenden Oberflächendruckkräfte leisten, wenn jeder Punkt der Begrenzung eine Verschiebung dx, dy, dz erfährt.

Damit ist (6) als Energiegleichung erkannt:

$$d[\boldsymbol{T}+\boldsymbol{\Pi}+\boldsymbol{\Pi}^*]=d\boldsymbol{A}\,. \tag{6'}$$

Die Arbeit des auf die Begrenzung wirkenden Druckes bei Verschiebung dieser Begrenzung wird in einen Zuwachs der Energie des Strömungsfeldes umgesetzt; diese Energie setzt sich zusammen aus Bewegungsenergie, potentieller Energie im Feld der äußeren Kräfte und Druckenergie der Flüssigkeit.

13. Impulssätze für stationäre Strömung. Ausfluß aus einem Gefäß. In der Mechanik der Punktsysteme lassen sich durch geeignete additive Zusammenfassung der Bewegungsgleichungen sämtlicher Massenpunkte Gleichungen gewinnen, die Aussagen über die Bewegung des gesamten Systems enthalten und unter dem Namen Schwerpunktssatz und allgemeiner Flächensatz bekannt sind. Ihre Bedeutung besteht darin, daß die aus ihnen herzuleitenden Aussagen auch dann möglich sind, wenn die Bewegung jedes einzelnen Massenpunktes nur unvollkommen bekannt ist.

In der Mechanik der Kontinua, speziell in der Hydrodynamik lassen sich auf analoge Weise Gleichungen gewinnen, welche über die Gesamtbewegung der ein irgendwie begrenztes Gebiet erfüllenden Flüssigkeit bzw. über die Resultante der bei der Bewegung auftretenden Kräfte Schlüsse gestatten, ohne daß über die Bewegungsvorgänge des einzelnen Flüssigkeitsteilchens vollständige Kenntnis besteht. In den einfachsten Fällen, bei stationärer oder doch im Mittel stationärer Bewegung, genügt die Kenntnis einzelner mechanischer Elemente an der Begrenzung des Gebiets zur Aufstellung dieser Gleichungen, der Impulssätze. Ihre Gültigkeit reicht weit über die Theorie der idealen Flüssigkeiten hinaus; hierauf beruht nicht zuletzt die praktische Bedeutung, die sie, unbeschadet ihrer grundsätzlichen Wichtigkeit, in der Hydraulik besitzen. Indessen soll die einmal festgesetzte Beschränkung auf ideale Flüssigkeiten auch hier eingehalten werden.

Es soll die ein irgendwie begrenztes Gebiet T zu irgendeinem Zeitpunkt erfüllende Flüssigkeit ins Auge gefaßt und folgende Bezeichnungen festgesetzt werden:

$\mathfrak{J}$ der Impuls der Flüssigkeit, d. h. die Summe der Impulse sämtlicher Flüssigkeitsteilchen,

$\mathfrak{K}$ die Resultierende der äußeren Massenkräfte,

$\mathfrak{P}$ die Resultierende der auf die Flüssigkeit an der Begrenzung von außen wirkenden Druckkräfte; ferner

$\mathfrak{N}$ das Impulsmoment oder der Drall der Flüssigkeit,

$\mathfrak{M}$ das resultierende Moment der äußeren Massenkräfte,

$\mathfrak{P}^*$ das resultierende Moment der von außen wirkenden Druckkräfte.

Dann gelten folgende beiden Gleichungen:

$$\frac{d\mathfrak{J}}{dt} = \mathfrak{K} + \mathfrak{P}, \tag{1a}$$

$$\frac{d\mathfrak{N}}{dt} = \mathfrak{M} + \mathfrak{P}^*. \tag{1b}$$

Diese Gleichungen ergeben sich durch Addition sämtlicher entsprechender Gleichungen für die einzelnen Flüssigkeitsteilchen; für diese sagt die erste das Grundgesetz der Dynamik, die zweite den Flächensatz aus. Bei der Addition fallen infolge des Reaktionsprinzips alle inneren Kräfte heraus; es summieren sich zwar die Massenkräfte und ihre Momente; aber die auf die einzelnen Flüssigkeitsteilchen wirkenden Oberflächendrucke und ihre Momente heben sich in allen inneren Punkten der Flüssigkeit auf, nur die auf die Begrenzung des Gebietes wirkenden Drucke und ihre Momente kommen in der Summe zum Vorschein.

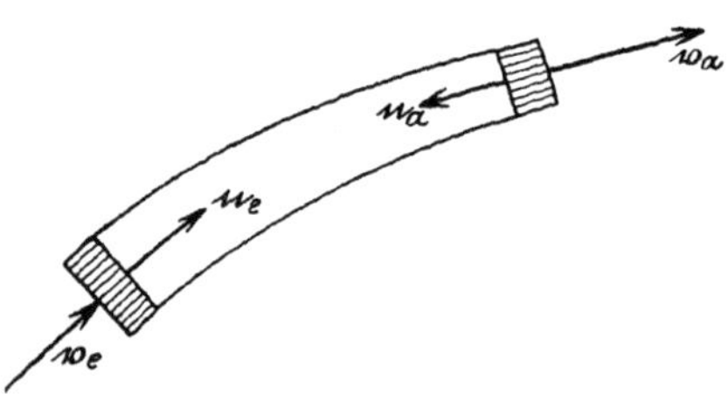

Abb. 1. Impulstransport in einer Röhre.

Die einfachste Anwendung von (1a) ergibt sich folgendermaßen: Durch eine enge Röhre mit festen Wänden (Abb. 1) findet eine stationäre Strömung einer inkompressiblen Flüssigkeit statt. Ein Gebiet T wird begrenzt durch zwei senkrechte Querschnitte der Röhre und das zwischen ihnen liegende Stück der Röhrenwandung. Der Impuls der in dem Gebiet T in einem bestimmten Zeitpunkt enthaltenen Flüssigkeit kann sich bei stationärer Strömung nur dadurch ändern, daß die Flüssigkeit in der Röhre fortrückt, also beim Eintrittsquerschnitt e ein Teilgebiet von T von der Flüssigkeit verlassen und beim Austrittsquerschnitt a ein nicht zu T gehöriges Teilgebiet von der Flüssigkeit eingenommen wird. Die Änderung des Impulses in dem Zeitelement dt ist also gleich dem Überschuß des Impulses der austretenden über den der eintretenden Flüssigkeit.

Der Impulstransport durch einen beliebigen Querschnitt berechnet sich so: Ist F die Fläche des Querschnitts, so ist

$\varrho F|\mathfrak{v}|\,dt$ die in der Zeit dt hindurchgetretene Flüssigkeitsmenge;

$\varrho F|\mathfrak{v}|\,dt\,\mathfrak{v}$ ihr Impuls.

Es sollen nun alle auf den Eintritts- bzw. Austrittsquerschnitt bezüglichen Größen durch die Zeiger e und a gekennzeichnet werden, insbesondere mit $\mathfrak{n}_e$ und $\mathfrak{n}_a$ die Einheitsvektoren in Richtung der inneren Normalen bezeichnet werden. Dann sind

$$\varrho F_e \mathfrak{v}_e^2\,dt\,\mathfrak{n}_e \qquad \text{und} \qquad -\varrho F_a \mathfrak{v}_a^2\,dt\,\mathfrak{n}_a$$

die Impulse der in der Zeit dt durch die beiden Querschnitte hindurchgetretenen Flüssigkeitsmenge, also $\varrho F_e \mathfrak{v}_e^2 \mathfrak{n}_e$ und $-\varrho F_a \mathfrak{v}_a^2 \mathfrak{n}_a$ die Impulstransporte (in der Zeit „Eins") durch die beiden Querschnitte. Mithin ist

$$\frac{d\mathfrak{J}}{dt} = -\varrho\,(F_e \mathfrak{v}_e^2 \mathfrak{n}_e + F_a \mathfrak{v}_a^2 \mathfrak{n}_a)\,.$$

Der Druck $\mathfrak{P}$ setzt sich aus dem Druck $\mathfrak{P}_w$, der von der Röhrenwandung auf die Flüssigkeit ausgeübt wird, und aus dem an beiden Querschnitten in Richtung der inneren Normalen wirkenden Druck zusammen (mit p_e und p_a soll der spezifische Druck an den beiden Querschnitten bezeichnet werden):

$$\mathfrak{P} = \mathfrak{P}_w + F_e p_e \mathfrak{n}_e + F_a p_a \mathfrak{n}_a\,.$$

Bemerkt man noch, daß

$$-\mathfrak{P}_w = \mathfrak{R}$$

der Reaktionsdruck ist, den die strömende Flüssigkeit auf die Röhrenwandung ausübt, so kann man (1a) so schreiben, daß man den Reaktionsdruck daraus entnehmen kann:

$$\mathfrak{R} = \mathfrak{K} + F_e(\varrho\,\mathfrak{v}_e^2 + p_e)\,\mathfrak{n}_e + F_a(\varrho\,\mathfrak{v}_a^2 + p_a)\,\mathfrak{n}_a\,. \tag{2}$$

Es genügt also zur Auffindung des Reaktionsdruckes die Kenntnis der Strömungsgeschwindigkeit $\mathfrak{v}$ und des Druckes p an beiden Querschnitten neben der der Resultanten der äußeren Kräfte; in der Regel kommt nur die Schwerkraft in Betracht. An jedem der beiden Querschnitte tritt zu dem Flüssigkeitsdruck auf die Querschnittsfläche noch der Impulstransport durch diese Fläche, der die Dimension einer Kraft hat. Alle diese Kräfte sind nach dem Innern des Gebietes T gerichtet.

In der gleichen Weise wie der Reaktionsdruck läßt sich aus (1b) das Moment des Reaktionsdruckes und damit seine Angriffslinie bestimmen. —

Wenn eine Flüssigkeit aus einem Gefäß, in dem sie unter dem Druck p_0 steht, durch eine Öffnung in einen Raum austritt, in dem der Druck p herrscht, so ergibt sich bei Vernachlässigung äußerer Kräfte aus der Druckgleichung [Ziff. 12, Gleichung (4')] die Geschwindigkeit des austretenden Strahls

$$|\mathfrak{v}| = \sqrt{\frac{2}{\varrho}(p_0 - p)}\,. \tag{3}$$

Tritt eine schwere Flüssigkeit aus einem Gefäß durch eine Öffnung, die um die Höhe h unter der Oberfläche liegt, so folgt aus der Energiegleichung [Ziff. 12, Gleichung (5)] die Geschwindigkeit des austretenden Strahls

$$|\mathfrak{v}| = \sqrt{2gh}\,. \tag{4}$$

Dies ist der Ausdruck des Torricellischen Theorems, wonach die Geschwindigkeit der austretenden Flüssigkeit dieselbe ist, wie wenn sie die Höhe zwischen der Oberfläche und der Austrittsöffnung frei durchfallen hätte. Durch Vergleich von (3) und (4) folgt, daß der Überdruck an der Austrittsstelle gleich dem Bodendruck der über der Öffnung stehenden Flüssigkeitssäule ist.

Die Ableitung der Gleichungen (3) und (4) setzt die gleichmäßige Verteilung der Geschwindigkeit der Strömung über den Strahlquerschnitt voraus, die indessen wegen der Konvergenz der Stromlinien an der Austrittsöffnung erst in einiger Entfernung von dieser einigermaßen erreicht wird, wenn die Stromlinien unter Eintritt einer Kontraktion des Strahls gleiche Richtung angenommen haben; sie setzt ferner das Fehlen eines Druckabfalls im Innern des Gefäßes in der Nähe der Austrittsöffnung voraus. Diese Forderungen werden angenähert erfüllt durch die BORDAsche Mündung[1]), ein kurzes kreiszylindrisches Rohr, das aus dem Boden des Gefäßes ins Innere ragt. Bezeichnet man mit F_0 den Querschnitt des Rohres, so ist der an der Mündung herrschende gesamte Überdruck

$$(p_0 - p) F_0 .$$

Diesem Überdruck wird das Gleichgewicht gehalten durch den Reaktionsdruck des austretenden Strahles, der gleich dem Impulstransport der austretenden Flüssigkeit ist. Bezeichnet man mit F den Querschnitt des Strahls nach Eintritt der Kontraktion, so ist dieser Impulstransport nach (3)

$$\varrho \mathfrak{v}^2 F = 2(p_0 - p) F .$$

Aus

$$(p_0 - p) F_0 = 2(p_0 - p) F$$

ergibt sich für die Kontraktionsziffer F/F_0 der theoretische Wert $\frac{1}{2}$.

14. Impulssätze; allgemeine Fassung[2]). Läßt man die bisherigen Einschränkungen fallen, betrachtet also eine nicht notwendig stationäre Strömung durch ein beliebiges Gebiet T, dessen Begrenzung zum Teil aus festen Wänden, zum Teil aus in der Flüssigkeit verlaufenden gedachten „Kontrollflächen" besteht, so nimmt die Gleichung (1a) von Ziff. 13 durch Integration der EULERschen Gleichung

$$\frac{d\mathfrak{v}}{dt} = \mathfrak{K} - \frac{1}{\varrho}\operatorname{grad} p$$

über das Gebiet T folgende Form an:

$$\int \varrho \frac{d\mathfrak{v}}{dt} d\tau = \int \varrho \mathfrak{K} d\tau - \int \operatorname{grad} p \, d\tau . \tag{1}$$

Hier ist

$\int \varrho \frac{d\mathfrak{v}}{dt} d\tau = \frac{d\mathfrak{J}}{dt}$ die substantielle Änderung des Impulses $\mathfrak{J} = \int \varrho \mathfrak{v} \, d\tau$;

$\int \varrho \mathfrak{K} d\tau = \mathfrak{K}$ die Resultierende der äußeren Massenkräfte;

$-\int \operatorname{grad} p \, d\tau = \int p \, d\mathfrak{o} = \mathfrak{P}$ die Resultierende des Oberflächendrucks.

Formt man die linke Seite von (1) mit Hilfe des GAUSSschen Integralsatzes und der Kontinuitätsgleichung um, so nimmt (1) folgende Gestalt an:

$$\int \frac{\partial}{\partial t}(\varrho \mathfrak{v}) d\tau - \int \varrho \mathfrak{v} \cdot \mathfrak{v} \, d\mathfrak{o} = \int \varrho \mathfrak{K} d\tau + \int p \, d\mathfrak{o} . \tag{2}$$

Hier ist

$$\int \frac{\partial}{\partial t}(\varrho \mathfrak{v}) d\tau = \frac{\partial \mathfrak{J}}{\partial t}$$

die lokale Änderung des Impulses der in T enthaltenen Flüssigkeit; $-\int \varrho \mathfrak{v} \cdot \mathfrak{v} \, d\mathfrak{o} = \mathfrak{J}'$ die konvektive Änderung des Impulses in der Zeiteinheit oder

[1]) Über andere Mündungen vgl. Kap. 3, Abschn. V ds. Bd. des Handb.

[2]) Eine Ableitung von großer Allgemeinheit gibt G. ZERKOWITZ, ZS. f. d. ges. Turbinenw. 1916, H. 27–30.

der Impulstransport durch die Kontrollflächen. Es ist nämlich $\varrho\mathfrak{v}\,d\mathfrak{o} = dm$ die durch ein Oberflächenelement in der Zeiteinheit eintretende Flüssigkeitsmenge, $\varrho\mathfrak{v}\cdot\mathfrak{v}\,d\mathfrak{o}$ ihr Impuls; also $-\int\varrho\mathfrak{v}\cdot\mathfrak{v}\,d\mathfrak{o}$ der Überschuß des Impulses der austretenden über den der eintretenden Flüssigkeit. Mithin wird (2)

$$\frac{\partial\mathfrak{J}}{\partial t} + \mathfrak{J}' = \mathfrak{K} + \mathfrak{P}. \tag{3}$$

Hier zerfällt wieder der Druck $\mathfrak{P}$ in den Druck $\mathfrak{P}_w$ an der festen Wand und $\mathfrak{P}_Q$ an den Kontrollflächen; dabei ist $-\mathfrak{P}_w = \mathfrak{R}$ der Reaktionsdruck der Flüssigkeit gegen die feste Begrenzung. Damit kann man den Reaktionsdruck in folgender Form angeben:

$$\mathfrak{R} = \mathfrak{K} + \mathfrak{P}_Q - \mathfrak{J}' - \frac{\partial\mathfrak{J}}{\partial t}. \tag{4}$$

In analoger Weise kann man das Reaktionsmoment $\mathfrak{R}^*$ und damit die Angriffslinie des Reaktionsdrucks berechnen. Hierzu hat man in den EULERschen Gleichungen vor der Summation die Momente sämtlicher vorkommender Größen zu bilden:

$$\mathfrak{R}^* = \mathfrak{M} + \mathfrak{P}_Q^* - \mathfrak{N}' - \frac{\partial\mathfrak{N}}{\partial t}. \tag{5}$$

Damit sind die Impulssätze in allgemeiner Form für ideale Flüssigkeiten gewonnen. Daß sie auch für zähe Flüssigkeiten gelten, ist schon erwähnt worden; denkt man sich in den EULERschen Gleichungen die auftretenden Reibungskräfte durch Zusatzglieder berücksichtigt, so fällt bei der Summation die innere Reibung nach dem Reaktionsprinzip heraus, und nur die Randreibung liefert eine Zusatzkraft bzw. ein Zusatzmoment auf der rechten Seite von (4) und (5). Es ist auch zu bemerken, daß die lokalen Änderungen des Impulses und seines Momentes verschwinden können, ohne daß die Strömung stationär ist, wenn nur, wie bei turbulenten Strömungen, der Impuls der ganzen in T enthaltenen Flüssigkeit und sein Moment feste Mittelwerte besitzen.

Andererseits bestehen für die Gültigkeit der Impulssätze Beschränkungen, welche von der Verwendung des GAUSSschen Integralsatzes und der Kontinuitätsgleichung bei der Ableitung herrühren. Im Innern von T dürfen weder Quellen enthalten sein noch Stellen, an denen die Geschwindigkeit unstetig oder unendlich wird.

15. Strömung und Zirkulation. Zwei in der Flüssigkeit gelegene Punkte A, B seien durch eine ganz in der Flüssigkeit gelegene Linie AB verbunden (Abb. 2). Das Linienintegral

$$\int_A^B (u\,dx + v\,dy + w\,dz) \qquad \text{oder} \qquad \int_A^B \mathfrak{v}\,d\mathfrak{s}$$

heißt die Strömung längs der Linie AB. Die Strömung längs einer geschlossenen Linie heißt Zirkulation; sie wird mit Γ bezeichnet:

$$\Gamma = \oint (u\,dx + v\,dy + w\,dz) \quad \text{oder} \quad \Gamma = \oint \mathfrak{v}\,d\mathfrak{s}. \tag{1}$$

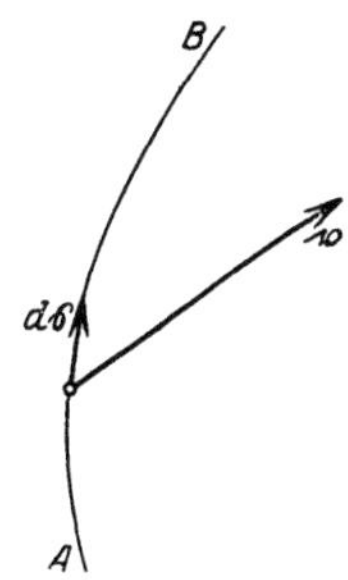

Abb. 2. Zum Begriff der „Strömung".

Die Strömung längs einer zwei Punkte A und B verbindenden Linie ist im allgemeinen nicht ausschließlich von den Endpunkten, sondern auch von dem gewählten Weg abhängig. Vom Weg unabhängig und durch die Endpunkte allein bestimmt ist die Strömung nur dann, wenn $u\,dx + v\,dy + w\,dz$ ein totales Differential ist. Hierzu muß

$$u = \frac{\partial\varphi}{\partial x}, \qquad v = \frac{\partial\varphi}{\partial y}, \qquad w = \frac{\partial\varphi}{\partial z} \qquad \text{oder} \qquad \mathfrak{v} = \operatorname{grad}\varphi$$

sein; d. h. es muß ein Geschwindigkeitspotential φ existieren. Dann ist

$$\int_A^B (u\,dx + v\,dy + w\,dz) = \varphi_B - \varphi_A .$$

Dabei ist eine einschränkende Bedingung nicht zu übersehen: Die Einwertigkeit der Strömung zwischen A und B ist nur dann gesichert, wenn das Geschwindigkeitspotential in dem betrachteten Gebiet überall eindeutig und endlich ist. Dann ist die Strömung auch zwischen zwei beliebigen Punkten zweier Niveauflächen des Geschwindigkeitspotentials mit den Potentialwerten φ_A und φ_B dieselbe.

Man muß zwischen einfach und mehrfach zusammenhängenden Gebieten unterscheiden. Ein Gebiet heißt n-fach zusammenhängend, wenn es in ihm n geschlossene Linien gibt, die nicht durch stetige Deformation innerhalb des Gebietes ineinander übergeführt werden können. In einem einfach zusammenhängenden Gebiet kann jede geschlossene Linie auf jeden Punkt des Gebietes zusammengezogen werden. In einem n-fach zusammenhängenden Gebiet gibt es $n - 1$ nicht ineinander überführbare geschlossene Linien, die nicht auf einen Punkt zusammengezogen werden können.

Es sollen jetzt nur Strömungen betrachtet werden, die in einem Gebiet ein überall endliches Geschwindigkeitspotential besitzen. Wird das Geschwindigkeitspotential an einzelnen Punkten oder längs einzelner offener oder geschlossener Linien unendlich groß, so schneidet man diese durch kleine Kugeln oder Röhrenflächen aus dem Gebiet aus. Dabei wird wenigstens im letzteren Fall immer die Zusammenhangszahl des Gebiets erhöht. Wenn in einem einfach zusammen hängenden Gebiet ein überall endliches Geschwindigkeitspotential existiert, so ist es eindeutig. Die Strömung zwischen zwei Punkten A und B ist dann vom Weg unabhängig, die Zirkulation um jede geschlossene Kurve Null.

In einem mehrfach zusammenhängenden Gebiet sind überall endliche zyklische Geschwindigkeitspotentiale möglich. Ein zyklisches Geschwindigkeitspotential in einem n-fach zusammenhängenden Gebiet ändert sich bei einmaligem Umlauf des Aufpunkts um eine der $(n - 1)$ nicht auf einen Punkt reduzierbaren Kurven um eine Konstante $\Gamma_1, \Gamma_2 \ldots \Gamma_{n-1}$; das sind die Zirkulationen beim Umlauf um diese Kurven. Das Geschwindigkeitspotential ist also nur bis auf eine Summe von ganzzahligen Vielfachen dieser Zirkulationen bestimmt; mit der gleichen Unbestimmtheit

$$k_1\Gamma_1 + k_2\Gamma_2 + \cdots k_{n-1}\Gamma_{n-1}$$

ist die Strömung längs einer zwei Punkte A und B verbindenden Linie behaftet; der jeweilige Wert hängt von dem gewählten Weg ab.

16. STOKESscher Integralsatz; Wirbelfluß. Um die Bedeutung der Zirkulation um eine geschlossene Kurve C in einer Strömung, in der kein Geschwindigkeitspotential existiert, zu erkennen, formt man sie mit Hilfe des STOKESschen Integralsatzes um. Hierzu legt man durch C eine Fläche F mit C als Randkurve; diese Fläche ist in hohem Maß willkürlich, es ist nur zu verlangen, daß sie ganz in einem Gebiet verläuft, in dem die Funktionen u, v, w endlich, eindeutig und stetig sind. Mit do bzw. $d\mathfrak{o}$ soll wie früher das Oberflächenelement von F, mit α, β, γ die Richtungswinkel der zugehörigen Normalen bezeichnet werden; bezüglich der Normalenrichtung wird festgesetzt, daß sie mit der Umlaufsrichtung, in der die Zirkulation um C berechnet wird, eine Rechtsschraube bilden soll. Dann läßt sich das Linienintegral der Zirkulation um C in ein Flächenintegral über F umformen:

$$\left.\begin{aligned}\oint(u\,dx + v\,dy + w\,dz) = \int\Big[\Big(\frac{\partial w}{\partial y} - \frac{\partial v}{\partial z}\Big)\cos\alpha + \Big(\frac{\partial u}{\partial z} - \frac{\partial w}{\partial x}\Big)\cos\beta \\ + \Big(\frac{\partial v}{\partial x} - \frac{\partial u}{\partial y}\Big)\cos\gamma\Big]\,do.\end{aligned}\right\} \tag{1}$$

oder in Vektoren

$$\oint \mathfrak{v}\,d\mathfrak{s} = \int \operatorname{rot}\mathfrak{v}\,d\mathfrak{o}. \tag{1'}$$

Der durch diese Gleichung zum Ausdruck gebrachte STOKESsche Integralsatz läßt sich zur Umformung der Zirkulation unter Verwendung des in Ziff. 5, Gleichung (6) eingeführten Wirbelvektors $\mathfrak{u}$ so schreiben:

$$\Gamma = \oint \mathfrak{v}\,d\mathfrak{s} = \int \operatorname{rot}\mathfrak{v}\,d\mathfrak{o} = 2\int \mathfrak{u}\,d\mathfrak{o}. \tag{2}$$

Man erkennt in der rechten Seite das zweifache des Flusses des Wirbelvektors $\mathfrak{u}$ durch die Fläche F. Die Zirkulation um eine Kurve C ist infolgedessen ein Maß für den gesamten Wirbelfluß durch eine beliebige in die Kurve C eingespannte Fläche.

Faßt man zwei verschiedene in C eingespannte Flächen zu einer geschlossenen Fläche zusammen, so erkennt man: Der Wirbelfluß durch eine geschlossene Fläche ist Null. Der Wirbelvektor ist ein quellenfreier Vektor; Wirbellinien können im Innern der Flüssigkeit nicht beginnen oder enden.

17. Erhaltung der Zirkulation. Es soll die Zirkulation um eine geschlossene Linie betrachtet werden, die sich derart mit der Flüssigkeit bewegt, daß sie dauernd von denselben Flüssigkeitsteilchen gebildet wird. Nach einem von W. THOMSON[1] (Lord KELVIN) bewiesenen Satz ist die Zirkulation um eine derartige „flüssige Linie“ zeitlich unveränderlich, vorausgesetzt, daß nur konservative äußere Kräfte wirken.

Da in einer Potentialströmung in einem einfach zusammenhängenden Gebiet die Zirkulation Null ist, enthält der THOMSONsche Satz einen zuerst von LAGRANGE[2], wenn auch in einer heute nicht mehr befriedigenden Weise, bewiesenen Satz als speziellen Fall in sich: Wenn in einem Zeitpunkt ein Geschwindigkeitspotential existiert, so bleibt, ebenfalls unter Voraussetzung konservativer äußerer Kräfte, dauernd ein Geschwindigkeitspotential bestehen. Wirbel können also in einer reibungslosen Flüssigkeit weder entstehen noch vergehen.

Zufolge des Zusammenhangs der Zirkulation mit dem Wirbelfluß kann der THOMSONsche Satz auch zur Grundlage der berühmten, von HELMHOLTZ[3] entdeckten Sätze über Wirbelbewegung dienen.

Von den zahlreichen Beweisen, die der THOMSONsche Satz seiner Wichtigkeit halber gefunden hat, soll in folgendem einer skizziert werden, der auf der Weberschen Transformation[4] der LAGRANGEschen Gleichungen beruht.

Nach WEBER werden die LAGRANGEschen Gleichungen [Ziff. 9, Gleichung (1)]

$$\frac{\partial^2 x}{\partial t^2}\frac{\partial x}{\partial a} + \frac{\partial^2 y}{\partial t^2}\frac{\partial y}{\partial a} + \frac{\partial^2 z}{\partial t^2}\frac{\partial z}{\partial a} = -\frac{\partial V}{\partial a} - \frac{1}{\varrho}\frac{\partial p}{\partial a}$$

---

[1] W. THOMSON, On Vortex Motion. Edinburgh Trans. Bd. 25. 1869.

[2] J. L. de LAGRANGE, Mémoire sur la théorie du mouvement des fluides. Nouv. mém. de l'Acad. de Berlin (2) Bd. 12. 1781.

[3] H. HELMHOLTZ, Crelles Journ. Bd. 55, S. 25. 1858.

[4] H. WEBER, Crelles Journ. Bd. 68, S. 286. 1868.

und zwei entsprechende Gleichungen für b und c statt a in folgender Weise umgeformt:

$$\frac{\partial}{\partial t}\left[\frac{\partial x}{\partial t}\frac{\partial x}{\partial a}+\frac{\partial y}{\partial t}\frac{\partial y}{\partial a}+\frac{\partial z}{\partial t}\frac{\partial z}{\partial a}\right]=\frac{1}{2}\frac{\partial}{\partial a}\left[\left(\frac{\partial x}{\partial t}\right)^2+\left(\frac{\partial y}{\partial t}\right)^2+\left(\frac{\partial z}{\partial t}\right)^2\right]-\frac{\partial V}{\partial a}-\frac{1}{\varrho}\frac{\partial p}{\partial a} \tag{1}$$

und zwei entsprechende Gleichungen. Setzt man

$$\chi=\int_0^t\left[\frac{\mathfrak{v}^2}{2}-V-\int\frac{dp}{\varrho}\right]dt, \tag{2}$$

so ergeben sich durch Integration von (1) nach t die Weberschen Gleichungen; wenn man bemerkt, daß zur Zeit $t=0\,|\,x=a,\ y=b,\ z=c$ ist und wenn man zur Zeit $t=0\,|\,\partial x/\partial t=u_0,\ \partial y/\partial t=v_0,\ \partial z/\partial t=w_0$ setzt, haben sie folgende Gestalt:

$$\left.\begin{aligned}\frac{\partial x}{\partial t}\frac{\partial x}{\partial a}+\frac{\partial y}{\partial t}\frac{\partial y}{\partial a}+\frac{\partial z}{\partial t}\frac{\partial z}{\partial a}&=u_0+\frac{\partial\chi}{\partial a},\\ \frac{\partial x}{\partial t}\frac{\partial x}{\partial b}+\frac{\partial y}{\partial t}\frac{\partial y}{\partial b}+\frac{\partial z}{\partial t}\frac{\partial z}{\partial b}&=v_0+\frac{\partial\chi}{\partial b},\\ \frac{\partial x}{\partial t}\frac{\partial x}{\partial c}+\frac{\partial y}{\partial t}\frac{\partial y}{\partial c}+\frac{\partial z}{\partial t}\frac{\partial z}{\partial c}&=w_0+\frac{\partial\chi}{\partial c}.\end{aligned}\right\} \tag{3}$$

Diese Gleichungen, zusammen mit (2) und der Kontinuitätsgleichung [Ziff. 9, Gleichung (2)], genügen zur Bestimmung von x, y, z, p, χ als Funktionen von t, wenn, wie immer, ϱ als konstant oder als bekannte Funktion von p vorausgesetzt wird.

Der THOMSONsche Satz ist jetzt leicht zu beweisen: addiert man die WEBERschen Gleichungen (3) nach Multiplikation mit da, db, dc, so ergibt sich, wenn $\partial x/\partial t$, $\partial y/\partial t$, $\partial z/\partial t$ durch u, v, w ersetzt werden,

$$u\,dx+v\,dy+w\,dz=u_0\,da+v_0\,db+w_0\,dc+d\chi. \tag{4}$$

Dabei ist zu beachten, daß bei der Bildung der Differentiale $dt=0$ gesetzt ist, daß also die Gleichung (4) zu einer zwar beliebigen, aber festen Zeit t gilt. Integriert man sie längs einer nicht geschlossenen „flüssigen Linie" — das ist jetzt möglich, weil die Koordinaten und Geschwindigkeiten eines Punktes als Funktionen der Anfangskoordinaten a, b, c vorausgesetzt sind —, so ergibt sich

$$\int_{(1)}^{(2)}(u\,dx+v\,dy+w\,dz)=\int_{(1)}^{(2)}(u_0\,da+v_0\,db+w_0\,dc)+\chi_2-\chi_1.$$

Hier sind die Zeiger 1 und 2 zur Kennzeichnung von Anfangs- und Endpunkt der flüssigen Linie verwendet. Fallen diese beiden Punkte zusammen, so ist $\chi_2=\chi_1$, vorausgesetzt, daß χ in dem Gebiet eindeutig ist; hierzu ist im wesentlichen nur die Eindeutigkeit von V erforderlich. Dann wird

$$\oint(u\,dx+v\,dy+w\,dz)=\oint(u_0\,da+v_0\,db+w_0\,dc). \tag{5}$$

Diese beiden Integrale sind nichts anderes als die Zirkulation um die flüssige Linie zur Zeit t und zur Zeit 0; damit ist der THOMSONsche Satz bewiesen.

18. HELMHOLTZsche Wirbelsätze[1]). Mittels des Begriffs und der Eigenschaften der Zirkulation lassen sich leicht die allgemeinen Eigenschaften der Wirbelbewegung erkennen, die HELMHOLTZ auf anderem Wege gefunden hat.

---

[1]) Siehe Fußnote 3, S. 25.

Die Zirkulation um jede Kurve, die ganz in der Wand einer Wirbelröhre liegt, ist Null; dies erkennt man nach Umformung der Zirkulation mittels des STOKESschen Integralsatzes, da die Normalenrichtung jedes Flächenelements einer Wirbelröhre auf der Richtung des Wirbelvektors senkrecht steht. Nach dem Satz von der Erhaltung der Zirkulation bleibt sie dauernd Null. Eine Wirbelröhre bleibt also dauernd Wirbelröhre, und da eine Wirbellinie als Schnittlinie zweier Wirbelröhren betrachtet werden kann, gilt das gleiche für Wirbellinien. Eine Wirbellinie enthält dauernd die gleichen Flüssigkeitsteilchen; die Wirbelbewegung ist an die Flüssigkeitsteilchen gebunden.

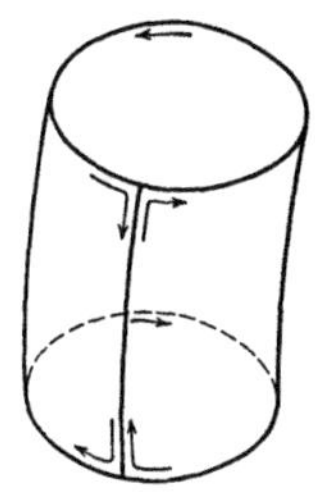

Abb. 3. Zum Begriff der „Wirbelröhre".

Verwandelt man ein von zwei Querschnitten begrenztes Stück der Oberfläche einer Wirbelröhre durch einen Längsschnitt in ein einfach zusammenhängendes Gebiet (Abb. 3), so ist auch die Zirkulation um dieses Gebiet Null; daraus folgt, weil der Längsschnitt zweimal durchlaufen wird, daß die Zirkulation um jeden Querschnitt der Röhre denselben Wert besitzt, also der Wirbelfluß durch jeden Querschnitt der Röhre gleich groß ist.

Für einen Wirbelfaden, der so eng ist, daß man an einem Querschnitt die Rotationsgeschwindigkeit der Wirbelbewegung als konstant annehmen kann, ist die Zirkulation um jeden Querschnitt oder das Wirbelmoment nach dem STOKESschen Integralsatz [Ziff. 16, Gleichung (2')]

$$\Gamma = 2\omega\sigma\,; \tag{1}$$

dabei ist ω die Rotationsgeschwindigkeit, σ die Fläche des Querschnitts. Für zwei verschiedene Querschnitte des Fadens gilt wegen der Konstanz der Zirkulation oder des Wirbelmoments die Beziehung

$$\omega_1\sigma_1 = \omega_2\sigma_2\,. \tag{2}$$

Die Rotationsgeschwindigkeiten an zwei verschiedenen Stellen eines Wirbelfadens verhalten sich umgekehrt wie die Querschnitte. Ein Wirbelfaden ist entweder geschlossen, oder er beginnt und endet im Unendlichen; bzw. er durchsetzt die Begrenzung der Flüssigkeit, wenn diese ein begrenztes Gebiet erfüllt.

Endlich folgt aus der zeitlichen Unveränderlichkeit der Zirkulation die zeitliche Unveränderlichkeit des Wirbelmoments eines Wirbelfadens.

Es sei noch bemerkt, daß an Stelle der Zirkulation oder des Wirbelmoments Γ häufig als Wirbelstärke eine Größe

$$\mu = \frac{\Gamma}{2\pi} \tag{3}$$

verwendet wird.

Bemerkung. Nach dem Satz von der Erhaltung der Zirkulation und den HELMHOLTZschen Wirbelsätzen ist die Entstehung von Wirbeln in einer reibungslosen Flüssigkeit ausgeschlossen. Da man anderseits in natürlichen Flüssigkeiten das Auftreten von Wirbeln beobachtet, ist man gern geneigt, ihre Entstehung auf Rechnung der Flüssigkeitsreibung zu setzen. Es ist indessen wiederholt bewiesen worden, daß auch in reibenden Flüssigkeiten Wirbel nicht entstehen können, wenn die äußeren Kräfte im Innern und an der Begrenzung konservativ sind[1]).

---

[1]) G. JAFFÉ, Phys. ZS. Bd. 21, S. 541. 1920; A. FRIEDMANN, ZS. f. angew. Math. u. Mech. Bd. 4, S. 102. 1924.

19. Stationäre Strömung. Strömungen einer Flüssigkeit, deren Teilchen eine Wirbelbewegung ausführen, sind im allgemeinen nicht stationär. Um die Bedingung der stationären Bewegung aufzustellen, kann man von den EULERschen Gleichungen in der Form Ziff. 8, Gleichung (3b) unter Voraussetzung konservativer Massenkräfte

$$\frac{\partial \mathfrak{v}}{\partial t} + \frac{1}{2}\operatorname{grad}\mathfrak{v}^2 + [\operatorname{rot}\mathfrak{v}, \mathfrak{v}] = -\operatorname{grad} V - \frac{1}{\varrho}\operatorname{grad} p$$

ausgehen und

$$\frac{\partial \mathfrak{v}}{\partial t} = 0$$

setzen. Bezeichnet man die Gesamtenergie der Masseneinheit [Ziff. 12, Gleichung (2)] mit ψ:

$$\frac{p}{\varrho} + \frac{\mathfrak{v}^2}{2} + V = \psi,$$

so gehen die EULERschen Gleichungen über in

$$[\mathfrak{v} \operatorname{rot} \mathfrak{v}] = \operatorname{grad}\psi. \tag{1}$$

Diese Gleichung, die im Spezialfall der wirbelfreien Bewegung die Konstanz der Energie der Masseneinheit im ganzen Feld ersehen läßt und damit auf die bereits bekannte Bedingung der Existenz eines von der Zeit unabhängigen Geschwindigkeitspotentials zurückführt (Ziff. 12), besitzt im allgemeinen Fall der wirbelnden Bewegung folgenden Sinn: Es muß eine Schar von Flächen $\psi =$ konst. existieren, auf deren jeder sowohl ein System von Stromlinien als auch ein System von Wirbellinien liegt. Das ist natürlich dann der Fall, wenn die Stromlinien die wirklichen Bahnkurven der Teilchen sind (Abb. 4).

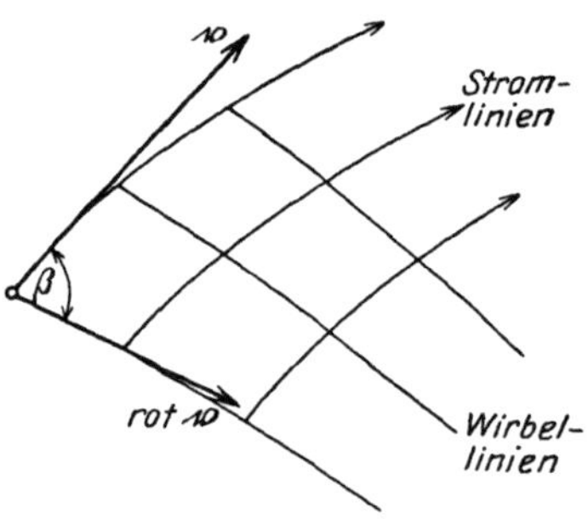

Abb. 4. Strom- und Wirbellinien bei stationärer Bewegung.

Bezeichnet man mit β den Winkel einer Strom- mit einer Wirbellinie, so kann man aus (1) die skalare Gleichung

$$2\omega\,|\mathfrak{v}|\sin\beta = \frac{\partial\psi}{\partial n} \tag{1'}$$

entnehmen. Dabei ist $\partial\psi/\partial n$ der Betrag des Gradienten von ψ, der in die Normalenrichtung der Flächen $\psi =$ konst. fällt. Ferner ist $|\mathfrak{v}|\sin\beta$ die Geschwindigkeit, mit der eine Wirbellinie auf einer Fläche ψ senkrecht zu ihrer Richtung fortschreitet. Ist dn der Abstand zweier Nachbarflächen ψ und $\psi + d\psi$, so ist

$$d\sigma = |\mathfrak{v}|\sin\beta\, dn$$

der Querschnitt eines Wirbelfadens, der zwischen den beiden Nachbarflächen in der Zeiteinheit gerade um seine Breite fortrückt. Damit ergibt sich aus (1')

$$2\omega\, d\sigma = d\psi \quad \text{oder} \quad d\Gamma = d\psi, \tag{2}$$

wenn noch das Wirbelmoment $d\Gamma$ eingeführt wird, das nach den HELMHOLTZschen Sätzen auf jedem Wirbelfaden zeitlich und örtlich konstant ist.

Verteilt man die Flächen $\psi =$ const derart, daß je zwei aufeinanderfolgende die gleiche Parameterdifferenz $d\psi$ haben, so besitzen alle in der angegebenen Weise abgegrenzten Wirbelfäden im ganzen Raum das gleiche Wirbelmoment; nach Ablauf der Zeiteinheit ist jeder an die Stelle des vorangehenden gerückt.

Für den Fall der ebenen Bewegung einer inkompressiblen Flüssigkeit folgt mit Rücksicht auf die Kontinuitätsgleichung aus (2), daß die Wirbelkomponente ζ auf jeder Stromlinie konstant ist; (1) führt mit leichter Änderung der Bezeichnung zu folgender Parameterdarstellung der stationären Strömung mit Wirbelbewegung [Ziff. 3, Gleichung (3)]:

$$u = +\frac{\partial \psi}{\partial y}\,; \qquad v = -\frac{\partial \psi}{\partial x}\,.$$

Dabei wird

$$\zeta = -\frac{1}{2}\left(\frac{\partial^2 \psi}{\partial x^2} + \frac{\partial^2 \psi}{\partial y^2}\right).$$

Anderseits ist ζ eine Funktion von ψ, da es sich von Stromlinie zu Stromlinie ändert:

$$2\zeta = -F(\psi)\,;$$

mithin muß ψ der Differentialgleichung

$$\frac{\partial^2 \psi}{\partial x^2} + \frac{\partial^2 \psi}{\partial y^2} = F(\psi) \tag{3}$$

genügen. ψ ist die Stromfunktion der ebenen Bewegung. Im Fall der Potentialbewegung genügt die Stromfunktion ψ der LAPLACEschen Gleichung.

III. Allgemeine Methoden.

20. Potentialströmung; GREENscher Satz. Die HELMHOLTZschen Wirbelsätze lassen erkennen, daß die wirbelfreien Strömungen, die sog. Potentialströmungen physikalisch von großer Wichtigkeit sind. Denn da sich in einer Flüssigkeit keine Wirbel bilden können, wenn nur konservative äußere Kräfte wirken, ist jede Flüssigkeitsbewegung, die unter dem Einfluß konservativer Kräfte aus der Ruhe entstanden ist, eine Potentialbewegung. Jede wirkliche Flüssigkeitsbewegung kann so lange als Potentialbewegung behandelt werden, als man vom Einfluß der Flüssigkeitsreibung abzusehen berechtigt ist.

Mathematisch ist jede Potentialbewegung einer inkompressiblen Flüssigkeit — und auf solche soll die Untersuchung beschränkt bleiben — durch folgende in Ziff. 6 bereits aufgestellten Gleichungen charakterisiert: Die Geschwindigkeit ist

$$\mathfrak{v} = \operatorname{grad}\varphi\,; \tag{1}$$

das Geschwindigkeitspotential φ genügt in quellenfreien Gebieten der LAPLACEschen Gleichung

$$\Delta\varphi = 0\,; \tag{2}$$

in Quellenfeldern der POISSONschen Gleichung

$$\Delta\varphi = \frac{e}{\varrho}\,, \tag{2'}$$

oder einfacher $\Delta\varphi = e$, wenn e die auf die Dichte „Eins" reduzierte Quelldichte ist. In punktförmigen Quellen, wo die Quelldichte unendlich groß wird, versagt diese Gleichung.

Für die meisten mathematischen Umformungen ist es zweckmäßig, singuläre Stellen aus dem betrachteten Gebiet auszuschließen. Neben Quellpunkten kommen hier noch Wirbellinien in Betracht als Stellen, an denen kein Geschwindigkeitspotential existiert.

Die Untersuchung der Potentialströmungen steht in engem Zusammenhang mit der Potentialtheorie, die an anderer Stelle behandelt wird[1]).

Hier sollen nur diejenigen Sätze und Methoden der Potentialtheorie herangezogen werden, die unmittelbar gebraucht werden.

Der GAUSSsche Integralsatz nimmt in einem wirbelfreien Gebiet nach (1) die Form

$$\int \Delta\varphi\, d\tau = -\int \frac{\partial\varphi}{\partial n}\, do \tag{3}$$

an; $\partial\varphi/\partial n$ bedeutet den Richtungsdifferentialquotient von φ in Richtung der inneren Normalen. Nach der Kontinuitätsgleichung (2) ergibt sich

$$\int \frac{\partial\varphi}{\partial n}\, do = 0\,; \tag{3'}$$

diese Gleichung gilt für die Oberfläche jedes im endlichen gelegenen Gebietes, in dem φ eine eindeutige Potentialfunktion ist.

Man leitet aus dieser Gleichung, die aussagt, daß der Fluß durch eine geschlossene Fläche Null ist, leicht ab, daß φ im Innern der Flüssigkeit weder ein Maximum noch ein Minimum besitzen kann. Wichtiger ist die Bemerkung, daß auch der Betrag die Geschwindigkeit $\mathfrak{v}$, definiert durch

$$\mathfrak{v}^2 = \left(\frac{\partial\varphi}{\partial x}\right)^2 + \left(\frac{\partial\varphi}{\partial y}\right)^2 + \left(\frac{\partial\varphi}{\partial z}\right)^2,$$

in keinem Punkt innerhalb der Flüssigkeit ein Maximum haben kann, während Minima auftreten können. Die Geschwindigkeit wird also ihren Höchstwert in einem Punkt der Begrenzung erreichen.

Von grundlegender Bedeutung für die Potentialtheorie ist der GREENsche Satz, der in den Formen, in denen er hier zunächst gegeben wird, nichts anderes als eine Umformung des GAUSSschen Integralsatzes ist. Sind U und V zwei in einem begrenzten Gebiet endliche, eindeutige und samt ihren ersten Differentialquotienten stetige Funktionen, so gelten die Gleichungen

$$\int U\Delta V d\tau = -\int U\frac{\partial V}{\partial n}\, do - \int \left(\frac{\partial U}{\partial x}\frac{\partial V}{\partial x} + \frac{\partial U}{\partial y}\frac{\partial V}{\partial y} + \frac{\partial U}{\partial z}\frac{\partial V}{\partial z}\right) d\tau, \tag{4a}$$

$$\int (U\Delta V - V\Delta U)\, d\tau = -\int \left(U\frac{\partial V}{\partial n} - V\frac{\partial U}{\partial u}\right) do, \tag{4b}$$

$$\int U\Delta U d\tau = -\int U\frac{\partial U}{\partial n}\, do - \int \left[\left(\frac{\partial U}{\partial x}\right)^2 + \left(\frac{\partial U}{\partial y}\right)^2 + \left(\frac{\partial U}{\partial z}\right)^2\right] d\tau. \tag{4c}$$

Der GREENsche Satz gilt auch für Gebiete, die ins Unendliche reichen, wenn die Funktionen U bzw. V im Unendlichen mindestens von 1. Ordnung verschwinden.

Die Voraussetzungen des GREENschen Satzes legen seiner Verwendung in der Hydrodynamik gewisse Beschränkungen auf, deren wichtigste folgende ist. Herrscht in einem mehrfach zusammenhängenden Raum eine zyklische Strömung und soll das Geschwindigkeitspotential φ an Stelle einer der Funktionen U, V treten, so muß es dadurch zu einer einwertigen Funktion des Ortes gemacht werden, daß der mehrfach zusammenhängende Raum durch Einziehen von Querschnitten in einen einfach zusammenhängenden verwandelt wird. Dann sind aber die auftretenden Oberflächenintegrale nicht nur über die ursprüngliche Begrenzung zu erstrecken, sondern auch über die Querschnittsflächen, von denen jede in der Begrenzung des einfach zusammenhängenden Gebietes zweimal auftritt.

[1]) Bd. III dieses Handb.

21. Folgerungen aus dem GREENschen Satz. Wenn man in Gleichung (4c) von Ziff. 20 U durch ein einwertiges Geschwindigkeitspotential φ ersetzt, das im Inneren eines ganz im endlichen gelegenen, einfach zusammenhängenden Gebiets der LAPLACEschen Gleichung genügt, so gelten folgende Sätze:

1. Ist φ auf der Grenzfläche konstant, speziell Null, so besitzt φ auch im Inneren denselben konstanten Wert. Physikalisch bedeutet das, daß keine Bewegung der Flüssigkeit im Inneren vorhanden ist. Die Stromlinien können die Grenzfläche nicht durchdringen, ohne daß φ im Inneren einen extremen Wert annimmt, was ausgeschlossen ist; sie können ebensowenig geschlossene Kurven sein, da sonst φ ein zyklisches und kein einwertiges Potential wäre.

2. Ist $\partial\varphi/\partial n$ auf der Grenzfläche Null, so besitzt φ im Inneren einen konstanten Wert, der aus dieser Grenzbedingung allein nicht näher bestimmbar ist. Physikalisch bedeutet das Verschwinden von $\partial\varphi/\partial n$ auf der Grenzfläche, daß keine Stromlinie die Begrenzung durchsetzt. Hieraus folgt wie oben das Fehlen einer Bewegung im Innern.

3. Ist auf einem Teil der Begrenzung φ konstant, auf dem Rest der Begrenzung $\partial\varphi/\partial n$ Null, so ist φ im Innern konstant.

Aus diesen Sätzen folgt der Eindeutigkeitssatz: Ist in allen Punkten der Begrenzung entweder φ oder $\partial\varphi/\partial n$ gegeben, so ist im Innern die Funktion φ eindeutig, bzw. bis auf eine additive Konstante bestimmt. Auf die Frage der Existenz kann hier nicht eingegangen werden; desgleichen gehören die Methoden zur Bestimmung der Funktion φ aus vorgegebenen Randwerten, die allgemeine Behandlung der Randwertaufgaben, in die Potentialtheorie. Die Bedeutung und Verwendung der sog. GREENschen Funktion wird später (Ziff. 25) noch zur Sprache kommen.

Auf Gebiete, die sich ins Unendliche erstrecken, sind die obigen Sätze nur mit Vorsicht anwendbar. Der erste Satz kann ohne weiteres übertragen werden, wenn die innere Begrenzung von ganz im endlichen gelegenen, einfach zusammenhängenden Flächen gebildet wird, φ im Unendlichen von 1. Ordnung verschwindend vorausgesetzt wird und der konstante Wert, den φ auf der inneren Begrenzung annimmt, Null ist. In anderen Fällen ist eine besondere Untersuchung notwendig.

22. Quellen. Eine punktförmige Quelle von der auf die Dichte „Eins" bezogenen Ergiebigkeit E bringt ein Strömungsfeld hervor, in dem ein Geschwindigkeitspotential

$$\varphi = -\frac{E}{4\pi r} \tag{1}$$

besteht; hier bedeutet r die Entfernung des Quellpunkts von einem Aufpunkt A.

Die Geschwindigkeit, die zu dem Potential (1) gehört, besitzt den Betrag

$$|\mathfrak{v}| = \frac{|E|}{4\pi r^2}$$

und ist für $E > 0$ radial nach außen gerichtet; für $E < 0$, also für den Fall der Senke radial nach innen. Der Fluß durch eine Kugel vom Radius r ist $4r^2\pi|\mathfrak{v}| = |E|$, also vom Radius unabhängig und gleich der Ergiebigkeit des Quellpunktes. Damit ist die Richtigkeit des obigen Ansatzes nachgewiesen. φ genügt überall, außer im Quellpunkt selbst, der LAPLACEschen Gleichung, d. h. der Kontinuitätsbedingung.

Zu einer kontinuierlichen Verteilung von Quellen, einem Quellenfeld, gelangt man, indem man dem Raumelement $d\tau$ eine Ergiebigkeit $e\,d\tau$ zuweist, wo e die Quelldichte bedeutet. Das zugehörige Geschwindigkeitspotential ist

$$\varphi = -\frac{1}{4\pi}\int\frac{e\,d\tau}{r}; \tag{2}$$

es genügt in den Punkten des Quellenfeldes selbst der POISSONschen Gleichung

$$\Delta\varphi = e, \tag{3}$$

sonst der LAPLACEschen Gleichung. Die durch (2) definierte Strömung ist wirbelfrei; ihre Geschwindigkeit ist

$$\mathfrak{v} = -\operatorname{grad}\int\frac{e\,d\tau}{4\pi r}. \tag{4}$$

Es mag hier bemerkt werden, daß die POISSONsche Gleichung (3) ein und nur ein Integral besitzt, das im ganzen Raum samt seinen ersten Ableitungen endlich, eindeutig und stetig ist, und im Unendlichen von 1. Ordnung verschwindet, nämlich das durch (2) gegebene „NEWTONsche Potential".

Neben räumlich ausgebreiteten Quellenfeldern treten Verteilungen von Quellen auf Oberflächen und auf Kurven auf. Das Geschwindigkeitspotential einer Oberflächenverteilung von Quellen ist

$$\varphi = -\frac{1}{4\pi}\int\frac{e^*\,do}{r}, \tag{5}$$

wo e^* die Flächendichte der Ergiebigkeit ist; es besitzt überall, außer an der mit Quellen belegten Fläche selbst, sämtliche Eigenschaften eines NEWTONschen Potentials; an der Fläche sind seine ersten Ableitungen unstetig, d. h. die Geschwindigkeit ändert sich beim Durchgang durch die Fläche sprungweise.

Das Geschwindigkeitspotential linear, d. h. auf einer Kurve verteilter Quellen ist

$$\varphi = -\frac{1}{4\pi}\int\frac{\varepsilon\,ds}{r}, \tag{6}$$

wo ε die lineare Dichte der Ergiebigkeit ist. Von besonderer Bedeutung ist der Fall, daß eine Gerade, etwa die z-Achse, mit Quellen belegt und die Dichte ε konstant ist. Dann läßt sich das Geschwindigkeitspotential $\varphi = -\frac{\varepsilon}{4\pi}\int\limits_{-\infty}^{+\infty}\frac{dz}{r}$ durch Auswertung des Integrals unter Weglassung einer Konstanten in die Form bringen

$$\varphi = \frac{\varepsilon}{2\pi}\lg\varrho\ ^{1)}; \tag{7}$$

hier bedeutet ϱ den parallel zur xy-Ebene gemessenen Abstand des Aufpunktes A von der z-Achse (Abb. 5). φ ist ein „logarithmisches Potential"; es genügt überall, außer in den Punkten der z-Achse der LAPLACEschen Gleichung für zwei unabhängige Veränderliche:

$$\Delta\varphi = \frac{\partial^2\varphi}{\partial x^2} + \frac{\partial^2\varphi}{\partial y^2} = 0. \tag{8}$$

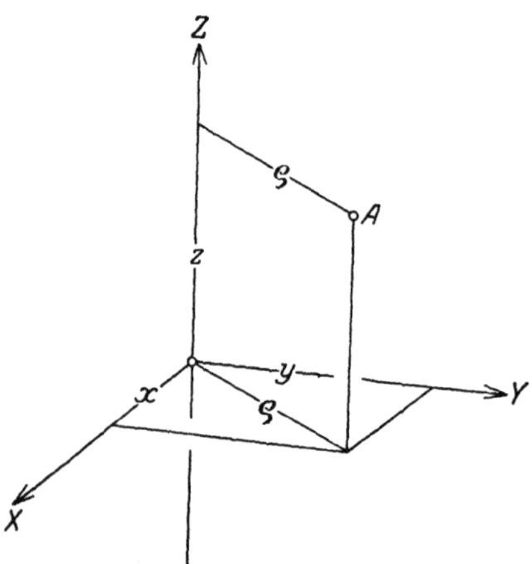

Abb. 5. Zum Potential einer linearen Quelle.

Die zugehörige Strömung ist eben, d. h. in allen Ebenen parallel zur xy-Ebene dieselbe. Betrachtet man die Strömung nur in einer dieser Ebenen, so ist der Schnittpunkt mit der z-Achse ein Quellpunkt der ebenen Strömung.

[1] Da die Dichte gleich 1 gesetzt ist, wird hier das Zeichen ϱ für eine andere Größe frei.

23. Doppelquellen. Läßt man eine Quelle und eine Senke von entgegengesetzt gleicher Ergiebigkeit E und $-E$ zusammenrücken (Abb. 6) und sorgt dafür, daß dabei das Produkt aus ihrem Abstand ds und der Ergiebigkeit E konstant bleibt oder doch einen Grenzwert M zustrebt, so entsteht eine Doppelquelle. M heißt ihr Moment. Sie bringt eine Strömung hervor mit dem Geschwindigkeitspotential

$$\varphi = -\frac{M}{4\pi}\frac{d\frac{1}{r}}{ds} = -\frac{M}{4\pi r^2}\cos\Theta. \tag{1}$$

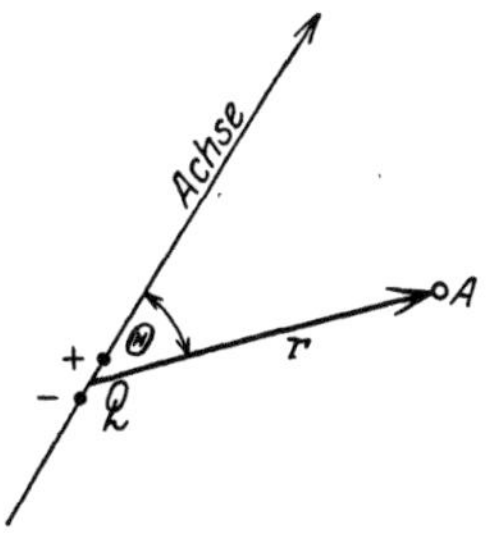

Abb. 6. Doppelquelle.

Die Richtung, welche von dem negativen zum positiven Bestandteil der Doppelquelle führt, heißt ihre Achse. Θ ist der Winkel, welchen die Achse mit der Richtung einschließt, die von der Doppelquelle Q nach dem Aufpunkt A führt. Die in dem ersten Ausdruck für φ verlangte Differentiation ist im Quellpunkt (nicht etwa im Aufpunkt) auszuführen.

Unter den kontinuierlichen Verteilungen von Doppelquellen sind von Wichtigkeit diejenigen Flächenbelegungen, bei denen die Achse jeder Doppelquelle in die Richtung der (positiven) Normalen fällt. Bezeichnet man mit m die Flächendichte des Moments einer derartigen Verteilung von Doppelquellen, so wird ihr Geschwindigkeitspotential durch

$$\varphi = -\frac{1}{4\pi}\int m \frac{\partial\frac{1}{r}}{\partial n}\,do \tag{2}$$

gegeben; die Differentiation von $1/r$ ist auf der Fläche in Richtung der positiven Normalen auszuführen. Das Geschwindigkeitspotential einer solchen Doppelschicht ist an der belegten Fläche selbst unstetig; dasselbe gilt für die Ableitungen des Potentials in Richtung der Tangentialebene, also für die Tangentialkomponenten der Geschwindigkeit.

Zu einer ebenen Doppelquelle kann man in analoger Weise wie zu einem ebenen einfachen Quellpunkt gelangen, wenn man etwa auf der z-Achse gleichgerichtete Doppelquellen von gleicher linearer Dichte μ des Moments, deren Achsen auf der z-Achse senkrecht stehen, anordnet. Das zu der entstehenden ebenen Strömung gehörige Geschwindigkeitspotential ist

$$\varphi = -\frac{\mu}{2\pi\varrho}\cos\Theta. \tag{3}$$

Mehrfache Quellen höherer Ordnung treten seltener auf, haben jedoch prinzipielle Wichtigkeit wegen ihrer Eignung zur hydrodynamischen Deutung der Kugelfunktionen[1]).

Rückt eine Doppelquelle ins Unendliche, während gleichzeitig ihr Moment in geeigneter Weise unendlich wird, so geht die von ihr erregte Strömung in eine Translationsströmung über, die an jedem (endlichen oder unendlich fernen) Punkt die gleiche Geschwindigkeit besitzt.

24. Oberflächenverteilungen von Quellen; Quellschichten. Wenn in einem ganz im Endlichen gelegenen oder ins Unendliche reichenden Gebiet T eine einwertige Funktion φ in allen Punkten der LAPLACEschen Gleichung genügt

[1]) J. C. MAXWELL, Elektricity and Magnetism Kap. IX; W. THOMSON und P. G. TAIT, Handbuch der theoret. Physik Bd. 1, S. 162; vgl. A. CLEBSCH, Crelles' Journal Bd. 61, S. 196. 1862.

(und im letzteren Falle im Unendlichen von 1. Ordnung verschwindet), so kann man den Wert von φ in jedem in T gelegenen Aufpunkt A angeben, wenn man die Werte von φ und $\partial\varphi/\partial n$ in allen Punkten der Begrenzung von T kennt (Abb. 7). Aus dem GREENschen Satz [Ziff. 20, Gleichung (4b)] folgt nämlich

$$\varphi_A = -\frac{1}{4\pi}\int \frac{\partial\varphi}{\partial n}\frac{1}{r}\,do + \frac{1}{4\pi}\int \varphi\frac{\partial\frac{1}{r}}{\partial n}\,do\,. \tag{1a}$$

Dabei ist φ_A der Wert von φ im Punkt A, r die Entfernung von A von einem Punkt der Begrenzung, über die die Integrationen zu erstrecken sind.

Wie dieser Satz aus Ziff. 20, Gleichung (4b) zu gewinnen ist, sei kurz angedeutet; man ersetzt U durch φ, V durch $1/r$, und bemerkt, daß φ in allen Punkten von T der LAPLACEschen Gleichung genügt, $1/r$ aber in allen Punkten mit Ausnahme von A. Schließt man A durch eine kleine Kugel aus, so verschwindet in dem so abgeänderten Bereich die linke Seite von Gleichung (4b) der Ziff. 20, allerdings hat man dafür die Oberflächenintegrale nicht nur über die ursprüngliche Begrenzung von T, sondern auch über die Kugelfläche zu erstrecken und kommt bei der Auswertung der letzteren, wenn man den Kugelradius gegen Null konvergieren läßt, zu dem Zusatzglied $4\pi\varphi_A$. — Die Schwierigkeit, die das Auftreten der singulären Stelle der LAPLACEschen Gleichung von $1/r$ in A bereitet, fällt weg, wenn man den in T gelegenen Aufpunkt A durch einen nicht in T, sondern in dem restlichen Teil T' des Raumes gelegenen Aufpunkt B ersetzt; bezeichnet man seine Entfernung von einem Punkt der Begrenzung mit r', so wird

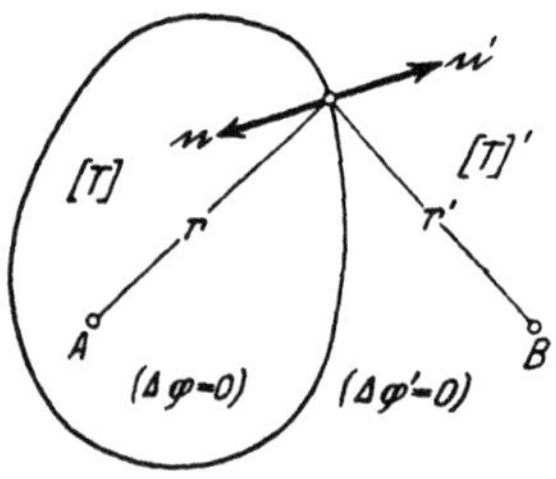

Abb. 7. Inneres und äußeres Gebiet.

$$0 = -\int \frac{\partial\varphi}{\partial n}\frac{1}{r'}\,do + \int \varphi\frac{\partial\frac{1}{r'}}{\partial n}\,do\,. \tag{1b}$$

In der Hydrodynamik besteht die unmittelbare Bedeutung von (1a) darin, daß sie den Wert eines einwertigen Geschwindigkeitspotentials in jedem Punkt eines Gebietes und damit die Strömung angibt, wenn in allen Punkten der Begrenzung des Gebietes der Wert des Geschwindigkeitspotentials φ und die Normalkomponente der Geschwindigkeit $\partial\varphi/\partial n$ bekannt sind. Leider kommt es kaum jemals vor, daß die Oberflächenverteilungen beider Größen bekannt sind; ja, es ist nicht einmal möglich, sie beide willkürlich vorzugeben. Denn nach dem Ziff. 21 erwähnten Eindeutigkeitssatz ist eine von den beiden Oberflächenverteilungen hinreichend, um das Geschwindigkeitspotential in T eindeutig zu bestimmen; und damit ist die Oberflächenverteilung der zweiten Größe durch die der ersten ebenfalls eindeutig bestimmt, aber ohne vorherige Lösung der Randwertaufgabe nicht auffindbar.

Man kann der Gleichung (1a) auch den physikalischen Sinn unterlegen, daß

$$-\frac{1}{4\pi}\int \frac{\partial\varphi}{\partial n}\frac{1}{r}\,do \qquad \text{und} \qquad \frac{1}{4\pi}\int \varphi\frac{\partial\frac{1}{r}}{\partial n}\,do$$

die Potentiale sind, welche eine Verteilung von Quellen von der Flächendichte $e^* = \partial\varphi/\partial n$ bzw. von Doppelquellen von der Flächendichte des Moments $m = -\varphi$ auf der Begrenzung des Gebietes T in jedem im Innern gelegenen Aufpunkt A hervorbringen. Die so gefundene Verteilung von Quellen und Doppelquellen auf der Oberfläche des Gebietes T ist indessen keineswegs die einzige, welche das Potential φ im Inneren hervorbringt, sondern es gibt noch unendlich viele andere. Um eine solche zu finden, betrachte man ein beliebiges Geschwindigkeitspotential φ', das in dem Gebiete T', das nach Wegnahme von T aus dem unendlichen Raum übrigbleibt, der LAPLACEschen Gleichung genügt. Für ein solches gilt, wenn, wie bisher, mit r die Entfernung des Aufpunkts A von einem Oberflächenpunkt bezeichnet wird und $\partial/\partial n'$ die Differentiation in Richtung der inneren Normalen von T' bedeutet, nach (1b) in T:

$$0 = -\frac{1}{4\pi}\int \frac{\partial \varphi'}{\partial n'}\frac{1}{r}\,do + \frac{1}{4\pi}\int \varphi' \frac{\partial \frac{1}{r}}{\partial n'}\,do .$$

Durch Addition dieser Gleichung zu (1a) ergibt sich

$$\varphi_A = -\frac{1}{4\pi}\int \left(\frac{\partial \varphi}{\partial n} + \frac{\partial \varphi'}{\partial n'}\right)\frac{1}{r}\,do + \frac{1}{4\pi}\int (\varphi - \varphi')\frac{\partial \frac{1}{r}}{\partial n}\,do . \tag{2}$$

Damit ist die allgemeinste Verteilung von Quellen und Doppelquellen auf der Begrenzung von T gefunden, welche in T ein gegebenes Geschwindigkeitspotential φ hervorbringt; die Dichten dieser Verteilungen sind

$$e^* = \frac{\partial \varphi}{\partial n} + \frac{\partial \varphi'}{\partial n'}, \qquad m = \varphi' - \varphi . \tag{2'}$$

Man erkennt, daß es durch geeignete Wahl von φ' auf eine und nur eine Weise möglich ist, entweder m oder e^* zum Verschwinden zu bringen. Also gibt es eine Verteilung von Quellen allein auf der Begrenzung von T, und ebenso eine Verteilung von Doppelquellen allein auf der Begrenzung von T, welche in T ein gegebenes Geschwindigkeitspotential, d. h. eine gegebene wirbelfreie Strömung, hervorbringt.

Für mehrfach zusammenhängende Gebiete und zyklische Potentiale gelten diese Betrachtungen nicht unmittelbar; vielmehr müssen solche Gebiete durch Einziehen von Querschnitten erst einfach zusammenhängend gemacht werden; die Querschnitte sind dann selbst in geeigneter Weise mit Doppelquellen zu belegen.

25. Randwertaufgaben; GREENsche Funktionen. Die erste Randwertaufgabe verlangt, eine in T eindeutige Potentialfunktion φ, die in allen Punkten von T der LAPLACEschen Gleichung genügt, zu bestimmen, wenn die Werte von φ auf der Begrenzung von T gegeben sind.

Die zweite Randwertaufgabe verlangt, eine in T eindeutige Potentialfunktion φ, die in allen Punkten von T der LAPLACEschen Gleichung genügt, zu bestimmen, wenn auf der Begrenzung von T die Werte von $\partial\varphi/\partial n$, in der Hydrodynamik also die Werte der Normalkomponente der Geschwindigkeit, gegeben sind; sie ist in der Hydrodynamik wichtiger als die erste.

Weitere Randwertaufgaben sind zwar hydrodynamisch nicht unwichtig, sollen aber mit Rücksicht auf die gebotene Einschränkung potentialtheoretischer Methoden nicht behandelt werden.

Um die Gleichung (1a) von Ziff. 24

$$\varphi_A = -\frac{1}{4\pi}\int \frac{\partial \varphi}{\partial n}\frac{1}{r}\,do + \frac{1}{4\pi}\int \varphi \frac{\partial \frac{1}{r}}{\partial n}\,do$$

von dem Nachteil zu befreien, daß sie die Kenntnis von φ und $\partial\varphi/\partial n$ auf der Begrenzung verlangt, bemerkt man, daß nach dem GREENschen Satz [Ziff. 20,

Gleichung (4b)] für jede Funktion G, die in allen Punkten von T der LAPLACEschen Gleichung

$$\Delta G = 0$$

genügt, die Gleichung

$$\int \frac{\partial \varphi}{\partial n} G\, do - \int \varphi \frac{\partial G}{\partial n}\, do = 0$$

gilt. Diese Gleichung verbindet man mit Gleichung (1a) von Ziff. 24 zu

$$\varphi_A = +\frac{1}{4\pi}\int \frac{\partial \varphi}{\partial n}\left(G - \frac{1}{r}\right) do - \frac{1}{4\pi}\int \varphi \left(\frac{\partial G}{\partial n} - \frac{\partial \frac{1}{r}}{\partial n}\right) do \tag{1}$$

und sucht G so zu bestimmen, daß eines der beiden Integrale verschwindet, oder, wenn das nicht erreichbar ist, einen von Null verschiedenen konstanten Wert annimmt.

Damit reduziert sich die erste Randwertaufgabe auf die Bestimmung einer Funktion G, die folgende Eigenschaften besitzt:

a) G soll in allen Punkten von T endlich, eindeutig und stetig sein und stetige erste Ableitungen besitzen;

b) G soll in allen Punkten von T der LAPLACEschen Gleichung genügen;

c) in allen Punkten der Begrenzung von T soll $G = 1/r$ sein; dabei wird r vom Punkt A aus gemessen;

d) hierzu kommt noch, falls T ins Unendliche reicht, für G die Bedingung des Nullwerdens von 1. Ordnung im Unendlichen.

Die Bestimmung von G erfordert selbst die Lösung einer ersten Randwertaufgabe für spezielle Randwerte $G = 1/r$; damit ist aber dann nach (1) die erste Randwertaufgabe für beliebige Randwerte einer Funktion φ gelöst durch

$$\varphi_A = -\frac{1}{4\pi}\int \varphi \left(\frac{\partial G}{\partial n} - \frac{\partial \frac{1}{r}}{\partial n}\right) do\,. \tag{2}$$

G heißt das erste GREENsche Potential; an seiner Stelle wird meist die erste GREENsche Funktion

$$\mathfrak{G} = G - \frac{1}{r}$$

verwendet, mit deren Hilfe die Lösung der ersten Randwertaufgabe folgende wird:

$$\varphi_A = -\frac{1}{4\pi}\int \varphi \frac{\partial \mathfrak{G}}{\partial n}\, do\,. \tag{2'}$$

Die Funktion $\mathfrak{G}$ unterscheidet sich von G dadurch, daß sie

a′) im Punkte A von T, ihrem „Pol“, wie $-1/r$ unendlich wird,

b′) im Punkte A der LAPLACEschen Gleichung nicht genügt,

c′) in allen Punkten der Begrenzung von T verschwindet.

Mit der Lösung der ersten Randwertaufgabe ist auch für die zweite der Weg vorgezeichnet. Man wird zuerst versuchen, in (1) das zweite Integral zum Verschwinden zu bringen dadurch, daß man eine Funktion G zu bestimmen sucht, die in allen Punkten der Begrenzung dieselbe Ableitung in Richtung der Normalen wie $1/r$ besitzt, sonst aber nach (a, b, d) gerade so definiert ist wie bei der ersten Randwertaufgabe. Indessen ist das, wenigstens für Gebiete T, die im Innern einer geschlossenen Fläche liegen, nicht möglich. Für jede Funktion φ, die in einem solchen Gebiet der LAPLACEschen Gleichung genügt, also auch für die postulierte Funktion G, ist nach dem GAUSSschen Integralsatz [Ziff. 20, Gleichung (3′)]

$$\int \frac{\partial \varphi}{\partial n}\, do = 0\,.$$

Dagegen berechnet man

$$\int \frac{\partial \frac{1}{r}}{\partial n} do = 4\pi$$

für eine Entfernung r, die von einem im Innern der Fläche gelegenen Pol A aus gerechnet wird. Man definiert deshalb für innere Gebiete ein zweites GREENsches Potential G^* durch die Forderung

$$\frac{\partial G^*}{\partial n} = \frac{\partial \frac{1}{r}}{\partial n} - \frac{4\pi}{F},$$

wo F den Flächeninhalt der Begrenzung bedeutet, und durch die Bedingungen (a, b). Dann wird in der Tat

$$\int \frac{\partial G^*}{\partial n} do = \int \frac{\partial \frac{1}{r}}{\partial n} do - \frac{4\pi}{F} \int do = 4\pi - 4\pi = 0.$$

Die Lösung der zweiten Randwertaufgabe folgt dann aus (1)

$$\varphi_A = \frac{1}{4\pi} \int \frac{\partial \varphi}{\partial n} \left(G^* - \frac{1}{r}\right) do + C, \tag{3}$$

wo C eine willkürliche Konstante bedeutet. Die Veränderung des Potentials um eine additive Konstante beeinflußt die Werte seiner Ableitungen nicht.

Für äußere Bereiche, die sich ins Unendliche erstrecken, kann G^* durch

$$\frac{\partial G^*}{\partial n} = \frac{\partial \frac{1}{r}}{\partial n}$$

definiert werden; in der Lösung der Randwertaufgabe fällt die additive Konstante weg; das GREENsche Potential ist in diesem Fall durch die Forderung (d) eindeutig bestimmt.

Neben dem zweiten GREENschen Potential G^* findet in der Literatur eine zweite GREENsche Funktion

$$\mathfrak{G}^* = G^* - \frac{1}{r}$$

Verwendung; sie unterscheidet sich von G^* dadurch, daß sie

a') im Punkt A, ihrem „Pol", wie $-1/r$ unendlich wird,

b') im Punkt A der LAPLACEschen Gleichung nicht genügt,

c') in allen Punkten der Begrenzung eine konstante bzw. verschwindende Ableitung in Richtung der Normalen besitzt.

Mit Hilfe von $\mathfrak{G}^*$ nimmt die Lösung der zweiten Randwertaufgabe die Form an:

$$\varphi_A = \frac{1}{4\pi} \int \frac{\partial \varphi}{\partial n} \mathfrak{G}^* do + C. \tag{3'}$$

Physikalisch bedeutet die zweite GREENsche Funktion G^* für ein äußeres Gebiet das Geschwindigkeitspotential einer Strömung, die im Punkt A eine Quelle von der Ergiebigkeit $E = 4\pi$ besitzt und für welche die Begrenzung des Gebietes eine feste Grenze bildet. Für ein inneres Gebiet tritt an die Stelle der letzten Bedingung die Forderung, daß die Normalkomponente der Geschwindigkeit an jeder Stelle der Begrenzung denselben Wert hat, daß also der Fluß durch die Begrenzungsfläche gleichmäßig über die ganze Fläche verteilt ist.

26. Methode der Bilder. Dasjenige Gebiet, für das die Lösung beider Randwertaufgaben am einfachsten wird, ist der durch eine unendlich ausgedehnte Ebene begrenzte Halbraum.

Befindet sich eine Quelle von der Ergiebigkeit 4π in einem Punkt A des oberen Halbraums, und ordnet man ihr im Spiegelbild A' von A im unteren Halbraum (Abb. 8) eine Quelle von der Ergiebigkeit -4π (Senke) zu, so ist das Geschwindigkeitspotential der entstehenden Strömung

$$\varphi = -\frac{1}{r} + \frac{1}{r'};$$

dabei bedeuten r und r' die Entfernungen eines beliebigen Aufpunktes P von A und A'. φ ist die erste GREENsche Funktion $\mathfrak{G}$ für den oberen Halbraum

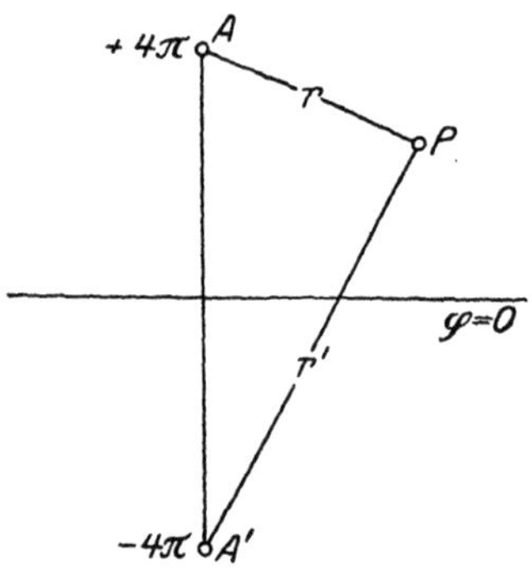

Abb. 8. Quelle und Senke.

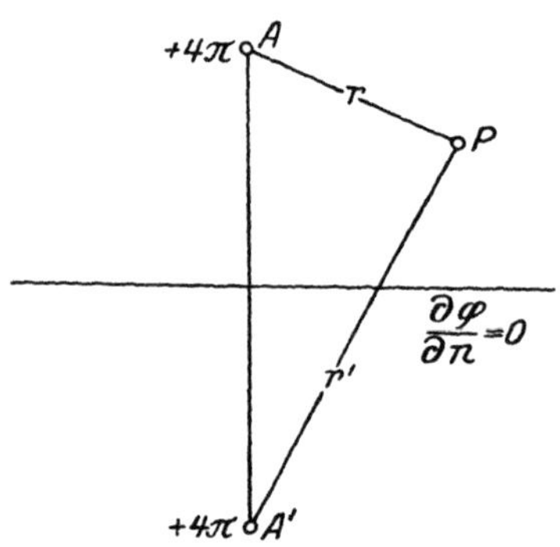

Abb. 9. Zwei Quellen.

mit dem Pol A; denn φ verschwindet in allen Punkten der Begrenzungsebene und genügt im oberen Halbraum überall der LAPLACEschen Gleichung außer in A; dort hat es einen Pol und wird wie $-1/r$ unendlich.

Ersetzt man die Senke in A' durch eine Quelle (Abb. 9) von der Ergiebigkeit 4π, so wird

$$\varphi = -\frac{1}{r} - \frac{1}{r'}$$

die zweite GREENsche Funktion $\mathfrak{G}^*$ für den oberen Halbraum mit dem Pol A; an der Begrenzungsebene verschwindet $\partial\varphi/\partial n$. φ kann als Geschwindigkeitspotential einer Strömung betrachtet werden, die von der Quelle 4π in A ausgeht und an der Ebene eine feste Begrenzung findet.

Diese Methode der Spiegelung läßt sich verallgemeinern für den Fall, daß sich im oberen Halbraum eine beliebige diskrete oder kontinuierliche Verteilung von Quellen befindet. Ordnet man jeder Quelle von der Ergiebigkeit E als Spiegelbild eine Quelle von der Ergiebigkeit $-E$ oder $+E$ zu, so erhält man eine Strömung, für die die Ebene im ersten Fall die Potentialfläche Null, im zweiten Fall eine feste Grenze ist. Das entsprechende gilt für mehrfache Quellen, und wie gleich hier bemerkt sein mag, mit einer leichten Abänderung auch für Wirbel.

Für die Kugel hat W. THOMSON[1]) bei der Behandlung einer elektrostatischen Aufgabe die Methode der Bilder zur Lösung der ersten Randwertaufgabe entwickelt. Im Innenraum (oder Außenraum) einer Kugel ist eine Verteilung elektrischer Massen gegeben und auf der Kugelfläche das Potential $\varphi = 0$ vorgeschrieben; verlangt ist die Bestimmung der Funktion φ im ganzen Innenraum

[1]) W. THOMSON, Journ. de math. Bd. 10. 1845; Bd. 12. 1847.

(bzw. Außenraum). Hydrodynamisch ist eine Verteilung von Quellen gegeben im Innenraum (bzw. Außenraum); die Strömung soll die Kugelfläche senkrecht durchsetzen. Die Lösung ist folgende: Das Spiegelbild einer Quelle von der Ergiebigkeit E in der Entfernung a vom Mittelpunkt der Kugel, deren Radius R sei, ist eine negative Quelle (Senke) von der Ergiebigkeit $E' = -\frac{R}{a} E$, die auf dem gleichen Radius liegt wie die Quelle und die Entfernung $a' = R^2/a$ vom Mittelpunkt hat. Die gegebene Quelle und ihr Bild liegen in „inversen" Punkten, die durch Transformation mittels reziproker Radien ineinander übergehen (Abb. 10).

Die für die Hydrodynamik wichtigere Lösung der zweiten Randwertaufgabe ist weniger einfach, weil dabei das Bild einer punktförmigen Quelle nicht punktförmig ist[1]). Es sei die Aufgabe gestellt, die Strömung im Außenraum zu bestimmen, für die die Kugel eine feste Begrenzung ist, wenn die Verteilung der Quellen im Außenraum gegeben ist. Dann besteht das Bild einer Quelle von der Ergiebigkeit E in der Entfernung a vom Mittelpunkt ($a > R$) aus einer Quelle im inversen Punkt von der Ergiebigkeit $E' = \frac{R}{a} E$, und einer linearen Verteilung von Senken von der gleichmäßigen linearen Dichte $-E/R$, die die Verbindungslinie des genannten inversen Punktes mit dem Kugelmittelpunkt erfüllen. Dann ist die Gesamtergiebigkeit der in der Kugel eingeschlossenen Quellen Null. — Das Bild einer Doppelquelle vom Moment M, deren Achse in die Richtung eines Radius fällt, ist eine Doppelquelle von entgegengesetzt gerichteter Achse mit dem Moment $-\frac{R^3}{a^3} M$. Rückt die Doppelquelle im Außenraum ins Unendliche, so geht die von ihr erzeugte Strömung in eine translatorische Strömung über; zugleich rückt das Bild dieser Doppelquelle in den Mittelpunkt der Kugel. So ergibt sich, daß das Geschwindigkeitspotential einer Strömung, welche eine Kugel vom Radius R umfließt, im ganzen unendlichen Außenraum singularitätenfrei ist und im Unendlichen die Geschwindigkeit c in Richtung der positiven x-Achse besitzt, in der Form

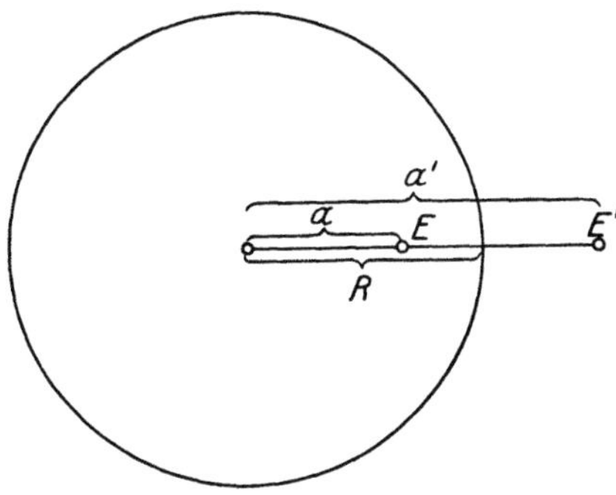

Abb. 10. Spiegelung am Kreis.

$$\varphi = c\left[x + \frac{x R^3}{2r^3}\right]. \tag{1}$$

Von hier aus ist es auch leicht möglich, die gleichförmig fortschreitende Bewegung einer Kugel in einer unendlich ausgedehnten, sonst ruhenden Flüssigkeit zu untersuchen (vgl. Ziff. 33). Hierzu braucht man nur dem ganzen Feld samt der Kugel eine Geschwindigkeit c in Richtung der negativen x-Achse zu erteilen. Die „relativen" Stromlinien, welche die bewegte Kugel in der umgebenden Flüssigkeit in einem bestimmten Moment hervorbringt, sind die der in ihrem Mittelpunkt liegenden Doppelquelle unter Beschränkung auf den Außenraum (Abb. 11).

Die Methode der Bilder kann auch auf Gebiete angewendet werden, die von zwei parallelen oder sich schneidenden Ebenen oder von zwei Kugelflächen

[1]) W. M. Hicks, Phil. Trans. Bd. 171. 1880.

begrenzt werden. Es treten dann zwei unendliche Reihen von Bildern auf; jedes neu eingeführte Bild wird, während es die Grenzbedingung an der einen Fläche erfüllt, an der anderen die bereits erreichte Erfüllung der Grenzbedingung zerstören und so für diese zweite Fläche eine Korrektion notwendig machen, die ihrerseits wieder das Auftreten eines störenden Gliedes an der ersten Fläche zur Folge hat. Dieses Verfahren, dessen Konvergenz sich nachweisen läßt, ist nichts anderes als eine geometrische Veranschaulichung gewisser Methoden der Potentialtheorie, die durch schrittweise Näherung zum Ziel führen, bei ihrer Anwendung auf einfache Fälle.

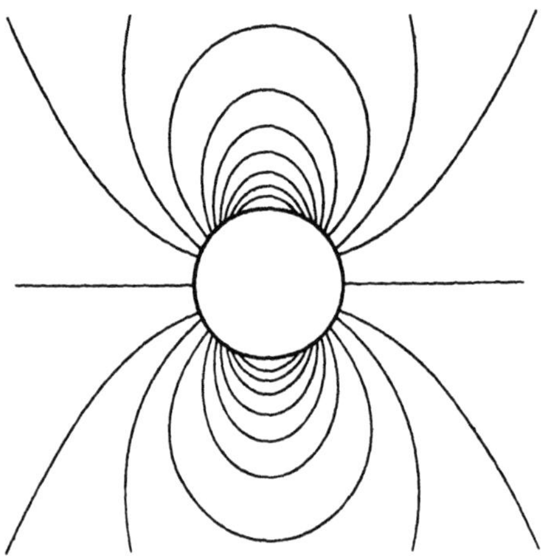

Abb. 11. Relative Stromlinien einer bewegten Kugel.

Im Fall der ebenen Strömung vereinfacht sich die Methode der Bilder erheblich. Bei der ersten Randwertaufgabe ist das Bild einer Quelle eine Quelle von entgegengesetzt gleicher Ergiebigkeit im inversen Punkt. Bei der zweiten Randwertaufgabe besteht das Bild einer außerhalb des Kreises gelegenen Quelle aus einer Quelle von der gleichen Ergiebigkeit im inversen Punkt und aus einer ebenso starken Senke im Mittelpunkt des Kreises. Das Bild einer beliebig gerichteten Doppelquelle ist stets eine Doppelquelle, deren Richtung und Moment leicht angebbar sind. Ähnliches gilt für Wirbelpunkte (vgl. Ziff. 49).

Mit der Methode der Bilder eng verwandt ist ein Verfahren, eine Anzahl von Quellen und Senken von der Gesamtergiebigkeit Null in einer translatorischen Strömung so anzuordnen, daß sich unter den von den Stromlinien gebildeten Flächen eine geschlossene befindet, in deren Innerem die Quellen und Senken liegen. Man kann sich dann das Innere dieser Fläche durch einen starren Körper ersetzt denken, der von einer stationären singularitätenfreien Strömung umflossen wird, die vollständig bekannt ist. Im einfachsten Fall hat man eine Quelle und eine Senke von gleicher Stärke, die zunächst keine stationäre Strömung veranlassen, sondern sich mit konstanter Geschwindigkeit auf ihrer Verbindungslinie in gleicher Richtung bewegen. Überlagert man der Bewegung eine Translation von entgegengesetzt gleicher Geschwindigkeit, so bildet sich eine geschlossene Stromfläche von der ungefähren Gestalt eines mehr oder minder schlanken Rotationsellipsoids[1]) (Abb. 12).

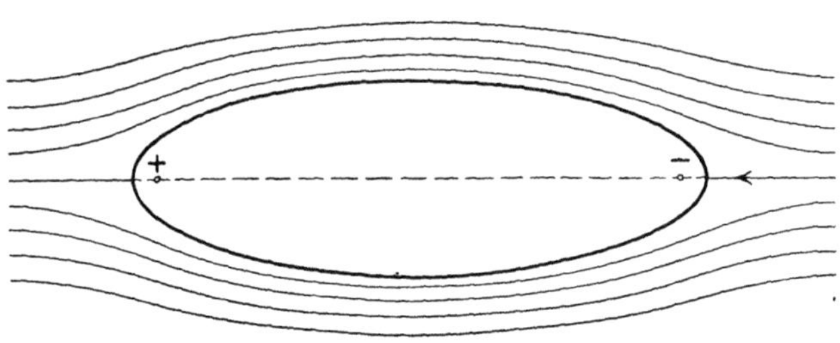

Abb. 12. Potentialströmung um ein Ellipsoid.

[1]) W. RANKINE, Principles relating to stream lines. Engineer 1868. Die genaue Gestalt der Stromlinien im zweidimensionalen Fall zeigt eine Figur bei LANCHESTER, Aerodynamik, Bd. I, S. 87.

Als Grenzfall ergibt sich die Strömung um eine Kugel, wenn Quelle und Senke zu einer Doppelquelle zusammenrücken.

Auch Verteilungen von endlich oder unendlich vielen Quellen auf einer Geraden sind wiederholt verwendet worden[1]), um bei Überlagerung mit einer translatorischen Geschwindigkeit geschlossene Stromflächen zu erhalten, die zur Darstellung der Gestalt eines Luftschiffes geeignet sind.

In ähnlicher Weise wie Quellpunkte lassen sich geschlossene Wirbellinien verwenden, um geschlossene Stromflächen zu erhalten (vgl. Ziff. 52).

27. Wirbelfeld; Wirbellinie; BIOT-SAVARTsches Gesetz. In ähnlicher Weise, wie ein in der Flüssigkeit befindliches Quellenfeld eine Strömung zur Folge hat, kann auch ein Wirbelfeld oder ein einzelner Wirbelfaden in einer sonst singularitätenfreien Strömung als Ursache der vorhandenen Bewegung aufgefaßt werden. Während aber eine von einem Quellenfeld herrührende Strömung ein Geschwindigkeitspotential besitzt, das in den Punkten des Quellenfeldes der POISSONschen, sonst der LAPLACEschen Gleichung genügt, hat die von einem Wirbelfeld hervorgebrachte Strömung nur in wirbelfreien Punkten der Flüssigkeit ein Geschwindigkeitspotential.

Man kann also im allgemeinen nur einen Ausdruck für die Geschwindigkeit $\mathfrak{v}$ der Strömung angeben. Es sei vorausgesetzt, daß die Flüssigkeit den ganzen unendlichen Raum erfüllt. Wenn dann

$$\mathrm{rot}\,\mathfrak{v} = \mathfrak{w} \tag{1}$$

in allen Punkten des Wirbelfeldes bzw. des Raumes gegeben ist, wobei $\mathfrak{w}$ der Bedingung

$$\mathrm{div}\,\mathfrak{w} = 0$$

genügen muß, so ist die Geschwindigkeit der Strömung

$$\mathfrak{v} = \mathrm{rot}\int \frac{\mathfrak{w}\,d\tau}{4\pi r}\,; \tag{2}$$

dabei bedeutet r die Entfernung eines festen Aufpunktes A von einem veränderlichen Punkt des Wirbelfelds; die Integration erstreckt sich über den ganzen Raum. Die Ableitung der Gleichung (2) ist ziemlich mühsam; sie kann hier nur angedeutet werden: man setzt versuchsweise $\mathfrak{v}$ als Rotation eines Vektorpotentials $\mathfrak{W}$ an und erkennt, daß $\mathfrak{W}$ so bestimmt werden kann, daß es einer POISSONschen Gleichung

$$\Delta\mathfrak{W} = -\mathfrak{w}$$

genügt; hieraus ergibt sich (2). Die so erhaltene Strömung ist quellenfrei.

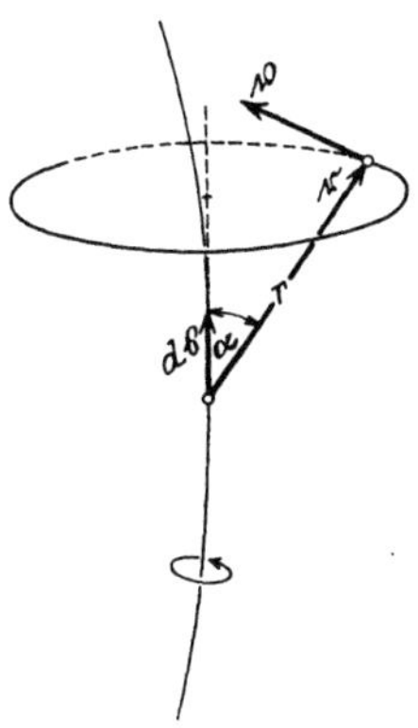
Abb. 13. Geschwindigkeitsfeld eines Wirbelfadens.

Ein einzelner Wirbelfaden von der Zirkulation Γ und verschwindendem Querschnitt bringt in einem Aufpunkt A, der nicht auf dem Wirbelfaden selbst liegt (Abb. 13), die Geschwindigkeit

$$\mathfrak{v} = \frac{\Gamma}{2\pi}\,\mathrm{rot}\int \frac{d\mathfrak{s}}{r} \tag{3}$$

hervor. Dabei bedeutet $d\mathfrak{s}$ das gerichtete Linienelement des Wirbelfadens; bezeichnet man noch mit α den Winkel, den $d\mathfrak{s}$ mit dem nach dem Aufpunkt A hinführenden Vektor $\mathfrak{r}$ bildet, so kann man die Geschwindigkeit in die Form setzen:

$$\mathfrak{v} = \frac{\Gamma}{4\pi}\int \frac{[d\mathfrak{s},\,\mathfrak{r}]}{r^3}\,; \tag{3'}$$

[1]) Zum Beispiel N. JOUKOWSKI, Aérodynamique 1916, S. 66; G. FUHRMANN, ZS. f. Flugtechnik u. Motorluftschiffahrt, Bd. 2. 1911.

jedes Linienelement ds des Wirbelfadens liefert zu der Geschwindigkeit einen Beitrag vom Betrag $\frac{\Gamma}{4\pi}\frac{ds\sin\alpha}{r^2}$; man erkennt die formale Identität des Gesetzes, welches die Geschwindigkeit der von einem Wirbelfaden herrührenden Strömung gibt, mit dem BIOT-SAVARTschen Gesetz der Elektrodynamik, das die Feldstärke des von einem elektrischen Strom erzeugten Magnetfeldes bestimmt.

Die Gleichung (3) gilt für beiderseits ins Unendliche verlaufende Wirbelfäden gerade so wie für geschlossene. Da in ihr der Querschnitt des Wirbelfadens nicht mehr vorkommt, kann man die rechte Seite auch auf eine isolierte Wirbellinie von endlichem Wirbelmoment beziehen, die ähnlich zu definieren ist wie die punktförmige Quelle von endlicher Ergiebigkeit. Nach Ziff. 18, Gleichung (1) ist die Winkelgeschwindigkeit in den Punkten einer isolierten Wirbellinie unendlich groß anzunehmen. Denkt man sich in die Wirbellinie als Begrenzung eine beliebige Fläche eingespannt, so kann man in ähnlicher Weise wie beim STOKESschen Satz das Linienintegral in ein Oberflächenintegral verwandeln und erhält

$$\mathfrak{v} = -\frac{\Gamma}{4\pi}\operatorname{grad}\int\frac{\partial\frac{1}{r}}{\partial n}\,do\,.$$

Die durch eine einzelne Wirbellinie hervorgerufene Strömung besitzt also ein Geschwindigkeitspotential

$$\varphi = -\frac{\Gamma}{4\pi}\int\frac{\partial\frac{1}{r}}{\partial n}\,do\,. \tag{4}$$

Man erkennt durch Vergleich mit Ziff. 23, Gleichung (2), daß man die Wirbellinie durch eine Oberflächenverteilung von Doppelquellen ersetzen kann, deren Achse in die Normalenrichtung der eingespannten Fläche fällt und welche eine konstante Flächendichte des Moments besitzen, die gleich der Zirkulation um die Wirbellinie ist. Auch dieser Satz ist formal identisch mit einem bekannten Satz der Elektrodynamik, wonach ein geschlossener elektrischer Strom bezüglich des von ihm erregten magnetischen Kraftfeldes durch eine magnetische Doppelfläche ersetzt werden kann.

Der Ausdruck für φ läßt auch eine geometrische Deutung zu. Der räumliche Sehwinkel ε, unter dem eine geschlossene Kurve von einem Aufpunkt aus erscheint, ist

$$\varepsilon = -\int\frac{\partial\frac{1}{r}}{\partial n}\,do\,;$$

das Integral ist über eine beliebige in die geschlossene Kurve eingespannte Fläche zu erstrecken. Hiernach ist das Geschwindigkeitspotential einer Wirbellinie in jedem Aufpunkt durch den räumlichen Sehwinkel ε und die Zirkulation Γ bestimmt:

$$\varphi = \frac{\Gamma}{4\pi}\varepsilon\,.$$

Wenn der Aufpunkt auf einer geschlossenen Kurve um die Wirbellinie herum bewegt wird, ändert sich der räumliche Sehwinkel um 4π; infolgedessen ist auch das von einer Wirbellinie hervorgerufene Geschwindigkeitspotential φ zyklisch, und seine zyklische Konstante ist die Zirkulation Γ.

In ähnlicher Weise, wie die von einer einzelnen Wirbellinie hervorgerufene Strömung, besitzt auch die von einem Wirbelfeld hervorgerufene Strömung in Punkten, die dem Wirbelfeld nicht angehören, ein Geschwindigkeitspotential. Dieses kann durch eine geeignete Integration von (4) aufgestellt werden; das geschieht in Ziff. 28 wenigstens für flächenförmig ausgebreitete Wirbelfelder.

28. Wirbelschichten. Wenn eine kontinuierliche Verteilung von Wirbellinien eine Fläche F bedeckt, so spricht man von einer Wirbelschicht. Ist $d\Gamma$ die Zirkulation um einen infinitesimalen Streifen von Wirbellinien auf der Fläche, so ist die Geschwindigkeit der von der Wirbelschicht erregten Strömung

$$\mathfrak{v} = \frac{1}{4\pi} \operatorname{rot} \int_F d\Gamma \int \frac{d\mathfrak{s}}{r}, \tag{1}$$

wobei die äußere Integration auf der Fläche quer zur Richtung der Wirbellinien zu vollziehen ist.

Bildet die Wirbelschicht eine einfach zusammenhängende Fläche, so kann man das innere Integral für jede Wirbellinie in ein Flächenintegral verwandeln, das über die von der Wirbelschicht gebildete Fläche selbst bis an die einzelne Wirbellinie heran zu erstrecken ist; dann wird die Geschwindigkeit

$$\mathfrak{v} = -\frac{1}{4\pi} \operatorname{grad} \int d\Gamma \int \frac{\partial \frac{1}{r}}{\partial n} do = -\frac{1}{4\pi} \operatorname{grad} \int_F \Gamma \frac{\partial \frac{1}{r}}{\partial n} do$$

und das Geschwindigkeitspotential

$$\varphi = -\frac{1}{4\pi} \int_F \Gamma \frac{\partial \frac{1}{r}}{\partial n} do; \tag{2}$$

hier bedeutet der einem Flächenelement do zugeordnete Wert Γ das Integral über die Zirkulationen aller Wirbellinien der Schicht angefangen vom Rande der Wirbelschicht bis zu dem betrachteten Flächenelement; durch Vergleich mit Ziff. 23, Gleichung (2) erkennt man, daß die Wirbelschicht dieselbe Strömung hervorbringt wie eine Verteilung von Doppelquellen auf der Fläche der Wirbelschicht, deren Dichte des Moments $m = \Gamma$ eine Funktion des Ortes auf der Fläche ist.

Die Verwendbarkeit der Wirbelschichten reicht aber weiter als die der Oberflächenverteilungen von Doppelquellen, insofern man auch zyklische Potentialströmungen mit ihrer Hilfe darstellen kann, während die Doppelquellen nur eindeutige Potentiale in einfach zusammenhängenden Räumen geben. Die Geschwindigkeit ist auch im Fall mehrfach zusammenhängender Wirbelschichten durch (1) gegeben. Um zum Geschwindigkeitspotential zu gelangen, muß man $\int d\mathfrak{s}/r$ in ein Oberflächenintegral verwandeln über eine Fläche F', die in eine geschlossene Wirbellinie eingespannt ist, also einen Querschnitt der mehrfach zusammenhängenden Wirbelschicht F bildet. Damit kommt man allerdings im wesentlichen auf das auch bei Doppelquellenverteilungen angewendete Verfahren zurück (vgl. Ziff. 24, Ende). Das Geschwindigkeitspotential wird dann

$$\varphi = -\int_F \frac{d\Gamma}{4\pi} \int_{F'} \frac{\partial \frac{1}{r}}{\partial n} do.$$

Beim Durchgang durch eine Wirbelschicht ändert sich die tangentiale Geschwindigkeit sprungweise, während die Normalkomponente der Geschwindigkeit stetig ist. Bezeichnet man mit ds ein Linienelement der Wirbelschicht senkrecht zur Richtung der Wirbellinien, mit v und v' die Komponenten der tangentialen Geschwindigkeit in Richtung von ds auf beiden Seiten der Wirbelschicht, so ist

$$v' - v = \frac{d\Gamma}{ds}$$

der Geschwindigkeitssprung beim Durchgang durch die Wirbelschicht. Wirbelschichten sind vorzüglich geeignet zur Behandlung von Strömungen, welche eine Fläche enthalten, an der die tangentiale Komponente der Geschwindigkeit unstetig wird, an der also gleichsam zwei Strömungen aneinander hingleiten. Auf das Auftreten solcher Trennungsflächen (Diskontinuitätsflächen) hat HELMHOLTZ[1]) hingewiesen und ihre analytische Behandlung gelehrt. Für die physikalische Anschauung ist es nützlich, sich die analytischen Wirbelschichten, welche an den Trennungsflächen auftreten, als wirkliche Flüssigkeitsschichten vorzustellen, deren Teilchen wie Walzen, die zwischen den beiden Strömen liegen, das Hingleiten derselben aneinander vermitteln.

Wirbelschichten sind im allgemeinen weder stationär noch stabil (vgl. Ziff. 19 und 51).

Über die Entstehung der Wirbelschichten vgl. Ziff. 51.

29. Darstellung einer Strömung durch Quellen und Wirbel. In Ziff. 22 ist eine wirbelfreie Strömung bestimmt worden, die ein gegebenes Quellenfeld besitzt; in Ziff. 27 eine quellenfreie Strömung, die ein gegebenes Wirbelfeld besitzt. Durch Superposition beider Strömungen kommt man zur Bestimmung einer Strömung, deren Quellen und Wirbel gegeben sind, im ganzen unendlich ausgedehnten Raum.

Sei $e = \operatorname{div} \mathfrak{v}$ die Quelldichte der Strömung,

$\mathfrak{w} = \operatorname{rot} \mathfrak{v}$ die Rotation der Geschwindigkeit (mit $\operatorname{div} \mathfrak{w} = 0$),

so ist

$$\mathfrak{v} = -\operatorname{grad} \int \frac{e\, d\tau}{4\pi r} + \operatorname{rot} \int \frac{\mathfrak{w}\, d\tau}{4\pi r} \tag{1}$$

die Geschwindigkeit der Strömung.

Erfüllt die Flüssigkeit ein begrenztes Gebiet T, und sind in T ihre Quellen und Wirbel gegeben, so ist die Strömung in T erst eindeutig bestimmt, wenn über ihr Verhalten an der Begrenzung von T hinreichende Angaben gemacht sind. Z. B. kann die Normalkomponente der Geschwindigkeit an der Begrenzung vorgeschrieben sein; im einfachsten Falle wird sie Null sein, wenn die Begrenzung von T zugleich die feste Grenze der Strömung ist. Man kommt dann mittels (1) zu einer vorläufigen Lösung, wenn man im Außenraum T' von T eine beliebige, möglichst einfache Verteilung von Quellen und Wirbeln annimmt und die Integration wie oben über den unendlichen Raum erstreckt; am einfachsten setzt man die Strömung in T' quellenfrei voraus und führt auch Wirbel nur soweit ein, als es zum Schließen von Wirbellinien in T notwendig ist, die die Begrenzung durchsetzen. Die so gefundene Lösung besitzt zwar in T das vorgeschriebene Quellen- und Wirbelfeld, genügt aber im allgemeinen nicht den Grenzbedingungen. Um auch diese zu erfüllen, überlagert man ihr noch eine geeignete Potentialströmung, die in T singularitätenfrei ist und durch Lösung einer zweiten Randwertaufgabe gefunden wird; hierzu ist die Kenntnis der zweiten GREENschen Funktion für T notwendig.

30. Bewegungsenergie einer Strömung. Die Bewegungsenergie einer Strömung in einem endlichen oder unendlichen Gebiet hängt von den in dem Gebiet enthaltenen Quellen und Wirbeln ab.

---

[1]) H. HELMHOLTZ: Berl. Ber. 1868, S. 215.

a) Die Bewegungsenergie einer Potentialströmung

$$\mathfrak{v} = \operatorname{grad} \varphi \quad \text{mit} \quad \Delta \varphi = 0$$

ist

$$T = \frac{\varrho}{2} \int (\operatorname{grad} \varphi)^2 \, d\tau$$

und kann nach dem GREENschen Satz [Ziff. 20, Gleichung (4c)] in die Form

$$T = -\frac{\varrho}{2} \int \varphi \frac{\partial \varphi}{\partial n} \, d o \tag{1}$$

gebracht werden. Das Integral ist über die ganze Begrenzung zu erstrecken; für unendlich ausgedehnte Gebiete verschwindet das Integral über die äußere Begrenzung, wenn die Flüssigkeit im Unendlichen ruht, während das über die innere Begrenzung endlich ist. (Eine den ganzen unendlichen Raum erfüllende, singularitätenfreie Potentialströmung gibt es nicht.)

b) Die Bewegungsenergie der Strömung, die von einem reinen Quellenfeld herrührt:

$$\mathfrak{v} = \operatorname{grad} \varphi \quad \text{mit} \quad \Delta \varphi = e,$$

also

$$\varphi = -\frac{1}{4\pi} \int \frac{e \, d\tau}{r} \tag{2}$$

(wo e die reduzierte Quelldichte ist), hat zunächst dieselbe Form wie die einer Potentialströmung und kann nach dem GREENschen Satz in die Form

$$T = -\frac{\varrho}{2} \int \varphi \, \Delta \varphi \, d\tau - \frac{\varrho}{2} \int \varphi \frac{\partial \varphi}{\partial n} \, d o$$

gebracht werden. Für den unendlich ausgedehnten ganzen Raum verschwindet das zweite Integral. Dieser Fall soll weiter verfolgt werden; es wird dann

$$T = -\frac{\varrho}{2} \int e \varphi \, d\tau .$$

Dabei genügt es, das Integral über dasjenige Teilgebiet zu erstrecken, in dem wirklich Quellen vorhanden sind, also $e \neq 0$ ist. Setzt man für φ seinen Ausdruck (2) ein, so ergibt sich

$$T = \frac{\varrho}{8\pi} \iint \frac{e \, e'}{r} \, d\tau \, d\tau' \tag{3}$$

in der Form eines doppelten Raumintegrals. Mit r ist der Abstand zweier Punkte bezeichnet, die den Raumelementen $d\tau$ und $d\tau'$ mit den Quelldichten e und e' angehören; die Striche (′) dienen zur Unterscheidung der beiden Integrationen. Soll die Bewegungsenergie der Strömung nur in einem endlichen Gebiet untersucht werden, so tritt in (3) noch ein Oberflächenintegral hinzu.

Ein Ausdruck von der Form (3) tritt wiederholt in der theoretischen Physik auf; er gibt z. B. mit leichter Änderung der Bezeichnung den sog. Arbeitswert einer Verteilung elektrischer oder gravitierender Massen.

Die Bewegungsenergie des Feldes hängt nach (3) nicht von der Gesamtergiebigkeit der vorhandenen Quellen ab, sondern von ihrer Verteilung. Wenn ein Quellenfeld von konstanter Quelldichte und der Gesamtergiebigkeit E eine Kugel erfüllt, so zeigt sich, wenn man bei festem E den Radius R der Kugel als variabel auffaßt, die Bewegungsenergie des unendlich ausgedehnten Strömungsfeldes dem Radius der Kugel umgekehrt proportional. Diese Bemerkung ist von Wichtigkeit, weil sie erkennen läßt, daß die Bewegungsenergie des Feldes einer punktförmigen Quelle unendlich groß ist. Die punktförmige Quelle von endlicher Ergiebigkeit ist eine mathematische Fiktion, die geeignet ist, das Feld einer kontinuierlichen Verteilung von Quellen in einfacher Weise zu beschreiben; daß die Beschreibung an den Quellpunkten selbst qualitativ versagt, ist zu erwarten. Es ist aber wesentlich, daß die Verwendung einer punktförmigen Quelle auch einzelne Eigenschaften des Gesamtfeldes quantitativ vollständig verfälscht.

c) Ist ein reines Wirbelfeld gegeben durch

$$\mathfrak{v} = \operatorname{rot}\mathfrak{W},$$

wo nach Ziff. 27, Gleichung (2)

$$\mathfrak{W} = \int \frac{\mathfrak{w}\, d\tau}{4\pi r} \tag{4}$$

ein Vektorpotential und

$$\mathfrak{w} = \operatorname{rot}\mathfrak{v} \tag{4'}$$

die vorgegebene Rotation der Geschwindigkeit an jeder Stelle des Feldes ist, so wird die Bewegungsenergie des den ganzen unendlichen Raum erfüllenden Strömungsfeldes zunächst in die Form

$$T = \frac{\varrho}{2}\int \mathfrak{v}\,\mathfrak{v}\, d\tau = \frac{\varrho}{2}\int \mathfrak{v} \operatorname{rot}\mathfrak{W}\, d\tau$$

gesetzt; eine vektoranalytische Umformung

$$\mathfrak{v}\operatorname{rot}\mathfrak{W} = \mathfrak{W}\operatorname{rot}\mathfrak{v} - \operatorname{div}[\mathfrak{v}\,\mathfrak{W}]$$

und Anwendung des GAUSSschen Integralsatzes führt zu der Form

$$T = \frac{\varrho}{2}\int \mathfrak{W} \operatorname{rot}\mathfrak{v}\, d\tau\,;$$

ein hinzutretendes Oberflächenintegral über die Begrenzung des Strömungsfeldes verschwindet für den unendlichen Raum, wenn die Flüssigkeit im Unendlichen ruht. Nach (4) und (4′) kann die Bewegungsenergie T in die Form eines doppelten Raumintegrals über den unendlichen Raum gesetzt werden

$$T = \frac{\varrho}{8\pi}\iint \frac{\mathfrak{w}\,\mathfrak{w}'}{r}\, d\tau\, d\tau'\,; \tag{5}$$

die Striche dienen wie beim Quellenfeld zur Unterscheidung der beiden Integrationen. Neben (5) ist noch ein anderer Ausdruck für T bemerkenswert. Setzt man das Raumelement eines Wirbelfadens

$$d\tau = d\mathfrak{o}\, d\mathfrak{s}\,,$$

wo $d\mathfrak{o}$ einen orientierten Querschnitt, $d\mathfrak{s}$ ein gerichtetes Linienelement einer mittleren Wirbellinie bedeutet, und führt die Zirkulation eines Wirbelfadens

$$d\Gamma = \mathfrak{w}\, d\mathfrak{o}$$

ein, so erhält man

$$T = \frac{\varrho}{4\pi}\overline{\iint d\Gamma\, d\Gamma' \iint \frac{d\mathfrak{s}\, d\mathfrak{s}'}{r}}\,; \tag{5'}$$

dabei ist die äußere Integration so auszuführen, daß jedes Produkt $d\Gamma d\Gamma'$ der Zirkulationen zweier Wirbelfäden nur einmal auftritt, also das Vorkommen eines jeden $d\Gamma$ einmal als ersten und einmal als zweiten Faktors nicht mehr berücksichtigt werden muß.

Auch der Ausdruck (5) bzw. (5′) kommt ebenso wie (3) in anderen Gebieten der theoretischen Physik vor; er gibt z. B. den Arbeitswert oder das elektrodynamische Potential eines Feldes von geschlossenen elektrischen Strömen.

Die bei der Besprechung der Energie eines Quellenfeldes gemachten Bemerkungen über die Wirkung einer Veränderung der Verteilung der Quellen ohne Änderung ihrer gesamten Ergiebigkeit gelten mit sinngemäßer Übertragung auch für Wirbelfelder. Die Energie des Strömungsfeldes, das ein einzelner Wirbelfaden erzeugt, wird vergrößert, wenn der Faden ohne Veränderung seiner gesamten Zirkulation auf einen geringeren Querschnitt gebracht wird; sie wird unendlich groß, wenn der Querschnitt gegen Null geht, der Wirbelfaden also durch eine singuläre Wirbellinie von endlicher Zirkulation ersetzt wird. Die singuläre Wirbellinie ist also eine mathematische Fiktion, die geeignet ist, einen Wirbelfaden zu ersetzen, wenn es sich um Betrachtung des Strömungsfeldes außerhalb des Wirbelfadens handelt; in Punkten des Wirbelfadens selbst entstehen qualitative Abweichungen; außerdem wird die Energie des Gesamtfeldes quantitativ unrichtig geliefert.

d) Ein allgemeines Strömungsfeld, das Quellen und Wirbel enthält, läßt sich in der Form

$$\mathfrak{v} = \operatorname{grad}\varphi + \operatorname{rot}\mathfrak{W}$$

darstellen. Seine Bewegungsenergie setzt sich zusammen aus der des Quellenfeldes $\mathfrak{v} = \operatorname{grad}\varphi$, aus der des Wirbelfeldes $\mathfrak{v} = \operatorname{rot}\mathfrak{W}$ und einem Zusatzglied

$$T' = \varrho \int \operatorname{grad}\varphi \operatorname{rot}\mathfrak{W}\, d\tau\,,$$

das nicht notwendig positiv ist. T' läßt sich nach einer Umformung in ein Oberflächenintegral über die Begrenzung des Strömungsfeldes verwandeln, das für den ganzen unendlichen Raum verschwindet, wenn die Flüssigkeit im Unendlichen ruht. Mithin wird in diesem Fall die Bewegungsenergie des Feldes nach (3) und (5)

$$T = \frac{\varrho}{8\pi}\iint \frac{e\,e'}{r}\, d\tau\, d\tau' + \frac{\varrho}{8\pi}\iint \frac{\mathfrak{w}\,\mathfrak{w}'}{r}\, d\tau\, d\tau'\,. \tag{6}$$

Die Bewegungsenergie der Strömungen in endlichen Gebieten soll nicht allgemein untersucht werden. Für Potentialströmungen in endlichen Gebieten ist bereits ein Ausdruck (1) für die Energie angegeben worden; einen anderen interessanten Weg zu ihrer Berechnung gibt (5'). Ergänzt man nämlich die ein endliches Gebiet erfüllende Strömung dadurch zu einer Strömung im ganzen unendlichen Raum, daß man in dem strömungsfreien Gebiet die Flüssigkeit ruhend annimmt, so kann man die ganze Bewegung als von einer Wirbelschicht erregt auffassen, die die Begrenzung des endlichen Gebietes bedeckt; dann gibt (5'), aufgefaßt als Oberflächenintegral über diese Begrenzung, die gesuchte Bewegungsenergie.

31. Geometrische Eigenschaften; Stromschichten. Auf anderem Wege als die Bewegungsenergie eines ganzen Strömungsfeldes läßt sich diejenige in einem Teilgebiet bestimmen, wenn man geometrische Eigenschaften des Feldes heranzieht.

Denkt man sich eine quellenfreie Strömung durch zwei Scharen von Stromflächen $\psi =$ konst. und $\chi =$ konst. in Stromröhren von parallelogrammartigem Querschnitt zerlegt, so kann die Geschwindigkeit in die Form

$$\mathfrak{v} = \varkappa[\operatorname{grad}\psi, \operatorname{grad}\chi]$$

gesetzt werden, wo $\varkappa$ zunächst eine Funktion des Ortes ist. Der Fluß durch jeden Querschnitt dF einer solchen Röhre hat den Wert

$$|\mathfrak{v}|\, dF = \varkappa\, d\psi\, d\chi\,.$$

Mithin ist $\varkappa$ längs jeder Röhre konstant; durch geeignete Wahl der beiden Scharen von Stromflächen kann man erreichen, daß es im ganzen Feld konstant ist, kann also etwa

$$\varkappa = 1$$

setzen; damit wird[1])

$$\mathfrak{v} = [\operatorname{grad}\psi, \operatorname{grad}\chi], \tag{1a}$$

$$|\mathfrak{v}|\, dF = d\psi\, d\chi. \tag{1b}$$

Wenn die Strömung ein Geschwindigkeitspotential φ besitzt und man durch die Potentialflächen $\varphi =$ konst. die Röhren in Zellen zerlegt, so ist die Bewegungsenergie dT in jeder dieser Zellen

$$dT = \frac{\varrho}{2}\, d\varphi\, d\psi\, d\chi,$$

und zwischen dem Querschnitt dF einer Zelle und ihrer Länge dl besteht die Beziehung

$$\frac{dF}{dl} = \frac{d\psi\, d\chi}{d\varphi}.$$

Wenn man also die zur Bildung der Zellen verwendeten Potentialflächen so auswählt, daß je zwei aufeinanderfolgende gleiche Potentialdifferenz $d\varphi$ besitzen, und in derselben Weise die Stromflächen nach gleichen Parameterdifferenzen $d\psi$ bzw. $d\chi$ anordnet, so zerfällt das ganze Strömungsfeld in Zellen, für deren jede der Quotient aus den Maßzahlen von Querschnitt und Länge denselben Wert hat, und in deren jeder die Bewegungsenergie der Strömung gleich groß ist[2]).

Ein entsprechender Satz gilt auch für die nicht wirbelfreie Strömung; an Stelle der Potentialflächen tritt eine Flächenschar, welche die Stromlinien nicht senkrecht schneidet.

Die Gleichung (1a) gibt zusammen mit Ziff. 19, Gleichung (1), die Grundlagen für die Theorie der Stromschichtenbewegung, mit der sich v. MISES[3]) beschäftigt hat und die für die Turbinentheorie von Wichtigkeit geworden ist.

Hier sollen nur die beiden einfachsten Fälle der Potentialströmung angeführt werden; bei Potentialströmungen nimmt (1a) die Gestalt

$$\operatorname{grad}\varphi = [\operatorname{grad}\psi, \operatorname{grad}\chi] \tag{2}$$

an.

a) Nimmt man als Stromflächen $\chi =$ konst. die Schar der zur xy-Ebene parallelen Ebenen an, so folgt aus (2) für die ebene Strömung

$$\left.\begin{aligned} u &= \frac{\partial\varphi}{\partial x} = \frac{\partial\psi}{\partial y}, \\ v &= \frac{\partial\varphi}{\partial y} = -\frac{\partial\psi}{\partial x} \end{aligned}\right\} \tag{3}$$

in Übereinstimmung mit Ziff. 3, Gleichung (3), und Ziff. 6, Gleichung (2). φ und ψ genügen beide der LAPLACEschen Gleichung:

$$\frac{\partial^2\varphi}{\partial x^2} + \frac{\partial^2\varphi}{\partial y^2} = 0, \qquad \frac{\partial^2\psi}{\partial x^2} + \frac{\partial^2\psi}{\partial y^2} = 0. \tag{4}$$

Die Potentialkurven φ und Stromlinien ψ teilen die Ebene in unendlich kleine Quadrate[4]), in deren jedem die eingeschlossene Flüssigkeit die gleiche Bewegungsenergie besitzt[5]).

---

1) Vgl. JACOBI, Crelles Journ. Bd. 27, S. 199. 1844.

2) Der geometrische Teil des Satzes findet sich bei LANCHESTER, Aerodynamik, Bd. I, S. 71, ohne Beweis und ohne Quellenangabe. Vgl. M. LAGALLY, ZS. f. Math. u. Phys. Bd. 63, S. 360ff. 1915.

3) R. v. MISES, ZS. f. Math. u. Phys. Bd. 57, S. 1—120. 1909; Phys. ZS. Bd. 10, S. 140 bis 143. 1909.

4) Man sehe z. B. Abb. 21, S. 79. 5) F. W. LANCHESTER, Aerodynamik, Bd. I, S. 92.

b) Nimmt man als Stromflächen $\chi = \text{konst.}$ das Büschel der durch die z-Achse gehenden Ebenen, so entsteht die achsensymmetrische Strömung. Bei Einführung von Zylinderkoordinaten ϱ (Abstand von der Achse), z und χ bzw. rechtwinkliger Koordinaten ϱ und z in jeder der Büschelebenen werden die Geschwindigkeitskomponenten u_ϱ und u_z:

$$\left.\begin{aligned} u_\varrho &= \frac{\partial \varphi}{\partial \varrho} = \frac{1}{\varrho}\frac{\partial \psi}{\partial z}, \\ u_z &= \frac{\partial \varphi}{\partial z} = -\frac{1}{\varrho}\frac{\partial \psi}{\partial \varrho}. \end{aligned}\right\} \tag{5}$$

Das Potential φ genügt der LAPLACEschen Gleichung, die in Zylinderkoordinaten die Gestalt

$$\frac{\partial^2 \varphi}{\partial z^2} + \frac{\partial^2 \varphi}{\partial \varrho^2} + \frac{1}{\varrho}\frac{\partial \varphi}{\partial \varrho} = 0 \tag{6a}$$

annimmt; die „STOKESsche" Stromfunktion ψ der Gleichung[1])

$$\frac{\partial^2 \psi}{\partial z^2} + \frac{\partial^2 \psi}{\partial \varrho^2} - \frac{1}{\varrho}\frac{\partial \psi}{\partial \varrho} = 0. \tag{6b}$$

Potentialkurven und Stromlinien teilen das ebene Strömungsfeld in Rechtecke, für deren Gestalt folgender Satz gilt: Der Quotient aus einer durchströmten Rechteckseite und einer einer Stromlinie angehörenden Rechteckseite ist dem Abstand von der Symmetrieachse proportional[2]).

Der Satz ist für die zeichnerische Bestimmung der Schaufelformen von Turbinen verwendet worden; die Überlagerung einer wirbelfreien, um die Achse kreisenden Bewegung bietet keine prinzipiellen Schwierigkeiten. Jedoch ist die Stromschichtenbewegung längs der rotierenden Schaufeln einer Turbine von größerer Allgemeinheit und im allgemeinen nicht wirbelfrei. v. MISES hat die Differentialgleichung der zugehörigen Stromfunktion für eine beliebig vorgegebene Schaufelform aufgestellt[3]); sie enthält (6b) als speziellen Fall und soll hier nicht ausdrücklich angeführt werden.

Dagegen sei hervorgehoben, daß sich die nicht wirbelfreie achsensymmetrische Strömung, wenn ein Büschel von Ebenen als Stromflächen auftritt, mittels der STOKESschen Stromfunktion ganz ähnlich behandeln läßt wie die Potentialströmung. Die Gleichungen (5) bleiben, soweit sie sich auf die Stromfunktion beziehen, bestehen; an die Stelle von (6b) tritt

$$\frac{\partial^2 \psi}{\partial z^2} + \frac{\partial^2 \psi}{\partial \varrho^2} - \frac{1}{\varrho}\frac{\partial \psi}{\partial \varrho} = -2\varrho\omega, \tag{6c}$$

wo ω eine beliebige Funktion von ψ sein kann [vgl. Ziff. 19, Gleichung (3)].

32. Strömungsdruck. Der Reaktionsdruck, den eine Strömung auf einen eingetauchten Körper ausübt, ist seit den Anfängen der Hydrodynamik viel behandelt worden. Daß eine Kugel oder ein Kreiszylinder in einer aus dem Unendlichen kommenden „translatorischen" Strömung keinen Druck erfährt, ist als D'ALEMBERTsches oder auch DIRICHLETsches Paradoxon bekannt. Die hydrodynamischen Gleichungen liefern eine Bewegung, welche auf der Vorderseite und Rückseite des eingetauchten Körpers symmetrisch ist; hieraus folgt das Verschwinden des resultierenden Druckes der Strömung. Die wirklich eintretende Bewegung ist infolge der Reibung, die in der Grenzschicht der Flüssig-

---

1) C. STOKES, Cambridge Trans. Bd. 7. 1842.
2) V. KAPLAN, ZS. f. d. ges. Turbinenw. Bd. 9, S. 533ff. 1912; M. BROSZKO, ZS. d. Ver. d. Ing. Bd. 56, S. 2045ff. 1912.
3) Vgl. die S. 48 angeführten Arbeiten von v. MISES.

keit an dem eingetauchten Körper stattfindet, und infolge der hierdurch veranlaßten Ablösung von Wirbelschichten auf der Rückseite anders, als die Theorie der idealen Flüssigkeiten ergibt[1]).

Betrachtet man eine beliebige Strömung, die von einer geschlossenen Fläche F begrenzt ist und entweder ihren Innenraum oder ihren Außenraum erfüllt und in letzterem Fall ins Unendliche reicht, als gegeben, so gehört die Frage nach dem Strömungsdruck der Theorie der idealen Flüssigkeiten an. Man kann dann den bereits bekannten Ausdruck für den Reaktionsdruck [vgl. Ziff. 14, Gleichung (2)]

$$\mathfrak{R} = -\int_F p\, d\mathfrak{o}$$

der Flüssigkeit gegen die feste Begrenzung mittels der BERNOULLIschen Gleichung [Ziff. 12, Gleichung (2a)] umformen[2]):

$$\mathfrak{R} = \frac{\varrho}{2}\int_F \mathfrak{v}^2\, d\mathfrak{o} - \varrho C \int_F d\mathfrak{o}. \tag{1}$$

Die dabei vorausgesetzte Gültigkeit der BERNOULLIschen Gleichung für einen festen Wert der Konstanten C an der ganzen Fläche F schließt das Auftreten von Quellen und Wirbeln im Innern der Flüssigkeit nicht aus; ausgeschlossen ist im allgemeinen nur das Auftreten von Singularitäten an der Fläche F selbst; jedoch ist der für die Anwendungen wichtige Fall nicht ausgeschlossen, daß Wirbellinien von der Fläche F ausgehen, die mit Stromlinien zusammenfallen[3]).

In (1) verschwindet das zweite Integral; durch Verwandlung des ersten in ein Raumintegral, das über das von der Strömung erfüllte Gebiet J zu erstrecken ist, ergibt sich

$$\mathfrak{R} = -\frac{\varrho}{2}\int_J \operatorname{grad} \mathfrak{v}^2\, d\tau.$$

Mit Hilfe bekannter vektoranalytischer Umformungen erhält man die endgültige Formel für den Reaktionsdruck

$$\mathfrak{R} = \varrho\int_J \mathfrak{v} \operatorname{div}\mathfrak{v}\, d\tau - \varrho\int_J [\mathfrak{v} \operatorname{rot}\mathfrak{v}]\, d\tau. \tag{2a}$$

Diese Gleichung gilt, wenn die Flüssigkeit den Innenraum J von F erfüllt; ebenso wenn sie den Außenraum A erfüllt und im Unendlichen ruht; wenn die Flüssigkeit den Außenraum A erfüllt und wenn im Unendlichen eine Geschwindigkeit $\mathfrak{v}_\infty$ besteht, tritt noch ein Zusatzglied auf, und der Reaktionsdruck wird

$$\mathfrak{R} = \varrho\int_A \mathfrak{v} \operatorname{div}\mathfrak{v}\, d\tau - \varrho\int_A [\mathfrak{v} \operatorname{rot}\mathfrak{v}]\, d\tau - \varrho\int_{R_\infty} \mathfrak{v}_\infty \operatorname{div}\mathfrak{v}\, d\tau. \tag{2b}$$

Dabei ist das letzte Integral über den ganzen unendlichen Raum R_∞ zu erstrecken.

Die Gleichungen (2a, b) geben den Reaktionsdruck, ohne daß die Geschwindigkeit an der Fläche selbst bekannt zu sein braucht, als Funktion der im Strömungsfeld vorhandenen Singularitäten und der dort herrschenden Geschwindigkeit. Diese Geschwindigkeit hängt nicht nur von den Quellen und Wirbeln, die

[1]) Vgl. hierüber Kap. 2 ds. Bd. des Handb.

[2]) M. LAGALLY, ZS. f. angew. Math. u. Mech. Bd. 2, S. 409ff.; Sitzungsber. Bayr. Akad. d. Wiss. 1921, S. 209. Vgl. eine Reihe etwas älterer italienischer Arbeiten, besonders E. ALMANSI, Rend. R. Accad. Lincei 18. II. 1909; 19. I. 1910.

[3]) L. PRANDTL, Tragflügeltheorie, I. Mitt. Göttinger Nachr. 1918.

als gegeben vorausgesetzt sind, ab, sondern auch von der Gestalt der Fläche F; nur in dieser indirekten Weise geht die Gestalt in den Ausdruck für den Reaktionsdruck ein. Nicht zu übersehen ist, daß zur Bestimmung von $\mathfrak{v}$ die Lösung einer zweiten Randwertaufgabe erforderlich ist; im Fall (2b) sogar für Innen- und Außenraum, da das letzte Integral über den ganzen Raum R_∞ zu erstrecken ist.

In derselben Weise wie der Reaktionsdruck $\mathfrak{N}$ läßt sich sein Moment $\mathfrak{N}^*$ und damit seine Angriffslinie bestimmen; es ergeben sich die beiden Formeln

$$\mathfrak{N}^* = \varrho \int_J [\mathfrak{r}\,\mathfrak{v}] \operatorname{div} \mathfrak{v}\, d\tau - \varrho \int_J [\mathfrak{r}[\mathfrak{v} \operatorname{rot} \mathfrak{v}]]\, d\tau, \tag{3a}$$

$$\left.\begin{aligned} \mathfrak{N}^* &= \varrho \int_A [\mathfrak{r}\,\mathfrak{v}] \operatorname{div} \mathfrak{v}\, d\tau - \varrho \int_A [\mathfrak{r}[\mathfrak{v} \operatorname{rot} \mathfrak{v}]]\, d\tau, \\ &\quad - \varrho \int_{R_\infty} [\mathfrak{r}\,\mathfrak{v}_\infty] \operatorname{div} \mathfrak{v}\, d\tau + \varrho \int_{R_\infty} [\mathfrak{r}[\mathfrak{v}_\infty \operatorname{rot} \mathfrak{v}]]\, d\tau \end{aligned}\right\} \tag{3b}$$

mit dem gleichen Gültigkeitsbereich wie (2a) und (2b); mit $\mathfrak{r}$ ist der Ortsvektor bezeichnet.

Im einfachsten Fall, bei der singularitätenfreien translatorischen Strömung, bleiben in (2b) und (3b) nur die Zusatzintegrale, erstreckt über den Innenraum, übrig. Man erkennt leicht, daß das Zusatzintegral in (2b), also der Reaktionsdruck verschwindet; damit ist das D'ALEMBERTsche Paradoxon allgemein bewiesen. Das Reaktionsmoment ist für einen Körper von allgemeiner Gestalt von Null verschieden und abhängig von Betrag und Richtung der Geschwindigkeit im Unendlichen; nur für drei bestimmte, auf einander senkrechte Richtungen verschwindet es.

33. Bewegung starrer Körper in einer idealen Flüssigkeit. Die Bewegung eines oder mehrerer starrer Körper in einer idealen Flüssigkeit ist ein vielbehandeltes, mathematisch sehr interessantes Problem. Physikalisch ist den Ergebnissen dieser Untersuchungen gegenüber einige Zurückhaltung am Platz. Denn da nach dem D'ALEMBERTschen Paradoxon ein ruhender Körper einer translatorischen Strömung keinen Widerstand entgegensetzt, erfordert auch eine gleichförmige geradlinige Bewegung eines starren Körpers in einer idealen Flüssigkeit zu ihrer Erhaltung ebensowenig eine Kraft und eine Arbeitsleistung wie im leeren Raum. Nur zur Hervorbringung von Beschleunigungen sind Kräfte notwendig, die lediglich zur Überwindung der Trägheit der bewegten Massen dienen. Als bewegte Massen kommen nicht nur die Massen der starren Körper in Betracht, sondern auch die der Flüssigkeit, der bei einer Bewegung der starren Körper selbst eine Bewegung aufgezwungen wird. Die Strömung der Flüssigkeit besitzt, da sie aus dem Ruhezustand hervorgeht und quellenfrei ist, ein im Unendlichen wie $1/r^2$ verschwindendes Geschwindigkeitspotential.

Die Lösung des Problems, die nur in Kürze skizziert werden soll, zerfällt in einen kinematischen und einen dynamischen Teil. Der kinematische Teil der Aufgabe besteht in der Aufsuchung des Bewegungszustandes der Flüssigkeit, der sich bei einem vorgegebenen Bewegungszustand der starren Körper einstellt. Es sei zunächst vorausgesetzt, daß nur ein starrer Körper vorhanden ist. Sein Bewegungszustand hängt von den sechs Geschwindigkeitskomponenten seiner fortschreitenden und drehenden Bewegung ab. Der Bewegungszustand der Flüssigkeit ist durch die Forderung bestimmt, daß die Normalkomponente ihrer Geschwindigkeit an der Begrenzung gleich der Normalkomponente der Geschwindigkeit des starren Körpers ist. Das Aufsuchen der Strömung erfordert also die Lösung einer zweiten Randwertaufgabe; diese besitzt eine eindeutige Lösung, wenn der starre Körper einfach zusammenhängend, d. h. undurchbohrt ist und somit zyklische Strömungen ausgeschlossen sind. Um die Strömung für jeden Bewegungszustand des starren Körpers zu finden, genügt es, die Lösung der zweiten Randwertaufgabe für sechs verschiedene einfache Randwertverteilungen, die den sechs Freiheitsgraden des starren Körpers entsprechen, aufzusuchen; hieraus läßt sich die Lösung für den allgemeinen Fall linear zusammensetzen. Bei Einführung der zweiten GREENschen Funktion vereinfacht sich die Lösung meist nur in formaler Hinsicht.

Befinden sich n undurchbohrte starre Körper in der Flüssigkeit, so tritt keine grundsätzliche neue Schwierigkeit auf; an Stelle der sechs Geschwindigkeitskomponenten treten $6n$, im allgemeinen generalisierte Geschwindigkeiten im Sinne von LAGRANGE. Der Fall durchbohrter Körper soll aus der allgemeinen Betrachtung ausgeschlossen sein; ebenso das Vorhandensein einer mehrfach zusammenhängenden festen Begrenzungsfläche.

Der dynamische Teil der Aufgabe besteht in der Aufstellung der Bewegungsgleichungen, die die auftretenden Beschleunigungen, d. h. die Änderung des Bewegungszustandes der starren Körper und der Flüssigkeit, von den äußeren Kräften abhängig machen, und in ihrer Integration. Zur Aufstellung der Bewegungsgleichungen kann man die LAGRANGEschen Gleichungen zweiter Art oder, methodisch besser, das HAMILTONsche Prinzip verwenden[1]; es kommt also alles auf die Aufstellung der Bewegungsenergie und der Arbeit bei einer virtuellen Verrückung hinaus. Die Bewegungsenergie der starren Körper ist eine homogene quadratische Funktion ihrer $6n$ Geschwindigkeiten mit Koeffizienten, die von den gewöhnlichen oder generalisierten Koordinaten der starren Körper abhängen; gleiches gilt für die Bewegungsenergie der Strömung, wie aus Ziff. 30, Gleichung (1) unmittelbar zu ersehen ist, wenn man nach einer bei der Behandlung des kinematischen Teils gemachten Bemerkung berücksichtigt, daß das Geschwindigkeitspotential der Strömung eine lineare Funktion der Geschwindigkeiten der starren Körper ist. Die virtuelle Arbeit und damit die Kräftefunktion ergibt sich durch das bereits (Ziff. 10) erwähnte verallgemeinerte ARCHIMEDische Prinzip; sie ist eine Funktion der Koordinaten der starren Körper allein. Weitere Daten sind zur Aufstellung der Bewegungsgleichungen in der zweiten LAGRANGEschen Form nicht erforderlich. Das System der n starren Körper und der Flüssigkeit, in der sie sich befinden, erscheint als ein System von $6n$ Freiheitsgraden.

Die Integration der Bewegungsgleichungen gelingt nur in einfachen Fällen; schon die Schwierigkeiten des kinematischen Teils sind meist unüberwindlich. Einfach zu behandeln ist der Fall der homogenen Kugel. Die Lösung der Randwertaufgabe wurde bereits auf anderem Weg gegeben (Ziff. 26). Bei der Bewegung der Kugel tritt zu ihrer eigenen Bewegungsenergie noch diejenige einer Flüssigkeitsmasse vom halben Volumen der Kugel und der Geschwindigkeit des Kugelmittelpunktes. Die Kräftefunktion ist durch das ARCHIMEDische Prinzip in der speziellen Fassung bestimmt: das Gewicht der Kugel ist um das Gewicht der verdrängten Flüssigkeitsmasse zu verringern.

Es ist jetzt leicht einzusehen, wie sich ein Pendel, dessen Körper der Einfachheit halber kugelförmig vorausgesetzt sei, in einer Flüssigkeit verhält. Die Schwingungsdauer wird gegenüber der Schwingungsdauer im leeren Raum sowohl infolge der Vergrößerung der Trägheit der bewegten Masse als auch infolge der Verringerung der Schwerbeschleunigung erhöht. Dagegen tritt keine Dämpfung der Schwingungen ein; das ist die Folge des D'ALEMBERTschen Paradoxons, d. h. der Vernachlässigung der Flüssigkeitsreibung.

[1] Vgl. Bd. V, Kap. 2 ds. Handb.

Auf weitere Beispiele der Bewegung *eines* Körpers soll nicht eingegangen werden. Die Bewegung mehrerer Körper in einer idealen Flüssigkeit ist besonders interessant durch das Auftreten von Beschleunigungen der einzelnen Körper, als deren Ursache man „hydrodynamische Fernkräfte" postuliert. *Zwei Kugeln*, deren Mittelpunkte sich auf derselben Geraden hintereinander herbewegen, üben abstoßende Kräfte aufeinander aus, die im wesentlichen der vierten Potenz des Abstandes der beiden Kugelmittelpunkte umgekehrt proportional sind; zwei Kugeln, die sich parallel bewegen, ziehen sich an. Noch auffälliger sind die Kräfte, welche synchron pulsierende Kugeln aufeinander ausüben; je nach dem Phasenunterschied treten anziehende oder abstoßende Kräfte auf, die dem Quadrat des Abstandes der Mittelpunkte umgekehrt proportional sind[1]).

IV. Besondere Probleme und Methoden.

a) Ebene Potentialströmung.

34. Komplexes Potential. Die Geschwindigkeitskomponenten u, v einer ebenen Strömung lassen sich stets als Differentialquotienten einer Stromfunktion ψ, und wenn die Strömung, außer etwa an einzelnen Stellen, wirbelfrei ist, auch als Differentialquotienten eines Geschwindigkeitspotentials φ darstellen. In diesem Falle gilt nach Ziff. 3, Gleichung (3) und Ziff. 6, Gleichung (2)

$$\left.\begin{aligned} u &= \frac{\partial\varphi}{\partial x} = \frac{\partial\psi}{\partial y}, \\ v &= \frac{\partial\varphi}{\partial y} = -\frac{\partial\psi}{\partial x}. \end{aligned}\right\} \tag{1}$$

φ und ψ genügen beide der LAPLACEschen Gleichung, und sind, wie aus (1) ersichtlich ist, konjugierte Integrale derselben; sie können als Real- und Imaginärteil eines *komplexen Potentials*, d. i. einer komplexen Funktion ω (in Ziff. 6 mit Ω bezeichnet)

$$\omega = \varphi + i\psi$$

der komplexen Veränderlichen

$$z = x + iy$$

aufgefaßt werden:

$$\left.\begin{aligned} \omega &= \omega(z); \\ \varphi + i\psi &= \omega(x + iy). \end{aligned}\right\} \tag{2}$$

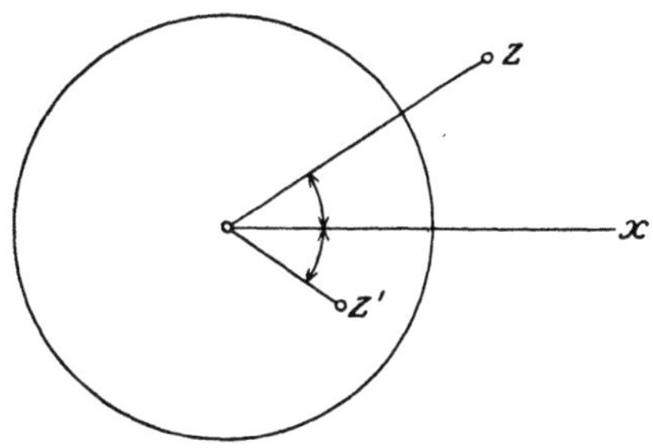

Abb. 14. Inversion.

Diese Gleichung läßt erkennen, daß die Strömung in der Ebene $z(x, y)$ auf die Ebene $\omega(\varphi, \psi)$ derart konform abgebildet wird, daß den Potentialkurven und Stromlinien in der Ebene z die Achsenparallelen $\varphi = \text{konst.}$ und $\psi = \text{konst.}$ in der Ebene ω entsprechen. Allgemeiner erhält man durch Einführung einer neuen komplexen Veränderlichen z' als Funktion von z eine neue Potentialströmung durch *konforme Abbildung*. So ergibt z. B.

$$z' = \frac{1}{z}$$

die *Inversion* [Spiegelung am Einheitskreis, verbunden mit einer Spiegelung an der reellen Achse (Abb. 14)].

[1]) V. BJERKNES, Vorlesungen über hydrodynamische Fernkräfte nach C. A. BJERKNES Theorie. Leipzig 1900—1902.

Aus (2) folgt $\frac{d\omega}{dz} = \frac{\partial\varphi}{\partial x} + i\frac{\partial\psi}{\partial x} = u - i v.$

Bezeichnet man $w = u - i v$

als komplexe Geschwindigkeit, so ist

$$\frac{d\omega}{dz} = w \tag{3}$$

ebenfalls eine komplexe Funktion von z, die eine konforme Abbildung des Geschwindigkeitsfeldes $w(u, v)$, manchmal als Hodographenebene bezeichnet, auf die Ebene $z(x, y)$ vermittelt.

Für manche Zwecke ist es geeigneter, nicht ω als Funktion von z, sondern z als Funktion von ω $z = z(\omega)$ aufzufassen. Man erhält dann die „inversen" Formeln

$$\left.\begin{aligned} \frac{\partial x}{\partial\varphi} &= \frac{\partial y}{\partial\psi} = \frac{u}{\mathfrak{v}^2}, \\ \frac{\partial y}{\partial\varphi} &= -\frac{\partial x}{\partial\psi} = \frac{v}{\mathfrak{v}^2}, \end{aligned}\right\} \tag{4}$$

$$\frac{dz}{d\omega} = \frac{u + i v}{\mathfrak{v}^2}, \tag{5}$$

bei denen die Komponenten u, v der Geschwindigkeit und ihr Betrag $|\mathfrak{v}|$ als Funktionen von φ und ψ erscheinen. Man kann dann mit Hilfe von (3) durch eine Quadratur zu den unabhängigen Veränderlichen x, y zurückkehren.

Das komplexe Potential einer in der Umgebung des Anfangspunktes regulären Strömung läßt sich in eine nach steigenden Potenzen von z fortschreitende Reihe entwickeln

$$\omega = a_0 + a_1 z + a_2 z^2 + \cdots, \tag{6}$$

deren reeller Teil die FOURIERsche Entwicklung des Geschwindigkeitspotentials ergibt. Eine im Unendlichen reguläre Strömung (mit verschwindender Geschwindigkeit im Unendlichen) führt auf eine nach fallenden Potenzen fortschreitende Reihe. Für die einfachsten Singularitäten ergeben sich folgende komplexe Potentiale und damit zusammenhängende Formeln:

a) Feld eines Wirbelpunktes:

$$\omega = -i\mu \lg z = -i\frac{\Gamma}{2\pi}\lg z \tag{7}$$

(μ Wirbelstärke, Γ Wirbelmoment oder Zirkulation),

$$\left.\begin{aligned} &\varphi = \mu \operatorname{arctg}\frac{y}{x}, \qquad \psi = -\frac{\mu}{2}\lg(x^2 + y^2). \\ &w = -\frac{i\mu}{z}, \qquad u - i v = -i\mu\frac{x - i y}{x^2 + y^2}, \qquad |\mathfrak{v}| = \frac{\mu}{\sqrt{x^2 + y^2}}. \end{aligned}\right\} \tag{7'}$$

b) Feld eines Quellpunktes:

$$\omega = \frac{\varepsilon}{2\pi}\lg z \tag{8}$$

(ε Ergiebigkeit, Fluß durch eine den Quellpunkt umschlingende Kurve),

$$\left.\begin{aligned} &\varphi = \frac{\varepsilon}{4\pi}\lg(x^2 + y^2), \qquad \psi = \frac{\varepsilon}{2\pi}\operatorname{arctg}\frac{y}{x}. \\ &w = \frac{\varepsilon}{2\pi z}, \qquad u - i v = \frac{\varepsilon}{2\pi}\frac{x - i y}{x^2 + y^2}, \qquad |\mathfrak{v}| = \frac{\varepsilon}{2\pi\sqrt{x^2 + y^2}}. \end{aligned}\right\} \tag{8'}$$

c) Feld einer Doppelquelle:

$$\omega = -\frac{\mu}{2\pi}\frac{e^{i\alpha}}{z} \tag{9}$$

(μ Moment der Doppelquelle; α Winkel ihrer Achse mit der x-Achse)

$$\varphi = -\frac{\mu}{2\pi\varrho}\cos\Theta$$

[vgl. Ziff. 23, Gleichung (3)]. Das komplexe Potential mehrfacher Quellen wird durch Potenzen von z mit höheren negativen Exponenten dargestellt.

Durch Inversion ergibt sich aus dem Feld der Doppelquelle die reine translatorische Strömung von konstanter Geschwindigkeit:

$$\left.\begin{aligned} \omega &= -\frac{\mu}{2\pi}e^{i\alpha}z, \\ w &= -\frac{\mu}{2\pi}e^{i\alpha}. \end{aligned}\right\} \tag{10}$$

Diese kann also als von einer unendlich fernen Doppelquelle hervorgebracht betrachtet werden. Durch Inversion mehrfacher Quellen ergeben sich Strömungen mit unendlich großen Geschwindigkeiten im Unendlichen.

35. Konforme Abbildung. Wie die konforme Abbildung verwendet werden kann, um aus bekannten Strömungen neue abzuleiten, die vorgeschriebenen Bedingungen genügen, soll an einem für die Anwendungen wichtigen Beispiel gezeigt werden[1]).

Die translatorische Strömung um einen Kreis ist ähnlich wie die um eine Kugel [Ziff. 26, Gleichung (1)] zu erhalten; die Darstellung wird jedoch bei Verwendung des komplexen Potentials einfacher als im Raum. Das zu einer Strömung um einen Kreis vom Radius R gehörige komplexe Potential ist

$$\omega = w_\infty z + R^2\frac{\overline{w}_\infty}{z}; \tag{1}$$

hier bedeutet w_∞ die komplexe Geschwindigkeit der translatorischen Strömung im Unendlichen, $\overline{w}_\infty$ die dazu konjugiert komplexe Größe. Die Strömung um den Kreis wird erhalten, indem man der translatorischen Strömung $w_\infty z$ eine geeignete Doppelquelle entgegenstellt.

Bringt man weiter im Mittelpunkt des Kreises einen Wirbelpunkt an, so kann auch in seinem Strömungsfeld der Kreis R als feste Grenze aufgefaßt werden. Durch Hinzufügen seines komplexen Potentials [Ziff. 34, Gleichung (7)] zu (1) erhält man eine Strömung

$$\omega = w_\infty z + R^2\frac{\overline{w}_\infty}{z} - i\frac{\Gamma}{2\pi}\lg z, \tag{2}$$

für welche der Kreis als feste Grenze betrachtet werden kann, und welche im Außengebiet durch Überlagerung einer translatorischen Strömung mit einer „zirkulatorischen" entstanden ist. Die Geschwindigkeit der Strömung ist

$$w = w_\infty - R^2\frac{\overline{w}_\infty}{z^2} - i\frac{\Gamma}{2\pi z}. \tag{2'}$$

Die Strömung hat verschiedenen Charakter, je nachdem

$$\Gamma^2 \gtreqless 4R^2\mathfrak{v}_\infty^2$$

ist, wo $|\mathfrak{v}_\infty|$ der Betrag der Geschwindigkeit w_∞ ist.

[1]) Vgl. R. Grammel. Die hydrodynamischen Grundlagen des Fluges § 11.

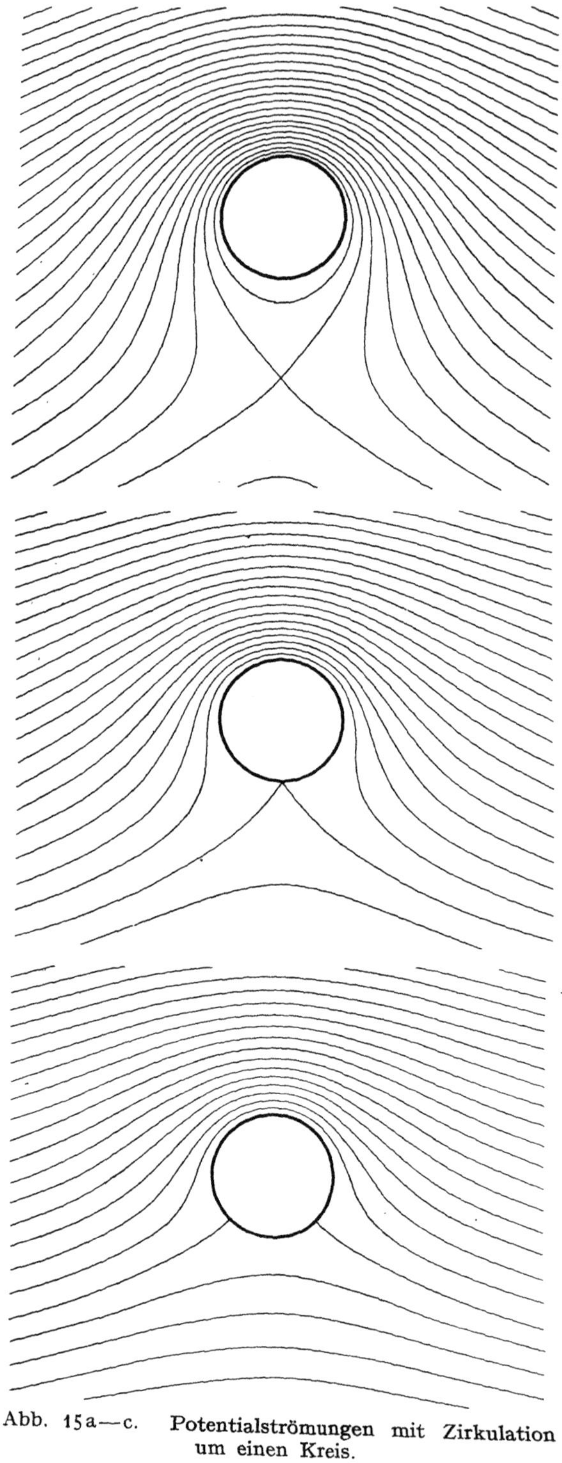

Abb. 15a—c. Potentialströmungen mit Zirkulation um einen Kreis.

Im ersten Fall besitzt eine der Stromlinien einen Doppelpunkt und eine von ihm begrenzte Schleife, in deren Innern der Kreis liegt. Ein Teil der Flüssigkeit bewegt sich dauernd in geschlossenen Bahnen um den Kreis (Abb. 15a).

Im dritten Fall liegen zwei Staupunkte auf der Kreislinie; sie sind Spaltungspunkte für die Stromlinien, die dort den Kreis treffen. Diese Stromlinien teilen die äußere Strömung in zwei Teile, deren je einer den Kreis auf einer Seite umströmt (Abb. 15c).

Der mittlere Fall gibt den Übergang zwischen dem ersten und dritten (Abb. 15b).

Durch Einführung einer neuen Veränderlichen

$$z' = \frac{1}{2}\left(z + \frac{R^2}{z}\right) \qquad (3a)$$

mittels der Gleichung (nach z aufgelöst)

$$z = z' + \sqrt{z'^2 - R^2} \qquad (3b)$$

wird die Kreisebene in eine zweiblättrige RIEMANNsche Fläche abgebildet, deren beide Blätter dem Außen- bzw. Innengebiet des Kreises entsprechen. Die Kreislinie geht in eine geradlinige Durchdringungslinie der RIEMANNschen Fläche über, welche die beiden an den Stellen $z' = \pm R$ auf der reellen Achse liegenden Verzweigungspunkte verbindet. Aus der Strömung um den Kreis in der z-Ebene geht eine Strömung um eine die Verzweigungspunkte verbindende Strecke in einer z'-Ebene hervor, bei welcher dieselben drei Fälle zu unterscheiden sind wie bei der ursprünglichen Strömung. Es ist für viele Zwecke überflüssig und soll auch hier unterlassen werden, die Ausdrücke für das Geschwindigkeitspotential $\omega'(z')$ und die komplexe Geschwindigkeit $w'(z')$ der transformierten Strömung ausführlich anzuschreiben; es genügt zu bemerken, daß

$$\omega'(z') = \omega(z), \qquad w'(z') = w(z)\frac{dz}{dz'}$$

ist, um diese Größen als Funktionen von z' angeben zu können.

Für die Anwendungen von Wichtigkeit ist eine Strömung, die dem dritten Fall zugehört und bei der einer der beiden Spaltungspunkte in einen der Endpunkte der umflossenen Strecke fällt, so daß nur ein Staupunkt vorhanden ist. Von dieser Art hat man sich die ebene Strömung um einen Querschnitt einer Tragfläche von großer Spannweite vorzustellen. Für die Zwecke der Tragflächentheorie sind durch geeignete Transformationen zahlreiche Strömungen um Konturen bestimmt worden, welche den beim Bau von Tragflächen verwendeten Profilen näherkommen als eine gerade Strecke (s. Kap. 4).

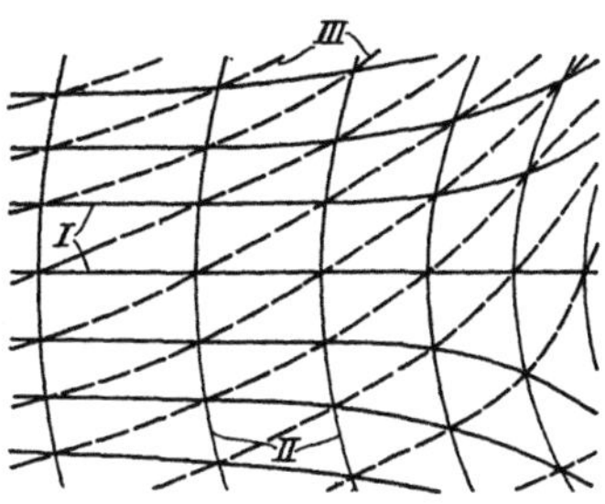

Abb. 16. MAXWELLsche Konstruktion für die Überlagerung zweier ebener Potentialströmungen [1]).

Die hier behandelte, ziemlich komplizierte Strömung läßt sich, da sie aus einfachen Teilströmungen zusammengesetzt ist, nach einer von MAXWELL eingeführten Methode zeichnerisch sehr leicht verfolgen. Zeichnet man, wie in Abb. 16, für zwei ebene Potentialströmungen je ein System von Potentialkurven *I* und *II* von gleichem Potential-Unterschied und überlagert die beiden Systeme, so entsteht ein Kurvennetz, in dem auf der einen Schar von Diagonalkurven die Summe der beiden Potentialwerte konstant ist. Diese Diagonalkurven *III* sind also Potentialkurven derjenigen Strömung, die durch Superposition der beiden Potentialströmungen entsteht.

In derselben Weise kann man die Stromlinien der zusammengesetzten Strömung aus denen der Teilströmungen erhalten, da die Stromlinien einer ebenen Potentialströmung als Potentialkurven einer konjugierten Potentialströmung aufgefaßt werden können.

Die MAXWELLsche Methode läßt sich für räumliche Potentialströmungen erweitern, aber nur was die Konstruktion der Potentialflächen, nicht aber die der Stromlinien betrifft.

b) Strahlbildung.

36. Strahl und totes Wasser. Bei der Besprechung der Wirbelschichten wurde auf die Möglichkeit des Auftretens von Diskontinuitätsflächen in einer Strömung hingewiesen (Ziff. 28), an denen sich die Tangentialgeschwindigkeit der Strömung ändert. Ein durch Diskontinuitätsflächen begrenzter Teil der Strömung deckt sich einigermaßen mit dem physikalischen Begriff des Flüssigkeitsstrahles; ein solcher Teil der Strömung kann für sich betrachtet werden, wenn man den auf die Trennungsflächen von außen wirkenden Druck durch eine physikalisch anders geartete ebenso große Flächenkraft ersetzt.

Zu Flüssigkeitsstrahlen in engerem Sinn gelangt man, wenn eine stationäre Diskontinuitätsfläche eine bewegte Strömung von einem ruhenden Teil der Flüssigkeit („totes Wasser") scheidet; dann wirkt auf die Trennungsfläche

[1]) Abb. 16 ist dem Aufsatz von L. PRANDTL, Naturwiss. Bd. 13, S. 96. 1925 entnommen.

ein konstanter hydrostatischer Druck. Betrachtet man die bewegte Strömung als Strahl für sich allein, so ist der hydrostatische Druck an der Oberfläche durch einen konstanten Außendruck, in der Regel den Atmosphärendruck, zu ersetzen.

37. Ebene Strahlen; Methoden von HELMHOLTZ und KIRCHHOFF. Die Strahlbildung in ebenen Strömungen läßt sich unter der Annahme, daß von der Wirkung äußerer Kräfte, insbesondere der Schwere, abgesehen wird, mit Hilfe des komplexen Potentials behandeln. In diesem Fall ist jede Strahlgrenze eine Stromlinie, auf der nach Ziff. 12, Gleichung (4′) der Betrag $|\mathfrak{v}|$ der Geschwindigkeit konstant ist.

Man faßt die komplexe Veränderliche $z = x + iy$ als Funktion des komplexen Potentials

$$\omega = \varphi + i\psi$$

auf und führt eine weitere komplexe Veränderliche

$$\zeta = \frac{dz}{d\omega} \tag{1}$$

ein. Nach Ziff. 34 Gleichung (5) ist

$$\zeta = \xi + i\eta = \frac{u + iv}{\mathfrak{v}^2} \tag{1'}$$

eine komplexe Größe, deren Betrag der reziproke Wert des Betrags der Geschwindigkeit und deren Argument σ der Richtungswinkel der Geschwindigkeit ist; also kann

$$\zeta = \frac{1}{|\mathfrak{v}|} e^{i\sigma} \tag{1''}$$

gesetzt werden. Häufig wird noch eine weitere Hilfsveränderliche

$$\zeta' = \lg\zeta = \lg\frac{1}{|\mathfrak{v}|} + i\sigma$$

verwendet.

Die Ebene ω wird nun auf die Ebene ζ (oder auch ζ') konform abgebildet. In der Ebene ω bilden sich die Stromlinien $\psi =$ konst. als Gerade ab, die zur φ-Achse parallel sind; also sind sowohl die Bilder der festen Grenzen der Strömung als auch die der freien Strahlgrenzen solche Geradenstücke. Auf den freien Strahlgrenzen ist der Betrag $|\mathfrak{v}|$ der Geschwindigkeit konstant; ihre Bilder in der Ebene ζ sind also Bogenstücke konzentrischer Kreise um den Anfangspunkt. Beschränkt man sich außerdem bei der festen Begrenzung der Strömung auf geradlinige Wände, längs denen die Richtung σ der Geschwindigkeit konstant ist, so sind ihre Bilder in der Ebene ζ Geradenstücke, die vom Anfangspunkt ausgehenden Radien angehören. Führt man an Stelle der Ebene ζ noch die Ebene ζ' ein, so werden die von Kreisbogen und Radien gebildeten Vielecke der Ebene ζ in geradlinige Vielecke der Ebene ζ' abgebildet, deren Seiten zu den Achsen parallel sind.

Die Bestimmung von ebenen Flüssigkeitsstrahlen ist unter den angegebenen Einschränkungen auf die konforme Abbildung eines geradlinig begrenzten Gebietes der Ebene ω auf ein Kreisbogenvieleck der Ebene ζ bzw. ein geradliniges Vieleck der Ebene ζ' zurückgeführt[1]). Diese Abbildung wird durch die SCHWARZ-CHRISTOFFELsche Formel[2]) geleistet. Hat man hiernach ζ als Funktion von ω bestimmt, so läßt sich der Zusammenhang zwischen z und ω und damit die tatsächliche Begrenzung des Strahles durch eine Quadratur finden.

[1]) Diese Theorie hat KIRCHHOFF entwickelt. Vgl. „Mechanik", 21. u. 22. Vorlesung; ferner Crelles Journ. Bd. 70. 1869.

[2]) H. A. SCHWARZ, Crelles Journ. Bd. 70, S. 105. 1869; E. B. CHRISTOFFEL, Ann. di Math., Ser. II, Bd. 1, S. 89.

Ein von KIRCHHOFF gerechnetes Beispiel (Abb. 17) behandelt den Austritt eines Strahles aus einem unendlich großem Gefäß (Halbebene) durch einen Spalt, in einer Richtung, die im Unendlichen zur Spaltebene senkrecht steht. Bezeichnet man die Stromlinien, welche den Strahl begrenzen, mit $\psi = 0$ und $\psi = \pi$, so ist ein von zwei parallelen Geraden begrenzter, beiderseits ins Unendliche reichenden Streifen der Ebene ω auf ein Gebiet der Ebene ζ abzubilden, das

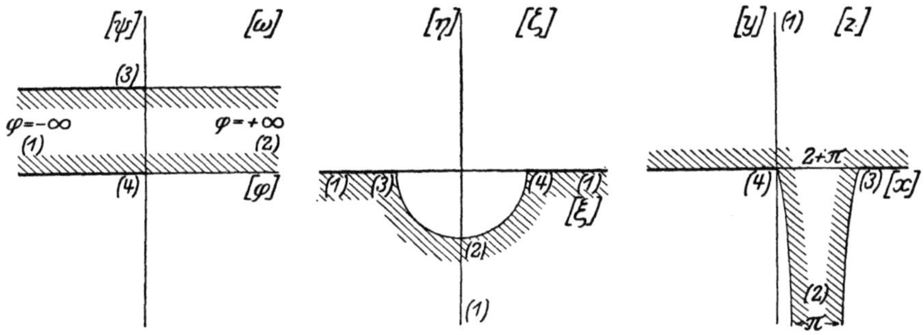

Abb. 17. Konforme Abbildung zur Berechnung eines Flüssigkeitsstrahles.

durch Ausschneiden eines Halbkreises aus einer Halbebene entsteht. Dabei entsprechen sich vier, in der Figur mit 1, 2, 3, 4 bezeichnete Punkte. Die Abbildung wird durch die Gleichung

$$\left(\frac{\zeta - 1}{\zeta + 1}\right)^2 = \frac{1 - e^{\omega}}{1 + e^{\omega}}$$

geleistet. Der Zusammenhang zwischen z und ω ergibt sich folgendermaßen:

$$z = 1 - e^{-\omega} + \sqrt{e^{-2\omega} - 1} + \operatorname{arctg} \sqrt{e^{-2\omega} - 1}\,.$$

Die Gleichungen der beiden Strahlgrenzen sind

$$x = 1 + e^{-\varphi} + \pi \qquad \text{bzw.} \qquad x = 1 - e^{-\varphi}\,;$$

$$y = \sqrt{1 - e^{-2\varphi}} - \frac{1}{2} \lg \frac{1 + \sqrt{1 - e^{-2\varphi}}}{1 - \sqrt{1 - e^{-2\varphi}}} \qquad \text{(für beide Grenzen).}$$

Die Breite des Spaltes ergibt sich hieraus zu $2 + \pi$, die Breite des Strahles im Unendlichen zu π; die Kontraktion ist $\frac{2}{2+\pi} = 0{,}39$.

In ähnlicher Weise läßt sich der Ausfluß aus einem unendlich großen, durch eine ganze Ebene idealisierten Gefäß durch einen aus dem Unendlichen hereinreichenden, von zwei parallelen Geraden begrenzten Kanal behandeln. Die Kontraktion ergibt sich dann in Übereinstimmung mit der BORDAschen Theorie zu $\frac{1}{2}$. Diese Aufgabe ist von HELMHOLTZ als erstes Beispiel einer diskontinuierlichen Flüssigkeitsbewegung[1]) gelöst worden unter Verwendung einer Funktionalgleichung für das Verhalten des komplexen Potentials an der Diskontinuitätsfläche. Im Anschluß an HELMHOLTZ hat KIRCHHOFF die oben besprochene Methode der konformen Abbildung entwickelt. Die ursprüngliche HELMHOLTZsche Methode hat neuerdings ein Seitenstück gefunden in der Behandlung der permanenten Wellen durch LEVI-CIVITA mit Hilfe einer Funktionalgleichung

[1]) H. HELMHOLTZ, Monatsh. d. Akad. d. Wiss. zu Berlin 1868.

(Ziff. 40). Von besonderer Bedeutung ist das ebenfalls von KIRCHHOFF[1]) gerechnete Beispiel einer ebenen Strömung, die gegen eine Platte trifft, und durch diese in zwei Teile zerspalten wird, die durch ein Gebiet toten Wassers getrennt werden (Abb. 18). Die bei kontinuierlicher Strömung herrschende Symmetrie der Bewegung auf Vorder- und Rückseite der Platte, die bekanntlich das durch das D'ALEMBERTsche Paradoxon ausgedrückte Verschwinden des Widerstandes zur Folge hat, ist durch die diskontinuierliche Bewegung aufgehoben; die Platte setzt der Strömung einen von Null verschiedenen Widerstand entgegen, der allerdings Beobachtungen gegenüber um ein Drittel zu klein ist, aber immerhin die Abhängigkeit von der Geschwindigkeit der Flüssigkeit im Unendlichen, ihrer Dichte und der Breite der Platte richtig wiedergibt.

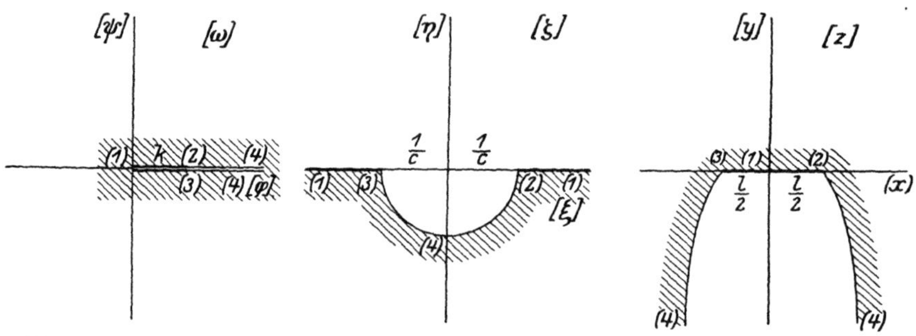

Abb. 18. Konforme Abbildung zur Berechnung der Strömung um eine Platte.

Die Flüssigkeit soll im Unendlichen die Geschwindigkeit c entgegengesetzt der Richtung der positiven y-Achse besitzen und gegen eine Platte von der Breite l strömen, die auf der x-Achse liegt und von $-l/2$ bis $+l/2$ reicht. Dann wird die Abbildung der Ebene ω auf die Ebene ζ durch die Gleichung

$$c\zeta + \frac{1}{c\zeta} = \frac{2k}{\sqrt{\omega}}$$

geleistet, wo k eine zunächst unbestimmte Konstante bedeutet; für den Zusammenhang zwischen z und ω folgt hieraus

$$cz = \sqrt{\omega}\left[2k + \sqrt{k^2 - \omega}\right] + k^2 \arcsin\frac{\sqrt{\omega}}{k}.$$

Zerlegt man diese Gleichung in ihren reellen und imaginären Teil, so erhält man die Stromlinien, besonders diejenige ($\psi = 0$), die der Platte folgt und in ihrem weiteren Verlauf die freie Grenze zwischen der bewegten Flüssigkeit und dem toten Wasser bildet. Für die Breite der Platte ergibt sich

$$l = \frac{4+\pi}{c} k^2,$$

womit auch die Konstante k bestimmt ist.

Der auftretende Widerstand W der Platte berechnet sich dann leicht unter Zuhilfenahme der BERNOULLIschen Gleichung:

$$W = \frac{\pi}{4+\pi} \varrho l c^2; \tag{2}$$

[1]) Vgl. auch Lord RAYLEIGH, Scient. Pap. Bd. 1, S. 287.

dabei ist ϱ wie früher die Dichte der Flüssigkeit. (2) hat die Form des experimentell bestätigten quadratischen Widerstandsgesetzes (vgl. Ziff. 50 und Kap. 2, Ziff. 58 ds. Bd. des Handb.), allerdings mit einer zu kleinen „Widerstandsziffer" $\pi/(4+\pi)$. An die KIRCHHOFFsche Methode schließt sich eine ausgedehnte Literatur, die an zahlreichen Beispielen die Gestalt von Strahlen und ihren Zusammenfluß behandelt sowie die Kräfte, welche bei der Ablösung der Strahlen von festen Wänden infolge der Totwasserbildung und bei ihrem Auftreffen auf feste Hindernisse auftreten.

B. ECK[1]) verwendet neuerdings die Methode zur Untersuchung der Strömung in Ventilen unter den vereinfachenden Voraussetzungen, daß das Problem zweidimensional behandelt und der Einfluß der Reibung vernachlässigt wird. Bei einfachen Ebensitzventilen bilden sich, wie Beobachtungen erkennen lassen, hauptsächlich zwei Strömungszustände aus. „Für kleine Hubhöhen liegt die Strömung der horizontalen Wand an, biegt also um 90° um, während beim weiteren Anheben des Ventils die Strömung abreißt und einen freien Strahl bildet, dessen Ablenkungswinkel mit steigendem Hub wächst." Beide Strahlformen sind der mathematischen Behandlung leicht zugänglich. Um die Frage nach dem wirklich im Einzelfalle auftretenden Strahl zu entscheiden, muß sein Druck gegen den Ventilteller mit dem Druck der Ventilfeder in Beziehung gesetzt werden.

38. Methode von LEVI-CIVITA[2]). Während die KIRCHHOFFsche Methode auch in der weiteren Ausbildung, die sie erfahren hat, nur zur Behandlung von Strömungen ausreicht, deren feste Grenzen aus geraden Strecken gebildete Linienzüge sind, betrachtet LEVI-CIVITA ein (mit gewissen Beschränkungen) beliebig begrenztes Hindernis in einer unendlich ausgedehnten Strömung. Die Geschwindigkeit der Strömung soll im Unendlichen die Richtung der positiven x-Achse und den Betrag 1 haben.

Das Hindernis soll im Punkt O der Ebene $z\,(x,\,y)$ eine Kante besitzen, an der die dort auftreffende Stromlinie sich teilt, dem Hindernis nach zwei

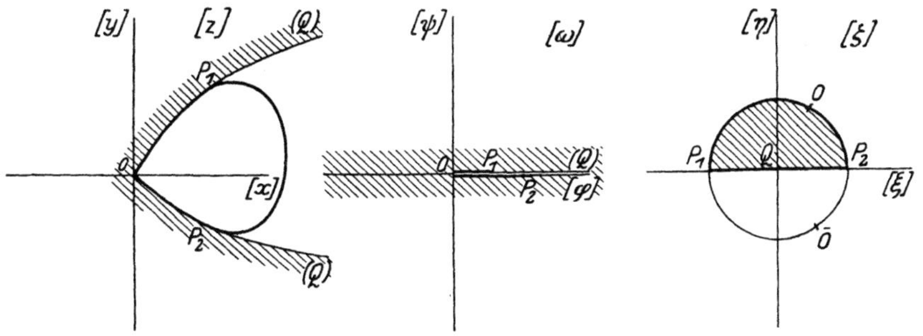

Abb. 19. Konforme Abbildung zur Berechnung der Strömung um ein Hindernis.

Seiten folgt und nach der Ablösung in P_1 und P_2 die beiden freien Grenzen der Strömung bildet, die das hinter dem Hindernis liegende tote Wasser von der bewegten Strömung trennen (Abb. 19).

Das Bild dieser beiden von O ausgehenden Stromlinien in der Ebene $\omega\,(\varphi,\,\psi)$ ist die doppelt zu zählende positive φ-Achse von O bis ins Unendliche; längs derselben ist die Ebene aufgeschnitten zu denken. Dem unendlich fernen Punkt (Q) der z-Ebene entspricht der unendlich ferne Punkt der ω-Ebene.

[1]) B. ECK, ZS. f. angew. Math. u. Mech. Bd. 4, S. 464ff. 1924.
[2]) T. LEVI-CIVITA, Rend. di Palermo Bd. 23, S. 1—17. 1907.

Etwas abweichend von KIRCHHOFF wird weiter an Stelle der komplexen Geschwindigkeit

$$w = u - iv = \frac{d\omega}{dz}.$$

oder ihres reziproken Wertes $dz/d\omega$ die neue komplexe Veränderliche

$$w^* = i \lg w = \sigma + i \lg |\mathfrak{v}|$$

eingeführt, wo σ und $|\mathfrak{v}|$ die alte Bedeutung haben; abkürzend sei

$$\lg |\mathfrak{v}| = \tau, \qquad w^* = \sigma + i\tau$$

gesetzt. In der Ebene $w^*(\sigma, \tau)$ ist der Anfangspunkt das Bild des unendlich fernen Punktes der Strömung; das Bild beider freien Grenzen zusammen ist eine Strecke $P_1 P_2$ der σ-Achse. w^* ist auf den freien Grenzen reell.

Der wesentlich neue Gedanke der Methode von LEVI-CIVITA ist jedoch die Einführung einer neuen komplexen Veränderlichen ζ [1])

$$\zeta = \xi + i\eta = f(\omega),$$

an Stelle von ω, die durch die Forderung definiert ist, daß das Bild der aufgeschnittenen ω-Ebene in der ζ-Ebene das Innere eines in der oberen Halbebene liegenden Halbkreises ist. Und zwar soll das Bild des unendlich fernen Punktes (Q) der Strömung in den Anfangspunkt als Mittelpunkt, die Bilder von P_1 und P_2 in die Punkte ∓ 1 der ξ-Achse fallen; das Bild von O wird dann irgendein Punkt des Halbkreisbogens sein. Die Funktion $f(\omega)$ ist eindeutig bestimmt und ohne Schwierigkeit aufzustellen.

Die Funktion w^*, die als Funktion von ω in der zerschnittenen ω-Ebene regulär ist außer in O, wird als Funktion von ζ im Innern des Halbkreises regulär sein außer in O und überdies auf dem Durchmesser $(-1, +1)$ reell; unter Anwendung des SCHWARZschen Spiegelungsprinzips läßt sie sich in die untere Halbebene fortsetzen, ist dann im Innern des ganzen Einheitskreises regulär und besitzt zwei singuläre Stellen auf der Peripherie in O und seinem Spiegelbild $\overline{O}$.

Durch Umkehrung der Überlegung läßt sich nun aus jeder Funktion $w^*(\zeta)$, die im Innern des Einheitskreises regulär ist, auf dem reellen Durchmesser reelle Werte hat und in zwei spiegelbildlichen Punkten der Peripherie singuläre Stellen besitzt, eine Funktion $z(\omega)$ herleiten, die der Strömung um ein krummlinig begrenztes Hindernis entspricht. [Die Lösung ist allerdings nicht unter allen Umständen physikalisch realisierbar; hierzu muß die Funktion $w^*(\zeta)$ gewissen analytischen Bedingungen genügen.] Die Gestalt des Hindernisses ergibt sich aus der Funktion $z(\omega)$, also zuletzt. Die physikalisch wichtigere Aufgabe, die Strömung um ein Hindernis von vorgegebener Kontur zu bestimmen, stößt einstweilen noch auf unüberwindliche analytische Schwierigkeiten.

Dagegen lassen sich alle dynamischen Größen, die zu dem einer Funktion $w^*(\zeta)$ entsprechenden Hindernis gehören, angeben, ohne daß es notwendig wäre, dessen Gestalt zu bestimmen. So ergeben sich die Kräfte, welche die Strömung auf das Hindernis ausübt, durch Berechnung des Ausdrucks

$$\boldsymbol{R} = \frac{\varrho}{2i} \int e^{i w^*} d\omega,$$

wo nach Einführung der Unabhängigen ζ statt ω die Integration über den Umfang des Einheitskreises auszuführen ist. Dabei handelt es sich, da der Integrand,

[1]) Nicht zu verwechseln mit der bei der KIRCHHOFFschen Methode (Ziff. 36) mit ζ bezeichneten Größe!

als Funktion von ζ betrachtet, einen Pol in Q besitzt, lediglich um die Bestimmung des Residuums in diesem Punkt. Zerlegt man $\boldsymbol{R}$ in seinen reellen und imaginären Teil, so gibt ersterer den Widerstand gegen die Strömung in Richtung der x-Achse, letzterer eine etwa auftretende Querkraft.

Im Anschluß an die Untersuchungen von LEVI-CIVITA sind von zahlreichen, meist italienischen und französischen Mathematikern Beispiele gerechnet worden, auf die hier ebensowenig eingegangen werden kann wie auf den weiteren Ausbau der Theorie[1]).

39. Berücksichtigung der Schwere; Überfall über ein Wehr. Auf der freien Grenze eines ebenen Strahles ist der Druck auch dann konstant ($p = p_1$, Atmosphärendruck), wenn die Flüssigkeit der Wirkung der Schwere unterworfen ist; die BERNOULLIsche Gleichung [Ziff. 12, Gleichung (5)]

$$\frac{p}{\varrho g} + \frac{\mathfrak{v}^2}{2g} + y = \text{konst.} \qquad (y\text{-Achse nach oben})$$

reduziert sich dann auf

$$\frac{\mathfrak{v}^2}{2g} + y = 0\,, \tag{1}$$

wenn das Koordinatensystem geeignet gewählt ist, d. h. die x-Achse in passender Höhe angenommen ist.

H. BLASIUS[2]) behandelt den Überfall über ein Wehr. Die freie Oberfläche des überströmenden Wassers führt, wenn das Problem auf ein ebenes reduziert wird, zur freien Grenze des Strahls; eine beliebige tiefer gelegene Stromlinie wird als Rücken des Wehrs und wenn nötig in ihrem weiteren Verlauf als Sohle des Stromes aufgefaßt.

Die höchste Lage, die ein Punkt der freien Stromlinie einnehmen kann, ist durch $y = 0$ bestimmt. Dieser Fall tritt ein, wenn in einem Punkt der freien Stromlinie die Geschwindigkeit $\mathfrak{v} = 0$ wird, wie es beim Ausströmen aus einem unendlich großen und tiefen Becken tatsächlich der Fall sein wird. Die x-Achse ist dann Asymptote der Oberflächenstromlinie des Beckens. Wird die Geschwindigkeit auf der freien Stromlinie nirgends Null, so besitzt diese eine Asymptote, die tiefer liegt als die x-Achse. Eine Komplikation tritt ein, wenn die freie Stromlinie nicht in ihrem ganzen Verlauf frei ist, sondern aus einem Gebiet kommt, in der sie einer festen Grenze folgt. Dann gibt es auf der festen Grenze eine positive Maximalhöhe, in der der Druck Null wird und die Fortsetzung der Strömung physikalisch, aber nicht analytisch unmöglich ist.

Es gelingt nicht, aus Anfangsbedingungen, welche die Gestalt und Lage des Wehres bestimmen, die Strömung und ihre freie Grenze herzuleiten. Dagegen ist die umgekehrte Aufgabe lösbar, aus einer geeignet angenommenen freien Grenze des Strahles die ganze Strömung und die möglichen Gestalten des Wehrrückens abzuleiten. Auf der freien Strahlgrenze, die durch

$$y = f(x) \tag{2}$$

gegeben ist, ist der Gradient des Geschwindigkeitspotentials nach (1)

$$\frac{\partial \varphi}{\partial s} = |\mathfrak{v}| = \sqrt{-2g\, f(x)}\,,$$

folglich das Geschwindigkeitspotential selbst

$$\varphi = \sqrt{2g} \int \sqrt{-f(x)\,(1 + f'^2_{(x)})}\, dx\,. \tag{3}$$

[1]) Man sehe das Referat von JAFFÉ, ZS. f. angew. Math. u. Mech. Bd. 1, S. 398—410. 1921.

[2]) H. BLASIUS, ZS. f. Math. u. Phys. Bd. 58, S. 90ff. 1910.

Bezeichnet man mit

$$x = p(\varphi), \quad y = q(\varphi)$$

die aus (2) und (3) folgende Parameterdarstellung der Strahlgrenze, auf der die Stromfunktion ψ den Wert Null besitzen möge, so kommt man durch Einführung der komplexen Veränderlichen $\varphi + i\psi$ an Stelle der reellen φ sofort zu einer Darstellung der ganzen Strömung in der Form

$$x + i y = p(\varphi + i\psi) + i q(\varphi + i\psi). \tag{4}$$

Diese Gleichung vermittelt die konforme Abbildung der Ebene (φ, ψ) auf die Ebene (x, y) derart, daß der Achse $\psi = 0$ die freie Strahlgrenze entspricht.

Die konforme Abbildung führt im allgemeinen zu mehrfachen Überdeckungen der (x, y)-Ebene und damit zu Schwierigkeiten in der Bestimmung der Begrenzung des tatsächlich interessierenden Teiles der Strömung. BLASIUS behandelt das Austreten einer Strömung unter einem Schütz hervor und den Überfall über ein Wehr bei radialem Zustrom aus einem unendlich großen Becken.

40. Funktionalgleichung für die freie Grenze des Strahls; permanente Wellen. Wenn die freie Grenze einer ebenen Strömung einer schweren Flüssigkeit der Gestalt und Lage nach bekannt ist, so liefert die BLASIUSsche Theorie das komplexe Potential der Strömung und den festen Teil ihrer Begrenzung. Wünscht man umgekehrt die freie Grenze einer Strömung zu bestimmen, wenn der feste Teil ihrer Begrenzung gegeben ist, so handelt es sich um die Bestimmung eines komplexen Potentials, das an den festen Grenzen vorgeschriebene Bedingungen erfüllt, und das außerdem einer gewissen Funktionalgleichung genügt, welche eine bestimmte Stromlinie oder einen Teil derselben als freie Grenze charakterisiert.

Aus der BERNOULLIschen Gleichung [Ziff. 12, Gleichung (5)] folgt für die Strahlgrenze wegen des dort herrschenden konstanten Druckes

$$\frac{\mathfrak{v}^2}{2g} + y = \text{konst.};$$

durch Differenzieren längs der begrenzenden Stromlinie nach φ folgt unter Benutzung der „inversen Formeln" [Ziff. 34, Gleichung (4)]

$$|\mathfrak{v}|^3 \frac{\partial |\mathfrak{v}|}{\partial \varphi} + g v = 0. \tag{1}$$

Diese Funktionalgleichung unterwirft die komplexe Geschwindigkeit

$$w = u - iv, \qquad \left(|\mathfrak{v}| = \sqrt{u^2 + v^2}\right)$$

als Funktion des komplexen Potentials $\omega = \varphi + i\psi$ einer bestimmten Bedingung auf einer Stromlinie.

LEVI-CIVITA[1]) benutzt diese Funktionalgleichung zur Behandlung periodischer permanenter Wellen. Unter einer permanenten Welle versteht man eine Welle, welche ohne Änderung der Gestalt ihrer Oberfläche fortschreitet. Erfolgt die Fortschreitung in Richtung der negativen x-Achse mit einer Geschwindigkeit vom Betrag c, so kann man durch Überlagerung einer Translation von der Geschwindigkeit c in Richtung der positiven x-Achse die Bewegung

[1]) T. LEVI-CIVITA, Math. Ann. Bd. 85, S. 256, und andere Mitteilungen, besonders: Fragen der klassischen und relativistischen Mechanik, 2. Vortrag, sowie: La détermination rigoureuse des ondes permanentes d'ampleur fini. International Congres voor Technische Mechanica. Uittreksels der Voordrachten, und: Proceedings of the first international Congress for applied Mechanics, S. 129–145. Delft 1924.

stationär machen. Aus der begrenzenden Stromlinie der fortschreitenden Welle wird dann eine unveränderliche freie Strahlgrenze, auf der komplexe Geschwindigkeit und Potential durch die Funktionalgleichung (1) verknüpft sind. Man kann dann das komplexe Potential ω in folgende Form setzen:

$$\omega = \varphi + i\psi = \Phi + i\Psi + cz; \tag{2}$$

dabei ist cz das Potential der Translation, $\Phi + i\Psi$ das Potential der Störung, welche die reine Translation durch die Wellenbewegung erfährt. $\Phi + i\Psi$ kann auch als Potential der Wellenbewegung selbst aufgefaßt werden, bezogen auf ein mit der Welle fortschreitendes Koordinatensystem; es ist im ganzen Strömungsfeld eine beschränkte Funktion.

Schreitet die Welle in einem Kanal von endlicher Tiefe fort, und sind $\psi = \psi_1$ bzw. $\psi = 0$ die beiden Stromlinien an der freien Grenze des Wellenstrahls bzw. an der Sohle des Kanals, so ist

$$h = \frac{\psi_1}{c}$$

die Tiefe des Kanals. Legt man die Sohle in die x-Achse und bemerkt, daß an der Sohle sowohl das komplexe Potential als die komplexe Geschwindigkeit reell sind, so erkennt man, daß sich die analytische Fortsetzung dieser Funktionen über die reelle Achse in die negative Halbebene nach dem SCHWARZschen Spiegelungsprinzip ergibt.

Ist die Welle insbesondere periodisch, und bezeichnet λ die Wellenlänge, so ist die Geschwindigkeit $w(x + iy) = u - iv$ eine periodische Funktion mit der reellen Periode λ, während das Potential der Gleichung

$$\omega(x + iy + \lambda) = \omega(x + iy) + c\lambda$$

genügt, also nicht periodisch ist. Es ist jedoch leicht, ω durch eine neue komplexe Veränderliche ζ zu ersetzen, die eine periodische Funktion von $x + iy$ mit der Periode λ ist; diese Veränderliche kann durch die Gleichung

$$\zeta = e^{-\frac{2\pi i}{c\lambda}\omega} \tag{3}$$

definiert werden.

Das Bild des Wellenstrahls in der Ebene ω ist ein von der Geraden $\psi = \psi_1$ begrenzter, bis an die Achse $\psi = 0$ reichenden Streifen; hierzu tritt als analytische Fortsetzung sein Spiegelbild. Bildet man die ω-Ebene in die ζ-Ebene ab, so lauten unter Verwendung von Polarkoordinaten ϱ, Θ in der ζ-Ebene, definiert durch

$$\zeta = \varrho e^{i\Theta},$$

die Abbildungsgleichungen

$$\varrho = e^{\frac{2\pi}{c\lambda}\psi}, \qquad \Theta = -\frac{2\pi}{c\lambda}\varphi.$$

Das Bild des Wellenstrahls in der ζ-Ebene ist ein Ringgebiet, begrenzt durch einen Kreis vom Radius $R = e^{\frac{2\pi}{c\lambda}\psi_1}$ als Bild der Strahlgrenze und den Einheitskreis als Bild der Kanalsohle. Dazu kommt als analytische Fortsetzung ein durch Spiegelung am Einheitskreis entstehendes Ringgebiet. In dem ganzen Ringgebiet ist die Geschwindigkeit w eine eindeutige reguläre Funktion von ζ.

Damit reduziert sich die Bestimmung der permanenten Wellen in einem Kanal von endlicher Tiefe auf die Bestimmung einer analytischen Funktion $w = w(\zeta)$, welche

a) in dem Ringgebiet zwischen den Kreisen R und $1/R$ regulär ist,

b) auf dem Einheitskreis reell ist,

c) auf dem Kreis R der Funktionalgleichung (1) genügt, welche bei Einführung von ζ an Stelle von ω folgende Gestalt annimmt:

$$|\mathfrak{v}|^3 \frac{\partial |\mathfrak{v}|}{\partial \Theta} = \frac{c \lambda g}{2\pi} v. \tag{4}$$

Setzt man w als LAURENTsche Reihe an und beschränkt sich bei Annahme sehr kleiner Bewegungen der Wasserteilchen gegenüber der Translation auf die Anfangsglieder der Reihe, so liefert der Ansatz

$$w = c\left[1 - \frac{1}{2}\mu\left(\zeta + \frac{1}{\zeta}\right)\right], \tag{5}$$

wo μ ein kleiner Parameter ist, eine Näherungslösung; das Ergebnis ist identisch mit der sog. AIRYschen Welle[1]). Durch Einsetzen von w in die Funktionalgleichung ergibt sich als Bedingung dafür, daß die Funktionalgleichung erfüllt ist, eine Konstantenrelation:

$$R + \frac{1}{R} = \frac{\lambda g}{2\pi c^2}\left(R - \frac{1}{R}\right).$$

Diese nimmt bei Einführung der Tiefe h des Kanals an Stelle von R die Gestalt

$$\frac{2\pi c^2}{\lambda g} = \mathfrak{Tg}\,\frac{2\pi h}{\lambda} \tag{6}$$

an; sie läßt erkennen, daß für eine feste Tiefe h die Geschwindigkeit c mit wachsender Wellenlänge λ zunimmt und sich dem Grenzwert

$$c \to \sqrt{g h} \tag{6'}$$

nähert, der u. a. für Gezeitenwellen gilt. Für unendliche Tiefe wird

$$\frac{2\pi c^2}{\lambda g} = 1. \tag{7}$$

Ersetzt man in (5) mit Hilfe von (3) ζ durch ω, so erhält man durch Integration der Gleichung (3) von Ziff. 34

$$\frac{d\omega}{dz} = w$$

unter Beschränkung auf die erste Näherung das Geschwindigkeitspotential ω des Wellenstrahles als Funktion von z:

$$\omega = c\left[z - \frac{\mu\lambda}{2\pi}\sin\frac{2\pi}{\lambda}z\right]. \tag{8}$$

Der Übergang vom Wellenstrahl zur fortschreitenden AIRYschen Welle wird in Ziff. 43 vollzogen und die entstehende Bewegung diskutiert. Daß die freie Grenze des Wellenstrahls in erster Näherung eine Sinuslinie ist, ist aus (8) direkt ersichtlich.

In ähnlicher Weise wie die periodischen Wellen in Kanälen von endlicher Tiefe lassen sich die periodischen Wellen in unendlich tiefen Kanälen behandeln. Die funktionentheoretische Aufgabe wird dabei etwas einfacher. Bezeichnet man mit $\psi = 0$ den Wert der Stromfunktion an der freien Grenze, so ist w eine analytische Funktion von ζ, welche

a) im Innern des Einheitskreises regulär ist,
b) im Mittelpunkt reell $= c$ ist,
c) auf dem Einheitskreis der Funktionalgleichung genügt.

[1]) G. B. AIRY, Tides and Waves, 1845.

Es ist LEVI-CIVITA gelungen, diese Funktionen durch Entwicklung in Reihen, deren Konvergenz gesichert ist, nach einer geeigneten Umformung der Funktionalgleichung zu erhalten und damit Wellen von endlicher Amplitude in Kanälen von unbegrenzter Tiefe zu bestimmen.

41. Räumliche Strahlen. Die funktionentheoretischen Methoden versagen, wenn es sich um die Bestimmung räumlicher Strahlformen handelt; die an ihre Stelle tretenden potentialtheoretischen Methoden sind sehr kompliziert und überdies nur zur schrittweisen Näherung geeignet. Demgemäß ist auch über die räumlichen Strahlen, von trivialen Fällen abgesehen, wenig bekannt.

Für den Fall, daß von äußeren Kräften, besonders der Schwere, abgesehen wird, ist die Geschwindigkeit auf der freien Oberfläche konstant, wie sich aus der BERNOULLIschen Gleichung ergibt, wenn für den Druck der konstante Atmosphärendruck gesetzt wird. Eine Reihe allgemeiner Sätze ist von MOLENBROEK[1]) und anderen angegeben worden: Die Stromlinien auf der Oberfläche des Strahls sind geodätische Linien; die Schnittlinien der Oberfläche des Strahls mit den Niveauflächen des Geschwindigkeitspotentials sind auf der Oberfläche geodätisch parallel, während die Niveauflächen selbst in den Punkten dieser Schnittlinien die mittlere Krümmung Null besitzen.

Nicht einmal für rotationssymmetrische Strahlen ist die genaue Lösung bekannt. TREFFTZ[2]) führt unter Vernachlässigung des Einflusses der Schwere die Bestimmung der Oberfläche eines rotationssymmetrischen Strahls, der aus einem unendlich großem Gefäß austritt, auf eine homogene lineare Integralgleichung zweiter Art zurück. Die eigentliche Schwierigkeit liegt darin, daß der Kern der Integralgleichung von der Meridiankurve des Strahles abhängt, also unbekannt ist, und gleichzeitig mit der Meridiankurve durch schrittweise Näherung aus der Forderung bestimmt werden muß, daß die Geschwindigkeit auf der Oberfläche konstant ist.

Für schwere rotationssymmetrische Strahlen wird häufig eine rohe Näherungsformel angegeben, die aus der Annahme hergeleitet wird, daß die Geschwindigkeit an jeder Stelle eines horizontalen Querschnitts denselben Wert besitzt und vertikal gerichtet ist. — Für beliebige äußere Kräfte bestimmt FÖRSTER[3]) die Meridiankurve durch Reihenentwicklungen, welche jedoch nur zur Bestimmung der asymptotischen Annäherung des Strahls an die Kreiszylinderform geeignet sind und über seine Gestalt in der Nähe der Austrittsstelle aus dem Gefäß keinen Aufschluß geben.

c) Wellen.

42. Allgemeines über Flüssigkeitswellen. Unter dem Sammelnamen Wellenbewegung pflegt man eine große Anzahl von dynamischen Vorgängen zusammenzufassen, die in ihrer Natur und ihren Erscheinungsformen sehr verschieden sind. Vielfach unterscheidet man stehende und fortschreitende Wellen; zu letzteren gehört neben Wellenzügen mit aufeinanderfolgenden Wellenbergen und Wellentälern die Einzelwelle. Wellen, welche ohne Gestaltsänderung ihrer Oberfläche fortschreiten, heißen permanent; die wichtigsten permanenten Wellen sind die periodischen, bei denen eine zeitlich unveränderte Oberflächengestalt sich in gleichen Abständen wiederholt. Die Existenz permanenter wirbelfreier Wellen war lange Zeit Gegenstand einer Streitfrage und ist erst kürzlich durch LEVI-CIVITA (vgl. Ziff. 40) in bejahendem

[1]) P. MOLENBROEK, Ann. Phys. u. Chem. Bd. 52. 1894.
[2]) E. TREFFTZ, ZS. f. Math. u. Phys. Bd. 64, S. 34—61. 1916.
[3]) R. FÖRSTER, ZS. f. Math. u. Phys. Bd. 62, S. 319—327. 1913—1914.

Sinn entschieden worden. Die älteren Methoden reichten nur hin, permanente Wellen von sehr kleiner (unendlich kleiner) Amplitude aufzustellen und ein schrittweises Näherungsverfahren anzugeben, durch das man zur angenäherten Bestimmung permanenter Wellen von endlicher Amplitude vordringen kann; indessen ist die Konvergenz dieses Verfahrens nicht nur unbewiesen geblieben, sondern es blieben auch begründete Zweifel an dem tatsächlichen Bestehen der Konvergenz.

Wellen, welche in einer translatorischen Strömung der Strömung entgegengesetzt mit einer Geschwindigkeit fortschreiten, welche ebenso groß ist wie die Geschwindigkeit der Strömung, werden in der Natur beobachtet; es tritt hier ein tatsächlicher Vorgang ein, der mit dem bereits (Ziff. 40) erwähnten Gedankenexperiment, eine permanente Welle durch Überlagerung einer geeigneten Translation zu einem Strahl zu machen, in der Wirkung übereinstimmt. Man kann aus jeder Wellenbewegung nötigenfalls durch Abspaltung einer Translation eine Bewegung ableiten, bei der die Bewegung jedes Flüssigkeitsteilchens im ganzen oder mindestens die seiner Mittellage klein ist; das Geschwindigkeitspotential der Bewegung (wenn ein solches existiert) ist dann im ganzen Strömungsfeld eine beschränkte Funktion. Diese Tatsache kann (mit der angegebenen Einschränkung) als mathematische Definition der Wellenbewegung jeder Art aufgefaßt werden. Die Existenz eines Geschwindigkeitspotentials folgt, wenn man die Entstehung einer Wellenbewegung durch konservative äußere Kräfte aus der Ruhe voraussetzt, aus den HELMHOLTZschen Wirbelsätzen. Indessen gibt es eine seit langem bekannte, als GERSTNERsche Welle bezeichnete, nicht wirbelfreie Wellenbewegung, die permanent ist, eine endliche Amplitude besitzt und dabei mathematisch einfach zu behandeln ist; ihre physikalische Bedeutung ist gering.

Physikalisch eine Definition zu geben, welche alle Wellenbewegungen und nur diese umfaßt, ist kaum möglich. Sieht man von den stehenden Wellen ab, so besteht ein gemeinsamer charakteristischer Zug aller fortschreitenden Wellen darin, daß, nötigenfalls nach Abspaltung einer Translation, eine Erscheinungsform mit größerer Geschwindigkeit fortschreitet, als die Geschwindigkeit der Flüssigkeitsteilchen ist. Das gilt mit einer leichten Abänderung auch für Wellenbewegung von Flüssigkeiten, welche in der Ruhe nicht eine ebene Begrenzung besitzen, z. B. für Wellen auf der Oberfläche einer flüssigen Kugel oder eines flüssigen Ellipsoids. Von diesen ist im folgenden nicht weiter die Rede.

Die eigentliche mathematische Schwierigkeit beim Studium von Flüssigkeitswellen besteht, ähnlich wie bei der Untersuchung von Strahlen, darin, daß neben den gebräuchlichen Grenzbedingungen an den festen Wänden die Bedingung des konstanten Druckes an der freien Oberfläche erfüllt sein muß; die Tatsache der im allgemeinen nicht stationären Bewegung macht die Theorie der Wellen noch erheblich schwieriger als die der Strahlen. In manchen Fällen, so bei Wellen, welche an der Grenze zweier Flüssigkeiten auftreten, wird überdies die einfache Grenzbedingung des konstanten Druckes durch eine weniger einfache ersetzt.

Bei Voraussetzung idealer Flüssigkeiten sind alle Wellen nur Oberflächenwellen in dem Sinn, daß die Bewegung der Teilchen an der Oberfläche am stärksten ist und mit wachsender Entfernung von der Oberfläche abnimmt. Läßt man eine Abhängigkeit der Dichte vom Druck zu, so können auch Verdichtungswellen im Innern der Flüssigkeit auftreten, sog. Expansionswellen; diese sind im folgenden nicht behandelt[1]). Der allgemeine Fall, daß die Dichte noch von weiteren Faktoren abhängt, ist überdies in diesem Artikel grundsätzlich

[1]) Vgl. Kap. 5 ds. Bd. sowie Bd. VIII dies. Handb.

ausgeschlossen. Die Literatur über Wellenbewegung ist außerordentlich umfangreich; es kann hier nur auf die (Ziff. 1, Fußnote genannten) größeren Lehrbücher und Monographien verwiesen werden. Ein großer Teil der Untersuchungen strebt von vornherein nur Näherungslösungen an; vielfach ist auch ein technischer Zweck verfolgt. Eine Reihe von Wellentypen sind von Wichtigkeit in der Hydraulik.

43. Periodische Wellen in einem Kanal. Wenn man eine periodische permanente Welle in einem Kanal von endlicher Tiefe, die mit der Geschwindigkeit c (nach links) fortschreitet, mit einer entgegengesetzt (nach rechts) gerichteten Translation von der gleichen Geschwindigkeit c überlagert, so entsteht ein stationärer Wellenstrahl. Die Möglichkeit, durch diesen Kunstgriff die permanente Wellenbewegung stationär zu machen, hat schon RAYLEIGH[1]) bemerkt und zur Bestimmung von Wellen mit kleiner Amplitude verwendet. In Ziff. 40 wurde das komplexe Potential ω für diesen Fall nach der weiter reichenden Methode von LEVI-CIVITA aufgestellt:

$$\omega = c\left[z - \frac{\mu\lambda}{2\pi}\sin\frac{2\pi}{\lambda}z\right]. \tag{1}$$

λ ist die Wellenlänge, μ bestimmt die Amplitude. Die x-Achse des Koordinatensystems fällt in die Kanalsohle (nach rechts). Die Tiefe h des Kanals hängt mit c und λ durch die Gleichung (6) von Ziff. 40

$$\frac{2\pi c^2}{\lambda g} = \mathfrak{Tg}\,\frac{2\pi h}{\lambda} \tag{2}$$

zusammen, die bereits dort diskutiert wurde. Die Druckbedingung ist nur an der Oberfläche des Kanals, die in der Ruhe durch $y = h$ gegeben ist, erfüllt.

Bezieht man die fortschreitende Welle (ohne Translation) auf ein im Raume festes Koordinatensystem, so folgt die nun nicht mehr stationäre Bewegung dem Geschwindigkeitspotential

$$\omega^* = -c\frac{\mu\lambda}{2\pi}\sin\frac{2\pi}{\lambda}(z + ct). \tag{3}$$

Die Geschwindigkeitskomponenten (als Funktionen des Ortes und der Zeit) sind

$$\left.\begin{aligned} \frac{dx}{dt} &= u = -c\mu\cos\frac{2\pi}{\lambda}(x + ct)\,\mathfrak{Cof}\,\frac{2\pi}{\lambda}y, \\ \frac{dy}{dt} &= v = -c\mu\sin\frac{2\pi}{\lambda}(x + ct)\,\mathfrak{Sin}\,\frac{2\pi}{\lambda}y. \end{aligned}\right\} \tag{4}$$

Damit ist der ursprüngliche von AIRY[2]) gegebene Ansatz erhalten, der der Forderung entspricht, daß die Oberfläche der Welle die Gestalt einer reinen Sinuslinie besitzt.

Die Integration dieser Gleichungen und damit die Bestimmung der Bahnen der einzelnen Teilchen ist in einfacher Weise nur unter der vereinfachenden Annahme möglich, daß die Bewegung jedes Teilchens periodisch um eine mittlere Lage stattfindet und so klein ist, daß die Geschwindigkeit in einem Bahnpunkt durch die im gleichen Zeitpunkt in der mittleren Lage herrschende Geschwindigkeit ersetzt werden kann. Unter diesen Voraussetzungen ergeben sich als Bahnkurven Ellipsen, deren große Achse horizontal ist, und deren beide Achsen gegen die Sohle des Kanals zu abnehmen, doch so, daß die Brennweite ungeändert bleibt. Die Bewegung an der Sohle ist eine geradlinige Schwingung.

---

[1]) Lord RAYLEIGH, On Waves. Phil. Mag. (5) Bd. 1, S. 257.

[2]) G. B. AIRY, Tides and Waves, 1845.

Etwas einfacher werden die Verhältnisse für Kanäle von unendlicher Tiefe. Für die analytische Behandlung muß, wenn man von Kanälen endlicher Tiefe ausgehen und nicht eine selbständige Untersuchung durchführen will, zunächst die x-Achse von der Kanalsohle in die Oberfläche verlegt und dann der Grenzübergang für unendlich wachsende Tiefe ausgeführt werden. In (4) tritt dann an Stelle der beiden hyperbolischen Funktionen eine einfache Exponentialfunktion. Die Bahnkurven der Teilchen sind Kreise, deren Radien nach unten zu rasch abnehmen.

In Wirklichkeit, d. h. für Wellen von endlicher Amplitude, sind die Bahnen der Flüssigkeitsteilchen zwar nahezu, aber nicht vollständig geschlossen; dies rührt davon her, daß in den Wellenbergen die Vorwärtsbewegung größer ist als die Rückwärtsbewegung in den Wellentälern. Infolgedessen ist die Wellenbewegung in ihren oberen Schichten mit einem Massentransport in der Fortschreitungsrichtung der Wellen verbunden, der zwar gering, aber nicht Null ist. Es ist der gewichtigste Vorwurf, der sich gegen die bisher auseinandergesetzte AIRYsche Näherungstheorie erheben läßt, daß sie die Tatsache der Existenz eines Massentransportes nicht erkennen läßt. STOKES[1]) hat zuerst durch ein schrittweises Näherungsverfahren für Wellen von endlicher Amplitude die sachlichen Abweichungen der AIRYschen Theorie von der Wirklichkeit erkannt. Bei der STOKESschen Welle sind Wellenberg und Wellental nicht symmetrisch zueinander; die Täler sind flacher als die Berge. Wenn es sich darum handelt, die Bahnkurven der Teilchen genauer zu bestimmen, so sind natürlich die LAGRANGEschen Gleichungen der Bewegung an Stelle der EULERschen das gegebene Hilfsmittel; ihre Anwendung ist auch häufig versucht worden.

In sehr seichten Kanälen, in denen bei gleicher Wellenlänge die Fortschreitungsgeschwindigkeit

$$c = \sqrt{gh} \tag{5}$$

geringer ist als in tiefen, macht sich bei größerer Amplitude die Tatsache, daß die Bahnkurven nicht geschlossen sind, besonders stark bemerkbar und führt leicht zu einem Überstürzen der Wellenberge. Diese der Brandung verwandte Erscheinung ist nicht zu verwechseln mit dem Brechen der Wellen auf der Oberfläche tiefen Wassers unter der Wirkung des Windes, von dessen Einfluß auf die Wellenbildung im vorigen vollständig abgesehen wurde.

HELMHOLTZ[2]) hat die Wellenbildung an der Grenze zweier Flüssigkeiten untersucht, die übereinandergeschichtet sind und verschiedene horizontale Strömungsgeschwindigkeiten besitzen. Die Trennungslinie ist Stromlinie für beide Flüssigkeiten; diese Bedingung muß exakt erfüllt sein. Dazu kommt an Stelle der gewöhnlichen für die Oberfläche einer Flüssigkeit geltenden Druckgleichung die Bedingung gleichen Druckes auf beiden Seiten der Trennungslinie; sie braucht nur angenähert erfüllt zu werden, wenn man sich auf Wellen mit kleinen Amplituden beschränkt. Unter dieser Voraussetzung sind die Wellen an der Trennungslinie qualitativ nicht verschieden von den Oberflächenwellen einer Flüssigkeit von unbegrenzter Tiefe; quantitativ ist die Schwerbeschleunigung g durch $g\,\frac{\varrho_1 - \varrho_2}{\varrho_1 + \varrho_2}$ zu ersetzen, wo ϱ_1 und ϱ_2 die Dichten der beiden Flüssigkeiten sind. Die Fortschreitungsgeschwindigkeit wird also nach Ziff. 40, Gleichung (7)

$$c = \sqrt{\frac{\lambda g}{2\pi}\,\frac{\varrho_1 - \varrho_2}{\varrho_1 + \varrho_2}}\,. \tag{6}$$

[1]) C. STOKES, Cambridge Trans. Bd. 8. 1847.

[2]) H. HELMHOLTZ, Zur Theorie von Wind und Wellen. Berl. Monatsber. 1889.

Die bekannten HELMHOLTZschen Luftwogen, die an der Grenze zweier übereinander hingleitender Luftströme von geringem Unterschied in der Dichte entstehen, besitzen sehr große Wellenlänge, da auch ihre Fortschreitungsgeschwindigkeit aus Stabilitätsgründen nicht unter einen bestimmten Mindestbetrag sinken kann.

Auch die Oberflächenwellen des Wassers müssen, wenn der Einfluß des Windes berücksichtigt werden soll, als Wellen an der Grenze zwischen Wasser und Luft betrachtet werden. Aus Stabilitätsbetrachtungen folgt, daß Wellen überhaupt nur dann entstehen können, wenn die Windgeschwindigkeit einen gewissen Betrag übersteigt, dessen theoretischer Wert aber höher ist, als den Beobachtungen entspricht. Offenbar ist bei der Entstehung von Wellen durch den Wind auch die Reibung von Bedeutung.

Bisher wurde die Oberflächenspannung außer acht gelassen; für Wellen von kurzer Wellenlänge ist das nicht zulässig. Die Oberflächenspannung einer gekrümmten Flüssigkeitsoberfläche ist die Ursache eines normal auf die Begrenzung wirkenden Druckes, der zum Atmosphärendruck hinzutritt und die Größe[1])

$$p' = \gamma\left(\frac{1}{R_1} + \frac{1}{R_2}\right) \tag{7}$$

besitzt. Hier sind R_1 und R_2 die Hauptkrümmungsradien der Oberfläche, $\frac{1}{2}\left(\frac{1}{R_1} + \frac{1}{R_2}\right)$ ihre mittlere Krümmung; ein Hauptkrümmungsradius ist positiv zu rechnen, wenn der zugehörige Normalschnitt der Fläche nach der Luftseite hin konvex ist. Die Kapillaritätskonstante γ ist die auf die Längeneinheit reduzierte Tangentialspannung der Oberfläche. Unter Berücksichtigung der Oberflächenspannung ist die Fortschreitungsgeschwindigkeit einer Welle in einem unendlich tiefen Kanal

$$c = \sqrt{\frac{\lambda g}{2\pi} + \gamma \frac{2\pi}{\lambda \varrho}}\,. \tag{8}$$

Für Wellen von großer Länge, „Schwerewellen“, überwiegt der erste Summand in Übereinstimmung mit Ziff. 40, Gleichung (7); für Wellen von kleiner Länge, „Kapillarwellen“, überwiegt der zweite Summand. Die Geschwindigkeit kurzer Kapillarwellen hängt von den Konstanten der Flüssigkeit, γ und ϱ, ab, während die Geschwindigkeit langer Schwerewellen von der Natur der Flüssigkeit unabhängig ist. Es gibt einen kritischen Wert, unter den die Fortschreitungsgeschwindigkeit einer Welle nicht sinken kann; er ist erreicht, wenn die beiden Summanden unter der Wurzel in (8) gleich groß sind, also für $\lambda = 2\pi\sqrt{\gamma/\varrho g}$; die kritische Geschwindigkeit ist

$$c_0 = \sqrt{2}\,\sqrt[4]{\frac{\gamma g}{\varrho}}\,. \tag{9}$$

Zu jeder Geschwindigkeit, die größer als c_0 ist, gehören zwei Wellen von verschiedener Länge, eine Kapillar- und eine Schwerewelle.

Die in einer Welle enthaltene Energie, berechnet für eine ganze Wellenlänge, ist stets zur Hälfte kinetisch, zur Hälfte potentiell. Der in verschiedenen Teilen der Welle in verschiedener Richtung stattfindende Umsatz zwischen beiden Energieformen ist für die ganze Wellenlänge Null. Unter sonst gleichen Umständen ist die Energie dem Quadrat der Amplitude proportional. Auch für die in der nächsten Ziffer behandelten stehenden Wellen gilt das hier über die Energie Gesagte.

[1]) Vgl. Kap. 6 und 20 ds. Bd. des Handb.

44. Superposition der Kanalwellen. Periodische Wellen von kleiner Amplitude, wie sie bisher behandelt worden sind, lassen sich superponieren. Da die Geschwindigkeit c eine Funktion der Wellenlänge λ ist, geht der permanente Charakter der Wellen bei der Superposition im allgemeinen verloren. Die allgemeinste Wellenbewegung mit kleiner Amplitude läßt sich aus einfachen periodischen Wellen, deren Oberfläche eine Sinuslinie ist, aufbauen und umgekehrt in solche zerlegen; analytisch wird die Zerlegung durch eine FOURIERsche Entwicklung geleistet.

Zwei einfache Fälle von Superposition zweier Wellenzüge sind besonders wichtig:

a) Wenn sich zwei Wellenzüge von gleicher Amplitude und gleichem Betrag der Geschwindigkeit c begegnen, so bilden sich stehende Wellen. Die Entfernung zweier Knoten oder zweier Schwingungsbäuche ist gleich der halben Wellenlänge der fortschreitenden Welle. Durch Addition der komplexen Potentiale [Ziff. 43, Gleichung (3)] für die beiden sich begegnenden Wellenzüge erhält man das komplexe Potential der stehenden Wellen

$$\omega^* = -c\frac{\lambda\mu}{\pi}\sin\frac{2\pi}{\lambda}ct\cos\frac{2\pi}{\lambda}z\,; \tag{1}$$

hieraus die komplexe Geschwindigkeit

$$w = 2c\mu\sin\frac{2\pi}{\lambda}ct\sin\frac{2\pi}{\lambda}z\,.$$

Die Bewegung der Teilchen in den Vertikalebenen durch die Schwingungsbäuche ist vertikal. Man kann eine stehende Welle durch eine derartige Vertikalebene begrenzen und erhält dann eine Bewegungsform, wie sie etwa durch Reflexion von Wasserwellen an einer Mauer entsteht. Ebenso kann man ein Stück einer stehenden Welle durch zwei Vertikalebenen abgrenzen; man erhält dann eine stehende Schwingung in einem Becken. Während bei Reflexion an einer Mauer jede fortschreitende Welle von beliebiger Wellenlänge eine stehende Welle verursacht, sind in einem von zwei Vertikalebenen abgegrenzten Becken nur bestimmte Schwingungen möglich, welche durch Interferenz zweier fortschreitender Wellenzüge entstanden gedacht werden können, deren halbe Wellenlänge gleich der Länge des Beckens oder einem ganzzahligen Teil derselben ist. — Untersuchungen über stehende Schwingungen in Becken von anderer Gestalt erfordern besondere Methoden[1]).

b) Wenn zwei Wellenzüge von nahezu gleicher Wellenlänge und nahezu gleicher Geschwindigkeit in derselben Richtung fortschreiten, entsteht eine Interferenzerscheinung, welche der in der Akustik bekannten Erscheinung der Schwebungen nahe verwandt ist. Es bilden sich einzelne Gruppen von Wellen, deren Amplitude nach der Mitte der Gruppe zu von beiden Seiten her anwächst; zwei Gruppen sind durch einen Zwischenraum von der ungefähren Länge einer Gruppe getrennt, in dem sich die Flüssigkeit fast vollständig in Ruhe befindet. Eine solche Wellengruppe ist kein permanentes Gebilde; und die Geschwindigkeit, mit der sie fortschreitet, ist eine andere als die Fortschreitungsgeschwindigkeit der Wellen, aus denen sie durch Interferenz entsteht. Die „Gruppengeschwindigkeit" C, mit der die Gruppe als Ganzes fortschreitet,

$$C = c - \lambda\frac{dc}{d\lambda}, \tag{2}$$

[1]) Vgl. H. LAMB, Hydrodynamik §§ 254—259.

hängt nicht nur von der Geschwindigkeit c und der Wellenlänge λ ab, sondern wegen des Vorkommens von $dc/d\lambda$ auch von der Funktion Ziff. 43, Gleichung (8), welche c und λ verknüpft. Infolgedessen ist das Verhalten der Gruppen von Schwerewellen ein anderes als das der Gruppen von Kapillarwellen.

Für Schwerewellen mit der Geschwindigkeit $c = \sqrt{\lambda g/2\pi}$ in unendlich tiefen Kanälen ergibt sich $C = c/2$. Die Gruppengeschwindigkeit ist halb so groß als die der einzelnen Welle. Eine einzelne Welle entsteht an der Rückseite der Gruppe und wandert, an Höhe zuerst zu- und dann wieder abnehmend, durch die Gruppe vorwärts, bis sie an ihrer Vorderseite verschwindet.

Für Kapillarwellen mit der Geschwindigkeit $c = \sqrt{\gamma \frac{2\pi}{\lambda \varrho}}$ ist $C = 3c/2$; die Einzelwelle der Gruppe entsteht an der Front der Gruppe, bleibt im Lauf der Bewegung der Gruppe gegenüber zurück und verschwindet an ihrer Rückseite.

Der Gruppengeschwindigkeit, die übrigens für Wellenbewegungen aller Art definiert werden kann, kommt eine dynamische Wichtigkeit zu: sie ist ein Maß für die Energieströmung, die mit einer Wellenbewegung verbunden ist.

Von weiteren Wellenformen, die in Kanälen auftreten, sei die von RUSSELL[1]), BOUSSINESQ[2]) u. a. untersuchte Einzelwelle genannt, die durch plötzliche lokale Erhöhung des Niveaus entsteht und permanenten Charakter besitzt; ferner die viel früher von POISSON und CAUCHY[3]) untersuchte Bewegung, die beim Ausgleich einer vorübergehenden lokalen Störung eintritt, die etwa durch Eintauchen oder besser Herausheben eines Klotzes aus der Flüssigkeit verursacht werden kann. Hierbei entstehen wellenartige, nach außen hin abnehmende Erhebungen und Senkungen der ganzen Oberfläche, die sich mit konstanter Beschleunigung ausbreiten.. Von größerer Wichtigkeit als diese Kanalwellen sind die dreidimensionalen Wellen, die an der Oberfläche einer ausgebreiteten Flüssigkeit durch eine vorübergehende lokale Störung entstehen.

45. GERSTNERsche Wellen. Seit mehr als hundert Jahren ist eine von GERSTNER[4]) in Prag entdeckte, dann von RANKINE[5]) wiedergefundene periodische Wellenbewegung von endlicher Amplitude in unendlich tiefen Kanälen bekannt, welche permanent ist und der Druckbedingung an der Oberfläche exakt genügt, welche jedoch nicht wirbelfrei ist. Die GERSTNERsche Wellenbewegung ist durch

$$\left.\begin{aligned} x &= a + \frac{1}{k} e^{kb} \sin k(a + ct), \\ y &= b - \frac{1}{k} e^{kb} \cos k(a + ct) \end{aligned}\right\} \tag{1}$$

gegeben. Hier bedeuten a und b zwei Größen, welche geeignet sind, die Lage eines Teilchens zur Zeit $t = 0$ zu bestimmen; allerdings nicht die Anfangskoordinaten selbst; c ist die Fortschreitungsgeschwindigkeit, k charakterisiert die Wellenlänge λ. Die Winkelgeschwindigkeit eines Elements ist

$$\zeta = -\frac{k c e^{2kb}}{1 - e^{2kb}}.$$

Die GERSTNERsche Wellenbewegung kann also nicht durch konservative Kräfte aus der Ruhe heraus erzeugt werden; auch nicht durch das Eindringen der Wellenbewegung von irgendeinem Entstehungsort in ruhende Flüssigkeit. Um das Entstehen der GERSTNERschen Wellen zu erklären, müßte man mit STOKES

[1]) J. S. RUSSELL, Report on Waves, Brit. Ass. Rep. Bd. 7. 1837.
[2]) J. BOUSSINESQ, C. R. Bd. 72, S. 755. 1871. Vgl. auch Kap. 3, Ziff. 8 ds. Bd. des Handb.
[3]) Vgl. H. LAMB, Hydrodynamik §§ 236—244.
[4]) F. J. GERSTNER, Theorie der Wellen, Prag, 1804; GILBERTS Ann. d. Phys. Bd. 32. 1809.
[5]) W. RANKINE, Phil. Trans. London Bd. 1, S. 227ff. 1383.

das vorherige Bestehen einer geeigneten Laminarströmung voraussetzen, welche etwa durch den Einfluß des Windes entstanden sein könnte.

Die Bahnen der einzelnen Teilchen sind Kreise, deren Radien nach der Tiefe zu abnehmen. Die Linien gleichen Druckes sind Trochoiden, Rollkurven von Kreisen. Da sie bei Überlagerung mit einer Translation, welche die Wellenbewegung stationär macht, mit den Stromlinien zusammenfallen, kann jede von ihnen als freie Oberfläche angenommen werden. Die oberste Kurve, welche als Grenze dienen kann, ist eine gewöhnliche Zykloide; darüber hinaus würden Kurven mit Schleifen folgen, die physikalisch unmöglich sind, vielmehr zu einem Brechen der Wellen führen müßten. Betrachtet man GERSTNERsche Wellen in Wasser, über dem atmosphärische Luft liegt, so hat man es genau genommen mit einer Wellenbewegung an der Grenze zweier Medien zu tun. Die Luft müßte ebenfalls eine GERSTNERsche Wellenbewegung ausführen, welche nach oben hin an Intensität zunehmen müßte und in bestimmter Höhe mit einem Brechen der Wellen verbunden wäre. Neben der mangelnden Wirbelfreiheit ist das ein gewichtiges Argument gegen ihre physikalische Möglichkeit.

Die GERSTNERschen Wellen sind mit keinem Massentransport verbunden, während ein solcher bei permanenten wirbelfreien Wellen von endlicher Amplitude in den oberen Schichten notwendig eintritt. Die Fortschreitungsgeschwindigkeit ist

$$c = \sqrt{\frac{g\lambda}{2\pi}},$$

wie bei wirbelfreien Wellen in unendlich tiefen Kanälen.

46. Schiffswellen. Bisher wurde die Untersuchung von Wellenbewegungen der größeren Einfachheit halber stets auf ebene Bewegungen beschränkt; die ebene Bewegung kann als Bild der Bewegung in einen Kanal aufgefaßt werden; an Stelle der Oberfläche tritt eine Grenzlinie.

Von Wellen an zweidimensional ausgedehnten Oberflächen sind, außer den Ziff. 44 genannten zwei Arten, von besonderer Wichtigkeit[1]):

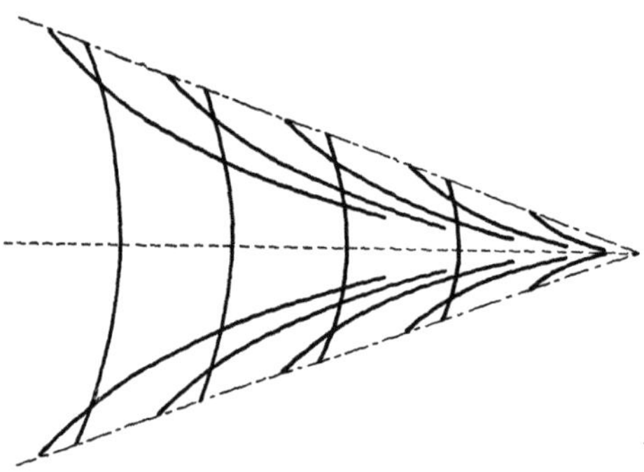

Abb. 20. Querwellen und Seitenwellen[2]).

a) Wellen, die von einer periodischen Störung ausgehen; sie sind ringförmig; ihre Amplitude nimmt mit der Quadratwurzel aus der Entfernung vom Ausgangspunkt ab. Dies hängt mit der Strömung der Energie und ihrer Ausbreitung auf Ringgebiete von wachsendem Radius zusammen.

b) Wellen, die von einer örtlichen Druckstörung (Druckpunkt) ausgehen, die mit konstanter Geschwindigkeit fortschreitet; sie können als Interferenzerscheinung von Ringwellen betrachtet werden, deren Ausgangspunkt fortschreitet. Die Punkte gleicher Phase ordnen sich zu zwei verschiedenen Systemen von Kurven an: eine Schar von Querwellen folgt der Druckstörung und wird von einer beiderseitigen Schar von Seitenwellen begleitet, mit der sie interferiert (Abb. 20). Solche Wellen werden hinter einem Hindernis in fließendem, hinter einem bewegten Schiff auch in ruhendem Wasser beobachtet. Die (relative) Geschwindigkeit des Druckpunktes muß größer sein als die kritische Fortschreitungsgeschwin-

[1]) Vgl. H. LAMB, Hydrodynamik §§ 251—253.

[2]) Die Abbildung nach E. HOGNER, s. Fußnote 2 auf S. 75.

digkeit c_0 eines Wellensystems, die für den Fall unbegrenzter Tiefe in Ziff. 43, Gleichung (9) angegeben ist. Bei großer Geschwindigkeit des Druckpunktes entstehen in der Hauptsache Schwerewellen; bei der Bewegung eines Schiffes geht vom Bug und vom Heck je ein Wellensystem aus, die beide miteinander interferieren. Die zur Erzeugung des Wellensystems notwendige Energie findet ihr Äquivalent in der bei Überwindung eines Widerstandes vom Schiff geleisteten Arbeit. Kapillarwellen treten auf, wenn die Geschwindigkeit des Druckpunktes die kritische Fortschreitungsgeschwindigkeit c_0 nur wenig überschreitet; man beobachtet sie hinter einem Pfahl oder einer Angelschnur[1]) in langsam fließendem Wasser.

Die Erscheinungsformen der Schiffswellen[2]) sind im einzelnen auch von der Wassertiefe stark abhängig. Bei unbegrenzter Wassertiefe liegen sowohl die Querwellen als auch die Seitenwellen im Innern eines Winkelraumes, dessen Grenzebenen mit der Symmetrieebene Winkel von 19° 28′ bilden. Im seichten Wasser ist der Winkel einer Grenzebene mit der Symmetrieebene von der Schiffsgeschwindigkeit abhängig; er nimmt für wachsende Schiffsgeschwindigkeit zunächst zu, erreicht für eine kritische Schiffsgeschwindigkeit 90°, um dann wieder zu sinken; dabei wird der Aufbau des ganzen Wellensystems verändert, indem für größere als die kritische Schiffsgeschwindigkeit die Querwellen verschwinden.

Die Wassertiefe hat auch Einfluß auf den Schiffswellenwiderstand. Bemerkenswert ist das starke Anwachsen des Widerstandes, wenn sich die Schiffsgeschwindigkeit der für die betreffende Wassertiefe kritischen nähert, und eine plötzliche Abnahme, wenn diese Geschwindigkeit überschritten ist. Ähnliche Gesetze wie für den Schiffswiderstand in seichtem Wasser gelten auch, wenn eine flache Schicht Süßwasser über dichterem Meerwasser lagert. Hier verursacht die Bildung eines Wellensystems an der Trennungsfläche der beiden Wasserschichten eine Vergrößerung des Widerstandes, der unter Umständen so stark ansteigen kann, daß man, unter Verwendung eines sonst in anderem Sinn gebrauchten Ausdrucks, gelegentlich von „totem Wasser"[3]) gesprochen hat.

47. Gezeitenwellen[4]). Zu den Wellenerscheinungen gehören jene periodischen Schwankungen des Meeresspiegels, die als Gezeiten („Tiden") oder Ebbe und Flut bekannt sind, und die ihre Hauptursachen in den Gravitationswirkungen des Mondes und der Sonne haben. Wegen der außerordentlichen Kompliziertheit der Erscheinung der Gezeiten ist es noch nicht gelungen, sie in der Theorie vollständig zu erfassen, während anderseits praktische Methoden weit genug ausgebaut sind, um alle für einen Hafenort wichtigen Fragen im einzelnen beantworten zu lassen.

Denkt man sich Erde und Mond gegeneinander fest, die Erde nicht rotierend, außerdem die Erde vollständig und gleichmäßig mit Meer bedeckt, so ist ihre Gestalt eine Gleichgewichtsfigur (Ziff. 11) in dem Gravitationsfeld des Mondes und der Erde selbst. Von dem Einfluß der Sonne soll zunächst abgesehen werden. Dann ist die Gleichgewichtsfigur ein verlängertes Rotationsellipsoid, das außerordentlich wenig von der Kugel abweicht. Die Pole des Ellipsoids, die die höchsten Erhebungen der Meeresoberfläche über die mittlere Kugel geben, liegen auf einem Durchmesser der Erde, der nicht der Ebene des Äquators, sondern der Ebene der Mondbahn angehört. In den Endpunkten

[1]) Lord RAYLEIGH, Proc. London. Math. Soc. Bd. 15, S. 69ff. 1883; vgl. H. LAMB, Hydrodynamik § 268 („Angelschnur-Problem").

[2]) E. HOGNER, Proceedings of the international congress for applied mechanics. S. 146ff. Delft 1924.

[3]) Eine Beschreibung der Erscheinung bei F. NANSEN, In Nacht und Eis I, S. 147.

[4]) A. MÜLLER, Theorie der Gezeitenkräfte. Braunschweig 1916; A. PREY, C. MAINKA, E. TAMS, Einführung in die Geophysik. Berlin 1922.

eines Durchmessers eines Breitenkreises ist also die Erhebung des Meeres über die Kugel verschieden stark; der Unterschied ist um so größer, je größer die Deklination des Mondes ist, und nur, wenn der Mond im Knoten steht, Null.

Von gleicher Art, aber weniger stark wie der Einfluß der Gravitation des Mondes auf die Gestalt der Meeresfläche, ist der Einfluß der Gravitation der Sonne. Die beiden Abweichungen von der Kugelgestalt überlagern sich, die resultierende Abweichung ist am stärksten, wenn Mond und Sonne in Konjunktion oder Opposition stehen, also bei Neumond und Vollmond; am geringsten, wenn Mond und Sonne in Quadratur stehen, also zur Zeit des ersten und letzten Viertels.

Als statische Theorie der Gezeiten bezeichnet man die Theorie, welche die Massenträgheit des Meerwassers vernachlässigt, also auf der Annahme aufgebaut ist, daß die Meeresoberfläche bei der Bewegung von Erde, Sonne und Mond in jedem Augenblick eine Niveaufläche im Gravitationsfeld dieser drei Himmelskörper ist. Die Gezeiten setzen sich dann aus einer Reihe von Komponenten, den „Partialtiden", zusammen, deren Perioden durch die Umdrehungszeit der Erde, die Umlaufszeit von Mond und Erde, und in letzter Linie durch die periodischen Ungleichförmigkeiten der Bewegung dieser Himmelskörper bestimmt sind. Die wichtigsten Partialtiden sind die halbtägigen Mond- und Sonnentiden („Tag" als Zeitdifferenz zweier aufeinanderfolgender Kulminationen und für Sonne und Mond verschieden); sie sind bedingt durch die Tatsache, daß die elliptische Gleichgewichtsfigur zwei maximale Erhebungen an den Endpunkten eines Durchmessers der Kugel hat; hierzu kommen ganztägige Mond- und Sonnentiden wegen der ungleichen Größe der Erhebung an den Enden eines Durchmessers eines Breitenkreises; ferner halbmonatige und ganzmonatige Mondtiden, eine halbjährige Sonnentide usw. Die Flut beim Zusammentreffen der halbtägigen Mond- und Sonnentiden an Neumond und Vollmond wird als Springflut bezeichnet, die Flut zur Zeit der größten Phasenverschiebung im ersten und dritten Viertel als Nippflut.

Der statischen Theorie, deren Ergebnisse quantitativ unzulänglich mit den Beobachtungen übereinstimmen, ist die von LAPLACE begründete dynamische Theorie überlegen. Die EULERschen Gleichungen Ziff. 8, Gleichung (3) werden hierbei für die Kugel angesetzt und die Radialkomponente der Bewegung vernachlässigt; fluterzeugende Kräfte sind die aus dem Gravitationspotential der drei Himmelskörper folgenden Anziehungskräfte auf die Masseneinheit. Indessen kommt, wenn man ein mit der rotierenden Erde fest verbundenes Koordinatensystem zugrunde legt, von dem Gravitationspotential von Mond und Sonne nur die Differenz seines Wertes in einem Aufpunkt gegenüber seinem Wert im Erdmittelpunkt zur Wirkung; Zentrifugal- und Corioliskräfte treten hinzu. Die Integration der Bewegungsgleichungen kann vollständig und allgemein nur durch Reihen geleistet werden. Die dynamische Theorie ergibt die durch die Massenträgheit bewirkte Verzögerung des Eintritts der Gezeiten; die Meeresoberfläche ist nicht mehr momentane Niveaufläche des Gravitationsfeldes wie in der statischen Theorie. Außerdem läßt sie die Möglichkeit des Auftretens freier Schwingungen des Meeres erkennen, deren Periode nur von den Dimensionen des Meeres abhängt. Wenn die Periode einer freien Schwingung mit der Periode einer der Partialtiden zusammenfällt, kann deren Amplitude außerordentlich verstärkt werden.

Daß die ursprüngliche dynamische Theorie eine gleichmäßige Bedeckung der ganzen Erde mit Wasser voraussetzt, macht ihre Ergebnisse anwendbar auf die Gezeiten, die auf Himmelskörpern in jugendlichem „feuerflüssigen" Zustande auftreten mögen, muß aber für die Erde als ein erheblicher Mangel der Theorie empfunden werden. Diesen Mangel suchte AIRY zu beseitigen durch Begründung der Kanaltheorie. Hiernach werden Fluterscheinungen untersucht, die in Kanälen von gleichmäßiger Breite und Tiefe, etwa in Meeresarmen oder Flußmündungen auftreten. Bei Vernachlässigung der fluterzeugenden Kräfte gibt die Theorie der Schwerewellen in Kanälen (Ziff. 40 und 43) ohne weiteres brauchbare Ergebnisse, vor allem die Fortschreitungsgeschwindigkeit als Funktion der Tiefe [Ziff. 40, Gleichung (6')]. Zieht man die Gravitationswirkung von Mond und Sonne in Betracht, so ist die Richtung des Kanals auf der Erdoberfläche von Wichtigkeit; die Theorie untersucht Kanäle in Richtung des Äquators oder eines Breitenkreises und Kanäle in Richtung eines Meridians. Von den Ergebnissen ist besonders interessant der inverse Verlauf von Ebbe und Flut unter bestimmten Voraussetzungen. Da die Geschwindigkeit der Flutwelle in einem Kanal von der Tiefe abhängt, muß sich der Eintritt des Fluthöchststandes gegenüber dem Moment der Kulmination des Mondes verschieben. Die Zeitdifferenz zwischen der Kulmination des Mondes und dem folgenden Fluthöchststand heißt Mondflutintervall. Das Mondflutintervall zur Zeit des Neumondes wird Hafenzeit genannt. Eine Verengung des Kanals hat in erster Linie eine Vergrößerung der Amplitude der Flutwelle zur Folge; auch dieser Vorgang ist der Theorie zugänglich.

Mit der Kanaltheorie in Zusammenhang steht die Untersuchung der Schwingungen des Wassers in abgeschlossenen Becken, die an vielen Binnenseen und kleinen Meeren beobachtet werden und unter der Bezeichnung Seiches bekannt sind. Bei kleineren Becken sind durch Gravitationswirkungen erregte Gezeiten in der Regel nicht merkbar, sondern nur freie Schwingungen. Die mathematische Behandlung bietet, wenn die Beckenform nicht besonders einfach ist, große Schwierigkeiten; die Ziff. 44 erwähnten Schwingungen in rechtwinkligen Becken sind in manchen Fällen näherungsweise brauchbar. Bei manchen Becken treten mehrere freie Schwingungen mit verschiedenen Achsen auf, durch deren Zusammensetzung komplizierte Schwingungsformen entstehen.

d) Wirbel.

48. Wirbelpunkte in der unbegrenzten Ebene. KIRCHHOFF[1]) hat die Bewegung von n freien Wirbelpunkten in der unbegrenzten Ebene untersucht. Bezeichnet man mit a_ϱ, b_ϱ die Koordinaten, mit μ_ϱ die Stärke eines der Wirbelpunkte ($\varrho = 1, 2 \ldots n$), so ist das komplexe Potential ω, das Geschwindigkeitspotential φ und die Stromfunktion ψ der von den Wirbeln erzeugten Bewegung nach Ziff. 34, Gleichung (7), (7')

$$\omega = -i \sum_\varrho \mu_\varrho \lg[(x - a_\varrho) + i(y - b_\varrho)], \tag{1}$$

$$\left.\begin{aligned} \varphi &= \sum_\varrho \mu_\varrho \operatorname{arctg} \frac{y - b_\varrho}{x - a_\varrho}, \\ \psi &= -\sum_\varrho \frac{\mu_\varrho}{2} \lg[(x - a_\varrho)^2 + (y - b_\varrho)^2]; \end{aligned}\right\} \tag{1'}$$

die Geschwindigkeit (u, v) in einem Punkt $P(x, y)$, der nicht gerade mit einem der Wirbelpunkte zusammenfällt, ist

$$\left.\begin{aligned} u &= \frac{dx}{dt} = \frac{\partial \varphi}{\partial x} = -\sum_\varrho \mu_\varrho \frac{y - b_\varrho}{(x - a_\varrho)^2 + (y - b_\varrho)^2}, \\ v &= \frac{dy}{dt} = \frac{\partial \varphi}{\partial y} = \sum_\varrho \mu_\varrho \frac{x - a_\varrho}{(x - a_\varrho)^2 + (y - b_\varrho)^2}. \end{aligned}\right\} \tag{2}$$

---

[1]) KIRCHHOFF, Mechanik, S. 255.

Die Geschwindigkeit eines Wirbelpunktes a_σ, b_σ ergibt sich, wenn man bemerkt, daß seine Bewegung durch das von allen anderen Wirbelpunkten hervorgebrachte Geschwindigkeitspotential geleitet, durch das von ihm selbst hervorgebrachte Geschwindigkeitspotential aber nicht beeinflußt wird. In den Summen für u und v ist also der dem Wert $\varrho = \sigma$ entsprechende Summand fortzulassen, was durch einen Strich am Summenzeichen (Σ') angedeutet werden soll, während gleichzeitig x, y durch a_σ, b_σ zu ersetzen sind. Damit ergeben sich die Differentialgleichungen der Bewegung der Wirbelpunkte

$$\left.\begin{aligned} \frac{d a_\sigma}{dt} &= -\Sigma' \mu_\varrho \frac{b_\sigma - b_\varrho}{(a_\sigma - a_\varrho)^2 + (b_\sigma - b_\varrho)^2}, \\ \frac{d b_\sigma}{dt} &= \Sigma' \mu_\varrho \frac{a_\sigma - a_\varrho}{(a_\sigma - a_\varrho)^2 + (b_\sigma - b_\varrho)^2}. \end{aligned}\right\} \tag{3}$$

Man kann eine Reihe von Integralen der Bewegungsgleichungen angeben. So besitzt die „Bahnfunktion"

$$\Omega = -\tfrac{1}{2} \sum_{\varrho,\sigma} \mu_\varrho \mu_\sigma \lg[(a_\sigma - a_\varrho)^2 + (b_\sigma - b_\varrho)^2]$$

einen von der Zeit unabhängigen Wert.

Ferner hat der „Schwerpunkt" des Wirbelsystems, definiert durch

$$\left.\begin{aligned} x_0 \sum_\varrho \mu_\varrho &= \sum \mu_\varrho a_\varrho, \\ y_0 \sum_\varrho \mu_\varrho &= \sum \mu_\varrho b_\varrho \end{aligned}\right\} \tag{4}$$

eine feste Lage. Endlich ist das „Trägheitsmoment" des Wirbelsystems konstant:

$$\sum \mu_\varrho (a_\varrho^2 + b_\varrho^2) = \text{konst.}$$

Diese vier Integrale gestatten im Fall von nur drei Wirbelpunkten die Integration der Bewegungsgleichungen auf Quadraturen zurückzuführen und die Bewegung vollständig zu beschreiben[1]).

Im Fall von nur zwei Wirbeln wird die Bewegung besonders einfach: die beiden Wirbel bewegen sich auf konzentrischen Kreisen mit gleicher Winkelgeschwindigkeit um den gemeinsamen Schwerpunkt. Besitzen die beiden Wirbel entgegengesetzt gleiche Wirbelstärke, so liegt der Schwerpunkt im Unendlichen; ein solches Wirbelpaar schreitet auf einem Paar paralleler Geraden mit konstanter Geschwindigkeit fort.

49. Wirbelpunkte in einem begrenzten Gebiet. Befinden sich einzelne Wirbelpunkte in einem begrenzten Gebiet, so ist die von ihnen hervorgebrachte Strömung an der Grenze im allgemeinen nicht tangential gerichtet. Man hat also die Bewegung noch mit einer von der Gestalt der Begrenzung und der Lage der Wirbelpunkte abhängigen Bewegung zu überlagern, die im Innern des Gebietes ein Geschwindigkeitspotential besitzt und deren Bestimmung von der Lösung einer zweiten Randwertaufgabe abhängt. Die Differentialgleichungen der Bewegung der Wirbelpunkte sind dann leicht aufzustellen, doch bleiben im allgemeinen die KIRCHHOFFschen Integrale nicht bestehen.

In manchen Fällen vereinfacht sich die Aufgabe[2]) durch Anwendung des Spiegelungsprinzips bzw. der Methode der Bilder. So beschreibt ein einzelner Wirbel in einem Quadranten der Ebene eine Hyperbel vierter Ordnung; in einem

[1]) W. GRÖBLI, Dissert. Göttingen 1877.

[2]) S. Math. Encykl. Bd. IV, Art. 16, S. 94, Fußnote 25. Außerdem eine Reihe neuerer Arbeiten.

geradlinigen Kanal eine Parallele zu den Rändern; in einem Kreis eine Kreisbahn. Die Bewegung eines Wirbels in einem Rechteck ist durch elliptische Funktionen zu bestimmen. Die Bewegung eines Wirbels in einer geradlinig aufgeschnittenen Ebene kann auf die Bewegung eines Wirbelpaars zurückgeführt werden, von dem der zweite Wirbel im zweiten Blatt einer zweiblätterigen RIEMANNschen Fläche liegt[1]). In diesem Fall ist die Bahn eines Wirbels um ein geradliniges Hindernis von endlicher Länge eine Ellipse, um ein ins Unendliche reichendes Hindernis eine Parabel, durch eine Lücke in einer beiderseits ins Unendliche reichen-

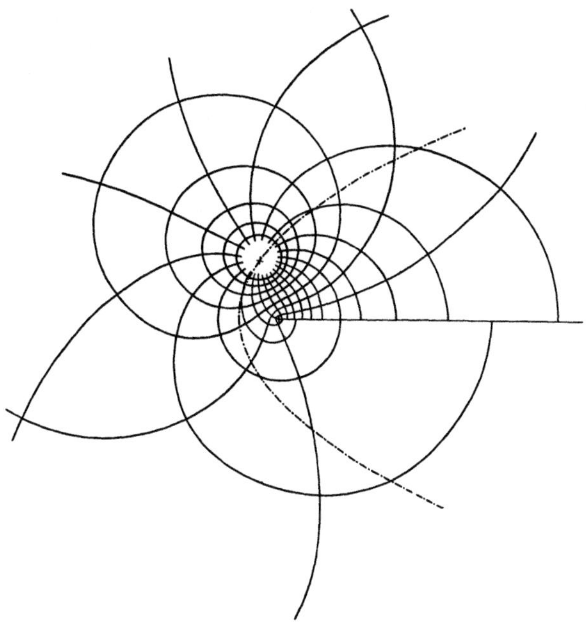

a

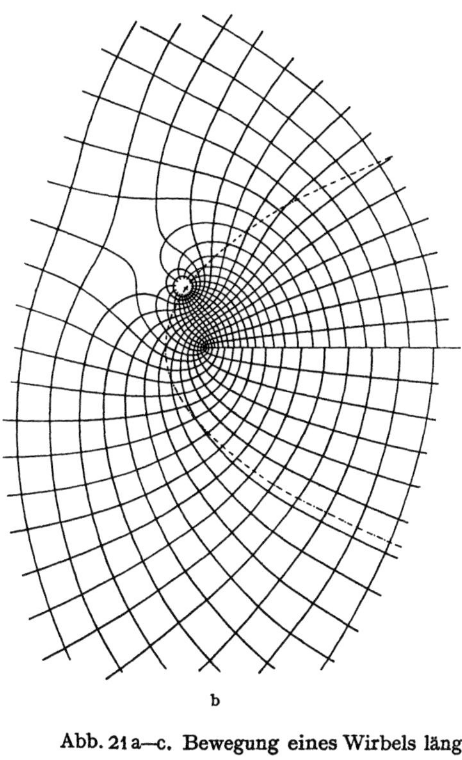

b

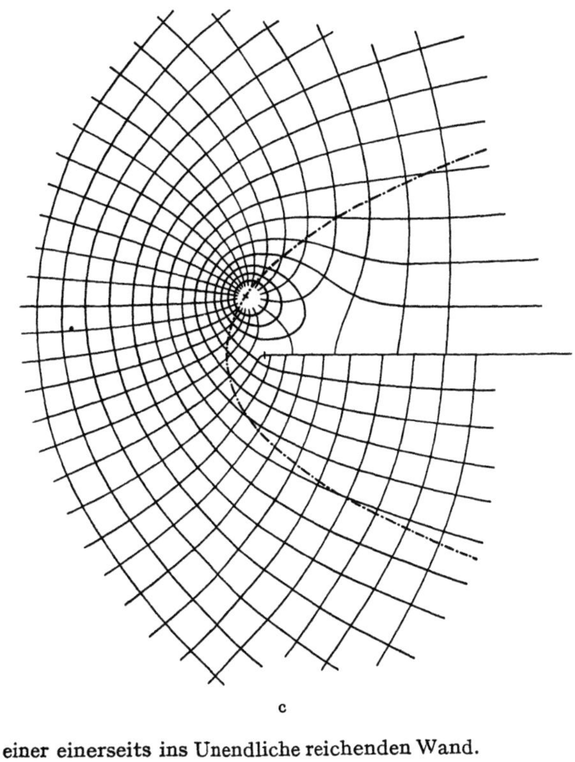

c

Abb. 21 a—c. Bewegung eines Wirbels längs einer einerseits ins Unendliche reichenden Wand.

[1]) M. LAGALLY, Münchener Ber. 1914, S. 377.

den Wand eine Hyperbel. Überlagert man die Bewegung durch eine in dem ersten Blatt vollkommen oder auch nur im Endlichen singularitätenfreie Potentialströmung, so entstehen keine neuen Schwierigkeiten grundsätzlicher Art; zahlreiche interessante Bewegungen sind auf diese Weise der Behandlung zugänglich. Die Abb. 21 zeigen beispielsweise das Strömungsfeld und die Bahn eines Wirbels in einer Ebene, die längs einer ins Unendliche reichenden Halbgeraden aufgeschnitten ist. In Abb. 21a ist vorausgesetzt, daß außer der durch den Wirbel selbst hervorgebrachten Strömung keine weitere Bewegung in der aufgeschnittenen Ebene vorhanden ist. In Abb. 21b und c ist diese Strömung durch eine Potentialströmung überlagert, deren Stromlinien ein System konfokaler Parabeln mit der Halbgeraden als Achse bilden, während die Potentialkurven die dazu orthogonalen Parabeln sind. Und zwar ist in Abb. 21b die Richtung der Parabelströmung der Eigenbewegung des Wirbels gleichgerichtet, in Abb. 21c entgegengesetzt gerichtet.

Wendet man auf das von einzelnen Wirbelpunkten hervorgerufene Strömungsfeld die Methode der konformen Abbildung an, wobei die Wirbelpunkte als singuläre Stellen ausgeschlossen sind, so erhält man eine Strömung, die von Wirbelpunkten hervorgerufen ist, die in den Bildpunkten der singulären Stellen liegen. Die Wirbelpunkte bilden sich also bei der konformen Abbildung mit ab; der Grund dieses Verhaltens ist die Invarianz der Zirkulation bei konformer Abbildung. Die durch konforme Abbildung der Wirbelbahnen entstehenden Kurven sind aber nicht die Wirbelbahnen in dem Bildgebiet.

Indessen hat ROUTH[1]) ein Verfahren angegeben, mit dem man aus der bekannten Bahn eines einzelnen Wirbels die Bahn des Bildwirbels ableiten kann. Ein einzelner Wirbel (a, b) in einer sonst wirbelfreien Strömung bewegt sich gerade so wie ein gewöhnliches Teilchen in einer stationären, nicht wirbelfreien Strömung, deren Stromfunktion $\chi(a, b)$ durch die Gleichungen

$$\frac{da}{dt} = \frac{\partial \chi}{\partial b}, \qquad \frac{db}{dt} = -\frac{\partial \chi}{\partial a} \tag{1}$$

mit der Bahngeschwindigkeit des Wirbels zusammenhängt und stets existiert. Um in einem Gebiet T der komplexen Ebene $z = x + iy$ die Bewegung eines Wirbels (a, b) zu finden, bildet man das Gebiet T konform auf ein Gebiet T_0 der Ebene $\zeta = \xi + i\eta$ ab, in dem die Bewegung eines Wirbels (α, β) bekannt ist und mithin auch die ROUTHsche Stromfunktion $\chi_0(\alpha, \beta)$ bestimmt werden kann. Wird die Abbildung durch die Funktion

$$\zeta = f(z)$$

geleistet, so ist die ROUTHsche Stromfunktion $\chi(a, b)$ in T

$$\chi(a, b) = \chi_0(\alpha, \beta) - \frac{\mu}{2} \lg \left| \frac{d f(a + i b)}{d(a + i b)} \right|, \tag{2}$$

wo auf der rechten Seite noch α, β in $\chi_0(\alpha, \beta)$ mittels der Gleichung

$$\alpha + i\beta = f(a + ib)$$

durch a, b zu ersetzen sind. Die ROUTHsche Stromfunktion $\chi(a, b)$ gibt unmittelbar die Wirbelbahn, während zur Bestimmung des zeitlichen Ablaufs der Bewegung nach (1) noch eine Elimination und eine Quadratur erforderlich ist.

Beim Vorhandensein mehrerer Wirbel in T existiert für jeden eine ROUTHsche Stromfunktion, die von der Lage der übrigen abhängig ist. Die Transformation

[1]) E. J. ROUTH, Proc. London Math. Soc. Bd. 12. 1880—1881; M. LAGALLY, Math. ZS. Bd. 10, S. 231. 1921; B. CALDONAZZO, Rend. R. Accad. Lincei Bd. 28. 1919.

liefert nur die Differentialgleichungen der Bewegung, auch wenn in dem Gebiet T_0 die Bahnkurven bekannt sind. In einfachen Fällen gelingt die Integration; so kann man z. B. die Bewegung zweier Wirbel in einem von einem Kreis begrenzten Gebiet T auf die Bewegung zweier Wirbel in einer Halbebene T_0 zurückführen und vollständig erledigen.

50. KÁRMÁNsche Wirbel. Ein besonders wichtiger Fall der Bewegung einzelner Wirbelpunkte ist die Bewegung der KÁRMÁNschen Wirbel[1]); jener in zwei Reihen angeordneten Wirbel, welche sich hinter einem Hindernis in einer translatorischen Strömung in der Richtung der Strömung fortbewegen oder einem durch eine ruhende Flüssigkeit geschleppten Körper folgen. Auf der Erscheinung der KÁRMÁNschen Wirbel läßt sich für ebene Strömungen eine Theorie des Widerstandes, welchen ein Körper in einer idealen Flüssigkeit erfährt, aufbauen, die gegenüber der KIRCHHOFF-RAYLEIGHschen Theorie (Ziff. 37) einen erheblichen Fortschritt bedeutet.

Die genannte Theorie stützt sich auf die Annahme, daß sich hinter dem Hindernis ein Gebiet von totem Wasser ausbildet, das bis ins Unendliche reicht und von zwei Diskontinuitätsflächen bzw. -linien begrenzt ist. In Wirklichkeit sind diese Diskontinuitätsflächen, die physikalisch und mathematisch als Wirbelschichten aufzufassen sind, außerordentlich unstabile Gebilde; schon während ihrer Entstehung beginnen sie sich kurz hinter dem Hindernis in einzelne Wirbel aufzulösen, die in jeder Schicht in ungefähr gleichen Abständen aufeinanderfolgen und deren jeder ein Wirbelmoment besitzt, das gleich der Zirkulation um dasjenige Stück der Diskontinuitätsfläche ist, aus dem es durch Aufrollen entstanden ist.

KÁRMÁN betrachtet zwei Reihen von Wirbeln, die auf zwei beiderseits ins Unendliche reichenden parallelen Geraden in gleichen Abständen angeordnet sind und gleiches bzw. entgegengesetzt gleiches Wirbelmoment $\pm\Gamma$ besitzen. Wenn man verlangt, daß das ganze Gebilde mit konstanter Geschwindigkeit u in Richtung der parallelen Geraden fortschreitet, daß also vor allem die Geschwindigkeitskomponente eines jeden Wirbelpunktes senkrecht zu den Geraden Null ist, so kommen zunächst zwei verschiedene Anordnungen der Wirbelpunkte auf den beiden Geraden in Betracht (Abb. 22): Entweder die Wirbel beider Reihen stehen einander gegenüber, oder sie sind um die halbe Länge des Abstandes zweier Wirbelpunkte einer Geraden gegeneinander verschoben. Eine auf der Methode der kleinen Schwingungen beruhende Stabilitätsuntersuchung zeigt, daß die erste Anordnung stets labil ist; dagegen ist die zweite Anordnung,

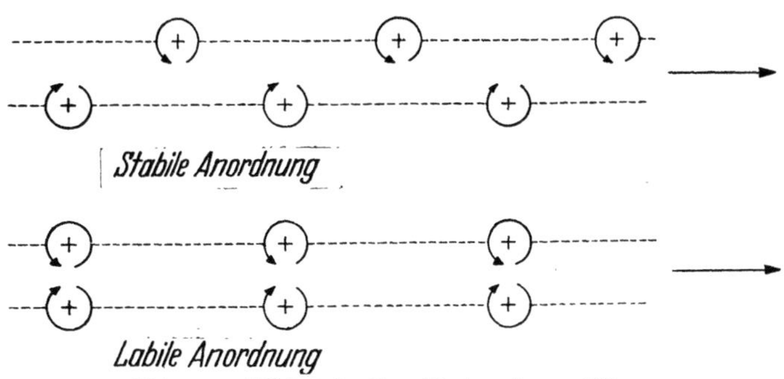

Abb. 22. Wirbelstraßen hinter einem Körper.

[1]) TH. v. KÁRMÁN, Über den Mechanismus des Widerstandes, den ein bewegter Körper in einer Flüssigkeit erfährt. Göttinger Nachr. 1911 u. 1912. Ausführlicher: TH. v. KÁRMÁN u. H. RUBACH, Phys. ZS. Bd. 13. 1912.

wenn zwischen dem Abstand h der beiden Reihen und der Entfernung l je zweier Wirbelpunkte der gleichen Reihe die Beziehung

$$\operatorname{Cof} \frac{\pi h}{l} = \sqrt{2}, \qquad \frac{h}{l} = 0{,}283 \ldots \tag{1}$$

besteht, stabil. Der Gang der Untersuchung, die zu diesen Ergebnissen führt, kann hier nur skizziert werden. Nach Ziff. 48, Gleichung (1) und (2) wird das komplexe Potential der in zwei Reihen angeordnete Wirbel und die von ihnen in einem regulären Punkt hervorgebrachte Geschwindigkeit angesetzt, dann nach Ziff. 48, Gleichung (3) die Geschwindigkeit der Wirbelpunkte selbst erhalten. Es werden dann für die Stabilitätsuntersuchung die Koordinaten der Wirbelpunkte variiert. Und zwar werden zunächst alle Wirbel mit Ausnahme zweier festgehalten; hieraus ergibt sich die Stabilitätsbedingung (1) für Störungen sehr spezieller Art. Es wird dann gezeigt, daß die gleiche Stabilitätsbedingung auch gilt, wenn sämtliche Wirbel aus der Gleichgewichtslage abweichen können, und zwar für Störungen sehr allgemeiner Art.

Die Geschwindigkeit, mit der das Gebilde der beiden Wirbelreihen als Ganzes fortschreitet, ist

$$u = \frac{\Gamma}{2l} \operatorname{Tg} \frac{\pi h}{l}$$

und wird bei Einführung der Stabilitätsbedingung (1)

$$u = \frac{\Gamma}{\sqrt{8}\, l}. \tag{2}$$

Wenn ein Körper mit der Geschwindigkeit U durch die Flüssigkeit geschleppt wird, so nehmen, wie schon erwähnt, die durch Aufrollen der Wirbelschichten hinter ihm entstehenden Wirbel in einiger Entfernung die stabile Anordnung an. Durch Anwendung des Impulssatzes kann man nun den Widerstand berechnen, den die Flüssigkeit der Bewegung des Körpers entgegensetzt (Ziff. 13).

Die Geschwindigkeit, mit der sich der Körper gegenüber dem stabilen Gebilde der Wirbel bewegt, ist $U - u$; in der Zeit

$$T = \frac{l}{U - u}$$

verschiebt er sich um die Strecke l, in dieser Zeit entsteht also gerade in jeder der Wirbelschichten ein neuer Wirbel. Grenzt man in genügender Entfernung vom Körper einen den Körper einschließenden Teil der Flüssigkeit ab, so setzt sich der Zuwachs, den der Impuls dieser Flüssigkeitsmenge in der Zeit T erfährt, zusammen aus dem durch die Bildung der beiden Wirbel neu entstandenen Impuls im Innern, und aus dem Impulstransport durch die gewählte Begrenzung; dieser Zuwachs des Impulses ist aber gleich dem Zeitintegral des Druckes, der von außen auf die Begrenzung der Flüssigkeit wirkt. Zu diesem Druck gehört auch die Kraft, die der bewegte Körper zur Überwindung des Flüssigkeitswiderstandes auf die Flüssigkeit ausübt, und die dem Widerstand entgegengesetzt gleich ist.

Man erhält so für den Widerstand W den Ausdruck

$$W = \varrho \Gamma \frac{h}{l} (U - 2u) + \varrho \frac{\Gamma^2}{2\pi l}$$

oder bei Einführung der Stabilitätsbedingung (1)

$$W = \varrho l \left[0{,}283 \ldots \sqrt{8}\, u (U - 2u) + \frac{4}{\pi} u^2\right]. \tag{3}$$

Vergleicht man diesen für den Widerstand gefundenen Ausdruck mit dem experimentell bestätigten quadratischen Widerstandsgesetz

$$W = \overline{\psi} \varrho L U^2, \tag{4}$$

wo U die Geschwindigkeit, mit der der Körper geschleppt wird, L eine geeignete lineare Abmessung desselben, und $\overline{\psi}$ die Widerstandsziffer, d. h. einen Formfaktor bedeutet, der nur von der Gestalt, nicht aber von den Abmessungen des Körpers abhängt, so erkennt man die Übereinstimmung, wenn man

$$\overline{\psi} = \left[0{,}799 \frac{u}{U} - 0{,}323 \left(\frac{u}{U}\right)^2\right] \left(\frac{l}{L}\right) \tag{4'}$$

setzt. Die Übereinstimmung berechneter Widerstände mit gemessenen ist sehr günstig; allerdings muß das Verhältnis u/U dem Strömungsbild durch Messung entnommen werden an Stelle der noch nicht gelungenen theoretischen Bestimmung.

51. Bildung der KÁRMÁNschen Wirbel. Über die Entstehung der Wirbelschichten, die infolge ihrer mangelnden Stabilität die unmittelbare Veranlassung zur Bildung der KÁRMÁNschen Wirbel geben, gibt die Theorie der idealen Flüssigkeiten keine Auskunft, da nach einem der HELMHOLTZschen Wirbelsätze die Bildung von Wirbeln in reibungslosen Flüssigkeiten ausgeschlossen ist. Dagegen gibt die PRANDTLsche Grenzschichtentheorie[1]), welche die Reibung in unmittelbarer Nähe der Begrenzung einer Flüssigkeit durch eine feste Wand berücksichtigt, hierüber befriedigende Aufschlüsse.

Die nächste Frage, in welcher Weise die aus der Grenzschicht ausgetretenen Wirbelschichten, die außerordentlich instabil sind, in diskrete Wirbel zerfallen, gehört bereits der Theorie der idealen Flüssigkeiten an. Ein Stück einer Wirbelschicht rollt sich spiralartig auf, wobei das Wirbelmoment der Umgebung des Anfangspunktes der Spirale dauernd wächst; hat der sich bildende Winkel eine gewisse Stärke erreicht, so wandert er ab und es bildet sich an derselben Stelle in gleicher Weise ein neuer. Die genaue Lösung einer bestimmten Aufgabe ließ sich bisher nicht durchführen; doch hat PRANDTL[2]) die Möglichkeit einer diskontinuierlichen ebenen Bewegung nachgewiesen, bei der die Trennungslinie eine sich kongruent bleibende logarithmische Spirale mit einem Steigungswinkel von 30° ist. Bei dieser Bewegung wächst an jeder Stelle der Betrag der Geschwindigkeit zeitlich an, ohne daß sich ihre Richtung ändert; die Bewegung wird durch ein Geschwindigkeitspotential geleitet, welches in einen von der Zeit und einen vom Ort unabhängigen Faktor zerfällt. Eine etwas allgemeinere Bewegung, bei der die Trennungslinie eine ähnlich veränderliche logarithmische Spirale ist, wurde ebenfalls von PRANDTL angegeben; dabei sind nur Spiralen möglich, deren Steigung 30° nicht überschreitet.

Weiter handelt es sich darum, die Bedingungen festzustellen, unter denen ein durch spiraliges Aufrollen der Trennungsschicht entstandener Wirbel abwandert, und die Art und Weise aufzuklären, in welcher zwei Reihen von abgewanderten Wirbeln die stabile KÁRMÁNsche Anordnung annehmen.

L. FÖPPL[3]) untersucht die Bewegung eines Wirbelpaares hinter einem Kreiszylinder, der sich in einer translatorischen Strömung befindet. Es gibt unendlich

[1]) L. PRANDTL, Über Flüssigkeitsbewegungen bei sehr kleiner Reibung. Verh. d. III. intern. Math. Kongr., Heidelberg (1904), 1905, S. 484. Vgl. auch Kap. 2, Ziff. 27 u. 58 ds. Bd. des Handb.

[2]) L. PRANDTL, Über die Entstehung von Wirbeln in der idealen Flüssigkeit usw. Vorträge aus dem Gebiete der Hydro- und Aerodynamik. Innsbruck 1922. Vgl. einen von PRANDTL 1913 in der Göttinger Math. Ges. gehaltenen Vortrag.

[3]) L. FÖPPL, Wirbelbewegung hinter einem Kreiszylinder. Münchener Ber. 1913. Vgl. B. CALDONAZZO, Rend. R. Accad. Lincei (5) Bd. 28, S. 191ff. 1919.

viele Lagen hinter dem Kreiszylinder, in denen ein Wirbelpaar in Ruhe sein kann; alle diese Lagen erfüllen zwei zur Strömungsrichtung symmetrische Kurven. Bei konstanter Geschwindigkeit U der translatorischen Geschwindigkeit im Unendlichen muß ein in symmetrischen Punkten der Kurven liegendes Wirbelpaar um so größeres Wirbelmoment besitzen, je weiter es von dem Kreis entfernt liegt. Wenn also durch die beiden vom Kreis ausgehenden Wirbelschichten dauernd wirbelnde Flüssigkeit nachgeliefert wird, die sich in beiden Wirbeln des Paares ansammelt, so muß dieses langsam von dem Kreis weiter abrücken. Daß dies tatsächlich eintritt, bestätigt das Experiment. Allerdings entfernen sich die beiden Wirbel nicht unbegrenzt unter dauerndem Anwachsen ihres Moments, sondern sie geben allmählich ihre symmetrische Lage auf, worauf sich der eine Wirbel und bald darauf der andere rasch entfernt. Nun tritt eine Art Pendelung ein; auf beiden Seiten bilden sich abwechselnd neue Wirbel, die dann zwei Wirbelstraßen folgen und die Ausbildung des KÁRMÁNschen Strömungsbildes zur Folge haben.

Das geschilderte Abwandern der beiden ursprünglichen Wirbel aus der Gleichgewichtslage hat seine Ursache in der mangelnden Stabilität derselben. Ein auf der Kurve gelegenes Wirbelpaar ist stabil gegenüber spiegelbildlichen Verschiebungen; zieht man jedoch auch antisymmetrische Verschiebungen aus der Gleichgewichtslage heran, so ergibt sich, daß eine der beiden Hauptschwingungen des Wirbelpaares labil ist. Das Wirbelpaar tritt aus der Gleichgewichtslage, wobei sich der eine der beiden Wirbel der Symmetrieachse der Strömung nähert, der andere sich von ihr entfernt. Allerdings sind beim Eintritt dieses Ereignisses die wirbelnden Zentren der Wirbel bereits so groß geworden, daß sie nur mehr mit roher Annäherung als isolierte Wirbelpunkte behandelt werden können; Abweichungen zwischen den berechneten und den experimentell beobachteten Erscheinungen beim Abwandern des Wirbelpaares finden hierdurch ihre Erklärung.

52. Wirbelringe. Die Bewegung einzelner Wirbel läßt sich für den Fall der ebenen Strömung deshalb verhältnismäßig einfach untersuchen, weil es zulässig ist, Wirbel von kleinem Querschnitt durch isolierte Wirbelpunkte zu ersetzen, ohne daß die Bewegung außerhalb einer sehr kleinen Umgebung der Wirbelpunkte, geändert wird. Bei räumlichen, nicht geradlinigen Wirbelfäden ist es im allgemeinen nicht zulässig, sie durch isolierte Wirbellinien zu ersetzen; die bereits Ziff. 30 besprochene Tatsache, daß die mathematische Fiktion der isolierten Wirbellinie das Unendlichwerden der Bewegungsenergie zur Folge hat, führt im allgemeinen auch zum Auftreten unendlich großer Fortschreitungsgeschwindigkeiten der Elemente der isolierten Wirbellinien.

Die Bewegung von Wirbelringen, d. h. kreisförmigen Wirbelfäden von kleinem Querschnitt hat bereits HELMHOLTZ untersucht. Die von einem Wirbelring hervorgerufene Bewegung ist achsensymmetrisch; bei Einführung einer STOKESschen Stromfunktion ψ werden die Geschwindigkeitskomponenten in einer Meridianebene Ziff. 31, Gleichung (5)

$$u_\varrho = \frac{1}{\varrho}\frac{\partial\psi}{\partial z}, \qquad u_z = -\frac{1}{\varrho}\frac{\partial\psi}{\partial\varrho}, \tag{1}$$

während ψ der Gleichung (6c) von Ziff. 31

$$\frac{\partial^2\psi}{\partial z^2} + \frac{\partial^2\psi}{\partial\varrho^2} - \frac{1}{\varrho}\frac{\partial\psi}{\partial\varrho} = -2\varrho\,\omega \tag{2}$$

genügt, wo ω die Winkelgeschwindigkeit der Wirbelbewegung bedeutet; dabei kann ω als eine beliebige Funktion von ψ angesetzt werden. Die Gleichungen (1) und (2) bestimmen dann die Geschwindigkeit, die ein beliebig aufgebauter Wirbelring in irgendeinem Punkt des Raumes, speziell in einem Punkt im Innern des Wirbelrings selbst hervorbringt und damit auch die Bewegung und Veränderung des Wirbelringes selbst.

Für eine einzelne kreisförmige Wirbellinie bestimmt sich ψ durch Betrachtungen, die den allgemeinen Überlegungen in Ziff. 27 gleichartig sind, zu

$$\psi = \frac{\Gamma}{8\pi}\left[(r_1^2 + r_2^2)\int_0^\pi \frac{d\Theta}{\sqrt{r_1^2\cos^2\frac{\Theta}{2} + r_2^2\sin^2\frac{\Theta}{2}}} - 2\int_0^\pi \sqrt{r_1^2\cos^2\frac{\Theta}{2} + r_2^2\sin^2\frac{\Theta}{2}}\,d\Theta\right], \tag{3}$$

wo Θ den Winkel zwischen einem Linienelement der kreisförmigen Wirbellinie und der Richtung nach dem Aufpunkt bedeutet, während r_1 und r_2 die größte und kleinste Entfernung des Aufpunktes von einem Punkt der Wirbellinie sind.

Die Fortschreitungsgeschwindigkeit eines derartigen isolierten Wirbelrings ist unendlich groß. Betrachtet man Wirbelringe von kleinem kreisförmigen Querschnitt, so kommt man zu Ergebnissen, die sich besser mit den Beobachtungen decken. Indessen sind alle für die Bewegung eines solchen Wirbelrings aufgestellten Formeln nur Näherungsformeln. Bezeichnet R den Radius des Ringes, ε den eines Querschnitts, so wird die Fortschreitungsgeschwindigkeit $\frac{\Gamma}{4\pi R}\left(\lg\frac{8R}{\varepsilon} - \frac{1}{4}\right)$; der Wirbelring schreitet in derselben Richtung fort, in der die Flüssigkeit durch die von ihm begrenzte Kreisfläche strömt; sein Radius bleibt nahezu ungeändert. Bei seiner Bewegung wird der Wirbelring von einer Flüssigkeitsmenge, einer „Atmosphäre", begleitet, deren Teilchen relativ zum Wirbelring geschlossene Bahnen beschreiben, die durch die Öffnung des Ringes hindurchgehen; diese Flüssigkeitsmenge erfüllt das Innere einer den Ring umschließenden Fläche, die einfach zusammenhängend oder ringförmig sein kann.

Die gemeinsame Bewegung zweier Wirbelringe mit derselben Achse hat ebenfalls bereits HELMHOLTZ wenigstens qualitativ beschrieben. Haben die beiden Ringe gleichgerichtete Zirkulation und damit gleichgerichtete fortschreitende Bewegung, so wird sich der vordere Ring erweitern, der zweite zusammenziehen; die Geschwindigkeit des ersten Ringes nimmt ab, die des zweiten zu, bis, günstige Anfangsbedingungen vorausgesetzt, dieser den ersten einholt und durch ihn hindurchtritt; damit ist die Rolle der beiden Ringe vertauscht und ein ähnlicher Vorgang beginnt von neuem. — Wenn sich zwei Ringe von entgegengesetzter Zirkulation einander nähern, so erweitern sich beide, während ihre Geschwindigkeit abnimmt. Im Fall vollständiger Symmetrie kann die Symmetrieebene durch eine feste Wand ersetzt werden; ein sich gegen die Wand bewegender Wirbelring nähert sich ihr asymptotisch, wobei er sich gleichzeitig unbegrenzt erweitert.

53. Andere Wirbelgebilde. Die von KÁRMÁN gefundene stabile Anordnung der beiden Wirbelreihen, welche sich in einer ebenen Strömung aus den beiden von einem Hindernis ausgehenden Wirbelschichten entwickeln, läßt Schlüsse zu auf die Anordnung der Wirbel, die in einer räumlichen Strömung hinter einem Hindernis ausgebildet werden. Man wird erwarten dürfen, daß die sich ablösende Wirbelschicht nicht in geschlossene, sich in gleichen Abständen folgende ringartige Wirbelfäden zerfällt, sondern sich in einen schraubenlinienförmigen oder spiraligen Wirbelfaden aufrollt, dessen Ursprung hinter dem Hindernis umläuft. Einem ähnlichen Endzustand wird das Wirbelband zustreben, das sich etwa von einem umlaufenden Propellerflügel ablöst. Wie LAUTH[1]) gezeigt hat, ist ein Wirbelfaden von Gestalt einer kreiszylindrischen Schraubenlinie, die beiderseits ins Unendliche läuft, ein stationäres Gebilde, das als Ganzes eine Schraubenbewegung ausführt. Über die Stabilität dieses Wirbels ist damit allerdings nichts ausgesagt.

Dagegen ist die Stabilität der kreisförmigen Wirbelringe schon lange bekannt. Diese Eigenschaft zusammen mit der Unzerstörbarkeit und Undurchdringlichkeit der Wirbelringe bildet die Grundlage zu der durch W. THOMSON begründeten Theorie der Wirbelatome, die allerdings heute kaum noch mehr als nur historisches Interesse beanspruchen kann.

Von räumlichen Wirbelgebilden sei KIRCHHOFFs elliptischer Wirbelzylinder genannt, ein von parallelen Wirbellinien erfüllter elliptischer Zylinder, in dessen Innerem die Drehgeschwindigkeit ω der Flüssigkeitsteilchen überall denselben Wert hat. Der Wirbelzylinder dreht sich als Ganzes mit einer Winkelgeschwindigkeit $\lambda = 2\omega \frac{ab}{(a+b)^2}$, die außer von ω vom Verhältnis der Halbachsen a und b abhängt. Für nicht zu große Exzentrizität ist der elliptische Wirbel stabil. — Zahlreiche weitere Beispiele von räumlichen Wirbelgebilden, von denen HILLs stationärer kugelförmiger Wirbel einer der bekanntesten ist, enthält namentlich die ältere englische Literatur[2]).

e) Zirkulation und Auftrieb.

54. Hydrodynamischer Auftrieb. Nach dem D'ALEMBERTschen Paradoxon übt eine singularitätenfreie translatorische Strömung auf eine Kugel, die sie in kontinuierlicher Bewegung umfließt, keinen Druck aus, weil die Bewegung um die Kugel völlig symmetrisch ist, also die Resultierenden der Elementardrucke auf die Flächenelemente der Vorder- und Rückseite entgegengesetzt gleich sind. Dasselbe gilt von der ebenen translatorischen Strömung um eine kreisförmige Kontur, solange keine Zirkulation um die Kontur vorhanden ist.

Überlagert man die translatorische Bewegung durch eine Zirkulation um die kreisförmige Kontur, so wird die Symmetrie der Bewegung zerstört; es entsteht eine Geschwindigkeitsmehrung und damit ein Unterdruck auf der Seite, auf welcher die Zirkulation der Translation gleichgerichtet ist; eine Geschwindigkeitsminderung und damit ein Überdruck auf der Seite, auf der die Zirkulation der Translation entgegengesetzt gerichtet ist. Infolgedessen entsteht ein resultierender Druck, ein Auftrieb, der auf der Richtung der Translation senkrecht steht und nach der Seite der vermehrten Geschwindigkeit hin gerichtet ist[3]).

KUTTA und JOUKOWSKY[4]) haben gezeigt, daß in einer ebenen singularitätenfreien Potentialströmung auf eine beliebige umströmte Kontur stets ein Auftrieb wirkt, wenn die translatorische Bewegung von einer zirkulatorischen überlagert ist. Der Betrag der Auftriebskraft ist, wie Ziff. 55 bewiesen wird,

$$A = \varrho \Gamma \,|\mathfrak{v}_\infty|, \tag{1}$$

[1]) A. LAUTH, Ann. d. Phys. (4) Bd. 49, S. 671. 1916; vgl. H. FÖTTINGER, Jahrb. d. schiffbautechn. Ges. Bd. 19, S. 426. 1918; H. REISSNER, ZS. f. angew. Math. u. Mech. Bd. 2, S. 106. 1922.

[2]) Vgl. Enzyklopädie der mathematischen Wissenschaften Bd. IV, Art. 16, Ziff. 3.

[3]) Vgl. E. F. LANCHESTER, Aerodynamik, deutsch von C. u. A. RUNGE, Bd. I, Kap. III.

[4]) W. KUTTA, Auftriebskräfte in strömenden Flüssigkeiten. Illustr. aeronaut. Mitt. 1902; W. KUTTA, Über eine mit den Grundlagen des Flugproblems in Beziehung stehende zweidimensionale Strömung. Münchener Ber. 1910; W. KUTTA, Über ebene Zirkulationsströmungen nebst flugtechnischen Anwendungen. Ebenda 1911; N. JOUKOWSKY, Bull. de l'inst. aerodyn. de Koutschino 1906; N. JOUKOWSKY, De la chute dans l'air de corps légers de forme allongée, animés d'un mouvement rotatoire. Ebenda 1912.

wenn $|\mathfrak{v}_\infty|$ die Geschwindigkeit der Strömung im Unendlichen, ϱ und Γ wie bisher Dichte der Flüssigkeit und Zirkulation bedeuten. Die Gestalt der Kontur kommt in (1) nicht unmittelbar zum Ausdruck.

In räumlichen Potentialströmungen ist eine Zirkulation um einen begrenzten einfach zusammenhängenden Körper unmöglich, da die Zirkulation um ineinander überführbare Kurven denselben Wert besitzt, und speziell für Kurven, die auf einen Punkt zusammengezogen werden können, den Wert Null.

55. KUTTA-JOUKOWSKYscher Satz. Um den Druck einer ebenen Potentialströmung auf eine eingetauchte Kontur c zu berechnen, kann man mit BLASIUS die beiden Komponenten P_x und P_y dieses Druckes zu einer komplexen Größe

$$P = P_y + i P_x$$

zusammenstellen und zeigen, daß diese komplexe Größe eine komplexe Funktion der Veränderlichen $z = x + iy$ ist. Hierzu bildet man

$$P = P_y + i P_x = \oint p\,dx - i\oint p\,dy = \oint p(dx - i\,dy),$$

wobei die Integration um die Kontur C im positiven Sinn zu erstrecken ist. Zufolge der BERNOULLIschen Gleichung wird

$$P = -\frac{\varrho}{2}\oint \mathfrak{v}^2(dx - i\,dy)\;;$$

hieraus ergibt sich durch eine einfache Umformung

$$P = -\frac{\varrho}{2}\oint w^2\,dz. \tag{1a}$$

In ähnlicher Weise läßt sich das Moment des resultierenden Druckes erhalten und als Realteil eines komplexen Linienintegrals darstellen:

$$M = -\Re\frac{\varrho}{2}\oint w^2 z\,dz. \tag{1b}$$

Die Gleichungen (1a, b) werden als BLASIUSsche Formeln[1]) bezeichnet; ihre Gültigkeit reicht viel weiter, als für die meisten Anwendungen erforderlich ist. Durch das Auftreten unendlich großer Geschwindigkeiten an Schneiden und Kanten der Kontur wird ihre Gültigkeit nicht beeinträchtigt. Sie bleiben auch brauchbar, wenn die die Kontur umfließende Strömung beliebige Singularitäten besitzt, nur dürfen isolierte Singularitäten nicht an die Kontur selbst herantreten.

Mittels der BLASIUSschen Formeln läßt sich der KUTTA-JOUKOWSKYsche Satz sofort beweisen. Setzt man die Geschwindigkeit einer außerhalb der Kontur regulären Potentialströmung als eine nach fallenden Potenzen von z fortschreitende Reihe an

$$w = C_0 + \frac{C_1}{z} + \frac{C_2}{z^2} + \frac{C_3}{z^3} + \cdots,$$

die im Äußeren eines Kreises konvergiert, so ist nach dem CAUCHYschen Satz über die Residuen einer komplexen Funktion

$$P = -2\varrho\pi i\,C_0\,C_1\,.$$

Die konstanten C_0 und C_1 haben eine einfache mechanische Bedeutung: es ist nämlich die komplexe Geschwindigkeit im Unendlichen $w_\infty = u_\infty - iv_\infty = C_0$,

[1]) H. BLASIUS, ZS. f. Math. u. Phys. Bd. 58, S. 90. 1910; vgl. R. GRAMMEL, Die hydrodynamischen Grundlagen des Fluges, 1917, S. 15.

während die Zirkulation $\Gamma = 2\pi i C_1$ ist; C_1 muß als rein imaginäre Konstante angenommen werden. Mithin ist

$$P = -\varrho \Gamma w_\infty . \tag{2}$$

Damit ist der KUTTA-JOUKOWSKYsche Satz bewiesen[1]). (2) gibt den Auftrieb nach Größe und Richtung; es ist

$$\left. \begin{aligned} P_x &= \quad \varrho \Gamma v_\infty , \\ P_y &= -\varrho \Gamma u_\infty . \end{aligned} \right\} \tag{2a}$$

In ähnlicher Weise läßt sich das Moment des Auftriebs und damit seine Angriffslinie berechnen:

$$M = -\Re \pi i \varrho (C_1^2 + 2 C_0 C_2) ;$$

dabei findet neben C_0 und C_1 noch die Konstante C_2 Verwendung. Um ihr eine mechanische Bedeutung beizulegen, verwendet man das „Moment der Zirkulation"

$$m = \oint w z \, dz = 2\pi i C_2 ;$$

zerlegt man es in reellen und imaginären Teil

$$m = m_x + i m_y ,$$

so erhält man für das Moment des Auftriebs den endgültigen Ausdruck

$$M = -\Re \varrho m w_\infty = -\varrho (m_x u_\infty + m_y v_\infty) . \tag{2b}$$

Der KUTTA-JOUKOWSKYsche Satz selbst ist nur ein besonderer Fall eines viel allgemeineren Satzes. Nimmt man an, daß die Strömung nicht in dem ganzen Außengebiet der Kontur singularitätenfrei ist, sondern Quellen- und Wirbelfelder in beliebiger Verteilung enthält, so erhält man den Strömungsdruck und sein Moment, in dem man die Gleichungen (2b) und (3b) von Ziff. 32 für ebene Strömungen spezialisiert. Sind insbesondere in der Strömung nur isolierte Quellpunkte von der Ergiebigkeit $e_k (k = 1, 2 \ldots)$ und Wirbelpunkte vom Wirbelmoment $\Gamma_l (l = 1, 2 \ldots)$ vorhanden, und bezeichnet man mit w_k^* bzw. w_l^* die am Orte eines Quell- bzw. Wirbelpunktes nach Weglassung der betreffenden Singularität herrschende komplexe Geschwindigkeit, so wird der komplexe Strömungsdruck auf die Kontur[2])

$$P = \varrho i \sum e_k (w_k^* - w_\infty) + \varrho \sum \Gamma_l (w_l^* - w_\infty) - \varrho \Gamma w_\infty . \tag{3}$$

Das letzte Glied ist der KUTTA-JOUKOWSKYsche Auftrieb; hier bedeutet Γ wie bisher die Zirkulation um die Kontur.

In geeigneter Spezialisierung kann diese Gleichung zur Berechnung des Auftriebs eines Doppeldeckers Verwendung finden[3]).

56. Technische Bedeutung des hydrodynamischen Auftriebs. Der KUTTA-JOUKOWSKYsche Satz bildet die Grundlage für die theoretische Behandlung des Flugproblems, sowie für die moderne Theorie der hydraulischen Maschinen, die sich im Anschluß an die Tragflügeltheorie entwickelt hat (nähere Ausführung s. Kap. 4 ds. Bd. des Handb.).

---

[1]) Die ersten von KUTTA und JOUKOWSKY gegebenen Beweise stützen sich auf Energie- bzw. Impulsbetrachtungen; die hier gegebene Ableitung folgt den GRAMMELschen Gedankengängen; vgl. Ziff. 1, Fußnote 1.

[2]) M. LAGALLY, Münchener Ber. 1921, S. 209.

[3]) Vgl. B. ECK, ZS. f. Flugtechn. 1925, S. 183.

Seine einfachste und älteste Anwendung ist die ebene Tragflügeltheorie; die Strömung um einen Tragflügel von beträchtlicher Spannweite kann in ihrem mittleren Teil angenähert als ebene Strömung betrachtet werden; der Einfluß der Enden des Tragflügels und der dort stattfindenden Vorgänge bleibt hierbei außer Betracht. Da für die Möglichkeit des Auftretens eines hydrodynamischen Auftriebes das Vorhandensein einer Zirkulation Bedingung ist, eröffnet sich die Frage nach der Entstehung der Zirkulation um einen ebenen Tragflügel. Diese Frage kann die Theorie der idealen Flüssigkeiten nur in sehr beschränkter Weise beantworten. Da nach dem THOMSONschen Satz die Zirkulation um eine geschlossene flüssige Linie mit der Zeit unveränderlich ist, muß die Entstehung der Zirkulation um die Tragflügel von der gleichzeitigen Entstehung und Ablösung eines Wirbels begleitet sein, dessen Moment der Zirkulation entgegengesetzt gleich ist. Für die Entstehung des Wirbels aber sind Vorgänge in der Grenzschicht (Ziff. 51 und Kap. 2, Ziff. 27 und Kap. 4, Ziff. 10 ds. Bd. des Handb.) maßgebend, die durch zweckdienliche Ausbildung des Umrisses und der Oberflächenbeschaffenheit des Tragflügels beeinflußt werden können.

Die Theorie des hydrodynamischen Auftriebs läßt sich, wie bereits KUTTA gezeigt hat, für Strömungen um mehr als eine Kontur erweitern; ihre Anwendung findet diese Erweiterung in der ebenen Theorie des Doppeldeckers, sowie der Flügelreihen und Flügelräder.

In jüngster Zeit hat auch die seitliche Kraft, welche auf einen rotierenden, von einer kreisenden Luftbewegung begleiteten Zylinder in einer translatorischen Strömung wirkt, eine technische Anwendung erfahren. Diese als MAGNUS-effekt bekannte, übrigens schon 100 Jahre vor MAGNUS bemerkte Kraftwirkung[1]), auf die die Seitenabweichung von rotierenden Geschossen und Bällen zurückzuführen ist, wird neuerdings zur Nutzbarmachung der mechanischen Energie bewegter Luft verwendet. Beim FLETTNERschen Rotorschiff werden kreiszylindrische Türme durch Maschinenkraft um ihre vertikalen Achsen gedreht; durch die Oberflächenreibung wird die umgebende Luft mitgeführt und in zirkulatorische Bewegung versetzt; bei Wind entsteht eine ablenkende Kraft, die zu einer Art von Segelwirkung ausgenützt wird und die, wenn man die vereinfachende Annahme der ebenen Bewegung zuläßt, mittels der KUTTA-JOUKOWSKYschen Formel nach Größe und Richtung bestimmt werden kann (nähere Ausführung s. Kap. 2, Ziff. 56 ds. Bd. des Handb.).

Für die Entstehung der Zirkulation ist auch hier die Reibung in der Grenzschicht heranzuziehen, welche die Bildung und Ablösung von Wirbeln zur Folge hat, deren Moment der entstehenden Zirkulation entgegengesetzt gleich ist. Im Wind findet die Ablösung auf der Seite statt, auf der die Umlaufsbewegung des Zylinders der Richtung der Windbewegung entgegengesetzt ist. Die Geschwindigkeit der Zirkulationsströmung unmittelbar an dem rotierenden Zylinder darf nicht verwechselt werden mit der Umlaufsgeschwindigkeit des Zylinders selbst; sie ist nur etwa halb so groß.

57. PRANDTLsche Tragflügeltheorie[2]). Die ebene Auftriebstheorie ist stets nur als rohe Annäherung zu betrachten. Auch bei Tragflügeln, deren Spannweite groß ist im Verhältnis zur Tiefe, ist die Abweichung des mittels der KUTTA-JOUKOWSKYschen Formel errechneten Auftriebs von dem durch Messung be-

---

[1]) B. ROBINS, New principles of gunnery. London 1742; G. MAGNUS, Über die Abweichung der Geschosse. Abhandlgn. d. Berl. Akad. 1852; Lord RAYLEIGH, On the irregular flight of a Tennis Ball. Messenger of Math. Bd. 7. 1877; A. FLETTNER, Die Anwendung der Erkenntnisse der Aerodynamik zum Windantrieb von Schiffen. Werft, Ruderei, Hafen Bd. 5, S. 657. 1924; L. PRANDTL, Naturwissensch. Bd. 13, H. 6. 1925.

[2]) L. PRANDTL, Tragflügeltheorie I u. II. Göttinger Nachr. 1918.

stimmten recht erheblich, der Einfluß der Flügelenden also keinesfalls zu vernachlässigen. Einer Erweiterung der Theorie auf den Raum steht die Schwierigkeit im Weg, daß in einer räumlichen Potentialströmung eine Zirkulation um einen begrenzten Körper unmöglich ist. Man ist also genötigt, die von der Hinterkante eines Tragflügels beiderseits tatsächlich ausgehenden Wirbelfäden oder Wirbelbänder in die Untersuchung mit einzubeziehen, und ihr gesamtes Wirbelmoment gleich der Zirkulation um die Tragflügel anzusetzen. Mit der Zulassung der Bildung von Wirbeln bzw. Wirbelschichten ist das Gebiet der Theorie der idealen Flüssigkeiten verlassen; es ist jedoch PRANDTL gelungen, diese Theorie durch Hinzunahme einige- Hilfsvorstellungen so zu erweitern, daß sie als Grenzfall der Theorie reibender Flüssigkeiten mit verschwindender Reibung gelten kann, ohne daß es nötig wäre, die Reibung selbst zu berücksichtigen. Die wichtigste dieser Hilfsvorstellungen ist neben der bereits erwähnten Entstehung von Wirbelschichten in der Grenzschicht die Vorstellung, daß es zulässig ist, einen umströmten Körper, d. h. hier einen Tragflügel, durch eine Verteilung von Wirbellinien in seinem Innern oder an seiner Oberfläche zu ersetzen. Der von dem Körper eingenommene Raum wird hierdurch zu einem Teil der Flüssigkeit selbst gemacht und die ihn umfließende Strömung in sein Inneres analytisch fortgesetzt. Dieser Gedanke ist nahe verwandt mit der bereits (Ziff. 29) besprochenen Verwendung von Wirbelschichten zur Darstellung von Potentialströmungen, darf aber nicht damit verwechselt werden; der wesentliche Unterschied besteht darin, daß jetzt, wo von beiden Seiten der Hinterkante des Tragflügels Wirbellinien ausgehen, die den Tragflügel ersetzenden Wirbellinien nicht selbst geschlossen sind, daß sie vielmehr dazu dienen, je zwei auf beiden Seiten des Tragflügels ausgehende Wirbellinien zu verbinden und damit die Bedingungen für das Bestehen des Satzes von der Konstanz der Zirkulation zu schaffen.

Von den freien vom Körper ausgehenden Wirbellinien unterscheiden sich die den Körper ersetzenden Wirbellinien dadurch, daß sie an einem festen Platz verbleiben, also „gebunden" sind. Und während die Bewegung der freien Wirbel in der Flüssigkeit ohne Einwirkung äußerer Kräfte erfolgt, müssen die gebundenen Wirbel als Ersatz eines starren Körpers befähigt gedacht werden, äußere Kräfte, insbesondere Ersatzkräfte für den Druck des starren Körpers auf die Strömung aufzunehmen. Aus der EULERschen Gleichung [Ziff. 8, Gleichung (3b)] folgt unter Zuhilfenahme der BERNOULLIschen Gleichung [Ziff. 12, Gleichung (2a)] für die auf das Volumen Eins bezogene Ersatzkraft der Wert

$$\varrho \mathfrak{K} = \varrho [\operatorname{rot} \mathfrak{v}, \mathfrak{v}] .$$

Die Integration über das Volumen des von Wirbeln erfüllten Körpers verbunden mit einer Änderung des Vorzeichens ergibt den Strömungsdruck gegen die Tragfläche

$$\mathfrak{R} = \int \varrho [\mathfrak{v} \operatorname{rot} \mathfrak{v}] \, d\tau ; \tag{1}$$

dieser Strömungsdruck kann in einfachen Fällen in eine zur Richtung der Geschwindigkeit im Unendlichen senkrechte Komponente, den hydrodynamischen Auftrieb, und in eine dieser Richtung entgegengesetzte Komponente, den induzierten Widerstand, zerlegt werden (nähere Ausführung s. Kap. 4 ds. Bd. des Handb.).

Man erkennt in der Formel (1) die räumliche Verallgemeinerung des KUTTA-JOUKOWSKYschen Satzes.

Kapitel 2.

Zähe Flüssigkeiten.

Von

L. Hopf, Aachen.

Mit 52 Abbildungen.

I. Grundtatsachen.

1. Grunderscheinung[1]. In der ruhenden Flüssigkeit gibt es eine Kraftübertragung von Teilchen zu Teilchen nur durch den hydrostatischen Druck, der an jeder Stelle der Flüssigkeit einen bestimmten Wert hat und senkrecht zu jeder beliebigen Fläche steht; in der Theorie der idealen Flüssigkeiten[2] wurden die Erscheinungen untersucht, die auftreten müßten, wenn auch bei Bewegung von Flüssigkeiten keine anderen Kräfte als der hydrostatische Druck zwischen den Teilchen wirken würden. Der Vergleich mit der Erfahrung zeigt, daß nur wenige Vorgänge in den wirklichen Flüssigkeiten sich in dieser Weise erfassen lassen, und daß noch andere Kraftwirkungen zwischen den Teilchen einer Flüssigkeit auftreten müssen. Solche Kraftwirkungen führt man auf eine gegenseitige Beeinflussung von Flüssigkeitsschichten, die relativ zueinander bewegt sind, zurück; man nennt sie innere Reibung und die Eigenschaft einer Flüssigkeit, durch innere Reibung Kräfte von Teilchen zu Teilchen zu übertragen, Zähigkeit oder Viskosität. Als Elementargesetz der inneren Reibung wird angenommen, daß zwischen zwei unmittelbar benachbarten Schichten in der gegenseitigen Entfernung dy, die den Geschwindigkeitsunterschied du aufweisen, eine Scherkraft τ proportional dem Geschwindigkeitsgefälle wirkt:

$$\tau = \mu \frac{du}{dy} . \tag{1}$$

Man nennt μ den Zähigkeits- oder Viskositätskoeffizienten. Die innere Reibung gehört in dieselbe Gruppe von Erscheinungen, wie die Diffusion und die Wärmeleitung. Die einzelnen Moleküle sind Träger einer bestimmten Qualität: Art der Materie, Energie, Impuls. Durch die molekulare Agitation übertragen sie diese Qualität entweder direkt oder indirekt an einen anderen Ort der Flüssigkeit; es findet ein Austausch der Qualitäten zwischen den einzelnen Schichten

[1] Man findet die Probleme, die hier in den Abschnitten I und II behandelt sind, ausführlich in dem Lehrbuch von H. Lamb, Hydrodynamics, dargestellt, dessen letzte (5.) Auflage im Jahre 1924 in Cambridge erschienen ist (deutsche Übersetzung der 3. Aufl. besorgt von J. Friedel, Leipzig 1907). Ferner in den Lehrbüchern: M. Brillouin, Leçons sur la viscosité des liquides et des gaz, Paris 1907, und W. Wien, Lehrbuch der Hydrodynamik, Leipzig 1900.

[2] Kap. 1 ds. Bd. des Handb.

statt, eine Übertragung der Materie selbst bei der Diffusion, der Energie bei der Wärmeleitung, des Impulses bei der inneren Reibung. Vorbild für die Gesetzmäßigkeit, welche bei diesen Erscheinungen zutage tritt, ist der FOURIERsche Ansatz für die Wärmeleitung, welcher formal mit (1) übereinstimmt. Hat man ein bestimmtes Bild für den molekularen Austausch — wie in der kinetischen Gastheorie —, so kann man die Koeffizienten der Diffusion, der Wärmeleitung und der inneren Reibung zueinander in Beziehung setzen und auf molekular bestimmte Größen (freie Weglänge) zurückführen.

2. Der Spannungstensor. Die Erscheinung der inneren Reibung ist in einer Hinsicht wesentlich komplizierter als die anderen genannten Erscheinungen; bei Diffusion und Wärmeleitung handelt es sich um die Übertragung einer skalaren (d. h. durch eine einzige Zahl angebbaren) Größe, nämlich der chemischen Beschaffenheit bzw. der Energie. Der Impuls jedoch, der bei der Reibung übertragen wird, ist eine Vektorgröße, die erst durch drei Zahlen beschrieben wird; die Erscheinungen sind hier vielfältiger. Der Transport der skalaren Größe Energie wird bei der Wärmeleitung durch den Vektor des Wärmeflusses dargestellt, der Transport der Vektorgröße Impuls in der Reibungstheorie durch den Tensor der Spannungen, der in Abb. 1 dargestellt ist. Dieser Tensor setzt sich aus drei Teilen zusammen:

1. dem hydrostatischen Druck p, der zu jeder Fläche normal steht,

2. der Expansionswirkung, welche nur in die Normalkomponenten eingeht und proportional der Expansion ($\operatorname{div}\mathfrak{v}$), also mit einem Koeffizienten λ gleich

$$\lambda\left(\frac{\partial u}{\partial x} + \frac{\partial v}{\partial y} + \frac{\partial w}{\partial z}\right) \quad \text{oder} \quad \lambda \operatorname{div}\mathfrak{v}$$

gesetzt wird, wobei u, v, w die x-, y-, z-Komponenten des Geschwindigkeitsvektors $\mathfrak{v}$ bedeuten, und

3. einem Tensor, welcher Normal- und Tangentialspannungen umfaßt und dem Tensor der Deformationsgeschwindigkeiten von Flüssigkeitsteilchen proportional gesetzt wird, also gleich

$$\mu\left(\frac{\partial v_i}{\partial k} + \frac{\partial v_k}{\partial i}\right).$$

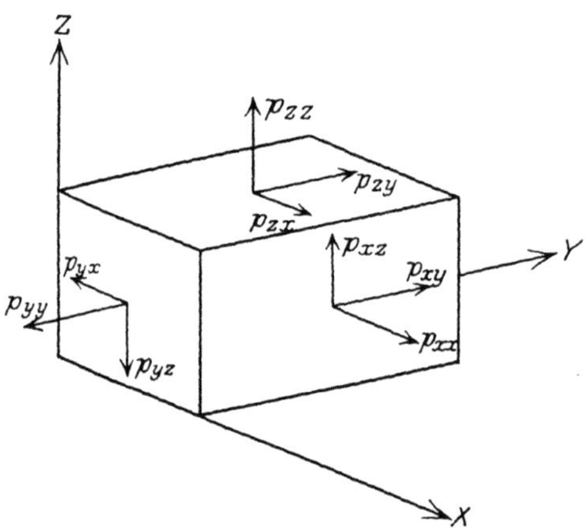

Abb. 1. Spannungstensor.

Hierbei bedeuten i, k immer 2 der Koordinaten x, y, z und v_i, v_k die beiden entsprechenden der drei Komponenten u, v, w. Es ist noch zu beachten, daß die Normalkomponenten des dritten Teils auf den abgegrenzten Würfel in der Richtung wirken, wie in Abb. 1, wenn z. B. $\partial u/\partial x$ positiv ist; nur so bleibt der Ansatz im Einklang mit Ziff. 1, Gleichung (1). Dieser Teil tritt daher in die Komponenten mit entgegengesetztem Vorzeichen ein, wie der hydrostatische Druck. Die Komponenten des Spannungstensors sind also folgendermaßen anzusetzen:

$$\left.\begin{aligned} p_{xx} &= -p - \lambda\left(\frac{\partial u}{\partial x} + \frac{\partial v}{\partial y} + \frac{\partial w}{\partial z}\right) + 2\mu\frac{\partial u}{\partial x}, \\ p_{yy} &= -p - \lambda\left(\frac{\partial u}{\partial x} + \frac{\partial v}{\partial y} + \frac{\partial w}{\partial z}\right) + 2\mu\frac{\partial v}{\partial y}, \\ p_{zz} &= -p - \lambda\left(\frac{\partial u}{\partial x} + \frac{\partial v}{\partial y} + \frac{\partial w}{\partial z}\right) + 2\mu\frac{\partial w}{\partial z}; \end{aligned}\right\} \tag{1}$$

$$\left.\begin{aligned} p_{xy} &= p_{yx} = \mu\left(\frac{\partial u}{\partial y} + \frac{\partial v}{\partial x}\right), \\ p_{yz} &= p_{zy} = \mu\left(\frac{\partial v}{\partial z} + \frac{\partial w}{\partial y}\right), \\ p_{zx} &= p_{xz} = \mu\left(\frac{\partial w}{\partial x} + \frac{\partial u}{\partial z}\right). \end{aligned}\right\} \quad (2)$$

Der Spannungstensor hat folgende wichtige Eigenschaften:

1. Er ist symmetrisch; dies muß der Fall sein, da z. B. nur bei Gleichgewicht von p_{xy} und p_{yx} ein Gleichgewicht des in Abb. 1 dargestellten Körpers gegen ein Verdrehen um die z-Achse herrschen kann.

Aus dieser Forderung der Symmetrie geht auch hervor, daß der Ansatz Ziff. 1, Gleichung (1) sinngemäß nur in der Weise, wie es hier geschehen ist, verallgemeinert werden kann; der Schubspannungstensor muß dem symmetrischen Tensor der Deformationsgeschwindigkeit proportional sein und nicht etwa dem asymmetrischen Tensor der Wirbelung, was sich mit der Form von Ziff. 1, Gleichung (1) zunächst gerade so gut vertrüge. Dazu kommt der Gesichtspunkt, daß nur bei dieser symmetrischen Verallgemeinerung der hydrostatische Druck in den Ansatz richtig eingeht, so daß er für den Fall der Ruhe übrigbleibt.

2. Wie bei jedem symmetrischen Tensor zweiter Stufe ist die Summe der drei Normalspannungen

$$p_{xx} + p_{yy} + p_{zz} = -3p + (2\mu - 3\lambda)\left(\frac{\partial u}{\partial x} + \frac{\partial v}{\partial y} + \frac{\partial w}{\partial z}\right) \quad (3)$$

invariant. Bei inkompressiblen Flüssigkeiten fällt der letzte Summand weg, da die Kontinuität $\operatorname{div} \mathfrak{v} = 0$ erfordert. Der hydrostatische Druck ist dann der arithmetische Mittelwert der drei Normalspannungen. Soll dies bei kompressiblen Flüssigkeiten auch der Fall sein, so müssen die beiden Koeffizienten λ und μ durch die Gleichung

$$3\lambda = 2\mu \quad (4)$$

verbunden sein. Immerhin ist diese Beziehung hypothetisch; denn es ist nicht grundsätzlich auszuschließen, daß der mittlere Normaldruck in kompressiblen Medien von der Expansionsgeschwindigkeit abhängt und nicht mit dem Druck bei ruhender Flüssigkeit identisch ist. Es scheint hierüber nichts experimentell bekannt zu sein. Da Probleme, welche Reibung und Kompressibilität in Betracht ziehen, keine große Rolle spielen, soll weiterhin nur von inkompressiblen Flüssigkeiten die Rede sein, also $\operatorname{div} \mathfrak{v} = 0$ gesetzt werden.

Die Analogie unseres Spannungstensors mit dem der elastischen Spannungen liegt auf der Hand; der wesentliche Unterschied besteht darin, daß die elastischen Spannungen den Deformationen proportional gesetzt werden, die hydrodynamischen Spannungen den Deformationsgeschwindigkeiten.

3. Die Gleichungen für reibende Flüssigkeiten. Diese Gleichungen ergeben sich nun elementar, wenn mit ϱ die Dichte, mit Ω das Potential der äußeren Kräfte auf die Masseneinheit, mit u, v, w die Geschwindigkeitskomponenten bezeichnet werden, und wenn man berücksichtigt, was früher[1]) über die vollständigen Differentialquotienten du/dt usw. gesagt ist:

$$\left.\begin{aligned} \varrho\frac{du}{dt} &= -\frac{\partial\Omega}{\partial x} + \frac{\partial p_{xx}}{\partial x} + \frac{\partial p_{xy}}{\partial y} + \frac{\partial p_{xz}}{\partial z} \\ &\dots\dots\dots\dots\dots\dots \end{aligned}\right\} \quad (1)$$

[1]) S. Kap. 1, Ziff. 8 ds. Bd. des Handb.

Durch Einsetzen der in Ziff. 2 errechneten Werte erhält man für inkompressible Flüssigkeiten mit der Abkürzung $\Delta \equiv \frac{\partial^2}{\partial x^2} + \frac{\partial^2}{\partial y^2} + \frac{\partial^2}{\partial z^2}$ die sog. NAVIER-STOKESschen Gleichungen

$$\left.\begin{aligned} \varrho\left(\frac{\partial u}{\partial t} + u\frac{\partial u}{\partial x} + v\frac{\partial u}{\partial y} + w\frac{\partial u}{\partial z}\right) &= -\frac{\partial(p+\Omega)}{\partial x} + \mu\Delta u\,, \\ \varrho\left(\frac{\partial v}{\partial t} + u\frac{\partial v}{\partial x} + v\frac{\partial v}{\partial y} + w\frac{\partial v}{\partial z}\right) &= -\frac{\partial(p+\Omega)}{\partial y} + \mu\Delta v\,, \\ \varrho\left(\frac{\partial w}{\partial t} + u\frac{\partial w}{\partial x} + v\frac{\partial w}{\partial y} + w\frac{\partial w}{\partial z}\right) &= -\frac{\partial(p+\Omega)}{\partial z} + \mu\Delta w\,. \end{aligned}\right\} \tag{2}$$

In Verbindung mit der Kontinuitätsgleichung

$$\frac{\partial u}{\partial x} + \frac{\partial v}{\partial y} + \frac{\partial w}{\partial z} = 0 \tag{3}$$

haben wir hier vier Differentialgleichungen für die vier Unbekannten: Druck und Geschwindigkeitskomponenten. Der Unterschied gegenüber den entsprechenden Gleichungen für ideale Flüssigkeiten liegt in den letzten Summanden $\mu\Delta u$ usw. von (2), welche die Reibungskräfte darstellen. Es ist wesentlich, daß diese Glieder zweite Ableitungen der Geschwindigkeitskomponenten enthalten, während in allen anderen Gliedern nur erste Ableitungen auftreten. Werden die Reibungskräfte klein, so kann dieses Glied fast überall in der Flüssigkeit belanglos werden; trotzdem ist der Charakter der Differentialgleichung durch das Auftreten der höheren Ableitungen bei noch so kleinem Wert von μ vollständig verändert.

4. Die Gleichungen in anderen Koordinatensystemen. Diese erhalten wir am besten, wenn wir von der invarianten Schreibweise ausgehen, die für inkompressible Flüssigkeiten in der geläufigen Vektorsymbolik wegen $\Delta\mathfrak{v} = \operatorname{grad}\operatorname{div}\mathfrak{v} - \operatorname{rot}\operatorname{rot}\mathfrak{v}$ folgende Gestalt hat:

$$\left.\begin{aligned} &\varrho\frac{d\mathfrak{v}}{dt} = -\operatorname{grad}(p+\Omega) - \mu\operatorname{rot}\operatorname{rot}\mathfrak{v}\,, \\ &\operatorname{div}\mathfrak{v} = 0\,. \end{aligned}\right\} \tag{1}$$

Um aus (1) die Gleichungen in bestimmten Koordinatensystemen zu erhalten, muß man nur die Form der vektoranalytischen Symbole in diesen Systemen kennen und beachten, daß in dem Ausdruck $\varrho\frac{d\mathfrak{v}}{dt}$ nicht nur die zeitliche und die räumliche Veränderung der Impulskomponenten, sondern auch die mechanischen Scheinkräfte (Fliehkraft, Corioliskraft) enthalten sind. Die Darstellung ist zur Umrechnung verwendbar, aber sie ist unbefriedigend, wenn man sie mit der Ableitung des mechanischen Zusammenhangs vergleicht; denn das Reibungsglied entsteht nicht aus dem Wirbelvektor $\operatorname{rot}\mathfrak{v}$, sondern aus dem Deformationstensor, und die Spannungen verschwinden keineswegs, wenn der Wirbelvektor verschwindet. Auch kann man die Spannungskomponenten nicht mit den geläufigen Vektorsymbolen ausdrücken. Dazu bedient man sich am besten des Tensorkalküls, wo der Deformationstensor als der symmetrische Teil des durch die kovarianten Ableitungen der Geschwindigkeit gebildeten Tensors erscheint, und dessen Divergenz gebildet wird. Es läßt sich allgemein zeigen, daß diese Divergenz, wenn $\operatorname{div}\mathfrak{v} = 0$ ist, im dreidimensionalen Raum dem in Vektorsymbolik $-\operatorname{rot}\operatorname{rot}\mathfrak{v}$ geschriebenen Ausdruck gleich wird.

In der Schreibweise von EDDINGTON u. a. muß man die Grundgleichungen in einer vom Koordinatensystem unabhängigen Form folgendermaßen schreiben (nur in drei Dimensionen, nicht invariant im Sinn der Relativitätstheorie!):

Die Geschwindigkeit ist ein kontravarianter Tensor erster Stufe v^i; die vollständige Ableitung nach der Zeit setzt sich zusammen aus der partiellen Ableitung nach der Zeit und der kovarianten Ableitung nach den Raumkoordinaten, verjüngt durch innere Multiplikation mit v^k. Hierbei treten die Scheinkräfte von selbst auf. Der Gradient von Druck und Potential ist eine kontravariante Ableitung von $(p + \Omega)$; der Spannungstensor als proportional dem symmetrischen Teil des Tensors der kontravarianten Ableitungen der Geschwindigkeit ist $\tau^i_k = g_{\varrho k}(v^{i\varrho} + v^{\varrho i})$ zu schreiben; in der Grundgleichung steht die Faltung dieses Tensors (Divergenz). Es ergibt sich also die vom Koordinatensystem unabhängige Form der Grundgleichungen:

$$\left.\begin{aligned} \varrho\left(\frac{\partial v^i}{\partial t} + v^i_k v^k\right) &= -(p + \Omega)^i + \mu\,\tau^{ik}_k\,, \\ v^i_i &= 0\,. \end{aligned}\right\} \tag{2}$$

Dabei sind die Spannungen

$$p_{ik} = -p\,\delta^i_k + \mu\, g_{\varrho k}(v^{i\varrho} + v^{\varrho i})\,. \tag{3}$$

5. Die Gleichungen für Zylinderkoordinaten (r, φ, z). Diese Gleichungen, die wir häufig brauchen werden, seien als Beispiel hier angeführt:

$$\left.\begin{aligned} &\varrho\left(\frac{\partial v_r}{\partial t} + v_r\frac{\partial v_r}{\partial r} + \frac{v_\varphi}{r}\frac{\partial v_r}{\partial \varphi} - \frac{v_\varphi^2}{r} + v_z\frac{\partial v_r}{\partial z}\right) \\ &\quad = -\frac{\partial(p+\Omega)}{\partial r} + \mu\left[\frac{\partial^2 v_r}{\partial r^2} + \frac{1}{r}\frac{\partial v_r}{\partial r} - \frac{v_r}{r^2} + \frac{1}{r^2}\frac{\partial^2 v_r}{\partial \varphi^2} - \frac{2}{r^2}\frac{\partial v_\varphi}{\partial \varphi} + \frac{\partial^2 v_r}{\partial z^2}\right], \\ &\varrho\left(\frac{\partial v_\varphi}{\partial t} + v_r\frac{\partial v_\varphi}{\partial r} + \frac{v_\varphi}{r}\frac{\partial v_\varphi}{\partial \varphi} + \frac{v_r v_\varphi}{r} + v_z\frac{\partial v_\varphi}{\partial z}\right) \\ &\quad = -\frac{\partial(p+\Omega)}{r\,\partial \varphi} + \mu\left[\frac{\partial^2 v_\varphi}{\partial r^2} + \frac{1}{r}\frac{\partial v_\varphi}{\partial r} - \frac{v_\varphi}{r^2} + \frac{1}{r^2}\frac{\partial^2 v_\varphi}{\partial \varphi^2} + \frac{2}{r^2}\frac{\partial v_r}{\partial \varphi} + \frac{\partial^2 v_\varphi}{\partial z^2}\right], \\ &\varrho\left(\frac{\partial v_z}{\partial t} + v_r\frac{\partial v_z}{\partial r} + \frac{v_\varphi}{r}\frac{\partial v_z}{\partial \varphi} + v_z\frac{\partial v_z}{\partial z}\right) \\ &\quad = -\frac{\partial(p+\Omega)}{\partial z} + \mu\left[\frac{\partial^2 v_z}{\partial r^2} + \frac{1}{r}\frac{\partial v_z}{\partial r} + \frac{1}{r^2}\frac{\partial^2 v_z}{\partial \varphi^2} + \frac{\partial^2 v_z}{\partial z^2}\right] \\ &\qquad\qquad \frac{\partial v_r}{\partial r} + \frac{v_r}{r} + \frac{1}{r}\frac{\partial v_\varphi}{\partial \varphi} + \frac{\partial v_z}{\partial z} = 0\,. \end{aligned}\right\} \tag{1}$$

Dabei sind die Spannungen:

$$\left.\begin{aligned} p_{rr} &= -p + 2\mu\frac{\partial v_r}{\partial r}\,, & p_{r\varphi} &= \mu\left(r\frac{\partial}{\partial r}\frac{v_\varphi}{r} + \frac{\partial v_r}{r\,\partial \varphi}\right), \\ p_{\varphi\varphi} &= -p + 2\mu\left(\frac{\partial v_\varphi}{r\,\partial \varphi} + \frac{v_r}{r}\right), & p_{\varphi z} &= \mu\left(\frac{\partial v_\varphi}{\partial z} + \frac{\partial v_z}{r\,\partial \varphi}\right), \\ p_{zz} &= -p + 2\mu\frac{\partial v_z}{\partial z}\,, & p_{zr} &= \mu\left(\frac{\partial v_r}{\partial z} + \frac{\partial v_z}{\partial r}\right). \end{aligned}\right\} \tag{2}$$

6. Die Randbedingungen. Wo die Flüssigkeit und eine feste ruhende Wand aneinandergrenzen, kann eine Strömung senkrecht zur festen Wand nicht auftreten; und wenn die Wand selbst bewegt ist, muß die Strömungskomponente senkrecht zur Wand mit dieser Komponente der Wandgeschwindigkeit selbst übereinstimmen. Dies ist bei idealen Flüssigkeiten ebenso und besagt nur, daß die Flüssigkeit nicht in die Wand eindringt. Aber die höhere Ordnung der Differentialgleichung zäher Flüssigkeiten zeigt schon an, daß zur eindeutigen Bestimmung in diesem Fall noch eine weitere Bedingung erfüllt sein muß. Bei idealen Flüssigkeiten kann man über die Strömungskomponente tangentiell zur

Wand nichts aussagen, da in ihrer Richtung keine Kräfte übertragen werden. Wie groß die durch Reibung zwischen Wand und Flüssigkeit übertragenen Kräfte sind, ist nicht ohne weiteres zu sagen. Man kann sich molekulartheoretisch vorstellen, daß die auf die Wand auftreffenden Moleküle ganz unregelmäßig zurückgeworfen werden und infolgedessen der systematische Impuls verlorengeht. Dies bedeutet so viel, daß ein vorhandener Impuls auf einer unendlich kleinen Strecke (nämlich zwischen Wand und angrenzender Flüssigkeitsschicht) vernichtet wird, daß also zwischen Wand und Flüssigkeit eine unendlich große Scherkraft wirkt, wenn eine tangentielle Strömungskomponente vorhanden ist. So gelangt man zu der Forderung, daß an festen Wänden auch die tangentielle Strömungsgeschwindigkeit Null sein muß. In älteren Arbeiten findet man vielfach die Scherkraft zwischen Wand und Flüssigkeit nicht unendlich groß gesetzt, sondern, mit einem empirischen Koeffizienten der „äußeren Reibung", proportional der relativen Strömungsgeschwindigkeit. Sorgfältige Messungen, welche an die im nächsten Kapitel zu besprechenden Erscheinungen anknüpfen, haben gezeigt, daß solche endlichen Kräfte nicht auftreten und daß man unbedenklich das Verschwinden der tangentiellen Strömungskomponente an der Wand annehmen darf. Nur gewisse Unstimmigkeiten bei der Schmiermittelreibung haben gelegentlich die Auffassung hervorgerufen, daß bei sehr großen Flüssigkeitsmolekülen, die nicht in die Poren der Wand eindringen, eine Gleitung möglich ist.

An der Trennungsfläche zweier Flüssigkeiten müssen nicht nur der Druck und die Geschwindigkeitskomponente senkrecht zur Trennungsfläche übereinstimmen, sondern auch die Komponenten in Richtung der Trennungsfläche; denn ein endlicher Geschwindigkeitssprung müßte unendliche Scherkräfte hervorrufen.

An einer freien, an leeren Raum oder ruhende Luft angrenzenden Flüssigkeitsoberfläche muß zunächst, wie bei idealen Flüssigkeiten, die Strömungsgeschwindigkeit senkrecht zur Oberfläche der Bewegung dieser Oberfläche selbst gleich sein. Ferner können dort keine Kräfte übertragen werden; diese Forderung führt aber nicht, wie bei idealen Flüssigkeiten, zu der Bedingung $p = 0$, sondern zu $p_{xx} = p_{xy} = p_{xz} = 0$ (x Oberflächennormale). Dies sind einerseits — entsprechend der höheren Ordnung der Differentialgleichung — zwei Bedingungen mehr, andererseits aber ist auch p_{xx} nicht identisch mit p.

7. Wirbelgleichung. Wie bei reibungslosen Flüssigkeiten[1]) läßt sich auch hier ein System von Gleichungen für den Wirbelvektor

$$\mathfrak{u} = \tfrac{1}{2}\,\mathrm{rot}\,\mathfrak{v} \tag{1}$$

gewinnen, wenn man den Druck und das Potential der äußeren Kräfte aus den Gleichungen (1) von Ziff. 4 eliminiert, indem man dort die Operation rot vornimmt. Man erhält dann die Gleichung, welche zu den Wirbelsätzen führt, ergänzt durch ein Reibungsglied:

$$\varrho\left[\frac{\partial\mathfrak{u}}{\partial t} + \mathfrak{v}\nabla\cdot\mathfrak{u} - \mathfrak{u}\nabla\cdot\mathfrak{v}\right] = -\mu\,\mathrm{rot}\,\mathrm{rot}\,\mathfrak{u}\,. \tag{2}$$

Bei ebenen Problemen, wenn der Wirbelvektor überall senkrecht zur Ebene der Geschwindigkeit steht, vereinfacht sich diese Gleichung bedeutend dadurch, daß das Glied $\mathfrak{u}\nabla\cdot\mathfrak{v}$ verschwindet. Dieses Glied bedeutet nämlich die Änderung der Geschwindigkeit, wenn man längs der Wirbellinie fortschreitet, und eine solche kann bei ebenen Problemen nicht auftreten.

[1]) Vgl. Kap. 1, Ziff. 5 ds. Bd. des Handb.

8. Stromfunktion. Bei ebenen Problemen ($w = 0$, $\partial/\partial z = 0$) erscheint das Vektorpotential, das man zur Befriedigung der Kontinuitätsgleichung einführen kann[1]), als eine skalare Stromfunktion Ψ, wie bei idealen Flüssigkeiten. Man kann setzen

$$u = \frac{\partial \Psi}{\partial y}, \qquad v = -\frac{\partial \Psi}{\partial x}; \tag{1}$$

dann sind die Linien $\Psi =$ konst. die Stromlinien; aber natürlich gibt es bei zähen Flüssigkeiten kein Geschwindigkeitspotential und keine Niveaulinien. Eliminiert man aus den Differentialgleichungen den Druck, so erhält man für Ψ die Differentialgleichung

$$\frac{\partial \Delta \Psi}{\partial t} + \frac{\partial \Psi}{\partial y}\frac{\partial \Delta \Psi}{\partial x} - \frac{\partial \Psi}{\partial x}\frac{\partial \Delta \Psi}{\partial y} = \mu \Delta \Delta \Psi \tag{2}$$

mit der Abkürzung

$$\Delta \equiv \frac{\partial^2}{\partial x^2} + \frac{\partial^2}{\partial y^2}.$$

9. Die durch innere Reibung verzehrte Energie. Grenzt man in der Flüssigkeit ein Raumelement $dx\,dy\,dz$ ab, so leisten die in Ziff. 2 geschilderten Spannungen in der Zeiteinheit an den Grenzflächen eine Arbeit, die gleich der Spannungskomponente multipliziert mit der in ihrer Richtung liegenden Geschwindigkeitskomponente ist. Die gesamte an dem Element von den Spannungen geleistete Arbeit ist daher

$$\left[\frac{\partial}{\partial x}(p_{xx}u + p_{xy}v + p_{xz}w) + \frac{\partial}{\partial y}(p_{yx}u + p_{yy}v + p_{yz}w) + \frac{\partial}{\partial z}(p_{zx}u + p_{zy}v + p_{zz}w)\right] dx\,dy\,dz. \tag{1}$$

Aus den Grundgleichungen (1) von Ziff. 3 folgt in der gewöhnlichen Weise (Multiplikation der einzelnen Gleichungen mit u, v, w und Addition) eine Energiebeziehung, welche zeigt, daß der Teil

$$\left[u\left(\frac{\partial p_{xx}}{\partial x} + \frac{\partial p_{yx}}{\partial y} + \frac{\partial p_{zx}}{\partial z}\right) + v\left(\frac{\partial p_{xy}}{\partial x} + \frac{\partial p_{yy}}{\partial y} + \frac{\partial p_{zy}}{\partial z}\right) + w\left(\frac{\partial p_{zx}}{\partial x} + \frac{\partial p_{zy}}{\partial y} + \frac{\partial p_{zz}}{\partial z}\right)\right] dx\,dy\,dz \tag{2}$$

des Ausdrucks (1) in mechanische Energie (kinetische oder potentielle) umgesetzt wird; die Differenz von (1) und (2) stellt also diejenige Energie dE dar, die im mechanischen Sinn verlorengeht, also in Wärme umgesetzt wird; es wird

$$dE = \left[p_{xx}\frac{\partial u}{\partial x} + p_{xy}\frac{\partial v}{\partial x} + p_{xz}\frac{\partial w}{\partial x} + p_{yx}\frac{\partial u}{\partial y} + p_{yy}\frac{\partial v}{\partial y} + p_{yz}\frac{\partial w}{\partial y} + p_{zx}\frac{\partial u}{\partial z} + p_{zy}\frac{\partial v}{\partial z} + p_{zz}\frac{\partial w}{\partial z}\right] dx\,dy\,dz. \tag{3}$$

Eine einfache Umformung mit Hilfe der Beziehungen (1) von Ziff. 2 führt zu dem übersichtlichen Ausdruck

$$E = \mu \int \left[\left(\frac{\partial u}{\partial x}\right)^2 + \left(\frac{\partial v}{\partial y}\right)^2 + \left(\frac{\partial w}{\partial z}\right)^2 + \frac{1}{2}\left(\frac{\partial w}{\partial y} + \frac{\partial v}{\partial z}\right)^2 + \frac{1}{2}\left(\frac{\partial u}{\partial z} + \frac{\partial w}{\partial x}\right)^2 + \frac{1}{2}\left(\frac{\partial v}{\partial x} + \frac{\partial u}{\partial y}\right)^2\right] dx\,dy\,dz. \tag{4}$$

[1]) Vgl. Kap. 1, Ziff. 27 ds. Bd. des Handb.

Aus diesem Ausdruck folgt, daß eine Bewegung einer zähen Flüssigkeit nur dann keine Energie verzehrt, wenn alle Komponenten der Deformationsgeschwindigkeit verschwinden; dies ist nur bei Translation und Rotation der Flüssigkeit als ganzen starren Körpers der Fall. Auch bei einer wirbellosen Strömung — wie sie etwa beim Beginn einer Bewegung auftritt — wird im allgemeinen Energie verzehrt; jedoch läßt sich (4) so umformen, daß man durch partielle Integration auf den für wirbellose Bewegung gültigen Ausdruck

$$E = -\frac{\mu}{2}\int \frac{\partial(u^2 + v^2 + w^2)}{\partial n}\, df \tag{5}$$

geführt wird, wobei df das Element der Oberfläche des betrachteten Flüssigkeitsraumes und dn die einwärts gerichtete Normale bedeutet. Daraus folgt, daß bei einer festen Berandung, an welcher alle Geschwindigkeitskomponenten verschwinden, in einer wirbellosen Strömung keine Energieverzehrung auftritt. Mit der Aussage (4) zusammengehalten, heißt dies so viel, daß eine nur zwischen festen Wänden verlaufende wirbellose Strömung einer zähen Flüssigkeit unmöglich ist.

Für den besonderen Fall, daß die Konvektionsglieder $u\frac{\partial u}{\partial x}$ usw. vernachlässigt werden können, haben HELMHOLTZ[1]) und KORTEWEG[2]) gezeigt, daß die Energieverzehrung bei der stationären Bewegung am kleinsten ist, und daß jede nicht stationäre Bewegung im Laufe der Zeit in die stationäre übergeht, deren Eindeutigkeit und Stabilität damit bewiesen ist (aber natürlich nur für verschwindende Konvektionsglieder; s. unten Abschnitt III).

10. Ähnlichkeitsgesetz. Naturgesetze erhalten allgemein ihre durchsichtigste und gültigste Form, wenn man sie als Beziehungen zwischen unbenannten Zahlen, dimensionslosen Größen schreibt. Man gewinnt dann auch den besten Einblick in die Tragweite von Einzelerfahrungen, in die Übertragbarkeit von Messungsergebnissen auf nicht gemessene Fälle. Die einzelnen Größen, welche in Naturgesetzen Verwendung finden, haben immer eine bestimmte Dimension, d. h. sie werden in bestimmter Weise durch eine Kombination der allgemein festgesetzten Maßeinheiten gemessen. Im Fall der zähen Flüssigkeiten treten folgende Größen miteinander in Beziehung: Die Geschwindigkeit (U), gemessen in [cm/s], die Längenabmessungen (l) gemessen in [cm], die Dichte ϱ [g/cm³][3]) und der Zähigkeitskoeffizient μ, definitionsgemäß gegeben durch die Form „Druck durch Geschwindigkeitsgefälle" [g/cm s]. Alle Komponenten der Geschwindigkeit lassen sich durch Verhältniszahlen auf U, alle Längenabmessungen durch Verhältniszahlen auf l zurückführen. Sind in zwei betrachteten Fällen diese Verhältniszahlen dieselben, so heißt dies, daß die beiden Fälle geometrisch ähnlich sind. Geometrisch ähnliche Fälle sind auch mechanisch ähnlich, wenn durch die mechanische Gleichung nicht eine weitere Ähnlichkeitsforderung hereingetragen wird. Fragt man z. B. nach einer Kraft K, die in einer idealen Flüssigkeit bei festen Begrenzungen auftritt, so kann die Abhängigkeit, die K mit U, ϱ und l, sowie mit geometrischen Verhältniszahlen verknüpft, nur die Form annehmen

$$K = \text{konst.} \cdot \varrho\, l^2 U^2, \tag{1}$$

wobei die Konstante bei geometrisch ähnlichen Fällen dieselbe sein muß; oder, anders ausgedrückt: Die dimensionslose Größe (mechanische Verhältniszahl)

---

1) H. v. HELMHOLTZ, Wiss. Abh. Bd. 1, S. 223.

2) D. J. KORTEWEG, Phil. Mag. (5) Bd. 16, S. 112. 1883.

3) Es werde hier durchgängig, wenn nicht anders bemerkt, das physikalische Maßsystem benutzt, also g = Gramm-Masse.

$K/\varrho l^2 U^2$ hängt nur von geometrischen Verhältnissen (Längen- und Geschwindigkeitsverhältnissen oder Winkeln) ab.

Bei zähen Flüssigkeiten genügt die geometrische Ähnlichkeit jedoch noch nicht, um mechanisch ähnliche Vorgänge darzustellen. Die Verhältnisse werden durch die dimensionslose Größe bestimmt, die aus den obengenannten vier physikalischen Größen eindeutig gebildet wird:

$$R = \frac{\varrho l U}{\mu}. \tag{2}$$

Man nennt diese Zahl die REYNOLDSsche Kennzahl, da ihre Bedeutung zuerst von OSBORNE REYNOLDS[1]) (1883) erkannt worden ist. Physikalisch gesprochen gibt die REYNOLDSsche Zahl das Verhältnis der Trägheitskräfte zu den Reibungskräften an oder das Verhältnis der kinetischen Energie zur Arbeit der Reibungskräfte. Man kann zu diesem Ergebnis auch in einfacher Weise so gelangen, daß man alle in den Differentialgleichungen auftretenden Geschwindigkeiten auf U, alle Längen (also auch die Koordinaten) auf l bezieht, so daß Beziehungen zwischen Verhältnissen ($u/U \ldots$, $x/l \ldots$) erscheinen. In diesen Gleichungen tritt dann an Stelle von ϱ und μ für sich nur die eine bestimmende Größe R auf, von welcher die dimensionslosen, Überdruck oder äußere Kraft enthaltenden Verhältnisse abhängen.

Faßt[2]) man nach der kinetischen Theorie die Zähigkeitskonstante als gegeben durch die freie Weglänge λ und die molekulare Geschwindigkeit c auf, so wird μ bis auf einen Zahlenfaktor gleich $\varrho c \lambda$, und die REYNOLDSsche Kennzahl zerlegt sich in zwei Verhältniszahlen

$$R = \frac{U}{c} \cdot \frac{l}{\lambda}. \tag{3}$$

In der gewöhnlichen Hydrodynamik ist immer $U/c \ll 1$ und $l/\lambda \gg 1$; bei sehr kleinen Abmessungen $l/\lambda \backsim 1$ und sehr großen Geschwindigkeiten $U/c \backsim 1$ erweisen sich die Erscheinungen als nicht nur von R, sondern von l/λ bzw. U/c für sich abhängig; im ersteren Fall spielen besondere molekulare Vorstellungen, im letzteren Fall die Kompressibilität und thermodynamische Gesichtspunkte eine wesentliche Rolle.

Die REYNOLDSsche Kennzahl kann etwa in folgender Weise verwendet werden: Man habe z. B. die Widerstandskraft gemessen, welche ein bestimmt gestalteter Körper von bestimmter Ausdehnung l_1 in einer mit Geschwindigkeit U_1 strömenden, durch die Materialkonstanten ϱ_1 und μ_1 charakterisierten Flüssigkeit erfährt. Man kann dann auf den Widerstand schließen, den ein geometrisch ähnlicher Körper von der Ausdehnung l_2 bei der Geschwindigkeit U_2 in einer Flüssigkeit von der Dichte ϱ_2 und dem Zähigkeitskoeffizienten μ_2 erfährt, wenn $\varrho_2 l_2 U_2/\mu_2 = \varrho_1 l_1 U_1/\mu_1$. Natürlich ist nicht etwa in beiden Fällen die Kraft dieselbe, sondern nur der dimensionslose Koeffizient $K/\varrho l^2 U^2$. Oder man habe ein besonderes Verhalten, etwa eine plötzliche Änderung der Strömungsform bei einer Röhrenströmung (s. Ziff. 31) in einer Röhre vom kleinen Durchmesser l_1 bei einer Strömungsgeschwindigkeit U_1, beobachtet; so kann man sicher sein, daß die gleiche plötzliche Änderung bei der gleichen Flüssigkeit in einer größeren Röhre vom Durchmesser l_2 schon bei der kleineren Geschwindigkeit $U_2 = U_1 l_1/l_2$ auftritt; wird eine andere Flüssigkeit verwendet, so wird $U_2 = \varrho_1 U_1 l_1/\mu_1 \cdot \mu_2/\varrho_2 l_2$. Allgemein sind die dimensionslosen Größen, welche die Strömungs-

[1]) O. REYNOLDS, Scient. Pap. Bureau of Stand. Bd. 2, S. 51; Phil. Trans. Bd. 174, S. 935. 1883.

[2]) TH. V. KÁRMÁN, ZS. f. angew. Math. u. Mech. Bd. 3, S. 395. 1923; Abh. Aerod. Inst. Aachen, H. 4.

form (Winkel der Stromlinien, Art der Wirbel usw.) und die mechanischen Verhältnisse ($K/\varrho l^2 U^2$) charakterisieren, nur abhängig von der Reynoldsschen Zahl R der betrachteten Strömung.

Die große Bedeutung dieser Erkenntnis für die Modellversuche wie überhaupt für die Übertragbarkeit einmaliger experimenteller Meßergebnisse auf andere Fälle liegt auf der Hand.

Als Materialkonstante tritt in der REYNOLDSschen Zahl nur das Verhältnis

$$\nu = \frac{\mu}{\varrho} \tag{4}$$

auf, das man die kinematische Zähigkeit nennt und das weit öfter eine Rolle spielt als der Koeffizient μ. Auch ist ν die physikalisch klarere Konstante, denn sie verbindet, in Ziff. 1, Gleichung (1) eingeführt, die Schubspannung mit dem Impulsgefälle; dieses ist aber die mechanisch wirksame Größe, nicht das Geschwindigkeitsgefälle.

11. Einschränkungen des Ähnlichkeitsgesetzes. Die Anwendbarkeit der Modellregel wird grundsätzlich durch die Kompressibilität einer Flüssigkeit begrenzt, so daß die Übertragbarkeit irgendwelcher Versuchsergebnisse von Wasser auf Luft nicht ohne weiteres gewährleistet ist; es tritt hier noch der Kompressionsmodul $\varkappa = \varrho\, dp/d\varrho$ in die Beziehungen ein, wodurch eine andere dimensionslose Zahl neben R tritt. Praktisch ist indessen die Bedeutung dieser Einschränkung für viele Fälle gering; die dimensionslose Zahl, zu welcher der Kompressionsmodul mit den anderen Konstanten zusammentritt, ist nämlich $\varrho U^2/\varkappa = U^2/c^2$, wobei c die Schallgeschwindigkeit bedeutet. Solange nun das Verhältnis U/c klein bleibt, spielt es erfahrungsgemäß keine Rolle; erst wenn die Strömungsgeschwindigkeit der Flüssigkeit oder die Bewegungsgeschwindigkeit eines relativ zur Flüssigkeit bewegten Körpers etwa halb so groß wie die Schallgeschwindigkeit ist, beginnt sich die Kompressibilität fühlbar zu machen[1]). Wenn es sich, wie in fast allen Problemen der Luftfahrt, um Unterschallgeschwindigkeiten handelt, steht der Verwendung der REYNOLDSschen Übertragungsregel und somit auch der entsprechenden Übertragung von Wasser auf Luft nichts im Wege.

Eine Einschränkung erfährt das REYNOLDSsche Ähnlichkeitsgesetz nur, wenn durch die Vorgänge an der Begrenzung der Flüssigkeit eine andere physikalische Einwirkung stattfindet. An festen Wänden bleibt die Flüssigkeit haften; eine Einwirkung der Wandbeschaffenheit kann nicht auftreten, solange die Unebenheiten der festen Wände auf den Verlauf der Strömung keinen Einfluß haben. Dies ist aber erfahrungsgemäß nur bei mäßigen REYNOLDSschen Kennzahlen der Fall; bei großen Kennzahlen ist die zwischen Flüssigkeit und Wand wirkende Kraft von der Rauhigkeit abhängig; Strömungen von gleicher geometrischer Begrenzung müssen infolge der Unebenheiten an der Wand als nicht ähnlich angesehen werden. Es finden in einer mit diesen Unebenheiten vergleichbaren Schicht der Flüssigkeit Kraft- oder Impulsübertragungen statt, die das gesamte Strömungsbild und somit die gesamten Kraftwirkungen entscheidend bestimmen. Das REYNOLDSsche Ähnlichkeitsgesetz muß durch ein Ähnlichkeitsgesetz für „Rauhigkeit" ergänzt werden (s. Ziff. 47).

Eine ähnliche Einschränkung tritt bei Vorgängen mit freier Oberfläche ein, da durch die Druckbedingung dort die Schwere und die Kapillarität einen Einfluß haben. Infolge der Schwere hängen die mechanischen Verhältnisse — wie bei Behandlung der Wellenerscheinungen[2]) hervorgehoben — von einer dimensionslosen Größe gl/U^2 ab, die neben die REYNOLDSsche Kennzahl tritt. Auf diese

[1]) Vgl. Kap. 4, Ziff. 18 ds. Bd. des Handb. [2]) Vgl. Kap. 1, Ziff. 42ff.

Größe geht die Modellregel von FROUDE zurück, die allen Untersuchungen über Wellenmechanik, vor allem über Wellenwiderstand von Schiffen zugrunde gelegt werden muß. Treten Reibungs- und Wellenerscheinungen gleichzeitig auf, so ist eine einfache Übertragung von einem auf den anderen Fall, insonderheit vom Modell auf die technische Wirklichkeit nicht möglich. Es sei noch hervorgehoben, daß bei Modellversuchen, denen die FROUDEsche Regel zugrunde gelegt werden muß (Schiffe), bei kleinerem l auch U kleiner werden muß, während bei reinen Reibungserscheinungen (z. B. Luftfahrzeuge) die REYNOLDSsche Regel für das kleinere Modell größere Geschwindigkeit bei gleicher Flüssigkeit erfordert; dies bedeutet einen großen technischen Vorteil der Modellversuche im ersteren Fall.

Der Einfluß der Kapillaritätskonstante γ, die zu einer dimensionslosen Größe $\gamma/\mu U$ führt, ist von geringer Bedeutung und nur gelegentlich hervorgehoben worden.

12. Reibende und reibungslose Flüssigkeiten. Der Reibungskoeffizient der wichtigsten Flüssigkeiten, vor allem auch des Wassers und der Luft, ist so klein, daß die auf ein Element in der Flüssigkeit wirkenden Reibungskräfte in der Regel sehr klein gegen die Massenkräfte und die statischen Druckkräfte sind. Nach den Überlegungen der vorigen Ziffer heißt das so viel, daß die REYNOLDSsche Kennzahl der meisten praktisch interessanten Strömungsvorgänge sehr groß ist. Man wird also zunächst zur Vermutung geführt, daß die Mechanik der idealen Flüssigkeiten eine gute Näherung für die Vorgänge in zähen Flüssigkeiten darstellen müsse. Indes steckt gerade hier das Kernproblem der modernen Hydrodynamik, nämlich den richtigen Grenzübergang zum Reibungskoeffizienten Null bzw. zu $R = \infty$ zu finden. Mathematisch ist die Schwierigkeit leicht einzusehen: die Differentialgleichungen für zähe Flüssigkeiten sind von höherer Ordnung als die für ideale Flüssigkeiten, sie erfordern mehr kausale Bestimmtheit durch die Grenzbedingungen im Einzelfall. Eine Lösung für ideale Flüssigkeiten, welche etwa bei fester Begrenzung der Bedingung genügt, daß die Strömung keine Komponente senkrecht zur Wand haben kann, wird im allgemeinen nicht die Bedingung des Haftens am festen Körper erfüllen. Sie mag also in der ganzen Flüssigkeit einer möglichen Strömung einer zähen Flüssigkeit beliebig nahekommen; in der unmittelbaren Nachbarschaft der festen Begrenzung weicht sie von einer solchen vollständig ab. Die durch eine solche Lösung näherungsweise dargestellte Strömung einer zähen Flüssigkeit ist also eine ganz andere als die durch die physikalischen Bedingungen des betreffenden Problems gegebene, und diese Strömung wird natürlich im allgemeinen gar nicht einfach physikalisch realisierbar sein.

Legen wir die Gesetze für zähe Flüssigkeiten mit den Bedingungen an den Grenzen unseren (mathematischen oder physikalischen) Betrachtungen zugrunde, so ergeben sich ganz bestimmte eindeutige (oder wenigstens endlich vieldeutige) Lösungen. Bei idealen Flüssigkeiten ist diese Eindeutigkeit keineswegs vorhanden; man betrachte z. B. eine Strömung in Schichten zwischen zwei parallelen festen Wänden, so können diese Schichten relativ zueinander beliebige Geschwindigkeit haben. Eine Eindeutigkeit wird in die Mechanik der idealen Flüssigkeiten erst durch die Erkenntnis hineingetragen, daß Wirbel in der idealen Flüssigkeit nicht entstehen und nicht vergehen können, daß also am Anfang vorhandene Wirbel in ganz eindeutiger Weise sich bewegen, und daß die ganze Strömung wirbellos bleibt, wenn sie einmal wirbellos war. Diese Gesetze gelten aber für zähe Flüssigkeiten nicht mehr, sie gelten vor allem nicht mehr in der Nachbarschaft fester Begrenzungen. Will man also diejenige ideale Strömung heraussuchen, die einem bestimmten physikalischen Problem entspricht, so darf man nicht annehmen, daß dies eine wirbellose, eine Potentialströmung sei; es wird vielmehr eine Strömung mit gewissen in der Flüssigkeit bewegten Wirbeln sein, über deren Verteilung und Intensität die Mechanik der idealen Flüssigkeiten nichts aussagen kann. Die Mechanik der zähen Flüssigkeiten kann grundsätzlich zu solchen Aussagen führen, doch sind hier die mathematischen Schwierigkeiten — es handelt sich um nichtlineare, partielle Differentialgleichungen — so ungeheuer, daß nur in den seltensten Fällen ein gangbarer Weg sich darbietet.

Die moderne Hydrodynamik sucht durch Teilung der Aufgabe zum Ziele zu kommen: Erstens werden durch plausible Annahmen Wirbelverteilungen und Wirbelintensitäten erraten, welche in idealer Flüssigkeit eine Strömung hervorrufen, die der wirklichen (bei großem R) sehr nahekommt. Solche Annahmen sind z. B. vollständige Wirbellosigkeit in der Wellenlehre, der Zirkulationswirbel in der Auftriebstheorie, die Wirbelstraßen in der Widerstandstheorie. Zweitens wird die Theorie der zähen Flüssigkeiten herangezogen, um das Entstehen gerade dieser Wirbelverteilungen zu begründen.

II. Reine Zähigkeitserscheinungen.

13. Schichtenströmungen. Um leicht zu überblickende und auch mathematisch zugängliche Verhältnisse zu erhalten, die zur Messung des Koeffizienten μ dienen können, muß man zunächst solche Fälle suchen, in denen die Reibungskräfte nur mit dem hydrostatischen Druck und der Schwerkraft im Gleichgewicht stehen, während die Trägheitskräfte keine Rolle spielen. Das hat mathematisch den Wegfall der quadratischen Glieder in den Differentialgleichungen zur Folge. Es gibt Fälle, in welchen die Trägheitsglieder belanglos werden, nämlich Strömungen mit sehr geringer REYNOLDSscher Zahl; es gibt aber auch Fälle, in denen sie identisch verschwinden; das sind die Schichtenströmungen. Bei einer Strömung, die nur von festen Wänden oder einer freien Oberfläche parallel zur x-Achse begrenzt wird, liegt die Annahme nahe, daß die Geschwindigkeit überall in der x-Richtung erfolgt. Nach der Kontinuitätsgleichung muß für eine solche Strömung $\partial u/\partial x = 0$ sein; alle quadratischen Glieder in den Differentialgleichungen fallen identisch weg; die Lösung ist mit elementaren Methoden zu erhalten.

Zwischen zwei um die Strecke l voneinander entfernten Querschnitten, in welchen die hydrostatischen Drucke p_0 bzw. p_1 herrschen, ströme eine zähe Flüssigkeit stationär in Schichten (oder, wie man auch sagt, laminar), begrenzt von zwei Ebenen $y = \pm h$, also von der z-Richtung unabhängig. Dann muß sich ein konstantes Druckgefälle $-dp/dx = (p_0 - p_1)/l$ ausbilden. Die Geschwindigkeit u muß gemäß Ziff. 3, Gleichung (2) der Differentialgleichung gehorchen

$$\mu \frac{d^2 u}{dy^2} = -\frac{p_0 - p_1}{l}, \tag{1}$$

und für $y = \pm h$ muß $u = 0$ sein. Daraus folgt

$$u = \frac{1}{2\mu} \frac{p_0 - p_1}{l} (h^2 - y^2). \tag{2}$$

Die sekundliche Durchflußmenge Q (Volumen) ergibt sich für die Breite $2b$, welche $\gg h$ ist, zu

$$Q = 2b \int_{-h}^{+h} u\, dy = \frac{4}{3\mu} \frac{p_0 - p_1}{l} b h^3 \tag{3}$$

oder der nötige Überdruck zur Förderung eines Volumens Q in der Sekunde zu

$$\frac{p_0 - p_1}{l} = \frac{3}{4}\frac{\mu Q}{b h^3}. \tag{4}$$

Auch für den Fall, daß b mit h vergleichbar wird, läßt sich die Integration mit Hilfe einer Fourierentwicklung $u = \sum \cos(2k+1)\pi \frac{z}{b}$ leicht bewerkstelligen; es ergibt sich bei Entwicklung für kleine h/b bis auf Glieder von der Größenordnung $e^{-4h/b}$ die Durchflußmenge

$$Q = \frac{4}{3\mu}\frac{p_0 - p_1}{l} b h^3\left(1 - 0{,}63\frac{h}{b}\right). \tag{5}$$

Für **kreisförmige** Querschnitte vom Halbmesser a wird die Differentialgleichung

$$\mu \frac{1}{r}\frac{d}{dr}\left(r\frac{du}{dr}\right) = -\frac{p_0 - p_1}{l}, \tag{6}$$

wenn hier r den Abstand von der Rohrachse bedeutet. Am Umfang muß $u = 0$ sein, und für $r = 0$ darf natürlich keine Singularität auftreten, nicht $u = \infty$ werden. Daraus ergibt sich elementar die sog. POISEUILLEsche Formel

$$u = \frac{1}{4\mu}\frac{p_0 - p_1}{l}(a^2 - r^2) \tag{7}$$

und

$$Q = \frac{\pi}{8\mu}\frac{p_0 - p_1}{l} a^4. \tag{8}$$

Die Strömung durch einen **kreisringförmigen** Querschnitt führt von derselben Differentialgleichung mit den Bedingungen $u = 0$ für Innenradius $r = a$ und Außenradius $r = b$ zu

$$u = \frac{1}{4\mu}\frac{p_0 - p_1}{l}\left[a^2 - r^2 + \frac{b^2 - a^2}{\ln b/a}\ln\frac{r}{a}\right] \tag{9}$$

und

$$Q = \frac{\pi}{8\mu}\frac{p_0 - p_1}{l}\left[b^4 - a^4 - \frac{(b^2 - a^2)^2}{\ln b/a}\right]. \tag{10}$$

Die einfachste Schichtenströmung, welche als Grundlage schwieriger theoretischer Probleme (s. Ziff. 34) große Wichtigkeit erlangt hat, erhält man, wenn man die eine von zwei unendlich ausgedehnten, eine zähe Flüssigkeit berandenden **Platten bewegt**, die andere ruhen läßt; dabei ist kein Druckgefälle vorhanden, die Geschwindigkeit wächst linear von der ruhenden ($y = 0$) zur bewegten Wand ($y = h$):

$$u = U\frac{y}{h}, \tag{11}$$

wenn U die Geschwindigkeit der bewegten Wand bedeutet. Dabei ist die Kraft K, gerechnet auf die Flächeneinheit, welche nötig ist, um die Wand zu bewegen, d. i. die Schubkraft, welche die Flüssigkeit auf die bewegte Wand ausübt,

$$K = \mu\left(\frac{du}{dy}\right)_{y=h} = \mu\frac{U}{h}. \tag{12}$$

Natürlich wirkt dieselbe Kraft in entgegengesetzter Richtung auf die ruhende Wand. Dieser einfachste Fall kann nahezu verwirklicht werden durch **zwei konzentrische Zylinder**, zwischen denen sich eine zähe Flüssigkeit befindet und von denen der eine ruht, der andere gedreht wird. Es ruhe der innere Zylinder mit Radius a, der äußere mit Radius b habe die Geschwindigkeit U, so ist die Differentialgleichung [s. Ziff. 5, Gleichung (1)]

$$\frac{d^2u}{dr^2} + \frac{1}{r}\frac{du}{dr} - \frac{u}{r^2} = 0. \tag{13}$$

Dies ergibt

$$u = U\frac{b}{r}\,\frac{r^2 - a^2}{b^2 - a^2} = \frac{U b}{b^2 - a^2}\left(r - \frac{a^2}{r}\right), \tag{14}$$

und das bei der Bewegung erforderliche Drehmoment für einen solchen Zylinder von der Höhe H ist nach Ziff. 5, Gleichung (2)

$$M = 2\pi a^2 H \mu a \left(\frac{d}{dr}\,\frac{u}{r}\right)_{r=a} = 4\pi\mu U H \frac{a^2 b}{b^2 - a^2}. \tag{15}$$

Bei sehr kleinem $b - a = \delta$ ergibt sich einfacher

$$M = \frac{2\pi\mu U H a^2}{\delta}. \tag{16}$$

Dieser Fall ist auch von Wichtigkeit wegen seiner Anwendung in der Theorie der Schmiermittelreibung (Ziff. 18); auch zur Messung der Zähigkeit ist er gelegentlich verwendet worden. Ferner dient er als Grundlage zu den wichtigen COUETTEschen Messungen über den Einsatz der Turbulenz (Ziff. 32) und zu den TAYLORschen Stabilitätsrechnungen (Ziff. 55).

14. Messung des Zähigkeitskoeffizienten. Jeder in Ziff. 13 besprochene Fall führt zu einer einfachen und strengen Formel, welche zur Bestimmung von μ dienen kann. Am besten arbeitet man mit einem Rohr von kreisförmigem Querschnitt und wendet die POISEUILLEsche Formel (8) von Ziff. 13 an; man hat nur die Druckdifferenz und die dazu gehörige Durchflußmenge zu messen und erhält

$$\mu = \frac{\pi}{8}\,\frac{p_0 - p_1}{l}\,\frac{a^4}{Q}. \tag{1}$$

Will man zu ganz einwandfreien Ergebnissen kommen, so muß man die Meßröhre möglichst lang nehmen oder die Druckdifferenz an zwei Stellen messen, die vom Einlauf und vom Auslauf einigermaßen entfernt sind. Denn an diesen Stellen treten ja Trägheitskräfte auf, denen die Druckkräfte auch das Gleichgewicht halten müssen. Kann der Versuch nicht in dieser Weise angestellt werden, so muß man versuchen, durch Korrektion der Formel (1) die Trägheitskräfte mit zu berücksichtigen. Das ist nötig, wenn etwa die Druckdifferenz zwischen den Reservoiren am Einlauf und am Auslauf gemessen wird oder wenn die Flüssigkeit in einem freien Strahl austritt. Das ist unerläßlich, wenn es sich um Messungen in kurzen Röhren handelt; solche sind in der Technik, sowie in der Medizin üblich bei den sog. ENGLERschen Viskosimetern, deren Bau und übliche Abmessungen aus der Abb. 2 deutlich werden; sie werden natürlich nur zu relativen Messungen verwandt; die Ausflußzeit einer bestimmten an der Meßflasche ablesbaren Flüssigkeitsmenge wird mit der Ausflußzeit derselben Menge Wasser von 20°C verglichen. Das Verhältnis der beiden Zeiten, „Englergrad“ genannt, dient als Maß der Zähigkeit (s. auch Ziff. 44).

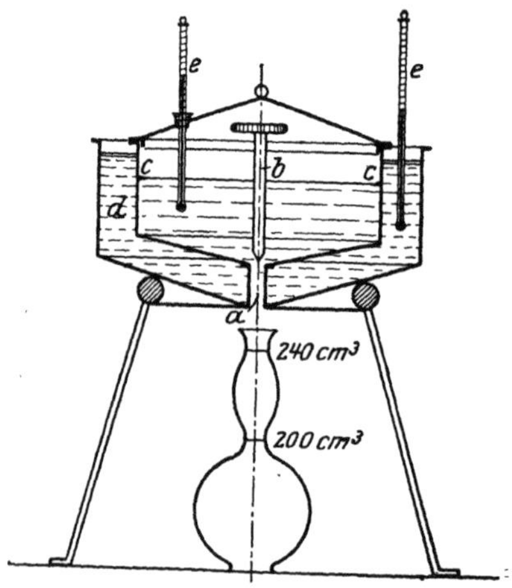

Abb. 2. ENGLERsches Viskosimeter.
a Ausflußöffnung (3 mm Durchmesser, 2 mm lang), *b* Ventilstift, *c* Marken, *d* Wasserbad, *e* Thermometer.

Die einfachste Art, eine Korrektur an der Formel (1) anzubringen, ist die lang bekannte von HAGENBACH; diese bezieht sich auf den Fall, daß der Druck p_0

in einem praktisch ruhenden Einlaufreservoir gemessen wird, der Druck p_1 an einem Ende, wo die Flüssigkeit in freiem Strahl ausfließt (wo er etwa gleich dem Atmosphärendruck gesetzt werden kann). Dann muß die Druckdifferenz in der Zeiteinheit nicht nur die Reibungsarbeit leisten, sondern auch die kinetische Energie der austretenden Flüssigkeit erzeugen, welche sich durch Integration zu $\varrho \pi U^3 a^2$ ergibt, wenn

$$U = \frac{Q}{\pi a^2} \tag{2}$$

die mittlere Geschwindigkeit bedeutet. Der Zähigkeitskoeffizient erscheint also in dem Versuch zu hoch und muß im Verhältnis der betreffenden Arbeiten vermindert werden, so daß an Stelle von (1) die Formel tritt:

$$\mu = \frac{\pi}{8} \frac{p_0 - p_1}{l} \frac{a^4}{Q} \left(1 - \frac{\varrho U^2}{p_0 - p_1}\right). \tag{3}$$

Dieser Gedankengang ist indes nicht einwandfrei; denn es wird dabei vorausgesetzt, daß sich gleich am Einlauf der Röhre die parabolische Geschwindigkeitsverteilung ausbildet, wobei entsprechend der größeren kinetischen Energie dieser Verteilung gegenüber der gleichförmigen eine besondere Druckarbeit $\varrho \pi a^2 U^3/2$ geleistet werden müßte, und die Reibungsarbeit in der Röhre dieselbe wäre wie bei der unendlich langen Röhre.

In Wirklichkeit entsteht die POISEUILLEsche Verteilung erst nach und nach in der Strömung dadurch, daß die an der Wand festgehaltenen Schichten durch die Reibung Schubkräfte ins Innere der Flüssigkeit hinein übertragen. Es ist eine gewisse „Anlaufstrecke“ erforderlich, auf welcher sich dieser allmähliche Übergang in die Endverteilung herstellt. Um auch Messungen an Anlaufstrecken, wie beim Englerapparat, quantitativ zu erfassen und somit zur Bestimmung von μ verwenden zu können, muß man das Gleichgewicht zwischen Reibungs- und Trägheitskräften betrachten. Wir kommen darauf unten zurück (Ziff. 44), ebenso auf andere Methoden zur Messung der Zähigkeit, die teils historisches Interesse haben, teils in Fällen angewandt werden müssen, wo die einfacheren Methoden technisch nicht durchführbar sind (Ziff. 54 u. 56). (So läßt sich z. B. keine enge Röhre aus feuerfestem Material herstellen, in welcher die Zähigkeit geschmolzener Metalle gemessen werden könnte.)

15. Zahlenwerte. Der Zähigkeitskoeffizient erweist sich als sehr stark abhängig von der Temperatur; deshalb ist es dringend notwendig, bei hydrodynamischen Messungen stets die Temperatur zu bestimmen, da sonst alle Schlüsse unsicher werden, schon wegen der ungenauen Bestimmung der REYNOLDSschen Kennzahl. Für Wasser, Luft und Öl gibt Abb. 3 diese Abhängigkeit, und zwar für die kinematische Zähigkeit $\nu = \mu/\varrho$. Abb. 4 zeigt Werte für geschmolzene Metalle und Legierungen, wobei jede Temperatur auf die Schmelztemperatur T_S des betreffenden Stoffes bezogen ist.

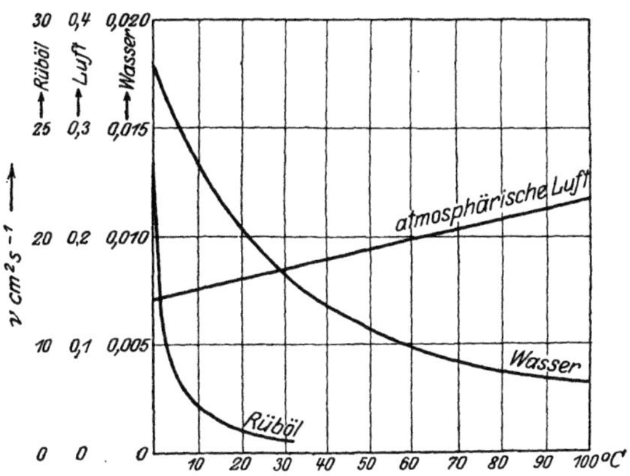

Abb. 3. Zähigkeit in Abhängigkeit von der Temperatur.

Abb. 5 zeigt, wie die Zähigkeit einiger Lösungen von der Konzentration abhängt. Aus diesen Zähigkeitswerten können die Größen der Moleküle und

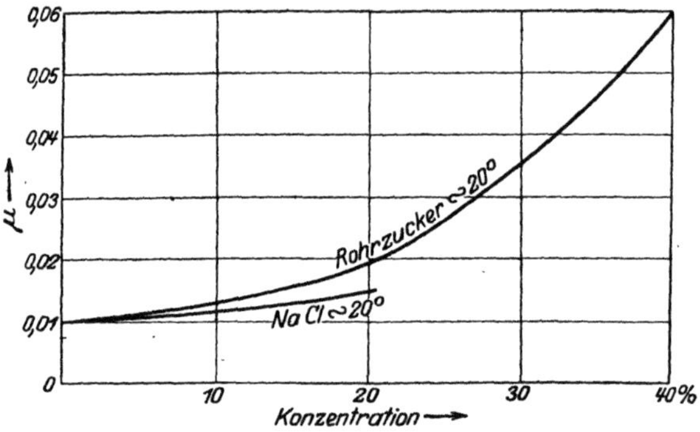

Abb. 5. Zähigkeit von Lösungen.

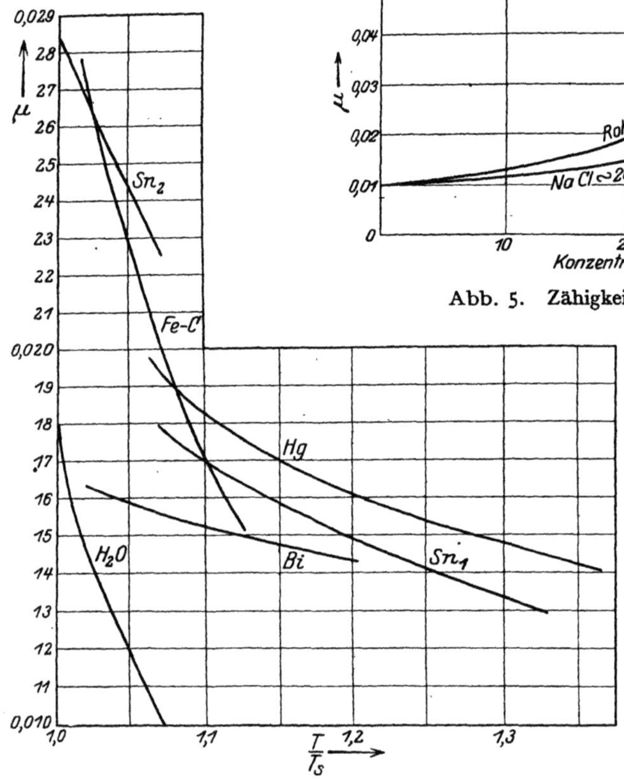

Abb. 4. Zähigkeit geschmolzener Metalle.

Tabelle zu Abb. 4.

Untersuchte Metalle	Versuche von	Art der Untersuchung	Literatur
Zinn (Sn_1) . . . . Wismut (Bi)	PLÜSS "	Durchflußmethode "	ZS. f. anorg. Chem. Bd. 93, S. 1. 1915.
Zinn (Sn_2)	FAWSITT	Schwing. Scheibe	Journ. chem. soc. Bd. 93, S. 1299. 1908; Proc. Roy. Soc. London Bd. 80, S. 290. 1908.
Eisen-Kohlenstofflegierung (Fe—C) ∽ 3,85% C . .	THIELMANN	Schwing. Hohlzylinder	Dissert. Aachen 1926 (noch nicht veröffentlicht)

die LOSCHMIDTsche Zahl bestimmt werden (s. die betreffenden Bände des Handbuchs).

Die folgenden Tabellen enthalten Werte von μ und von ν für die wichtigsten Flüssigkeiten und Gase.

Tabelle 1. Zähigkeit von Flüssigkeiten.

Substanz	Temp. [°C]	μ [g cm^{-1} s^{-1}]	ν [cm^2 s^{-1}]
Äthylalkohol	0	0,01843	0,02283
Äthylalkohol	19	0,01212	0,01549
Ameisensäure	16	0,01953	0,01592
Anilin	20	0,04467	0,04300
Benzol	20	0,00642	0,00731
Benzol	60	0,00389	0,00466
Brom	26	0,00946	0,00313
Chloroform	20	0,00568	0,00377
Essigsäure	20	0,01232	0,01173
Essigsäure	57	0,00726	0,0724
Glyzerin	3	42,20	33,40
Glyzerin	18	10,69	8,48
Glyzerin	21	7,78	6,18
Kohlendioxyd fl.	10	0,00085	0,00099
Kohlendioxyd fl.	20	0,00071	0,00093
Luft fl.	—	0,0033	0,0033
Maschinenöl (Deutz)	10	6,755	7,34
	44	0,710	0,772
Phenol	18	0,1274	0,122
Quecksilber	20	0,01589	0,00117
Salpetersäure	0	0,02275	0,0143
Schwefelkohlenstoff	20	0,00376	0,00298
Schwefelsäure	20	0,2193	0,1195
Terpentinöl	20	0,01487	—
Toluol	0	0,00769	0,0087

Tabelle 2. Zähigkeit von Gasen.

Substanz	Temp. [°C]	μ [g cm^{-1} s^{-1}]	ν [cm^2 s^{-1}]
Ammoniak	0	0,0000957	0,126
Argon	0	0,0002102	0,118
Chlorwasserstoff	0	0,0001379	0,084
Helium	0	0,0001885	1,059
Kohlendioxyd	0	0,0001414	0,072
Kohlenoxyd	0	0,0001630	0,130
Krypton	0	0,0002334	0,063
Luft	0	0,0001700	0,172
Luft	15	0,0001800	0,125
Methan	0	0,0001040	0,145
Neon	0	0,0002981	0,330
Sauerstoff	0	0,0001928	0,014
Schwefelwasserstoff	0	0,0001154	0,076
Stickstoff	0	0,0001674	0,137
Wasserstoff	0	0,0000850	0,945
Xenon	0	0,0002107	0,036

16. Bewegung eines Körpers in einer zähen Flüssigkeit. Bei ganz kleinen REYNOLDSschen Zahlen kann man auch die Bewegung eines festen Körpers in der zähen Flüssigkeit berechnen, indem man die Trägheitskräfte gegenüber den Reibungskräften vernachlässigt. In diesem Falle kann von vornherein keine exakte, sondern nur eine Näherungstheorie erwartet werden, deren Gültigkeitsgrenzen Versuch und theoretische Abschätzung erst erweisen müssen. Ohne Trägheitsglieder lauten die Differentialgleichungen für stationäre Bewegung

$$\frac{\partial p}{\partial x} = \mu \Delta u, \quad \frac{\partial p}{\partial y} = \mu \Delta v, \quad \frac{\partial p}{\partial z} = \mu \Delta w. \tag{1}$$

Aus diesen Gleichungen folgt ganz allgemein $\Delta p = 0$; auch ist allgemein zu erkennen, daß sich die Lösung für u, v, w aus zwei (durch die Zeiger $_1$ und $_2$ bezeichneten) Teilen zusammensetzen läßt, nämlich einer Potentiallösung

$$\mathfrak{v}_1 = \operatorname{grad} \varphi \,, \tag{2}$$

für welche

$$\mu \Delta \varphi = p \tag{3}$$

und einer Lösung der Gleichung

$$\Delta u_2 = \Delta v_2 = \Delta w_2 = 0 \,. \tag{4}$$

Die Kontinuitätsgleichung ergibt ferner

$$\frac{p}{\mu} = \operatorname{div} \mathfrak{v}_2 = \frac{\partial u_2}{\partial x} + \frac{\partial v_2}{\partial y} + \frac{\partial w_2}{\partial z} \,. \tag{5}$$

Die Bewegung einer Kugel vom Halbmesser a mit der Geschwindigkeit U in Richtung der positiven x-Achse erhält man, wenn man

$$v_2 = w_2 = 0 \,, \qquad u_2 = \frac{c}{r} \tag{6}$$

setzt; dann ergibt sich p aus (5) und φ aus (3). Die dabei auftretenden Konstanten, sowie c in (6) ergeben sich aus den Grenzbedingungen

$$u = v = w = 0 \qquad \text{für} \qquad r = a$$

und

$$u = U, \qquad v = w = 0 \,, \qquad p = p_0 \qquad \text{für} \qquad r = \infty \,.$$

Man erhält die vollständige Lösung in der Gestalt

$$\left.\begin{aligned} u &= -\frac{3}{4} \frac{U a}{r^3} \left(1 - \frac{a^2}{r^2}\right) x^2 + U \left(1 - \frac{3}{4} \frac{a}{r} - \frac{1}{4} \frac{a^3}{r^3}\right), \\ v &= -\frac{3}{4} \frac{U a}{r^3} \left(1 - \frac{a^2}{r^2}\right) x y \,, \\ w &= -\frac{3}{4} \frac{U a}{r^3} \left(1 - \frac{a^2}{r^2}\right) x z \,. \end{aligned}\right\} \tag{7}$$

$$p = p_0 - \frac{3}{2} \mu \frac{U a}{r^3} x \,. \tag{8}$$

Um die auf die Kugel wirkende Widerstandskraft zu berechnen, muß man von den Ausdrücken (7) mit Hilfe der Ausdrücke Ziff. 2, Gleichung (1) zu den Komponenten des Spannungstensors übergehen und diese über die Kugeloberfläche integrieren. Dabei kann man auch den Impulssatz benutzen und die Integration über die unendlich ferne Kugel ausführen; da die Strömung stationär und symmetrisch ist, kann von den Impulsen selbst kein Integral in die Impulsgleichung eingehen, sondern nur von den Druckkräften. Es ergibt sich für die Kraft K, welche an der Kugel angreifen muß, um die Bewegung zu erhalten:

$$K = 6 \pi \mu a U \,. \tag{9}$$

Diese Rechnung rührt von STOKES[1]) her und liefert für sehr kleine REYNOLDSsche Zahlen eine befriedigende Übereinstimmung mit den Versuchen. Dennoch ist der ganze Gedankengang nicht einwandfrei; dies fand STOKES selbst heraus, als er ihn auf die Bewegung eines Zylinders zu übertragen suchte und zu un-

[1]) G. G. STOKES, Trans. Cambr. Phil. Soc. Bd. 8. 1845; Math. and Phys. Papers Bd. 1, S. 75.

sinnigen, der Erfahrung widersprechenden Folgerungen gelangte. Es müßte danach die ganze unendliche Flüssigkeit vom Zylinder mitgenommen werden, was augenscheinlich nicht sein kann. Die Aufklärung dieses Paradoxons gibt — wie LAMB zeigte — ein Gedankengang von OSEEN[1]), der an obige STOKESsche Rechnung anknüpft.

17. Verbesserung nach OSEEN. Bei der STOKESschen Rechnung sind alle Trägheitsglieder, also auch $U\partial u/\partial x$ usw. vernachlässigt gegenüber $\partial p/\partial x$ und $\mu \Delta u$; schätzt man aber die Größenordnung dieser Glieder nach Ziff. 16, Gleichung (4) und (5) ab, so findet man, daß bei sehr großem x, y, z die Glieder $U\partial u/\partial x$ zu Null gehen wie $1/r^2$, dagegen $\partial p/\partial x$ und Δu wie $1/r^3$; in unendlicher Entfernung sind also die Voraussetzungen der STOKESschen Rechnung sicher falsch, somit auch die gesamten Ergebnisse nicht einwandfrei. Die Bewegung eines festen Körpers in einer Flüssigkeit kann also auch bei kleinsten REYNOLDSschen Zahlen nicht als reine Zähigkeitserscheinung aufgefaßt werden; immer sind die Trägheitskräfte in gewissen Gebieten von derselben Größenordnung wie die Reibungskräfte.

Anstatt der Gleichung (1) von Ziff. 16 können nach OSEEN als erste Näherung die immer noch linearen Gleichungen dienen:

$$\left.\begin{aligned}
\frac{\partial p}{\partial x} &= -\varrho U \frac{\partial u}{\partial x} + \mu \Delta u, \\
\frac{\partial p}{\partial y} &= -\varrho U \frac{\partial v}{\partial x} + \mu \Delta v, \\
\frac{\partial p}{\partial z} &= -\varrho U \frac{\partial w}{\partial x} + \mu \Delta w.
\end{aligned}\right\} \qquad (1)$$

Dazu treten wieder die Kontinuitätsgleichung und dieselben Grenzbedingungen wie oben. Die Differentialgleichungen lassen sich exakt integrieren; dagegen kann man die Grenzbedingungen für $r = a$ nur annähernd befriedigen. Man erhält die Näherungslösung:

$$\left.\begin{aligned}
u &= U - \frac{3}{2}\frac{aU}{r} e^{-\frac{\varrho U}{2\mu}(r-x)} - \frac{3\mu a}{2\varrho}\frac{\partial}{\partial x}\frac{1 - e^{-\frac{\varrho U}{2\mu}(r-x)}}{r} + \frac{1}{4} a^3 U \frac{\partial^2}{\partial x^2}\left(\frac{1}{r}\right), \\
v &= -\frac{3\mu a}{2\varrho}\frac{\partial}{\partial y}\frac{1 - e^{-\frac{\varrho U}{2\mu}(r-x)}}{r} + \frac{1}{4} a^3 U \frac{\partial^2}{\partial x\,\partial y}\left(\frac{1}{r}\right), \\
w &= -\frac{3\mu a}{2\varrho}\frac{\partial}{\partial z}\frac{1 - e^{-\frac{\varrho U}{2\mu}(r-x)}}{r} + \frac{1}{4} a^3 U \frac{\partial^2}{\partial x\,\partial z}\left(\frac{1}{r}\right);
\end{aligned}\right\} \qquad (2)$$

$$p = p_0 + \frac{3}{2}\mu a U \frac{\partial}{\partial x}\left(\frac{1}{r}\right) + \frac{1}{4}\varrho a^3 U^2 \frac{\partial^2}{\partial x^2}\left(\frac{1}{r}\right). \qquad (3)$$

Hierbei ist vorausgesetzt, daß U eine positive Größe ist. Will man die Formeln so schreiben, daß die Geschwindigkeit auch in der negativen x-Richtung erfolgen kann, also U negativ sein kann, so muß der Exponent der Exponentialfunktion $-\frac{\varrho}{2\mu}(|U|r - Ux)$ geschrieben werden, wobei $|U|$ den Absolutwert von U bedeutet.

---

[1]) C. W. OSEEN, Ark. f. Mat., Astron. och Fys. Bd. 6, Nr. 29. 1910; Bd. 9, Nr. 16. 1913. Auch Vortr. a. d. Geb. d. Hydro- u. Aerodyn., Innsbruck 1922, herausg. von TH. V KÁRMÁN u. J. LEVI-CIVITA, S. 127. Berlin 1924.

Das Bemerkenswerteste an dieser Lösung ist die Asymmetrie für positive und negative x; die Strömung vor dem Körper ist eine andere als hinter dem Körper, auch im Unendlichen. Unter Einfluß eines Widerstand bietenden Körpers wird also eine Strömung zäher Flüssigkeit dauernd verändert. Die Exponentialfunktionen in (2) verschwinden für $x = -\infty$, wo die Strömung entspringt, bleiben aber in unmittelbarer Umgebung der positiven x-Achse, also hinter dem Körper, auch im Unendlichen endlich. Dasselbe gilt für den Wirbelvektor $\mathfrak{u} = \frac{1}{2} \operatorname{rot} \mathfrak{v}$. Die Anströmung für $x = -\infty$ ist wirbellos, nicht aber die Abströmung für große positive x. Darin liegt eine physikalisch wichtige Erkenntnis.

Die Widerstandskraft ergibt sich für die Kugel zu

$$K = 6\pi \mu a U \left(1 + \frac{3}{8} \frac{\varrho a U}{\mu}\right), \tag{4}$$

für die Breiteneinheit des Zylinders zu

$$K = \frac{2\mu U}{\pi \left(\ln \frac{4\mu}{\varrho a U} - 0{,}0772\right)}. \tag{5}$$

Das Paradoxon der STOKESschen Rechnung löst sich hier auf[1]).

Die Formel (4) schien zunächst den Versuchsergebnissen von ARNOLD und von LADENBURG nicht zu entsprechen[2]); FAXÉN[3]) hat aber gezeigt, daß die Abweichung vom Einfluß der Gefäßwände auf die in der zähen Flüssigkeit fallenden Kugeln herrührt; er berechnete im Anschluß an die OSEENschen Arbeiten den Widerstand von Kugeln, wenn die Flüssigkeit zwischen zwei parallelen Wänden eingeschlossen ist, und wenn die Kugeln in der Achse eines zylindrischen Rohres fallen.

Auch LADENBURG[4]) hat den großen Einfluß der Wände auf die Fallbewegung von Kugeln erkannt und die Korrektion nach einer Methode von LORENTZ[5]) berechnet; dabei wird von der STOKESschen Formel ausgegangen und auf die so errechnete Geschwindigkeit diejenige superponiert, die durch Reflexion der ursprünglichen Bewegung an den Zylinderwänden und am Körper selbst entsteht. Als wichtigste Versuche sind zu nennen diejenigen von LADENBURG[4]) an Stahlkugeln in einer Lösung von Kolophonium in Terpentinöl ($\mu = 1300$ g/cms), von ARNOLD[6]) an Metallkugeln in Öl, von ZELENY und MC KEEHAN[7]) an Wachskugeln in Luft, von ALLEN[8]) an Luftbläschen in Anilin, von LIEBSTER und SCHILLER[9]), sowie von SCHMIEDEL[10]) an Stahl und Aluminiumkugeln in Mischungen von Wasser und Glyzerin. Die letztgenannten Versuche sind die neuesten und wohl die exaktesten; sie sind als Beispiel in folgender Tabelle wiedergegeben; der Zylinder, längs dessen Achse die Kugeln fielen, hatte einen Durchmesser von 5,6 cm.

---

[1]) H. LAMB, Phil. Mag. Bd. 21, S. 120. 1911.

[2]) J. v. WEYSSENHOFF, Ann. d. Phys. Bd. 62, S. 1. 1920. Dort ist eine kritische Übersicht über die Arbeiten vor FAXÉN gegeben.

[3]) H. FAXÉN, Ann. d. Phys. Bd. 63, S. 581. 1920; Bd. 68, S. 89. 1922; Ark. f. Mat., Astron. och Fys. Bd. 17, Nr. 27. 1923; Bd. 18, Nr. 29. 1924; Bd. 19 A, Nr. 22. 1925.

[4]) R. LADENBURG, Ann. d. Phys. Bd. 22, S. 287. 1907; Bd. 23, S. 447. 1907.

[5]) H. A. LORENTZ, Abh. üb. theoret. Phys. Bd. 1, S. 23. 1906.

[6]) H. D. ARNOLD, Phil. Mag. Bd. 22, S. 755. 1911.

[7]) J. ZELENY u. L. W. MC KEEHAN, Phys. ZS. Bd. 11, S. 78. 1911.

[8]) H. S. ALLEN, Phil. Mag. Bd. 50, S. 323. 1900.

[9]) H. LIEBSTER u. L. SCHILLER, Phys. ZS. Bd. 25, S. 670. 1924.

[10]) Im Leipziger Phys. Inst.; noch nicht veröffentlicht; durch Herrn L. SCHILLER freundlichst zur Verfügung gestellt.

Tabelle 3.

Durchmesser der Kugel D cm	Dichte der Kugel ϱ_0	Kinem. Zähigkeit $\nu = \mu/\varrho$	$R = D v \varrho/\mu$	$\psi = \dfrac{W}{\varrho \frac{v^2}{2} \frac{\pi}{4} D^2}$	ψ_{St}	ψ_L	Abweichung von ψ_{St} %	ψ_{Os}	ψ_F	Abweichung von ψ_{Os} %
1	2	3	4	5	6	7	8	9	10	11
0,1131	2,7005	1,298	0,0531	475,6	451,2	453,8	+ 0,5	455,7	459,4	+0,8
0,1009	7,524	1,621	0,1059	238,6	226,6	228,7	+ 0,9	231,1	232,8	+0,7
0,1009	7,524	1,323	0,1537	166,3	156,1	159,4	+ 2,1	160,6	163,2	+1,5
0,1936	2,7005	1,621	0,1636	160,5	146,7	148,2	+ 1	151,2	152,6	+0,99
0,1936	2,7005	1,323	0,2437	109,6	98,48	101,2	+ 2,7	102,98	105,1	+2,0
0,1508	7,524	1,323	0,4924	54,16	48,74	50,90	+ 4,5	53,24	53,33	+0,1
0,1750	7,524	1,621	0,5157	52,59	46,53	48,92	+ 5,1	51,03	51,53	+0,9
0,1750	7,524	1,438	0,6693	41,66	35,85	38,75	+ 8,2	40,35	41,02	+1,6
0,1750	7,524	1,323	0,7277	38,82	32,98	36,11	+ 9,7	37,48	38,29	+2,1
0,2005	7,524	1,429	0,9241	30,97	25,97	28,54	+10	30,47	30,54	+0,2
0,2005	7,524	1,311	1,087	26,65	22,08	24,56	+11,2	26,58	26,34	−0,9
0,2005	7,524	1,118	1,493	19,40	16,07	17,88	+11,3	20,57	19,32	−6,2

Die Tabelle enthält in den Spalten 1 bis 5 die Versuchswerte; dabei ist W der gemessene Widerstand und ψ der in üblicher Weise berechnete dimensionslose Widerstandsbeiwert. Die ψ-Werte sind auf unendlich ausgedehnte Flüssigkeit umgerechnet in den Spalten 7 und 10 nach LADENBURG (ψ_L) und FAXÉN (ψ_F) und verglichen mit den theoretischen Werten nach STOKES (ψ_{St}) und OSEEN (ψ_{Os}). Durch die vorzügliche Übereinstimmung der Versuchswerte mit der FAXÉNschen Formel dürfte die Richtigkeit der OSEENschen Gedankengänge für diesen R-Bereich gesichert sein.

18. Versagen bei ganz kleinen Dimensionen. Die STOKESsche Formel erweist sich also als eine für ganz kleine REYNOLDSsche Zahlen gültige Grenzformel; sinkt aber der Durchmesser der Kugel unter die Größe der freien Weglänge in Gasen, so versagt sie wieder. In diesen Fällen liegt kein hydrodynamisches Problem mehr vor; die Wirkungen der einzelnen Molekülstöße summieren sich nicht mehr in der einfachen Weise, daß man sie durch eine Zähigkeitskonstante ausdrücken kann. Dies zeigte sich in bedeutungsvoller Weise, als in den Versuchen von EHRENHAFT, MILLIKAN u. a. die Bewegung ultramikroskopischer Teilchen zur Messung der Elektronenladung verwandt wurde; in den bekannten ausgedehnten Diskussionen über dies Problem spielte die Nichtverwendbarkeit der STOKESschen Formel eine große Rolle. Verschiedene Forscher haben verbesserte Formeln auf Grund der kinetischen Gastheorie aufgestellt, die aber an dieser Stelle nicht weiter zu besprechen sind[1]).

Auch die Formeln der Ziff. 13 versagen aus demselben Grunde bei allzu kleinen Abmessungen; so werden, wenn der Röhrendurchmesser kleiner ist als die freie Weglänge des durchströmenden Gases, die gegenseitigen Zusammenstöße der Moleküle untereinander keine Rolle spielen gegenüber den Zusammenstößen mit der Wand; dadurch wird der Druckverlust in einem Rohr von der Zähigkeit unabhängig. Diese Erscheinungen hat besonders KNUDSEN[2]) studiert.

19. Schmiermittelreibung. Der hohe Druck, welcher nach den Formeln von Ziff. 13 entsteht, wenn eine gewisse Menge zäher Flüssigkeit durch einen engen Querschnitt gefördert wird, kann dazu benutzt werden, um zwei relativ

[1]) S. den betreffenden Abschnitt des Handbuchs. Zusammenstellung auch bei E. MEYER u. W. GERLACH, Elster- und Geitel-Festschrift 1915, S. 196.

[2]) Übersicht z. B. KNUDSENS Vortrag in: La théorie du rayonnement et les quanta. Paris: Gauthier-Villars 1912.

zueinander bewegte Flächen, welche von einer Kraft gegeneinander gepreßt werden, auseinander zu halten. Dies ist überall in der Technik nötig, wo feste Körper gegeneinander gleiten, einesteils um Abnutzung zu verhindern, andernteils um die durch Reibung verzehrte Energie herunterzusetzen. In der zwischen den — rotierenden oder gleitenden — Flächen befindlichen Ölschicht entstehen Drucke und Schubspannungen, deren Resultierende der äußeren Kraft das Gleichgewicht halten muß und deren Schubkraft bzw. Reibungsmoment für die zur Bewegung nötige Kraft bzw. für das nötige Drehmoment maßgebend ist. In den praktisch wichtigen Fällen handelt es sich um Ölschichten von der Größenordnung 10^{-3} cm und um Flüssigkeiten von ziemlich hohem μ (Größenordnung 1 g/cms). Die Reynoldssche Zahl ist also immer sehr klein und die Trägheitskräfte treten gegenüber den Reibungskräften zurück, so daß die einfache Theorie von Ziff. 13 angewandt werden kann.

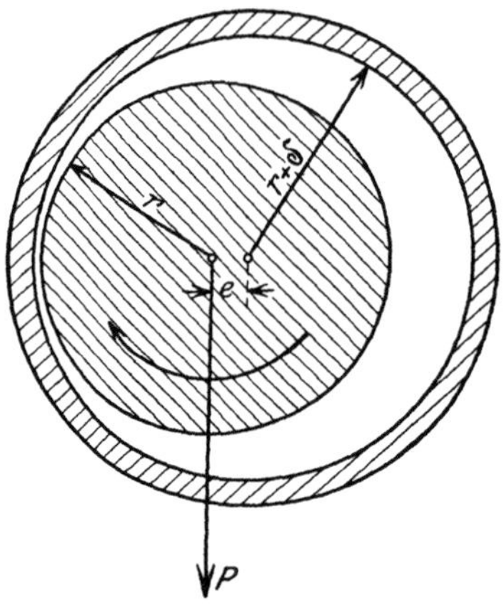

Abb. 6. Zapfen und Lager.

Das besondere Problem der Schmiermittelreibung ist am leichtesten zu erfassen in dem praktisch wichtigsten Fall eines Zapfens, der sich in der umschließenden Lagerschale dreht, während der Zwischenraum mit Öl ausgefüllt ist (Abb. 6). Fallen die Mittelpunkte von Lager und Zapfen zusammen, so haben wir genau den Fall der Kreisringströmung [Ziff. 13, Gl. (13) ff.], und da immer die Differenz der Halbmesser von Zapfen und Lager nur klein ist im Vergleich mit diesen Halbmessern selbst, muß sich auch die Gleichung (16) von Ziff. 13 unmittelbar anwenden lassen. Der Zapfen nimmt infolge Haftens die Schmierflüssigkeit mit; es ergibt sich zwischen dem Zapfen und dem ruhenden Lager eine näherungsweise lineare Geschwindigkeitsverteilung, und der Druck ist überall in der Flüssigkeit konstant. So entsteht ein resultierendes Drehmoment, welches der Zapfen bei seiner Drehung überwinden muß, aber keine resultierende Kraft, welche dem Zapfendruck das Gleichgewicht halten könnte. Das Auftreten einer solchen Kraft ist aber wesentlich für die Vorgänge bei der Schmierung. Es kann also nicht anderes sein, als daß der Zapfen, wenn durch ihn eine Kraft übertragen werden muß, exzentrisch im Lager sitzt (Abb. 6); dann ist der Druck nicht mehr überall konstant; denn um die Flüssigkeit durch den engeren Teil des Zwischenraumes hindurchzuführen, ist eine größere Kraft nötig als im weiteren Teil, und es muß zu der vom drehenden Zapfen aus wirkenden Schubkraft noch ein — positives oder negatives — Druckgefälle treten, welches die fehlende oder überschüssige Kraft ausgleicht. Analog kann bei einem Gleitlager der Druck des Gleitbocks nur dann durch Druckkräfte ausgeglichen werden, wenn die Gleitfläche des Bockes einen kleinen Winkel mit der Unterlage einschließt, so daß im Öl Druckkräfte entstehen. Und zwar

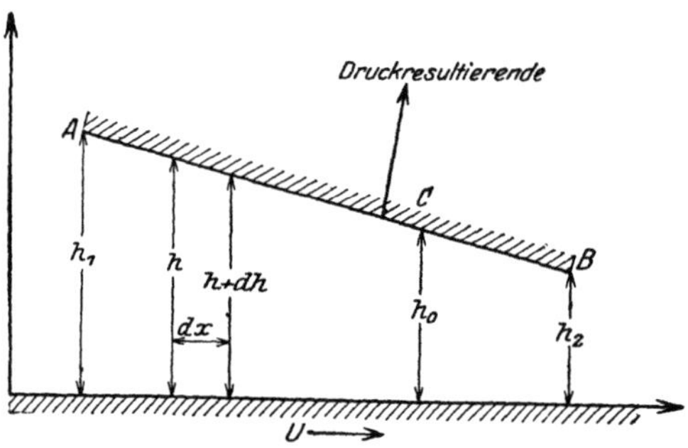

Abb. 7. Gleitlager.

ist leicht einzusehen, daß der Druck in der Abb. 7 von A nach B erst wachsen, dann fallen muß; die bewegte Unterlage nimmt durch das Haften eine gewisse Ölmenge mit sich, die etwa durch einen Mittelwert der Schubspannung gegeben sein mag. Dann ist sicher in B eine zusätzliche Druckdifferenz nötig, um dieselbe Menge durch den engeren Querschnitt zu führen. Herrscht in A und in B Atmosphärendruck p_0, so muß der Druck also von A bis zu einem Höchstwert, etwa bei C, ansteigen und dann wieder absinken; so ergibt sich eine am Gleitbock nach oben wirkende Druckresultierende. Ganz analog können wir im Falle der Abb. 6 auf Überdruck vor und Unterdruck hinter der engsten Stelle schließen. Wegen der Kleinheit der Ölschicht im Vergleich zum Zapfenhalbmesser können wir auch [wie z. B. schon in Ziff. 13, Gleichung (16)] das Element der Strömung als eben ansehen und die Strömung zwischen zwei benachbarten Querschnitten ebenso wie beim Gleitlager behandeln.

Die Theorie ist also so durchzuführen, daß die Strömung zwischen zwei um dx voneinander entfernten Querschnitten so berechnet wird, wie wenn die Schichtdicke h konstant wäre; die eine Wand ruht, die andere bewegt sich mit der Geschwindigkeit U, außerdem herrscht ein — zunächst noch unbekanntes — Druckgefälle $-dp/dx$. Die Geschwindigkeitskomponente v sowie die Abhängigkeit des Druckes von der y-Koordinate werden vernachlässigt. Man erhält als Elementargesetz durch Kombination der Fälle (1) und (11) von Ziff. 13

$$u = U\left(1 - \frac{y}{h}\right) - \frac{1}{2\mu}\frac{dp}{dx}\, y\, h\left(1 - \frac{y}{h}\right). \tag{1}$$

Unter Zugrundelegung dieser Beziehung werden nun h und dp/dx als von x abhängig angesehen, und zwar auch wenn $x = r\varphi$ im Fall der Abb. 6 längs eines Kreisumfangs gemessen wird. Die Kontinuität verlangt dann, daß die in der Sekunde durch einen Querschnitt geführte Flüssigkeitsmenge $Q = \int\limits_0^h u\, dy$ von x unabhängig werde; durch alle Querschnitte muß die gleiche Flüssigkeitsmenge gefördert werden:

$$\frac{dQ}{dx} = \frac{d}{dx}\left(U\frac{h}{2} - \frac{dp}{dx}\cdot\frac{h^3}{12\mu}\right) = 0 \tag{2}$$

oder integriert:

$$\frac{dp}{dx} = 6\mu U\frac{h - h_0}{h^3}. \tag{3}$$

Hierbei bedeutet offenbar h_0 die Schichtdicke an derjenigen Stelle (z. B. C in Abb. 7), wo der Druck seinen größten oder kleinsten Wert erreicht. Diese Stelle selbst ist aber unbekannt.

Das Problem besteht nun in der Integration der Gleichung (3) unter bestimmten physikalisch gegebenen Bedingungen. Kennt man die Druckverteilung längs der Gleitbahn oder rund um den Zapfen, so kann man die Druckresultierende berechnen. Zu den Druckkräften treten die Schubspannungen τ, welche sich nach Ziff. 1, Gleichung (1) aus der jetzigen Gleichung (1) zu

$$\tau = \mu\left(\frac{du}{dy}\right)_{y=0} \tag{4}$$

leicht berechnen lassen. Die Resultierende aus Druck- und Reibungskräften ergibt der Größe und Richtung nach die äußere auf den Zapfen oder den Gleitbock wirkende Kraft, das Moment derselben so berechneten Kräfte ergibt das bei der Drehung zu überwindende, energieverzehrende Reibungsmoment. Die beiden Größen erscheinen abhängig von der relativen Lage der beiden gegeneinander bewegten Flächen, insonderheit von der Exzentrizität des Zapfens und der Schale. Man kann so zu jedem Zapfendruck (P) die Exzentrizität (e) der Größe und Richtung nach, also die Lage des Zapfens in der Schale und das dazugehörige Reibungsmoment berechnen.

20. Durchführung und Folgerungen. Indes müssen noch die beiden bei der Integration von Ziff. 19, Gleichung (2) auftretenden Konstanten bestimmt werden, und dieses Problem ist noch durchaus nicht befriedigend gelöst. Es erscheint zunächst selbstverständlich, im Falle der Abb. 7 zu verlangen, daß der Druck an den beiden Enden A und B gleich dem Atmosphärendruck sein müsse, wie Reynolds[1]) angenommen hat. Ebenso ist der Ansatz von Sommerfeld[2]) naheliegend, daß im Falle der Abb. 6 der Druck eine periodische Funktion von φ sein müsse:

$$p(2\pi) = p(0). \tag{1}$$

Dann wäre durch die Bestimmtheit des Druckes an einer Stelle (etwa am Einlauf) alles gegeben. Bei dieser Art der Berechnung ist jedoch vorausgesetzt, daß der ganze zwischen den relativ bewegten Flächen eingeschlossene Raum von der Flüssigkeit ausgefüllt ist. Dies wird aber nicht immer der Fall sein und kann es nicht sein, wenn sich bei einer solchen Bewegung negative Drucke ergeben müßten. Dann zerreißt die Flüssigkeitsschicht, und in einem gewissen Bereiche ist unser ganzer Gedankengang nicht mehr gültig.

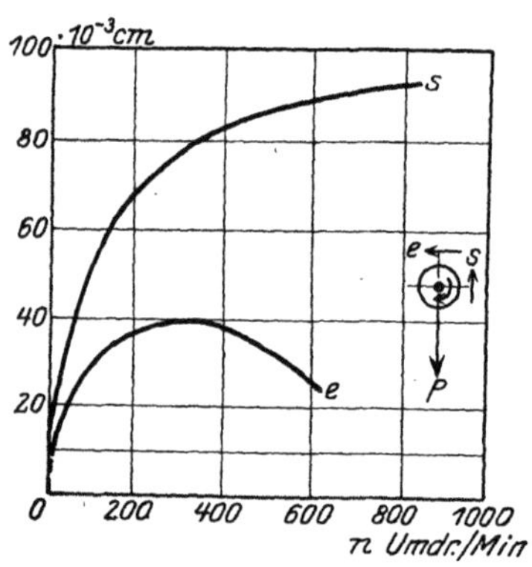

Abb. 8. Verschiebung des Zapfens im Lager nach Vieweg.

Die Ersetzung der Bedingung (1) durch eine andere für den Fall, daß negative Drucke auftreten müßten, ist noch eine offene Frage. Gümbel[3]) hat gezeigt, daß man zu einer befriedigenden Übereinstimmung mit gemessenen Werten gelangen kann, wenn man eine der — ganz willkürlich aufgestellten — Bedingungen: „$p = 0$ an der engsten Stelle" oder „$dp/dx = 0$ an der engsten Stelle" oder „$p = 0$ und $dp/dx = 0$ an der gleichen Stelle" verwendet. Ebensogut kann man auch die Sommerfeldsche Formel verwenden und nur die negativen Drucke durch $p = 0$ ersetzen. Keine dieser Annahmen läßt sich jedoch physikalisch befriedigend begründen.

Die Druckmessungen sind nicht leicht exakt durchzuführen; die Schichtdicke, von welcher die Kräfte sehr stark abhängen, ist nur ungenau zu bestimmen; sie ist auch nicht von wesentlich höherer Größenordnung als die unvermeidbaren Unregelmäßigkeiten der Oberflächen. Die starke Temperaturabhängigkeit der Zähigkeit bringt eine weitere Komplikation. Die exaktesten Messungen sind wohl die von Vieweg[4]), der mit Hilfe eines auf der rotierenden Welle befestigten Rasters die Verschiebung des Zapfens im Lager durch Mikroskop messen konnte. Abb. 8 gibt die Verschiebung (s) entgegen dem Zapfendruck P und senkrecht dazu (e) in Abhängigkeit von der Umlaufgeschwindigkeit, bei konstant gehaltenem

[1]) O. Reynolds, Phil. Trans. Bd. 1. 1886; Papers on mech. and phys. subj. Bd. II, Nr. 52; erscheint demnächst in Ostwalds Klassikern.

[2]) A. Sommerfeld, ZS. f. Math. u. Phys. Bd. 50, S. 97. 1904; ZS. f. techn. Phys. Bd. 2, S. 57. 1921; erscheint demnächst in Ostwalds Klassikern.

[3]) L. Gümbel, Jahrb. d. schiffbautechn. Ges. Bd. 18, S. 236. 1917; ZS. f. tech. Phys. Bd. 3, S. 94. 1922; L. Gümbel u. E. Everling, Reibung und Schmierung im Maschinenbau. Berlin: Krayn 1925.

[4]) V. Vieweg, Arch. f. Elektrot. Bd. 8, S. 364. 1919.

Zapfendruck. Man erkennt die Unzulässigkeit der Annahme (1), denn nach dieser müßte, wie SOMMERFELD gezeigt hat, der Zapfen stets senkrecht zur Druckrichtung ausweichen, d. h. s konstant gleich dem halben Lagerspiel (hier etwa $0{,}8 \cdot 10^{-2}$ cm) sein und e mit der Umlaufgeschwindigkeit wachsen.

Macht man die Gleichung (3) von Ziff. 19 zur Basis der theoretischen Behandlung, nimmt man also an, daß keine andere Kraft als nur die Zähigkeit für die Erscheinungsgruppe der Schmiermittelreibung maßgebend ist, so folgt ein wichtiges Ähnlichkeitsgesetz. Bezeichne M das Reibungsmoment, P den Zapfendruck, e die Exzentrizität, sei ferner δ die Radiendifferenz (Abb. 6) und $\alpha = \delta/e$, so hängen die Zahlen $M/P\delta$ und $\mu U \delta^2/P r^2$ nur von α ab. Man erkennt dies leicht, wenn man in Ziff. 19, Gleichung (3) $x = r\,d\varphi$ und $h = \delta + e\cos\varphi$ setzt und die Größen P und M als Integrale über φ mit dem Parameter α ausdrückt. Nach Ziff. 19, Gleichung (4) wird ja auch h_0/e nur von α abhängig.

Man kann α eliminieren und erhält eine allgemeine Beziehung zwischen $M/P\delta$ und $\mu U\delta^2/Pr^2$. Nach der SOMMERFELDschen Rechnung ergibt sich der Zusammenhang, welcher in Abb. 9 niedergelegt ist. Da die Flüssigkeit keine negativen Drucke verträgt, wird der wirkliche Zusammenhang ein anderer sein, der sich dem theoretischen mehr oder weniger nähern mag. Die Versuche[1]) bestätigen das Ähnlichkeitsgesetz gut in der Umgebung des Minimums und lassen sich dort auch einigermaßen in Übereinstimmung mit dem theoretischen Zusammenhang bringen. Für kleinere Werte muß die sehr große Abweichung auf trockene Reibung infolge der Unebenheiten der Oberflächen zurückgeführt werden; auch bei großen Werten finden sich Unstimmigkeiten; doch kann man vermuten, daß sich diese auf ungenaue Messungen oder lokale Unterschiede der Temperatur, auf elastische Deformation der Lagerschale und ähnliche für das physikalische Problem unwesentliche Umstände zurückführen lassen und nicht auf den Einfluß anderer molekularer Kräfte hinweisen. REYNOLDS hat eine ältere Versuchsreihe numerisch nach diesen Gesichtspunkten diskutiert; doch kann hier nicht darauf eingegangen werden. Ebenso sei nur hingewiesen auf die Lösung eines dreidimensionalen Problems durch MICHELL[2]) und die Diskussion der Vernachlässigungen in der oben skizzierten REYNOLDSschen Theorie durch SOMMERFELD[3]) und DUFFING[4]).

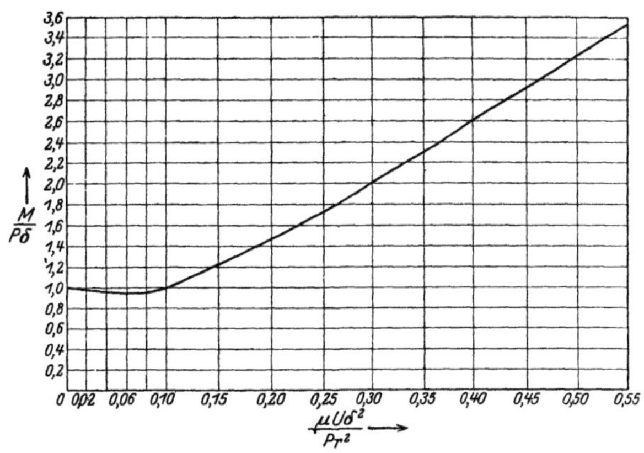

Abb. 9. Ähnlichkeitsgesetz der Schmiermittelreibung nach SOMMERFELD.

Technisch wichtig ist die Verwendung der Druckkräfte in der Schmierschicht und ihrer Momente bei den Spurlagern von MICHELL; dort ist die eine

[1]) R. STRIBECK, Forschungsarbeiten d. Ver. d. Ing. 1903, H. 7; auch GÜMBEL, s. S. 114, Anm. 3.

[2]) A. G. M. MICHELL, ZS. f. Math. u. Phys. Bd. 52, S. 123. 1905; erscheint demnächst in Ostwalds Klassikern.

[3]) A. SOMMERFELD, s. S. 114, Anm. 2.

[4]) G. DUFFING, ZS. f. angew. Math. u. Mech. Bd. 4, S. 296. 1924.

von zwei gegeneinander gepreßten Kreisscheiben, die relativ zueinander rotieren, unterteilt, und die einzelnen Sektoren sind frei drehbar; diese stellen sich dann von selbst so ein, daß das Schmiermittel überall gut durch die wie Abb. 7 beschaffenenen Querschnitte hindurchtreten kann und daß die Schicht nirgends unterbrochen ist.

21. Grundwasserströmung. Die Trägheitskräfte sind auch ganz belanglos, wenn eine Flüssigkeitsbewegung infolge großer Reibungswiderstände sehr langsam erfolgt. Dies ist der Fall bei der Bewegung des Wassers im Erdreich. Unter Wirkung einer Druckdifferenz oder eines Spiegelgefälles wird das Wasser durch feine Poren langsam durchgepreßt; die gesamte Strömung setzt sich aus ungezählten feinen Schichtenströmungen zwischen den mehr oder minder locker gehäuften Erdklümpchen zusammen. Die durch jede Pore fließende Wassermenge wird abhängig sein von der Größe der Pore und vom Zähigkeitskoeffizienten des Wassers; in jedem Fall wird sich eine Strömung ausbilden, welche den in Ziff. 13 besprochenen analog ist, d. h. das Gefälle des Druckes und des Schwerepotentials zwischen Querschnitten wird proportional der Durchflußmenge. Da die Poren nach allen Richtungen gleich verteilt sind, so kann die Strömung von einem Punkt aus nach jeder Richtung hin erfolgen; die nach jeder Richtung strömende Menge ist proportional dem Druck- und Potentialgefälle in dieser Richtung. Bezeichne $\mathfrak{v}$ die Filtergeschwindigkeit, d. i. die Wassermenge (Volumen), welche in der Zeiteinheit durch die Flächeneinheit tritt, so gilt:

$$\mathfrak{v} = -k \operatorname{grad} \frac{p + \Omega}{\gamma}. \tag{1}$$

Hierbei bedeutet Ω, wie früher, das Schwerepotential, γ das spezifische Gewicht und k eine von der Art und Packungsdichte des Erdreichs abhängige Konstante, welche man die Durchlässigkeit nennt.

Die Größe $(p + \Omega)/\gamma$, die in der Hydraulik als Standrohrspiegel bezeichnet wird, spielt also die Rolle eines Geschwindigkeitspotentials; da natürlich auch für die Filtergeschwindigkeit die Kontinuitätsgleichung ($\operatorname{div} \mathfrak{v} = 0$) gelten muß, so wird man hier zu einer Theorie geführt, welche der Theorie der Potentialströmung in allen Stücken gleich ist; sie hat vor dieser sogar noch den Vorzug, daß das Potential hier mit einer physikalisch faßbaren und unmittelbar meßbaren Größe, dem Standrohrspiegel, identisch ist. Die Differentialgleichung und die Randbedingungen sind dieselben; die Einführung der Stromfunktion und die Berechnung der Stromlinien sind in der gleichen Weise möglich, wie früher[1]) gezeigt worden ist. Das Grundgesetz der Filtergeschwindigkeit ist von DARCY zuerst erkannt und besonders von FORCHHEIMER[2]) viel in der hydraulischen Praxis verwendet worden. Man kann die Durchlässigkeit messen, indem man die Wassermenge bestimmt, die unter Einfluß einer bestimmten Druckdifferenz durch ein von undurchlässigen Wänden begrenztes Prisma strömt; auch die Anordnung der Abb. 10 wurde dazu verwendet. Sei b die Breite senkrecht zur

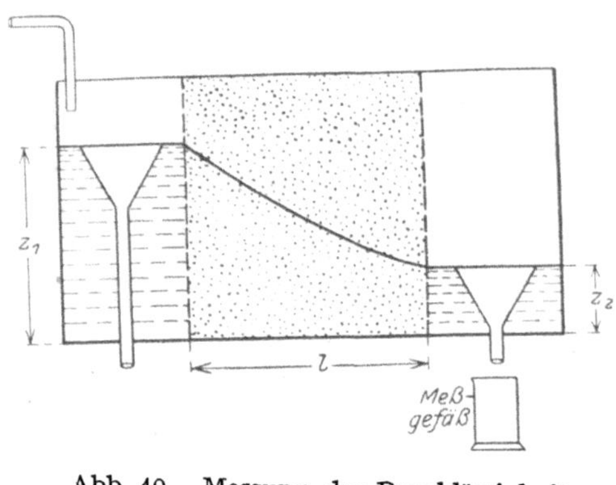

Abb. 10. Messung der Durchlässigkeit eines Erdreichs.

[1]) Vgl. Kap. 1, Ziff. 31. [2]) PH. FORCHHEIMER, Hydraulik, S. 420ff. Teubner 1914.

Zeichenebene und vernachlässigt man die Geschwindigkeitskomponente v, so gilt

$$u = \frac{Q}{bh} = -k\frac{dz}{dx} \tag{2}$$

oder

$$\frac{Qx}{b} = \frac{k}{2}(z_1^2 - z^2)\,; \tag{3}$$

daraus folgt

$$k = \frac{2Q}{b}\,\frac{l}{z_1^2 - z_2^2}\,. \tag{4}$$

Der Wasserspiegel zeigt einen parabolischen Verlauf. Die Durchlässigkeit ist natürlich keine genau bestimmte Größe; sie stellt ja nur einen unsicheren, von Erddruck und lokalen Verhältnissen stark abhängigen Mittelwert dar. Die

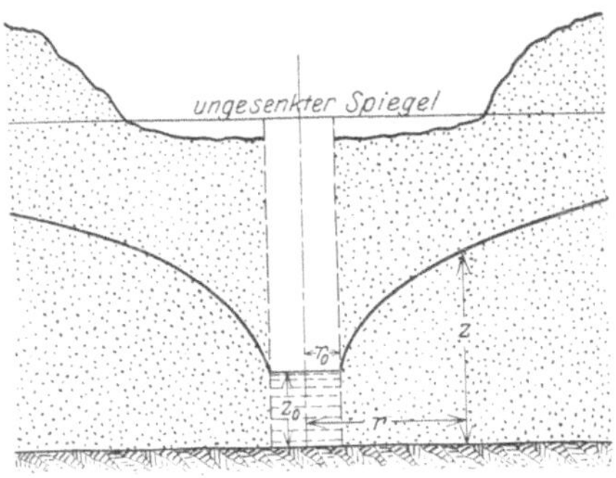

Abb. 11. Zuströmung zu einem Bohrloch.

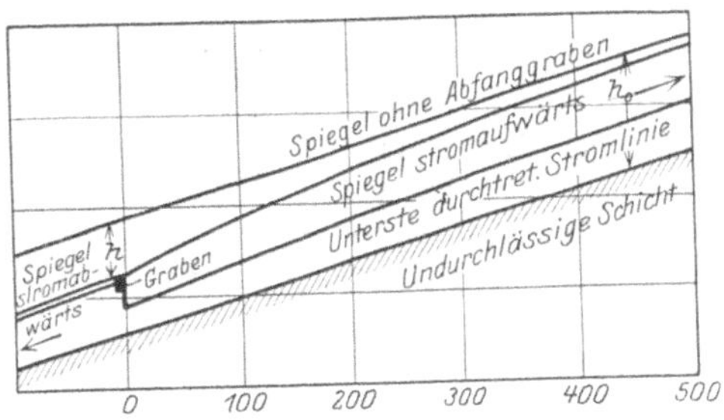

Abb. 12. Grundwasserströmung mit Abfanggraben.

Größenordnung für Sand von der mittleren Korngröße d cm zeigt die empirische Formel

$$k = 36 \div 50\,d^2 \text{ cm/sec.} \tag{5}$$

Verläuft die Zuströmung zu einem bis zur undurchlässigen Sohle getriebenen Bohrloch radial von allen Seiten, so ergibt sich ebenso mit den Bezeichnungen der Abb. 11

$$\frac{Q}{\pi k}\ln\frac{r}{r_0} = z^2 - z_0^2\,, \tag{6}$$

welche Beziehung zur Berechnung der Wassermenge oder des Brunnendurchmessers oder des Spiegelverlaufs dienen kann. Bei ebenen Problemen ist die Methode der konformen Abbildung anwendbar; so können z. B. die Versickerung des Wassers aus einem Kanal, die unter einem Stauwehr durchtretende Menge, die einem Grundwasserstrom durch einen Abfanggraben entzogene Menge und der Verlauf des gestörten Grundwasserspiegels berechnet werden. Als Beispiel diene der letztere Fall; Abb. 12 zeigt das Ergebnis der Rechnung[1]). Bei kleinem Spiegelgefälle des ungestörten Stromes — und dabei handelt es sich immer nur um einige Tausendstel — wird der wasserführenden Schicht eine Menge entzogen

$$\frac{Q}{Q_0} = \frac{h}{h_0}\,. \tag{7}$$

Daraus wieder folgen die notwendigen Dimensionen und die Sohlenneigung des Grabens. Der neue Spiegel ist wesentlich für die Feuchtigkeitsverhältnisse eines dergestalt entwässerten Gebietes.

[1]) L. Hopf u. E. Trefftz, ZS. f. angew. Math. u. Mech. Bd. 1, S. 290. 1921.

22. Hele-Shaws Versuche. Die Analogie zwischen der Potentialströmung und einer solchen mit großem Reibungswiderstand kann man sich nach Hele-Shaw[1]) zunutze machen, um die Potentialströmung in verwickelteren Fällen zu veranschaulichen. Man läßt eine schmale Schicht einer zähen Flüssigkeit, die teilweise gefärbt ist, zwischen zwei Glasplatten strömen, schafft so einen starken Widerstand durch die Glasplatten und kann in der Ebene dieser Platten Hinder-

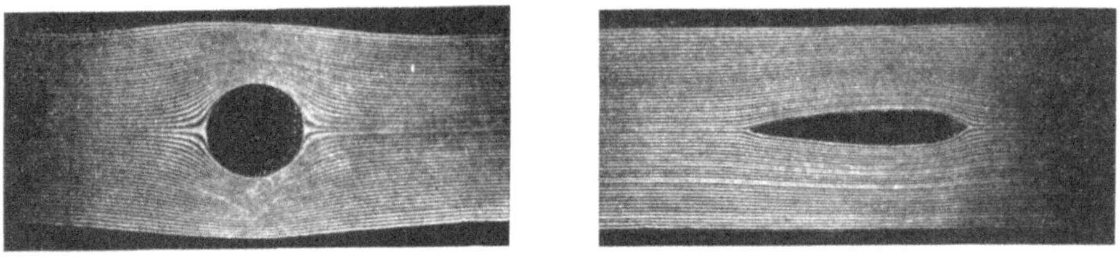

Abb. 13. Hele-Shawsche Strömungsbilder.

nisse oder Berandungen aufbauen, die man zu untersuchen wünscht. Die Stromlinien einer Strömung mit Geschwindigkeitspotential unter bestimmten Randbedingungen sind gut zu erkennen (Abb. 13). In unmittelbarer Nähe des eingebauten Hindernisses, d. h. wenn die Entfernung von dessen Berandung vergleichbar mit der gegenseitigen Entfernung der Glasplatten wird, versagt natürlich diese Analogie wegen des — bei der Potentialströmung der idealen Flüssigkeiten nicht auftretenden — Haftens der Flüssigkeit.

III. Zusammenwirken von Trägheit und Zähigkeit; allgemeine Ideen.

23. Schwierigkeiten. Sowie nicht mehr nur die durch Zähigkeit hervorgerufenen Spannungen den Druckkräften das Gleichgewicht halten, sondern auch Trägheitskräfte mit ins Spiel kommen, stellen sich der klaren Einsicht in die Strömungsverhältnisse besonders große Schwierigkeiten entgegen. Mathematisch liegt dies an den quadratischen Gliedern einerseits, an der höheren Ordnung der mit μ multiplizierten Glieder andererseits. Physikalisch liegt die erstgenannte Schwierigkeit in dem Auftreten oder Überwiegen der Impulsübertragung durch Konvektion über diejenige durch einfache Diffusion, welche das Wesen der Zähigkeitswirkung ausmacht; die zweite Schwierigkeit rührt von dem Haften der Flüssigkeit an festen Wänden her und wurde oben in Ziff. 12 schon ausführlich gewürdigt.

So fehlt eine erschöpfende Theorie[2]), und die theoretischen Ansätze, welche bei Versuchen als Führer dienen konnten, sind erst in jüngster Zeit weit genug gediehen. Daher ist auch experimentell erst seit kurzem ein größeres physikalisch gesichertes Material vorhanden und noch sehr viel zu tun übrig. Exakte Lösungen der Differentialgleichungen mit den richtigen Grenzbedingungen sind außer den in Ziff. 13 behandelten nur noch bekannt für folgende — später besprochene —

[1]) Hele-Shaw, Trans. Inst. Nav. Arch. Bd. 11. 1898.

[2]) Ein Lehrbuch über diese in starkem Fluß befindlichen Arbeiten gibt es nicht; am meisten Zusammenfassendes enthalten wohl der Abschnitt „Flüssigkeitsbewegung" von L. Prandtl im Handwörterbuch der Naturwissenschaften, Jena 1913, und die Vorträge aus dem Gebiete der Hydro- und Aerodynamik, Innsbruck 1922, herausgegeben von Th. v. Kármán und T. Levi-Civita, Berlin 1924 (künftig zitiert als „Innsbr. Vortr.").

Probleme: Strömung zwischen konvergenten und divergenten Wänden, Strömung an einer rotierenden, unendlich ausgedehnten Scheibe. In allen anderen Fällen, in denen feste Wände eine Rolle spielen, muß man sich mit Näherungen behelfen, und die Hauptschwierigkeit liegt in der Frage, wie die Näherung anzusetzen ist. Physikalisch besagt das, daß die Frage nach dem näherungsweise vorherrschenden, also qualitativen Charakter der Strömung noch weitgehend ungeklärt ist. Diese Bemerkung erscheint nicht überflüssig, um dem falschen Urteil vorzubeugen, als seien die Schwierigkeiten auf diesem Gebiet lediglich mathematische und nur von mathematischem Interesse.

24. Wellen und Wirbel. Die Schwierigkeiten sind wesentlich kleiner bei solchen Flüssigkeitsbewegungen, bei denen feste Wände keine Rolle spielen. In diesen Fällen tritt kein Haften ein und die Reibung wird quantitativ, aber nicht qualitativ den Verlauf der Bewegung gegenüber derjenigen von idealen Flüssigkeiten abändern. Den einfachsten solchen Fall stellen die Oberflächenwellen dar. Die Oberflächenbedingung $p = 0$ ist bei zähen Flüssigkeiten durch die beiden Bedingungen $p_{yy} = 0$ (wenn von Kapillarität abgesehen wird, $y = 0$ ungestörte Oberfläche) und $p_{xy} = 0$ zu ersetzen; die Bewegung ist keine reine Potentialbewegung mehr, aber bei kleiner Zähigkeit doch näherungsweise eine Potentialbewegung. Die Zähigkeit hat nur eine Dämpfung der Schwingungsbewegung zur Folge, die dem Quadrat der Wellenlänge umgekehrt proportional ist[1]).

Interessanter und auch wesentlich schwieriger ist der Einfluß der Reibung auf Wirbel; diesen hat OSEEN[2]) theoretisch untersucht; die Lösungen der Differentialgleichung für den zweidimensionalen Fall von Zylindersymmetrie ergeben sich als exakte Integrale, welche den bei HELMHOLTZ auftretenden sehr ähnlich sind und sich für einen punktförmigen Wirbelfaden (oder in großer Entfernung von einem ausgedehnten Wirbelfaden) mit den gewöhnlichen Bezeichnungen folgendermaßen ausdrücken:

Die azimutale Geschwindigkeit ist

$$v_\varphi = \frac{c}{2\pi r}\left(1 - e^{-\frac{r^2}{4\mu t}}\right), \tag{1}$$

die Wirbelstärke

$$w = \frac{1}{2r}\frac{d r v_\varphi}{dr} = \frac{c}{8\pi\mu t}\, e^{-\frac{r^2}{4\mu t}}. \tag{2}$$

Die Formeln zeigen, daß der Wirbel nicht wie bei idealen Flüssigkeiten an den Teilchen haftet, sondern sich ausbreitet, während das gesamte Wirbelmoment $\int w\, dF$ über die unendliche Fläche genommen stets denselben Wert behält. Die Geschwindigkeit an jeder Stelle nimmt mit der Zeit um so schneller ab, je größer die Zähigkeit ist. Anders ausgedrückt: Es breitet sich vom anfänglichen Wirbelzentrum eine Bewegung aus, deren Wirbel überall dasselbe Vorzeichen hat wie der anfängliche Wirbel, deren Geschwindigkeit aber der anfänglichen entgegengesetzt ist. OSEEN hat auch die Bewegung zweier paralleler geradliniger Wirbelfäden untersucht.

Beobachtungen über Wirbelbewegung in Luft hat v. PARSEVAL[3]) mit Hilfe von Rauchfäden angestellt. Er erzeugt einen Wirbel durch einen festen, tragflügelartigen Körper, der durch die Luft bewegt wird. Am Körper, besonders

---

[1]) H. LAMB, Hydrodynamics 1906, S. 564ff.; ausführlicher W. WIEN, Lehrbuch der Hydrodynamik, S. 278ff. Hirzel 1900.

[2]) C. W. OSEEN, Ark. f. Mat., Astron. och Fys. Bd. 7, Nr. 14. 1911.

[3]) A. v. PARSEVAL, Ber. u. Abh. d. wiss. Ges. f. Luftf. 1921, H. 4, S. 61.

an der Kante, entsteht der Wirbel; nach hinten breitet er sich durch die Reibungswirkung aus. Die Saugwirkung des ausgebreiteten Teils ist aber geringer als die des vorderen konzentrierten Teils, da die Geschwindigkeit und somit der Unterdruck infolge der Ausbreitung und der Energieverzehrung abnimmt. Dies hat zur Folge, daß Luftteilchen in der Wirbelachse von hinten nach vorne geführt werden, und daß so die Ausbreitung des Wirbels gefördert wird.

25. OSEENS Grenzübergang von zähen zu idealen Flüssigkeiten. Nach dem in Ziff. 12 Gesagten ist es das Hauptproblem der Dynamik zäher Flüssigkeiten, welches den Schlüssel zu allen Anwendungen enthält, diejenige Verteilung der Wirbel zu finden, welche unter Einfluß der Zähigkeit an festen Berandungen entstehen. Beim Grenzübergang zu unendlicher REYNOLDSscher Zahl, also zu $\mu = 0$, erhält man dann die Strömung einer idealen Flüssigkeit, aber natürlich im allgemeinen keine wirbellose Strömung. Der Grenzübergang der sog. klassischen Hydrodynamik — 1. Wegstreichen der Zähigkeitsglieder ($\mu \Delta u \ldots$), 2. Folgerung der Wirbellosigkeit aus dem Satze, daß ohne Zähigkeit kein Wirbel entstehen kann — ist jedenfalls falsch. Den richtigen Übergang zu finden, ist daß Ziel der Gedankengänge von OSEEN und von PRANDTL. OSEEN[1]) knüpft an seine in Ziff. 17 besprochenen Ergebnisse an, welche eine ausgesprochene Asymmetrie der Strömung um einen festen Körper zeigen, wie sie der Erfahrung allgemein entspricht. Die numerischen Ergebnisse der Ziff. 17 gelten allerdings nur bei kleinen REYNOLDSschen Zahlen und lassen sich also nicht auf den Grenzfall $\mu = 0$ extrapolieren. OSEEN geht nun von der Wirbelgleichung (2) von Ziff. 7 aus, zerlegt wie in Ziff. 17 die Gesamtströmung in die Strömung mit konstantem U und die Zusatzströmung u', v', w' und streicht nun in den Differentialgleichungen unter Beibehaltung der Zähigkeitsglieder die den Wirbelkomponenten proportionalen Ausdrücke in den Trägheitsgliedern [von der Form $u'(\partial u'/\partial y - \partial v'/\partial x$ usw.] weg. Dann erhalten die Gleichungen die Form

$$\varrho\, U \frac{\partial u'}{\partial x} = -\frac{\partial q}{\partial x} + \mu \Delta u' \quad \text{usw.,} \tag{1}$$

wobei

$$q = p + \frac{\varphi}{2}(u'^2 + v'^2 + w'^2)\,. \tag{2}$$

Dieses System wird mit den richtigen Grenzbedingungen für endliche μ gelöst, und dann erst wird zu $\mu \to 0$ übergegangen.

Es ergibt sich eine diskontinuierliche Bewegung: Grenzt man hinter dem Körper einen Raum durch einen der Bewegungsrichtung parallelen, den Körper tangierenden Zylinder ab (Abb. 14), so ist innerhalb dieses Zylinders die Strömung auch bei $\mu \to 0$ nicht wirbelfrei; außerhalb dieses Raumes herrscht eine Potentialströmung, die numerisch berechnet werden kann[2]). Der physikalische Sinn dieser Rechnung ist der, daß bei kleiner Zähigkeit nirgends Wirbel auftreten als nur hinter dem festen Körper, daß sie dort aber immer entstehen müssen. Man sieht an diesem Gedankengang, daß ein bestimmtes Gleichungssystem (1) zu einer bestimmten Wirbelverteilung bei großer REYNOLDSscher Zahl führt, daß der Grenzübergang zur Wirbellosigkeit falsch ist, und daß der richtige Grenzübergang bei (1) zu Ergebnissen führt, die qualitativ mit der

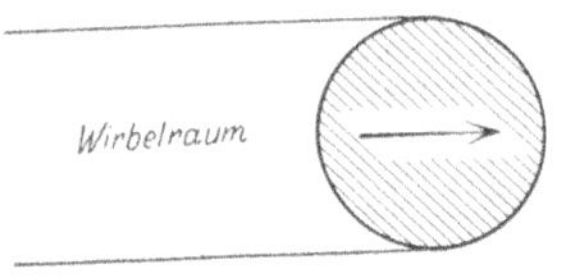

Abb. 14. Strömung um einen Zylinder bei $\mu \to 0$ nach OSEEN.

[1]) C. W. OSEEN, Ann. d. Phys. Bd. 46, S. 231, 623, 1130. 1915; auch Innsbr. Vortr. S. 123ff.

[2]) J. M. BURGERS, Verslag. Akad. Amsterdam Bd. 23, S. 1082. 1920/21.

Erfahrung übereinstimmen. Andererseits gibt aber die Gleichung (1) nicht die wirklichen Vorgänge wieder; denn es zeigt sich ja, daß im Raum hinter dem Körper die Wirbelkomponenten nicht wie in (1) weggestrichen werden können. Ferner mag das Bedenken geäußert sein, daß die beibehaltenen Zähigkeitsglieder auch verschwinden müssen, wenn die Wirbel exakt verschwinden, daß es darum fraglich erscheint, ob die zu (1) führende Abschätzung der Größenordnungen berechtigt ist.

26. Methode von BURGERS. Unter Anknüpfung an eine von BOUSSINESQ schon verwendete Methode vereinfacht BURGERS[1]) die Gleichung (1) von Ziff. 7 für die Wirbelbewegung dadurch, daß er für die Geschwindigkeit $\mathfrak{v}$ in die quadratischen, die Konvektion der Wirbel ausdrückenden Glieder, als Näherung die Werte der gewöhnlichen wirbellosen Strömung einsetzt. Die Lösung ergibt, wie die Methode von OSEEN, Wirbellosigkeit vor und Wirbel hinter dem Körper, aber im Gegensatz zur OSEENschen Methode finden sich diese Wirbel in einem um so engeren Raum zusammengedrängt, je größer die REYNOLDSsche Zahl ist. In der Grenze $\mu \to 0$ artet dieser Raum in einen Streifen aus, dessen Dicke proportional $\sqrt{\mu}$ oder $\sqrt{1/R}$ ist (Abb. 15). Hier, wie bei OSEEN, fällt beim Grenzübergang die Diffusion der Wirbel weg; die Konvektion ist aber, wie BURGERS hervorhebt, durch die Ansätze willkürlich vorgegeben, bei OSEEN als reine konstante Translation U, bei BURGERS als Potentialbewegung. Im ersteren Fall können also die Wirbel nur geradlinig und daher in dem gezeichneten Zylinderraum nach hinten geführt werden, im letzteren müssen sie vollständig herumgeführt werden.

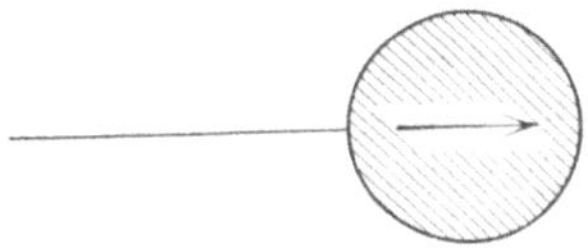

Abb. 15. Strömung um einen Zylinder bei $\mu \to 0$ nach BURGERS.

27. Die PRANDTLsche Grenzschichttheorie[2]). Diese geht von der Anschauung aus, daß eine Flüssigkeit von kleiner Zähigkeit sich überall näherungsweise wie eine ideale verhalten muß — und zwar mit allen Folgerungen, auch der Wirbelfreiheit, nur nicht in unmittelbarer Nähe des festen Körpers. Daraus folgt sofort, daß die Anströmung an feste Körper, seien diese begrenzt wie Widerstandskörper oder unbegrenzt wie die Wände von Strömungen, eine Potentialströmung sein muß; aber Flüssigkeitsteilchen, die in die Nähe von festen Körpern kommen, erhalten im allgemeinen eine Wirbelung, welche sie — wieder nach der Dynamik reibungsloser Flüssigkeiten — nicht verlieren können, wenn sie einmal wieder vom festen Körper weg in die freie Strömung hineingeführt werden. Es treten Wirbel hinter festen Körpern und in Strömungen zwischen festen Wänden auf. Man muß also die gesamte Strömung in 3 Teile teilen:

1. den Außenraum, dessen Flüssigkeit von festen Körpern unbeeinflußt bleibt; wirbellose Strömung;

2. die unmittelbare Umgebung der festen Körper, in welcher die Reibung die Flüssigkeit am festen Körper zum Haften zwingt; Strömung unter wesentlichem Einfluß der Zähigkeit;

3. den durchwirbelten Raum, in welchen die vorher vom festen Körper beeinflußten Teilchen hineingeführt werden; reibungslose, aber nicht wirbellose Strömung.

Durch die Grenzschichttheorie kann man somit das Problem der Strömung einer zähen Flüssigkeit auf das leichtere Problem der Strömung einer idealen

---

[1]) J. M. BURGERS, siehe S. 120, Fußnote 2.

[2]) L. PRANDTL, Verh. d. 3. intern. Math. Ver. Heidelberg 1905. Leipzig: B. G. Teubner; s. auch die S. 171 zitierten Arbeiten von BLASIUS, BOLTZE und HIEMENZ sowie die Arbeiten von v. KÁRMÁN und POHLHAUSEN, ZS. f. angew. Math. u. Mech. Bd. 1. 1921.

Flüssigkeit zurückführen, wenn man nur in einem gewissen kleinen Bereich der Grenzschicht am festen Körper die Zähigkeit richtig berücksichtigt.

28. Differentialgleichung der Grenzschicht. In der Grenzschicht lassen sich die Differentialgleichungen weitgehend vereinfachen durch folgende Abschätzung der Größenordnungen: Die Dicke der Grenzschicht sei als klein angenommen und mit δ bezeichnet; die Geschwindigkeitskomponente parallel der festen Begrenzung (u) und ihre Ableitungen nach der tangentiellen Richtung (x) haben normale Werte (~ 1); denn sie sind ja durch die Vorgänge außerhalb der Grenzschicht — etwa Erweiterung oder Verengung des Flüssigkeitsraumes — bestimmt; dagegen ist die Abhängigkeit des u von der Richtung senkrecht zur Begrenzung (y) eine sehr starke; denn auf der kleinen Strecke δ muß ja u von seinem endlichen Wert am äußeren Rande der Grenzschicht auf den Wert Null an der festen Begrenzung fallen. Zunächst zeigt die Kontinuitätsgleichung (zur besseren Übersicht auf zwei Dimensionen beschränkt)

$$\frac{\partial u}{\partial x} + \frac{\partial v}{\partial y} = 0, \tag{1}$$

daß v immer $\sim\delta$ bleibt; denn es ist ja $\partial u/\partial x$ und infolge (1) auch $\partial v/\partial y \sim 1$; auf der kleinen Strecke δ kann also v, das an der Begrenzung $= 0$ ist, nur einen Wert $\sim\delta$ erreichen. Betrachten wir nun die erste Differentialgleichung (2) von Ziff. 3

$$\frac{\partial u}{\partial t} + u\frac{\partial u}{\partial x} + v\frac{\partial u}{\partial y} = -\frac{1}{\varrho}\frac{\partial p}{\partial x} + \nu\left(\frac{\partial^2 u}{\partial x^2} + \frac{\partial^2 u}{\partial y^2}\right), \tag{2}$$

so stehen auf der linken Seite lauter Glieder ~ 1; die als $\sim\delta$ erkannte Größe v erscheint ja hier multipliziert mit $\partial u/\partial y$, das $\sim 1/\delta$ sein muß. Auch die Größe $\frac{1}{\varrho}\frac{\partial p}{\partial x}$ ist ~ 1.

In der Klammer auf der rechten Seite fällt das Glied $\partial u^2/\partial x^2 \sim 1$ gegen $\partial^2 u/\partial y^2 \sim 1/\delta^2$ weg, und es folgt somit, daß die Reibungskräfte nur dann von der gleichen Größenordnung wie die Trägheits- und die Druckkräfte werden, wenn $\nu \sim \delta^2$. Dies bedeutet physikalisch, daß außerhalb einer Schicht $\delta \sim \sqrt{\nu}$ die Zähigkeit keine Rolle spielt, während sie innerhalb dieser Schicht den anderen Kräften gleichwertig bzw. überlegen ist. Beziehen wir alle Geschwindigkeiten und alle Längenabmessungen auf bestimmte konstante Werte, so daß die Gleichung dimensionslos wird, so tritt (s. Ziff. 10) an Stelle des Parameters $1/\nu$ die Reynoldssche Zahl R und wir gewinnen den wichtigen Satz: Die Grenzschichtdicke ist proportional $1/\sqrt{R}$.

Aus der Differentialgleichung für die v-Komponente folgt nun in derselben Weise, daß $\partial p/\partial y \sim \delta$. Also ist $\partial p/\partial x \gg \partial p/\partial y$, und der Druck kann innerhalb der Näherungsgrenzen der Grenzschichttheorie unabhängig von y gesetzt werden; er ist in der ganzen Grenzschicht derselbe wie am äußeren Rand und also auch derselbe wie in der reibungslosen Strömung außerhalb der Grenzschicht; er erscheint für die Grenzschicht nicht als Unbekannte, sondern als gegebene Größe, als eine äußere, eingeprägte Kraft. Aus den drei Gleichungen für u, v und p werden also durch die Grenzschichtenbetrachtung, da p als bekannt angesehen werden kann, die zwei einfacheren für u und v:

$$\left.\begin{aligned} \frac{\partial u}{\partial t} + u\frac{\partial u}{\partial x} + v\frac{\partial u}{\partial y} &= -\frac{1}{\varrho}\frac{\partial p}{\partial x} + \nu\frac{\partial^2 u}{\partial y^2}, \\ \frac{\partial u}{\partial x} + \frac{\partial v}{\partial y} &= 0. \end{aligned}\right\} \tag{3}$$

Die Überlegungen bleiben bestehen, wenn die Berandung nicht geradlinig ist, also wenn x und y krummlinige Koordinaten sind, solange der Krümmungsradius groß gegen δ, also gegen $R^{-\frac{1}{2}}$, ist. Es kommt dann nämlich in die erste Gleichung noch die Corioliskraft, die proportional v, also von kleinerer Ordnung wird als die übrigen Glieder. In die zweite Gleichung kommt die Zentrifugalkraft, die von der Größenordnung 1 ist, also größer als die anderen Trägheitsglieder dieser Gleichung wird. Es wird dann zwar $\partial p/\partial y \sim 1$ und nicht wie oben $\sim \delta$; aber auch in diesem Fall ist die Änderung des Druckes in der kleinen Grenzschicht zu vernachlässigen, solange nicht infolge starker Krümmung eine Druckänderung in x-Entfernungen von der Größenordnung der Grenzschicht betrachtet werden muß.

Als Grenzbedingungen sind zu berücksichtigen

$$u = v = 0 \quad \text{für} \quad y = 0$$

und u gleich der Geschwindigkeit in der äußeren reibungslosen Strömung für $y = \infty$.

Immerhin bleibt die Bestimmung des Druckes noch ein Problem. Soweit man die Strömung außerhalb der Grenzschicht als Potentialströmung ansehen kann, ist es in der Regel leicht, die Geschwindigkeitsverteilung und daraus nach der BERNOULLIschen Gleichung[1]) den Druck zu berechnen. Wenn aber die Strömung so verläuft, daß Flüssigkeitsteilchen aus der Grenzschicht wieder heraustreten, so daß eine Wirbelströmung entsteht, dann wird die Druckverteilung wenigstens stellenweise gegenüber der Potentialströmung geändert; sie kann nicht berechnet werden, wenn man nicht vorher die Wirbelverteilung aus der Grenzschicht heraus bestimmt hat. Dies Problem ist indes ungelöst; man muß daher bei derartigen Aufgaben so vorgehen, daß man die Druckverteilung empirisch bestimmt und daraus auf die Vorgänge in der Grenzschicht nach Gleichung (3) schließt. Auch in diesem Fall hat die Theorie praktischen Wert, da sie von den empirischen Druckwerten zum Widerstand und, wenigstens teilweise, zur Beschreibung der Strömungsform führt.

29. KÁRMÁNS Integralbedingung[2]). Man kann in der Vereinfachung der Gleichungen innerhalb der Grenzschicht noch einen Schritt weiter gehen, indem man auf die Berechnung der wirklichen Geschwindigkeitsverteilung in der Grenzschicht verzichtet und einen plausiblen Näherungsansatz (u als gegebene Funktion von y) einführt, welcher die Grenzbedingungen an der Wand erfüllt und bei $y = \delta$ in die Werte der äußeren Strömung übergeht. Dann kann man die erste Gleichung (3) von Ziff. 28 nach y zwischen 0 und δ integrieren, wobei man v mit Hilfe der Kontinuitätsgleichung eliminiert, und erhält eine Differentialgleichung für δ als Funktion von x und t. Während in der Form der Ziff. 28 eine kontinuierliche Strömung betrachtet wird, die nur in der Grenzschicht und außerhalb derselben in verschiedener Weise angenähert wird, so daß δ nur der Größenordnung nach bestimmt wird, erscheint hier die Strömung scharf in zwei Teile getrennt; in beiden Gebieten ist alles gegeben, und nur die Grenzlinie der beiden Gebiete wird bestimmt.

Anstatt des angedeuteten rein formalen Weges schlagen wir den Weg über den Impulssatz ein, um zur mathematischen Fassung dieser Theorie zu gelangen; dabei treten vielleicht die physikalischen Gesichtspunkte noch deutlicher hervor: Aus der Grenzschicht sei das in Abb. 16 gezeichnete Flüssigkeitselement von der Breite dx und der Höhe δ abgegrenzt. Der Impuls im Innern des Elements

---

[1]) Vgl. Kap. 1, Ziff. 12, ds. Bd. des Handb.

[2]) TH. v. KÁRMÁN, ZS. f. angew. Math. u. Mech. Bd. 1, S. 233. 1921; auch Abh. Aerod. Inst. Aachen H. 1, S. 1; Innsbr. Vortr. S. 146.

nimmt in der Zeiteinheit zu um $dx\frac{\partial}{\partial t}\int_0^\delta \varrho u\,dy$; der Überschuß des bei $x + dx$ austretenden Impulses über den bei x eintretenden ist $dx\frac{\partial}{\partial x}\int_0^\delta \varrho u^2 dy$; am äußeren Rande der Grenzschicht tritt der Impuls $dx\varrho vU$ aus, wenn U den Wert von u in der Potentialströmung, also auch am Rande der Grenzschicht, bedeutet. Dabei können wir nach der Kontinuitätsgleichung $v = -\frac{\partial}{\partial x}\int_0^\delta u\,dy$ setzen. An äußeren Kräften wirken auf das Element die Druckdifferenz $-\delta\frac{\partial p}{\partial x}dx$, und die Reibung an der Wand, die nach Ziff. 1, Gleichung (2) gleich $-\mu(\partial u/\partial y)_{y=0}\,dx$ zu setzen ist. Der Impulssatz führt somit zu der Beziehung:

$$\frac{\partial}{\partial t}\int_0^\delta \varrho u\,dy + \frac{\partial}{\partial x}\int_0^\delta \varrho u^2 dy - U\frac{\partial}{\partial x}\int_0^\delta u\,dy = -\delta\frac{\partial p}{\partial x} - \mu\left(\frac{\partial u}{\partial y}\right)_{y=0}. \qquad (1)$$

In diese Gleichung wird für u als Funktion von y eine Näherungsformel eingesetzt, die den Grenzbedingungen genügt; dann ist δ die einzige Unbekannte.

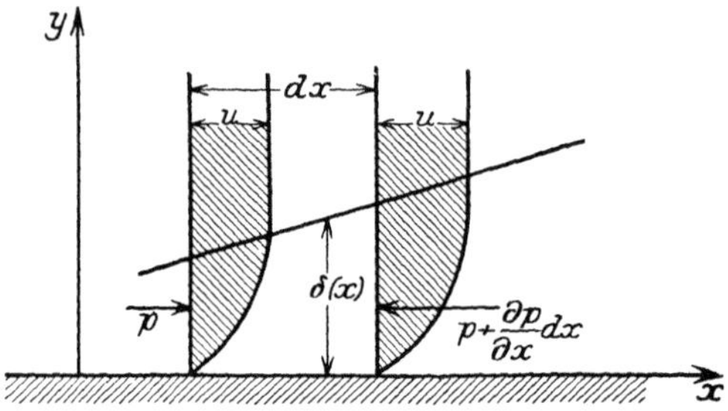

Abb. 16. Zur Impulsbetrachtung für die Grenzschicht.

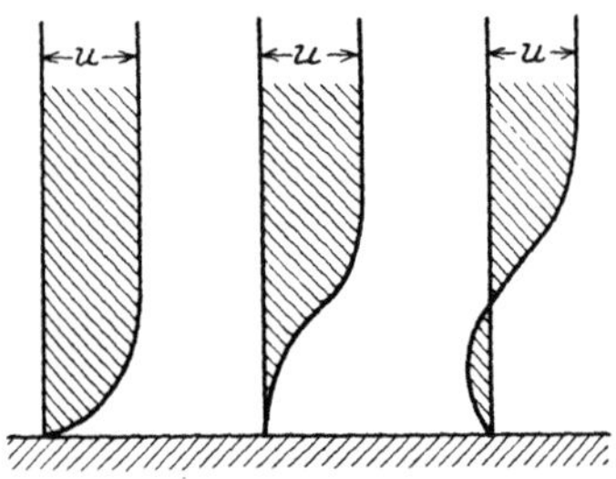

a b c

Abb. 17. Zur Erklärung der Ablösung.

30. Wirbelablösung. Ein wichtiger Erfolg der Grenzschichtenüberlegung besteht darin, daß sie auch den Punkt bestimmt, an welchem die Flüssigkeit vom festen Körper weg Wirbel in den Flüssigkeitsraum hinausträgt, an welchem also die in Ziff. 27 genannten Gebiete 2. und 3. aneinandergrenzen und der Gültigkeitsbereich der in Ziff. 28 und 29 entwickelten Formeln aufhört. Dies wird aus Abb. 17 deutlich. In der Grenzschicht sinkt die Geschwindigkeit von außen nach der Wand zu vom Werte U zu Null in verschiedener Weise ab, und zwar werden sich die Geschwindigkeitsprofile kontinuierlich ändern, wenn U in bestimmter Weise von x abhängt. Entstehen nun etwa Geschwindigkeitsverteilungen wie c in Abb. 17, so gelangen an solche Wandstellen nicht die von vorne kommenden Teilchen, sondern es entsteht da eine Rückströmung. Die von vorne kommenden Teilchen, welche schon in der Grenzschicht gewesen sind und infolgedessen Wirbel mit sich tragen, können nur bis zu Stellen b in Abb. 17 dringen; von da an werden sie in die Flüssigkeit hineingeführt und es beginnt das in Ziff. 27 beschriebene Gebiet 3.

Die Größenabschätzung der einzelnen Kräfte zeigt auch die Bedingung für das Zustandekommen solcher Ablösungen. In unmittelbarer Nähe der Wand wird ja u sehr klein und infolgedessen sind dort die Trägheitskräfte belanglos; Reibungs- und Druckkräfte stehen allein im Gleichgewicht wie bei den Fällen der Ziff. 13 oder etwa bei der Schmiermittelreibung (Ziff. 19). Die Krümmung des Geschwindigkeitsprofils wird also nur durch den Druckabfall bestimmt, sie hat das Vorzeichen wie bei a) Abb. 17, entsprechend der POISEUILLEschen Strömung, wenn dp/dx negativ ist, d. h. wenn die Strömung in der Richtung fallenden Druckes strömt. Das umgekehrte Vorzeichen, also ein Verlauf c), stellt sich ein, wenn die Strömung gegen steigenden Druck erfolgen muß, wenn die Trägheitskräfte dem Druckgefälle entgegenarbeiten. Dies ist nach dem BERNOULLIschen Theorem dann der Fall, wenn der Flüssigkeitsraum sich erweitert, also bei divergenter Strömung und an der Rückseite fester Körper. Die Ablösungsstelle läßt sich nach Ziff. 28 oder 29 berechnen.

31. Turbulenz[1]). Die bisher besprochenen Versuche, das Gleichgewicht zwischen Reibungs- und Trägheitskräften zu verstehen, beziehen sich im großen ganzen auf stationäre Vorgänge. Wir fanden Gesichtspunkte, welche für stationäre Vorgänge eine Extrapolation auf beliebig große REYNOLDSsche Zahlen zu gestatten schienen; in Ziff. 13 waren wir sogar zu exakten Lösungen gelangt, deren volle Gültigkeit bis zu beliebig großen REYNOLDSschen Zahlen man erwarten konnte. Die Erfahrung zeigt jedoch, daß das Gleichgewicht bei großen REYNOLDSschen Zahlen in einer ganz anderen Weise sich herstellt, und daß an die Stelle der einfachen, stationären Strömungen verwickelte, zeitlich veränderliche Bewegungen treten, die ganz anderen Gesetzen gehorchen. Man bezeichnet diese Erscheinung als Turbulenz und spricht von einer turbulenten Strömung (auch Flechtströmung) im Gegensatz zur laminaren (auch gleitenden oder Schichten-) Strömung.

Die wichtigsten Merkmale der turbulenten Strömung sind:

1. Der Druckabfall ist nicht der ersten Potenz der Geschwindigkeit proportional, sondern wächst schneller mit der Geschwindigkeit.

2. Die Strömung ist nicht stationär; Geschwindigkeit und Druck an einem bestimmten Punkt haben keinen konstanten Wert, sondern schwanken um einen bestimmten Mittelwert.

3. Die Bahnen der einzelnen Teilchen sind nicht mehr geradlinig oder einfache Kurven, sondern es findet eine ständige Durcheinandermischung statt, so daß ein an einer Stelle in die Strömung eingeführter Farbfaden nach einer kurzen Wegstrecke die ganze Flüssigkeit färbt.

Die Impulsübertragung zwischen benachbarten Schichten einer turbulenten Strömung, welche für die dort wirkende Schubspannung verantwortlich ist, geht nicht molekular vor sich, wie bei der laminaren Strömung, sondern in größeren Gebilden. Bei der laminaren Strömung tragen die Moleküle, welche aus der mit Geschwindigkeit u strömenden Schicht in die mit $u + \frac{du}{dy} dy$ strömende Schicht eindringen, weniger Impuls in der x-Richtung mit sich als die umgekehrt wandernden. Die Folge ist eine Schubspannung proportional du/dy. Bei der turbulenten Strömung trägt jedes Flüssigkeitsteilchen, das mit der Momentangeschwindigkeit v eine Schicht verläßt, seinen momentanen x-Impuls ϱu in die benachbarte Schicht. Auch wenn der Mittelwert $\bar{u}$ wenig oder gar nicht von Schicht zu Schicht veränderlich und der Mittelwert $\bar{v} = 0$ ist, kann die Impulsübertragung endlich sein; es wird

$$\tau = \varrho \overline{u v}. \tag{1}$$

Die Unterscheidung der beiden Strömungsformen geht auf REYNOLDS[2]) zurück. Er benutzte Farbfäden, um den glatten Verlauf bei der Laminarströmung

---

[1]) Übersicht über die experimentellen Turbulenzarbeiten: L. SCHILLER, Phys. ZS. Bd. 26, S. 566. 1925; L. V. KING, Phil. Mag. Bd. 31, S. 322. 1916.

[2]) O. REYNOLDS, Phil. Trans. 1883; Papers Bd. 2, S. 51.

und die Mischbewegung bei der turbulenten Strömung sichtbar zu machen, und maß den Druckabfall in Abhängigkeit von Geschwindigkeit, Röhrendurchmesser und kinematischer Zähigkeit. Dabei beobachtete er auch den nichtstationären Charakter der turbulenten Strömung an der Anzeige der Manometer. Den REYNOLDSschen Ergebnissen sehr nahegekommen war schon vor REYNOLDS HAGEN[1]), der den Einfluß der Temperatur auf den Druckabfall im strömenden Wasser untersuchte. Er beobachtete zuerst das verschiedene Aussehen des aus einer durchströmten Röhre frei austretenden Strahles, das sich zur Demonstration der beiden Strömungsformen sehr gut eignet: bei laminarer Strömung im Rohr ist der austretende Strahl glasklar und ruhig; bei turbulenter Strömung ist er hingegen undurchsichtig und von unregelmäßiger Oberfläche. Kann man bei gleichem Überdruck beide Strahlen beobachten, so findet man, daß der glatte Strahl weiter vorspringt, einer größeren Geschwindigkeit entsprechend.

Noch zwei andere Möglichkeiten, den Umschlag aus der laminaren in die turbulente Strömungsform zu bestimmen und deutlich zu machen, sind verwendet worden: Läßt man Wasser durch eine Röhre mit erwärmter Wand strömen, so wird der Wärmeübergang infolge Leitung, der bei laminarer Strömung allein wesentlich ist, bedeutend erhöht, wenn durch die turbulenten Bewegungen eine starke Konvektion von der Wand nach dem Innern der Flüssigkeit auftritt (s. Ziff. 42). Ein Thermometer hinter der erwärmten Stelle steigt wesentlich, wenn die Turbulenz eingesetzt hat[2]). Man kann auch strömende Luft an einer Stelle ionisieren und stromabwärts die Leitfähigkeit messen; da die turbulente Mischbewegung die Rekombination verhindert, steigt die Leitfähigkeit bei turbulenter Strömung gegenüber der laminaren stark an[3]).

32. Der Einsatz der Turbulenz gehorcht natürlich dem Ähnlichkeitsgesetz (Ziff. 10), das REYNOLDS gerade an dieser Erscheinung zuerst erkannt und entwickelt hat. Man nennt diejenige REYNOLDSsche Zahl R_K, bei welcher — unabhängig von den besonderen Werten der Geschwindigkeit, Längenabmessung, Dichte und Zähigkeit — der Übergang zwischen den beiden Strömungsformen stattfindet, die kritische REYNOLDSsche Zahl. Der Übergang erfolgt sehr plötzlich, wie man aus der Abb. 18 erkennen mag. Hierbei dient als Ordinate diejenige Größe, die bei laminarer Strömung den Zähigkeitskoeffizienten μ angibt; daß sich bei höheren Werten von R kein konstanter μ-Wert ergibt, beweist die Ungültigkeit des POISEUILLEschen Gesetzes in diesem Fall. Die Meßpunkte in der Nähe der kritischen Stelle sind meist nur unsicher bestimmt; es handelt sich dabei wohl gar nicht um bestimmte Werte, sondern um zeitliche Mittelwerte in einem Bereich, wo bald die eine, bald die andere Strömungsform auftritt. Dies folgt z. B. aus der Beobachtung der Strahlzuckungen, die man bei freiem Austritt des Wassers bei diesen REYNOLDSschen Zahlen findet. Der Strahl nimmt im Abstand von einigen Sekunden bald den laminaren, bald den turbulenten Charakter an. Auch die Messungen von FROMM[4]) in rauhen Röhren zeigen,

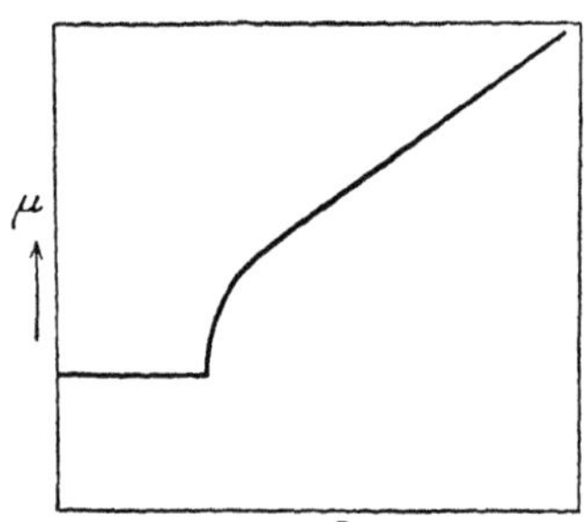

Abb. 18. Einsatz der Turbulenz.

[1]) G. H. L. HAGEN, Abhandlgn. d. Berl. Akad. 1854, S. 17.
[2]) H. J. BARNES u. E. G. COKER, Proc. Roy. Soc. London Bd. 74, S. 341. 1905.
[3]) J. J. DOWLING, Scient. Proc. Roy. Dubl. Soc. Bd. 13, S. 375. 1912.
[4]) K. FROMM, ZS. f. angew. Math. u. Mech. Bd. 3, S. 339. 1923; Abh. Aerod. Inst. Aachen H. 3.

allerdings in einem nicht quantitativ überblickbaren Fall, daß in einem gewissen Übergangsgebiet zwei verschiedene Werte von μ auftreten können ohne erkennbare Änderung der Versuchsbedingungen.

REYNOLDS selbst fand die kritische Zahl bei einem Kreisrohr vom Durchmesser D

$$R_K = \left(\frac{v\,D}{\nu}\right)_K \tag{1}$$

mit einer Streuung von wenigen Prozenten bei etwa 2100; dieser Wert blieb, solange man die Versuchsbedingungen nur durch Änderung der einzelnen

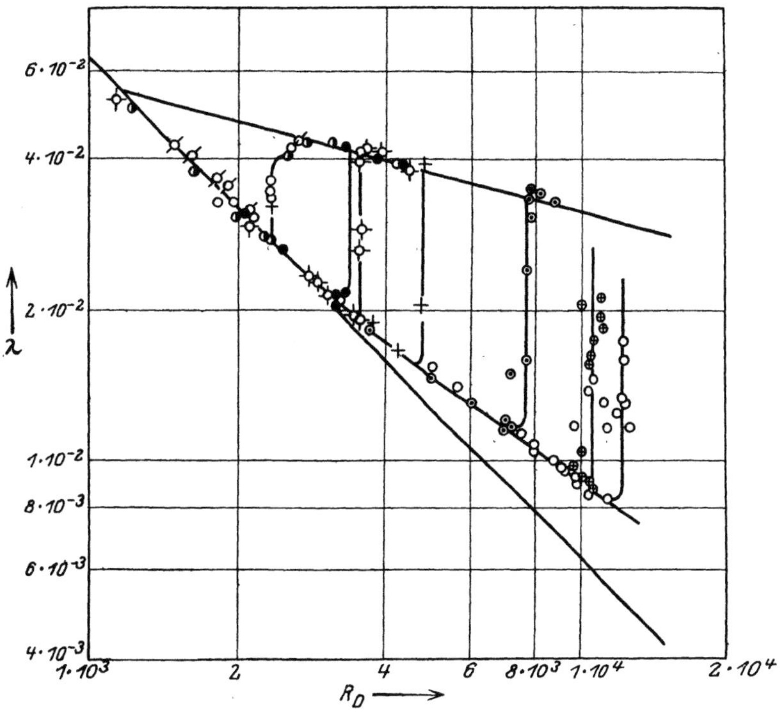

Abb. 19. Kritische REYNOLDSsche Zahl bei verschiedenen Einlaufstörungen nach SCHILLER.
Plattenabstand 0,6 mm, Plattenabstand 1,2 mm, Plattenabstand 2,5 mm,
+ „ 3,7 „ ⊙ „ 5,0 „ ⊕ „ 8,0 „
○ Platte weit entfernt, scharfrandiger Einlauf ohne Platte, Rohrdurchmesser 0,7996 cm.

Größen v, D, ν variierte. Er beobachtete aber, daß R_K sich stark beeinflussen ließ durch die Größe der Unruhe, welche der einströmenden Flüssigkeit mitgegeben wurde. Systematische Untersuchungen zeigten, daß man die Höhe der kritischen Zahl durch die Gestalt des Einlaufs in sehr weiten Grenzen ändern kann. Um allen von dieser Quelle herrührenden Schwierigkeiten aus dem Weg zu gehen, hat REYNOLDS den Einlauf möglichst scharfkantig gestaltet und so immer dieselben Werte von R_K erhalten. Bei störungsfreiem Einlauf, wie er für die Farbfadenversuche unbedingt notwendig war, ergaben sich Werte bis zu 12800. REYNOLDS schloß daraus, daß man von einer oberen und einer unteren kritischen Zahl reden müsse. Mit der Originalanordnung von REYNOLDS konnte aber EKMAN[1]) bei sehr vorsichtigem Experimentieren diese obere Grenze bis 40000 steigern. SCHILLER[2]) brachte eine Platte, die Störungen hervorrufen mußte, in verschiedene Entfernungen von dem störungsfrei gestalteten Einlauf und konnte so kritische Zahlen bis fast 140000, aber nicht unter 2200 erhalten. Man muß wohl annehmen, daß diese letztere Zahl eine fest bestimmte untere Grenze darstellt, daß dagegen die obere Grenze um so höher gesteigert werden kann, je mehr man imstande ist, Störungen auszuscheiden. Diese Verhältnisse kann wohl SCHILLERS Diagramm (Abb. 19) am besten illustrieren, bei welchem als Ordinate die dimensionslose Größe λ[3]) dient, welche dem Druckabfall dp/dx proportional ist.

Der Übergang aus der laminaren zur turbulenten Strömung bei wachsender REYNOLDSscher Zahl ist an verschiedenen Arten von Strömungen beobachtet worden. Von besonderer Bedeutung sind die Versuche von COUETTE[4]) an einer Strömung zwischen einem ruhenden und einem konzentrisch bewegten Zylinder mit der Halbmesserdifferenz h. Das Versagen der Formel (15) von Ziff. 13 wurde bei einer REYNOLDSschen Zahl $R_K = (Uh/\nu)_K = 1900$ festgestellt. Bei einem offenen Gerinne fand HOPF[5]) einen Umschlag aus dem durch Ziff. 13, Gleichung (5) dargestellten laminaren Fließen in das turbulente bei

$$R_K = \left(\frac{Q}{b\nu}\right)_K \backsim 300,$$

wobei sich allerdings das REYNOLDSsche Gesetz bei verschiedenen ν wohl infolge Einflusses der Kapillarität als nicht exakt erfüllt erwies. Die Größenordnung der verschiedenen kritischen Zahlen wird dieselbe, nämlich 300 bis 500, wenn man konsequent immer die REYNOLDSsche Zahl aus der mittleren Geschwindigkeit und der in der Hydraulik viel verwendeten Größe „Querschnitt geteilt durch benetzten Umfang", dem sog. „Profil- oder hydraulischen Radius" verwendet. Bei der Bewegung fester Körper in einer Flüssigkeit kann man nicht mit derselben Sicherheit wie bei den erwähnten Strömungen ein Umschlagen feststellen, da ja die Strömungen bei kleiner REYNOLDSscher Zahl Näherungslösungen darstellen und man das genaue Verhalten bei einer Strömung, die als laminar zu bezeichnen wäre, nicht kennt; durch Messung des Widerstands in Abhängigkeit von der Geschwindigkeit kann man daher ein Versagen der Ansätze laminarer Strömung nicht erkennen. Die ausführlichen Messungen (Ziff. 57) zeigen immerhin, daß nicht ein einheitliches Gesetz die Verhältnisse bei verschiedenen REYNOLDSschen Zahlen bestimmt; ein stetiger Übergang von den Näherungslösungen (Ziff. 16 u. 17) zu den Strömungen bei großen REYNOLDSschen Zahlen kann also nicht angenommen werden. Beobachtungen eines plötzlichen Übergangs aus einer stationären in eine nichtstationäre Bewegung liegen indessen nicht vor.

33. Das Stabilitätsproblem[6]). Da die POISEUILLEsche Formel und die ihr entsprechenden Formeln der Ziff. 13 für jede REYNOLDSsche Zahl eine exakte Lösung der hydrodynamischen Gleichungen sind, so muß die laminare Strömungsform immer einer möglichen Strömung entsprechen, wenn man nicht etwa die Unrichtigkeit der Differentialgleichungen selbst annehmen will. Da aber die laminaren Strömungen für große REYNOLDSsche Zahlen nicht beobachtet werden, hat schon REYNOLDS selbst die Ansicht ausgesprochen, sie müßten instabil

[1]) V. W. EKMAN, Ark. f. Mat., Astron. och Fys. Bd. 6, Nr. 12. 1911.
[2]) L. SCHILLER, Forschungsarbeiten H. 248, 1922.
[3]) Definition s. Ziff. 43.
[4]) M. M. COUETTE, Ann. chim. phys. (6) Bd. 21, S. 433. 1890.
[5]) L. HOPF, Ann. d. Phys. Bd. 32, S. 777. 1910.
[6]) Zusammenfassende Darstellung von F. NOETHER, ZS. f. angew. Math. u. Mech. Bd. 1, S. 125. 1921.

sein. Der Nachweis dieser Instabilität aus der Theorie ist ein grundlegendes Problem, das seit Reynolds viele Köpfe beschäftigt hat, ohne daß bis heute eine restlose Klarstellung gelungen wäre.

Im strengen Sinn kann der Begriff der Instabilität nur so aufgefaßt werden, daß es beliebig kleine Störungen gibt, welche das Gleichgewicht eines instabilen Systems dauernd verändern. Die klassische Methode zur Untersuchung der Stabilität nach diesem Prinzip ist die Methode der kleinen Schwingungen. Diese ist zuerst von Lord Kelvin[1]) auf das Turbulenzproblem angewandt worden. Man denkt sich einer laminaren Strömung eine sehr kleine Störung überlagert und untersucht, ob diese Störung im Laufe der Zeit abnimmt oder zunimmt. Im ersteren Fall und im Grenzfall, daß weder Abnahme noch Zunahme stattfindet, bleibt die Abweichung von der laminaren Strömung dauernd sehr klein; die laminare Strömung erweist sich als stabil. Wächst aber die Störung mit der Zeit mehr und mehr an, so ist die Strömung instabil und kann nicht dauernd existieren.

Mathematisch ist der Ansatz folgendermaßen zu formulieren: Die Hauptströmung habe nur die Komponente U der Geschwindigkeit, welche nur von y abhänge. Die Störung habe die Komponenten u_1 und v_1, welche sich infolge der Kontinuitätsgleichung aus einer Stromfunktion ψ ableiten:

$$u_1 = \frac{\partial \psi}{\partial y}, \qquad v_1 = -\frac{\partial \psi}{\partial x}. \tag{1}$$

Man setzt diese Ausdrücke in die Gleichung für die Stromfunktion (2) von Ziff. 8 ein; das dortige Ψ wird $= \int U\,dy + \psi$. Alle Glieder, welche ψ oder seine Ableitungen in höherer als erster Potenz enthalten, werden vernachlässigt, dagegen natürlich die Produkte von U und seinen Ableitungen mit ψ oder seinen Ableitungen beibehalten. Dann ergibt sich die partielle Differentialgleichung

$$\varrho\left[\frac{\partial \Delta\psi}{\partial t} + U\frac{\partial \Delta\psi}{\partial x} - \frac{d^2 U}{dy^2}\frac{\partial \psi}{\partial x}\right] = \mu \Delta\Delta\psi. \tag{2}$$

Bezieht man hier alle Längen auf eine konstante Abmessung der Strömung, alle Geschwindigkeiten auf eine konstante, etwa die mittlere Geschwindigkeit, so kann man diese Gleichung — auf deren beiden Seiten die Trägheits- bzw. die Reibungskräfte stehen — auf eine dimensionslose Form bringen, in welcher nur die Reynoldssche Zahl R als Parameter auftritt. Setzt man nun

$$\psi = f(y)\, e^{i(\beta t - \alpha x)}, \tag{3}$$

so hat man die Störung auf Fouriersche Art in Partialschwingungen von der Frequenz α, die alle Werte von 0 bis ∞ annehmen kann, zerlegt; die Konstante β beschreibt den zeitlichen Verlauf in der Weise, daß der reelle Teil $\mathfrak{Re}(\beta)$ die zeitliche Frequenz, $\mathfrak{Re}(\beta)/\alpha$ die Fortpflanzungsgeschwindigkeit der Störung, der imaginäre Teil $\mathfrak{Im}(\beta)$ die Dämpfung angibt. Ist $\mathfrak{Im}(\beta)$ negativ, so wird der reelle Teil des Exponenten positiv; ψ wächst mit der Zeit exponentiell an; die Strömung U ist instabil. Ist dagegen $\mathfrak{Im}(\beta)$ positiv, so klingt die Störung ab; die Strömung U ist stabil.

Einsetzen von (3) in (2) ergibt

$$i\varrho\left[(\beta - \alpha U)\left(\frac{d^2 f}{dy^2} - \alpha^2 f\right) + \alpha\frac{d^2 U}{dy^2} f\right] = \mu\left[\frac{d^4 f}{dy^4} - 2\alpha^2\frac{d^2 f}{dy^2} + \alpha^4 f\right]. \tag{4}$$

---

[1]) Lord Kelvin (W. Thomson), Phil. Mag. (5) Bd. 24, S. 188 u. 272. 1887.

Diese gewöhnliche lineare Differentialgleichung vierter Ordnung ist zu lösen mit den vier Grenzbedingungen, welche das Verschwinden der Störung an den beiden Berandungen ($y = y_0$ und $y = y_1$) aussagen:

$$f = \frac{df}{dy} = 0 \quad \text{für} \quad y = y_0 \quad \text{und} \quad y = y_1 \,. \tag{5}$$

Kennt man vier partikuläre Lösungen von (4) in Gestalt einer Entwicklung, die für beide Grenzen Gültigkeit hat, so führt (5) zu vier linearen homogenen Gleichungen, welche bekanntlich nur dann eine nicht triviale Lösung haben, wenn ihre Hauptdeterminante verschwindet. So gelangt man zu einer transzendenten Gleichung (Säkulargleichung), deren Unbekannte β ist. Die Wurzeln der Säkulargleichung bestimmen also den zeitlichen Verlauf der Partialschwingungen und die Stabilität der Hauptströmung. Nur wenn keine Wurzel β einen negativ imaginären Teil hat, ist die Hauptströmung stabil, sonst instabil.

34. Lineare Geschwindigkeitsverteilung in der Hauptströmung. Der einfachste Fall — und auch bisher der einzige, der vollständig behandelt werden

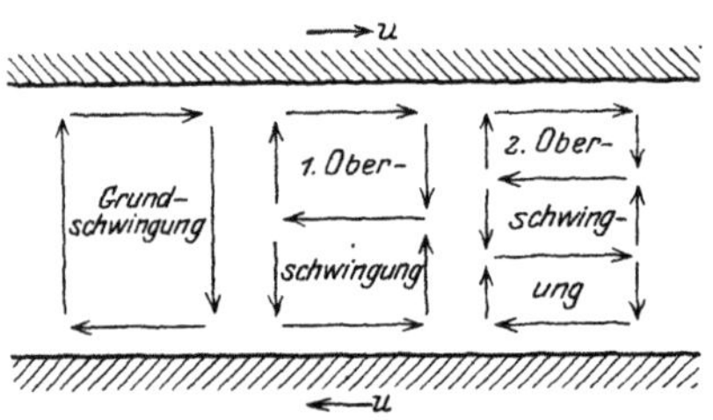

Abb. 20. Schwingungen einer Strömung mit linearer Geschwindigkeitsverteilung bei kleinem αR.

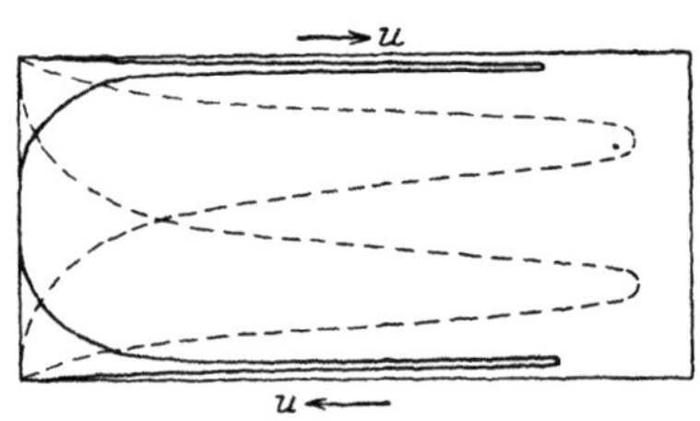

Abb. 21. Schwingungen einer Strömung mit linearer Geschwindigkeitsverteilung bei großem αR.

- - - $\alpha R = 10^3$ ——— $\alpha R = 10^6$

konnte — ist der in Ziff. 13 behandelte Fall zweier relativ zueinander bewegter ebener Platten, der als Grenzfall der Anordnung von COUETTE angesehen werden kann. Er wurde von SOMMERFELD[1]), v. MISES[2]) und HOPF[3]) ausführlich behandelt. Dieser Fall ist deshalb besonders einfach, weil $d^2U/dy^2 = 0$ wird, und somit in Gleichung (2) von Ziff. 33 das einzige Glied, das nicht $\Delta\psi$ enthält, wegfällt. Die Differentialgleichung vierter Ordnung läßt sich in zwei Gleichungen zweiter Ordnung zerspalten, deren Lösungen sich durch bekannte Funktionen — nämlich Zylinderfunktionen und harmonische Funktionen — ausdrücken lassen. Man kann im ganzen Bereich von y_0 bis y_1 asymptotische Näherungen angeben und die Säkulargleichung numerisch diskutieren. Es findet sich bei keinem Wert von α ein β mit positivem imaginärem Teil; damit ist die Stabilität dieser linearen Hauptströmung erwiesen.

Den ganzen Verlauf der Störungen hat HOPF diskutiert. Zu jedem α gehört ein aus unendlich vielen Partialschwingungen mit verschiedenen β-Werten bestehendes System von Schwingungen; die Partialschwingungen entsprechen bei kleinen REYNOLDSschen Zahlen Schwingungen der ganzen Flüssigkeitsschicht mit verschiedenen Unterteilungen, ganz analog den Schwingungen einer Saite. Die Grundschwingung erfüllt die ganze Strömung, die erste Oberschwingung hat einen Knoten usw. (Abb. 20). Die Grundschwingung ist am schwächsten ge-

---

[1]) A. SOMMERFELD, Atti del IV congr. int. dei Matem. 1908.

[2]) R. v. MISES, Heinrich-Weber-Festschr. 1912, S. 112.

[3]) L. HOPF, Ann. d. Phys. Bd. 43, S. 1. 1914.

dämpft. Bei wachsender REYNOLDSscher Zahl wird das ganze Strömungsbild kontinuierlich im Sinne des Geschwindigkeitsabfalls in der Hauptströmung verzerrt. Bei einer bestimmten REYNOLDSschen Zahl $\alpha R = \alpha U h/\nu$, welche bei kleinem α etwa bei 230 liegt, bei wachsendem α auf etwa 100 herabsinkt, ändert sich der Charakter der Grundschwingung völlig. Bei wachsendem αR drängt sich die ganze Störung auf einen immer enger werdenden Bereich zusammen, der mehr und mehr gegen die Wand zu rückt (Abb. 21). Die Grundschwingung und die erste Oberschwingung werden zu zwei symmetrischen Grundschwingungen, welche sich den beiden Wänden annähern; die Vorgänge an den beiden Wänden werden mehr und mehr voneinander unabhängig. Bei höheren αR-Werten nehmen immer mehr Oberschwingungen diesen Charakter an; in der Grenze großer αR entsprechen die verschiedenen Partialschwingungen Störungen in verschiedenen Schichten der Flüssigkeit, die unabhängig voneinander verlaufen; sie entsprechen um so niedrigeren Oberschwingungen, und sind daher um so schwächer gedämpft, je näher sie an der Wand liegen. Ihre Fortpflanzungsgeschwindigkeit ist gleich der Hauptströmungsgeschwindigkeit derjenigen Schicht, in welcher sie am stärksten sind, während die vorher beschriebenen Schwingungen bei kleinerem αR mit der mittleren Geschwindigkeit der Hauptströmung mitgenommen werden.

Beim Übergang zu unendlicher REYNOLDSscher Zahl findet man also Schwingungen, welche auf eine Schicht $y = \text{konst.}$ konzentriert sind und mit der Geschwindigkeit der Hauptströmung vorwärts schreiten. Dasselbe Bild ergibt sich beim Grenzübergang zu $\mu = 0$ in Gleichung (4), also bei einer reibungslosen Flüssigkeit. Es gibt also zwei Arten von kleinen Schwingungen einer reibenden Flüssigkeit, die diskontinuierlich ineinander übergehen; die eine Art verläuft analog den Schwingungen einer sehr zähen ($R = 0$), die andere einer reibungslosen ($R = \infty$, $\mu = 0$) Flüssigkeit.

Auf die Entstehung und den Verlauf der turbulenten Bewegungen werfen diese Untersuchungen zunächst kein Licht; um weiter vorzudringen, sind verschiedene Wege vorgeschlagen worden.

35. Schwingungsfähige Strömungen. Die Allgemeingültigkeit der Rechnung mit linearem Ansatz kann in Frage gestellt werden, weil nur in diesem speziellen Fall das Glied mit d^2U/dy^2, welches von der Krümmung des Hauptgeschwindigkeitsprofiles herrührt, von selbst verschwindet. Auch ist bemerkenswert, daß der behandelte Fall in der Grenze $\mu = 0$ keine Potentialströmung als Lösung hat, sondern nur die singulären Lösungen $\beta = \alpha U$. PRANDTL[1]) unterscheidet im Anschluß an Untersuchungen von RAYLEIGH zwei Arten von reibungslosen Strömungen, die er als „schwingungsfähige" und „nichtschwingungsfähige" bezeichnet. Der Unterschied ist klar, wenn U als Funktion von y aus geraden Stücken besteht, wie in Abb. 22. Dann gibt es Schwingungen im Sinn von PRANDTL, wenn die aus Ziff. 33, Gleichung (4) mit $\mu = 0$ hervorgehende Differentialgleichung

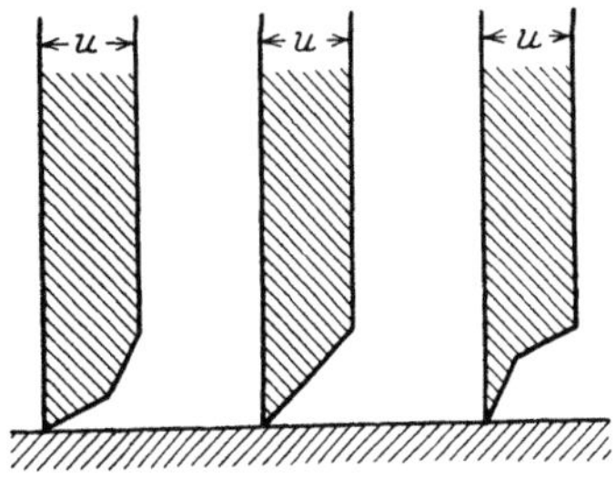

Abb. 22. Zur Definition schwingungsfähiger Strömungen.

$$\frac{d^2 f}{dy^2} - \alpha^2 f = 0 \tag{1}$$

[1]) L. PRANDTL, Phys. ZS. Bd. 23, S. 19. 1922; O. TIETJENS, ZS. f. angew. Math. u. Mech. Bd. 5, S. 200. 1925.

eine an den Wänden $y = \pm 1$ verschwindende Lösung hat ($f = 0$; die Komponente $df/dy \sim u$ verschwindet natürlich bei Ansatz ohne Reibungsglieder nicht). Die singulären Lösungen $\beta = \alpha U$ werden nicht als Schwingungen angesehen.

Nun zeigt sich, daß es von diesen Schwingungen wieder zwei Arten gibt: der stetige Übergang des Druckes und der Störungskomponente v an den Knickstellen erfordert die Erfüllung von Grenzbedingungen, welche β bestimmen. Bei jeder Art Einbuchtung (wie bei c in Abb. 22) ergeben sich konjugiert komplexe β-Werte, und dies zeigt Labilität der Hauptströmung an; eine solche Hauptströmung muß auch bei Berücksichtigung der Reibung labil sein, wenn nur die Reibungskräfte klein gegen die Trägheitskräfte sind, also bei großer REYNOLDSscher Zahl. Man kann aber von hier aus nicht zu einer kritischen Zahl vordringen; denn diese Hauptströmung entspricht keinem stationären Gleichgewicht bei zäher Flüssigkeit.

Verläuft der Knick aber in Art einer Ausbuchtung (a und b in Abb. 22), so wird β reell; eine solche Hauptströmung ist ohne Reibung ungedämpfter Schwingungen fähig. PRANDTL sieht nun diese Schwingungen als erste Näherungen von Schwingungen der zähen Flüssigkeit bei großer REYNOLDSscher Zahl an und berechnet weitere Näherungen durch Abschätzung der Größenordnung, mit welcher die Zähigkeit (und mit ihr die REYNOLDSsche Zahl) von Einfluß sein muß. Dreierlei Einfluß ist vorhanden:

1. Die Hauptströmung ist nicht stationär; das Geschwindigkeitsprofil ändert sich mit der Zeit; der Knick rundet sich ab. Diese Wirkung geht proportional ν, also $\sim 1/R$.

2. Die Dissipation in der Schwingung wird in der Umgebung der Knickstelle von höherer Größenordnung als sonst in der Strömung; sie geht proportional $\nu^{2/3}$.

3. In einer Grenzschicht an der Wand darf die Reibung nicht vernachlässigt werden; es muß vielmehr eine Zusatzschwingung in der Grenzschicht angenommen werden, welche auch die Störungskomponente u an der Wand zu Null macht. Die Grenzschicht wird, wie stets (s. Ziff. 27), proportional $\nu^{1/2}$, und mit diesem Faktor geht auch die Wirkung proportional. Die Durchrechnung führt nun zu dem erstaunlichen Ergebnis, daß diese Wirkung der Grenzschicht eine instabilisierende ist; die Schwingungen werden durch die Vorgänge in der Grenzschicht angefacht, und zwar ist das logarithmische Inkrement proportional $\nu^{1/2}$. Der physikalische Grund dieser Anfachung ist der, daß die von der Wand auf die Grenzschicht übertragene Schubspannung von der Grenzschicht an die übrige Strömung nur durch Vermittlung von Schwankungen übertragen wird, in welchen die (ohne Reibung dort sehr kleine) v-Komponente eine ausschlaggebende Rolle spielt. Während die u-Komponente der reibungslosen Schwingung durch die Grenzschichtvorgänge herabgedrückt wird, wird die v-Komponente verstärkt, und diese senkrecht zur Hauptströmung verlaufenden, gewissermaßen von außen kommenden Störungen führen zur Instabilität. Die drittgenannte Wirkung ist offenbar bei großem R die entscheidende. Solche schwingungsfähigen Strömungen die sich ohne Reibung ($R = \infty$) indifferent verhalten, müssen daher bei großem, endlichem R instabil sein. Diese Instabilität wird bei kleinerem R aufgehoben, da dann die mit $R^{-2/3}$ proportionalen Wirkungen die mit $R^{-1/2}$ proportionalen überwiegen; und es wird sich eine kritische Zahl ergeben. Ausgerechnet ist jedoch eine kritische Zahl noch nicht.

HEISENBERG[1]) hat versucht, diese PRANDTLschen Gedankengänge zu beweisen, indem er die Gleichung (4) von Ziff. 33 allgemein in Angriff nahm. Er

---

[1]) W. HEISENBERG, Ann. d. Phys. Bd. 74, S. 577. 1924.

unterscheidet allgemein „schwingungsfähige" von „nichtschwingungsfähigen" Strömungen dadurch, daß er für erstere reelles β fordert, aber dabei die singulären Lösungen $\beta = \alpha U$ im COUETTEschen Fall ausschließt. Er vermeidet dabei die Profile mit Knicken, durch welche in die PRANDTLschen Untersuchungen ein problematisches Element hineingetragen wird. Das Ergebnis ist wie bei PRANDTL die Instabilität der „schwingungsfähigen" Strömungen bei großem aber endlichem R. Die Rechnungen ruhen indes mathematisch auf einem so unsicheren Fundament, daß Referent sie nicht für beweiskräftig halten kann.

Der Haupteinwand gegen die bestechenden Gedankengänge von PRANDTL und HEISENBERG liegt darin, daß sie ein verschiedenes Verhalten für zwei Arten von Strömungen erhalten, nämlich für die „nichtschwingungsfähige" COUETTEsche und die „schwingungsfähige" POISEUILLEsche, die sich experimentell im Hinblick auf die Instabilität der laminaren Strömung gleich verhalten. Auch scheint der Begriff der Schwingungsfähigkeit nicht ganz eindeutig klar.

Neuere Beobachtungen von PRANDTL (von denen er dem Referenten liebenswürdigerweise Kenntnis gegeben) scheinen die Bedeutung der geknickten Geschwindigkeitsprofile für die Instabilität hervorzuheben. Der Einsatz der Turbulenz erfolgte bei jeder REYNOLDSschen Zahl in einem soweit stromaufwärts gelegenen Querschnitt des Rohres, daß dort ein voll entwickeltes Parabelprofil nicht angenommen werden konnte. Die Instabilität setzt also in der Anlaufstrecke ein, wo das Geschwindigkeitsprofil sehr ähnlich einem geknickten verläuft (s. Ziff. 44).

36. Wanderschütterungen. An Untersuchungen über reibungslose Schwingungen knüpft auch der Gedankengang an, der Wanderschütterungen für die Entstehung der Turbulenz verantwortlich macht[1]). Eine Hauptströmung mit linearer Geschwindigkeitsverteilung kann nämlich ohne Reibung instabil sein, wenn die Grenzbedingungen nicht die in Gleichung (5) von Ziff. 33 gegebenen sind. Nun muß freilich die Hauptströmungsgeschwindigkeit an der Wand mit der Wandgeschwindigkeit übereinstimmen; aber die als unendlich klein vorausgesetzte Störung könnte durch eine unendlich kleine, darum nicht unbedingt auszuschließende Bewegung der Wand selbst erzeugt, und so die turbulente Bewegung im Innern der Flüssigkeit durch eine Anfangsstörung an der Wand ausgelöst sein. Der Ansatz ist für den extremen Fall von freien Oberflächen an Stelle der Wände durchgerechnet; es ergibt sich Instabilität gegen einen bestimmten Wellenlängenbereich ($\alpha < 2{,}4$) und eine zu kleine kritische Zahl $R_K = 11$. Die instabilisierenden Schwingungen sind im ganzen Innern Potentialschwingungen (d. h. sie gehorchen der Differentialgleichung $d^2 f/dy^2 - \alpha^2 f = 0$); nur in einer kleinen Grenzschicht kommen die Reibungsglieder so zur Geltung, daß auch die Grenzbedingungen für zähe Flüssigkeiten erfüllt sind. Auch bei dieser Problemstellung wurde schon aus der numerischen Durchrechnung erkannt, daß die Hauptwirkung der Zähigkeit bei großem R eine instabilisierende ist.

Eine verwandte Anschauung, die zuerst v. MISES[2]) aussprach, macht eine andauernd wirkende äußere Kraft, wie sie etwa von einer Unebenheit der Wand ausgehen könnte, für den Umschlag in die turbulente Strömung verantwortlich. OSEEN[3]) hat diesen Gedankengang so durchgeführt, daß er die oben benutzten Gleichungen um ein Glied der äußeren Kraft erweitert, aber diese Kraft nicht (wie hier schon in Ziff. 3 geschehen) von einem Potential ableitet (also $\operatorname{rot}\mathfrak{K} \neq 0$). Er beschränkt sich auf den Fall linearer Geschwindigkeitsverteilung und läßt die beiden Wände ins Unendliche rücken. Beim Übergang zu $\mu = 0$

---

[1]) L. HOPF, Ann. d. Phys. Bd. 59, S. 538. 1919.

[2]) R. v. MISES, Jahresber. d. dtsch. mathem. Ver. Bd. 33, S. 138. 1914.

[3]) C. W. OSEEN, Ark. f. Mat., Astron. och Fys. Bd. 14, Nr. 16. 1919.

ergibt sich Labilität; eine kritische Zahl wird nicht berechnet. Oseen sieht allgemein den Unterschied der turbulenten Strömung von der laminaren im Auftreten von Singularitäten in der Strömung; er hat bewiesen, daß immer, wenn die Bewegung einer unendlich ausgedehnten Flüssigkeit aufhört, regulär zu sein, der Wirbelvektor irgendwo in der Flüssigkeit unendlich werden muß.

Erwähnenswert ist auch der Gedankengang von Lorenz[1]), der die kritische Zahl durch Vergleich der Energie der Laminarbewegung und der turbulenten Bewegung, deren Gesetze aus der Erfahrung entnommen werden, berechnet. Trotz der guten Übereinstimmung mit der Erfahrung scheint die Untersuchung nicht recht befriedigend, da zuviel willkürliche Ansätze eingeführt werden. Immerhin kann der Gesichtspunkt, daß der Übergang nicht aus den Gesetzen des laminaren Zustands allein zu verstehen ist, fruchtbar sein.

37. Endliche Schwingungen. Die negativen Erfolge der Rechnungen mit kleinen Schwingungen, sowie die Versuche von Ekman und Schiller, bei welchen die kritische Zahl beliebig gesteigert werden konnte, legten die Ansicht nahe, daß es sich bei der Entstehung der Turbulenz nicht um eine gewöhnliche Instabilität gegen unendlich kleine, sondern gegen endliche Störungen handle (Bergkuppenstabilität). Dieser Gedankengang wurde von Noether[2]) auf dieselbe Differentialgleichung (4) von Ziff. 33 mit den Grenzbedingungen (5) von Ziff. 33 zurückgeführt. Nur bedeutet dann U nicht die Strömung, deren Stabilität untersucht werden soll, sondern eine davon in endlicher Weise verschiedene, z. B. $U = cy^3$ im Falle der linearen Geschwindigkeitsverteilung in der laminaren Strömung. Bei diesem Ansatz ist die Hauptströmung nicht stationär, sondern unter Einfluß der Zähigkeit veränderlich, zum Gleichgewicht hinstrebend. Diese Ausgleichsbewegung geht aber so langsam vor sich, daß die Hauptströmung für die Stabilitätsrechnung als stationär angesehen werden kann. Klingt die Störung ab, so vollzieht sich die Ausgleichsbewegung ungestört; wächst sie an, so kann sich keine laminare Geschwindigkeitsverteilung ausbilden. Ausführlich untersucht ist die Ausgangsverteilung $U = cy^3$ mit der beschränkenden Annahme $\alpha = 0$[3]); es wurde aber nicht β berechnet, sondern nur nach einem Werte von R gesucht, bei welchem auch $\beta = 0$ wird, bei welchem also Übergang von Stabilität zu Instabilität bei Fortpflanzungsgeschwindigkeit Null eintritt. Es zeigt sich, daß ein solcher Wert nicht existiert. Nur bei einer diskontinuierlichen Anfangsverteilung konnte Noether einen kritischen Wert von aR finden, aber noch keinen kritischen Wert von R, da auch diese Rechnung auf $\alpha = 0$ beschränkt war. In einer ganz neuen Arbeit zeigt Noether[4]), daß allgemein keine Lösungen von [Ziff. 33, Gleichung (4) und (5)] in dem Bereiche asymptotischer Entwicklung der Partikularlösungen existieren.

38. Energetische Ansätze: Reynolds[5]) selbst ist an das Stabilitätsproblem in der Weise herangegangen, daß er (wie in Ziff. 33) die gesamte Strömung in eine bekannte Hauptströmung und eine Störung teilte, deren quadratische Glieder vernachlässigt werden. Er bestimmte aber nicht den zeitlichen Verlauf dieser Störung, sondern stellte nur eine Energiebilanz für die Störung (in der Art der Ziff. 9) auf. Auch Lorentz[6]), Orr[7]), Hamel[8]) haben solche Unter-

[1]) H. Lorenz, Phys. ZS. Bd. 26. S. 557. 1925; Bd. 27, S. 533. 1926. S. a. A. Pröll, ZS. für techn. Phys., Bd. 7, S. 428. 1926.
[2]) F. Noether, Münchener Ber. 1913, S. 309; Göttinger Nachr. 1917.
[3]) O. Blumenthal, Münchener Ber. 1913, S. 563.
[4]) F. Noether, ZS. f. angew. Math. u. Mech. Bd. 6, S. 232. 1926.
[5]) O. Reynolds, Phil. Trans. A. Bd. 186, S. 123. 1894; Scient. Pap. Bd. 2, S. 535.
[6]) H. A. Lorentz, Abh. üb. theoret. Phys., S. 43. Leipzig 1907.
[7]) W. McFadden Orr, Proc. Roy. Irish Acad. Bd. 27, S. 124. 1907.
[8]) G. Hamel, Göttinger Nachr. 1911.

suchungen angestellt. Man findet die zeitliche Änderung der Störungsenergie in der Volumeinheit

$$\varrho \frac{d}{dt} \overline{\left(\frac{u_1^2 + v_1^2}{2}\right)} \tag{1}$$

im Mittel (was durch die wagerechten Striche bezeichnet werde) aus zwei Teilen zusammengesetzt:

1. Der Impulstransport, durch welchen die Schubkräfte zwischen den einzelnen Schichten übertragen werden, verstärkt die Störungsbewegung bei positivem dU/dy, wie aus den allgemeinen Überlegungen (Ziff. 31) folgt; die so der Störung in der Volumeinheit zufließende Energie ist

$$-\varrho \frac{dU}{dy} \overline{u_1 v_1}. \tag{2}$$

2. Die innere Reibung verzehrt in der Volumeinheit Störungsenergie im Betrage

$$\mu \overline{\left(\frac{\partial u_1}{\partial y} - \frac{\partial v_1}{\partial x}\right)^2}. \tag{3}$$

Der erste Ausdruck ist der Dichte, also der Trägheit, der zweite der Zähigkeit proportional; ihr Verhältnis hängt bei Benutzung dimensionsloser Variablen nur von der REYNOLDSschen Zahl ab. Natürlich ist (3) bei kleinen REYNOLDSschen Zahlen größer als (2), bei größeren REYNOLDSschen Zahlen kleiner. Bei einer bestimmten Annahme für u_1, v_1 ergibt sich eine kritische REYNOLDSsche Zahl, bei welcher der Ausdruck (2) gleich (3) wird, oberhalb dessen er größer wird. Unter allen diesen Annahmen ist diejenige zu suchen, bei welcher der kritische Wert am kleinsten wird. LORENTZ hat bestimmte Einschränkungen für u_1, v_1 gemacht, indem er einen elliptischen Wirbel als Störung annahm, und fand schon eine sehr niedrige kritische Zahl, nämlich $\frac{\varrho U h}{\mu} = 288$, im Falle der linearen Geschwindigkeitsverteilung in der Hauptströmung mit Höchstgeschwindigkeit U und Schichtdicke h. Bei der schärferen Fassung des Problems als Variationsaufgabe wird die Zahl noch kleiner. Dieses Ergebnis steht im Widerspruch mit der Erfahrung, sowie mit der exakten Untersuchung nach der Methode der kleinen Schwingungen. Die Folgerung, daß unterhalb der so gefundenen kritischen Zahl jede Störung durch die innere Reibung aufgezehrt wird, kann als richtig gelten. Aber für größere REYNOLDSsche Zahlen folgt aus dem Anwachsen der Störungsenergie in einem bestimmten Augenblick noch keine Instabilität der Hauptströmung, da der weitere Verlauf der Störung im Dunkel bleibt. Das entgegengesetzte Ergebnis der Methode der kleinen Schwingungen beweist gerade die Unbrauchbarkeit dieser Betrachtungsweise für das Stabilitätsproblem.

39. Verlauf der turbulenten Bewegung. Die Schwierigkeiten, welche sich einer allgemeingültigen Einsicht in die Vorgänge bei turbulenten Strömungen entgegenstellen, sind noch größer als beim Stabilitätsproblem; infolgedessen ist man über Vermutungen noch nicht hinausgekommen und hat sich bei den einzelnen Problemen, die unten besprochen werden, mit mehr oder weniger sinnvoll geordneten und auf andere Fälle übertragenen empirischen Gesetzmäßigkeiten begnügt.

Es gibt zwei Möglichkeiten zur Auffassung der turbulenten Strömung:

1. Die Differentialgleichungen für reibende Flüssigkeiten könnten außer der laminaren und verwandten Lösungen noch Lösungen mit denselben Grenzbedingungen haben, welche zu turbulenten Strömungen gehören. Nur nichtstationäre Lösungen kommen hierfür in Betracht; die in Ziff. 25 und 26 diskutierten Strömungen kann man wohl als den laminaren verwandt ansprechen; sie

treten in Versuchen mit großen REYNOLDSschen Zahlen nicht in die Wirklichkeit. Es sei bemerkt, daß das rein mathematische Problem, wie viele Lösungen bei bestimmten Grenzbedingungen die Gleichungen (2) von Ziff. 3 haben, ungelöst ist.

Einen Versuch, solche Lösungen zu finden, hat HEISENBERG[1]) unternommen, indem er die Unbekannte Ψ der Gleichung (2) von Ziff. 8 nach Potenzen von $e^{i(\beta t - \alpha x)}$ entwickelt und die Abhängigkeit der einzelnen Entwicklungskoeffizienten von y aus dieser Gleichung bestimmt hat. Es ergibt sich eine mittlere Strömung, deren Geschwindigkeitsverteilung linear oder unabhängig von y ist und an den Wänden mit $y^{\frac{1}{4}}$ geht (s. Ziff. 46). Darüber lagern sich Schwingungen von bestimmtem Frequenzbereich, die gegen die Wände zu anwachsen und erst in unmittelbarer Nähe der Wände zu Null gehen; die Vorgänge in der Umgebung der einen Wand sind von denen an der anderen unabhängig. So bestechend diese Ergebnisse scheinen, so wenig können sie angesichts der unsicheren mathematischen Grundlage als zuverlässig angesehen werden.

40. Die turbulente Strömung als statistisches Gleichgewicht. 2. Mehr und mehr Boden hat in den letzten Jahren die Auffassung gewonnen, daß die turbulente Strömung überhaupt nicht eindeutig bestimmt ist, im Sinne einer im einzelnen numerisch verfolgbaren Lösung der Differentialgleichungen, sondern daß sich nur ein statistisches Gleichgewicht von regellosen Schwingungen oder Wirbeln einstellt, das durch eine bestimmte Verteilung der mittleren Geschwindigkeiten und der Schubkräfte charakterisiert ist[2]). Als erster hat BURGERS[3]) versucht, auf Grund dieser Vorstellungen im Falle zweier relativ zueinander bewegter Wände die (in diesem Falle von y unabhängige) Schubkraft zwischen zwei benachbarten Schichten in Abhängigkeit von der Wandgeschwindigkeit zu berechnen. Nach den Überlegungen der Ziff. 31 gilt

$$\tau = \mu \frac{dU}{dy} - \varrho \overline{u_1 v_1}\,, \tag{1}$$

ferner nach Ziff. 38 im Gleichgewichtsfall, wenn die Energie der Störung im Mittel konstant bleiben soll

$$\int_{-h}^{+h} \frac{dU}{dy} \varrho \overline{u_1 v_1}\, dy + \int_{-h}^{+h} \mu \overline{\left(\frac{\partial u_1}{\partial y} - \frac{\partial v_1}{\partial x}\right)^2}\, dy = 0\,. \tag{2}$$

Hierbei ist jetzt natürlich nicht dU/dy konstant wie bei laminarer Hauptströmung. Eliminiert man aus diesen beiden Gleichungen dU/dy, so ergibt sich τ in Abhängigkeit von den verschiedenen Schwankungsmittelwerten. Um diese zu berechnen, nimmt BURGERS, wie LORENTZ, als Zusatzströmung einen elliptischen Wirbel an, dessen Dimensionen so bestimmt werden, daß der Widerstand bei den gegebenen äußeren Bedingungen am größten wird. Das Ergebnis ist aber von speziellen Annahmen über die Größe der Wirbel stark abhängig, darum unbestimmt und mit der Erfahrung nicht vergleichbar.

Weiter dringt die Untersuchung v. KÁRMÁNS[4]), bei welcher gleichfalls die Hauptströmung zwischen zwei relativ zueinander mit den Geschwindigkeiten $\pm U$ bewegten Wänden ($y = \pm h$) zugrunde gelegt und — außerhalb einer

---

[1]) W. HEISENBERG, Ann. d. Phys. Bd. 74, S. 577. 1924 (2. Teil).

[2]) R. v. MISES, ZS. f. angew. Math. u. Mech. Bd. 1, S. 425. 1921.

[3]) J. M. BURGERS, Versl. Akad. Amsterdam Bd. 32, S. 574. 1923; auch Innsbr. Vortr. S. 143.

[4]) TH. v. KÁRMÁN, Abh. Aerod. Inst. Aachen H. 4, S. 27; auch Proc. of the 1. int. congr. f. appl. mechanics, S. 97. Delft 1924.

kleinen Grenzschicht — die Hauptgeschwindigkeit Null und eine Schwankung von der Form

$$\psi = A\cos(\alpha x + \beta y) \tag{3}$$

angenommen wird. Die in der Grenzschicht, also durch Zähigkeit bei der Schichtenströmung verzehrte Energie wird vernachlässigt gegenüber der Energie der Nebenbewegung; d. h. in Gleichung (6) wird der erste Summand auf der rechten Seite im Mittel weggelassen, und die Arbeit an der Längeneinheit einer bewegten Wand wird

$$\tau U = -\varrho\, \overline{u_1 v_1}\, U = \mu \overline{\left(\frac{\partial u_1}{\partial y} - \frac{\partial v_1}{\partial x}\right)^2} h. \tag{4}$$

Mit dieser Beziehung als Nebenbedingung wird nun die wahrscheinlichste Verteilung $f(\alpha, \beta)$ der Frequenzen α und β nach demselben Prinzip gesucht wie die wahrscheinlichste Geschwindigkeitsverteilung in der kinetischen Gastheorie; sie ist gegeben durch das Minimum des Ausdruckes

$$S = \int_0^\infty\int_0^\infty f \ln f \, d\alpha\, d\beta. \tag{5}$$

Das bedeutet physikalisch, daß ein ständiger regelloser Übergang von Energie von einer Schwingung in die andere stattfindet, daß die Wirbel von allen möglichen Ausdehnungen und Lagen in ständigem regellosen Energieaustausch stehen. KÁRMÁN findet als quadratischen Mittelwert der Frequenz

$$\overline{\alpha^2} = 0{,}155\,\frac{U\varrho}{\mu h} = 0{,}155\,\frac{R}{h^2}. \tag{6}$$

Bei dieser Rechnung fällt die mittlere Energie der Zusatzbewegung heraus; um eine Beziehung für die Schubkraft τ in Abhängigkeit von der REYNOLDSschen Zahl R zu erhalten, müssen die Vorgänge in der Grenzschicht, welche für die Energiebeziehung vernachlässigt wurden, herangezogen werden. Nimmt man lineare Geschwindigkeitsverteilung in der Grenzschicht (von der Dicke δ) an, so wird

$$\tau = \mu\,\frac{U}{\delta}, \tag{7}$$

und die gesuchte Beziehung hängt an der Verbindung von Grenzschichtdicke δ und Frequenz α. Eine solche gibt aber die in Ziff. 35 auseinandergesetzte Theorie von PRANDTL und TIETJENS; denn die Annahmen geben eine Verteilung der Hauptgeschwindigkeit wie in Abb. 22b, und für diese ergibt sich bei jeder REYNOLDSschen Zahl der Grenzschicht $U\delta\varrho/\mu$ ein bestimmtes Verhältnis der Wellenlänge λ, welche zu einer ungedämpften und nicht angefachten Störung gehört, zu δ. Setzt man dieses λ identisch mit der mittleren Wellenlänge $2\pi/\sqrt{\overline{\alpha^2}}$ der oben betrachteten Zusatzbewegung, so hat man eine bestimmte Beziehung zwischen τ und R. Die numerische Durchführung führt zu Werten, die zwar nicht exakt mit der Erfahrung übereinstimmen, aber doch die Größenordnung richtig wiedergeben.

Dieses statistische Gleichgewicht ist auch stabil, denn wenn etwa die Schwankungen zunehmen, so wird nach (4) auch τ größer, dadurch nach (6) δ kleiner und nach PRANDTL und TIETJENS λ ebenfalls kleiner. Eine höhere Frequenz der Schwankungen hat aber nach (3) und (4) auch eine größere Energieverzehrung zur Folge; durch diese wird das ursprüngliche statistische Gleichgewicht wiederhergestellt.

Interessant ist, daß in dieser Theorie als charakteristisch für die turbulente Bewegung Wirbel auftreten, deren Schieflage dem Geschwindigkeitsabfall in der Hauptströmung entgegengesetzt ist (Abb. 23), gerade wie in den Theorien der Instabilität von LORENTZ (Ziff. 38) und von HOPF (Ziff. 36).

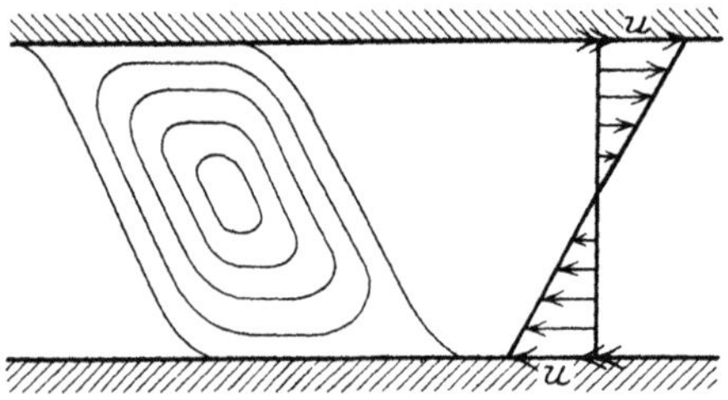

Abb. 23. Wirbel in der turbulenten Strömung nach v. KÁRMÁN.

41. Turbulente Grenzschicht. Die Erfahrungen über Turbulenz lassen sich auch auf die PRANDTLsche Grenzschicht übertragen. In den Überlegungen der Ziff. 27 bis 30 war diese als laminar angesehen worden. Es zeigt sich nun, daß oberhalb gewisser REYNOLDSscher Zahlen Folgerungen der Grenzschichtentheorie nicht mehr mit der Erfahrung in Übereinstimmung sind, daß vielmehr auch in der Grenzschicht eine nichtstationäre, turbulente Strömung sich ausbildet. Man kann aber die Überlegungen der Ziff. 29 trotzdem aufrechterhalten, wenn man nur unter u nicht die momentane Geschwindigkeit, sondern einen zeitlichen Mittelwert versteht; dann ist die Anwendung des Impulssatzes voll berechtigt, und die Schwierigkeit besteht nur in der Auswahl einer brauchbaren Form für die Abhängigkeit des u von y. Man muß sich darin auf Erfahrungen stützen und eine ganz schmale Randschicht (gewissermaßen die Grenzschicht der Grenzschicht), in welcher die Trägheitskräfte belanglos werden und daher immer noch eine laminare Strömung herrschen muß, ausschließen.

42. Wärmeübergang. Es muß hier erwähnt werden, daß von unseren allgemeinen Gesichtspunkten aus auch Licht auf den Übergang von Wärme zwischen Flüssigkeitsschichten und zwischen Wand und strömender Flüssigkeit fällt. In den meisten praktisch wichtigen Fällen, besonders bei turbulenter Strömung, rührt der Wärmeübergang im wesentlichen von der Konvektion her, also vom Strömungsmechanismus. Derselbe Mechanismus regelt aber auch die Impulsübertragung; daher ist durch ihn der hydrodynamische Widerstand bestimmt. Infolge davon ist eine Beziehung zwischen der Wärmeübertragung und dem Widerstand zu erwarten. Setzt man die volle Identität der Mechanismen voraus, so kann man eine Dimensionsbetrachtung anwenden. Bedeutet Q die Wärmemenge, welche von der Flächeneinheit der Wand in der Sekunde an die Flüssigkeit abgegeben wird, W den Widerstand dieser Flächeneinheit, C die spezifische Wärme und v die Geschwindigkeit der Flüssigkeit, so muß gelten

$$Q = \text{konst.} \cdot \frac{CW}{v}. \tag{1}$$

Die Voraussetzung ist richtig für die molekulare Impuls- und Wärmeübertragung in Gasen, wobei sie die aus der kinetischen Theorie bekannte Form

$$\frac{C\mu}{\lambda} = \text{konst.} \tag{2}$$

erhält (λ Wärmeleitzahl); sie gilt nicht für Wärmeleitung und Reibung der tropfbaren Flüssigkeiten. Dagegen ist sie vollberechtigt für die Übertragung des Impulses und der Wärme bei turbulenter Strömung, wo dieselben ungeordneten Bewegungen (Wirbel) beide Übertragungen besorgen, wo der Widerstand durch die Konvektion derselben Materialteilchen hervorgerufen wird, welche die Wärme mit sich führen. Dieser Gedanke ist von REYNOLDS[1]) zuerst ausgesprochen, von PRANDTL[2]) eingehender begründet worden. Jeder Fortschritt der Erkenntnis über den Mechanismus, die Geschwindigkeitsverteilung, den Widerstand in der turbulenten Strömung kann danach für die Durchdringung der Vorgänge beim Wärmeübergang zwischen Wand und strömender Flüssigkeit nutzbar gemacht werden[3]) (s. Kapitel „Wärmeleitung" in Bd. XI dies. Handb.).

IV. Strömung in Rohren und Gerinnen.

43. Glatte Kreisrohre. Der Druckabfall in Kreisrohren gehorcht bei kleinen REYNOLDSschen Zahlen dem POISEUILLEschen Gesetz Ziff. 13, Gleichung (7) und (8). Bei der kritischen REYNOLDSschen Zahl schlägt die laminare Strömung in die turbulente um. Im turbulenten Gebiet treten nur dann einfache Verhältnisse ein, welche mit dem REYNOLDSschen Ähnlichkeitsgesetz (Ziff. 10) übereinstimmen, wenn die Wände ganz glatt sind. Solche glatten Wände sind poliertes Glas oder Metall sowie gezogenes Messing.

Die REYNOLDSsche Zahl bei Kreisrohren sei aus dem Durchmesser D und der mittleren Geschwindigkeit U definiert:

$$R_D = \frac{UD}{\nu}. \qquad (1)$$

Der Zeiger D wird hier dazu gesetzt, um diese bei Kreisrohren meist verwendete Zahl von der bei anderen Formen zu verwendenden R_r (Ziff. 45) zu unterscheiden.

Die kritische REYNOLDSsche Zahl im Sinne der Ziff. 32, unterhalb deren nie turbulente Strömung vorkommt, ist nach den gesichertsten Messungen zu 2320 anzusetzen. Dabei ist zu beachten, daß nach den in Ziff. 32 beschriebenen Erfahrungen leicht höhere Werte auftreten können, aber nicht viel tiefere; immerhin muß eine Streuung bis zu etwa 2000 zugelassen werden. Die wichtigsten Ergebnisse der einzelnen Untersuchungen sind[4]):

Autor	Material	Methode	Kritisches R
REYNOLDS	Wasser in Bleirohren	Druckabfall, Farbfäden	2000—2100
BARNES u. COKER	Wasser	Wärmeübergang	1900—2040
RUCKES	Preßluft in Glasrohren	Druckabfall	2000—2400
STANTON u. PANNELL	Luft und Wasser	Druckabfall	2140—2250
KOHLRAUSCH	Luft in Messingrohren	Druckabfall	2080
WILDHAGEN	Hochverdichtete Luft in Glasrohren	Druckabfall	1900—2700
KOHLRAUSCH	Luft	Geschwindigkeitsverteilung	1900—2600
STANTON u. PANNELL	Luft und Wasser	Geschwindigkeitsverteilung	4000
COEHN u. REICHARDT	Wasser	Strömungsströme	1500
SCHILLER	Wasser	Druckabfall bei verschiedener Störung	2360

Kleinere kritische Zahlen wurden nur von RUCKES mit Preßluft in Eisenkapillaren und von WILDHAGEN bei Luft in ganz engen Glaskapillaren gefunden.

[1]) O. REYNOLDS, Phil. Trans. Bd. 174; Scient. Pap. Bd. II, S. 51.
[2]) L. PRANDTL, Phys. ZS. Bd. 11, S. 1072. 1910.
[3]) TH. v. KÁRMÁN, ZS. f. angew. Math. u. Mech. Bd. 1, S. 241. 1921; H. LATZKO, ebenda S. 268; Abh. Aerod. Inst. Aachen H. 1.
[4]) L. SCHILLER, Phys. ZS. Bd. 26, S. 566—595. 1925. S. dort auch die einzelnen Literaturnachweise für das Folgende, sowie Kritik einiger hier nicht erwähnter Arbeiten.

Es kann vielleicht angenommen werden, daß hier ein schwer zu fassender Einfluß der Rauhigkeit (s. Ziff. 47) vorgelegen hat.

Um den Druckabfall in glatten Kreisrohren darzustellen, bedienen wir uns der dimensionslosen Auftragung in logarithmischem Maßstab. Der Druckabfall Δp sei auf den Staudruck $\frac{1}{2}\varrho U^2$ bezogen durch den Ansatz (l Rohrlänge, D Rohrdurchmesser, ϱ Dichte, U mittlere Geschwindigkeit)

$$\frac{\Delta p}{l} = \lambda \frac{\varrho U^2}{2D}. \tag{2}$$

Dann ist λ nur Funktion von R_D, und zwar ist im laminaren Gebiet

$$\lambda = \frac{64}{R_D}. \tag{3}$$

Auch im turbulenten Gebiet liegen die Meßpunkte in weitem Bereich auf einer Geraden im logarithmischen Diagramm, einem Potenzgesetz entsprechend, das BLASIUS in der Form

$$\lambda = 0{,}3164\, R_D^{-0{,}25} \tag{4}$$

geschrieben hat, andere Autoren, entsprechend den aus Abb. 24 ersichtlichen Abweichungen ihrer Versuchsergebnisse in ähnlicher Form. Man hat vielfach vermutet, daß Gleichung (4) wegen ihrer einfachen Form und ihrer Gültigkeit in weiten Bereichen nicht nur als praktisch brauchbare Formel, sondern als exaktes Gesetz anzusehen sei. Die Messungen von STANTON und PANNELL einer-

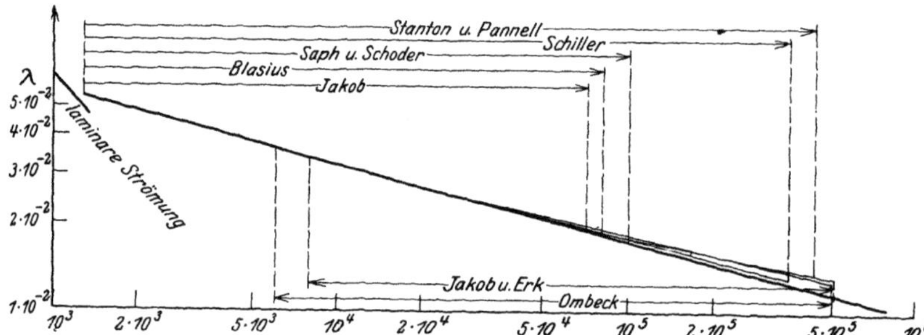

Abb. 24. Druckabfall in glatten Kreisrohren.

Tabelle zu Abb. 24.

Versuche von	Versuchsflüssigkeit	Rohrmaterial	Rohrdurchmesser
SAPH u. SCHODER[1])	Wasser	Gezogenes Messing	0,889 ÷ 2,16 cm
OMBECK[2])	Luft	Gezogenes Messing	2,00 ÷ 4,002 cm
JAKOB[3])	Wasser u. Luft	Gezogenes Messing	1,0 cm
BLASIUS[4])	Wasser	Glas/Blei	0,987 cm u. 0,483 cm
SCHILLER[5])	Wasser	Gezogenes Messing	0,80 ÷ 2,40 cm
STANTON u. PANNELL[6])	Wasser u. Luft	Gezogenes Messing	1,26 ÷ 10,10 cm
JAKOB u. ERK[7])	Wasser	Gezogenes Messing	7,02 u. 9,98 cm

[1]) A. V. SAPH u. E. W. SCHODER, Trans. Amer. Soc. Civ. Eng. Bd. 51, S. 253. 1903; H. BLASIUS, Forschungsarb. d. Ver. d. Ing. Bd. 131. 1913.
[2]) H. OMBECK, Forschungsarb. d. Ver. d. Ing. Bd. 158/159. 1914.
[3]) M. JAKOB, ZS. d. Ver. d. Ing. Bd. 66, S. 178. 1922.
[4]) H. BLASIUS, Forschungsarb. d. Ver. d. Ing. Bd. 131. 1913.
[5]) L. SCHILLER, ZS. f. angew. Math. u. Mech. Bd. 3, S. 2. 1923.
[6]) T. E. STANTON u. I. R. PANNELL, Phil. Trans. Bd. 214, S. 199. 1914.
[7]) M. JAKOB u. S. ERK, Forschungsarb. d. Ver. d. Ing. Bd. 267. 1914.

seits, von JAKOB und ERK andererseits zeigen aber in guter Übereinstimmung miteinander starke Abweichungen von (4) und erfüllen mit nur $\pm 1\%$ mittlerer Abweichung das empirische Gesetz

$$\lambda = 0{,}00714 + 0{,}6104\, R_D^{-0{,}35}\,. \tag{5}$$

44. Einfluß der Anlaufstrecke. Die in Ziff. 38 geschilderten Verhältnisse treten nur dann ein, wenn die Strömung auf der ganzen betrachteten Rohrstrecke ganz gleichmäßig ist; sie erscheinen stark modifiziert vor allem am Einlauf, wo die richtige Geschwindigkeitsverteilung sich erst nach und nach herstellen muß. Man kann erst dann mit Sicherheit auf ganz gleichmäßige Strömung rechnen, wenn man sich um eine Strecke von etwa 50fachem Rohrdurchmesser unterhalb des Einlaufes befindet. Darauf ist bei allen Versuchen, die sich auf gleichmäßige Strömung beziehen, peinlich zu achten, da die Nichtbeachtung schon mehrfach zu Verwirrungen Anlaß gegeben hat. Bei der turbulenten Strömung, besonders in rauhen Rohren (s. Ziff. 47) geht die Entwicklung auf kürzerer Strecke vor sich.

Eine erste, aber unzureichende Näherung gibt die in Ziff. 14 auseinandergesetzte HAGENBACHsche Korrektion; einen einwandfreieren und bei laminarer Strömung gut bewährten Weg bietet die Grenzschichtentheorie in der Gestalt der Ziff. 29 dar[1]). Die Strömung wird in 2 Teile geteilt (Abb. 25), die Grenzschichten mit parabolischer Geschwindigkeitsverteilung und eine Strömung mit konstanter Geschwindigkeit, auf welche die Zähigkeit keinen Einfluß hat, deren Geschwindigkeit aber stromabwärts zunimmt, da infolge der Zähigkeit die in den Grenzschichten strömende Menge kleiner und infolgedessen die in der Mitte strömende Menge größer werden muß. Der Druckabfall in der Mittelströmung ist nach der BERNOULLIschen Gleichung gegeben durch

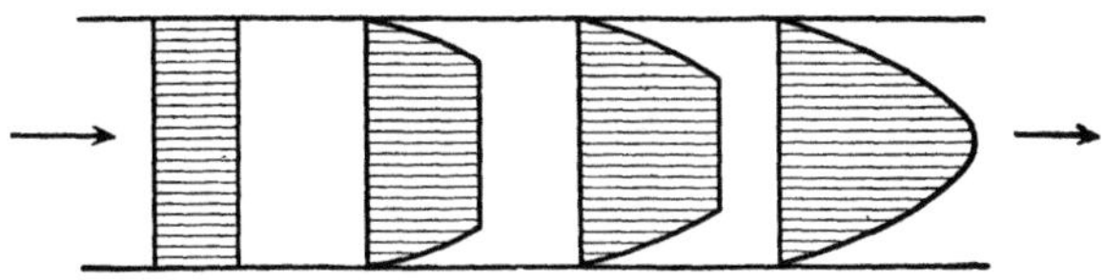

Abb. 25. Anlaufstrecke.

$$\frac{dp}{dx} = -\frac{\varrho U}{2}\frac{dU}{dx}\,, \tag{1}$$

und nach der Grenzschichtentheorie ist diese Beziehung auch für die Grenzschichten gültig. Der Impulssatz liefert dann die Entwicklung der Grenzschichtdicke δ als Funktion von x; wo $\delta = D/2$ wird, ist die POISEUILLEsche Strömung voll ausgebildet und das Gesetz des Druckabfalls nach Ziff. 13, Gleichung (7) tritt in Gültigkeit.

Mit δ ist auch U als Funktion von x gewonnen, und (1) führt zu den Werten des Druckabfalls zwischen zwei beliebigen durch die Zeiger $_1$ und $_2$ bezeichneten Querschnitten (U_0 mittlere Geschwindigkeit = Geschwindigkeit am Einlauf):

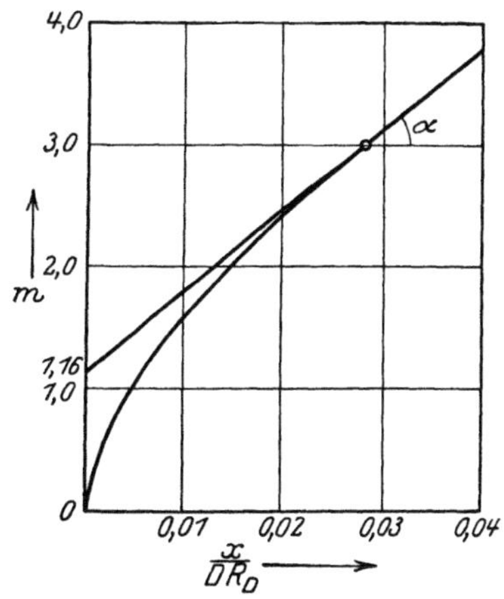

Abb. 26. Diagramm zur Berechnung des Druckabfalls in der Anlaufstrecke (nach SCHILLER).

$$p_1 - p_2 = \frac{\varrho U_0^2}{2}(m_2 - m_1)\,, \tag{2}$$

wobei die Werte von m der von SCHILLER herrührenden Abb. 26 entnommen werden können. Dabei gilt als Abszisse die dimensionslose Größe x/DR_D. Bei

[1]) L. SCHILLER, ZS. f. angew. Math. u. Mech. Bd. 2, S. 96. 1922.

$m = 3$, d. h. $x/DR_D = 0{,}0288$ ist nach dieser Rechnung die POISEUILLEsche Strömung ausgebildet; die Kurve wird von da an mit leichtem Knick durch die Gerade des Gesetzes (3) von Ziff. 43 mit dem Anstieg $\operatorname{tg}\alpha = 64$ fortgesetzt. Nach (2) wächst die Anlauflänge mit wachsendem R_D; die Abweichung vom POISEUILLEschen Gesetz macht sich daher bei kurzen Rohren um so stärker bemerkbar, je größer R_D wird.

SCHILLER hat Versuche an 3 Messingrohren von 2,399, 1,5924 und 0,7996 cm lichter Weite angestellt, wobei die beiden Stellen, deren Druckdifferenz gemessen wurde, 104,15 cm bzw. 196,77 cm unterhalb des Einlaufs lagen.. Wie gut die Versuche durch obige Rechnung wiedergegeben werden, zeigt Abb. 27. Auch für Versuche, bei welchen vom Einlauf bis an das Gebiet der ausgebildeten Laminarströmung gemessen wurde, gilt das. Sieht man die Flüssigkeit im Einlauftrog als vollkommen ruhend an, so kommt zu dem Druckabfall nach dem POISEUILLEschen Gesetz noch der Druckabfall $1{,}16\ \varrho U_0^2/2$ entsprechend Abb. 27 und der Druckabfall $\varrho U_0^2/2$ zur Erzeugung der Geschwindigkeit am Einlauf. Die in Ziff. 14 eingeführte HAGENBACHsche Korrektur ergibt

$$2\varrho U_0^2/2,$$

trifft also beinahe den exakten Wert. SCHILLER[1]) hat dieselbe Rechenmethode auch sinngemäß auf die Verhältnisse beim ENGLERschen Zähigkeitsmesser übertragen und hat es so erreicht, aus den Ablesungen trotz des kurzen Rohrstückes den Zähigkeitskoeffizienten absolut mit einer Genauigkeit von 2% messen zu können.

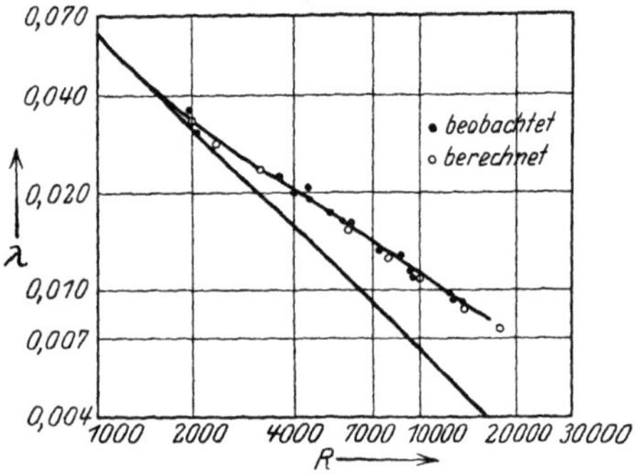

Abb. 27. Anlaufstreckenversuch von SCHILLER.

Die kritische Zahl bei Rohren von begrenzter Länge muß infolge der langsamen Entwicklung der Strömung noch vom Verhältnis x/D abhängen. Es treten komplizierte Erscheinungen auf, die vielfach zu falschen Deutungen geführt haben[2]). Eine Klärung brachte die genaue Messung des Druckabfalls von Punkt zu Punkt durch SCHILLER und KIRSTEN[3]). Sie fanden die kritische Zahl bedeutend erhöht, wenn die Rohrlänge verkleinert wurde, und erst bei sehr langen Rohren die normale kritische Zahl von der Größenordnung 2400. Vor der vollen Ausbildung ist ja die eigentliche Strömung einer zähen Flüssigkeit auf einen schmaleren Bereich beschränkt (s. Abb. 25), hat also eine kleinere REYNOLDSsche Zahl; man muß als REYNOLDSsche Zahl hier $U\delta/\nu$ ansehen und findet aus den Messungen unter Heranziehung obiger Rechnungen einen kritischen Wert von 2000 bis 4000 als kritischen Wert für diese Größe (s. Ziff. 51, Platte).

Aber noch ein weiterer Umstand fälscht die Ergebnisse bei kurzen Rohren. Auch Anfangsstörungen müssen erst nach und nach abklingen und wirken widerstanderhöhend, wenn sie an der Meßstelle noch nicht abgeklungen sind. Man findet also unter Umständen erhöhten Widerstand an der Meßstelle und schließt auf Turbulenz, wenn weiter unterhalb doch die Laminarströmung eintritt. Überhaupt entwickeln sich die Gleichgewichte der Strömungen langsam, auch die

[1]) L. SCHILLER, ZS. f. angew. Math. u. Mech. Bd. 2, S. 141. 1922.
[2]) W. SORKAU, Phys. ZS. Bd. 12, S. 582. 1911; Bd. 13, S. 805. 1912; Bd. 14, S. 147, 709, 828. 1913; Bd. 15, S. 582, 768. 1914; Bd. 16, S. 97, 101. 1915.
[3]) L. SCHILLER u. H. KIRSTEN, Phys. ZS. Bd. 22, S. 523. 1921.

turbulenten Bewegungen. SCHILLER spricht die Vermutung aus, daß die Laminarströmungen bei großen REYNOLDSschen Zahlen auch nur der langsamen Entwicklung der Turbulenz ihre Existenz danken, und daß man wohl bei allen Strömungen mit $R_D > 2500$ Turbulenz finden würde, wenn man nur weit genug stromabwärts vom Einlauf messen könnte.

45. Einfluß der Querschnittsform. Um verschiedene Querschnittsformen miteinander vergleichen zu können, benutzen wir als allgemein definierte Längenabmessung den in der praktischen Hydraulik verwendeten Begriff des Profilradius oder hydraulischen Radius:

$$r = \frac{\text{Querschnitt}}{\text{benetzten Umfang}} = \frac{F}{s}. \tag{1}$$

Diesem Begriff liegt die Vorstellung zugrunde, daß den am ganzen Querschnitt angreifenden Druck- und Volumkräften durch die Spannungen am benetzten Umfang das Gleichgewicht gehalten wird. Bei offenen Gerinnen trägt nur die feste Berandung zur Größe s bei. Wir definieren dazu die REYNOLDSsche Zahl

$$R_r = \frac{U r}{\nu} \tag{2}$$

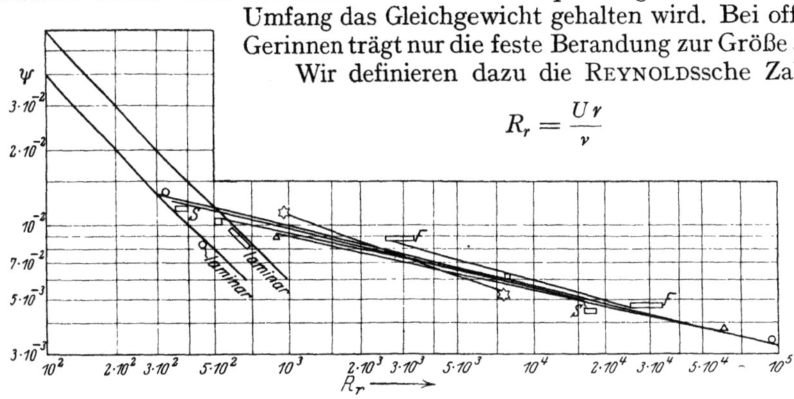

Abb. 28. Einfluß der Querschnittsform auf den Druckabfall.

und den Druckabfallkoeffizienten ψ durch die Gleichung

$$\frac{\Delta p}{l} = \psi \frac{\varrho U^2}{2r}. \tag{3}$$

Für den Kreisquerschnitt ist $r = \frac{1}{4} D$, $R_r = \frac{1}{4} R_D$, $\psi = \lambda/4$. Benutzt man die hier definierten Begriffe, so erweisen sich sowohl die kritische Zahl wie die Koeffizienten der turbulenten Strömung als in erster Näherung unabhängig von der Querschnittsform. Die laminaren Strömungen sind dabei ganz verschieden. Dies zeigt Abb. 28, in welcher die wichtigsten Messungen zusammengefaßt sind. Die Versuche an einem gleichseitigen Dreieck, einem Quadrat, einem Rechteck (7,9:27,8) und einer sternförmigen Berandung stammen von SCHILLER[1]), die mit F bezeichneten an einem sehr breiten Rechteck von FROMM[2]).

Auch Messungen an offenen Gerinnen fügen sich denselben Gesetzen; als kritische Zahl findet man[3]) $R_K = 250$ bis 350.

46. Die Geschwindigkeitsverteilung bei turbulenten Strömungen ist zuerst von STANTON[4]) im Kreisrohr mit Hilfe ganz feiner Pitotrohre von 0,33 mm

[1]) L. SCHILLER, ZS. f. angew. Math. u. Mech. Bd. 3, S. 10. 1923.

[2]) K. FROMM, ZS. f. angew. Math. u. Mech. Bd. 3, S. 339. 1923; Abh. Aerod. Inst. Aachen H. 3.

[3]) L. HOPF, Ann. d. Phys. Bd. 32, S. 777. 1910.

[4]) T. E. STANTON, Proc. Roy. Soc. London Bd. 85, S. 369. 1911; T. E. STANTON, D. MARSHALL u. C. N. BRYANT, ebenda Bd. 97, S. 413. 1920; dazu auch M. BARKER, ebenda Bd. 101, S. 435. 1922; ältere Arbeiten, hauptsächlich aus der hydraulischen Praxis, s. PH. FORCHHEIMER, Hydraulik, S. 93. Teubner 1914; auch L. GÜMBEL, Jahrb. d. schiffbautechn. Ges. Bd. 14, S. 393. 1913; vgl. ferner Kap. 3, Ziff. 3 dies. Bd. des Handb.

Durchmesser bis in unmittelbare Wandnähe gemessen worden; durch den Kunstgriff, die Wand der Strömung selbst anzubohren, und die Pitotröhre in die Wand hinein zu verlegen, konnte die Geschwindigkeit noch in $^1/_{100}$ mm Entfernung von der Wand gemessen werden. Messungen in einem rechteckigen Rohr führte Sasvári[1]) aus. Messungen in einem Kreisrohr, einem Rohr von gleichseitig dreieckigem und einem Rohr von rechteckigem Querschnitt stellte Nikuradse[2]) (Göttingen) an; sein Pitotrohr hatte nur 0,233 mm Durchmesser. Letzterer maß auch die Geschwindigkeitsverteilung in einem offenem Gerinne von rechteckigem Querschnitt, und zwar im Innern gleichfalls mit Pitotrohren. Die Geschwindigkeitsverteilung an der freien Oberfläche wurde in der Weise gemessen, daß ein Wagen mit Kamera mit verschiedenen Geschwindigkeiten in der Stromrichtung fuhr, wobei die mit Aluminiumfeilspänen bedeckte Oberfläche photographiert wurde. Dabei müssen sich diejenigen Aluminiumteilchen, welche mit derselben Geschwindigkeit wie der Wagen bewegt werden, als Punkte, alle anderen als mehr oder weniger große Striche abbilden. Als Beispiel sind in Abb. 29 die Linien gleicher Geschwindigkeit in einem rechteckigen Rohr gezeichnet. Ein rechteckiger Kanal mit freier Oberfläche zeigte bei den Versuchen Nikuradses eine entsprechende Verteilung; jedoch liegt die Schicht größter Geschwindigkeiten nicht an der Oberfläche, sondern um etwa ein Sechstel der Tiefe darunter; die Geschwindigkeitsverteilung in dieser Schicht zwischen den beiden Seitenwänden stimmte vollkommen mit der Verteilung im Mittelschnitt des Rohres überein; an der freien Oberfläche selbst war das Maximum in der Mitte weniger flach. Abb. 30 stellt die turbulente und die laminare Geschwindigkeitsverteilung (bei gleicher Durchflußmenge) nebeneinander.

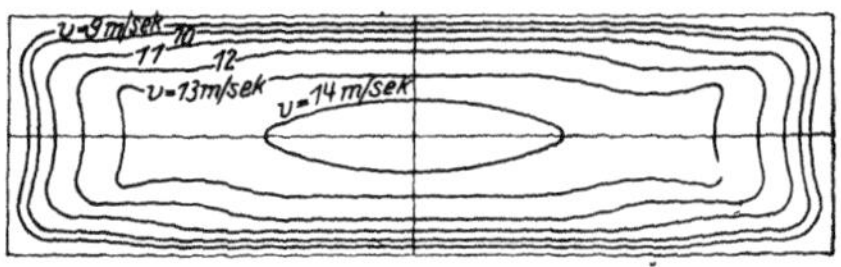

Abb. 29. Linien gleicher Geschwindigkeit im rechteckigen Rohr (nach Nikuradse).

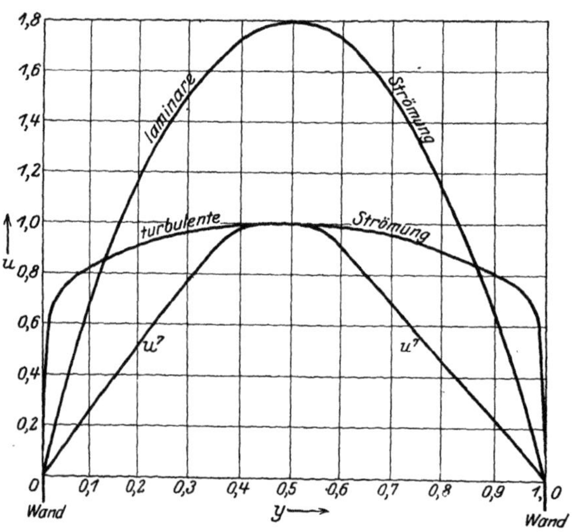

Abb. 30. Geschwindigkeitsverteilung und Gesetz der 7. Potenz der Geschwindigkeit.

Von besonderer Bedeutung ist die experimentelle Feststellung, daß von der Wand aus die Geschwindigkeit u mit der $^1/_7$ten Potenz der Entfernung y von der Wand wächst; die Genauigkeit dieser Beziehung geht aus Abb. 30 hervor. Hierbei handelt es sich natürlich um den Mittelwert der Geschwindigkeit an einem bestimmten Punkte; die turbulente Strömung ist ja nicht stationär. Man kann dieses Gesetz nicht als bis zur Wand $y = 0$ gültig ansehen; denn dort verschwinden die Schwankungen, und die Schubspannung τ müßte nach Ziff. 1,

[1]) G. Sasvári, ZS. f. d. ges. Turbinenw. Bd. 14, S. 21. 1917.
[2]) J. Nikuradse, Forschungsarb. d. Ver. d. Ing. H. 281.

Gleichung (1) gleich $\mu(du/dy)_{y=0}$, also unendlich werden. Es muß also eine schmale, in den Messungen nicht merkliche Grenzschicht existieren, in welcher Laminarströmung herrscht und ein ganz bestimmter, für das Druckgefälle im Rohr maßgebender Geschwindigkeitsabfall eintritt. Die ganz feinen Messungen von STANTON dringen in diese Schicht ein.

Von der Beziehung

$$u = a y^{\frac{1}{7}}, \tag{1}$$

in welcher a eine Proportionalitätskonstante bedeutet, führt eine einfache Dimensionsbetrachtung von PRANDTL und v. KÁRMÁN[1]) zu der Beziehung (4) von Ziff. 43 für den Druckabfall. Nimmt man nämlich an, daß die Strömung in der Nähe einer Wand nicht von den Vorgängen an der anderen Wand beeinflußt wird, daß also auch die Schubkraft an einer Wand nur von den Vorgängen in der unmittelbaren Umgebung dieser Wand bestimmt wird, so kann die Schubkraft τ nur von den drei Größen μ, ϱ und a abhängen. Dies ist aber nur in einer Weise möglich, wenn nämlich

$$\tau = \zeta \cdot \varrho\, \nu^{\frac{1}{4}} a^{\frac{7}{4}}; \tag{2}$$

und da ja

$$\tau = \psi \frac{\varrho U^2}{2} \tag{3}$$

ist, so wird

$$\psi = \frac{2\zeta}{R_r^{\frac{1}{4}}} \left(\frac{a r^{\frac{1}{7}}}{U}\right)^{\frac{7}{4}}. \tag{4}$$

Dabei ist ζ eine reine Zahl, die an jeder glatten Wand denselben Wert haben muß; eine kleine Abhängigkeit von der Querschnittsform ist allerdings zu erwarten. Man kann als die Grundlage unserer Dimensionsbetrachtung die Annahme ansehen, daß ζ von R unabhängig ist. Die reine Zahl $a r^{\frac{1}{7}}/U$ gibt das Verhältnis der Geschwindigkeit in Entfernung r von der Wand zur mittleren Geschwindigkeit an, wobei die Gültigkeit des Ansatzes (1) bis zu dieser Entfernung angenommen wird. Gleichung (4) ist offenbar identisch mit dem BLASIUSschen Gesetz (4) von Ziff. 43, das man bei Beziehung auf den Profilradius r schreiben muß:

$$\psi = 0{,}0559\, R_r^{-\frac{1}{4}}. \tag{5}$$

NIKURADSE hat in den von ihm durchgemessenen Fällen ψ aus dem gemessenen Druckgefälle und a aus der Geschwindigkeitsverteilung in Wandnähe bestimmt und daraus den Wert ζ für das rechteckige, dreieckige und kreisförmige Rohr zu 0,0249 bzw. 0,0241 bzw. 0,0232 berechnet. KÁRMÁN hat das Verhältnis $a r^{\frac{1}{7}}/U$ für das Kreisrohr in verschiedener Weise berechnet, indem er verschiedene Annahmen über die Geschwindigkeitsverteilung in der Rohrmitte, wo alle Wandelemente in gleicher Weise einwirken, einführte. In Verbindung mit Gleichung (5) erhält er ζ-Werte, die in geringen Grenzen schwanken.

Setzt man die Geschwindigkeitsverteilung an

$$u = \frac{a}{n^{\frac{1}{7}}} \left(\frac{D}{2}\right)^{\frac{1}{7}} \left[1 - \left(\frac{D/2 - y}{D/2}\right)^n\right]^{\frac{1}{7}}, \tag{6}$$

so bedeutet $n = 1$ Extrapolation des Ansatzes (1) bis zur Rohrmitte (wo sich dann eine Unstetigkeit findet); bei dieser Annahme wird $\zeta = 0{,}0233$. Setzt man $n = 1{,}25$, so wird $\zeta = 0{,}0231$; $n = 2$ fürt zu $\zeta = 0{,}0221$. Ein Mittelwert $n = 1{,}7$, $\zeta = 0{,}0225$, dürfte die Erfahrungen vollauf befriedigend darstellen.

[1]) TH. V. KÁRMÁN, ZS. f. angew. Math. u. Mech. Bd. 1, S. 238. 1921; auch Abh. Aerod. Inst. Aachen, 1. Lief.; und Innsbr. Vortr.; S. 146.

Will man a durch U und r bezw. D ausdrücken, so ergibt die letztgenannte Annahme

$$a = 1{,}13 \frac{U}{r^{\frac{1}{7}}} = 1{,}38 \frac{U}{D^{\frac{1}{7}}} . \qquad (7)$$

Im Bereich sehr großer Reynoldsscher Zahlen, wo das einfache Gesetz (5) nicht mehr gilt (s. Ziff. 43), muß unsere Dimensionsbetrachtung auch zu einem anderen Gesetz für die Geschwindigkeitsverteilung führen. In der Tat entsprechen neue Versuche von Dönch[1]) an Luftströmungen im rechteckigen Kanal in diesem Gebiet der Reynoldsschen Zahlen einem Gesetz $u \sim y^{\frac{1}{8}}$, das auch früher Christen[2]) an Flüssen gefunden hat. Die Abweichung von (1) liegt in der Richtung, welche die von Dönch gemessenen (mit Abb. 24 gut stimmenden) Druckabfallwerte erwarten lassen.

Historisch ist zu bemerken, daß die Entwicklung nicht den Weg der hier gegebenen Darstellung eingeschlagen hat; vielmehr hat Prandtl nur aus dem Blasiusschen Gesetz auf das Geschwindigkeitsverteilungsgesetz geschlossen und v. Kármán die meisten der im folgenden besprochenen Konsequenzen gezogen, ehe sie experimentell bewiesen wurden.

47. Rauhe Rohre und Gerinne. Das bisher verwendete Ähnlichkeitsgesetz reicht nicht aus für Strömungen mit rauher Berandung; zwei geometrisch gleiche Strömungen mit gleicher Reynoldsscher Zahl können sehr verschiedene Werte für den Druckabfall (ψ) haben, wenn die Wandbeschaffenheit verschieden ist. Dieser Einfluß der sog. Wandrauhigkeit wird unter Umständen so bedeutend, daß er den Einfluß der Reynoldsschen Zahl ganz überdeckt und in der praktischen Hydraulik lange allein als maßgebend hervortrat. Daß ganz kleine Verschiedenheiten in der Wandbeschaffenheit große Wirkungen hervorbringen können, ist aus der Grenzschichtentheorie zu verstehen. Die Schicht, welche für den Geschwindigkeitsabfall an der Wand und für das gesamte Strombild entscheidend ist, wird mit $R^{-\frac{1}{8}}$ klein, und eine Überschlagsrechnung zeigt, daß sie bei recht gewöhnlichen Verhältnissen von der Größenordnung der Einzelerhebungen einer rauhen Berandung, etwa des Rostes an einem Eisenrohr, werden kann. Es gelingt indes nicht, durch die Größe dieser Erhebungen allein die Verhältnisse bei rauhen Rohren darzustellen; die Gestalt und gegenseitige Entfernung der Erhebungen spielt eine bestimmte Rolle dabei, und das Versuchsmaterial reicht nicht aus, um über diese einzelnen Einflüsse etwas auszusagen. Man muß zunächst die „Rauhigkeit“ durch den Druckabfall selbst definieren und messen. Wäre nur die Größe der Erhebungen maßgebend, so wäre die hydraulische Rauhigkeit einer bestimmten Berandung durch eine Längengröße k' gegeben, und das verallgemeinerte Ähnlichkeitsgesetz[3]) für rauhe Rohre würde lauten: ψ hängt außer von der geometrischen Form nur von R und von k'/r ab. Systematische Versuche sind in dieser Hinsicht von Schiller[4]), von Hopf[5]) und von Fromm[6]) angestellt worden; Schiller schnitt in Rohre von verschiedenem Durchmesser das gleiche Gewinde ein, Hopf und Fromm benutzten Platten, die von verschieden dicken, genau bearbeiteten Stäben auseinandergehalten waren, also rechteckige Rohre von verschiedener Höhe bildeten. Es erwies sich aus diesen Versuchen und der Zusammenstellung[5]) eines reichhaltigen Versuchsmaterials

[1]) F. Dönch, Forschungsarb. d. Ver. d. Ing. 1926, H. 282.

[2]) T. Christen, ZS. f. Gewässerkde. Bd. 6, S. 175. 1904.

[3]) H. Blasius, Forschungsarb. d. Ver. d. Ing. H. 131; R. v. Mises, Elemente der technischen Hydromechanik. Teubner 1924.

[4]) L. Schiller, ZS. f. angew. Math. u. Mech. Bd. 3, S. 2. 1923.

[5]) L. Hopf, ZS. f. angew. Math. u. Mech. Bd. 3, S. 329. 1923; Abh. Aerod. Inst. Aachen H. 3.

[6]) K. Fromm, ZS. f. angew. Math. u. Mech. Bd. 3, S. 339. 1923; Abh. Aerod. Inst. Aachen H. 3.

aus der hydraulischen Literatur, daß eine Einordnung aller Ergebnisse in eine einparametrische Schar nicht möglich ist. Es gibt vielmehr allem Anschein nach zwei Arten von turbulenter Strömung in rauhen Rohren und Gerinnen, deren Verhalten aus den Abbildungen deutlich wird, aus welchen auch ein Überblick über die ausgeführten Messungen zu gewinnen ist[1]).

Tabelle zu Abb. 31.

Nr.	Versuche von	Art des Gerinnes	Wandmaterial	Profilradius r (in cm)	Bemerkungen
1	BLASIUS[2])	Kreisrohr	Glatt	—	Potenzgesetz
2	DARCY[3])	,,	Gußeisen	0,898	
3	,,	,,	,,	0,910	
4	,,	,,	,,	7,42	
5	,,	,,	,,	12,5	Temperaturang.fehlt
6	BAZIN[4])	Rechteck. offen. Gerinne	Holz	12	6 ÷ 9: Rauhigkeit durch Benageln des Grundes m. Brettern erzeugt
7	,,	Desgl.	,,	17	
8	,,	,,	,,	24,3	
9	,,	,,	,,	29	
10	,,	,,	,,	13	10 ÷ 12: Bretter enger aneinander
11	,,	,,	,,	19,5	
12	,,	,,	,,	24	
13	MARX, WING, HOPKINS[5])	Kreisrohr	,,	46,0	Nach zweijährigem Gebrauch, vgl. Tab. zu Abb. 32, Nr. 7
14	PETIT[6])	,,	Eisenblech	11,2	
15	,,	,,	,,	15,0	
16	SCOBEY[7])	,,	Zement	10,2	16 ÷ 20: Temperaturangaben fehlen Besonders glatt
17	,,	,,	,,	19,0	
18	BAZIN[7])	,,	,,	20,0	
19	MOORE[7])	,,	,,	110	
20	JOHNSTON[7])	,,	,,	137	
21	SCHILLER[8])	Kreisrohr. Eingeschn. Gewinde	Messing	20	Messungen an weiteren Rohren zeigen bisher unerklärte Abweichungen
22	,,	Kreisrohr. Anderes Gewinde	,,	20	
23 ÷ 30	FROMM[9])	Rechteck. Rohr	Drahtnetz	0,425 ÷ 1,57	Gl. (1) bestätigt
31 ÷ 34	,,	,, ,,	Waffelblech	0,42 ÷ 1,46	,, (1) ,,

Abb. 31 („Wandrauhigkeit") zeigt den Druckabfall in rauhen Eisenrohren, bei Zement, Waffelblech und Drahtnetz als Wandungen. Die Kurve für den Widerstand des glatten Rohres stellt eine Grenze dar, unter welche der Widerstand nie heruntersinkt. Sieht man von den niedrigsten R_r-Werten der einzelnen

[1]) Die Abbildungen sind mit einigen Auslassungen der unter Fußnote 5, S. 146, zitierten Arbeit von HOPF entnommen. Andere Zusammenstellungen zum Teil desselben, zum Teil auch anderen Materials in den S. 125, Anm. 1, zitierten Arbeiten, ferner R. BIEL, Forschungsarb. d. Ver. d. Ing. H. 44.

[2]) H. BLASIUS, Forschungsarb. d. Ver. d. Ing. 1914, H. 131.

[3]) H. DARCY, Recherches exp. Paris 1857.

[4]) H. BAZIN, Mém. prés. à l'ac. des sciences Bd. 19. 1865.

[5]) C. D. MARX, C. B. WING u. L. M. HOPKINS, Trans. Amer. Soc. Civ. Eng. Bd. 44. 1900.

[6]) H. OMBECK, Forschungsarb. d. Ver. d. Ing. 1914, H. 158/159.

[7]) F. SCOBEY, U. S. Dep. of Agricult., Bull. 852. 1920.

[8]) L. SCHILLER, ZS. f. angew. Math. u. Mech. Bd. 3, S. 8. 1923.

[9]) K. FROMM, ZS. f. angew. Math. u. Mech. Bd. 3, S. 339. 1923. Abh. Aerod. Inst. Aachen, H. 3.

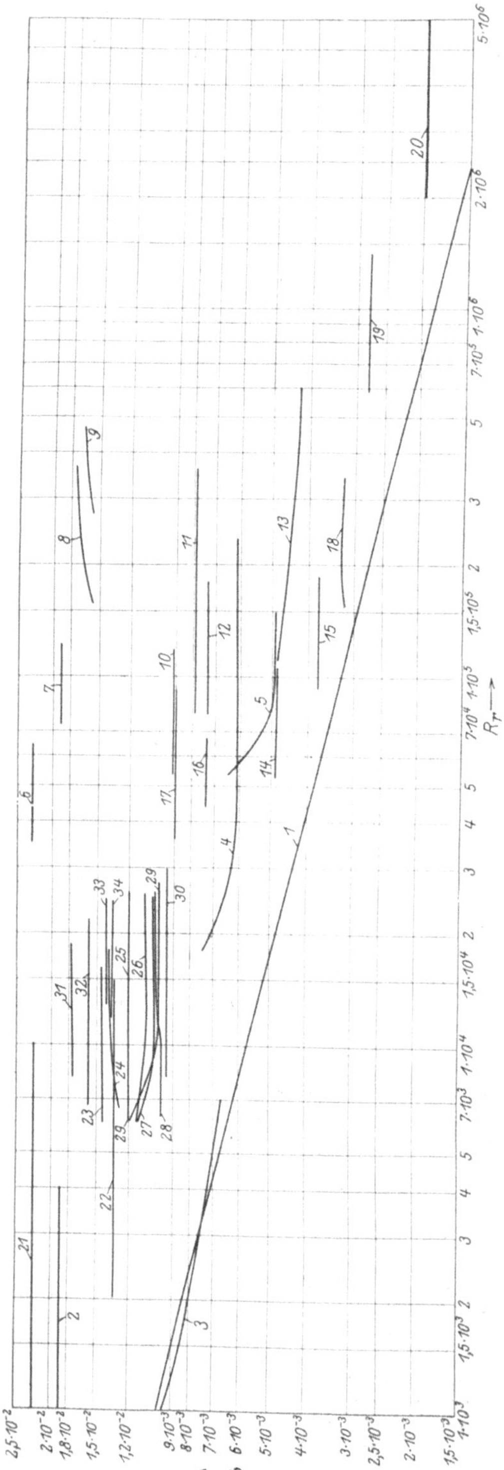

Abb. 31. „Wandrauhigkeit“-Druckabfall in Metall- und Zementrohren.

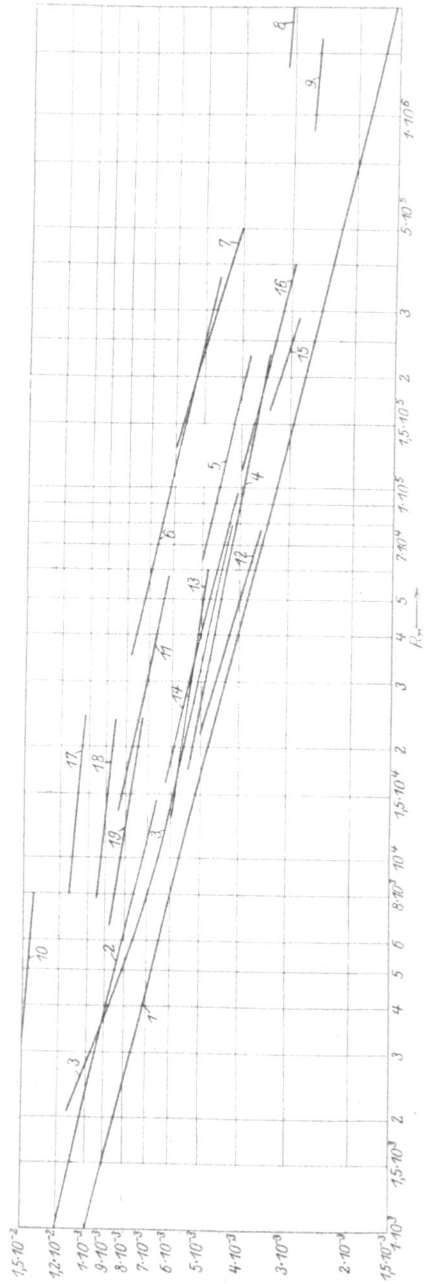

Abb. 32. „Wandwelligkeit“-Druckabfall in Holz- und asphaltierten Eisenrohren.

Tabelle zu Abb. 32.

Nr.	Versuche von	Art des Gerinnes	Wandmaterial	Profilradius r (in cm)	Bemerkungen
1	BLASIUS[1]	Kreisrohr	Glatt	—	Potenzgesetz
2	DARCY[2]	,,	Asphalt. Eisenblech	0,67	
3	,,	,,	Desgl.	2,06	
4	,,	,,	,,	4,90	
5	,,	,,	,,	7,12	
6	BAZIN[3]	Offenes, rechteckiges Gerinne	Holz	7 ÷ 30	Sehr zuverlässige Messungen, Unabhängigkeit von r nachgewiesen
7	MARX, WING, HOPKINS[4]	Kreisrohr	,,	46,0	Temperaturang. unsicher. Neues Rohr, vgl. Tab. zu Abb. 31, Nr. 13.
8	SCOBEY[5]	,,	,,	91,7	8 ÷ 16: Temperaturangaben fehlen
9	,,	,,	,,	103	
10	HAMILTON SMITH[5]	,,	,,	0,8	
11	MORITZ[5]	,,	,,	5,08	
12	,,	,,	,,	5,08	
13	,,	,,	,,	8,9	
14	,,	,,	,,	11,4	
15	,,	,,	,,	35,4	
16	,,	,,	,,	35,4	Dasselbe, 1 Jahr später. Vielleicht Temp. versch. 7°
17	FROMM[6]	Rechteck. Rohr	Gewalztes Waffelblech	0,633 ÷ 1,634	Geringe Abhängigkeit von r
18	,,	Desgl.	Stark gew. Waffelblech	0,658 ÷ 1,531	Unabhängig von r
19	,,	,,	Stärker gew. Waffelblech	0,651 ÷ 1,52	Unabhängig von r

Meßreihen ab, so ergibt sich ein konstanter Wert von ψ, d. h. ein Druckabfall proportional dem Quadrat der Geschwindigkeit. Dagegen hängt ψ von r ab, und zwar kann man nach den Messungen von FROMM, mit welchen die BAZINschen wenigstens nicht in Widerspruch stehen (während die übrigen darüber nichts aussagen), setzen:

$$\psi = 10^{-2}\left(\frac{k'}{r}\right)^{0,314} = 10^{-2}\left(\frac{k'}{r}\right)^{2,2/7}. \qquad (1)$$

Dabei ist der Wert k' für eine gegebene Berandung durch Versuch, auch durch Modellversuch zu bestimmen; er hängt sehr empfindlich von der Wandbeschaffenheit ab, so daß man nicht etwa den an einem Zementrohr gemessenen Wert genau auf ein anderes Zementrohr übertragen kann. Die Tabelle gibt die Größenordnung

[1] H. BLASIUS, Forschungsarb. d. Ver. d. Ing. 1914, H. 131.
[2] H. DARCY, Recherches exp. Paris 1857.
[3] H. BAZIN, Mém. prés. à l'ac. des sciences Bd. 19. 1865.
[4] C. D. MARX, C. B. WING u. L. M. HOPKINS, Trans. Amer. Soc. Civ. Eng. Bd. 40. 1898.
[5] F. SCOBEY, U. S. Dep. of Agricult., Bull. 376. 1916.
[6] K. FROMM, ZS. f. angew. Math. u. Mech. Bd. 3, S. 339. 1923. Abh. Aerod. Inst. Aachen, H. 3.

der k'-Werte, dazu den entsprechenden Wert k, der sich bei Benutzung der Formel (2) von Ziff. 43 für ein Kreisrohr nach der Gleichung

$$\lambda = 10^{-2} \left(\frac{k}{D}\right)^{0,314} \tag{2}$$

ergibt. Über den Zusammenhang dieses Gesetzes mit dem BLASIUSschen (4) von Ziff. 43, s. Ziff. 48.

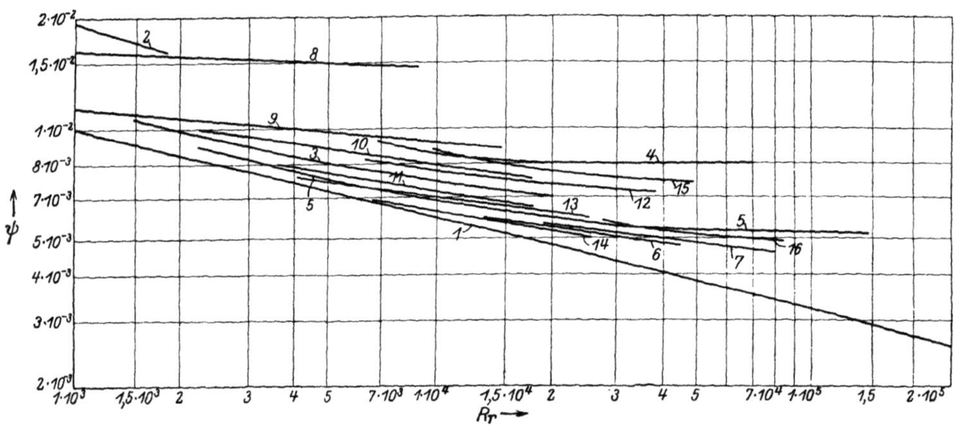

Abb. 33. Druckabfall in gezogenen Metallrohren.

Tabelle zu Abb. 33.

Nr.	Versuche von	Art des Gerinnes	Wandmaterial	Profilradius r (in cm)	Bemerkungen
1	BLASIUS [1]	Kreisrohr	Glatt	—	Potenzgesetz
2	DARCY [2]	,,	Gezog. Eisen	0,305	
3	,,	,,	,, ,,	0,988	
4	,,	,,	Neues Gußeis.	2,48	
5	,,	,,		3,42	
6	LANG [3]	,,	Kupfer	0,157	
7	,,	,,	,,	0,123	
8	SAPH u. SCHODER [1]	,,	Verzinktes Eisenblech	0,222	
9	Desgl.	,,	Desgl.	0,308	
10	,,	,,	,,	0,398	
11	,,	,,	,,	0,504	
12	OMBECK [4]	,,	Schmiede-eisen geätzt	0,498	
13	FRITZSCHE [4]	,,	Schmiede-eisen	0,645	
14	,,	,,	Desgl.	0,975	
15	PETIT [4]	,,	Neues ver-	6,50	
16	,,	,,	zinktes Eisen-blech	8,45	

[1] H. BLASIUS, Forschungsarb. d. Ver. d. Ing. 1914, H. 131.
[2] H. DARCY, Recherches exp. Paris 1857.
[3] R. BIEL, Forschungsarb. d. Ver. d. Ing. 1907, H. 44.
[4] H. OMBECK, Forschungsarb. d. Ver. d. Ing. 1914, H. 158 und 159.

Tabelle 4. Rauhigkeitskoeffizienten.

Neues, ziemlich glattes Metallrohr, asphaltiertes Blech . . .	$k = 1{,}5$ m	$k' = 4 \cdot 10^{-3}$ m
Neues Gußeisen, Eisenblech, gut geglätteter Zement	2,5	$7 \cdot 10^{-3}$
Älteres Eisenrohr, angerostet	5	$15 \cdot 10^{-3}$
Rauher Zement, verkrustetes Gußeisen, rauhe Bretter . . .	7	$20 \cdot 10^{-3}$

Abb. 32 („Wandwelligkeit") zeigt das ganz andere Verhalten von Wandungen aus Holz, asphaltiertem Eisen und gewalztem Waffelblech. Hier findet sich eine Abhängigkeit von R, die derjenigen beim glatten Rohr weitgehend gleicht. Ferner zeigt sich in den Messungen von FROMM und BAZIN Unabhängigkeit vom Profilradius, so daß ψ nur von der geometrischen Gestalt, der REYNOLDSschen Zahl und einer durch die Wandbeschaffenheit allein gegebenen Zahl abhängt. In diese Schar könnte man auch die in Abb. 24 vereinigten Messungen an „glatten" Rohren einordnen (man beachte die Verschiedenheit der Koordinaten in Abb. 32 u. 24!). Für praktische Zwecke genügt die Formel

$$\psi = \xi \cdot \psi_{\text{glatt}}, \tag{3}$$

wobei für Holzrohre $\xi = 1{,}5$ bis $2{,}0$, für asphaltierte Eisenrohre $\xi = 1{,}2$ bis $1{,}5$ angenommen werden kann. Im übrigen kann für jede gegebene Berandung ξ durch Modellversuch bestimmt werden. Die Zugehörigkeit zu diesem Strömungstyp scheint durch sanfte regelmäßige Erhebungen erleichtert zu werden. Die natürliche Abnutzung (Kalkablagerung, Algenbildung u. dgl.) veränderte in zwei Jahren das Holzrohr Abb. 32, Nr. 7, so, daß der Widerstand dann durch Abb. 31, Nr. 13 gegeben war. Ob die Strömung des „Wandwelligkeitstypus" bei großer REYNOLDSscher Zahl schließlich immer in die des „Wandrauhigkeitstypus" übergeht, ist eine offene Frage. Die in Abb. 33 vereinigten Versuche an gezogenen Metallröhren legen diese Vermutung nahe. Über andere empirische Formeln und Versuche s. Kap. 3, Ziff. 1 u. 2.

48. Folgerung aus dem Geschwindigkeitsverteilungsgesetz. Die Geschwindigkeitsverteilung in rauhen Rohren ist noch nicht gemessen worden; jedoch scheint sie ähnlich wie in glatten zu sein, weil folgende Folgerungen, die v. KÁRMÁN[1]) gezogen hat, mit der Erfahrung recht gut übereinzustimmen scheinen: Es liegt nahe, die Reibung in rauhen Rohren als Formwiderstand der einzelnen Rauhigkeitselemente (s. Ziff. 57) aufzufassen. Dieser ist in weiten Bereichen dem Quadrat der Anströmungsgeschwindigkeit proportional wie die in Abb. 31 zusammengestellten Strömungen. Sieht man die Länge k' als im wesentlichen der Erhebung proportional an, so wird diese Anströmungsgeschwindigkeit U_k nach Ziff. 46, Gleichung (1)

$$\frac{U_k}{U} = \left(\frac{k'}{r}\right)^{\frac{1}{7}} \tag{1}$$

und somit

$$\psi = \text{konst.} \left(\frac{k'}{r}\right)^{\frac{2}{7}} \tag{2}$$

in guter Übereinstimmung mit Ziff. 47, Gleichung (2). Die Übereinstimmung wird noch besser, wenn man dem Exponenten 2,2/7 in Ziff. 47, Gleichung (2) dem in den gleichen Versuchsreihen (FROMM) gefundenen Exponenten für den Druckabfall im glatten Rohr 0,27 (anstatt 0,25 bei BLASIUS) gegenüberstellt; dieser würde nämlich nach den Dimensionsbetrachtungen in Ziff. 46 dem Exponenten 1,1/7 anstatt $\frac{1}{7}$ im Geschwindigkeitsverteilungsgesetz entsprechen.

[1]) TH. V. KÁRMÁN, ZS. f. angew. Math. u. Mech. Bd. 1, S. 250. 1921; auch Abh. Aerod. Inst. Aachen H. 1 und Innsbr. Vortr. S. 165.

Gilt nicht das quadratische Widerstandsgesetz für den Formwiderstand, so hängt die Konstante in (2) noch von der REYNOLDSschen Zahl der Erhebungen

$$\frac{U_k k'}{\nu} = \frac{U k'^{\frac{1}{7}} k'}{\nu r^{\frac{1}{7}}} = R_r \left(\frac{k'}{r}\right)^{\frac{8}{7}} \tag{3}$$

ab. Es wird also

$$\psi = f\left[R_r \left(\frac{k'}{r}\right)^{\frac{8}{7}}\right] \cdot \left(\frac{k'}{r}\right)^{\frac{2}{7}}. \tag{4}$$

Man müßte also alle Kurven der Abb. 31 bis 33 in eine einparametrische Schar einordnen können, wenn man nicht wie dort ψ als Funktion von R_r, sondern $[\psi(r/k')^{\frac{2}{7}}]$ als Funktion von $R_r(k'/r)^{\frac{8}{7}}$ auftrüge, wobei der Koeffizient k' wie oben aus Messungen für jede Wandbeschaffenheit zu bestimmen wäre. Das vorhandene Versuchsmaterial reicht nicht aus, um diese Hypothese zu bestätigen oder zu widerlegen. Zu ihren Gunsten spricht die Tatsache, daß bei den Versuchen der Abb. 32 $f(R_r)$ ungefähr gleich $R_r^{-\frac{1}{4}}$ ist und dabei ψ unabhängig vom Profilradius wird. Setzt man in (4) diese Funktion ein, so fällt in der Tat k'/r heraus.

49. Konvergente und divergente Strömung. Die laminare Strömung zwischen zwei nichtparallelen Wänden bietet ein ebenes Problem von Zylindersymmetrie, in welchem die Trägheitskräfte auch schon bei ganz kleiner REYNOLDSscher Zahl von gleicher Größenordnung werden wie die Reibungskräfte. Für diesen Fall ist die exakte Lösung von HAMEL[1] gefunden und als spezieller Fall einer ganzen Klasse von exakten Lösungen, nämlich der Spiralströmungen, erkannt worden; diese haben die Eigenschaft, daß sie dieselben Stromlinien haben wie die entsprechenden Potentialströmungen, aber nicht selbst Potentialströmungen sind.

Wir führen Polarkoordinaten r, φ ein und erhalten aus Ziff. 5, Gleichung (1) durch Elimination des Druckes und die Substitution

$$v_\varphi = 0, \qquad v_r = \frac{f(\varphi)}{r} \tag{1}$$

die Differentialgleichung

$$f''' + 4f' + \frac{2}{\nu} f f' = 0 \tag{2}$$

oder

$$f'' + 4f + \frac{1}{\nu} f^2 = C, \tag{3}$$

wobei die Integrationskonstante C durch die Ergiebigkeit der im Punkte $r = 0$ zu denkenden Quelle oder Senke bestimmt wird und die beiden bei der Integration auftretenden Konstanten durch die Randbedingungen

$$f = 0 \quad \text{für} \quad \varphi = \pm\alpha. \tag{4}$$

Gleichung (3) läßt sich mit Hilfe elliptischer Integrale auflösen; es ergibt sich eine parabolische Geschwindigkeitsverteilung — entsprechend den Verhältnissen bei parallelen Wänden —, wenn α sehr klein ist, aber ebenso, wenn die sekundliche Durchflußmenge Q klein ist; denn die REYNOLDSsche Zahl ist in diesem Fall gegeben durch

$$R = \frac{Q}{r} = \frac{v_r r \alpha}{\nu}. \tag{5}$$

Wächst R ins Negative, so haben wir eine Senkenströmung. Bei dieser flacht sich das Maximum der Geschwindigkeit immer mehr und mehr ab, und zwar ist die Entfernung einer Schicht gleicher Werte von $v_r/v_{r\max}$ von der Wand proportional $R^{-\frac{1}{2}}$, wie es nach der Grenzschichtentheorie sein muß.

[1]) G. HAMEL, Jahresber. d. dtsch. Mathem.-Ver. Bd. 25, S. 34. 1916.

Bei wachsendem positiven R (Quellenströmung) jedoch konzentriert sich die Strömung mehr und mehr in die Mitte. Überschreitet R denjenigen Wert, bei welchem an den Wänden $dv_r/d\varphi = 0$ ist, so existiert keine Lösung ohne Rückströmung mehr.

Das verschiedene Verhalten zeigt sehr gut die wesentlichen Ergebnisse der Grenzschichtentheorie. Bei direkter Behandlung des Problems nach der in Ziff. 29 behandelten Methode[1]) findet man auch alle erwähnten Ergebnisse ohne Rechnung mit elliptischen Integralen. Es ergibt sich eine Ablösung der Strömung von der Wand bei jedem noch so kleinen Öffnungswinkel bei einer Querschnittserweiterung von etwa 22% gegenüber dem Querschnitt mit der konstanten Eintrittsgeschwindigkeit.

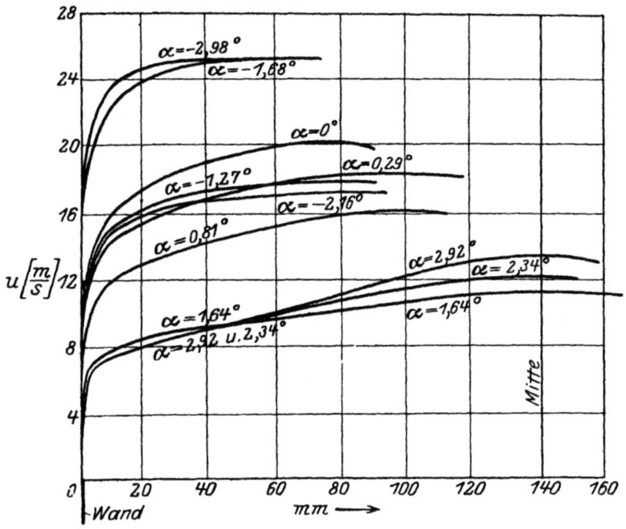

Abb. 34. Geschwindigkeitsverteilung bei konvergenter und divergenter Strömung nach DÖNCH.

Die Theorie bezieht sich natürlich nur auf die laminare Strömung; Messungen von DÖNCH[2]) bei turbulenter Strömung (R zwischen $1{,}6 \cdot 10^4$ und $2 \cdot 10^5$) zeigen denselben charakteristischen Unterschied: Abflachen des Geschwindigkeitsprofils in der Mitte, stärkerer Anstieg am Rande bei konvergenter Strömung ($\alpha < 0$ in Abb. 34), verstärktes Durchschießen in der Mitte bei divergenter Strömung ($\alpha > 0$). Die Änderung des Strömungsbildes bei starker Konzentration in der Mitte und $dv_r/d\varphi = 0$ an der Wand konnte nicht mehr beobachtet werden.

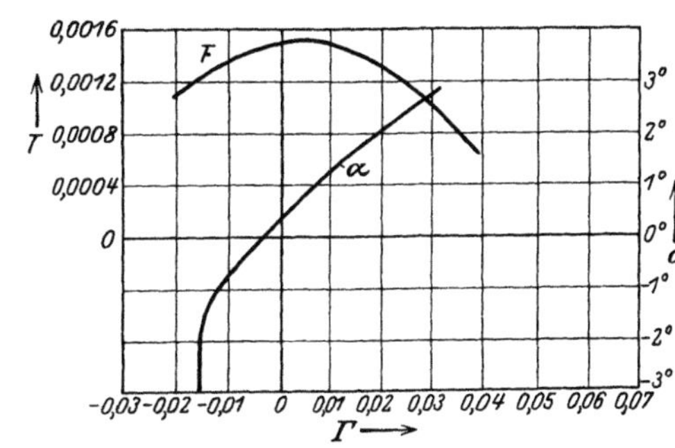

Abb. 35. Druckabfall und Schubspannung bei konvergenter und divergenter Strömung nach DÖNCH.

Die Geschwindigkeitsverteilung an der Wand war bei diesen Versuchen — wie schon in Ziff. 46 erwähnt — nicht der $\frac{1}{7}$ ten, sondern der $\frac{1}{8}$ ten Potenz der Entfernung von der Wand proportional

$$u = a_1 y^{\frac{1}{8}}. \tag{6}$$

Im Sinne der Dimensionsbetrachtung von Ziff. 46 wird daher die Größe

$$\Gamma = \frac{1}{\varrho} \frac{dp}{dx} \frac{b^{\frac{3}{4}}}{a_1} \tag{7}$$

[1]) K. POHLHAUSEN, ZS. f. angew. Math. u. Mech. Bd. 1, S. 266. 1921; Abh. Aerod. Inst. Aachen, 1. Lief., S. 34.

[2]) F. DÖNCH, Forschungsarb. d. Ver. d. Ing. H. 283. Ältere Arbeiten: H. HOCHSCHILD, ebenda H. 114; R. KRÖNER, ebenda H. 222.

(b Breite) nur von α abhängig. Die Abhängigkeit zeigt Abb. 35, wobei nur für die konvergenten (beschleunigten) Strömungen die Dicke der Grenzschicht an Stelle von $b/2$ tritt. Ferner ist die dimensionslose Größe

$$T = \frac{\tau_0}{\varrho u_m^2}, \tag{8}$$

welche die Schubspannung τ_0 an der Wand mißt, eingetragen; u_m ist dabei die Geschwindigkeit in der Mitte bzw. am Rande der Grenzschicht, welche man durch Extrapolation des Verlaufs (6) erhält.

50. Mischbewegungen. Über die Größe der Schwankungen, besonders der Komponenten v, welche für die Impulsübertragung in der turbulenten Strömung verantwortlich sind, ist noch wenig bekannt. Messungen mit Hitzdrähten von BURGERS[1]) scheinen viel zu versprechen. PRANDTL[2]) hat aus Messungen der Geschwindigkeitsverteilung und des Druckabfalls auf die Größe des turbulenten Austausches in der Weise geschlossen, daß er mit BOUSSINESQ

$$\tau = \varrho\,\varepsilon\,\frac{du}{dy} \tag{1}$$

setzt und nach der Differentialgleichung an der Stelle y

$$\frac{\tau}{\varrho} = -\int_0^y \left(\frac{1}{\varrho}\frac{dp}{dx} + u\frac{\partial u}{\partial x}\right) dy \tag{2}$$

berechnet.

Die Größe ε muß proportional der Quergeschwindigkeit v und einer Reichweite l sein, welche eine Art freier Weglänge für die ausgetauschten Flüssigkeitsballen darstellt. l gibt diejenige Entfernung von der betrachteten Schicht an, in welcher der zeitliche Mittelwert der Strömungsgeschwindigkeit u herrscht, den die Ballen bei ihrem Durchtritt durch die betrachtete Schicht haben.

Von der Mischgeschwindigkeit v kann man sich vorstellen, daß sie durch Zusammenstoß von zwei Ballen mit verschiedener Geschwindigkeit erzeugt wird und darum dem Geschwindigkeitsunterschied $l \cdot |du/dy|$ proportional ist.

Die sich ergebende Formel

$$\varepsilon = l^2 \cdot \left|\frac{du}{dy}\right| \tag{3}$$

scheint gut verwendbar zu sein; doch ist das dazu vorliegende Versuchsmaterial noch sehr klein.

V. Oberflächenreibung und Formwiderstand.

51. Ebene Platte, laminare Strömung. Der einfachste Fall, in welchem man die Entwicklung einer Grenzschicht, d. h. das allmähliche Übergreifen der Reibungskräfte von der Wand aus in tiefere Schichten der Flüssigkeitsströmung verfolgen kann, ist die Anströmung eines gleichmäßigen Flüssigkeitsstroms gegen eine ebene Platte. Am Vorderende trifft die Flüssigkeit mit der Geschwindigkeit U ein, welche im ungestörten Strom herrscht; dort tritt durch das Haften eine Stauung ein; es bildet sich eine Grenzschicht aus, die stromabwärts wächst. Das

---

[1]) J. M. BURGERS, Versl. Akad. Amsterdam Bd. 35, Nr. 1. 1926.

[2]) L. PRANDTL, ZS. f. angew. Math. u. Mech. Bd. 5, S. 136. 1925; F. DÖNCH, Forschungsarbeiten d. Ver. d. Ing. H. 283.

Problem ist nach der PRANDTLschen Methode (Ziff. 28) von BLASIUS[1]) behandelt worden; er geht von Ziff. 28, Gleichungen 3 aus, welche mit den Grenzbedingungen

$$u = v = 0 \quad \text{für} \quad y = 0$$

und

$$u = U \quad \text{für} \quad y = \infty$$

für positive x zu lösen sind, wenn $x = y = 0$ das Vorderende der Platte bedeutet. Es zeigt sich nun, daß die partiellen Differentialgleichungen sich auf eine gewöhnliche reduzieren lassen, wenn man die Kontinuitätsgleichung durch den Ansatz

$$u = \frac{\partial \psi}{\partial y}, \qquad v = -\frac{\partial \psi}{\partial x} \tag{1}$$

befriedigt und nun neue dimensionslose Variable einführt durch die Beziehungen

$$\zeta = \frac{\psi}{\sqrt{\nu U x}} \quad \text{und} \quad \xi = \frac{1}{2}\sqrt{\frac{U}{\nu x}}\, y. \tag{2}$$

Es ist dann zu lösen die Differentialgleichung

$$\frac{d^3 \zeta}{d \xi^3} + \zeta \frac{d^2 \zeta}{d \xi^2} = 0 \tag{3}$$

mit den Grenzbedingungen

$$\zeta = \frac{d\zeta}{d\xi} = 0 \quad \text{für} \quad \xi = 0 \quad \text{und} \quad \frac{d\zeta}{d\xi} = 2 \quad \text{für} \quad \xi = \infty. \tag{4}$$

Die Lösung ist mit Hilfe geläufiger Methoden auf verschiedenen Wegen diskutiert worden[2]). Abb. 36 zeigt u als Funktion von y (ausgezogene Kurve).

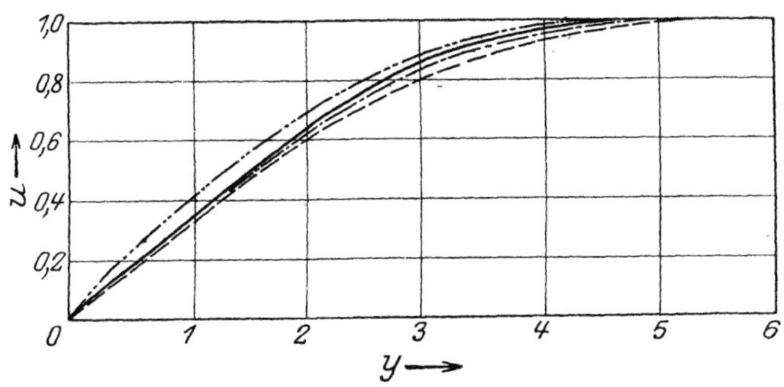

Abb. 36. Grenzschicht an einer ebenen Platte.

——— Exakte Theorie (BLASIUS). – · – · Gl. (10) von Ziff. 51. – – – Parabolische Geschwindigkeitsverteilung. – · · – · · Versuchswerte.

Der Widerstand für die Flächeneinheit kann nach Ziff. 1, Gleichung (1) $\tau = \mu (du/dy)_{y=0}$ gesetzt werden und ergibt sich zu

$$\tau = 0{,}332 \sqrt{\frac{\mu \varrho U^3}{x}}. \tag{5}$$

[1]) H. BLASIUS, ZS. f. Math. u. Phys. Bd. 56, H. 1. 1908.

[2]) Außer BLASIUS s. C. TOEPFER, ZS. f. Math. u. Phys. 1912, S. 397; E. POHLHAUSEN, ZS. f. angew. Math. u. Mech. Bd. 1, S. 119. 1921.

Der Widerstand einer einseitig benetzten Platte von der Breite 1 und der Länge l wird daher

$$K = \int_0^l \tau\, dx = 0{,}664 \sqrt{\mu\, \varrho\, U^3\, l}\,, \tag{6}$$

wofür man bei Einführung eines dimensionslosen Widerstandskoeffizienten

$$c_f = \frac{K}{\frac{\varrho\, U^2}{2}\, l} \tag{7}$$

und einer Reynoldsschen Zahl

$$R = \frac{U l}{\nu} \tag{8}$$

auch schreiben kann

$$c_f = \frac{1{,}33}{\sqrt{R}}\,. \tag{9}$$

Eine von beiden Seiten benetzte Platte hat natürlich den Widerstand $2K$.

In einfacherer Weise kann man praktisch zu demselben Ergebnis durch Anwendung der Methode Ziff. 29 gelangen[1]). Als Beispiel für diese Methode sei die Rechnung hier etwas ausführlicher behandelt:

Man setzt innerhalb einer Grenzschicht δ etwa einen Ausdruck vierten Grades für u als Funktion von y an, der folgende Grenzbedingungen erfüllt:

$$u = 0 \quad \text{und} \quad \frac{d^2 u}{d y^2} = 0 \quad \text{für} \quad y = 0$$

und

$$u = U\,, \quad \frac{du}{dy} = 0 \quad \text{und} \quad \frac{d^2 u}{d y^2} = 0 \quad \text{für} \quad y = \delta\,.$$

Daß $d^2 u/dy^2$ für $y = 0$ verschwinden soll, besagt, daß auch dort die Grenzschichtengleichung (3) von Ziff. 28 exakt gelten soll, und da u und v dort Null sind, sich wie bei der Poiseuilleschen Strömung die Reibungskräfte mit den Druckkräften allein (hier $= 0$) ins Gleichgewicht setzen müssen.

Man hat zu setzen:

$$u = U\left[2\frac{y}{\delta} - 2\frac{y^3}{\delta^3} + \frac{y^4}{\delta^4}\right]. \tag{10}$$

Setzt man die Formel in die Integralbedingung, in unserem speziellen Fall

$$\frac{d}{dx}\int_0^\delta \varrho\, u^2\, dy - U\frac{d}{dx}\int_0^\delta u\, dy = -\mu\left(\frac{du}{dy}\right)_{y=0} \tag{11}$$

ein, so erhält man die Gleichung

$$\frac{74}{630}\,\frac{d\delta}{dx} = 2\frac{U\nu}{\delta} \tag{12}$$

oder integriert

$$\delta = 5{,}83\sqrt{\frac{\nu x}{U}}\,. \tag{13}$$

Die Schubspannung an der Platte von der Breite 1 ist gegeben durch

$$\tau = \mu\left(\frac{du}{dy}\right)_{y=0} = \mu\, U\frac{2}{\delta} = 0{,}343\sqrt{\frac{\mu\, \varrho\, U^3}{x}} \tag{14}$$

[1]) K. Pohlhausen, ZS. f. angew. Math. u. Mech. Bd. 1, S. 257. 1921; Abh. Aerod. Inst. Aachen H. 1.

und die Schubkraft auf eine einseitig benetzte Platte von Breite 1 und Länge l:

$$K = 0{,}686\sqrt{\mu\,\varrho\,U^3\,l} \tag{15}$$

oder

$$c_f = \frac{1{,}37}{\sqrt{R}}\,. \tag{16}$$

Man sieht die gute Übereinstimmung dieser leicht berechneten Werte mit den exakten Werten (5) bis (9), die nur durch umständliche numerische Rechnungen erhalten werden.

J. M. Burgers und B. G. van der Hegge Zijnen[1]) haben die Geschwindigkeitsverteilung längs einer Platte sehr sorgfältig mit Hitzdrähten untersucht, die durch elektrische Heizung stets auf derselben Temperatur erhalten wurden, wobei die zum Nachheizen erforderliche Energie ein Maß für die lokale Geschwindigkeit abgab. Dabei konnten der Geschwindigkeitsabfall an der Platte und die Dicke der Grenzschicht gut bestimmt werden, und es ergab sich das in Abb. 36 wiedergegebene Bild, das qualitativ die theoretischen Einsichten bekräftigt, aber quantitativ doch bemerkenswerte Abweichung zeigt. In Abb. 36 ist auch der Ausdruck (10) und ein vereinfachter, rein parabolischer, welcher der Rechnung auch zugrunde gelegt werden kann, eingetragen.

52. Ebene Platte, turbulente Strömung. Die Rechenweise nach Ziff. 51, Gleichung (6) läßt sich auch auf die turbulente Grenzschicht übertragen. Man hat nur für die Geschwindigkeitsverteilung und für die Schubspannung an der Platte nach den Ausführungen Ziff. 46 einzusetzen:

$$u = U\left(\frac{y}{\delta}\right)^{\frac{1}{7}} \tag{1}$$

und

$$\tau = 0{,}0225\,\mu^{\frac{1}{4}}\,\varrho^{\frac{3}{4}}\,U^{\frac{7}{4}}\,\delta^{-\frac{1}{4}} = 0{,}0225\,\varrho\,U^2\left(\frac{\nu}{U\delta}\right)^{\frac{1}{4}}. \tag{2}$$

Es ergibt sich dann

$$\frac{7}{72}\,\frac{d\delta}{dx} = 0{,}0225\left(\frac{\nu}{U\delta}\right)^{\frac{1}{4}} \tag{3}$$

oder aufgelöst

$$\delta = 0{,}370\left(\frac{\nu}{U}\right)^{\frac{1}{5}} x^{\frac{4}{5}}. \tag{4}$$

Die turbulente Grenzschicht wächst also proportional $x^{\frac{4}{5}}$, während die laminare nur proportional $x^{\frac{1}{2}}$ wächst.

Für den Widerstand und seinen Koeffizienten ergibt sich bei turbulenter Grenzschicht:

$$K = 0{,}036\sqrt[5]{\mu\,\varrho^4\,U^9\,l^4} \tag{5}$$

oder

$$c_f = \frac{0{,}072}{R^{0{,}2}}\,. \tag{6}$$

Dabei ist allerdings zu beachten, daß am Vorderende der Platte nicht gleich die turbulente, sondern die laminare Grenzschicht sich bildet, die erst bei einer zur kritischen Zahl gehörigen Länge in den turbulenten Zustand umschlägt; deshalb muß für den vorderen Teil der Platte stets die Formel (9) von Ziff. 51 verwendet werden. Der Umschlag tritt nach Messungen von Hegge Zijnen bei der kritischen Zahl

$$R_K = \left(\frac{U\delta}{\nu}\right)_K \sim 3000$$

ein; dies Ergebnis stimmt schön zu den in Ziff. 44 besprochenen Versuchen von Schiller.

---

[1]) J. M. Burgers u. B. G. van der Hegge Zijnen, Versl. Akad. Amsterdam Bd. 13, S. 32; ältere Arbeit: L. Gümbel, Jahrb. d. schiffbautechn. Ges. 1913, S. 478.

Die Messungen des Widerstandes durch verschiedene Forscher sind in Abb. 37 vereinigt. Die Tabelle gibt die wichtigsten Versuchsdaten an.

Die Kurven der Abb. 37, besonders die nach KEMPFschen Versuchen gezogene, sind Mittelwerte aus stark streuenden Messungen. Es wurden Platten mit zugespitztem und mit abgerundetem Vorderende verwendet; auch Rauhigkeitseinflüsse machen sich geltend, wie die gestrichelten Kurven erkennen lassen. Die Gesetzmäßigkeiten, welche WIESELSBERGER an mehr oder weniger rauhen Stoffflächen fand, und von denen nur ein Teil in der Abbildung wiedergegeben ist, sind den in Ziff. 47 geschilderten ähnlich.

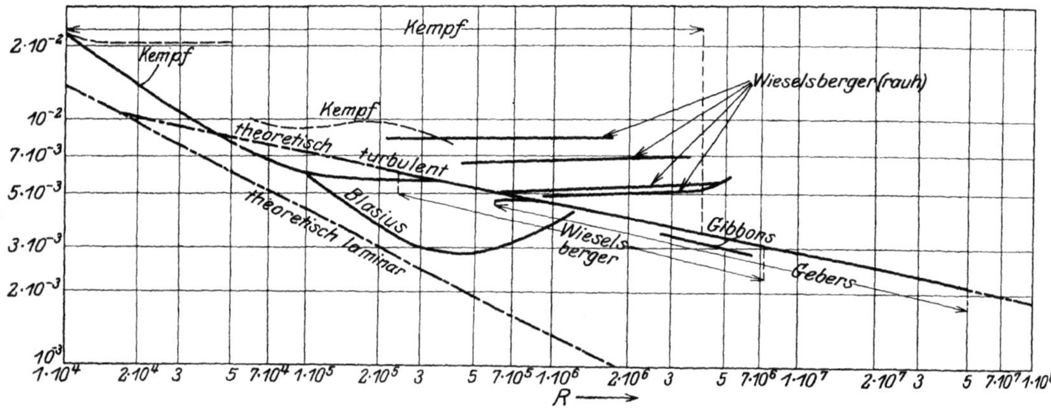

Abb. 37. Reibungswiderstand ebener Platten.

Tabelle zu Abb. 37.

Versuche von	Flüssigkeit	Platten-material	Plattenlänge (in cm)	Literatur
Fr. GEBERS	Wasser		60÷652	Schiffbau Bd. 9. 1908.
Fr. GEBERS	,,		100÷1000	Schiffbau Bd. 22. 1921.
H. BLASIUS	,,	Messing	51	Forschungsarb. d. Ver. d. Ing. 1914, H. 131.
W. A. GIBBONS	Luft	Glas	290	Adv. Comm. f. Aeronaut. Bd. 1915.
C. WIESELSBERGER	,,	Stoff	50÷200	Ergebn. d. Aerodyn. Versuchsanst. Göttingen, 1. Lief., 1921, S. 120.
G. KEMPF u. H. KLOESS	Wasser	Messing	2,0÷95,5	Werft, Reederei u. Hafen Bd. 6, S. 435. 1925.

PRANDTL und TOLLMIEN[1]) haben versucht, durch Übertragung der Messungen von HOPF und FROMM (Ziff. 47) Einzelheiten über die Windbewegung über dem rauhen Erdboden zu erschließen; die Schubspannungen haben sich hierbei mit den Druck- und den Corioliskräften ins Gleichgewicht zu setzen.

53. Rotierende Scheibe. Die Strömung an Scheiben, die sich in ihrer Ebene drehen, ist experimentell und theoretisch untersucht. Für den Fall laminarer Strömung und unendlicher Ausdehnung hat v. KÁRMÁN eine exakte Lösung angegeben:

Die Gleichungen (2) von Ziff. 5 lassen sich bei Unabhängigkeit von φ durch den Ansatz befriedigen:

$$\left.\begin{aligned} v_r = r\,f(z)\,, \quad v_\varphi = r\cdot g(z)\,, \quad v_z = h(z)\,,\\ p = p(z)\,. \end{aligned}\right\} \tag{1}$$

[1]) L. PRANDTL u. W. TOLLMIEN, ZS. f. Geophysik Bd. 1, S. 47.

Man erhält dann ein System von vier gewöhnlichen simultanen Differentialgleichungen für f, g, h und p als Funktionen von z. Dazu treten die Grenzbedingungen (ω Winkelgeschwindigkeit der Scheibe)

$$\left.\begin{aligned} &f = 0, \quad g = \omega, \quad h = 0 \quad \text{für} \quad z = 0; \\ &f = 0, \quad g = 0 \qquad\qquad\quad \text{für} \quad z = \infty, \end{aligned}\right\} \tag{2}$$

während h im Unendlichen endlich bleiben muß; denn die Scheibe wirkt infolge der Reibung als ein Schleudermechanismus; die Flüssigkeit strömt in der Nähe der Scheibe nach außen und muß durch eine axiale Zuströmung aus dem Unendlichen ergänzt werden.

In dieser Gestalt ist das Problem mit Hilfe bekannter numerischer oder graphischer Verfahren ohne Schwierigkeit lösbar. Kármán hat hier wie bei der ebenen Platte den Weg der Ziff. 29 eingeschlagen; die Strömung wird in eine Grenzschicht δ und eine wirbellose Zuströmung geteilt, für die Unbekannte werden Näherungsansätze angenommen, welche die Grenzbedingungen erfüllen, dann wird über die ganze Grenzschicht integriert. Schließlich bleibt nur δ als Unbekannte, und man erhält

$$\delta = 2{,}58 \sqrt{\frac{\nu}{\omega}}\,; \tag{3}$$

dabei wird die axiale Zuströmung

$$-(v_z)_\infty = 0{,}708 \sqrt{\nu\,\omega}\,. \tag{4}$$

Das Drehmoment einer rotierenden Scheibe vom Halbmesser a läßt sich aus dieser Lösung gut berechnen, wenn der Einfluß der endlichen Begrenzung als gering angenommen werden kann; dies ist in allen praktischen Fällen, wenn δ sehr klein gegen a ist, wohl anzunehmen. Man hat dann nur das Moment der an der Scheibe angreifenden Schubkräfte zu integrieren oder den Drehimpuls zu berechnen, der in der Zeiteinheit durch die Zylinderfläche $r = a$ hindurchgeführt wird, und dem nach dem Impulssatz das gesuchte Drehmoment gleich sein muß. Der letztere Ansatz ergibt (bei einseitiger Benetzung der Scheibe)

$$M = 2\pi\, a^4\, \varrho \int\limits_0^\delta f\, g\, dz\,; \tag{5}$$

die Ansätze für f und g, die der obige (hier nur angedeutete) Rechnungsgang ergab, lassen M numerisch berechnen; Kármán findet

$$M = 0{,}92\, a^4\, \varrho\, \nu^{\frac{1}{2}}\, \omega^{\frac{3}{2}}\,, \tag{6}$$

oder wenn der Widerstandsbeiwert

$$c_f = \frac{2M}{\varrho\, a^5\, \omega^2} \tag{7}$$

und die Reynoldssche Zahl

$$R = \frac{a^2\, \omega}{\nu} \tag{8}$$

gesetzt werden,

$$c_f = \frac{1{,}84}{\sqrt{R}}\,. \tag{9}$$

Bei turbulenter Strömung läßt sich, wie bei der geschleppten Platte, die Kármánsche Integralbedingung verwenden; nur hat man für die Schubspannung an der Scheibe den Ausdruck (2) von Ziff. 46 einzusetzen. Man kann dabei die

Integralbedingung auch direkt aus dem Impulssatz gewinnen, wenn man diesen auf das in Abb. 38 hervorgehobene Volumelement anwendet. Es wird

$$\left.\begin{aligned} \varrho \frac{d}{dr}\left[r\int_0^\delta v_r^2\,dz\right] - \varrho\int_0^\delta v_\varphi^2\,dz &= -\tau_r r \\ \text{und}\qquad \varrho\frac{d}{dr}\left[r^2\int_0^\delta v_r v_\varphi\,dz\right] &= -\tau_\varphi r^2. \end{aligned}\right\} \quad (10)$$

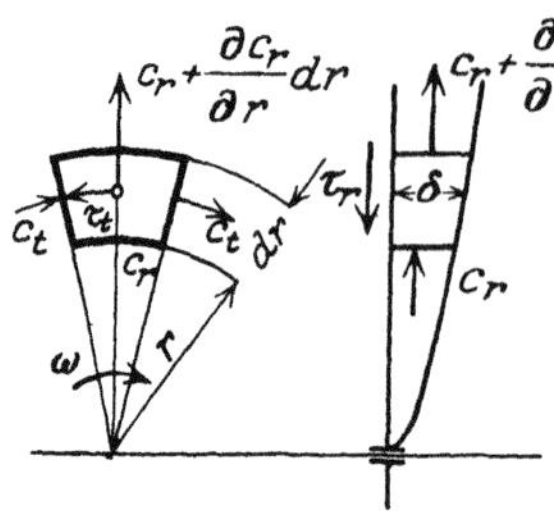

Abb. 38. Zur Berechnung der Strömung an einer rotierenden Scheibe.

Im Sinn der Ausführungen von Ziff. 46 und unter Berücksichtigung der Grenzbedingungen

$$\left.\begin{aligned} &v_r = 0, \quad v_\varphi = r\omega \quad &&\text{für} \quad z = 0 \\ \text{und}\quad &v_r = v_\varphi = 0 &&\text{für} \quad z = \delta \end{aligned}\right\} \quad (11)$$

hat man zu setzen

$$\left.\begin{aligned} v_r &= \alpha r\omega\left(\frac{z}{\delta}\right)^{\frac{1}{7}}\left(1 - \frac{z}{\delta}\right), \\ v_\varphi &= r\omega\left[1 - \left(\frac{z}{\delta}\right)^{\frac{1}{7}}\right]. \end{aligned}\right\} \quad (12)$$

Wenn man den Ansatz (2) von Ziff. 46 auf die resultierende Schubspannung und die resultierende Geschwindigkeit relativ zur Scheibe bezieht, wobei

$$a = \frac{r\omega\sqrt{1+\alpha^2}}{\delta^{\frac{1}{7}}} \quad (13)$$

wird, so ergibt sich

$$\left.\begin{aligned} \tau_r &= 0{,}0225\,\varrho\,\nu^{\frac{1}{4}}(r\omega)^{\frac{7}{4}}\delta^{-\frac{1}{4}}(1+\alpha^2)^{\frac{3}{8}}\cdot\alpha, \\ \tau_\varphi &= 0{,}0225\,\varrho\,\nu^{\frac{1}{4}}(r\omega)^{\frac{7}{4}}\delta^{-\frac{1}{4}}(1+\alpha^2)^{\frac{3}{8}}. \end{aligned}\right\} \quad (14)$$

Elimination von α liefert eine Gleichung für δ, und man erhält

$$\delta = 0{,}522\,r\left(\frac{\nu}{r^2\omega}\right)^{\frac{1}{5}}. \quad (15)$$

Die turbulente Grenzschicht wächst von innen nach außen, während die laminare von r unabhängig ist.

Für das Drehmoment folgt durch Integration über eine einseitig benetzte Scheibe vom Halbmesser r_0 mit der oben schon besprochenen Vernachlässigung:

$$M = 2\pi\int_0^{r_0}\tau_\varphi r^2\,dr = 0{,}0364\,\varrho\,\nu^{\frac{1}{5}}a^{\frac{23}{5}}\omega^{\frac{9}{5}} \quad (16)$$

oder

$$c_f = 0{,}0728\,R^{-\frac{1}{5}}. \quad (17)$$

Abb. 39 und Tabelle geben eine Übersicht über die Versuche.

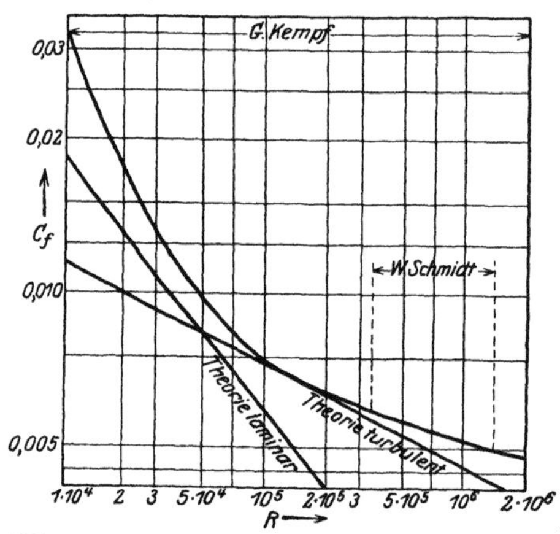

Abb. 39. Reibungswiderstand rotierender Scheiben.

Tabelle zu Abb. 39.

Versuche von	Durchmesser cm	Dicke cm	Material	Literatur
G. Kempf	11 bis 88	0,4 bis 3,2	Holz, Paraffin, Messing	G. Kempf, Innsbr. Vortr. S. 168.
W. Schmidt	8,8 bis 11,8	0,2	Messing	

Die Übereinstimmung mit den theoretischen Ergebnissen ist ganz befriedigend; die experimentellen Werte liegen allerdings durchweg systematisch höher als die theoretischen; man mag dies einer Rauhigkeitswirkung zuschreiben, vielleicht auch einer fehlerhaften (weil sehr schwierigen) Abschätzung der Leerreibung in der Drehvorrichtung.

54. Die schwingende Scheibe ist nur bei laminarer Strömung behandelt; die Dämpfung schwingender Scheiben wurde von MAXWELL u. a. dazu benutzt, um die Reibungskoeffizienten von Gasen zu bestimmen; auch bei Zähigkeitsmessungen in flüssigen Metallen hat die Methode Verwendung gefunden. Dabei werden die quadratischen Glieder in der Differentialgleichung stets vernachlässigt[1]; das bedeutet, daß die Wirkung der Fliehkraft und die axiale Zuströmung weggelassen werden und nur eine Winkelgeschwindigkeit ω angenommen wird. Die Differentialgleichung wird

$$\frac{\partial \omega}{\partial t} = \frac{\mu}{\varrho} \frac{\partial^2 \omega}{\partial z^2}; \tag{1}$$

die Lösung ist

$$\omega = \omega_0 e^{-\sqrt{\frac{\pi \varrho}{\mu \tau}} z} \cos\left(2\pi \frac{t}{\tau} - \sqrt{\frac{\pi \varrho}{\mu \tau}} z\right), \tag{2}$$

wobei τ die Schwingungsdauer der Scheibe bedeutet. Das Drehmoment auf eine Scheibe vom Halbmesser a wird

$$D = \frac{\pi \mu a^4}{2} \left(\frac{\partial \omega}{\partial z}\right)_{z=0} = -\omega_0 \sqrt{\frac{2\pi^3 \mu \varrho}{\tau}} \cos\left(2\pi \frac{t}{\tau} + \frac{\pi}{4}\right). \tag{3}$$

Dies Drehmoment wird experimentell aus dem logarithmischen Dekrement der Schwingungen bestimmt und daraus μ berechnet. Da bei dieser Methode das logarithmische Dekrement sehr klein wird, hat MAXWELL die Verfeinerung angebracht, die Scheibe nicht im freien Raum, sondern zwischen zwei festen, in kleinem Abstand von ihr angeordneten parallelen Scheiben schwingen zu lassen, wobei die dämpfende Wirkung durch Verkleinerung des Abstandes beliebig erhöht werden kann. Die entsprechende Lösung von (1) ist elementar zu erhalten.

55. Rotierende Zylinder. Die Versuche über konzentrische gegeneinander bewegte Zylinder und ihre Bedeutung für das Turbulenzproblem sind oben mehrfach hervorgehoben worden. Bei laminarer Strömung sind die Formeln (13) bis (16) von Ziff. 13 anwendbar. Ihr Versagen zeigt den Einsatz der Turbulenz an. Die Versuche von MALLOCK[2]) und von COUETTE[3]) ergaben als kritische Zahl

$$R_K = \left(\frac{U h}{\nu}\right)_K = 1900,$$

wenn U die Geschwindigkeit des äußeren rotierenden Zylinders, h die Schichtdicke bedeutet, während der innere Zylinder bei den Versuchen ruhte.

Für den Fall zweier konzentrisch rotierender Zylinder wurde das Stabilitätsproblem von TAYLOR[4]) diskutiert; es ergab sich Instabilität der laminaren Strömung oberhalb gewisser REYNOLDSscher Zahlen, und der Strömungsverlauf oberhalb der kritischen Zahl konnte beschrieben werden. Die rechnerischen Ergebnisse finden sich in bester Übereinstimmung mit Versuchen von TAYLOR. Wieweit durch diese Untersuchungen ein Licht auf das Turbulenzproblem im allgemeinen fällt, scheint noch nicht geklärt.

---

[1]) O. E. MEYER, Pogg. Ann. Bd. 133, S. 55. 1861.
[2]) A. MALLOCK, Proc. Roy. Soc. London Bd. 45, S. 126. 1888; Phil. Trans. Bd. 187, S. 41.
[3]) M. M. COUETTE, Ann. chim. phys. (6) Bd. 21, S. 433. 1890.
[4]) G. J. TAYLOR, Phil. Trans. Bd. 223, S. 289. 1923; auch Proc. intern. congr., Delft 1924.

Die laminare Strömung ist in diesem Fall dargestellt durch den Ausdruck

$$V_\varphi = A\,r + \frac{B}{r}\,. \tag{1}$$

Dabei sind:

$$\left.\begin{aligned} A &= \omega_1 \frac{1 - \omega_2 r_2^2/\omega_1 r_1^2}{1 - r_2^2/r_1^2}\,,\\ B &= \omega_1 r_1^2 \frac{1 - \omega_2/\omega_1}{1 - r_2/r_1}\,, \end{aligned}\right\} \tag{2}$$

wobei ω die Winkelgeschwindigkeit, r den Halbmesser bedeutet und sich die Zeiger $_1$ und $_2$ auf den inneren bzw. äußeren Zylinder beziehen.

Überlagert man auf diese Grundströmung eine kleine Störungsbewegung v_r, v_φ, v_z entsprechend dem in Ziff. 33 ausgeführten Gedankengang, so kann man setzen:

$$\left.\begin{aligned} v_r &= u_1 \cos\alpha z\, e^{\sigma t}\,,\\ v_\varphi &= v_1 \cos\alpha z\, e^{\sigma t}\,,\\ v_z &= w_1 \sin\alpha z\, e^{\sigma t}\,, \end{aligned}\right\} \tag{3}$$

wobei u_1, v_1, w_1 nur Funktionen von r sind. Für diese Funktionen erhält man aus Ziff. 5, Gleichung (1) bei Vernachlässigung ihrer Quadrate nach Elimination des Druckes die Differentialgleichungen

$$\left.\begin{aligned} \frac{d u_1}{d r} + \frac{u_1}{r} + \alpha w_1 &= 0\,,\\ 2 A u_1 - \nu\left(\frac{d^2}{d r^2} + \frac{1}{r}\frac{d}{d r} - \frac{1}{r^2} - \alpha^2 - \frac{\sigma}{\nu}\right) v_1 &= 0\,,\\ \nu\left(\frac{d^2}{d r^2} + \frac{1}{r}\frac{d}{d r} - \frac{1}{r^2} - \alpha^2 - \frac{\sigma}{\nu}\right) u_1 + 2\left(A + \frac{B}{r^2}\right) v_1 &\\ + \frac{\nu}{\alpha}\frac{d}{d r}\left(\frac{d^2}{d r^2} + \frac{1}{r}\frac{d}{d r} - \alpha^2 - \frac{\sigma}{\nu}\right) w_1 &= 0 \end{aligned}\right\} \tag{4}$$

mit den Grenzbedingungen

$$u_1 = v_1 = w_1 = 0 \qquad \text{für} \qquad r = r_1 \qquad \text{und} \qquad r = r_2\,.$$

Diese Differentialgleichungen werden durch Zylinderfunktionen gelöst; die Grenzbedingungen führen zu homogenen Gleichungen, und aus diesen folgt eine Säkulargleichung, welche als Gleichung für σ in Abhängigkeit von den Reynoldsschen Zahlen $\omega_1 r_1^2/\nu$ und $\omega_2 r_2^2/\nu$, sowie vom Verhältnis ω_2/ω_1 oder r_2/r_1 aufgefaßt werden muß. Offenbar kann σ von drei dimensionslosen Parametern abhängen. Taylor diskutiert die außerordentlich komplizierte Gleichung nur soweit numerisch, daß er die zu $\sigma = 0$ gehörigen Wertsysteme aufsucht, welche die Grenze zwischen Stabilität und Labilität darstellen; auch hat er sich auf Verhältnisse beschränkt, bei welchen die Radiendifferenz $r_2 - r_1$ klein gegen r gesetzt werden konnte. Die numerischen Berechnungen sind mühevoll und müssen in verschiedener Weise angesetzt werden, je nachdem die Winkelgeschwindigkeiten ungefähr gleich, stark verschieden oder von verschiedenen Vorzeichen sind. Wenn, so wie in den Versuchen, ein konstanter Wert von r_2/r_1 angenommen wird, so findet sich die Stabilitätsgrenze durch eine Kurve in der Ebene der beiden Reynoldsschen Zahlen dargestellt, die für verschiedene r_2/r_1 verschieden ist. Ein Beispiel gibt Abb. 40. Daß die Drehung des äußeren und die des inneren Zylinders verschieden wirkt, also keine Symmetrie dieser beiden Reynoldsschen Zahlen herrscht, war zu erwarten; es folgt dies auch aus der Theorie reibungsloser Flüssigkeiten, die nach RAYLEIGH[1]) zu der Instabilitätsbedingung $\omega_1 r_1^2 > \omega_2 r_2^2$ führt (gestrichelte Linie in Abb. 40), sowie aus den Versuchen von MALLOCK[2]).

Auch die bei Einsatz der Instabilität auftretenden Stromlinien hat TAYLOR berechnet und eine typische Verschiedenheit bei gleicher und bei entgegen-

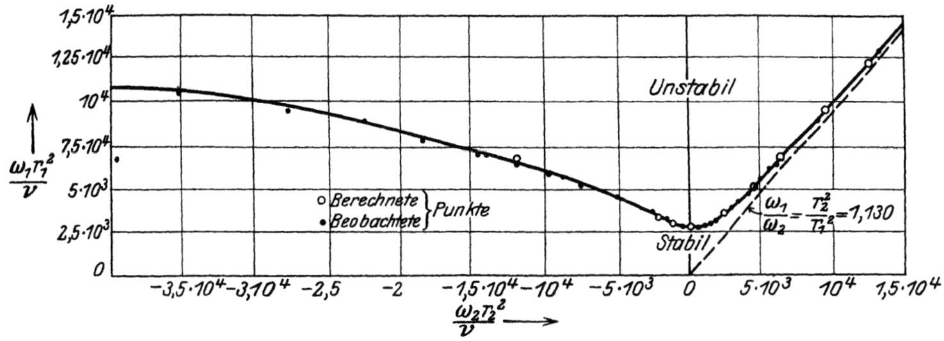

Abb. 40. Stabilitätsgrenze bei konzentrisch rotierenden Zylindern nach TAYLOR.

gesetzter Drehung der Zylinder ($\omega_1/\omega_2 > 0$ oder < 0) gefunden. Im ersteren Fall zeigt sich ein Stromlinienbild, welches den ganzen Raum zwischen den Zylindern wie eine Grundschwingung ausfällt; das in Abb. 41 dargestellte Wirbelgebilde ist ungefähr gerade so hoch wie breit; es setzt sich nach oben und unten in entgegenlaufenden gleichartigen Gebilden fort. Die „Wellenlänge“ $2\pi/\alpha$ der Störung ist in diesem Fall gleich der doppelten Radiendifferenz der Zylinder. Das Stromlinienbild der Abb. 42 ist für den Fall $\omega_2/\omega_1 = -1{,}5$ gezeichnet; auch hier ist die Höhe des Wirbelgebildes ungefähr gleich seiner Breite, diese füllt aber nicht den ganzen Raum aus; denn $2\pi/\alpha$ wird gleich $1{,}73\,(r_2 - r_1)$; die hauptsächlichste Wirbelbewegung findet am inneren Zylinder statt, während außen eine schwächere gegenläufige

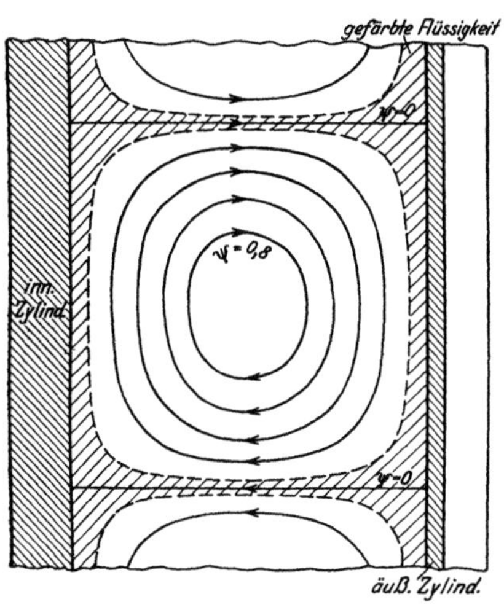

Abb. 41. Stromlinienbild bei gleichläufig rotierenden konzentrischen Zylindern nach TAYLOR.

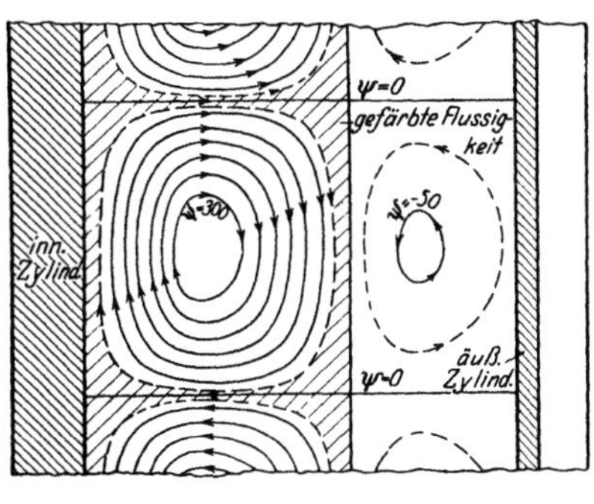

Abb. 42. Stromlinienbild bei gegenläufig rotierenden konzentrischen Zylindern nach TAYLOR.

[1]) Lord RAYLEIGH, Proc. Roy. Soc. London 1916, S. 148.
[2]) A. MALLOCK, Phil. Trans. 1896, S. 41.

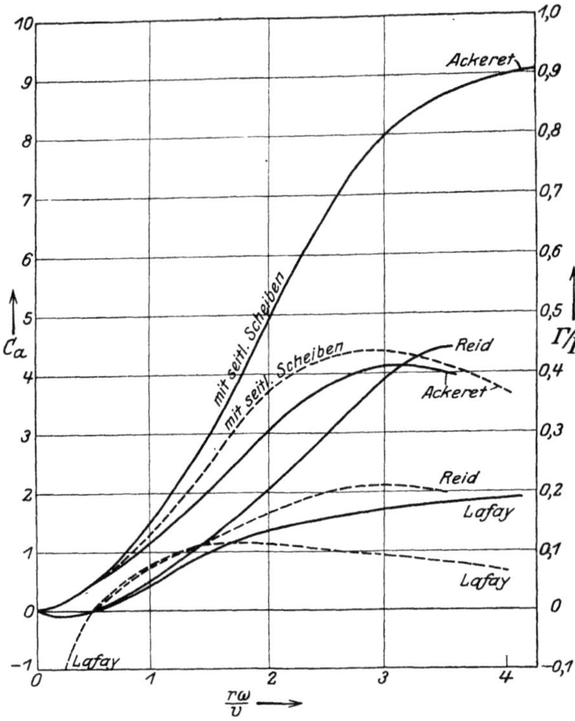

Abb. 43. Zirkulation um rotierende Zylinder. —— C_a, - - - Γ/Γ_0.

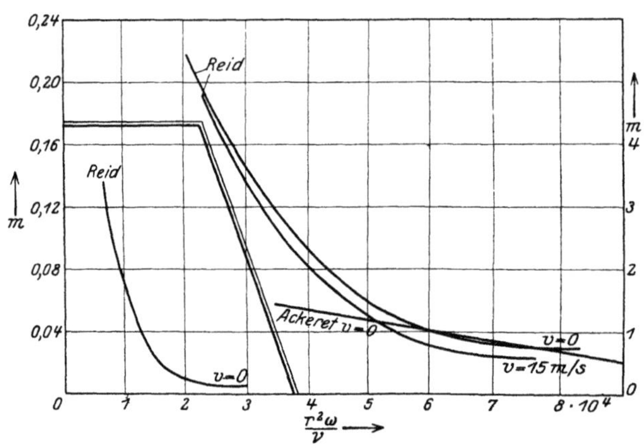

Abb. 44. Drehmoment rotierender Zylinder[1]).

Strömung eintritt; wieviel schwächer diese ist, geht aus den eingezeichneten Werten für die Stromlinien ψ hervor.

Taylor konnte die Ergebnisse seiner Theorie an einer Anordnung bestätigen, bei welcher der äußere Zylinder aus Glas war, und vom inneren Zylinder aus durch feine Bohrungen gefärbte Flüssigkeit in die Strömung eingeführt wurde. Sowohl der Einsatz wie die Unterteilung und Größe der Wirbel erwies sich quantitativ in Übereinstimmung mit der Rechnung. Übrigens konnte eine Instabilität bei ruhendem inneren Zylinder, wie sie Couette und Mallock gefunden hatten, bei den höchsten Umlaufzahlen, deren die Anordnung fähig war, nicht festgestellt werden; man muß diese Erscheinung wohl so beurteilen wie die in Ziff. 32 besprochenen Versuche von Ekman und Schiller. Die Dimensionen waren:

r_2 stets $= 4{,}035$ cm,

$r_1 = 3{,}00$ bzw. $3{,}55$ bzw. $3{,}80$ cm.

56. Die turbulente Strömung um einen einzelnen rotierenden Zylinder. Dieser Fall ist von besonderem Interesse geworden wegen der Anwendung solcher „Rotoren" bei Segelschiffen (Flettner). Es handelt sich hier um ein Zähigkeitsphänomen; denn durch die Zähigkeit wird die Flüssigkeit (auch die Luft) zum Haften am rotierenden Zylinder gezwungen. So wird eine gewisse Luftmenge in rotatorische Bewegung gesetzt und eine Zirkulation erzeugt, welche beim Anblasen des rotierenden Zylinders einen Auftrieb (Quertrieb) zur Folge hat.

[1]) Der rechts angeschriebene Maßstab gehört zur Nebenfigur links.

Tabelle zu Abb. 43 und 44.

	Halbmesser r cm	Zylinderhöhe h cm	Flüssigkeit	Winkelgeschwindigkeit ω 1/s	Luftgeschwindigkeit v m/s
LAFAY	5,00	35	Luft	30—360	0—15
REID	5,72	150	Luft	200—1000	0—27
ACKERET	3,50	33	Luft	—	—

Von den zahlreichen systematischen Untersuchungen über Rotoren liegt noch wenig im Druck vor. Die Abb. 43 und 44 stützen sich auf Versuchsreihen von LAFAY[1]), ELLIOT G. REID[2]) und ACKERET[3]); sie können aber auch nicht als definitiv angesehen werden, da in REIDS Tabellen zwei Kolonnen nicht zusammenstimmen und LAFAYS Momentenmessungen solch unübersichtliches Verhalten zeigen, daß sie bei Abb. 44 nicht berücksichtigt werden konnten. Aufgetragen ist in Abb. 43 zunächst der Auftriebsbeiwert[4])

$$c_a = \frac{A}{qF}, \tag{1}$$

wobei A die Auftriebskraft, q den Staudruck ($\frac{1}{2}\varrho v^2$) und F die Flächenprojektion senkrecht zur Windrichtung bedeutet; ferner das Verhältnis der Zirkulation Γ im Unendlichen zur Zirkulation Γ_0 am Zylinder, das für ideale und laminare Strömung mit Zähigkeit $= 1$ wäre; d. h. ohne Turbulenz würde zur Erzeugung des beobachteten Auftriebs nur ein durch die Ordinate Γ/Γ_0 angegebener Bruchteil der im Versuch verwendeten Drehgeschwindigkeit nötig sein. Dabei ist

$$\Gamma = \frac{A}{\varrho v} \tag{2}$$

und

$$\Gamma_0 = 2\pi r^2 \omega, \tag{3}$$

wo ϱ die Dichte, r den Zylinderradius und ω die Winkelgeschwindigkeit bedeuten. Die Größen c_a und Γ/Γ_0 erweisen sich nur von $r\omega/v$, nicht von der REYNOLDSschen Zahl (etwa $r^2\omega/\nu$) abhängig. Die große Verschiedenheit zwischen den Ergebnissen LAFAYS und REIDS findet zum Teil Erklärung durch die Verschiedenheit der Höhe und die dadurch bedingte Verschiedenheit der Zusatzströmung und des induzierten Widerstands[5]). Wie stark die Erscheinungen des abgelösten Auftriebswirbels, die den Inhalt der Tragflügeltheorie bilden, hier hereinspielen, ist aus dem großen Einfluß seitlicher Scheiben zu erkennen. Wird durch solche die Ablösung vermindert, so wird der Wert von Γ ganz bedeutend gesteigert. Abb. 44 zeigt die dimensionslose dem Moment M proportionale Größe

$$m = \frac{M}{\varrho \frac{r^2\omega^2}{2} \cdot 2\pi r h \cdot r} \tag{4}$$

in Abhängigkeit von $r^2\omega/\nu$; die Abhängigkeit der Kurve von $v/r\omega$ scheint gering zu sein.

Theoretisch ist das Problem nicht in Angriff genommen; in der einfachen Weise wie die Platte und die Scheibe läßt es sich nicht behandeln. Dort kommt

[1]) M. LAFAY, Rev. de mécanique, Mai 1912.

[2]) ELLIOT G. REID, Techn. Notes Amer. adv. comm. f. aeron. H. 209; auch Flight Bd. 1, S. 18. 1925.

[3]) J. ACKERET, ZS. f. Flugtechn. Bd. 16, S. 49. 1925.

[4]) Über die Definition dieses Begriffes s. Kap. 4.

[5]) Vgl. Kap. 4, Ziff. 29.

nämlich ein Impulstransport durch eine systematische Veränderlichkeit der Geschwindigkeitskomponenten längs der Platte zustande (von vorne nach hinten bzw. von innen nach außen). Dieser Impulstransport setzt sich ins Gleichgewicht mit der Schubspannung an der Wand; die Schwankungen spielen eine untergeordnete Rolle. Beim rotierenden Zylinder muß man wohl eine gleichmäßige Grenzschicht annehmen — obwohl eine periodische Grenzschicht nicht grundsätzlich auszuschließen wäre; ein Impulstransport findet nur durch die Schwankungen statt, die bisher weder beobachtet noch berechnet worden sind.

Wird der rotierende Zylinder angeströmt, so ist die Relativgeschwindigkeit der Wand gegenüber der außen strömenden Flüssigkeit an der einen Seite kleiner als an der anderen und die Grenzschicht an der Seite erhöhter Geschwindigkeit dünner wie an der anderen. Die Ablösung erfolgt daher nicht symmetrisch wie beim ruhenden Zylinder, sondern mit Bevorzugung der Seite kleinerer Geschwindigkeit. Daraus folgt der Auftrieb, auch bei Ablösung.

57. Schwingungen von flüssigkeitgefüllten Hohlkörpern. Zur Messung der Zähigkeit diente oft eine Anordnung, bei welcher ein Hohlzylinder oder eine Hohlkugel mit Flüssigkeit gefüllt und, bifilar aufgehängt, in Schwingungen versetzt wurden. Die Zähigkeit zwingt die Flüssigkeit, an der Schwingung teilzunehmen, die Trägheit arbeitet dagegen; doch ist in diesen Fällen, wenn man sich auf kleine REYNOLDSsche Zahlen beschränkt, die Trägheitswirkung leicht faßbar, da sie nur der lokalen Beschleunigung proportional ist und die Konvektionsglieder vernachlässigt werden können. Mathematisch heißt dies, daß die quadratischen Glieder in den Grundgleichungen weggestrichen werden. Der Gedankengang dieser Untersuchungen mag am Problem des Hohlzylinders[1]) (Halbmesser a, Höhe $2h$) gezeigt werden: Bedeutet ω die Winkelgeschwindigkeit der Flüssigkeit, φ die Winkelstellung des Hohlzylinders gegen seine Ruhelage, also $d\varphi/dt$ seine Winkelgeschwindigkeit, so ist zu lösen die partielle Differentialgleichung

$$\varrho\frac{\partial\omega}{\partial t}=\mu\left(\frac{\partial^2\omega}{\partial r^2}+\frac{3}{r}\frac{\partial\omega}{\partial r}+\frac{\partial^2\omega}{\partial z^2}\right) \tag{1}$$

mit den Grenzbedingungen

$$\left.\begin{aligned}&\frac{\partial\omega}{\partial r}=0 \quad \text{für} \quad r=0\\ \text{und}\quad &\omega=\frac{d\varphi}{dt} \quad \text{für} \quad r=R \quad \text{und für} \quad z=\pm h.\end{aligned}\right\} \tag{2}$$

Die Lösung ergibt sich in der gewöhnlichen Weise durch den Ansatz

$$\left.\begin{aligned}&\omega=e^{-m^2t+\frac{2n+1}{2}i\pi\frac{z}{h}}f(r),\\ \text{wobei}\quad &f(r)=\int_{-r}^{+1}d\xi\sqrt{1-\xi^2}\cos q r\xi\\ \text{und}\quad &q^2=\frac{\varrho}{\mu}m^2-\left(\frac{2n-1}{2}\frac{\pi}{h}\right)^2.\end{aligned}\right\} \tag{3}$$

Die Grenzbedingung für $r=a$ wird durch Summierung über n und Bestimmung der Fourierkoeffizienten befriedigt. Nun ist der gewonnene Ausdruck in die Gleichung des schwingenden Systems, dessen Trägheitsmoment mit M, dessen Direktionskraft mit $-k\varphi$ bezeichnet sei, einzusetzen:

$$M\frac{d^2\varphi}{dt^2}=-k\varphi-2\pi\mu\left\{a^3\int_{-h}^{+h}\left(\frac{\partial\omega}{\partial r}\right)_{r=a}dz+\int_0^R r^3\left[\left(\frac{\partial\omega}{\partial z}\right)_{z=h}-\left(\frac{\partial\omega}{\partial z}\right)_{z=-h}\right]dr.\right\} \tag{4}$$

[1]) O. E. MEYER, Wied. Ann. Bd. 43, S. 1. 1891.

Dies ergibt eine Gleichung für m^2, das dem Ansatz nach mit der Schwingungszeit 2π und dem logarithmischen Dekrement λ durch die Gleichung

$$m^2 = \frac{\lambda + i\pi}{T} \tag{5}$$

zusammenhängen muß. Bestimmt man experimentell alle anderen Größen, so kann man μ berechnen. Das Verfahren ist von MÜTZEL[1]) bei Salzlösungen angewandt worden und führte zu guter Übereinstimmung mit den auf anderen Wegen ermittelten Werten; auch bei geschmolzenen Metallen[2]) erwies es sich als brauchbar.

Der Fall einer schwingenden Hohlkugel beansprucht deshalb besonderes Interesse, weil er von HELMHOLTZ[3]) ausführlich diskutiert wurde, und weil darauf gegründete Messungen zuerst zur Annahme eines Gleitens an metallischen Wänden führten. LADENBURG[4]) hat die Messungen wiederholt und eine genaue Theorie aufgestellt, deren Gedankengang ganz demjenigen beim Hohlzylinder entspricht. Es ergab sich dasselbe Dekrement für eine versilberte wie für eine unversilberte Glaswand, und die μ-Werte, die mit dieser Methode gefunden wurden, stimmten bei Annahme des Haftens an der Wand auf wenige Promille genau mit anderweitig ermittelten Werten überein.

58. Formwiderstand. Bei den bisher behandelten Fällen waren nur die Anströmung und die Grenzschicht zu verfolgen; bei Körpern in einer Flüssigkeit, deren Ausdehnung in der Strömungsrichtung nicht groß ist, tritt neben diese Gebiete das Gebiet der Abströmung aus der Grenzschicht. Wir sahen in Ziff. 27, daß wir diese Abströmung als eine reibungslose Strömung mit Wirbeln anzusehen haben, deren Bewegung durch Größe, gegenseitige Lage usw. der Wirbel bestimmt ist. Die wichtigste Erkenntnis über diese Bewegung ist die Berechnung der Straßenanordnung nach v. KÁRMÁN, über die früher[5]) berichtet worden ist. Die Erzeugung der Wirbel erfordert Arbeit, welche bei ihrer steten Neubildung innerhalb der Grenzschicht geleistet werden muß; so entsteht ein Widerstand gegen die Relativbewegung zwischen Körper und Flüssigkeit, der den Widerstand infolge Oberflächenreibung bei weitem überwiegen kann; man nennt ihn Formwiderstand und kann ihn durch richtige Formgebung, also durch Verhinderung einer starken Ablösung, weitgehend beeinflussen. Die Abb. 45 bis 48 sollen die wichtigsten Gesetze über den Formwiderstand deutlich machen und die numerischen Werte angeben. Die Größe c_w ist dem Formwiderstand W proportional, nämlich analog zu Ziff. 56, Gleichung (1)

$$c_w = \frac{W}{qF}.$$

59. Kritische REYNOLDSsche Zahlen. Eine Abgrenzung des turbulenten gegen den laminaren Strömungszustand ist in den Abb. 45ff. nicht so einfach zu bewerkstelligen wie bei Strömungen in Rohren, da die Lösungen für kleine REYNOLDSsche Zahlen nur Näherungslösungen sind, deren Versagen nicht als Turbulenz gedeutet werden kann. In der Tabelle der Ziff. 17 ist zu erkennen, wie weit die Näherung für kleine REYNOLDSsche Zahlen die Erfahrungswerte deckt. Ein plötzlicher Umschlag, eine Diskontinuität im Widerstandsbeiwert ist nicht zu finden; man könnte die Frage, ob laminar oder turbulent, nur durch die Untersuchung entscheiden, bei welchen REYNOLDSschen Zahlen die Strömung stationär, bei welchen schwankend ist. Indes sind solche Versuche nicht gemacht.

---

1) K. MÜTZEL, Wied. Ann. Bd. 43, S. 15. 1891.
2) H. THIELMANN, s. Abb. 4.
3) H. v. HELMHOLTZ (u. G. PIOTROWSKI), Wiss. Abh. Bd. 1, S. 172.
4) R. LADENBURG, Ann. d. Phys. Bd. 27, S. 157. 1908.
5) Vgl. Kap. 1, Ziff. 50.

Das große Gebiet REYNOLDSscher Zahlen, in welchem c_w einigermaßen konstant, also der Formwiderstand proportional dem Quadrat der Geschwindigkeit ist, konnte, als diese Werte in Zusammenhang mit flugtechnischen Problemen zuerst bestimmt wurden, zur Ansicht führen, daß die turbulente Strömung bis zu beliebigem R diese Gesetzmäßigkeit zeige. (Diese Annahme ist besonders wichtig für die Übertragung vom Modell auf das Flugzeug.) EIFFEL[1]) fand zuerst an Kugeln den erneuten Abfall von c_w bei höherem R und das zweite kritische Gebiet, das in den Abb. 45 bis 47 deutlich zu sehen ist. PRANDTL[2]) konnte durch Versuche und durch Anwendung seiner Grenzschichttheorie die Verhältnisse vollkommen klären. Im Gebiete der kleineren REYNOLDSschen Zahlen bildet sich eine laminare Grenzschicht aus, die sich in der Weise der Ziff. 28 entwickelt und ungefähr da ablöst, wo die Strömung gegen steigenden Druck erfolgen muß (Genaueres s. Ziff. 61). Bei großem R

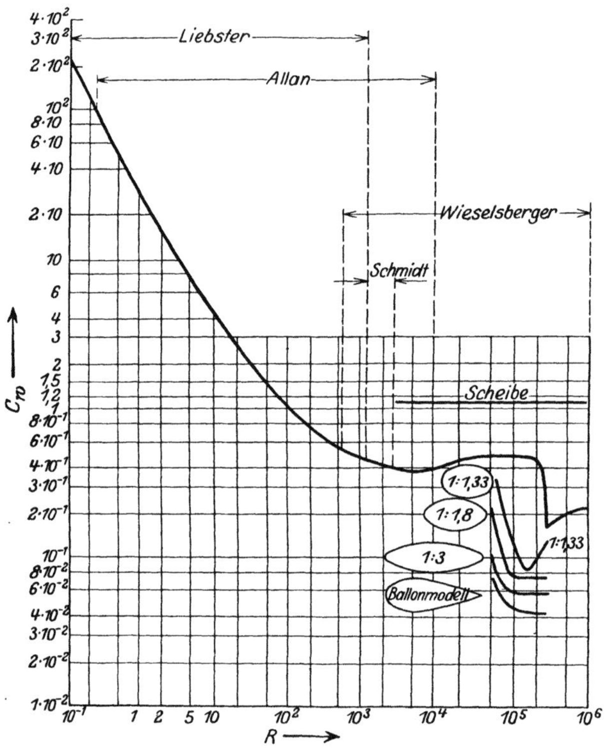

Abb. 45. Widerstand von Rotationskörpern.

Tabelle zu Abb. 45.

Versuche von	Versuchskörper	Durchmesser (in cm)	Literatur
ALLEN	Luftblasen in Wasser Bernsteinkugeln in Wasser Stahlkugeln in Wasser	0,005–0,03	Phil. Mag. (5) Bd. 50, S. 323.
WIESELSBERGER	Luftblasen, Kugeln	0,8–28,25	Phys. ZS. Bd. 23, S. 219. 1922; Ergebn. d. Aerodyn. Versuchsanst. zu Göttingen Bd. 2, S. 28. 1923.
LIEBSTER u. SCHILLER	Stahlkugeln in Glyzerin Stahlkugeln in Zuckerlösung Stahlkugeln in Wasser	0,1–0,7	Phys. ZS. Bd. 25, S. 670, 1924.
SCHMIDT	Wachskugeln		Phys. ZS. Bd. 25, S. 670. 1924.

[1]) G. EIFFEL, La resistance de l'air et l'aviation. Paris: Dunod & Pinat 1910.

[2]) L. PRANDTL, Göttinger Nachr. 1914, S. 177; K. WIESELSBERGER, ZS. f. Flugtechn. Bd. 5, S. 140. 1914.

jedoch wird die ursprünglich laminare Grenzschicht noch vor der Ablösungsstelle turbulent; die Durchwirbelung der Grenzschicht reißt die hinter dem Körper angestaute Flüssigkeit weg und ändert dort die Druckverhältnisse; die turbulente Grenzschicht greift weiter um den Körper herum als die laminare, die Ablösung erfolgt später; das abgelöste Wirbelsystem wird kleiner, der Widerstandsbeiwert wird geringer. Die laminare Grenzschicht entwickelt sich bis zur Ablösungsstelle bei abgeplatteten Körperformen nur wenig, bei verlängerten viel stärker. Je länger also ein Körper ist, umso leichter wird die Grenzschicht eine solche Dicke erreichen, daß der Umschlag in die turbulente Grenzschichtenströmung erfolgt. Die kritische REYNOLDSsche Zahl muß also für verlängerte Körper wesentlich tiefer rücken als für symmetrische, was aus Abb. 48 auch hervorgeht; der Unterschied der c_w-Werte auf beiden Seiten der kritischen Zahl ist auch bei den verlängerten Körpern geringer. Die senkrecht angeblasene Scheibe zeigt überhaupt keinen Umschlag, sondern stets den großen Widerstandsbeiwert.

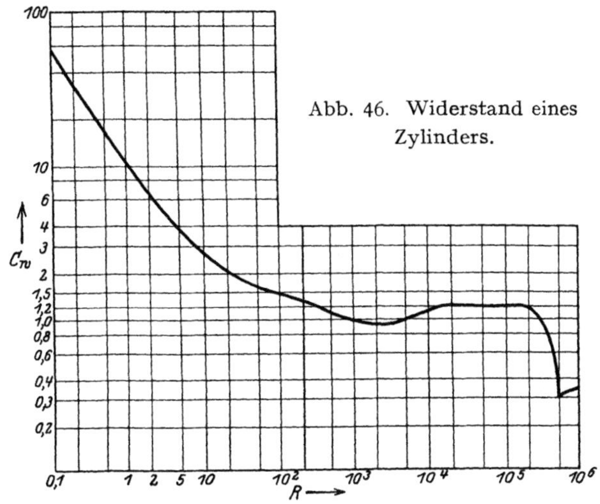

Abb. 46. Widerstand eines Zylinders.

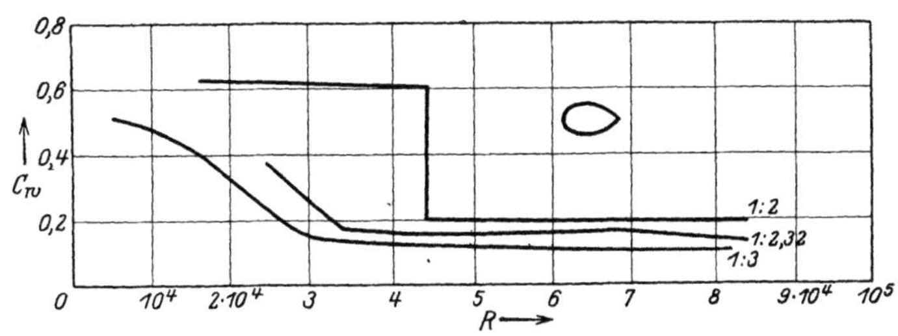

Abb. 47. Widerstand schlanker Körper (Strebenprofile).

Diese kritische REYNOLDSsche Zahl kann man sehr stark herabdrücken, wenn man die Entstehung turbulenter Bewegungen in der Grenzschicht erleichtert, so schon durch Unruhe in der anströmenden Flüssigkeit. Der von EIFFEL gefundene kritische Wert lag deshalb so tief, weil sein Luftstrom nicht so gleichmäßig war wie der Göttinger Luftstrom. PRANDTL setzte die kritische Zahl auch durch Erhöhung der Rauhigkeit an der Oberfläche der Kugel herunter; er legte einen Draht irgendwo an der Vorderseite um die Kugel, erzeugte dadurch turbulente

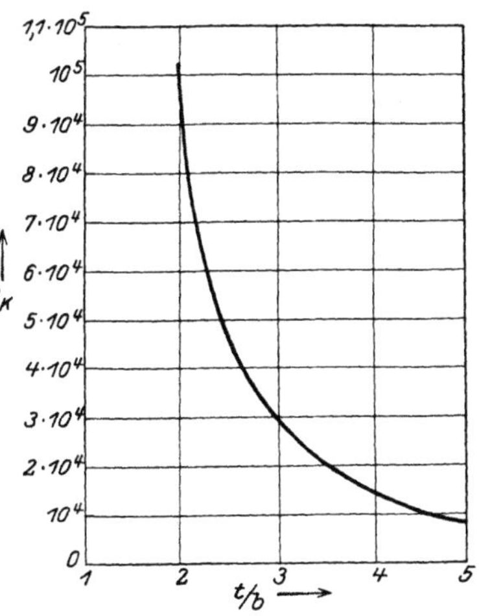

Abb. 48. Kritische Zahl bei Streben in Abhängigkeit von der Schlankheit.

Bewegung in der Grenzschicht und vermied eine Ablösung, wie sie bei der laminaren Grenzschicht eintritt. Er konnte so das paradoxe Ergebnis erhalten, daß durch den herumgelegten Draht der Widerstand der Kugel erheblich herabgesetzt wurde.

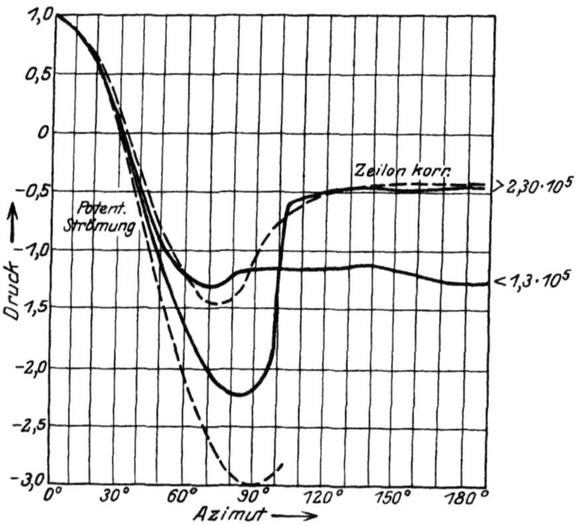

Abb. 49. Druckverteilung an einem Zylinder nach EISNER.

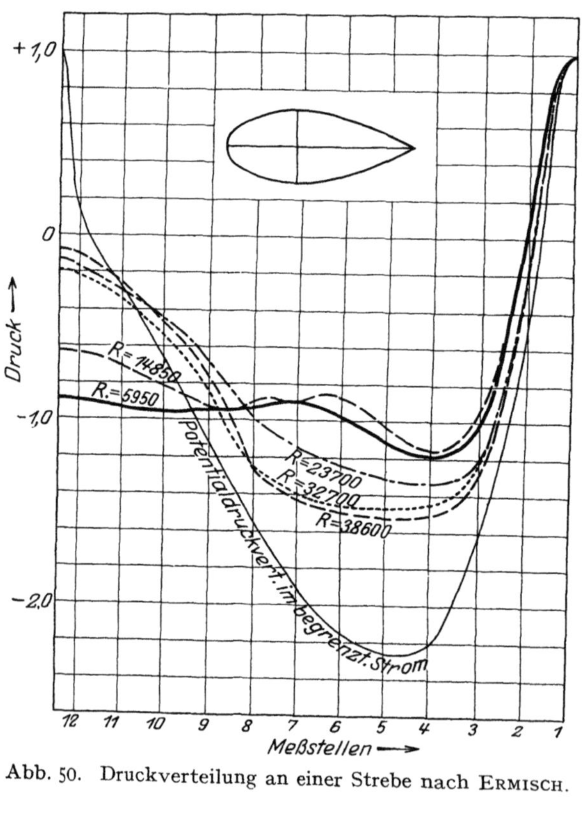

Abb. 50. Druckverteilung an einer Strebe nach ERMISCH.

60. Druckverteilung und Stromlinien. An feinen Anbohrungen des Körpers, gegen welchen die Flüssigkeit strömt, kann die Druckverteilung um den Körper gemessen werden. Solche Messungen sind von ERMISCH[1]) und EISNER[2]) ausgeführt. Aus den Abbildungen 49 und 50 geht alles Wissenswerte über die Versuche hervor. Man sieht, wie sich die Druckverteilung mit wachsender REYNOLDSscher Zahl in immer größeren Gebieten der Druckverteilung in der Potentialströmung nähert, ganz entsprechend den Ausführungen in Ziff. 27. Daneben findet sich auch die Lösung nach OSEEN (Ziffer 25), welche ZEILON[3]) diskutiert hat. Nach Überschreiten der kritischen Zahl drängt sich das Gebiet der Abströmung in einen schmaleren Streifen hinter dem Körper zusammen, wie in Ziff. 58 vorausgesagt wurde. Bei laminarer Grenzschicht zeigen die Strömungsbilder, die durch Photographie eingestreuter Aluminiumteilchen gewonnen wurden, bestimmte Ablösungspunkte, periodische Wirbelablösung

[1]) H. ERMISCH, Aachener Dissert.; Abh. Aerod. Inst. Aachen 1926, H. 7.

[2]) F. EISNER, ZS. f. angew. Math. u. Mech. Bd. 5, S. 486. 1925.

[3]) N. ZEILON, Proc. of the 1. intern. Congr. f. applied mechanics, S. 365. Delft 1924.

und Anordnung der Wirbel im Abströmungsraum in den regelmäßigen KÁRMÁNschen Wirbelstraßen. Bei turbulenter Grenzschicht ist keine Ablösungsstelle zu erkennen und es fehlt jede Regelmäßigkeit in der Abströmung; auch die Wirbelstraßen bilden sich nicht aus.

Es gibt also auch bei der Umströmung fester Körper zwei völlig verschiedene Arten turbulenter Strömung, so wie bei der Strömung in rauhen Rohren (Ziff. 47). Vielleicht wird die Zukunft einen Zusammenhang zwischen diesen beiden Erscheinungen finden und vielleicht die eine Strömung als eine geordnete, die andere als eine statistische erkennen, entsprechend den beiden in Ziff. 39 und 40 auseinandergesetzten theoretischen Möglichkeiten.

Bei Umströmung einer Kugel weisen Photographien von KÁRMÁN[1]) darauf hin, daß bei laminarer Grenzschicht sich ein Wirbelpaar ablöst, das ganz so beschaffen ist, wie der Hufeisenwirbel bei einem Tragflügel[2]). Aber die Lage dieses Wirbels wechselt sehr rasch, so daß zwar ständig ein Quertrieb vorhanden ist, aber von regellos wechselnder Richtung. Der Mittelwert dieses Quertriebes ist daher Null.

61. Berechnung der Ablösungsstelle. Man kann mit Hilfe der Grenzschichtentheorie die Entwicklung des Reibungseinflusses auf die Strömung sowie die Ablösungsstelle berechnen. Dies ist zuerst von BLASIUS[3]), BOLTZE und HIEMENZ nach der PRANDTLschen Methode geschehen. Die Stromfunktion ψ, die bei ebenen Problemen immer aus der Kontinuitätsgleichung eingeführt werden kann, wird in eine nach Potenzen der längs der Körperoberfläche vom Staupunkt aus gezählten Koordinate x entwickelt; die Koeffizienten dieser Entwicklung sind Funktionen der Koordinate y senkrecht zur Körperoberfläche; sie bestimmen sich aus gewöhnlichen Differentialgleichungen, welche durch Einsetzen der Entwicklung von ψ in die partielle Differentialgleichung der Grenzschicht

$$\varrho\left[\frac{\partial\psi}{\partial y}\frac{\partial^2\psi}{\partial x\,\partial y}-\frac{\partial\psi}{\partial x}\frac{\partial^2\psi}{\partial y^2}\right]=-\frac{\partial p}{\partial x}+\mu\frac{\partial^2\psi}{\partial y^2} \qquad (1)$$

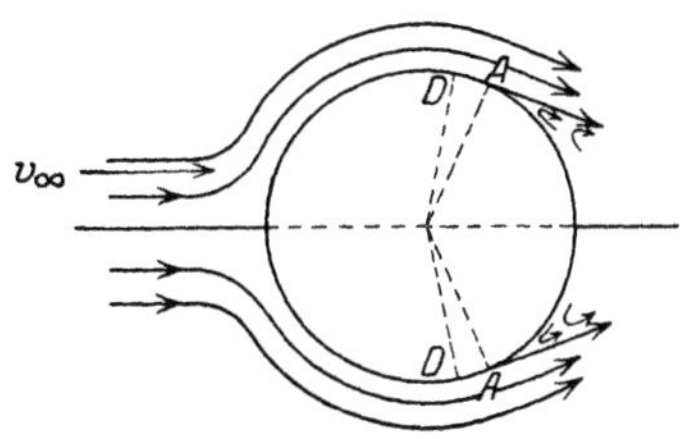

Abb. 51. Ablösungspunkt A und Druckminimum D bei einem Zylinder.

erhalten werden. Später hat POHLHAUSEN[4]) dasselbe Problem nach der KÁRMÁNschen Methode (Ziff. 29) behandelt, wobei er für die Geschwindigkeitsverteilung in der Grenzschicht einen Ausdruck vierten Grades zugrunde legte und in die Gleichung (1) von Ziff. 29 einsetzte. Die sich ergebende Differentialgleichung wurde graphisch gelöst; die Grenzschichtdicke am Staupunkt bestimmt sich aus der Bedingung, daß dort aus Symmetriegründen $d\delta/dx = 0$ sein muß; sie ist nicht etwa Null.

Die Hauptschwierigkeit vom physikalischen Standpunkt aus liefert bei diesem Problem die Bestimmung des Druckabfalls dp/dx, der als eine durch die reibungslose Außenströmung eingeprägte Kraft erscheinen muß. Berechnet man den Druck aus der Potentialbewegung, welche bei der Anströmung herrschen muß, so kommt man bei der Grenzschichtenrechnung zu falschen Ergebnissen; denn die wirkliche Druckverteilung wird durch die Abströmung stark verändert;

[1]) TH. v. KÁRMÁN, Innsbr. Vortr. S. 136.
[2]) Vgl. Kap. 4, Ziff. 36 ds. Bd. des Handb.
[3]) H. BLASIUS, Dissert. Göttingen 1907; ZS. f. Math. u. Phys. Bd. 56, S. 1. 1908; E. BOLTZE, Dissert. Göttingen 1908; K. HIEMENZ, Dissert. Göttingen 1917; Dingl. pol. Journ. Bd. 326, S. 321. 1911.
[4]) K. POHLHAUSEN, Z. f. angew. Math. u. Mech. Bd. 1, S. 361. 1921; Abh. Aerod. Inst. Aachen Bd. 1 S. 19.

eine Berechnung mit Berücksichtigung der Abströmung ist nun nicht möglich, da jede quantitative Theorie dafür fehlt. Man legt daher eine gemessene Druckverteilung (Ziff. 60) der Berechnung zugrunde und kommt dabei zu Ergebnissen über die Entwicklung der Grenzschicht und die Ablösungsstelle, die mit der Erfahrung übereinstimmen. Abb. 51 zeigt die relative Lage des Druckminimums und der Ablösungsstelle bei einem Kreiszylinder.

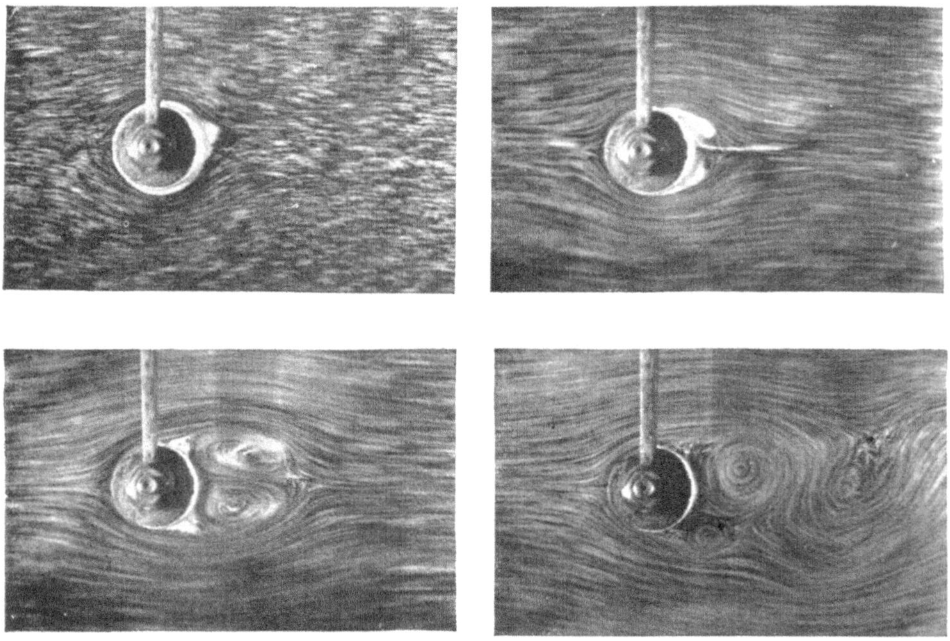

Abb. 52. Strömungsbild bei Ablösung nach Prandtl und Tietjens.

Abb. 52 zeigt die Entwicklung der Wirbelablösungen nach kinematographischen Aufnahmen von Prandtl und Tietjens[1]). Wird ein Körper plötzlich aus dem Ruhezustand in Bewegung gesetzt, so entsteht im ersten Augenblick eine Potentialströmung. Die Ablösung erfolgt zunächst an der Stelle stärksten Druckanstiegs, d. i. ganz hinten, die Ablösungsstelle rückt dann weiter nach vorne, bis die Stelle des stationären Zustandes erreicht ist. Die so gebildeten symmetrischen Wirbel sind instabil, werden daher vom Körper weggeführt. Neubildung und Ausbildung von Wirbelstraßen in einem bestimmt umgrenzten Abströmungsraum setzen ein.

[1]) L. Prandtl u. O. Tietjens, Naturwissenschaften Bd. 13. S. 1050, 1925.

Kapitel 3.

Wasserströmungen.

Von

PH. FORCHHEIMER, Wien-Döbling.

Mit 25 Abbildungen.

I. Gleichförmige Strömung.

1. Bewegung in Röhren. Die Erforschung der Bewegung des Wassers in Röhren nahm vor etwa 200 Jahren mit Versuchen von C. A. COUPLET[1]) ihren Anfang, der fünf bei Versailles verlegte Stränge untersuchte. Auf Grund dieser und ähnlicher Messungen wurden dann Formeln aufgestellt, nach denen die Wassergeschwindigkeit nur vom Rohrdurchmesser und nicht von der Beschaffenheit der Rohrwandungen abhängen sollte. So blieb es, bis 1858 DARCY[2]) den Einfluß der Beschaffenheit der inneren Rohrwandung, der sog. Rauhigkeit, feststellte. Derselbe hatte gefunden, daß in neuen Gußrohren die Formel

$$DJ = \left(0{,}001014 + \frac{0{,}00002588}{D}\right) U^2$$

gilt, und daß in älteren Röhren DJ etwa doppelt so groß war. Hier wie im folgenden bedeutet D den inneren Rohrdurchmesser in m, J das Gefälle (oder den Höhenunterschied der freien Spiegel dividiert durch die Rohrlänge), U die Wassergeschwindigkeit in m/sec (oder den Durchfluß dividiert durch den Querschnitt).

DARCYs Ansatz war aber keineswegs der einzige, welcher die Bewegung des Wassers in Röhren angeben sollte, denn gerade bei den Röhren tritt ein Umstand hinzu, der von großer praktischer Bedeutung ist. Die Lieferfähigkeit vieler Röhren nimmt nämlich mit der Zeit durch Wasserabsätze ab, und da Stränge von kleinem Durchmesser viel empfindlicher als solche von großem Durchmesser sind, so wurden neben den Formeln, die theoretisch richtig sein sollten, noch eine Anzahl weiterer Ausdrücke aufgestellt, welche dem praktischen Bedürfnisse dienen sollten. So kommt es, daß zwar nicht weniger als 30 oder 40 Verfasser je eine oder mehrere Formeln für die Bewegung des Wassers in Rohrleitungen aufgestellt haben, daß aber diesen Ausdrücken zum geringsten Teil irgendwelche physikalische Bedeutung zukommt oder zukommen sollte. Heute wären nur etwa folgende Formeln zu erwähnen[3]):

---

[1]) P. COUPLET DES TARTREAUX, Mém. de l'acad. für 1732, Paris 1735, S. 143.

[2]) H. DARCY, Mém. prés. par div. sav., Paris Bd. 15, S. 176 (Sonderabdruck S. 36). 1858.

[3]) Zusammenstellung für Röhren und offene Läufe s. PH. FORCHHEIMER, Hydraulik 2. Aufl. S. 36, 62ff., Leipzig-Berlin 1924; vgl. hierzu auch Kap. 2, Ziff. 43 und 47 ds. Bd. des Handbuches.

FLAMANT[1]): $U = \lambda D^{\frac{5}{7}} J^{\frac{4}{7}}$, worin λ für Blei-, Glas-, Weißblechröhren $= 75{,}3$ bis $68{,}1$, für neue Gußrohre $= 61{,}5$, für gebrauchte Rohre $= 54{,}3$ ist.

SAPH und SCHODER[2]) für glatte Messingrohre: $U = 74{,}0\, D^{0,71} J^{0,57} \pm 4\%$ oder $J = 0{,}000536 \frac{U^{1,75}}{D^{1,25}} \pm 7\%$, für Rohre mit einigen Ansätzen $U = 37{,}7\, D^{0,69} J^{0,55}$ bis $25{,}1\, D^{0,63} J^{0,50}$ oder $J = 0{,}00135 \frac{U^{1,82}}{D^{1,25}}$ bis $0{,}00159 \frac{U^2}{D^{1,25}}$.

BIEGELEISEN und BUKOWSKY[3]) für neue bzw. alte Gußrohre $J = 0{,}0012$ bzw. $0{,}002567 \frac{U^{1,9}}{D^{1,1}}$.

SCOBEY[4]) für Holzrohre: $U = 49{,}7\, D^{0,65} J^{0,556}$, für Betonrohre $U = \lambda D^{0,625} J^{0,5}$, worin λ für alte mit wenig Sorgfalt aus Einzelröhren zusammengesetzte Stränge $= 26$, für einige Jahre in Betrieb stehende aus Einzelröhren zusammengesetzte Stränge $= 30$, für monolithisch über geölte Eisenformen gestampfte Stränge $= 33$, für monolithische geschliffene Stränge größter Glätte $= 35{,}4$ zu setzen ist.

2. Bewegung in Kanälen. Die Kanäle, für die Rechnungen angestellt werden, pflegen weit geräumiger als Röhren zu sein, werden auch fast nie mit metallischen Wandungen hergestellt, so daß sich deren Wandungen im Laufe der Zeit häufig weniger verändern als die der Röhren, und so kommt es, daß bei ihnen das Bestreben entfällt, auf künftige große Veränderungen der Innenfläche Rücksicht zu nehmen. Daher ist es üblich, bei ihnen die Formeln so aufzustellen, daß sie die wahre Geschwindigkeit des Wassers ohne Sicherheitsfaktor enthalten. Ihren Anfang scheinen diese mit dem Ausdruck DE CHÉZYS[5]) genommen zu haben, der im Jahre 1775

$$U = c\sqrt{RJ}$$

setzte. Hier haben U und J die alte Bedeutung und ist R der Profilradius (engl. mean hydraulic depth, franz. rayon hydraulique) oder die Querschnittsfläche dividiert durch den benetzten Umfang in m, ferner c eine Konstante in $\mathrm{m}^{\frac{1}{2}}/\mathrm{sec}$, welche von EYTELWEIN[6]) für Flüsse $= 50{,}9\, \mathrm{m}^{\frac{1}{2}}/\mathrm{sec}$ gesetzt worden ist, aber tatsächlich in ihnen bis $25\, \mathrm{m}^{\frac{1}{2}}/\mathrm{sec}$ fallen kann. Die Formel DE CHÉZYS trifft zwar in Wirklichkeit nicht ganz zu, ist aber dennoch, weil sie sich zu mathematischen Erörterungen eignet, in starkem Gebrauch. Man behilft sich mit ihr, indem man c, welches als Konstante gemeint war, von der Wandbeschaffenheit, dem Gefälle, dem Profilradius abhängig macht. Unter den zahlreichen Fachleuten, die sich mit einer solchen Feststellung von c befaßt haben, sind hervorzuheben:

GANGUILLET und KUTTER (1869), nach denen

$$c = \frac{23 + \frac{1}{n} + \frac{0{,}00155}{J}}{1 + \left(23 + \frac{0{,}00155}{J}\right)\frac{n}{\sqrt{R}}}$$

und BAZIN (1897), nach dem $c = \dfrac{87}{1 + \dfrac{\gamma}{\sqrt{R}}}$ sein soll.

---

1) A. FLAMANT, Ann. ponts et chaussées (7) Bd. 4, S. 301 u. 345. 1892, II.

2) A. V. SAPH u. E. W. SCHODER, Trans. Amer. Soc. Civ. Eng. Bd. 51, S. 305. 1903.

3) B. BIEGELEISEN u. R. BUKOWSKY, Journ. f. Gasbeleuchtg. Bd. 57, S. 970. 981. 1914; Bd. 59, S. 123. 1916.

4) F. SCOBEY, Wasserkraft Bd. 16, S. 341. 1921; Bd. 17, S. 1. 1922.

5) A. DE CHÉZY, in den Mém. de la classe des sciences de l'Institut de Paris 1813—1815, von GIRARD zitiert.

6) J. A. EYTELWEIN, Handbuch der Mechanik fester Körper, S. 181. Berlin 1801.

Die beiden Größen n und γ bringen die Rauheit der Wände zum Ausdruck, und zwar sei nach GANGUILLET und KUTTER[1])

	n	$1:n$
für Kanäle, sorgsam gehobeltes Holz oder glatten Zementputz	0,01	100
Kanäle, Bretter	0,012	83,33
Kanäle, Quader oder gut gefügte Ziegel	0,013	76,91
Kanäle, Bruchstein	0,017	58,82
Kanäle, in Erde, Bäche und Flüsse	0,025	40,00
Gewässer mit gröberen Geschieben	0,030	33,33

nach BAZIN[2])

für glatten Putz	$\gamma = 0{,}06$
Holz, Quader, Ziegel	0,16
Bruchsteinmauerwerk	0,46
Pflaster, regelmäßiges Erdbett	0,85
Erdkanäle üblichen Zustandes	1,30
Erdkanäle mit besonderem Reibungswiderstand	1,75

Graphische Darstellungen machen es leicht, gegebenenfalls das zugehörige c aufzufinden und so haben sich die angegebenen Formeln in lebhaftem Gebrauch gehalten. Richtiger ist es aber, eine Bauweise des mathematischen Ansatzes anzuwenden, die GAUCKLER[3]) bereits 1868 eingeführt hat. Nach ihm wäre für $J > 0{,}007$, $U = \lambda R^{\frac{4}{3}} J$, für $J < 0{,}007$, $U = \lambda R^{\frac{2}{3}} J^{\frac{1}{2}}$, worin λ eine Konstante bedeutet. Ferner setzte MANNING[4]) 1890 für kleine Läufe $U = \frac{1}{n} R^{\frac{2}{3}} J^{\frac{1}{2}}$, für Ströme $U = 43\left(1 + \frac{\sqrt{R}}{4} - \frac{0{,}03}{\sqrt{R}}\right)$, worin n die GANGUILLET-KUTTERsche Rauhigkeitszahl bedeutet, und setzte FORCHHEIMER[5]) $U = \lambda R^{0,7} J^{0,5}$, worin für geglätteten Beton $\lambda = 90$ bis 80, für neuen Beton $\lambda = 60$, für alten angegriffenen Beton $\lambda = 50$, für künstliche Erdgräben je nach ihrem Zustande $\lambda = 42$ bis 30, für natürliche Flüsse $\lambda = 30$ bis 24 $\mathrm{m}^{0,3}/\mathrm{sec}$ sei. Übrigens sind die Formeln von MANNING und FORCHHEIMER nur als angenähert zu betrachten, denn der Exponent von R wechselt. So stellten sich z. B. bei BAZINs Versuchen, wie die Nachrechnung lehrt, in der Gleichung $U = \lambda R^{\nu} J^{0,5}$ nachstehende Werte heraus:

für Zement	$91{,}1 R^{0,6} J^{0,5}$ bis $105{,}6 R^{0,68} J^{0,5}$
Bretter dicht aneinander	$72 R^{0,6} J^{0,5}$ bis $111 R^{0,68} J^{0,5}$
Ziegel	$70 R^{0,61} J^{0,5}$
Latten mit Zwischenräumen von 1 cm	$69{,}5 R^{0,7} J^{0,5}$
Latten mit Zwischenräumen von 5 cm	$47 R^{0,71} J^{0,5}$
Kleine Kiesel	$62 R^{0,73} J^{0,5}$ bis $74 R^{0,74} J^{0,5}$
Grobe Kiesel	$38 R^{0,82} J^{0,5}$
Erdbett gereinigt	$58 R^{0,92} J^{0,5}$
Erdbett ursprünglich	$48 R^{1,12} J^{0,5}$

Dabei ist freilich einzuwenden, daß der Exponent von J tatsächlich zwischen 0,6 (bei Zement) und 0,5 schwanken dürfte.

Während die bisher angegebenen Ausdrücke eine von der Rauhigkeit abhängige Zahl enthalten, sind für natürliche Flüsse auch Ausdrücke ohne eine solche veränderliche Zahl aufgestellt worden, da bei ihnen die Wasserbewegung

---

1) E. GANGUILLET u. W. R. KUTTER, ZS. d. österr. Ing.- u. Archit.-Ver. Bd. 21, S. 6, 46. 1869; Allg. Bau-Ztg. Bd. 35, S. 239. 1870.

2) H. BAZIN, Ann. d. ponts et chaussées (7) Bd. 7, IV, S. 55. 1897 und Bd. 8, I, S. 307. 1898.

3) TH. GAUCKLER, Ann. d. ponts et chaussées (4) Bd. 15, S. 229. 1868, I.

4) R. MANNING, Trans. Inst. Civ. Eng. Ireland Bd. 12, S. 68. 1890.

5) PH. FORCHHEIMER, Der Durchfluß des Wassers durch Röhren und Gräben usw. Berlin 1923; ZS. d. Ver. d. Ing. Bd. 67, S. 989. 1923.

die feineren Stoffe des Bettes fortschafft und nur die gröberen liegen läßt, welche selbst wieder der Geschwindigkeit des Wassers entsprechen. Dieser Auffassung hat zuerst SIEDEK[1]) 1901 Ausdruck gegeben, jedoch eine kaum empfehlenswerte Formel aufgestellt. Gut brauchbar ist hingegen die von HERMANEK[2]) 1905 veröffentlichte, nach der für eine mittlere Tiefe T des Querschnittes für

$$T < 1{,}50\ \text{m}, \qquad U = 30{,}7\, T J^{\frac{1}{2}}; \qquad 1{,}5 \leqq T \leqq 6\ \text{m}, \qquad U = 34\, T^{\frac{3}{4}} J^{\frac{1}{2}};$$

$$T > 6\ \text{m}, \qquad U = \left(50{,}2 + \frac{T}{2}\right) T^{\frac{1}{2}} J^{\frac{1}{2}}$$

sei.

Über den Einfluß der Temperatur auf die Wasserbewegung liegt eine Beobachtung von MACAULAY[3]) vor, welcher fand, daß in den Röhren des Elanaquäduktes der Stadt Birmingham bei einem Temperaturwechsel des Wassers von 3° C im Winter bis 18° C im Sommer der Durchfluß um 2,5% zunahm. Für diesen Temperaturwechsel nimmt $\eta^{0{,}125}$ in der Formel von GEBERS für den Schiffswiderstand um etwa 5% ab.

3. Geschwindigkeitsverteilung. Theoretisch ist der Frage der Geschwindigkeitsverteilung zunächst BOUSSINESQ[4]) nähergetreten, welcher von den drei ein wenig veränderten NAVIERschen Gleichungen[5])

$$\frac{\gamma}{g} X - \frac{\partial p}{\partial x} = \frac{\gamma}{g}\left(\frac{\partial u}{\partial t} + u\frac{\partial u}{\partial x} + v\frac{\partial u}{\partial y} + w\frac{\partial u}{\partial z}\right) - \varepsilon\left(\frac{\partial^2 u}{\partial x^2} + \frac{\partial^2 u}{\partial y^2} + \frac{\partial^2 u}{\partial z^2}\right),$$

$$\frac{\gamma}{g} Y - \frac{\partial p}{\partial y} = \frac{\gamma}{g}\left(\frac{\partial v}{\partial t} + u\frac{\partial v}{\partial x} + v\frac{\partial v}{\partial y} + w\frac{\partial v}{\partial z}\right) - \varepsilon\left(\frac{\partial^2 v}{\partial x^2} + \frac{\partial^2 v}{\partial y^2} + \frac{\partial^2 v}{\partial z^2}\right),$$

$$\frac{\gamma}{g} Z - \frac{\partial p}{\partial z} = \frac{\gamma}{g}\left(\frac{\partial w}{\partial t} + u\frac{\partial w}{\partial x} + v\frac{\partial w}{\partial y} + w\frac{\partial w}{\partial z}\right) - \varepsilon\left(\frac{\partial^2 w}{\partial x^2} + \frac{\partial^2 w}{\partial y^2} + \frac{\partial^2 w}{\partial z^2}\right)$$

ausging. In ihnen bedeuten x, y, z die Koordinaten in drei aufeinander senkrechten Richtungen, X, Y, Z die Teilkräfte der äußeren Kraft in diesen 3 Richtungen, p den in der Elementmitte herrschenden Druck, t die Zeit, u, v, w die Geschwindigkeiten nach den Richtungen x, y, z, endlich ε die „Turbulenz", welche BOUSSINESQ an die Stelle des NAVIERschen Reibungskoeffizienten μ einführt. Die Turbulenz ε selbst setzt BOUSSINESQ

für kreisförmigen Querschnitt $= \frac{\gamma}{K}\sqrt{B}\, u_s \frac{\mathfrak{r}}{2}\, \frac{\mathfrak{r}}{r}\ \text{t sec/m}^2$,

für sehr breite rechteckige Gerinne $= \frac{\gamma}{K}\sqrt{B}\, u_s\, h\ \text{t sec/m}^2$,

worin γ das Eigengewicht der Flüssigkeit in t/m³, B eine Rauhigkeitsziffer der Wand in sec²/m, K eine nur von der Beschaffenheit der Flüssigkeit abhängige Konstante in $\text{m}^{\frac{1}{2}}$/sec, u_s die Geschwindigkeit der Flüssigkeit an der festen Wandung, $\mathfrak{r}$ den Rohrhalbmesser, r die Entfernung eines Punktes von der Rohrachse, h die Gerinntiefe bedeutet. Nach BOUSSINESQ verhält sich also das Wasser in Röhren anders wie in breiten Gerinnen, da in ersteren die Turbulenz gegen die Rohrachse hin wächst, während sie in letzteren unveränderlich bleibt. Die Wandreibung ist dabei auf alle Fälle $= \gamma B u_s^2$. Es findet sich so

[1]) R. SIEDEK, ZS. d. österr. Ing.- u. Archit.-Ver. Bd. 53, S. 397, 409, 445. 1901; Bd. 55, S. 99. 1903; Bd. 57, S. 61, 77, 216. 1905.

[2]) J. HERMANEK, ZS. d. österr. Ing.- u. Archit.-Ver. Bd. 57, S. 237. 1905.

[3]) F. W. MACAULAY, Minutes of Proceedings of the Institution of Civil Engineers Bd. 208, S. 25. 1921. Formel von FR. GEBERS s. unten S. 214.

[4]) J. V. BOUSSINESQ, Mém. prés. par div. sav., Paris Bd. 23. 1877; J. V. BOUSSINESQ, Théorie de l'écoulement tourbillant et tumultueux des liquides dans les lits rectilignes à grande section, 2 mémoires. Paris 1897.

[5]) Vgl. Kap. 2, Ziff. 3 ds. Bd. des Handb.

für Röhren

$$J\frac{\mathfrak{r}}{2} = B u_s^2 = \frac{U^2}{c^2},$$

$$c = \frac{1}{\sqrt{B}} + \frac{2}{5}K,$$

$$\frac{u}{u_s} = 1 + \frac{2}{3}K\sqrt{B}\left(1 - \frac{r^3}{\mathfrak{r}^3}\right),$$

$$\frac{u_{\max}}{U} = 1 + \frac{4}{15}\frac{K}{c},$$

für breite Kastengerinne

$$J h = B u_s^2 = \frac{U^2}{c^2},$$

$$c = \frac{1}{\sqrt{B}} + \frac{1}{3}K,$$

$$\frac{u}{u_s} = 1 + \frac{1}{2}K\sqrt{B}\left(1 - \frac{z^2}{h^2}\right),$$

$$\frac{u_{\max}}{U} = 1 + \frac{1}{6}\frac{K}{c},$$

wobei c den DE CHÉZYschen Koeffizienten, $u_{\max}$ die größte auftretende Geschwindigkeit bedeutet. Ferner setzt BOUSSINESQ K für Wasser $= 44{,}55\ \mathrm{m}^{\frac{1}{2}}/\mathrm{sec}$, wonach für $c = 50$ bzw. $60\ \mathrm{m}^{\frac{1}{2}}/\mathrm{sec}$ sich in Röhren $1/\sqrt{B} = 32{,}18$ bzw. $42{,}18$ oder $B = 0{,}000967$ bzw. $= 0{,}000562\ \mathrm{sec}^2/\mathrm{m}$ und für $c = 40$ bzw. $50\ \mathrm{m}^{\frac{1}{2}}/\mathrm{sec}$ sich in offenen breiten Gerinnen $1/\sqrt{B} = 25{,}15$ bzw. $35{,}15$ oder $B = 0{,}00158$ bzw. $= 0{,}000809\ \mathrm{sec}^2/\mathrm{m}$ findet.

Eine andere Lösung hat KOŽENY[1]) gegeben. Derselbe setzt $\varepsilon = \alpha + \beta u$. Daraus geht für ein Rohr vom Halbmesser $\mathfrak{r}$, wenn y den Abstand vom Rohrumfang bezeichnet, $(\alpha + \beta u)\,du - J\gamma y\,dy + A u_s^2 \gamma\,dy = 0$ hervor, wobei $A u_s^2 \gamma$ die Reibung auf der Flächeneinheit des Umfanges bedeutet und α, β, γ Konstante sind. Für die Mitte des Rohres oder für $y = \mathfrak{r}$ wird $u = u_{\max}$ und $\mathfrak{r} = A u^2/J$, während für $y = 0$ die Geschwindigkeit $u = u_s = \alpha/\beta$ wird. Die Lösung lautet

$$\left(\frac{u - u_s}{u_{\max} - u_s}\right)^2 + \left(\frac{y - \mathfrak{r}}{\mathfrak{r}}\right)^2 = 1\,.$$

Das ist die Gleichung einer auf ein Rechteck von der Seitenlänge u_r aufgesetzten Ellipse, welche besagt, daß am Umfange die Geschwindigkeit $u_s = 0{,}528\,u_{\max}$ und in der Mitte $u_{\max}$ beträgt. Zu betonen ist, daß diese elliptische Geschwindigkeitsverteilung sich den tatsächlichen Messungsergebnissen BAZINS[2]) und NIKURADSES[3]) außerordentlich gut anschmiegt.

Während der Ansatz $\varepsilon = \alpha + \beta u$ hiermit, zunächst für Röhren, als zutreffend angesehen werden kann, ist die weitere Annahme KOŽENYS, daß[4])

$$\beta = \frac{4{,}05^2}{2AJ\left(1 - \frac{2}{\sqrt{R}}\right)^2},$$

worin R den hydraulischen Radius bezeichnen soll und A bei neuen Eisenröhren $= 2/65^2$ zu setzen sei, rein empirisch. Sie führt auf eine mittlere Geschwindigkeit $U = 65\left\{\left(1 - \frac{2}{\sqrt{R}}\right)\sqrt{RJ} + 1\right\}\sqrt{RJ}$, die sich den vorhandenen Messungen an Röhren großen Durchmessers ziemlich gut anpaßt.

Ferner behandelt KOŽENY[5]) den Druckverlust, der zwischen glatten zueinander parallelen Wänden erfolgt. Auf ein kleines Prisma $dx\,dy\,dz$, das sich zwischen diesen Wänden befindet, wobei z senkrecht auf die beiden Wände gerichtet sei, wirkt einerseits das Gefälle J, andererseits die Zähigkeit und der Widerstand, der durch Austausch der Impulsgröße entsteht. Man hat daher, wenn man

[1]) J. KOŽENY, Die Wasserführung der Flüsse, S. 31. Leipzig u. Wien 1920.
[2]) H. BAZIN, Mém. prés. par div. sav., Paris Bd. 32, Nr. 6, S. 4, 15, 17. 1902.
[3]) J. NIKURADSE, Untersuchungen über die Geschwindigkeitsverteilung, Forsch.-Arb. Ing. Heft 281, 1926.
[4]) J. KOŽENY, Wasserführung der Flüsse, S. 34.
[5]) J. KOŽENY, ZS. f. angew. Math. u. Mech. Bd. 5, S. 244. 1925.

die Hauptgeschwindigkeit mit u und den über eine hinreichend große Zeit gewonnenen Mittelwert des absoluten Betrages der ihr überlagerten Pulsationsgeschwindigkeit mit u_1, ferner die Reibungsziffer mit η, das Eigengewicht mit γ bezeichnet

$$-\gamma J = \eta \frac{d^2 u}{d z^2} + \varrho \frac{\partial}{\partial z}\left(u_1 \frac{\partial u}{\partial z}\right)$$

oder bei Einführung des kinematischen Zähigkeitsmaßes $\nu = g\eta/\gamma$

$$-g J = \frac{\partial}{\partial z}\left\{(\nu + u_1 \delta z)\frac{\partial u}{\partial z}\right\},$$

worin δz ein genügend kleines Stück in der Richtung der z-Achse ist. Die Lösung dieser Differentialgleichung wird durch einen passenden Ansatz für u_1 ermöglicht, welcher der Bedingung genügen muß, daß am Rande, also für $u = u_s$, wobei u_s die Sohlen- oder Randgeschwindigkeit bedeutet, die Turbulenz verschwindet. Dabei ist die Randgeschwindigkeit an der Grenze zwischen der laminaren Randschicht und dem turbulent fließenden Innenteil gedacht. Diesen Bedingungen genügt der Ansatz

$$u_1 \delta z = K H u_s \left(1 - e^{\frac{u_s - u}{U}}\right),$$

worin U die mittlere Geschwindigkeit in der Plattenrichtung und H die halbe Entfernung der einen Platte von der anderen bedeutet. Die Integration liefert

$$-g \frac{J z^2}{2} = \nu u + K H u_s \left(u + U e^{\frac{u_s - u}{U}}\right) + C$$

und für den Rand

$$-g \frac{J H^2}{2} = \nu u_s + K H u_s (u_s + U) + C.$$

Wird hier die REYNOLDSsche Zahl[1]) $\mathfrak{R} = UH/\nu$ eingeführt, so ergibt sich

$$g \frac{J}{2}(H^2 - z^2) = K H u_s \left\{\left(\frac{1}{K\mathfrak{R}}\frac{U}{u_s} + 1\right)(u - u_s) + U\left(e^{\frac{u_s - u}{U}} - 1\right)\right\}$$

und für die Mitte, also für $z = 0$ und $u = u_{\max}$

$$g \frac{J}{2} H^2 = K H u_s \left\{\left(\frac{1}{K\mathfrak{R}}\frac{U}{u_s} + 1\right)(u_{\max} - u_s) + U\left(e^{\frac{u_s - u_{\max}}{U}} - 1\right)\right\},$$

womit das Gesetz der Geschwindigkeitsverteilung

$$1 - \frac{z^2}{H^2} = \frac{\left(\frac{1}{K\mathfrak{R}}\frac{U}{u_s} + 1\right)(u - u_s) + U\left(e^{\frac{u_s - u}{U}} - 1\right)}{\left(\frac{1}{K\mathfrak{R}}\frac{U}{u_s} + 1\right)(u_{\max} - u_s) + U\left(e^{\frac{u_s - u_{\max}}{U}} - 1\right)}$$

lautet.

Diese Endgleichung ist für die Berechnung der Geschwindigkeitsverteilung in tieferen offenen Läufen, deren Breite groß im Verhältnis zu ihrer mittleren Tiefe H ist, verwendbar. In diesem Falle ist $\mathfrak{R}$ sehr groß und die Geschwindigkeitsverteilung nach Beobachtungen eine solche, daß in der Reihe für $e^{(u_s - u)/U}$ die höheren Glieder vom vierten ab vernachlässigt werden können. Für die Verteilung der Geschwindigkeit gilt daher die Gleichung

$$1 - \frac{z^2}{H^2} = \frac{u - u_s + U\left(1 + \frac{u_s - u}{U} + \frac{(u_s - u)^2}{2U^2} - 1\right)}{u_{\max} - u_s + U\left(1 + \frac{u_s - u_{\max}}{U} + \frac{(u_s - u_{\max})^2}{2U^2} - 1\right)}$$

[1]) Vgl. Kap. 2, Ziff. 10 ds. Bd. des Handb.

oder
$$1 - \frac{z^2}{H^2} = \frac{(u - u_s)^2}{(u_{\max} - u_s)^2},$$
wobei die größte Geschwindigkeit $u_{\max}$ in der Oberfläche liegt. Also wären die Geschwindigkeiten in den Lotrechten breiter Flüsse angenähert nach einer Ellipse verteilt, und müßte jene Geschwindigkeit, welche der mittleren in der Lotrechten gleichkommt, in einer Tiefe $t = 0{,}62\,H$ liegen. Das wurde durch Messungen an Flüssen bestätigt. So lag nach HOYT[1]) bei 476 Kurven U im Mittel $0{,}62\,H$ tief unter der Oberfläche und bei 910 Kurven im Mittel $0{,}61\,H$ tief. Dabei schwankte die Tiefenlage zwischen 0,71 und $0{,}58\,H$ bzw. zwischen 0,73 und $0{,}58\,H$. Für das Verhältnis der mittleren Geschwindigkeit zu der an der Oberfläche ergibt sich
$$\frac{U}{u_{\max}} = \frac{\left(1 + \frac{\pi^2}{16}\right) + \sqrt{\left(1 + \frac{\pi^2}{16}\right)^2 - 1}}{\left\{\frac{\pi^2}{16} + \sqrt{\left(1 + \frac{\pi^2}{16}\right)^2 - 1}\right\}\frac{4}{\pi} + 1} \cong 0{,}86$$
und es sei bemerkt, daß schon G. HAGEN $U = 0{,}86\,u_{\text{Oberfl.}}$ setzte.

Die Vernachlässigung der höheren Glieder in der Reihe für $e^{(u_s - u):U}$ kommt dem Ansatz $\varepsilon = \alpha + \beta u$ gleich, welcher die gleiche elliptische Geschwindigkeitsverteilung liefert. Er ergibt für die mittlere Geschwindigkeit in der Lotrechten bei einem spezifischen Gewicht γ des Wassers[2])
$$U = \left(\sqrt{\frac{1}{B}} + \frac{\pi}{4}\sqrt{\frac{\gamma H}{\beta}}\right)\sqrt{JH}.$$
Man kann sagen, daß die Konstante B um so größer sein wird, je rauher die Wand ist. Folglich wird, wenn der Exponent von J ungeändert 0,5 bleibt, für sehr rauhe Wände, also großes B der Exponent von H sich der Eins nähern, dagegen bei sehr glatten Wänden gegen 0,5 herabsinken[3]).

Die Arbeiten BOUSSINESQs und KOŽENYs haben nicht nur die Größe der mittleren Geschwindigkeit U, sondern auch deren Verhältnis zur Oberflächengeschwindigkeit berührt. Diesbezüglich liegen Messungen von BAZIN vor, der bei einer durchschnittlichen Tiefe h fand, daß die Geschwindigkeit in den einzelnen Punkten des Querschnittes dem Gesetze[4])
$$\frac{u_0 - u}{\sqrt{hJ}} = 20\left(\frac{z}{h}\right)^2$$
folge, wobei u_0 die Oberflächengeschwindigkeit, u die Geschwindigkeit in der Tiefe z bedeutet. Er meinte sogar, daß, wenn die Seitenwände keine verzögernde Wirkung ausüben würden, die Zahl 24 an die Stelle von 20 käme, wogegen BOUSSINESQ für diesen Fall die Zahl 22,7 berechnet. Andererseits fand BAZIN freilich für die meisten Fälle der Praxis[5])
$$U_{\max} - U = 14\sqrt{hJ},$$
wobei $U_{\max}$ die größte und U die mittlere Geschwindigkeit des ganzen Querschnittes bezeichnet.

Das Verhältnis der Einzelgeschwindigkeit u zur mittleren Geschwindigkeit ist übrigens nicht nur von der Gestalt, sondern auch von der Rauhigkeit des

[1]) J. C. HOYT, River discharge, S. 50, 51. New York 1907.
[2]) J. KOŽENY, Wasserführung der Flüsse, S. 47.
[3]) PH. FORCHHEIMER, Durchfluß des Wassers, S. 22.
[4]) H. BAZIN, Mém. prés. par div. sav., Bd. 19, S. 230. 1865.
[5]) H. BAZIN, Mém. prés. par div. sav., Bd. 19, S. 157. 1865.

Querschnittes abhängig und da ist es bemerkenswert, daß PRESSEY[1]) nachstehende Mittelwerte erheben konnte:

z/h	0,05	0,55	0,65	0,95	Mittel
Sohle rauh	1,162	1,053	0,977	0,589	1,00
Sohle mittlerer Beschaffenheit . .	1,170	1,036	0,965	0,614	1,00
Sohle glatt	1,187	1,020	0,954	0,630	1,00

Bei der Bewegung im ganzen Querschnitt kommt übrigens zu jener in der Stromrichtung noch eine solche sehr geringe senkrecht zu ihr hinzu[2]). Auch bilden die Linien gleicher Geschwindigkeit, die Isotachen, eine zusammenhängende Kurvenschar (Abb. 1) über den Querschnitt, derart, daß die größte Geschwindigkeit in der Strommitte etwas unter der Oberfläche des Spiegels liegt, und daß die Maxima der Geschwindigkeiten in den seitlich gelegenen Lotrechten immer höher liegen, je weiter sie von der Mitte sind, bis näher am Ufer die mathematischen Maxima sich sogar über dem Spiegel befinden würden. Erwähnt sei ferner, daß die kleinste Geschwindigkeit einer Lotrechten von der Tiefe abhängt, also in Ufernähe kleinere Geschwindigkeiten zu beobachten sind als in der Mitte des Laufes. (Näheres hierüber s. Kap. 2, Ziff. 46.)

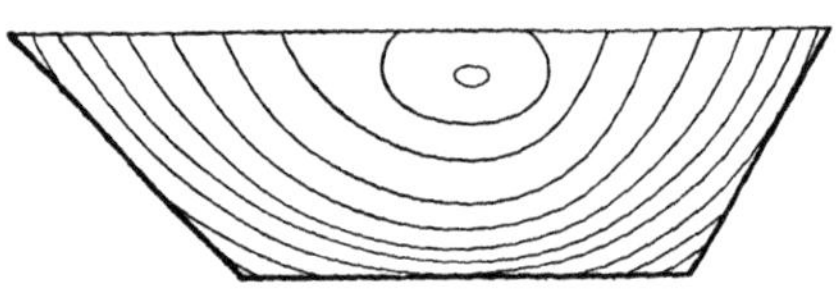
Abb. 1. Isotachen im offenen Gerinne.

Bisher war von der Geschwindigkeit so die Rede, als ob sie an einem und demselben Punkte stets die gleiche wäre. Das ist nun nicht der Fall, und das Wasser fließt turbulent, d. h. mit stets wechselnder Geschwindigkeit und auch in geradem Bett in geschlängelten Linien. Bei offenem Bett zeigt sich die Ungleichheit der Geschwindigkeit in den Wellen des Spiegels. Unter der Geschwindigkeit an einem Punkte ist — wenn weiter nichts gesagt wird — die der Zeit nach mittlere an diesem Punkte zu verstehen und als Spiegel die mittlere Oberfläche an dieser Stelle. Die Turbulenz ist an der Sohle am stärksten und nimmt gegen die Oberfläche hin ab. Auf sie ist es vermutlich zurückzuführen, wenn, wie aus Messungen von SCHOBER[3]) hervorgeht, in einem rechteckigen Gerinne die Sohlengeschwindigkeit nicht in der Sohlenmitte, sondern zu beiden Seiten der Mitte am größten ist. Die Reibungen standen nach seinen Messungen durchschnittlich in der in Abb. 2 angegebenen Beziehung zueinander. Die Abnahme der Schleppkraft gegen die Sohlenmitte haben auch BLASIUS[4]), SCHOKLITSCH[5]) und SCHAFFERNAK[6]) in

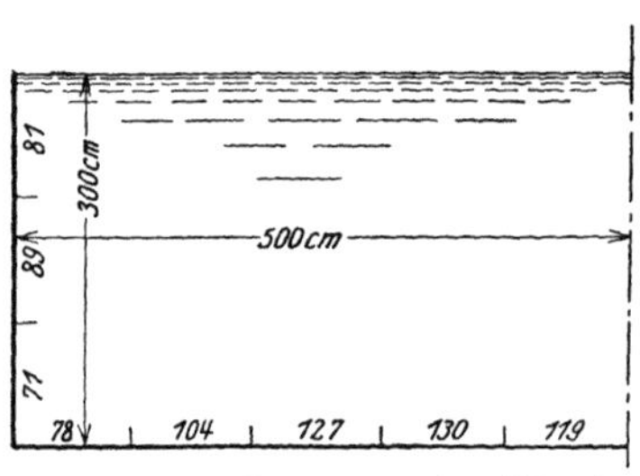

Abb. 2. Reibung an der Wand eines Rechtecksgerinnes.

[1]) H. A. PRESSEY, U. S. Geological Survey, Water Supply and Irrigation Paper, Washington Bd. 76, S. 45, 47. 1903.

[2]) F. P. STEARNS, Trans. Amer. Soc. Civ. Eng. Bd. 12, S. 331. 1883; M. MÖLLER, ZS. f. Bauw. Bd. 33, S. 201. 1883. Veröffentlicht sind zahlreiche Isotachenscharen, die in Wirklichkeit unregelmäßiger als hier abgebildet zu liegen pflegen. Erwähnt sei H. BAZIN, Recherches hydrauliques, s. H. HAHN, G. HERGLOTZ u. K. SCHWARZSCHILD, ZS. f. Math. u. Phys. Bd. 51, S. 417. 1904.

[3]) R. SCHOBER, Versuche über den Reibungswiderstand zwischen fließendem Wasser und benetztem Umfange. Dresden-A. 1916; besprochen Österr. Monatsschr. f. d. öffentl. Baudienst 1917, S. 545.

[4]) H. BLASIUS, ZS. f. Bauw. 1910, Sp. 470.

[5]) A. SCHOKLITSCH, Über Schleppkraft und Geschiebebewegung, S. 3. Leipzig u. Berlin 1914.

[6]) F. SCHAFFERNAK, ZS. d. österr. Ing.- u. Archit.-Ver. 1916, S. 514; Allg. Bau-Ztg. 1916, S. 63.

offenen Rechteckgerinnen beobachtet, ferner fand NIKURADSE[1]) in einem geschlossenen rechteckigen Gerinne eine Abnahme der Geschwindigkeit in der Mitte der schmäleren Seitenwände.

II. Stationäre Strömung.

4. Staukurven. Wenn das Wasser nicht mehr gleichförmig, sondern mit Beschleunigung fließt, erfordert die Vermehrung der Geschwindigkeit jedes Teilchens ein zusätzliches Gefälle. Man hat daher für dieses den Ausdruck

$$J = \lambda R^{\mu} J^{\nu} + \frac{d}{dx}\left(\frac{U^2}{2g}\right).$$

Bei Besprechung desselben ging die ältere Hydraulik von der DE CHÉZYschen Gleichung $U = c\sqrt{RJ}$ aus, wonach, wenn die x stromauf gemessen werden, der Querschnitt sehr breit und die Sohle eben ist, i die Sohlenneigung, h die Tiefe im allgemeinen, h_0 die Tiefe bei gleichförmiger Bewegung bedeutet, die Spiegelneigung sich zu

$$J = i - \frac{dh}{dx}$$
$$= \frac{U^2}{c^2 h^2} + \frac{1}{2g}\frac{dU^2}{dx}$$

bestimmt. Aus dieser Gleichung geht, wenn $c^2 i h_0^3 = g k^3$ gesetzt wird, die Differentialgleichung der Staulinie[2])

$$i\,dx = \frac{h^3 - k^3}{h_0^3 - k^3}\,dh$$

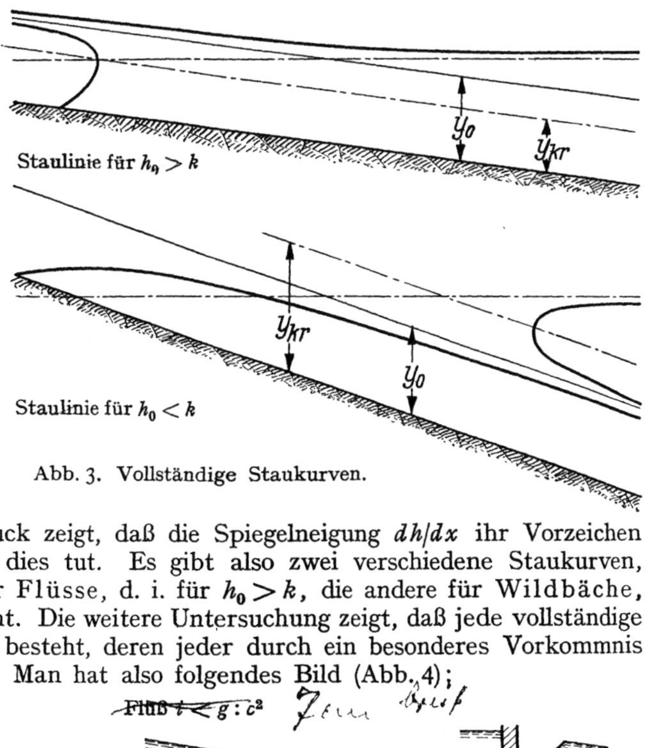

Abb. 3. Vollständige Staukurven.

hervor. Dieser Ausdruck zeigt, daß die Spiegelneigung dh/dx ihr Vorzeichen ändert, wenn $h_0^3 - k^3$ dies tut. Es gibt also zwei verschiedene Staukurven, von denen die eine für Flüsse, d. i. für $h_0 > k$, die andere für Wildbäche, d. i. für $h_0 < k$, entsteht. Die weitere Untersuchung zeigt, daß jede vollständige Kurve aus drei Ästen besteht, deren jeder durch ein besonderes Vorkommnis im Bett erzeugt wird. Man hat also folgendes Bild (Abb. 4);

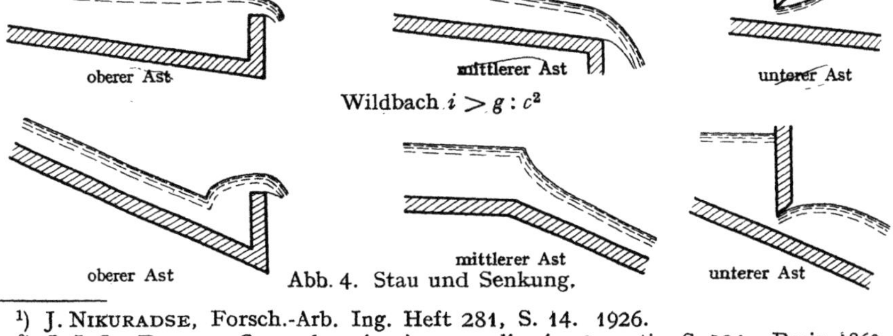

Abb. 4. Stau und Senkung.

[1]) J. NIKURADSE, Forsch.-Arb. Ing. Heft 281, S. 14. 1926.
[2]) J. J. CH. BRESSE, Cours de mécanique appliquée, 2. partie, S. 221. Paris 1860.

Hier kann der Ausdruck $i \lesseqgtr g:c^2$ auch durch $k \lesseqgtr h_0$ oder durch $q^2 \lesseqgtr g h_0^3$ ersetzt werden, wobei q den Durchfluß über der Breiteneinheit des Laufes bedeutet. Da bei Bächen und Flüssen c im allgemeinen 30 bis 50 $m^{\frac{1}{2}}/sek^{-1}$ beträgt, liegt das die Wildbäche von den Flüssen scheidende Gefälle zwischen 11 und 4‰. Bei betonierten oder hölzernen Gerinnen kann das scheidende Sohlengefälle sogar bis auf 1‰ fallen. Die Wasserläufe zerfallen somit in zwei Klassen, welche bei Veränderung des Querschnittes sich verschieden verhalten. Bezeichnet man mit REHBOCK[1]) die Bewegung des Wassers der einen Klasse als Strömen und das der anderen als Schießen, so ist die Folge einer Verkleinerung des Querschnittes bei

strömendem oder stillem Wasser:	schießendem oder wildem Wasser:
Geschwindigkeitszunahme, Tiefenabnahme, Spiegelsenkung.	Geschwindigkeitsabnahme, Tiefenzunahme, Spiegelhebung.

Von Belang ist es, daß in strömendem Wasser, dessen Verhalten von den Vorgängen im Unterlauf beherrscht wird, ein Stau bei durchweg gleichförmigem Sohlengefälle und Durchfluß sich stromauf bis ins Unendliche erstreckt, während bei schießendem Wasser die Wirkung eines Staues im gleichen Falle stromauf begrenzt, stromab aber unbegrenzt erfolgt.

Für die Berechnung des Staues oder der Senkung nach der vollständigen Gleichung für i usw. hat BRESSE[2]) Zahlentafeln berechnet. RÜHLMANN hat desgleichen Zahlentafeln veröffentlicht, welche jedoch das ganze Glied $\frac{1}{2g}\frac{dU^2}{dx}$ nicht berücksichtigen, also nur für Flüsse von geringem Gefälle zutreffen. Dann hat FORCHHEIMER[3]) gezeigt, wie man nachträglich die Geschwindigkeitshöhe berücksichtigen kann. SCHAFFERNAK[4]) hat graphische Tafeln aufgestellt, welche der Bewegung des Wassers die Formel HERMANEKS zugrunde legen, übrigens ebenfalls die Geschwindigkeitshöhe unberücksichtigt lassen. Dasselbe tat EHRENBERGER[5]) auf Grund der Formel von GRÖGER, welche der HERMANEKS ähnlich ist und ebenfalls die Geschwindigkeitshöhe nicht in Rechnung zieht. Endlich hat TOLKMITT[6]) für parabolischen Querschnitt Tafeln gegeben.

Genauer als bisher besprochen behandelt BOUSSINESQ[7]) das Problem des Staues. Er setzt zunächst das Spiegelgefälle bei breitem rechteckigem Querschnitt, von der Tiefe h, unter Berücksichtigung der ungleichen Verteilung der Geschwindigkeiten über denselben,

$$J = \frac{U^2}{c^2 h} + 1{,}085 \frac{d}{dx}\left(\frac{U^2}{2g}\right)$$

und bei Halbkreisquerschnitt vom Halbmesser r

$$J = \frac{2U^2}{c^2 r} + 1{,}138 \frac{d}{dx}\left(\frac{U^2}{2g}\right),$$

also im großen Durchschnitt bei einem Profilradius R

$$J = \frac{U^2}{c^2 R} + 1{,}11 \frac{d}{dx}\left(\frac{U^2}{2g}\right).$$

1) TH. REHBOCK, Betrachtungen über Abfluß, Stau und Walzenbildung bei fließenden Gewässern. Berlin 1917.

2) J. J. CH. BRESSE, Fußnote 2) von S. 181.

3) PH. FORCHHEIMER, Grundriß der Hydraulik, S. 63. Leipzig u. Berlin 1920.

4) PH. FORCHHEIMER, Hydraulik, S. 127, 130. Leipzig u. Berlin 1914.

5) R. EHRENBERGER, Österr. Wochenschr. f. d. öffentl. Baudienst Bd. 20, S. 503. 1914.

6) G. TOLKMITT, Handbuch der Ingenieurwissenschaften, Wasserbau; G. TOLKMITT, Grundlagen der Wasserbaukunst. 2. Aufl.,S. 123. Berlin 1907.

7) J. BOUSSINESQ, Mém. prés. par div. sav., Paris Bd. 23, S. 198. 1877; PH. FORCHHEIMER, Hydraulik, S. 155. Leipzig u. Berlin 1914.

Dieser Ausdruck genügt nicht, wenn eine stärkere Krümmung der Stromfäden statthat. In diesem Falle findet BOUSSINESQ, daß die Differentialgleichung

$$\frac{d^3 h}{d x^3} - \frac{3\alpha_1}{h_0^2}\left(1 - \frac{g}{c^2 \alpha_1 i}\right)\frac{d h}{d x} - \frac{9 g f}{c^2 h_0^3}(h - h_0) = 0$$

erfüllt sein muß. In ihr ist $\alpha_1 = 1{,}11$ zu setzen und f ein Faktor, der hinzuzufügen ist, weil DE CHÉZYS Geschwindigkeitsgleichung nicht genau zutrifft. Die Lösung der Differentialgleichung lautet

$$\frac{h - h_0}{h_0} = C_1 e^{m_1 x} + C_2 e^{m_2 x} + C_3 e^{m_3 x},$$

worin m_1, m_2 und m_3 die drei Wurzeln der Gleichung

$$m^3 - \frac{3\alpha_1}{h_0^2}\left(1 - \frac{g}{c^2 \alpha_1 i}\right) m - \frac{9 g f}{c^2 h_0^3} = 0$$

bedeuten. Wie diese Gleichung es ausspricht, zerfallen die Wasserläufe zunächst in Flüsse (rivières), für die

$$i < \frac{g}{c^2 \alpha_1}\left[1 - \frac{3}{\alpha_1}\left(\frac{g f}{c^2}\right)^{\frac{2}{3}}\right]$$

oder, falls $c = 0{,}025$ ist, $i < 0{,}0050$ und in Wildbäche (torrents rapides), für die

$$i > \frac{g}{c^2 \alpha_1}\left[1 + \frac{3}{\alpha_1}\left(\frac{g f}{c^2}\right)^{\frac{2}{3}}\right]$$

oder, falls $c = 0{,}025$ ist, $i > 0{,}0061$.

Im ersten Fall geschehe der Übergang von der ungleichförmigen zur gleichförmigen Bewegung durch aufeinanderfolgende Wellen gleicher Länge, aber stromab abnehmender Höhe, der entgegengesetzte Übergang ohne Wellung, im zweiten Fall stelle sich die gleichförmige Bewegung stromab allmählich ein und höre plötzlich durch einen Sprung auf. Zwischen diesen beiden Gewässergattungen seien die Achen (torrents de pente moderée) gelegen, die sich abgetreppt erheben und allmählich sinken. Mit BAZINS Beobachtungen stehe diese Rechnung im Einklange.

5. Gewellte Sohlen. Eine gewellte Sohle hat auch eine Wellung der Spiegellinie zur Folge. Denkt man sich die mittlere Sohlenlinie und die mittlere Spiegellinie gezogen und bezeichnet h_1 und h_2 die Erhebungen über diese Linien, so gilt nach BOUSSINESQ[1]) für den durch diese Sohlengestalt veranlaßten Spiegel

$$\frac{d^3 h_2}{d x^3} - \frac{3\alpha_1}{H^2}\left(1 - \frac{g}{\alpha_1 c^2 i_m}\right)\frac{d h_2}{d x} - \frac{9 f g h_2}{c^2 H^3} = -\left[\frac{1}{2}\frac{d^3 h_1}{d x^3} + \frac{3\alpha_1}{H^2}\frac{d h_1}{d x} + \frac{9 f g h_1}{c^2 H^3}\right],$$

worin $\alpha_1 = 1{,}1$ gesetzt werden kann und H die mittlere Tiefe, i_m das Sohlengefälle des Laufes bedeutet. Hiernach findet sich für $c = 40\ \mathrm{m^{1/2}/sec}$ und $f = 1{,}1$

$$\frac{d^3 h_2}{d x^3} - \frac{3{,}3}{H^2}\left[1 - \frac{0{,}00557}{i_m}\right]\frac{d h_2}{d x} - 0{,}0608\frac{h_2}{H^3} = -\left[0{,}5\frac{d^3 h_1}{d x^3} + \frac{3{,}3}{H^2}\frac{d h_1}{d x} + 0{,}0608\frac{h_1}{H^3}\right],$$

welche Gleichung für einen nach einer Sinuslinie gewellten Boden ebenfalls auf eine Sinuslinie des Spiegels führt (Abb. 5). Wenn das mittlere Gefälle in solcher Verbindung mit der Wellenlänge S, also der Entfernung der Wellenscheitel voneinander steht, daß

$$i_m = \text{ungefähr}\ \frac{S^2}{2 H^2 c^2}$$

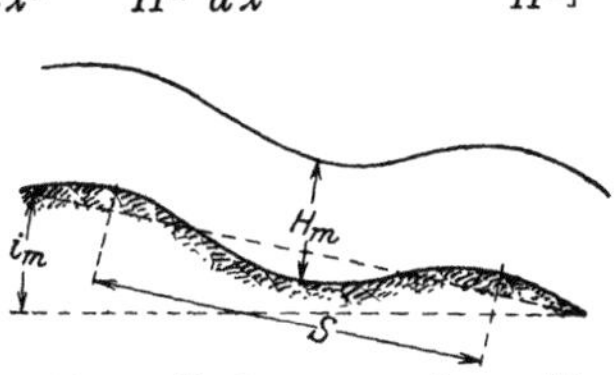

Abb. 5. Strömung auf gewellter Sohle.

---

1) J. BOUSSINESQ, Mém. prés. par div. sav., Paris Bd. 23, S. 220. 1877; PH. FORCHHEIMER, Hydraulik, S. 161.

ist, werden die Spiegelwellen so groß wie die Sohlenwellen, und zwar liegen erstere Wellen stromab oder stromauf von den letzteren, je nachdem $i_m \gtrless S^2/2H^2c^2$ ist.

Bisher wurde bei glatter Sohle die Wassergeschwindigkeit gleichförmig angenommen. Bei großer Neigung und geringer Tiefe trifft dies aber nicht zu. So sah CHRISTEN[1]), als er die kritische Geschwindigkeit bei offenem Spiegel ermitteln wollte, daß statt des erwarteten gleichförmigen Abflusses eine intermittierende Bewegung eintrat, die er später in Wildbachschalen von 0,05 bis 0,15 Neigung wiederfand. Von der Gleichung

$$U = \lambda\, h^{0,7} J^{0,5} \qquad \text{oder} \qquad h = \frac{1}{\lambda^{1,43}} \frac{U^{1,43}}{J^{0,715}}$$

ausgehend, findet man bei einer Schnelligkeit ω dieser Wellen, welche den Namen Wanderwellen[2]) führen, aus $h_1(\omega - U_1) = h_2(\omega - U_2)$ die Beziehung

$$U_1^{1,43}(\omega - U_1) = U_2^{1,43}(\omega - U^2) \qquad \text{oder} \qquad \omega = \frac{U_1^{2,43} - U_2^{2,43}}{U_1^{1,43} - U_2^{1,43}},$$

die für $U_2 = U_1 + \Delta$ bei kleinem Δ in $\omega = \frac{2,43}{1,43} U_1 = 1,7\, U_1$ übergeht. Hier bedeutet U_1 bzw. U_2 die Geschwindigkeit an der tiefsten bzw. seichtesten Stelle. Zur Entstehung der Wanderwellen trägt der Umstand bei, daß die höheren Wellen rascher als die niedrigeren wandern und sie einholen, worauf die beiden Wellen zu einer einzigen verschmelzen.

III. Mit der Zeit veränderliche Strömung.

6. Mit der Zeit langsam veränderliche Strömung; Hochwasserlauf. Die Gleichungen, welche für die Geschwindigkeit der gleichförmigen Strömung in Wasserläufen aufgestellt worden sind, gelten im allgemeinen noch, wenn es sich um den Hochwasserverlauf in ihnen handelt. Hierbei ist nämlich die Krümmung der Stromfäden so gering, beträgt doch das Gefälle höchstens einige Meter auf den Kilometer Flußlänge, daß sie den Bewegungsvorgang nicht weiter beeinflußt. Für die Schnelligkeit ω, mit der ein bestimmter Durchfluß Q, der nicht mit dem Wasser selbst zu verwechseln ist, stromab wandert, gilt dann nach KLEITZ[3])

$$0 = \frac{\partial Q}{\partial x}\omega + \frac{\partial Q}{\partial t},$$

worin x die Lauflänge, t die Zeit bedeutet. Es findet sich, wenn b die Spiegelbreite, H die größte Tiefe des Querschnittes, F die Querschnittsfläche, U die Geschwindigkeit bedeutet,

$$\omega = U + \frac{F}{b}\frac{dU}{dH},$$

nach welcher Gleichung die Durchflußschnelligkeit bei wenig veränderlichem Querschnitt F größer als die Strömungsgeschwindigkeit U sein muß. Man kann auch aus den drei Gleichungen $U_1(H + h) - UH = \omega\, h$, $U_1 = \lambda(H + h)^{0,7} J^{0,5}$, $U = \lambda H^{0,7} J^{0,5}$, worin h die Erhebung des Hochwassers über den Spiegel des im Mittel H tiefen Laufes bedeutet, die weitere $\omega = 1,7\, U$ ableiten, wonach der

[1]) TH. CHRISTEN, Das Gesetz der Translation des Wassers, S. 132. Leipzig 1903.

[2]) PH. FORCHHEIMER, Wiener Ber. Bd. 112, 2a, S. 1700. 1903; Hydraulik, S. 200. Zuerst erwähnt von G. MAW, Engineer Bd. 58, S. 294. 1884, II. Man erblickt Wanderwellen auf gespülten lotrechten Platten.

[3]) CH. KLEITZ, Ann. d. ponts et chaussées (5) Bd. 14, S. 146. 1877, II. Vermutlich schon 20 Jahre vorher von KLEITZ entdeckt.

Kopf einer Hochwasserwelle mit einer Schnelligkeit fortschreitet, welche gleich der 1,7fachen Fließgeschwindigkeit vor dem Kopfe ist. Freilich faßt man, besonders dort, wo das Überschwemmungsgebiet von der eigentlichen Flußrinne scharf getrennt ist, nur die in letzterer herrschende Geschwindigkeit als Strömungsgeschwindigkeit auf und erklärt dann, daß das Hochwasser langsamer fortschreitet als das Wasser selbst, während streng genommen das Gegenteil der Fall ist.

Wenn der Schwall über einen Flußpunkt hinwegzieht, erreicht offenbar zuerst das Gefälle seinen Größtwert; ihm folgen die Scheitelwerte der mittleren Geschwindigkeit, des Durchflusses und schließlich der Tiefe — also der größten Spiegelerhebung — nach[1]). Auch zeigt es sich, daß der Schwall das Bestreben hat, dort am schnellsten fortzuschreiten, wo die Fließgeschwindigkeit am größten ist. Hierdurch erfährt bei steigendem Wasser dessen Spiegel — wie schon GUGLIELMINI beobachtet hat — eine Wölbung, die recht bedeutend sein kann, hat doch GRAEFF[2]) in der Loire bei 165 m Breite eine Erhebung der Mitte über die Seiten von 2,4 m ermittelt. Da Hochwässer viel langsamer zu fallen als zu steigen pflegen, ist die gegenteilige Erscheinung, das Einsinken des Wassers bei Ablauf des Hochwassers, weitaus seltener beobachtet und erwähnt worden.

Wenn durch das Hochwasser das Spiegelgefälle eine Änderung erfährt, so gilt nach FORCHHEIMER[3]) für die Abnahme ΔQ, welche der Durchfluß Q auf der Strecke Δx erleidet, die Formel

$$\Delta Q = \frac{Q\,\Delta x}{2b\,J\,\omega^2 r} = \frac{b^2\,Q\,\Delta x}{2J\left(\frac{\partial Q}{\partial H}\right)^3 r},$$

in der b die Spiegelbreite, J das Gefälle, H die mittlere Wassertiefe, r den Krümmungshalbmesser der Kurve bedeutet, welche die Zeit zu Abszissen und den Durchfluß zu Ordinaten hat.

7. Mit der Zeit rasch veränderliche Strömung. Wenn bei der mit der Zeit veränderlichen Bewegung die Reibung dieselbe Arbeit erfordert wie bei der stationären Strömung — und das muß ja nahezu der Fall sein — so gilt für das Gefälle nach DE CHÉZY bei einem Profilradius R des Gerinnes

$$J = \frac{U^2}{c^2 R} + \frac{1}{2g}\frac{\partial U^2}{\partial x} + \frac{1}{g}\frac{\partial U}{\partial t}$$

oder richtiger, wenn die Geschwindigkeit $U = \lambda R^\mu J^\nu$ gesetzt wird,

$$J = \left(\frac{U}{\lambda R^\mu}\right)^{1/\nu} + \frac{1}{2g}\frac{\partial U^2}{\partial x} + \frac{1}{g}\frac{\partial U}{\partial t},$$

worin t die Zeit bedeutet.

BOUSSINESQ[4]) hat auch hier wieder Betrachtungen angestellt, die ihn für breite rechteckige Querschnitte und wenig gekrümmte Wasserfäden bei einer Gerinntiefe h zur Gleichung

$$J = \frac{U^2}{c^2 h} + \frac{1{,}08}{2g}\frac{\partial U^2}{\partial x} + \frac{1{,}04}{g}\frac{\partial U}{\partial t} - \frac{0{,}015}{g}\frac{U}{h}\frac{\partial h}{\partial t}$$

[1]) PH. FORCHHEIMER, ZS. d. österr. Ing.- u. Archit.-Ver. Bd. 59, S. 330. 1907.

[2]) A. GRAEFF, Mém. prés. par div. sav., Paris Bd. 21, S. 598. 1875.

[3]) PH. FORCHHEIMER, Hydraulik, S. 212.

[4]) J. BOUSSINESQ, Mém. prés. par div. sav., Paris Bd. 23, S. 261, 283f. 1877; J. BOUSSINESQ, Théorie de l'écoulement tourbillonant et tumultueux des liquides, Bd. 2, S. 22f.; PH. FORCHHEIMER, Hydraulik, S. 169.

führten, worin das letzte Glied vernachlässigbar ist. Bei stärkerer Krümmung der Wasserfäden tritt nach ihm im Ausdruck für J zu dem der letzt angeführten Gleichung auf der rechten Seite noch

$$\frac{1{,}035\,h\,U^2}{3g}\left(\frac{\partial^3 h}{\partial x^3}+\frac{2}{U}\frac{\partial^3 h}{\partial x\,\partial t}+\frac{1}{U^2}\frac{\partial^3 h}{\partial x\,\partial t^2}\right)$$

additiv hinzu. Für kleine Anschwellungen auf fließendem Wasser ohne Berücksichtigung der Krümmung der Wasserfäden findet er für breite Gerinne

$$\frac{\partial^2 h}{\partial t^2}+\frac{2{,}135}{1{,}035}U\frac{\partial^2 h}{\partial x\,\partial t}-\frac{gH-1{,}084\,U^2}{1{,}035}\frac{\partial^2 h}{\partial x^2}=0$$

oder die Schnelligkeit

$$\omega=\frac{2{,}135}{2{,}070}\pm\sqrt{\frac{4{,}558}{4{,}140}U^2+\frac{gH}{1{,}035}-\frac{1{,}084}{1{,}035}U^2}=1{,}03\,U\pm\sqrt{0{,}0536\,U^2+0{,}96\,gH},$$

wonach kleine Anschwellungen nur in Flüssen, nicht aber in Wildbächen stromauf zu laufen vermögen.

Bei der Ableitung dieser Gleichung hat BOUSSINESQ vorausgesetzt, daß die Geschwindigkeit ähnlich wie bei gleichförmigem Strömen verteilt sei. Fällt diese Voraussetzung fort, so sei nach ihm, wenn die größte Stromgeschwindigkeit $u_{\max}$ beträgt,

$$\omega=U\pm\sqrt{gH}+\frac{4}{5}\left[2\pm\left(\frac{U}{2\sqrt{gH}}-\frac{\sqrt{gH}}{U}\right)\right]\frac{(u_{\max}-U)^2}{U}-\frac{8}{35}\left(3\pm\frac{U}{2\sqrt{gH}}\right)\frac{(u_{\max}-U)^3}{U^2}.$$

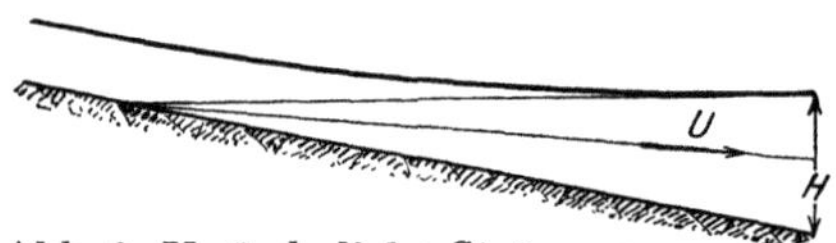

Abb. 6. Veränderliche Strömung.

Mit derselben Aufgabe hat sich KOŽENY befaßt. Er geht von der Voraussetzung aus, daß sich Oberfläche, Sohle und Geschwindigkeit im selben Punkte treffen (Abb. 6) und findet

$$\frac{\partial^2 h}{\partial t^2}+\frac{\partial^2 h}{\partial x\,\partial t}(\beta+1)\,U+\frac{\partial^2 h}{\partial x^2}[\beta U^2-gH]=0,$$

wobei h die Lage des betreffenden Punktes unter dem Spiegel, U die mittlere Geschwindigkeit in der Lotrechten bedeutet. Für die Schnelligkeit, mit der sich die Ordinaten des Spiegels fortpflanzen, gelte ferner

$$\omega=U\left[\frac{\beta+1}{2}\pm\sqrt{\left(\frac{\beta-1}{2}\right)^2+\frac{gH}{U^2}}\right].$$

Wird

$$\eta=\frac{\left(\frac{2}{3}-\frac{\pi^2}{16}\right)}{\left(1-\frac{\pi}{4}\right)^2}\left(\frac{u_{\max}}{U}-1\right)^2=1{,}082\left(\frac{u_{\max}}{U}-1\right)^2$$

gesetzt, so zeige sich $\beta=1+3\,\eta-0{,}866\sqrt{\eta^3}$. Es ist von einigem Interesse, die Versuchsergebnisse von BAZIN mit den Berechnungen von BOUSSINESQ[1]) und KOŽENY[2]) zu vergleichen. Das gibt

H m	U m/sec	$u_{\max}$ m/sec	ω nach BOUSSINESQ m/sec	ω nach KOŽENY m/sec	ω v. BAZIN gemessen m/sec
0,110	3,785	5,51	6,51	6,39	6,25
0,150	2,744	3,49	4,33	4,30	4,32
0,235	3,481	4,55	5,59	5,57	5,75

[1]) J. BOUSSINESQ, Théorie de l'écoulement tourbillonant usw. Bd. 2, S. 25; PH. FORCHHEIMER, Hydraulik, S. 168.

[2]) J. KOŽENY, Wasserführung der Flüsse, S. 68.

Mit der veränderlichen Strömung in einem Bett gleichförmiger Breite bei Rücksichtnahme auf die Krümmung der Stromfäden unter Vernachlässigung der Reibung befaßte sich BOUSSINESQ[1]) sowie nach ihm FLAMANT[2]). Es gelten die beiden EULERschen Gleichungen[3])

$$-\frac{\partial p}{\partial x} = \frac{\gamma}{g}\left(\frac{\partial u}{\partial t} + u\frac{\partial u}{\partial x} + w\frac{\partial u}{\partial z}\right) = \frac{\gamma}{g}u',$$

$$\gamma - \frac{\partial p}{\partial z} = \frac{\gamma}{g}\left(\frac{\partial w}{\partial t} + u\frac{\partial w}{\partial x} + w\frac{\partial w}{\partial z}\right) = \frac{\gamma}{g}w',$$

in denen p den Druck darstellt und in denen u' und w' nach der Zeit genommene Differentialquotienten bedeuten. Ferner ist mit Rücksicht auf die Unveränderlichkeit des Rauminhaltes

$$\frac{\partial u}{\partial x} + \frac{\partial w}{\partial z} \quad \text{oder} \quad \frac{\partial h}{\partial t} + H\frac{\partial u}{\partial x} = 0,$$

worin H die ursprüngliche Tiefe des Flusses und h die Erhebung der Welle über den ursprünglichen Spiegel bedeutet. Nach einigen Vereinfachungen folgt aus der letzten Gleichung

$$\frac{g}{\gamma}p = g(H + h - z) + \frac{H^2 - z^2}{2H}\frac{\partial^2 h}{\partial t^2},$$

hieraus

$$\frac{g}{\gamma}\frac{\partial p}{\partial x} = -u' = g\frac{\partial h}{\partial x} + \frac{H^2 - z^2}{2H}\frac{\partial^3 h}{\partial x\,\partial t^2},$$

und weiter geht in Verbindung mit der ersten EULERschen Gleichung, wenn man die mittlere Geschwindigkeit U an Stelle von u bei Vernachlässigung der lotrechten Geschwindigkeit setzt,

$$\frac{\partial U}{\partial t} + U\frac{\partial U}{\partial x} + g\frac{\partial h}{\partial x} + \frac{H}{3}\frac{\partial^3 h}{\partial x\,\partial t^2} = 0$$

hervor. Nun steht die Schnelligkeit $\tilde{\omega}$ jener Ordinate, vor der der Schwall immer die gleiche Fläche besitzt, in enger Verbindung mit der Fließgeschwindigkeit des Wassers. Es muß nämlich $U(H + h) = \tilde{\omega} h$ sein. Die weitere Rechnung lehrt dann, daß hieraus und aus der vorangehenden Gleichung mit hinreichender Genauigkeit

$$\tilde{\omega} = \sqrt{gH}\left(1 + \frac{3}{4}\frac{h}{H} + \frac{H^2}{6h}\frac{d^2 h}{dx^2}\right)$$

hervorgeht. Dieser Ausdruck gilt für Wasser, welches ursprünglich in Ruhe war. Hatte es bereits eine Geschwindigkeit U_0, so gilt statt dessen[4])

$$\tilde{\omega} - U_0 = \pm\sqrt{gH}\left(1 + \frac{3}{4}\frac{h}{H} + \frac{H^2}{6h}\frac{d^2 h}{dx^2}\right).$$

8. Einzelwelle. Aus dem letzten Ausdruck für $\tilde{\omega}$ geht ohne weiteres die Gleichung der Einzelwelle, der onde solitaire von BOUSSINESQ, hervor[5]). Es genügt ja, $\tilde{\omega}$ als konstant anzusehen, um eine Welle zu erhalten, die ohne ihre Gestalt zu ändern, auf einer ebenen wagrechten Kanalfläche weitergleitet. Deren Gleichung lautet, wenn ω die Schnelligkeit dieses Gleitens bedeutet,

$$1 + \frac{3}{4}\frac{h}{H} + \frac{H^2}{6h}\frac{d^2 h}{dx^2} = \text{konst.} = \frac{\omega}{\sqrt{gH}}.$$

---

[1]) J. BOUSSINESQ, Mém. prés. par div. sav., Paris Bd. 23, S. 348. 1877; Journ. de math. (3) Bd. 9, S. 273. 1883.

[2]) A. FLAMANT, Hydraulique. 2. Aufl., S. 422. Paris 1900.

[3]) Vgl. Kap. 1, Ziff. 8 ds. Bd. des Handb.

[4]) J. BOUSSINESQ, Mém. prés. par div. sav., Paris Bd. 23, S. 358. 1877 (Gl. 289bis).

[5]) J. BOUSSINESQ, Mém. prés. par div. sav., Paris Bd. 23, S. 380f. 1877.

Der Schwall ist symmetrisch zur Scheitelordinate. Hat diese die Größe h_1, so läßt sich die Gleichung auch

$$\frac{2h_1}{h} = 1 + \mathfrak{Cof}\sqrt{\frac{3h_1}{H^3}}\,(x - \omega t)$$

schreiben. Die ganze Längenschnittfläche zeigt die Größe $\frac{4}{\sqrt{3}}\sqrt{H^3 h_1}$, und die Höhe ihres Schwerpunktes über dem ursprünglichen Spiegel findet sich $= \frac{1}{3}h_1$. Die potentielle Energie des Schwalles beträgt also $4\gamma\sqrt{(Hh_1/3)^3}$ und ebenso groß findet sich dessen Bewegungsenergie, so daß die Gesamtenergie sich zu $\gamma\sqrt{(\frac{4}{3}Hh_1)^3}$ bestimmt.

Außer obigem Ausdruck, welcher vereinfacht für die Schnelligkeit die Formel

$$\omega = \sqrt{gh}\left(1 + \frac{3}{4}\frac{h}{H}\right) + U$$

liefert, hat DE ST. VENANT, von dem sie stammt[1]), eine zweite abgeleitet, welche bei flüchtiger Betrachtung mit ihr in Widerspruch scheint, da nach ihr $\omega = \sqrt{gH}\left(1 + \frac{3}{2}\frac{h}{H}\right) + U$ sein soll. Die Erklärung des Unterschiedes liegt darin, daß erstere Gleichung eine einzige höhere Stufe, letztere viele unendlich kleine voraussetzt. Nur wo die Welle die Höhe h besitzt, schreitet sie mit der Schnelligkeit $\sqrt{gH}\left(1 + \frac{3}{2}\frac{h}{H}\right) + U$ vor, während ihr Fuß, wo $h = 0$ ist, nur die Schnelligkeit $\sqrt{gH} + U$ aufweist. (Weiteres über Wellen s. Kap. 1, Ziff. 40 und 42ff.)

9. Füllschwall. Die Aufgabe wird verwickelter, wenn es sich um den Füllschwall handelt, nämlich um die Zunahme des Durchflusses Q und daher um den Anstieg des Wassers in einem längeren Graben. Ihre Lösung[2]) sei hier nur angedeutet. Bezeichnet Q_s den Durchfluß unter dem Schwall, Q den Ausfluß aus der betrachteten Strecke, R_s den Profilradius der Fläche unter dem Schwallspiegel, J das ursprüngliche Spiegelgefälle, z_s die Schwallspiegelhöhen über dem ursprünglichen Spiegel, λ die Glättezahl in der Formel $U_s = \lambda R_s^{0,7} \cdot (\text{Gefälle})^{0,5}$, F den durchflossenen Querschnitt, b dessen Spiegelbreite, bezieht sich ferner $F_0, b_0 \ldots Q_0, R_0$ auf das Oberende, $F_1, b_1 \ldots Q_1, R_1$ auf das Unterende der betrachteten Strecke, so gilt bei Vernachlässigung der Geschwindigkeitshöhen für die Abszisse der Schwallspiegelhöhe z_x

$$x_1 = \frac{f}{2\sqrt{J}} \ln \frac{\left(z_x + \frac{Q}{\omega y} + f\sqrt{J}\right)\left(z_0 + \frac{Q}{\omega y} - f\sqrt{J}\right)}{\left(z_x + \frac{Q}{\omega y} - f\sqrt{J}\right)\left(z_0 + \frac{Q}{\omega y} + f\sqrt{J}\right)},$$

wobei $f = \lambda F R_s^{0,7}/\omega y$ gesetzt ist. Hier ist y die Stufenbreite in halber Stufenhöhe, welche Größe wenig veränderlich ist. Ferner bedeutet ω die Schnelligkeit, welche in erster Annäherung $= U + \sqrt{gZ}$, in zweiter $= U + \sqrt{g(Z + \frac{3}{2}z)}$ gesetzt werden kann, worin Z die mittlere Tiefe der betrachteten Strecke vor Erzeugung des Schwalles bedeutet. In obiger Gleichung für x_1 ist dieses (weil willkürlich angenommen) und sind alle Größen auf der rechten Seite bis auf z_x bekannt, so daß man z_x bestimmen kann. Mit z_x ist in erster Annäherung der Durchfluß

[1]) BARRÉ DE ST. VENANT, C. R. Bd. 71, S. 186. Paris 1870.
[2]) PH. FORCHHEIMER, Wasserschwall und Wassersunk, S. 3f. Leipzig u. Wien 1924.

an der Stelle x_1, nämlich $Q_1 = \omega y z_x + Q$ angebbar und somit auch der Unterschied der Geschwindigkeitshöhen

$$z_g = \frac{1}{2g}\left(\frac{Q_0^2}{F_0^2} - \frac{Q_1^2}{F_1^2}\right),$$

worin F_1 näherungsweise bekannt ist. Näherungsweise weiß man hiermit auch $z_1 = z_x + z_g$, worauf man die Rechnung mit $Q_1 = \omega y z_1 + Q$ wiederholt und z_1 genauer bestimmt. Man weiß dann, mit welcher Höhe z_1 die Stufe an dem Punkte x_1 vorüberzieht sowie deren Anfangshöhe z_0, aber nicht das Anwachsen der Schwallhöhen mit der Zeit. Beträgt y_{01} die mittlere Breite des Schwallkörpers, zur Zeit x_1/ω, so beträgt zu dieser Zeit an der Stelle x_1 die Schwallhöhe z_1 und am Einlaufe $z_0 + z_{01}$ und muß $y_{01}(z_0 + z_{01} + z_1)\,\omega = 2(Q_0 - Q)$ sein. Aus dieser Gleichung läßt sich z_{01} bestimmen, worauf durch z_{01} und z_1 der Schwallspiegel zum Zeitpunkte x_1/ω gegeben erscheint.

10. Stauschwall. Zum Unterschiede vom Füllschwall wandert der Stauschwall stromauf, statt stromab. Er entsteht nämlich, wenn man den Abfluß aus einem Gerinne vom Querschnitte F von der Menge FU auf FU_0 verringert. Geschieht der Abschluß plötzlich, so zeigt sich die Schnelligkeit der Wanderung des Staues

$$\omega = -\frac{U + U_0}{2} + \sqrt{\frac{gF}{y} + \frac{(U - U_0)^2}{4}}$$

und die Höhe der entstehenden Stufe $z = (U - U_0)\,F : (U_0 + \omega)\,y$, worin y die Stufenbreite in halber Stufenhöhe bedeutet. Bei allmählichem Abschluß findet sich die Schwallhöhe

$$z_0 = \frac{1}{4g}\left\{(U - U_0)^2 + 4\,(U - U_0)\sqrt{g\frac{F}{y}}\right\}.$$

Von Bedeutung ist es, daß, wenn ein Füllschwall das Unterende des Gerinnes trifft, der entstehende Stauschwall sich auf den Füllschwallspiegel aufsetzt. Das Wasser steigt demnach plötzlich zu größerer Höhe empor. Dabei findet bei aufrechterhaltener Absperrung und fortdauernder Zuströmung noch eine allmähliche Spiegelhebung statt.

11. Sunk. Bei plötzlicher Hemmung[1]) eines am Oberende eines Gerinnes stattfindenden Einlaufes entsteht ein Absperrsunk, dessen Anschluß an den alten Spiegel mit der Schnelligkeit $\omega = U + \sqrt{g\frac{F}{b}}$ stromab schreitet. Wird statt dessen der Ablauf aus einem Gerinne plötzlich gesteigert, so wandert der Anschlußpunkt des neuen Spiegels oder des Entnahmesunkes an den alten mit der Schnelligkeit $\omega = -U + \sqrt{g\frac{F}{b}}$ stromauf. SCHOKLITSCH[2]) hat für den Fall einer plötzlichen gänzlichen Entfernung der Abschlußschütze eines Gerinnes Sunkoberflächen aufgenommen und ermittelt, daß sie fast gerade verlaufen, so daß der entleerte Raum ungefähr ein Dreieck zum Längenschnitt hat. Seine Messungen ergaben $Q = 0{,}90\, bH\sqrt{H}$ (worin b die Breite, H die Tiefe des Gerinnes), während RITTER[3]) $Q = \frac{8}{27}\sqrt{g}\cdot bH\sqrt{H} = 0{,}93\, bH\sqrt{H}$ berechnet hatte.

Für Schützen, die nicht bis zur Sohle hinabreichen, so daß ein Teil der Abschlußwand (in nicht abgeschrägter Brettdicke) beim Herausreißen der

[1]) PH. FORCHHEIMER, Wasserschwall und Wassersunk, S. 32f. Leipzig u. Wien 1924.
[2]) A. SCHOKLITSCH, Wiener Ber. Abt. 2a, Bd. 126, S. 1500. 1917.
[3]) A. RITTER, ZS. d. Ver. d. Ing. Bd. 36, S. 953. 1892.

Schütze stehen bleibt, nahm SCHOKLITSCH ebenfalls Messungen vor, die bei ursprünglich stehendem Wasser der Formel $Q = 1{,}1$ bis $0{,}9\, b H^{\frac{3}{2}}$ entsprechen, in welcher H die Öffnungshöhe bedeutet.

Der Fortschritt des Punktes, in dem der Sunkspiegel den ursprünglichen Spiegel schneidet, erfolgt mit der Schnelligkeit $\omega = \sqrt{gH}$. Da gleichzeitig der Erguß von der Öffnungshöhe abhängt, folgt, daß die Sunklinie, wenn die Öffnungshöhe im Vergleich zur Tiefe des Zulaufgerinnes groß ist, eine schwache Krümmung aufweist und ihre Hohlseite nach oben kehrt; für ein geringes Verhältnis der Überfallhöhe zur Gerinntiefe muß sie aber nach oben ausgebaucht sein, wie dies beim gewöhnlichen Überfall zutrifft.

Von Belang ist es ferner, daß, wenn zwei Strecken gleicher Spiegelbreite, aber abweichender mittleren Tiefe Z_1 bzw. Z_2 aufeinanderfolgen, die Welle bei ihrem Übergang von der einen Strecke in die nächste infolge der Änderung ihrer Schnelligkeit ihre Länge nach dem Gesetze $l_1 : l_2 =$ ungefähr $\sqrt{Z_1 : Z_2}$ ändert. Andererseits geht aus der Unveränderlichkeit der Energie und des Rauminhalts hervor, daß im gleichen Falle die Höhen eines nicht zu hohen Schwalles den vierten Wurzeln aus den Wassertiefen verkehrt proportional sind[1]). Ferner verhalten sich bei gleicher Tiefe, aber ungleichen Spiegelbreiten die Wellenstrecken wie die reziproken Breiten.

IV. Strömen bei unstetiger Wandung.

12. Sohlenstufe, Wehr und Pfeiler. Wenn die Sohle eines Wasserlaufes von der Tiefe H eine Stufe von der Höhe s bildet, so gilt nach RITTER[2]) für den daselbst entstehenden Wassersprung, mögen Sohle und Spiegel eine nach oben oder unten gerichtete Stufe bilden,

$$\frac{H}{k} = \varphi \pm \sqrt{\varphi^2 - \frac{h(h-s)}{2k^2}}.$$

Hierin bedeutet k die Ankunftsgeschwindigkeitshöhe des Wassers und ist

$$\varphi = 1 - \frac{3}{4}\frac{h}{k} + \frac{s}{k}\left(\frac{1}{2} - \frac{k}{h}\right)$$

gesetzt, worin h die Stufenhöhe des Spiegels bedeutet. Hiernach finden sich beispielsweise für $s = 0{,}1\,k$ (steigende Stufe) nachstehende Zahlenwerte

$h:k =$	0,11	0,2	0,5	0,6
$H:k =$	0,112	0,787	0,829	0,628
	0,00486	0,0127	0,121	0,239

Für $h:k < 0{,}1046$ oder $> 0{,}6384$ wird H imaginär oder negativ. Für $s = -0{,}1\,k$ (fallende Stufe) zeigt sich für

$h:k =$	0,1	0,2	0,3	0,4	0,5
$H:k =$	—	—	—	1,743	1,446
	0,0027	0,0116	0,0287	0,0574	0,104

Für $s = -0{,}1\,k$ und $-h$ statt h zeigt sich für

$-h:k =$	0,103	0,2	0,3	0,4
$H:k =$	0,103	1,192	1,665	1,97

[1]) G. GREEN, Cambr. Trans. Bd. 6, S. 457. 1838.
[2]) A. RITTER, ZS. d. Ver. d. Ing. Bd. 39, S. 1349. 1895.

GIBSON[1]) hat den Fall untersucht, daß in einem Wasserlauf durch ein Wehr ein Stau erzeugt wird (Abb. 7). Dann gilt, wenn U_1 die Geschwindigkeit und H_1 die Tiefe im ungestauten Laufe und H_2 die Tiefe unmittelbar oberhalb des Wehrs bedeutet, ferner die Sohle zwischen Wehr und Wassersprung den Anstieg d aufweist, die Gleichung

$$(H_1 - H_2)\left(\frac{H_1 + H_2}{2} - \frac{H_1 U_1^2}{H_2 g}\right) + \left(H_2 - \frac{1}{2} d\right) d = 0 .$$

Bei geringer Sohlenneigung, also vernachlässigbarem d, geht dieser Ausdruck in $H_2 = -\frac{1}{2} H_1 + \sqrt{\frac{1}{4} H_1^2 + \frac{2}{g} H_1 U_1^2}$ über, welcher Ausdruck trotz seiner verschiedenen Form mit dem RITTERs übereinstimmt.

Verwickelt sind die Verhältnisse beim Stau, den Pfeiler, z. B. Brückenpfeiler, verursachen, und zwar um so mehr, als der Stau von der Pfeilerform abhängt. Wenn der Durchfluß zwischen zwei Pfeilern strömend erfolgt, so gilt nach REHBOCK[2]) bei einer Tiefe h des ungestauten Wassers

$$z = \left(0{,}72 + 1{,}2 \frac{f}{F} + 40 \frac{f^4}{F^4}\right)\left(1 + \frac{U^2}{g h}\right) \frac{f}{F} \frac{U^2}{2g} .$$

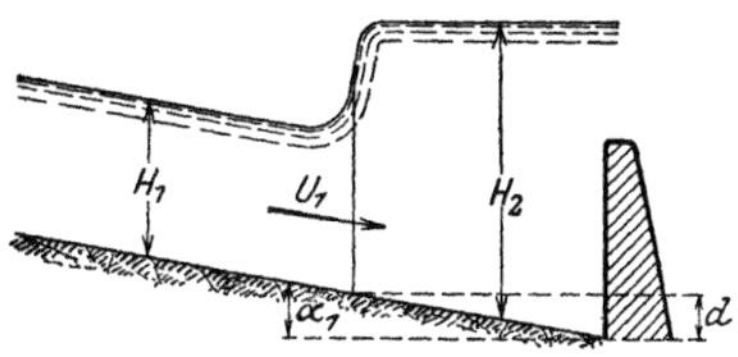

Abb. 7. Stau durch ein Wehr.

Hierin bedeutet F den durchflossenen Flußquerschnitt ohne Einbauten in m², f den im ungestauten Fluß durch die Einbauten ausgefüllten Teil von F in m², U die mittlere Geschwindigkeit des Wassers im Flusse ohne Einbauten in m/sec.

Wenn die Verbauung eine gewisse Größe erreicht, findet der Abfluß mit Fließwechsel statt, d. h. es geht das Strömen in Schießen über, welches beim Austritt des Wassers unterhalb der Enge zwischen den Pfeilern wieder in Strömen übergeht. Das Schießen hält dabei noch auf einer gewissen Strecke unterhalb der Pfeiler an und das kennzeichnet sich dadurch, daß über die ganze Flußbreite sich Deckwalzen erstrecken, deren sichtbare Wasserbewegung stromauf gerichtet ist, während in der Tiefe in den Walzen und unterhalb derselben das Wasser stromab läuft[3]).

13. Richtungsänderung. Über die Erhöhung der Reibung, also des Gefälles, die in einem offenen Gewässer ein Bogen verursacht, liegt nur eine Untersuchung von BOUSSINESQ[4]) vor, nach welcher ein Bogen vom Halbmesser r das nötige Gefälle bei einer Spiegelbreite b und einer gleichmäßigen Tiefe h bei einer Geschwindigkeit U um $\tau_1 \sqrt{b/r \cdot U^2/h}$ vermehrt. Nach LAHMEYER[5]) wäre hierbei $\tau_1 =$ ungefähr $\frac{4}{3} hJ/U^2$ (worin J das Gefälle), hätte also die Dimension sec²/m. Bei seiner Betrachtung nahm BOUSSINESQ an, daß eine Vermehrung des Druckverlustes in der gekrümmten Strecke selbst stattfinde. Bei Flüssen ist diese Annahme vermutlich zulässig, in geschlossenen Leitungen hat sie sich jedoch als unzureichend herausgestellt. Hier fanden WILLIAMS, HUBBELL und FENKELL[6]),

---

[1]) A. H. GIBSON, Min. Proc. Inst. Civ. Eng. Bd. 197, S. 233. 1914.

[2]) TH. REHBOCK, Betrachtungen über Abfluß, Stau und Walzenbildung bei fließenden Gewässern. Berlin 1917; TH. REHBOCK, Zur Frage des Brückenstaues. Zentralbl. f. Bauverwaltung Bd. 39, S. 197. 1919.

[3]) P. BÖSS, Berechnung der Wasserspiegellage beim Wechsel des Fließzustandes. Berlin 1919.

[4]) J. BOUSSINESQ, Mém. prés. par div. sav., Paris Bd. 23, S. 602. 1877; Journ. de math. (3) Bd. 9, S. 210. 1883; PH. FORCHHEIMER, Hydraulik, S. 241.

[5]) W. LAHMEYER, Allg. Bau-Ztg. Bd. 17, S. 153. 1852.

[6]) G. S. WILLIAMS, C. W. HUBELL u. G. H. FENKELL, Transact. Amer. Soc. Civ. Eng. Bd. 47, S. 163. 1902; J. R. FREEMAN, ebenda Bd. 21, S. 365. 1889.

daß der Bogen eine Erhöhung der Wirbelung des Wassers und dadurch eine Verstärkung der Rohrreibung längs des Bogens und stromab von ihm bewirkt, wie Abb. 8 es angibt. Hierzu sei bemerkt, daß der Druckverlust pro Längeneinheit Rohr zwar mit der Krümmung im allgemeinen zunimmt, aber dafür die Bogenlänge sich vermindert. Obengenannte Versuche fanden seitens BRIGHTMORE[1]) eine Bestätigung, nach welchem bei einem Krümmungsradius $r = 4D$ (wobei D der Rohrdurchmesser) der zusätzliche Verlust am kleinsten und für alle Durchmesser fast gleich groß sein soll.

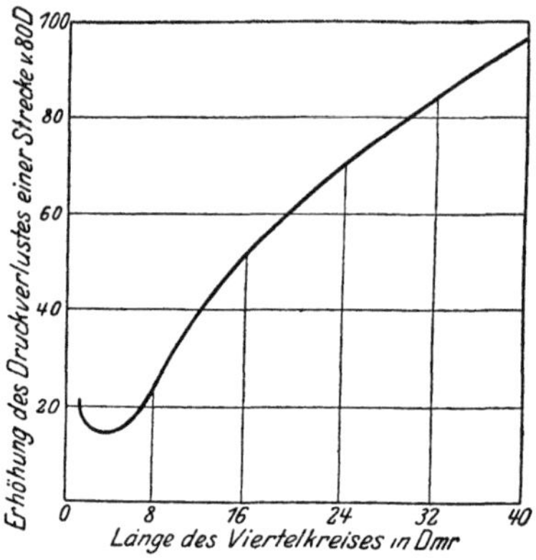

Abb. 8. Druckverlust in einem Rohrkrümmer.

14. Querschnittsänderung. Rohrverengungen, also allmähliche Beschleunigungen des Wassers, verursachen eine entsprechende Druckverminderung, aber kaum einen sonstigen Druckverlust, scheint ja der Reibungsverlust in sich verengernden Röhren kleiner als in Rohren überall gleichen Durchmessers zu sein, so daß er bei der Kürze der beobachtbaren Strecken kaum in Betracht kommt. Wird also in eine Rohrstrecke ein Doppeltrichter eingeschaltet, so zeigt sich im engen Teile desselben eine starke Druckabnahme, die, wie VENTURI[2]) gezeigt hat, ein Einsaugen von Luft in vorgesehene Löcher des Trichters verursachen kann. Übrigens fand er, daß es mittels eines solchen Doppelkelches möglich sei, etwa $1^1/_2$mal soviel Wasser aus einem Gefäß zu schöpfen als mittels eines zylindrischen Anschlusses. HERSCHEL[3]) hat die Druckverminderung in solchen VENTURIschen Trichtern (Venturirohren) benutzt, um den Durchfluß durch Röhren zu messen. Betragen die Querschnitte des vollen Rohres und des verengten Teiles F_1 bzw. F_2, so ist bei einem Druckunterschiede h zwischen dem vollen Rohr und dem verengten Teile der Durchfluß $Q = \left(F_1 F_2/\sqrt{F_1^2 - F_2^2}\right) \cdot \sqrt{2gh}$. Infolge der Reibung bleibt nach Versuchen in zahlreichen Wasserleitungen der wahre Durchfluß höchstens um 5% hinter dem Q dieser Formel zurück. Dieses günstige Verhalten des Doppelkelches war vielleicht schon den Römern bekannt; wenigstens drückt sich SEXTUS JULIUS FRONTINUS bezüglich des Doppelkelches wie folgt aus: calix devexus amplius rapit.

Hier sei auch bemerkt, daß in sich verengernden Röhren die Reibung nicht größer, sondern kleiner als in geraden Strecken ist — wenigstens stellte HOCHSCHILD[4]) die Verringerung der Reibung in kleinen glattwandigen Kanälen fest. Die gegenteilige Annahme von CORIOLIS[5]) und BOUSSINESQ ist also vermutlich unrichtig.

Rohrerweiterungen geben dadurch zu Druckverlusten Anlaß, daß schneller fließendes Wasser auf langsameres stößt. Der Arbeitsverlust beträgt bei plötzlicher Erweiterung nach BORDA[6]), wenn die größere Geschwindigkeit mit U_1, die kleinere mit U_2 bezeichnet wird, $(U_1 - U_2)^2/2g$. Hiermit stimmen Versuche

[1]) A. W. BRIGHTMORE, Min. Proc. Inst. Civ. Eng. Bd. 169, S. 315. 1907.
[2]) G. B. VENTURI, Bull. Soc. philomatique 1797; auch in Gilberts Ann. d. Phys. Bd. 2, S. 421, 432. 1799.
[3]) C. HERSCHEL, Trans. Amer. Soc. Civ. Eng. Bd. 17, S. 233. 1887; Bd. 18, S. 136. 1888.
[4]) H. HOCHSCHILD, Forsch.-Arb. Ing. Heft 114. 1912; ZS. d. Ver. d. Ing. Bd. 57, S. 655. 1913.
[5]) G. CORIOLIS, Ann. d. ponts et chaussées 1836, I, S. 314.
[6]) J. CH. BORDA, Mém. de l'acad. roy. des sciences. Paris 1766.

von BÄNNINGER[1]) ziemlich überein und auch ARCHER[2]), dessen Messungen ihn auf $0{,}997\,\frac{(U_1-U_2)^{1,919}}{2g}$ führten, weicht kaum von dieser Gleichung ab.

Findet ein Ausfluß aus einem Gefäß (Abb. 9) durch einen Scheibenring mit der Öffnung F_1 und einem anschließenden Rohr vom Querschnitt F_2 statt, so beträgt der Druckverlust im Scheibenring

$$\zeta\frac{U_2^2}{2g}=\frac{U_2^2}{2g}\left(\frac{F_2}{\mu F_1}-1\right)^2$$

oder ist

$$\mu=\frac{F_2}{F_1}:\left(\sqrt{\zeta}+1\right),$$

wobei WEISBACH[3]) für $F_2:F_1=10$ bis 1 den Koeffizienten $\mu=0{,}62$ bis 0,60 fand.

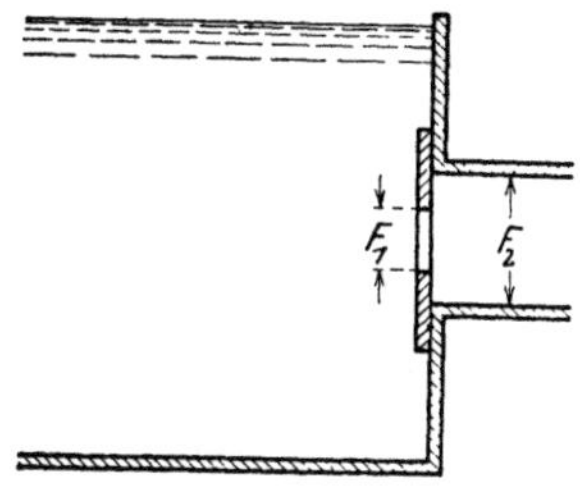

Abb. 9. Ausfluß aus einem Gefäß.

Findet die Erweiterung allmählich statt plötzlich statt, so sollte nach BERNOULLI der Druck um $(U_1^2-U_2^2):2g$ wachsen. Da er um $\zeta\,U_2^2/2g$ kleiner als diese Zahl ausfällt, spricht ANDRES[4]) von einem Wirkungsgrad

$$\eta=\left[\frac{U_1^2-U_2^2}{2g}-\frac{\zeta\,U_2^2}{2g}\right]:\frac{U_1^2-U_2^2}{2g}=1-\frac{\zeta\,U_2^2}{U_1^2-U_2^2},$$

welchen er auf Grund von älteren Versuchen von FRANCIS[5]) nur von dem Winkel, den die einander gegenüberliegenden Erzeugenden einschließen, nicht aber von deren Länge abhängig fand, z. B. für einen Spitzenwinkel von 5° zu 0,78 bis 0,81 ermittelte. ANDRES fand den Wirkungsgrad unabhängig von der Geschwindigkeit, die er in der Kehle von 10 bis 40 m/sec wachsen ließ. Er fand ferner, daß die Rauheit der Oberfläche den Wirkungsgrad herabsetze, und daß viereckige Querschnitte einen kleineren Wirkungsgrad als runde gleicher Größe besitzen. Der Wirkungsgrad wächst nach ihm ferner, wenn man z. B. durch ein Schraubenblech bewirkt, daß das voranfließende Wasser an die Röhrenwandung gelangt. So erhielt er $\eta=0{,}99$, während sonst in einem rauhen Rohr η nur $=0{,}85$ sei.

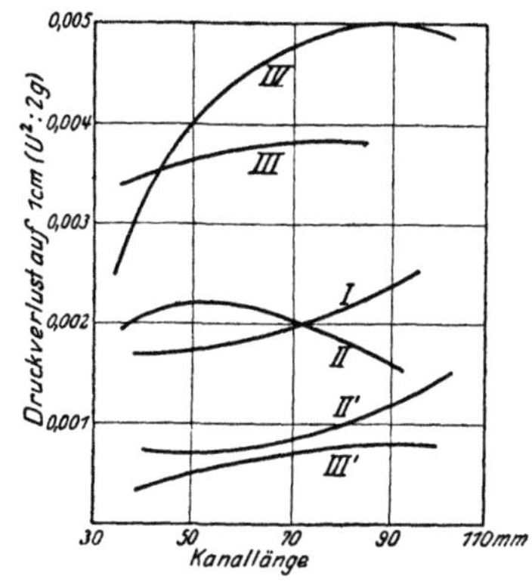

Abb. 10. Druckverlust in sich erweiternden Kanälen.
I, II, III, IV = Erweiterung
II', III' = Verengung

HOCHSCHILD[6]) befaßte sich mit dem Druckverlust, der in sich erweiternden rechteckigen Kanälchen auftritt. Er konnte annehmen, daß der Druckverlust bei Veränderung des Durchflusses der jeweilig an der betreffenden Stelle herrschenden Geschwindigkeitshöhe $U^2/2g$ proportional sei, trug das Verhältnis des Druckverlustes pro cm Länge zur Geschwindigkeitshöhe als Ordinate, die Kanallänge als Abszisse auf und erhielt Abb. 10. Dabei bildeten die einander gegenüber-

[1]) K. BÄNNINGER, ZS. f. d. ges. Turbinenw. Bd. 3, S. 12. 1906.
[2]) W. H. ARCHER, Trans. Amer. Soc. Civ. Eng. Bd. 76, S. 999. 1913.
[3]) J. WEISBACH, Lehrbuch Bd. I, S. 447. 1845.
[4]) K. ANDRES, ZS. d. Ver. d. Ing. Bd. 54, S. 1585, 1637. 1910; Forsch.-Arb. Ing. Heft 76. 1909.
[5]) J. B. FRANCIS, Lowell hydraulic experiments. 4. Aufl., S. 209. Neuyork 1883.
[6]) H. HOCHSCHILD, ZS. d. Ver. d. Ing. Bd. 57, S. 655. 1913; Forsch.-Arb. Ing. Heft 114. 1912.

liegenden Kanalseiten nachstehende Winkel miteinander: $I = 0°$, $II = 2°24'$, $III = 6°29'$, $IV = 12°16'$. In der gleichen Abbildung sind auch als II' und III' die Druckverluste bei entgegengesetzter Durchströmung, also bei Verengerung des Durchflußquerschnittes, eingetragen, welche Druckverluste sich sehr klein, nämlich geringer als bei den parallelen Wänden der Kurve I zeigten.

Ähnliche Versuche wurden von KRÖNER[1]) vorgenommen, allerdings mit Luft. Sie gaben über die Druckverteilung genauen Aufschluß. Bei einem halben Erweiterungswinkel, der zwischen 6 und 12° lag, fand keine Rückströmung statt, wohl aber, wenn die Erweiterung bedeutender war. Die Strömungsbilder (Abb. 11) zeigten durchaus keine Einheitlichkeit, und jede neue Versuchsreihe gab ein anderes Bild und daher auch andere Widerstandszahlen. Die Druckverluste zeigten die Eigentümlichkeit, daß sie manchmal bei höherer Geschwindigkeit einer kleineren Widerstandszahl entsprachen als bei niedriger. Die Übergangskurven fielen in diesem Falle bei Übergang von niedrigerer zu höherer und von höherer zu niedrigerer Geschwindigkeit nicht zusammen, sondern es zeigte das Gesetz ein gewisses Beharrungsvermögen.

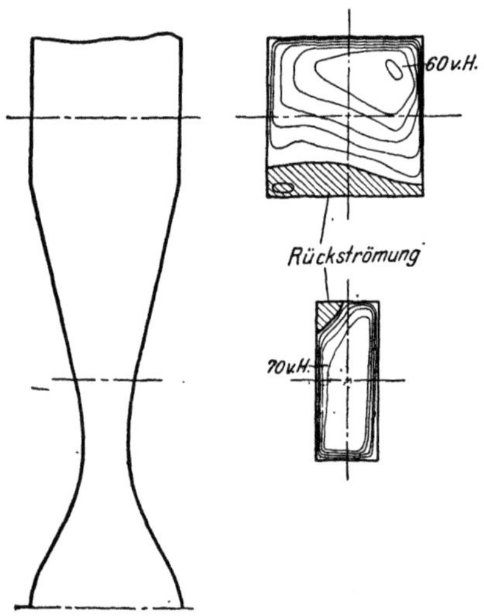

Abb. 11. Luftströmung durch eine Rohrverengung.

Bisher wurde angenommen, daß der ganze Vorgang sich hydraulisch abspielt, das war aber bei den Versuchen von A. FLIEGNER[2]) nicht mehr der Fall. Derselbe ließ Wasser aus einem Messingrohr von 10 mm in ein Glasrohr von 17,5 mm Durchmesser treten. Bei genügender Drucksteigerung entstand ein aus schneeweißen Wirbeln gebildeter Körper, welcher bei weiterer Drucksteigerung plötzlich vorrückte und sich schließlich vom Glase trennte, so daß die Rohrerweiterung dann ihre Wirksamkeit verlor. Der Vorgang war nicht mehr ein rein hydraulischer, da von der Mündung des Messingrohres an der Druck im Glasrohr auf einen Bruchteil des atmosphärischen sank und eine Schicht mit noch geringerem Druck den inneren Strahl umgab. Mit den Beobachtungen FLIEGNERS stehen die von HOCHSCHILD im Einklange. Solange der Druck nirgends den Luftdruck unterschritt, bewirkte nämlich eine Änderung des Anfangsdruckes, eine gleich große Erhöhung oder Erniedrigung sämtlicher Drucke, während, wenn an der engsten Stelle der Druck unter den atmosphärischen sank, die Drucke im erweiterten Teile wesentlich abnahmen.

V. Ausfluß und Überfall.

15. Ausfluß durch Öffnungen. Theoretisch[3]) scheint es auf den ersten Blick, daß die Geschwindigkeit beim Ausfluß des Wassers aus einer Öffnung vom Querschnitt F, die sich in der Tiefe h unter dem Spiegel befindet, nahezu die Größe $\sqrt{2gh}$ und daher die Ausflußmenge in der Zeiteinheit ungefähr die Größe $F\sqrt{2gh}$ haben müßte. Dies ist aber nicht der Fall, nicht nur, weil die

[1]) R. KRÖNER, Forsch.-Arb. Ing. Heft 222. 1920.
[2]) A. FLIEGNER, Civilingenieur (2) 21, Sp. 97. 1875. [3]) Vgl. Kap. 1, Ziff. 13.

Geschwindigkeit infolge der Reibung kleiner als $\sqrt{2gh}$ ist, sondern auch weil der Strahlquerschnitt bei scharfrandiger Öffnung wesentlich geringer als F ausfällt. Wird die Geschwindigkeit $= \varphi\sqrt{2gh}$ und der Strahlquerschnitt $= \psi F$ gesetzt, so zeigt sich der Ausfluß $= \varphi\psi F\sqrt{2gh}$, also der Ausflußkoeffizient als Produkt des Geschwindigkeitskoeffizienten φ und des Kontraktionskoeffizienten ψ. Der Geschwindigkeitskoeffizient wird wesentlich durch die Reibung des Wassers erzeugt, die sehr gering ist und nur während eines kurzen Weges auftritt. Zu der Wirkung der Reibung tritt der durch den Kontraktionskoeffizienten oder die Einschnürungsziffer zum Ausdruck gelangende Umstand hinzu, daß die Wasserfäden konvergiert austreten, wodurch im Strahlinnern ein Gegendruck entsteht, der die Ausflußgeschwindigkeit verringert[1]).

Hiermit im Einklange fand WEISBACH[2]) für wagrechte kreisrunde Öffnungen von 1 cm Durchmesser bei guter Abrundung, also aufgehobener Einschnürung, für $h = 0{,}02$ bis 103 m den Koeffizienten $\varphi = 0{,}959$ bis 0,994. Überraschender ist das Ergebnis von Versuchen von BAZIN[3]), nach welchen bei wagrechter abgerundeter Öffnung im Ansatz: Geschwindigkeit $= \varphi\sqrt{2g(h+z)}$, worin $h + z$ die Tiefe unter dem Spiegel bedeutet, φ in einiger Entfernung von der Öffnung ein Maximum aufwies, das um einige Tausendstel kleiner als 1 war, und bei lotrechter Öffnung φ je nach Druckhöhe h und Form sogar 1,03 oder 1,04 erreichen konnte. Dies erklärt sich dadurch, daß stellenweise im Strahl der Druck unter den äußeren Luftdruck sinkt.

Da bei Erguß in freie Luft die Geschwindigkeit des fallenden Wassers bei dessen Fall ständig zunimmt, bis der Strahl sich infolge der Oberflächenspannung vollständig in Tropfen auflöst, ist eine eigentliche Einschnürungsziffer (Kontraktionskoeffizient) nicht vorhanden. Man kann nur den Querschnitt als den verengten betrachten, der in der Nähe der Ausströmungsöffnung da gelegen ist, wo sich der Strahl nur mehr wenig verjüngt. BAZIN[4]) hat beispielsweise für eine wagrechte, in der Tiefe von 1 m unter dem Spiegel gelegene, kreisrunde Öffnung von 0,1 m Durchmesser gefunden, daß in der Tiefe von 0,58 bis 5,9 m unter dem Gefäßboden der Strahlquerschnitt sich auf 0,60 bis 0,49 des Öffnungsquerschnittes verminderte. Die ältere Technik brachte der Einschnürungsziffer großes Interesse entgegen und so liegen Messungen über seine Größe bei Ausfluß aus lotrechter Wand von B. A. MICHELOTTI, BOSSUT, BUFF, WEISBACH, HACHETTE, HAMILTON SMITH jun., T. G. ELLIS u. a. vor[5]).

Bisher wurde stillschweigend angenommen, daß die Geschwindigkeit in allen Punkten einer Öffnung gleich groß sei. Bei lotrechten Öffnungen, die sich nahe am Spiegel des Ausflußgefäßes befinden, ist diese Annahme aber nicht mehr zulässig. Die Geschwindigkeit muß in diesem Falle in der Nähe des Spiegels merklich kleiner als in tiefer gelegenen Punkten sein. Man hat dann bei kreisrunder Öffnung vom Halbmesser r und einer Tiefe h der Öffnungsmitte unter der Oberfläche in dünner Wand

$$Q = \varphi\psi\left(1 - \frac{1}{32}\frac{r^2}{h^2} - \frac{5}{1024}\frac{r^4}{h^4} + \cdots\right)\pi r^2\sqrt{2gh},$$

[1]) Den Druckverlust bei Mündung eines Rohres in ein anderes untersuchte A. H. GIBSON, Trans. Edinbg. Roy. Soc. Bd. 48, S. 799. 1913.

[2]) J. WEISBACH, Zivilingenieur (2) Bd. 5, S. 87. 1859.

[3]) H. BAZIN, Mém. prés. par div. sav., Paris Bd. 32, Nr. 4, S. 31, 38, 40, 41. 1902.

[4]) H. BAZIN, Mém. prés. par div. sav., Paris Bd. 32, Nr. 4, S. 42, 17. 1902.

[5]) Siehe PH. FORCHHEIMER, Hydraulik, S. 254; auch nach MERRIMAN, Treatise on Hydraulics, 10. Aufl. 1916; BILTON, Proc. Victor. Inst. Eng., Australia. 1908; STRICKLAND, Trans. Canad. Soc. Civ. Eng. Bd. 23, S. 198. 1909.

worin HAMILTON SMITH jun.[1]) nachstehende Werte von $1000\,\varphi\psi$ angibt:

Tiefe des Mittelpunktes unter dem Spiegel cm	Öffnungsdurchmesser				
	0,6	1,5	3	6,1	30,5
12	—	631	618	—	—
21	651	622	611	601	590
30	644	617	608	600	591
61	632	610	604	599	595
122	623	605	602	599	596
244	614	603	600	598	596
610	601	598	596	596	594

Die aus dieser Tabelle hervorgehende Abnahme der Ausflußziffer $\varphi\psi$ mit wachsender Öffnungsgröße ist um so auffallender, als die Oberflächenspannung bei kleiner Öffnung von mehr Belang als bei großer Öffnung ist. Für 16° C beträgt sie etwa 0,0746 g/cm = 73 Dyn/cm und ruft längs der Strahllänge von 1 cm eine Pressung von $0{,}149:d$ (worin d der Öffnungsdurchmesser in cm) hervor, wonach statt der Druckhöhe h eine Druckhöhe $h - 0{,}149:\gamma d$ (in cm) in die Ausflußformel einzusetzen wäre, worin γ das Eigengewicht des Wassers bezeichnet.

HAMILTON SMITH jun. hat auch eine Zahlentafel für quadratische Öffnungen aufgestellt, welche sich auf die Formel $Q = \varphi\psi \cdot \frac{2}{3}\sqrt{2g}\,(h_2 - h_1)\,(h_2^{3/2} - h_1^{3/2})$ bezieht; in ihr bedeuten h_1 und h_2 die Abstände der wagrechten Quadratseiten vom Spiegel und schwankt für ähnliche Mittelpunktstiefen wie oben beim Kreis $1000\,\varphi\psi$ zwischen 656 und 600.

16. Ausfluß durch Ansatzröhren. Älter als die genannten Versuche sind die von PONCELET und LESBROS[2]) begonnenen, von letzterem allein fortgesetzten zahlreichen Messungen, bei welchen der aus der Öffnung austretende Strahl durch Führungsflächen auf der Innen-, also der Zuflußseite, verstärkt wurde, eine Verstärkung, die dadurch eintrat, daß hier die Einzwängung vermieden worden war.

Hier seien auch die Strahlröhren der Feuerwehren erwähnt, mit denen FREEMAN[3]) zahlreiche Versuche vornahm. Er fand den auf den Endquerschnitt bezogenen Ausflußkoeffizienten = 0,971 bis 0,986 und wies die Schädlichkeit innerer Vorsprünge nach.

Auch sei erwähnt, daß WEISBACH[4]) und HAMILTON SMITH jun.[5]) Versuche mit Quecksilber und Öl angestellt haben, nach welchen Quecksilber $\varphi\psi = 0{,}61$ bis 0,59 aufwies, während Schmieröl trotz seiner großen Zähigkeit $\varphi\psi$ = ungefähr 0,77 ergab.

Läßt man den Ausfluß statt in die freie Luft in Wasser erfolgen, so nimmt er etwas ab, und zwar nach WEISBACH[6]) im Verhältnis 1:0,986.

[1]) HAMILTON SMITH JUN., Hydraulics. London u. Neuyork 1886.

[2]) J. V. PONCELET u. V. A. LESBROS, Mém. prés. par div. sav., Paris Bd. 3, S. 469. 1832; Bd. 13, S. 442f. 1852; s. auch A. SCHNEIDER, Versuchsmäßige Bestimmung der Ausflußzahlen von Ponceletöffnungen. Forsch.-Arb. Ing. Heft 213. 1919; A. H. GIBSON, Experiments on the Coefficient of Discharge under Rectangular Sluice Gates. Min. Proc. Inst. Civ. Eng. Bd. 207, S. 427. 1920.

[3]) J. R. FREEMAN, Trans. Amer. Soc. Civ. Eng. Bd. 21, S. 303. 1889.

[4]) J. WEISBACH, Untersuchungen auf dem Gebiete der Mechanik und Hydraulik, S. 80. Leipzig 1843.

[5]) HAMILTON SMITH JUN., Hydraulics, S. 62. 1886.

[6]) J. WEISBACH, Untersuchungen auf dem Gebiete der Mechanik und Hydraulik, S. 80, Leipzig 1843.

Von den übrigen hierhergehörigen Versuchen und Betrachtungen seien die von VENTURI[1]) besonders genannt. Derselbe wies nach, daß in einem Ansatzrohr Unterdruck herrscht und hier der durchflossene Strahlquerschnitt kleiner als an der Ansatzstelle und in der Mündung ist.

Zahlreich sind die Versuche mit kurzen Ansatzröhren. Mehrere Beobachter von MICHELOTTI bis WEISBACH[2]) stellten für Ansatzröhren von der $2^1/_2$- bis 3fachen Länge der Lochdurchmesser den Ausflußkoeffizienten im Mittel zu 0,815 fest, MASONI[3]) für Stützen von 2 cm Weite und 7 bis 12 cm Länge zu 0,83 bis 0,80. Ansatzröhren, deren Seiten konvergierend nach außen ($\delta = 0$ bis $180°$) vorspringen (Abb. 12), geben große, solche, die nach innen gerichtet sind ($\delta = 180$ bis $360°$) kleine Ausflußziffern. Für sie hat ZEUNER[4]) die Formel $\varphi\psi = 0{,}6385 + 0{,}2121 \cos^3 \delta/2 + 0{,}1065 \cos^4 \delta/2$ aufgestellt, wonach für $\delta = 0$ bis $360°$ sich $\varphi\psi = 0{,}957$ bis $0{,}523$ herausstellt.

Abb. 12. Ansatzrohr.

Für Ansatzröhren, die nach Innen (statt wie gewöhnlich nach außen) vorspringen, hat BORDA[5]) die Einschnürung zu 0,5 berechnet; DE MARCHI[6]) hat sie zu etwa 0,513, die Geschwindigkeitsziffer zu etwa 0,98 bestimmt; er hält es für fraglich, ob sich die Einschnürung 0,5 wirklich erreichen läßt.

17. Trichterbildung. Bei langsamem Ausfluß durch eine Bodenöffnung sinken nach Beobachtung von TUMLIRZ[7]) die Wasserteilchen lotrecht nieder, welchen Umstand FORCHHEIMER[8]) durch die Spannung der Oberflächenhaut erklärt. Erfolgt der Ausfluß rascher, so entsteht jedoch eine Trichterfläche, in welcher die Teilchen des Halbmessers r nahezu wagerechte Kreise mit der Geschwindigkeit $u = u_0 r_0 : r$ beschreiben, worin u_0 die Geschwindigkeit und r_0 den Halbmesser des Trichterrandes bedeuten. Daß, wie hieraus bewiesen ist, die Geschwindigkeit dem Halbmesser verkehrt proportional ist, hat bereits LIONARDO DA VINCI erklärt, dann VENTURI[9]) bestätigt. Für die Trichterfläche selbst gilt, wenn z die Tiefe unter der ursprünglichen Spiegelfläche bedeutet, die Gleichung

$$z = \frac{u^2 - u_0^2}{2g} = \frac{u_0^2 r_0^2}{2g}\left(\frac{1}{r^2} - \frac{1}{r_0^2}\right).$$

18. Der Ausflußstrahl. Mit dem Ausflußstrahl hat sich zuerst MARIOTTE[10]) beschäftigt, der, wenn h die Druckhöhe, s die Steighöhe bezeichnet, $h : s = 1 + 0{,}0103\, s$ fand. Später hat FREEMAN[11]) bei einer Mundstücköffnung vom Durchmesser d bei glatter Innenwand des Strahlrohres $s = h - 0{,}000113\, h^2/d$ gefunden, wobei h die Summe aus dem Druck und der geringen Geschwindigkeitshöhe bedeutet. Dabei setzt er voraus, daß für Öffnungsweiten von 2 bis 3,5 cm die Druckhöhe h nicht größer als 30 bis 50 m sei, und daß Windstille herrsche. Bei Wind nehme die Steighöhe und Sprungweite des Strahles sehr ab. Ohne Luftreibung wäre die Wurfweite eines Strahles $v_0^2 \sin 2\alpha/g$, wobei v_0 die Anfangs-

---

[1]) G. B. VENTURI, Gilberts Ann. d. Physik Bd. 2, S. 421, 432. 1799.
[2]) J. WEISBACH, Lehrbuch Bd. I, S. 422. 1845.
[3]) U. MASONI, Idraulica. 2. Aufl., S. 198. Neapel 1900.
[4]) G. ZEUNER, Zivilingenieur (2) Bd. 2, S. 54. 1856.
[5]) J. C. BORDA, Mém. l'Acad. Roy. Sc. 1766, S. 599.
[6]) G. DE MARCHI, Ann. dei Lavori Pubblici 1925, H. 8.
[7]) O. TUMLIRZ, Wiener Ber. Bd. 105 [2a], S. 1024. 1896.
[8]) PH. FORCHHEIMER, Enzyklopädie der mathematischen Wissenschaften Bd. IV, 2, S. 406.
[9]) G. B. VENTURI, Essai sur les ouvrage physico-mathématiques de LÉONARDO DA VINCI. Paris 1797.
[10]) E. MARIOTTE, Traité du mouvement des eaux, 4. Teil, 1. Gespräch. Paris 1686.
[11]) T. R. FREEMAN, Trans. Amer. Soc. Civ. Eng. Bd. 21, S. 373. 1889.

geschwindigkeit bezeichnet. Während hiernach für $\alpha = 45°$ der Strahl am weitesten reichen würde, fand Freeman z. B. für 35 m Druckhöhe den günstigsten Steigewinkel $\alpha = 30°$ bis $34°$.

19. Ausfluß durch Spalte. Während die obenerwähnten Versuche eine dreidimensionale Aufgabe zum Vorwurf haben, hat Kirchhoff[1]) das zweidimensionale Problem des Ausflusses durch einen unendlich langen Spalt rein theoretisch behandelt[2]). Bezeichnet Φ das Geschwindigkeitspotential und Ψ die Stromfunktion, so muß für die Geschwindigkeit nach der x- und y-Richtung

$$u = \frac{\partial \Phi}{\partial x} = \frac{\partial \Psi}{\partial y}, \qquad v = \frac{\partial \Phi}{\partial y} = -\frac{\partial \Psi}{\partial x}$$

gelten, folglich
$$\frac{\partial^2 \Phi}{\partial x^2} + \frac{\partial^2 \Phi}{\partial y^2} = 0, \qquad \frac{\partial^2 \Psi}{\partial x^2} + \frac{\partial^2 \Psi}{\partial y^2} = 0$$

sein. Kirchhoff hat auf Grund dieser Auffassung nachgewiesen, daß aus einem unendlich langen Spalt in unendlich ausgedehnter wagerechter Bodenfläche, wenn es vermieden wird, daß das Wasser sich durch den Fall beschleunigt, der ursprüngliche Wasserquerschnitt sich auf das $\pi/(2+\pi)$fache oder auf das 0,611fache verkleinert. Die ausströmende Menge ist also pro Längeneinheit des Spaltes $= 0{,}611\, a\sqrt{2gh}$, wobei a die Spaltbreite, h die Spalttiefenlage unter dem Spiegel bezeichnet.

Wenn das Gefäß, aus dem der Ausfluß erfolgt, zwar unendlich lang, aber nicht unendlich weit ist, sondern es symmetrisch zur Öffnung von der Breite $2a$ die Breite $2b$ besitzt, setzt v. Mises[3]), der den Strahl nach dessen vollzogener Einschnürung mit zueinander parallelen Grenzflächen verlaufen läßt, $\frac{w_0}{w_1} = \psi \frac{a}{b}$. Hier bedeutet w_0 die Ausströmungsgeschwindigkeit in der Öffnung der Bodenfläche, w_1 die Geschwindigkeit am Ende der Einschnürung, also $w_0 : w_1$ das Geschwindigkeitsverhältnis für Beginn und Ende der Strömung. Dann gilt bei Einführung des Hilfswinkels $\delta = 2 \operatorname{arctang} \frac{w_0}{w_1}$ die Gleichung $\frac{1}{\psi} = 1 + \frac{2}{\pi} \delta \operatorname{cotg} \delta$, womit für jedes δ das zugehörige Verhältnis ψ gegeben ist. Das Ergebnis stimmt auffallend mit den Weisbachschen Versuchen, wohl deshalb, weil einerseits die Reibung bei ihm die Ausflußzahlen verminderte und die Einschnürung auf allen vier Seiten stattfand, und weil andererseits dessen Öffnungen schwerlich vollkommen scharfkantig waren. Es zeigt sich, wenn für $a:b = 0$ die Ausflußzahl $= 1$ gesetzt wird, für

$a:b =$	0,1	0,2	0,3	0,4	0,5
$\varphi_1\psi_1 : \varphi_0\psi_0$ nach Weisbach . . .	1,006	1,026	1,058	1,103	1,160
$\psi_1 : \psi_0$ nach v. Mises	1,004	1,016	1,04	1,07	1,11

Für Trichter (Abb. 13) findet v. Mises nachstehende Zahlenwerte von ψ:

$a:b =$	0	0,2	0,4	0,6	0,8
$\alpha = 45°$	0,746	0,747	0,749	0,758	0,789
$\alpha = 90°$	0,611	0,610	0,632	0,662	0,722
$\alpha = 135°$	0,537	0,555	0,580	0,620	0,698
$\alpha = 180°$	0,500	0,528	0,564	0,612	0,691

[1]) G. Kirchhoff, Crelles Journ. Bd. 70, S. 289. 1869, nachdem H. v. Helmholtz die Ausflußzahl für den Bordaschen Fall in Abhandlgn. d. Berl. Akad. 1868, S. 215 berechnet hatte.

[2]) Vgl. Kap. 1, Ziff. 37 ds. Bd. der Handb.

[3]) R. v. Mises, ZS. d. Ver. d. Ing. Bd. 61, S. 447, 469, 493. 1917.

Bei einem seitlichen Ausfluß (Abb. 14) führt die isogonale Abbildung auf einen von zwei parallelen lotrechten Ebenen eingefaßten Raum, deren eine eine Unterbrechung von $2a$ Höhe besitzt. Wieder ist angenommen, daß der Ausfluß

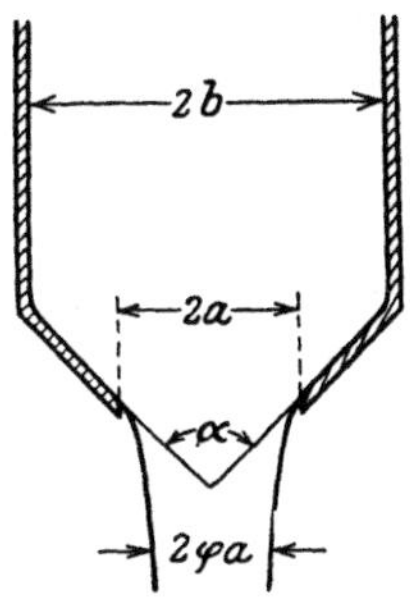

Abb. 13. Ausfluß aus einem Trichter.

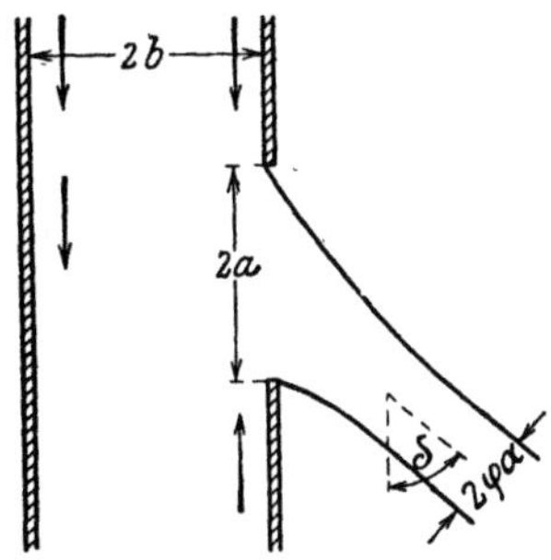

Abb. 14. Seitlicher Ausfluß.

von zwei parallelen Ebenen begrenzt wird, welche den Winkel δ mit der lotrechten einschließen und den Abstand $2\varphi a$ voneinander haben. Es zeigt sich für

$a:b =$	0	1	2	3	4	5
$\psi =$	0,611	0,544	0,420	0,319	0,247	0,200
$\delta =$	90°	74°13′	65°10′	61°25′	60°24′	60°04′

Versuche zur Nachprüfung dieses Ergebnisses sind bisher nicht veröffentlicht worden.

Liegt die Öffnung von der Breite a seitlich hart an der einen Gefäßwand im wagerechten Boden, so schließt der austretende Strahl einen Winkel δ mit der Lotrechten ein und es ist, wenn b den Abstand der beiden lotrechten Gefäßwände voneinander bezeichnet, für

$a:b =$	0	0,2	0,4	0,6	0,8
$\psi =$	0,673	0,680	0,693	0,720	0,782
$\delta =$	21°	20°35′	19°40′	18°	14°20′

Liegt die Öffnung bei sonst gleichem Gefäßbau hart am wagerechten Boden in der einen senkrechten Gefäßwand, so ist, wenn sie die Höhe a besitzt, für

$a:b =$	0	1	2	3	4	5
$\psi =$	0,673	0,582	0,438	0,320	0,250	0,200
$\delta =$	69°	63°50′	57°05′	55°	53°45′	53°20′

Schließlich werden im genannten Aufsatze Zahlen für vereinigte Boden- und Seitenöffnungen, also für abgeschnittene Bodenkanten, gegeben.

20. Ausfluß aus einem nicht vollen Rohr. Den Ausfluß aus einem nicht vollen Rohr (Abb. 15) behandelt NIELSEN[1]). Bezeichnet F die Querschnittsfläche des Rohres, f die des jeweils betrachteten Begrenzungsspiegels des Wassers in der Mündung, φ den Ausdruck $\int_0^z dz/f$, ferner v_0 die Geschwindigkeit, mit der das Wasser an der Stelle anlangt, in welcher die Verengung beginnt (also die

[1]) J. NIELSEN, Wiener Ber. Bd. 128 [2a], S. 1253. 1919.

Geschwindigkeit in der Leitung), z die Erhebung der einzelnen Punkte der Düse über den Anfangsquerschnitt bezeichnet, so gilt für die Geschwindigkeit des Wassers

$$V = \frac{F}{f} e^{-\frac{F}{2}\int\limits_0^z \frac{dz}{f(l+F\varphi)}} \left[v_0^2 + \frac{2g}{F} \int\limits_0^z \frac{(h-z)f}{l+F\varphi} \cdot e^{F\int\limits_0^z \frac{dz}{f(l+F\varphi)}} dz \right]^{\frac{1}{2}} .$$

Hiermit ergibt sich die anfängliche Austrittsgeschwindigkeit, indem man die Integrale von 0 bis zur Austrittsöffnung ($z = z_e$) nimmt. Diese Gleichung gilt sowohl für eine sich erweiternde, wie für eine sich verengende Mündung. Sie führt für $f = F$, also für konstantes f auf $\frac{dv}{dt} = g\frac{h}{l}$ als Beschleunigung.

21. Ausfluß durch Ventile. Zahlreiche Versuche über Strömung durch Ventile, Ventilwiderstand und Ventilbelastung nahm SCHRENK[1]) vor. Er fand

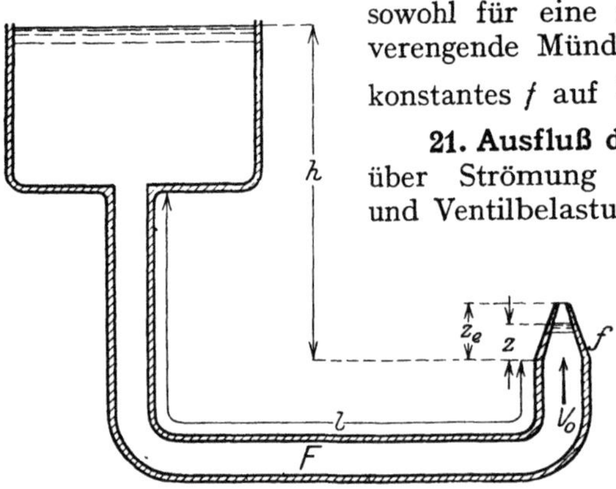

Abb. 15. Ausfluß aus einem nicht vollen Rohr.

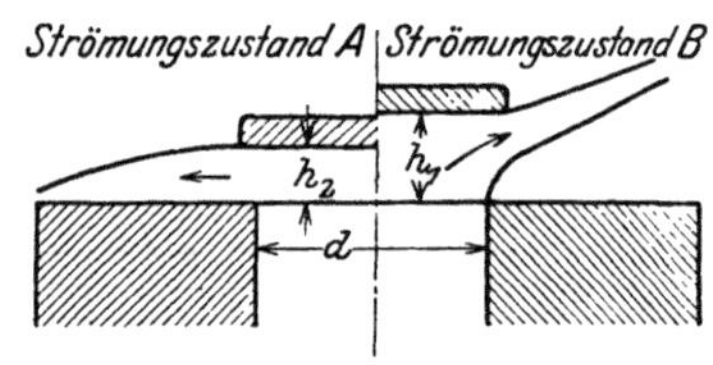

Abb. 16. Ausfluß aus einem Ventil.

beispielsweise, daß, wenn ein Tellerventil ohne Ventilgehäuse geöffnet wird, sich zunächst der Strömungszustand A bildet (Abb. 16), bei dem das Wasser an der Scheibe s infolge Unterdruckes haftet. Bei einem ganz bestimmten Hube h_1 springt der Zustand A plötzlich in B über. Wird umgekehrt das Ventil, vom großen Hube ausgehend, dem Sitze genähert, so erfolgt der Übergang der Strömung B in A bei einem Hube $h_2 < h_1$. Wird mit H die Überdruckhöhe zwischen dem Raum vor und hinter dem Ventil bezeichnet und mit v die wagerechte Geschwindigkeit im Spalt, so fand sich die für die Überwindung der Ventilwiderstände aufzuwendende Druckhöhe im Falle $A = 0{,}043\frac{v^2}{2g}$, im Falle $B = 0{,}138\frac{v^2}{2g}$, während H in beiden Fällen wenig verschieden war, nämlich 0,09 bis 2,05 bzw. 0,08 bis 1,81 m betrug bei einem Ventilhub, der von 0,06 bis zu 0,4 d (worin d die Lichtweite von 50 mm) gesteigert wurde.

Zu einem eigentlichen Gesetze ist SCHRENK nicht gelangt, und dies dürfte der Grund sein, daß ECK[2]) die nämliche Aufgabe mathematisch anfaßte, nämlich die Strömung hydrodynamisch behandelte, wobei er genötigt war, an Stelle der runden Ventile unendlich ausgedehnte Spalte und Deckel vorauszusetzen.

22. Überfall in voller Breite[3]). Der Überfall wurde zuerst vom Markgrafen G. POLENI (1717) behandelt, welcher[4]) ihn als aus einandergereihten Ausflußöffnungen bestehend auffaßte. Diese Auffassung führt jedoch auf zu große Wassermengen. Es muß also eine Ursache vorhanden sein, welche die Ausfluß-

[1]) E. SCHRENK, Forsch.-Arb. Ing., H. 272. 1925.
[2]) B. ECK, Abhandlgn. a. d. aerodyn. Inst. a. d. Techn. Hochsch. Aachen H. 4, S. 1. 1925; gekürzt ZS. f. angew. Math. u. Mech. Bd. 4, S. 464. 1924.
[3]) Über die theoretische Lösung dieser Aufgabe s. Kap. 1, Ziff. 39, ds. Bd.
[4]) G. POLENI, De motu aquae mixto. Patavia (Padua) 1717.

menge verkleinert. Diese liegt tatsächlich vor und besteht, wie BAZIN durch einen Versuch nachgewiesen hat, darin, daß nur der oberste und der unterste Faden der Nappe in die freie Luft springen kann. Dadurch, daß der unterste Faden dabei in einer flacheren Parabel zu springen vorhat als der oberste, entsteht im Innern der Nappe ein Gegendruck, der die Ausflußmenge wesentlich verringert.

Bezeichnet b die Überfallbreite, h die Überfallhöhe und U die Geschwindigkeit im Zulaufgerinne, also die Ankunftsgeschwindigkeit des Wassers, so gilt nach WEISBACH[1]), wenn man die durch die Reibung noch etwas verstärkte Verringerung der Überfallmenge Q durch den einzigen Koeffizienten μ ausdrückt,

$$Q = \frac{2}{3}\mu\sqrt{2g}\,b\left[\left(h + \frac{U^2}{2g}\right)^{\frac{3}{2}} - \left(\frac{U^2}{2g}\right)^{\frac{3}{2}}\right],$$

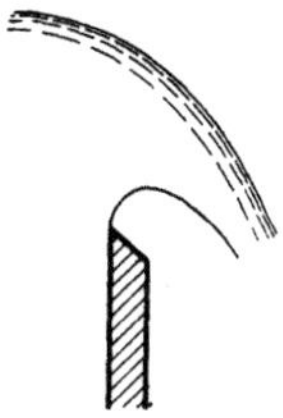

Abb. 17. Wehr mit scharfer Schneide.

in welcher Formel FRANCIS[2]) den Koeffizienten μ für ein Wehr mit scharfer Schneide (Abb. 17), welches Wehr von einer Gerinnwand zur entgegengesetzten reicht, zu 0,622 bestimmte.

Hat ein Wehr eine auf der Oberwasserseite liegende scharfe Schneide, tritt die atmosphärische Luft nicht nur auf die Oberseite, sondern auch auf die Unterseite der Nappe frei zu, und ist der Strahl seitlich nicht eingezwängt, so hat man einen stets genau wiederholten Fall, auf den sich auch die Formeln von WEISBACH und FRANCIS beziehen. Es ist der der freien Nappe (nappe libre) oder gelüfteten Nappe BAZINS. Für ihn fand der Genannte[3]) in metrischem Maß

$$Q = b\left[0{,}405 + \frac{0{,}003}{h}\right]\left[1 + 0{,}55\frac{h^2}{H^2}\right]h\sqrt{2gh},$$

worin H die Tiefe des Zulaufgerinnes bedeutet, also der Faktor $1 + 0{,}55\,h^2/H^2$ den Einfluß der Zulaufgeschwindigkeit ausdrückt. Für den gleichen Fall fand FRESE[4]) auf Grund eigener und fremder Versuche

$$R = b\left[0{,}410 + \frac{0{,}0014}{h}\right]\left[1 + 0{,}55\frac{h^2}{H^2}\right]h\sqrt{2gh}$$

und REHBOCK[5])

$$Q = b\left[0{,}406 + \frac{0{,}002}{3h - 0{,}012}\right]\left[1 + 0{,}55\frac{h^2}{H^2}\right]h\sqrt{2gh},$$

sowie später für eine Wehrhöhe w

$$= \frac{2}{3}b\left[0{,}605 + \frac{1}{1050h - 3} + 0{,}08\frac{h}{w}\right]h\sqrt{2gh}.$$

Eine einfachere Formel hat KING[6]) gegeben, nämlich

$$Q = 1{,}779\,b\,h^{1{,}47}\left[1 + 0{,}56\frac{h^2}{H^2}\right].$$

Ferner hat v. MISES[7]) sein beim Ausfluß besprochenes Verfahren auch beim Überfall angewendet und die beiden Formeln $Q = \psi b h\sqrt{2gh} = \psi_1 b w\sqrt{2gw}$ auf-

[1]) J. WEISBACH, Hülßes Maschinenenzyklopädie, S. 478. Leipzig 1841.

[2]) J. B. FRANCIS, Lowell hydraulic experiments. 4. Aufl. 1883; auch Trans. Amer. Soc. Civ. Eng. Bd. 13, S. 303.

[3]) H. BAZIN, Expériences nouvelles sur l'écoulement par déversoir. Paris 1898; Annales de ponts et chaussées (6) Bd. 16, S. 446. 1888 II.

[4]) F. FRESE, ZS. d. Ver. d. Ing. Bd. 44, S. 1315. 1890.

[5]) TH. REHBOCK, Festschrift zur Feier usw., herausg. v. d. Großherzogl. Techn. Hochschule Fridericiana. Karlsruhe 1900; Verh. d. Ges. d. Naturf. u. Ärzte, 83, 1911; S. 140. 1912.

[6]) H. W. KING u. CH. O. WISLER, Hydraulics, S. 117. Neuyork 1922.

[7]) R. v. MISES, ZS. d. Ver. d. Ing. Bd. 61, S. 496. 1917. Genauer: A. LAUCK, ZS. f. angew. Math. u. Mech. Bd. 5, S. 1. 1925.

gestellt, in denen wie bisher h die Überfallhöhe, w die Wehrhöhe bezeichnet und für die er nachstehende Werte als zutreffend ermittelte:

$h:w=$	0	0,5	1	1,5	2	2,5	3	3,5	4
$\psi=$	0,407	0,427	0,458	0,490	0,517	0,541	0,562	0,585	0,607
$\psi_1=$	0	0,151	0,458	0,900	1,462	2,138	2,925	3,831	4,856

Wenn nicht dafür gesorgt ist, daß die Luft in den Raum unter der Nappe einzutreten vermag, so kann, wie BOILEAU[1]) bemerkt hat, zwischen ihr und dem Wehr eine Luftverdünnung stattfinden (Abb. 18). Die überfallende Wassermenge ist in diesem Falle, dem der gedrückten Nappe, größer als früher, allein der bloße Anblick würde das Gegenteil glauben machen, weil die Sprungweite kleiner ist als vorher. REHBOCK erwähnt auch das Gegenstück dieses Falles, nämlich die gehobene Nappe. Sie entsteht, wenn man den Zufluß der freien Nappe rasch verringert und zugleich das Entweichen der Luft verhindert. Bei einer Überfallhöhe $h \lesseqgtr 0{,}4\,w$ kann die unterfüllte Nappe entstehen, welche bei freiem Fuß mehr Wasser überfallen läßt als die freie von gleicher Überfallhöhe. Das Wasser steigt in diesem Falle erst in einiger Entfernung vom Wehr auf seine endgültige Höhe an. Liegt der Unterwasserspiegel hoch, so findet der Wiederanstieg des Spiegels in der Wehrnähe statt. Ein Teil des überfallenden Wassers wird dann von Wirbeln bedeckt, und seine Menge Q_1 verhält sich zur Menge Q bei freiem Überfall und gleicher Höhe derart, daß bei gleicher Bedeutung von h und w wie bisher

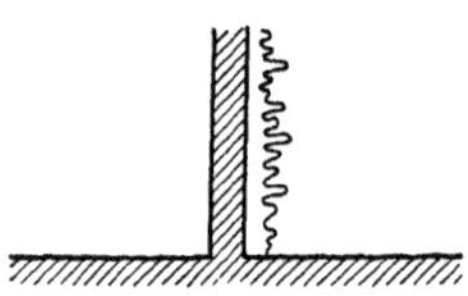

Abb. 18. Grundriß der angeschmiegten Nappe.

$$Q_1 : Q = 1{,}06 + 0{,}16\left(\frac{h_u}{h} - 0{,}05\right)\frac{w}{h} - 0{,}02\left(\frac{h_u}{h} - 0{,}05\right)^2 \frac{w}{h}$$

ist. Hier bedeutet h_u die Tiefe des Unterwasserspiegels unter der Wehrkrone und sind Unterwassersohle und Oberwassersohle in gleicher Höhe gedacht[2]). Ist das das Wehr bildende Brett nicht zu dünn, so kann schließlich das Wasser am Wehr haften bleiben. Ein solcher Überfall liefert bis zu $0{,}3\,Q$ mehr Wasser als der freie gleicher Höhe. Auch kann das Nappenhaupt mit Luft erfüllt sein.

23. Überfall mit Seiteneinzwängung. Wenn das Wehr, also die Wehröffnung, schmäler als der Zulaufgraben ist, so zieht sich die Nappe infolge der seitlichen Wasserzuströmung etwas zusammen. FRANCIS hat dem Rechnung getragen, indem er bei ein- bzw. beidseitiger Zusammenziehung $b - 0{,}1\,h$ bzw. $b - 0{,}2\,h$ an Stelle von b in die Formeln setzt. Richtiger ist es mit FRESE[3]), bei einer Breite B des Zulaufgerinnes und einer Wassertiefe H, in ihm

$$Q = \left[0{,}5755 + \frac{0{,}017}{h + 0{,}18} - \frac{0{,}075}{b + 1{,}2}\right]\left[1 + \left(0{,}25\frac{b^2}{B^2} + 0{,}25 + \frac{0{,}0375}{\frac{h^2}{H^2} + 0{,}02}\right)\frac{h^2}{H^2}\right]\frac{2}{3}\, b\, h\sqrt{2gh}$$

zu schreiben. Ferner fand HÉGLY[4]) hierfür die Formel

$$Q = \left[0{,}405 - 0{,}030\frac{B - b}{B} + \frac{0{,}0027}{h}\right]\left[1 + 0{,}55\frac{b^2 h^2}{B^2 H^2}\right] b\, h\sqrt{2gh}.$$

[1]) P. BOILEAU, Traité de la mesure des eaux courantes. Paris 1854.

[2]) Mit dem unvollkommenen Überfall befaßten sich auch FTELEY u. STEARNS, Trans. Amer. Inst. Civ. Eng. Bd. 12, S. 103. 1883, besprochen von C. HERSCHEL, ebenda Bd. 14, S. 194. 1885.

[3]) F. FRESE, ZS. d. Ver. d. Ing. Bd. 44, S. 1315. 1890.

[4]) V. M. HÉGLY, C. R. Bd. 165, S. 105. 1917.

Auch anders geformte Wehre als die geraden sind bereits untersucht worden, so haben Versuche[1]) an der Universität Michigan für dreieckige, rechtwinklige Wehröffnungen die Formel $Q = 1{,}342\, h^{2{,}47}$ ergeben. CIPOLETTI[2]) wollte Wehre in trapezförmigen Gerinnen herstellen (Abb. 19), welche für alle Wasserstände denselben Koeffizienten erfordern sollten. Er glaubte dies mit einem Wehr erreicht zu haben, dessen beiden Seiten unter der Neigung 1 wagrecht auf 4 lotrecht aufsteigen, und setzte für dasselbe $Q = 1{,}86\, b\, h^{\frac{3}{2}}$. Versuche von CONE haben jedoch gezeigt, daß bei niedriger Ankunftsgeschwindigkeit die Formel für Wassermengen von etwa 20 l/sek und mehr zu hohe Werte von Q liefert.

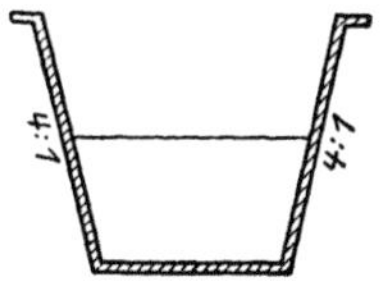

Abb. 19. CIPOLETTIsches Wehr.

24. Wirkliche Wehrformen. Bisher wurden die Abflüsse für Wehre mit scharfer Kante, also für Meßwehre, angegeben. Solche wären zum dauernden Wasseraufstau für Kraftwerke u. dgl. nicht genug fest. Man wendet dann höchst verschiedene Formen an, für welche BAZIN[3]), RAFTER[4]) und HORTON[5]) die Abflußwerte festgestellt haben. Letzterer hat beispielsweise für ein Wehr der Form D (Abb. 20) unter Zugrundelegung der Formel $Q = \text{konst}\; b\left(h + \frac{U^2}{2g}\right)^{\frac{3}{2}}$ für die Konstante nachstehende Werte ermittelt:

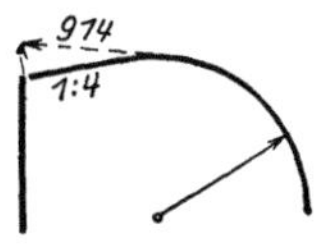

Abb. 20. HORTONS Wehr.

Höhe in engl. Fuß .	0,5	1,0	1,5	2,0	2,5	3,0	3,5	4,0	4,5	5,0
Höhe in Millimeter	152	305	320	610	762	914	1067	1219	1371	1524
Konstante	1,816	1,816	1,833	1,855	1,877	1,899	1,921	1,949	1,999	2,054

25. Unvollkommener Überfall. Unvollkommen heißt der Überfall, wenn der Unterwasserspiegel höher als die Wehrkrone liegt. Bezeichnet h_1 die Höhe des Oberwasserspiegels, h_2 die des Unterwasserspiegels über der Wehrkrone, so kann nach BAZIN[6]) zwischen $h_1 - h_2 = 0{,}16$ bis $0{,}2\, w$ und $h_1 - h_2 = 0{,}3\, w$, worin w die Wehrhöhe bezeichnet, der Abfluß sowohl wellig (nappe ondulée) wie tauchend (nappe noyée en dessous recouverte par le reflux d'aval) erfolgen. Bezeichnet Q_1 den Abfluß bei freier Nappe für eine Überfallhöhe h_1, so gilt nach BAZIN für den tatsächlichen Abfluß die Gleichung

$$Q : Q_1 = 1{,}05\left(1 + \frac{h_2}{5\, w}\right)\sqrt{\frac{h_1 - h_2}{h_1}}\,.$$

Wenn $h_1 - h_2 = 0{,}7\, w$ wird, verwandelt sich beim weiteren Wachsen der Fallhöhe der Strahl in einen solchen mit freiem Fuß.

26. Streichwehre. Bei ihnen stürzt das überschüssige Wasser eines Kanales seitlich in das Unterwasser ab und sind etwa zwei Ausführungsarten zu unterscheiden. Bei der ersten Ausführungsweise wird der Werkgraben stromab derart verkleinert, daß das in ihm verbleibende Wasser durchweg dieselbe Geschwindigkeit besitzt; bei der zweiten Bauweise wird der Werkgraben mit ein und derselben Breite ausgehoben, wodurch sich die Wassergeschwindigkeit in

[1]) H. W. KING u. C. O. WISLER, Hydraulics, S. 123; H. J. F. GOURLEY u. B. S. CRIMP, Min. Proc. Inst. Civ. Eng. Bd. 200, S. 388. 1915.

[2]) C. CIPOLETTI, Canal Villoresi. Mailand 1887.

[3]) H. BAZIN, Annales des ponts et chaussées (6) Bd. 19, S. 9. 1890 I; (7) Bd. 2, S. 445. 1891 II; Bd. 7, S. 249. 1894 I; Bd. 12, S. 645. 1896 II.

[4]) G. W. RAFTER, Trans. Amer. Soc. Civ. Eng. Bd. 44, S. 266. 1900.

[5]) R. E. HORTON, U. S. Geological Survey, Paper Bd. 200, S. 88. 1906. Water supple y.

[6]) H. BAZIN, Expériences nouvelles, S. 99f.; Ann. de ponts et chaussées (7) Bd. 2, S. 445. 1891 II; Bd. 7, S. 249. 1894 I; Bd. 8, S. 217. 1898 II; TH. REHBOCK, Festschrift, S. 28.

ihm stromab vermindert und der Spiegel stromab ansteigen kann[1]). Bezeichnet Q die Wassermenge in der Entfernung x vom Unterende des Streichwehres, Q_0 die im Graben verbleibende Wassermenge, b_0 die daselbst verbliebene Breite, h die als unveränderlich geltende Wassertiefe, n die Rauhigkeit, z die Spiegelhöhe über der wagerecht auszuführenden Streichwehrkrone an der Stelle x, z_0 die Spiegelhöhe am Streichwehrunterende, μ den Überfallkoeffizienten, so gilt bei der erstgenannten Bauweise, d. i. bei gleichbleibender Wassergeschwindigkeit

$$\frac{3}{2\mu\sqrt{2g}}\left(\frac{b_0^2\,h^{3,4}}{n^2\,Q_0^2}\right)^{\frac{1}{2}}(Q-Q_0)=\frac{2}{5}\left[\left(\frac{b_0^2\,h^{3,4}}{n^2\,Q_0^2}\,z_0+x\right)^{\frac{5}{2}}-\left(\frac{b_0^2\,h^{3,4}}{n^2\,Q_0^2}\,z_0\right)^{\frac{5}{2}}\right].$$

Im zweiten Fall lautet statt dessen der entsprechende Ausdruck

$$(Q-Q_0)^{\frac{2}{3}}=\left(\frac{2}{3}\,\mu\sqrt{2g}\right)^{\frac{2}{3}}\frac{z_0+z}{z}\,x^{\frac{2}{3}}.$$

27. Gefäßentleerung. Für die Entleerung eines Gefäßes gilt unter Vernachlässigung der Wandreibung nach Lorenz[2]) die Gleichung

$$g(z_2-z_1)-\mu\int_1^2\frac{w^2}{F^\nu}\,ds=\int_1^2\frac{\partial w}{\partial t}\,ds+\frac{w_2^2-w_1^2}{2},$$

in der z_1 und z_2 die Tiefen an der Oberfläche und in der Ausflußöffnung unter einer angenommenen wagerechten Ebene, w_1 und w_2 die daselbst herrschenden Geschwindigkeiten, t die Zeit und $\mu\frac{w^2}{F^\nu}ds$ den Druckverlust längs ds an der Stelle s bezeichnet. Lorenz macht aufmerksam, daß die Entleerung mit einer Beschleunigungsperiode beginnt, bis die durch die Gleichung

$$2g(z_1-z_2)=\left[\frac{F_1^2}{F_2^2}(1+\zeta)-1\right]w_1^2$$

bestimmte Höchstgeschwindigkeit erreicht ist. Hierin bezeichnet F_1 und F_2 die Querschnittsfläche am Spiegel und in der Öffnung, so daß zwar F_1, nicht aber F_2 wagerecht sein muß, und bezeichnet

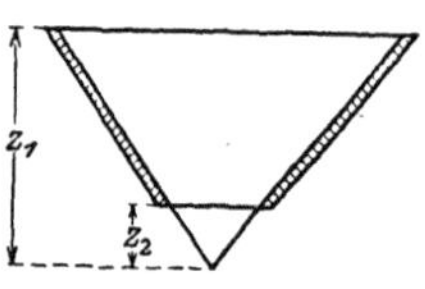

Abb. 21. Entleerung eines Prismas.

$$\zeta=2\mu F_2^2\int_1^2\frac{ds}{F^{\nu+2}}$$

den Widerstandskoeffizienten an der unteren Öffnung F_2. Die weitere Rechnung zeigt, daß, wenn die Öffnung F_2 viel kleiner als der Gefäßquerschnitt F ist, also für alle üblichen praktischen Fälle mit genügender Genauigkeit die Ausflußgeschwindigkeit $w_1=\sqrt{2g(z_2-z_1)-\zeta\frac{w_2^2}{2g}}$ gesetzt werden kann. Wird in dieser Formel der Druckverlust an der Ausflußöffnung, also $\zeta\frac{w_2^2}{2g}$ vernachlässigt, so geht sie in die Formel Torricellis $w=\sqrt{2g(z_2-z_1)}$ über.

Anwendungen lassen sich leicht aus letzterer Formel ziehen, so findet sich für die Entleerung eines Prismas (Abb. 21) bei der Bezeichnungsweise nebenstehender Abbildung unabhängig von der Primengrundfläche die Entleerzeit

$$T=\sqrt{\frac{2}{g}}\left[\frac{\sqrt{(z_1-z_2)^3}}{3z_2}+\sqrt{z_1-z_2}\right].$$

[1]) H. Engels, Forsch.-Arb. Ing. Heft 200/201. 1917; ZS. d. Ver. d. Ing. Bd. 62, S. 362, 387, 452 1918; S. 101. 1920.

[2]) H. Lorenz, Technische Hydromechanik, S. 168. München u. Berlin 1910.

VI. Wasserstoß.

28. Widderstoß. In Leitungen, in denen das Wasser in Bewegung ist, bewirkt eine Verminderung der Bewegung, also z. B. eine Hemmung des Ausflusses, eine Erhöhung des in der Leitung herrschenden Druckes. Bedeutet $K = 20000$ kg/cm $= 2.10^8 \cdot$ kg/m den kubischen Elastizitätsmodul des Wassers, ferner D den Rohrdurchmesser, s die Wandstärke und E den linearen Elastizitätsmodul der Rohrwandung, so hat eine Steigerung des Rohrdruckes um p eine Ausdehnung des Rohres (Vergrößerung seines Durchmessers) um die Strecke

$$\left(\frac{1}{K} + \frac{D}{E\,s}\right) p$$

zur Folge. Hieraus läßt sich ableiten, daß in einem wagerechten Strang bei vernachlässigbarem Druckverlust in der Leitung, die durch eine Hemmung des Durchflusses (Schluß eines Schiebers) bewirkte Drucksteigerung mit der Schnelligkeit

$$\omega = \sqrt{\frac{g}{\gamma}}\sqrt{\frac{1}{\frac{1}{K} + \frac{D}{E\,s}}}$$

den Strang durchläuft. Dann folgt aus der weiteren Betrachtung, daß der Druck, in Wassersäulenhöhe gemessen, um

$$\frac{u\,\omega}{g} = \frac{u}{\sqrt{g}}\sqrt{\frac{1}{\gamma\left(\frac{1}{K} + \frac{D}{E\,s}\right)}}$$

wächst, wo u die Strömungsgeschwindigkeit, γ das Eigengewicht des Wassers bedeutet. Dabei ist allerdings vorausgesetzt, daß die Schließzeit T des Schiebers kleiner als die Zeit sei, welche die Welle gebraucht, um vom Schieber bis zum Behälter und wieder zurück zum Schieber zu laufen, also daß $T < 2l/\omega$ sei, worin l die längs des Rohres gemessene Entfernung zwischen Schieber und Behälter bedeutet[1]).

Bezeichnet x den Abstand von der Mündung, γH den längs des wagerecht vorausgesetzten Rohres auftretenden Druck und U die im Rohr auftretende Geschwindigkeit bei ruhigem Betrieb, γh und u dieselben Größen zur Zeit t bei einer Störung des Beharrungszustandes, so gilt nach Allievi[2])

$$\frac{\partial u}{\partial x} = \frac{g}{\omega^2} \cdot \frac{\partial h}{\partial t}$$

und lautet die Lösung

$$h - H = F\left(t - \frac{x}{\omega}\right) - f\left(t + \frac{x}{\omega}\right), \qquad u - U = -\frac{g}{\omega}\left[F\left(t - \frac{x}{\omega}\right) + f\left(t + \frac{x}{\omega}\right)\right].$$

Hier bezeichnen F und f Funktionen, deren Form mit den Endbedingungen zu ermitteln sind, und wird die Schnelligkeit ω der Druckwelle als konstant vorausgesetzt. Wenn für $x = l$ für alle Werte der Zeit t die Druckhöhe $h = H$ werden soll, so muß $f\left(t + \frac{l}{\omega}\right) = F\left(t - \frac{l}{\omega}\right)$ sein. Dies kann durch entsprechende Wahl der Zeit t_1 geschehen, so daß

$$t_1 + \frac{l}{\omega} = t + \frac{x}{\omega} \quad \text{und} \quad t_1 - \frac{l}{\omega} = t + \frac{x}{\omega} - \frac{2l}{\omega}$$

---

[1]) A. Ritter, ZS. d. Ver. d. Ing. Bd. 34, S. 196. 1890; Bd. 35, S. 1383. 1891; J. P. Frizell, Trans. Amer. Soc. Civ. Eng. Bd. 39, S. 1. 1878; beide für feste Körper.

[2]) L. Allievi, Atti d. Soc. d. ingegneri ed architetti Bd. 37. 1903; ebenso Politecnico Bd. 51, S. 360, 405; 490. 1903, und Rev. de mécan. Bd. 14, S. 10. 1904.

wird. Man hat dann

$$h = H + F\left(t - \frac{x}{\omega}\right) - F\left(t + \frac{x}{\omega} - \frac{2l}{\omega}\right),$$

$$u = U - \frac{g}{\omega}\left[F\left(t - \frac{x}{\omega}\right) + F\left(t + \frac{x}{\omega} - \frac{2l}{\omega}\right)\right]$$

oder nach Entwicklung der Funktion F nach der TAYLORschen Reihe und Vernachlässigung der Glieder vom dritten an

$$h = H + 2\frac{l-x}{\omega}F'(t), \qquad u = U - \frac{2g}{\omega}\left[F(t) - \frac{l}{\omega}F'(t)\right].$$

Angenommen werde, daß $F'(t)$ konstant bleibe, dann muß beim Schieber die Geschwindigkeit $u_0 = \tau\sqrt{2gh_0}$ sein, worin h_0 die ebenda herrschende Druckhöhe und τ den Ausdruck (Schieberöffnung × Ausflußkoeffizient: Rohrquerschnitt) bezeichnet. Es folgt $du_0/dt = \tau'\sqrt{2gh_0}$ und zugleich $du_0/dt = -2gF'(t)$, also $F'(t) = \tau'\omega\sqrt{h_0}/\sqrt{2g}$. Für die Mündung gilt weiter

$$h_0 = H + \frac{2l}{\omega}F'(t) = H + \tau' l\sqrt{\frac{2h_0}{g}} \quad \text{oder} \quad H^2 - 2Hh_0 + h_0^2 = 2\frac{l^2}{g}(\tau')^2 h_0$$

oder

$$\frac{h_0^2}{H^2} - 2\frac{h_0}{H}\left[1 + \frac{l^2}{gH}(\tau')^2\right] + 1 = 0.$$

Hier muß $\tau' = -U/T\sqrt{2gH}$ sein, wenn linearer Schieberschluß vorausgesetzt wird. Daher gilt[1])

$$\frac{h_0^2}{H^2} - 2\frac{h_0}{H}\left[1 + \frac{1}{2}\left(\frac{lU}{gTH}\right)^2\right] + 1 = 0$$

oder, wenn man $\frac{lU}{gTH} = \sqrt{N}$ setzt, $h_0 - H = \frac{NH}{2} \pm H\sqrt{\frac{N^2}{4} + N}$, wobei das +-Zeichen für das Schließen, das −Zeichen für das Öffnen gilt[2]). Diese Formel, die im allgemeinen gut mit der Wirklichkeit stimmt, wird in der Nähe der Zeit $2l/\omega$ ungenau, so daß es zweifelhaft erscheint, ob τ und $F(t)$ gleichzeitig lineare Funktionen der Zeit sein können. Leichter zu berechnen als nach ALLIEVI ist der Wasserstoß nach einer Formel von WARREN[2]), nach der er

$$h = \frac{lU}{g\left(T - \frac{l}{\omega}\right)}$$

beträgt, worin T die Zeit ist, die man zum Schließen des Schiebers verwendet, und die größer als $2l/\omega$ sein muß. Für sehr langsames Schließen oder sehr große Geschwindigkeit wird diese Formel unbrauchbar[3]).

Graf SPARRE[4]) befaßte sich mit dem Stoß in einer Leitung, deren Wandstärke und Durchmesser wechselt. Sind drei Durchmesser vorhanden, so setzt er, wenn ω_1, ω_2, ω_3 die drei Schnelligkeiten, und d_1, d_2, d_3 die drei Durchmesser sind,

$$\alpha = \frac{\omega_2 d_1^2}{\omega_1 d_2^2}, \qquad \beta = \frac{\omega_3 d_2^2}{\omega_2 d_3^2}$$

---

[1]) M. M. WARREN, Proc. Amer. Soc. Civ. Eng. Bd. 40, S. 2521f. 1914. Elimination der Funktionen F und direkte Beziehung zweier aufeinanderfolgender Drucke: E. BRAUN, Die Turbine Bd. 6, S. 81. 1909.

[2]) M. M. WARREN, Proc. Amer. Soc. Civ. Eng. Bd. 40, S. 2533. 1914.

[3]) Über einige ältere unrichtige Formeln s. Enzyklopädie d. math. Wissensch. Bd. IV, H. 2 (3), S. 437. Über unrichtige Formeln s. auch WARREN, Proc. Amer. Soc. Civ. Eng. Bd. 40, S. 2546. 1914.

[4]) Graf SPARRE, C. R. Bd. 156, S. 152. 1913; Bd. 165, S. 533. 1917.

und er erhält für den Schluß der $n$ten Periode der hin- und hergehenden Stoßwelle, wenn U die Geschwindigkeit bei ruhigem Betrieb bedeutet, als Stoßdruckhöhe

$$h = (-1)^{n-1}\frac{\omega U}{g}\left[\frac{\beta}{\alpha+\beta+\alpha\beta} + \frac{\alpha(1+\beta)\sqrt{(1+\alpha)(1+\beta)}}{\alpha+\beta+\alpha\beta}\cos(2n-1)\frac{\beta}{2}\right].$$

Wenn aber die Leitungsdurchmesser d_1, d_2 und d_3 einander gleich sind, findet er den größten Stoß

am Unterende des Rohres 1 $\qquad h_{01} = \frac{\omega U}{g}\cdot\frac{8 + 5\frac{\omega_2}{\omega_1} + 2\frac{\omega_3}{\omega_2}}{9}$,

an der Verbindungsstelle der Rohre 1 und 2 $\qquad h_{12} = \frac{\omega U}{g}\,\frac{1 + 4\frac{\omega_2}{\omega_1} + \frac{\omega_3}{\omega_2}}{3\sqrt{3}}$,

an der Verbindungsstelle der Rohre 2 und 3 $\qquad h_{23} = \frac{\omega U}{g}\,\frac{\frac{\omega_2}{\omega_1} + \frac{\omega_3}{\omega_2}}{2}$.

Bei Verminderung der Wandstärke des oberen Teiles einer Rohrleitung kann demnach bei plötzlichem Schluß der Widderstoß auf etwa das $1^1/_2$fache von $\omega U/g$ steigen. Bei einheitlicher Wandstärke oder $\omega_1 = \omega_2 = \omega_3 = \omega$ trifft dies allerdings nicht mehr zu, sondern sollte $h_{01} = h_{12} = h_{23} = \omega U/g$ werden[1]).

Durch geschlossene Windkessel kann man nach ALLIEVI[2]) nur Stöße ermäßigen, bei denen die Schließdauer T weniger als $2l:\omega$ beträgt. Der Inhalt des Windkessels müsse mindestens $\frac{3}{8}r^2\pi\,(1 + 10H^{-1})\,U_0T$ sein, worin r den Rohrhalbmesser, H die Druckhöhe, U_0 die Anfangsgeschwindigkeit in der Leitung bedeutet.

29. Das Wasserschloßproblem. Bei der vorstehenden Betrachtung ist der durch die Rohrreibung veranlaßte Druckhöhenverlust als vernachlässigbar betrachtet und nicht berücksichtigt worden. Das ist bei nachstehender Betrachtung nicht der Fall. Sie geht davon aus, daß ein Weiher, dessen Oberfläche so groß ist, daß sein Spiegel sich bei Entnahmen nur unwesentlich senkt, durch einen Stollen von lotrechtem Querschnitt f mit einem zylindrischen Wasserschloß vom wagerechten Querschnitt F verbunden ist (Abb. 22). Dessen Spiegel liegt bei ruhigem Wasser in gleicher Höhe mit dem Weiherspiegel, bei bewegtem jedoch um z niedriger oder höher als dieser. Bedeutet U die Strömungsgeschwindigkeit im Stollen, R den Profilradius seines Querschnittes, t die Zeit, so ist bei einer Stollenlänge l unter Vernachlässigung der unwesentlichen Spiegeländerung im Wasserschloß

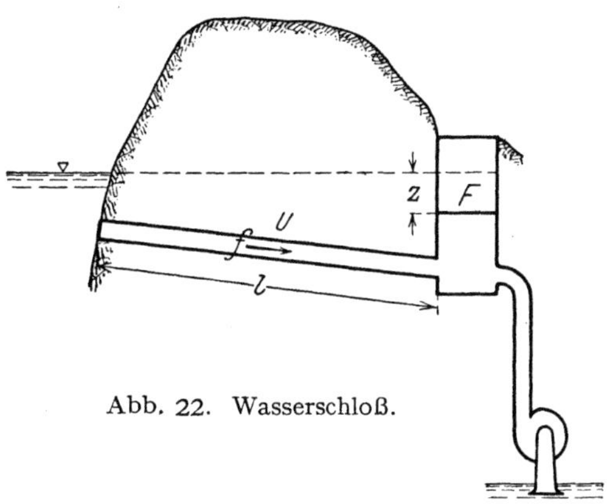

Abb. 22. Wasserschloß.

$$z - \frac{l}{\lambda^2 R^{1,4}}U^2 - \frac{l}{g}\frac{dU}{dt} = 0 \qquad \text{oder} \qquad z - \frac{lF^2}{\lambda^2 R^{1,4} f^2}\left(\frac{dz}{dt}\right)^2 + \frac{lF}{gf}\frac{d^2z}{dt^2} = 0$$

---

[1]) Graf SPARRE hat außerdem in C. R. veröffentlicht: Über den Stoß in Leitungen Bd. 160, S. 983. 1915; Stoß in 2 Leitungen Bd. 163, S. 559. 1916; Stoß in Turbinenleitungen Bd. 172, S. 425. 1921; Druckverminderung bei Rohrbruch Bd. 175, S. 333. 1922; Stoß in Pumpenleitungen Bd. 176, S. 935. 1923; ferner Aufsätze über Turbinen. Hier ist auch zu nennen: C. CAMICHEL, D. EYDOUX u. M. GARIEL, Über Störungen, welche Manometer im Leitungsdruck bewirken können. C. R. Bd. 165, S. 548. 1917.

[2]) Schluß seines genannten Aufsatzes.

oder

$$\frac{d^2 z}{d t^2} - \frac{g F}{\lambda^2 R^{1,4} f} \left(\frac{d z}{d t}\right)^2 + \frac{g f}{l F} z = 0$$

oder, wenn

$$\frac{2 g F}{\lambda^2 R^{1,4} f} = m \qquad \text{und} \qquad \frac{g f}{l F} = n$$

gesetzt wird,

$$\frac{d^2 z}{d t^2} - \frac{m}{2} \left(\frac{d z}{d t}\right)^2 + n z = 0 .$$

Die allgemeine Lösung dieser Differentialgleichung lautet dann

$$\frac{d z}{d t} = \pm \sqrt{\frac{2 n}{m^2} (m z + 1) - C e^{m z}}$$

und, wenn unter h der Höhenunterschied z bei ruhigem Betrieb verstanden wird, wie sich zeigen läßt,

$$\frac{d z}{d t} = \pm \sqrt{\frac{2 n}{m^2} \left[m z + 1 - e^{m (z - h)}\right]} .$$

Stellt man sich vor, daß zunächst der gewöhnliche Betrieb im Gange ist, bei dem sich der Wasserschloßspiegel in der Tiefe z_I unter dem Weiherspiegel befindet, daß dann plötzlich der Betrieb eingestellt und der Abfluß ins Werk gehemmt werde, so kennt man m, n und z_I und kann z_{II} berechnen, das ist die Höhe, bis zu welcher der Wasserschloßspiegel ansteigen wird. Die Lösung[1]) obiger Differentialgleichung gibt nämlich

$$m z_I + 1 - e^{m (z_I - h)} = m z_{II} + 1 - e^{m (z_{II} - h)}$$

oder

$$(m z_I + 1) - \ln (m z_I + 1) = (m z_{II} + 1) - \ln (m z_{II} + 1) = m h + 1 .$$

Die hier gegebene Gleichung ist die einfachste, geht man aber auf die Widerstände näher ein, die sich der Arbeit des Wassers entgegenstellen, so kommt man auf verwickeltere Beziehungen, wie dies Vogt[2]) ausführt. Er bezeichnet den Reibungsverlust im Stollen, etwa unter Hinzufügung der Geschwindigkeitshöhe, mit h_0, den Gesamtfall vom Weiherspiegel zum Unterwasserspiegel mit H_0 und setzt $H_n = H_0 \left(1 - \frac{h_0}{H_0}\right)$. Dann gilt, wenn μ den Wirkungsgrad der Turbinen bedeutet, für sehr kleine Schwingungen $\xi_1 = 1 + \frac{H_n}{\mu} \frac{d\mu}{dH}$, und die Stabilitätsbedingung lautet, daß

$$\varepsilon < 2 \frac{1 - \frac{h_0}{H_0}}{\xi_1 \frac{h_0}{H_0}}$$

sein muß, worin $\varepsilon = l f U_0^2 / g F h_0^2$ gesetzt ist. Hier versteht Vogt unter f den Stollenquerschnitt, unter F den wagerechten Querschnitt des Wasserschlosses, unter U_0 die mittlere Wassergeschwindigkeit im Stollen bei Vollast, unter l die mit $f \int u^2 df : \left[\int f u \, df\right]^2$ multiplizierte Stollenlänge, wobei u die Wassergeschwindigkeit in den einzelnen Punkten des Stollenquerschnittes bedeutet. Er setzt ferner

$$x_{\max} = \sqrt{\varepsilon + \left(\frac{1 + \varepsilon}{2 + 3\varepsilon}\right)^2} - \frac{1 + 2\varepsilon}{2 + 3\varepsilon}$$

und versteht unter $x_{\max}$ den gesuchten größten Wert von h/h_0, worin h die Tiefenlage des Spiegels im Wasserschloß unter dem Spiegel in der Fassung bezeichnet.

1) F. Prášil, Schweiz. Bau-Ztg. Bd. 52, S. 334. 1908; K. Pressel, ebenda Bd. 53, S. 57. 1909; F. Prášil, Schaulinien veränderlicher Strömung, Wasserkraft Bd. 17, S. 437. 1922.

2) Fr. Vogt, Berechnung und Konstruktion des Wasserschlosses, S. 76, 79, 90. Stuttgart 1923.

Das ist aber nur der einfachste Fall, und VOGT gibt außerdem Formeln für wechselnde Wasserschloßbreiten, Vorhandensein eines Überfalles usw. Neben diesen und anderen rein rechnenden Methoden[1]) gibt es noch einfachere graphische, wie solche BRAUN[2]), SCHOKLITSCH[3]) und MÜHLHOFER[4]) aufgestellt haben.

Wenn die Leitung zu einem Kraftwerk abgesperrt war und sie plötzlich geöffnet wird, strömt ihr nicht nur durch den Stollen, sondern auch aus dem Wasserschloß Wasser zu. Dabei hat das Wasserschloß zu verhindern, daß im Stollen eine Spiegelsenkung eintritt und Luft in ihn gelangt. Wieder gilt in diesem Falle die Arbeitsgleichung

$$z - \frac{l^2}{\lambda^2 R^{1,4}} U^2 - \frac{l}{g}\frac{dU}{dt} = 0,$$

die jetzt auf die Differentialgleichung

$$z - \frac{l}{\lambda^2 R^{1,4}}\left[U_0^2 - 2\frac{F}{f}U_0\frac{dz}{dt} + \frac{F^2}{f^2}\left(\frac{dz}{dt}\right)^2\right] + \frac{lF}{gf}\frac{d^2z}{dt^2} = 0$$

führt, in welcher $f\,U_0$ die Wassermenge bedeutet, die nach Ingangsetzung der Leitung ständig vom Kraftwerk bezogen wird. Für den tiefsten Punkt der z-Kurven, also für $z_{\max}$, muß $dz/dt = 0$ sein, so daß sich

$$z_{\max} = \frac{l\,U_0^2}{\lambda^2 R^{1,4}} + \frac{lF}{gf}\left(\frac{d^2z}{dt^2}\right)$$

findet. Für diesen Fall hat FORCHHEIMER[5]) die Näherungsgleichung

$$z_{\max} = 0{,}178\frac{l\,U_0^2}{\lambda^2 R^{1,4}} + \sqrt{\left(0{,}178\frac{l\,U_0^2}{\lambda^2 R^{1,4}}\right)^2 + \frac{lf}{gF}U_0^2}$$

aufgestellt, während VOGT[6]), wenn der Wasserverbrauch vom Wasserstand unabhängig ist,

$$x_m = 1 + \left[\sqrt{\varepsilon - 0{,}275\sqrt{n}} + \frac{0{,}05}{\varepsilon} - 0{,}9\right](1-n)\left(1 - \frac{n}{\varepsilon^{0,62}}\right)$$

findet, worin x_m den Maximalwert des Verhältnisses $h:h_0$ des positiv nach unten gerechneten Wasserstandes im Wasserschlosse h zum Reibungsverlust h_0 im Stollen bei Vollast bedeutet, ferner $\varepsilon = l\,f\,U_0^2/gFh_0^2$ gesetzt ist und n den Belastungsgrad, nach dem Wasserverbrauch gerechnet, bezeichnet. Falls bei verhältnismäßig geringen Fallhöhen die Wirkung des Wasserstandes auf den Wasserverbrauch zu berücksichtigen ist, ist zunächst w aus der Formel $(1 - \beta w^2)w = n(1-\beta)$ zu berechnen, worin $\beta = h_0 : H_0 =$ (Reibungsverlust im Stollen): (Höhenunterschied zwischen Wasserschloßspiegel und Unterwasserspiegel), dann

$$\varepsilon_1 = \varepsilon\left[\left(\frac{1-\beta x_m}{1-\beta}\right)^2 - 0{,}45\,\beta\sqrt{\varepsilon}\,\frac{x_m - w^2}{x_m}\right]$$

in der für x_m angegebenen Formel statt ε einzusetzen.

---

1) L. MÜHLHOFER, ZS. d. österr. Ing.- u. Archit.-Ver. Bd. 76, S. 393, 407. 1924.

2) E. BRAUN, Über Wasserschloßprobleme. ZS. f. d. ges. Turbinenw. Bd. 17, S. 145, 147. 1920; R. TILLMANN in PH. FORCHHEIMER, Grundriß d. Hydraulik, 2. Aufl., S. 113. 1926.

3) A. SCHOKLITSCH, Spiegelbewegung in Wasserschlössern. Schweiz. Bau-Ztg. Bd. 81, S. 129, 146. 1923; A. SCHOKLITSCH, Graphische Hydraulik, S. 52. Leipzig u. Berlin 1923; A. SCHOKLITSCH, Wasserkraft-Jahrbuch, München 1925/26. S. 214.

4) L. MÜHLHOFER, Zeichnerische Bestimmung der Spiegelbewegung in Wasserschlössern. Berlin 1924.

5) PH. FORCHHEIMER, Hydraulik, S. 357; ZS. d. Ver. d. Ing. Bd. 56, S. 1292. 1912; Bd. 57, S. 545. 1913.

6) F. VOGT, Berechnung und Konstruktion usw., S. 48, 56.

Eine eigentümliche Störung des Betriebes von Turbinen kann dadurch entstehen, daß die Regler der Turbinengeschwindigkeit nur verspätet wirken können, da erst die zu große oder zu kleine Geschwindigkeit der Turbine sie in Tätigkeit setzt. THOMA[1]) drückt den Druckverlust in einem Stollen, den er als kreisrund voraussetzt, in der von WEISBACH beliebten Form durch $\zeta \frac{l}{D} \frac{U^2}{2g}$ aus, worin l die Stollenlänge, D den Stollendurchmesser, U die Wassergeschwindigkeit bedeutet. Wird dann weiter mit Q die mittlere oder die für den Betrieb vorgeschriebene Aufschlagmenge, mit H die Höhe des Wasserschloßspiegels über dem Unterwasserspiegel, mit $\bar{H}$ der Mittelwert von H, mit $\bar{z}$ der mittlere Druckhöhenverlust im Stollen, mit f der lichte Stollenquerschnitt, mit F der wagerechte Wasserschloßquerschnitt bezeichnet, so entstehen, wie THOMA beweist, für

$$F < \frac{Df}{\zeta \bar{H}} \left\{ \left[1 + \frac{2g\,Df^2}{\zeta\, l\, Q^2}(H - 2\bar{z})\right] - \sqrt{\left[1 + \frac{2g\,Df^2}{\zeta\, l\, Q^2}(H - 2\bar{z})\right]^2 - 1} \right\}$$

stets größer werdende oder angefachte Schwingungen, und wird für

$$F > \frac{Df}{\zeta \bar{H}} \left\{ \left[1 + \frac{2g\,Df^2}{\zeta\, l\, Q^2}(H - 2\bar{z})\right] + \sqrt{\left[1 + \frac{2g\,Df^2}{\zeta\, l\, Q^2}(H - 2\bar{z})\right]^2 - 1} \right\}$$

nach kleiner Störung der neue Beharrungszustand ohne Schwingung erreicht[2]).

30. Wasserstoß. Infolge der Turbulenz, die in strömendem Wasser herrscht, ist es nicht gleichgültig, ob das Wasser in Bewegung und der in ihm tauchende oder gänzlich untergetauchte Körper in Ruhe ist, oder ob das Wasser sich in Ruhe und der Körper in Bewegung befindet. Wieder hiervon verschieden ist der Druck eines Strahles gegen eine feste Fläche.

DANIEL BERNOULLI[3]) war es, der zuerst den letztgenannten Fall richtig behandelt hat. Er fand, daß bei dem geraden, wagerechten Stoß, bei welchem der Strahl senkrecht zu der von ihm getroffenen, lotrechten Platte gerichtet ist, der Druck, dem die Platte ausgesetzt ist, die Größe

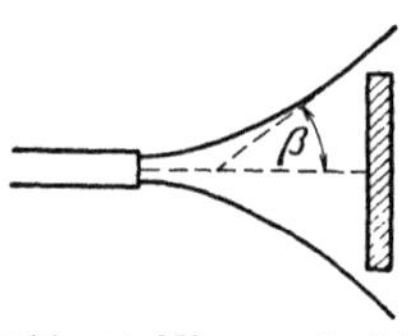

Abb. 23. Wasserstrahl senkrecht gegen eine Platte.

$$P = \frac{\gamma}{g} Q U = 2\gamma F \frac{U^2}{2g}$$

hat. Hier bedeutet P den senkrecht zur Platte gerichteten Druck, Q die Ausflußmenge in der Zeiteinheit, U die Strömungsgeschwindigkeit im nicht abgelenkten Strahl, F den Strahlquerschnitt. Es ist also der gerade Wasserstoß gleich dem Gewichte einer Wassersäule, die den Strahlquerschnitt zur Grundfläche und die doppelte Geschwindigkeitshöhe zur Höhe hat.

Bei einer kleinen runden Platte, deren Mittelpunkt in der Strahlachse liegt, kann es vorkommen, daß die Wasserteilchen unter einem Winkel von der Platte abfließen. Beträgt der Winkel zwischen der Plattenachse und der Abflußrichtung β (Abb. 23), so gilt nach BERNOULLI

$$P = \frac{\gamma}{g} Q U (1 - \cos\beta),$$

---

[1]) D. THOMA, Beiträge zur Theorie des Wasserschlosses. Dissert. München 1910. Über Schwingungen in Turbinenleitungen s. H. LORENZ, Lehrbuch der technischen Physik, 3. Technische Hydromechanik, S. 194. München u. Berlin 1910.

[2]) Übersicht über den Höchstschwall: F. SITTE, Wasserwirtschaft 1925.

[3]) D. BERNOULLI, Commentarii academiae scientiarum imperialis Petropolitanae, Bd. 8, S. 109, 112, 124. Petersburg 1736.

worin U wieder die Geschwindigkeit im nicht abgelenkten Strahl bezeichnet. Der Strahldruck ist ebenso groß, wenn die Platte nicht eben, sondern gekrümmt ist, und dabei ist es möglich, den Strahl selbst zur Umkehr zu veranlassen. Wird der Winkel zwischen den Strahlteilen und der ursprünglichen Strahlachse mit β_1 bezeichnet, so gilt in diesem Falle

$$P = \frac{\gamma}{g} Q U (1 + \cos\beta_1),$$

wonach, wie schon EULER bemerkt hat, das Maximum von P bei völliger Strahlumkehr eintritt. Dieses Maximum erreicht dann die Größe

$$P = \frac{2\gamma}{g} Q U.$$

WEISBACH[1]) befaßte sich mit einschlägigen Versuchen, aus denen hervorging, daß die Abflußgeschwindigkeit des Wassers infolge der Reibung beträchtlich geringer als dessen ursprüngliche Geschwindigkeit war.

Läßt man den Strahl eine mit Leisten versehene Platte treffen, so kann man seine vollständige Umkehr bewirken. Dies hat MOROSI[2]) getan und so bei ein- bzw. zweimaliger Umkehr Drucke erhalten, die sich zum Druck des einfachen Strahles wie 1:1,8:3,2 verhalten. Trifft der Strahl die Platte unter einem Winkel $\alpha < 90°$, so ist der Normaldruck auf sie (Abb. 24)

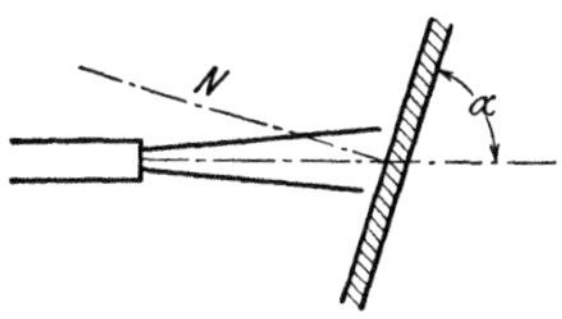

Abb. 24. Wasserstrahl schräg gegen eine Platte.

$$N = \frac{\gamma}{g} Q U \sin\alpha.$$

Dann umgibt den Treffpunkt zwischen Strahlachse und Platte eine Wasserschicht, deren Dicke in der Entfernung ϱ vom Treffpunkte WITTENBAUER[3]) zu

$$\delta = \frac{Q}{2\pi\varrho U} \frac{\sin^2\alpha}{1 + \cos^2\alpha - 2\cos\alpha\cos\varphi}$$

berechnet. Hierin bezeichnet φ den Winkel, den die Bewegung eines längs der Plattenebene gleitenden Wasserteilchens mit der Projektion der Strahlachse auf die Plattenebene einschließt. WITTENBAUER berechnet dann weiter[4]), wie groß der Wasserstoß ist, falls man durch einen Leisten den Abfluß auf einem Teil der Platte verhindert, und kommt zu dem Ergebnis, daß dann

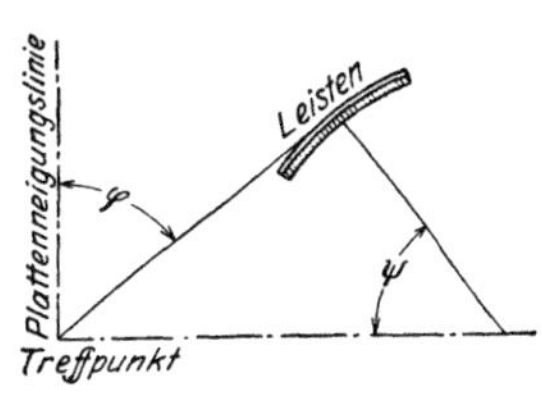

Abb. 25. Platte mit Leisten.

$$P = \frac{\gamma}{g} Q U \sin^2\alpha \left[1 - \frac{\cos\alpha}{2\pi} \int_{\varphi_1}^{\varphi_2} \frac{\sin(\varphi - \psi)\sin\psi}{1 + \cos^2\alpha - 2\cos\alpha\cos\psi}\right] d\varphi$$

sein müsse. Hier bedeutet (Abb. 25) φ den Winkel zwischen der Neigungslinie der Platte und dem längs der Platte gleitenden Strahl, ψ die Neigung der Leistennormalen gegen die auf der Platte senkrecht zur Plattenneigungslinie gezogene Gerade.

[1]) F. GRASHOF, ZS. d. Ver. d. Ing. Bd. 7, S. 242. 1863.
[2]) G. MOROSI, Memorie dell' I. R. Istituto Bd. 1, S. 309. Mailand 1812, 1813.
[3]) F. WITTENBAUER, ZS. f. Math. u. Phys. Bd. 46, S. 189. 1901.
[4]) F. WITTENBAUER, ZS. f. Math. u. Phys. Bd. 46, S. 197f. 1901.

31. Widerstand eingetauchter Körper[1]**.** Für den Widerstand P, den eine reibungslos gedachte Flüssigkeit vom Eigengewichte γ einem Körper entgegensetzt, der sich mit der Geschwindigkeit V bewegt, hat bereits NEWTON[2]) den Ausdruck

$$P = \zeta \gamma F \frac{V^2}{2g}$$

aufgestellt, in welchem ζ für ähnliche Vorgänge, nämlich für gleiche Werte von $V^2 : \sqrt{F}$, ebenfalls den gleichen Wert behält. Das Zutreffende dieser Formel haben viel später ENGELS und GEBERS[3]) nachgewiesen, welche lotrechte Platten teils vollständig unter Wasser tauchten, teils über den Spiegel hervorragen ließen und sie so fortbewegten. Sie fanden so z. B. für untertauchende Quadrate von 0,1 m Seitenlänge, deren Oberkante sich 0,1 m unter dem Wasserspiegel befand, für $V = 0{,}5$ bis $3{,}5$ m/sec den Koeffizienten $\zeta = 1{,}26$ bis $1{,}10$ und bei gleicher Länge des untergetauchten Quadrates, wenn die Platte überdies aus dem Wasser emporragte, $\zeta = 1{,}26$ bis $1{,}41$. Übrigens nahm ζ ab, wenn die Tauchtiefe der untergetauchten Quadrate wuchs. Ähnliche Versuche mit ähnlichem Ergebnis nahm MATTHIAS[4]) vor.

Das Gesetz für den Widerstand gegen die Fortbewegung einer Platte im Wasser scheint mit dem gegen deren Fortbewegung in Luft ziemlich übereinzustimmen. So tritt der stärkste Druck nicht bei Bewegung der Platte senkrecht zu ihrer Richtung, sondern bei schräger Bewegung auf. Hieraus erklärt sich wohl, daß der Reibungswiderstand, wie SCHOBER[5]) gemessen hat, über der Mitte einer ebenen Sohle geringer als zu beiden Seiten derselben ist.

Wenn die Platte sich in Ruhe befindet und gegen sie eine Strömung stattfindet, so ist die zwischen der Platte und dem Wasser wirkende Kraft größer als im Falle, daß das Wasser in Ruhe ist und die Platte sich bewegt. Das kommt daher, daß dann immer neues Wasser durch die Turbulenz der Strömung gegen die Platte geführt wird, während bei Bewegung der Platte in ruhigem Wasser dieselbe nur günstig vorbewegte Wasserteile vorfindet. Die betreffenden Zahlenangaben stimmen aber nicht überein, so fanden die Grafen DU BUAT-NANÇAY[6]) und PAMBOUR[7]) den Widerstand, nämlich die Summe aus der Druckerhöhung vor der Platte und der Druckverminderung hinter ihr $= 1{,}43\, F \frac{V^2}{2g}$, worin F den Plattenflächeninhalt und V die Wassergeschwindigkeit bedeutet, während BEAUFOY[8]) hierfür $1{,}12\, F \frac{V^2}{2g}$ ermittelte. Der Grund dieser starken Abweichung liegt vermutlich darin, daß die Turbulenz des Wassers in den beiden betrachteten Fällen eine verschiedene war, in einem Falle also mehr Kraft an seitlich bewegte Flüssigkeit abgegeben werden mußte als im anderen.

Wenn eine kleine Kugel im Wasser bewegt wird und ihre Geschwindigkeit v gering genug ist, so ist ihr Widerstand einfach v proportional[9]). Es ist nämlich

---

1) Vgl. hierzu auch Kap. 2, Ziff. 58 ds. Bds. des Handb.

2) J. NEWTON, Philosophiae naturalis principia mathematica 1687, lib. 2, sectio 7, prop. 32, theor. 26.

3) H. ENGELS u. FR. GEBERS, Schiffbau Bd. 9, S. 201f., 435f. 1907–1908.

4) F. MATTHIAS, Schiffbau Bd. 13, S. 249, 299, 351, 396. 1911.

5) R. SCHOBER, Versuche über den Reibungswiderstand zwischen fließendem Wasser und benetztem Umfang, Dresden-A. 1916. Besprechung: Österr. Wochenschr. f. d. öffentl. Baudienst S. 545. 1917. S. auch FR. AHLBORN, Turbulenz und Geschwindigkeitsverteilung in Flußläufen. Phys. ZS. Bd. 23, S. 57. 1922.

6) Graf L. C. DU BUAT-NANÇAY, Principes d'hydraulique. 2. Aufl., Bd. II, S. 215. 1816.

7) H. GAUDRY, Traité des machines à vapeur Bd. I, S. 70. Paris. 1856.

8) M. BEAUFOY, Nautical and hydraulic experiments. By Colonel BEAUFOY, 1834.

9) Vgl. Kap. 2, Ziff. 16 ds. Bds. des Handb.

nach Stokes[1]) die Endgeschwindigkeit einer kleinen fallenden Kugel vom Halbmesser r und vom Eigengewicht γ_1 in einer Flüssigkeit vom Eigengewichte γ durch $v = \frac{2}{9}\frac{\gamma_1 - \gamma}{\eta} r^2$ gegeben, worin η ihre innere Reibungszahl oder Zähigkeit bedeutet. Hiernach muß das um den Auftrieb verminderte Kugelgewicht $\frac{4\pi}{3}(\gamma_1 - \gamma)\, r^3 = 6\,\pi\,\eta\, r\, v$ sein. Wird der Kugelhalbmesser r etwas größer, z. B. bei Sand in Wasser von 15° C gleich 0,0085 cm gewählt, so tritt nach Allen[2]) ein von ihm durch Versuche nachgewiesener Übergangszustand ein, bei welchem $v = \frac{1}{2}(\gamma_1 - \gamma)^{\frac{2}{3}}\left(\frac{g}{\gamma\,\eta}\right)^{\frac{1}{3}}\left(r - \frac{2}{5} r_\varkappa\right)$ ist, worin $r_\varkappa$ den Kugelhalbmesser bedeutet, bei dem der Stokessche Ansatz zu gelten aufhört.

Bei größeren Kugeln wächst der Widerstand, wie Schoklitsch[3]) aus Versuchen von Thoulet[4]) berechnet, proportional mit $v^{1,84}$. Die Versuche waren bei Bewegung der Kugeln in einer Röhre von etwa 1 cm Durchmesser mit Kugeln von 1,7 bis 4,2 mm Durchmesser bei Strömungsgeschwindigkeiten von 6 bis 67 cm/sec vorgenommen worden. Wird die Kugel noch größer gewählt und der Widerstand $= \zeta\,\gamma\,\pi\, r^2 \frac{v^2}{2g}$ angenommen, so ist nach den verschiedenen Forschern ζ verschieden groß. So glaubte Newton[5]) und später Graf du Buat $\zeta = 0{,}5$, Hutton $\zeta = 0{,}594$ und Beaufoy $\zeta = 0{,}383$. Das läßt darauf schließen, daß der Exponent 2 nicht der richtige und die Gefäßweite von Einfluß ist. Neue Versuche wären am Platze.

Wird abweichend von den bisher angeführten Messungen die Kugel z. B. durch einen Bindfaden schwebend festgehalten und das Wasser gegen sie strömen gelassen, so wächst ζ. So fand in diesem Falle Eytelwein[6]) den Widerstand $= 0{,}789\,\pi\, r^2 \frac{v^2}{2g}$, also in bewegtem Wasser größer, als er in stillem Wasser gewesen war. Das Ausweichen des Wassers erfordert in ersterem Falle also mehr Arbeit. Aus dem nämlichen Grunde erlangt ein fallender Körper in bewegtem Wasser eine geringere Endgeschwindigkeit als in stillem.

Ganz anderer Art ist unsere Kenntnis vom Widerstand, den untergetauchte Prismen erleiden. Hier sind es nicht theoretische Betrachtungen, sondern Versuche — von Engels und Gebers[7]) —, die gezeigt haben, daß der Gesamtwiderstand eines Prismas von quadratischem Querschnitt zunächst kleiner als der einer quadratischen Platte von der Größe des Prismenquerschnittes ist, und seinen kleinsten Wert für eine Länge gleich der doppelten Quadratseite hat. Er wächst dann mit der Prismenlänge und wird dem Plattenwiderstande wieder gleich, wenn die Prismenlänge etwa gleich der 30fachen Quadratseite wird.

32. Schiffswiderstand. Von besonderem Belang werden die erwähnten Widerstände, wenn es sich nicht um den von ebenen Platten und von Kugeln, sondern um den von Schiffen handelt[8]). Neben den Formeln von Rankine, Kirk, Middendorf und Afonassief, welche es ermöglichen, die erforderlichen indizierten Pferdestärken der Schiffsmaschine nach den Abmessungen des Schiffes

---

[1]) G. G. Stokes, Trans. Cambr. Phil. Soc. Bd. 9. 1850.

[2]) H. S. Allen, Phil. Mag. (5) Bd. 50, S. 326. 1900.

[3]) A. Schoklitsch, Über Schleppkraft und Geschiebebewegung, S. 25, 26, 44. Leipzig-Berlin 1914.

[4]) J. Thoulet, Ann. des mines (8) Bd. 5, S. 512. 1884, I.

[5]) J. Newton, Philosophiae naturalis principia mathematica. 3. Aufl., 2. Buch, 7. Abschnitt. London 1726.

[6]) J. A. Eytelwein, Handbuch der Mechanik. 2. Aufl., S. 244. Leipzig 1823.

[7]) H. Engels u. Fr. Gebers, Schiffbau Bd. 9, S. 201, 243f., 435. 1907—1908.

[8]) F. V. Meyer, Hütte. 24. Aufl., Bd. II, S. 826.

für verschiedene Schiffsgeschwindigkeiten zu berechnen, gibt es die Formel von WM. FROUDE, die einen Modellschleppversuch voraussetzt. Bei diesem soll der Querschnitt der Schlepprinne über 100 mal, die Breite mehr als 15 mal, die Tiefe mehr als 20 mal so groß wie die des Modells sein, welches den ins Wasser tauchenden Teil des Schiffes in verkleinertem Maßstabe darstellt. Dann wird für verschiedene Geschwindigkeiten der Reibungswiderstand des Modelles und des Schiffes nach der Formel Reibungswiderstand $= \gamma\, O\, v^m f$ ermittelt, in der γ das spezifische Gewicht des Wassers (etwa des Seewassers), O die benetzte Oberfläche des Modelles und auch die des Schiffes in m², v die Geschwindigkeit von Modell und Schiff in m/sec und f sowie m Konstante bedeuten. Hier ist z. B. nach TIDEMANN für das Modell aus glattem Paraffin und der Modellänge 2 bis 6 m der Exponent $m = 1{,}94$, die Konstante $f = 0{,}183$ bis $0{,}152$, für einen angestrichenen eisernen Schiffskörper von der Länge von 20 bis 120 m jedoch $m = 1{,}829$ und $f = 0{,}1572$ bis 0,146. Man zieht von dem durch den Schleppversuch ermittelten Gesamtwiderstand des Modells den nach der Formel berechneten Reibungswiderstand ab und erhält so den Formwiderstand des Modells. Diesen multipliziert man mit α^2, wenn α das Verhältnis der einander entsprechenden Maße von Schiff und Modell darstellt, und erhält nunmehr den Formwiderstand des Schiffes. Hierzu addiert man dessen Reibungswiderstand und erhält auf diese Weise einen Gesamtwiderstand.

Diese Methode wurde von GEBERS[1]) sehr verbessert. Da das Schiff das unmittelbar neben ihm befindliche Wasser mit sich schleppt, entfällt die Reibungsziffer und gilt für das Modell von der Länge l_2, das sich mit der sekundlichen Geschwindigkeit U_2 in Wasser vom Eigengewicht γ_2 bewegt, für $U l_2 > 5$ bis 6 m²/sec die Gleichung

$$\text{Reibungswiderstand} = 0{,}0103 \left(\frac{\gamma_2}{g}\right)^{0{,}875} \eta^{0{,}125} F_2\, l_2^{-0{,}125}\, U_2^{1{,}875},$$

worin 0,0103 eine unbenannte Zahl ist, η die Zähigkeit des Wassers, F_2 die eintauchende Oberfläche des Modelles (also nicht etwa die einseitig tauchende Längsfläche) bezeichnet. Kennt man aus der Formel den Reibungswiderstand, so folgt aus ihm der Formwiderstand P_2 des Modelles, der ja mit dem Reibungswiderstand zusammen den gemessenen Gesamtwiderstand geben muß. Aus P_2 folgt bei einem Längenverhältnis $l_1 : l_2$ von Schiff und Modell und einem Verhältnis der Eigengewichte des Wassers (z. B. von Seewasser gegen Flußwasser) $\gamma_1 : \gamma_2$ der Formwiderstand des Schiffes

$$P_1 = \frac{\gamma_1}{\gamma_2}\left(\frac{l_1}{l_2}\right)^3 P_2 .$$

Dabei müssen die Geschwindigkeiten von Schiff und Modell im Verhältnis $\frac{U_1}{U_2} = \sqrt{\frac{l_1}{l_2}}$ zueinander stehen. Zum Formwiderstand des Schiffes kommt dann noch dessen Reibungswiderstand, der wieder nach obiger Formel mit γ_1, F_1, l_1 und W_1 (statt γ_2, F_2, l_2, W_2) zu rechnen ist.

Für den Widerstand, den Schiffe in Kanälen erleiden, ist nicht nur die Form des Schiffes, sondern auch die des Kanalquerschnittes maßgebend, so daß diesbezüglich[2]) eine einheitliche Form des mathematischen Ansatzes nicht gegeben werden kann.

---

[1]) FR. GEBERS, Schiffbau Bd. 22, S. 687, 713, 738, 767, 791, 842, 899, 928. 1920–1921.

[2]) S. als vergleichsweise neueste Veröffentlichung H. KREY, Forsch.-Arb. Ing., Heft 107, 1911, woselbst weitere Literatur.

Kapitel 4.

Tragflügel und hydraulische Maschinen.

Von

A. Betz, Göttingen.

Mit 84 Abbildungen.

I. Einleitung.

1. Gegenstand und Quellen. Der Gegenstand dieses Kapitels hat sich hauptsächlich aus zwei ursprünglich ganz getrennten Gebieten entwickelt:

Im Wasserturbinenbau einerseits verwendet man im allgemeinen Einrichtungen mit vielen räumlich stark zusammengedrängten Leitflächen (Turbinenschaufeln). Die Flüssigkeit ist zwischen diesen Flächen sehr stark geführt, und man kann die Strömung angenähert als Vorgang in einem Kanal (Kapitel 3 ds. Bds.) ansehen. Die moderne Entwicklung des Turbinenbaues ging aber in eine Richtung, bei der das Verhältnis von Schaufellänge zu Schaufelabstand immer kleiner wurde (extremes Beispiel: Kaplanturbine, Abb. 65 von Ziff. 57), so daß die Voraussetzungen, welche der Auffassung als Kanalströmung zugrunde liegen, vielfach nicht mehr zutreffen.

Im Flugzeugbau andererseits hat man sich hauptsächlich mit einem einzelnen Flügel oder mit einer Verbindung von einer kleinen Anzahl von Flügeln befaßt. Dabei konnte als vereinfachender Umstand vorausgesetzt werden, daß die vom Flügel verursachten Störungen klein gegenüber der Fluggeschwindigkeit sind.

Eine Aufgabe, welche zwischen diesen beiden Ausgangspunkten liegt, tritt in einem wichtigen technischen Gebiet, beim Schraubenpropeller, auf. Deshalb ist die Theorie, welche eine Verbindung zwischen den Ergebnissen der Tragflügeltheorie und der Turbinentheorie schafft, hauptsächlich für Propeller ausgearbeitet. Sie läßt sich aber auch auf andere Arten von hydraulischen Maschinen ausdehnen. Gegenstand dieses Kapitels ist die Theorie der Tragflügel und das Übergangsgebiet zur Turbinentheorie.

Die Literatur über diese verhältnismäßig neuen Gebiete ist zum größten Teil in Zeitschriften[1]) verstreut. Dazu kommen, insbesondere als Quellen für

[1]) Zeitschrift für Flugtechnik und Motorluftschiffahrt (ZS. f. Flugtechn.); Zeitschrift für angewandte Mathematik und Mechanik (ZS. f. angew. Math. u. Mech.); Nachrichten von der Kgl. Gesellschaft der Wissenschaften zu Göttingen, Math.-phys. Kl. (Göttinger Nachr.). (In Klammern die in den Zitaten benutzte Abkürzung.)

Versuchsergebnisse, die regelmäßigen Berichte der aerodynamischen Versuchsanstalten[1]).

Über rein turbinentechnische Gebiete gibt es, dem Alter und der Bedeutung dieses Industriezweiges entsprechend, eine umfangreiche Literatur[2]). Über den eigentlichen Gegenstand dieses Kapitels gibt es dagegen nur verhältnismäßig wenig Literatur in Buchform[3]).

II. Begriffe und wesentliche Eigenschaften.

2. Auftrieb und Widerstand. Wenn man einen Körper in einer ruhenden Flüssigkeit bewegt, so erfährt er eine Kraft P, welche im allgemeinen einen stumpfen Winkel mit der Bewegungsrichtung bildet (Abb. 1). Zur Aufrechterhaltung der Bewegung muß man Arbeit leisten, indem jene Komponente von P, welche der Bewegung entgegengesetzt ist, überwunden werden muß. Man bezeichnet diese Komponente, welche für den Energieverbrauch maßgebend ist, als Widerstand W. Die zur Bewegungsrichtung senkrechte Komponente, welche keinen Energieverbrauch bedingt, nennt man Auftrieb A. Die letztere Bezeichnung stammt aus der Flugtechnik, wo diese Kraftkomponente beim horizontalen Fluge nach oben gerichtet ist. In anderen Anwendungsgebieten ist dafür auch die Bezeichnung Quertrieb oder Querkraft gebräuchlich.

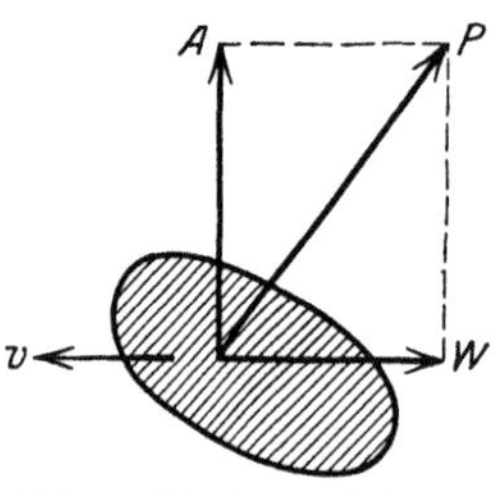

Abb. 1. Kräfte auf einen Körper, der sich in einer Flüssigkeit bewegt.

Ist die Flüssigkeit nicht in Ruhe, so kann man diese Begriffe ohne weiteres verwenden, wenn die Flüssigkeit eine drehungsfreie Parallelströmung, d. i. eine gleichförmige Strömung, ausführt bzw. ausführen würde, falls der Körper nicht vorhanden wäre. In diesem Falle tritt an Stelle der absoluten Geschwindigkeit des Körpers seine Geschwindigkeit relativ zur Flüssigkeit. Für viele theoretische Überlegungen ist es sogar zweckmäßiger, den Körper als ruhend und die Flüssigkeit dagegen strömend anzunehmen, da der Strömungsvorgang dann stationär

[1]) Technische Berichte. Herausg. von der Flugzeugmeisterei der Inspektion der Fliegertruppen (Bd. I bis III) (Techn. Ber. d. Flugzeugm.); Ergebnisse der aerodynamischen Versuchsanstalt zu Göttingen, 1. u. 2. Lief. München: R. Oldenbourg; G. EIFFEL, La résistance de l'air et l'aviation. Paris: H. Dunot & E. Pinat 1910; G. EIFFEL, Nouvelles recherches sur la résistance de l'air et l'aviation. Paris: H. Dunot & E. Pinat 1914; G. EIFFEL, Résumé des principaux travaux exécutés pendant la guerre 1915—1918. Paris: Librairie aeronautique E. Chiron; G. EIFFEL, Etudes sur l'helice aérienne. Paris: Librairie aeronautique E. CHIRON; Technical report of the advisory committee for aeronautics. London: H. M. stationery office; Annual report of the national advisory committee for aeronautics. Washington: Government printing office.

[2]) Als eines der gebräuchlichsten Lehrbücher sei erwähnt: R. CAMERER, Vorlesungen über Wasserkraftmaschinen. 2. Aufl. Leipzig: Wilhelm Engelmann 1924.

[3]) O. LILIENTHAL, Der Vogelflug als Grundlage der Fliegekunst, 2. Aufl., München: R. Oldenbourg 1910; F. W. LANCHESTER, Aerodynamics. London: Archibald Constable & Co. 1907 (Deutsche Übersetzung von C. u. A. RUNGE. Leipzig: B. G. Teubner 1909); R. v. MISES, Theorie der Wasserräder. Leipzig: B. G. Teubner 1908; F. W. LANCHESTER, The aerofoil and the screw propeller. London Inst. of automobile engineers 1915; N. JOUKOWSKI u. S. DRZEWIECKI, Aérodynamique. Paris: Gauthier-Villars 1916; R. GRAMMEL, Die hydrodynamischen Grundlagen des Fluges. Braunschweig: Fr. Vieweg & Sohn 1917; W. KUCHARSKY, Strömungen einer reibungslosen Flüssigkeit bei Rotation fester Körper. München: R. Oldenbourg 1918; R. FUCHS u. L. HOPF, Aerodynamik. Berlin: Rich. Carl Schmidt & Co. 1922; A. PRÖLL, Flugtechnik, Grundlagen des Kunstfluges. München: R. Oldenbourg 1919; TH. v. KARMAN u. T. LEVI-CIVITA, Vorträge aus dem Gebiete der Hydro- und Aerodynamik (Innsbruck 1922). Berlin: Julius Springer 1924; A. BETZ, Windenergie und ihre Ausnutzung durch Windmühlen. Göttingen: Vandenhoeck & Ruprecht 1926.

ist. Im Falle einer allgemeinen, also nicht gleichförmigen Flüssigkeitsbewegung kann man die Begriffe Auftrieb und Widerstand auch dann noch verwenden, wenn der Körper genügend klein ist, so daß man die Strömung in der Umgebung des Körpers als gleichförmig ansehen kann. Ist auch diese Voraussetzung nicht erfüllt, befinden sich also verschiedene Stellen des Körpers in verschieden gerichteter oder verschieden schneller Strömung, so kann man unter Umständen auch dann noch den Begriffen Auftrieb und Widerstand einen Sinn geben, indem man sich den Körper in so kleine Stücke unterteilt denkt, daß für jedes Stück die Strömung als hinreichend gleichförmig angesehen werden kann, und die Kräfte auf die einzelnen Stücke getrennt betrachtet. Dabei ist jedoch die Störung der Strömung durch die jeweiligen anderen Stücke zu berücksichtigen.

3. Gleitzahl, Definition des Flügels. Bei hydraulischen Maschinen liegt meist die Aufgabe vor, Kräfte zwischen festen Körpern und Flüssigkeiten zu übertragen. Da die Widerstandskomponente stets mit Energieverlust verbunden ist, so ist es wirtschaftlicher, mit der verlustlosen Auftriebskomponente zu arbeiten und die Widerstandskomponente möglichst zu vermeiden. Man verwendet daher in solchen Fällen, wo Energieverluste vermieden werden sollen, nach Möglichkeit zur Kräfteübertragung solche Körperformen, bei denen der schädliche Widerstand klein ist im Verhältnis zum nützlichen Auftrieb. Solche Körper nennt man Flügel oder Tragflügel, oder in manchen Anwendungsgebieten auch Schaufeln. Das Verhältnis von Widerstand zu Auftrieb, das die Güte eines Flügels kennzeichnet, heißt Gleitzahl. Diese Bezeichnung rührt daher, daß die Tangente des Winkels, unter dem ein Flugzeug einen Gleitflug ausführen kann, gleich dem Verhältnis von Widerstand zu Auftrieb ist.

Daß der Widerstand stets mit Energieverlusten verbunden ist, schließt nicht aus, daß man Kraftübertragungen mittels des Widerstandes trotzdem mit gutem Wirkungsgrad ausführen kann (Beispiele: unterschlächtiges Wasserrad, Radpropeller bei Schiffen). Meistens bedingen aber diese Konstruktionen bei gleicher Leistung größere Maschinen als die entsprechenden mit Flügeln arbeitenden (Gegenbeispiele: Wasserturbine, Schraubenpropeller).

Der Umstand, daß bei Flügeln der Widerstand klein gegenüber dem Auftrieb ist, bringt für die theoretische Behandlung der Strömungsvorgänge am Flügel eine ganz wesentliche Erleichterung mit sich. Da nämlich für den Strömungsvorgang, der sich unter der Wirkung der auftretenden Kräfte ausbildet, der verhältnismäßig kleine Widerstand nur eine untergeordnete Rolle spielt gegenüber dem erheblich größeren Auftrieb, so kann man ohne großen Fehler in sehr vielen Fällen den Einfluß des Widerstandes ganz vernachlässigen. Da aber die Energieverluste nur durch den Widerstand bedingt sind, so erhält man dabei eine verlustlose Strömung, wie sie ideale Flüssigkeiten (Kapitel 1 ds. Bds.) ausführen. Die mathematische Behandlung dieser Strömungen idealer Flüssigkeiten (Potentialströmung) ist aber wesentlich einfacher als die Behandlung allgemeiner, mit Energieverlusten verbundener Strömungsvorgänge.

Wenn hier von Energieverlusten die Rede ist, so soll damit eine Überführung in solche Formen kinetischer Energie verstanden sein, die sich nicht mehr zurückgewinnen lassen (wirbelige Bewegung). Diese Energie verwandelt sich allmählich in Wärme. Bei nicht stationären Bewegungen treten meist auch positive oder negative Widerstandskomponenten auf, welche aber zur Vermehrung oder Verminderung der Energie der allgemeinen Strömung dienen, also keine Verluste im obigen Sinne verursachen. Diese Unterscheidung ist jedoch nicht scharf eindeutig. Mit zunehmender Erkenntnis der Strömungsvorgänge wird man immer mehr mit Widerstand und Energieverlust verknüpfte Vorgänge auch als nicht stationäre Vorgänge auffassen und damit der theoretischen Behandlung zugänglich machen können. Ein Beispiel eines solchen Widerstandes ist der induzierte Widerstand von Flügeln (Ziff. 29).

4. Übliche Bezeichnungen. In der Flugtechnik, wo der Flügel eine besonders wichtige Rolle spielt, sind gewisse Bezeichnungen und Darstellungsweisen üblich geworden, welche vielfach auch in die anderen Anwendungsgebiete übernommen wurden. Die größte Erstreckung l des Flügels senkrecht zur Bewegung heißt Spannweite (Abb. 2). Der Querschnitt des Flügels senkrecht zur Spannweite wird gewöhnlich Flügelprofil genannt.

Die größte Erstreckung des Profils ist die Profiltiefe t (auch Flügeltiefe, unter Umständen auch Flügelbreite genannt; bei Flugzeugen versteht man unter Breite jedoch meist die Spannweite). Bei Profilen mit hohler Druckseite pflegt man die über die Höhlung gelegte Berührungsgerade, die sog. Profilsehne,

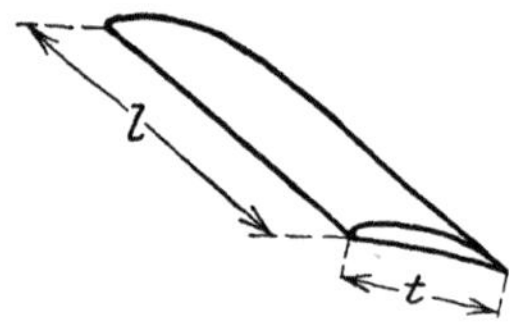

Abb. 2. Tragflügel.

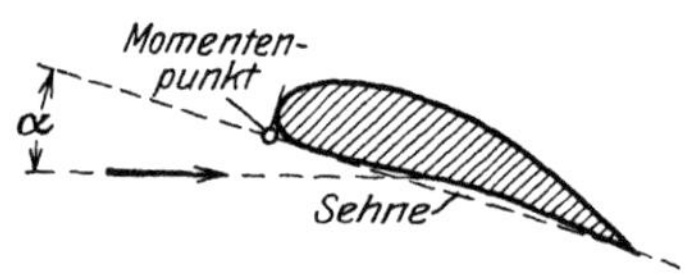

Abb. 3. Flügelprofil.

als Bezugslinie zu nehmen und bezeichnet den Winkel dieser Sehne mit der Richtung der ungestörten Strömung (Geschwindigkeit im Unendlichen bei ruhendem Flügel bzw. Geschwindigkeit des Flügels bei ruhender Flüssigkeit) als Anstellwinkel α (Abb. 3). Bei Profilen ohne hohle Druckseite muß die Bezugsgerade jeweils besonders bezeichnet werden.

Wenn ϱ die Flüssigkeitsdichte, F die Fläche der größten Projektion des Flügels (in der Regel Spannweite mal Flügeltiefe) und v die Geschwindigkeit des Flügels gegenüber der Flüssigkeit bedeuten, so definiert man die dimensionslosen Beiwerte

$$\text{Auftriebsziffer} \quad c_a = \frac{A}{\frac{\varrho}{2} F v^2}, \tag{1}$$

$$\text{Widerstandsziffer} \quad c_w = \frac{W}{\frac{\varrho}{2} F v^2}, \tag{2}$$

$$\text{Gleitzahl} \quad \varepsilon = \frac{W}{A} = \frac{c_w}{c_a}. \tag{3}$$

Um die Lage (den Angriffspunkt) der Kraft festzulegen, gibt man vielfach das Moment M derselben um eine bestimmte Achse an. In der Regel wählt man hierzu eine Achse, welche durch einen Punkt der Profilsehne geht, der lotrecht zur Sehne unter dem vordersten Punkt des Profiles liegt (Momentenpunkt in Abb. 3). Der dimensionslose Beiwert des Moments M ist die

$$\text{Momentenziffer} \quad c_m = \frac{M}{\frac{\varrho}{2} F v^2 t}. \tag{4}$$

5. Flügelräder, Leitapparate. Bei hydraulischen Maschinen, welche im allgemeinen einen umlaufenden Teil besitzen, sind die Flügel meist symmetrisch zur Drehachse angeordnet. Sie bilden ein Flügelrad (Schaufelrad). Sitzen die Flügel am umlaufenden Teil, so spricht man von einem Laufrad. Vielfach ordnet man auch ein feststehendes System von Flügeln an, um die Zuströmung der Flüssigkeit zum Laufrad in bestimmter Weise zu regeln, oder um die vom Laufrad verursachten Störungen der Strömung wieder zu beseitigen. Ein solches feststehendes Flügelrad nennt man Leitapparat.

Strömt die Flüssigkeit im wesentlichen in axialer Richtung durch das Laufrad (axial beaufschlagte Räder), so führen die umlaufenden Flügel relativ zur Flüssigkeit eine Schraubenbewegung aus. Man spricht dann von Schraubenrädern, z. B. Schraubenpropellern, Schraubenpumpen. Strömt die Flüssigkeit im wesentlichen in radialer Richtung von innen nach außen oder von außen nach innen durch das Flügelsystem (radial beaufschlagte Räder), so spricht man von Zentrifugal- bzw. Zentripetalrädern, z. B. Zentrifugalpumpen. Daneben kommen aber auch alle Zwischenformen vor.

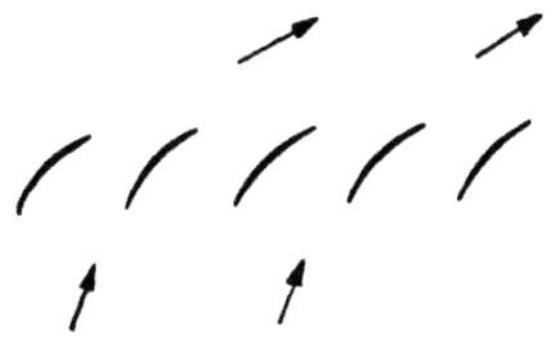

Abb. 4. Gerade Flügelreihe.

6. Flügelreihen oder Schaufelgitter. Ein System von regelmäßig angeordneten, parallel zueinander stehenden Flügeln (Schaufeln) möge Flügelreihe oder Schaufelgitter genannt werden. Von Bedeutung sind hauptsächlich zwei Anordnungen:

1. Die Flügel befinden sich in gleichen Abständen auf einer geraden Linie: Gerade Flügelreihe, sie hat unendlich viele Flügel (Abb. 4).

2. Die Flügel befinden sich in gleichem Abstand auf einem Kreise verteilt: Kreisförmige Flügelreihe, die Flügelzahl ist hierbei im allgemeinen endlich (Abb. 5).

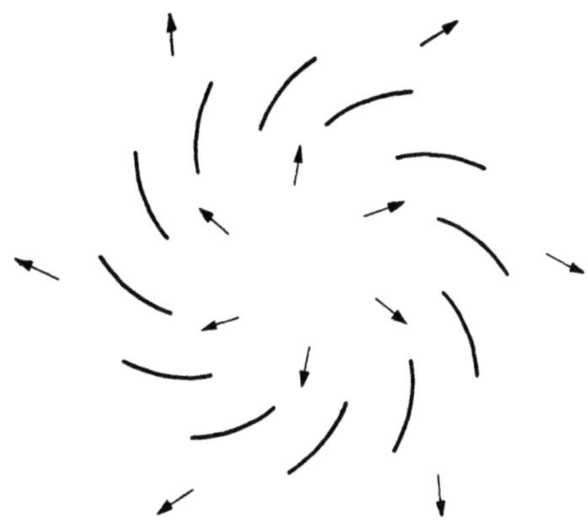

Abb. 5. Kreisförmige Flügelreihe.

Die Flügelreihen dienen meist als Idealisierung von Flügelrädern, um die dort auftretenden Strömungsvorgänge in ihren wesentlichen Erscheinungen leichter verfolgen zu können. Das kreisförmige Gitter kann zum Studium der entsprechenden Vorgänge in radial beaufschlagten Rädern dienen. Das geradlinige Gitter wird vielfach als Idealisierung von Schraubenrädern benutzt. Man geht dabei von der Überlegung aus, daß in vielen Fällen die radialen Geschwindigkeitskomponenten in einem solchen Rade sehr klein sind. Man kann sich daher in die Flüssigkeit zwei dicht benachbarte konaxiale Zylinder gelegt denken (Abb. 6) und die zweidimensionale Strömung zwischen diesen beiden Zylindern unabhängig von den übrigen Vorgängen betrachten. Durch Abwicklung dieses zylindrischen Gebietes auf eine Ebene erhält man eine gerade Flügelreihe.

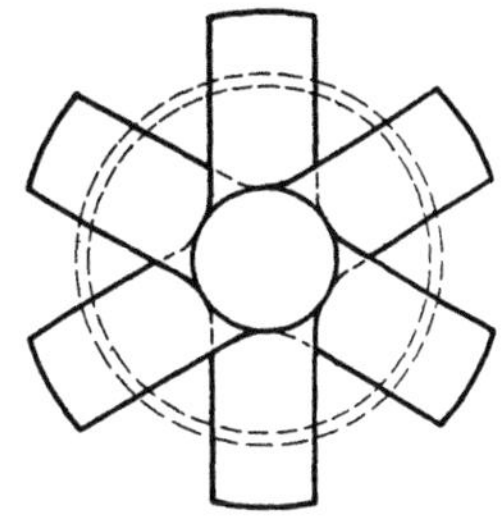

Abb. 6. Zylinderschnitt durch ein Schraubenrad, dessen Abwicklung eine gerade Flügelreihe ergibt.

7. Einteilung der Flügelräder. Die äußerliche Unterscheidung in axial und radial beaufschlagte Räder ist bereits in Ziff. 5 erwähnt. Ein weiteres wesentliches Unterscheidungsmerkmal ist die Richtung der Energieübertragung. Es gibt Räder, welche Energie von außen auf die Flüssigkeit übertragen (Pumpen, Propeller) und solche, welche Energie aus der Flüssigkeit gewinnen (Turbinen, Windmühlen). Nehmen wir dazu den mehr äußerlichen Einteilungsgrund, ob die Räder von einem Gehäuse umgeben sind oder nicht, so erhalten wir folgende vier Haupttypen von Flügelrädern:

Energieübergang	Mit Gehäuse	Ohne Gehäuse
Rad → Flüssigkeit	Pumpe	Propeller
Flüssigkeit → Rad	Turbine	Windmühle

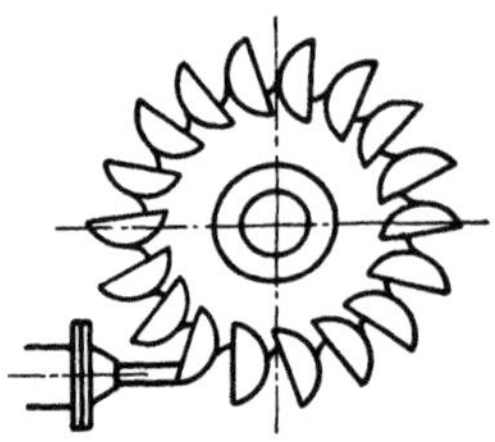
Abb. 7. Freistrahlturbine.

Die angeführten vier Maschinenarten sind natürlich nur typische Vertreter ihrer Art, so gehören z. B. zur Gruppe der Pumpen auch die Gebläse oder Ventilatoren.

Bei Turbinen sind sowohl axial wie radial beaufschlagte Räder sowie Zwischenformen gebräuchlich. Außerdem gibt es noch sog. Freistrahlturbinen (Abb. 7), die man aber nicht eigentlich zu den Flügelrädern rechnen kann. Bei ihnen tritt die Flüssigkeit (Wasser) aus einer Düse aus und trifft als freier Strahl auf becherförmige Schaufeln, welche an einem Rade befestigt sind. Durch den Stoß des auftreffenden Strahles[1]) wird das Rad in Drehung versetzt. Das Rad und die nicht gerade arbeitenden Schaufeln laufen in Luft, damit sie wenig Widerstand finden. Freistrahlturbinen sind meist extreme Langsamläufer (Ziff. 53).

Pumpen (Gebläse) werden hauptsächlich als Zentrifugalräder und als Schraubenräder (radiale und axiale Beaufschlagung) ausgeführt; Zwischenformen kommen seltener vor. Propeller und Windmühlen werden fast ausschließlich als Schraubenräder, also mit axialer Beaufschlagung, ausgeführt. Neben den Schraubenpropellern sind auch noch sog. Radpropeller gebräuchlich, welche aber nicht den Auftrieb, sondern den Widerstand bewegter Flächen (Schaufeln) als Nutzkraft verwenden (Ziff. 3) und deshalb nicht zu den Flügelrädern gehören.

III. Ebene Vorgänge beim einzelnen Flügel.

8. Zusammenhang zwischen Auftrieb und Strömungsverlauf; Zirkulation.

Damit ein Körper eine Auftriebskraft erfährt, müssen die Drücke über die Oberfläche des Körpers entsprechend verteilt sein. Nehmen wir der einfacheren Verständigung wegen den Auftrieb nach oben gerichtet an, während die Bewegung wagerecht stattfinden soll, so muß der Druck auf der Oberseite des Körpers im Durchschnitt niedriger sein als auf der Unterseite. Wählen wir ein Koordinatensystem, in dem der Körper ruht, so erhalten wir eine stationäre Strömung, in der die Strömungsgeschwindigkeit v durch die BERNOULLIsche Gleichung[2])

$$p + \frac{\varrho}{2} v^2 = p_0 = \text{konst.} \tag{1}$$

eindeutig mit dem Druck p verknüpft ist. Da, wo der Druck niedrig ist, ist die Geschwindigkeit groß, und umgekehrt. Bei einem Körper, der Auftrieb erfährt, muß daher die Geschwindigkeit auf der Oberseite durchschnittlich größer sein als auf der Unterseite. Bildet man das Linienintegral der Geschwindigkeit[3]) längs einer den Flügel umschlingenden Linie, so heben sich die positiven und negativen Anteile nicht wie in einer Potentialströmung mit einwertigem Potential auf, sondern der Anteil der Oberseite des Flügels überwiegt wegen der größeren Geschwindigkeit über den der Unterseite (Abb. 8, der Umlaufsinn ist hier so gewählt, daß der Anteil der Oberseite positiv, der der Unterseite negativ ist).

[1]) Vgl. Kap. 3, Ziff. 30 ds. Bds. des Handb. [2]) Vgl. Kap. 1, Ziff. 12 ds. Bds.
[3]) Vgl. Kap. 1, Ziff. 15 ds. Bds.

Das Linienintegral um den Auftrieb gebenden Flügel hat demnach wie das Linienintegral um einen Wirbel einen endlichen Wert, dessen Größe mit der Größe des Auftriebes offenbar ursächlich zusammenhängt. Man nennt den Wert dieses Linienintegrals die Zirkulation Γ.

Die quantitative Verfolgung dieses Gedankenganges[1]) führt zu der unter dem Namen KUTTA-JOUKOWSKYsche Formel bekannten Beziehung

$$A = \varrho v_0 \Gamma l, \tag{2}$$

wobei v_0 die Geschwindigkeit im Unendlichen und l die Länge des Flügelstückes bedeutet, auf das die Kraft A wirkt.

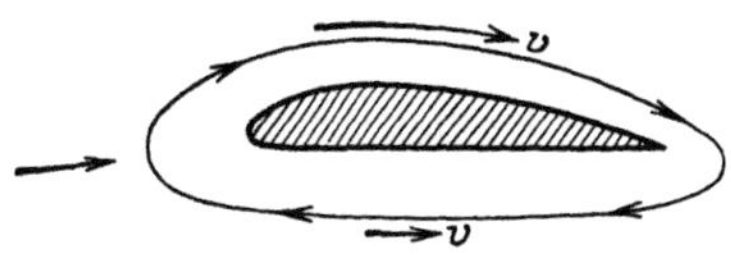

Abb. 8. Linienintegral der Geschwindigkeit um einen Flügel.

Gleichung (1) müßte, streng genommen eigentlich lauten:

$$p + \frac{\varrho}{2} v^2 = p_0 + \gamma h,$$

wobei $\gamma = g \cdot \varrho$ das Gewicht der Volumeneinheit der Flüssigkeit und h die Entfernung des betrachteten Punktes von einer darüberliegenden wagerechten Ebene bedeuten. Das Glied γh bringt die statische Druckzunahme mit der Tiefe zum Ausdruck. Als Kraftwirkung ergibt dieses Glied einfach den archimedischen Auftrieb eines untergetauchten Körpers. Für ein Flüssigkeitsteilchen ist dieser Auftrieb gerade gleich dem Gewicht des Teilchens, so daß sich Auftrieb und Gewicht gerade aufheben. Man kann daher für die Bewegungsvorgänge im Innern einer homogenen Flüssigkeit von dem Einfluß der Schwere absehen. Dies ist nicht mehr zulässig, sobald Vorgänge an der Grenze zweier Flüssigkeiten von verschiedenem spez. Gewicht, oder an freien Oberflächen in Frage kommen. In diesem Kapitel ist das nicht der Fall, so daß überall Gleichung (1) verwandt werden kann.

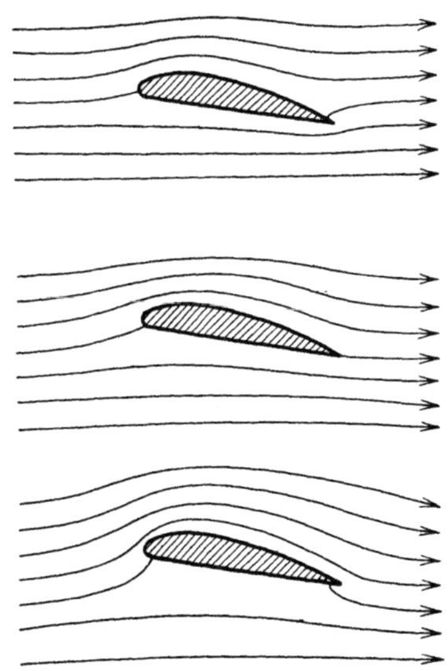

Abb. 9. Strömung um ein Flügelprofil, oben bei zu kleiner, unten bei zu großer, in der Mitte bei richtiger Zirkulation.

9. Die Größe der Zirkulation. Der KUTTA-JOUKOWSKYsche Satz gibt einen Zusammenhang zwischen dem Auftrieb und den die Strömung kennzeichnenden Größen: Geschwindigkeit im Unendlichen und Zirkulation. Er sagt aber nichts darüber aus, wie groß in einem gegebenen Falle die Zirkulation und damit der Auftrieb wird. Bei den technisch wichtigsten Flügelformen, welche fast immer eine mehr oder weniger scharfe Hinterkante haben (Abbildung 9), läßt sich die Größe der Zirkulation auf Grund der Erfahrungstatsache ermitteln, daß die Flüssigkeit nicht um scharfe Kanten herumströmt. Bei einem Flügel in normaler Arbeitsstellung (Abb. 9) würde bei einer Strömung ohne Zirkulation der hintere Staupunkt, d. i. der Punkt, in welchem die Strömung der Ober- und Unterseite sich wieder zusammenschließt, auf der Oberseite des Flügels liegen (Abb. 9 oben). Die Flüssigkeit würde also von der Unterseite her um die scharfe Hinterkante herumströmen

[1]) Vgl. Kap. 1, Ziff. 55 ds. Bds.

müssen. Bei zu großer Zirkulation würde der hintere Staupunkt auf der Unterseite des Flügels liegen und die Flüssigkeit von der Oberseite her um die Hinterkante herumströmen. Beides tritt, wie erwähnt, erfahrungsgemäß nicht ein. Es stellt sich vielmehr eine Zirkulation von der Größe ein, daß sich die Strömung gerade wieder an der Hinterkante zusammenschließt. Durch diese Bedingung ist demnach die Größe der Zirkulation für Körper mit scharfer Hinterkante eindeutig durch die Körperform und Stellung sowie durch die Translationsgeschwindigkeit bestimmt.

Da man es praktisch nie mit vollkommen idealen Flüssigkeiten zu tun hat, so ist zu berücksichtigen, daß beim Zusammenschluß der Strömung der Ober- und Unterseite ein sog. Totwasser entsteht. Beim Strömen längs der Körperoberfläche verlieren nämlich die in der Nachbarschaft der Oberfläche befindlichen Flüssigkeitsschichten durch Reibung einen Teil ihrer kinetischen Energie, sie bilden eine Grenzschicht[1]). Bei einer Strömung mit Zirkulation ist diese Grenzschicht auf der Oberseite wesentlich größer als auf der Unterseite. Dies hat zur Folge, daß das Totwasser hauptsächlich von der Oberseite des Flügels herkommt und die Stromlinien dort etwas nach oben verschiebt (Abb. 10). Eine solche Strömung ist aber bezüglich der Geschwindigkeits- und Druckverteilung annähernd gleichwertig einer Potentialströmung mit verminderter Zirkulation (Abb. 9 oben), deren Staupunktsstromlinie ungefähr in der Mitte des Totwassers liegt[2]). Der Auftrieb wird also durch das Totwasser verkleinert.

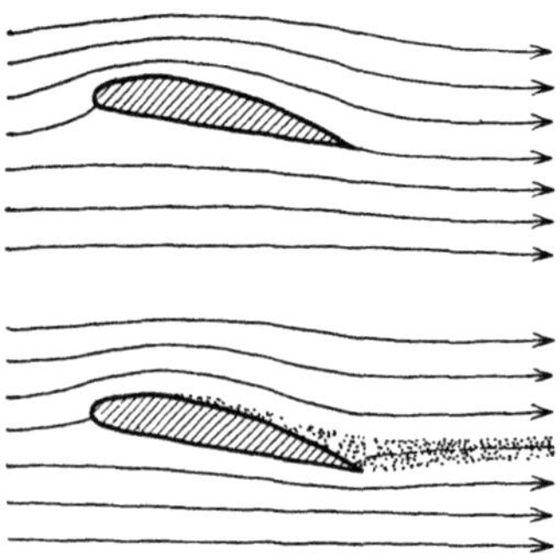

Abb. 10. Strömung um einen Flügel ohne Totwasser (oben) und mit Totwasser (unten, Totwassergebiet punktiert).

Der Begriff der Zirkulation ist bei Vorhandensein eines Totwassers nicht mehr eindeutig, da das Linienintegral in dem mit Wirbeln erfüllten Totwassergebiet vom Wege nicht unabhängig ist. Will man den KUTTA-JOUKOWSKYschen Satz auf Strömungen mit (geringem) Totwasser anwenden, so muß man als Definition der Zirkulation jenes Linienintegral wählen, bei dem der Integrationsweg im Totwassergebiet senkrecht zu den Stromlinien liegt[3]). (Über einen Fall, wo dieser Unterschied von Bedeutung ist, vgl. Ziff. 22.)

Da mit dem Auftreten des Totwassers sowohl der Widerstand[4]) des Flügels wie auch die besprochene Verminderung des Auftriebes verknüpft ist, so besteht offenbar ein Zusammenhang zwischen dieser Auftriebsverminderung und der Größe des Widerstandes[5]). Eine erschöpfende Aufklärung dieses Zusammenhanges ist jedoch bis jetzt noch nicht möglich.

10. Die physikalischen Vorgänge bei der Entstehung der Zirkulation. Bei Flügeln mit scharfer Hinterkante war, wie wir im vorhergehenden sahen, die Größe der Zirkulation durch die Erfahrungstatsache bestimmt, daß die Flüssigkeit nicht um die scharfe Hinterkante herumströmt. Bei Körpern mit abgerundetem Hinterende ist die Frage nach der Größe der Zirkulation nicht mehr so leicht zu beantworten. Man muß hier auf die feineren Vorgänge bei der Ent-

[1]) Vgl. Kap. 2, Ziff. 27 ds. Bd. [2]) A. BETZ, ZS. f. Flugtechn. 1915, S. 173.
[3]) G. J. TAYLOR, Phil. Trans. Bd. 225, S. 238. 1925.
[4]) Vgl. Kap. 2, Ziff. 58 ds. Bd.
[5]) C. WIESELSBERGER, Die wichtigsten Ergebnisse der Tragflügeltheorie und ihre Prüfung durch den Versuch. Vorträge aus dem Gebiete der Hydro- und Aerodynamik (Innsbruck 1922, herausg. von v. KÁRMÁN u. LEVI-CIVITA). Berlin: Julius Springer 1924.

stehung der Zirkulation eingehen. Damit wird auch gleichzeitig die bisher mit der Erfahrung begründete Tatsache, daß die Flüssigkeit nicht um eine scharfe Kante herumströmt, dem Verständnis näher gebracht. Solange der Körper und die Flüssigkeit in Ruhe sind, ist selbstverständlich die Zirkulation um jede beliebige geschlossene Linie Null, da ja die Geschwindigkeit überall Null ist. Wenn später die Zirkulation von Null verschieden ist, so müssen nach einem Satz der Potentialtheorie außerhalb der geschlossenen Linie (evtl. im Unendlichen) singuläre Stellen vorhanden sein, welche Wirbel von der entgegengesetzten Zirkulation darstellen.

Das Auftreten der Zirkulation ist also wesentlich an die Entstehung von Wirbeln gebunden. In der freien Flüssigkeit ist die Bildung von Wirbeln so gut wie ausgeschlossen, dagegen zeigt die PRANDTLsche Grenzschichttheorie, daß beim Vorbeistreichen der Flüssigkeit an der Oberfläche von Körpern Wirbel entstehen, welche durch die übrige Strömung vom Körper fortgeführt werden. Immer, wenn nun ein solcher Wirbel eine den Körper umschlingende Linie überschreitet, vermindert sich die Zirkulation um das von der Linie umschlungene Gebiet um die Zirkulation des betreffenden Wirbels, bzw. vermehrt sich, wenn der abgehende Wirbel entgegengesetzten Drehsinn hat. Bei einem symmetrischen Körper (Abb. 11) entstehen im allgemeinen gleich viel rechts und links drehende Wirbel von gleicher Stärke, so daß durch deren Abwanderung aus dem umschlossenen Gebiet die Zirkulation um dieses Gebiet im Mittel konstant bleibt. Anders liegen die Verhältnisse bei einem unsymmetrischen Körper. Wir müssen dazu etwas näher auf den Vorgang der Grenzschichtablösung eingehen.

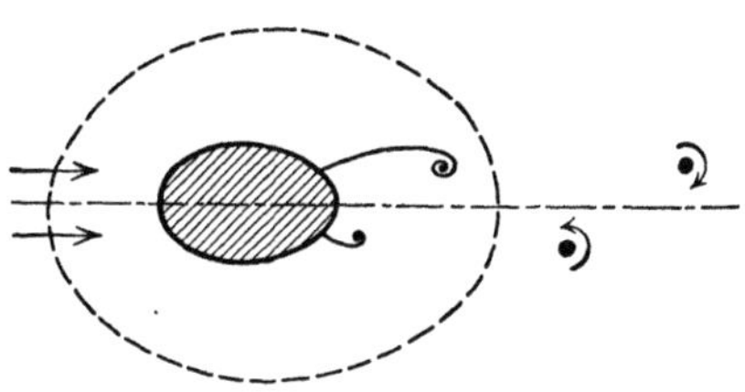

Abb. 11. Wirbelbildung hinter einem symmetrischen Körper.

Da das verzögerte Grenzschichtmaterial infolge seiner verminderten kinetischen Energie nicht ohne weiteres in Gebiete höheren Druckes eindringen kann, so fließt es an Stellen zunehmenden Druckes bzw. abnehmender Geschwindigkeit nur so weit der Körperoberfläche entlang, als es von der äußeren Strömung durch Zähigkeit [bzw. Turbulenzeinflüsse[1])] mitgeschleppt wird. Dann löst es sich von der Körperoberfläche ab und wandert als Wirbel in die freie Strömung hinein. Ist die Geschwindigkeit in der Grenzschicht im Abstand y von der Körperoberfläche v', so ist die Zirkulation pro Flächeneinheit $\operatorname{rot} v' = dv'/dy$. Die Zirkulation der sekundlich auf diese Weise in die Flüssigkeit eintretenden Wirbel ist demnach $\int \frac{\partial v'}{\partial y} v' dy = \frac{v^2}{2}$, wobei v die Geschwindigkeit unmittelbar außerhalb der Grenzschicht an der Ablösungsstelle bedeutet.

Um die Zirkulation um den Körper zu vermehren, muß an der einen Ablösungsstelle mehr Zirkulation mit der Grenzschicht abwandern als an der anderen, d. h. die eine Ablösungsstelle muß an einer Stelle größerer Geschwindigkeit bzw. niedrigeren Druckes liegen als die andere. Wovon hängt nun die Lage der Ablösungsstelle ab? Die Ablösungsstelle liegt da, wo die äußere Strömung nicht mehr ausreicht, um durch Zähigkeitswirkung die Grenzschicht gegen den ansteigenden Druck mitzuschleppen[2]). Je dicker die Grenzschicht und je rascher der Druckanstieg, desto früher wird daher Ablösung eintreten. Nehmen wir nun z. B. einen Körper, bei welchem die Oberseite mit einer sanften Krümmung,

---

[1]) Vgl. Kap. 2 ds. Bds. [2]) Vgl. Kap. 2, Ziff. 30 und 61 ds. Bds.

die Unterseite mit einer verhältnismäßig scharfen Krümmung nach dem Hinterende hin verläuft (Abb. 12, $r_1 > r_2$). Dann wird infolge des langsameren Druckanstieges auf der Oberseite die Ablösungsstelle in ein Gebiet höheren Druckes vorrücken als auf der Unterseite, wo der Druck sehr rasch ansteigt. (Die Grenzschichtdicke ist oben und unten angenähert von derselben Größenordnung.) Damit wandert aber von der unteren Ablösungsstelle mehr Zirkulation in die Flüssigkeit als von der oberen und die Zirkulation um den Körper wächst.

Mit dem Wachsen der Zirkulation ändert sich aber die äußere Potentialströmung und damit auch die Bedingungen, welche die Ablösungsstellen festlegen. Die Geschwindigkeit auf der Oberseite des Körpers wird größer, dementsprechend der Druck kleiner. Dies hat aber einen stärkeren und damit auch rascheren Druckanstieg zur Folge. Dadurch wird der Ablösungspunkt nach einer Stelle niedrigeren Druckes bzw. größerer Geschwindigkeit verschoben und die Wirbelproduktion auf der Oberseite steigt. Auf der Unterseite wirkt die Zirkulation um den Körper im entgegengesetzten Sinne. Je mehr die Zirkulation zunimmt, um so mehr gleicht sich die Wirbelerzeugung auf der Ober- und Unterseite aus und um so langsamer nimmt dann die Zirkulation zu, da ja die Zunahme gerade die Differenz der Zirkulation der abgewanderten Wirbel ist, bis schließlich asymptotisch ein Gleichgewichtszustand mit der endgültigen Zirkulation erreicht wird. Diese Ausbildung der Zirkulation beim Beginn der Bewegung geht in der Regel ziemlich rasch vor sich. Dabei wickeln sich die ungleich starken Wirbelschichten der Ober- und Unterseite zunächst zu einem einzigen großen Wirbel auf, der so lange anwächst, bis die ihn speisenden rechts und links drehenden Wirbelschichten gleich stark geworden sind. Dann wandert er als sogenannter Anfahrwirbel mit der Strömung vom Flügel ab. Die Zirkulation um diesen Anfahrwirbel ist gerade so groß, aber von entgegengesetztem Drehsinn, wie die Zirkulation um die Flügel.

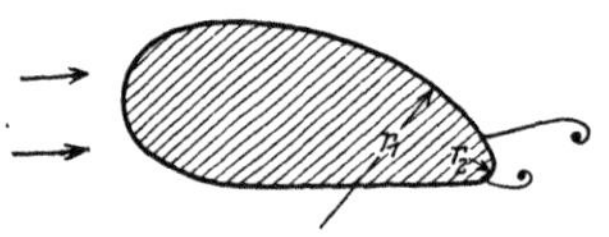

Abb. 12. Wirbelablösung an einem unsymmetrischen Körper.

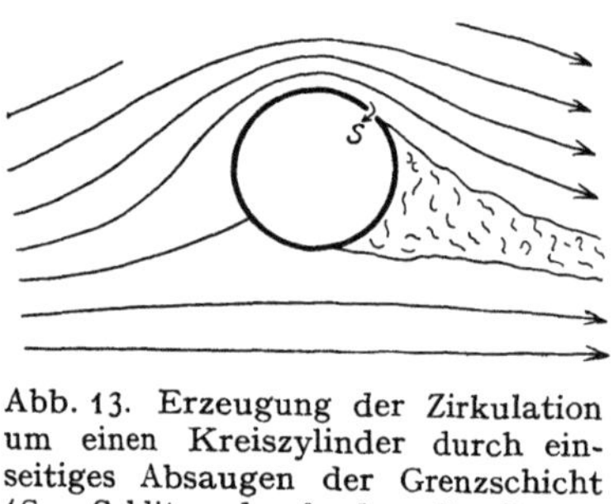

Abb. 13. Erzeugung der Zirkulation um einen Kreiszylinder durch einseitiges Absaugen der Grenzschicht (S = Schlitz, durch den die Grenzschicht abgesaugt wird).

11. Erzeugung von Zirkulation und Auftrieb durch andere Mittel als durch reine Formgebung (Magnuseffekt). Nach dem Vorhergehenden tritt Zirkulation immer dann auf, wenn für die Ablösung der Wirbel unsymmetrische Bedingungen vorliegen. Außer durch die Form des Flügels können solche unsymmetrischen Bedingungen auch noch durch andere Mittel erreicht werden:

Wenn man z. B. einen Teil der die Grenzschicht bildenden Flüssigkeit in der Nähe der Ablösungsstelle in das Innere des Körpers absaugt, so wird die Grenzschicht dünner, die Ablösung erschwert. Die Ablösungsstelle verschiebt sich. Führt man dies nur an der einen der beiden Ablösungsstellen aus, so kann man dadurch Zirkulation auch bei Körpern hervorrufen, bei denen sie sonst aus Symmetriegründen ausgeschlossen erscheint, z. B. bei einem Kreiszylinder[1] (Abb. 13).

[1] L. PRANDTL, Über Flüssigkeitsbewegung bei sehr kleiner Reibung. Verh. d. 3. internationalen Math.-Kongr. in Heidelberg. Leipzig: B. G. Teubner 1905.

Läßt man einen geeigneten Körper (Kugel, Kreiszylinder oder auch anders geformte) rotieren, so wird auf der Seite, auf der die Umfangsgeschwindigkeit gleichgerichtet mit der Strömung ist, weniger Grenzschicht entstehen, als auf der entgegengesetzten. Außerdem wird nun auf jener Seite die Grenzschicht nicht nur durch die äußere Strömung, sondern auch durch die bewegte Körperoberfläche gegen den Druckanstieg gefördert. Die hierdurch bedingte Unsymmetrie in den Ablösungsbedingungen bewirkt gleichfalls das Zustandekommen von Zirkulation und Auftrieb. Wie man sich leicht überlegen kann, ist die auf den Körper ausgeübte Kraft nach der Seite hin gerichtet, wo Umfangsgeschwindigkeit und Strömung der Richtung nach übereinstimmen. Die Erscheinung wird MAGNUS-Effekt genannt, nach dem Berliner Physiker MAGNUS, der sie zuerst etwas eingehender untersuchte. Bei genügend hoher Umfangsgeschwindigkeit können ganz ungewöhnlich hohe Flächendrücke erzielt werden. Während bei gewöhnlichen Flügeln der Maximalwert der Auftriebsziffer (Ziff. 4) $c_a = 1{,}2$ bis $1{,}4$, bei anormalen Formen bis etwa $c_a = 2$ ist, konnten an rotierenden Zylindern Werte bis etwa $c_a = 11$ gemessen werden[1]).

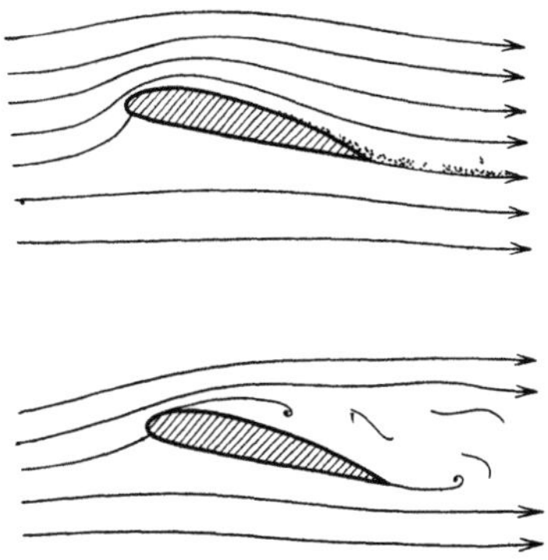

Abb. 14. Verhalten der Strömung beim Überschreiten des maximalen Auftriebes. Oben normale Strömung mit hohem Auftrieb, unten abgerissene Strömung mit vermindertem Auftrieb.

12. Der maximale Auftrieb. Vergrößert man den Anstellwinkel eines Flügels, so wächst die durch das Abströmen an der Hinterkante bedingte theoretische Zirkulation (vgl. Ziff. 9). Gleichzeitig wächst aber auch das Totwasser, da ja die Geschwindigkeit auf der Oberseite und damit der Energieverlust durch Reibung größer werden. Das Totwasser hat aber eine Verminderung der wirklichen Zirkulation zur Folge (Ziff. 9). Diese Verminderung kann bei großen Anstellwinkeln von der Größenordnung der theoretischen Zirkulation werden, so daß die tatsächliche Zirkulation und damit der Auftrieb trotz Vergrößerung des Anstellwinkels nur noch unwesentlich zunimmt oder sogar wieder abnimmt. Meistens ist das Verhalten jedoch so, daß die Grenzschicht, welche sich bis zu einem gewissen Anstellwinkel der Flügeloberfläche anschmiegt, nach Überschreiten dieses Winkels der Flügeloberfläche nicht mehr folgen kann und sich bereits ziemlich weit vorne ablöst, wodurch dann das Totwasser plötzlich ganz wesentlich vergrößert wird (Abb. 14). Der Auftrieb sinkt dabei unstetig auf einen niedrigeren Wert. Man nennt diesen Vorgang „Abreißen". Vielfach ist es auch so, daß man durch Verkleinerung des Anstellwinkels eine einmal abgerissene Strömung nicht sofort wieder zum Anliegen bekommt, sondern erst bei einem etwas kleineren Anstellwinkel als der, bei dem das Abreißen stattfand. Es gibt dann einen Winkelbereich, in welchem die Zirkulation und der Auftrieb zwei Werte haben, je nachdem man von größeren oder von kleineren Winkeln kommt (Ziff. 65, Abb. 82). Durch diese Erscheinung des Abreißens ist die maximale Auftriebsziffer bei normalen Flügelprofilen auf etwa $c_{a\max} = 1{,}2$ bis $1{,}4$ beschränkt; bei sehr stark gewölbten Profilen kann man auch noch etwa $c_{a\max} \approx 2$ erreichen. Höhere Werte scheinen nur durch künstliche Einwirkung auf die Grenzschicht

[1]) Nach Messungen von ACKERET in der aerodynamischen Versuchsanstalt zu Göttingen: J. ACKERET, Das Rotorschiff und seine physikalischen Grundlagen. Göttingen: Vandenhoeck & Ruprecht 1925; L. PRANDTL, Naturwissensch. 1925, S. 93; A. BETZ, ZS. d. Ver. d. Ing. 1925, S. 9; vgl. auch Kap. 2, Ziff. 56 ds. Bds. des Handb.

möglich zu sein: Spaltflügel[1]), bei denen der Grenzschicht von der Druckseite her Flüssigkeit mit annähernd unverminderter Energie beigemischt wird; Absaugeflügel[2]), bei denen die Grenzschicht teilweise in das Innere des Flügels abgesaugt wird; Körper mit bewegter Oberfläche, bei denen die Grenzschichtbildung durch Verminderung der Relativgeschwindigkeit zwischen Flüssigkeit und Körperoberfläche vermindert wird (Magnuseffekt, Ziff. 11).

13. Verhalten bei sehr kleiner Zähigkeit bzw. sehr großer REYNOLDSscher Zahl. Nach dem Vorhergehenden spielt die Zähigkeit für den Ablösevorgang und damit für das Zustandekommen der Zirkulation eine wesentliche Rolle. Man möchte daraus vielleicht den Schluß ziehen, daß bei genügend kleiner Zähigkeit [oder allgemeiner bei genügend großer REYNOLDSscher Zahl[3])] es unmöglich wird, Auftrieb zu erzeugen. Das ist aber nicht zutreffend. Einmal wird bei großen REYNOLDSschen Zahlen die Zähigkeit durch eine mit der Turbulenz zusammenhängende scheinbare Zähigkeit[4]) ersetzt, welche wesentlich langsamer abnimmt als die wahre Zähigkeit. Leider ist über den Ablösungsvorgang bei turbulenter Grenzschicht noch sehr wenig bekannt. Es ist aber sehr wohl denkbar, daß dabei eine Ablösungsstelle auch bei beliebig hoher REYNOLDSscher Zahl bestehen bleibt.

Aber abgesehen von diesen noch wenig geklärten Verhältnissen lassen sich die Ablösungsvorgänge, welche zur Erzeugung von Auftrieb erforderlich sind, beliebig aufrechterhalten, wenn wir mit abnehmender Zähigkeit gleichzeitig den Abrundungsradius der Hinterkante (r_2 in Abb. 12) verkleinern. Dadurch können wir stets die erforderliche Ablösung an dieser Stelle erzwingen. Daraus geht hervor, daß eine vollständig scharfe Hinterkante auch bei beliebig hoher REYNOLDSscher Zahl die Erzeugung des Auftriebes ermöglicht.

14. Das Strömungsfeld in großer Entfernung vom Flügel. Die Potentialströmung um einen Flügel läßt sich in zwei Strömungen (Komponenten) zerlegen, von denen die eine die Potentialbewegung ohne Zirkulation bei der gegebenen Translationsgeschwindigkeit v_0 ist (Abb. 15), während die andere eine reine

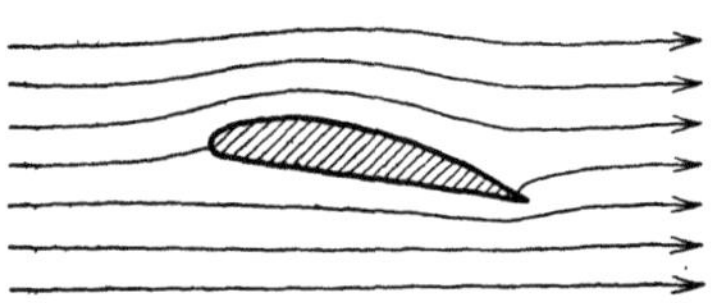

Abb. 15. Strömung um einen Flügel ohne Zirkulation.

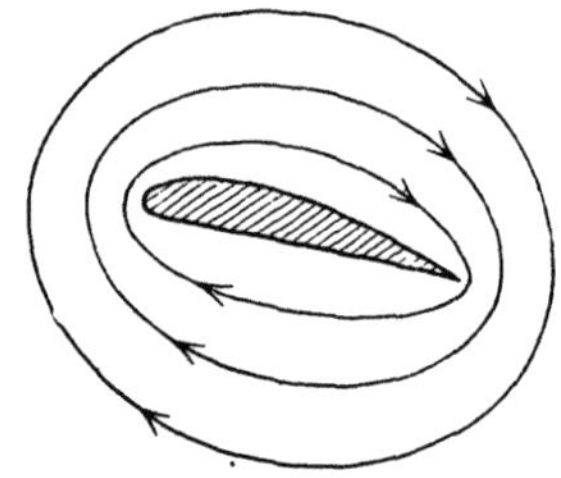

Abb. 16. Reine Zirkulationsströmung ohne Translationsgeschwindigkeit um einen Flügel.

Zirkulationsströmung mit der Zirkulation Γ, aber ohne Translationsgeschwindigkeit ist (Abb. 16). Da beides Potentialbewegungen sind, kann man sie überlagern [d. h. die Geschwindigkeiten in jedem Punkte vektoriell addieren[5])] und

---

[1]) F. HANDLEY PAGE, Aeronautical Journal, Juni 1921; C. WIESELSBERGER, ZS. f. Flugtechn. Bd. 12, S. 161. 1921; ders., Ergebnisse der aerodynamischen Versuchsanstalt zu Göttingen 2. Lief., S. 55. München: Oldenbourg 1923; G. LACHMANN, ZS. f. Fluchtechn. Bd. 12, S. 164. 1921; Bd. 14, S. 71. 1923; Bd. 15, S. 109, 173 u. 181. 1924; A. BETZ, Berichte u. Abh. der wissenschaftl. Ges. f. Luftfahrt H. 6, S. 23. 1922.

[2]) J. ACKERET, A. BETZ u. O. SCHRENK, Vorläufige Mitt. d. aerodyn. Versuchsanst. zu Göttingen (nicht im Buchhandel) H. 4, Göttingen 1926; J. ACKERET, ZS. d. Ver. d. Ing. Bd. 70, S. 1155. 1926.

[3]) Vgl. Kap. 2, Ziff. 10 ds. Bds.

[4]) Vgl. Kap. 2, Ziff. 50 ds. Bds.

[5]) Vgl. Kap. 1, Ziff. 35 ds. Bds.

erhält damit wieder eine Potentialbewegung, welche sowohl eine Translationsbewegung (Geschwindigkeit v_0 im Unendlichen) als auch eine Zirkulation Γ besitzt, also Auftrieb ergibt (die Komponentenströmungen für sich ergeben nach Gleichung (2) von Ziff. 8 keinen Auftrieb, da bei der einen $\Gamma = 0$, bei der anderen $v_0 = 0$ ist).

Dementsprechend läßt sich auch die vom Flügel verursachte Störungsbewegung trennen in eine solche, welche vom Flügel ohne Zirkulation bewirkt wird und in die Zirkulationsbewegung. Die erstere Störungsbewegung wird dadurch hervorgerufen, daß der Flügel auf der Vorderseite Flüssigkeit verdrängt, welche auf der Hinterseite wieder zusammenströmt. Dieses Verdrängtwerden und Wiederzusammenströmen läßt sich als Wirkung von ideellen Quellen und Senken auffassen[1]). Da aus dem Körper weder Flüssigkeit herauskommt noch in ihn hineinströmt, muß die Ergiebigkeit dieser Quellen und Senken gleich groß sein, damit sie sich gerade aufhebt. Die Geschwindigkeit im Felde solcher gleich großer Quellsenkenpaare nimmt aber (bei ebener Strömung) in großer Entfernung wie bei einem Dipol mit dem Quadrat der Entfernung ab[2]). Im Gegensatz hierzu läßt sich die Zirkulationsströmung als Feld von Wirbeln darstellen, welche sich gegenseitig nicht aufheben, sondern zusammen eine endliche Zirkulation, eben die Zirkulation um den Flügel, ergeben. Das Feld eines einzelnen Wirbels besteht in Kreisbahnen, die Geschwindigkeit in einem Punkte ist umgekehrt proportional dem Abstand des Punktes vom Wirbel und steht senkrecht zur Verbindungslinie des Punktes mit dem Wirbel[3]). Das Feld eines Systemes von Wirbeln ergibt sich durch vektorielle Addition der Felder der einzelnen Wirbel. Für Punkte in großer Entfernung von den Wirbeln ist die Richtung nach den einzelnen Wirbeln nur sehr wenig verschieden, dementsprechend fallen auch die Richtungen der zu addierenden Geschwindigkeiten nahezu zusammen, so daß bei der Überlagerung die Richtung und damit die Form der einzelnen Stromlinien nur sehr wenig geändert wird. Je weiter man sich daher vom Flügel entfernt, um so mehr nähern sich die Stromlinien der Zirkulationsströmung Kreisen, indem das resultierende Feld der Wirbel, durch welche sich die Zirkulationsströmung aufbauen läßt, dem Felde eines einzelnen Wirbels sich nähert (vgl. Abb. 16). Da die von der Zirkulationsströmung herrührenden Geschwindigkeiten (Feld eines Wirbels) nur mit der ersten Potenz der Entfernung abnehmen, während die von der Verdrängung herrührenden Störungen, wie wir oben sahen, mit dem Quadrat der Entfernung abnehmen, so überwiegt mit zunehmender Entfernung das Zirkulationsfeld immer mehr über das Verdrängungsfeld. In großer Entfernung vom Flügel ist das Störungsfeld daher identisch mit dem Feld eines einzelnen Wirbels von einer Zirkulation gleich der des Flügels. Die Störungsgeschwindigkeit in einem Punkte im Abstande r vom Flügel ist demnach

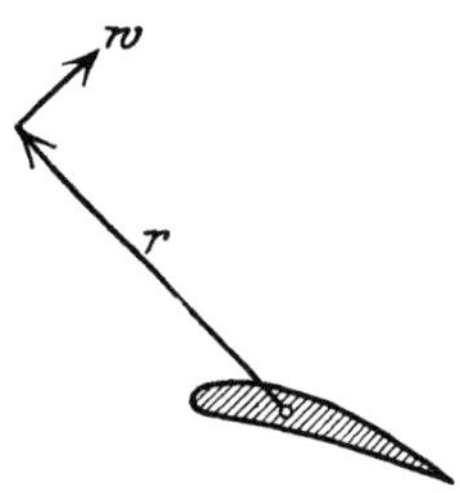

Abb. 17. Störungsgeschwindigkeit w im Abstande r vom Flügel.

$$w = \frac{\Gamma}{2 r \pi} \tag{1}$$

und steht senkrecht zu r (Abb. 17).

Für die meisten technischen Zwecke ist dieser Ersatz des Flügels durch einen einzelnen Wirbel noch bei Entfernung von etwa der Größe der Flügeltiefe brauchbar. Die Lage des den Flügel ersetzenden Wirbels ist dann ungefähr im Angriffspunkt des Auftriebes zu wählen.

[1]) Vgl. Kap. 1, Ziff. 26 ds. Bds.
[2]) Vgl. Kap. 1, Ziff. 23 ds. Bds.
[3]) Vgl. Kap. 1, Ziff. 27 ds. Bds.

15. Das Strömungsfeld in der Nähe des Flügels. Für die Strömung in der Nähe des Flügels ist natürlich neben der Zirkulation die Form desselben von ausschlaggebender Bedeutung. Es gibt hauptsächlich zwei Methoden zur Ermittlung dieses Feldes: Bei der einen Methode wird das Flügelprofil konform auf einen Kreis abgebildet. Die Strömung geht dabei in die Strömung um einen Kreiszylinder über, welche dieselbe Zirkulation wie der Flügel besitzt [KUTTA-JOUKOWSKY-BLASIUS[1])]. Bei der anderen wird der Flügel durch Wirbel (evtl. auch Quellen und Senken) in solcher Anordnung ersetzt, daß die Strömung der Kontur des Flügels folgt. Die letztere Methode eignet sich besonders zur näherungsweisen Ermittlung der Strömung auf Grund weniger charakteristischer Formangaben, wie Anstellwinkel, Wölbung, Krümmung höheren Grades [nach PRANDTL und BIRNBAUM[2])].

16. Einfache konforme Abbildungen von Flügelprofilen. Wenn man die z-Ebene durch die Funktion

$$\zeta = z + \frac{1}{z} \tag{1}$$

auf eine ζ-Ebene abbildet, so geht ein Kreis mit dem Radius 1 um den O-Punkt in der z-Ebene in eine Gerade zwischen den Punkten -2 und $+2$ in der ζ-Ebene über (ebene Platte). Nehmen wir einen Punkt $z = e^{i\varphi}$ des Einheitskreises (Abb. 18), dessen Radiusvektor mit der reellen Achse (x-Achse) den Winkel φ bildet, so liegt der Punkt $z' = 1/z = e^{-i\varphi}$ ebenfalls auf dem Einheitskreise, aber unter dem Winkel $-\varphi$ gegen die x-Achse. Der Punkt $\zeta = z + 1/z$ ergibt sich durch vektorielle Addition der beiden Radienvektoren nach z und z' und liegt, wie sich nach dieser Konstruktion ohne weiteres ergibt, auf der x-Achse. Alle Punkte außerhalb des Einheitskreises der z-Ebene erfüllen die ganze ζ-Ebene. Die Punkte innerhalb des Kreises der z-Ebene erfüllen ebenfalls die ganze ζ-Ebene, in einem zweiten RIEMANNschen Blatt (man erhält denselben Wert $\zeta = z + 1/z$ für einen Punkt z außerhalb des Einheitskreises wie für einen Punkt $z' = 1/z$ innerhalb des Einheitskreises).

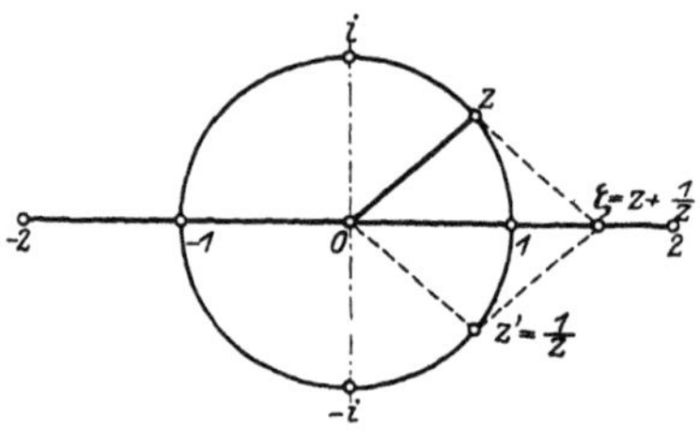

Abb. 18. Konforme Abbildung eines Kreises auf eine gerade Strecke.

Legen wir den Kreis in der z-Ebene so, daß er zwar wieder durch die Punkte -1 und $+1$ geht, daß aber sein Mittelpunkt M nicht mit dem Nullpunkt zusammenfällt, sondern um die Strecke f darüber liegt, so geht er bei der gleichen Abbildungsfunktion $\zeta = z + 1/z$ in der ζ-Ebene in einen Kreisbogen zwischen den Punkten -2 und $+2$ mit der Pfeilhöhe $2f$ über (Abb. 19, KUTTAsche Abbildung). Ist z ein Punkt des Kreises oberhalb der x-Achse, so liegt $1/z$ unterhalb der x-Achse, aber ebenfalls auf dem Kreise, und umgekehrt.

Legen wir den Kreis in der z-Ebene so, daß er durch den Punkt $+1$ geht, daß aber der Punkt -1 in seinem Innern liegt (Abb. 20), so können wir dazu

[1]) W. M. KUTTA, Ill. aeron. Mitt. 1902, S. 133; Münchener Ber. 1910, 2. Abh.; 1911, S. 65; N. JOUKOWSKY, Bull. Inst. Aérodyn. de Koutchino H. 1, S. 51, 2. Aufl. Moskau 1912; ZS. f. Flugtechn. Bd. 1, S. 281. 1910; W. DEIMLER, ZS. f. Flugtechn. Bd. 3, S. 93 u. 107. 1912; H. BLASIUS, ZS. f. Math. u. Phys. Bd. 59, S. 225. 1911; Bd. 60, S. 354. 1912; O. BLUMENTHAL, ZS. f. Flugtech. Bd. 4, S. 125. 1913; E. TREFFTZ, ebenda Bd. 4, S. 130. 1913; R. v. MISES, ebenda Bd. 8, S. 157. 1917; Bd. 11, S. 68 u. 87. 1920; TH. v. KÁRMÁN u. E. TREFFTZ, ebenda Bd. 9, S. 111. 1918; J. GECKELER, ebenda Bd. 13, S. 137, 176, 191. 1922; A. BETZ, ebenda Bd. 15, S. 100. 1924; W. MÜLLER, ZS. f. angew. Math. u. Mech. Bd. 4, S. 213, 389. 1924.

[2]) W. BIRNBAUM, ZS. f. angew. Math. u. Mech. Bd. 3, S. 290. 1923.

einen anderen Kreis zeichnen, welcher den ersten im Punkt $+1$ berührt, aber auch durch den Punkt -1 geht (Abb. 20, gestrichelt). Von dem letzteren wissen wir (vgl. Abb. 19), daß er durch die Abbildung $\zeta = z + 1/z$ in einen Kreisbogen übergeht. Da der erste Kreis bis auf die Berührungsstelle überall außerhalb

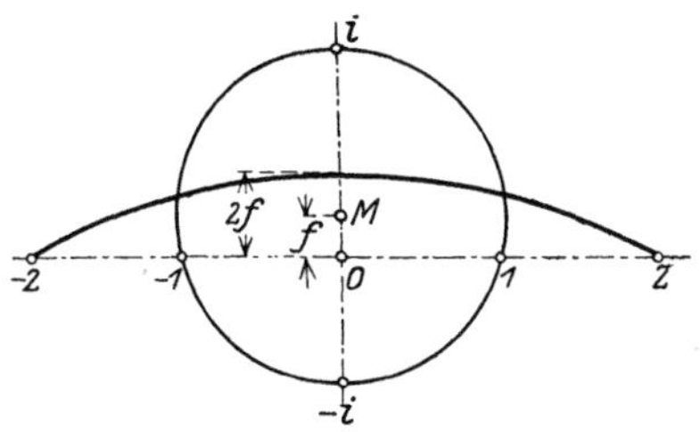

Abb. 19. Konforme Abbildung eines Kreises auf einen Kreisbogen.

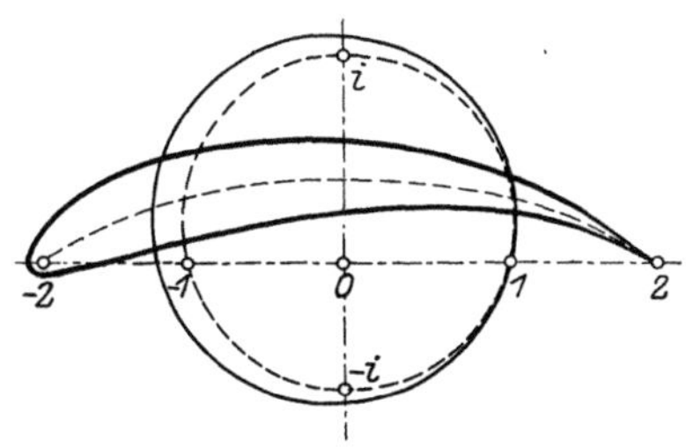

Abb. 20. Konforme Abbildung eines Kreises auf ein JOUKOWSKY-Profil.

des zweiten Kreises liegt, so muß er bei dieser Abbildung in eine Kurve übergehen, welche den Kreisbogen umschließt und ihn im Punkte $+1$ berührt, wobei sie eine Spitze bilden muß (JOUKOWSKYsche Abbildung). Die auf diese Weise gebildeten Formen haben teilweise sehr große Ähnlichkeit mit den praktisch benutzten Flügelprofilen.

17. Zusammenhang zwischen Flügeleigenschaften und Form der Flügel. Nach den in Ziff. 15 erwähnten Methoden ist es auch möglich, den Auftrieb nach Größe und Lage (sein Moment) für beliebige Profile theoretisch zu berechnen[1]) (über die Abweichung der wirklichen Werte von den theoretischen vgl. Ziff. 9 u. 65). Für einen allgemeinen Überblick empfiehlt es sich, von der endlichen Dicke der Profile zunächst abzusehen und nur unendlich dünne Profile zu betrachten und daran den Einfluß des Anstellwinkels und der Wölbung zu studieren. Profile von mäßiger Dicke verhalten sich angenähert wie dünne Profile von der Form der Profilmittellinien (über die Bedeutung von α, t, c_a und c_m s. Ziff. 4. Momentenachse ist die Vorderkante der Flügel). Für kleine Wölbungen und Anstellwinkel gelten nachstehende Formeln:

1. Ebene Platte (Abb. 21)

$$c_a = 2\pi \sin\alpha\,, \qquad c_m = \frac{\pi}{2}\sin\alpha\,; \qquad (1) \text{ u. } (2)$$

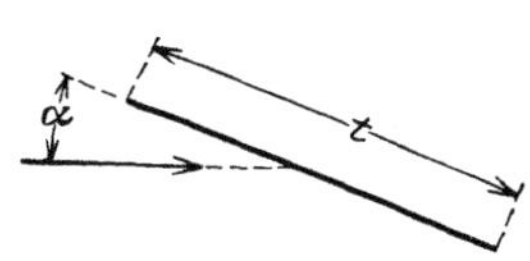

Abb. 21. Ebene Platte.

2. Kreisbogenförmige gewölbte Platte (Abb. 22)

$$c_a = 2\pi \sin\left(\alpha + \frac{\varphi}{2}\right) = 2\pi\left(\sin\alpha + 2\frac{f}{t}\right), \qquad (3)$$

$$c_m = \frac{\pi}{2}\sin(\alpha + \varphi) = \frac{\pi}{2}\left(\sin\alpha + 4\frac{f}{t}\right). \qquad (4)$$

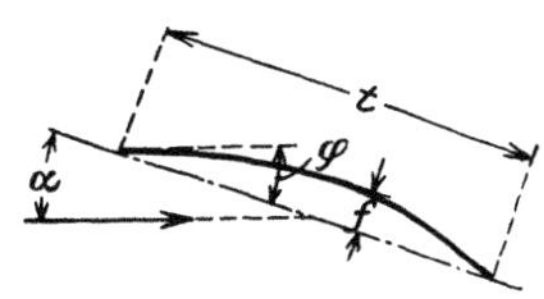

Abb. 22. Kreisbogenprofil.

Bei der ebenen Platte liegt der Angriffspunkt des Auftriebes in der Entfernung $t/4$ von vorn; bei der Kreisbogenplatte bei 0° Anstellwinkel in der Mitte ($t/2$). Nach der Näherungsrechnung von PRANDTL und BIRNBAUM[1]) kann die Kreisbogenplatte mit dem Anstellwinkel α als eine Überlagerung der Strömung um eine Kreisbogenplatte mit 0° Anstellwinkel und um eine ebene Platte mit dem

[1]) Literatur s. Ziff. 15.

Anstellwinkel α aufgefaßt werden. Dadurch wird verständlich, daß der Angriffspunkt des Auftriebes mit wachsendem Anstellwinkel von der Mitte ($t/2 = 0$) nach vorn gegen die Stelle $t/4$ hin wandert.

3. Profil von der Form $y = \frac{t}{2}\left[\beta - \gamma \frac{2x}{t}\right]\left[1 - \left(\frac{2x}{t}\right)^2\right]$ (Abb. 23)

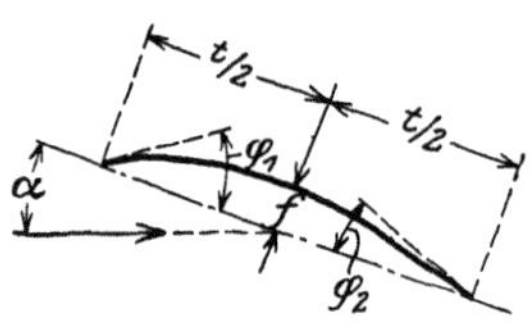

Abb. 23. Profil mit veränderlicher Krümmung.

$$c_a = 2\pi \sin\left(\alpha + \beta - \frac{\gamma}{2}\right), \tag{5}$$

$$c_m = \frac{\pi}{2} \sin\left(\alpha + 2\beta - \frac{5}{4}\gamma\right). \tag{6}$$

Hierbei ist $\beta = \frac{1}{4}(\varphi_1 + \varphi_2)$ und $\gamma = \frac{1}{4}(\varphi_1 - \varphi_2)$.

18. Erscheinungen bei großer Geschwindigkeit. Kavitation. Luft und andere Gase können als inkompressible Flüssigkeiten angesehen werden, solange die bei der Bewegung auftretenden Druckunterschiede klein sind gegenüber dem mittleren Druck des Gases (im allgemeinen also gegenüber 1 at = 1 kg/cm²). Da die Druckdifferenzen nach der BERNOULLIschen Gleichung [Ziff. 8, Gleichung (1)] mit den auftretenden Geschwindigkeiten zusammenhängen, so läßt sich die Bedingung, unter der die Volumänderungen der Gase vernachlässigbar sind, auch durch Angabe einer Geschwindigkeitsgrenze ausdrücken. Es ist nämlich erforderlich, daß die auftretenden Geschwindigkeiten klein gegenüber der Schallgeschwindigkeit in dem betreffenden Gas sind. Praktisch hat sich gezeigt, daß bei Flügeln Abweichungen von den normalen Eigenschaften beobachtet werden, wenn die Flügelgeschwindigkeit größer als etwa die halbe Schallgeschwindigkeit ist[1]). (Wegen der erhöhten Geschwindigkeit auf der Saugseite der Flügel herrschen dort schon Geschwindigkeiten, welche der Schallgeschwindigkeit sehr nahekommen, auch wenn die Flügelgeschwindigkeit an sich noch erheblich davon entfernt ist.) Bei größeren Geschwindigkeiten verschlechtert sich die Gleitzahl merklich, insbesondere bei einigermaßen dicken Profilen. Man verwendet deshalb für sehr schnell laufende Luftschrauben, wo man in dieses Geschwindigkeitsgebiet kommt, zweckmäßig möglichst dünne Profile (Reedschrauben). Diese Überlegenheit der dünnen Profile gegenüber den dicken ist dadurch begründet, daß bei ihnen geringere Übergeschwindigkeiten auf der Saugseite auftreten.

Nach Überschreiten der Schallgeschwindigkeit ändern sich die Strömungsverhältnisse vollständig[2]).

In Wasser spielt bei den technisch vorkommenden Geschwindigkeiten die Zusammendrückbarkeit keine Rolle. Dagegen tritt hier eine andere Störung bei hohen Geschwindigkeiten auf, die Kavitation oder Hohlraumbildung. Wenn an irgendeiner Stelle der Druck sich dem absoluten Nullpunkt nähert, so scheidet das Wasser Luft- und Dampfblasen aus; es bildet sich ein Hohlraum, der mit einem schaumigen Gemisch von Wasser und Gasen gefüllt ist. Hierdurch wird ebenfalls die Strömung gestört und bei größerer Ausdehnung des Hohlraumgebietes ist eine Verschlechterung der Gleitzahl zu beobachten. Außerdem ist diese Erscheinung auch mit erheblichem Geräusch verbunden (Schraubengeräusch bei Schiffsschrauben). Die unangenehmste Folge sind aber die starken Anfressungen der Flügel, welche vielfach bei Kavitation beobachtet werden [bei Schiffsschrauben und bei Wasserturbinen[3])].

---

[1]) L. J. BRIGGS, G. F. HULL, H. L. DRYDEN, National advisory committee for aeronautics, Report Nr. 207. Washington 1925. Vgl. Kap. 5, S. 342 ds. Bds. ds. Handb.

[2]) Hierüber wird ausführlich in Kap. 5 berichtet.

[3]) H. FÖTTINGER, Untersuchungen über Kavitation und Korrosion bei Turbinen, Turbopumpen und Propellern. Hydraulische Probleme. Berlin: VDI-Verlag 1926.

IV. Ebene Vorgänge bei Flügelreihen.

19. Potentialströmung durch gerade Flügelreihen[1]. Da in einer Flügelreihe (Ziff. 6) kein Flügel vor dem anderen ausgezeichnet ist, findet an jedem derselbe Vorgang statt. Wenn man daher, von irgendeinem Punkte der Strömung ausgehend, parallel dem Gitter fortschreitet, so wiederholt sich die Strömung immer wieder, sobald man um die Gitterteilung a (Abb. 24) weitergeht. Ziehen wir in der Flüssigkeit zwei in der Gitterrichtung um den Flügelabstand a gegeneinander versetzte kongruente Linien AB und CD (Abb. 24), welche zwischen den Profilen hindurchgehen, so herrschen in entsprechenden Punkten derselben genau die gleichen Geschwindigkeiten. Verbinden wir diese beiden Linien vor und hinter dem Gitter durch je eine Gerade parallel zur Gitterrichtung AC und BD zu einem geschlossenen Linienzug und bilden das Linienintegral der Geschwindigkeit (die Zirkulation) längs desselben, so finden wir, daß die Anteile der beiden um den Gitterabstand verschobenen Linienstücke genau gleich sind, aber entgegengesetzte Vorzeichen haben, da die beiden Linien im entgegengesetzten Sinne durchlaufen werden. Einen Beitrag zur Zirkulation liefern nur die beiden Verbindungsstücke AC und BD von der Länge a. Bezeichnen wir die Geschwindigkeitskomponente parallel zur Gitterrichtung mit u, und zwar mit u_1 die vor dem Gitter, mit u_2 die hinter dem Gitter (Abb. 24), so ist das Linienintegral über das eine Verbindungsstück (wenn wir den Integrationsweg im Urzeigersinn wählen und die Geschwindigkeiten wie in Abb. 24 gedacht sind) $\int_0^a u_1 ds = -\bar{u}_1 a$, wobei $\bar{u}_1$ den Mittelwert von u_1 bedeutet. Entsprechend ist das Linienintegral über das andere Verbindungsstück $u_2 a$, also die Zirkulation um den von dem Linienzug umschlungenen Flügel

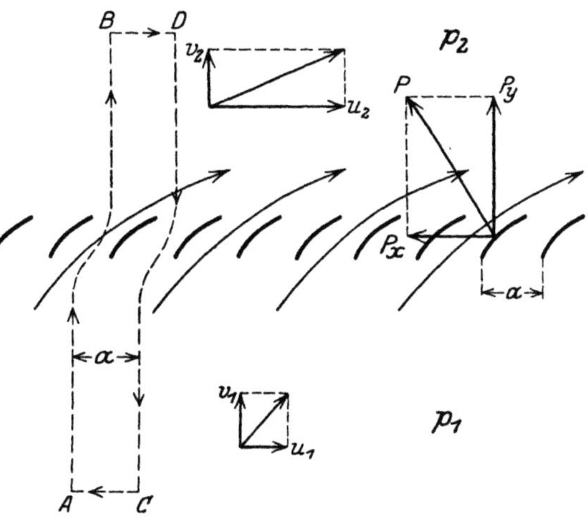

Abb. 24. Gerade Flügelreihe. (Die Kraft- und Geschwindigkeitskomponenten mögen positiv gerechnet werden, wenn sie nach rechts bzw. nach oben gerichtet sind; die Kraft P_x ist demnach im vorliegenden Falle negativ.)

$$\Gamma = (\bar{u}_2 - \bar{u}_1)\, a. \tag{1}$$

Da sie bei einer Potentialströmung vom Wege unabhängig ist, so ergibt sich dieser Wert für jeden Linienzug, der einen Flügel umschlingt.

Beachten wir weiter, daß nach der Kontinuitätsbedingung in das von dem Linienzug umschlossene Gebiet ebensoviel Flüssigkeit hinein- wie herausströmen muß. Da durch das eine der kongruenten Linienstücke ebensoviel hineinströmt wie durch das andere herausströmt, so muß auch durch die Verbindungsstücke gleichviel strömen. Da diese aber gleich lang sind, so muß die Normalgeschwindigkeit, d. h. die Geschwindigkeitskomponente v, senkrecht zur Gitterrichtung im Mittel vor und hinter dem Gitter konstant sein,

$$\bar{v}_1 = \bar{v}_2. \tag{2}$$

[1] R. Grammel, Die hydrodynamischen Grundlagen des Fluges, § 7. Braunschweig 1917.

Die Flügelreihe bewirkt also eine Ablenkung der Strömung, wobei die Komponente senkrecht zur Gitterebene im Mittel konstant bleibt und nur die Komponente parallel zum Gitter sich ändert. (Bemerkung: Dies gilt nur unter Voraussetzung ebener Strömung. Ist z. B. die Möglichkeit gegeben, daß sich die Strömung senkrecht zur Zeichenebene zusammenzieht oder erweitert, so kann sich natürlich auch die Komponente v ändern; Ziff. 42.)

In hinreichender Entfernung vom Gitter werden u und v immer mehr konstant (Ziff. 25), es wird daher $v_1 = \bar{v}_1$, $u_1 = \bar{u}_1$, $v_2 = \bar{v}_2$, und $u_2 = \bar{u}_2$. Wir wollen für die folgenden Überlegungen Stellen in so großen Entfernungen vom Gitter betrachten, daß dies hinreichend genau zutrifft.

20. Kräfte auf eine gerade Flügelreihe. Wir wollen ein Bezugssystem betrachten, in dem die Flügelreihe ruht, die Strömung also stationär ist. Die Geschwindigkeiten v_1, u_1, v_2, u_2 sollen demnach die Geschwindigkeiten der Flüssigkeit relativ zur Flügelreihe sein. Bezeichnen wir den Druck vor dem Gitter mit p_1, hinter dem Gitter mit p_2, so ist nach der BERNOULLIschen Gleichung

$$p_1 + \frac{\varrho}{2}(v_1^2 + u_1^2) = p_2 + \frac{\varrho}{2}(v_2^2 + u_2^2).$$

Da $v_1 = v_2$ ist, so wird

$$p_1 - p_2 = \frac{\varrho}{2}(u_2^2 - u_1^2). \tag{1}$$

Betrachten wir nun an dem Linienzug $ABCD$ (Abb. 24) die Drücke und Impulse: Die kongruenten Stücke liefern wieder keinen Beitrag. Die Drücke auf die Endlinien liefern für ein Stück des Flügels von der Länge l (Ziff. 8) eine Kraft P_y senkrecht zur Gitterrichtung, welche sich unter Berücksichtigung der Gleichung (1) und der Gleichung (1) in Ziff. 19 in folgender Weise ausdrücken läßt:

$$P_y = (p_1 - p_2)\,a\,l = \varrho\left(\frac{u_1 + u_2}{2}\right)(u_2 - u_1)\,a\,l = \varrho\cdot\frac{u_1 + u_2}{2}\,\Gamma l. \tag{2}$$

Die Impulse liefern eine Kraft parallel zur Gitterrichtung

$$P_x = \varrho\,v\,a\,l\,(u_1 - u_2) = -\varrho\,v\,\Gamma l. \tag{3}$$

Diese Kräfte wirken auf jeden Flügel. Die Formeln sind im wesentlichen dasselbe wie die KUTTA-JOUKOWSKYsche Auftriebsformel (Ziff. 8) für einen einzelnen Flügel. (Durch Übergang auf unendlichen Flügelabstand, $a = \infty$, erhält man die gewöhnliche KUTTA-JOUKOWSKYsche Formel.) Man kann die Kraft auf einen Flügel eines Gitters nach der gewöhnlichen KUTTA-JOUKOWSKYschen Formel berechnen, wenn man nur beachtet, daß an Stelle der Geschwindigkeit im Unendlichen beim einzelnen Flügel das arithmetische Mittel aus der Geschwindigkeit vor und hinter dem Gitter tritt [mit den Komponenten $(u_1 + u_2)/2$ und v].

21. Potentialströmung und Kräfte bei kreisförmigen Flügelreihen. Bei einer kreisförmigen Flügelreihe strömt die Flüssigkeit radial von innen nach außen oder von außen nach innen durch das Gitter. Dementsprechend müssen wir für die idealisierte Strömung im Mittelpunkt eine Quelle oder Senke annehmen. (Bei den wirklichen Maschinen strömt die Flüssigkeit in axialer Richtung zu und wird in die radiale Richtung abgelenkt bzw. umgekehrt.) Die Strömung kann außerdem tangentiale Geschwindigkeitskomponenten u haben. Zur theoretischen Darstellung der letzteren müssen wir im Mittelpunkt noch einen Wirbel annehmen. Ist $\bar{u}_1$ die mittlere Tangentialgeschwindigkeit auf einem Kreise vom Radius r_1 im Inneren der Flügelreihe, so ist

$$2 r_1 \pi \bar{u}_1 = \Gamma_1 \tag{1}$$

die Zirkulation um den Wirbel im Mittelpunkt. Da diese konstant ist, muß $\bar{u}_1$ umgekehrt proportional r_1 sein:

$$\bar{u}_1 r_1 = \text{konst.}$$

Ist Γ die Zirkulation um jeden einzelnen Flügel und sind z Flügel vorhanden, so ist die Zirkulation für eine außen um die Flügelreihe herumlaufende Linie

$$\Gamma_2 = \Gamma_1 + z\Gamma \tag{2}$$

(Γ_1 und Γ können natürlich auch verschiedene Vorzeichen haben). Für die mittlere Tangentialgeschwindigkeit außerhalb der Flügelreihe im Abstand r_2 vom Mittelpunkt ergibt sich die Beziehung

$$2 r_2 \pi \bar{u}_2 = \Gamma_2 \tag{3}$$

oder

$$r_2 \bar{u}_2 = r_1 \bar{u}_1 + \frac{z\Gamma}{2\pi}. \tag{4}$$

Da die Menge Q, welche durch jeden um den Mittelpunkt gezogenen Kreis (genauer durch einen Zylindermantel von der Länge l, wenn wir von der ebenen Strömung eine Schicht von der Dicke l betrachten) strömt, konstant ist, nämlich gleich der Ergiebigkeit der Quelle (bzw. Senke), so besteht für die Radialkomponente v der Geschwindigkeit die Beziehung

$$2 r \pi \bar{v} l = Q, \tag{5}$$

welche sowohl innerhalb wie außerhalb der Flügelreihe gilt. v ist demnach ebenfalls umgekehrt proportional dem Radius r.

Das Impulsmoment, das die in der Sekunde durch den Kreis r_1 strömende Flüssigkeitsmenge Q besitzt, ist

$$r_1 \bar{u}_1 \varrho Q = \varrho Q \frac{\Gamma_1}{2\pi}.$$

Außerhalb des Gitters ist es

$$r_2 \bar{u}_2 \varrho Q = \varrho Q \frac{\Gamma_2}{2\pi}.$$

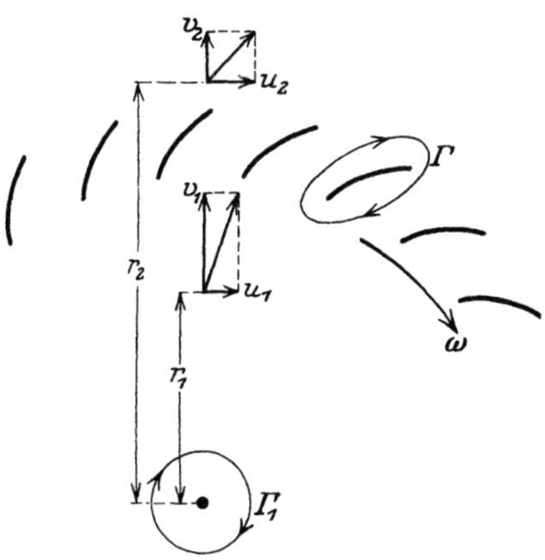

Abb. 25. Kreisförmige Flügelreihe.

Infolgedessen müssen die Flügel um den Mittelpunkt der Reihe ein Drehmoment

$$M = \varrho Q (r_1 \bar{u}_1 - r_2 \bar{u}_2) = \frac{\varrho Q}{2\pi} (\Gamma_1 - \Gamma_2) = -\frac{\varrho Q}{2\pi} z \Gamma \tag{6}$$

erfahren (EULERsche Turbinengleichung).

Bei der gradlinigen Flügelreihe konnten die Drücke vor und hinter dem Gitter auf Grund der BERNOULLIschen Gleichung ermittelt werden, da es dort stets möglich ist, durch Verwendung eines Koordinatensystemes, in welchem die Flügelreihe ruht, den Strömungsvorgang stationär zu machen. Bei kreisförmigen Flügelreihen ist dies nicht ohne weiteres möglich. Wenn nämlich die Flügelreihe nicht (wie bei einem Leitapparat) still steht, sondern umläuft, so müßte zum Stationärmachen ein rotierendes Koordinatensystem verwandt werden, das aber wegen der Zentrifugal- und Corioliskräfte dem ruhenden nicht gleichwertig ist. Für eine ruhende, kreisförmige Flügelreihe ergibt die BERNOULLIsche Gleichung

$$p_1 + \frac{\varrho}{2}(v_1^2 + u_1^2) = p_2 + \frac{\varrho}{2}(v_2^2 + u_2^2).$$

Läuft die Flügelreihe selbst mit der Winkelgeschwindigkeit ω in der in Abb. 25 angegebenen Richtung um, so leistet sie die sekundliche Arbeit $M\omega$. Man erhält nun eine Aussage über die Drücke innerhalb und außerhalb der Reihe aus der Bedingung, daß die sekundlich auf der einen Seite zufließende Energie um den Betrag $M\omega$ kleiner sein muß als die auf der anderen Seite abfließende (unter der theoretischen Voraussetzung, daß kein Energieverlust stattfindet; über den Einfluß der Energieverluste s. Ziff. 22). Dies ergibt, wenn v und u über den betreffenden Kreis als konstant betrachtet werden können (Ziffer 19)

$$\left.\begin{aligned} p_1 + \frac{\varrho}{2}(v_1^2 + u_1^2) &= p_2 + \frac{\varrho}{2}(v_2^2 + u_2^2) + \varrho\frac{z\Gamma}{2\pi}\omega \\ &= p_2 + \frac{\varrho}{2}(v_2^2 + u_2^2) - \varrho(r_1 u_1 - r_2 u_2)\,\omega\,. \end{aligned}\right\} \tag{7}$$

22. Einfluß des Flügelwiderstandes. Da wir es in Wirklichkeit nie mit reiner Potentialströmung zu tun haben, indem die Flügel außer dem Auftrieb auch einen Widerstand haben, so findet ein Energieverlust statt. Wenn wir die Zirkulation um die Flügel einer Reihe, wie sie sich gemäß Gleichung (1) von Ziff. 19 berechnet, festhalten, so sind bei gegebener Zuströmung (v_1 und u_1) die Austrittsgeschwindigkeiten v_2 und u_2 rein kinematisch, also unabhängig von etwa eintretenden Energieverlusten, bestimmt. Ein Energieverlust kann sich daher nur darin äußern, daß der Druck p_2 kleiner ist als bei verlustloser Strömung. Es ist dann

$$p_1 - p_2 = \frac{\varrho}{2}(u_2^2 - u_1^2) + p'\,, \tag{1}$$

wobei p' diesen Druckverlust im Gitter bedeutet. Berechnen wir nun in gleicher Weise wie in Ziff. 20 die Kräfte auf den einzelnen Flügel, so finden wir, daß P_x unverändert bleibt, während P_y um den Betrag $p'a$ vergrößert ist. Bei einem einzelnen Flügel liegt die den Energieverlust bedingende Kraft, der Widerstand, in Richtung der Strömung. Es muß daher verwunderlich erscheinen, daß sie bei einem Flügel einer Flügelreihe eine andere Richtung hat, zumal da man doch durch Vergrößerung der Gitterteilung einen Übergang zum einzelnen Flügel herstellen kann. Der Widerspruch löst sich dadurch, daß die Zirkulation hier, wo wir keine Potentialströmung mehr haben, nicht mehr von der Wahl des Umschlingungsweges unabhängig ist. Wir haben im vorliegenden Falle die Zirkulation aus u_1 und u_2 bestimmt und zu dem Zwecke den Integrationsweg gemäß Abb. 24 gewählt. Dabei schneidet der Integrationsweg das mit dem Widerstand zusammenhängende Totwassergebiet im allgemeinen (wenn $u_2 \neq 0$) unter einem Winkel mit der Stromrichtung. Wir haben in Ziff. 9 bereits darauf hingewiesen, daß bei der Anwesenheit eines Totwassers die Zirkulation von der Lage des Integrationsweges im Totwassergebiet abhängt und der KUTTA-JOUKOWSKYsche Satz nur dann richtige Werte ergibt, wenn der Integrationsweg im Totwassergebiet senkrecht zu den Stromlinien liegt. Gehen wir von der verlustlosen Strömung mit den Geschwindigkeiten u_1 vor und u_2 hinter dem Gitter aus, so möge die resultierende Kraft A_1 sein (Abb. 27). Sie steht senkrecht zur mittleren Durchflußgeschwindigkeit c' [mit den Komponenten v und $(u_1+u_2)/2$, Ziff. 20] und folgt dem KUTTA-JOUKOWSKYschen Satz $A_1 = \varrho c' \Gamma_1 l$ für den

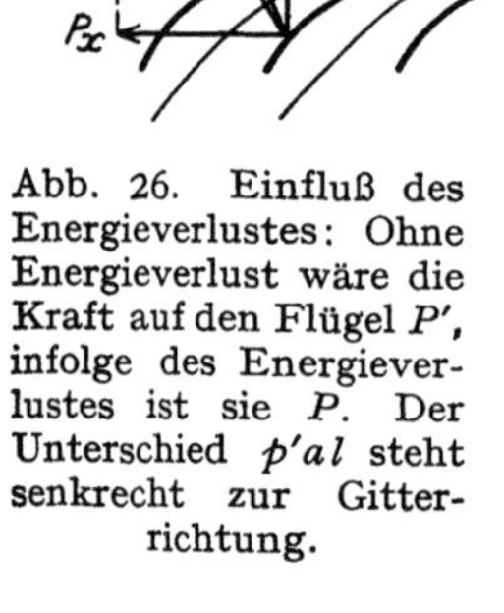

Abb. 26. Einfluß des Energieverlustes: Ohne Energieverlust wäre die Kraft auf den Flügel P', infolge des Energieverlustes ist sie P. Der Unterschied $p'al$ steht senkrecht zur Gitterrichtung.

einzelnen Flügel, wobei $\Gamma_1 = a(u_2 - u_1)$ die Zirkulation für jede beliebige einen Flügel umschlingende Linie ist. Halten wir die Geschwindigkeiten u_1 und u_2 fest, und lassen nun einen Energieverlust eintreten, so finden wir die resultierende Kraft P. Diese unterscheidet sich von A_1 um die Kraft $p'al$, welche senkrecht zur Gitterrichtung steht. Betrachten wir den Flügel für sich allein, so finden wir für einen Integrationsweg, der das Totwassergebiet senkrecht schneidet, eine Zirkulation $\Gamma_2 \gtrless \Gamma_1$ und demgemäß auch einen Auftrieb $A_2 \gtrless A_1$. Wenn $u_1 < u_2$ ist $A_2 > A_1$ (Abb. 27 oben); ist $u_1 > u_2$, so ist $A_2 < A_1$ (Abb. 27 unten). Von diesem größeren bzw. kleineren Auftrieb unterscheidet sich nun die resultierende Kraft um die Kraft W, welche als normaler Widerstand in Richtung der Bewegung liegt. Aus diesem Zusammenhang ergibt sich für den Winkel δ, den die resultierende Kraft P mit dem Auftrieb A bildet, ebenso wie beim einzelnen Flügel die Beziehung

$$\operatorname{tg} \delta = \frac{W}{A} = \varepsilon$$

(ε = Gleitzahl, Ziff. 3 u. 4).

23. Der Wirkungsgrad von Flügelreihen. Der Zweck der Flügelräder und damit auch ihrer idealisierten Form der Flügelreihe ist im allgemeinen der, Leistung auf die Flüssigkeit zu übertragen oder aus ihr zu entnehmen. Da ein ruhender Flügel weder Arbeit leisten noch aufnehmen kann, so müssen Arbeit übertragende Flügel stets bewegt sein. Denken wir uns die Flügelreihe der Abb. 24 in der Gitterrichtung, und zwar in Richtung der Kraft P_x mit der Geschwindigkeit u_0 bewegt, so leistet jeder Flügel der Reihe die sekundliche Arbeit $P_x \cdot u_0$. Sind u_1 bzw. u_2 wie bisher die Geschwindigkeiten in der Gitterrichtung, relativ zum Flügel (d. h. in einem Koordinatensystem, das sich mit den Flügeln mitbewegt), dann sind die entsprechenden Absolutgeschwindigkeiten (in dem Koordinatensystem, in dem die Flügel die Geschwindigkeit u_0 haben) $u_1 - u_0$ bzw. $u_2 - u_0$. Die auf eine Gitterteilung a und die Schaufellänge l treffende Energie, welche in der Sekunde auf der einen Seite zuströmt, ist

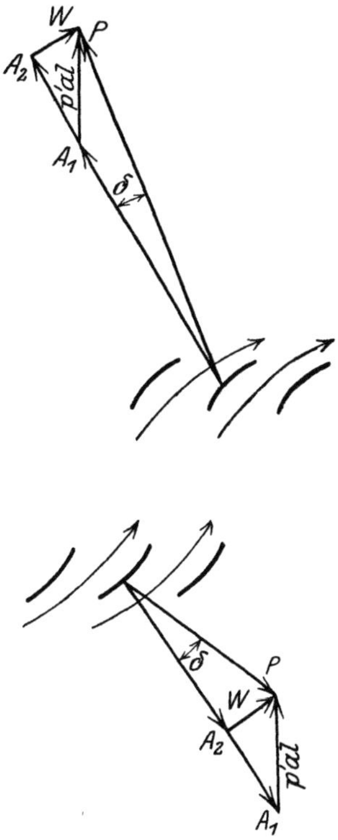

Abb. 27. Zerlegung der Kraft auf einem Flügel bei Strömung mit Energieverlust, oben wenn $u_1 < u_2$ (Turbinen, Windmühlen), unten wenn $u_1 > u_2$ (Pumpen, Propeller).

$$a l v_1 \left[p_1 + \frac{\varrho}{2} v_1^2 + \frac{\varrho}{2} (u_1 - u_0)^2\right],$$

die abströmende Energie ist

$$a l v_2 \left[p_2 + \frac{\varrho}{2} v_2^2 + \frac{\varrho}{2} (u_2 - u_0)^2\right],$$

Die beim Durchgang durch die Reihe an einen Flügel abgegebene Energie ist demnach die Differenz. Wenn man beachtet, daß nach Gleichung (2) von Ziff. 19 und Gleichung (1) von Ziff. 20

$$v_1 = v_2 = v \quad \text{und} \quad p_1 + \frac{\varrho}{2} u_1^2 = p_2 + \frac{\varrho}{2} u_2^2$$

ist, ergibt sich für diese abgegebene Leistung $L = alv\varrho u_0(u_1 - u_2)$. Da aber nach Gleichung (3) von Ziff. 20 $\varrho val(u_1 - u_2) = P_x$ ist, so ist die abgegebene Leistung $P_x u_0$, also genau so groß wie die von einem Flügel geleistete Arbeit. Dieses Resultat war auch zu erwarten, da wir ja Potentialströmung voraussetzten, in der kein Energieverlust eintritt. Praktisch muß allerdings die Energie der austretenden Flüssigkeit meistens ganz oder teilweise als Verlust gebucht werden, da es in der Regel nicht möglich ist, sie vollständig weiter zu verwerten. Dieser Verlust hängt aber von der Gesamtanordnung ab und ist nicht den Flügeln zuzurechnen (vgl. z. B. den Begriff „maximaler theoretischer Wirkungsgrad" beim Propeller; Ziff. 45). Dagegen ist der durch den Flügelwiderstand bedingte Verlust eine charakteristische Eigenschaft der Flügelreihe. Er beträgt pro Zeiteinheit und Flügel

$$L_V = p'alv = Wc', \tag{1}$$

wie man sich an Hand der Abb. 27 überzeugen kann. Man kann diesen Verlust auch in Form eines Wirkungsgrades ausdrücken, man muß dabei nur festlegen, was man als Nutzleistung der Flügelreihe ansehen will. An sich ist die Nutzleistung des Gitters $P_x u_0$. Es ist jedoch nicht zweckmäßig, diese Größe zum Vergleich mit dem Verlust heranzuziehen, da sie nicht dem Gitter an sich bzw. der betreffenden Strömung wesentlich ist, sondern von der zufälligen Gittergeschwindigkeit, also von der Wahl des Koordinatensystemes abhängt. Es ist zweckmäßiger, die Aufgabe der Flügelreihe allgemeiner darin zu erblicken, im stationären Vorgang (also bei ruhendem Gitter) Druck in Geschwindigkeit umzusetzen und umgekehrt. Bei der Umsetzung von Druck in Geschwindigkeit (Turbine, Windrad; vgl. Ziff. 7) ist die sekundlich verbrauchte Energie $alv(p_1 - p_2)$, die Nutzleistung (Vergrößerung der kinetischen Energie) $alv(u_2^2 - u_1^2)$. Die Differenz (s. oben) ist $E = p'alv$. Als Wirkungsgrad der Flügelreihe ergibt sich demnach nach dieser Definition

$$\eta_1 = \frac{\varrho(u_2^2 - u_1^2)}{2(p_1 - p_2)} = 1 - \frac{p'}{p_1 - p_2}.$$

Wir können diesen Ausdruck so umformen, daß der Zusammenhang mit der für den Verlust maßgebenden Flügeleigenschaft, der Gleitzahl $\varepsilon = W/A$ hervortritt.

Setzen wir zur Abkürzung $(u_1 + u_2)/2 = u'$, so ist in Abb. 28 A_1 senkrecht zur mittleren Strömungsrichtung mit den Komponenten v und u'. Mithin ist $\operatorname{tg}\beta = u'/v$. Schreiben wir den obigen Ausdruck für η_1 in der Form $\eta_1 = \frac{p_1 - p_2 - p'}{p_1 - p_2}$, so können wir aus der Abb. 28 links ohne weiteres ablesen, daß dies ergibt

$$\eta_1 = \frac{\operatorname{tg}\beta}{\operatorname{tg}(\beta + \delta)} = \frac{1 - \operatorname{tg}\delta \operatorname{tg}\beta}{1 + \operatorname{tg}\delta \operatorname{ctg}\beta}.$$

$\operatorname{tg}\delta$ ist aber, wie sich aus Abb. 27 ergibt, nichts anderes als die Gleitzahl ε. Führen wir außerdem für $\operatorname{tg}\beta$ den oben abgeleiteten Wert u'/v ein, so erhalten wir

$$\eta_1 = \frac{1 - \varepsilon\dfrac{u'}{v}}{1 + \varepsilon\dfrac{v}{u'}}. \tag{2}$$

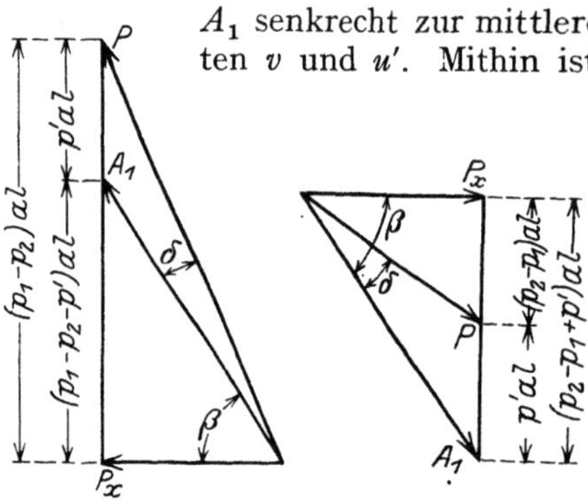

Abb. 28. Darstellung des Wirkungsgrades einer Flügelreihe, links für $u_1 < u_2$, rechts für $u_1 > u_2$.

In ganz entsprechender Weise kann man auch eine Flügelreihe behandeln, bei welcher Geschwindigkeit in Druck umgesetzt wird, wie sie zur Idealisierung von

Pumpen und Schraubenpropellern (Ziff. 7) dient. Man findet dabei (Abb. 28 rechts) als Wirkungsgrad

$$\eta_2 = \frac{p_2 - p_1}{\frac{\varrho}{2}(u_1^2 - u_2^2)} = 1 - \frac{p'}{\frac{\varrho}{2}(u_1^2 - u_2^2)} = \frac{1 - \varepsilon\frac{v}{u'}}{1 + \varepsilon\frac{u'}{v}}. \tag{3}$$

Wir werden später bei der Behandlung der räumlichen Vorgänge sehen, daß man die Verluste so trennen kann, daß der durch die Gleitzahl verursachte Verlust durch diesen Wirkungsgrad zum Ausdruck gebracht werden kann (Ziff. 44).

24. Änderung der Flügeleigenschaften durch die Einwirkung der Nachbarflügel bei Flügelreihen. Von den Flügeleigenschaften ist der unter bestimmten Verhältnissen auftretende Auftrieb durch theoretisch ziemlich klarliegende Ursachen bedingt (Ziff. 9 u. 10). Hierin ändert auch die Anordnung der Flügel in Flügelreihen nichts Wesentliches. Dagegen sind wir bei zwei anderen Eigenschaften, dem Widerstand und dem maximalen Auftrieb zur Zeit noch fast ausschließlich auf das Experiment angewiesen, da die Theorie hier nur eine qualitative Einsicht ermöglicht. Die Frage, ob und in welchem Sinne sich diese Eigenschaften unter dem Einfluß der Nachbarflügel ändern, läßt sich daher auf Grund theoretischer Überlegung nur sehr unsicher beantworten. Experimentelle Arbeiten hierüber sind zur Zeit noch nicht ganz abgeschlossen.

Der Widerstand hängt mit der Bildung von Grenzschichten und deren Ablösung zusammen. Da hierfür der Druckverlauf längs der Profile von großer Bedeutung ist, so kann man schließen, daß bei einer Flügelreihe mit starkem Druckabfall ($u_1 < u_2$, Turbine) das Anwachsen der Grenzschicht und die Neigung zum Ablösen derselben vermindert und dementsprechend der Widerstand und die Gleitzahl des Profiles kleiner werden. Bei Flügelreihen für Umsetzung von Geschwindigkeit in Druck ($u_1 > u_2$, Pumpe) tritt das Umgekehrte ein, die Gleitzahl verschlechtert sich.

Ähnlich liegen die Verhältnisse für den maximalen Auftrieb (Ziff. 12). Auch hierfür ist ein Druckanstieg in der Flügelreihe ungünstig, Druckabfall günstig. Der letztere Einfluß tritt besonders hervor, wenn die Flügeltiefe größer als die Gitterteilung ist, hierbei kann man die Anstellung der Flügel so weit vergrößern, daß das Gitter nahezu eine Abschlußwand bildet (Abb. 29). Als theoretischen Grenzwert erhält man für eine solche Anordnung $c_a = 4$.

Abb. 29. Extreme Form einer Flügelreihe, bei welcher trotz hoher Flügelbelastung kein Abreißen stattfindet.

25. Der Verlauf der Strömung durch Flügelreihen. In ähnlicher Weise wie beim einzelnen Flügel kann man auch bei dem Flügel einer Reihe die Strömung konform auf das äußere eines Kreises bzw. auf eine Halbebene abbilden[1]). Dieses Verfahren ist aber noch nicht sehr weitgehend ausgebildet, so daß es praktisch wohl nur selten zur Anwendung gelangt.

In sehr vielen Fällen genügt es aber auch, jene Annäherung zu benutzen, wonach jeder einzelne Flügel durch einen Wirbel ersetzt wird, dessen Geschwindigkeitsfeld mit $1/r$ abnimmt (Ziff. 14). Um auf dieser Grundlage das Feld einer geraden Flügelreihe bestimmen zu können, müssen wir das Feld einer unendlichen Reihe gerader Wirbel, welche im Abstand a auf einer Geraden liegen, ermitteln. Die Zirkulation um jeden Flügel bzw. um jeden Wirbel sei Γ. Wir können den Streifen

[1]) E. König, Potentialströmung durch Gitter. ZS. f. angew. Math. u. Mech. Bd. 2, S. 422. 1922, bzw. Dissert. Göttingen 1921.

von der Breite a (Gitterteilung Abb. 30) in der z-Ebene durch die Funktion $\zeta = e^{\frac{2iz\pi}{a}}$ auf eine schlichte Ebene (ζ-Ebene) abbilden, in welcher von der Wirbelreihe nur noch ein Wirbel vorhanden ist (die anderen befinden sich in anderen RIEMANNschen Blättern, welche aber alle identisch sind). Man muß hierbei aber beachten, daß, wenn das Strömungsfeld in der z-Ebene symmetrisch zur Flügelreihe sein soll (andere Fälle lassen sich durch Überlagerung einer konstanten Geschwindigkeit darauf zurückführen), auch im Nullpunkt der ζ-Ebene, welche dem Punkt $-\infty$ der z-Ebene entspricht, ein Wirbel von der Zirkulation $-\Gamma/2$ vorhanden ist. Ein weiterer von gleicher Größe liegt im Unendlichen, entsprechend dem Punkt $+\infty$ der z-Ebene. Das Feld der beiden im Endlichen der ζ-Ebene liegenden Wirbel Γ und $-\Gamma/2$ in den Punkten $+1$ und 0 läßt sich leicht durch Addition der Felder der beiden einzelnen Wirbel berechnen. Geht man nun wieder zurück in die z-Ebene, so erhält man das Feld der Wirbelreihe. Es ergeben sich für das Potential Φ und die Stromfunktion Ψ in einem Punkt x, y folgende Werte (X-Achse in Gitterrichtung, Y-Achse senkrecht dazu, Nullpunkt mit einem Wirbel zusammenfallend):

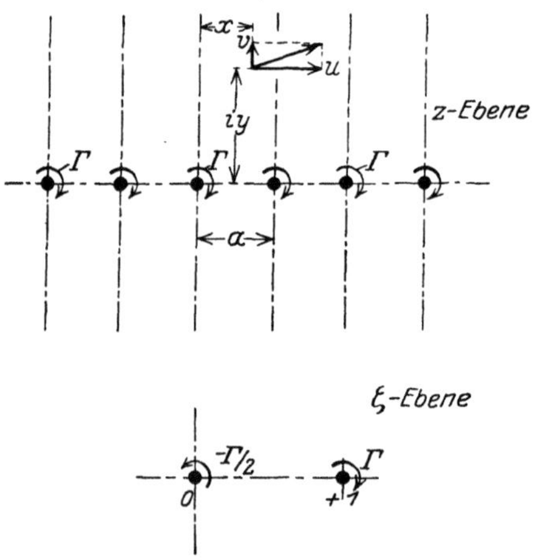

Abb. 30. Konforme Abbildung einer Wirbelreihe auf einen einzelnen Wirbel.

$$\Phi = \frac{\Gamma}{2\pi} \operatorname{arctg} \frac{\operatorname{tg} \frac{x\pi}{a}}{\operatorname{\mathfrak{Tg}} \frac{y\pi}{a}}, \tag{1}$$

$$\Psi = \frac{\Gamma}{4\pi} \ln 4 \left(\sin^2 \frac{x\pi}{a} \operatorname{\mathfrak{Cof}}^2 \frac{y\pi}{a} + \cos^2 \frac{x\pi}{a} \operatorname{\mathfrak{Sin}}^2 \frac{y\pi}{a} \right). \tag{2}$$

Für die Geschwindigkeitskomponente parallel zum Gitter ergibt sich

$$u = \frac{\partial \Phi}{\partial x} = \frac{\Gamma}{2a} \cdot \frac{\operatorname{\mathfrak{Tg}} \frac{y\pi}{a}}{\cos^2 \frac{x\pi}{a} \left(\operatorname{tg}^2 \frac{x\pi}{a} + \operatorname{\mathfrak{Tg}}^2 \frac{y\pi}{a} \right)}. \tag{3}$$

Für die Komponente senkrecht zum Gitter ergibt sich

$$v = \frac{\partial \Phi}{\partial y} = -\frac{\Gamma}{2a} \cdot \frac{\operatorname{tg} \frac{x\pi}{a}}{\operatorname{\mathfrak{Cof}}^2 \frac{y\pi}{a} \left(\operatorname{tg}^2 \frac{x\pi}{a} + \operatorname{\mathfrak{Tg}}^2 \frac{y\pi}{a} \right)}. \tag{4}$$

In Ziff. 20 war für die Druckgleichung vorausgesetzt, daß sich die Geschwindigkeiten ausgeglichen haben. Man kann aus den vorstehenden Gleichungen ersehen, wie weit diese Voraussetzung für einen bestimmten Punkt zutrifft, bzw. wie weit man von der Flügelreihe sich entfernen muß, um die Gleichung (1) von Ziff. 20 mit hinreichender Genauigkeit anwenden zu können.

In ganz ähnlicher Weise wie für die gerade Wirbelreihe läßt sich auch für die kreisförmige das Feld berechnen. Der Radius des Kreises, auf dem die Wirbel liegen, möge 1 sein. Einer der Wirbel habe die Polarkoodinaten $r = 1$, $\varphi = 0$. Wenn wir, um eine symmetrische Strömung zu erhalten, im Mittelpunkt einen Wirbel von der Zirkulation $-z\Gamma/2$ anordnen (z = Anzahl der Wirbel auf dem Kreise, Γ = Zirkulation um jeden Wirbel der Reihe), so ergibt sich

$$\Phi = \frac{\Gamma}{2\pi} \operatorname{arctg} \frac{\operatorname{tg}\frac{z\varphi}{2}}{\mathfrak{Tg}\frac{z\ln r}{2}}, \tag{5}$$

$$\Psi = \frac{\Gamma}{4\pi} \ln 4\left(\sin^2\frac{z\varphi}{2}\,\mathfrak{Cof}^2\frac{z\ln r}{2} + \cos^2\frac{z\varphi}{2}\,\mathfrak{Sin}^2\frac{z\ln r}{2}\right). \tag{6}$$

Die tangentiale Geschwindigkeitskomponente ist

$$u = \frac{\partial\Phi}{r\,\partial\varphi} = \frac{z\Gamma}{4r\pi}\cdot\frac{\mathfrak{Tg}\frac{z\ln r}{2}}{\cos^2\frac{2\varphi}{2}\left(\operatorname{tg}^2\frac{z\varphi}{2} + \mathfrak{Tg}^2\frac{z\ln r}{2}\right)}, \tag{7}$$

die radiale Komponente ist

$$v = \frac{\partial\Phi}{\partial r} = -\frac{z\Gamma}{4r\pi}\cdot\frac{\operatorname{tg}\frac{z\varphi}{2}}{\mathfrak{Cof}^2\frac{z\ln r}{2}\left(\operatorname{tg}^2\frac{z\varphi}{2} + \mathfrak{Tg}^2\frac{z\ln r}{2}\right)}. \tag{8}$$

V. Räumliche Vorgänge beim einzelnen Flügel.

26. Vorgang in der Nähe der Flügelenden; Bildung einer Unstetigkeitsfläche. Auf der einen Seite (der Druckseite) eines Flügels, der Auftrieb gibt, herrscht Überdruck, auf der anderen (der Saugseite) Unterdruck. In der Nähe des seitlichen Endes, am Rande des Flügels, kann sich dieser Druckunterschied durch Umströmen des Randes ausgleichen. Die Über- und Unterdrücke werden daher nach dem seitlichen Flügelrande hin abfallen (Abb. 31). Wir haben auf

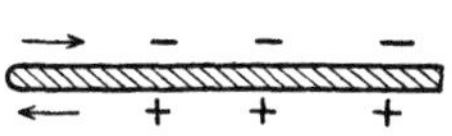

Abb. 31. Schnitt durch einen Flügel senkrecht zur Flugrichtung. Druckabfall am seitlichen Rande des Flügels.

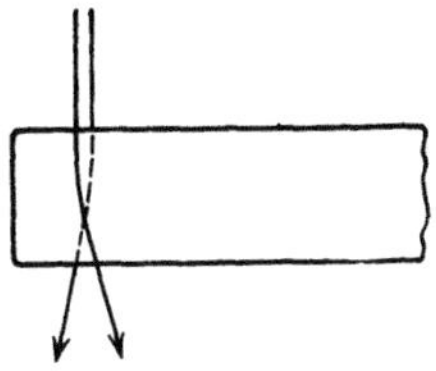

Abb. 32. Ablenkung der Strömung durch das Druckgefälle am seitlichen Rande eines Flügels. Ansicht auf die Saugseite des Flügels.

Abb. 33. Unstetigkeitsfläche hinter dem Flügel.

der Druckseite des Flügels ein Druckgefälle nach dem Rande hin, auf der Saugseite ein Druckgefälle vom Rande weg. Wenn nun die Flüssigkeit über den Flügel hinwegströmt, so werden die Flüssigkeitsteilchen unter der Wirkung dieser Druckgefälle seitlich aus ihrer Bahn abgelenkt, und zwar auf der Druckseite nach außen (nach dem Flügelende) hin, auf der Saugseite umgekehrt (Abb. 32). Wenn sich die Flüssigkeit dann hinter dem Flügel wieder zusammenschließt, so stimmen die Geschwindigkeiten nicht mehr überein. Es entsteht eine Unstetigkeitsfläche in der Strömung, welche die über und unter dem Flügel hinweggegangenen Flüssigkeitsteile trennt.

Die Strömung hinter dem Flügel ist demnach eine Potentialströmung mit einer Unstetigkeitsfläche. Da sie außer dieser Unstetigkeitsfläche keine singulären Stellen enthält, so ist sie nach den Sätzen der Potentialtheorie vollständig bestimmt, wenn die Geschwindigkeiten auf der Unstetigkeitsfläche (und die Geschwindigkeit im Unendlichen) gegeben sind (über ihre Berechnung s. Ziff. 30).

27. Größe des Geschwindigkeitssprunges in der Unstetigkeitsfläche. Wir wollen voraussetzen, daß die vom Flügel verursachten Störungsbewegungen klein gegenüber der Geschwindigkeit im Unendlichen sind. Für die flugtechnischen Verhältnisse trifft dies einigermaßen zu, für die turbinentechnischen vielfach nicht mehr. Unter dieser Voraussetzung können wir auch in der Nähe des Flügelrandes die Strömung noch im wesentlichen als eben ansehen. Das Druckgefälle am Flügelrande bewirkt dann wohl eine Quergeschwindigkeit, aber auf die kurze Strecke der Flügeltiefe noch keine merkliche Versetzung der Stromlinien. Betrachten wir die Strömung um den Flügel im Abstande x vom Flügelrande (Abb. 34) und verfolgen ein Flüssigkeitsteilchen vom vorderen Staupunkt (V) bis zur Hinterkante (H), sowohl auf der Saugseite wie auf der Druckseite. Wir wollen im folgenden die erstere mit dem Zeiger s, die letztere mit dem Zeiger d bezeichnen. In einem Punkte der Saugseite, der längs des Profilumfanges gemessen, den Abstand s_s vom vorderen Staupunkt V hat, herrsche die Geschwindigkeit v_s und dementsprechend der Druck $p_s = p_0 - \varrho v_s^2/2$. Das Druckgefälle vom Rande weg ist

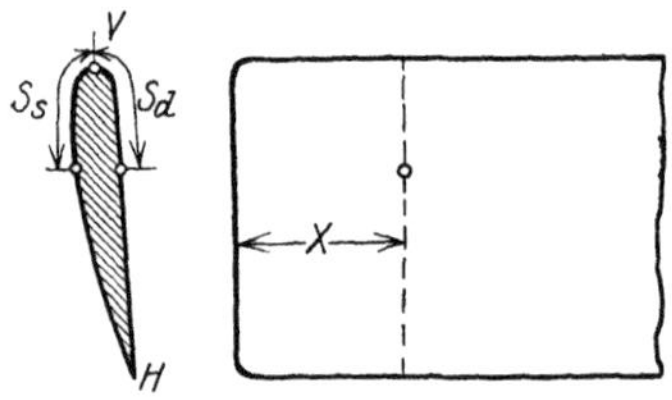

Abb. 34. Profilschnitt in der Nähe des Flügelrandes.

$$\frac{\partial p_s}{\partial x} = -\varrho\, v_s \frac{\partial v_s}{\partial x}.$$

Bezeichnen wir mit u die Geschwindigkeitskomponente in Richtung der Spannweite vom Rande weg, so erfährt infolge dieses Druckgefälles ein Flüssigkeitsteilchen die Beschleunigung $\frac{d u_s}{d t} = -\frac{1}{\varrho}\frac{\partial p_s}{\partial x}$ vom Rande weg. Während es die Strecke $d s_s$ durchläuft, wozu es die Zeit $dt = ds_s/v_s$ braucht, nimmt demnach die Quergeschwindigkeit u_s um den Betrag $d u_s = -\frac{1}{\varrho}\frac{\partial p_s}{\partial x}\frac{d s_s}{v_s}$ zu. Setzen wir für $\partial p_s/\partial x$ den obigen Wert ein, so ergibt sich

$$\frac{\partial u_s}{\partial s_s} = \frac{\partial v_s}{\partial x}.$$

An der Hinterkante besitzt das Teilchen dann eine Geschwindigkeit

$$u_s = \int_V^H \frac{\partial v_s}{\partial x}\, d s_s,$$

wobei das Integral vom vorderen Staupunkt V bis zur Hinterkante H über die Saugseite zu erstrecken ist. Entsprechend finden wir für ein Teilchen der Druckseite

$$u_d = \int_V^H \frac{\partial v_d}{\partial x}\, d s_d,$$

wobei hier das Integral längs der Druckseite läuft. Der Geschwindigkeitssprung ist

$$u_s - u_d = \int_V^H \frac{\partial v_s}{\partial x}\, ds_s - \int_V^H \frac{\partial v_d}{\partial x}\, ds_d = \oint \frac{\partial v}{\partial x}\, ds = \frac{\partial \Gamma}{\partial x}, \tag{1}$$

da ja $\oint v\, ds = \Gamma$ ist.

Man kann diesen wichtigen Zusammenhang der Wirbelverteilung bzw. des Geschwindigkeitssprunges in der Unstetigkeitsfläche mit der Verteilung der Zirkulation über die Flügelspannweite auch in folgender Weise einsehen, wobei sich auch ergibt, daß die Beschränkung auf kleine Störungsgeschwindigkeit (s. oben) für die Gültigkeit dieses Zusammenhanges nicht erforderlich ist. Das Linienintegral längs der geschlossenen Linie *I* (Abbildung 35) ist Γ. Da man diesen Linienzug, ohne Wirbel zu schneiden, in den Linienzug *II* überführen kann (außerhalb des Flügels und der Unstetigkeitsfläche sind ja keine Wirbel vorhanden), so muß auch die Zirkulation um den Linienzug *II* den Betrag Γ haben. Diese ist aber $\int_0^x (u_s - u_d)\, dx$, wie man ohne weiteres einsieht, wenn man das Linienintegral unmittelbar über und unter der Unstetigkeitsfläche bildet (Abb. 36). Daraus folgt $\partial \Gamma / \partial x = u_s - u_d$.

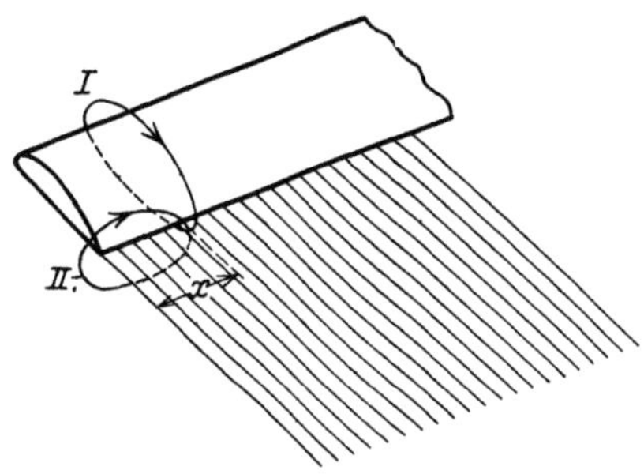

Abb. 35. Linienintegrale um den Flügel und um den Rand der Unstetigkeitsfläche.

Da das Linienintegral *II* (Abb. 35 u. 36), die Potentialdifferenz zwischen der Ober- und Unterseite der Unstetigkeitsfläche, den Potentialsprung $\Delta\Phi$ derselben darstellt, so ergibt sich der Satz: Der Potentialsprung an einer Stelle der Unstetigkeitsfläche ist gleich der Zirkulation um das davorliegende Flügelprofil

$$\Delta\Phi = \Gamma. \tag{2}$$

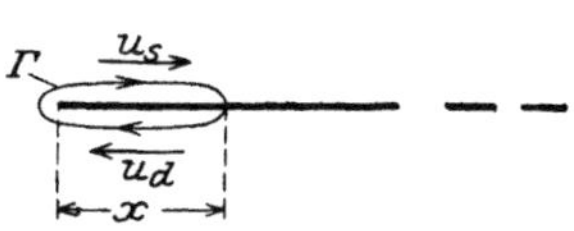

Abb. 36. Linienintegral um den Rand der Unstetigkeitsfläche.

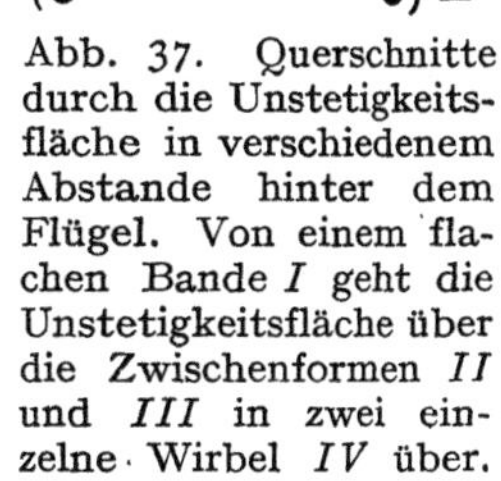

Abb. 37. Querschnitte durch die Unstetigkeitsfläche in verschiedenem Abstande hinter dem Flügel. Von einem flachen Bande *I* geht die Unstetigkeitsfläche über die Zwischenformen *II* und *III* in zwei einzelne Wirbel *IV* über.

28. Weiterbildung der Unstetigkeitsfläche hinter dem Flügel.

28. Weiterbildung der Unstetigkeitsfläche hinter dem Flügel. Unter dem Einfluß der vom Flügel hervorgerufenen Störungsbewegung wird sich die Unstetigkeitsfläche hinter dem Flügel allmählich deformieren. Unmittelbar hinter dem Flügel hat sie die Gestalt der Flügelhinterkante (Abb. 37 *I*), dann rollen sich die Enden ein und spulen sich immer mehr auf (Abb. 37 *II*), so daß sich schließlich die Unstetigkeitsfläche in zwei spiralige Gebilde verwandelt (Abb. 37 *III*), welche allmählich durch Zähigkeitseinwirkung in zwei gewöhnliche Wirbel (Abb. 37 *IV*) übergehen. Solange wir uns in der Theorie auf den Fall beschränken, daß die Störungsbewegungen sehr klein sind gegenüber der Hauptbewegung (Geschwindigkeit im Unendlichen), können wir uns den Umwandlungsvorgang so langsam vorstellen, daß wir noch in beliebiger Entfernung vom Flügel mit einer unveränderten Unstetigkeitsfläche rechnen können. Für manche Überlegungen, welche auf Energie und Impuls der Störungsbewegung sich gründen, ist übrigens das Aufrollen der Unstetigkeitsfläche auch in kürzerer Zeit ohne Einfluß, weil dabei keine Energie- und Impulsänderungen mehr auftreten.

Betrachten wir die Flüssigkeit als ruhend und den Flügel bewegt, so ist offenbar vor Beginn der Bewegung alles in Ruhe, also auch keine Unstetigkeitsfläche vorhanden. Die Unstetigkeitsfläche bildet sich nur an den Stellen, wo die Flüssigkeit durch den Flügel getrennt wurde und sich nachher wieder zusammenschloß. Sie erstreckt sich also nur über das vom Flügel durchlaufene Gebiet. Nach einem der HELMHOLTZschen Sätze[1]) können nun aber Wirbel (und die Unstetigkeitsfläche besteht ja aus solchen) nicht irgendwo im Endlichen endigen, sondern müssen in sich geschlossen sein bzw. ins Unendliche gehen. Es muß daher auch am vorderen und hinteren Ende der Unstetigkeitsfläche eine Wirbelverbindung vorhanden sein, welche die beiden entgegengesetzt drehenden Seiten der Unstetigkeitsfläche verbindet. Am vorderen Ende wird diese Verbindung durch den Flügel selbst gebildet (Abbildung 38). Denken wir uns die Unstetigkeitsfläche in lauter einzelne Wirbellinien aufgeteilt, so können wir diese Wirbellinien uns im Flügel fortgesetzt denken, wo sie gerade die nach Ziff. 27 (Abb. 35) sich ergebende Zirkulation um den Flügel bewirken. Am hinteren Ende wird die Verbindung durch jenen Wirbel hergestellt, welcher bei Beginn der Bewegung vom Flügel abwandert und die Entstehung der Zirkulation um den Flügel bewirkt (Ziff. 10), den sog. Anfahrwirbel (Abbildung 38).

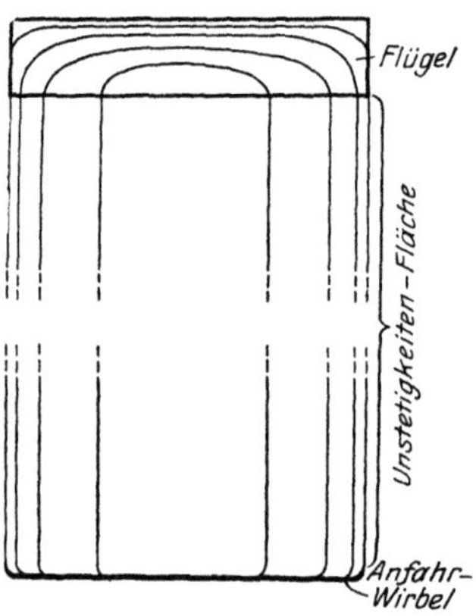

Abb. 38. Vorderes und hinteres Ende der Unstetigkeitsfläche, gebildet durch den Flügel und den Anfahrwirbel.

29. Induzierter oder Randwiderstand[2]). Wenn man nur ein Gebiet betrachtet, das vom hinteren Ende der Unstetigkeitsfläche, welche dem Beginn der Bewegung entspricht, sehr weit entfernt ist, so kann man darin die Bewegung als stationär ansehen für ein Koordinatensystem, in welchem der Flügel ruht. Ist das Gebiet außerdem vom Flügel, dem vorderen Ende der Unstetigkeitsfläche, weit entfernt, so daß es nur die Unstetigkeitsfläche und deren Feld enthält, so kann man unter der obenerwähnten Voraussetzung kleiner Störungsgeschwindigkeiten den Vorgang außerdem auch für ein Koordinatensystem, in welchem die Flüssigkeit im Unendlichen ruht, als stationär ansehen. Dieses Stationärmachen ist jedoch nur zulässig, soweit es sich um den Bewegungsvorgang in dem betreffenden Gebiet handelt. Für die Beurteilung der Energieverhältnisse der gesamten Strömung ist zu beachten, daß der Gesamtvorgang nicht stationär ist: Die Unstetigkeitsfläche wird ja immer länger, je weiter sich der Flügel von seiner Ausgangsstelle beim Beginn der Bewegung entfernt. Wenn die Bewegung bereits lange Zeit gedauert hat, so ist die Unstetigkeitsfläche so lang, daß sich in ihrem mittleren Teil der Einfluß der Enden (d. i. des Flügels und des Anfahrwirbels) nicht mehr bemerkbar macht, die Strömung ist dort so, als ob die Unstetigkeitsfläche sich nach vorne und hinten ins Unendliche erstrecken würde. Bei der Vorwärtsbewegung verlängert sich nur dieses mittlere Gebiet, da der

[1]) Vgl. Kap. 1, Ziff. 16 ds. Bds.

[2]) L. PRANDTL, Tragflügeltheorie, 1. Mitt. Göttinger Nachr. 1918, S. 451; A. BETZ, Techn. Ber. d. Flugzeugm. Bd. 1, S. 98. 1917; Naturwissensch. Bd. 6, S. 557. 1918.

Bereich, in dem sich der Einfluß der Enden (Flügel und Anfahrwirbel) geltend macht, unverändert bleibt. Ist v_0 die Geschwindigkeit des Flügels relativ zu der im Unendlichen ruhenden Flüssigkeit, so ist die sekundliche Verlängerung gleich v_0. Da das Feld der Unstetigkeitsfläche kinetische Energie enthält, so wächst mit zunehmender Länge dieser Fläche auch die kinetische Energie der Störungsbewegung. Diese Energie muß von außen durch die Bewegung des Flügels zugeführt werden. Bei der Bewegung ist daher Arbeit zu leisten, das ist aber nur möglich, wenn der Flügel nicht nur Auftrieb, sondern auch Widerstand erfährt.

Dieser durch die endliche Spannweite bedingte Widerstand spielt in der Flugtechnik, und teilweise auch bei anderen Anwendungen der Flügel, eine sehr große Rolle, da er meist erheblich größer ist als der mit dem Totwasser hinter dem Profil zusammenhängende sog. Profilwiderstand, der bei ebener Strömung auftritt. Man nennt diesen Widerstand Randwiderstand, da er durch den seitlichen Rand des Flügels bedingt ist, oder sehr häufig auch induzierten Widerstand. Letztere Bezeichnung rührt daher, daß für seine Berechnung ganz ähnliche Gesetze eine Rolle spielen wie bei der Berechnung von induzierten Strömen in der Elektrotechnik (BIOT-SAVARTsches Gesetz). Vom allgemeinen physikalischen Standpunkt aus hat der induzierte Widerstand besonderes Interesse, weil es der erste und bisher noch einzige Fall ist, in dem es gelang, einen wesentlichen Teil des Widerstandes eines Körpers aus seiner Form und Geschwindigkeit richtig herzuleiten.

30. Die Berechnung des induzierten Widerstandes. Wie wir in der vorhergehenden Ziffer sahen, ist die sekundliche Zunahme der Energie der Flüssigkeit gleich der kinetischen Energie der Störungsgeschwindigkeiten zwischen zwei um die Strecke v_0 voneinander entfernten parallelen Ebenen, die in großer Entfernung hinter dem Flügel senkrecht zur Flugrichtung gelegt sind (Abb. 39). Wenn nun die Verteilung der Wirbel (des Geschwindigkeitssprunges) in der Unstetigkeitsfläche bekannt ist, so kann man daraus die Störungsgeschwindigkeiten (es handelt sich um eine ebene Bewegung, da ja der Einfluß der weit entfernten Enden wegfällt) und damit die Energie berechnen. Durch Division mit der Flügelgeschwindigkeit v_0 erhält man daraus den induzierten Widerstand

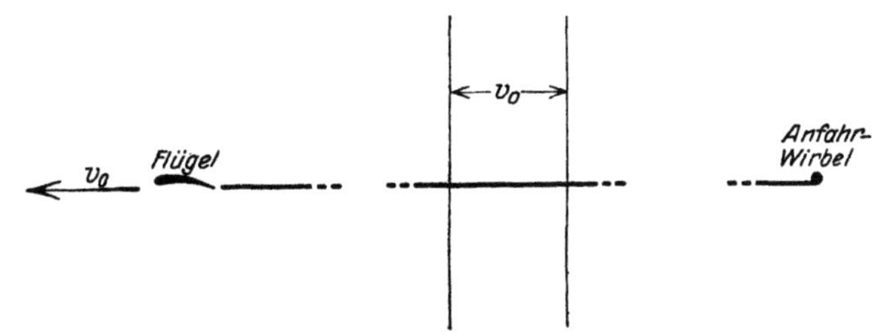

Abb. 39. Sekundliche Verlängerung der Unstetigkeitsfläche.

$$W_i = \int_{-\infty}^{+\infty}\int_{-\infty}^{+\infty} \frac{\varrho}{2} c^2\, dx\, dy\,, \tag{1}$$

wobei c die Störungsgeschwindigkeit bedeutet und das Doppelintegral über die ganze senkrecht zur Hauptbewegung v_0 stehende Ebene mit den Koordinaten x und y zu erstrecken ist.

Zu dem gleichen Resultat kommt man, wenn man den Widerstand auf Grund der Druckunterschiede auf zwei Ebenen vor und hinter dem Flügel bestimmt, da ja der Unterdruck für einen Punkt mit der Störungsgeschwindigkeit c gerade auch $\varrho c^2/2$ ist.

Es gibt aber noch einen einfacheren Weg, diesen induzierten Widerstand zu berechnen, indem man untersucht, wie am Flügel selbst, wo ja die Energie zugeführt werden muß, dieser Widerstand entsteht. Mathematisch gesprochen, ist das eine Verwandlung eines Flächenintegrales in ein Linienintegral über den Rand der Fläche. Das Feld der Unstetigkeitsfläche bewirkt eine Änderung der Zuströmung zum Flügel, insbesondere bewirkt die Vertikalkomponente w der Störungsgeschwindigkeit c eine Abwärtsneigung der Zuströmung um den Winkel $\varphi = w/v_0$. Nach dem KUTTA-JOUKOWSKYschen Satz übt die Flüssigkeit auf ein Flügelstück von der Länge dx die Kraft $P = \varrho v_0 \Gamma dx$ aus [Ziff. 8, Gleichung (2)]. Da die Auftriebskraft senkrecht zur Zuströmungsrichtung steht, ist auch die

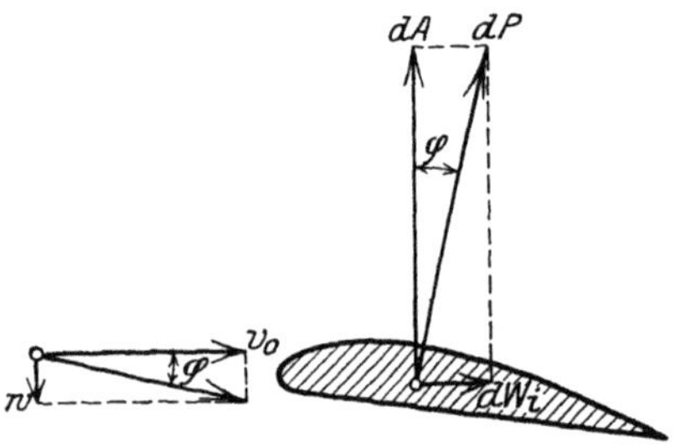

Abb. 40. Neigung der Auftriebskraft und Zerlegung derselben in den eigentlichen Auftrieb und deren induzierten Widerstand.

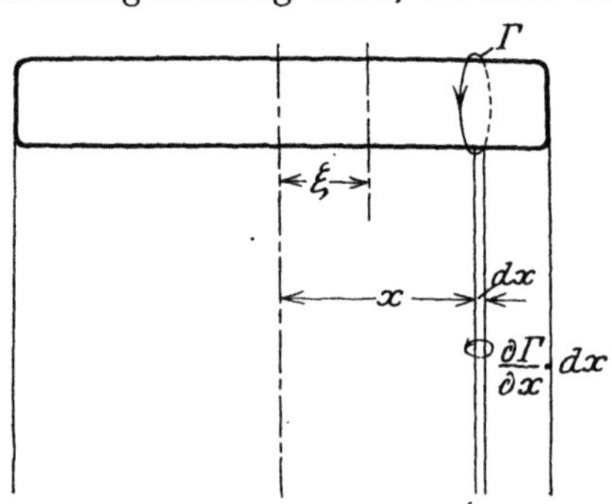

Abb. 41. Zur Berechnung der Störungsgeschwindigkeiten.

Richtung dieser Kraft um den Winkel φ nach hinten geneigt (Abb. 40), und es ergibt sich eine Komponente entgegengesetzt der Bewegung, also bezogen auf die ungestörte Zustromrichtung v_0 ein Widerstand

$$dW_i = \frac{w}{v_0}\, dA = \varrho w \Gamma dx .$$

Zur Berechnung des induzierten Widerstandes ist es daher nur nötig, die Vertikalkomponenten w der Störungsgeschwindigkeiten längs der Flügelspannweite (die Flügeltiefe wird hierbei als vernachlässigbar klein angenommen) zu berechnen. Der induzierte Widerstand des ganzen Flügels von der Spannweite l ist dann

$$W_i = \varrho \int_{-l/2}^{+l/2} w \Gamma dx . \qquad (2)$$

Die nächste Aufgabe ist nun die Ermittlung der Vertikalstörungen w am Orte des Flügels. Wir wollen die Verteilung der Zirkulation Γ über die Flügelspannweite zunächst als gegeben voraussetzen, damit ist nach Ziff. 27 auch die Verteilung des Geschwindigkeitssprunges in der Unstetigkeitsfläche längs der Spannweite gegeben. In einer Entfernung x von der Flügelmitte (Abb. 41) ist die Zirkulation um einen Streifen der Unstetigkeitsfläche von der Breite dx

$$d\Gamma = \frac{\partial \Gamma}{\partial x}\, dx = \Gamma' \, dx .$$

Ein solcher Streifen ist ein Wirbel von der Zirkulation $d\Gamma$. Betrachten wir nun einen Punkt des Flügels im Abstande ξ von der Mittellinie. Würde der Wirbelstreifen der Unstetigkeitsfläche sich nach vorn und nach hinten ins Unendliche erstrecken, so wäre[1] die im Punkte ξ (Abb. 41) als Feld dieses Wirbels sich ergebende

[1] Vgl. Kap. 1, Ziff. 27 ds. Bds.

Störungsgeschwindigkeit $d\Gamma/2\pi(x-\xi)$, und zwar nach abwärts gerichtet. Da der in Rechnung zu stellende Teil des Wirbels aber am Flügel endigt (die Fortsetzung im Flügel liefert keinen Beitrag), so daß von einem Punkt des Flügels aus betrachtet gerade der halbe Wirbel fehlt, so ist dort die wirkliche Störungsgeschwindigkeit dw nur halb so groß:

$$dw = \frac{d\Gamma}{4\pi(x-\xi)} = \Gamma' \frac{dx}{4\pi(x-\xi)}.$$

Das Feld der ganzen Unstetigkeitsfläche ergibt demnach im Punkte ξ eine Störungsgeschwindigkeit

$$w = \int_{-l/2}^{+l/2} \Gamma' \frac{dx}{4\pi(x-\xi)}. \tag{3}$$

Der induzierte Widerstand des ganzen Flügels ergibt sich hiernach und nach Gleichung (2) zu

$$W_i = \varrho \int_{-l/2}^{+l/2} w\,\Gamma\,d\xi = \frac{\varrho}{4\pi} \int_{-l/2}^{+l/2} \int_{-l/2}^{+l/2} \Gamma'_{(\xi)} \Gamma'_{(x)} \frac{dx\,d\xi}{x-\xi}. \tag{4}$$

31. Minimum des induzierten Widerstandes. Der Verschiebungssatz[1]**.** Wie aus Ziff. 30 hervorgeht, ist der induzierte Widerstand von der Verteilung des Auftriebes (bzw. der Zirkulation Γ) über die Spannweite abhängig. Es liegt daher die Frage nahe: Wie muß man den Auftrieb über die Spannweite verteilen, um bei gegebenem Gesamtauftrieb und bei gegebener Spannweite den kleinsten induzierten Widerstand zu erhalten? Zur Beantwortung dieser Frage ist folgende Hilfsüberlegung von Nutzen: Für den Energieverlust, der den induzierten Widerstand bedingt, ist die kinetische Energie des Feldes der Unstetigkeitsfläche in einem Querschnitt weit hinter dem Flügel maßgebend (Ziff. 29). Wie und wo die Unstetigkeitsfläche entstanden ist, ist dafür gleichgültig, wenn nur die Entstehungsstelle weit genug von der Stelle, wo wir die Verlustenergie bestimmen, entfernt ist (was stets in unserem Belieben steht) und die Verteilung der Unstetigkeit quer über die Fläche unverändert bleibt. Wenn wir daher Teile eines Tragwerkes (die Überlegung gilt nicht nur für einen einzelnen Flügel, sondern auch für beliebige Zusammenstellungen von Flügeln, wie z. B. Doppeldecker) in Richtung der Hauptbewegung gegeneinander verschieben, ohne daß sich dabei die Auftriebsverteilung über die einzelnen Tragwerksteile ändert, so bleibt der induzierte Widerstand unverändert [Verschiebungssatz, zuerst von MUNK[1]) in anderer Form bewiesen], da ja die Verteilung der Geschwindigkeitssprünge in der Unstetigkeitsfläche nur von der Auftriebsverteilung der davorliegenden Tragwerksteile, nicht aber von ihrer Entfernung abhängt.

Dieser Verschiebungssatz bietet nun ein bequemes Hilfsmittel, um die günstigste Auftriebsverteilung zu finden (vgl. auch die Anwendung bei Propellern Ziff. 41). Solange die Verteilung nicht die günstigste ist, kann man den induzierten Widerstand unter Beibehaltung des Gesamtauftriebes verkleinern, wenn man an manchen Stellen den Auftrieb etwas erhöht und an anderen ihn ebensoviel erniedrigt. Im Falle der günstigsten Verteilung muß jede Vermehrung bzw. Verminderung des Auftriebes um den gleichen Betrag an jeder Stelle dieselbe Erhöhung bzw. Erniedrigung des induzierten Widerstandes mit sich bringen. Es

[1]) M. MUNK, Isoperimetrische Aufgaben aus der Theorie des Fluges. Dissert. Göttingen 1919; s. auch die in Ziff. 29 angegebene Literatur.

ist nun aber nicht ganz leicht einzusehen, wieviel der induzierte Widerstand zunimmt, wenn man an irgendeiner Stelle des Flügels den Auftrieb etwas erhöht, da ja nicht nur die erhöhte Zirkulation zusammen mit der vom ganzen Flügel an der betreffenden Stelle verursachten Störungsgeschwindigkeit w eine Zunahme des induzierten Widerstandes bedingt. Vielmehr verursacht der hinzugefügte Auftrieb auch eine Änderung der Störungsgeschwindigkeiten an allen übrigen Stellen des Flügels und damit auch dadurch eine Änderung des induzierten Widerstandes. Nach dem Verschiebungssatz erzielen wir aber die gleiche Wirkung auf den induzierten Widerstand, wenn wir die kleine Auftriebserhöhung nicht am Flügel selbst, sondern in einiger Entfernung hinter dem Flügel, etwa durch ein kleines dort angebrachtes Flügelchen, bewirken. Wenn wir dieses theoretische Hilfsflügelchen weit genug vom eigentlichen Flügel entfernt anbringen, können wir erreichen, daß die von ihm verursachte Störung am Hauptflügel beliebig klein wird, andererseits ist dann die vom Hauptflügel verursachte Störungsgeschwindigkeit an dieser Stelle doppelt so groß wie am Hauptflügel, also gleich $2w$, da ja hier die Unstetigkeitsfläche sowohl nach vorn wie nach hinten sich erstreckt. Ist ΔA die hinzugefügte Auftriebserhöhung, so ist demnach die dadurch verursachte Vermehrung des induzierten Widerstandes (vgl. Abb. 40)

$$\Delta W_i = \frac{2w}{v_0} \Delta A .$$

Da dieser für gleiche Werte von ΔA konstant sein soll, so muß, da v_0 als Geschwindigkeit des Flügels konstant ist, auch w über die ganze Spannweite konstant sein. Da die vertikale Störungsgeschwindigkeit an der Unstetigkeitsfläche weit hinter dem Flügel $2w$, also das Doppelte der Störungsgeschwindigkeit am Ort des Flügels ist, so muß natürlich auch diese konstant sein. Das bedeutet aber, daß sich die Unstetigkeitsfläche wie eine starre Fläche mit der Geschwindigkeit $2w$ nach abwärts bewegt.

Wir haben der Einfachheit halber einen einfachen geraden Flügel betrachtet. Man kann diese Überlegungen aber leicht auch auf jedes beliebig geformte Tragwerk anwenden. Man erhält dann folgenden allgemein gültigen Satz:

Der induzierte Widerstand ist bei gegebenem Auftrieb und gegebener Form des Tragwerkes dann am kleinsten, wenn sich die hinter dem Tragwerk entstehenden Unstetigkeitsflächen wie ein starres Gebilde mit konstanter Geschwindigkeit nach abwärts bewegen.

Die Größe des induzierten Widerstandes ergibt sich aus Gleichung (2) von Ziff. 30 für konstantes w zu

$$W_i = \frac{w}{v_0} A . \tag{1}$$

Dabei ist bei einem einfachen geraden Flügel w die Störungsgeschwindigkeit am Flügel. Im Falle eines allgemeineren Tragwerkes ist w die Hälfte der Abwärtsgeschwindigkeit des starren Systemes der Unstetigkeitsflächen.

Die bisherigen Überlegungen führten zu einer Aussage über die Störungsgeschwindigkeiten bei geringstem induzierten Widerstand, nicht aber über die Verteilung des Auftriebes selbst. Doch kann diese für einen einfachen geraden Flügel leicht daraus ermittelt werden. Wir wissen, daß sich die Unstetigkeitsfläche wie eine starre Fläche nach abwärts bewegen soll. Die Strömung, die zu einer solchen Bewegung gehört, ist aber bekannt[1]), Abb. 42 zeigt den Verlauf derselben. Für eine starre ebene Fläche von der Breite l ergibt sich nämlich der Potentialsprung $\Delta\Phi$ zwischen Ober- und Unterseite im Abstand x aus der Mitte, der nach

[1]) Vgl. Kap. 1, Ziff. 35 ds. Bds.

Ziff. 27 Gleichung (2) gleich der Zirkulation Γ um den Flügel an der entsprechenden Stelle ist, zu

$$\Delta\Phi = \Gamma = 2 l w \sqrt{1 - \left(\frac{2x}{l}\right)^2}. \tag{2}$$

Die Verteilung des Auftriebes über die Spannweite, welche den kleinsten induzierten Widerstand ergibt, hat demnach die Form einer Ellipse (**elliptische Auftriebsverteilung**).

Ganz entsprechend kann man für jedes allgemeine Tragwerk die den kleinsten induzierten Widerstand ergebende Auftriebsverteilung finden. Man braucht dazu nur die Potentialströmung (bzw. davon nur die Potentialsprünge) zu ermitteln, welche durch die Bewegung des starr gedachten Systemes der Unstetigkeitsflächen entsteht. Der Auftrieb beim einfachen Flügel, der zu der Störungsgeschwindigkeit w gehört, ist nach Gleichung (2) und gemäß Ziff. 8 Gleichung (2)

$$A = \varrho v_0 \int_{-l/2}^{+l/2} \Gamma\, dx = \varrho v_0 l^2 w \frac{\pi}{2};$$

daraus ergibt sich

$$w = v_0 \frac{A}{\pi\left(\frac{\varrho}{2} v_0^2\right) l^2}. \tag{3}$$

Der kleinste induzierte Widerstand ergibt sich danach und nach Gleichung (1) zu

$$W_i = A \frac{w}{v_0} = \frac{A^2}{\pi\left(\frac{\varrho}{2} v_0^2\right) l^2}. \tag{4}$$

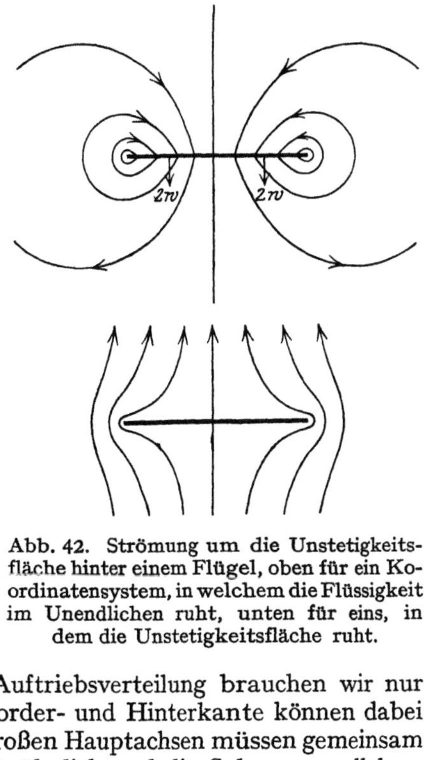

Abb. 42. Strömung um die Unstetigkeitsfläche hinter einem Flügel, oben für ein Koordinatensystem, in welchem die Flüssigkeit im Unendlichen ruht, unten für eins, in dem die Unstetigkeitsfläche ruht.

Zur Verwirklichung der günstigsten Auftriebsverteilung brauchen wir nur den Flügelumriß elliptisch zu gestalten (Vorder- und Hinterkante können dabei verschiedenen Ellipsen zugehören, nur die großen Hauptachsen müssen gemeinsam sein, Abb. 43), die Profile alle geometrisch ähnlich und die Sehnen parallel zu machen. Da nämlich die Störungsgeschwindigkeit w über die Spannweite konstant ist, ist auch die aus ihr und der Hauptbewegung resultierende Zuströmungsgeschwindigkeit nach Größe und Richtung konstant. Wenn daher die Profilsehnen parallel sind, so stehen alle Profile unter gleichem wirksamem Anstellwinkel, und der Auftrieb ist an jeder Stelle proportional der Profiltiefe, also wie diese elliptisch über die Spannweite verteilt. Diese Verteilung bleibt dabei für jeden Anstellwinkel des ganzen Flügels erhalten. Man kann natürlich die elliptische Auftriebsverteilung auch durch geeignete Verwindung der Flügel (Verteilung des Anstellwinkels) für jede andere Umrißform erzielen, doch läßt sich dies immer nur jeweils für einen Anstellwinkel des Flügels durchführen, da für jeden Anstellwinkel eine andere Verwindung erforderlich ist.

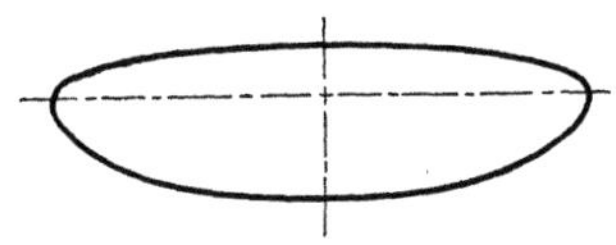

Abb. 43. Flügel mit elliptischem Umriß.

32. Auftriebsverteilungen, welche nicht dem Minimum des induzierten Widerstandes entsprechen. In Ziff. 30 haben wir gesehen, wie man zu einer gegebenen Auftriebsverteilung die Störungsgeschwindigkeiten und den induzierten Widerstand berechnen kann. Auf Grund der Störungsbewegung kann man die Zuströmung nach Größe und Richtung ermitteln — sie ist um den Winkel $\varphi = w/v_0$ (kleine Störung vorausgesetzt) nach abwärts geneigt, ihre Geschwindigkeit bleibt im wesentlichen unverändert. Wir brauchen nun nur Profile nach Größe und Stellung so anzuordnen, daß sie in dieser gestörten Strömung den gewünschten Auftrieb geben — gegenüber der ungestörten Strömung ist der Anstellwinkel um $\Delta a = \varphi = w/v_0$ zu vergrößern. Wir erhalten so einen Zusammenhang zwischen Flügelform, Auftriebsverteilung und induziertem Widerstand. Dabei ist allerdings zu beachten, daß man nicht zu jeder beliebigen Auftriebsverteilung eine Flügelform finden kann. Die Auftriebsverteilung muß gegen den Rand hin in bestimmter Weise gegen Null abfallen, da sich sonst unendliche Störungsgeschwindigkeiten und unendlicher induzierter Widerstand ergeben würden. Eine für alle praktischen Bedürfnisse ausreichende zulässige Form der Auftriebsverteilung ist folgende:

$$\Gamma = \Gamma_0 \sqrt{1-z^2}\,(1 + \alpha_1 z + \alpha_2 z^2 + \cdots)\,. \tag{1}$$

Dabei ist zur Abkürzung $2x/l = z$ gesetzt; Γ_0, α_1, α_2 usw. sind Konstante.

Schwieriger als die eben behandelte Aufgabe, zu einer Auftriebsverteilung einen dazu passenden Flügel zu finden, ist die umgekehrte, zu einem gegebenen Flügel die Auftriebsverteilung (sowie die Störungsgeschwindigkeiten und den induzierten Widerstand) zu suchen. Dabei interessiert hauptsächlich der praktisch wichtige Fall eines rechteckigen Flügels. Hierfür ist die Aufgabe (sie führt auf eine Integro-Differentialgleichung) gelöst worden[1]. Es ergibt sich dabei eine Vergrößerung des induzierten Widerstandes gegenüber dem theoretischen Minimum

um	1%	4%	8%
bei einem Seitenverhältnis des Flügels l/t von ca.	2	6	10

Eine zuverlässige experimentelle Nachprüfung dieser theoretischen Ergebnisse war bis jetzt noch nicht möglich, da die geringe Formsteifigkeit ungewöhnlich langer Flügel die Feststellung so kleiner Differenzen außerordentlich erschwert.

33. Umrechnung des Flügelwiderstandes bei Änderung des Seitenverhältnisses eines Flügels[2]. Die in Ziff. 32 angeführten Ergebnisse zeigen, daß sich der induzierte Widerstand auch bei Flügeln mit etwa rechteckigem Umriß nur wenig vom Minimum unterscheidet. Man kann daher für die meisten praktisch vorkommenden Flügelumrißformen den wirklichen induzierten Widerstand durch den leicht zu berechnenden Minimumswert ersetzen. Dadurch ist es möglich, in einfacher Weise die für einen Flügel gefundenen Auftriebs- und Widerstandswerte für einen anderen Flügel mit anderem Verhältnis von Spannweite zu Tiefe, aber gleichen Profilen an entsprechenden Stellen (affin veränderter Flügel) umzurechnen. Man kann nämlich annehmen, daß der Beiwert des Profilwiderstandes angenähert unverändert bleibt, so daß die ganze Änderung nur vom induzierten Widerstand herrührt.

Bezeichnen wir mit den Zeigern 1 und 2 die beiden affinen Flügel (die Bedeutung der anderen Zeichen s. Ziff. 4), dann ist für gleichen Auftriebswert $c_a = c_{a1} = c_{a2}$

$$c_{w2} = c_{w1} + \frac{c_a^2}{\pi}\left(\frac{F_2}{l_2^2} - \frac{F_1}{l_1^2}\right) \tag{1}$$

$$\alpha_2 = \alpha_1 + \frac{c_a}{\pi}\left(\frac{F_2}{l_2^2} - \frac{F_1}{l_1^2}\right). \tag{2}$$

[1] A. BETZ, Beiträge zur Tragflügeltheorie, mit besonderer Berücksichtigung des einfachen rechteckigen Flügels. Dissert. Göttingen 1919; R. FUCHS, ZS. f. angew. Math. u. Mech. Bd. 1, S. 106. 1921; E. TREFFTZ, ZS. f. angew. Math. u. Mech. Bd. 1, S. 206. 1921.

[2] A. BETZ, Techn. Ber. d. Flugzeugm. Bd. 1, S. 98. 1917.

Die Anstellwinkel α_1 und α_2 sind dabei in absolutem Winkelmaß ausgedrückt. Die Formel für c_w ergibt bei annähernd rechteckigen Umrissen, wenn $F/l^2 < 1/2$ ist, kaum eine bei der heutigen Meßgenauigkeit feststellbare Abweichung von den Versuchsergebnissen. Die Formel für α weicht etwas mehr, aber auch nur sehr wenig, von den Versuchsergebnissen ab (vgl. Ziff. 65, Abb. 78 bis 81). Der Grund dürfte in der endlichen Flügeltiefe bzw. in den verschieden großen Störungsgeschwindigkeiten am vorderen und hinteren Flügelrande begründet sein.

VI. Erweiterung der Theorie des induzierten Widerstandes auf Tragwerke und Flügelreihen.

34. Praktische Bedeutung der Optimumsaufgaben. Da man im allgemeinen kleinen induzierten Widerstand bzw. allgemeiner ausgedrückt, möglichst kleinen Energieverlust anstrebt, so werden sich die praktisch vorkommenden Auftriebsverteilungen meist nicht allzu weit von der günstigsten entfernen. Dazu kommt noch, daß eine Abweichung in der Flügelform von jener, welche die günstigste Auftriebsverteilung ergibt, nur eine verhältnismäßig geringe Abweichung in der Auftriebsverteilung selbst zur Folge hat. So haben wir beim Eindecker auch bei rechteckigem Umriß eine Auftriebsverteilung, welche zwischen der elliptischen und der rechteckigen liegt. Das kommt daher, daß wir bei der günstigsten Auftriebsverteilung eine Störungsgeschwindigkeit haben, welche über das ganze Tragwerk konstant ist, so daß die Auftriebsverteilung gerade der Flügelform entspricht. Ist aber der Auftrieb anders verteilt, so ist die Störungsgeschwindigkeit, da, wo der Auftrieb gegenüber der günstigsten Verteilung erhöht ist, vergrößert und umgekehrt. Die Vergrößerung der Störungsgeschwindigkeit hat aber eine Verkleinerung des wirksamen Anstellwinkels zur Folge, und gleicht daher die Maßnahmen, welche die Vergrößerung des Auftriebes bewirken sollen (Vergrößerung des Anstellwinkels oder der Flügeltiefe) zum Teil wieder aus. Man muß daher zur Erzielung einer gewissen Änderung der Auftriebsverteilung den Anstellwinkel oder die Flügeltiefe mehr vergrößern, als man ohne Berücksichtigung der dadurch verursachten Störungen erwarten möchte.

Mit Rücksicht auf diese Verhältnisse hat es eine gewisse Berechtigung, den Fall der günstigsten Auftriebsverteilung als Normalfall anzusehen und die dafür gefundenen Werte auch auf andere Fälle als annähernd gültig zu übertragen.

35. Allgemeine Theorie des induzierten Widerstandes von Mehrdeckern[1]**.** In Ziff. 31 haben wir bereits erwähnt, daß für jedes beliebig geformte Tragwerk der induzierte Widerstand dann ein Minimum wird, wenn die entstehenden Unstetigkeitsflächen sich wie ein starres Gebilde nach abwärts bewegen. Die Behandlung der Frage der Auftriebsverteilung bei kleinstem induzierten Widerstand ist damit auf die Aufgabe zurückgeführt, die Potentialströmung um eine Figur zu finden, welche der Ansicht des Tragwerkes in der Flugrichtung (Schnitt durch die Unstetigkeitsflächen) entspricht. Die Zirkulation an einer Stelle des Tragwerkes ist dann gleich der Potentialdifferenz der erwähnten Potentialströmung auf der Ober- und Unterseite der entsprechenden Stelle der Ansichtsfigur. Für einen Doppeldecker führt diese Behandlung der Aufgabe auf elliptische Funktionen, für mehr als zwei Flügel (Drei- und Mehrdecker) auf hyperelliptische Funktionen.

Wenn man vom Doppeldecker zum Vieldecker übergeht, so kann man sich neben der Frage, wie man den Auftrieb auf jedem Flügel verteilen muß, auch

[1]) L. PRANDTL, Tragflügeltheorie, 2. Mitt. Göttinger Nachr. 1919, S. 107.

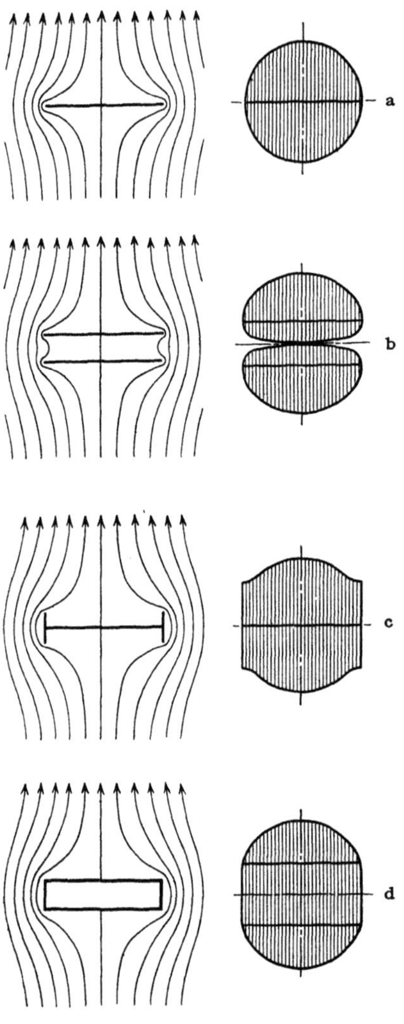

Abb. 44. Strömung um die Unstetigkeitsfläche (links) und Auftriebsverteilung (rechts) bei kleinstem induziertem Widerstand: a) für einen Eindecker, b) für einen Doppeldecker, c) für einen Eindecker mit seitlichen Scheiben, d) für einen Vieldecker bzw. für einen Doppeldecker mit seitlichen Abschlußflächen. Die stark ausgezogenen Linien in den Stromlinienbildern (links) stellen die Ansicht des Tragwerkes von hinten gesehen bzw. einen Schnitt durch die Unstetigkeitsflächen, die schraffierten Flächen (rechts) den Auftrieb dar.

noch die Frage vorlegen, wie man die einzelnen Flügel untereinander anordnen muß, um den kleinsten induzierten Widerstand zu erhalten. Die konsequente Verallgemeinerung dieser Fragestellung ist folgende: Gegeben ist eine Fläche, innerhalb der die Tragwerksfigur (Ansicht des Tragwerks in der Flugrichtung) liegen soll. Wie muß man den Auftrieb innerhalb dieser Fläche verteilen, damit der induzierte Widerstand am kleinsten wird. Die Lösung dieser Aufgabe gibt dann den Grenzwert des induzierten Widerstandes, den man durch Verteilung von Flügeln innerhalb dieser Fläche im günstigsten Falle erreichen kann. Es zeigt sich, daß man für diese günstigste Verteilung das Innere der Fläche gar nicht mit Flügeln auszufüllen braucht, daß es vielmehr genügt, das Tragwerk nur längs des Randes der Fläche anzuordnen. Die Verteilung der Zirkulation ergibt sich wieder aus dem Potentialverlauf längs des Randes der Fläche, wenn man sie umströmen läßt.

In Abb. 44 sind die erwähnten Potentialströmungen und die dabei auftretenden Potentiale für einen Eindecker, einen Doppeldecker, für einen Eindecker mit seitlichen Scheiben[1]) und einen Vieldecker (Rechteck) wiedergegeben. Die der Störungsgeschwindigkeit entsprechende Anströmgeschwindigkeit $2w$ ist dabei für alle Beispiele gleich 1 genommen. Die schraffierten Flächen der Potentialdifferenzen stellen den Auftrieb und seine Verteilung dar. Da für andere Störungsgeschwindigkeiten w der Auftrieb A proportional zu denselben ist, so ergibt sich, daß bei gegebenem Auftrieb A die Störungsgeschwindigkeiten umgekehrt proportional den in Abb. 44 für gleiches w gezeichneten Flächen sind. Da aber der induzierte Widerstand eines Tragwerkes Aw/v_0 [Ziff. 31 Gleichung (1)] ist, so sind die reziproken Werte der Flächen ein Vergleichsmaß für die induzierten Widerstände bei gleichem Auftrieb A und gleicher Fortschrittsgeschwindigkeit v_0.

[1]) F. NAGEL, Flügel mit seitlichen Scheiben. Vorl. Mitt. d. aerondyn. Versuchsanst. zu Göttingen (nicht im Buchhandel), H. 2. Göttingen 1925.

Für den Doppeldecker würden bei großem Abstande h der beiden Flügel dieselben sich wie zwei Eindecker verhalten, also die doppelte Fläche wie ein Eindecker gleicher Spannweite oder bei gleichem Auftrieb und gleicher Spannweite den halben induzierten Widerstand ergeben. Je näher die beiden Flügel zusammenrücken, um so mehr schrumpfen die Flächen zusammen und gehen beim Abstand Null in zwei Halbkreise bzw. einen vollen Kreis wie beim Eindecker über. Dementsprechend wächst auch bei konstant gehaltenem Auftrieb der induzierte Widerstand auf den Wert des Eindeckers. Das besonders günstige Verhalten der geschlossenen Rechteckfläche kommt dadurch zum Ausdruck, daß das ganze Innere dieser Fläche mit zur Auftriebsfläche kommt, während bei Mehrdeckern mit einzelnen Flügeln der zwischen den Flügeln befindliche Raum nur teilweise ausgenützt ist (vgl. den Doppeldecker). Von anderem Gesichtspunkte aus betrachtet heißt dies: Bei mehreren Einzelflügeln tritt an jedem Flügelrande durch Umströmen desselben ein Verlust auf; dieser wird verkleinert, je mehr Flügel man in dem gegebenen Raum verteilt; er wird am kleinsten, wenn man das Umströmen durch Anordnung senkrechter Wände verhindert.

In Abb. 45 sind die sich nach diesem Verfahren ergebenden induzierten Widerstände für Doppeldecker, Eindecker mit Endscheiben und Vieldecker bei verschiedenen Abständen h mit dem induzierten Widerstande des Eindekkers gleicher Spannweite und gleichen Auftriebes verglichen.

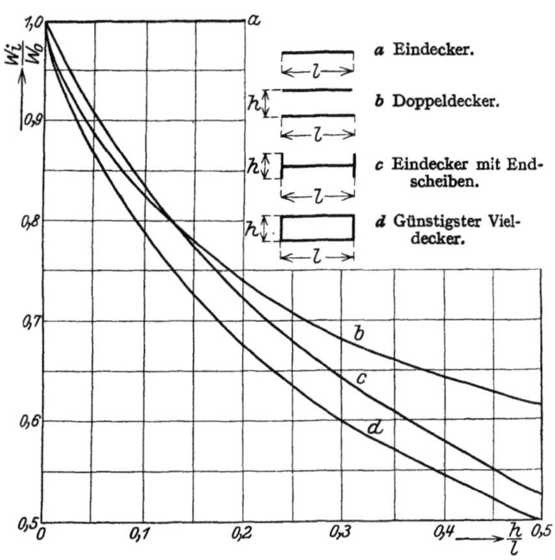

Abb. 45. Verhältnis des kleinsten induzierten Widerstandes W_i von Doppeldecker, Eindecker mit seitlichen Scheiben und Vieldecker zum kleinsten induzierten Widerstand W_0 eines Eindeckers gleicher Spannweite.

36. Gegenseitige Beeinflussung der Flügel eines Doppeldeckers. Wegen der flugtechnischen Bedeutung der Doppeldeckeranordnung hat man dieselbe besonders eingehend untersucht. Bereits bevor die einfachen allgemeinen Gesetze des kleinsten induzierten Widerstandes bekannt waren, wurden derartige Untersuchungen durchgeführt[1]). Die dabei angewandten Näherungsmethoden bieten gegenüber der in Ziff. 35 geschilderten allgemeinen Behandlung manche Vorteile: Sie lassen sich ohne sehr erhebliche Schwierigkeiten auch auf kompliziertere Anordnungen anwenden, wo die Berechnung der Potentialströmung um die Tragwerksfigur (Ziff. 35) mathematisch zu schwierig ist. Außerdem gewinnt man dadurch in manche Verhältnisse besseren Einblick, insbesondere wenn die Anordnung der Flügel erheblich vom Optimum abweicht.

Das Verfahren beruht darauf, daß man von einem einzelnen Flügel ausgeht und den störenden Einfluß untersucht, den ein benachbarter Flügel auf ihn ausübt. Wenn man nämlich die gegenseitigen Störungen als nicht sehr groß

[1]) A. Betz, ZS. f. Flugtechn. Bd. 5, S. 253. 1914; Techn. Ber. d. Flugzeugm. Bd. 1, S. 103. 1917.

voraussetzt, was meist einigermaßen zutrifft, so kann man die Auftriebsverteilung für jeden Flügel im wesentlichen ebenso annehmen, wie wenn er allein wäre. Man rechnet dann die Störungen aus, welche jeder Flügel (einschließlich seiner Unstetigkeitsfläche) am Ort des anderen Flügels erzeugt, und schätzt danach die sich dort ergebenden Änderungen ab. Da der störende Flügel immer in einiger Entfernung von dem gestörten Flügel sich befindet, so ist eine genaue Berücksichtigung der Wirbelverteilung in der Unstetigkeitsfläche nicht unbedingt nötig. Für nicht zu hohe Ansprüche an Genauigkeit genügt es daher, den störenden Flügel durch einen einzelnen Wirbel und die Unstetigkeitsfläche, deren Wirbel sich ja gegen den Rand hin besonders konzentrieren, durch zwei von den Enden der Flügel nach hinten sich erstreckende einfache Wirbel zu ersetzen. Dieses ältere Verfahren[1] ist später verfeinert worden, indem man anstatt des Hufeisenwirbels die bei elliptischer Auftriebsverteilung sich ergebende Verteilung der Wirbel zugrunde legte[2]). Die Störungen rühren teils von dem Feld der Unstetigkeitsfläche (Abb. 47), teils von der Zirkulation um den Flügel selbst (Ziff. 37) her. Auf Grund der gefundenen Störungsgeschwindigkeiten stellt man dann fest, wie man das Flügel-

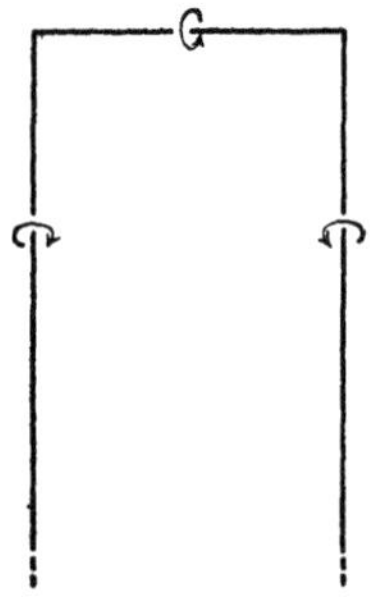

Abb. 46. Hufeisenwirbel, dessen Feld in größerer Entfernung weitgehend mit dem eines Flügels von endlicher Spannweite übereinstimmt.

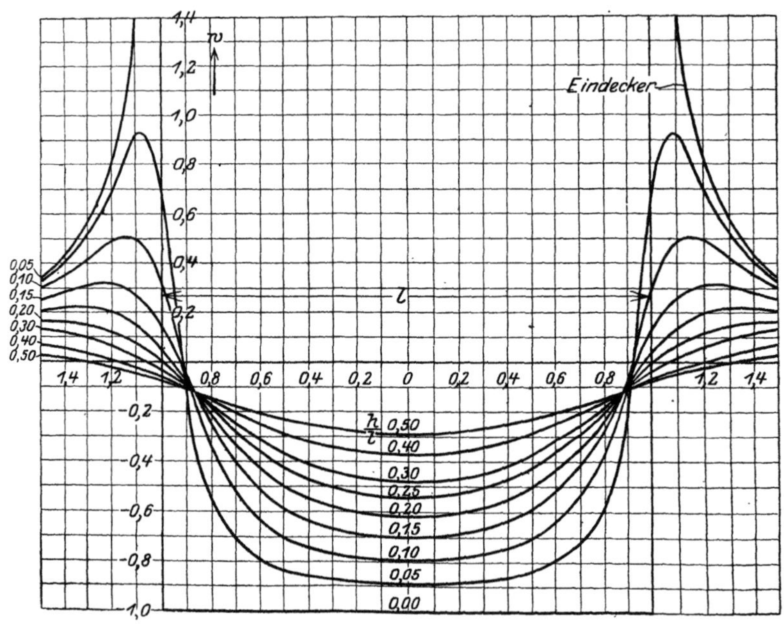

Abb. 47. Vertikale Störungsgeschwindigkeiten w im Abstand h senkrecht über und unter einem Flügel mit der Spannweite l bei elliptischer Auftriebsverteilung.

[1]) A. BETZ, s. Fußnote S. 251.

[2]) L. PRANDTL, Techn. Ber. d. Flugzeugm. Bd. 3, S. 309. 1918; L. PRANDTL, Tragflächenauftrieb und Widerstand in der Theorie. Jahrb. d. wiss. Ges. f. Luftfahrt 1918, S. 37; L. PRANDTL, Der induzierte Widerstand von Mehrdeckern. Ergebn. d. aerodyn. Versuchsanst. zu Göttingen, 2. Lief., S. 9. München: R. Oldenbourg 1923; NOLINI KANTO BOSE, Über das Doppeldeckerproblem. Dissert. Göttingen 1923.

profil an der betreffenden Stelle ändern muß, damit es trotz der gestörten Strömung denselben Auftrieb ergibt. Diese Änderungen beziehen sich auf die Flügeltiefe wegen der vermehrten oder verminderten Absolutgeschwindigkeit (Ziff. 37), auf den Anstellwinkel wegen der Neigung der Strömung und auf die Wölbung des Profiles, da die vertikale Geschwindigkeit an der Vorderkante des Flügels anders ist als an der Hinterkante, die gestörte Strömung also selbst gekrümmt ist.

37. Einfluß der Zirkulation um den Nachbarflügel. Bei einem Doppeldecker hat die Zirkulation um den unteren Flügel zur Folge, daß sich der obere Flügel in einem Gebiet erhöhter Geschwindigkeit, der untere Flügel dagegen in einem Gebiet niedrigerer Geschwindigkeit befindet. Ist der Doppeldecker gestaffelt, d. h. sind die Flügel nicht senkrecht übereinander, sondern steht der eine etwas vor, so befindet sich der vordere Flügel in einer nach oben gerichteten Strömung, der hintere in einer nach abwärts gerichteten (Abb. 48). Der hintere Flügel erfährt durch diese Neigung der Strömung einen Widerstand (vgl. die Entstehung des induzierten Widerstandes Ziff. 30), der vordere aber einen genau ebenso großen Vortrieb (negativer Widerstand), so daß sich durch diese Störungen für das Gesamtsystem kein Widerstand ergibt. (Über die Größe dieser Störungseinflüsse vgl. Ziff. 14.) Einen induzierten Widerstand ergeben nur die Störungen, welche von der endlichen Spannweite der Flügel, also von den Feldern der Unstetigkeitsflächen herrühren.

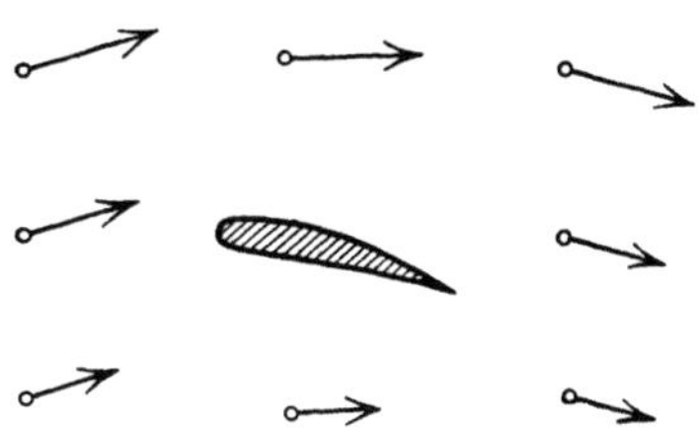

Abb. 48. Geschwindigkeiten in der Umgebung eines Flügels bei unendlicher Spannweite. Über dem Flügel erhöhte, unter ihm verminderte Geschwindigkeit, vor dem Flügel nach oben, hinter ihm nach unten gerichtete Strömung.

38. Der induzierte Widerstand von Doppeldeckern[1]. Nach den in Ziff. 30 geschilderten Rechenmethoden findet man den induzierten Widerstand eines Flügels, indem man an jeder Stelle der Spannweite die Zirkulation mit der vertikalen Störungsgeschwindigkeit w sowie mit der Flüssigkeitsdichte ϱ multipliziert und über die ganze Spannweite integriert [vgl. Ziff. 30, Gleichung (2)]. Bezeichnen wir den einen Flügel mit dem Zeiger 1, den anderen mit 2. W_{12} möge den induzierten Widerstand bedeuten, der am Flügel 2 durch die vom Flügel 1 verursachte Störung entsteht. Dieser ist

$$W_{12} = \varrho v_0 \int_{-l/2}^{+l/2} w_{12} \Gamma_2 \, dx . \tag{1}$$

Die Störungsgeschwindigkeit, welche ein Flügel an irgendeiner Stelle erzeugt, ist proportional der Störungsgeschwindigkeit am eigenen Flügel (in Abb. 47 als Einheit gewählt, $h = 0$), also [vgl. Ziff. 31, Gleichung (3), zur Abkürzung ist hier und in den folgenden Formeln $\varrho v_0^2/2 = q$ gesetzt] proportional $v_0 A_1/\pi q l^2$ und hängt sonst nur noch von den geometrischen Verhältnissen, d. i. von der Lage des betreffenden Punktes zum störenden Flügel, ab. Daher kann man auch den durch die Störung verursachten induzierten Widerstand durch den Ausdruck

$$W_{12} = \frac{A_1 A_2}{\pi q l^2} \sigma , \tag{2}$$

darstellen, wobei σ nur eine Funktion der geometrischen Anordnung ist.

[1] L. Prandtl, s. Fußnote S. 252.

Da die Störungsgeschwindigkeiten in gleichem Abstand über und unter einem Flügel gleich sind, so ist auch verständlich, daß bei einem ungestaffelten Doppeldecker, wenn Ober- und Unterflügel gleiche Spannweite besitzen, σ und damit nach Gleichung (2) auch der induzierte Widerstand, der von der Störung des anderen Flügels herrührt, für beide Flügel gleich ist:

$$W_{21} = W_{12} = \frac{A_1 A_2}{\pi q l^2} \sigma. \tag{3}$$

Man kann weiterhin zeigen, daß dies auch noch zutrifft, wenn Ober- und Unterflügel verschiedene Spannweite l_1 und l_2 haben. Es ist dann

$$W_{21} = W_{12} = \frac{A_1 A_2}{\pi q l_1 l_2} \sigma. \tag{4}$$

Dagegen gilt diese Gleichung nicht mehr, wenn der Doppeldecker gestaffelt ist (vgl. Ziff. 37). Aber da im letzteren Falle der induzierte Widerstand des vorstehenden Flügels um denselben Betrag verringert wird, wie der des zurückstehenden vermehrt wird, so bleibt die Summe $W_{12} + W_{21}$ unverändert. Sie ist

$$W_{12} + W_{21} = 2 \frac{A_1 A_2}{\pi q l_1 l_2} \sigma. \tag{5}$$

Der gesamte induzierte Widerstand eines Doppeldeckers setzt sich nun zusammen aus den induzierten Widerständen der beiden Flügel, die jeder durch seine eigene Randstörung verursacht [Eindeckerwiderstand, Ziff. 31, Gleichung (4)]. Dazu kommt der von der gegenseitigen Störung herrührende Widerstand, so daß man für den gesamten induzierten Widerstand erhält

$$W_i = \frac{1}{\pi q}\left(\frac{A_1^2}{l_1^2} + 2\sigma \frac{A_1 A_2}{l_1 l_2} + \frac{A_2^2}{l_2^2}\right). \tag{6}$$

Werte von σ für verschiedene Anordnungen unter Voraussetzung elliptischer Auftriebsverteilung bei jedem der beiden Flügel sind in folgender Tabelle[1]) zusammengestellt (l_1 und l_2 = Spannweiten der beiden Flügel, h = lotrechter Abstand derselben):

Werte von σ.

$2h/(l_1 + l_2)$	0	0,1	0,2	0,3	0,4	0,5
$l_2/l_1 = 1$	1,000	0,655	0,485	0,370	0,290	0,230
0,8 oder 1/0,8 . .	0,800	0,600	0,459	0,355	0,282	0,225
0,6 oder 1/0,6 . .	0,600	0,485	0,394	0,315	0,255	0,210

Bei gleicher Spannweite des Ober- und Unterflügels ($l_1 = l_2$) wird der induzierte Widerstand dann am kleinsten, wenn die Zirkulation um die beiden Flügel gleich groß ist. Dieser Kleinstwert ist

$$W_{i\min} = \frac{A^2}{\pi q l^2} \frac{1+\sigma}{2}, \tag{7}$$

wobei $A = A_1 + A_2$ den Gesamtauftrieb des Doppeldeckers bedeutet. Da für einen Eindecker $W_{i\min} = A^2/\pi q l^2$ ist [vgl. Ziff. 31, Gleichung (4)], so stellt der Faktor $(1+\sigma)/2$, ein echter Bruch, die durch die Doppeldeckeranordnung erzielbare Verbesserung gegenüber einem Eindecker von gleichem Auftrieb, gleicher Spannweite und gleicher Geschwindigkeit dar. Man kann die Rechnung auch für

[1]) L. PRANDTL, Der induzierte Widerstand von Mehrdeckern, s. Fußnote S. 252.

ungleiche Spannweiten der beiden Flügel durchführen[1]). Schreiben wir den induzierten Widerstand des Doppeldeckers

$$W_{i\,\min} = \frac{A^2}{\pi q l_1^2} \varkappa, \qquad (8)$$

wobei l_1 die größte Spannweite bedeuten soll, so ergeben sich für den Verbesserungsfaktor $\varkappa$ die in nachstehender Tabelle angegebenen Werte:

Werte von $\varkappa$ für Doppeldecker mit verschiedener Spannweite der beiden Flügel.

h/l_1	0	0,1	0,2	0,3	0,4	0,5
$l_2/l_1 = 1$	1,000	0,827	0,742	0,684	0,645	0,615
0,8	1,000	0,932	0,855	0,800	0,758	0,728
0,6	1,000	0,974	0,932	0,892	0,861	0,839

Die dazugehörige Verteilung des Auftriebes auf die beiden Flügel ergibt sich aus folgender Tabelle:

Werte von $A_2/(A_1 + A_2)$.

h/l_1	0	0,1	0,2	0,3	0,4	0,5
$l_2/l_1 = 1$	—	0,500	0,500	0,500	0,500	0,500
0,8	0	0,246	0,310	0,338	0,355	0,364
0,6	0	0,104	0,157	0,191	0,211	0,224

39. Flügel mit Unterbrechungen (Spaltverlust). Befinden sich zwei Flügel nebeneinander in sehr großer Entfernung, so ist, wenn die Zeiger 1 und 2 die

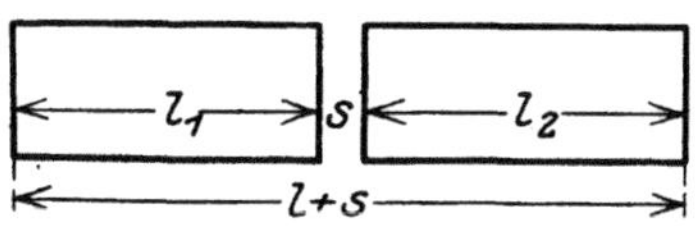

Abb. 49. Flügel mit Spalt.

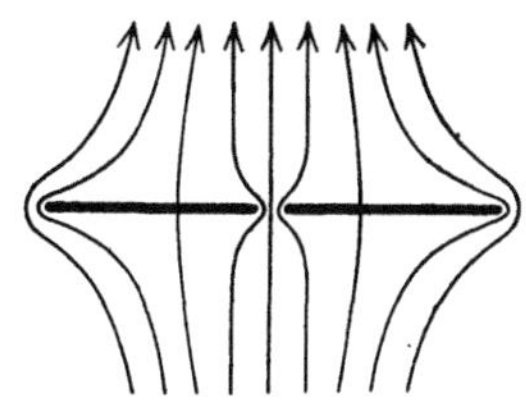

Abb. 50. Strömung um die Unstetigkeitsfläche hinter einem Flügel mit Spalt.

beiden Flügel bezeichnen, der induzierte Widerstand des einen $W_1 = A_1^2/\pi q l_1^2$, der des anderen $W_2 = A_2^2/\pi q l_2^2$. Läßt man die beiden Flügel immer näher zusammenrücken, bis sie sich schließlich berühren und einen einzigen Flügel von der Spannweite $l_1 + l_2$ bilden, so ist der Widerstand $W = (A_1 + A_2)^2/\pi q (l_1 + l_2)^2$, das ist weniger als $W_1 + W_2$. Sind z. B. die beiden Flügel gleich, so ist für die einzelnen Flügel $W_1 + W_2 = 2A_1^2/\pi q l_1^2$, während nach dem Zusammenrücken $W = (2A_1)^2/\pi q (2l_1)^2 = A_1^2/\pi q l_1^2$, also halb so groß wie die Summe der Widerstände der einzelnen Flügel ist. Für eine Zwischenstellung, wenn also die Flügel nahe nebeneinander stehen mit einem Spalt s zwischen sich (Abb. 49), liegt der induzierte Widerstand zwischen den beiden Grenzwerten. Man sieht daraus, daß man durch Teilung eines Flügels in zwei nebeneinander liegende Teile und Trennung durch einen Spalt den Widerstand vergrößert. Dies leuchtet auch ein, wenn man bedenkt, daß sich der Druckunterschied zwischen Ober- und Unterseite ja auch durch den Spalt ausgleichen kann, so daß hier ein ähnlicher Verlust entsteht wie an den seitlichen Rändern.

Die quantitative Berechnung kann wie beim Doppeldecker in zweifacher Weise geschehen: Man kann die Potentialströmung um die Ansichtsfigur in der Bewegungsrichtung (zwei gerade Linien Abb. 50) behandeln und die Potential-

[1] L. Prandtl, Der induzierte Widerstand von Mehrdeckern, s. Fußnote S. 252.

differenzen zwischen Ober- und Unterseite berechnen (Ziff. 35)[1]). Man kann aber auch die Auftriebverteilungen als annähernd elliptisch voraussetzen und die gegenseitigen Störungen berechnen (wie in Ziff. 38). Das letztere Verfahren ist allerdings nur anwendbar, wenn der Spalt einigermaßen groß ist, da sonst die Voraussetzung elliptischer Auftriebsverteilung für jeden Teilflügel zu wenig zutrifft. Teilt man einen Flügel von der Länge l in der Mitte durch und rückt die beiden Teile um die Strecke s (Spaltbreite) auseinander (Abb. 49), dann wird der induzierte Widerstand für gleichen Auftrieb und gleiche Geschwindigkeit um einen Faktor $\varkappa$ vergrößert, der sich aus nachstehender Tabelle ergibt:

Werte von $\varkappa$ für Flügel mit Spalt.

$s/(l+s)$	0	0,001	0,01	0,1	1
	1,00	1,312	1,480	1,763	2

Hierzu ist jedoch zu bemerken, daß für sehr kleine Spalte diese Theorie zu hohe Werte für den induzierten Widerstand liefert[2]) (vgl. auch Ziff. 57). Die Flügel haben nämlich stets eine endliche Dicke, und wenn die Spaltweite s von der Größenordnung der Flügeldicke oder kleiner ist, so kann sich der Druck durch den Spalt nicht mehr so vollständig ungehindert ausgleichen wie bei einem freien Flügelende (Abb. 51). Es bleibt ein merklicher Druckunterschied

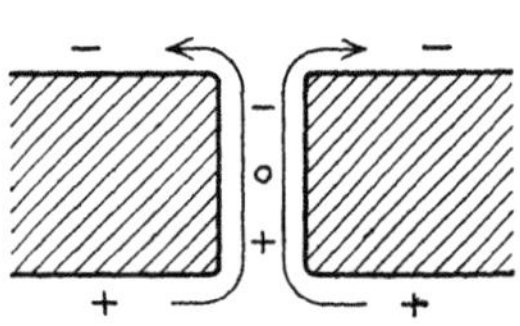

Abb. 51. Einfluß der endlichen Flügeldicke auf den Druckausgleich bei sehr engem Spalt.

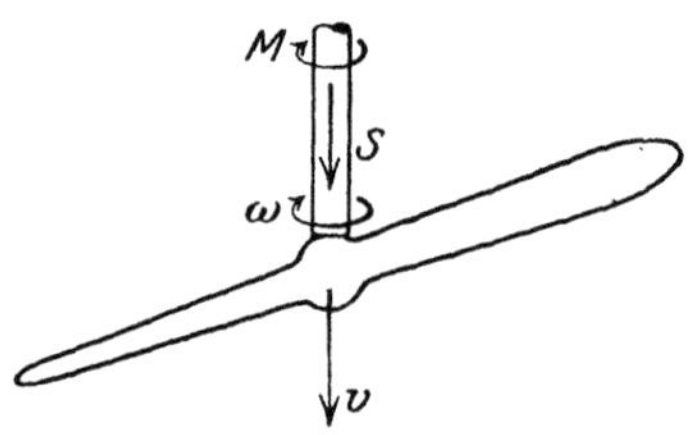

Abb. 52. Schraubenpropeller.

zwischen dem unteren und dem oberen Ende des Spaltes bestehen. Die Drücke der Saug- und Druckseite fallen daher nicht bis auf den Wert 0 am Spalt ab, wie es die einfache Theorie annimmt, indem sie unendlich dünne Flügel voraussetzt. Infolgedessen werden aber auch die Störungsgeschwindigkeiten und damit der induzierte Widerstand kleiner[3]). (Über weitere Einflüsse, welche die schädliche Wirkung eines solchen Spaltes vermindern können, s. Ziff. 57.)

40. Übertragung der Optimumsaufgabe auf Schraubenpropeller[4]). Ein Propeller hat die Aufgabe, ein von einem Antriebsmotor ausgeübtes Drehmoment M in eine axial wirkende Kraft, den Schub S, umzusetzen (Abb. 52). Diese Umsetzung geht in der Weise vor sich, daß sich der Propeller unter der Wirkung des Drehmomentes M mit der Winkelgeschwindigkeit ω dreht, wobei die Leistung $M\omega$ zugeführt werden muß. Außerdem bewegt sich der Propeller in axialer Richtung mit der Geschwindigkeit v vorwärts, er führt also eine

[1]) L. PRANDTL, Tragflügeltheorie, 2. Mitt. Göttinger Nachr. 1919, S. 107.

[2]) A. BETZ, Über die Vorgänge an den Schaufelenden von Kaplanturbinen. Hydraulische Probleme, S. 161. Berlin: VDI-Verlag 1926.

[3]) Experimentelle Ergebnisse s. M. MUNK u. G. CARIO, Techn. Ber. d. Flugzeugm. Bd. 1, S. 219.

[4]) A. BETZ, Schraubenpropeller mit geringstem Energieverlust, mit einem Zusatz von L. PRANDTL. Göttinger Nachr. 1919, S. 193. Obige Darstellung ist gegenüber der zitierten Originalarbeit verallgemeinert, so daß sie auch stark belastete Schrauben umfaßt.

Schraubenbewegung aus. Ein Stück eines Flügels im Abstand r von der Achse hat die Geschwindigkeitskomponenten $u = r\omega$ in tangentialer und v in axialer Richtung (Abb. 53). Es erfährt als Flügel infolge dieser Bewegung eine Kraft dP, welche bei verlustlosem Vorgange und bei Vernachlässigung von Störungsbewegungen senkrecht zur Bewegungsrichtung stehen würde. Ist die Zirkulation um den Flügel an der betreffenden Stelle Γ, so ist die Axialkomponente dieser Kraft $dS = \varrho \Gamma r \omega\, dr$, die Tangentialkomponente $dT = \varrho \Gamma v\, dr$ [Ziff. 8, Gleichung (2)]. Dabei soll dr die Länge des betreffenden Flügelstückes sein. Die Nutzleistung dieser Kraft bei der Vorwärtsbewegung des Propellers ist $v\, dS$, die vom Motor aufzubringende Leistung ist $r\omega\, dT$. Beide Leistungen sind gleich, was ja auch sein muß, wenn keine Verluste auftreten sollen. Die von diesen Kräften verursachten Störungsgeschwindigkeiten bedingen aber ganz ähnlich wie bei einfachen Flügeln und Tragwerken eine Richtungsänderung der Relativgeschwindigkeit zwischen Flüssigkeit und Flügel und damit eine Drehung der Kraft dP im Sinne eines induzierten Widerstandes und damit einen Energieverlust. Dazu kommt natürlich noch wie beim einfachen Flügel auch der Profilwiderstand des Flügels, wir wollen aber für die folgenden Überlegungen zunächst von diesem absehen[1]). In entsprechender Weise, wie wir beim Flügel nach der Auftriebsverteilung suchten, welche den kleinsten induzierten Widerstand ergibt, können wir uns die Frage vorlegen: Wie muß man einen gegebenen Schub über die Flügel eines Propellers von gegebenem Durchmesser und gegebener Flügelzahl verteilen, damit der (induzierte) Energieverlust am kleinsten, der Wirkungsgrad also am größten wird.

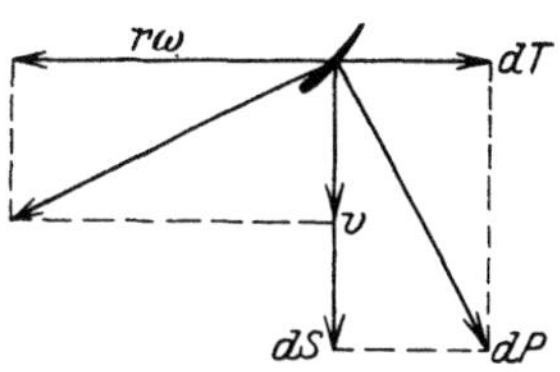

Abb. 53. Bewegung eines Propellerflügels und Kräfte an ihm.

41. Bedingung für den geringsten Energieverlust bei Schraubenpropellern. Wir führen die Überlegung ganz entsprechend wie in Ziff. 31 durch: Von den Flügeln gehen schraubenförmige Unstetigkeitsflächen aus, und wir können das Störungsfeld als Feld dieser Unstetigkeitsflächen darstellen. Den Energieverlust wie auch den Schub können wir am Flügel selbst aus der Zirkulation und den Geschwindigkeiten berechnen, aber auch hinter dem Propeller aus der Energie bzw. dem Impuls der Störungsbewegung. Der letztere Umstand ermöglicht die Anwendung des Verschiebungssatzes (Ziff. 31), wonach der Energieverlust sowie der Schub unverändert bleibt, wenn wir Flügelteile ohne Änderung ihrer Zirkulation längs der Unstetigkeitsfläche, und zwar längs der darin liegenden Wirbellinien verschieben. Die letztere Erklärung ist nötig, da der Verlauf der von einer Stelle des Flügels ausgehenden Wirbel nicht ohne weiteres festliegt. Sind die Störungsbewegungen sehr klein (ist der Propeller schwach belastet), so liegen die Wirbellinien auf den von ihren Entstehungsstellen am Flügel durchlaufenen Bahnen, also auf Schraubenlinien mit gemeinsamer Steigung. Bei stärkerer Propellerbelastung deformiert sich aber die Unstetigkeitsfläche infolge der Störungsgeschwindigkeiten. Insbesondere rücken die Wirbellinien hinter dem Propeller etwas gegen die Achse hin (Strahlkontraktion s. Ziff. 45). Wenn die Schubverteilung über den Flügel am günstigsten sein soll, so muß eine Vermehrung der Zirkulation an irgendeiner Stelle des Flügels um $\Delta\Gamma$ und die dadurch bedingte Vermehrung von Schub und Drehmoment um dS bzw. dM für jede Stelle denselben Wirkungsgrad haben, denn sonst könnte man an solchen Stellen,

[1]) Über den Einfluß des Profilwiderstandes auf die günstigste Schubverteilung vgl. folgende Arbeiten: H. B. Helmbold, ZS. f. Flugtechn. Bd. 15, S. 150 u. 170. 1924; Th. Bienen u. Th. v. Kármán, ZS. d. Ver. d. Ing. Bd. 68, S. 1237 u. 1315. 1924; Th. Bienen, ZS. f. Flugtechn. Bd. 16, S. 209 u. 221. 1925.

wo ein Schubzuwachs mit schlechtem Wirkungsgrad arbeitet, etwas Schub hinwegnehmen und an anderen Stellen, wo er günstiger arbeitet, hinzufügen und dadurch den Gesamtwirkungsgrad verbessern. Es muß also für jede Stelle des Flügels $(v\,dS)/(\omega\,dM) = k =$ konst. sein. Um die Schwierigkeit zu vermeiden, welche die Ermittlung der Wirkung der von der zusätzlichen Zirkulation $\Delta\Gamma$ herrührenden Störung auf die übrigen Flügelteile bietet, bringen wir gemäß dem Verschiebungssatz die zusätzliche Zirkulation nicht am Flügel selbst, sondern weiter hinten in seiner Unstetigkeitsfläche an. Dieses zusätzliche Flügelstückchen mit der Zirkulation $\Delta\Gamma$ möge sich im Abstand r von der Achse befinden und die Länge dr haben. Es bewegt sich mit dem Propeller in axialer Richtung mit der Geschwindigkeit v, in tangentialer Richtung mit der Geschwindigkeit $r\omega$. Wenn die Störungsgeschwindigkeit an dieser Stelle die Komponenten w_a entgegengesetzt zu v und w_t gleichgerichtet mit $r\omega$ hat, so sind die Komponenten der Relativgeschwindigkeit $v + w_a$ und $r\omega - w_t$. Dementsprechend wird der Schubzuwachs

$$dS = \varrho\,\Delta\Gamma\,(r\omega - w_t)\,dr \tag{1}$$

und der Momentenzuwachs

$$dM = \varrho\,\Delta\Gamma\,(v + w_a)\,r\,dr \tag{2}$$

und damit der Wirkungsgrad dieses Zuwachses

$$\frac{v\,dS}{\omega\,dM} = \frac{v\,(r\omega - w_t)}{r\omega\,(v + w_a)} = k. \tag{3}$$

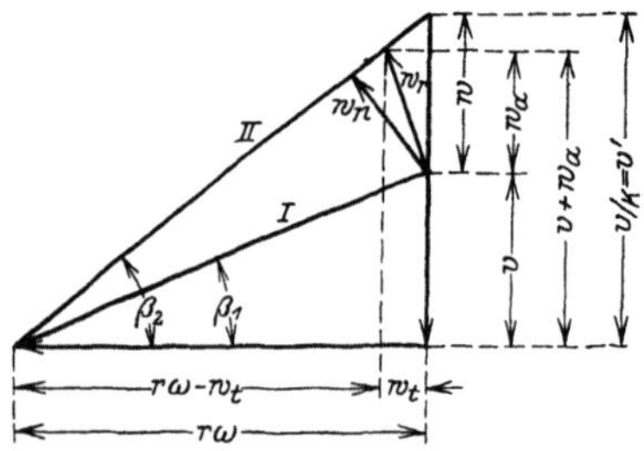

Abb. 54. Zusammensetzung der absoluten Propellerbewegung und der Störungsgeschwindigkeiten.

Da dieser für die günstigste Schubverteilung, wie wir oben zeigten, konstant sein soll, so folgt daraus

$$\frac{v + w_a}{r\omega - w_t} = \frac{v}{k\,r\omega} = \frac{v'}{r\omega}, \tag{4}$$

wobei $v/k = v'$ gesetzt ist. Die Verhältnisse sind in Abb. 54 dargestellt. Die Linie I ist die Strömung relativ zum Flügelstückchen ohne Berücksichtigung der Störungsgeschwindigkeit. Infolge der Störungsgeschwindigkeit w_r mit den Komponenten w_a und w_t ergibt sich die relative Strömung II, deren Richtung aus der Richtung von I dadurch hervorgeht, daß man die Geschwindigkeit v im Verhältnis $1/k$ vergrößert [Gleichung (4)]. Unsere Optimumsüberlegung verlangt, daß dieses Vergrößerungsverhältnis für jeden Radius r dasselbe sein soll. Da nun die Gesamtheit aller ungestörten Zuströmungsrichtungen I eine Schraubenfläche bilden, so müssen es auch die Zuströmungsrichtungen II tun, nur mit dem Unterschied, daß die Steigung der Schraubenfläche II im Verhältnis $1/k$ größer ist als die von I. Bei ungestörter Bewegung würde die Unstetigkeitsfläche mit der Schraubenfläche I zusammenfallen. Infolge der Störungsgeschwindigkeiten geht die Unstetigkeitsfläche in die Schraubenfläche II über.

Die Störungsgeschwindigkeit w_r ist durch die Optimumsbedingung nicht vollständig festgelegt. Wir ersehen aus Abb. 54, daß nur verlangt ist, daß der Endpunkt von w_r auf der Geraden II liegt. Je nachdem, an welcher Stelle von II er liegt, ist Größe und Richtung von w_r verschieden. Zerlegen wir w_r in zwei Komponenten, von denen die eine w_n senkrecht auf II steht, während die andere parallel dazu ist, so ist uns durch die Optimumsbedingung eine Aussage über w_n gemacht, nicht aber über die andere Komponente (diese muß auf Grund anderer Beziehungen ermittelt werden). Da v für jeden Radius konstant ist, so ist es auch $v' = v/k$ und $w = v' - v$. Aus Abb. 54 können wir die Beziehung ablesen

$$w_n = w\cos\beta_2 = w\,\frac{r\omega}{\sqrt{v'^2 + (r\omega)^2}}. \tag{5}$$

Diese Bedingung wird auch erfüllt, wenn wir uns die deformierte Unstetigkeitsfläche (Schraubenfläche *II*) starr denken und mit der Geschwindigkeit w in axialer Richtung verschieben. Wir erhalten demnach folgenden Satz:

Eine Schraube mit gegebenem Schub hat dann den geringsten Energieverlust, wenn sich die von den Flügeln ausgehenden Unstetigkeitsflächen nach einer anfänglichen beschränkten Deformation wie starre Schraubenflächen axial nach hinten verschieben.

Die Verwertung dieses Satzes bietet leider einige Schwierigkeiten, indem die Berechnung der mit dieser Potentialbewegung zusammenhängenden Störungsgeschwindigkeiten noch nicht vollständig gelöst ist. Über die bisherigen Lösungen vgl. Ziff. 56.

In ähnlicher Weise wie beim Schraubenpropeller kann man die Optimumsüberlegung auch für andere Flügelräder durchführen, doch hat sie dort nicht die Bedeutung erlangt, entweder weil die Verhältnisse an sich übersichtlicher sind (Räder mit Gehäuse) oder weil der Wirkungsgrad nicht von so ausschlaggebender Wichtigkeit ist (Windräder). Über einige Fälle solcher Anwendungen vgl. Ziff. 57.

VII. Flügelreihen und Flügelräder mit sehr kleinem Flügelabstand.

42. Flügelreihen von endlicher Spannweite. Bei Flügelreihen macht sich als Folge der endlichen Spannweite der einzelnen Flügel außer dem induzierten Widerstande noch ein anderer Umstand geltend, der einen wesentlichen Unterschied gegenüber den in Ziff. 19 behandelten ebenen Vorgängen bedingt. Dort hatten wir auf Grund der Kontinuitätsbedingung gefunden, daß die Geschwindigkeitskomponente v senkrecht zur Gitterebene vor und hinter dem Gitter gleich sein muß [Gleichung (2) von Ziff. 19]. Beim Gitter mit endlicher Spannweite ist die Voraussetzung für diese Beziehung nicht erfüllt, da sich die Flüssigkeit auch in Richtung der Spannweite ausbreiten oder zusammenziehen kann. Dafür erhalten wir hier die Bedingung, daß der Druck in großer Entfernung vor und hinter dem Gitter gleich sein muß. Da nämlich die seitlich an der Flügelreihe vorbeigehende Strömung keine Druckänderung erfährt, so muß sich die durch das Gitter gehende Strömung durch seitliche Ausbreitung oder Zusammenziehung diesem Umstand anpassen.

Um diese Verhältnisse für sich zu übersehen, wollen wir zunächst von den einen induzierten Widerstand verursachenden Vorgängen an den einzelnen Flügelenden absehen. Wir wollen daher voraussetzen, daß der Flügelabstand a sehr klein gegenüber der Spannweite sein soll. Im Grenzfall geht dabei die Flügelreihe in eine durchlässige Wand über, welche die Eigenschaft hat, daß die Geschwindigkeitskomponente parallel zu dieser Wand sich beim Durchtritt der Flüssigkeit unstetig von u_1 auf u_2 ändert. Die Geschwindigkeit senkrecht zur Gitterwand kann sich aus Gründen der Kontinuität nicht unstetig ändern, sie sei unmittelbar vor und hinter dem Gitter v'. Wenn wir uns auf die nächste Nachbarschaft der Gitterebene beschränken, so haben wir wegen der geringen Veränderlichkeit der Durchflußgeschwindigkeit v' die Voraussetzungen wie bei der ebenen Strömung erfüllt und erhalten eine Druckdifferenz $p_1 - p_2$ vor und hinter dem Gitter gemäß Gleichung (1), Ziff. 20, bzw. Gleichung (1), Ziff. 22, wobei wir nur v durch v' ersetzen müssen. Das Koordinatensystem ist hierbei so gewählt, daß das Gitter ruht. Da nun seitlich vom Gitter keine solche Druckdifferenz möglich ist, so muß vor und hinter dem Gitter ein allmählicher Ausgleich der Drücke unter gleichzeitiger Beschleunigung bzw. Verzögerung der

Strömung eintreten. Die Tangentialgeschwindigkeiten u_1 und u_2 bleiben hierbei unverändert, da in der Richtung parallel zum Gitter kein Druckgefälle vorhanden ist. Es ändert sich nur die Normalgeschwindigkeit v. Sind p der Druck weit vor und hinter dem Gitter, p_1 und p_2 die Drücke unmittelbar vor und hinter dem Gitter, ferner v_1 und v_2 die Normalgeschwindigkeiten weit vor und hinter dem Gitter (Abb. 55), so ist

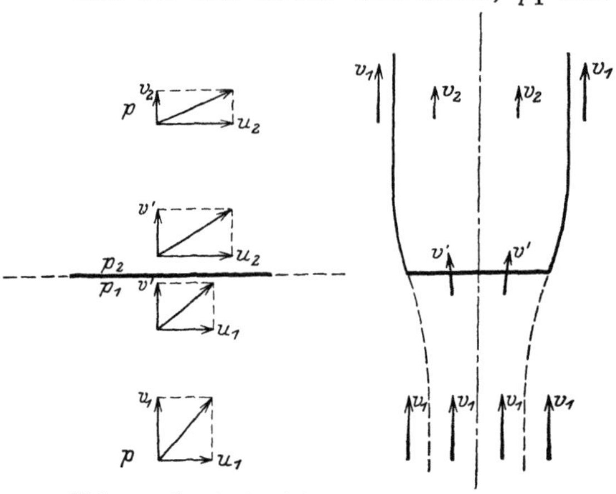

Abb. 55. Geschwindigkeiten vor und hinter einer Flügelreihe von endlicher Spannweite. Links Schnitt in der Gitterrichtung (senkrecht zur Flügelspannweite), rechts senkrecht zur Gitterrichtung (parallel der Spannweite). Die Flügelreihe ist durch die stark ausgezogene Linie angedeutet.

$$p_1 - p = \frac{\varrho}{2}(v_1^2 - v'^2) \tag{1}$$

und

$$p - p_2 = \frac{\varrho}{2}(v'^2 - v_2^2) \tag{2}$$

oder

$$p_1 - p_2 = \frac{\varrho}{2}(v_1^2 - v_2^2), \tag{3}$$

andererseits ist aber nach Gleichung (1) von Ziff. 22

$$p_1 - p_2 = \frac{\varrho}{2}(u_2^2 - u_1^2) + p',$$

wobei p' den Verlust beim Durchgang durch die Flügelreihe infolge des Flügelwiderstandes zum Ausdruck bringt (Ziff. 22). Daraus folgt

$$\frac{\varrho}{2}(v_1^2 + u_1^2) = \frac{\varrho}{2}(v_2^2 + u_2^2) + p', \tag{4}$$

was sich auch direkt aus der Bernoullischen Gleichung ergibt, da ja der Druck weit vor und hinter dem Gitter derselbe ist.

43. Durchflußgeschwindigkeit durch das Gitter. Die nächste Frage ist die: Kann man eine Aussage über die Absolutwerte der Drücke p_1 und p_2 (nicht nur über ihre Differenz) bzw. über die Durchflußgeschwindigkeit v' machen? Ein Stück des Gitters von der Fläche F erfährt infolge des Druckunterschiedes $p_1 - p_2$ eine Normalkraft $P_y = F(p_1 - p_2)$ (außerdem noch eine Tangentialkraft P_x). Die entgegengesetzte Kraft wird vom Gitter auf die durchströmende Flüssigkeit ausgeübt, wodurch nach dem Impulssatz die Geschwindigkeitsänderung $v_1 - v_2$ bewirkt wird. Da die sekundlich durch die Fläche F strömende Masse $m = \varrho F v'$ ist und für die Geschwindigkeitsänderung nach dem Impulssatz sich $(v_1 - v_2)\, m = P_y$ ergibt, so erhalten wir, wenn wir noch die soeben abgeleitete Beziehung $p_1 - p_2 = \varrho(v_1^2 - v_2^2)/2$ verwenden,

$$(v_1 - v_2)\,\varrho F v' = F(p_1 - p_2) = F\frac{\varrho}{2}(v_1^2 - v_2^2) = F\frac{\varrho}{2}(v_1 - v_2)(v_1 + v_2).$$

Daraus folgt

$$v' = \frac{v_1 + v_2}{2}, \tag{1}$$

d. h. die Normalkomponente der Durchflußgeschwindigkeit v' ist das arithmetische Mittel aus den Normalgeschwindigkeiten vor und hinter dem Gitter. (Daß für die Tangentialgeschwindigkeiten das gleiche gilt, ist bereits in Ziff. 20 gezeigt.) Für die Drücke unmittelbar vor und hinter dem Gitter erhalten wir nun

$$p_1 - p = \frac{\varrho}{8}(3\,v_1 + v_2)(v_1 - v_2), \tag{2}$$

$$p - p_2 = \frac{\varrho}{8}(v_1 + 3\,v_2)(v_1 - v_2). \tag{3}$$

Bei dieser Überlegung ist stillschweigend vorausgesetzt, daß auf die durchströmende Flüssigkeitsmasse m keine andere Kraft wirkt als die von der Flügelreihe ausgeübte Kraft P_y. Wenn wir als Fläche F eine Rechteckfläche wählen, welche sich über die volle Breite der Flügelreihe (über die ganze Spannweite der Flügel) erstreckt, dann trifft diese Voraussetzung auch zu. Wir können dann nämlich den der Impulsbetrachtung unterzogenen Raum so abgrenzen, daß die seitlichen Grenzen in der ungestörten Strömung verlaufen, wo der Druck konstant ist. Dagegen ist die Überlegung für eine beliebige kleine Fläche innerhalb des Gitters nicht ganz zulässig[1]). Da nämlich in dem Übergangsgebiet von v_1 auf v' und von v' auf v_2 die Stromlinien gekrümmt sind, so besteht infolge der dadurch verursachten Zentrifugalkräfte in diesen Gebieten ein Druckgefälle bzw. ein Druckanstieg von den mittleren Teilen nach dem Rande hin. Da sich aber in diesen Gebieten die Stromlinien erweitern oder zusammenziehen, so übt dieses Druckgefälle auf eine Stromröhre, die wir uns etwa auswählen, auch eine Kraftkomponente in der Y-Richtung (normal zur Gitterebene) aus (Abb. 56). Das Vorzeichen dieser Kraft ist vor und hinter der Flügelreihe entgegengesetzt, so daß sie sich in ihrer Wirkung auf die Stromröhre zum Teil aufhebt. Immerhin bleibt eine Differenz bestehen, und deshalb ist der oben berechnete Wert von v' nur als Mittelwert über die Spannweite anzusehen, während die genaue Verteilung über die Spannweite nur auf Grund komplizierterer Rechnungen zu ermitteln ist[2]).

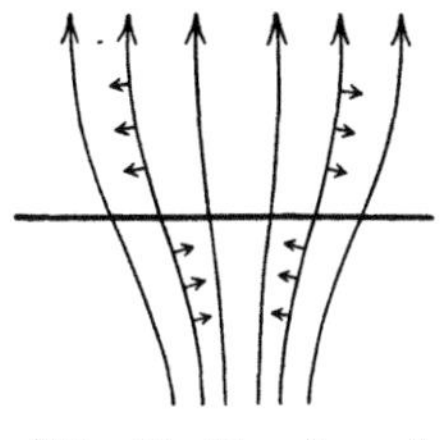

Abb. 56. Drucke auf einen Stromfaden in der Nähe einer Flügelreihe.

44. Der Wirkungsgrad von Flügelreihen endlicher Spannweite. Wir wollen eine Flügelreihe voraussetzen, bei der Energie auf die Flüssigkeit übertragen wird, bei der also $v_1 < v_2$ und $u_1 > u_2$ ist (Ziff. 23). Es ist dies jener Fall, der hauptsächlich für Schraubenpropeller eine Rolle spielt. Die Flügelreihe möge sich selbst mit der Geschwindigkeit u entgegengesetzt u_1 und u_2 in tangentialer und mit der Geschwindigkeit v entgegengesetzt v_1 und v_2 in normaler Richtung bewegen. v_1, v_2, u_1 und u_2 sollen wie bisher die Geschwindigkeiten relativ zur Flügelreihe bedeuten, dann sind die Komponenten der absoluten Zustromgeschwindigkeiten $v_1 - v$ und $u_1 - u$, die der absoluten Abstromgeschwindigkeiten $v_2 - v$ und $u_2 - u$. Die Kräfte, welche eine Fläche F des Gitters erfährt (vgl. die Einschränkung Ziff. 43), sind

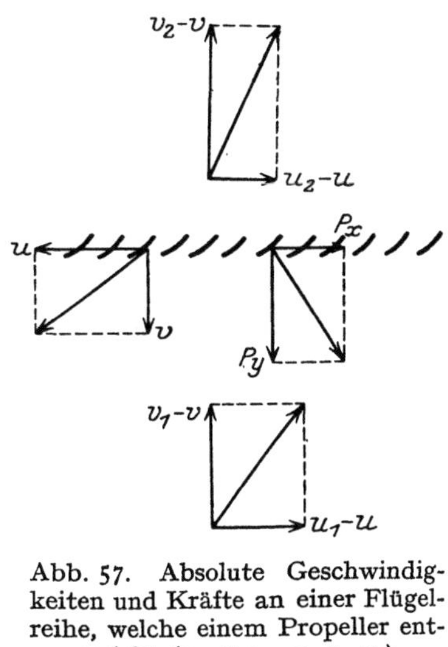

Abb. 57. Absolute Geschwindigkeiten und Kräfte an einer Flügelreihe, welche einem Propeller entspricht ($v_1 < v_2$, $u_1 > u_2$).

$$P_y = \frac{\varrho}{2} F (u_1^2 - u_2^2) - p' F = \frac{\varrho}{2} F (v_2^2 - v_1^2) \tag{1}$$

in der Richtung von v und

$$P_x = \varrho F v' (u_1 - u_2) \tag{2}$$

[1]) D. THOMA, ZS. f. Flugtechn. Bd. 16, S. 206. 1925.

[2]) Eine verwandte Aufgabe bei rotationssymmetrischer Strömung (Propeller) ist behandelt von H. KIMMEL, ZS. f. Flugtechn. Bd. 3, S. 53. 1912.

entgegen der Richtung von u. Die Geschwindigkeiten und Kräfte sollen positiv gerechnet werden, wenn sie mit den in Abb. 57 gezeichneten Richtungen übereinstimmen.

Zur Aufrechterhaltung der Bewegung in der X-Richtung muß man die sekundliche Arbeit $u P_x$ leisten; aus der Bewegung in der Y-Richtung gewinnt man die sekundliche Leistung $v P_y$. Im Falle eines Propellers muß die erstere Leistung vom Motor aufgebracht werden, während die zweite als Nutzleistung zum Vorwärtsbewegen eines Schiffes (Flugzeuges) mit dem Widerstand $-P_y$ und der Fahrgeschwindigkeit v zur Verfügung steht. Der Wirkungsgrad der Flügelreihe ist demnach

$$\eta = \frac{v P_y}{u P_x}.$$

Setzen wir für P_x und P_y die in Gleichung (1) und (2) angegebenen Werte ein, so erhalten wir

$$\eta = \frac{u_1^2 - u_2^2}{2v'(u_1 - u_2)} \frac{v}{u} \left(1 - \frac{p'}{\frac{\varrho}{2}(u_1^2 - u_2^2)}\right).$$

Den Klammerausdruck rechts haben wir bereits [Ziff. 23, Gleichung (3)] als Wirkungsgrad der Flügelreihe bei ebener Strömung kennengelernt und gefunden, daß er sich durch die Gleitzahl ε der Flügel und durch die Durchflußgeschwindigkeiten $v' = (v_1 + v_2)/2$ und $u' = (u_1 + u_2)/2$ ausdrücken läßt

$$1 - \frac{p'}{\frac{\varrho}{2}(u_1^2 - u_2^2)} = \frac{1 - \varepsilon \frac{v'}{u'}}{1 + \varepsilon \frac{u'}{v'}} = \eta_2.$$

Den ersten Teil des obigen Ausdruckes für η können wir ebenfalls noch etwas vereinfachen und erhalten, wenn wir auch da $(u_1 + u_2)/2$ durch u' ersetzen

$$\eta = \frac{v}{v'} \frac{u'}{u} \frac{1 - \varepsilon \frac{v'}{u'}}{1 + \varepsilon \frac{u'}{v'}}. \tag{3}$$

In dieser Darstellung des Wirkungsgrades kann man deutlich drei Einflüsse erkennen, welche den Wirkungsgrad verschlechtern und sich getrennt durch Teilwirkungsgrade ausdrücken lassen. Der Teilwirkungsgrad v/v' rührt daher, daß die für die Nutzleistung maßgebende Geschwindigkeit v kleiner ist als die Geschwindigkeit v', mit der sich der Propeller relativ zur Flüssigkeit vorwärtsbewegt. Man denke etwa an ein Schiff, das stromaufwärts fährt und infolge der Strömung trotz gleicher Schraubenleistung langsamer vorwärtskommt als im ruhenden Wasser. u/u' ist die entsprechende Wirkung von Tangentialgeschwindigkeiten: Für die vom Motor zu leistende Arbeit ist die Absolutgeschwindigkeit u maßgebend, während für die Energieumsetzung die Relativgeschwindigkeit u' in Frage kommt. Der dritte Teilwirkungsgrad $\left(1 - \varepsilon \frac{v'}{u'}\right) \Big/ \left(1 + \varepsilon \frac{u'}{v'}\right)$ ist, wie wir wissen, eine Folge des Profilwiderstandes der Flügel.

Für Flügelreihen, welche der Flüssigkeit Energie entziehen (Ziff. 26), bei denen also $v_1 > v_2$ und $u_1 < u_2$ ist (Turbinen, Windmühlen), sind die Überlegungen im wesentlichen dieselben. Man erhält als Wirkungsgrad

$$\eta = \frac{v'}{v} \frac{u}{u'} \frac{1 - \varepsilon \frac{u'}{v'}}{1 + \varepsilon \frac{v'}{u'}}. \tag{4}$$

45. Der maximale theoretische Wirkungsgrad von Schraubenpropellern[1]**.** Die in der vorstehenden Ziffer gefundenen drei Ursachen, welche den Wirkungsgrad einer Flügelreihe verschlechtern, treten auch beim Schraubenpropeller auf. Während nun der Einfluß der Gleitzahl sich durch Wahl eines günstigen Flügelprofiles wenigstens bis zu einem gewissen Grade vermindern läßt und der Einfluß der Tangentialgeschwindigkeit sich etwa durch Anwendung von Leitapparaten im Prinzip ganz vermeiden läßt, ist der Einfluß der Axialgeschwindigkeit durch den verlangten Schub und den Propellerdurchmesser unvermeidbar festgelegt. Es hat daher einen Sinn, diesen Verlust, welcher durch die äußeren Verhältnisse bedingt ist, für sich zu behandeln. Der Wirkungsgrad, der sich daraus ergibt, bedeutet den oberen Grenzwert, dem man um so näher kommt, je besser die sonstige Ausführung des Propellers ist. Wir idealisieren demgemäß den Propeller in folgender Weise: Wir ersetzen ihn durch eine durchlässige Kreisscheibe. Die durch die Scheibe hindurchtretende Flüssigkeit soll eine Drucksteigerung erfahren. Tangentiale Kräfte (senkrecht zur Durchflußrichtung) sollen dabei aber nicht auftreten. Auch sollen mit der Drucksteigerung selbst keine Verluste verbunden sein. Durch dieselbe Überlegung wie bei der Flügelreihe finden wir auch beim Propeller, daß die Durchflußgeschwindigkeit v' gerade das arithmetische Mittel aus den Geschwindigkeiten vor und hinter dem Propeller ist [Ziff. 43, Gleichung (1)]

$$v' = \frac{v_1 + v_2}{2}.$$

Der in axialer Richtung wirkende Propellerschub S entspricht genau der Kraft P_y bei der Flügelreihe. Wir erhalten daher

$$S = \varrho F v'(v_2 - v_1). \tag{1}$$

Die Fläche F ist dabei die den Propeller idealisierende Kreisscheibe. Wenn D den Propellerdurchmesser bedeutet, so ist demnach

$$F = \frac{D^2 \pi}{4}.$$

Da der Propeller im allgemeinen in ruhender Flüssigkeit arbeitet (andere Fälle kann man leicht durch Wahl eines entsprechenden Koordinatensystems darauf zurückführen), so ist die Zustromgeschwindigkeit gleich der Fahrgeschwindigkeit

$$v_1 = v.$$

Wenn wir berücksichtigen, daß nach Ziff. 43, Gleichung (1) $v_2 - v_1 = 2(v' - v_1)$ ist, so erhalten wir aus Gleichung (1)

$$\frac{S}{\frac{\varrho}{2} F v^2} = 4 \frac{v'}{v}\left(\frac{v'}{v} - 1\right).$$

Den Ausdruck links vom Gleichheitszeichen, in dem die obenerwähnten äußeren Bedingungen zum Ausdruck kommen, nennt man Belastungsgrad. Wir wollen für ihn zur Abkürzung schreiben

$$c_s = \frac{S}{\frac{\varrho}{2} F v^2}. \tag{2}$$

Wir erhalten nun aus obiger Gleichung

$$\frac{v'}{v} = \frac{1}{2}\left(1 + \sqrt{1 + c_s}\right) \tag{3}$$

---

[1] RANKINE, Trans. Inst. Naval Archit. Bd. 6, S. 13. 1865; FROUDE, ebenda Bd. 30, S. 390. 1889.

und damit für den maximalen theoretischen Wirkungsgrad

$$\eta_{\max} = \frac{v}{v'} = \frac{2}{1 + \sqrt{1 + c_s}}. \tag{4}$$

Wenn wir die Flüssigkeit verfolgen, welche durch den Schraubenkreis hindurchströmt, so ist der von ihr eingenommene Querschnitt wegen der wechselnden Geschwindigkeit verschieden. Ist F_1 der Querschnitt dieser Flüssigkeit weit vor dem Propeller, F_2 der weit hinter dem Propeller, so verhält sich

$$F_1 : F : F_2 = \frac{1}{v_1} : \frac{1}{v'} : \frac{1}{v_2} = (1 + \sqrt{1 + c_s}) : 2 : \left(1 + \frac{1}{\sqrt{1 + c_s}}\right).$$

Die Flüssigkeit, welche aus dem Propeller mit erhöhter Energie austritt, bildet den sogenannten Schraubenstrahl. Die Querschnittabnahme desselben von F auf F_2 nennt man Strahlkontraktion.

46. Schraubenpropeller im Stand; Hubschrauben. Ist die Fahrgeschwindigkeit v und damit auch die Zuflußgeschwindigkeit v_1 vor dem Propeller Null, so wird der Wirkungsgrad Null, da ja der Propeller keine Nutzarbeit leistet. Außerdem wird der Belastungsgrad unendlich, so daß die Formeln der vorigen Ziffer nicht mehr anwendbar sind. Trotzdem lassen sich aber die Überlegungen, welche zum Begriff des maximalen theoretischen Wirkungsgrades führten, mit Nutzen auch auf den Fall der Schrauben am Stand anwenden. Diese Verhältnisse haben praktische Bedeutung einmal bei der Anfahrt der Fahrzeuge, dann aber auch bei Hubschrauben, welche eine Last senkrecht in die Höhe heben sollen, wobei die Geschwindigkeit des Steigens meist so klein ist, daß sie vernachlässigt werden kann. Die Frage, welche hier gestellt wird, ist die: Welchen Schub kann man mit einer Schraube erzeugen, und welche Leistung ist dazu erforderlich?

Da die Geschwindigkeit vor der Schraube $v_1 = 0$ ist, so wird nach Ziff. 43, Gleichung (1) die Durchflußgeschwindigkeit $v' = v_2/2$ und nach Ziff. 45, Gleichung (1) der Schub

$$S = \varrho F v' v_2 = \frac{\varrho}{2} F v_2^2 = 2 \varrho F v'^2. \tag{1}$$

Die erforderliche Leistung ist

$$L = S v' = 2 \varrho F v'^3, \tag{2}$$

sie wird ausschließlich dazu verwandt, der Luft die Geschwindigkeit v_2 zu erteilen, und wandert in Form von kinetischer Energie ab. Eliminieren wir aus den letzten beiden Gleichungen v', so erhalten wir

$$L = S \sqrt{\frac{S}{2 \varrho F}}, \tag{3}$$

den gewünschten Zusammenhang zwischen der Leistung und dem Schub. Man sieht daraus, daß bei gegebenem Schub die Leistung beliebig klein werden kann, wenn man nur den Propellerdurchmesser, also die Fläche F, genügend groß macht. Dem stehen nur konstruktive Schwierigkeiten, insbesondere Gewicht und Umfangsgeschwindigkeit entgegen.

Die Durchflußgeschwindigkeit v' durch die Schraube und die Strahlgeschwindigkeit v_2 ergeben sich aus Gleichung (1) zu

$$v' = \frac{v_2}{2} = \sqrt{\frac{S}{2 \varrho F}}. \tag{4}$$

47. Einfluß der Strahldrehung. Bei der Flügelreihe (Ziff. 42 bis 44) bot die Berücksichtigung der tangentialen Geschwindigkeit keine wesentliche Schwierigkeit. Beim Propeller, wo die tangentiale Geschwindigkeit u_2 eine Drehung des Schraubenstrahles bedeutet, ergeben sich erheblich größere Schwierigkeiten. Diese sind dadurch bedingt, daß mit der Drehung des Strahles Zentrifugalkräfte verbunden sind, welche einen Unterdruck im Innern des Strahles bedingen. Dies hat aber zur Folge, daß die Überlegungen, welche zu dem Ergebnis führten, daß

$$v' = \frac{v_1 + v_2}{2}$$

ist (Ziff. 43), nicht mehr anwendbar sind. Weiterhin zieht sich der Strahl infolge der Vergrößerung der Axialgeschwindigkeit von v' auf v_2 radial zusammen (Strahlkontraktion, Ziff. 45). Da aber dabei das Impulsmoment der Drehbewegung konstant bleiben muß, so vergrößert sich die Tangentialgeschwindigkeit im umgekehrten Verhältnis, wie der Abstand des betreffenden Flüssigkeitsteilchens von der Achse abnimmt. Die Vermehrung der kinetischen Energie der Tangentialgeschwindigkeit, die damit verbunden ist, geht auf Kosten der Energie, welche sonst für die Axialgeschwindigkeit zur Verfügung steht. Die Tangentialgeschwindigkeit ist demnach sehr weitgehend mit der Axialgeschwindigkeit verknüpft. Diese etwas verwickelten Zusammenhänge sind noch sehr wenig erforscht. In sehr vielen praktischen Fällen sind aber zwei Umstände einer einfacheren Behandlung günstig: Wenn nämlich 1. die tangentialen Geschwindigkeiten überhaupt klein sind gegenüber den Änderungen der axialen Geschwindigkeiten und 2. auch die axialen Geschwindigkeiten selbst sich so wenig ändern, daß die Strahlkontraktion keine erhebliche Rolle spielt (geringer Belastungsgrad c_s), so kann man den Einfluß der Strahldrehung auf die axialen Geschwindigkeiten vernachlässigen.

Trotzdem bleibt gegenüber der einfachen Flügelreihe noch eine Erschwerung bestehen, indem die Verhältnisse beim Propeller sich in radialer Richtung von Punkt zu Punkt ändern, da ja in jeder Entfernung r von der Achse eine andere Geschwindigkeit $u = r\omega$ herrscht (ω = Winkelgeschwindigkeit des Propellers). Während, ohne Berücksichtigung der Strahldrehung, der Schub gleichmäßig über die ganze Propellerkreisfläche zu verteilen war, wenn man den besten Wirkungsgrad suchte, muß man bei Berücksichtigung der Drehung die Teile in der Nähe der Achse vom Schub entlasten, da sie infolge zu starker Drehung einen zu schlechten Wirkungsgrad ergeben. Wir müssen daher zunächst nach einer geeigneten Verteilung des Schubes suchen. Hierbei kommt uns nun das in Ziff. 41 gefundene Resultat zugute, welches ja eine Aussage über die Störungsgeschwindigkeiten macht. Wenn auch die allgemeine Verwertung dieser Aussage auf Schwierigkeiten stößt, so kann man sie verhältnismäßig leicht unter einschränkenden Voraussetzungen, welche den praktischen Verhältnissen meist nicht stark widersprechen, verwenden. Diese Einschränkungen sind: 1. die Flügel stehen so dicht, daß man ihren endlichen Abstand vernachlässigen kann, 2. die Störungsgeschwindigkeiten sind klein gegenüber den Geschwindigkeiten des Propellers.

Die zweite Voraussetzung besagt, daß die Kontraktion zu vernachlässigen ist. Damit läßt sich aber in ganz entsprechender Weise wie beim einzelnen Flügel (Ziff. 30) zeigen, daß die Störungsgeschwindigkeiten in der Propellerkreisfläche gerade halb so groß sind wie im fertig ausgebildeten Schraubenstrahl. Außerdem entsprechen die Unstetigkeitsflächen den von den Flügeln durchlaufenen Bahnen, sie sind also nicht deformiert (Ziff. 41). Die erste Einschränkung ermöglicht uns eine einfache Berechnung der Störungsgeschwindigkeiten. Wenn nämlich die starr zu denkenden Unstetigkeitsflächen sehr eng stehen, so sind die bei einer Verschiebung derselben auftretenden Störungsgeschwindigkeiten normal zu den Unstetigkeitsflächen ($w_r = w_n$, Abb. 54). Ist die Winkelgeschwindigkeit des Propellers ω, die Fortschrittgeschwindigkeit v, so ist der Winkel β, den die Unstetigkeitsfläche im Abstande r von der Achse mit der tangentialen Richtung bildet, gegeben durch die Beziehung

$$\operatorname{tg}\beta = \frac{v}{r\omega}. \tag{1}$$

Ist die Verschiebegeschwindigkeit der Unstetigkeitsfläche w, so ergibt sich für die Störungsgeschwindigkeit normal zur Fläche (s. Abb. 58)

$$w_n = w\cos\beta, \tag{2}$$

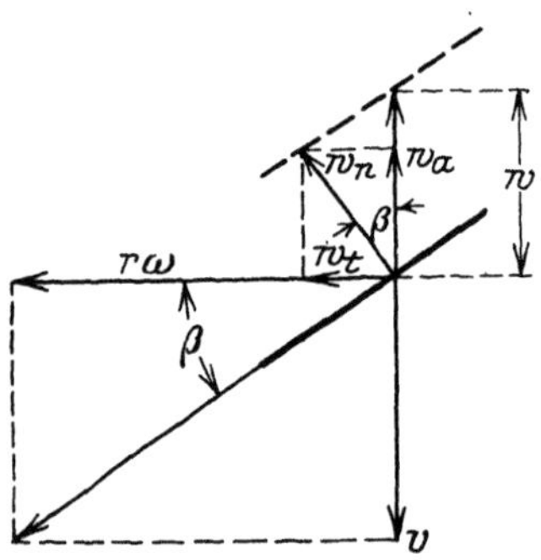

Abb. 58. Geschwindigkeiten der Unstetigkeitsfläche hinter einem Propellerflügel.

für die Komponente in axialer Richtung

$$w_a = w_n\cos\beta = w\cos^2\beta = w\frac{(r\omega)^2}{v^2 + (r\omega)^2}, \tag{3}$$

für die Komponente in tangentialer Richtung

$$w_t = w_n\sin\beta = w\sin\beta\cos\beta = w\frac{v\cdot r\omega}{v^2 + (r\omega)^2}. \tag{4}$$

Für den Schub S des ganzen Propellers ergibt sich durch Anwendung des Impulssatzes [vgl. Ziff. 45, Gleichung (1)]

$$\left.\begin{aligned} S &= \varrho v\int_0^R w_a\cdot 2r\pi\,dr \\ &= \varrho R^2\pi v w\left[1 - \lambda^2\ln\left(1 + \frac{1}{\lambda^2}\right)\right], \end{aligned}\right\} \tag{5}$$

wobei R den Radius der Schraubenkreisfläche, $R^2\pi = F$ also die ganze Kreisfläche und

$$\lambda = \frac{v}{R\omega} \tag{6}$$

das Verhältnis der Fahrgeschwindigkeit zur Umfangsgeschwindigkeit der Flügelspitzen des Propellers bedeuten. Dieses letztere Verhältnis wird Fortschrittsgrad genannt.

Der Belastungsgrad [Ziff. 45, Gleichung (2)] ergibt sich zu

$$c_s = \frac{S}{\frac{\varrho}{2}Fv^2} = 2\frac{w}{v}\left[1 - \lambda^2\ln\left(1 + \frac{1}{\lambda^2}\right)\right]. \tag{7}$$

Diese Gleichung gibt den Zusammenhang zwischen der Verschiebegeschwindigkeit w und dem Belastungsgrad c_s.

Da die Störungsgeschwindigkeiten am Propeller selbst halb so groß sind wie am fertig ausgebildeten Schraubenstrahl, also $w_a/2$ und $w_t/2$, so ist der Wirkungsgrad für alle Stellen im Abstande r von der Achse [Ziff. 44, Gleichung (3)]

$$\eta_r = \frac{v}{v'}\frac{u'}{u} = \frac{v}{v + \frac{w_a}{2}}\,\frac{u - \frac{w_t}{2}}{u}.$$

Durch Einsetzen der oben abgeleiteten Werte für w_a und w_t ergibt sich hieraus für kleine Werte von w_a und w_t

$$\eta_r = \frac{v}{v + \frac{w}{2}}$$

unabhängig von r. Der Wirkungsgrad ist also für jeden Punkt der Kreisfläche derselbe. Damit ist aber auch der Wirkungsgrad des ganzen Propellers — wir wollen ihn, da die Verluste durch den Flügelwiderstand vernachlässigt sind, als „theoretischen Wirkungsgrad" bezeichnen —

$$\eta_{\text{th}} = \frac{v}{v + \frac{w}{2}}. \tag{8}$$

Wenn wir aus Gleichung (7) w/v durch den Belastungsgrad c_s ausdrücken und dabei zur Abkürzung

$$1 - \lambda^2 \ln\left(1 + \frac{1}{\lambda^2}\right) = \chi$$

setzen, so wird

$$\eta_{\text{th}} = \frac{\chi}{\frac{c_s}{4} + \chi}. \tag{9}$$

48. Einfluß des Flügelwiderstandes. Begrenzung der Propellerabmessungen. Der Flügelwiderstand bewirkt beim Propeller in gleicher Weise wie beim einfachen Schaufelgitter eine Wirkungsgradverschlechterung, die sich in dem Teilwirkungsgrad $\eta_2 = \left(1 - \varepsilon \frac{v'}{u'}\right) \Big/ \left(1 + \varepsilon \frac{u'}{v'}\right)$ ausdrückt (Ziff. 23 u. 44). Ein die Aufgabe erschwerender Unterschied liegt nur darin, daß dieser Wirkungsgrad von Radius zu Radius verschieden ist. Der vom Widerstand der Flügel herrührende Flügelwirkungsgrad des ganzen Propellers η_F ergibt sich durch Integration über den Radius: Ist dS der Schub, der von der Propellerringfläche $2r\pi\,dr$ ausgeübt wird [Ziff. 47, Gleichung (5)], so ist

$$\eta_F = \frac{S}{\int \frac{dS}{\eta_2}}. \tag{1}$$

Der Gesamtwirkungsgrad des Propellers ist

$$\eta = \eta_{\text{th}}\,\eta_F, \tag{2}$$

wobei η_{th}, der in Ziff. 47 Gleichung (9) abgeleitete theoretische Wirkungsgrad ist.

Bei gegebener Gleitzahl ε (Ziff. 3 u. 4) ist der Flügelwirkungsgrad bedingt durch das Verhältnis v'/u' an jeder Stelle. Da dieses Verhältnis selbst aber im wesentlichen von dem Fortschrittsgrad $\lambda = v/R\omega$, dem Verhältnis der Fahrgeschwindigkeit zur Umfangsgeschwindigkeit der Flügelspitzen abhängt, so ist der Flügelwirkungsgrad durch den Fortschrittsgrad λ nach oben hin begrenzt.

Vom Standpunkt des Motorenbaues aus ist eine möglichst hohe Drehzahl erwünscht, um leichte Maschinen zu erhalten. Mit Rücksicht auf einen guten maximalen theoretischen Wirkungsgrad ist ein möglichst großer Propellerdurchmesser anzustreben. Dem steht aber im Wege, daß bei hoher Drehzahl und großem Durchmesser die Umfangsgeschwindigkeit der Flügelspitzen $R\omega$ sehr groß und damit bei gegebener Fahrgeschwindigkeit der Fortschrittsgrad $\lambda = v/R\omega$ sehr klein wird. Dies verschlechtert aber den Flügelwirkungsgrad. Unter Berücksichtigung dieser beiden Einflüsse ist bei gegebenem Schub und gegebener Drehzahl ein günstigster Durchmesser festgelegt. Bei größerem Durchmesser würde die Verschlechterung des Flügelwirkungsgrades mehr ausmachen als die Verbesserung des maximalen theoretischen Wirkungsgrades und bei kleinerem Durchmesser die Verschlechterung des letzteren mehr als die Verbesserung des ersteren.

In vielen Fällen ist der Propellerdurchmesser auch durch Platzmangel beschränkt und die Umfangsgeschwindigkeit außerdem durch die in Ziff. 18 geschilderten Einflüsse der Kompressibilität (Schallgeschwindigkeit bei Luftschrauben) oder der Kavitation (Schiffsschrauben).

49. Das Störungsfeld in der Umgebung eines Propellers. An sich läßt sich das Geschwindigkeitsfeld in der Umgebung eines Propellers in entsprechender Weise wie das eines Flügels aus der Bewegung der Unstetigkeitsflächen und der Zirkulation um die Flügel berechnen. Die mathematischen Schwierigkeiten sind allerdings ganz wesentlich größer als beim einfachen Flügel. Im allgemeinen wird man sich aber auch hier mit ähnlichen Näherungsmethoden wie beim einfachen Flügel behelfen können.

Wir haben gesehen (Ziff. 36), daß man beim Eindecker zur Berechnung des Störungsfeldes den Flügel und seine Unstetigkeitsfläche durch einen hufeisenförmigen Wirbel ersetzen kann. Die entsprechende Vereinfachung beim Propeller führt auf die in Abb. 59 dargestellte Wirbelanordnung[1]). Dabei sind die Propellerflügel durch gerade Wirbelstücke zu ersetzen, welche sich in einem gemeinsamen Wirbel in der Achse und in schraubenförmigen Wirbeln, welche den Bahnen der Flügelspitzen folgen, fortsetzen.

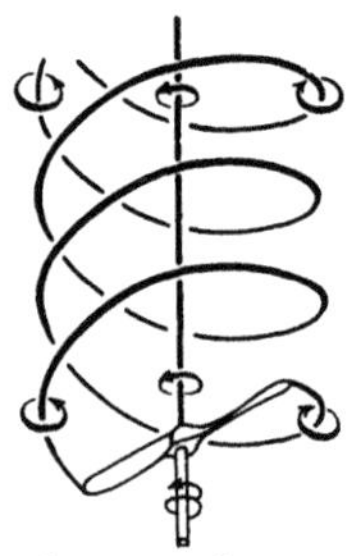

Abb. 59. System der wesentlichsten Wirbel hinter einem Schraubenpropeller.

Eine noch weitergehende Vereinfachung, welche aber auch für sehr viele Zwecke ausreicht, besteht darin, daß man den Propeller durch eine Senke ersetzt. Da nämlich die Flüssigkeit im Schraubenstrahl wegen ihrer größeren Geschwindigkeit weniger Querschnitt erfordert als vor dem Propeller, so ist die wesentliche Wirkung für die Umgebung (außerhalb des Schraubenstrahles) dieselbe, als ob eine entsprechende Flüssigkeitsmenge verschwunden wäre. Ist E die Ergiebigkeit dieser Ersatzsenke (sekundlich verschwindendes Volumen), so besteht die Beziehung

$$\frac{E}{F v} = \frac{c_s}{2\sqrt{1 + c_s}}, \tag{1}$$

wobei F die Schraubenkreisfläche, v die Geschwindigkeit vor dem Propeller (Fahrgeschwindigkeit) und c_s den Belastungsgrad [Ziff. 45, Gleichung (2)] bedeuten. Für Propeller am Stand, wo ja der Belastungsgrad unendlich wird (Ziff. 46), erhält man

$$\frac{E}{F} = \sqrt{\frac{S}{2\varrho F}}. \tag{2}$$

50. Windmühlen[2]). Vielfach benützt man kleine Windmühlen auf Flugzeugen zum Antrieb von Stromerzeugern für Funkentelegraphie oder ähnlichen Hilfsapparaten. In solchen und verwandten Fällen ist die Windmühle eine einfache Umkehrung des Propellers. Es lassen sich die beim Propeller angestellten Überlegungen größtenteils sinngemäß hierauf übertragen.

Bei den normalen ortsfesten Windmühlen liegen die wirtschaftlichen Verhältnisse wesentlich anders und bedingen eine besondere Betrachtung: Bei den meisten anderen Maschinen, insbesondere beim Propeller und bei den obenerwähnten Windmühlen auf Flugzeugen liegt eine scharf definierte zugeführte und abgegebene Leistung vor, und damit liegt auch das Verhältnis der beiden, der Wirkungsgrad, eindeutig fest. Der Windmühle steht dagegen eine an sich beliebig große Energie in der Bewegung des sehr ausgedehnten Luftmeeres zur Verfügung. Ihre Aufgabe besteht deshalb weniger darin, eine bestimmte Energiemenge möglichst wirtschaftlich, d. h. mit bestem Wirkungsgrad, zu ver-

[1]) H. FÖTTINGER, Neue Grundlagen für die theoretische und experimentelle Behandlung des Propellerproblems. Jahrb. d. schiffbautechn. Ges. Bd. 19, S. 385. 1918.

[2]) A. BETZ, Windenergie und ihre Ausnutzung durch Windmühlen. Göttingen: Vandenhoeck & Ruprecht 1926.

arbeiten, als darin, aus der riesigen Windenergie einen Teil möglichst billig zu gewinnen, d. h. in technisch verwertbare Form überzuführen. Der Wirkungsgrad ist dabei an sich belanglos, soweit er nicht die Gestehungskosten pro Einheit der gewonnenen Energie beeinflußt. Da die Kosten im wesentlichen durch die Größe des Bauwerks bedingt sind, so läuft die Fragestellung darauf hinaus: Wieviel Energie kann man mit einem Rade von gegebenem Durchmesser D bei gegebener Windgeschwindigkeit $v = v_1$ gewinnen?

Zur Behandlung dieser Frage kann man sich eng an das Verfahren anschließen, das beim Propeller zum maximalen theoretischen Wirkungsgrad führt (Ziff. 45). Man erhält dann jenen Grenzwert, dem die Leistung sich nähert, wenn man alle Verluste durch Strahldrehung und Flügelwiderstand vermeiden würde.

Durch die Windradebene strömt die Luft mit einer Geschwindigkeit $v' = (v_1 + v_2)/2$ [Ziff. 43, Gleichung (1)]. Die dem Winde sekundlich entzogene Energie ist $L = \varrho Q (v_1^2 - v_2^2)/2$; dabei ist $Q = v' D^2 \pi/4$ die sekundlich durch das Rad strömende Luftmenge. Bremsen wir die Luft im Rade stark ab, d. h. machen wir v_2 klein, so wird zwar in obigem Ausdruck für L der Faktor $v_1^2 - v_2^2$ groß, aber gleichzeitig wird Q verkleinert, da die Durchflußgeschwindigkeit abnimmt. Es wird daher ein günstigstes Verhältnis v_2/v_1 geben, bei dem das Windrad dem Winde am meisten Energie entzieht. Setzen wir den Wert für Q und v' ein, so erhalten wir, wenn wir noch $D^2\pi/4 = F$ setzen,

$$L = \frac{\varrho}{2} F v_1^3 \cdot \frac{1}{2}\left[1 + \frac{v_2}{v_1}\right]\left[1 - \left(\frac{v_2}{v_1}\right)^2\right].$$

L wird ein Maximum für $v_2/v_1 = \frac{1}{3}$, und zwar wird

$$L_{\max} = \frac{\varrho}{2} F v^3 \cdot \frac{16}{27}. \tag{1}$$

Die wirkliche Leistung L eines Windrades ist wegen der unvermeidlichen Verluste kleiner. Man bezeichnet das Verhältnis der wirklichen Leistung L zum maximalen theoretischen $L_{\max}$ als G ü t e g r a d

$$\zeta = \frac{L}{L_{\max}}. \tag{2}$$

Zur dimensionslosen Kennzeichnung der Leistung eines Windrades verwendet man vielfach das Verhältnis

$$c_L = \frac{L}{\frac{\varrho}{2} F v^3} \tag{3}$$

und bezeichnet es als L e i s t u n g s z i f f e r. Zwischen c_L und ζ besteht demnach die Beziehung

$$c_L = \tfrac{16}{27}\zeta. \tag{4}$$

51. Räder mit Gehäuse. Bei Rädern, welche in einem Gehäuse laufen (Pumpen, Turbinen), fallen die Erscheinungen, welche mit der Strahlkontraktion zusammenhängen und z. B. zum Begriff des maximalen theoretischen Wirkungsgrades führen, weg. Die mittlere Geschwindigkeit vor, im und hinter dem Rade ist hier durch die Leitungsquerschnitte bedingt. Die Gebiete vor und hinter dem Rade sind durch das Rad vollständig getrennt und können daher verschiedene Drücke haben. Für den Wirkungsgrad des Rades sind, abgesehen von dem in Ziffer 52 behandelten Spaltverlust, hauptsächlich die Strahldrehung und der Flügelwiderstand von Einfluß. Für den Wirkungsgrad der ganzen Anlage kommen natürlich noch die Verluste in den Leitungen vor und hinter dem Rade in Betracht.

Während man bei Propellern mit Rücksicht auf den maximalen theoretischen Wirkungsgrad die Störungsgeschwindigkeiten wenigstens noch in mäßigen Grenzen zu halten sucht, fällt bei Flügelrädern mit Gehäusen diese Rücksicht fort, zumal da man hier die Verluste durch Strahldrehung verhältnismäßig leicht durch Anordnung von Leitapparaten vermeiden kann. Die Störungsgeschwindigkeiten (Ablenkungen der Stromrichtung) können daher beliebig groß sein. Damit fallen aber auch manche Vereinfachungen fort, welche bei der Tragflügel- und Propellertheorie auf Grund der Annahme kleiner Störungsbewegungen zulässig waren.

52. Einfluß des Spaltes zwischen Rad und Gehäuse. Zwischen dem umlaufenden Rad und dem Gehäuse muß, um freie Beweglichkeit zu gewährleisten, ein kleiner Zwischenraum („Spalt") bleiben. Denkt man sich den Spalt sehr groß, so gehen die Verhältnisse in die eines Flügelrades ohne Gehäuse über. Der

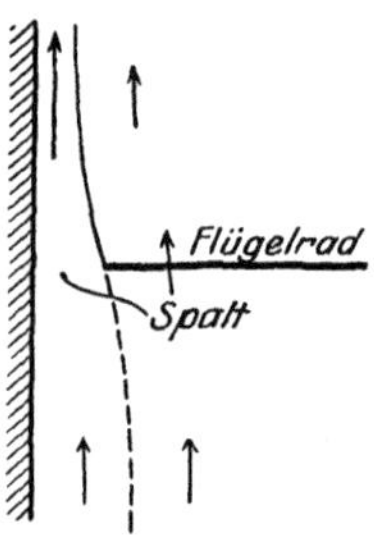

Abb. 60. Strömung durch den Spalt zwischen einem Turbinenrad und dem Gehäuse. Der Querschnitt des Spaltwassers verengt sich.

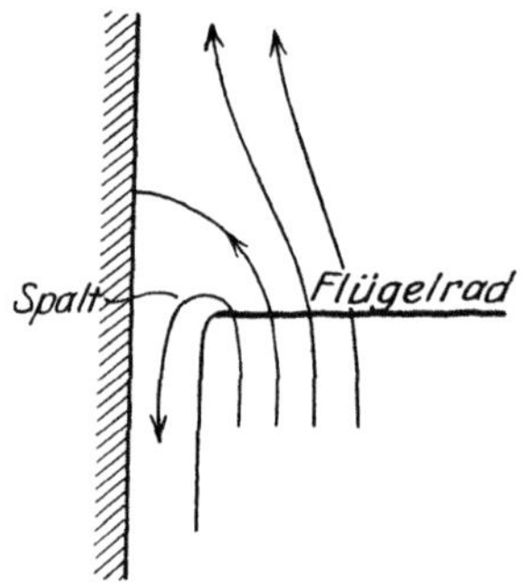

Abb. 61. Strömung durch den Spalt zwischen einem Pumpenrad und dem Gehäuse. Die Flüssigkeit strömt zurück.

durch das Rad strömende Flüssigkeitszylinder erweitert oder verengt sich je nachdem ob Druckabfall (Turbine) oder Druckanstieg (Pumpe) vorliegt, entsprechend der Strahlkontraktion beim Propeller. Läßt man den Spalt kleiner werden, so bleibt bei Druckabfall die Erscheinung im Prinzip erhalten, die Strahlerweiterung wird nur schwächer, und bei kleinem Spalt spielt sie im Verhältnis zum gesamten Strahlquerschnitt keine Rolle, so daß der Druck hinter dem Rade unverändert bleibt. Im Verhältnis zum Querschnitt des Spaltwassers bleibt aber die Querschnittsänderung von wesentlicher Größenordnung (Abb. 60). Wenn man von dem Einfluß der Reibung an der Wand absehen kann (was meist allerdings nicht der Fall sein wird), so ergeben sich die Geschwindigkeiten und damit die Querschnitte der Spaltflüssigkeit vor und hinter dem Rade aus den dort herrschenden Drücken gemäß der BERNOULLIschen Gleichung (Ziff. 8). Wesentlich anders wird die Erscheinung bei Rädern mit Druckanstieg (Pumpen). Sobald nämlich der Druckunterschied hinter und vor dem Rade größer ist als $\varrho v^2/2$ (Staudruck der Zuströmungsgeschwindigkeit), so reicht die kinetische Energie der Flüssigkeit nicht aus, um durch den Spalt vom Gebiet niederen Druckes in das höheren Druckes einzudringen. Im Gegenteil, es strömt ein Teil der durch das Flügelrad geförderten Flüssigkeit durch den Spalt wieder zurück (Abb. 61). In jedem Falle bringt der Spalt einen Verlust. Bei der Turbine, indem ein Teil des Wassers ungenützt durch den Spalt hindurchströmt, bei der Pumpe, indem ein Teil des bereits geförderten Wassers wieder zurückströmt und damit verloren geht.

53. Schnelläufigkeit. Spezifische Drehzahl. Da Maschinen im allgemeinen bei gleicher Leistung um so kleiner, leichter und meist auch billiger sind, je höher ihre Drehzahl ist, so hat man vielfach ein starkes Interesse daran, möglichst schnellaufende Maschinen zu verwenden. Wenn man bei Flügelrädern die Drehzahl bei unverändertem Durchmesser und bei gleichen Zu- und Abflußbedingungen bzw. gleicher Durchflußgeschwindigkeit steigern will, so muß man u/v', das Verhältnis der Geschwindigkeit der Flügelspitzen u zur Durchflußgeschwindigkeit v' vergrößern. Da aber der Flügelwirkungsgrad (Ziff. 48) mit zunehmendem u/v' sich verschlechtert, so ist dadurch einer weitgehenden Steigerung der Drehzahl eine Grenze gesetzt. Die Drehzahl kann um so höher liegen, je besser die Gleitzahl des verwandten Flügelprofiles ist. Man kann daher u/v' als Maß der Schnelläufigkeit des betreffenden Rades ansehen. Anstatt der Durchflußgeschwindigkeit v' kann man bei Propellern auch die leichter feststellbare Fahrgeschwindigkeit v und bei Windmühlen die Windgeschwindigkeit v zum Vergleich heranziehen. Man hat dann in dem Verhältnis u/v der Geschwindigkeit der Flügelspitzen zur Fahrgeschwindigkeit bzw. zur Windgeschwindigkeit ein Maß der Schnelläufigkeit.

Außer durch Vergrößerung von u/v' kann man die Drehzahl vielfach auch durch Verkleinerung des Raddurchmessers erhöhen. Bei Windmühlen kommt diese Möglichkeit nicht in Betracht, da sich eine Verkleinerung des Rades kaum ohne Verminderung der Leistung bewerkstelligen läßt (Ziff. 50). Auch bei Propellern spielt diese Möglichkeit keine sehr große Rolle, da der Durchmesser meist durch andere Bedingungen (maximaler theoretischer Wirkungsgrad Ziff. 45) schon ziemlich eng festgelegt ist. Dagegen spielt die Wahl des Durchmessers für die Drehzahl bei Rädern mit Gehäusen (Turbinen, Pumpen) eine ganz wesentliche Rolle. Hier hat man nämlich die Möglichkeit, die Flüssigkeit mit verhältnismäßig sehr hoher Geschwindigkeit v' durch das Rad strömen zu lassen und die kinetische Energie dieser Durchflußgeschwindigkeit durch ein allmählich erweitertes Rohr (Diffusor, Saugrohr) wieder in nutzbaren Druck umzusetzen. Wieweit man hierin gehen kann, hängt hauptsächlich von der mehr oder minder günstigen Anordnung des Wasserzu- und -abflusses, insbesondere vom Wirkungsgrad des Diffusors (Saugrohres) hinter dem Laufrade ab. Je kleiner man nämlich bei gegebenem Gefälle und gegebener Leistung das Laufrad macht, mit um so größerer Geschwindigkeit und entsprechender kinetischer Energie verläßt das Wasser das Rad. Diese Energie kann nur zum Teil im Diffusor wieder gewonnen werden, und zwar geht um so weniger verloren, je besser der Diffusor ist. Da nun dieser Energieverlust mit Rücksicht auf den Gesamtwirkungsgrad der Anlage nur klein gegenüber der Nutzleistung sein darf, so darf die kinetische Energie des Wassers beim Austritt aus dem Laufrade ein gewisses Verhältnis zur Energie, welche durch das Gefälle zur Verfügung steht, nicht überschreiten. Dieses Verhältnis selbst hängt wesentlich von der Güte des Saugrohres und von dem zulässigen Gesamtwirkungsgrad ab.

Das Verfahren der Laufradverkleinerung ist zur Drehzahlsteigerung sehr wirksam, da bei gleichem u/v' einmal die Umfangsgeschwindigkeit proportional v', also umgekehrt proportional D^2 zunimmt. Die Drehzahl selbst ist aber bei gegebener Umfangsgeschwindigkeit umgekehrt proportional dem Radius bzw. Durchmesser D. Man erhält daher eine Drehzahlsteigerung proportional $1/D^3$. Neben der Drehzahlsteigerung erreicht man durch Verkleinerung des Durchmessers meist auch eine Verkleinerung der Gesamtanlage, was insbesondere bei großen Wasserkraftanlagen von hervorragender wirtschaftlicher Bedeutung ist.

Aus diesen Gründen hat sich bei Wasserkraftanlagen (entsprechend läßt sich auch bei Pumpen vorgehen) ein anderer Begriff eingebürgert, welcher die Schnelläufigkeit der ganzen Anlage kennzeichnet, nämlich die spezifische Drehzahl. Man denkt sich die Anlage unter Beobachtung gewisser Ähnlichkeitsbedingungen so vergrößert oder verkleinert, daß das zur Verfügung stehende

Gefälle zwischen Ober- und Unterwasser 1 m beträgt und die Nutzleistung der Turbine 1 PS = 75 mkg/sek ist. Die Drehzahl, welche die Turbine dann haben würde, nennt man die spezifische Drehzahl. Denkt man sich unter Beibehaltung aller anderen Abmessungen das Gefälle von h m auf 1 m vermindert, so müssen alle Geschwindigkeiten, also auch die Drehzahl, im Verhältnis $1/\sqrt{h}$ abnehmen. Im gleichen Verhältnis verringert sich auch die Durchflußmenge Q. Die Nutzleistung, welche $L = Q\,h\,\eta$ beträgt (η = Gesamtwirkungsgrad der Anlage), vermindert sich demnach dabei im Verhältnis $1/\sqrt{h} \cdot 1/h = h^{-\frac{3}{2}}$. Verkleinern wir nun bei konstant gehaltenen Geschwindigkeiten den Durchmesser von D auf D_1, so erhöht sich die Drehzahl im Verhältnis D/D_1; gleichzeitig nimmt die Durchflußmenge und damit die Leistung im Verhältnis der Querschnitte, also wie $(D_1/D)^2$ ab. Ist die wirkliche Nutzleistung $L' = (L/75)$ PS, so soll $(L'/h^{\frac{3}{2}})\,(D_1/D)^2 = 1$ werden, um die Einheitsturbine zu erhalten. Mithin ist

$$\frac{D_1}{D} = \frac{h^{\frac{3}{4}}}{\sqrt{L'}}.$$

Ist die wirkliche Drehzahl n, so ergibt sich die spezifische Drehzahl

$$n_s = n\,\frac{1}{\sqrt{h}}\,\frac{D}{D_1} = n\,\frac{\sqrt{L'}}{h^{\frac{5}{4}}}. \tag{1}$$

Bei diesen Überlegungen ist vorausgesetzt, daß die in Ziff. 18 erwähnten Erscheinungen (Hohlraumbildung bei Wasser und Zusammendrückbarkeit bei Luft) keine Rolle spielen. Tatsächlich liegen insbesondere bei Wasserpropellern und Wasserturbinen die Verhältnisse vielfach so, daß die Umfangsgeschwindigkeiten durch die Rücksicht auf die Kavitation begrenzt sind. Man kann daher z. B. bei Turbinen von mittlerem oder großem Gefälle meist nicht die sonst an sich erreichbaren spezifischen Drehzahlen ausnutzen. Auch bei sehr schnellen Flugzeugen ist die Geschwindigkeit der Propellerflügel durch die Nähe der Schallgeschwindigkeit begrenzt.

VIII. Einfluß des endlichen Flügelabstandes bei Flügelreihen und Flügelrädern.

54. Allgemeine Vorbemerkung. Ebenso wie beim einzelnen Flügel fällt auch bei den Flügeln einer Reihe oder eines Rades der Auftrieb in der Nähe der seitlichen Enden infolge des Druckausgleiches um diese Enden herum ab. Wie wir in Ziff. 34 auseinandersetzten, weicht der Verlauf dieses Abfalles im allgemeinen nicht sehr von jenem ab, der den geringsten induzierten Widerstand ergibt, und für diesen Spezialfall bewegen sich die hinter den Flügeln entstehenden Unstetigkeitsflächen wie starre Flächen. Es ist hier aber zu betonen, daß bei Flügelreihen (bzw. bei Flügelrädern) die Störungsgeschwindigkeiten vielfach nicht mehr als klein gegenüber der Hauptgeschwindigkeit angesehen werden können. Infolgedessen macht sich auch die in Ziff. 28 erwähnte Unstabilität der Unstetigkeitsflächen sehr schnell bemerkbar, und die Enden der Flächen rollen sich bereits unmittelbar hinter den Flügeln stark ein. Es ist noch nicht hinreichend aufgeklärt, welchen Einfluß diese schnelle Verformung der Flächen auf die Störungsbewegung am Flügel selbst hat. Auf die Energie- und Impulsüberlegungen dürfte sie keinen erheblichen Einfluß haben, da ja Energie und Impuls nur am Flügel zugeführt werden, so daß die Verformung ohne Änderung des Energie- und Impulsinhaltes vor sich gehen muß. Man wird daher nicht wesentlich fehlgehen, wenn man auch in diesen Fällen das Aufrollen der Unstetigkeitsflächen unberücksichtigt läßt.

55. Einfluß des endlichen Flügelabstandes bei Flügelreihen. Legen wir in großer Entfernung hinter der Flügelreihe einen Schnitt senkrecht zu den Unstetigkeitsflächen (B—B Abb. 62), so ergibt sich in der Nähe des einen Randes eine Strömung relativ zu diesen Flächen nach Abb. 63. Wenn die Spannweite groß ist gegen den Abstand a' der Unstetigkeitsflächen, so kann man den anderen Rand in Abb. 63 als im Unendlichen liegend annehmen. Diese Strömung in der z-Ebene geht durch die Abbildung

$$z = -\frac{a'}{\pi} \ln \frac{1}{2}\left(\zeta + \frac{1}{\zeta}\right) \qquad (1)$$

in eine kreisende Strömung um den Einheitskreis in der ζ-Ebene über[1]. Der Potentialsprung an einer Stelle der Unstetigkeitsfläche im Abstand x vom Rande berechnet sich hieraus zu

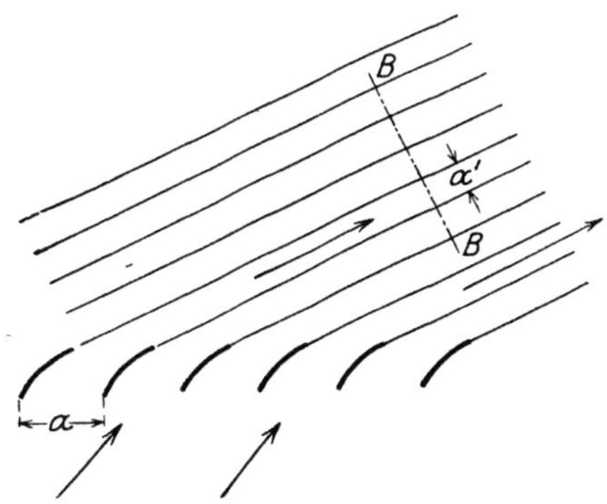

Abb. 62. Flügelreihe mit ihren Unstetigkeitsflächen.

$$\varDelta\Phi = w\,a' \arccos e^{-\pi\frac{x}{a'}}, \qquad (2)$$

wobei w die über die ganzen Unstetigkeitsflächen konstante Störungsgeschwindigkeit normal zu den Unstetigkeitsflächen und x der Abstand vom Flügelrand ist. Der Potentialsprung $\varDelta\Phi$ ist aber, wie wir aus Ziff. 27 wissen, gleich der Zirkulation um den Flügel an der Stelle, welche auf derselben Stromlinie liegt wie der betreffende Punkt der Unstetigkeitsfläche. Die Gleichung für $\varDelta\Phi$ gibt demnach gleichzeitig den Abfall des Auftriebes nach den Flügelenden hin an.

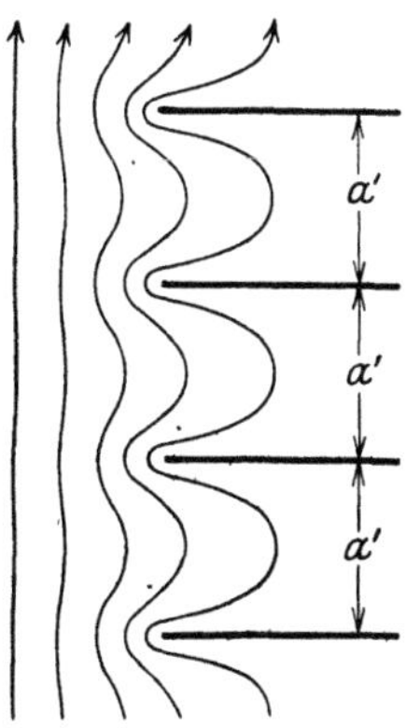

Abb. 63. Strömung um den seitlichen Rand der Unstetigkeitsflächen einer Flügelreihe. Schnitt $B-B$ der Abbildung 62.

Der Einfluß des endlichen Flügelabstandes besteht demnach darin, daß die Flügel nicht bis an den Rand hin ihren vollen Auftrieb aufweisen. Denkt man sich jeden Flügel in sehr viele kleine Flügel aufgeteilt, welche in der Gitterrichtung gleichmäßig verteilt sind, so daß der Flügelabstand beliebig klein wird, so ist der volle Auftrieb bis an den Rand vorhanden, also größer wie beim endlichen Flügelabstand. Die Störungsgeschwindigkeit bzw. die Richtungsablenkung ist in beiden Fällen dieselbe, da sie ja über die ganze Spannweite konstant ist, und damit ist auch die Richtung der Kräfte in beiden Fällen die gleiche. Der Unterschied beschränkt sich also auf eine Verminderung des Auftriebes durch die endliche Spannweite. Man kann diesem Einfluß in bequemer Weise dadurch Rechnung tragen, daß man die Flügelreihe mit endlichem Flügelabstand durch eine Reihe mit unendlich kleinem Abstand ersetzt, aber deren Spannweite so verkleinert, daß sie dieselben Kräfte ergibt wie die Flügelreihe mit endlichem Abstande. Das Maß der Verkleinerung der Spannweite läßt sich aus dem Verlauf des Auftriebsabfalles am Rande berechnen. Wir müssen nur die Auftriebsfläche der Kurve in ein gleich großes Rechteck verwandeln, dessen Höhe dem Asymptotenwert der

[1] L. Prandtl, Zusatz zu dem Artikel Betz, Schraubenpropeller mit geringstem Energieverlust. Göttinger Nachr. 1919, S. 193.

Auftriebskurve entspricht (Abb. 64). Die Verkürzung der Spannweite an jedem Ende ergibt sich daraus zu

$$\Delta l = \int_0^\infty \left(1 - \arccos e^{-\pi \frac{x}{a'}}\right) dx = \frac{a'}{\pi} \ln 2 \approx 0{,}22\, a' . \qquad (3)$$

Wir können daher eine Flügelreihe mit endlichem Flügelabstand durch eine solche mit unendlich dicht stehenden Flügeln ersetzen, deren Spannweite um $2\Delta l = (2a'/\pi)\ \ln 2$ kleiner ist als die wirkliche. a' ist dabei der Abstand der Unstetigkeitsflächen, nicht der Flügel (vgl. Abb. 62).

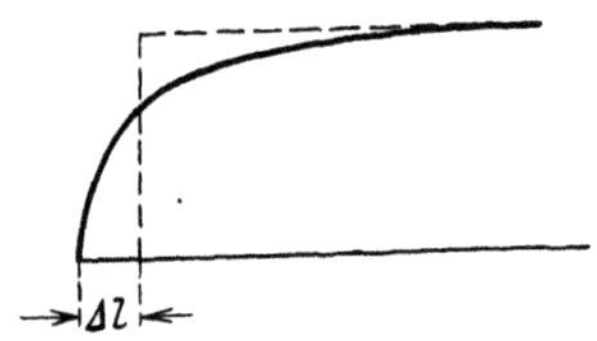

Abb. 64. Auftriebsabfall am Rande eines Flügels (ausgezogene Linie) und gleichwertige rechteckige Auftriebsverteilung (gestrichelte Linie).

56. Einfluß des endlichen Flügelabstandes bei Flügelrädern ohne Gehäuse. Wenn man das in der vorigen Ziffer benutzte Verfahren auf Flügelräder ohne Gehäuse (Propeller, Windmühlen) anwendet, so tritt an Stelle des in Abb. 63 dargestellten Vorganges eine Strömung um ein System von Schraubenflächen von endlichem Durchmesser (die Unstetigkeitsflächen hinter den Flügeln), welches sich mit einer Geschwindigkeit w in axialer Richtung verschiebt (Ziff. 41). Streng ist diese Potentialaufgabe noch nicht gelöst. Wenn aber der Abstand der aufeinanderfolgenden Unstetigkeitsflächen klein ist gegenüber dem Radius des Schraubenstrahles, was bei Schrauben mit nicht zu großer Steigung einigermaßen zutrifft, so kann man nach einem Vorschlag von PRANDTL[1]) den Vorgang, der sich ja im wesentlichen in der Nähe des Strahlrandes abspielt, annähernd als ebene Strömung behandeln und einfach die für Flügelreihen geltenden Werte übernehmen. Danach läßt sich ein Flügelrad mit endlicher Flügelzahl ersetzen durch ein Rad mit verschwindend kleinem Flügelabstand, dessen Radius aber um

$$\Delta r = \frac{a'}{\pi} \ln 2 \qquad (1)$$

kleiner ist. Mit Rücksicht auf die Strahlkontraktion muß man genauer sagen, daß der Radius des Schraubenstrahles des Ersatzrades um Δr kleiner sein soll als der Radius der schraubenförmigen Unstetigkeitsflächen des wirklichen Flügelrades. a' ist hierbei der senkrechte Abstand je zweier benachbarter Unstetigkeitsflächen an ihrem äußeren Rande.

Das wirkliche Rad mit endlichem Flügelabstand und das Ersatzrad mit unendlich kleinem Flügelabstand stimmen in Schub, Drehmoment, Geschwindigkeit und Drehzahl überein. Beim Propeller kann man diese Ersetzung hauptsächlich dazu benützen, um den maximalen theoretischen Wirkungsgrad (Ziff. 45) zu berechnen bzw. die genaueren Überlegungen der Ziff. 47 anzuwenden. Man muß dabei nur anstatt des wirklichen Radius den um Δr verkleinerten in Rechnung setzen. Eine Verkleinerung des Radius bedingt eine Verschlechterung des maximalen theoretischen Wirkungsgrades. Daraus folgt, daß der Wirkungsgrad durch geringe Flügelzahl (großen Flügelabstand) ungünstig beeinflußt wird. Die Wirkung ist aber im allgemeinen nicht sehr auffällig, besonders, wenn der Belastungsgrad (Ziff. 45) nicht sehr hoch und der Fortschrittsgrad (Ziff. 47) nicht sehr groß ist.

---

[1]) L. PRANDTL, s. Fußnote S. 273.

Bei Windmühlen äußert sich die Verkleinerung des wirksamen Radius durch den endlichen Flügelabstand ebenfalls ungünstig, nämlich in einer (allerdings meist geringen) Verminderung der Leistung, da ja für die Berechnung der maximalen theoretischen Leistung die Windradfläche des verkleinerten Ersatzrades maßgebend ist.

57. Einfluß des endlichen Flügelabstandes bei Flügelrädern mit Gehäuse. Erscheinungen am Spalt. Würden die Flügel dicht an das Gehäuse anschließen, so würden zwar bei Schraubenrädern durch den endlichen Flügelabstand auch gewisse Störungen bedingt werden, welche mit dem Auftreten radialer Geschwindigkeitskomponenten zusammenhängen. Da aber die Ausbildung solcher Radialgeschwindigkeiten durch das Gehäuse sehr eingeschränkt ist, so spielt diese Erscheinung meist keine große Rolle. Wichtiger sind jene Störungen, welche dadurch entstehen, daß zwischen den umlaufenden Flügeln und dem feststehenden Gehäuse ein Zwischenraum, ein Spalt, vorhanden ist. Das Wesentliche der hierbei auftretenden Erscheinungen, insbesondere der dadurch bedingten Verluste, haben wir bereits in Ziff. 52 für unendlich dichtstehende Flügel kennengelernt. Wir müssen uns nur noch fragen: Wie werden die Verhältnisse durch den endlichen Flügelabstand beeinflußt? Diese Fragestellung ist insbesondere bei den sog. Kaplanturbinen wichtig, einem Schnelläufertyp mit wenigen verhältnismäßig schmalen Flügeln (Abb. 65). Daß hier der Flügelabstand berücksichtigt werden muß, dürfte ohne weiteres einleuchten, da ja die Spaltweite nur an den Flügeln gegeben ist, während es vollständig unklar bleibt, was man in dem Bereich zwischen den Flügeln als Spaltweite rechnen soll.

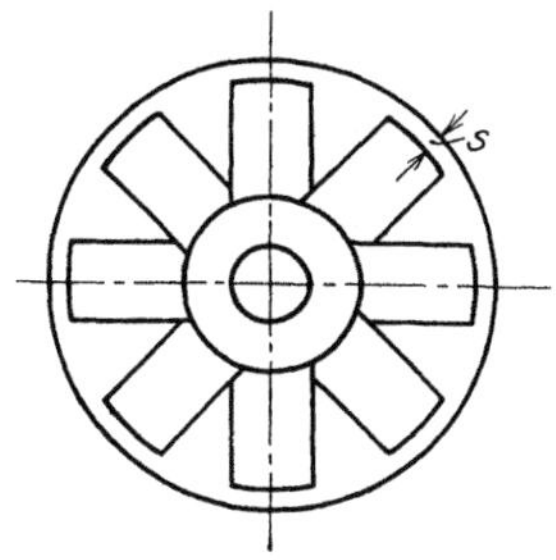

Abb. 65. Extreme Schnellläuferturbine (Kaplanturbine).

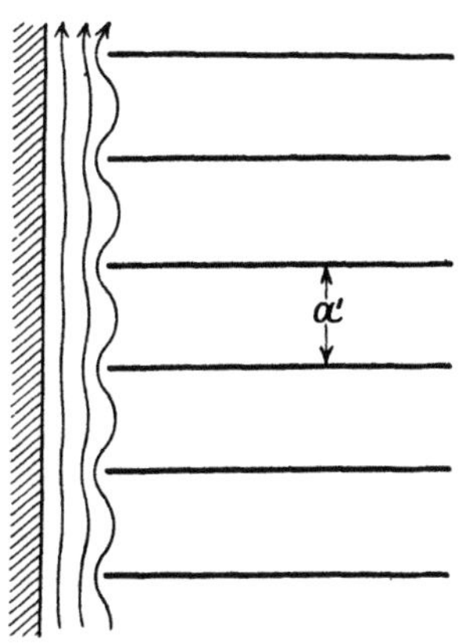

Abb. 66. Strömung um den seitlichen Rand der Unstetigkeitsflächen einer Schnellläuferturbine.

Wendet man auf diese Aufgabe dieselben Methoden an, die zum kleinsten induzierten Widerstand bei Flügeln bzw. zum kleinsten Energieverlust bei Propellern führten (starre Unstetigkeitsflächen mit konstanter Verschiebegeschwindigkeit hinter den Flügeln, Ziff. 31 u. 41), und vernachlässigt man auch hier den Einfluß der Krümmung (Ersatz des Flügelrades durch eine Flügelreihe), so kommt man auf die in Abb. 66 skizzierte Potentialströmung.

Diese theoretische Aufgabe ist behandelt[1]. Man kann das Ergebnis ähnlich wie bei den freien Flügelrädern in Form einer wirksamen Flügellänge oder hier zweckmäßiger einer wirksamen Spaltweite darstellen. Bezeichnet man den wirklichen Spalt am Flügel mit s, die wirksame Spaltweite mit s' und den Abstand der Unstetigkeitsflächen mit a' (Abb. 65 u. 66), so ist

$$\frac{s'}{a'} = \frac{1}{2} \, \frac{K\left(\mathfrak{Tg}\,\frac{s\pi}{a'}\right)}{K\left(\frac{1}{\mathfrak{Cof}\,\frac{s\pi}{a'}}\right)}. \tag{1}$$

[1] A. Betz, Vorgänge an den Schaufelenden von Kaplanturbinen. Hydraulische Probleme, S. 161. Berlin: VDI-Verlag 1926.

Hierbei bedeuten $\mathfrak{Tg}$ und $\mathfrak{Cof}$ Hyperbelfunktionen und K das vollständige elliptische Integral erster Art

$$K(\lambda) = \int_0^1 \frac{du}{\sqrt{1 - u^2}\sqrt{1 - \lambda^2 u^2}}.$$

Der Zusammenhang zwischen s'/a' und s/a' ist in Abb. 67 (ausgezogene Linie) dargestellt.

Diese Behandlung des Spaltproblemes läßt die Verhältnisse insbesondere bei sehr engen Spalten in einem zu ungünstigen Licht erscheinen. Es gibt verschiedene Umstände, welche den Spaltverlust gegenüber dem theoretischen Ergebnis verringern. Einmal hat jeder Flügel eine endliche Dicke, und wenn diese von der Größenordnung der Spaltweite ist, dann macht sich der bereits in Ziff. 39 auseinandergesetzte Einfluß geltend: der Druckausgleich durch den Spalt ist behindert, die Störungsgeschwindigkeiten und damit der Energieverlust fallen kleiner aus. Weiterhin sind aber auch die Störungsgeschwindigkeiten bei den turbinentechnischen Verhältnissen meist so groß, daß bereits am Flügel wesentliche Quergeschwindigkeiten und ein merkliches Strömen durch den Spalt auftritt (im Gegensatz zu den Überlegungen am Tragflügel, wo alle Störungsbewegungen als klein gegenüber der Fluggeschwindigkeit vorausgesetzt werden konnten). Beim Umströmen des Flügelrandes tritt daher höchstwahrscheinlich Ablösung und Wirbelbildung ein, wodurch der Vorgang des Druckausgleiches und damit die ganze Störungsbewegung gleichfalls vermindert wird. Endlich bedingt auch die Reibung der Flüssigkeit an der Gehäusewand eine Änderung der Verhältnisse, die wenigstens bei der für Turbinen in Frage kommenden Anordnung ebenfalls das Durchströmen des Spaltes erschwert. Der Verlauf des Zusammenhanges zwischen s' und s, der unter Berücksichtigung dieser Verhältnisse etwa zu erwarten ist, ist in Abb. 67 durch gestrichelte Kurven angedeutet.

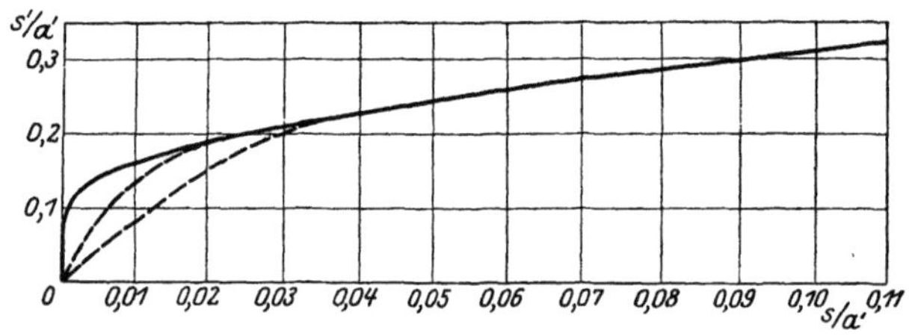

Abb. 67. Zusammenhang zwischen der wirklichen Spaltweite s und der wirksamen Spaltweite s'.

Schließlich muß auch noch darauf hingewiesen werden, daß die geschilderte Methode voraussetzt, daß die Strömung durch den Spalt in gleicher Richtung wie die Hauptbewegung erfolgt, daß sie also für Pumpen, bei denen im Spalt Rückströmung eintritt (Abb. 61), noch nicht hinreichend ausgearbeitet ist.

IX. Experimentelle Methoden und Ergebnisse.

58. Prüfstände für Wasserturbinen. Bei der wirtschaftlichen Bedeutung der Wasserkräfte werden bei Turbinenanlagen sehr hohe Anforderungen an den Wirkungsgrad, aber auch an andere Eigenschaften derselben (z. B. die Schnelläufigkeit Ziff. 53) gestellt. Um genügende Sicherheit für die Leistung der Anlagen zu haben, werden wenigstens große Anlagen kaum ohne vorhergehende umfangreiche Modellversuche ausgeführt. Die Einrichtung solcher

Turbinenversuchsanstalten ist im wesentlichen in Abb. 68 dargestellt[1]). Eine Pumpe fördert das Wasser aus dem Unterwasserbehälter (*U.W.*) in den Oberwasserbehälter (*O.W.*). Von diesem fließt das Wasser durch die zu untersuchende Turbine in das Unterwasser zurück. Steht eine geeignete natürliche Wasserkraft zur Verfügung, so kann natürlich die Pumpe wegfallen. Die von der Turbine abgegebene Nutzleistung wird durch eine Bremse (*Br.*) vernichtet und gleichzeitig gemessen. Die der Turbine zugeführte Leistung ergibt sich aus der Gefällhöhe, d. i. dem Höhenunterschied zwischen den Spiegeln von Ober- und Unterwasser und aus der sekundlich durch jeden Querschnitt des Kreislaufs fließenden Wassermenge Q.

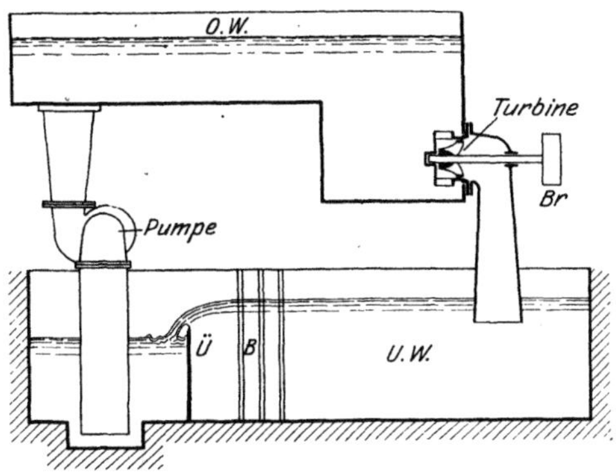

Abb. 68. Schematische Darstellung einer Versuchsanstalt für Wasserturbinen.
O.W. = Oberwasser, *U.W.* = Unterwasser, *Br.* = Bremse, *B.* = Beruhigungseinrichtung, *Ü.* = Überfall.

Die Spiegelhöhen können in bequemer Weise durch Verwendung von Schwimmern mittels Zeiger und Skala abgelesen werden.

Zur Mengenmessung verwendet man sehr häufig geeichte Überfälle. Man läßt das Wasser über eine Kante überströmen (Abb. 68 und 69) und beobachtet die Höhe des Wasserspiegels in genügend großer Entfernung von der Kante. Aus dem lotrechten Abstand h dieses Spiegels von der Kante kann man auf die Menge des überströmenden Wassers schließen[2]). Für die Messung dieser Spiegelhöhe kann man die obenerwähnte Schwimmereinrichtung benutzen. Da aber die Höhe

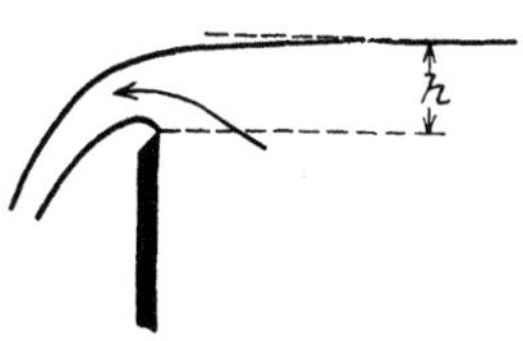

Abb. 69. Mengenmessung durch Überfall.

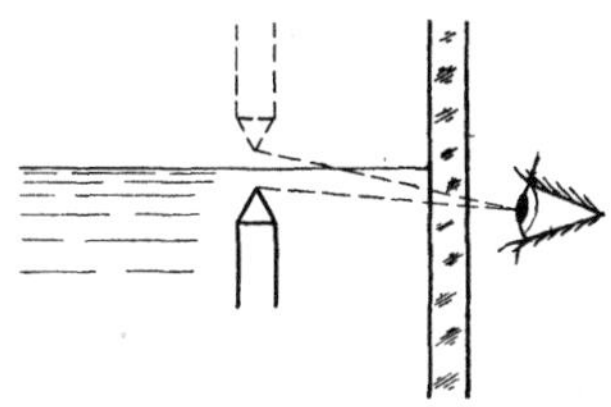

Abb. 70. Messung der Höhe eines Wasserspiegels.

des Überfalles verhältnismäßig gering ist, so muß seine Messung mit größerer Genauigkeit ausgeführt werden als die des Gefälles zwischen Ober- und Unterwasser. Man verwendet daher hierfür anstatt der Schwimmer vielfach die Methode, daß eine kegelige Spitze mittels einer Mikrometerschraube gegen den Wasserspiegel verschoben wird, bis sie ihn berührt. Die Stellung der Mikrometerschraube zeigt dann die Höhe des Wasserspiegels an. Eine besonders empfindliche Einstellung der Spitze ist möglich, wenn man sie von unten her der Wasseroberfläche nähert (Abb. 70). Beobachtet man die Spitze schräg von unten (etwa durch eine Glaswand hindurch), so sieht man gleichzeitig das durch Totalreflexion an der Wasser-

[1]) Vgl. z. B. D. THOMA, Die neue Wasserturbinen-Versuchsanstalt von Briegleb, Hansen & Co. in Gotha. Gotha: Engelhard-Reyhersche Hofbuchdruckerei 1918; R. DUBS, Die neue Wasserturbinen-Versuchsanstalt der A.-G. der Maschinenfabriken Escher, Wyss & Cie. Schweiz. Bauz. Bd. 80. 1922.

[2]) Vgl. Kap. 3, Ziff. 22 ds. Bds. des Handb.

oberfläche gespiegelte Bild der Spitze und kann so sehr genau erkennen, wenn die Spitze gerade die Wasseroberfläche berührt.

Eines der genauesten Verfahren zur Mengenmessung beruht auf der Verwendung eines vom Wasser weitergeschobenen Meßschirmes[1]). Es ist aber umständlicher als die Überfallmessung und erfordert vor allem mehr Zeit. Es wird daher vielfach nur zur gelegentlichen Kontrolle und zur Eichung der bequemeren Verfahren verwandt. Sehr verbreitet ist auch die Mengenmessung mittels hydrometrischer Flügel[2]).

59. Prüfstände für Ventilatoren. Bei der Untersuchung von Vorgängen in Luft sind die Fehlerquellen im allgemeinen häufiger und größer als bei entsprechenden Untersuchungen in Wasser. Einmal weil die Luftbewegung weniger leicht wahrnehmbar ist als die Wasserbewegung und daher leichter einer irrtümlichen Vorstellung der Vorgänge Vorschub leistet. Dann aber auch, weil die Mengenmessung hier nur durch indirekte Methoden möglich ist, während man bei Wasser die Mengenmessung verhältnismäßig leicht auf Volumen- bzw. Gewichtsbestimmungen zurückführen kann (Eichung von Überfällen). Diese und andere Schwierigkeiten hatten in der Ventilatorenindustrie eine erhebliche Unsicherheit in den Leistungsangaben der einzelnen Fabrikate zur Folge. Um diesem Übelstande abzuhelfen, haben der Verein Deutscher Ingenieure und der Verein Deutscher Maschinenbauanstalten Regeln für Leistungsversuche aufstellen lassen[3]).

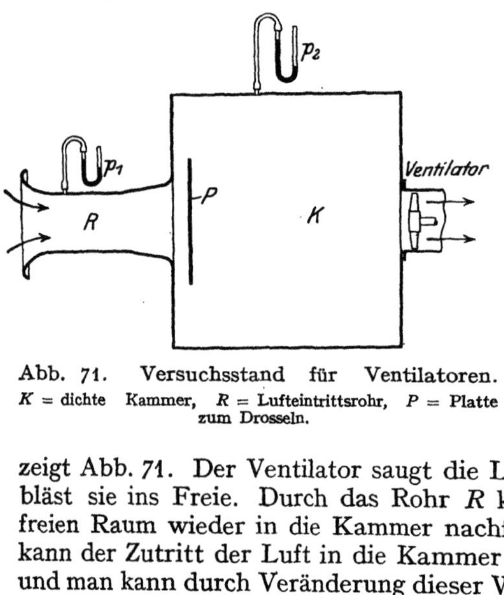

Abb. 71. Versuchsstand für Ventilatoren. K = dichte Kammer, R = Lufteintrittsrohr, P = Platte zum Drosseln.

Eine zweckmäßige Anordnung für die Untersuchung von Ventilatoren zeigt Abb. 71. Der Ventilator saugt die Luft aus einer dichten Kammer K und bläst sie ins Freie. Durch das Rohr R kann die gleiche Menge Luft aus dem freien Raum wieder in die Kammer nachfließen. Durch geeignete Widerstände kann der Zutritt der Luft in die Kammer mehr oder weniger erschwert werden, und man kann durch Veränderung dieser Widerstände den Druck in der Kammer bei unveränderter Ventilatorenzahl regeln. In Abb. 71 ist dieser veränderliche Widerstand durch die Platte P verwirklicht, welche der Einströmöffnung des Kastens genähert werden kann und dadurch wie ein Ventil den Luftstrom drosselt oder fast ganz abschließt. Gemessen wird der Unterdruck p_1 im Zuflußrohr R, in nicht zu großer Entfernung hinter der gut abgerundeten Einströmöffnung, und der Unterdruck p_2 in der Kammer K, beide verglichen mit dem Druck des freien Raumes[4]). Der Unterdruck p_2 ist die vom Ventilator erzeugte nutzbare Drucksteigerung. Da die Einströmung in das Rohr R bei guter Abrundung der Mündung praktisch verlustlos vor sich geht, so läßt sich aus dem Unterdruck p_1 auf Grund der BERNOULLIschen Gleichung $p_1 = \varrho v^2/2$ die Geschwindigkeit v im Rohr und damit bei bekanntem Rohrquerschnitt die sekund-

[1]) V. MANN, Beitrag zur Kenntnis der Wassermengenmessung mittels Meßschirms. Dissert. Darmstadt 1920.

[2]) L. A. OTT, Wasserkraft-Jahrbuch 1924. S. 253. Rich. Pflaum, München.

[3]) Regeln für Leistungsversuche an Ventilatoren und Kompressoren. Berlin: VDI-Verlag 1925.

[4]) Über die Messung der Drücke s. etwa KRELL, Über Messung von dynamischem und statischem Druck bewegter Luft. München: R. Oldenbourg 1904.

liche Menge Q berechnen. $Q p_2$ ist die Nutzleistung des Ventilators. In der aus dem Ventilator austretenden Luft steckt meist noch erhebliche kinetische Energie, diese wird nach den „Regeln" (s. Fußnote[3]) S. 278) bei der Bestimmung des Wirkungsgrades zur Nutzleistung hinzugerechnet. Die Antriebsleistung kann bei elektrischem Antriebe aus dem Wattverbrauch und dem gesondert bestimmten Wirkungsgrad des Motors ermittelt werden. Genauer ist es jedoch, wenn man den Antriebsmotor um seine Achse drehbar lagert, so daß man das Drehmoment direkt mit der Wage messen kann.

Die geschilderte Anlage hat den Vorteil, daß man Ventilatoren in jeder Einbauordnung, z. B. mit beliebigen Rohrleitungen und Krümmern vor und hinter dem Ventilator untersuchen kann. Sie hat aber den Nachteil, daß sie wegen der erforderlichen verhältnismäßig großen Kammer K viel Raum beansprucht und auch teuer ist. Deshalb verwendet man vielfach auch einfachere Einrichtungen. In den „Regeln" sind eine Reihe von geeigneten Anordnungen beschrieben.

60. Windkanäle. Als im ersten Jahrzehnt dieses Jahrhunderts die Luftfahrt in den Bereich der technischen Möglichkeit rückte, wurde das Bedürfnis fühlbar, die flugtechnisch wichtigen Körperformen, insbesondere Luftschiffkörper und Flügel, auf ihre aerodynamischen Eigenschaften hin genauer als bisher zu untersuchen. Zu diesem Zweck wurden ungefähr gleichzeitig und unabhängig voneinander von PRANDTL[1]) in Göttingen und von EIFFEL[2]) in Paris Windkanäle errichtet, in denen Körper — meist verkleinerte Modelle der zu untersuchenden Luftschiff- bzw. Flugzeugteile — einem Luftstrome von bekannter Geschwindigkeit ausgesetzt werden können. Die Modelle sind dabei meist an geeigneten Wägeeinrichtungen befestigt, so daß die Kräfte, welche die Luft auf dieselben ausübt, gemessen werden können. Abb. 72 zeigt das Schema des gegenwärtigen großen Göttinger Windkanales[3]). Die Luft wird von dem Gebläse G in Bewegung gesetzt. Sie strömt unter viermaliger Umlenkung durch besondere Leitschaufeln L in einem geschlossenen, sich allmählich erweiternden Rückführungskanal R nach der Kammer K. In dieser befindet sich ein System von parallelen Rohren, der sog. Gleichrichter Gl. Dieser hat die Aufgabe, die Luftströmung, welche vom Ventilator her Quergeschwindigkeit besitzt, parallel zu richten. Nachdem die Luft diesen Gleichrichter durchströmt hat, tritt sie aus der Düse D als freier Strahl in die eigentliche Versuchsstrecke ein und wird hinter derselben durch den Auffangtrichter A wieder gesammelt und dem Ventilator zugeführt. Die Luft führt also einen geschlossenen Kreislauf aus.

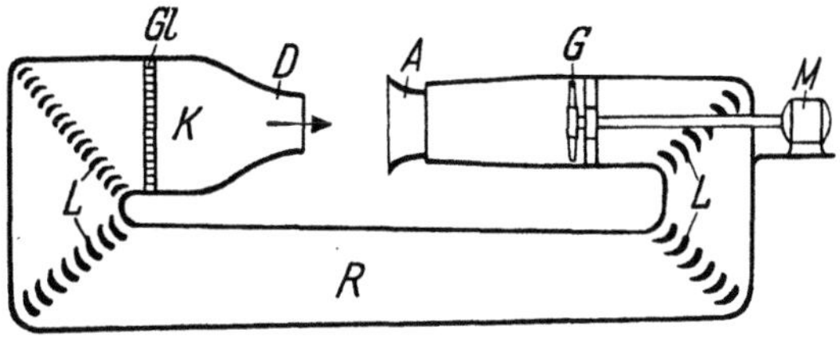

Abb. 72. Schematische Darstellung des Göttinger Windkanals.

G = Gebläse, M = Antriebsmotor, L = Leitschaufeln zum Umlenken der Luft, R = Rückführungskanal, K = Kammer vor der Düse, Gl = Gleichrichter, D = Düse, A = Auffangtrichter.

Die höchste Geschwindigkeit herrscht unmittelbar nach dem Austritt aus der Düse D an der Versuchsstrecke. Von da an erweitert sich die Leitung allmählich wieder bis zur Kammer K, wobei ein Teil der kinetischen Energie der Luft

1) L. PRANDTL, ZS. d. Ver. d. Ing. Bd. 53, S. 1711. 1909.
2) G. EIFFEL, La résistance de l'air et l'aviation. Paris: Dunod & Pinat 1910.
3) L. PRANDTL, Ergebn. d. aerodyn. Versuchsanst. zu Göttingen, 1. Lief. München: R. Oldenbourg 1923.

durch Umsetzung in Druck (Diffusor) wieder gewonnen wird. Die rasche Verengung des Querschnittes in der Düse D unmittelbar vor der Versuchsstrecke hat den Vorteil, daß hier der größte Teil der kinetischen Energie der Luft durch den in der Kammer K herrschenden Überdruck neu erzeugt wird. Da der Druck über den ganzen Querschnitt der Kammer praktisch genau konstant ist, so erhält man auch hinter der Düse, also am Versuchsstand, eine über den Querschnitt des Strahles sehr konstante Geschwindigkeit.

Die Verwendung eines freien Strahles an der Versuchsstrecke hat außer der bequemen Zugänglichkeit noch den Vorteil, daß der Druck auf der ganzen für die Messung verwandten Strecke ziemlich gut konstant, nämlich angenähert gleich dem Druck im Beobachtungsraum, ist. Damit ist aber auch die Geschwindigkeit, abgesehen von den sich mit der Außenluft mischenden Randpartien des Strahles, längs der Versuchsstrecke konstant. Würde man die Versuchsstrecke als Kanal von konstantem Querschnitt ausführen, so würde durch die Zunahme der Wirbelschicht an den Kanalwänden der für die übrige Strömung verbleibende Querschnitt verengt, die Strömung also beschleunigt, der Druck in der Stromrichtung abfallen. Um dies auszugleichen, kann man den Kanalquerschnitt an der Versuchsstrecke langsam zunehmen lassen (ältere Göttinger Anlage). Doch ist diese Querschnittserweiterung nur schwer richtig zu bemessen und überhaupt nur für einen Betriebszustand passend.

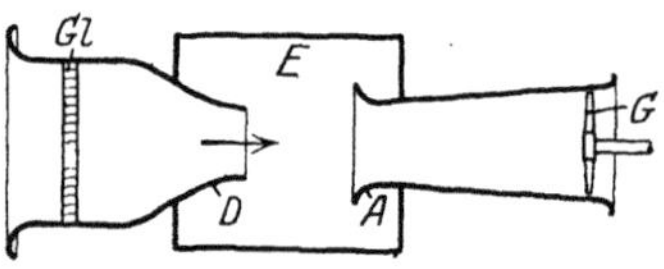

Abb. 73. Windkanal mit „Eiffelkammer".

Gl = Gleichrichter, *D* = Düse, *E* = Eiffelkammer (Unterdruckkammer), *A* = Auffangtrichter, *G* = Gebläse.

Es gibt auch Anlagen, bei denen der Rückführungskanal R vermieden ist, indem man die Luft durch den Raum zurückströmen läßt, in dem die Anlage untergebracht ist — meist eine große Halle. Dabei muß aber der Versuchsstand luftdicht abgeschlossen werden („Eiffelkammer", s. Abb. 73), da die Luft natürlich nur durch die Düse strömt, wenn eine entsprechende Druckdifferenz vorhanden ist, die „Kammer" also niedrigeren Druck als die Außenluft hat. Bei Verwendung eines besonderen Rückführungskanales ist das nicht nötig, da hierbei in der Kammer K vor der Düse wie auch im ganzen Rückführungskanal Überdruck herrscht. Die Bauart mit freier Rückströmung ist billiger als die mit Rückführungskanal, insbesondere, wenn eine genügend große Halle zur Verfügung steht. Sie hat aber den Nachteil, daß die erforderliche Unterdruckkammer den Versuchsraum beengt und dadurch die Arbeiten erschwert.

61. Untersuchung von Flügeln im Windkanal durch Kraftmessungen. Eine der wichtigsten Aufgaben der Windkanäle ist die Feststellung der auf Flügel oder auf ganze Flugzeugmodelle wirkenden Kräfte. Das Modell wird zur unmittelbaren Messung derselben an geeigneten Wagen befestigt und dem Luftstrome ausgesetzt. Die Wagen gestatten dann, die von der Luft ausgeübten Kräfte nach Größe, Richtung und Angriffspunkt zu messen. Sehr häufig haben die zu untersuchenden Körper eine in die Windrichtung fallende Symmetrieebene (Flugzeuge beim Flug geradeaus). In diesen Fällen liegt auch die Luftkraft in der Symmetrieebene und läßt sich durch drei Größen vollständig angeben. Man wählt dazu meist die beiden Komponenten der Kraft, den Auftrieb und den Widerstand, und das Moment um einen bestimmten Punkt (beim Flügel gewöhnlich den in Abb. 3 angegebenen Punkt der Sehne). Statt des Momentes wird manchmal auch der Schnittpunkt der resultierenden Kraft mit der Sehne, der sog. Druckpunkt, angegeben.

In der Göttinger aerodynamischen Versuchsanstalt wird zur Messung dieser Größen meist folgende Einrichtung, die sog. Dreikomponentenwage, benutzt (Abb. 74). Das Modell wird in drei Punkten aufgehängt. Zwei von diesen Aufhängepunkten liegen möglichst in der Achse, auf welche das Moment bezogen wird (z. B. Flügelvorderkante), oder auf einer dazu parallelen Geraden. Diese beiden Punkte sind durch Drähte (*a*, *b* und *c*; Abb. 74) mit einem Träger T_1 verbunden, der selbst mit seinen beiden Enden an einer Wage W_1 aufgehängt ist. Durch Auflegen von Gewichten bzw. Verschieben von Laufgewichten kann dann in bekannter Weise diese Wage ins Gleichgewicht gebracht und so die Kraft A_1 gemessen werden, welche in der Achse der beiden Aufhängepunkte senkrecht nach oben wirkt. Der dritte Aufhängepunkt liegt in einer bestimmten Entfernung (30 cm) hinter der durch die beiden anderen Aufhängepunkte festgelegten Achse. Von ihm führen Drähte (*d* und *e*) nach einem zweiten Träger T_2 und übertragen die dort wirkende lotrechte Kraft A_2 auf die Wage W_2. Von einem zwischen den beiden vorderen Aufhängepunkten liegenden Punkt führt ein horizontaler Draht (*f*) nach einem Knotenpunkt *K*. Die durch ihn hierhin übertragene horizontale Kraft (der Widerstand *W*) zerlegt sich hier in zwei Komponenten, von denen die eine angenähert unter 45° nach unten zu einem Fixpunkt, die andere senkrecht nach oben zu einer dritten Wage W_3 geleitet wird. Damit die nach den Wagen führenden Aufhängedrähte nicht lose werden, sind Spanndrähte (*sp*) vorgesehen, welche durch Gewichtsbelastung die erforderliche Vorspannung in den Aufhängedrähten erzeugen. Die Summe der Kräfte auf die Wagen W_1 und W_2 ergibt den Auftrieb. Aus der Messung mit der Wage W_2 allein läßt sich das Moment um die Achse der vorderen Aufhängepunkte berechnen. Die Wage W_2 läßt sich mittels des Gestänges G auf einem Kreisbogen um die Wage W_1 verschieben. Dabei bewegt sich auch der hintere Aufhängepunkt des Modelles auf einem Kreisbogen um die Achse der vorderen Aufhängepunkte. Man kann so den Anstellwinkel des Modelles verstellen, ohne die Aufhängung selbst ändern zu müssen. Bei unsymmetrischem Körper oder auch bei symmetrischem bei schräger Stellung zum Wind sind im allgemeinen sechs Kompo-

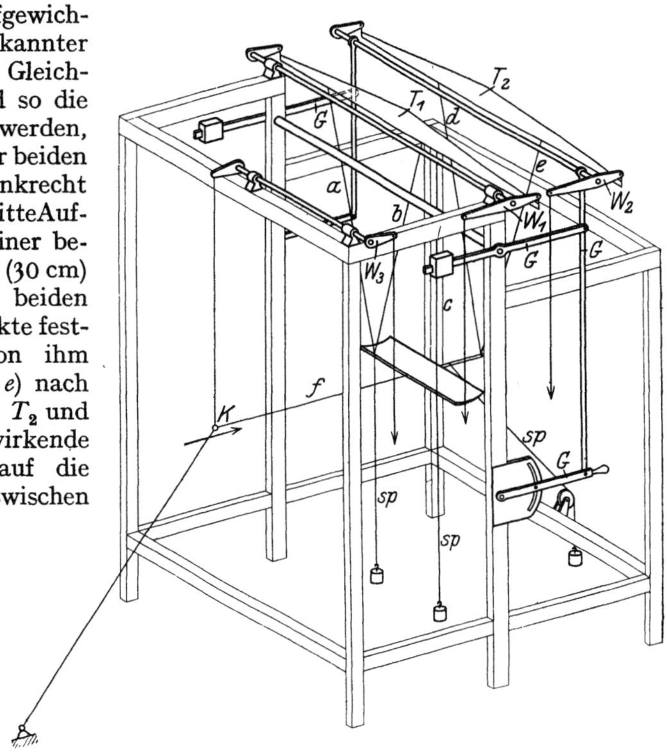

Abb. 74. Dreikomponentenwage. (Die in Wirklichkeit als Schneiden ausgebildeten Achsen der Wagen sind hier der Deutlichkeit halber als Wellenlager dargestellt.)

nenten (drei Kraftkomponenten nach den drei Koordinatenachsen und drei Momente um die drei Achsen) zu messen. Die Anordnung der sechs Wagen und die Aufhängung ist dann erheblich komplizierter, kann aber im Prinzip in ähnlicher Weise ausgeführt werden wie bei der geschilderten Dreikomponentenwage.

62. Untersuchung von Flügeln im Windkanal durch Druck- und Geschwindigkeitsmessungen. Außer den Ergebnissen der unmittelbaren Kraftmessung ist vielfach auch die Verteilung des Druckes auf die Oberfläche der Flügel oder der Verlauf der in der Umgebung der Flügel herrschenden Geschwindigkeiten von Interesse. Zur Messung der Druckverteilung bildet man vielfach den Flügel hohl aus und versieht ihn mit einer Reihe von Anbohrungen. Verschließt man alle diese Anbohrungen (etwa durch Fett oder ähnliche Mittel) bis auf eine, so stellt sich im Innern des hohlen Flügels annähernd derselbe Druck ein, der an der Flügeloberfläche an der Stelle der offenen Bohrung herrscht[1]), da es durch die Bohrung mit der Oberfläche verbunden ist. Verbindet man das Flügelinnere durch einen Schlauch mit einem Mikromanometer, so kann man diesen Druck messen. In vielen Fällen kann man auch von jeder Anbohrung durch das Flügelinnere hindurch eine besondere Leitung nach außen führen. Dadurch läßt sich die Messung schneller durchführen als bei dem zuerst geschilderten Verfahren, bei dem nach jeder Messung eine neue Bohrung geöffnet und die vorhergehende verschlossen werden muß. Die vielen Leitungen, welche bei dem zweiten Verfahren erforderlich sind, lassen sich aber nicht immer ohne Störung des Strömungsvorganges anbringen.

Um die Geschwindigkeit in der Umgebung des Flügels zu ermitteln, genügt es im allgemeinen, den statischen Druck an der betreffenden Stelle zu messen. An allen Stellen nämlich, wo keine vom Flügel herrührenden Wirbel hingelangen, herrscht Potentialströmung, und es gilt dort die BERNOULLIsche Gleichung [Ziff. 8, Gleichung (1)]. Nur an jenen Stellen, an denen die Luft infolge des Flügelwiderstandes Energie verloren hat, ist der Gesamtdruck $(p + \varrho v^2/2)$ kleiner als in der ungestörten Strömung. Dieser Gesamtdruck läßt sich in bequemer Weise messen, indem man ein Röhrchen mit seiner Öffnung gegen den Wind richtet und das andere Ende mit einem Mikromanometer verbindet. Da die Abweichung von der BERNOULLIschen Gleichung (die Verminderung des Gesamtdruckes) durch den Flügelwiderstand bedingt ist, so läßt sich aus ihr die Größe dieses Widerstandes berechnen[2]). Dies Verfahren eignet sich besonders dazu, den Profilwiderstand unabhängig vom induzierten Widerstand (Ziff. 29) zu bestimmen.

63. Untersuchung von Propellern und Windmühlen in natürlicher Größe. Die Größen, welche bei diesen Rädern gemessen werden müssen, sind: 1. das Drehmoment an der Welle, 2. der Schub in axialer Richtung (bei Windmühlen von geringerer Bedeutung), 3. die Wind- bzw. Fahrgeschwindigkeit, 4. die Drehzahl. Propeller sowie auch Windräder lassen sich in betriebsfertigem Zustande untersuchen. Bei Schiffsschrauben läßt sich das Drehmoment fast stets ohne besondere bauliche Maßnahmen ermitteln, indem man die elastische Verdrehung der Welle mittels eines Torsionsindikators[3]) mißt. Zur Messung des Schubes

---

[1]) Über die Fehlergröße vgl. G. FUHRMANN, Theoretische und experimentelle Untersuchungen an Ballonmodellen. Dissert. Göttingen 1912 oder Jahrb. d. Motorluftschiffstudiengesellschaft 1911—1912, S. 65.

[2]) A. BETZ, ZS. f. Flugtechn. Bd. 16, S. 42. 1925.

[3]) H. FÖTTINGER, Effektive Maschinenleistung und effektives Drehmoment und deren experimentelle Bestimmung. Dissert. München (Techn. Hochsch.) 1903 oder Jahrb. d. schiffbautechn. Ges. 1903; H. FÖTTINGER, Die neuesten Konstruktionen und Versuchsergebnisse des Torsionsindikators. Jahrb. d. schiffbautechn. Ges. 1905.

ist eine besondere Drucklagerkonstruktion erforderlich. Bei Flugzeugen kann man die Messung von Schub und Drehmoment durch Verwendung einer besonderen Meßnabe ermöglichen. Die Messung von Geschwindigkeit und Drehzahl bietet keine Besonderheiten.

Bezüglich der Schubmessung ist zu bemerken, daß bei einem eingebauten Propeller der auf das Fahrzeug übertragene Schub nicht ganz jene Größe ist, die eigentlich wirtschaftlich interessiert. Der Propeller, der z. B. hinter einem Schiff arbeitet, schafft nämlich vor sich ein Unterdruckgebiet, welches den Schiffswiderstand erhöht („Propellersog"). Andererseits strömt das Wasser hinter dem Schiff langsamer, es strömt dem Schiff nach („Nachstrom"); dadurch ist die relative Fahrgeschwindigkeit des Propellers verringert, so daß er weniger leisten muß bzw. bei gleicher Leistung größeren Schub geben kann. Beide Wirkungen heben sich im allgemeinen ungefähr auf. Sie haben aber zur Folge, daß der Schub, der zwischen Propeller und Schiff wirkt, bei gleicher Leistung und gleicher Fahrgeschwindigkeit größer ist, als wenn Propeller und Schiff ohne gegenseitige Störung fahren würden. Abb. 75 zeigt ein extremes Beispiel für diese Erscheinung. Der Propeller P ist so in das Schiff eingebaut, daß er wie ein Pumpenrad aus dem abgeschlossenen Raum R saugt und darin einen Unterdruck erzeugt. Da hierbei durch den Propeller kein Wasser hindurchströmt, so ist, abgesehen von Energieverlusten, auch keine Arbeit zum Antrieb des Propellers erforderlich. Trotzdem wirkt wegen des Unterdruckes im Raum R ein erheblicher Schub zwischen Propeller und Schiff, dem aber im wesentlichen nur die Bedeutung einer inneren Kraft zukommt.

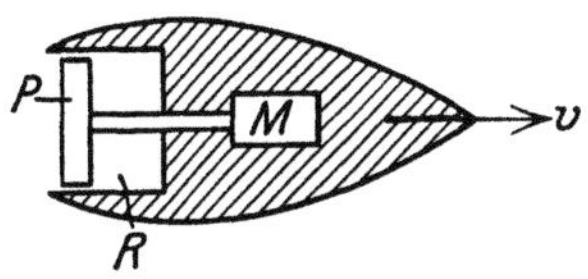

Abb. 75. Propelleranordnung zur Darlegung des gegenseitigen Einflusses von Propeller und Fahrzeug.
P = Propeller, M = Antriebsmotor
R = abgeschlossener Raum.

Ähnliche Verhältnisse treten in geringerem Maße bei allen Fahrzeugen, welche durch Propeller angetrieben werden, auf. Wenn man etwa diesen „Drucklager- oder Meßnabenschub" mit der Fahrgeschwindigkeit multipliziert als Nutzleistung ansehen würde, so würde man meist viel zu hohe Wirkungsgrade, u. U. über 1, erhalten. Es ist daher richtiger, als Nutzleistung jene anzusehen, die erforderlich wäre, wenn man das Fahrzeug ohne Mitwirkung von Propellern etwa durch Schleppen vorwärts bewegen würde. Als Schub gilt dann einfach der Widerstand des Fahrzeuges ohne Propeller.

Außer am Flugzeug werden Luftschrauben gewöhnlich am Stand auf einem besonderen Prüfstand untersucht. Der Antrieb erfolgt dabei meist durch Elektromotoren, welche um ihre Achse drehbar gelagert sind (Pendelmotor, vgl. auch Ziff. 59), so daß man das Drehmoment direkt mit einer Wage messen kann. Außerdem ist die Propellerwelle axial verschiebbar, so daß man auch den Schub auf eine Wage übertragen kann. Diese Standversuche geben natürlich keinen hinreichenden Aufschluß über die Eigenschaften des Propellers in Fahrt. Sie sind aber wertvoll, da man aus ihnen vielfach ein anormales Verhalten von Propellern herausfinden kann. Ein solches Verhalten kann z. B. durch Fabrikationsfehler, durch nachträgliches Verziehen oder durch abweichende elastische Eigenschaften verursacht sein.

Bei Windmühlen wird im allgemeinen nur die abgegebene Leistung durch Abbremsung oder durch Erzeugung von elektrischer Energie und deren Messung und außerdem die Windgeschwindigkeit bestimmt. Bei der Unregelmäßigkeit des natürlichen Windes dürfte im allgemeinen die einwandfreie Ermittlung der Windgeschwindigkeit auf Schwierigkeiten stoßen. Sorgfältige Messungen dieser Art sind vom Institute of agricultural engineering der Universität Oxford ausgeführt[1]).

64. Untersuchung von Propellern und Windmühlen im Modell. Zur Untersuchung von Schiffsschrauben sind im allgemeinen die Schleppversuchsanstalten eingerichtet. Diese Anstalten besitzen einen langen Wassertank, über den ein brückenartiger Wagen mit den erforderlichen Meßeinrichtungen fahren kann. Sie dienen in erster Linie zur Ermittlung des Schiffswiderstandes, indem ein Modell des betreffenden Schiffes von dem Wagen durch das Wasser geschleppt wird. Mit etwas veränderten Einrichtungen lassen sich hiermit auch Propeller untersuchen. Der Antrieb der Propeller erfolgt in der Regel vom Schleppwagen aus durch Kegelräder. Die Propeller können für sich allein[2]) oder in Verbindung mit dem Schiff untersucht werden.

Luftschraubenmodelle können im Windkanal untersucht werden. Meist geschieht auch hier der Antrieb von außen unter Verwendung von Kegelrädern. Sehr umfangreiche Versuche dieser Art sind in Amerika ausgeführt[3]). Besondere Schwierigkeiten bietet die Untersuchung von Luftschrauben zusammen mit dem zugehörigen Flugzeugmodell: Einmal ergeben sich für die Modelle wegen der beschränkten Abmessungen der Flügel meist ziemlich kleine Propeller und, da die Umfangsgeschwindigkeit im bestimmten Verhältnis zur Windgeschwindigkeit stehen muß, entsprechend hohe Drehzahlen. Außerdem macht der Antrieb der Propeller Schwierigkeiten, indem ein Antrieb von außen meist die gegen Störungen sehr empfindlichen Flügelmessungen beeinträchtigt. In der Göttinger Versuchsanstalt sind für diese Aufgabe besonders kleine und leistungsfähige Drehstrommotore ausgebildet, welche in die meisten Modelle eingebaut werden können (Durchmesser 43 mm, Leistung ca. 1 PS auf kurze Zeit bei einer maximalen Drehzahl von 30000 Umdrehungen pro Minute. Für größere Propeller wird die Drehzahl durch Untersetzungsgetriebe herabgesetzt). Die Motore sind drehbar gelagert, so daß man das Drehmoment an einem Hebel mittels eines Zugdrahtes messen kann. Die Drehzahl wird durch Abstoppen der Umdrehungen eines kleinen im Verhältnis 1:400 langsamer laufenden Scheibchens ermittelt. Außerdem werden für das ganze Modell mit laufendem Propeller eine bzw. für verschiedene Propellerfortschrittsgrade mehrere Dreikomponentenmessungen mit den in Ziff. 61 beschriebenen Einrichtungen ausgeführt[4]).

Die Untersuchung von Windradmodellen im Windkanal bietet wesentlich weniger Schwierigkeiten als die von Propellern, da hier keine Energie zugeführt werden muß. Die Abbremsung der Leistung kann am einfachsten mittels einer Bremsscheibe und einer darübergelegten durch Gewichte belasteten Schnur vorgenommen werden. Im Göttinger Windkanal wird neuerdings eine besondere elektromagnetische Wirbelstrombremse benutzt, welche in der Bedienung bequemer ist[5]).

65. Versuchsergebnisse über Tragflügel. Da die Flügel das wesentliche Element der in diesem Kapitel behandelten Erscheinungen sind, mögen hier einige charakteristische Versuchsergebnisse an Flügeln wiedergegeben werden. In Abb. 76 und 77 sind Auftriebs- und Widerstandsbeiwerte c_a und c_w (Definition

[1]) A report on the use of windmills for the generation of electricity. Oxford: Clarendon Press 1926.

[2]) K. SCHAFFRAN, Systematische Propellerversuche. Schiffbau, Berlin 1926.

[3]) W. F. DURAND u. E. P. LESLEY, Experimental research on airpropellers. Report 141. National advisory committee for aeronautics 1922.

[4]) Ergebn. d. aerodyn. Versuchsanst. zu Göttingen, 3. Lief. (zur Zeit im Druck). München: R. Oldenbourg.

[5]) Ergebn. d. aerodyn. Versuchsanst. zu Göttingen, 3. Lief., s. Fußnote [4]); Versuchsergebnisse s. auch G. EIFFEL, Études sur l'hélice aérienne. Paris: Chiron.

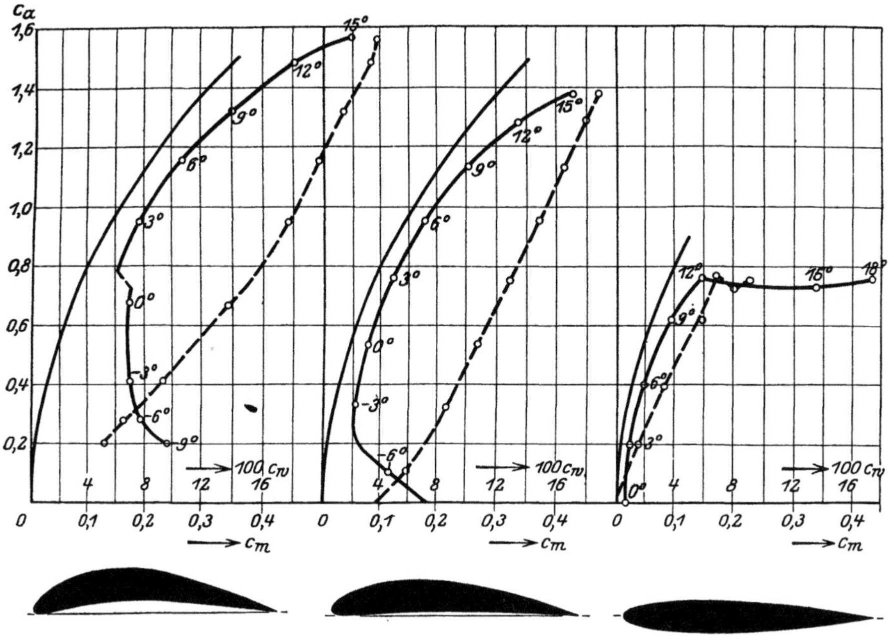

Abb. 76. Beiwerte der Kräfte auf Flügel verschiedener Wölbung, aber annähernd gleicher Dicke.

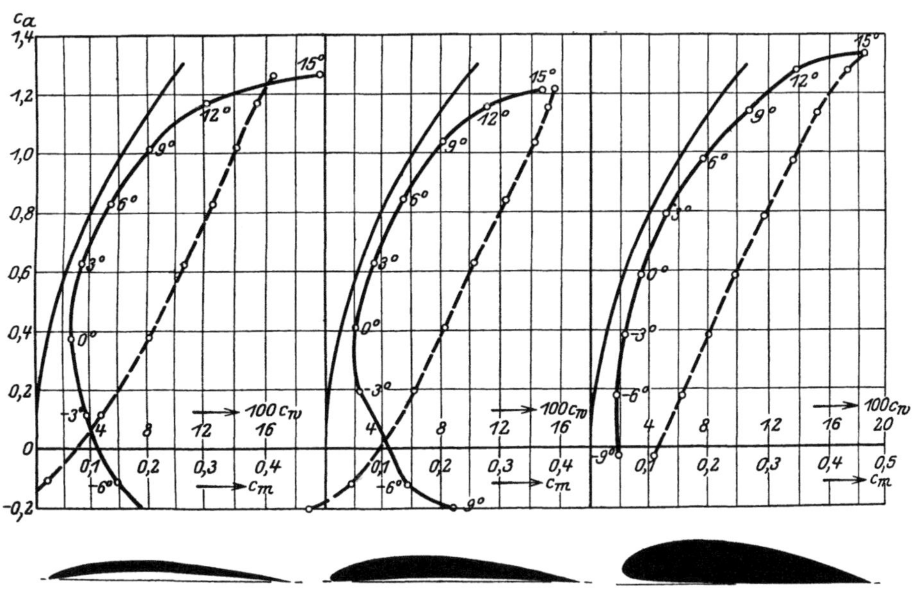

Abb. 77. Beiwerte der Kräfte auf Flügel verschiedener Dicke, aber gleicher mittlerer Wölbung.

s. Ziff. 4) verschiedener Profile wiedergegeben. Die Form der Profile ist jeweils unter den zugehörigen Diagrammen wiedergegeben. Der Widerstandsbeiwert ist als Abszisse, der Auftriebsbeiwert als Ordinate aufgetragen. Für den Wider-

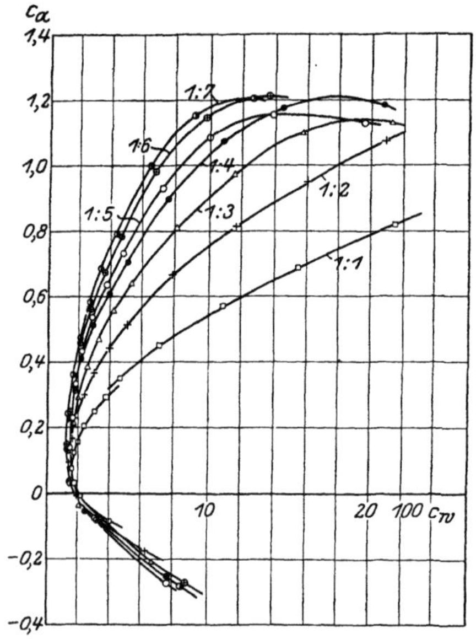

Abb. 78. Einfluß des Seitenverhältnisses. Die an die Kurven angeschriebenen Zahlen geben das Verhältnis von Flügeltiefe zu Spannweite (Seitenverhältnis) an.

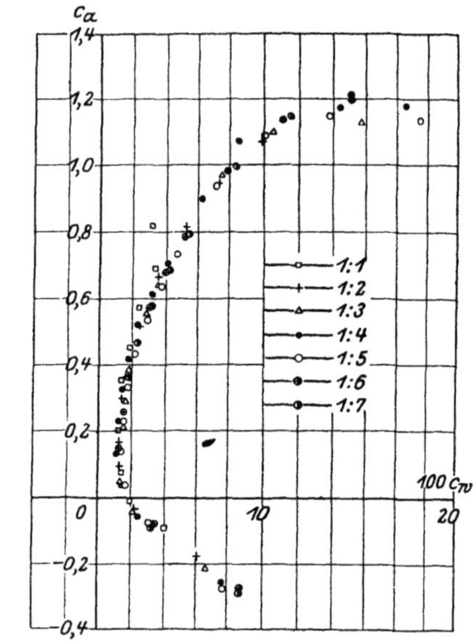

Abb. 79. Auftriebs- und Widerstandsbeiwerte von Flügeln von verschiedenem Seitenverhältnis nach Umrechnung auf ein gemeinsames Seitenverhältnis 1 : 5.

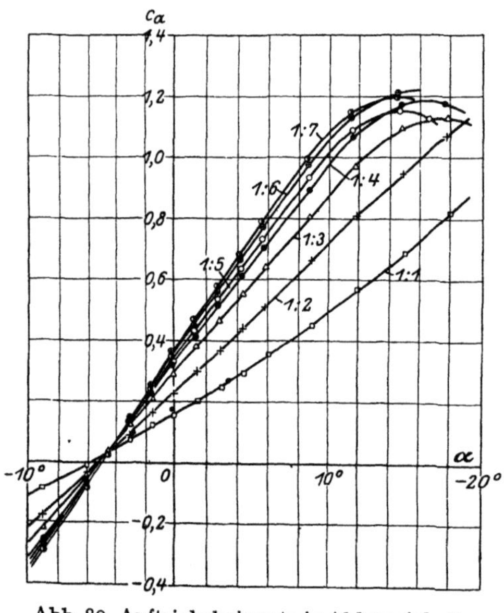

Abb. 80. Auftriebsbeiwerte in Abhängigkeit vom Anstellwinkel für Flügel von verschiedenem Seitenverhältnis.

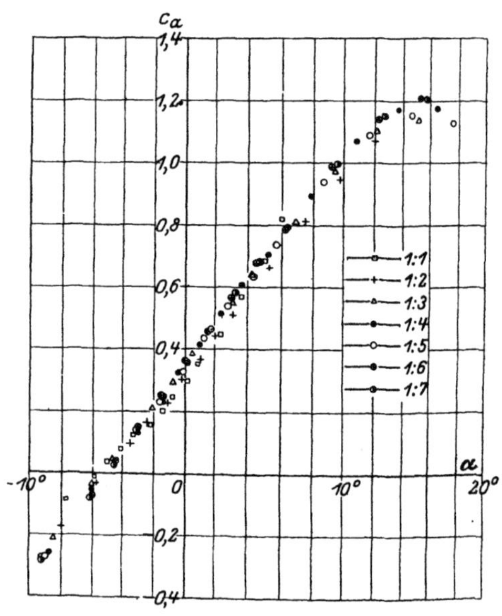

Abb. 81. Die in Abb. 80 dargestellten Ergebnisse nach Umrechnung auf ein Seitenverhältnis 1 : 5.

standsbeiwert ist dabei der fünffache Maßstab wie für den Auftriebsbeiwert gewählt. Die Anstellwinkel, welche den einzelnen Werten entsprechen, sind als

Parameter an die betreffenden Punkte der Kurven angeschrieben. Die Messungen sind mit rechteckigen Flügeln mit einem Seitenverhältnis 1:5 ausgeführt (Spannweite 100 cm, Flügeltiefe 20 cm). Der induzierte Widerstand, der sich gemäß Gleichung (4) (Ziff. 31) berechnet, ist in das Diagramm ebenfalls eingetragen (Parabel durch den O-Punkt). Der Profilwiderstand ist die Differenz zwischen dieser Parabel und der gemessenen Kurve. Außer den Auftriebs- und Widerstandsbeiwerten ist in die Diagramme auch der Beiwert c_m des Momentes um den in Abb. 3 angegebenen Punkt abhängig von c_a gestrichelt eingetragen.

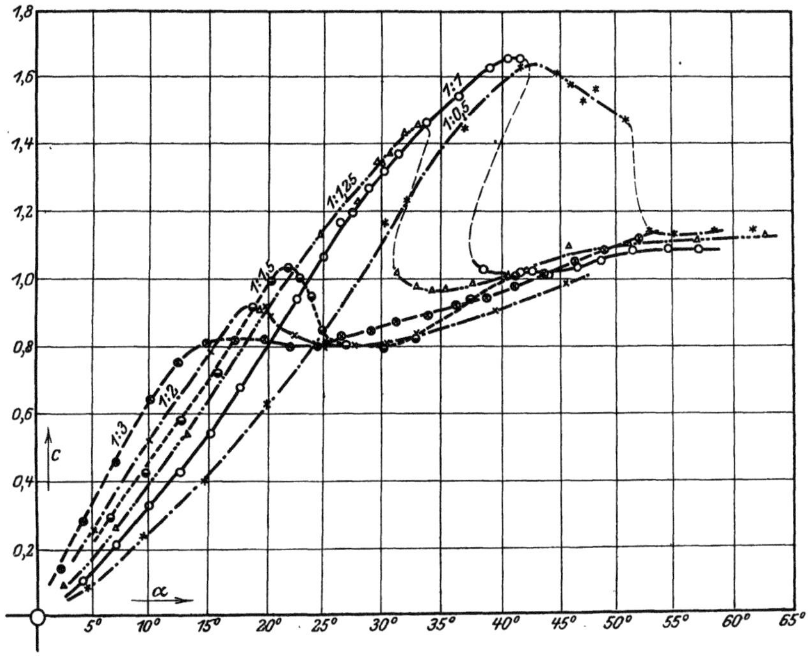

Abb. 82. Beiwerte der resultierenden Kraft auf ebene rechteckige Platten mit den Seitenverhältnissen 1 : 0,5 bis 1 : 3.

Abb. 78 zeigt den Einfluß des Seitenverhältnisses. In Abb. 79 sind die Widerstandsbeiwerte sämtlich gemäß Gleichung (1) Ziff. 33 auf das Seitenverhältnis 1:5 umgerechnet, man ersieht daraus, daß außer für den quadratischen Flügel (1:1) kaum systematischen Abweichungen festzustellen sind. In Abb. 80 sind die Auftriebsbeiwerte der gleichen Flügel in Abhängigkeit vom Anstellwinkel aufgetragen. In Abb. 81 ist dieselbe Auftragung nach Umrechnung der Winkel [Gleichung (2) Ziff. 33] auf das Seitenverhältnis 1:5 vorgenommen. Man erkennt hier eine geringe systematische Abweichung (vgl. Ziff. 33)[1].

Abb. 82 zeigt die Beiwerte der resultierenden Kraft $c = \sqrt{c_a^2 + c_w^2}$ auf ebene rechteckige Platten von verschiedenem Seitenverhältnis in Abhängigkeit vom Anstellwinkel: Auffällig ist der hohe Maximalauftrieb der annähernd quadratischen Platten und weiterhin das ausgedehnte Gebiet von Doppelwerten (Ziff. 12) z. B. in dem Bereich von $\alpha = 38°$ bis $\alpha = 42°$ bei der quadratischen Platte[2]. In Abb. 83 ist die Druckverteilung um einen Joukowskyflügel (Ziff. 16)

[1]) Ergebn. d. aerodyn. Versuchsanst. zu Göttingen, 1. Lief. München: R. Oldenbourg 1921.
[2]) O. Föppl, Windkräfte an ebenen und gewölbten Platten. Dissert. Aachen 1911 oder Jahrb. d. Motorluftschiffstudiengesellschaft 1910/11, S. 51.

bei ebener Strömung wiedergegeben, und zwar sowohl die theoretische wie die experimentell gefundene. Man sieht, daß die Theorie etwas zu große Werte ergibt, was nach den Auseinandersetzungen in Ziffer 9 auch zu erwarten ist, da das in Wirklichkeit vorhandene Totwasser die Zirkulation vermindert. Daß diese Differenz fast ausschließlich auf diesen Einfluß zurückzuführen ist, geht aus Abb. 84 hervor, wo die gemessene Kurve mit einer theoretischen von gleicher Zirkulation (gleichem Auftrieb) verglichen ist. Hierbei mußte bei der theoretischen Kurve ein Umströmen der

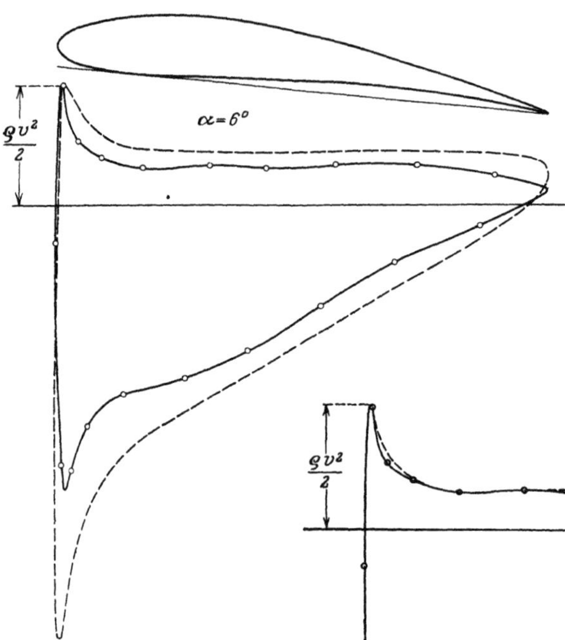

Abb. 83. Theoretische und gemessene Druckverteilung um einen Joukowskyflügel bei einem Anstellwinkel $\alpha = 6°$.
– – – theoretische Kurve, o—o—o gemessene Werte.

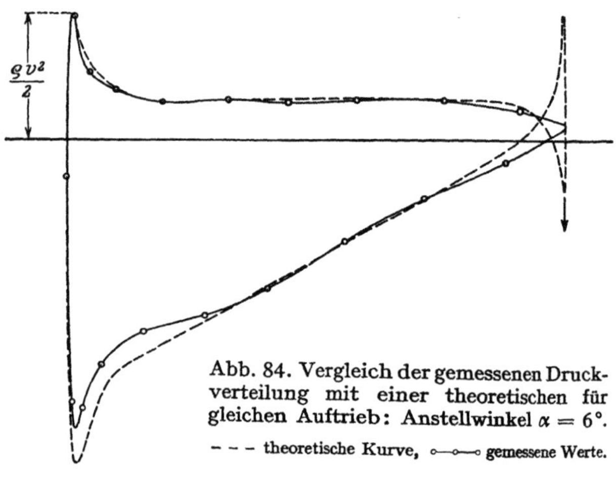

Abb. 84. Vergleich der gemessenen Druckverteilung mit einer theoretischen für gleichen Auftrieb: Anstellwinkel $\alpha = 6°$.
– – – theoretische Kurve, o—o—o gemessene Werte.

Hinterkante zugelassen werden, wodurch man hier unendlich großen Unterdruck erhält. Abgesehen von diesen durch formale Gründe bedingten Abweichungen stimmen die theoretische und experimentelle Kurve gut überein [die kleinen Wellen in der experimentellen Kurve dürften durch geringe Herstellungsfehler in der Form des Modelles erklärt werden können[1])].

[1]) A. BETZ, ZS. f. Flugtechn. Bd. 6, S. 173. 1915.

Kapitel 5.

Gasdynamik.

Von

J. Ackeret, Göttingen.

Mit 70 Abbildungen.

I. Einleitung.

1. Übersicht. Die „ideale Flüssigkeit" der Hydrodynamik ist gekennzeichnet durch Reibungslosigkeit und Unzusammendrückbarkeit. Bei diesen Annahmen erhalten die Bewegungsgleichungen eine besonders einfache Gestalt, so daß eine mathematische Behandlung (im wesentlichen mit den Methoden der Potentialtheorie) weitgehend möglich ist, wie in Kapitel 1 dieses Bandes gezeigt worden ist.

Die große Wichtigkeit der (entgegen der ersten Annahme) in der Natur auftretenden dissipativen Vorgänge hat dann dazu geführt, auch die Reibung in Betracht zu ziehen. Während für verhältnismäßig große Zähigkeit der strömenden Stoffe, wo die Trägheit der Flüssigkeit in den Hintergrund tritt, eine Anzahl vollständiger Lösungen vorliegt (Poiseuillesches Gesetz, Stokessche Fallformel) bietet bekanntlich die gleichzeitige Berücksichtigung von Reibung und Trägheit besonders große Schwierigkeiten. In welcher Weise die Prandtlsche Grenzschichttheorie dieselben in manchen Fällen überwunden hat, ist in Kapitel 2 dieses Bandes ausführlich erläutert.

So ist es denn nicht weiter verwunderlich, daß die Einbeziehung der endlichen Kompressibilität, die ja für Gase bei oberflächlicher Betrachtung unumgänglich scheint, die exakte Theorie in fast hoffnungslose Schwierigkeiten bringt. Die Entwicklung hat denn auch einen anderen Weg eingeschlagen. Es wurde von der Reibung abgesehen und im wesentlichen die allein durch die Verdichtbarkeit hervorgerufenen Vorgänge untersucht. Ähnlich wie die Wasserbauer eine besondere „Hydraulik" (im wesentlichen eindimensionale Hydrodynamik) schufen, so haben zunächst die Ingenieure, durch die Bedürfnisse der Praxis gezwungen, eine sehr vereinfachte Betrachtungsweise in die Gasdynamik eingeführt, die allerdings heute für manche technischen Anwendungen schon nicht mehr genügt. Ein besonderer Zweig der Gasdynamik ist durch die Ballistik gefördert worden: die Lehre vom Luftwiderstand bei sehr großen Geschwindigkeiten.

Bei großen Druck- und Volumenänderungen der strömenden Gase dürfen die thermischen Erscheinungen nicht vernachlässigt werden; die Zustandsgleichung tritt in die Rechnungen ein, Wärmeleitungsvorgänge können eine wesentliche Rolle spielen. Allerdings hat man sich auch hier zumeist mit vereinfachenden Näherungen begnügt.

Je nach dem Grade der Vernachlässigung läßt sich die Theorie der Strömung kompressibler Medien in drei Gruppen von Untersuchungen teilen:

1. Die Geschwindigkeiten sind klein gegen die Schallgeschwindigkeit; ebenso sollen Dichte-, Druck- und Temperaturänderungen sehr klein sein: Gebiet der Akustik (im allgemeinsten Sinne). Läßt man die Schallgeschwindigkeit geradezu ins Unendliche wachsen, so erhält man als Grenzfall die Hydrodynamik inkompressibler Flüssigkeiten.

2. Die Geschwindigkeiten sind ebenfalls klein gegen die Schallgeschwindigkeit, Dichte-, Druck- und Temperaturänderungen sind aber von der Größenordnung eins: Gebiet der dynamischen Meteorologie.

3. Hier werden Geschwindigkeiten von der Größenordnung der Schallgeschwindigkeit in Betracht gezogen; Dichte-, Druck- und Temperaturänderungen sind dann von vornherein nicht vernachlässigbar: Eigentliche Gasdynamik[1]).

1 und 2 werden wir nicht weiter verfolgen, da beide Gebiete in gesonderten Kapiteln dieses Handbuches behandelt werden[2]).

Warum gerade die Schallgeschwindigkeit eine so wesentliche Rolle spielt, wird später erläutert. Sie darf natürlich nicht als eine Konstante behandelt werden.

Zusammenfassende Bearbeitungen findet man in den Enzyklopädieartikeln von PRANDTL[3]), ZEMPLÉN[4]) und CRANZ[5]) sowie in einem besonders anschaulichen Bericht von PRANDTL[6]).

Mit einzelnen Kapiteln der Gasdynamik befassen sich die Lehrbücher von HADAMARD[7]), CRANZ[8]), ZEUNER[9]), STODOLA[10]) und SCHÜLE[11]), ferner das Ingenieur-Taschenbuch „Hütte", 25. Aufl., Bd. I.

II. Die Grundgleichungen der Gasdynamik[12]).

2. Kontinuitätsgleichung. Die Kontinuitätsgleichung ist der Ausdruck für die Erhaltung der Materie. Betrachten wir ein parallelepipedisches Volumenelement, das im Raume feststeht und von dem Gase in willkürlicher Weise durch-

---

[1]) Tropfbare Flüssigkeiten kommen kaum in Betracht, da ihre Schallgeschwindigkeit verglichen mit den technisch erzeugbaren Strömungsgeschwindigkeiten sehr hoch liegt. Mischungen von Flüssigkeiten und Gasen können zwar geringe Schallgeschwindigkeit aufweisen, deren Verhalten ist aber bisher noch wenig untersucht worden.

[2]) Bd. VIII (Akustik), Bd. XI (Atmosphärische Thermodynamik).

[3]) L. PRANDTL, Strömende Bewegung der Gase und Dämpfe, Enzykl. der math. Wiss. (Physik) Bd. V, Artikel 5b. Enthält ausführliche Angaben über die ältere Literatur (bis 1905).

[4]) G. ZEMPLÉN, Besondere Ausführungen über unstetige Bewegungen in Flüssigkeiten, Enzykl. (Mechanik) Bd. IV, Artikel 19. Bezieht sich hauptsächlich auf die in Abschn. V behandelten Gegenstände. Literatur bis 1904/05.

[5]) C. CRANZ, Ballistik. Enzykl. (Mechanik) Bd. IV, Artikel 18. (Innere und äußere Ballistik, Literatur bis 1902 berücksichtigt.)

[6]) L. PRANDTL, „Gasbewegung" im Handwörterbuch der Naturwissenschaften Bd. 4, S. 558ff. 1913.

[7]) J. HADAMARD, Leçons sur la propagation des ondes et les équations de l'hydrodynamique. (Stoßwellen.) Paris 1903.

[8]) C. CRANZ, Lehrb. d. Ballistik, 5. Aufl. Bd. I: Äußere Ballistik. Berlin 1925. Bd. II: Innere Ballistik. Berlin 1926. (Beide Bände enthalten sehr ausführliche Literaturverzeichnisse.) Ein dritter Band ist 1913 erschienen: Experimentelle Ballistik.

[9]) G. ZEUNER, Technische Thermodynamik, 3. Aufl. Leipzig 1887—1890. (Gas- und Dampfströmung durch Rohre und Mündungen.)

[10]) A. STODOLA, Dampf- und Gasturbinen, 6. Aufl. Berlin 1924 (insbes. Kap. II und III: Anwendung der Gasdynamik auf Düsen- und Schaufelströmung. Graphische Methoden).

[11]) W. SCHÜLE, Technische Thermodynamik Bd. I u. II, 4. Aufl. 1923.

[12]) Ausführliche Betrachtungen darüber: M. SMOLUCHOWSKI, Bull. de l'acad. d. scienc. de Cracovie 1903, S. 143.

strömt wird (Abb. 1). Durch die vordere, zur x-Achse senkrechten Grenzfläche $ADHE$ strömt in der Zeit dt die Masse $\varrho u\, dy\, dz\, dt$ ein, wo ϱ die Dichte und u, v, w die Komponenten der Geschwindigkeit $\mathfrak{v}$ in Richtung der x-, y-, z-Achse sind. Die Masse $\left(\varrho u + \frac{\partial(\varrho u)}{\partial x} dx\right) dy\, dz\, dt$ verläßt andererseits durch die Fläche $BCGF$ das Element. Der Überschuß

$$\frac{\partial(\varrho u)}{\partial x} dx\, dy\, dz\, dt$$

und die analogen Differenzen

$$\frac{\partial(\varrho v)}{\partial y} dy\, dx\, dz\, dt, \qquad \frac{\partial(\varrho w)}{\partial z} dz\, dx\, dy\, dt$$

müssen gedeckt werden durch eine Änderung der im Element $dx\, dy\, dz = d\tau$ befindlichen Masse $\varrho\, d\tau$.

Man findet so

$$\frac{\partial \varrho}{\partial t} + \frac{\partial(\varrho u)}{\partial x} + \frac{\partial(\varrho v)}{\partial y} + \frac{\partial(\varrho w)}{\partial z} = 0, \qquad (1)$$

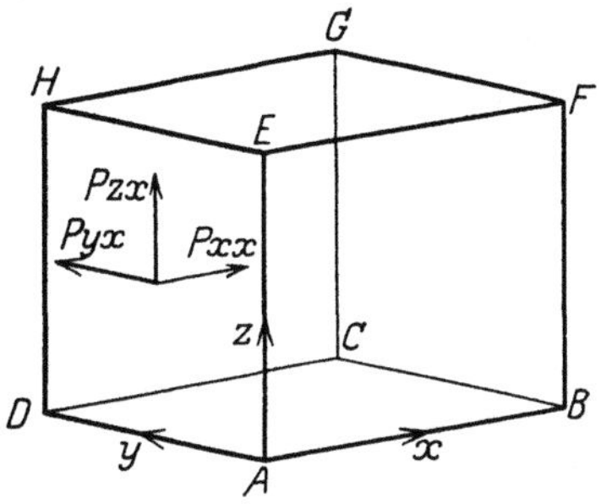

Abb. 1. Spannungen am Volumelement.

ausgeschrieben

$$\underline{\frac{\partial \varrho}{\partial t}} + \varrho\left(\frac{\partial u}{\partial x} + \frac{\partial v}{\partial y} + \frac{\partial w}{\partial z}\right) + \underline{u\frac{\partial \varrho}{\partial x} + v\frac{\partial \varrho}{\partial y} + w\frac{\partial \varrho}{\partial z}} = 0. \qquad (1')$$

Die unterstrichenen Terme sind durch die endliche Kompressibilität bedingt und zeigen den Unterschied gegenüber der gewöhnlichen Hydrodynamik unzusammendrückbarer Flüssigkeiten.

3. Impulssatz (Bewegungsgleichungen). Die zeitliche Zunahme des im Volumenelement $d\tau$ enthaltenen Impulses ist gleich dem Überschuß des eintretenden über den austretenden Impulsstrom vermehrt um den Antrieb der wirksamen Massen- und Oberflächenkräfte. Als Massenkraft kommt neben den Ergänzungskräften bei Betrachtungen in beschleunigten Systemen (Coriolis- und Zentrifugalkräften) vor allem die Schwerkraft in Betracht. Sie spielt eine wesentliche Rolle in der dynamischen Meteorologie; in der Gasdynamik kann sie als gegenüber den anderen Kräften verschwindend klein fast immer vernachlässigt werden.

Für die x-Komponente der Impulsänderung der im Volumenelement $d\tau$ enthaltenen Masse in der Zeit dt schreiben wir $\frac{\partial(\varrho u)}{\partial t} d\tau\, dt$. Der durch $ADHE$ eintretende Impuls ist $\varrho u^2\, dy\, dz\, dt$, der durch $BCGF$ austretende

$$\left(\varrho u^2 + \frac{\partial(\varrho u^2)}{\partial x} dx\right) dy\, dz\, dt.$$

Der Überschuß ist also

$$\frac{\partial(\varrho u^2)}{\partial x} d\tau\, dt.$$

Aber auch durch die Seitenflächen strömt im allgemeinen x-Impuls, beispielsweise durch $ABFE$ der Betrag $\varrho v u\, dx\, dz\, dt$, durch die gegenüberliegende Seite $DCGH$ der Betrag

$$\left(\varrho v u + \frac{\partial(\varrho v u)}{\partial y} dy\right) dx\, dz\, dt.$$

Im ganzen liefern die Impulsströme:

$$\left(\frac{\partial(\varrho u^2)}{\partial x} + \frac{\partial(\varrho v u)}{\partial y} + \frac{\partial(\varrho w u)}{\partial z}\right) d\tau\, dt.$$

Zusammen mit dem obenstehenden Ausdruck für die Impulsänderung und mit Berücksichtigung der Kontinuitätsgleichung (1) von Ziff. 2 ergibt sich somit

$$\varrho\left(\frac{\partial u}{\partial t} + u\frac{\partial u}{\partial x} + v\frac{\partial u}{\partial y} + w\frac{\partial u}{\partial z}\right) = \varrho\frac{d u}{d t} \tag{1}$$

der bekannte EULERsche Ausdruck für die „substantielle“ Trägheitskraft.

Bekanntlich lassen sich die Oberflächendrücke als Komponenten eines Drucktensors auffassen:

$$\begin{matrix} p_{xx} & p_{xy} & p_{xz} \\ p_{yx} & \cdots & \cdots \\ p_{zx} & \cdots & \cdots \end{matrix}$$

p_{xy} soll bedeuten: Druck in der x-Richtung auf ein Flächenelement normal zur y-Achse. Druckspannungen sollen positiv gerechnet werden. Der Tensor ist symmetrisch, und seine Komponenten haben nach STOKES[1]) die Größen

$$p_{xx} = p + \underline{\frac{2}{3}\mu\left(\frac{\partial u}{\partial x} + \frac{\partial v}{\partial y} + \frac{\partial w}{\partial z}\right)} - 2\mu\frac{\partial u}{\partial x} \qquad p_{xy} = -\mu\left(\frac{\partial u}{\partial y} + \frac{\partial v}{\partial x}\right) \tag{2}$$

usw., wo μ den Zähigkeitskoeffizienten[2]) bedeutet. Es ist stets

$$p = \tfrac{1}{3}(p_{xx} + p_{yy} + p_{zz})\,. \tag{3}$$

Ohne weiteres darf dieser Druck nicht mit dem in der Gasgleichung $p/\varrho = RT$ vorkommenden identifiziert werden (wo R die Gaskonstante und T die absolute Temperatur bedeuten). Die kinetische Gastheorie zeigt aber die Wahrscheinlichkeit dieser Annahme; sie wird zumeist ohne große Bedenken gemacht[3]).

Wir können nun die Bewegungsgleichungen hinschreiben, indem wir noch die x-Komponente der resultierenden äußeren Massenkraft auf die Masseneinheit bezogen gleich X setzen:

$$\varrho\frac{du}{dt} = \varrho X - \frac{\partial p_{xx}}{\partial x} - \frac{\partial p_{xy}}{\partial y} - \frac{\partial p_{xz}}{\partial z} \text{ usw.}$$

Setzen wir die Komponenten des Tensors hier ein, so erhalten wir

$$\varrho\frac{du}{dt} = \varrho X - \frac{\partial p}{\partial x} + \mu\Delta u + \underline{\frac{1}{3}\mu\frac{\partial}{\partial x}\left(\frac{\partial u}{\partial x} + \frac{\partial v}{\partial y} + \frac{\partial w}{\partial z}\right)} \tag{4}$$

und zwei entsprechende Gleichungen. Nun ist μ im allgemeinen nicht konstant, sondern hauptsächlich von der Temperatur abhängig (s. die SUTHERLANDsche Formel der kinetischen Gastheorie); allein es erscheint kaum möglich, derartige Feinheiten bei wirklichen Rechnungen zu berücksichtigen.

Im statischen Falle, der im wesentlichen von meteorologischem Interesse ist, verschwinden alle zeitlichen Ableitungen und die Gleichungen nehmen die einfache Form an

$$\frac{\partial p}{\partial x} = \varrho X, \qquad \frac{\partial p}{\partial y} = \varrho Y, \qquad \frac{\partial p}{\partial z} = \varrho Z\,.$$

Insbesondere haben wir für das Gleichgewicht der Atmosphäre unter der Einwirkung der Schwere $X = Y = 0$, $Z = -g$

$$\frac{dp}{dz} = -\varrho g\,.$$

---

[1]) Eine besonders einfache Herleitung dieser Ausdrücke findet man in EINSTEINS „Vier Vorlesungen über Relativitätstheorie“ S. 14; vgl. auch Kap. 2, Ziff. 2 dieses Bandes des Handb.

[2]) Vgl. Kap. 2, Ziff. 1 ds. Bandes.

[3]) J. C. MAXWELL, Scient. Pap. Bd. 2, S. 69. 1890.

ϱ hängt aber wieder von p und der Temperatur T in einer Weise ab, die durch thermische Faktoren (Wärmeaustausch, Strahlung) bedingt ist. Die sog. barometrische Höhenformel:

$$p = f(z)$$

kann also nur unter Hinzuziehung weiterer Annahmen (etwa Temperaturverteilung in den verschiedenen Höhen) gewonnen werden[1]).

Bei turbulenter Bewegung[2]) sind die Gleichungen (1) von Ziff. 2 und (4) von Ziff. 3 nach wie vor gültig, wenn man die wirklichen zeitlich und örtlich stark veränderlichen Geschwindigkeiten, Drucke usw. einsetzt. Muß man sich aber (wie meistens) mit Mittelwerten begnügen, versteht man also z. B. bei „stationärer" Bewegung unter u den zeitlichen Mittelwert der x-Komponente der Geschwindigkeit an einer bestimmten Stelle, dann ist die Reibungsziffer μ (und ebenso die Wärmeleitzahl λ) viel zu klein, um den im allgemeinen durch starke Mischbewegung (Turbulenz) vergrößerten Impuls- (bzw. Wärme-)Austausch auch nur annähernd zu beschreiben. Man könnte nach BOUSSINESQ eine vergrößerte scheinbare Zähigkeit einführen, allein diese ist sehr abhängig von der Nähe von Wandungen usw., so daß man vorläufig auf die Behandlung „laminarer" Reibungsvorgänge angewiesen ist, wenn man sich nicht mit den verhältnismäßig rohen Näherungen der Hydraulik begnügt (s. Ziff. 12).

4. Energiesatz. Der Energiesatz sagt aus, daß die Zunahme der Energiedichte in einem gegebenen ruhenden Volumen in der Zeiteinheit gleich dem Überschuß des eintretenden Energiestromes über den austretenden vermehrt um die Arbeit der äußeren Kräfte ist.

In der üblichen Darstellung wird die Wärmeenergie getrennt neben der kinetischen und der potentiellen Energie V aufgeführt. Der thermische Energieinhalt der Masseneinheit ist mit der spezifischen Wärme bei festem Volumen c_v gegeben durch[3]) $E = \int_{T_0}^{T} c_v \, dT$, wo der Anfangspunkt T_0 willkürlich ist, da es ja nur auf die Energiedifferenzen ankommt. Bei idealen Gasen können wir einfach setzen $T_0 = 0$; $E = c_v T$.

Die Energieströmung setzt sich aus einem konvektiven Anteil (mitgeführte kinetische, potentielle, thermische Energie) und dem Anteil der Wärmeleitung zusammen. Die Energiegleichung lautet mit dem mechanischen Wärmeäquivalent J und der Wärmeleitfähigkeit λ

$$\begin{aligned} \varrho \frac{d}{dt}\left[JE + \frac{u^2+v^2+w^2}{2}\right] + \varrho\left[u\frac{\partial V}{\partial x} + v\frac{\partial V}{\partial y} + w\frac{\partial V}{\partial z}\right] \\ = -\left[\frac{\partial}{\partial x}\left(u\,p_{xx} + v\,p_{yx} + w\,p_{zx}\right) + \frac{\partial}{\partial y}\left(u\,p_{xy} + v\,p_{yy} + w\,p_{zy}\right)\right. \\ \left. + \frac{\partial}{\partial z}\left(u\,p_{xz} + v\,p_{yz} + w\,p_{zz}\right) - J\lambda\Delta T\right]. \end{aligned}$$

Setzt man jetzt die Werte von p_{xx}, p_{xy} usw. ein, und benutzt man ferner Gleichung (4) von Ziff. 3, so folgt

$$J\varrho\frac{dE}{dt} + \underline{p\left(\frac{\partial u}{\partial x} + \frac{\partial v}{\partial y} + \frac{\partial w}{\partial z}\right)} = \Phi + J\lambda\Delta T, \tag{1}$$

wobei mit

$$\left.\begin{aligned} \Phi = \underline{-\frac{2}{3}\mu\left(\frac{\partial u}{\partial x} + \frac{\partial v}{\partial y} + \frac{\partial w}{\partial z}\right)^2} + \mu\left\{2\left[\left(\frac{\partial u}{\partial x}\right)^2 + \left(\frac{\partial v}{\partial y}\right)^2 + \left(\frac{\partial w}{\partial z}\right)^2\right]\right. \\ \left. + \left(\frac{\partial w}{\partial y} + \frac{\partial v}{\partial z}\right)^2 + \left(\frac{\partial u}{\partial z} + \frac{\partial w}{\partial x}\right)^2 + \left(\frac{\partial v}{\partial x} + \frac{\partial u}{\partial y}\right)^2\right\} \end{aligned}\right\} \tag{2}$$

---

[1]) S. Bd. XI ds. Handb. [2]) S. Kap. 2 ds. Bandes. [3]) S. Bd. IX ds. Handb.

die RAYLEIGHsche Dissipationsfunktion bezeichnet ist. Φ stellt die in der Zeit- und Volumeneinheit in Wärme verwandelte Reibungsarbeit dar.

5. Grenzbedingungen. Bezüglich der Grenzbedingungen sind gegenüber der gewöhnlichen Hydrodynamik keine wesentlichen Unterschiede vorhanden:

1. An festen Körpern muß die Normalgeschwindigkeit relativ zum Körper verschwinden. Bei reibender Strömung verschwindet jede Relativgeschwindigkeit an den Körperoberflächen.

2. Freie Oberflächen (etwa bei freien Strahlen) sind Flächen konstanten Drucks.

3. Wird die Wärmeleitung nicht vernachlässigt, dann müssen noch Annahmen gemacht werden bezüglich des thermischen Verhaltens der Oberflächen (konstante Temperatur; keine Wärmezu- bzw. -abfuhr usw.).

6. Wirbelsätze. Die THOMSONsche Ableitung der Wirbelsätze[1]), die auf dem Zirkulationsbegriff beruht, läßt sich leicht auch auf kompressible Strömungen ausdehnen. Es wird die zeitliche Änderung der Zirkulation Γ, d. h. des längs einer vorgegebenen mit dem Gase bewegten Kurve (1—2) genommenen Integrals

$$\Gamma = \int_1^2 v_s \, d s$$

betrachtet. Dabei ist ds das Linienelement der Kurve, v_s die Komponente der Geschwindigkeit v in der Tangentenrichtung. Man findet

$$\frac{d\Gamma}{dt} = \left[-\int \frac{dp}{\varrho} - V + \frac{v^2}{2} \right]_1^2 ,$$

sofern die Reibungskräfte vernachlässigt werden können. V ist das Potential der äußeren Kräfte. Betrachtet man insbesondere eine geschlossene Kurve (Punkt 1 und 2 zusammenfallend), so ist bei einwertigem V

$$\frac{d\Gamma}{dt} = -\oint \frac{dp}{\varrho} . \tag{1}$$

Ist ϱ eine einwertige Funktion von p, so bleibt auch hier die Zirkulation zeitlich konstant, sobald aber Inhomogenitäten auftreten, so daß ϱ nicht mehr eindeutig in p ist, ergibt sich eine Änderung. Dieser Satz ist praktisch von größter Wichtigkeit für die Meteorologie, indem die zur Zirkulationserzeugung nötige Inhomogenität durch das Wechselspiel von Erwärmung und Abkühlung durch Wärmeleitung und Strahlung erhalten wird. Aber auch in der Gasdynamik spielt er eine Rolle. Beispielsweise können bei unstetigen Verdichtungsvorgängen (Verdichtungsstößen s. Ziff. 22) Inhomogenitäten auftreten.

Wirbelbewegungen mit sehr großen Geschwindigkeiten scheinen noch wenig studiert worden zu sein. Gegenüber der gewöhnlichen Hydrodynamik kommt hinzu, daß die Geschwindigkeit im Innern des Wirbels bei Potentialbewegung einen maximalen Wert nicht überschreiten kann.

7. Ähnlichkeitssätze. Ähnlichkeitsbetrachtungen sind von besonderer Wichtigkeit für das Versuchswesen; sie gestatten die Reduktion der notwendigen Messungen auf ein Mindestmaß. Gleichzeitig zeigen sie, wie eine rationelle Darstellung der Ergebnisse in dimensionslosen Größen vorgenommen werden kann. Leider ist im Gebiet der Gasdynamik bisher wenig Gebrauch davon gemacht worden.

[1]) S. etwa H. LAMB, Hydrodynamik, deutsche Ausgabe, S. 42; vgl. auch Kap. 1, Ziff. 17 ds. Bandes ds. Handb.

Die Grundgleichungen

$$\frac{\partial \varrho}{dt} + \frac{\partial(\varrho u)}{\partial x} + \frac{\partial(\varrho v)}{\partial y} + \frac{\partial(\varrho w)}{\partial z} = 0,$$

$$\varrho \frac{du}{dt} = -\frac{\partial p}{\partial x} + \mu \Delta u + \frac{1}{3}\mu \frac{\partial}{\partial x}\left(\frac{\partial u}{\partial x} + \frac{\partial v}{\partial y} + \frac{\partial w}{\partial z}\right) \text{ usw.},$$

$$J \varrho c_v \frac{dT}{dt} + p\left(\frac{\partial u}{\partial x} + \frac{\partial v}{\partial y} + \frac{\partial w}{\partial z}\right) = \Phi + J\lambda \Delta T$$

(wobei die äußeren Kräfte vernachlässigt werden sollen), und die Gasgleichung

$$\frac{p}{\varrho} = RT$$

sollen in einem bestimmten Fall 1 (Original) erfüllt sein; es soll also eine Lösung derselben vorliegen, die auch allen Grenzbedingungen genügt. Nun verändern wir sämtliche Abmessungen, indem wir alle Längen mit einem konstanten Faktor m_1 multiplizieren (also etwa zu einem kleineren Modell übergehen). Ebenso sollen alle in den Gleichungen vorkommenden Größen, die nicht wie das Wärmeäquivalent J absolute Konstanten sind, mit Faktoren m_2, m_3 usw. multipliziert werden. Wir fragen uns: Kann man diese Faktoren so wählen, daß das Strombild geometrisch ähnlich bleibt?

Nach bekannten Methoden ergibt sich, daß Ähnlichkeit besteht, wenn man die m so wählt, daß folgende Bedingungen (1) bis (4) erfüllt sind

$$\frac{\varrho_1 U_1 l_1}{\mu_1} = \frac{\varrho_2 U_2 l_2}{\mu_2}, \tag{1}$$

$$\frac{U_1}{a_1} = \frac{U_2}{a_2}, \tag{2}$$

$$k_1 = k_2 \qquad \left(k = \frac{c_p}{c_v}\right), \tag{3}$$

$$\frac{\mu_1 c_{v1}}{\lambda_1} = \frac{\mu_2 c_{v2}}{\lambda_2}. \tag{4}$$

Hierbei sind ϱ_1 und ϱ_2 die Dichten im ersten und im transformierten Fall, in entsprechenden Punkten, U_1 und U_2 entsprechende Geschwindigkeiten, l_1 und l_2 homologe Längen (etwa Länge oder Kaliber eines Originalgeschosses bzw. des ähnlich verkleinerten Modellgeschosses). Ferner bedeuten a_1 und a_2 die Schallgeschwindigkeiten in entsprechenden Punkten. Bedingung (1) bedeutet Gleichheit der sog. REYNOLDSschen Zahlen[1]). Forderung (2) verlangt gleiches Verhältnis der Geschwindigkeit in einem bestimmten Punkte zur Schallgeschwindigkeit, die dem Zustand in jenem Punkt entspricht. Die Schallgeschwindigkeit (Ausbreitungsgeschwindigkeit kleiner Störungen) ist $a = \sqrt{kRT}$ (s. Ziff. 22). Bedingung (3) läuft darauf hinaus, daß man Versuche nur vergleichen darf, die mit Gasen gleicher Atomzahl gemacht werden. Bedingung (4) endlich ist praktisch genau erfüllt, wenn (3) zutrifft, denn schon nach der kinetischen Gastheorie ist für gleiche Atomzahl ein konstantes Verhältnis $\frac{\mu c_v}{\lambda}$ zu erwarten. Tatsächlich ergeben auch die Messungen an H_2, N_2, O_2, NO Werte, die zwischen 1,97 und 1,87 liegen[2]).

Nur wenn alle vier Bedingungen erfüllt sind, ist die exakte Übertragbarkeit der Versuchsergebnisse vom Modell auf das Original gewährleistet. Nun ist aber im allgemeinen eine genaue Einhaltung derselben unmöglich, insbesondere ist

[1]) S. Kap. 2, Ziff. 10 ds. Bandes. [2]) S. Bd. XI, Kap. 2 ds. Handb.

die Forderung gleicher REYNOLDSscher Zahlen sehr unangenehm, da sie fast immer große Abmessungen, hohe Drücke oder große Geschwindigkeiten verlangt, die die Versuchsanlage verteuern. (Ein „Windkanal" für 1000 m/sec Geschwindigkeit bei Atmosphärendruck würde bei nur 30 cm Kanaldurchmesser an die 100000 PS Leistung erfordern.) Glücklicherweise hat sich gezeigt, daß die Abhängigkeit der gesuchten Größen (also etwa die „Widerstandszahl" eines Geschosses. s. Ziff. 28) von der REYNOLDSschen Zahl nicht mehr groß ist, wenn diese Zahl selbst genügend hoch liegt. (In der Aerodynamik gibt es viele Fälle wo eine Änderung der REYNOLDSschen Zahl um zwei Zehnerpotenzen keinen merkbaren Einfluß auf die Ähnlichkeit der Strömung ausübt.)

Dagegen ist es notwendig, daß das Verhältnis U/a genau eingehalten wird. Wie groß der Gang der Versuchswerte mit verschiedenem k ist, ist unbekannt. Die Frage hat praktische Bedeutung für die Übertragung von Versuchen mit Luft ($k = 1{,}4$) auf Dampfströmungen (etwa in Dampfturbinen) mit $k = 1{,}28$ für Heißdampf und $k = 1{,}15$ für Sattdampf.

III. Strömung in Röhren und Düsen in hydraulischer Behandlung.

8. Vereinfachte Grundgleichungen bei eindimensionaler Strömung. Wie schon früher erwähnt, hat man für technische Zwecke eine vereinfachte Behandlung eingeführt, die in vielen Fällen genügend genau ist. Es handelt sich dabei vorwiegend um die Theorie der Gasströmungen in Rohrleitungen, Düsen, Mündungen, deren Querschnitt sich in der Stromrichtung verhältnismäßig langsam ändert, so daß die Geschwindigkeiten, Drucke, Temperaturen usw. als konstant über den ganzen Querschnitt angenommen werden können). Wieweit diese Annahme zutrifft, ist beispielsweise aus Abb. 11 (Ziff. 17) zu ersehen. Es besteht also nur noch Abhängigkeit von der Lage des betrachteten Querschnitts, die durch eine einzige Größe, die Rohrachsenlänge s gegeben ist; daher der Ausdruck eindimensional. Gewöhnlich wird auch nur der stationäre Fall ins Auge gefaßt. Langsam veränderliche (quasistationäre) Strömungen sind natürlich eingeschlossen.

Wir denken uns ein Rohr mit veränderlichem Querschnitt f. Als Querschnitt f kann man einen Schnitt normal zur Achse wählen; oft aber wird (gefühlsmäßig) die Orthogonalfläche zu den Stromlinien gezeichnet und deren Oberfläche innerhalb des Kanals in Rechnung gesetzt, was wohl etwas exakter ist. Als Parameter wählen wir die Rohrachsenlänge s. Dann muß im stationären Fall bei der Geschwindigkeit u durch jeden Querschnitt in gleichen Zeiten die gleiche Masse fließen. Also ist

$$f u \varrho = M = \text{konst.} \tag{1}$$

die vereinfachte Kontinuitätsgleichung.

Die durch einen Querschnitt f_1 in der Zeiteinheit strömende Menge $M = f_1 \varrho_1 u_1$ bringt die kinetische Energie $M\frac{u_1^2}{2}$ mit. Durch einen stromabwärts liegenden Querschnitt f_2 verläßt andererseits die kinetische Energie $M\frac{u_2^2}{2}$ das betrachtete Rohrelement zwischen f_1 und f_2. Nennen wir die innere, thermische Energie für die Masseneinheit (im Sinne von Ziffer 4) E, so sind ME_1 und ME_2 die thermischen Energieströme. Das Potential der äußeren Kräfte sei V für die Masseneinheit. Nun sind noch ebenso wie in Ziffer 4 die Arbeiten der Druckkräfte zu berücksichtigen. Unter dem Druck p_1 wird durch f_1 das Volumen $M/\varrho_1 = f_1 u_1$ in das betrachtete Rohrelement gedrängt, die entsprechenden aufgewendeten bzw. gewonnenen „Verdrängungsarbeiten" sind p_1/ϱ_1 bzw. p_2/ϱ_2 für die Masseneinheit.

Es ergibt sich somit die Bilanz

$$V_1 + \frac{u_1^2}{2} + \frac{p_1}{\varrho_1} + JE_1 = V_2 + \frac{u_2^2}{2} + \frac{p_2}{\varrho_2} + JE_2. \tag{2}$$

Ersetzt man noch $\frac{1}{J}\frac{p}{\varrho} + E$ durch den „Wärmeinhalt“ i, so folgt

$$V_1 + \frac{u_1^2}{2} + Ji_1 = V_2 + \frac{u_2^2}{2} + Ji_2 \quad \text{(Energiesatz)}. \tag{2a}$$

Differentiell geschrieben lautet (2)

$$u\,du = -d\left(\frac{p}{\varrho}\right) - JdE - dV. \tag{2b}$$

Denken wir uns nun weiterhin mit der Masseneinheit vom Querschnitt 1 zu dem benachbarten Querschnitt 2 schwimmend, so geschieht in thermischer Hinsicht folgendes: Die Masse verändert ihre innere Energie um dE, sie ändert ihre Dichte um $d\varrho$, gegen den äußeren Druck p wird (bis auf Größen höherer Ordnung) die Arbeit $-p\frac{d\varrho}{\varrho^2}$ geleistet. Wir erhalten deshalb die Gleichung

$$JdE = p\frac{d\varrho}{\varrho^2} \quad \text{(Wärmegleichung)}, \tag{3}$$

die man natürlich auch durch einen entsprechenden Grenzübergang aus Gleichung (1) von Ziff. 4 erhalten kann.

Vereinigen wir (2b) und (3), so folgt

$$u\,du = -\frac{dp}{\varrho} - dV \quad \text{(Impulssatz)}. \tag{4}$$

Vernachlässigen wir dV, was oft erlaubt ist, so ergibt sich

$$u\,du = -\frac{dp}{\varrho}, \tag{4a}$$

integriert

$$\frac{u_2^2 - u_1^2}{2} = -\int_1^2 \frac{dp}{\varrho}$$

als die verallgemeinerte BERNOULLIsche Gleichung.

Wir haben Reibungs- und Wärmeleitungsvorgänge vorläufig nicht berücksichtigt. Sie haben zur Folge, daß Geschwindigkeit, Dichte und Temperatur (weniger der Druck) nicht mehr gleichförmig über den Querschnitt verteilt sind, wie es den Voraussetzungen der eindimensionalen Theorie entspricht. Bei genauer Betrachtung wird man deshalb die allgemeinen Gleichungen in Ziff. 2, 3, 4 heranziehen müssen (vorteilhaft in Integralform). Vgl. auch Ziff. 12.

Es soll zunächst die Gasbewegung durch ein Rohr variablen Querschnitts bei Vernachlässigung der Reibung und der äußeren Kräfte betrachtet werden. Die vereinfachten Kontinuitäts- bzw. Bewegungsgleichungen liefern

$$f u \varrho = \text{konst.}$$

$$u\,du + \frac{dp}{\varrho} = 0.$$

Durch logarithmisches Differenzieren erhält man aus der ersten

$$\frac{df}{f} + \frac{du}{u} + \frac{d\varrho}{\varrho} = 0.$$

Nun können wir setzen

$$\frac{dp}{\varrho} = \frac{dp}{d\varrho}\frac{d\varrho}{\varrho} = a^2\frac{d\varrho}{\varrho},$$

wobei $a = \sqrt{\frac{dp}{d\varrho}}$ die Fortpflanzungsgeschwindigkeit einer (schwachen) Störung bei dem durch p und ϱ gegebenen Zustand des Gases bedeutet (s. Ziff. 22). Man findet so

$$\frac{df}{f} + \frac{du}{u}\left(1 - \frac{u^2}{a^2}\right) = 0\,,$$

eine Beziehung, die von HUGONIOT stammt[1]).

Wir entnehmen ihr: Wenn $u < a$, dann nimmt mit wachsender Geschwindigkeit der Strömungsquerschnitt ab; wenn $u > a$, dann nimmt der Querschnitt mit wachsender Geschwindigkeit zu, eine besonders charakteristische Folge der endlichen Verdichtbarkeit. Für $u = a$, wird $df = 0$; der Querschnitt bleibt konstant, er hat an solchen Stellen einen Extremwert und zwar, wie man leicht nachrechnet, ein Minimum. Natürlich ist nur dann im engsten Querschnitt die Strömungsgeschwindigkeit gleich der Schallgeschwindigkeit, wenn ein entsprechendes Druckgefälle überhaupt vorhanden ist. Ist es zu klein, so wird die Schallgeschwindigkeit nirgends erreicht (s. Ziff. 9).

Nun ziehen wir auch die Energiegleichung heran

$$u\,du = -J\,di\,.$$

Die Verbindung von Energie- und Impulsgleichung liefert direkt $J\,di = dp/\varrho$, was mit[2]) $J\,i = J\,c_v T + p/\varrho = J c_p T$ bei idealen Gasen zur POISSONschen Gleichung $p =$ konst. ϱ^k führt.

Es ist also

$$\frac{u^2 - u_1^2}{2} = J(i_1 - i) = J\,c_p(T_1 - T)\,, \tag{5}$$

wenn der Zeiger 1 auf die entsprechenden Größen in einem beliebigen festen Querschnitt hinweist. Mit der aus der POISSONschen Gleichung mit Hilfe der Gasgleichung $p/\varrho = RT$ folgende Beziehung

$$\frac{T}{T_1} = \left(\frac{p}{p_1}\right)^{\frac{k-1}{k}}$$

erhalten wir

$$u^2 - u_1^2 = 2J\,c_p T_1\left[1 - \left(\frac{p}{p_1}\right)^{\frac{k-1}{k}}\right].$$

Beim Ausströmen aus einem größeren Behälter legt man den Querschnitt 1 an eine Stelle (Zeiger 0), wo u sehr klein ist. Dann wird mit Beachtung der aus der Gasgleichung folgenden ROBERT MAYERschen Beziehung $R = J(c_p - c_v) = J\,c_p \frac{k-1}{k}$

$$u = \sqrt{2J\,c_p T_0\left[1 - \left(\frac{p}{p_0}\right)^{\frac{k-1}{k}}\right]} = \sqrt{\frac{2k}{k-1}\,\frac{p_0}{\varrho_0}\left[1 - \left(\frac{p}{p_0}\right)^{\frac{k-1}{k}}\right]}\,, \tag{6}$$

die grundlegende Formel von DE SAINT-VENANT und WANTZEL (1839)[3]).

Die Geschwindigkeit ist demnach proportional der Wurzel aus der Gastemperatur im Behälter und sonst nur abhängig vom Druckverhältnis p/p_0. Bei verschiedenen Gasen macht sich der Einfluß des veränderten Molekulargewichtes in ϱ geltend, bzw. auch in c_p, das wir auf die Masseneinheit bezogen haben.

[1]) HUGONIOT, C. R. Bd. 103, S. 1178. 1886; O. REYNOLDS, Phil. Mag. Bd. 21, S. 185. 1886.

[2]) S. Bd. IX ds. Handb.

[3]) B. DE SAINT-VENANT u. L. WANTZEL, Journ. d. l'éc. polyt. Bd. 27, S. 85. 1839.

Leichtere Gase strömen rascher aus. Verschwindet der „Gegendruck" (Einströmen ins Vakuum), so erreicht u seinen Höchstwert

$$u_{\max} = \sqrt{2 J c_p T_0} = \sqrt{\frac{2k}{k-1} \frac{p_0}{\varrho_0}}. \tag{7}$$

Für das Verhältnis u/a erhält man mit $a = \sqrt{kRT}$

$$\frac{u}{a} = \sqrt{\frac{2}{k-1}\left[\frac{T_0}{T} - 1\right]}. \tag{8}$$

Man ersieht daraus, daß bei sehr starker Expansion ($T_0/T \gg 1$) dieses Verhältnis beliebig hohe Werte erreichen kann. Da Schallgeschwindigkeit und Molekulargeschwindigkeit proportional sind, heißt das auch, daß in diesem Falle die Gasmoleküle in fast völlig geradlinigen Bahnen (ohne Störung durch Wärmebewegung) laufen. Diese Fragen sind von Bedeutung für die Vorgänge in Vakuum-Strahlpumpen. Allerdings befindet man sich dabei schon an der Grenze des Geltungsbereichs der kontinuierlichen Betrachtung, die ja unseren Gleichungen durchaus zugrunde liegt.

9. Strömung durch Düsen. Es soll nun das Rohr von verschieden großen Mengen durchströmt werden bei gegebenem Anfangs- (Ruhe-) zustand des Gases. Die sekundliche Gewichtsmenge läßt sich nach Ziff. 8, Gleichung (5) und zufolge der ebenfalls aus der POISSONschen Gleichung folgenden Beziehung

$$\frac{\varrho}{\varrho_0} = \left(\frac{T}{T_0}\right)^{\frac{1}{k-1}}$$

schreiben

$$M = f u \varrho = f \sqrt{2 J c_p T_0}\, \varrho_0 \left(\frac{T}{T_0}\right)^{\frac{1}{k-1}} \sqrt{1 - \frac{T}{T_0}} = f\, u_{\max}\, \varrho_0 \Theta. \tag{1}$$

Für verschiedene k ($= 1{,}67$ für einatomige Gase, $= 1{,}40$ für zweiatomige, $= 1{,}28$ für dreiatomige Gase) ist in Abb. 2 die Temperaturfunktion Θ aufgetragen. Die Menge ist also proportional $f\Theta$. Nun erhält man offenbar die größte Durchflußmenge, wenn man es so einrichtet (etwa durch Änderung des Druckes am Austrittsquerschnitt), daß im engsten Querschnitt $\Theta = \Theta_{\max}$ ist. Die entsprechende Temperatur ist

$$T^* = T_0 \frac{2}{k+1},$$

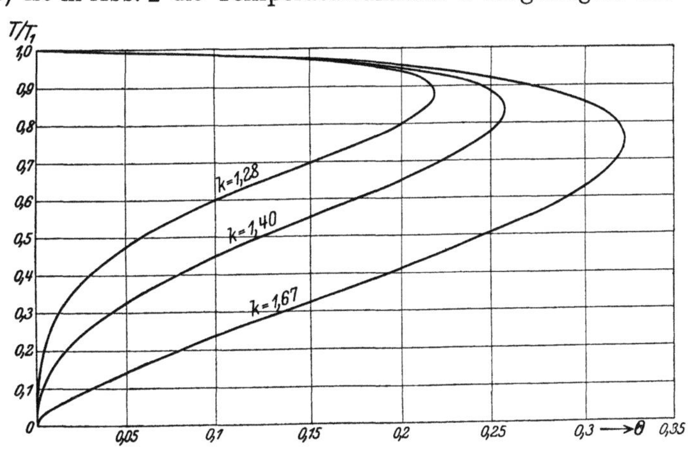

Abb. 2. Funktion Θ für $k = 1{,}67$, $1{,}40$ und $1{,}28$.

und aus Gleichung (8) von Ziff. 8 ersieht man, daß an der engsten Stelle $u = a$ ist. Die entsprechenden „kritischen" Zustandsgrößen sind

$$p^* = p_0 \left(\frac{2}{k+1}\right)^{\frac{k}{k-1}}, \qquad \varrho^* = \varrho_0 \left(\frac{2}{k+1}\right)^{\frac{1}{k-1}}, \tag{2}$$

die Geschwindigkeit

$$u^* = a^* = \sqrt{\frac{2k}{k+1} \frac{p_0}{\varrho_0}}. \tag{3}$$

Mit diesem Wert finden wir nunmehr für die größte Durchflußmenge

$$M_{\max} = f_{\min}\left(\frac{2}{k+1}\right)^{\frac{1}{k-1}}\sqrt{\frac{2k}{k+1}p_0\varrho_0} \tag{4}$$

Ist die durchströmende Menge gleich oder kleiner als $M_{\max}$, so läßt sich zu jeder Menge der Temperatur- bzw. Druckverlauf längs des Rohres leicht auffinden. Betrachtet man irgendeinen Querschnitt f, so ergibt sich zunächst $\Theta = \frac{M}{f\,u_{\max}\,\varrho_0}$. Mit Θ hat man T, daraus berechnet man weiterhin die Geschwindigkeit und vermittels der Gleichung der Adiabaten die übrigen Zustandsgrößen. Abb. 3 gibt (schematisch) die Temperaturen und Drücke für das unten gezeichnete Rohr.

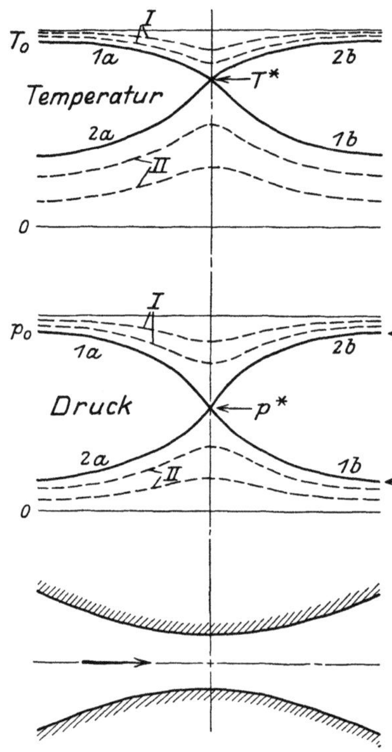

Abb. 3. Temperatur- und Druckverlauf in einer Düse bei verschieden großen durchströmenden Mengen.

Es ergeben sich zwei Kurvenscharen I und II, die getrennt werden durch die Kurven 1 und 2 der maximalen Menge. Geht die Strömung von links nach rechts, so führen die Scharen I aus Gebieten höherer Temperatur (bzw. Druckes) in solche gleichfalls hohen Druckes, wobei im engsten Querschnitt der tiefste Druck, die höchste Geschwindigkeit erreicht wird. Dieses Verhalten entspricht qualitativ der Strömung inkompressibler Medien, wo auch im divergenten Teil Druckanstieg vorhanden ist (sog. Diffusor). Beim Durchstrom der maximalen Menge ist im engsten Querschnitt gerade $u/a = 1$. Der Druck kann nun aber nach 2b oder 1b weiter verlaufen, je nach den am Rohrende vorhandenen Drücken. Ist der Druck am rechten Ende des Rohres tief, am linken aber hoch, so führt nur ein einziger Weg von links nach rechts, nämlich 1a bis 1b. Eine Verringerung des Gegendruckes ändert nichts, der Druck- (Temperatur-) Verlauf ist eindeutig festgelegt durch den Anfangszustand und die Rohrquerschnitte. Der Grund zu diesem merkwürdigen Verhalten ist in der Tatsache zu suchen, daß im divergenten Rohrteil Überschallgeschwindigkeit herrscht ($u/a > 1$). Es hat dies eine völlige Unempfindlichkeit gegenüber Störungen, die stromabwärts auftreten, zur Folge.

Der Kurvenschar II entspricht Eintritt mit Überschallgeschwindigkeit von links (indem ja die Temperatur sehr tief gegenüber der Ruhetemperatur ist, also eine große Geschwindigkeit vorhanden sein muß). Die Maximalmenge ergibt im Falle 2a bis 2b eine Verdichtungsströmung (Umkehrung von 1a bis 1b). Bei kleineren Mengen wird die Geschwindigkeit bis zum engsten Querschnitt kleiner, dann wieder größer und bleibt stets größer als die Schallgeschwindigkeit. Besondere Erscheinungen treten ein, wenn bei hohem Anfangsdruck der Gegendruck auf mittlerer Höhe gehalten wird, wo in unserer Darstellung gar keine Kurve hinführt. Es bestehen dann im divergenten Teil sog. „Verdichtungsstöße" die eine nicht adiabatische Zustandsänderung bedeuten (s. Ziff. 25).

Die erweiterte Düse ist von dem schwedischen Ingenieur DE LAVAL 1889 zuerst angewendet worden und hat seither eine große Bedeutung für die Dampfturbinentechnik erlangt[1]). Im allgemeinen herrscht freilich jetzt das Bestreben, Überschallgeschwindigkeit in Dampfturbinen zu vermeiden und die Turbinen „vielstufig", d. h. aber mit geringem Wärmegefälle pro Rad, auszuführen. (Bessere Wirkungsgrade.)

10. Ausfluß durch einfache Mündungen. Läßt man das erweiterte Endstück überhaupt weg, betrachtet man also eine sog. Ausflußmündung (Abb 4), so strömt auch durch diese die maximale Menge, sofern der Außendruck p_a an der Mündung gleich oder tiefer ist als der kritische Druck

$$p^* = \left(\frac{2}{k+1}\right)^{\frac{k}{k-1}} p_0 .$$

Ist $p_a > p^*$, so ergibt sich

$$M = f_m \varrho_a u_a = f_m \left(\frac{p_a}{p_0}\right)^{\frac{1}{k}} \sqrt{\frac{2k}{k-1} p_0 \varrho_0 \left\{1 - \left(\frac{p_a}{p_0}\right)^{\frac{k-1}{k}}\right\}}, \qquad (1)$$

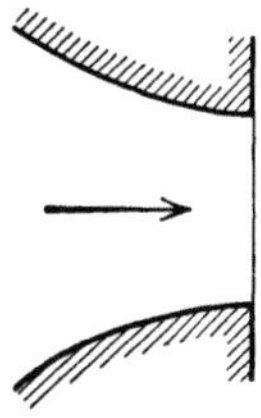

Abb. 4. Ausflußmündung.

Zuströmungsgeschwindigkeit gleich Null gesetzt. Für $p_a < p^*$ würde die Formel weniger Menge ergeben, aber, wie bereits gezeigt, entspricht dieser geringeren Menge kein Druckabfall in Strömungsrichtung, also kein Abfließen aus dem Ruhezustand. Tatsächlich stellt sich bei tiefem Außendruck in der Mündung einfach der kritische Druck ein, und die Menge wird durch Druckänderungen im Außenraum nicht geändert. Es ist also beispielsweise in den Ausflußmündungen der sog. Diffusions-Hochvakuumpumpen ein sehr beträchtlicher Druck vorhanden[2]). Über das Verhalten des Gases nach dem Austritt aus einer Mündung bei tiefem Außendruck wird in Ziff. 20 noch Näheres gesagt.

Mündungen dieser Art werden oft zu Gasmengenmessungen benützt, indem bei bekanntem Druck p_0 (evtl. unter Berücksichtigung der endlichen Zustromgeschwindigkeit) nach Gleichung (1) bzw. nach Gleichung (4) von Ziff. 9 die ausströmende Masse berechnet wird. Je nach der Form der Mündung wird man mit mehr oder weniger Kontraktion des Ausflußstrahles rechnen müssen. Weiterhin ist die Randzone durch Reibung verzögert, hat also nicht die volle Geschwindigkeit. Nach Versuchen, die allerdings bei kleineren Geschwindigkeiten vorgenommen sind, ist dieser letztere Einfluß bei nicht zu kleinen Mündungen geringer als 1%. Größeren Einfluß kann die Kontraktion haben. Man wird für den gesamten Ausflußbeiwert bei gut gerundeten Mündungen etwa 0,97 setzen dürfen, d. h. die ausströmende Menge ist 3% kleiner als die theoretische[3]). Bezüglich der Versuchsergebnisse an technischen Düsen und Mündungen sei auf das Buch von STODOLA verwiesen.

11. Anwendung der Entropietafeln. Wir haben vorläufig ideale Gase behandelt. Nun ist aber ein wichtiges Anwendungsgebiet der Gasdynamik der Dampfturbinenbau. Die praktisch vorkommenden Drücke und Temperaturen liegen sehr oft so, daß eine Anwendung der Gesetze der idealen Gase wenig brauch-

[1]) S. Bd. XI ds. Handb.

[2]) Über solche Pumpen findet man Angaben bei: W. GAEDE, ZS. f. techn. Phys. Bd. 4, S. 337. 1923; W. MOLTHAN, ebenda Bd. 7, S. 377 u. 452. 1926. Bezüglich des „Versagens" der Kontinuumsmechanik, das besonders in der zweiten Arbeit betont wird, ist zu sagen, daß es in der Nähe der Mündung nicht zutrifft, da dort die freien Weglängen immer noch klein gegen die Gefäßabmessungen sind.

[3]) M. JAKOB u. S. ERK, Forsch.-Arb. auf d. Geb. des Ing.-Wesens Heft 267. Berlin 1924; s. ferner: RATEAU, LEROUX, BOURGEAT, C. R. Bd. 183, S. 259. 1926.

bare Ergebnisse liefert. Die spezifischen Wärmen ändern sich stark mit Temperatur und Druck; die Expansion führt ins Naßdampfgebiet, wo also zwei Phasen zusammen auftreten. Eine formelmäßige Behandlung würde äußerst unübersichtlich. Deshalb darf die Einführung graphischer Methoden in Form der sog. Entropietafeln[1]) als Fortschritt betrachtet werden. Wir gehen hier nur kurz darauf ein.

Es haben hauptsächlich zwei Tafeln Verbreitung gefunden:

1. Die T-S-Tafel, Ordinaten = absolute Temperatur, Abszissen = Entropie,

2. Die i-S-Tafel nach MOLLIER, Ordinaten = Wärmeinhalte, Abszissen = Entropie.

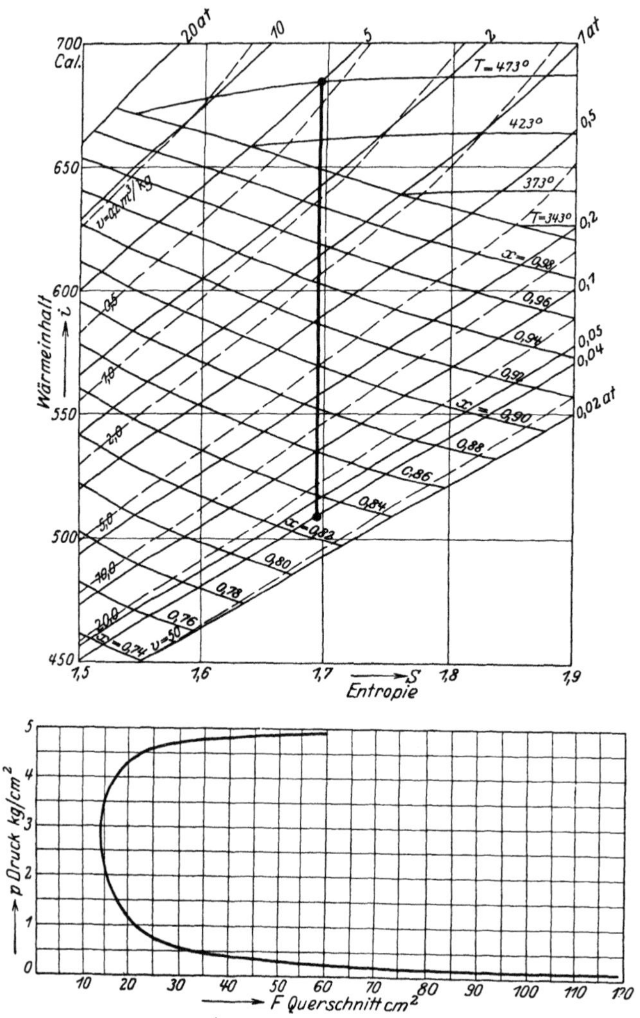

Abb. 5. Adiabatische Expansion im T-S-Diagramm dargestellt. Unten die zu den einzelnen Zuständen gehörigen Querschnitte für 1 kg/sek Durchfluß.

Für ideale Gase mit konstanten spezifischen Wärmen sind beide Darstellungen sozusagen identisch. Wir geben ein Beispiel in Abb. 5 (Dampf-Entropie-Tafel von STODOLA). Wasserdampf von 5 Atm. (kg/cm²)[2]) Druck und 473° absolute Temperatur soll adiabatisch expandieren auf den Gegendruck 0,04 Atm. Im Entropiediagramm ist die Zustandslinie eine vertikale Strecke ($dS = 0$), sofern Reibungsverluste nicht angenommen werden. Wir können nun in jedem Punkt der Adiabaten (evtl. durch Interpolation) sämtliche Zustandsgrößen entnehmen. Aus der Änderung des Wärmeinhaltes wird nach Ziff. 8, Gleichung (5), die Geschwin-

[1]) Entropietafeln für Wasserdampf bei: KNOBLAUCH, RAISCH, HAUSEN. Tabellen und Diagramme für Wasserdampf. München 1923; für Luft bei P. OSTERTAG, Entropietafel für Luft, 2. Aufl. Berlin 1917; für Hg-Dampf bei A. STODOLA, Dampf- und Gasturbinen, 6. Aufl., S. 1090 (Jaquet); für CO_2, SO_2 NH_3 bei P. OSTERTAG, Berechnung der Kältemasch. Berlin 1913; für Verbrennungsgase usw. bei A. STODOLA, a. a. O. S. 974.

[2]) In der technischen Wärmelehre wird allgemein das technische Maßsystem verwendet mit den Einheiten: kg (Kraft), m, sek. Das hat dann allerdings das ständige Auftreten von g (Erdbeschleunigung) in vielen Formeln zur Folge.

digkeit berechnet; mit dem spezifischen Volumen v (in m^3/kg) erhält man aus $f = Mv/u$ bei gegebener Durchflußmenge M (im Beispiel 1 kg/sek) die Querschnitte, Abb. 5 unten. Es ist dann weiterhin leicht möglich, den Druckverlauf bei gegebener Düsenform aufzutragen. Wir finden aus der Tafel, daß im Endpunkt der Expansion der Dampf stark feucht geworden ist, und zwar gibt die sog. spezifische Dampfmenge x an, wieviel von der Gewichtseinheit des Dampfes in der gasförmigen Phase vorhanden ist. Das Beispiel ergibt 17% Wassergehalt ($x = 0{,}83$). Die Ausscheidung erfolgt in Form von kleinen Tröpfchen. Allerdings hat sich gezeigt, daß sie meistens verzögert ist, d. h. daß eine „Unterkühlung" des Dampfes erfolgt. Nach STODOLA bleibt der Dampf unterkühlt bis kurz hinter dem engsten Querschnitt; dann tritt rasch Sättigung ein[1]).

12. Rohrströmung mit Reibung. Die Berücksichtigung der Zähigkeit ist offenbar bei genaueren Betrachtungen nicht zu umgehen. Auch die Technik hat, ungeachtet der prinzipiellen Schwierigkeiten, Reibungswirkungen in die Rechnung ziehen müssen; hängen doch alle Fragen, die die „Wirkungsgrade" betreffen, ganz unmittelbar mit den Reibungsvorgängen zusammen. Nun hat aber der Fortschritt, den die Hydrodynamik reibender Flüssigkeiten in den letzten Jahren erzielt hat, die Gasdynamik bisher wenig ergriffen, und so liegen meist nur ältere Untersuchungen vor, deren Wert in mancher Hinsicht zweifelhaft geworden ist.

Die Strömungsvorgänge der Gasdynamik entsprechen im allgemeinen sehr großen REYNOLDSschen Zahlen. Die Zähigkeitskräfte verschwinden deshalb gegenüber den Trägheitskräften, abgesehen von der unmittelbaren Nähe fester Wandungen. Man ist im Gebiet, wo die Theorie der Reibungsgrenzschicht Gültigkeit hat. Auch hier kann man vom Anlaufvorgang, laminarer und turbulenter Grenzschicht, von Ablösung bei Druckanstieg usw. sprechen[2]); allein eine quantitative Darstellung, die vor allem die entwickelte Reibungswärme in der Grenzschicht und die Dichteänderungen berücksichtigt, steht noch aus. Noch wenig erforscht ist ferner das Verhalten von Trennungsflächen, etwa der Grenze freier Strahlen in ruhender Umgebung. Die Hydrodynamik zeigt, daß Trennungs-(Wirbel-) Flächen bei inkompressibler Strömung unstabil sind. Demgegenüber hat es den Anschein, daß bei sehr großen Geschwindigkeiten ($u > 2a$) Stabilität möglich wäre.

Düsen, Ausflußmündungen u. dgl. sind vom Standpunkt der Grenzschichttheorie als „kurz" zu betrachten, indem man nämlich weiß, daß Rohrlängen von etwa 30 bis 50 Rohrdurchmessern erforderlich sind, damit die sich an den Wänden bildende Grenzschicht dick genug geworden ist, um auch die in der Achse strömende Teile zu erfassen[3]). Da meistens sogar Druckabfall in Stromrichtung vorliegt, ist das Anwachsen der Grenzschicht besonders schwach, die Anlauflänge besonders groß. Die praktisch ausgeführten Düsenlängen sind aber viel kleiner und so fällt die Rechnungsmethode, die sonst allgemein in der Hydraulik üblich ist, nämlich die Verzögerung des Gases durch die an der Wand vorhandene Schubspannung als direkt bedingt anzusehen, dahin. Die Reibungsspannung verzögern nur die wandnächsten Teile, die innern strömen ungestört[4]) und „verlustlos"[5]). Die früheren Untersuchungen über Reibungsströmungen in Düsen, die auf dieser Grundlage beruhen, sollen deshalb hier nur zitiert werden[6]).

---

[1]) A. STODOLA, Dampf- und Gasturbinen, 6. Aufl., S. 96.

[2]) S. Kap. 2 ds. Bandes.

[3]) L. SCHILLER, Phys. ZS. Bd. 26, S. 566. 1925.

[4]) In erster Näherung! Die Grenzschicht verengt sozusagen den Rohrquerschnitt, die Strömung wird beschleunigt, der dafür nötige Druckabfall bedeutet aber zunächst keinen Energieverlust

[5]) W. NUSSELT, ZS. f. Flugtechnik VI, S. 179. 1915.

[6]) H. LORENZ, Phys. ZS. Bd. 4, S. 333. 1903, ferner L. PRANDTL u. R. PROELL, ZS. d. Ver. d. Ing. 1904, S. 348.

Im Falle sehr langer Rohrleitungen aber ist die folgende Rechnungsweise zulässig. Sei l die Rohrachse, D der Durchmesser des kreiszylindrischen Rohres. Wir berücksichtigen die Reibungswirkung, indem wir die Schubspannung τ an der Rohrwand als äußere Kraft in den Impulssatz einführen (s. Ziff. 8). Für τ wird man zunächst die Erfahrungen bei geringen Geschwindigkeiten heranziehen, etwa die empirische BLASIUSsche Rohrreibungsformel, die besagt[1])

$$\tau = 0{,}056\,\frac{\varrho}{2}\,u^2\,\frac{1}{\sqrt[4]{R}}\,, \tag{1}$$

wo $R = ru\varrho/\mu$ jetzt die REYNOLDSsche Zahl und r der hydraulische Radius ist (hydraulischer Radius $r =$ Querschnittsfläche F geteilt durch Umfang U). Für ein kreiszylindrisches Rohr ist $r = D/4$ ($D =$ Rohrdurchmesser).

Der durch die tangentiellen Kräfte bedingte Druckabfall in Strömungsrichtung ist $F\,dp_r = \tau\,U\,dl$, auf die Einheit der Querschnittsfläche bezogen

$$dp_r = \tau\,\frac{dl}{r} = 0{,}056\,\frac{1}{\sqrt[4]{R}}\,\frac{\varrho}{2}\,u^2\,\frac{dl}{r} = \zeta\,\frac{\varrho}{2}\,u^2\,\frac{dl}{r}\,.$$

Öfters nimmt man ζ einfach als Konstante an, was praktisch bei rauhen Rohren einigermaßen zutreffend ist.

Wir können nunmehr den Impulssatz schreiben

$$\varrho\,u\,du = -dp - \zeta\,\frac{\varrho}{2}\,u^2\,\frac{dl}{r}\,.$$

Mit der Kontinuitätsgleichung

$f u\varrho =$ konst. (bzw. bei Röhren mit konstantem Querschnitt: $u\varrho =$ konst.),

der Energiegleichung

$$u\,du = -\,J\,di + J\,dQ\,,$$

wo dQ die auf dem Wege dl der Masseneinheit von außen zugeführte Wärme ist, und dem Gasgesetz haben wir dann alle für die Rechnung notwendigen Grundlagen. Bei sehr langen Leitungen (Gasfernleitungen) muß man den durch die Rohrwand erfolgenden Wärmeaustausch berücksichtigen. Man rechnet in diesem Falle mit isothermer Zustandsänderung. Für unveränderliches ζ ergibt sich

$$l = \frac{2r}{\zeta}\left\{\ln\frac{u_0}{u} + \frac{1}{2}\,\frac{p_0}{\varrho_0}\left(\frac{1}{u_0^2} - \frac{1}{u^2}\right)\right\}, \tag{2}$$

wo der Zeiger 0 auf den Anfangszustand hinweist und u die Geschwindigkeit in der Entfernung l bedeutet. Da $p_0/\varrho_0 = p/\varrho$ und $\varrho_0 u_0 = \varrho u$ ist, können alle anderen Zustandsgrößen leicht ermittelt werden.

Bei kürzeren Rohren ist für gleichen Druckabfall die Wärmemitteilung (für die Masseneinheit) geringer. Alsdann ist der Grenzfall der Strömung ohne äußere Wärmemitteilung ($dQ = 0$) eine bessere Annäherung. Als Lösung ergibt sich dafür (wiederum mit konstantem ζ):

$$l = \frac{r}{k\zeta}\left\{(k+1)\ln\frac{u_0}{u} + \left(k\,\frac{p_0}{\varrho_0} + \frac{k-1}{2}\,u_0^2\right)\left(\frac{1}{u_0^2} - \frac{1}{u^2}\right)\right\}. \tag{3}$$

Mit $\varrho_0 u_0 = \varrho u$ findet man zu jedem l die Dichte, aus dem Wärmeinhalt i die übrigen Zustandsgrößen.

Da für Dämpfe diese Formeln nur eine mäßige Annäherung geben und ζ im allgemeinen veränderlich ist, wird man in vielen Fällen numerisch oder graphisch vorgehen müssen. Letztere Methode ist für die wärmeundurchlässige

---

[1]) S. dazu Kap. 2, Ziff. 43 ds. Bandes; ferner KÁRMÁN-LEVI CIVITA, Innsbrucker Vorträge, S. 159. Berlin: Julius Springer 1921.

Wand von STODOLA[1]) entwickelt worden. Da sie auch sonst sehr übersichtlich ist, soll sie hier angeführt werden.

Zunächst ist es möglich, durch Elimination von u aus Energiesatz und Kontinuitätsgleichung eine Zustandsbeziehung abzuleiten, die durch eine geometrische Ortskurve $T = f(S)$, die sog. „Fannokurve“[2]) in der T-S-Zustandstafel dargestellt werden kann (Abb. 6).

Aus $\varrho u = \varrho_0 u_0$ und $\frac{u^2 - u_0^2}{2} = J(i_0 - i)$ ergibt sich nämlich

$$\frac{u_0^2}{2}\left\{\left(\frac{\varrho_0}{\varrho}\right)^2 - 1\right\} = J(i_0 - i).$$

Die durch Reibung entwickelte Wärme bleibt nun gänzlich dem Gase einverleibt; auf die Masseneinheit bezogen ist sie für die durchlaufene Strecke dl gleich $dL = \frac{\zeta}{2} u^2 \frac{dl}{r}$.

Wir können nun aber auch setzen

$$dL = \zeta \frac{u^2}{2} \frac{dl}{r} = JT\,dS = \text{schraffierte Fläche in Abb. 6.} \qquad (4)$$

Dadurch ist es möglich, zu jeder Änderung dS die zugehörige Längenänderung $dl = \frac{2\,JT\,dS\,r}{u^2\,\zeta}$ zu rechnen, da u gemäß Ziff. 8, Gleichung (5) aus dem Wärmeinhalt bekannt ist. Das Verfahren macht also keinen Gebrauch von der Konstanz von ζ oder der spezifischen Wärmen. Es ist bemerkenswert, daß es eine maximale Rohrlänge gibt bei einer bestimmten sekundlich durchfließenden Masse. Wir dürfen offenbar die Integration nicht über den Punkt P (Abb. 6) ausdehnen, da sonst beim Weiterschreiten eine Abnahme der Entropie (ohne Wärmeabfuhr nach außen) eintrete, was unmöglich ist. Es läßt sich zeigen, daß im Punkt P die Strömungsgeschwindigkeit gerade gleich der dem dortigen Zustand entsprechenden Schallgeschwindigkeit ist.

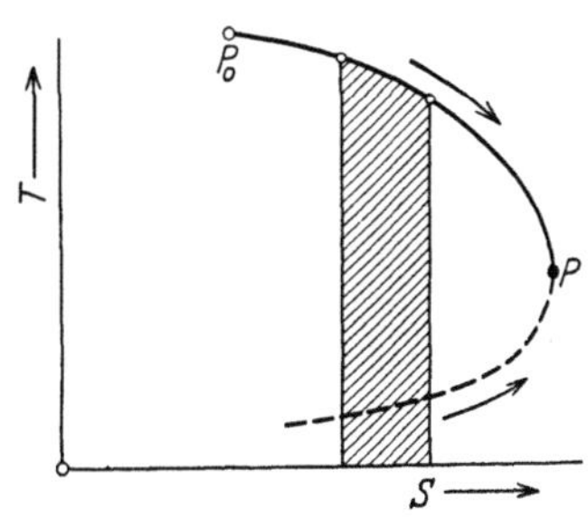

Abb. 6. Zustandslinie des Gases, das mit Reibung durch ein Rohr strömt (T-S-Diagramm).

Der strichpunktierte Ast der Zustandslinie (Abb. 6) hat eine Bedeutung, wenn er in Richtung zunehmender Entropie durchlaufen wird. Die Strömungsgeschwindigkeit ist dann größer als Schallgeschwindigkeit und erreicht im Punkte P, diesmal von höherer Geschwindigkeit herkommend, die dortige Schallgeschwindigkeit.

Die Reibungsvorgänge bei stärkeren Druckgefällen und Druckanstiegen, also etwa in konischen Kanälen sind auch bei inkompressibler Strömung wenig erforscht; eine Erweiterung auf kompressible Strömung ist deshalb ziemlich unsicher. Einen Anhaltspunkt gibt Gleichung (4a) von Ziff. 8 in Verbindung mit der Kontinuitätsgleichung $f u \varrho =$ konst. Es folgt nämlich ähnlich wie schon in Ziff. 8

$$\frac{df}{f} = \frac{dp}{\varrho u^2}\left(1 - \frac{u^2}{a^2}\right) \qquad (u < a).$$

Nun ist nach BERNOULLI für inkompressible Flüssigkeiten mit $a = \infty$

$$\left(\frac{df}{f}\right)_0 = \frac{dp}{\varrho u^2}.$$

---

[1]) A. STODOLA (Fußnote 1, S. 302), S. 51. [2]) A. STODOLA (Fußnote 1, S. 302).

Mithin ist ersichtlich, daß die Querschnitte bei Unterschallgeschwindigkeit relativ schwächer erweitert sein sollen als bei inkompressibler Strömung, gleiches Druckgefälle vorausgesetzt. Wendet man dies auf den bezüglich Widerständen wichtigsten Fall des Druckanstieges an, so besagt dies, daß ein sich erweiterndes Rohr sich so verhält, wie ein stärker erweitertes bei inkompressibler Strömung. Die Gefahr der Ablösung ist also größer

Bei Druckabfall sind die Reibungsverluste klein; genauer gesagt, die Schubspannungen sind zwar relativ größer als bei Druckanstieg, aber die Ablösungen, die hauptsächlich Energieverlust hervorrufen, treten nicht auf. Deshalb können Expansionsdüsen stark erweitert werden. Freilich machen die dann auftretenden starken stationären Schallwellen die Verhältnisse unübersichtlich, so daß man bisher die Formgebung der Expansionsdüsen rein auf Erfahrung gestützt hat.

13. Temperaturmessungen in strömenden Gasen. Man hat nicht selten versucht, die Temperaturen schnellströmender Gase mit Thermodrähten u. dgl. zu messen[1]). Allein solche Versuche haben stets fehlgeschlagen, und es ist auch leicht zu sehen, daß es prinzipiell fast ausgeschlossen ist, direkte Messungen der Gastemperaturen zu machen. Es ist ja die Wärmeenergie (sofern sie nicht in inneren Freiheitsgraden enthalten ist) nichts anderes als die unregelmäßige Bewegung der Gasmoleküle relativ zu ihrem gemeinsamen Schwerpunkt. Das Meßinstrument müßte demnach so mit bewegt werden, daß es relativ zum Schwerpunkt ruht. In den allermeisten Fällen ist dies aber technisch nicht ausführbar. Stellt man einfach ein Thermometer in die Strömung, so wird durch die Oberflächenreibung in der Grenzschicht Wärme erzeugt, und es hängt nun ganz von den Wärmeleitungsvorgängen innerhalb der Grenzschicht ab, welche Temperaturen an der Wand des Instrumentes schließlich erreicht und also auch gemessen werden. Ebenso ist natürlich an Staupunkten von vornherein starke Temperaturerhöhung durch Stoßvorgänge und anschließende adiabatische Kompression vorhanden (s. Ziff. 27). Abb. 7 zeigt eine Temperaturmessung von MÜLLER längs der Achse einer Lavaldüse. Die gemessene Temperatur ist fast konstant und mit der theoretischen Temperatur absolut nicht im Einklang. Fragen, wie etwa diejenige nach einer eventuellen Unterkühlung des Wasserdampfes bei der Expansion in Lavaldüsen, lassen sich auf diese Weise nicht lösen.

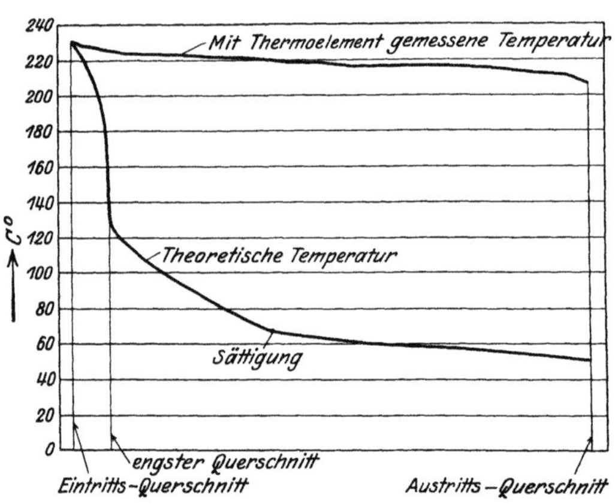

Abb. 7. Temperaturmessung in einer Lavaldüse von MÜLLER.

Eine Theorie dieser Erwärmungen muß unbedingt die Wärmeleitung berücksichtigen. Ein Anfang ist von E. POHLHAUSEN[2]) gemacht. Er hat die Anzeige eines Plattenthermometers in allerdings inkompressibler Strömung unter Voraussetzung laminarer Grenzschichtbewegung berechnet. Für letztere liegt die Theorie von BLASIUS bereits vor. Das Ergebnis der POHLHAUSENschen Rechnung ist folgendes:

[1]) F. MÜLLER, Über die Ermittlung des Temperaturverlaufes von schnellströmenden Gasen und Dämpfen in einer Lavaldüse. Dissert. München u. Berlin 1919.

[2]) E. POHLHAUSEN, ZS. f. angew. Math. u. Mech. Bd. 1, S. 120. 1921.

Bezeichnet man mit

$$\xi = \frac{1}{2}\sqrt{\frac{\bar{u}}{\nu}}\,\frac{y}{\sqrt{x}}, \qquad \vartheta = 8\cdot\frac{(T-\bar{T})\,J\,c_p}{\bar{u}^2} \tag{1}$$

Hilfsgrößen, worin x, y, $\bar{u}$, $\bar{T}$, ν Koordinaten, ungestörte Geschwindigkeit, ungestörte Temperatur und kinematische Zähigkeit (μ/ϱ) bedeuten (s. Abb. 8), so verläuft die Temperatur nach den Kurven der Abb. 9. Unter σ ist der Ausdruck $\sigma = \frac{\nu\varrho c_p}{\lambda}$ zu verstehen, wo λ die Wärmeleitfähigkeit bedeutet.

Für 1-atomige Gase ist $\sigma = 0{,}666$
„ 2- „ „ „ $\sigma = 0{,}80$
„ 3- „ „ „ $\sigma = 0{,}91$
„ 4- „ „ „ $\sigma = 1{,}08$.

Wichtig ist vor allem die Temperatur T_w an der Wand, die als wärmeundurchlässig vorausgesetzt ist. Für dieselbe ergibt sich

$$T_w = \bar{T} + \frac{1}{8}\,\frac{\bar{u}^2}{J c_p}\,\beta, \tag{2}$$

wo β nach POHLHAUSEN folgende Werte hat

$\beta =$	3,08	3,34	3,58	3,80	4,00	4,20
für $\sigma =$	0,6	0,7	0,8	0,9	1,0	1,1

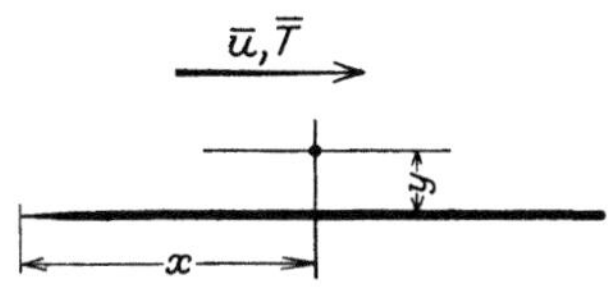

Abb. 8. Plattenthermometer.

Die Temperaturerhöhung im Staupunkt ist bei Ausschluß von Wärmeleitung

$$T_{St} - \bar{T} = \frac{\bar{u}^2}{2\,J\,c_p}.$$

Bei 2-atomigen Gasen ($\beta = 3{,}58$) beträgt mithin die Temperaturerhöhung in den innersten Partien der Grenzschicht 90% derjenigen in einem Staupunkt.

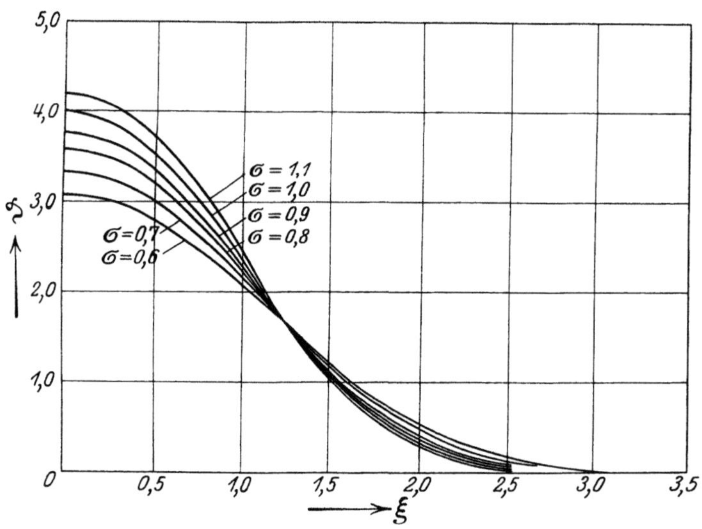

Abb. 9. Temperaturen in der Grenzschicht.

Dies Ergebnis ist übrigens auch für manche technische Anwendungen von Bedeutung. Die Wände von Düsen und dgl. stehen nämlich nicht unter der adiabatischen Expansionstemperatur, sondern werden viel stärker erhitzt.

14. Ausströmen aus Behältern. Praktisch wichtig sind Ausströmvorgänge beim Entleeren von Behältern. (Ausströmung durch Sicherheitsventile, Auspuff von Dampfmaschinen, Motoren usw.)

Sei V das unveränderliche Volumen des Behälters, ϱ die Dichte des darin befindlichen Gases. Die Ausströmung erfolge durch eine einfache Mündung vom Querschnitt F. Aus Druck und Temperatur im Innern des Behälters läßt sich dann nach Gleichung (1) von Ziff. 10 die sekundlich ausströmende Masse M berechnen. Andererseits ist aber auch $M = -V d\varrho/dt$. Kennt man nun noch das Gesetz der Zustandsänderung im Kessel, so ist die Aufgabe auf eine Quadratur zurückgeführt. Die Zustandsänderung im Kessel hängt ab von der Wärmeübertragung durch die Behälterwände. Bei schnellem Ausfluß darf man adiabatisch rechnen, bei sehr langsamen wird die Isotherme eine bessere Annäherung ergeben. Ausführliche Formeln findet man in der Literatur[1]).

IV. Ebene Gasströmungen.

15. Differentialgleichung für das Strömungspotential. Für den Fall, daß sich der Strömungszustand in einer Koordinatenrichtung nicht ändert, vereinfachen sich die Gleichungen so, daß eine strenge Behandlung einfacher Fälle möglich ist. Von Reibung und Wärmeleitung muß allerdings abgesehen werden, ferner wird mit stationärer Strömung gerechnet.

Die Gleichungen (1) von Ziff. 2 und (4) von Ziff. 3 lauten nunmehr, wenn die Strömung parallel zur xy-Ebene verläuft,

$$\frac{\partial(\varrho u)}{\partial x} + \frac{\partial(\varrho v)}{\partial y} = 0, \tag{1}$$

$$u\frac{\partial u}{\partial x} + v\frac{\partial u}{\partial y} = -\frac{1}{\varrho}\frac{\partial p}{\partial x}, \qquad u\frac{\partial v}{\partial x} + v\frac{\partial v}{\partial y} = -\frac{1}{\varrho}\frac{\partial p}{\partial y}. \tag{2}$$

Wir können noch schreiben

$$\frac{\partial\varrho}{\partial x} = \frac{d\varrho}{dp}\frac{\partial p}{\partial x} = \frac{1}{a^2}\frac{\partial p}{\partial x}, \qquad \frac{\partial\varrho}{\partial y} = \frac{d\varrho}{dp}\frac{\partial p}{\partial y} = \frac{1}{a^2}\frac{\partial p}{\partial y},$$

wo a die (veränderliche) Schallgeschwindigkeit ist. $\partial p/\partial x$ und $\partial p/\partial y$ aber können aus (2) entnommen werden. Es ergibt sich dann für (1)

$$\frac{\partial u}{\partial x}\left(1 - \frac{u^2}{a^2}\right) + \frac{\partial v}{\partial y}\left(1 - \frac{v^2}{a^2}\right) - \frac{uv}{a^2}\left(\frac{\partial u}{\partial y} + \frac{\partial v}{\partial x}\right) = 0. \tag{3}$$

Bei wirbelfreier Strömung existiert ein Geschwindigkeitspotential

$$u = \frac{\partial\Phi}{\partial x} = \Phi_x, \qquad v = \frac{\partial\Phi}{\partial y} = \Phi_y. \tag{4}$$

Gleichung (3) lautet in diesem Falle

$$\Phi_{xx}\left(1 - \frac{\Phi_x^2}{a^2}\right) + \Phi_{yy}\left(1 - \frac{\Phi_y^2}{a^2}\right) - 2\frac{\Phi_x\Phi_y}{a^2}\Phi_{xy} = 0. \tag{5}$$

Im Grenzfall sehr großer Schallgeschwindigkeit geht dies natürlich über in

$$\Phi_{xx} + \Phi_{yy} = \Delta\Phi = 0, \tag{5a}$$

wie bei inkompressiblen Flüssigkeiten[2]). Gleichung (5) ist nicht linear in den abhängigen Veränderlichen, was zur Folge hat, daß die Superposition zweier Lösungen, deren jede die Gleichung und die Grenzbedingungen erfüllt, im all-

[1]) W. SCHÜLE, Techn. Thermodynamik Bd. II, S. 224. — BAUSCHINGER, ZS. f. Math. u. Phys. Bd. 8, S. 81, 153 u. 429. 1863.

[2]) S. Kap. 1, Ziff. 6 ds. Bandes.

gemeinen nicht erlaubt ist. Sie gilt übrigens sowohl für Unter- als auch für Überschallgeschwindigkeit. Bisher liegen nur wenige Lösungen vor.

16. Lösungen im Unterschallgebiet. Die isotherme Strömung eines Gases um einen Zylinder ist behandelt von JANZEN[1]) und RAYLEIGH[2]), letzterer gibt auch die Näherungslösung für die Kugel. Für den Zylinder (Abb. 10) lautet mit der Geschwindigkeit U der ungestörten Strömung das Geschwindigkeitspotential

$$\Phi = -U\left(r + \frac{R^2}{r}\right)\cos\vartheta - 2\frac{U^3 R^2}{a_{\mathrm{is}}^2}\left[\left(\frac{13}{24}\frac{1}{r} - \frac{1}{4}\frac{R^2}{r^3} + \frac{1}{24}\frac{R^4}{r^5}\right)\cos\vartheta + \left(-\frac{1}{8}\frac{1}{r} + \frac{1}{24}\frac{R^2}{r^3}\right)\cos 3\vartheta\right]. \qquad (1)$$

Bemerkenswert ist, daß auch bei kompressibler Strömung kein Widerstand in Strömungsrichtung auftritt; und dieses Ergebnis bleibt auch gültig bei weiter getriebener Annäherung. Bei adiabatischer Strömung wird man in erster Annäherung im Nenner des zweiten Gliedes $a_{\mathrm{is}}^2 = RT$ durch $a_{\mathrm{ad}}^2 = k\,RT$ ersetzen. Weitere Näherungen sind noch nicht untersucht worden. Es ist noch unklar, was eintritt, wenn an einer Stelle (etwa $\vartheta = \pi/2$) die Schallgeschwindigkeit überschritten wird. Nach Gleichung (6) tritt dies auf bei $U/a =$ rund 0,44. Die Gleichung versagt von da an. Da man mit Ablösung der Reibungsschicht rechnen muß, hat diese Formel naturgemäß nur theoretische Bedeutung. Experimentaluntersuchungen über den Einfluß der Kompressibilität unterhalb der Schallgeschwindigkeit liegen noch nicht vor.

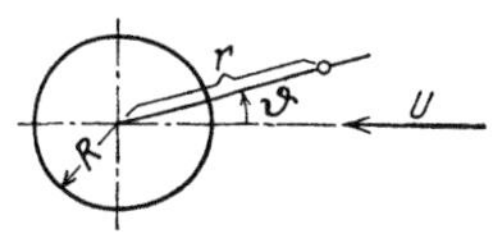

Abb. 10. Bezeichnungen für Gl. (1).

STODOLA und HIRSCH[3]) haben die ebene isotherme Strömung in der Nähe eines Staupunktes untersucht, ohne allerdings zu allgemein anwendbaren Ergebnissen vorzudringen.

17. Übergang durch die Schallgeschwindigkeit. Das Übergangsgebiet ($U = a$) bietet im allgemeinen erhebliche rechnerische Schwierigkeiten. Trotzdem ist es MEYER gelungen, die Strömung im engsten Querschnitt einer Düse rechnerisch zu untersuchen, wobei er zu guter Übereinstimmung mit dem Experiment[4]) gelangte. Er setzt für das Strömungspotential eine Potenzreihenentwicklung an mit teilweise unbestimmten Koeffizienten. Die Kontinuitätsgleichung liefert ihm dann die fehlenden Beiwerte. Eine der nunmehr berechenbaren Stromlinien wurde als Wand angenommen. (Abb. 11.) Die eingetragenen Kurven gleicher Geschwindigkeit zeigen übrigens, daß schon vor dem engsten Querschnitt (durch zwei Nullen bezeichnet) an den Stellen stärkster Wandkrümmung Überschallgeschwindigkeit ($u/a^* > 1$) auftritt. Es gibt dies ein Bild, wie weit die eindimensionale Behandlung, die konstante Verhältnisse im ganzen Querschnitt voraussetzt, zulässig ist. Abb. 37 zeigt eine Schlierenaufnahme der Luftströmung durch diese Düse.

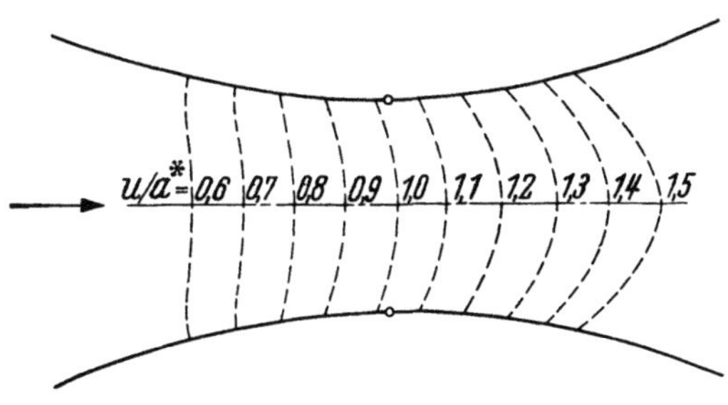

Abb. 11. Geschwindigkeitsverteilung in einer Lavaldüse.

[1]) O. JANZEN, Phys. ZS. Bd. 14, S. 639. 1913.
[2]) RAYLEIGH, Phil. Mag. Bd. 32, S. 1. 1916; Scient. Pap. Bd. 6, S. 402.
[3]) A. STODOLA (Fußnote 1, S. 302), S. 805.
[4]) TH. MEYER, Über zweidimensionale Bewegungsvorgänge in einem Gas, das mit Überschallgeschwindigkeit strömt. Dissert. Göttingen. S. 35ff. Berlin 1908.

18. Lösungen im Überschallgebiet. Von besonderer Bedeutung ist im Gebiet der Überschallgeschwindigkeit eine Lösung von PRANDTL[1]) geworden, die von TH. MEYER weiter ausgeführt wurde: die Strömung um eine Ecke.

Denken wir uns zunächst einen Gasstrom mit $u > a$ über eine Wand AB laufend (s. Abb. 12). Wenn wir im Punkte C ein kleines Hindernis anbringen, so wird eine (schwache) Störung auf das Gas ausgeübt. Sie wird sich relativ zum bewegten Gas mit derjenigen Schallgeschwindigkeit, die der Temperatur des Gases entspricht, in Zylinderwellen fortpflanzen. Zeichnen wir die Lage einer solchen Zylinderwelle zu verschiedenen Zeiten, so erhalten wir die in Abb. 12 eingetragenen Kreise. Der Radius der Kreise wächst proportional der verstrichenen Zeit $r = at$, der Kreismittelpunkt verschiebt sich mit der Geschwindigkeit u, so daß $s = ut$ ist. Man erkennt, daß die zeitlich aufeinanderfolgenden Lagen eine Einhüllende CD haben, die gegen die Stromrichtung den Winkel α einschließt; man nennt ihn den MACHschen Winkel[2]); er berechnet sich aus

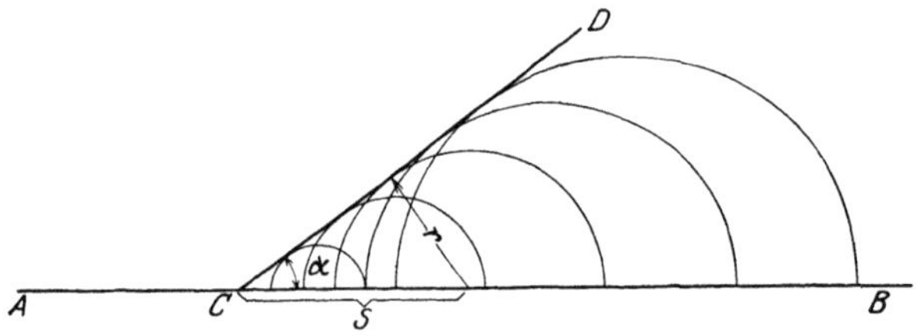

Abb. 12. Von einem Hindernis ausgehende Störungen bei Überschallgeschwindigkeit.

$$\sin\alpha = \frac{r}{s} = \frac{a}{u}. \tag{1}$$

Nur wenn $u \geqq a$ ist, ist die Einhüllende vorhanden. Die ständig im Punkte C neu entstehenden Wellen geben nur da eine merkliche Störung, wo sie am dichtesten liegen, d. h. in der MACHschen Linie CD. Diese elementare Überlegung entspricht durchaus der HUYGHENSschen Theorie der Lichtausbreitung. Im dreidimensionalen Fall ergibt sich als einhüllende Fläche der von einem Punkthindernis ausgehenden Störungen ein Kegel mit dem halben Öffnungswinkel α. Sehr schön wird die Entstehung solcher Wellenkegel aus Elementarwellen in den Abb. 13 bis 15 sichtbar (Aufnahmen von C. CRANZ). Es wird ein Infanteriegeschoß durch ein Rohr geschossen, das oben und unten mit Löchern versehen ist. Von der Geschoßspitze geht eine Störung aus, die in einigem Abstand vom Geschoß genügend schwach geworden ist um als „unendlich klein" zu gelten. Ihre Ausbreitung erfolgt dann mit konstanter Schallgeschwindigkeit. Von der Rückseite des Geschosses gehen die sog. Schwanzwellen aus. Die Löcher des Rohres lassen nun nur bestimmte Elementarwellen durch; der MACHsche Kegel hat Lücken. Man sieht sofort, daß die zurückgehaltenen Teile gerade ausreichten, um die

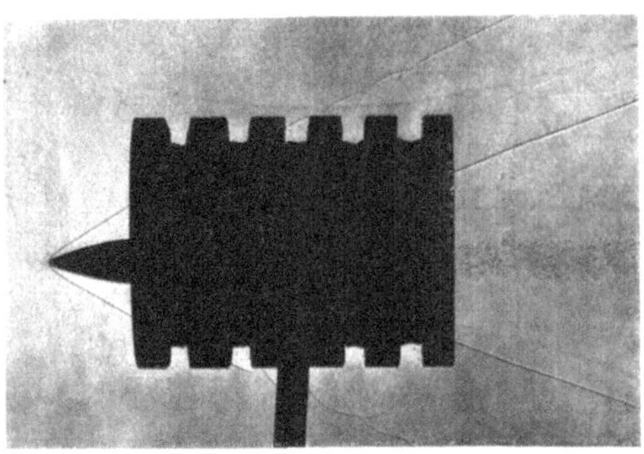

Abb. 13. Elementarwellen bei einem mit Überschallgeschwindigkeit bewegten Geschoß (Schattenaufnahme).

[1]) L. PRANDTL, Phys. ZS. Bd. 8, S. 23. 1907. — TH. MEYER (Fußnote 4, S. 309), S. 1.

[2]) Die angeschriebene Beziehung findet sich aber schon bei CH. DOPPLER, Abhandlgn. d. Böhmischen Ges. d. Wiss. V. Folge, Bd. 5, 1847; Ostw. Klass. Nr. 161, S. 127.

Front zu schließen. Abb. 13 ist eine Schattenaufnahme, Abb. 14 eine Schlierenaufnahme desselben Vorganges. In gleicher Weise instruktiv ist auch Abb. 15. Hier hat das Rohr keine Löcher. Die Welle wird um die Rohrränder „gebeugt".

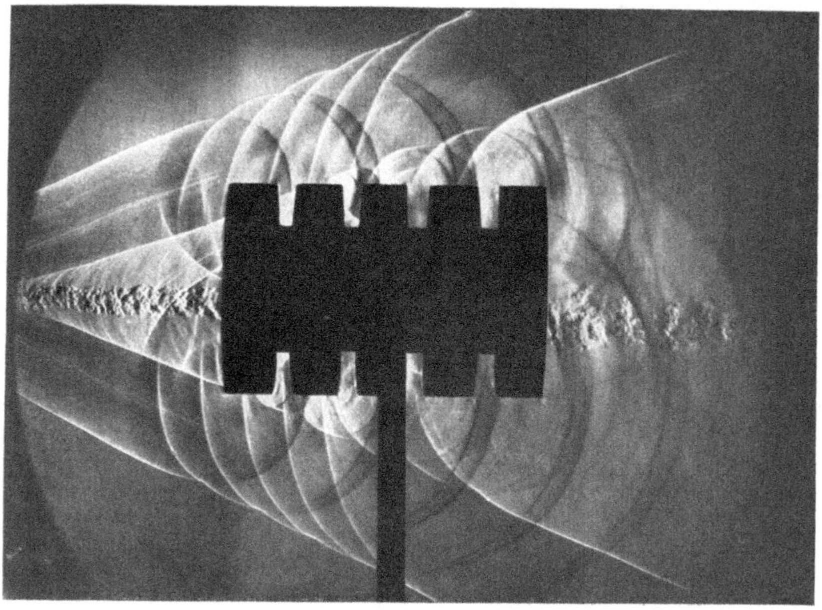

Abb. 14. Schlierenaufnahme des Vorgangs in Abb. 13.

Auch hier wird aus dem MACHschen Kegel durch das Hindernis ein Stück ausgeschnitten.

Nunmehr soll die Wand im Punkte C aufhören (Abb. 16). Auf der Unterseite des Stückes AC soll ein tieferer Druck herrschen als auf der Oberseite. Die Drucksenkung macht sich gemäß obiger Überlegung innerhalb des Bereiches ACD nicht bemerkbar, erst auf CD beginnt der Druck zu sinken, wobei wiederum die Beziehung besteht $\sin\alpha = a/u$. Durch die Drucksenkung entsteht eine Bewegungsänderung (Ablenkung) des Stromes.

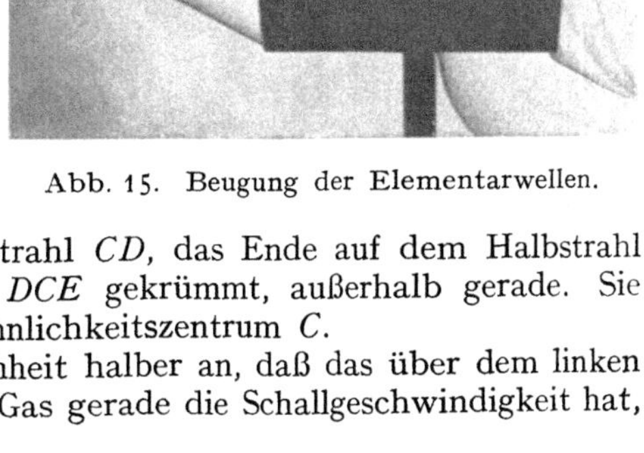

Abb. 15. Beugung der Elementarwellen.

Unter den Voraussetzungen 1. reibungsloser kräftefreier Strömung, 2. Gültigkeit der adiabatischen Zustandsgleichung, 3. Wirbelfreiheit ergibt sich: Sämtliche Zustands- und Geschwindigkeitsgrößen sind von r unabhängig. Der Beginn der Ablenkung liegt auf einem Halbstrahl CD, das Ende auf dem Halbstrahl CE. Die Stromlinien sind innerhalb DCE gekrümmt, außerhalb gerade. Sie sind geometrisch ähnlich mit dem Ähnlichkeitszentrum C.

Wir nehmen zunächst der Einfachheit halber an, daß das über dem linken Teil der oberen Halbebene strömende Gas gerade die Schallgeschwindigkeit hat, also etwa aus einer nicht erweiterten Mündung ausfließe, und daß die Ausdehnung bis auf den Druck Null erfolge. Die erste Störung durch die Druckabsenkung an der Ecke wird dann eine MACHsche Welle vom Öffnungswinkel 90° hervor-

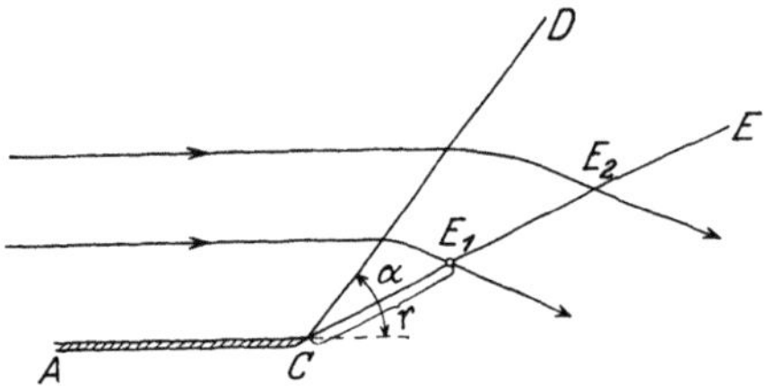

Abb 16. Expansion um eine Ecke.

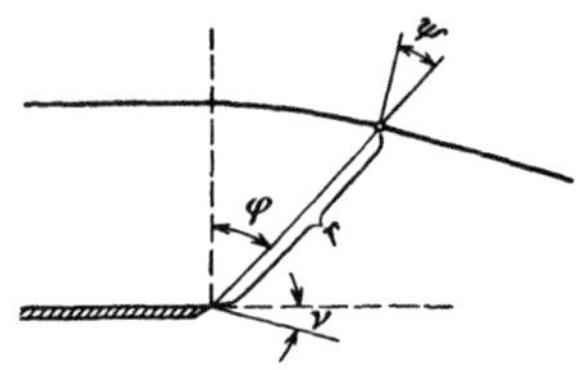

Abb. 17. Expansion um eine Ecke.

rufen. Wir wollen den Winkel φ von dieser ersten Welle aus zählen (Abb. 17). Dann lautet der Ausdruck für das Potential[1])

$$\Phi = \sqrt{2\,J i_0} \cdot r \sin\left(\sqrt{\frac{k-1}{k+1}}\,\varphi\right), \tag{2}$$

gültig für positives r und positives φ. Dabei ist i_0 der Wärmeinhalt des Gases im Zustand vor Beginn der Bewegung. $\sqrt{2\,J i_0}$ ist dann einfach $u_{\max}$, die größte Geschwindigkeit bei adiabatischer Ausdehnung auf den Druck Null.

Die Geschwindigkeitskomponenten sind

$$\left.\begin{aligned} \text{radial:}\ u_r &= \frac{\partial \Phi}{\partial r} = \sqrt{2\,J i_0}\,\sin\left(\sqrt{\frac{k-1}{k+1}}\,\varphi\right), \\ \text{tangential:}\ u_t &= \frac{\partial \Phi}{r\,\partial \varphi} = \sqrt{2\,J i_0}\sqrt{\frac{k-1}{k+1}}\cos\left(\sqrt{\frac{k-1}{k+1}}\,\varphi\right). \end{aligned}\right\} \tag{3}$$

Beide Geschwindigkeiten sind nach Voraussetzung unabhängig von r. Berechnet man $u = \sqrt{u_r^2 + u_t^2}$ und daraus mit $J\,(i_0 - i) = u^2/2$ die Zustandsgrößen und die Schallgeschwindigkeit, die ja ebenfalls auf jedem Fahrstrahl konstant sind, so ergibt sich: $u_t = a$. In Abhängigkeit vom Druck erhält man für φ

$$\varphi = \frac{1}{2}\sqrt{\frac{k+1}{k-1}}\,\mathrm{arc\,cos}\left[(k+1)\left(\frac{p}{p_0}\right)^{\frac{k-1}{k}} - 1\right] \tag{4}$$

(p_0 = Anfangsdruck im Ruhezustand des Gases). Wird $p = 0$ (Expansion ins äußerste Vakuum), so ist

$$\varphi_{\max} = \frac{\pi}{2}\sqrt{\frac{k+1}{k-1}}. \tag{4a}$$

Für diesen Winkel wird ferner $u_t = a = 0$, die Geschwindigkeit ist rein radial; $\varphi_{\max}$ ist die Richtung, der sich sämtliche Stromlinien bei äußerster Expansion nähern. Es ist sehr bemerkenswert, daß demnach nicht der ganze untere Halbraum von der umbiegenden Strömung erfüllt wird. Die Polargleichung der Stromlinien lautet nach MEYER

$$r = r^* \left[\cos\left(\varphi\sqrt{\frac{k-1}{k+1}}\right)\right]^{-\frac{k+1}{k-1}}. \tag{5}$$

Vielatomige Gase ($k \sim 1$) strömen nahezu isotherm. Für diesen Grenzfall ist nach PRANDTL[2])

$$\left.\begin{aligned} r &= r^* e^{\frac{\varphi^2}{2}}, & p &= p^* e^{-\frac{\varphi^2}{2}}, & & \\ u_t &= \text{konst.} = a, & u_r &= a\varphi, & \Phi &= a\varphi r. \end{aligned}\right\} \tag{6}$$

[1]) Bei TH. MEYER nicht explizit angegeben.
[2]) L. PRANDTL, Phys. ZS. Bd. 8, S. 23. 1907.

In diesem Falle ist der Druck erst für $\varphi = \infty$ gleich 0. Das ist geometrisch unmöglich, da sich der Strom selbst durchsetzte; die größte Expansion ist dann einfach durch $\varphi_{\max} = \frac{3}{2}\pi$ festgelegt. Für die Anwendung sind zwei in Abb. 17 mit ψ und ν bezeichnete Winkel von Bedeutung. Der erste ist der Winkel zwischen der Normalen zur Stromlinie und dem Radiusvektor, er ist der Komplementwinkel zum MACHschen Winkel α:

$$\psi = \frac{\pi}{2} - \alpha, \qquad \cos\psi = \frac{a}{u}.$$

Zwischen φ und ψ besteht die Beziehung[1])

$$\operatorname{tg}\psi = \sqrt{\frac{k+1}{k-1}}\operatorname{tg}\left[\varphi\sqrt{\frac{k-1}{k+1}}\right]. \tag{7}$$

Der Ablenkungswinkel ν berechnet sich aus $\nu = \varphi - \psi$. Da die Strömungsgeschwindigkeiten, Zustandsgrößen usw. nur von einer Variablen abhängen, die Winkel ψ, φ, ν aber in dem betrachteten Bereich eindeutig einander zugeordnet sind, so kann als unabhängige Variable statt φ ebensogut ψ oder ν genommen werden. Für einige Anwendungen (s. Ziff. 31) ist es z. B. bequem, p/p_0 in Funktion von ν zu betrachten. In Zahlentafel 1 findet man von MEYER berechnete φ-, ψ-, ν-Werte für Luft ($k = 1{,}405$). Angefügt sind noch u/a und u/a^*, wo a^* die kritische Schallgeschwindigkeit, also auch die Strömungsgeschwindigkeit bei $\varphi = 0$ ist.

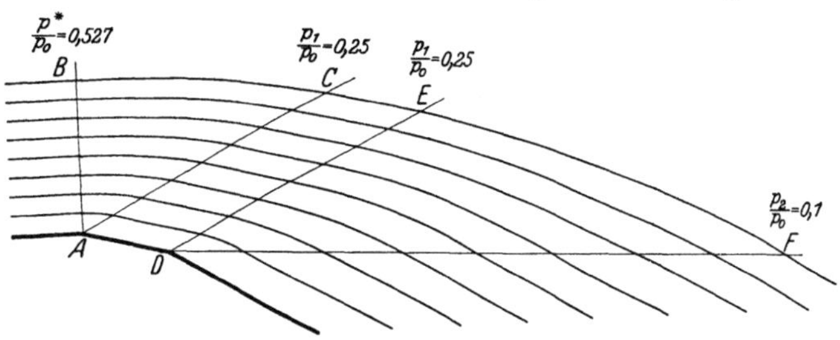

Abb. 18. Mehrfache Ablenkung durch Expansion.

Es ist nun eine besonders charakteristische Eigenschaft der PRANDTL-MEYERschen Lösung, daß sie auf einem beliebigen Fahrstrahl etwa AC (Abb. 18) unterbrochen werden kann und daß ein Stück geradliniger Strömung angesetzt werden darf ($ACDE$), ohne daß die Strömung in ABC irgendwie geändert würde. Der innere Grund für diese der inkompressiblen Strömung völlig fremden Tatsache ist der, daß alle Störungen, die etwa im Zwischenraum $ACED$ vorhanden sind (beispielsweise der neue Knick D) nicht zurückwirken, da diese Störungen sich auf den entsprechenden MACHschen Linien (z. B. DE) ausbreiten und diese nicht das Gebiet ABC erreichen. In Abb. 18 sind zwei

Zahlentafel 1.

p/p_0	φ	ψ	ν	u/a	u/a^*
0	219° 19′	90°	129° 19′	∞	2,44
0,01	135° 33′	74° 19′	61° 14′	3,70	2,089
0,03	118° 23′	70° 6′	48° 17′	2,935	1,942
0,05	108° 39′	67° 24′	41° 15′	2,60	1,850
0,08	98° 21′	64° 14′	34° 7′	2,300	1,749
0,10	92° 51′	62° 23′	30° 28′	2,153	1,695
0,12	88°	60° 39′	27° 21′	2,040	1,649
0,15	81° 33′	58° 10′	23° 23′	1,895	1,576
0,20	72° 7′	54° 9′	17° 58′	1,707	1,480
0,25	63° 37′	50° 3′	13° 34′	1,558	1,400
0,30	55° 33′	45° 41′	9° 52′	1,430	1,319
0,35	47° 32′	40° 48′	6° 44′	1,320	1,240
0,40	39° 10′	35° 4′	4° 6′	1,221	1,168
0,45	29° 45′	27° 48′	1° 57′	1,130	1,100
0,50	17° 18′	16° 53′	0° 25′	1,045	1,037
0,527	00° 00′	00° 00′	0° 00′	1	1

[1]) TH. MEYER, Dissert. S. 19.

Ablenkungen gezeichnet, die erste ist durch eine Expansion vom kritischen Druck $p^* = 0{,}527\,p_0$ auf den Druck $0{,}25\,p_0$ hervorgerufen. Die zugehörige Ablenkung ν (Neigung der Wand AD) kann aus Zahlentafel 1 entnommen oder mit den Formeln (4) und (7) berechnet werden. Bei D setzt eine zweite Ablenkung den Druck auf $0{,}1\,p_0$ herab, der auf dem Strahl DF erreicht wird.

Die Ablenkung kann auch stetig vor sich gehen (Expansion an einem gewölbten Profil, Abb. 19). In diesem Falle hat man den soeben beschriebenen Vorgang unbegrenzt wiederholt zu denken mit jeweils unendlichen kleinen Ablenkungswinkeln. In Abb. 19 kommt der Strom mit Überschallgeschwindigkeit in A an. Die φ-, ψ-, ν-Werte seien dort bzw. φ_a, ψ_a, ν_a. Betrachten wir nun die Oberseite, so ist der dort einsetzende Expansionsvorgang vollkommen durch die Neigung der Oberfläche gegen die ursprüngliche Stromrichtung bestimmt. Sei diese an irgendeinem Punkt C gleich ε, so ist $\nu_c = \nu_a + \varepsilon$; da aber mit ν auch ψ und φ gegeben sind (etwa aus Tabelle 1), so ist es ohne weiteres möglich, die Störungslinien, längs denen auch hier der Strömungszustand konstant ist, anzugeben; sie müssen mit der Wandnormalen den Winkel ψ bilden. Auch die Stromlinien können konstruiert werden, indem deren Tangentenrichtung in einem beliebigen Punkt D übereinstimmt mit der Tangentenrichtung in dem Wandpunkt, der auf derselben Störungslinie liegt. Für solche Betrachtungen ist eine Auftragung bequem, bei welcher als unabhängige Veränderliche ν genommen ist.

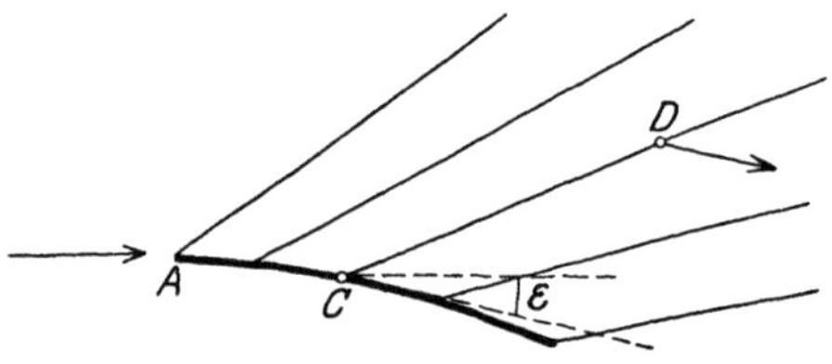

Abb. 19. Stetige Ablenkung.

Daß solche Strömungen sich tatsächlich verwirklichen lassen, geht aus Abb. 20 hervor (Aufnahme nach der TÖPLERschen Schlierenmethode). Ein zugeschärftes Strebenprofil ist einem Luftstrom von hoher Geschwindigkeit (U/a = rund 1,8) ausgesetzt. Die Unterseite ist teilweise bedeckt von Befestigungsorganen, die außerhalb des Strahles liegen. An der Vorderkante (Anströmung von links) ist ein schwacher Verdichtungsstoß (s. Ziff. 24) sichtbar. Dann tritt eine Expansion ein, deren Störungslinien den soeben beschriebenen Charakter haben. Der Verdichtungsstoß ist dadurch hervorgerufen, daß das Profil vorn einen endlichen Kantenwinkel besitzt. (Das Bild wird von einer weißen Linie von links oben nach rechts unten durchquert. Es ist dies eine von der Versuchsdüse ausgehende Störungslinie, die mit den Vorgängen am Profil nichts zu tun hat.)

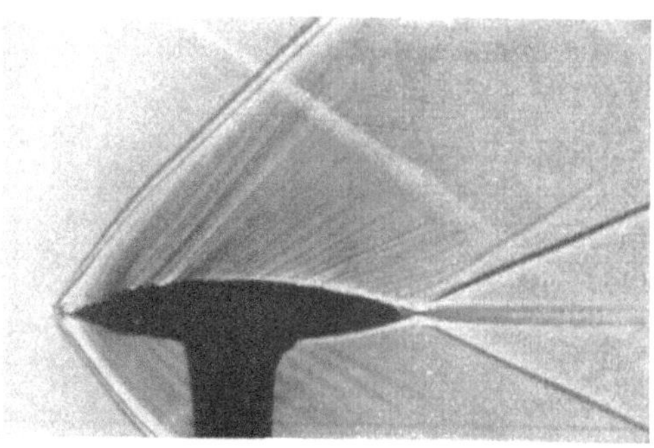
Abb. 20. Schlierenaufnahme einer stetigen Ablenkung (Strömung um eine Strebe bei Überschallgeschwindigkeit).

Es ist auch möglich, durch geeignete Ablenkung Verdichtungen zu bekommen. Denkt man sich nämlich die Stromlinie $ABCD$ (Abb. 21) der gewöhnlichen Expansionsströmung materiell ausgeführt, dann können wir die Bewegungsrichtung umkehren (gestrichelter Pfeil), ohne daß sich an den Drücken etwas ändert. Man kann dann sagen, daß die erste MACHsche Störungswelle von C ausgeht, daß sodann bei der Kompression die Geschwindigkeit sich verringert, der Machsche Winkel sich vergrößert. Offenbar genügt es, wenn bloß das Stück CB materiell ausgeführt wird. Daß sämtliche Störungslinien durch einen Punkt E gehen, ist hier verursacht durch die besondere Form der Fläche CB; bei anderen Formen wird dies nicht mehr der Fall sein. Abb. 22 zeigt eine entsprechende Schlierenaufnahme. Man bemerkt das Ansteigen des Machschen Winkels, ferner ist ersichtlich, daß beim Zusammentreffen der einzelnen Verdichtungslinien diese sich nicht einfach durchkreuzen, sondern in einen (nicht ebenen) Verdichtungsstoß (s. Ziff. 22 und 24) übergehen. Es mag noch bemerkt werden, daß der erstgenannte allmähliche Verdichtungsvorgang im Gegensatz zum Verdichtungsstoß adiabatisch und umkehrbar verläuft, wenn man von der geringen Wirkung der inneren Reibung absieht.

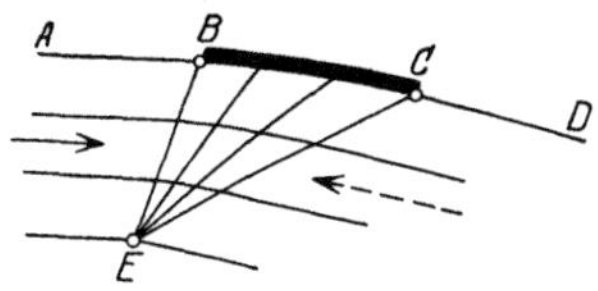

Abb. 21. Kompressions-Strömung (gestrichelter Pfeil).

Macht man den Anstieg der Fläche CB sehr steil, so ist der Treffpunkt der Mach-schen Linie nahe an C (Abb. 23). Hat der Öffnungswinkel α einen von Null verschiedenen kleinen Wert, so setzt sich der Stoß direkt auf C (s. Abb. 20). Bei noch größeren Kantenwinkeln rückt die Stoßwelle von C ab nach vorne und bei C herrscht Unterschallgeschwindigkeit (vgl. auch Ziff. 31, Abb. 67).

Abb. 22. Schlierenaufnahme einer Verdichtungsströmung.

19. Methode der Charakteristiken. Eine sehr allgemeine und leistungsfähige Methode zur Lösung ebener Probleme im Überschallgebiet ist von Prandtl und Steichen[1]) entwickelt worden. Sie geht aus von Ziff. 15, Gleichung (5), deren Behandlung, da sie nicht linear ist, große Schwierigkeiten macht.

Man kann durch die Legendresche (Berührungs-) Transformation neue Variable einführen und gelangt so zu einer linearen Gleichung. Bezeichnen wir mit $u = \partial\Phi/\partial x$, $v = \partial\Phi/\partial y$ die Geschwindigkeitskomponenten, so wird als neues unbekanntes Potential

$$\chi(u, v) = ux + vy - \Phi(x, y) \qquad (1)$$

genommen, während als unabhängige Variable u und v gelten sollen. Man kann die Transformation geometrisch deuten. An Stelle der Punktkoordinaten x, y, Φ (Φ in z-Richtung aufgetragen) werden drei Bestimmungsstücke u, v, χ der Tangentialebene im Punkte x, y, Φ der Lösungsfläche $\Phi = \Phi(x, y)$ genommen, und zwar ist χ die Strecke auf der z-Achse zwischen Nullpunkt und Schnittpunkt der z-Achse mit der Tangentialebene; u und v sind die Neigungen der Tangentialebene in der x- bzw. y-Richtung. Weiterhin ist

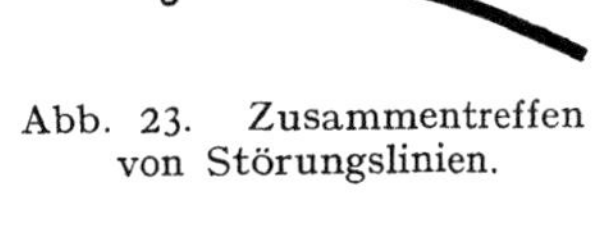

Abb. 23. Zusammentreffen von Störungslinien.

$$x = \frac{\partial\chi}{\partial u}, \qquad y = \frac{\partial\chi}{\partial v}. \qquad (2)$$

[1]) A. Steichen, Beiträge zur Theorie der zweidimensionalen Bewegungsvorgänge in einem Gase, das mit Überschallgeschwindigkeit strömt. Dissert. Göttingen 1909.

Die Gleichung (5) von Ziff. 15 selbst aber nimmt die Form an

$$\frac{\partial^2\chi}{\partial u^2}\left(1-\frac{v^2}{a^2}\right)+\frac{\partial^2\chi}{\partial v^2}\left(1-\frac{u^2}{a^2}\right)+2\frac{\partial^2\chi}{\partial u\,\partial v}\frac{u\,v}{a^2}=0\,, \tag{3}$$

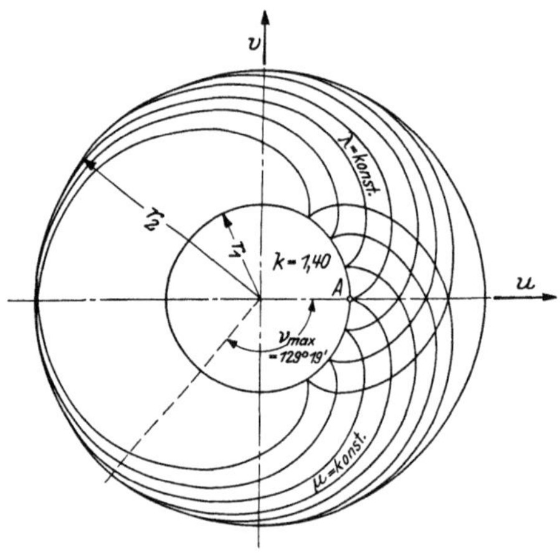

Abb. 24. Charakteristiken ($k = 1{,}4$).

die nunmehr in χ linear ist. Eine weitere Vereinfachung besteht darin, daß die unabhängigen Veränderlichen nochmals geändert werden. Man führt nämlich in der (u, v)-Ebene krummlinige Koordinaten ein, die Grundrisse der charakteristischen Kurven der Differentialgleichung (3), welche Projektionen auf die (u, v)-Ebene selbst kurzweg als Charakteristiken bezeichnet werden. Nach bekannten Methoden[1]) findet man die gewöhnliche Differentialgleichung dieser Charakteristiken

$$\left(\frac{dv}{du}\right)^2\left(1-\frac{v^2}{a^2}\right)-2\frac{dv}{du}\frac{uv}{a^2}+\left(1-\frac{u^2}{a^2}\right)=0\,, \tag{4}$$

deren geschlossene Integration möglich ist. Das Resultat läßt sich in sehr einfacher Form darstellen, wenn man es geometrisch interpretiert[2]). Es zeigt sich nämlich, daß die Charakteristiken zweiparametrige Kurvenscharen sind, und zwar Epizykloiden. Man zeichne (Abb. 24) die beiden Kreise $r_1 = a^*$, $r_2 = a^*\sqrt{\frac{k+1}{k-1}}$, wo a^* die kritische Schallgeschwindigkeit bedeutet; r_2 stellt die maximale Geschwindigkeit dar. Man lasse nun den Kreis mit dem Radius $r = \frac{r_2 - r_1}{2}$ zwischen den beiden Kreisen r_1 und r_2 im einen und anderen Sinn abrollen. Jeder Punkt des Rollkreises bewegt sich dann auf einer Charakteristik. Für vielatomige Gase $k \backsim 1$ (isothermische Strömung) wird $r_2 = \infty$; die Charakteristiken sind jetzt Evolventen an den Grundkreis (Abb. 25). Den Kurven der einen bzw. der anderen Schar geben wir Winkelwerte λ bzw. μ, die so gezählt werden,

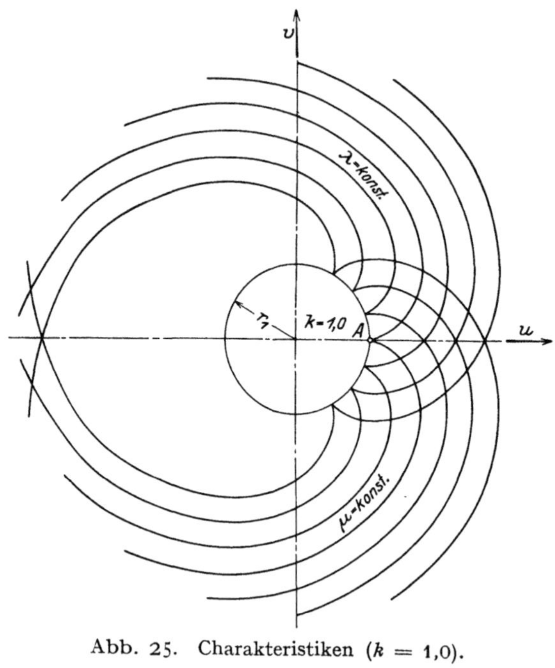

Abb. 25. Charakteristiken ($k = 1{,}0$).

[1]) Siehe etwa: Die Differential- und Integralgleichungen der Mechanik und Physik (RIEMANN-WEBER), 7. Aufl., I. S. 505.

[2]) Hierauf hat Herr THIESSEN-Göttingen aufmerksam gemacht.

daß sie von einem beliebigen Anfangspunkt A aus im einen bzw. anderen Sinne wachsen.

Wählt man nunmehr die λ und μ als unabhängige Veränderliche, so erhält man an Stelle von Gleichung (3)

$$\frac{\partial^2\chi}{\partial\lambda\,\partial\mu} = \mp\left\{\frac{\partial\chi}{\partial\lambda} + \frac{\partial\chi}{\partial\mu}\right\}K, \tag{5}$$

wobei K mit dem Geschwindigkeitsbetrag $\mathfrak{v}$ den Ausdruck bedeutet

$$K = \frac{\frac{\mathfrak{v}^2}{a^{*2}} - \frac{1}{2}\frac{\mathfrak{v}^4}{a^{*4}}}{(k+1)\sqrt{\left(1 - \frac{k-1}{k+1}\frac{\mathfrak{v}^2}{a^{*2}}\right)\left(\frac{\mathfrak{v}^2}{a^{*2}} - 1\right)^3}}. \tag{6}$$

K hängt nur von $\mathfrak{v}^2/a^{*2}$ ab; Zahlentafel 2 gibt einige Werte nach STEICHEN[1]) (für $k = 1{,}405$)

Hat man jetzt die χ-Werte etwa längs einer λ- und einer μ-Kurve gegeben (Randbedingung), dann ist es beispielsweise durch Differenzenrechnung möglich, die χ-Werte schrittweise für die Punkte des Zwischengebietes zu ermitteln, da K ja überall bekannt ist (Abb. 26). Die Beziehungen (2) geben dann den Ort in der (x, y)-Ebene. In irgendeinem Punkte der (x, y)-Ebene findet man die Richtung der durch diesen Punkt gehenden Störungslinien (MACHschen Linien), indem man im zugehörigen (u, v)-Punkt die Normalen auf die dort durchgehenden Charakteristiken errichtet (Abb. 27). Die Störungslinien s_1 und s_2 sind diesen Normalen parallel. Der Beweis dafür kann mit Hilfe von Gleichung (4) erbracht werden. STEICHEN hat als Beispiel die Durchkreuzung zweier MEYER-Expansionen berechnet, die man natürlich keineswegs einfach superponieren darf (obwohl die Superposition nicht sehr von der Wahrheit abweicht). Die Gleichung wurde numerisch integriert für das Gebiet $CDEF$ (Abb. 30).

Zahlentafel 2.

$\frac{\mathfrak{v}^2}{a^{*2}}$	K	$\frac{\mathfrak{v}^2}{a^{*2}}$	K
1	$+\infty$	3,6	−0,455
1,1	7,210	3,8	−0,5055
1,2	2,498	4	−0,560
1,4	0,7895	4,2	−0,620
1,6	0,335	4,4	−0,688
1,8	0,1255	4,6	−0,7665
2	0	4,8	−0,861
2,2	−0,0875	5	−0,980
2,4	−0,156	5,2	−1,1385
2,6	−0,2135	5,4	−1,3715
2,8	−0,265	5,6	−1,7755
3	−0,3135	5,8	−2,838
3,2	−0,360	5,938	$-\infty$
3,4	−0,407		

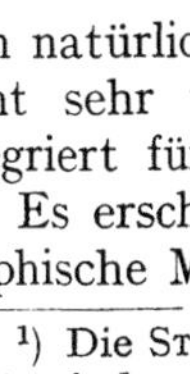

Abb. 26. Schrittweise Auflösung der Gl. (5).

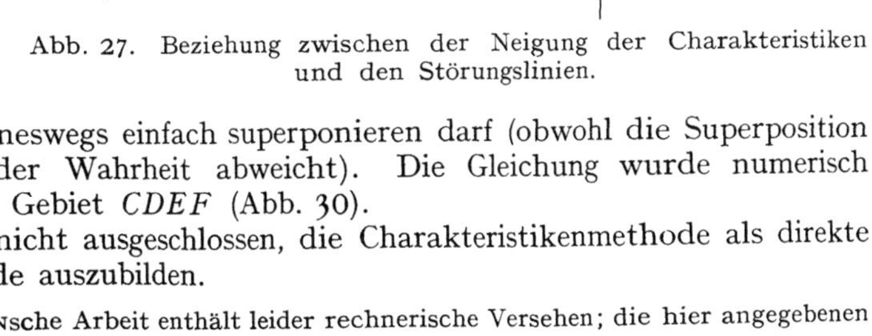

Abb. 27. Beziehung zwischen der Neigung der Charakteristiken und den Störungslinien.

Es erscheint nicht ausgeschlossen, die Charakteristikenmethode als direkte graphische Methode auszubilden.

[1]) Die STEICHENsche Arbeit enthält leider rechnerische Versehen; die hier angegebenen Werte sind von Herrn THIESSEN berichtigt.

20. Gasstrahlen. Die PRANDTL-MEYERsche Lösung gibt einen guten qualitativen Überblick der Wellenvorgänge in freien Gasstrahlen, wie sie von MACH[1]), P. und R. EMDEN[2]), STODOLA[3]) und PRANDTL[4]) beobachtet worden sind.

STODOLA maß mit einem durch den Strahl (parallel zur Strömungsrichtung) gehenden Röhrchen, das eine seitliche Anbohrung hatte, den statischen Druck im Strahl. Seine Kurven (Abb. 28) zeigen starke periodische Verdichtungen und Verdünnungen in Strahlrichtung, wenn der Druck an der Mündung mit dem Außendruck nicht übereinstimmt.

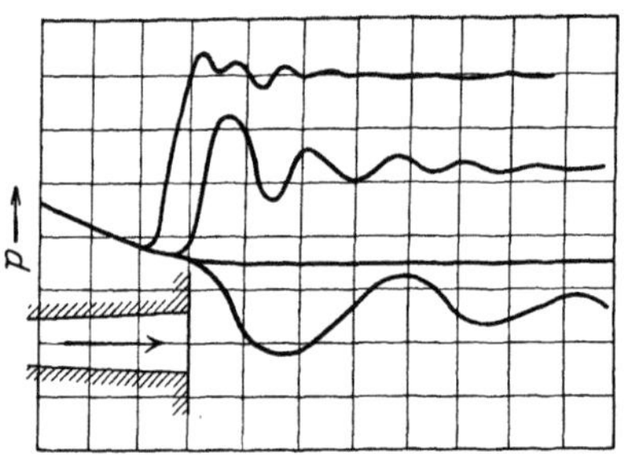

Abb. 28. Drucke in einem Dampfstrahl.

MACH, EMDEN und PRANDTL wandten die TÖPLERsche Schlierenmethode an, welche Dichtigkeitsgradienten im Luftstrom optisch sichtbar macht. Abb. 29 zeigt schematisch die optische Einrichtung, wie sie PRANDTL verwandte[5]). Die Schlierenblende ist verstellbar und um die optische Achse drehbar montiert; letzteres, um die Dichtigkeitsgradienten in beliebiger Richtung sichtbar zu machen.

Am einfachsten liegen die Verhältnisse bei zweidimensionaler Bewegung. Da der Druckverlauf in der Ausflußdüse durch die Querschnitte eindeutig festgelegt ist, sofern nur im engsten Querschnitt die Schallgeschwindigkeit erreicht ist, wird der Druck p_1 in der Mündungsebene MM (s. Abb. 30) im allgemeinen nicht mit dem Außendruck p_a übereinstimmen. Ist in MM die Schallgeschwindigkeit überschritten (AB also größer als der engste Querschnitt) und ist zunächst p_a kleiner als p_1, so setzt um jede der Kanten A und B eine MEYER-Expansion ein.

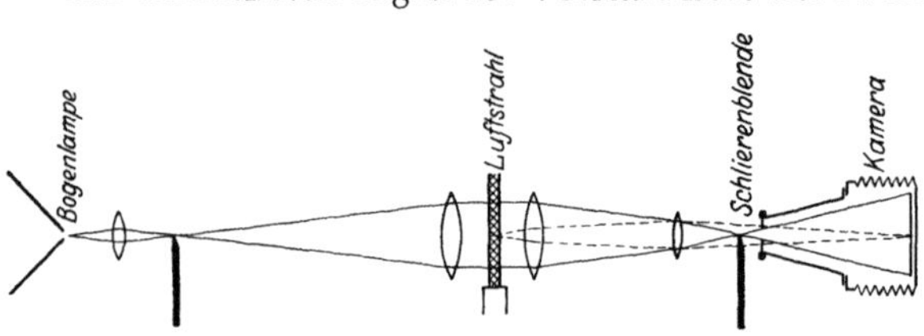

Abb. 29. Einrichtung für Schlierenaufnahmen.

In AF und BD ist die Expansion beendet, der Außendruck p_a erreicht. Die Störungskeile durchdringen sich zwar nicht ohne gegenseitige Beeinflussung, aber für einen ersten Überblick können wir

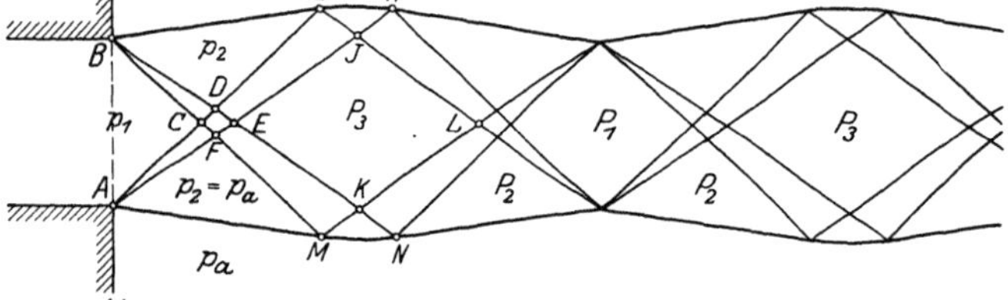

Abb. 30. Wellen in freien Gasstrahlen.

[1]) L. MACH, Wien. Ber. 106, 1897.

[2]) R. EMDEN, Über die Ausströmungserscheinungen permanenter Gase. Habilitationsschrift. Leipzig 1899; auch Ann. d. Phys. Bd. 69, S. 264. 1899. — P. EMDEN, Die Ausströmungserscheinungen des Wasserdampfes. Dissert. München 1903.

[3]) A. STODOLA (Fußnote 1, S. 302), S. 105.

[4]) L. PRANDTL, Phys. ZS. Bd. 8, S. 23. 1907. — Über Gasstrahlen ferner: L. PRANDTL, ebenda Bd. 5, S. 559. 1904; TH. V. KÁRMÁN, ebenda Bd. 8, S. 209. 1907; A. FLIEGNER hatte die Meinung vertreten, daß in Gasstrahlen keine Überschallgeschwindigkeiten vorkommen. In diesen Aufsätzen wird gezeigt, daß dem nicht so ist.

[5]) S. auch MAGIN, Optische Untersuchungen über den Ausfluß von Luft durch eine Lavaldüse. Dissert. Göttingen 1908.

einfache Superposition annehmen. An der freien Strahlgrenze tritt Reflexion der Störungswellen ein; Verdünnungswellen werden als Verdichtungswellen zurückgeworfen und umgekehrt. Sei nämlich (Abb. 31) *SS* die freie Strahlgrenze, so würde die Verdünnungswelle *GH* einen Druckabfall von *G* nach *H* bewirken. Längs einer Freistrahlgrenze muß aber der Druck (und auch die Geschwindigkeit) konstant sein. Das bedingt sekundäre Verdichtungswellen (gestrichelt), die die Störung bei *GH* gerade aufheben. Die reflektierten Wellen pflanzen sich unter dem entsprechenden MACHschen Winkel in den Strahl hinein fort. Eine feste Wand wirft Störungswellen mit gleichem Vorzeichen zurück. Die sekundären Wellen müssen so beschaffen sein, daß sie Geschwindigkeitskomponenten normal zur Wand kompensieren (s. Abb. 32). Im Gebiete *EJLK* von Abb. 30 ist der Druck tiefer als der Außendruck p_a, da ja schon in *BDG* (bzw. *AFM*) p_a herrscht und von *BDG* zu *EJLK* ein Übergang nur durch Expansionsgebiete erfolgt.

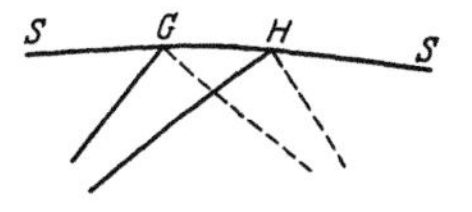

Abb. 31. Wellenreflexion an einer freien Strahlgrenze.

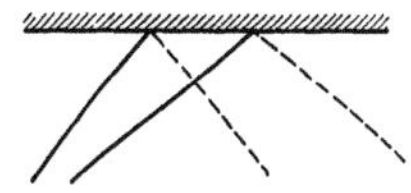
Abb. 32. Wellenreflexion an einer festen Wand.

Die Reflexionen wiederholen sich, so daß in den Strahlen manchmal eine große Anzahl Wellen beobachtet werden können. Die innere Reibung, ferner das Eindringen von Reibungswirkungen von der Strahlgrenze her bewirken allerdings ein Abklingen der Amplituden, wie in Abb. 28 deutlich zu sehen ist. Ist der Druck außerhalb der Düse gleich p_1, so verschwindet die Expansion um die Austrittskanten. Man beobachtet zwar in diesem Falle Störungslinien, allein sie sind sehr schwach, durch zufällige Ungleichheiten der Düsenwandungen bedingt. Abb. 33 gibt eine Aufnahme dieses Strömungszustandes wieder; Abb. 34 den vorher beschriebenen Fall kleineren Außendruckes.

Abb. 33.

Abb. 34.

Abb. 35.
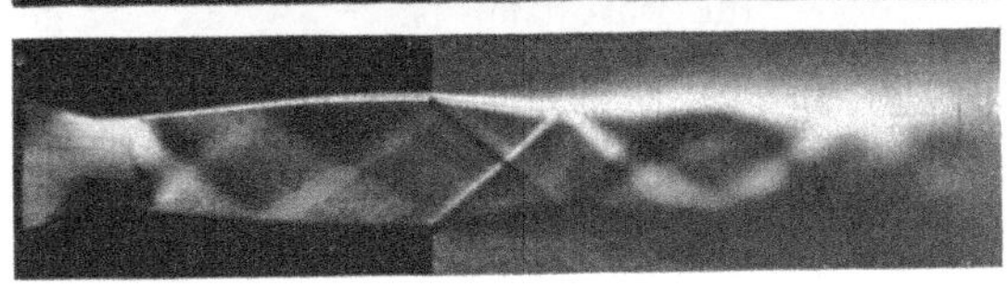

Abb. 33. Schlierenaufnahme eines Gasstrahles. Mündungsdruck gleich Außendruck.

Abb. 34. Schlierenaufnahme eines Gasstrahles. Mündungsdruck höher als Außendruck.

Abb. 35. Schlierenaufnahme eines Gasstrahles. Mündungsdruck tiefer als Außendruck.

Steigt der Gegendruck p_a über p_1, dann ist die von der Kante ausgehende Störung eine Verdichtungswelle (schiefer Verdichtungsstoß, s. Ziff. 24). Auch dieser wird mit umgekehrtem Vorzeichen als Verdünnungswelle am Strahlrand zurückgeworfen, wobei der aufgelöste Zustand der Verdünnungswelle gegenüber der Schärfe des Verdichtungsvorganges deutlich zu erkennen ist (Abb. 35). Würde man den Gegendruck weiter erhöhen (bei unverändertem Anfangsdruck p_0), so würde der Verdichtungsstoß flacher gegen die Mündung stehen, sodann würden die von beiden Kanten ausgehenden Stöße in die Mündungsebene hineinfallen und zu einem geraden Stoß werden. Bei fortschreitender Gegendruckerhöhung wandert der gerade Stoß in die Düse, und wenn er den engsten

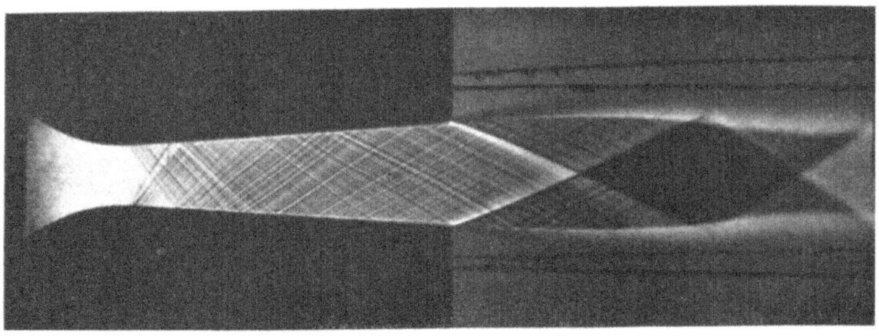

Abb. 36. Austritt aus einer Düse mit schrägen Flanken.

Querschnitt erreicht hat, wobei der Drucksprung Δp der Stoßwelle immer schwächer wird, hört jede Überschallgeschwindigkeit auf, die Düse wirkt als „Diffusor".

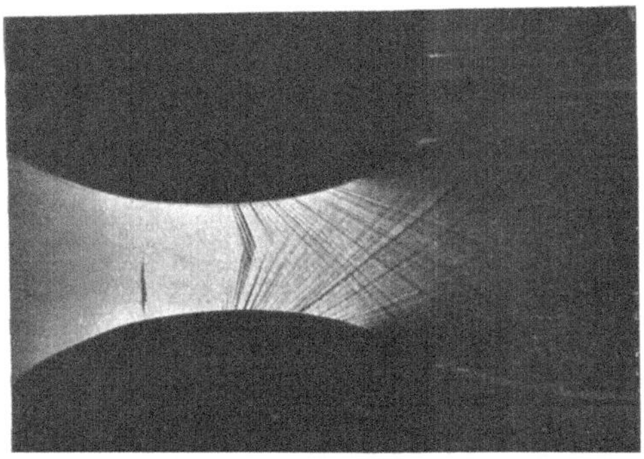

Abb. 37. Schlierenbild der Strömung durch die Düse, Abb. 11.

Abb. 36 zeigt den Austritt aus einer Düse mit ebenen schwach erweiterten Flanken. Mit solchen Düsen läßt sich ein Parallelstrahl nicht erreichen. Die Düsen in Abb. 33—35 haben für diesen Zweck besonders gekrümmte Flanken. Die von kleinen Unebenheiten der Wandungen herrührenden schwachen MACHschen Störungslinien im Innern der Düse zeigen durch ihre veränderliche Neigung die Zunahme der Geschwindigkeit von der Schallgeschwindigkeit im engsten Querschnitt an im ganzen divergenten Teil. Hier zeigt sich noch eine nahezu störungsfreie Durchdringung der von beiden Düsenwänden kommenden Wellen; allein dies hört bei stärkeren Störungen (stärkeren Wandkrümmungen) völlig auf, wie Abb. 37 zeigt, die übrigens die früher erwähnte von MEYER berechnete Wandform hat (s. Ziff. 17).

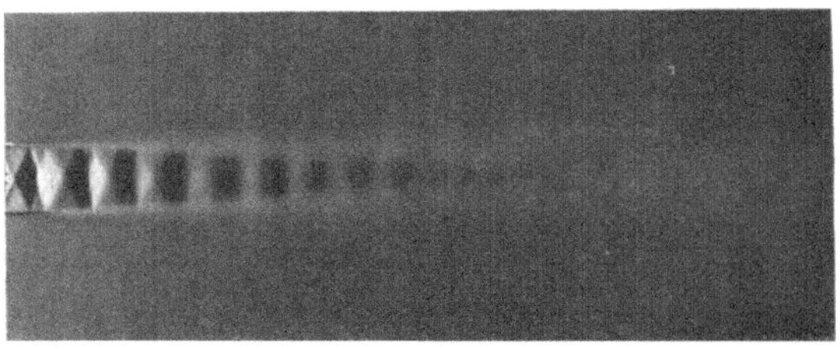

Abb. 38. Mehrfache Reflexionen.

Vielfache Reflexionen sieht man in Abb. 38.

Wenn der Gasstrahl aus einer einfachen Mündung (engster Querschnitt gleich Austrittsquerschnitt) tritt, sind die Erscheinungen qualitativ natürlich ganz so wie am Austritt divergenter Düsen. Es sind aber immer noch irrtümliche Meinungen verbreitet, so daß einige Bemerkungen darüber angebracht sind.

Die Austrittsgeschwindigkeit ist gleich der kritischen Schallgeschwindigkeit a^*. Jedoch tritt sehr wohl noch eine weitere Geschwindigkeitssteigerung des Strahles nach Verlassen der Mündung auf, wenn nämlich der Gegendruck p_a kleiner als der kritische Druck p^* ist [sog. freie „Expansion"[1])]. Mit Hilfe des Impulssatzes kann man leicht zeigen, daß der Axialimpuls des Strahles bei genügend großem Mündungsdruck beliebig wachsen kann. Berechnen wir nämlich (siehe Abb. 39 oben) die Impulsströme J durch die mit I und II bezeichneten Kontrollflächen, so erhalten wir für den Querschnitt II, in welchem wir den Außendruck p_a annehmen[2])

$$J_{II} = J_I + f_m (p^* - p_a). \quad (1)$$

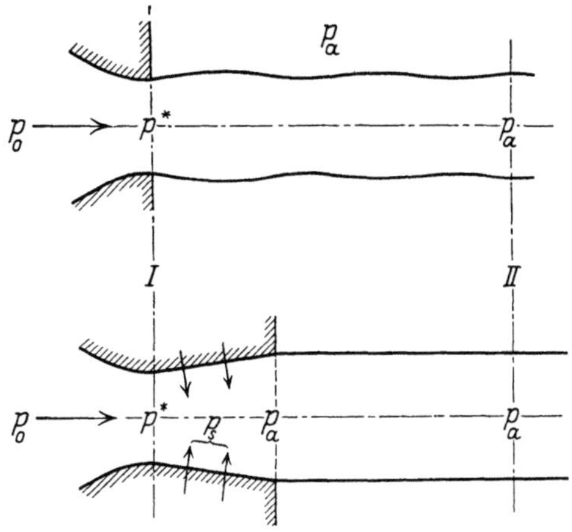

Abb. 39. Freie Expansion.

Für praktische Probleme (Dampfturbinen, Raketen) ist vielfach nur der Axialimpuls von Wichtigkeit. Man kann sich da fragen, ob es viel Zweck hat, den divergenten Teil der Lavaldüsen überhaupt auszuführen. Daß derselbe aber doch den Impuls erhöht, sieht man daran, daß der kegelige Teil noch einen positiven Beitrag zu den Druckgliedern des Impulssatzes liefert (p_s) (s. Abb. 39 unten). ZERKOWITZ berechnet für einen bestimmten Fall nebenstehende Tabelle.

$p_0 = 6$ at trocken gesättigter Dampf.

p_a	= 3,46	2,5	1,5	1,0	0,1 at
u_{ad}	= 449	560	679	778	1120 m/sek (ideale Düse)
u	= 449	558,5	672	730	834 m/sek (einf. Mündg.)

Da durch Wegfall des Kegels die Wandreibung durch die geringere Mischungsreibung ersetzt wird, kann bei nicht zu tiefem p_a das Weglassen des Konus Vorteile bringen.

Die Ausbreitung bei verschiedenen Gegendrücken zeigt Abb. 40a, b, c, wobei a geringem, b mittlerem, c dem größten Gegendruck entspricht, welch letzterer aber immer noch unter dem kritischen liegt (Ausströmung aus einer Mündung). Ist der Mündungsdruck sehr viel größer als der Außendruck, wie z. B. bei Feuerwaffen, wo nach dem

a

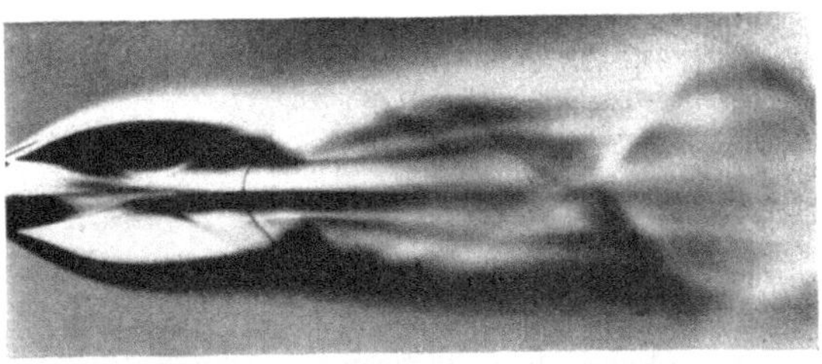

b

c

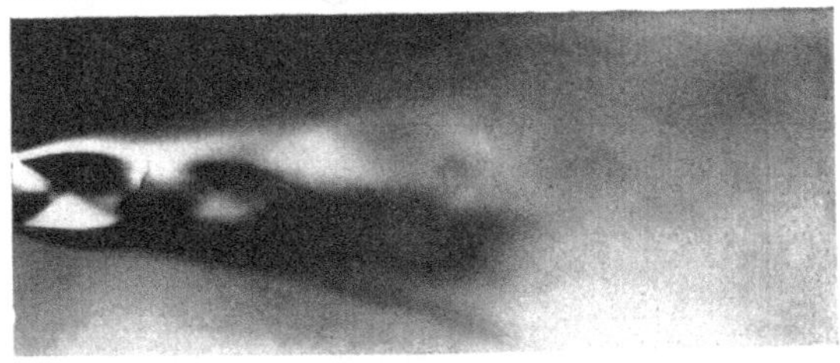

Abb. 40a—c. Gasstrahlen aus einfachen Mündungen bei verschieden großem Gegendruck.

[1]) A. ZERKOWITZ, Dinglers Journ. 1914; ZS. f. d. ges. Turbinenw. 1916, S. 13.

[2]) Bezüglich des dazu nötigen Abstandes des Schnittes II von der Düsenmündung vgl. man Abb. 28.

Wegfliegen des Geschosses die Verbrennungsgase mit mehreren hundert Atmosphären auspuffen, so bildet sich eine glockenförmige Wolke aus. Cranz hat davon verschiedene Aufnahmen gemacht[1]) und auch versucht, die Geschwindigkeit zu messen (s. Abb. 41). Man kann den Ansatzwinkel α der Glocke (Abb. 42) gleich dem maximalen Winkel ν_{max} (s. Ziff. 18) nehmen, sofern die Ausströmung aus einer einfachen Mündung erfolgt. Bei erweitertem Rohr ist α kleiner. Solche Glocken werden sich wohl auch beim Ausströmen von Quecksilberdampf ins Hochvakuum bilden (Strahlpumpen).

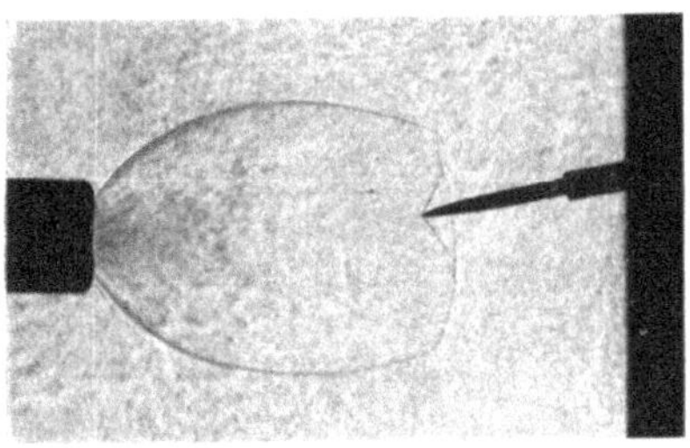

Abb. 41. Glockenbildung bei Austritt der Pulvergase aus einem Gewehrlauf.

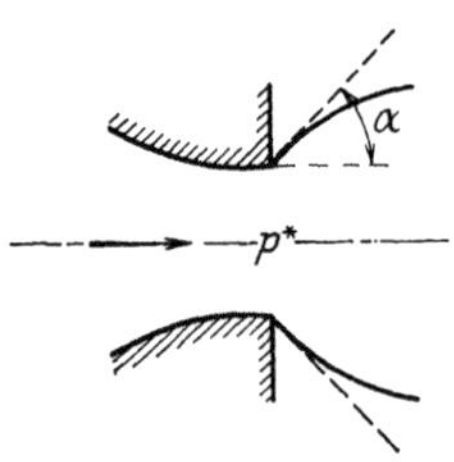

Abb. 42. Schema der Glockenbildung.

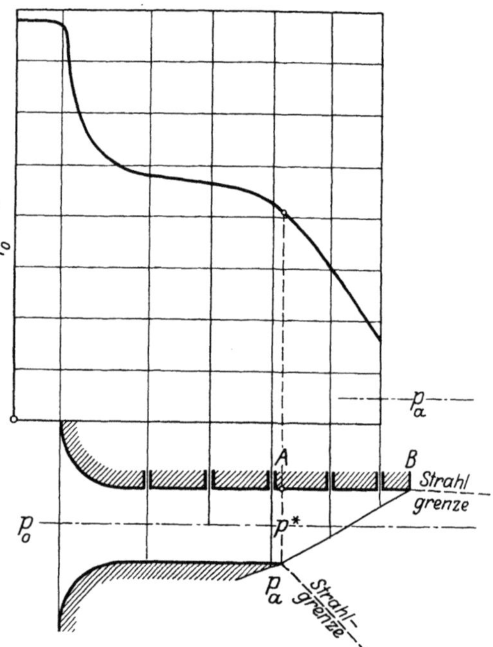

Abb. 43. Schräg abgeschnittene Mündung. Strahlablenkung.

Bei schräg abgeschnittenen rechteckigen Mündungen, wie sie (nach Zoelly) im Dampfturbinenbau oft verwendet werden (Abb. 43), ergibt sich für $p^* > p_a$ eine Ablenkung des Strahles durch den an der Seitenfläche AB noch herrschenden Druck, der allmählich auf p_a im Punkte B fällt[2]). Da die Winkel der Laufradschaufeln der Austrittsrichtung des Strahles angepaßt werden müssen, hat diese Strahlablenkung für den Konstrukteur naturgemäß große Bedeutung.

V. Unstetige Bewegungsvorgänge.

21. Entstehung von Verdichtungs- und Verdünnungswellen. Riemann[3]) hat 1860 rechnerisch nachgewiesen, daß in kompressiblen Medien unstetige Bewegungsvorgänge auftreten können, auch wenn der Beginn der Bewegung ein durchaus stetiger ist. Es dauerte ziemlich lange, bis es gelang, solche Unstetig-

[1]) C. Cranz u. B. Glatzel, Ann. d. Phys. Bd. 43, S. 1186. 1914.
[2]) Messung von A. Stodola, (Fußnote 1 S. 302). S. 115.
[3]) B. Riemann, Über die Fortpflanzung ebener Luftwellen von endlicher Schwingungsweite. Abhandlgn. d. Ges. d. Wiss. zu Göttingen 1860, S. 8; Ges. Werke, 2. Aufl., S. 156; H. Weber, Die part. Differentialgleichungen der mathematischen Physik nach Riemanns Vorlesungen. 5. Aufl., Bd. II, S. 481. Braunschweig 1912.

keiten auch experimentell zu erfassen. Heute können wir von einer Bestätigung der RIEMANNschen Theorie sprechen mit einer Einschränkung, die später (siehe Ziff. 22) noch näher besprochen wird.

Einen wesentlichen Fortschritt verdankt man HUGONIOT[1]), der zum ersten Male eine völlig korrekte Darstellung gab.

RIEMANN behandelte den eindimensionalen Vorgang, und die meisten anderen Autoren sind ihm darin gefolgt. Für dreidimensionale unstetige Vorgänge liegen kaum Ansätze vor; etwas besser steht es mit den unstetigen ebenen Bewegungen.

Betrachten wir die Gasbewegung in einem Rohr, die sich einstellt, wenn ein darin nach rechts gleitender Kolben in Bewegung gesetzt wird. Geschieht dies anfänglich sehr langsam (etwa nach dem Gesetz $x = gt^2/2$), so spielt sich qualitativ folgender Vorgang ab: Die dem Kolben benachbarten Gasteilchen erfahren eine kleine Störung, die bewirkt, daß sie sich nach rechts in Bewegung setzen mit einer Geschwindigkeit $u = \dot{x}$. Die Störung selbst wird sich mit der sehr viel größeren Schallgeschwindigkeit a ausbreiten, die ja als Fortpflanzungsgeschwindigkeit kleiner Störungen definiert ist. Da nun aber die Kolbengeschwindigkeit steigt, gehen von dem Kolben ständig neue Störungen aus (Beschleunigungswellen). Das Wesentliche ist jetzt, daß diese neuen Schallwellen sich in einem Medium fortpflanzen, das bereits in (schwacher) rechtsläufiger Bewegung ist, und das obendrein sich in etwas verändertem Zustande befindet, indem zur Beschleunigung des Gases eine Druck- und damit zusammenhängend eine Temperatursteigerung nötig ist. Das Ergebnis ist eine größere Ausbreitungsgeschwindigkeit der späteren Störungen. Was nun weiter eintritt, hängt ganz von dem Beschleunigungsgesetz ab. Jedoch ist qualitativ ersichtlich, daß die Beschleunigungswellen sich einholen, und daß es dann leicht möglich ist, daß die Druckgradienten außerordentlich hohe Werte erreichen.

Bei Verdünnung treten solche starken Druckgefälle im Rohre nicht ein. Man kann im Gegenteil einsehen, daß die aufeinanderfolgenden Störungen sich nicht einholen können. Wenn wir den Kolben allmählich nach links hin in Bewegung setzen, so geht im ersten Augenblick vom Kolben aus eine sehr schwache Verdünnungswelle mit Schallgeschwindigkeit nach rechts. Die von der Welle erfaßten Gasteilchen nehmen eine Bewegung nach links an. Da der Druck und damit auch die Temperatur sinkt, wird die Schallgeschwindigkeit obendrein geringer, so daß die nächste Störung weniger rasch sich nach rechts fortpflanzt und so den Wellenkopf der ersten nicht einholen kann.

Man kann den Vorgang rechnerisch verfolgen, wenn man annimmt, daß die Verdichtung bzw. Verdünnung adiabatisch verläuft, solange sich die Wellenköpfe noch nicht eingeholt haben. Diese Annahme läßt sich dadurch rechtfertigen, daß die Theorie der endlichen Störungen im Grenzfall schwacher Störungen zu diesem Ergebnis führt (s. Ziff. 22).

In dem (x, t)-Diagramm (Abb. 44) stellt die stark ausgezogene Linie den Ort des Kolbens dar. Krümmung dieser Linie zeigt also Beschleunigung an. Von $t = 0$ bis $t = t'$ soll Beschleunigung herrschen, von da an konstante Geschwindigkeit. Die erste Störung pflanzt sich in ruhender Luft fort, die Gerade a_1 stellt die Ausbreitung derselben dar. Jedes von der Störung erfaßte Gasteilchen wird, da wir Verdichtung rechts vom Kolben haben, eine geringe Dichteänderung $d\varrho$ erleiden und gleichzeitig die Geschwindigkeit du nach rechts hin annehmen. Zwischen du und $d\varrho$ besteht aber nach der Kontinuitätsgleichung eine einfache Beziehung. Wir denken uns einen Augenblick mit dem Wellenkopf bewegt. Das ruhende Gas rechts tritt dann mit der Relativgeschwindigkeit a in den Kopf

[1]) H. HUGONIOT, Journ. d. l'éc. polyt. Heft 57. 1887 u. Heft 58. 1889.

ein und verläßt ihn mit der kleineren Geschwindigkeit $a - du$. Da der Vorgang in diesen Koordinaten stationär ist, muß sein

$$\varrho a = (\varrho + d\varrho)(a - du),$$

d. h. mit genügender Näherung $a\,d\varrho = \varrho\,du$ oder

$$du = \frac{1}{\varrho} a\,d\varrho.$$

Jede Steigerung der Geschwindigkeit u hat weitere Verdichtungen zur Folge; die Kolbengeschwindigkeit (= Gasgeschwindigkeit unmittelbar am Kolben) ist nach einiger Zeit

$$u = \int_{\varrho_0}^{\varrho} \frac{1}{\varrho} \sqrt{\frac{dp}{d\varrho}}\, d\varrho, \tag{1}$$

indem ja allgemein $a = \sqrt{dp/d\varrho}$ ist. Das Integral ergibt nun bei Annahme adiabatischer Verdichtung wegen

$$\frac{p}{\varrho^k} = \frac{p_0}{\varrho_0^k}$$

die Geschwindigkeit

$$u = \frac{2\sqrt{\frac{p_0}{\varrho_0^k} k}}{k-1}\left(\varrho^{\frac{k-1}{2}} - \varrho_0^{\frac{k-1}{2}}\right) = \frac{2}{k-1}(a - a_0). \tag{2}$$

Die Ausbreitung jeder neuen Störung erfolgt mit der Geschwindigkeit

$$w = u + a = u + \sqrt{\frac{dp}{d\varrho}},$$

wofür auch geschrieben werden kann

$$w = a_0 + u\frac{k+1}{2}, \qquad a_0 = \sqrt{k\frac{p_0}{\varrho_0}}. \tag{3}$$

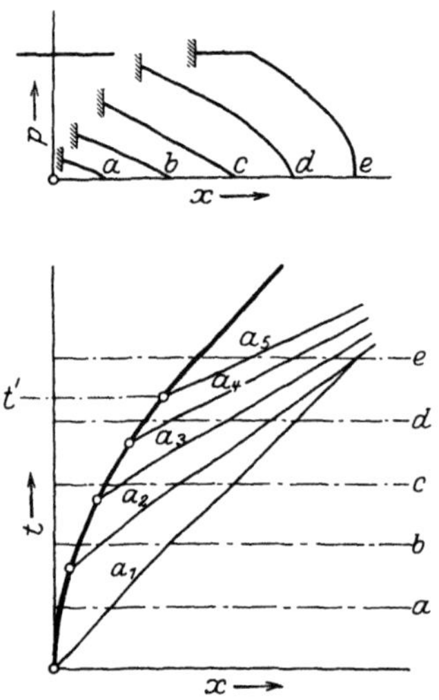

Abb. 44. Entstehung einer Stoßwelle.

Man kann nun zu jeder Kolben- bzw. Gasgeschwindigkeit die zugehörigen Ausbreitungslinien (a_1, a_2, a_3 usw.) berechnen (s. Abb. 44). Schneidet man mit t = konst., so erhält man die Geschwindigkeits- bzw. Druckverteilung längs der Rohrachse. Man erkennt wie die Wellenfront allmählich steiler wird. Mehrere Beispiele in sehr anschaulicher Behandlung findet man in einer Arbeit von KOBES[1]), der noch andere Beschleunigungsgesetze des Kolbens betrachtet, u. a. auch das folgende (HUGONIOT):

$$\dot{x} = \frac{2a_0}{k-1}\left(1 - \frac{a_0 t}{L}\right)^{-\frac{k-1}{k+1}} - \frac{2a_0}{k-1}. \tag{4}$$

In diesem Falle ergibt sich ein gleichzeitiges Zusammentreffen aller Störungswellen in einer festen Front von endlicher Amplitude bei $x = L$. Im allgemeinen aber werden die Vorgänge beim Zusammentreffen der verschiedenen Ausbreitungslinien, wie es scheint, so kompliziert, daß bisher noch keine vollständige Lösung des Problemes der Entstehung einer Stoßwelle aus stetigen Anfangsbedingungen vorliegt. Verdünnungswellen lassen sich leichter behandeln, da das Zusammentreffen der Störungslinien hier nicht vorkommt.

22. Der gerade Verdichtungsstoß. Wir gehen nun über zur Betrachtung der Stoßwelle (Verdichtungsstoß nach RIEMANN) mit endlicher Amplitude. Die wesentlichen Resultate können auf ganz elementarem Wege gefunden werden.

[1]) K. KOBES, ZS. d. österr. Ing.- u. Architekten-Vereines 1910.

Der Stoß möge sich mit der Geschwindigkeit w fortpflanzen. Er ist der Sitz einer Unstetigkeit in Geschwindigkeit, Druck, Temperatur, Dichte und Entropie (Abb. 45). Für unsere Betrachtungen wollen wir ein mit dem Sprung bewegtes Koordinatensystem wählen, so daß wir mit einer stationären Strömung rechnen können. Es ist dann, wenn wir die Relativgeschwindigkeiten gegen den Sprung mit u_1 und u_2, die Absolutgeschwindigkeit mit $\mathfrak{v}$ bezeichnen,

$$u_1 = -w,$$

$$u_2 = -w + \mathfrak{v}.$$

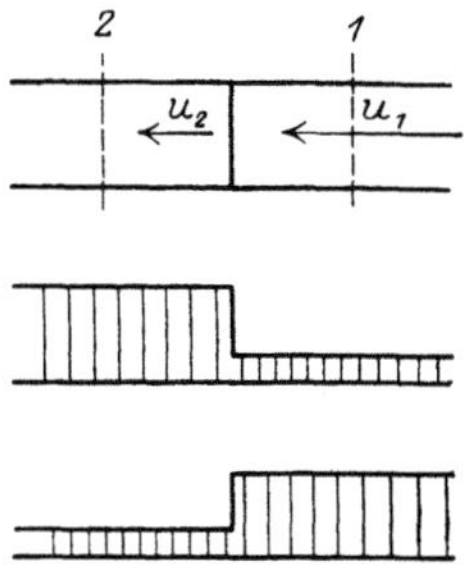

Abb. 45. Gerader Verdichtungsstoß.

Alle Größen vor dem Stoß sollen den Zeiger 1, nach dem Stoß den Zeiger 2 haben. Wir haben

$$\left.\begin{aligned} \varrho_1 u_1 &= \varrho_2 u_2 && \text{(Kontinuitätsgleichung),} \\ \varrho_1 u_1 (u_1 - u_2) &= p_2 - p_1 = \Delta p && \text{(Impulssatz),} \\ \frac{u_1^2}{2} + J i_1 &= \frac{u_2^2}{2} + J i_2 && \text{(Energiesatz).} \end{aligned}\right\} \tag{1}$$

Aus den ersten beiden Gleichungen können wir durch Elimination von u_2 ableiten

$$u_1 = \sqrt{\frac{\varrho_2}{\varrho_1}\,\frac{p_2 - p_1}{\varrho_2 - \varrho_1}} = \sqrt{\frac{\varrho_2}{\varrho_1}\,\frac{\Delta p}{\Delta \varrho}} \tag{2}$$

und entsprechend durch Elimination von u_1

$$u_2 = \sqrt{\frac{\varrho_1}{\varrho_2}\,\frac{\Delta p}{\Delta \varrho}}. \tag{2a}$$

Der Energiesatz gibt mit

$$i = E + \frac{1}{J}\,\frac{p}{\varrho}$$

$$J(E_2 - E_1) = \frac{p_1 + p_2}{2}\,\frac{\varrho_2 - \varrho_1}{\varrho_1 \varrho_2}. \tag{3}$$

Ersetzen wir schließlich E durch

$$c_v T = \frac{1}{k-1}\,\frac{1}{J}\,\frac{p}{\varrho},$$

so erhalten wir eine Beziehung zwischen p und ϱ allein (Hugoniot)

$$\frac{1}{k-1}\left(\frac{p_2}{\varrho_2} - \frac{p_1}{\varrho_1}\right) = \frac{p_1 + p_2}{2}\,\frac{\varrho_2 - \varrho_1}{\varrho_1 \varrho_2}. \tag{4}$$

Abb. 46 gibt eine für die Diskussion der Stoßvorgänge sehr bequeme Darstellung der Gleichung (4) für einen gegebenen Anfangszustand p_1, ϱ_1. Zunächst ist auffallend, daß ϱ_2 nicht über ein kleines Vielfaches des Anfangswertes steigen kann. Man findet nämlich

$$\varrho_{2\,\max} = \frac{k+1}{k-1}\,\varrho_1.$$

Durch einen Verdichtungsstoß kann also Luft ($k = 1{,}4$) höchstens sechsfach verdichtet werden. Der physikalische Grund dafür ist die mit der Kompression verbundene sehr starke Erwärmung, die weit größer ist als die durch adiabatische Verdichtung auf den gleichen Enddruck p_2 erzeugte. (Eine adiabatische Kompression, etwa in einer geeignet geformten Düse, s. Ziff. 9, würde allerdings auch auf sehr viel höhere Drücke führen.)

Aus dem Diagramm sieht man ferner ohne weiteres, daß sich starke Störungen (großes Δp) mit einer Geschwindigkeit ausbreiten, die die gewöhnliche Schallgeschwindigkeit erheblich übertrifft. Denn es ist ja $-w = u_1 = \sqrt{\frac{\varrho_2}{\varrho_1}\frac{\Delta p}{\Delta \varrho}}$, welcher Wert für gegebene Δp unmittelbar der Figur entnommen werden kann. Die Schallgeschwindigkeit ist die Ausbreitung sehr schwacher Störungen, also der Grenzwert dieses Ausdruckes für sehr kleines Δp. In der Tat ist ja sehr angenähert $\varrho_2 = \varrho_1$, $\Delta p/\Delta \varrho = dp/d\varrho$, also $u_1 = \sqrt{dp/d\varrho} = a$. In unserer Darstellung gibt die Tangente in P_1 (Abb. 46) ein Maß für a, die Steigung der Sehne P_1, P_2 ist aber größer, ebenso ist der Faktor ϱ_2/ϱ_1 größer als 1. Damit ist gezeigt, daß die Ausbreitung bei genügend starker Störung schließlich beliebig schnell vor sich gehen kann.

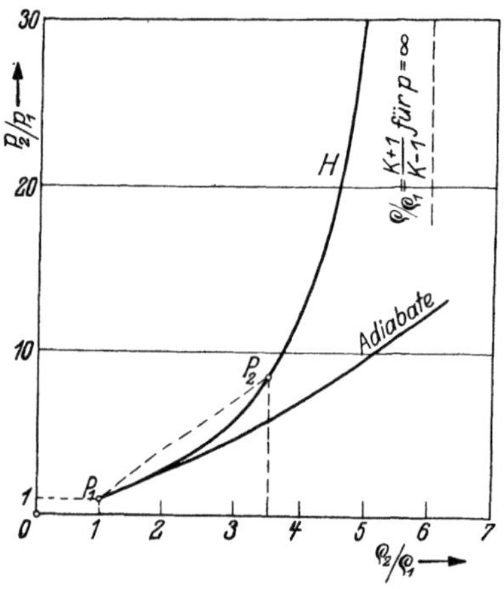

Abb. 46. Hugoniot-Kurve.

Eine weitere wichtige Eigenschaft der Hugoniot-Kurve (H) ist noch hervorzuheben: In der Nähe von P_1 deckt sie sich mit der Adiabaten durch P_1. Die Differenzengleichung (4) geht dann nämlich über in die Differentialgleichung

$$\frac{1}{k-1} d\left(\frac{p}{\varrho}\right) = p \frac{d\varrho}{\varrho^2}$$

oder

$$\frac{dp}{p} = k \frac{d\varrho}{\varrho}$$

oder schließlich $p = \alpha^2 \varrho^k$, die Poissonsche Adiabatengleichung. Für kleine Drucksprünge ist also die Annahme, daß vor und nach dem Stoß der Zustand des Gases durch ein und dieselbe Adiabate gegeben ist, im Grenzfall richtig. Bei größeren Drucksprüngen ist sie aber offenbar unzulässig[1]). Riemann hatte mit adiabatischer Zustandsänderung gerechnet, seine Ergebnisse gelten also nur für schwache Stöße. Hugoniot hat von vornherein die Energiegleichung herangezogen und damit diesen Fehler vermieden. Bei Heranziehung des Entropiebegriffes kann man auch sagen: schwache Stöße verlaufen ohne Entropieänderung, bei starken vermehrt sich die Entropie des Gases.

Um die Beziehungen zwischen der Wellengeschwindigkeit und den Änderungen der Zustandsgrößen allgemein darzustellen, kann man folgendermaßen vorgehen:

Die Geschwindigkeit u_1 vor dem (stationären) Verdichtungsstoß soll erzeugt sein durch Expansion in einer Lavaldüse mit dem Ausgangszustand p_0, $\varrho_0 T_0$, $\mathfrak{v}_0 = 0$. Dann ist [Ziff. 8 Gleichung (6)]

$$\mathfrak{v}^2 = u_1^2 = \frac{2k}{k-1} R T_0 \left(1 - \frac{T_1}{T_0}\right).$$

Führt man jetzt die „kritische Schallgeschwindigkeit" a^* ein neben der Schallgeschwindigkeit a_1 des Zustandes p_1, T_1, $\mathfrak{v}_1 = u_1$

$$a^{*2} = \frac{2k}{k+1} R T_0, \qquad a_1 = kRT_1,$$

---

[1]) Man vgl. hierzu G. Zemplén, Phys. ZS. Bd. 13, S. 498. 1912; Rayleigh, Theory of sound, 2. Aufl., Bd. II, S. 32.

so schreibt sich

$$u_1^2 = \frac{k+1}{k-1} a^{*2} - \frac{2}{k-1} a_1^2$$

oder

$$\frac{a^{*2}}{u_1^2} = \frac{2}{k+1} \frac{a_1^2}{u_1^2} + \frac{k-1}{k+1}. \tag{5}$$

Nun eliminieren wir aus Gl. (1) p_2, ϱ_2, wobei wir noch den Wärmeinhalt ersetzen durch

$$J i = \frac{k}{k-1} \frac{p}{\varrho}.$$

Bei Einführung der eben erwähnten kritischen Schallgeschwindigkeit erhält man dann nach kurzer Rechnung das einfache Ergebnis [PRANDTL[1])]

$$u_1 u_2 = a^{*2}. \tag{6}$$

Damit ergeben sich durch Einsetzen in die Gleichungen (1) die Beziehungen

$$\left.\begin{aligned} p_2 - p_1 = \Delta p &= \varrho_1 u_1^2 \left(1 - \frac{a^{*2}}{u_1^2}\right), \\ \varrho_2 - \varrho_1 = \Delta \varrho &= \varrho_1 \left(\frac{u_1^2}{a^{*2}} - 1\right), \\ T_2 - T_1 = \Delta T &= \frac{u_1^2}{2 J c_p} \left(1 - \frac{a^{*4}}{u_1^4}\right). \end{aligned}\right\} \tag{7}$$

Schließlich kann noch a^* ersetzt werden durch a_1, wodurch man erhält

$$\left.\begin{aligned} \Delta p &= \frac{2 \varrho_1 u_1^2}{k+1} \left(1 - \frac{a_1^2}{u_1^2}\right), \\ \Delta \varrho &= \varrho_1 \frac{1 - \left(\frac{a_1}{u_1}\right)^2}{\frac{k-1}{2} + \left(\frac{a_1}{u_1}\right)^2}, \\ \Delta T &= \frac{2k}{(k+1)^2} \frac{u_1^2}{J c_p} \left\{1 - \left(\frac{a_1}{u_1}\right)^2\right\} \left\{1 + \frac{1}{k} \left(\frac{a_1}{u_1}\right)^2\right\}. \end{aligned}\right\} \tag{8}$$

Im Falle sehr starker Störungen bzw. großer Wellengeschwindigkeiten (Explosionen, Luftwiderstand sehr rasch bewegter Körper, wie etwa Meteore) ergeben sich daraus folgende Näherungsgleichungen:

$$\left.\begin{aligned} \Delta p &= \frac{2}{k+1} \varrho_1 u_1^2, \\ \Delta \varrho &= \frac{2}{k-1} \varrho_1, \\ \Delta T &= \frac{2k}{(k+1)^2} \frac{u_1^2}{J c_p}. \end{aligned}\right\} \tag{8a}$$

Zahlentafel 3 gibt einen Ausschnitt einer größeren Tabelle von RÜDENBERG[2]) für Luft von 15° C ($T_1 = 288°$) und $\varrho_1 = 1{,}225 \cdot 10^{-3}$ g/cm³, $c_p = 0{,}238$ cal/g grad. In die Tabelle ist in Spalte 6 noch die Impulsstromdichte für eine in ruhender Luft fortschreitende Stoßwelle

$$j = \Delta p + \varrho_2 \mathfrak{v}^2$$

aufgenommen, die man mit Hilfe des Impulssatzes Gl. (1) auch schreiben kann

$$j = \Delta p \cdot \frac{\varrho_2}{\varrho_1}.$$

[1]) L. PRANDTL, ZS. d. Ver. d. Ing. 1904, S. 348.

[2]) R. RÜDENBERG, Artillerist. Monatsh. 1916, S. 237.

Zahlentafel 3.

Wellen-geschwindigkeit $w = u_1$ m/sec	Luft-geschwindigkeit $\mathfrak{v}$ m/sec	Drucksprung Δp kg/cm²	Temperatur-sprung ΔT °C	Dichtesprung $\Delta\varrho/\varrho_1$	Impulsstrom-dichte j kg/cm²
340	0	0	0	0	0
400	93,0	0,47	33,0	0,30	0,60
500	224	1,39	86,8	0,81	2,5
1000	734	9,2	465	2,77	34,6
1500	1181	22,2	1075	3,74	105
2000	1611	40,3	1925	4,20	210
2500	2035	63,6	3020	4,44	346
3000	2460	92,3	4350	4,58	516
3500	2880	126	5940	4,66	713
4000	3300	165	7750	4,72	943
4500	3710	209	9820	4,76	1202
5000	4135	258	12100	4,78	1490

Die Temperaturen steigen bei stärkeren Stößen so hoch, daß man nicht mehr mit konstanten spezifischen Wärmen rechnen darf. BECKER[1]) hat Wellengeschwindigkeiten bis 13000 m/sec bei Sprengversuchen in Rohren gefunden; bei konstanten spezifischen Wärmen würde das auf $T_2 =$ rd. 82000° führen. In so extremen Fällen versagt natürlich auch die Annahme, daß keine Wärme nach außen abgegeben werde.

23. Struktur des Verdichtungsstoßes. Bisher ist der Verdichtungsstoß als eine mathematische Unstetigkeit behandelt worden. Es ist aber leicht einzusehen, daß eine solche auf physikalisch unmögliche Konsequenzen führt. Innerhalb der Zone des Druckanstieges würden die Reibungsspannungen $p_{xx} = -\frac{4}{3}\mu\, du/dx$ unendlich groß, ebenso müßte die Wärmeleitung $\lambda\, dT/dx$ über alle Grenzen wachsen. Schon die Kontinuumsmechanik läßt also endliche Übergangsdicken erwarten; die Molekulartheorie zeigt natürlich erst recht, daß von einer wahren Unstetigkeit nicht gesprochen werden kann. Eine kinetische Theorie des Verdichtungsstoßes existiert noch nicht, hingegen ist von verschiedenen Autoren der Stoß auf Grund der allgemeinen Gleichungen des Abschnitts II untersucht worden[2]).

PRANDTL hat nur die Wärmeleitung berücksichtigt, HAMEL nur die Reibung, RAYLEIGH und BECKER beides.

Es handelt sich darum, das Gleichungssystem des eindimensionalen stationären Verdichtungsvorganges, nämlich

$$u\frac{d\varrho}{dx} + \varrho\frac{du}{dx} = 0,$$

$$\varrho u\frac{du}{dx} + \frac{d}{dx}\left(p - \frac{4}{3}\mu\frac{du}{dx}\right) = 0,$$

$$J\varrho c_v u\frac{dT}{dx} = -\left(p - \frac{4}{3}\mu\frac{du}{dx}\right)\frac{du}{dx} + J\lambda\frac{d^2T}{dx^2}$$

zu integrieren. BECKER kommt zu einer verhältnismäßig einfachen Lösung, wenn er zwischen der Wärmeleitzahl λ und dem Zähigkeitskoeffizienten μ die Beziehung

$$\lambda = \tfrac{4}{3}\mu\, c_p$$

[1]) R. BECKER, ZS. f. techn. Phys. 1922, S. 249.

[2]) L. PRANDTL, ZS. f. d. ges. Turbinenw. Bd. 3, S. 241. 1906; G. HAMEL, ZS. d. Ver. d. Ing. Bd. 55, S. 1895. 1911; RAYLEIGH, Proc. Roy. Soc. London (A) 1910, S. 247; R. BECKER, ZS. f. Phys. Bd. 8, S. 321. 1922.

annimmt. Für zweiatomige Gase ist diese Bedingung ziemlich genau erfüllt. Mit den Hilfsgrößen

$$\omega = \frac{1}{\varrho}\frac{M^2}{B}, \qquad M = \varrho_1 u_1,$$

$$\vartheta = \frac{RTM^2}{B^2}, \qquad B = \varrho_1 u_1^2 + p_1,$$

$$\alpha + 1 = \frac{2FM^2}{B^2}, \qquad F = Jc_v T_1 + \frac{u_1^2}{2} + \frac{p_1}{\varrho_1}$$

$$\mu' = \frac{\frac{4}{3}\mu}{M}, \qquad \delta = \frac{R}{2c_v J} = \frac{k-1}{2}$$

erhält er

$$\vartheta = \frac{\delta}{2\delta + 1}(1 + \alpha - \omega^2), \tag{1}$$

ferner

$$\frac{x}{\mu'} = \frac{2\delta + 1}{\delta + 1}\,\frac{\omega_1 \ln(\omega_1 - \omega) - \omega_2 \ln(\omega - \omega_2)}{\omega_1 - \omega_2}, \tag{2}$$

wo ω_1 und ω_2 die Werte weit vor bzw. nach dem Stoß bezeichnen. Damit ist der Stoßverlauf völlig bestimmt, insbesondere läßt sich über die Dicke d der Stoßzone (Abb. 47) eine Aussage machen. Becker findet

$$d = \frac{4}{3}\mu\frac{z+1}{z}\sqrt{\frac{1}{p_1\varrho_1}}\sqrt{\frac{z-1}{\pi z + 1}}\;\frac{\sqrt{\frac{\pi z + 1}{\pi + z}} + 1}{\sqrt{\frac{\pi z + 1}{\pi + z}} - 1} \tag{3}$$

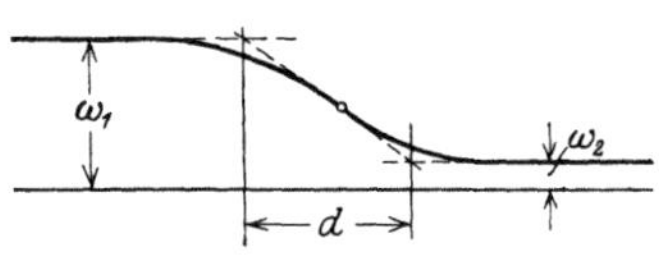

Abb. 47. Verlauf von ω im Verdichtungsstoß.

mit

$$z = \frac{k+1}{k-1}; \qquad \pi = \frac{p_2}{p_1}.$$

Die Ausrechnung ergibt bei größeren Drucksprüngen außerordentlich kleine Dicken, beispielsweise wird für Luft mit $\varrho_1 = 1{,}29 \cdot 10^{-3}\,\mathrm{g/cm^3}$, $T_1 = 273°$

$\pi =$ 2	5	10	100	1000	
$d =$ 447	117	66	16,5	5,2	$\cdot 10^{-7}$ cm

Das ist vergleichbar mit der freien Weglänge der Gasmoleküle oder sogar mit dem mittleren gegenseitigen Abstand derselben. Der Grund zu diesem wenig wahrscheinlichen Ergebnis liegt in den sehr kleinen Reibungs- bzw. Wärmeleitungswerten (welch letztere vermittels $\lambda = \frac{4}{3}\mu c_p$ in die Reibungswerte eingehen). Möglicherweise sind die Vorgänge in der Stoßschicht turbulent, λ und μ durch „Austausch" vergrößert, oder aber — und darauf weist Becker nachdrücklich hin — der Stoßvorgang ist prinzipiell nur mit den Methoden der kinetischen Gastheorie faßbar. Jedenfalls sind Verdichtungsstöße räumlich sehr konzentriert.

Beckers Theorie gibt auch Antwort auf die Frage nach dem Entropieverlauf beim Durchtritt der Gasteilchen durch den Stoß. Die Entropie der Masseneinheit des Gases ist ja

$$S = c_v\left\{\ln\frac{p}{\varrho^k} - \ln\frac{p_1}{\varrho_1^k}\right\},$$

wobei die Entropie vor dem Stoß gleich Null gesetzt ist. Nach Riemann wäre stets

$$\frac{p_1}{\varrho_1^k} = \frac{p}{\varrho^k}, \qquad S = 0,$$

der Vorgang also isentropisch. Tatsächlich wird p viel stärker wachsen als ϱ (ϱ geht ja gegen die Grenze $\frac{k+1}{k-1}\varrho_1$, wenn p ins Unendliche wächst). Die Entropie wird also zunehmen. Der Stoßvorgang ist nicht umkehrbar, was ja auch deswegen plausibel erscheint, weil intensive Reibung und Wärmeleitung auftritt.

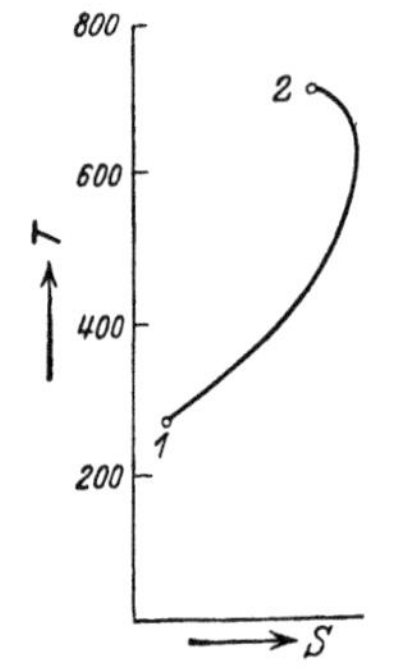

Abb. 48. Entropieverlauf während der Stoß-Verdichtung.

In Abb. 48 ist für $p_2/p_1 = 10$ der Entropie-Temperaturverlauf angegeben. Es zeigt sich ein Entropieanstieg und darauffolgend schwache Abnahme, während die Temperatur monoton steigt. Die Abnahme der Entropie erklärt sich durch die Wärmeabgabe der erhitzten Teile nach rückwärts an die kälteren.

Die Integralbeziehungen Gleichung (1) von Ziff. 22 lassen zwar auch stationäre Verdünnungsstöße zu. Allein diese würden dem zweiten Hauptsatze widersprechen, da die Entropie jetzt beim Durchtritt durch den Verdünnungsstoß abnehmen müßte Unstetige Verdünnungen können deshalb nicht stationär bestehen; sie lösen sich in stetige Verdünnungswellen auf. Übrigens zeigt auch die elementare mechanische Betrachtung in Ziff. 21, daß es schon mechanisch schwierig ist, eine Verdünnungsunstetigkeit herzustellen, und daß dieselbe die Tendenz hat, sich zu verflächen.

24. Zweidimensionale Verdichtungsvorgänge. (Schiefe Verdichtungsstöße.) Der zweidimensionale unstetige Verdichtungsvorgang läßt sich noch verhältnismäßig einfach behandeln[1]).

Wird einem Gasstrom, der mit Überschallgeschwindigkeit in Richtung AB (s. Abb. 49) sich bewegt, eine unstetige Ablenkung (um den Winkel ω) aufgezwungen, so stellt sich bei gewissen Winkeln ω eine ebene Stoßfläche BD ein, die vom Knick B ausgeht (sog. schiefer Stoß). Ihr Winkel mit der Normalen zu AB soll mit α bezeichnet werden. Die Geschwindigkeit $\mathfrak{v}_1$ im Gebiet 1 verringert sich unstetig (natürlich auch hier im Sinne von Ziff. 23) auf den Betrag $\mathfrak{v}_2$, während Druck, Temperatur usw. entsprechende Werte p_2, T_2 usw. annehmen. Zerlegen wir die Geschwindigkeiten $\mathfrak{v}_1$, $\mathfrak{v}_2$ mit Bezug auf die Stoßlinie BD in die tangentialen und normalen Komponenten t_1, t_2 bzw. n_1, n_2, so kann man mit Hilfe einer einfachen Impulsbetrachtung einsehen, daß t nicht geändert wird, also $t_1 = t_2 = t$ ist; n_1 hingegen verringert sich auf n_2. MEYER findet

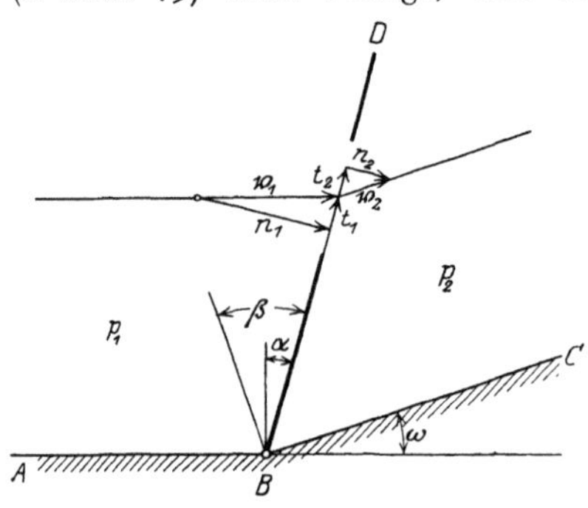

Abb. 49. Schiefer Verdichtungsstoß.

$$n_1 n_2 + \frac{k-1}{k+1} t^2 = a^{*2}, \tag{1}$$

wobei a^* die schon erwähnte kritische Schallgeschwindigkeit ist. $\left(a^{*2} = \frac{2k}{k+1}\frac{p_0}{\varrho_0}\right.$, wenn p_0 und ϱ_0 Druck und Dichte des Gases vor Beginn der Bewegung bedeuten). Für den normalen Stoß ($t = 0$) wird $n_1 n_2 = a^{*2}$ (s. Ziff. 22). α berechnet sich aus

$$\cos^2\alpha = \frac{\left[(k-1) + (k+1)\frac{p_2}{p_1}\right](k-1)}{4k\left[\left(\frac{p_0}{p_1}\right)^{\frac{k-1}{k}} - 1\right]}. \tag{2}$$

[1]) TH. MEYER, Dissert. Göttingen 1908, S. 24.

β steht mit α in der Beziehung

$$\frac{\operatorname{tg}\alpha}{\operatorname{tg}\beta} = \frac{n_2}{n_1}. \tag{3}$$

Weiter ergibt sich

$$\operatorname{tg}\beta = \frac{(k-1)\,p_1 + (k+1)\,p_2}{(k-1)\,p_2 + (k+1)\,p_1}\operatorname{tg}\alpha. \tag{4}$$

ω, der Ablenkungswinkel, ist gleich $\beta-\alpha$. Zur Diskussion dieser Formeln sind Abb. 50 und 51 geeignet, wo für verschiedene p_1/p_0 und p_2/p_0 die Winkel α bzw. ω (für Luft, $k = 1{,}405$) eingetragen sind.

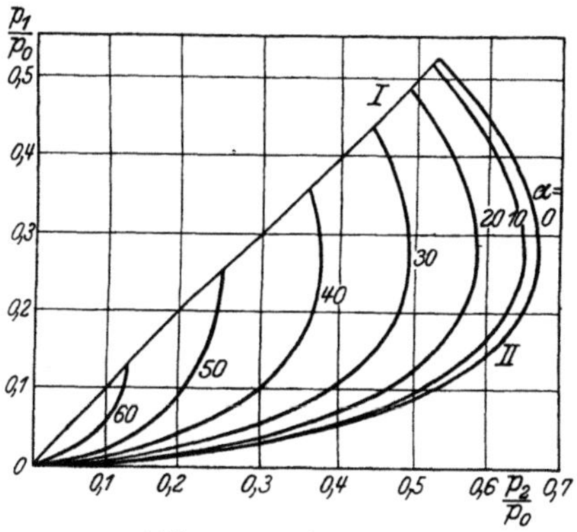

Abb. 50. Winkel α.

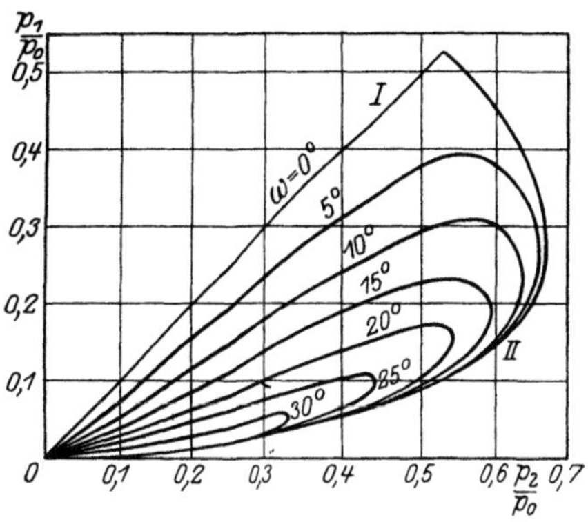

Abb. 51. Winkel ω.

Die 45°-Gerade I entspricht $p_1 = p_2$, wobei α das Komplement des MACHschen Winkel (Ziff. 18) ist. Druckanstieg und Ablenkung sind Null. Die Grenzlinie II gilt für den normalen Verdichtungsstoß. Das Zwischengebiet ist von den Druckwerten erfüllt, die schiefen Stößen angehören. Es muß darauf hingewiesen werden, daß α nur im Grenzfall schwacher Stöße mit dem Komplement des MACHschen Winkels übereinstimmt; bei stärkeren ist α kleiner, der Stoß stellt sich steiler gegen die Strömung an.

Abb. 52. Schlierenaufnahme eines schiefen Verdichtungsstoßes.

Abb. 52 zeigt eine Schlierenaufnahme der Luftströmung gegen einen Keil. Der schiefe Verdichtungsstoß ist die von der Keilkante ausgehende Linie. Nach dem Stoß ist in Übereinstimmung mit der Theorie die Geschwindigkeit konstant, wie man aus der Parallelität der MACHschen Linien entnimmt.

25. Anwendung der Theorie der Verdichtungsstöße. Die Lehre von den unstetigen Verdichtungsvorgängen findet mannigfache praktische Anwendung. Daß sich stärkere Druckunterschiede mit Geschwindigkeiten größer als die normale Schallgeschwindigkeit fortpflanzen, ist bei starken Explosionen direkt beobachtet worden[1]). TÖPLER, MACH[2]) CRANZ u. a. haben die von elektrischen

[1]) WOLFF, Ann. d. Phys. Bd. 69, S. 329. 1899.

[2]) MACH, Wiener Ber. Bd. 72. 1875; Bd. 75. 1877; Bd. 77. 1878.

Funken ausgehenden Knallwellen mit der Schlierenmethode photographiert. Abb. 53 gibt eine Aufnahme von CRANZ. Zwei Funken, ein stärkerer und ein schwächerer, schlagen gleichzeitig über, einen Augenblick später werden die Aufnahmen gemacht. Da die Amplitude naturgemäß mit dem Radius der Kugelwelle abnimmt, geht auch die Fortpflanzungsgeschwindigkeit bald auf die normale Schallgeschwindigkeit herunter.

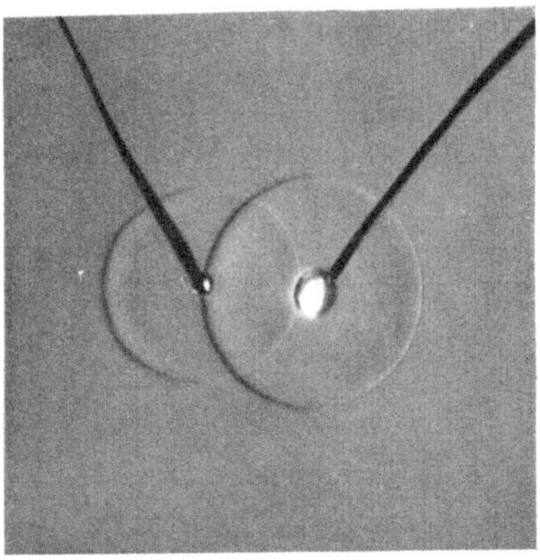

Abb. 53. Schlierenbild der Knallausbreitung.

STODOLA hat 1902 gefunden[1]), daß in Lavaldüsen stationäre Verdichtungsstöße auftreten können, nämlich dann, wenn der Gegendruck zwischen dem Druck p_α und p_β in Abb. 3 liegt (vgl. auch Ziff. 9). Man kann dies experimentell verwirklichen durch Drosselung am Düsenende. Der Strom kommt erst auf Überschallgeschwindigkeit und fließt nach Durchdringen des Stoßes mit Unterschallgeschwindigkeit und entsprechend höherem Druck weiter. Die Aufnahmen von PRANDTL, Abb. 54, zeigen ungestörte Strömung bis zum Stoß, was man sehr schön durch Vergleich der MACHschen Wellen sieht, die bis zum Stoß völlig mit den Wellen bei glattem Durchfluß übereinstimmen (Abb. 54 unten). Der Stoß ist nicht völlig eben, weil die verzögerten Gasteilchen an der Wand nicht mehr die volle Energie haben, an der Wand deshalb ein Rückfließen eintritt. In Abb. 55

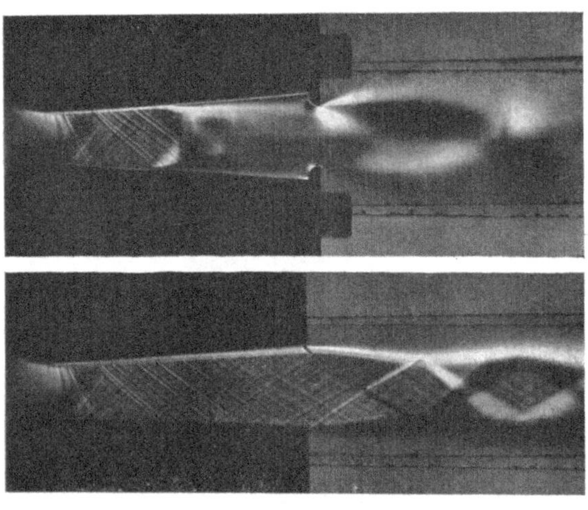

Abb. 54. Verdichtungsstöße in einer Lavaldüse.

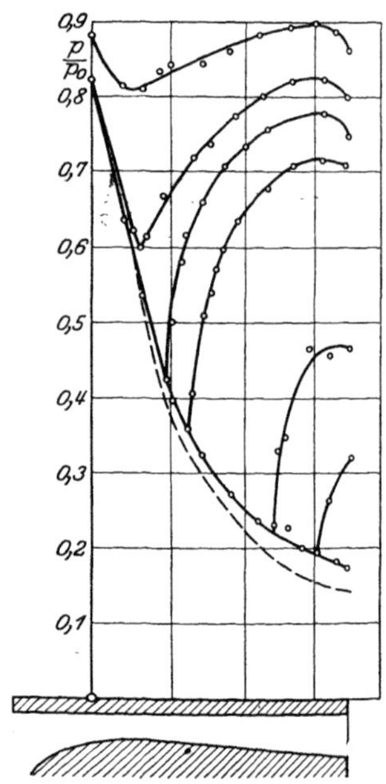

Abb. 55. Druckverlauf in einer Lavaldüse bei hohem Gegendruck.

ist der Druckverlauf in einer Düse bei verschieden starker Drosselung (am Düsenende) nach den Messungen von STEICHEN ersichtlich.

[1]) S. auch K. BÜCHNER, ZS. d. Ver. d. Ing. 1904, S. 1036.

Eine interessante Anwendung finden die Stoß- bzw. Verdünnungswellen bei der Schnellbremsung von Eisenbahnzügen, worüber KOBES eine schon früher erwähnte Untersuchung angestellt hat. Die Druckluftbremsen (Westinghouse) treten in Tätigkeit, wenn aus der durch alle Wagen gehenden Bremsluftleitung Luft abgelassen wird. Von der Ausflußstelle dringt eine Verdünnungswelle durch die ganze Leitung und setzt vermittels sog. Bremsventile die einzelnen Bremsen in Tätigkeit. Die Luftsaugebremsen (HARDY, CLAYTON) arbeiten mit Vakuum und treten in Tätigkeit, wenn Luft in die Leitungen gelassen wird. Hier pflanzt sich beim Öffnen des Regulierventiles ein Verdichtungsstoß durch die Leitung fort. Im Einklang mit den früheren Überlegungen findet man für die Fortpflanzungsgeschwindigkeit der Bremsung (sog. Durchschlaggeschwindigkeit) bei Druckluftbremsen (Verdünnungswelle) Werte, die kleiner sind als die normale Schallgeschwindigkeit, nämlich 150 bis 200 m/sec; bei den Luftsaugebremsen aber bis 360 m/sec, also größer als die Schallgeschwindigkeit. Es kann hier nicht auf die verwickelten Verhältnisse eingegangen werden, die durch die Reibung in den langen Rohrleitungen hervorgerufen werden. KOBES hat sie vernachlässigt, was bei der beträchtlichen Nachströmgeschwindigkeit kaum zulässig sein dürfte.

26. Detonationsvorgänge. Verdichtungsstöße spielen ferner eine ganz wesentliche Rolle bei der sog. „Detonation" von Sprengstoffen und explosiblen Gasmischungen. Darüber liegen sehr umfangreiche Untersuchungen vor[1]), auf die wir allerdings nur kurz eingehen. BERTHELOT und VIEILLE, ferner MALLARD und LE CHATELIER haben zuerst unterschieden zwischen Verbrennung und Detonation als zwei gänzlich verschiedenen Möglichkeiten der chemischen Umwandlung. Während die Ausbreitungsgeschwindigkeit der Verbrennung einige Meter in der Sekunde beträgt und stark von äußeren Umständen abhängt, ist die Detonation ein Verbrennungsprozeß mit außerordentlich großer, konstanter Geschwindigkeit (bei Trinitrotoluol über 6000 m/sec). Die Drucksteigerung bei Verbrennung etwa eines freiliegenden Sprengstoffes ist ganz gering, bei Detonation aber kann der Druck tausende von Atmosphären erreichen. Bei der Verbrennung fließen die verbrannten Gase von der Brennfläche weg, bei der Detonation bewegen sie sich in derselben Richtung wie die Brennfläche. (Das gilt für die unmittelbar an der Brennfläche liegenden Teile.) Die Verbrennung kann von selbst in Detonation übergehen, wie z. B. bei den Versuchen von MALLARD und LE CHATELIER, die brennbare Gasmischungen in langen Rohren von einem Ende her entzündeten und die Ausbreitung photographisch (mit rotierendem Film) verfolgten.

Die Detonationswelle ist eine Stoßwelle, deren große Geschwindigkeit bedingt ist durch die auftretenden riesigen Drucksprünge (Größenordnung 10^4 bis 10^5 Atm.). Wie das ungestörte explosive Medium durch die Welle entzündet wird, ist noch nicht ganz klar. Sehr bemerkenswert ist, daß eine Vorausberechnung der Detonationsgeschwindigkeit wenigstens bei Gasexplosionen auf Grundlage der Stoßwellentheorie zu guter Übereinstimmung mit der Erfahrung führt. Gleichung (3) von Ziff. 22 gilt unverändert, sofern nur in E_2 und E_1 die chemische Energie eingeschlossen wird.

27. Verdichtung in der Nähe von Staupunkten. Die Verdichtungsvorgänge in der Nähe des vorderen Staupunktes von mit Überschallgeschwindigkeit bewegten Körpern bzw. von Körpern, die mit solcher Geschwindigkeit angeblasen

[1]) BERTHELOT, C. R. Bd. 93, S. 18. Paris 1881; CHAPMAN, Phil. Mag. Bd. 47, S. 90. 1899; DIXON, Phil. Trans. London 1893 u. 1903; JOUGUET, Journ. de math. Sér. 6, S. 347. 1905 u. S. 5. 1906; ferner Vortrag auf dem Züricher Kongr. f. techn. Mech. 1926 (erscheint demnächst); R. BECKER, ZS. f. techn. Phys. Bd. 3, S. 152 u. 249. 1922; ZS. f. Phys. Bd. 8, S. 321. 1922; ZS. f. Elektrochem. Bd. 23, S. 40. 1917; CRUSSARD, Bull. soc. de l'ind. min. Saint-Etienne Bd. 6, S. 257. 1907.

werden, haben Bedeutung für die Geschwindigkeitsmessung mit Pitotrohren (Abb. 56). Der Verdichtungsvorgang hat zwei Stufen, erstens einen Verdichtungsstoß, sodann eine nachfolgende adiabatische Verdichtung[1]). Übersteigt die Geschwindigkeit die Schallgeschwindigkeit nicht, so ist nur die zweite Verdichtung vorhanden. Im Entropiediagramm (Abb. 57) stellt sich der Vorgang folgendermaßen dar: der Gasstrom expandiert von p_0 (Ruhedruck) auf p_1. Dort soll die Geschwindigkeit u_1 und die Dichte ϱ_1 herrschen. Der Stoß führt nicht-adiabatisch nach p_2. Die anschließende adiabatische Kompression führt auf den ursprünglichen Wärmeinhalt $i_3 = i_0$ (bei idealen Gasen $T_3 = T_0$) zurück. Der Druck p_3 ist aber infolge der Nichtumkehrbarkeit kleiner als p_0. Prandtl hat die Druckerhöhung berechnet. Er setzt $p_3 - p_1 = \frac{1}{2} n \varrho_1 u_1^2 = \frac{1}{2}(n_1 + n_2)\varrho_1 u_1^2$; für die Zahl n gibt er die Kurven Abb. 58, wo der stetige n_1 und der unstetige Teil n_2 getrennt für $k = 1{,}40$ aufgetragen sind. Die Prandtlsche Formel lautet allgemein

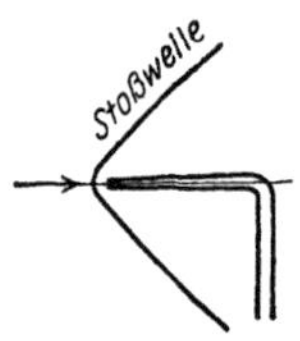

Abb. 56. Verdichtung vor einem Pitotrohr.

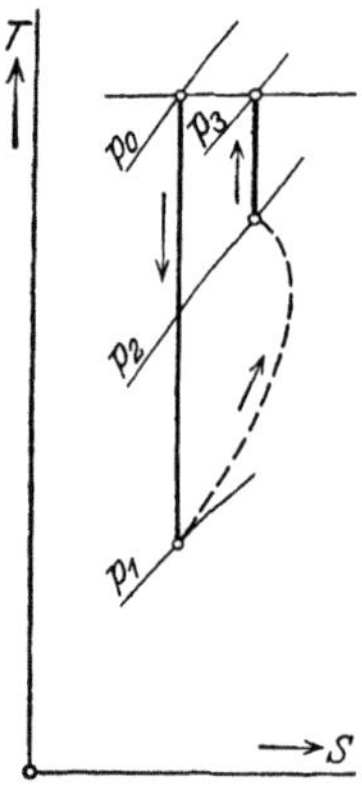

Abb. 57. Darstellung des Verdichtungsvorganges im Entropiediagramm.

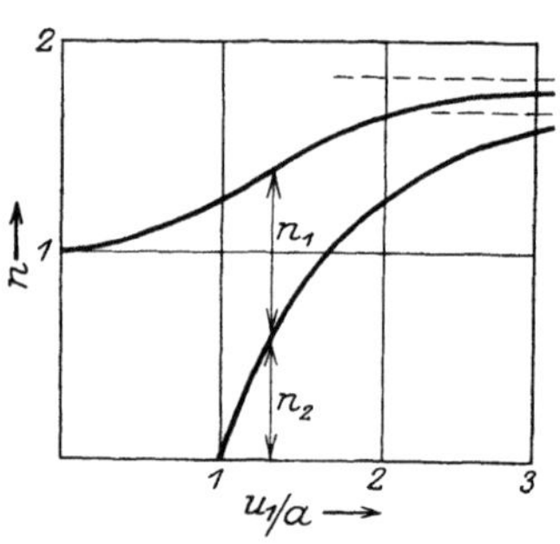

Abb. 58. Beiwerte n_1 und n_2.

$$n = \underbrace{\frac{4}{k+1}\left(1 - \frac{a^2}{u_1^2}\right)}_{\text{unstetiger Teil } n_2} + \underbrace{\frac{\left(k - 1 + 2\frac{a^2}{u_1^2}\right)\left(9k - 1 + (6 - 4k)\frac{a^2}{u_1^2}\right)}{\left(2k - (k-1)\frac{a^2}{u_1^2}\right) 4(k+1)}}_{\text{stetiger Teil } n_1}. \qquad (1)$$

VI. Strömungskräfte auf bewegte Körper bei sehr großen Geschwindigkeiten.

28. Ballistische Erfahrungen. Die ersten Kenntnisse auf diesem Gebiet verdankt man den Arbeiten der Ballistiker. Da die Geschoßgeschwindigkeiten sehr häufig die Schallgeschwindigkeit überschreiten (Anfangsgeschwindigkeit der Ferngeschosse 1200 bis 1400 m/sec), ist eine Heranziehung der Gasdynamik unerläßlich.

In Kap. 2 dieses Bandes sind die bei inkompressibler Strömung gewonnenen Erfahrungen näher dargelegt. Die Luftwiderstände werden zurückgeführt auf tangentiale Reibungskräfte und Druckkräfte (Formwiderstand). Letztere sind im wesentlichen Wirkungen der Grenzschichtablösung. Überall, wo Ablösung besteht, also insbesondere bei Körpern mit stumpfer Rückseite (senkrecht angeströmte Platten, stark angestellte Flügel), hat der Druckwiderstand den größten

[1]) L. Prandtl, Hdw.-Buch der Naturwiss. Bd. 4, S. 559; A. Stodola, Dampf- u. Gasturb. 6. Aufl., S. 70 (Versuche von Löliger). W. Nusselt, ZS. f. d. ges. Turbinenw. 1916, S. 137.

Anteil am Gesamtwiderstand. An Körpern aber, bei welchen durch geeignete Formgebung (schlanke Hinterseite) Ablösungen vermieden werden, ist der Widerstand im wesentlichen Reibungswiderstand und im allgemeinen verhältnismäßig klein. Die Entwicklung der Tragflügeltheorie hat, wie in Kap. 4 dieses Bandes gezeigt wird, bei Flügeln die Einführung von Widerstandskräften notwendig gemacht, die mit Reibungswirkungen nur ganz indirekt zusammenhängen, den sog. induzierten Widerständen. Die von ihnen geleistete Arbeit entspricht dem Energiebetrag, der im Laufe der Bewegung dem umgebenden Medium dauernd durch Wirkung der Auftriebskräfte mitgeteilt wird.

Bei kompressibler Strömung sind Reibungs- und Druckwiderstände gleichfalls vorhanden. Der induzierte Widerstand läßt sich aber bei Überschallgeschwindigkeit nicht mehr exakt von einem nach Überschreiten der Schallgeschwindigkeit neu auftretenden Widerstand, dem sog. Wellenwiderstand, trennen. Der Wellenwiderstand hat mit Reibung nichts mehr zu tun, er ist ein reiner Druckwiderstand.

Die bisher vorliegenden Versuche beschäftigen sich fast ausschließlich mit den Widerstandskräften (parallel zur Strömungsrichtung). Quertriebswirkungen, wie sie an Tragflächen, Dampfturbinenschaufeln usw. auftreten, sind erst in allerletzter Zeit experimentell untersucht worden. Die Widerstandsbestimmungen der Ballistiker gründen sich auf die bei Schießversuchen durch geeignete Zeitmesser ermittelten Verzögerungen. Es ist ja

$$m\frac{dU}{dt} = -W,$$

wo m die Geschoßmasse, U die Geschoßgeschwindigkeit und W den Widerstand bedeuten. Entsprechend dem Vorgehen bei inkompressibler Strömung gibt man die Ergebnisse vorteilhaft als dimensionslose Beiwerte in Funktion der gleichfalls dimensionslosen Größen

$$\frac{UD}{\nu} \quad \text{und} \quad \frac{U}{a},$$

wo D eine charakteristische Länge, etwa das Kaliber des Geschosses, ist (s. auch Ziff. 7, Ähnlichkeitsbetrachtung). Man schreibt also

$$W = c_w \frac{\varrho}{2} U^2 F,$$

wo F eine charakteristische Fläche, etwa die Hauptspantfläche ($\pi D^2/4$) ist; c_w wird aus den Versuchen entnommen.

Naturgemäß ist geometrische Ähnlichkeit der Versuchsgeschosse vorausgesetzt. Verschiedene Geschoßformen werden im allgemeinen verschiedene Beiwerte liefern, die sich fernerhin nicht bloß durch einen Zahlenfaktor unterscheiden (wie es in der älteren ballistischen Literatur manchmal ohne viel Bedenken angenommen wurde).

Es ist schwierig, die älteren, vielfach sehr umfangreichen Versuchsergebnisse heranzuziehen, da nicht selten die Ähnlichkeit der Form bei den verschiedenen Geschoßkalibern nicht eingehalten wurde. Bezüglich der Kritik dieser Versuchsreihen kann auf das Buch von Cranz verwiesen werden.

Cranz und Becker[1]) haben die Widerstände von Gewehrgeschossen in besonders sorgfältiger Weise bestimmt. Die von ihnen ermittelten Versuchskurven sind typisch für die Widerstandsvorgänge bei sehr großen Geschwindigkeiten, so daß es sich erübrigt, Versuche von anderer Seite hier zu besprechen.

---

[1]) K. Becker u. C. Cranz, Artiller. Monatshefte 1912, Nr. 69 u. 71.

Die Geschwindigkeit des Gewehrgeschosses wurde aus funkenkinematographischen Aufnahmen ermittelt (Film auf rasch rotierender Trommel angebracht). Die photographische Methode hat den Vorteil, daß man die Lage des Geschosses zur Flugbahn kontrollieren und evtl. störende Pendelungen feststellen kann. Indem man mit zwei Trommeln, die in größerem Abstand (bei Cranz 43 m) aufgestellt sind, die Geschwindigkeiten nacheinander bestimmt, erhält man die Verzögerung beim Durchfliegen der Zwischenstrecke. Die Ergebnisse sind in Abb. 59 für zwei Geschoßformen angegeben, und zwar gehört die obere Kurve zu einem nahezu zylindrischen Geschoß, die untere zu einem neueren Infanteriegeschoß mit scharfer Spitze. Da nur ein Kaliber (8 mm) verwendet wurde, ist die Übertragung der Ergebnisse auf Artilleriegeschosse geometrisch ähnlicher Form etwas unsicher. Nach den sonstigen aerodynamischen Erfahrungen bei größeren Reynoldsschen Zahlen ist freilich kein großer Unterschied zu erwarten. Parallel gehende Versuche von Eberhard[1]) auf dem Kruppschen Schießplatz mit Artilleriegeschossen sehr ähnlicher Form zeigen übrigens ein analoges Verhalten. Bemerkenswert ist, daß der Abfall der c_w nach Überschreiten der Schallgeschwindigkeit bei stumpfen Geschoßköpfen schwächer wird und bei zylindrischen Geschossen überhaupt verschwindet. Von einem einheitlichen Widerstandsgesetz, das früher den Ballistikern vorschwebte (c_w = universelle Funktion von U/a multipliziert mit einem „Formkoeffizienten" i, der für die Geschoßform charakteristisch sein soll), kann nach diesen Versuchen keine Rede sein.

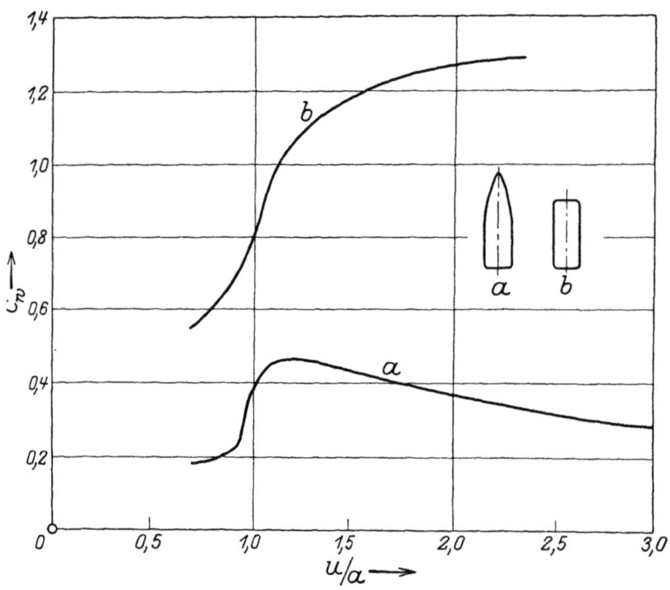

Abb. 59. Widerstandsbeiwerte für zwei verschiedene Geschoßformen.

Der starke Anstieg des c_w bei Annäherung an die Schallgeschwindigkeit ist schon sehr früh bekannt gewesen[2]). H. Lorenz[3]) hat versucht, ihn als Resonanzeffekt zu deuten, seine diesbezügliche Theorie kann allerdings kaum als zutreffende Beschreibung der Vorgänge der Wellenbildung angesehen werden. Sommerfeld[4]) hat ferner auf gewisse Analogien mit der (vorrelativistischen) Elektronentheorie aufmerksam gemacht. Im ganzen genommen liegen heute kaum Ansätze für eine rationelle Theorie des Wellenwiderstandes bei $U > a$ für

[1]) O. v. Eberhard, Artiller. Monatshefte 1912, Nr. 69.

[2]) Hutton 1790 (Versuche mit Kugeln). Kugelförmige Geschosse sind ferner eingehend von Bashforth 1864—1870 untersucht worden, die c_w-Kurve hat große Ähnlichkeit mit Kurve b Abb. 59.

[3]) H. Lorenz, Phys. ZS. Bd. 18, S. 209. 1917.

[4]) F. Klein u. A. Sommerfeld, Theorie des Kreisels, S. 926.

den dreidimensionalen Fall vor[1]). Auf mannigfache Analogien mit dem Problem des Schiffswellenwiderstandes[2]) sei nur hingewiesen. Mehr Aussicht auf Erfolg scheint die Behandlung des zweidimensionalen Falles zu haben.

29. Schlierenaufnahmen. Ein sehr wichtiges Hilfsmittel für die Untersuchung solcher Fragen sind die Schlierenbilder geworden, wie sie E. MACH[3]) zuerst aufnahm. Insbesondere haben die verfeinerten Methoden von CRANZ[4]) zu sehr interessanten Wellenbildern geführt, von denen die Abb. 60 bis 64 einige Beispiele zeigen.

Die Versuchsanordnung ist im großen und ganzen diejenige der Abb. 29, nur wird hier an Stelle des Kohlebogens ein starker elektrischer Funke als Lichtquelle verwendet. Die Auslösung desselben muß natürlich sehr präzise erfolgen; sie kann etwa durch den Stoß der „Kopfwelle" geschehen (L. MACH). Öfters werden an Stelle der Linsen Hohlspiegel benutzt. Abb. 60 zeigt ein mit 880 m/sec fliegendes zylindrisches Geschoß (dasselbe, mit dem die obere Kurve in Abb. 59 gewonnen wurde). Die Schlierenblende war vertikal gestellt; Verdunkelung bedeutet Verdichtung von links nach rechts, Aufhellung Verdünnung in dieser Richtung. Man bemerkt einen starken Verdichtungsstoß in kleinem Abstand vor dem Geschoß, der nach außen hin an Intensität und deshalb auch an Fortschreitungsgeschwindigkeit abnimmt. Im Abstand von 3 bis 4 Geschoßlängen ist diese schon auf die normale Schallgeschwindigkeit gesunken, es bildet sich der Kegel der sog. Kopfwelle. Die im Staupunkt verdichtete Luft expandiert beim Wegströmen (helles Gebiet). Der darauf sichtbare schwächere Verdichtungsstoß hängt vermutlich mit einer nicht ganz zylindrischen Mantelform des Geschosses zusammen. Auf der Rückseite herrscht der tiefste Druck, deshalb tritt nochmals Expansion ein. Mit einem weiteren Verdichtungsstoß, der Schwanzwelle, wird dann der Außendruck wieder erreicht. Die nahe der Mantelfläche strömenden Grenzschichtteilchen, die starke Rotation haben, werden durch Reibung erhitzt und verlassen als Wirbel den Geschoßkörper. Sie bestehen aus dünner Luft und sind deshalb im Schlierenbild sehr gut sichtbar.

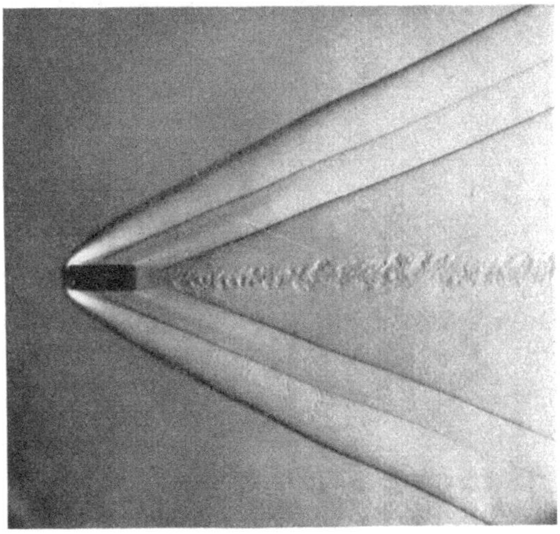

Abb. 60. Schlierenaufnahme eines zylindrischen Geschosses.

[1]) Ältere, unfruchtbar gebliebene, z. T. auch völlig fehlgehende Ansätze sind bei CRANZ (Ballistik Bd. I, z. B. S. 75) kritisch beleuchtet.

[2]) Vgl. Kap. 1, Ziff. 46 ds. Bandes. Da die Wasserwellen starke Dispersion zeigen, ist die Analogie nicht sehr weitgehend. Der Winkel der Schiffswellen, der dem MACHschen entspräche, ist ja bekanntlich unabhängig von der Geschwindigkeit (wenigstens bei größeren Wassertiefen).

[3]) E. MACH u. P. SALCHER, Wiener Ber. Bd. 95, S. 764. 1887; E. u. L. MACH, ebenda Bd. 98, S. 1310. 1889; E. MACH, ebenda Bd. 105, S. 605. 1896; zahlreiche weitere Arbeiten in Bd. 92. 1885; Bd. 97. 1888; Bd. 98. 1889; Bd. 101. 1892; Bd. 102. 1893.

[4]) C. CRANZ, Lehrb. d. Ballistik Bd. III. 1913; ferner die ausführliche Monographie von B. GLATZEL, Elektrische Methoden der Momentphotographie. (Sammlung Vieweg, H. 21.)

Abb. 61 gibt nun die Wellenbildung am Spitzgeschoß wieder. Der Verdichtungsstoß ist bedeutend schwächer; auch hier ist Kopf- und Schwanzwelle vorhanden. Der kleinere Widerstand des Spitzgeschosses erklärt sich vor allem aus dem Wegfallen des ebenen Stoßes. Letzterer gibt zu einer Druckerhöhung im Staupunkt Anlaß, die aus Abb. 58 sofort entnommen oder aus Formel (1) von Ziff. 27 berechnet werden kann. Da der Widerstand bei sehr großer Geschwindigkeit hauptsächlich durch Aufstau vorn und weniger durch Druckerniedrigung am Geschoßboden hervorgerufen wird, ist es völlig verständlich, daß die Widerstandskurve Abb. 59 große Ähnlichkeit mit der Abb. 58 aufweist[1]). (Bei $U = 800$ m/sec entspricht der Widerstand einem wirksamen Druck von rd. 5 Atm. Da am Geschoßboden der Druck nicht unter Null sinken kann, ergibt sich, daß der „Sog" höchstens 20% beträgt; 80% des Widerstandes werden also durch Aufstau und Manteltreibung hervorgerufen.)

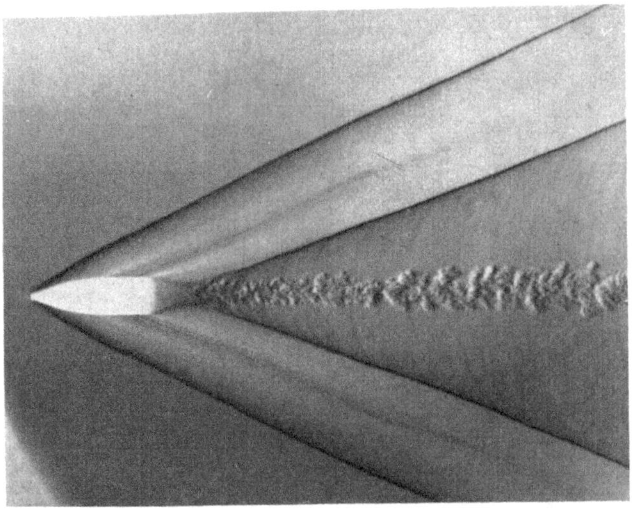

Abb. 61. Schlierenaufnahme eines Spitzgeschosses.

Kopf- und Schwanzwellen werden vom Ohr als „Geschoßknall" (MACH) vernommen. Der Gewehrgeschoßknall erinnert an den Peitschenknall, der übrigens einen ähnlichen Ursprung hat.

Ist U nur wenig größer als a, so ist der MACHsche Winkel nahezu 90° (Abb. 62).

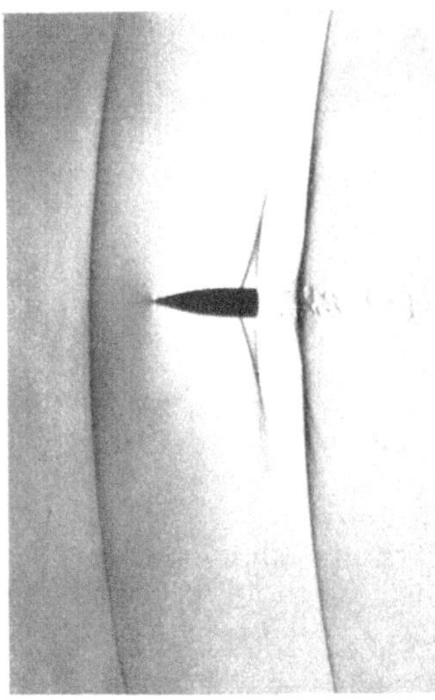

Abb. 62. Spitzgeschoß nur wenig schneller als mit Schallgeschwindigkeit fliegend.

Neben der TOEPLERschen Anordnung wird die Schattenschlierenmethode von BOYS und DVORAK für ballistische Zwecke öfter verwendet. Hier wird einfach das Schattenbild des Geschosses und der Wellen ohne Zuhilfenahme von Linsen oder Spiegeln auf die photographische Platte geworfen. Ein Beispiel ist Abb. 63 (Schattenaufnahme eines Spitzgeschosses). Ein weiteres Bild dieser Art ist Abb. 64. Das Geschoß fliegt zwischen zwei parallelen Platten; die Reflexion von Kopf- und Schwanzwellen an den festen Wänden ist besonders gut sichtbar.

[1]) Über die Anwendung der Stoßwellentheorie auf Geschoßwiderstände vgl. RAYLEIGH, Scient. papers. Bd. V, S. 608; VIEILLE, C. R. S. 235. Paris 1900; JACOB, La résistance de l'air et l'expérience Bd. I u. II. Paris 1921.

E. und L. MACH und v. WELTRUBSKY[1]) haben versucht, die Dichte der Luft in der Nähe des fliegenden Geschosses nach der Interferenzmethode zu ermitteln, die JAMIN[2]) zur Bestimmung des Brechungsexponenten von Gasen benutzt hat. Ein Lichtstrahl wird gespalten, der eine Teilstrahl geht durch ungestörte Luft, der andere durch die verdichtete oder verdünnte in der Nähe des Geschosses; nachher treffen sie wieder zusammen und interferieren. Aus der Verschiebung der Interferenzstreifen kann auf die Dichte geschlossen werden. Den Druck findet man allerdings erst, wenn auch die Temperatur bekannt ist. Weitere Interferenzmessungen sind von CRANZ und PUPP[3]) gemacht an Gasstrahlen, die aus Gewehrläufen treten.

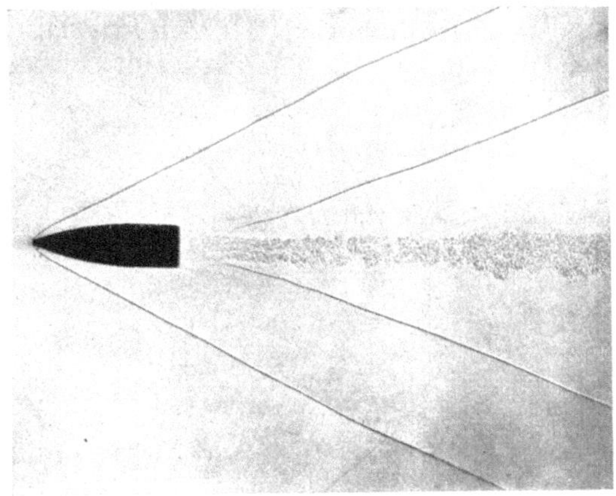

Abb. 63. Schattenaufnahme eines Spitzgeschosses.

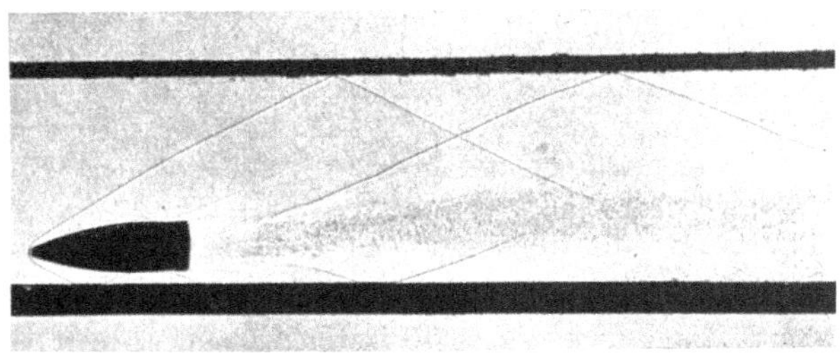

Abb. 64. Schattenaufnahme eines zwischen zwei Platten fliegenden Geschosses.

30. Druckmessungen an Geschossen. Bemerkenswert ist ein Versuch von BAIRSTOW, FOWLER und HARTREE[4]), die den Druck auf verschiedene Stellen eines Artilleriegeschoßkopfes während des Fluges bestimmten. Das betreffende Meßloch (Abb. 65) war mit einer Lunte (Zeitzünder) so verbunden, daß diese unter dem Druck, der beim Meßloch herrschte, während des Fluges stand. Nun weiß man aber, daß die Brenndauer einer solchen Lunte vom Druck abhängt. Durch Nebenversuche wird diese Abhängigkeit bestimmt. Die Lunte verbrennt je nach der Geschwindigkeit des Geschosses schneller oder langsamer und bringt die Ladung des Geschosses zur Explosion. Die Beobachter merken sich Ort und Zeit der Explosion.

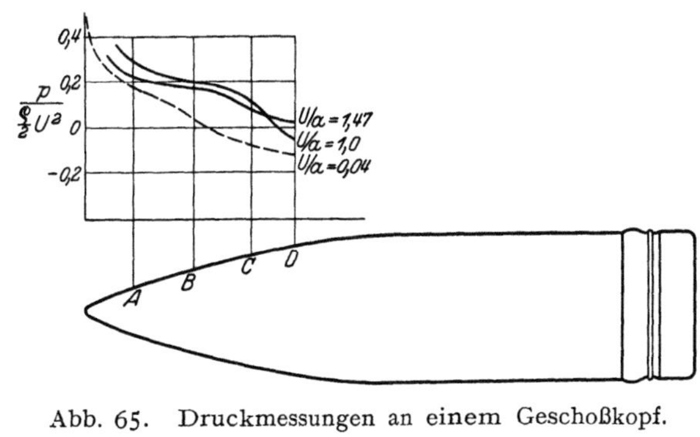

Abb. 65. Druckmessungen an einem Geschoßkopf.

[1]) S. auch CRANZ, Ballistik Bd. III, S. 254.
[2]) S. etwa O. CHWOLSON, Lehrb. d. Phys. Bd. II, S. 774.
[3]) C. CRANZ u. W. PUPP in Cranz' Ballistik Bd. II, S. 193.
[4]) L. BAIRSTOW, R. H. FOWLER u. D. R. HARTREE, Proc. Roy. Soc. London (A) Bd. 97, S. 202. 1920.

Abb. 65 zeigt die Ergebnisse für verschiedene Geschwindigkeiten U/a. Der Wert $U/a = 0{,}04$ ist einem Versuch im Windkanal entnommen. p bedeutet den Über- bzw. Unterdruck gegenüber der ruhenden Luft.

31. Zweidimensionale Probleme. Das zweidimensionale Problem ist noch wenig behandelt; die Ballistik hat natürlich weniger Interesse daran, hingegen

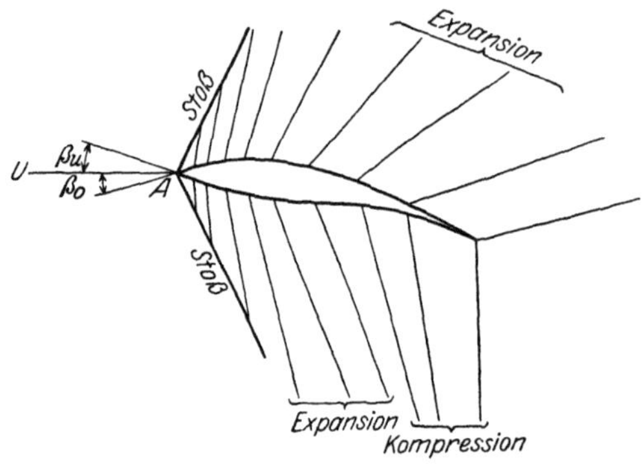

Abb 66. Störungslinien an einem Flügelprofil.

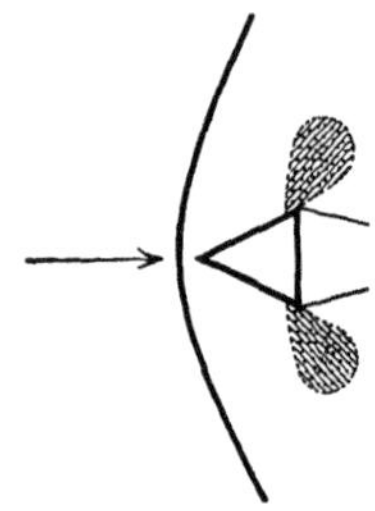

Abb. 67. Verdichtungslinien und Verdünnungsgebiete bei einer stumpfen Schneide.

ist es in anderer Hinsicht doch von praktischer Bedeutung geworden (Luftpropeller, Dampfturbinenschaufeln).

Es ist naheliegend, zunächst die Reibung und die daraus entspringenden Ablösungen nicht zu beachten. Dann kann man den heutigen Stand der Lösung etwa so kennzeichnen:

Im Unterschallgebiet ist die Kreiskontur von RAYLEIGH und von JANZEN[1]) untersucht, allerdings nur die Strömung ohne Zirkulation. Für sehr flache Flügelschnitte gibt eine Näherungsrechnung von PRANDTL[2]) das Ergebnis, daß die Luftkraft (Auftrieb) folgender Beziehung gehorcht

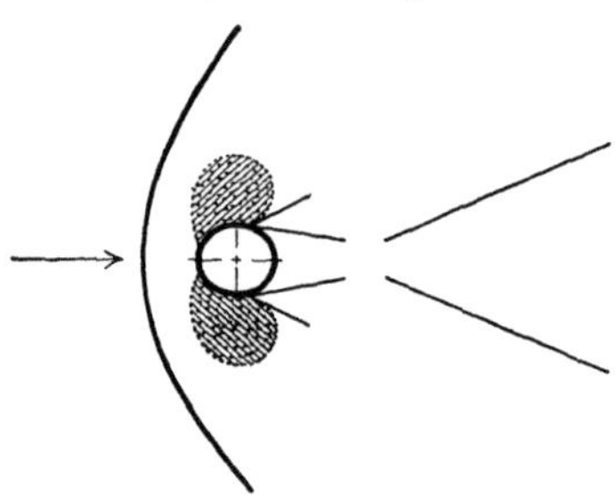

Abb. 68. Verdichtungslinien und Verdünnungsgebiete bei einem Zylinder.

$$A_k = A_{\text{ink}} \frac{1}{\sqrt{1 - U^2/a^2}}. \tag{1}$$

A_k ist der Auftrieb in der kompressiblen, A_{ink} in der inkompressiblen Strömung gleicher Dichte und Geschwindigkeit U in größerer Entfernung vom Flügel. Der Anstellwinkel soll ungeändert sein. Zur Zeit liegt eine experimentelle Prüfung noch nicht vor. Eine Andeutung sieht man in Abb. 69 unten.

Im Überschallgebiet ist in einigen Fällen eine exakte Lösung möglich[3]), insbesondere können Konturen von der Art der Abb. 66 behandelt werden. Qualitativ kann man zunächst folgendes erwarten: Bei kleinen Anstellwinkeln entsteht an der Vorderkante A ein schiefer Stoß nach oben und unten. Er sitzt direkt auf der Kante, sofern die Tangentenrichtung der Ober- bzw. Unterseite in A mit der Strömungsrichtung U Winkel einschließen (β_0 bzw. β_u), die kleiner sind als der größte für den betreffenden Wert U/a bzw. p_1/p_0 etwa aus Abb. 51 zu entnehmende Winkel $\omega_{\max}$. Ist der Tangentenwinkel größer, so rückt der Stoß ab, besitzt eine Krümmung (wie beim stumpfen Geschoß, Abb. 60) und

[1]) S. Fußnote 1 und 2 von Ziff. 16.
[2]) Vorgetragen im Seminar f. angew. Mechanik. Göttingen 1922.
[3]) J. ACKERET, ZS. f. Flugtechn. 1925, S. 72.

ergibt in der Nähe der Kante Unterschallgeschwindigkeit. Dies wird bestätigt einerseits durch die Aufnahmen (Abb. 20 und 52), wo der Winkel kleiner ist als ω_{max}, andererseits durch Abb. 67 (nach einem Schlierenbild gezeichnet), wo der Stoß von der Kante abrückt und eine starke Krümmung aufweist. Die durch den Stoß stark verdichtete Luft an den Seitenflächen des Keils expandiert an den punktierten Stellen von neuem beim Strömen auf die Hinterseite. Sehr ähnliche Erscheinungen zeigen sich auch bei mit Überschallgeschwindigkeit angeblasenen Zylindern (Abb. 68).

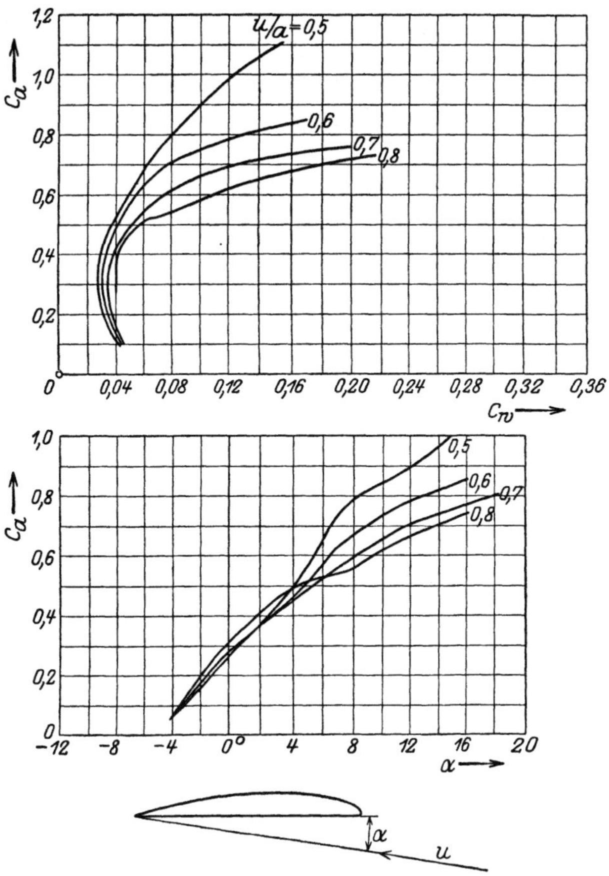

Abb. 69. Luftkräfte auf ein dünnes Profil.

Ist der Anstellwinkel des Profils (Abb. 66) groß, dann tritt auf der Oberseite überhaupt keine Kompression, sondern nur noch Expansion auf; die Unterseite erleidet dann entsprechend stärkere Kompression.

Solange ω_{max} nicht erreicht wird, und solange ferner unstetige Verdichtungsvorgänge, wie sie etwa durch das Berühren der Machschen Linien wie in Abb. 23 hervorgerufen werden, in solcher Entfernung vom Profil stattfinden, daß eine Rückwirkung nicht mehr möglich ist, können die hauptsächlich interessierenden Auftriebs- und Wellenwiderstandskräfte sehr einfach berechnet werden[1]).

[1]) J. Ackeret, Fußnote 3, S. 340.

Über die Ablösungserscheinungen und die dadurch hervorgerufenen Widerstände ist damit natürlich noch nichts ausgesagt, ebenso ist die Wirkung tangentialer Reibungskräfte nach Voraussetzung ausgeschaltet. Hier muß nun der Versuch zunächst weiterhelfen. Es liegt allerdings zur Zeit sehr wenig Material vor. Versuche, die von den amerikanischen Militärbehörden mit Profilen bei Unterschallgeschwindigkeit gemacht wurden[1]), zeigen Abb. 69 und 70. Es sind

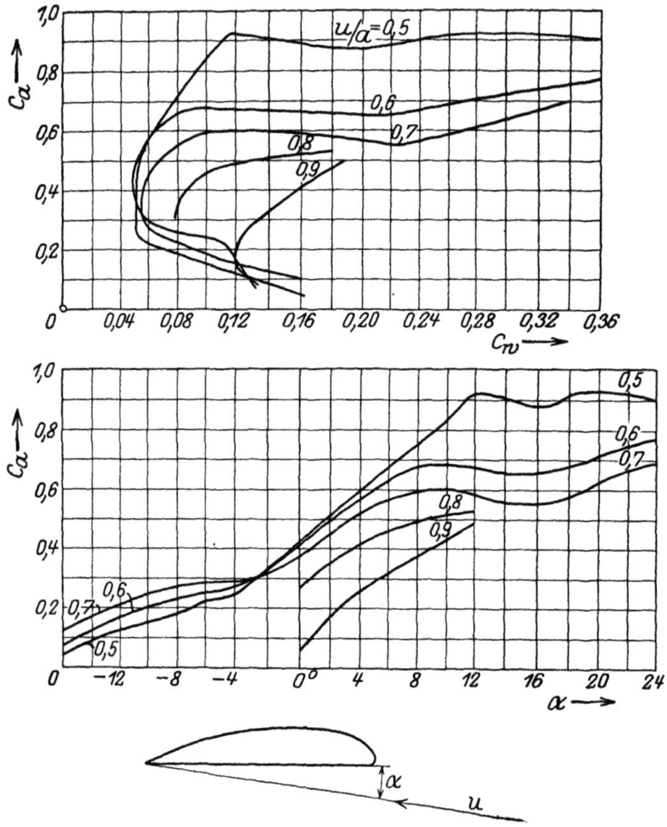

Abb. 70. Luftkräfte auf ein dickeres Profil.

dort die Beiwerte c_a und c_w, mit welchen sich die Auftriebskraft $A = \frac{1}{2} c_a \varrho U^2 F$ und der Widerstand zu $W = \frac{1}{2} c_w \varrho U^2 F$ berechnet (F = Flügelprojektionsfläche), aufgetragen, und zwar c_a und c_w in Polardiagrammen und ferner c_a in Abhängigkeit vom Anstellwinkel α. Man entnimmt den Kurven, daß eine erhebliche Verschlechterung der Profileigenschaften bei Annäherungen an die Schallgeschwindigkeit eintritt, d. h. es wird der Widerstand vergrößert, während der Auftrieb eher abnimmt. Das dünne Profil Abb. 69 ist dem dickeren (Abb. 70) überlegen. Erfahrungen mit sehr schnell laufenden Luftschrauben (Reed-Propeller) scheinen in der Tat ein solches Verhalten gleichfalls anzuzeigen.

[1]) Report Nr. 207 des National Advisory Committee for Aeronautics (Briggs, Hull, Dryden). Washington 1925.

Kapitel 6.

Kapillarität.

Von

A. Gyemant, Charlottenburg.

Mit 37 Abbildungen.

I. Die molekularen Theorien der Oberflächenspannung.

1. Überblick über die Molekulartheorien. Die Kapillaritätserscheinungen[1]) beruhen auf der jeder Grenzfläche zukommenden Energie. Die Existenz eines der Grenzfläche proportionalen Gliedes in dem Ausdruck für den Energieinhalt eines Systems folgt aus der Tatsache, daß dieser Energieinhalt nur teils aus der Eigenenergie der Molekeln, teils aber aus ihrer gegenseitigen Energie besteht. Dieser zweite Term muß offenbar von der gegenseitigen Lage der Molekeln abhängen. Da die Grenzfläche von dem Phaseninnern gerade sozusagen in geometrischer Hinsicht, nämlich bezüglich der Anordnung der Molekeln, abweicht, so läßt sich die Existenz des erwähnten Energiegliedes mit Notwendigkeit voraussagen.

Zu einer Ableitung der Oberflächenenergie gelangt man durch Berücksichtigung einerseits der zwischen den Molekeln waltenden Kräfte, andererseits des Baues der Grenzflächen; über diese beiden Punkte müssen also bestimmte Vorstellungen gemacht werden. Was die Kräfte betrifft, so berücksichtigt man insbesondere die anziehenden. Die Frage nach der Beschaffenheit dieser Kräfte läßt sich insofern umgehen, als man ganz allgemein ein Anziehungspotential $-\Pi(r)$ annimmt, dessen Abhängigkeit von r ganz offen bleibt und für welches nur die Ordnung des Verschwindens mit zunehmendem r festgesetzt werden muß. Außerdem ist die Frage von Belang, bis zu welcher unteren Grenze von r die Funktion gültig ist. Dies erfordert aber auch schon bestimmtere Vorstellungen über die Molekeln, während doch Π das Potential der Masseneinheit auf eine zweite Masseneinheit bedeutet und also von Molekeln überhaupt nicht die Rede zu sein braucht. Man umgeht die Bestimmung der unteren Grenze, indem man gegebenenfalls in unbestimmter Weise $\Pi(0)$ schreibt, wo die Null

[1]) An zusammenfassenden Darstellungen seien genannt: H. Freundlich, Kapillarchemie. Leipzig 1925; H. Minkowski, Kapillarität, in Bd. V der Enzykl. d. math. Wissensch. 1907; F. Neumann-Wangerin, Vorlesungen über die Theorie der Kapillarität. Leipzig 1894; F. Pockels, Kapillarität, in Bd. I von Winkelmanns Handb. d. Phys. Leipzig 1908; H. Poincaré, Capillarité. Paris 1895; R. Weber, Kapillarität, in Bd. I, 2 von Weber-Gans' Repert. d. Phys. Leipzig 1916.

eben die offengelassene untere Grenze bedeutet. In der Tat haben LAPLACE[1]) und GAUSS[2]) ihre Theorien auf solcher Basis entwickelt.

Zur weiteren Verwendung eignen sich indes die so erhaltenen Formeln nicht sehr gut. Neuerdings faßt man die Anziehungskräfte als von elektrischer Natur auf und kann damit auch dem Potential Π bestimmtere Formen erteilen, je nachdem die Molekeln etwa als Dipole oder Quadrupole angesehen werden. Auf diese Weise kommt man zu konkreteren Ergebnissen, wie dies zuerst DEBYE[3]) ausgeführt hat. Aber auch so kann man noch mit sehr verschiedenen Vorstellungen arbeiten, indem man etwa außer den festen Dipolen solche annimmt, die erst durch eine äußere elektrische Kraft infolge Polarisation erzeugt werden.

Außer den Anziehungskräften sollten auch die abstoßenden Kräfte berücksichtigt werden. Dies ist bisher nur in recht geringem Grade geschehen, obwohl die abstoßenden Kräfte ebenso zum Energieinhalt beitragen wie die anziehenden. Jedenfalls ist es bemerkenswert, daß man bei Flüssigkeiten auch ohne sie zu brauchbaren Ergebnissen gelangt. Anders bei Kristallen, wo von BORN[4]) Berechnungen der Oberflächenenergie vorliegen, welche beide Arten von Potentialen berücksichtigen.

Die zweite Frage ist, wie erwähnt, der Bau der Oberflächenschichten. Hierüber machte man sich anfangs sehr einfache Vorstellungen, indem eine scharfe Trennungsfläche zwischen den beiden Phasen angenommen wurde, so von LAPLACE und GAUSS. Dies ist allerdings nur eine Annäherung an die Wirklichkeit, wenn auch eine außerordentlich weitgehende. VAN DER WAALS[5]) hat später eine Theorie ausgearbeitet, in der die Grenzfläche als kontinuierlicher Übergang zwischen den beiden angrenzenden Phasen betrachtet wird. Er gelangt zwar zu theoretisch richtigen Formeln, die aber zu kompliziert und daher nicht gut brauchbar sind. Auch ist der angenommene Grenzübergang in Wirklichkeit ein so steiler, daß man überhaupt gewisse Zweifel an der Brauchbarkeit dieser Theorie hegen könnte. Die Annahme einer sprunghaften Änderung der Molekeldichte gibt die Verhältnisse jedenfalls besser wieder als die Annahme unendlich vieler Schichten von differentieller Breite.

Neue Gesichtspunkte treten in letzter Zeit dahingehend auf, daß die Orientierung der Molekeln an der Grenzfläche keine ungeordnete ist wie im Innern der Phase, vielmehr eine gerichtete, da die Kräfte an der Grenze sicherlich einseitig bezüglich der Flächennormale wirken müssen, die Molekeln aber infolge ihres Dipolmomentes oder auch sonst infolge ihres komplizierten, chemisch unsymmetrischen Baues ebenfalls einseitig auf jene Kräfte reagieren werden. Diese Gesichtspunkte sind hauptsächlich von LANGMUIR[6]) betont. Sie sind aber besonders bei der Oberflächenspannung von Lösungen berücksichtigt, weshalb sie auch im Abschnitt III abgehandelt werden. Eine Übertragung dieser Ideen auf homogene Flüssigkeiten steht noch aus.

2. Allgemeiner Ausdruck für das Potential. Während LAPLACE die Kräfte berechnet, welche auf der Oberfläche wirken, ermittelt GAUSS die Energie der Oberflächeneinheit. Da wir bisher nur von Energie sprachen, soll hier die Ableitung von GAUSS folgen. Er berechnet die Energie eines gegebenen Volumens, wenn zwischen den Masseteilchen das erwähnte Potential $-\Pi(r)$ herrscht,

---

[1]) P. S. LAPLACE, Théorie de l'action capillaire. Suppl. au livre X de la Mécan. céleste, S. 1. Paris 1806.
[2]) C. F. GAUSS, Comment. soc. reg. scient. Gotting. recentiores Bd. 7. 1830.
[3]) P. DEBYE, Phys. ZS. Bd. 21, S. 178. 1920.
[4]) M. BORN, Atomtheorie des festen Zustandes. Leipzig 1923.
[5]) I. D. VAN DER WAALS, Lehrbuch der Thermodynamik Bd. I. Leipzig 1924.
[6]) I. LANGMUIR, Journ. Amer. Chem. Soc. Bd. 38, S. 2221. 1916; Bd. 39, S. 1848. 1917.

wo r die Entfernung zweier Masseneinheiten bedeutet. Die Energie ist, falls über alle Teile integriert wird,

$$-\frac{\varrho^2}{2}\iint \Pi(r)\, dv\, dv', \tag{1}$$

wo ϱ die Dichte des Körpers und dv ein Volumelement bedeutet. Zunächst werde über dv integriert. Es ist

$$dv = r^2\, dr\, d\omega,$$

falls $d\omega$ die Öffnung des Volumelementes dv, vom zunächst festliegenden Element dv' aus gesehen, vorstellt. Demnach hat man

$$\int \Pi(r)\, dv = \int d\omega \int \Pi(r)\, r^2\, dr = \int d\omega [\Pi_1(0) - \Pi_1(R)],$$

falls

$$\Pi_1(r) = \int_r^\infty \Pi(r)\, r^2\, dr$$

und R die Entfernung zwischen dv' und einem Oberflächenelement ist. Das erste Integral gibt

$$4\pi\, \Pi_1(0)$$

und, wenn man nun auch über dv' integriert,

$$4\pi\, \Pi_1(0)\, V, \tag{2}$$

wo V das Volum des Körpers. Hierbei ist $\Pi_1(0)$ der Wert der Funktion Π_1 für die untere Grenze der Integration, die hier also unbestimmt bleibt.

Im zweiten Integral setzen wir

$$d\omega = \frac{do \cos(nR)}{R^2},$$

wo n die Normale auf dem Element do der Oberfläche ist, und erhalten

$$\iint \frac{\cos(nR)}{R^2}\, \Pi_1(R)\, do\, dv'.$$

Hier ist

$$dv' = R^2\, dR\, d\omega',$$

falls $d\omega'$ der Öffnungswinkel aus do ist. Man hat dann

$$\iiint \cos(nR)\, \Pi_1(R)\, dR\, do\, d\omega' = \iint \cos(n\bar{R})\, do\, d\omega' [\Pi_2(0) - \Pi_2(\bar{R})],$$

wo

$$\Pi_2(r) = \int_r^\infty \Pi_1(r)\, dr$$

und $\bar{R}$ die Entfernung zweier Oberflächenelemente ist. Nun wird, wie leicht einzusehen,

$$\int \cos(n\bar{R})\, d\omega' = \pi,$$

so daß das erste Integral lautet

$$\pi\, \Pi_2(0) \int do = \pi\, \Pi_2(0)\, O, \tag{3}$$

wo O die gesamte Oberfläche bedeutet.

Im zweiten Integral

$$\int do \int \cos(n\bar{R})\, \Pi_2(\bar{R})\, d\omega'$$

ist $\Pi_2(\bar{R})$ für alle endlichen Entfernungen verschwindend klein, und für die benachbarten Elemente, für welche Π_2 endliche Werte annimmt, ist $\cos(n\bar{R})$

verschwindend klein, so daß das ganze Integral vernachlässigt werden darf. Selbstverständlich ist eine eingehendere Angabe der Ordnung des Verschwindens von Π_2 mit zunehmendem r erforderlich, falls die Berechtigung der Vernachlässigung erwiesen werden soll.

Jedenfalls bleiben nur die Ausdrücke (2) und (3) bestehen; setzt man diese in (1) ein, so erhält man für die gesamte Energie

$$-2\pi\varrho^2 \Pi_1(0)\, V + \frac{\pi\varrho^2}{2}\Pi_2(0)\, O\,.$$

Somit ist die Oberflächenenergie für die Flächeneinheit

$$\gamma = \frac{\pi\varrho^2}{2}\Pi_2(0)\,, \tag{4}$$

wo $\Pi_2(0)$ wieder den Wert von Π_2 für die untere Grenze angibt.

Auch der erste Term ist von Bedeutung; er gibt die von der gegenseitigen Anziehung herrührende Energie an und hängt aufs engste mit der VAN DER WAALSschen a-Konstante zusammen.

3. Elektrische Spezialisierung des Potentials. Entweder man geht von festen Dipolmomenten aus, oder aber von Momenten, die erst durch Polarisation entstehen. Wahrscheinlich kommen beide Möglichkeiten gleichzeitig vor, und je nach dem Bau der Molekeln wird die eine oder andere überwiegen. Es sei hier die erste Möglichkeit ins Auge gefaßt und die Ableitung in einer von GYEMANT herrührenden Fassung[1]) wiedergegeben.

Die Energie in einem System von Dipolen rührt daher, daß sie nicht ganz regellos gelagert sind, denn in diesem Falle wäre ja der Mittelwert der Energie Null, sondern daß sich die benachbarten Dipole jeweils so stellen werden, daß ihre elektrische Energie abnimmt. Dadurch muß natürlich auch im Mittel ein bestimmter negativer Wert der Energie herauskommen. Die Verteilung der Dipole in einem elektrischen Feld ist durch die LANGEVINsche Funktion[2]) gegeben. Der Mittelwert des Momentes eines Dipols in der Richtung der äußeren Feldstärke $\mathfrak{E}$ ist danach

$$m\left(\mathfrak{Ctg}\,\frac{m\,\mathfrak{E}}{k\,T} - \frac{k\,T}{m\,\mathfrak{E}}\right),$$

wo m das Moment des Dipols ist, k die Gaskonstante pro Molekel und T die absolute Temperatur bedeuten. Oder für kleine Argumente und auf die Gewichtseinheit umgerechnet:

$$\frac{N\,m^2\,\mathfrak{E}}{3\,\mu\,k\,T}$$

(μ = Molekulargewicht, N = AVOGADROsche Zahl). Die Energie der Gewichtseinheit ist also

$$-\frac{N\,m^2\,\mathfrak{E}^2}{3\,\mu\,k\,T}\,.$$

Der Mittelwert von $\mathfrak{E}^2$, welcher in obigen Ausdruck eingeht, ist offenbar von Null verschieden; nur dadurch erhält überhaupt die Ableitung einen Sinn. Daß er nicht verschwindet, rührt natürlich von der quadratischen Form her. Eine Molekel, deren Dipolachse mit einer gegebenen Richtung r den Winkel φ bildet, hat in dieser Richtung das Moment $m\cos\varphi$, übt also in der Entfernung r die Kraft

$$-\frac{2\,m\cos\varphi}{r^3}$$

---

1) A. GYEMANT, Grundzüge der Kolloidphysik, S. 6. Braunschweig: Vieweg 1925.

2) ABRAHAM-FÖPPL, Theorie der Elektrizität Bd. II, S. 263. Leipzig 1920.

aus, womit das Feldstärkenquadrat durch

$$\frac{4\, m^2 \cos^2 \varphi}{r^6}$$

gegeben ist. Die Wahrscheinlichkeit des Winkels φ nach räumlicher Häufigkeit ist $\sin\varphi\, d\varphi/2$, daher das mittlere Feldstärkenquadrat

$$\int_0^\pi \frac{2\, m^2 \cos^2 \varphi \sin\varphi}{r^6}\, d\varphi = \frac{4\, m^2}{3\, r^6}$$

und dasselbe für die Gewichtseinheit

$$\frac{4\, m^2 N}{3\, \mu\, r^6}.$$

Dies für $\mathfrak{E}^2$ gesetzt, hat man die Energie der Masseneinheit, welche in die Entfernung r von einer zweiten Masseneinheit gebracht wird. Das Potential ist daher doppelt so groß:

$$\Pi(r) = -\frac{8\, m^2 N^2}{9\, k\, T\, \mu^2\, r^6} = -\frac{K}{r^6}. \tag{1}$$

Der Ausdruck, welcher bei GAUSS und LAPLACE unbestimmt bleibt, gewinnt hier also eine bestimmte zahlenmäßig auswertbare Form. Mit dem Ausdruck (1) soll jetzt wieder die Oberflächenspannung berechnet werden, ähnlich wie bei GAUSS. Nur darf nach dem Vorgang DEBYES die untere Grenze hier nicht Null gesetzt werden, da $\Pi(r)$ nunmehr molekulartheoretisch abgeleitet wurde. Die untere Grenze ist vielmehr d, eine Größe, welche in erster Näherung etwa dem Molekulardurchmesser entspricht und gemäß der Raumbeanspruchung aus

$$d = \sqrt[3]{\frac{\mu}{\varrho N}}$$

ermittelt werden kann. Es ist auch denkbar, daß die überhaupt mögliche kleinste Entfernung etwas kleiner ist, als obige Formel angibt, und zwar muß dann das Abstoßungspotential berücksichtigt werden, welches sonst in der Ableitung keinen Platz hat. Für die Grenzflächenspannung ergibt sich nun folgendes.

Es ist zunächst das Potential einer unendlich ausgedehnten Scheibe von der Dicke dx für einen Aufpunkt in der Entfernung x von der Scheibe zu berechnen. Man bilde um die Projektion des Aufpunktes auf der Scheibe konzentrische Ringe vom Radius r', dann ist das Volum eines Ringes $2\pi\, r'\, dr'\, dx$, und falls der Abstand eines Ringpunktes vom Aufpunkt r ist, das vom Ring herrührende Potential

$$-\frac{2\pi\, \varrho\, K\, dx\, r'\, dr'}{r^6} \quad \text{oder} \quad -\frac{2\pi\, \varrho\, K\, dx\, dr}{r^5}.$$

Das Potential der Scheibe ist

$$-\int_x^\infty \frac{2\pi\, \varrho\, K\, dx}{r^5}\, dr = -\frac{\pi\, \varrho\, K\, dx}{2x^4} = \varrho\, \Pi_1(x)\, dx.$$

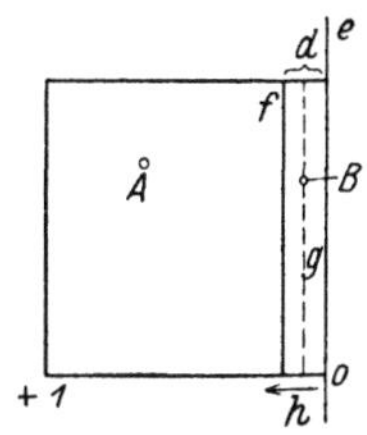

Abb. 1. Einheitswürfel an der Oberfläche.

Nun sei ein Einheitswürfel an der Flüssigkeitsoberfläche gegeben (Abb. 1). Die Entfernung eines Punktes A von der Oberfläche e sei h. Die Energie einer Masseneinheit sei $-a\,\varrho$ (a = VAN DER WAALSsche Konstante, die uns hier nicht näher interessiert). Die Energie der Masseneinheit in A ist gleich $-a\varrho$ vermindert um das halbe

Potential der Masse, welche rechts von e liegen würde. (Da wir vom Potential zur Energie übergehen, muß der Faktor $^1/_2$ zugefügt werden.) Letzteres beträgt

$$\frac{\varrho}{2}\int\limits_h^\infty \Pi_1(x)\,dx = -\frac{\pi\varrho K}{12h^3}.$$

Dies gilt nur für Punkte, die links von der Ebene f, welche um d von der Oberfläche e entfernt ist, liegen, da sonst eine kleinere untere Grenze als d eingesetzt werden müßte. Daher ist die Energie des Teiles des Einheitswürfels links von f

$$\int\limits_d^1 \left[-a\varrho^2 + \frac{\pi\varrho^2 K}{12h^3}\right] dh = -a\varrho^2 + \frac{17\pi\varrho^2 K}{24d^2}, \tag{2}$$

falls man ein Glied von geringer Größenordnung wegläßt und berücksichtigt, daß a den Wert $2\pi K/3d^3$ hat.

Die Energie der Masseneinheit für einen Punkt B zwischen f und e rührt einerseits vom Potential der Punkte links von g her, ist also $-a\varrho/2$, andererseits vom Potential zwischen g und e. Hier muß man jede Ebene als um d von B entfernt liegend betrachten. Dieses Glied ist demnach

$$\frac{\varrho}{2} h\,\Pi_1(d)$$

und die Energie der Masse zwischen f und e

$$\int\limits_0^d \left[-\frac{a\varrho^2}{2} + \frac{h\varrho^2\Pi_1(d)}{2}\right] dh = -\frac{11\pi K\varrho^2}{24d^2} \tag{3}$$

Addiert man (2) und (3), so hat man

$$-a\varrho^2 + \frac{\pi K\varrho^2}{4d^2}.$$

Danach wird die Oberflächenenergie für die Flächeneinheit

$$\gamma = \frac{\pi K\varrho^2}{4d^2}, \tag{4}$$

wo K die Bedeutung aus (1) hat. Aus der Ableitung geht klar die Entstehung der Größe γ hervor. Sie rührt daher, daß die in der Nähe der Oberfläche liegenden Molekeln nicht in dem Maße von anderen Molekeln umgeben sind, wie dies für das Innere der Flüssigkeit der Fall ist. Sie besitzen noch freie, nicht abgesättigte Valenzen, und dies ist der Ursprung der Oberflächenenergie.

Die Gleichung (4) gilt streng für die Grenzfläche gegen Vakuum. Ist Dampf mit der Flüssigkeit in Berührung, so muß es heißen

$$\gamma = \frac{\pi K(\varrho - \varrho')^2}{4d^2},$$

wo ϱ' die Dichte des Dampfes. Dieser Ausdruck ist übrigens ein Spezialfall für den allgemeineren Ausdruck der Grenzflächenspannung, wenn zwei beliebige Flüssigkeiten, von welchen die eine auch ein Gas sein kann, aneinandergrenzen. Dann sind zunächst die Energien der beiden Phasen gegen Vakuum zu addieren und davon die Energie der gegenseitigen Absättigung abzuziehen. Unterscheidet man die beiden Phasen durch die Zeiger 1 und 2, so gelangt man zur Formel

$$\gamma = \frac{2\pi N^2}{9kT}\left(\frac{m_1^4\varrho_1^2}{\mu_1^2 d_1^2} + \frac{m_2^4\varrho_2^2}{\mu_2^2 d_2^2} - \frac{2m_1^2 m_2^2\varrho_1\varrho_2}{\mu_1\mu_2 d_{12}^2}\right). \tag{5}$$

4. Oberflächenenergie von Ionengittern. Diese Theorie sei hier nur kurz gestreift. Die Berechnungen rühren von BORN[1]), LANDÉ[2]) und O. STERN[3]) her. Sie beruhen darauf, daß die Energie auch hier elektrisch gedeutet wird, insbesondere was die Anziehung betrifft. Da es sich um Ionengitter handelt, so walten hier die COULOMBschen Kräfte zwischen Einzelladungen. Die Energie, welche von der Anziehung herrührt, hat daher die Form $-A/\delta$, wo δ die Gitterkonstante bedeutet. Die abstoßenden Kräfte werden auch berücksichtigt, indem ihr Potential B/δ^n gesetzt wird. A läßt sich nach dem Vorgang von MADELUNG[4]) berechnen, B und n sind zunächst unbekannt. Da im Kristall Gleichgewicht herrscht, so muß, falls Φ das Potential bedeutet,

$$\frac{d\Phi}{d\delta} = 0$$

sein. Aus dieser Bedingung läßt sich B als Funktion der übrigen Größen errechnen. Für n verwendet man die Kompressibilität, welche in einfacher Weise mit $d^2\Phi/d\delta^2$ zusammenhängt. So lassen sich alle Daten zahlenmäßig ermitteln.

Das Potential, welches der eine unendlich ausgedehnte Halbraum des Gitters auf den anderen ausübt, ist für die Grenzflächeneinheit das Doppelte der Oberflächenenergie, da sich die Arbeit auf zwei Flächeneinheiten verteilt. Die auf diese Weise berechneten Zahlen für die Oberflächenenergie stehen der Größenordnung nach in Übereinstimmung mit den an Schmelzen experimentell ermittelten Daten.

MADELUNG[5]) zieht auch noch in Betracht, daß die Oberfläche etwas verschieden gebaut sein muß als das Kristallinnere, da die Kräfte, welche auf die Kationen und Anionen wirken, nicht gleich sind. Es wird sich daher eine Art Doppelschicht auf der Oberfläche ausbilden, welche den Wert der Oberflächenspannung beeinflußt. Es scheint aber, daß dieser Einfluß keine allzu große Bedeutung hat.

5. Kontinuierlicher Grenzübergang. Obwohl die VAN DER WAALSsche Theorie von Voraussetzungen ausgeht, die, wie schon erwähnt, die tatsächlichen Verhältnisse nicht gut wiedergeben, so soll sie hier doch erörtert werden, da sie einen eigenartigen Einblick in den Mechanismus der Kapillarität gestattet. In ihren Folgerungen ist sie übrigens recht umfassend und in sich logisch geschlossen.

Der Grundgedanke ist der, daß die Flüssigkeit stetig in den Dampf übergeht. Man hat es also mit einer unendlichen Anzahl von nebeneinander befindlichen Schichten zu tun, deren Dichte sich stetig ändert. Daß solche Phasen hier existenzfähig sind, während sonst nur die beiden Extreme (Flüssigkeit und Dampf) stabil sind, beruht auf dem Vorhandensein äußerer Kräfte, die hier wirksam sind. Während also sonst die thermodynamischen Potentiale von miteinander in Gleichgewicht befindlichen Phasen gleich sind, ist das hier nicht der Fall, ebenso wie etwa zwischen Metall und einer angrenzenden Metallsalzlösung, an deren Grenze sich ein elektrischer Potentialsprung befindet. In allen Fällen, in denen ein Potential äußerer Kräfte vorhanden ist, gilt der Satz, daß die Differenz der thermodynamischen Potentiale dem Arbeitsbetrag entspricht, der bei der Überführung der Masseneinheit von der einen in die andere Phase zu leisten ist. Summiert man daher den Überschuß der thermodynamischen Potentiale über ihren Wert in den homogenen Phasen, so erhält man die Oberflächenenergie.

---

[1]) M. BORN, Fußnote 4, S. 344.
[2]) A. LANDÉ, Berl. Ber. 1918, S. 1048.
[3]) O. STERN, Berl. Ber. 1919, S. 901.
[4]) E. MADELUNG, Phys. ZS. Bd. 19, S. 524. 1918.
[5]) E. MADELUNG, Phys. ZS. Bd. 20, S. 494. 1919.

Es kommt also darauf an, das thermodynamische Potential für die verschiedenen Phasen zu bilden, d. h. den Ausdruck[1])

$$\psi = u - Ts + \frac{p_0}{\varrho}, \tag{1}$$

wo u die spezifische Energie, s die spezifische Entropie und p_0 den äußeren Druck bedeuten.

Was zunächst die Energie u betrifft, so lautet deren Ausdruck für homogene Phasen $-a\varrho$. Hier kommen aber noch andere Glieder hinzu, die davon herrühren, daß jede Schicht von den Nachbarschichten angezogen wird. Die von einer Schicht mit der Dicke dh in der Entfernung h herrührende Energie ist laut Ziff. 3

$$\frac{\varrho}{2}\,\Pi_1(h)\,dh.$$

Nun läßt sich ϱ als Funktion von h in eine TAYLORsche Reihe entwickeln. Es ist

$$\varrho_h = \varrho + h\frac{d\varrho}{dh} + \frac{h^2}{2}\frac{d^2\varrho}{dh^2} + \cdots,$$

wo ϱ die Dichte für den herausgegriffenen Aufpunkt ($h = 0$) bedeutet. In der anderen Richtung wird

$$\varrho_{-h} = \varrho - h\frac{d\varrho}{dh} + \frac{h^2}{2}\frac{d^2\varrho}{dh^2} + \cdots,$$

so daß bei der Addierung die bezüglich der Potenz von h ungeraden Glieder herausfallen. Man hat dann

$$u = -\int_0^\infty \left(\varrho + \frac{h^2}{2}\frac{d^2\varrho}{dh^2} + \cdots\right)\Pi_1(h)\,dh = -a\varrho - \frac{c^2}{2}\frac{d^2\varrho}{dh^2}, \tag{2}$$

wobei das erste Integral eben die VAN DER WAALSsche a-Konstante ist, die zweite Konstante durch

$$c_2 = \int_0^\infty h^2\,\Pi_1(h)\,dh$$

und die weiteren c_4, c_6 usw. durch die entsprechenden Integrale gegeben sind. Daß in (2) der erste Differentialquotient herausfallen muß, ist aus Abb. 2 ohne weiteres ersichtlich. Bei einem Dichteverlauf, wie g ihn darstellt, würde die Energie bei $h = 0$ gleich $-a\varrho$ sein. Der erste Differentialquotient bewirkt eine Abweichung des Dichteverlaufes im Sinne von f. Links wird dadurch das Potential um denselben Betrag erhöht, wie rechts erniedrigt, die Energie im Aufpunkt bleibt also unverändert. Nur durch die Abweichung von f, wie etwa durch e dargestellt, kommt beiderseits eine Erhöhung für u zustande, eben proportional dem zweiten Differentialquotienten.

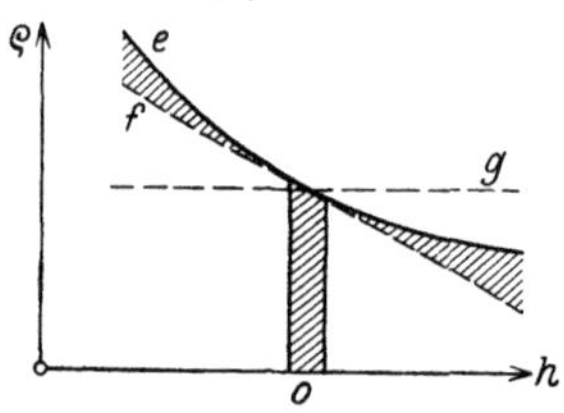

Abb. 2. Dichtegefälle in der Grenzschicht.

In dem Ausdruck (1) kommt nicht u allein, sondern die freie Energie $f = u - Ts$ vor. Da die Entropie vom Vorhandensein äußerer Kräfte nicht abhängt, weil sie ja durch die innere Wahrscheinlichkeit allein bestimmt wird, so ist die der Energie $-a\varrho$ entsprechende freie Energie, welche also einer

[1]) S. Bd. IX dieses Handb.

homogenen Phase von der Zusammensetzung des Punktes $h = 0$ entspricht, aber von äußeren Kräften frei ist, durch

$$-a\varrho - Ts$$

gegeben, wo s denselben Wert hat wie in (1). Der Wert dieser freien Energie ist aber andererseits bekanntlich

$$-\int p\,dv = \int \frac{p}{\varrho^2}\,d\varrho,$$

wo $v = 1/\varrho$ das spezifische Volumen und p den Druck in der von äußeren Kräften frei gedachten Schicht bedeutet. Daraus folgt

$$f = \int \frac{p}{\varrho^2}\,d\varrho - \frac{c_2}{2}\frac{d^2\varrho}{dh^2}. \tag{3}$$

Die freie Energie in jedem Punkt der Schicht wäre demnach bekannt, falls die Funktion $p(h)$ bekannt wäre. Hierüber erhält man Aufschluß, wenn man berücksichtigt, daß die Oberfläche als Gleichgewichtsanordnung einem Minimum an freier Energie entsprechen muß. Es muß also gelten

$$\delta\int f\varrho\,dh = 0,$$

wenn gleichzeitig, wie natürlich,

$$\delta\int \varrho\,dh = 0$$

sein soll. Dabei sind die Grenzen der Integration in der homogenen Flüssigkeits- und Dampfphase anzunehmen. Man multipliziert die zweite Gleichung mit einer Konstanten $-\psi_0$ und addiert sie zur ersten:

$$\delta\int \varrho\left[\int \frac{p}{\varrho^2}\,d\varrho - \frac{c_2}{2}\frac{d^2\varrho}{dh^2} - \psi_0\right]dh = 0.$$

Führt man die Variation aus, so erhält man

$$\int\left[\left(\int \frac{p}{\varrho^2}\,d\varrho + \frac{p}{\varrho} - \frac{c_2}{2}\frac{d^2\varrho}{dh^2} - \psi_0\right)\delta\varrho - \varrho\frac{c_2}{2}\,\delta\frac{d^2\varrho}{dh^2}\right]dh = 0.$$

Wendet man auf den letzten Term des Integrals die partielle Integration an, so wird daraus

$$-\frac{c_2}{2}\int \delta\varrho\frac{d^2\varrho}{dh^2}\,dh + \frac{c_2}{2}\,\delta\int \varrho\frac{d^2\varrho}{dh^2}\,dh.$$

Da die Variationen der Grenzen des Integrals verschwinden, so wird aus der ganzen Gleichung

$$\int\left[\int \frac{p}{\varrho^2}\,d\varrho + \frac{p}{\varrho} - c_2\frac{d^2\varrho}{dh^2} - \psi_0\right]\delta\varrho\,dh = 0,$$

und da jetzt die $\delta\varrho$ unabhängig sind, muß der Faktor in der eckigen Klammer verschwinden:

$$\int \frac{p}{\varrho^2}\,d\varrho + \frac{p}{\varrho} - c_2\frac{d^2\varrho}{dh^2} - \psi_0 = 0. \tag{4}$$

Diese Differentialgleichung zwischen ϱ und h (p ist durch ϱ gegeben) ist also in (3) bzw. (1) zu berücksichtigen. Dies geschieht am einfachsten so, daß man (1) in der Form schreibt

$$\psi = \int \frac{p}{\varrho^2}\,d\varrho + \frac{p}{\varrho} - \frac{c_2}{2}\frac{d^2\varrho}{dh^2} + \frac{p_0 - p}{\varrho}.$$

Dann geht sie nämlich infolge (4) über in

$$\psi = \frac{c_2}{2}\frac{d^2\varrho}{dh^2} + \psi_0 + \frac{p_0 - p}{\varrho}.$$

In diesem Ausdruck kann man jedoch wieder den letzten Term unter Berücksichtigung von (4) anders ausdrücken. Die ersten beiden Terme in (4) sind nämlich $\int dp/\varrho$. Durch Differenzieren wird daraus

$$dp = c_2 \varrho\, d\frac{d^2\varrho}{dh^2}$$

und integriert

$$p = p_0 + c_2\left[\varrho\frac{d^2\varrho}{dh^2} - \frac{1}{2}\left(\frac{d\varrho}{dh}\right)^2\right]. \tag{5}$$

Dies in ψ eingesetzt, hat man

$$\psi = -\frac{c_2}{2}\frac{d^2\varrho}{dh^2} + \psi_0 + \frac{c_2}{2\varrho}\left(\frac{d\varrho}{dh}\right)^2. \tag{6}$$

In dieser Gleichung haben wir also ψ nur als Funktion von ϱ und seiner Differentialquotienten, welche ihrerseits durch (4) gegeben sind. ψ_0 ist das thermodynamische Potential der homogenen Phasen, wie ebenfalls aus (4) erhellt, da dort der Differentialquotient verschwindet.

Die Oberflächenspannung ist nun, wie gesagt,

$$\gamma = \int (\psi - \psi_0)\,\varrho\, dh$$

oder nach (6)

$$\gamma = \frac{c_2}{2}\int\left[\left(\frac{d\varrho}{dh}\right)^2 - \varrho\frac{d^2\varrho}{dh^2}\right]dh.$$

Hier läßt sich noch vereinfachen, indem etwa der erste Term partiell integriert wird. Man hat, da an den Grenzen alle Differentialquotienten verschwinden,

$$\int\left(\frac{d\varrho}{dh}\right)^2 dh = -\int\varrho\frac{d^2\varrho}{dh^2}\,dh.$$

Dies in γ eingesetzt, gibt

$$\gamma = -c_2\int\varrho\frac{d^2\varrho}{dh^2}\,dh = c_2\int\left(\frac{d\varrho}{dh}\right)^2 dh = c_2\int\frac{d\varrho}{dh}\,d\varrho. \tag{7}$$

Man sieht, daß die einzelnen Schichten teils positive, teils negative Beiträge zur Oberflächenspannung liefern. Der Verlauf der Dichte ist etwa durch Abb. 3 veranschaulicht. Von der Dampfphase aus bis zum Wendepunkt ist $d^2\varrho/dh^2$ positiv, von da ab bis zur homogenen Flüssigkeit negativ. Infolgedessen ist nur der zweitgenannte Bestandteil positiv, der erste, der sozusagen der adsorbierten Dampfschicht entspricht, ist negativ.

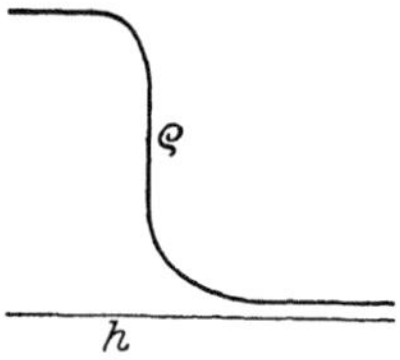

Abb. 3. Dichteverlauf in der Übergangsschicht.

Will man γ berechnen, so muß man auf Gleichung (4) zurückgreifen, welche mit (5) liefert

$$\frac{d\varrho}{dh} = \sqrt{\frac{2}{c_2}\left(p_0 + \varrho\int\frac{p}{\varrho^2}\,d\varrho - \varrho\,\psi_0\right)}.$$

Führt man die VAN DER WAALSsche Zustandsgleichung ein

$$(p + a\varrho^2)\left(\frac{1}{\varrho} - b\right) = \frac{RT}{\mu},$$

so wird

$$\int\frac{p}{\varrho^2}\,d\varrho = -a\varrho - \frac{RT}{\mu}\ln\left(\frac{1}{\varrho} - b\right)$$

und

$$\gamma = \sqrt{2c_2}\int\sqrt{p_0 - a\varrho^2 - \frac{RT}{\mu}\ln\left(\frac{1}{\varrho} - b\right) - \varrho\,\psi_0}\;d\varrho, \tag{8}$$

integriert, wie immer, zwischen den beiden homogenen Phasen. Innerhalb der letzteren ist der Radikand Null. Bei der Integration sind ψ_0 und p_0 als Konstanten zu behandeln. Die Ausführung der Integration ist von VAN DER WAALS nur für die Nähe der kritischen Temperatur ausgeführt, wo verschiedene Vereinfachungen zulässig sind. Hierauf kommen wir in Abschnitt V. zurück.

Man überzeugt sich leicht, daß die Größenordnung der Gleichung (8) mit der Größenordnung der Werte übereinstimmt, wie sie sich bei Annahme einer diskontinuierlichen Grenzfläche, etwa nach Art der GAUSSschen Ableitung, ergibt. Für zahlenmäßige Verwertung eignet sich (8) nicht gut, hierfür wird Gleichung (4) von Ziff. 3 in Verbindung mit Gleichung (1) von Ziff. 3 eher geeignet sein.

II. Die mechanischen Wirkungen der Oberflächenspannung.

6. Die Kapillarkraft. Der im vorigen Kapitel abgeleiteten Energie der Grenzflächen wird man vorteilhaft eine mechanische Kraft zuordnen. Da sie sich nur im Falle einer Oberflächenvergrößerung bzw. -verkleinerung betätigt, so liegt sie als Vektor im Niveau der Oberfläche. Daraus folgt, daß sie an den Linienelementen der Oberfläche angreifen muß; und zwar definiert man sie zweckmäßig als die Kraft, welche auf die Einheit der Länge, dazu senkrecht, wirksam ist. Der Zusammenhang dieser Kraft mit der im vorigen Abschnitt eingeführten Größe γ ergibt sich folgenderweise. Die Energie eines unendlich kleinen Flächenelementes beträgt γdo. Entsteht das ringförmig gedachte Element do durch die Ausdehnung eines Kreises vom Radius r, so ist die Zunahme der Energie

$$\gamma do = \gamma d(r^2 \pi) = \gamma 2 r \pi dr;$$

also ist γ die oben definierte Kraft, die sog. Oberflächenspannung. Aus rein mathematischen Gründen ist die Einführung einer solchen Kraft sehr wertvoll, wie das ausführlich gezeigt werden soll; jedoch ist für das richtige Verständnis sehr wichtig, den Ursprung dieser Kraft nicht aus den Augen zu verlieren. Sie ist einfach die in die Flächentangente fallende Komponente der Anziehung aller Molekeln auf die Molekeln des betrachteten Flächenelementes. Besonders deutlich erhellt dies aus der LAPLACEschen Theorie. Neuerdings hat N. K. ADAM[1]) diesen Sachverhalt betont, indem auch er der energetischen Darstellung gegenüber der einer sich spannenden Oberflächenhaut den Vorzug gibt.

Ist das Flächenelement eben, so fallen die Spannungskomponenten, welche auf die Elemente seiner Begrenzung wirken, in eine Ebene und heben sich in ihrer Wirkung auf. Hat aber das Flächenelement eine Krümmung, so liegen die Normalen längs der Begrenzungskurve nicht mehr in einer Ebene, so daß sich eine von Null verschiedene Resultierende ergeben wird. Schon qualitativ ist einzusehen, daß bei einer nach außen konvexen Oberfläche die Spannungskomponenten einen Zug nach innen geben werden. Die Größe dieses Zuges wird folgenderweise abgeleitet.

Wenn ein nach außen konvexes Element do mit den Hauptkrümmungsradien R_1 und R_2 einen Zug P nach innen erfährt, so muß es bei der Verschiebung δn längs der Flächennormalen eine Arbeit von der Größe $P \delta o \delta n$ verrichten. Die Zunahme der Energie ist $\gamma \delta do$, so daß gilt

$$P do \delta u = \gamma \delta do . \qquad (1)$$

[1]) N. K. ADAM, Nature Bd. 115, S. 512. 1925.

Nun ist (Abb. 4) mit einem Formfaktor ε

$$do = \varepsilon R_1 R_2 \, d\varphi_1 \, d\varphi_2 \,. \tag{2}$$

Bei der Verschiebung δn ändern sich beide Radien um δn, so daß wird

$$\delta\, do = \varepsilon (R_1 + R_2)\, \delta n \, d\varphi_1 \, d\varphi_2$$

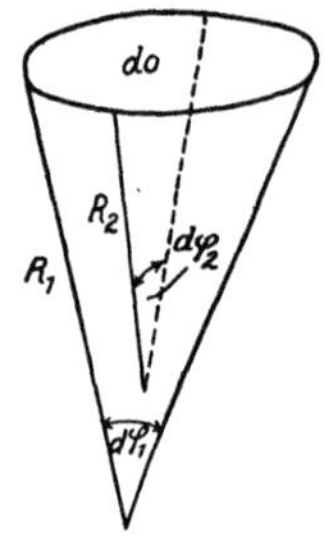

Abb. 4. Flächenelement mit Hauptkrümmungsradien.

oder, falls do aus (2) substituiert wird,

$$\delta\, do = \left(\frac{1}{R_1} + \frac{1}{R_2}\right) \delta u \, do \,.$$

Mit (1) verglichen, hat man den sog. ersten Laplaceschen Satz

$$P = \gamma \left(\frac{1}{R_1} + \frac{1}{R_2}\right). \tag{3}$$

Für ein Kugelflächenelement geht der Ausdruck in $2\gamma/R$ über. Der Zug steigt umgekehrt proportional zum Krümmungsradius. Ist die Fläche nach außen konkav, so herrscht ein nach außen gerichteter Druck von derselben Größe, so daß dann die Krümmungsradien negativ zu nehmen sind.

7. Die Differentialgleichung der Oberfläche. Die Kenntnis des Krümmungsdruckes P gestattet uns, die Differentialgleichung abzuleiten, die die gesamte Mechanik der Kapillarkräfte beherrscht. Ebenso wie etwa die elektrischen Kräfte überall, wo wahre Ladungen auftreten, mechanische Wirkungen auf die mit ihnen verbundene Materie ausüben und sich so lange betätigen, als sie nicht durch andere Kräfte in Gleichgewicht gehalten werden, verhält es sich mit der Kapillarkraft. Die besondere Form des Ausdruckes (3) von Ziff. 6 bringt es aber mit sich, daß hier der ganze Fragenkomplex geometrischer Natur ist. Da nämlich der Druck von der Oberflächenform abhängt, so folgt, daß unter allen möglichen Verhältnissen — statischen wie dynamischen — die Grenzfläche so lange deformiert wird, bis das erwähnte Gleichgewicht erreicht ist. Dadurch ist es möglich, diese Wirkungen unter recht einheitlichem Gesichtspunkt zu behandeln. Man braucht bloß die grundlegende Differentialgleichung unter Berücksichtigung der jeweiligen Grenzbedingungen zu integrieren.

Die Differentialgleichung leitet sich aus dem Satz ab, daß bei jeder mit den Grenzbedingungen verträglichen Variation der Grenzfläche die Variation der Energie Null sein muß.

Es werde (Abb. 5) eine nach außen konvexe Flüssigkeitsoberfläche betrachtet, welche im Gleichgewicht die Form der Kurve *1* hat; *2* zeigt eine variierte Oberfläche. An jeder Stelle, z. B. bei A, herrscht der Druck P gemäß Ziff. 6, Gleichung (3). Die Krümmungsradien sind Funktionen der Raumkoordinaten. Die Zunahme der Oberflächenenergie beträgt an dieser Stelle

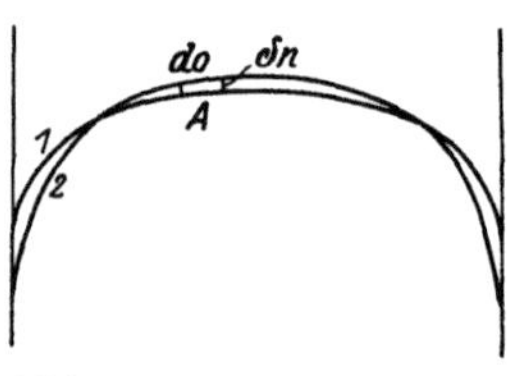

Abb. 5. Variation der Oberfläche.

$$P\, \delta n \, do \,.$$

Herrscht außerdem ein Potential äußerer Kräfte φ, so ist die Zunahme dieser potentiellen Energie

$$\varrho \varphi \, \delta n \, do \,,$$

wo an Stelle von ϱ genauer die Differenz der Dichten der Flüssigkeit und des Dampfes zu setzen ist. Die Summe beider, über die gesamte Oberfläche integriert, muß Null ergeben

$$\int (P + \varrho \varphi)\, \delta n \, do = 0 \,. \tag{1}$$

Da das Volum sich nicht ändern kann, so wird stets

$$\int \delta n \, do = 0 . \tag{2}$$

Da δn in ganz beliebiger Weise von Element zu Element variiert, so können beide Gleichungen nur dann gleichzeitig bestehen, falls

$$P + \varrho \varphi = -\lambda ,$$

wo $-\lambda$ eine Konstante längs der ganzen Oberfläche ist. Dann folgt nämlich aus (2) durch Multiplikation mit $-\lambda$ unmittelbar (1), gleichgültig, welche Werte die δn haben. Setzt man für P seinen Wert ein, so hat man

$$\gamma \left(\frac{1}{R_1} + \frac{1}{R_2} \right) + \varrho \varphi + \lambda = 0 , \tag{3}$$

wo also sowohl die R wie φ Raumfunktionen sind. Insbesondere ist der Klammerausdruck durch folgenden aus der analytischen Geometrie her bekannten Ausdruck zu ersetzen:

$$\frac{1}{R_1} + \frac{1}{R_2} = \frac{(1+q^2)\, s - 2 p q u + (1+p^2)\, t}{(1+p^2+q^2)^{\frac{3}{2}}} , \tag{4}$$

wo bei rechtwinkligen kartesischen Koordinaten xyz

$$p = \frac{\partial z}{\partial x} , \quad q = \frac{\partial z}{\partial y} , \quad s = \frac{\partial p}{\partial x} , \quad t = \frac{\partial q}{\partial y} , \quad u = \frac{\partial p}{\partial y} = \frac{\partial q}{\partial x} \tag{4a}$$

bedeutet.

In vielen Fällen reduziert sich x und y zu einer einzigen unabhängigen Variablen, so daß man es mit einer Differentialgleichung zweiter Ordnung zwischen dieser Variablen und z zu tun hat. Die Anwendung der analytischen Ausdrücke erfordert stets Vorsicht bezüglich des zu verwendeten Vorzeichens [s. auch die Bemerkung zu Gleichung (3) von Ziff. 6].

8. Die Grenzbedingungen. Die Grenzbedingungen der Gleichung hängen von der Form des Gefäßes bzw. der festen Wände ab, welche die Flüssigkeit begrenzen. Oft sind die Bedingungen derart, daß unendlich viele Lösungen möglich sind, darunter auch viele physikalisch möglichen; in manchen Fällen ist aber auch nur eine ganz bestimmte Lösung vorhanden, ohne unbestimmte Parameter.

An den Linien, welche die Flüssigkeit begrenzen, werden stets so viel Grenzflächenspannungen angreifen, als Phasen vorhanden sind. Bezeichnet $\mathfrak{a}_k$ die in die Grenzfläche fallende Spannung als Vektor zwischen der $k$ten und $k+1$ten Phase, so gilt stets

$$\sum_1^n \mathfrak{a}_k = 0 ; \tag{1}$$

wo n die Anzahl der Phasen bedeutet. Aus dieser allgemeinen Grenzbedingung lassen sich alle Spezialfälle ableiten. So lautet z. B. der Neumannsche Satz für die Grenzlinie dreier Flüssigkeiten

$$\gamma_{12} \cos i_{12} + \gamma_{13} \cos i_{13} + \gamma_{23} \cos i_{23} = 0 , \tag{1a}$$

wo i die Winkel der entsprechenden Grenzflächen mit einer beliebigen Normalen zur Grenzlinie bedeuten. Der sog. zweite Laplacesche Satz bezieht sich auf die Grenze zweier Flüssigkeiten an einer festen Wand; hier gilt (Abb. 6)

$$\gamma_{12} \cos \vartheta + \gamma_{1f} - \gamma_{2f} = 0 . \tag{1b}$$

Ist die zweite Phase ein Dampf, so wird $\gamma_{12} = \gamma$ und

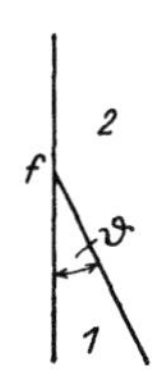

Abb. 6. Randwinkel an der Grenze zweier Phasen.

$\gamma_{2f} = 0$; γ_{1f} läßt sich, wie jede Grenzspannung, in Einzelterme zerlegen, indem die Oberflächenspannungen gegen Dampf addiert und davon die Energie der gegenseitigen Absättigung bei der Berührung, γ' abgezogen wird (s. Schluß von Ziff. 3). Für unseren Spezialfall wird

$$\gamma_{1f} = \gamma - \gamma'_{1f},$$

und der zweite LAPLACEsche Satz (1b) lautet

$$\gamma(\cos\vartheta + 1) = \gamma'_{1f},$$

woraus

$$\cos\vartheta = \frac{\gamma'_{1f}}{\gamma} - 1. \tag{2}$$

ϑ ist der sog. Randwinkel, und man sieht, wie derselbe durch die chemische Natur der in Rede stehenden Stoffe bestimmt wird. Ist insbesondere

$$0 < \gamma'_{1f} < \gamma,$$

dann ist ϑ stumpf, und die Flüssigkeit benetzt die Wand nicht (Quecksilber-Glas). Ist

$$\gamma < \gamma'_{1f} < 2\gamma,$$

dann ist ϑ spitz, die Flüssigkeit benetzt die Wand. Ist

$$\gamma'_{1f} > 2\gamma,$$

dann ist ϑ physikalisch nicht möglich. und die Flüssigkeit überzieht die Wand vollständig (Wasser—Glas).

Hier mag erwähnt werden, daß ADAM und JESSOP[1]) die Gleichung (2) benutzt haben, um aus gemessenen Werten von ϑ die Größe γ'_{1f} an der Grenze von Wasser und festen organischen Phasen zu berechnen. ϑ ist meist stumpf (gegen 100°), γ'_{1f} oder die Kohäsionsarbeit entsprechend klein (gegen 60 erg/cm²). Je größer letztere, um so mehr polare Gruppen liegen an der Oberfläche der festen Phase, oder um so tiefer ragen die Wassermolekeln zwischen die organischen Molekeln hinein.

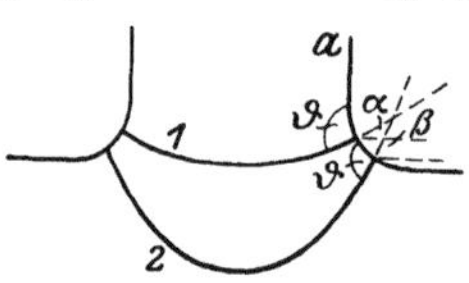

Abb. 7. Randwinkel bei abgerundeten Kanten.

Es gibt auch Fälle, wo die Grenzbedingung physikalisch unbestimmt wird (Abb. 7). Es sei *a* der Querschnitt einer kapillaren Röhre. Die Kante an dem Ende der Röhre ist in mikroskopischen Dimensionen nicht scharf, sondern abgerundet. Daher sind unendlich viele physikalische Lösungen möglich. *1* und *2* sind zwei Beispiele. Mit der Horizontalen bilden sie die Winkel α bzw. β, mit der festen Wand dagegen stets den Winkel ϑ, was dadurch ermöglicht wird, daß der Fußpunkt um eine mikroskopisch kleine Strecke verschoben wird. Diese Strecke ist im Verhältnis zu den Kurvendimensionen als Punkt zu betrachten (in der Zeichnung der Anschaulichkeit halber zu groß wiedergegeben).

9. Zweidimensionale Probleme. Es sollen im folgenden die wichtigsten Fälle der Integration der Gleichung (3) von Ziff. 7 besprochen werden. Am einfachsten sind jene, welche zylindrische Anordnung betreffen, wo also alle Differentialquotienten nach der einen, etwa der y-Koordinate verschwinden. Dann haben wir es mathematisch mit einer zweidimensionalen Betrachtung zu tun. Der Ausdruck (4) von Ziff. 7 degeneriert zu

$$\frac{s}{(1+p^2)^{\frac{3}{2}}}.$$

---

[1]) N. K. ADAM u. G. JESSOP, Journ. chem. soc. Bd. 127, S. 1863. 1925.

Es ist für die Anwendungen von Interesse, daß dieser Ausdruck noch in zwei andere Formen übergeführt werden kann. Es gilt identisch

$$\frac{s}{(1+p^2)^{\frac{3}{2}}} \equiv \frac{d}{dx}\frac{p}{\sqrt{1+p^2}} \equiv -\frac{1}{p}\frac{d}{dx}\frac{1}{\sqrt{1+p^2}}, \tag{1}$$

wovon man sich durch Ausdifferenzieren überzeugt.

Als äußere Kraft kommt hauptsächlich die Schwere in Betracht, für welche bei lotrecht aufwärts weisender z-Achse

$$\varphi = g z$$

zu setzen ist. Rechnet man z von dem Niveau, wo die Flüssigkeitsoberfläche eben, also der Kapillardruck P Null geworden ist, so muß λ verschwinden. Die Gleichung (3) von Ziff. 7 lautet dann, wenn noch mit $2p/\varrho g$ multipliziert wird

$$\pm\frac{2\gamma}{\varrho g}\frac{d}{dx}\frac{1}{\sqrt{1+p^2}} + 2pz = 0. \tag{2}$$

Hierbei gilt das positive oder negative Zeichen, je nachdem die Normale von der dichteren zur leichteren Phase mit der positiven z-Achse einen spitzen oder stumpfen Winkel bildet.

Integriert ergibt obige Gleichung

$$z^2 \pm \frac{2\gamma}{\varrho g}\frac{1}{\sqrt{1+p^2}} + C = 0. \tag{3}$$

C ist die erste Integrationskonstante, welche je nach den speziellen Grenzbedingungen zu wählen ist. Da $p = dz/dx$, so muß noch eine zweite Integration erfolgen, die aber von Fall zu Fall verschieden sein wird.

10. Anstieg an Wänden. Es sei zunächst der Anstieg an einer ebenen Wand ins Auge gefaßt, wie er bei allen Trögen mit glatten Wänden verwirklicht ist. Die ebene Oberfläche hat $z = 0$ und zugleich $p = 0$. Demnach lautet Gleichung (3) von Ziff. 9

$$z^2 + \frac{2\gamma}{\varrho g}\left(\frac{1}{\sqrt{1+p^2}} - 1\right) = 0. \tag{1}$$

Die zweite Integrationskonstante wird sich gemäß Ziff. 8, Gleichung (2) aus ϑ, dem Randwinkel (Abb. 8), bestimmen lassen. Der Klammerausdruck in der letzten Gleichung geht für $x = 0$ in $(\sin\vartheta - 1)$ über. Bezeichnet man die Steighöhe, wie üblich, mit h, dann gilt für $x = 0$

$$z = h = \sqrt{\frac{2\gamma}{\varrho g}(1 - \sin\vartheta)}. \tag{2}$$

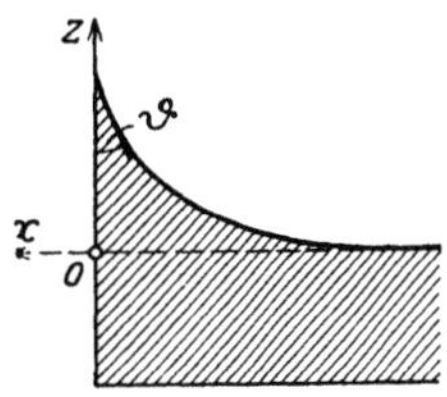

Abb. 8. Aufstieg an ebener Wand.

Schreibt man zur Abkürzung

$$\frac{2\gamma}{\varrho g} = \alpha,$$

dann liefert die Integration von (1)

$$x = \sqrt{\frac{\alpha}{2}}\ln\left[\frac{(\sqrt{2\alpha} - \sqrt{2\alpha - z^2})\,h}{(\sqrt{2\alpha} - \sqrt{2\alpha - h^2})\,z}\right] + \sqrt{2\alpha - z^2} - \sqrt{2\alpha - h^2}. \tag{3}$$

Man sieht, daß für $x = 0$, $z = 0$ wird, wie es die Grenzbedingung verlangt; h ist aus (2) bei gegebener Flüssigkeit und gegebenem Wandmaterial zu berechnen. Für $x = -\infty$ wird $z = 0$, die Flüssigkeit wird aber praktisch schon in kleiner Entfernung von der Wand ebene Oberfläche haben. Genau dieselbe Gleichung gilt für nicht benetzende Flüssigkeiten, nur ist dort in (2) die Wurzel, also h, negativ zu nehmen; z wird auch überall negative Werte haben.

11. Anstieg zwischen parallelen Wänden. Der nächste Fall sei der Aufstieg einer Flüssigkeit zwischen zwei parallelen Platten. Es ist dies das zweidimensionale Analogon zum Aufstieg in Kapillaren.

In Ziff. 10, Gleichung (1) ist jetzt $z = z_0$ für $p = 0$ zu setzen, so daß jene Gleichung lautet (Abb. 9)

$$z^2 - z_0^2 + \alpha\left(\frac{1}{\sqrt{1+p^2}} - 1\right) = 0. \tag{1}$$

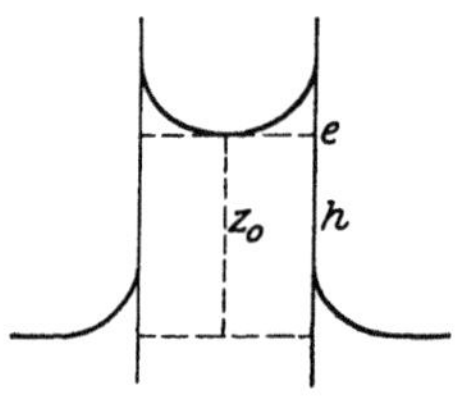

Abb. 9. Aufstieg zwischen parallelen Platten.

Diese Gleichung, nach p aufgelöst, ergibt

$$p = \frac{\sqrt{\alpha^2 - (\alpha + z_0^2 - z^2)^2}}{\alpha + z_0^2 - z^2}$$

und integriert, falls $x = 0$ für $z = z_0$ gesetzt wird,

$$x = \int\limits_{z_0}^{z} \frac{\alpha + z_0^2 - z^2}{\sqrt{\alpha^2 - (\alpha + z_0^2 - z^2)^2}}\, dz, \tag{2}$$

was sich entweder auf elliptische Integrale erster und zweiter Gattung oder durch passende Substitutionen in eine konvergente Reihe überführen läßt. Die Aufstieghöhe h an der Wand ist durch den Wert von z gegeben, der nach (2) der halben Spaltbreite (r) als x entspricht. Damit ist die Aufgabe bis auf den Wert z_0 bestimmt. Dieser läßt sich jedoch auf den Randwinkel zurückführen. Gleichung (1) läßt sich nämlich für $z = h$ umformen in

$$h^2 - z_0^2 + \alpha(\sin\vartheta - 1) = 0. \tag{3}$$

Gleichung (3) liefert mit

$$r = \int\limits_{z_0}^{h} \frac{\alpha + z_0^2 - z^2}{\sqrt{\alpha^2 - (\alpha + z_0^2 - z^2)^2}}\, dz$$

zwei Gleichungen, die sowohl h als z_0 aus α, r und ϑ zu berechnen gestatten.

Man kann Gleichung (1) auch angenähert lösen, wenn man als neue Variable $z' = z - z_0$ die Entfernung von der Ebene e einführt. Indem man vermutet, daß $z' \ll z_0$ bleibt, nimmt Gleichung (1) die Form an

$$\frac{dz'}{dx} = \frac{2\sqrt{\frac{\alpha}{z_0} z' - z'^2}}{\frac{\alpha}{z_0} - 2z'}.$$

Integriert ergibt dies

$$x = \sqrt{\frac{\alpha z'}{z_0} - z'^2}.$$

Dies ist aber die Gleichung eines Kreises vom Radius $\alpha/2z_0$. Man hat wieder wie früher

$$r = \sqrt{\frac{\alpha h'}{z_0} - h'^2},$$

ferner

$$2z_0 h' = \alpha(1 - \sin\vartheta), \tag{3a}$$

woraus z_0 und h' zu ermitteln sind.

12. Der zylindrische Tropfen. Von den vielen speziellen Lösungen sei noch der zylindrische Tropfen behandelt. Derselbe tritt aus einem langen Spalt hervor und ist in dessen Mitte recht gut verwirklicht. Den Querschnitt zeigt

Abb. 10. Wie bewiesen werden soll, ist die geometrische Form bei gegebenem Wert von α durch eine einzige Variable bestimmt. Dieser Variablen entspricht physikalisch der Druck, mit welchem der Spalt von oben belastet wird. Bei zunehmender Belastung wölbt sich der Tropfen immer mehr nach außen, wird von einem bestimmten Punkt ab eingeschnürt (wie in Abb. 10) und reißt endlich ab. Diese Formen sind von der Spaltbreite $2r$ unabhängig. Bei gegebener Form rückt die Ansatzstelle in eine solche Höhe, daß die Breite daselbst $2r$ beträgt. Der Randwinkel ist hier ohne Belang, da, wie in Ziff. 8 gezeigt wurde, bei einer runden Kante jeder Randwinkel auftreten kann.

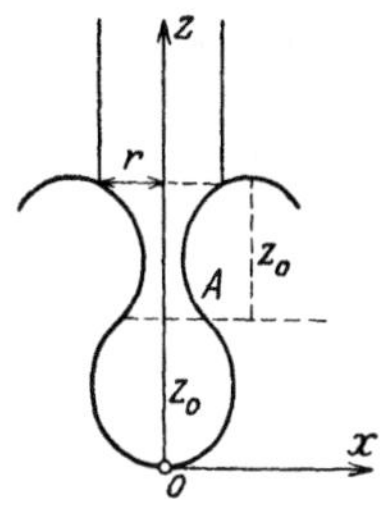

Abb. 10. Zylindrische Tropfen.

Die geometrische Form wird wiederum durch elliptische Integrale dargestellt. Den Nullpunkt des Koordinatensystems rücken wir an die tiefste Stelle des Tropfens. Dann müssen wir die Ausgangsgleichung (2) von Ziff. 9 etwas umformen, da z jetzt nicht im Niveau $(dp/dx = 0)$ Null ist. Dagegen sei $z = z_0$ im Wendepunkt A (dp/dx auch $= 0$), dann lautet Gleichung (2) von Ziff. 9

$$\pm \alpha \frac{d}{dx} \frac{1}{\sqrt{1+p^2}} + 2p(z - z_0) = 0,$$

wo das positive Zeichen gilt, wenn die Normale nach der Dampfphase mit der positiven z-Achse einen spitzen Winkel bildet. Die Integration liefert

$$\pm \alpha \frac{1}{\sqrt{1+p^2}} + z^2 - 2zz_0 + C = 0,$$

und da für $z = 0$ auch $p = 0$ sein soll,

$$z^2 - 2zz_0 - \alpha\left(\frac{1}{\sqrt{1+p^2}} - 1\right) = 0, \tag{1}$$

womit das Vorzeichen für den unteren Teil richtig gewählt ist. Aus (1) ist ersichtlich, daß p auch noch für $z = 2z_0$ Null ist. Dies ist offenbar die oberste Stelle der Kurve, welche um ebensoviel, nämlich um z_0, vom Wendepunkt entfernt ist wie der unterste Punkt. Setzt man übrigens $z' = z - z_0$, so wird (1) zu

$$z'^2 - z_0^2 - \alpha\left(\frac{1}{\sqrt{1+p^2}} - 1\right) = 0,$$

woraus ersichtlich, daß die Kurve nach oben und unten von A in kongruenter Weise verläuft.

Um Gleichung (1) zu integrieren, wird sie zunächst nach p aufgelöst

$$p = \frac{\sqrt{\alpha^2 - (\alpha + z^2 - 2zz_0)^2}}{\alpha + z^2 - 2zz_0}, \tag{2}$$

woraus

$$x = \int_0^z \frac{\alpha + z^2 - 2zz_0}{\sqrt{\alpha^2 - (\alpha + z_0^2 - 2zz_0)^2}}\, dz, \tag{3}$$

was sich leicht auf elliptische Normalintegrale erster und zweiter Gattung zurückführen läßt.

Aus Gleichung (2), deren Nenner auch $(\alpha + z'^2 - z_0^2)$ geschrieben werden kann, sind die einzelnen Stadien der Tropfenbildung abzuleiten. Ist $z_0^2 < \alpha$, so ist der Nenner stets von Null verschieden, so daß p nirgends ∞ wird und immer positiv ist. Man hat es mit einem flachen Tropfen zu tun. Wird $z_0^2 = \alpha$, so ist für einen einzigen Punkt, nämlich $z' = 0$, $p = \infty$: eine Einschnürung ist hier noch nicht vorhanden und p ist auch immer positiv. Wird $z_0^2 > \alpha$, so muß p für $z' = \pm\sqrt{z_0^2 - \alpha}$ unendlich werden, eine Einschnürung ist vorhanden und zwischen den beiden genannten Werten von z' ist p negativ zu rechnen. Man kann aus (3) x für $z' = \sqrt{z_0^2 - \alpha}$ berechnen. Setzt man x hier Null, so ergibt sich hierfür als Bedingung $z_0^2 = 1{,}368\,\alpha$. Bei diesem Wert von z_0 reißt der Tropfen ab.

13. Axialsymmetrische Probleme. Es sollen jetzt die axialsymmetrischen Probleme besprochen werden, die viel wichtiger sind als die zylindrischen, weil sie den Verhältnissen der Wirklichkeit eher entsprechen und der Messung der Kapillaritätskonstanten zur Grundlage dienen. Da die Lösung in strenger Form jedoch noch schwieriger ist, so wird man sich stets mit angenäherten Lösungen begnügen, deren Genauigkeitsgrad der jeweiligen Messung angepaßt sein muß.

Die Differentialgleichung (3) von Ziff. 7 bringen wir in eine passende Form, indem wir Zylinderkoordinaten z, r, φ einführen ($x = r\cos\varphi$, $y = r\sin\varphi$) und die Ausdrücke (4a) von Ziff. 7 dementsprechend umformen. Z. B. ist

$$\varphi = \frac{\partial z}{\partial x} = \frac{\partial z}{\partial r}\frac{\partial r}{\partial x} + \frac{\partial z}{\partial \varphi}\frac{\partial \varphi}{\partial x} = \frac{\partial z}{\partial r}\frac{\partial r}{\partial x} = \frac{1}{\cos\varphi}\frac{\partial z}{\partial r},$$

da $dz/d\varphi$ wegen der Axialsymmetrie verschwindet. Die so erhaltenen Differentialquotienten in Ziff. 7, Gleichung (4) eingesetzt, geben mit $dz/dr = p$ und $d^2z/dr^2 = \dot{p}$

$$\frac{1}{R_1} + \frac{1}{R_2} = \frac{\dot{p}}{\sqrt{1+p^2}^3} + \frac{1}{r}\frac{p}{\sqrt{1+p^2}} \equiv \frac{1}{r}\frac{d}{dr}\frac{rp}{\sqrt{1+p^2}}. \tag{1}$$

Aus Ziff. 7, Gleichung (3) wird dann, wenn man wieder α für $2\gamma/\varrho g$ einführt,

$$\mp\alpha\frac{1}{r}\frac{d}{dr}\frac{rp}{\sqrt{1+p^2}} + 2z + \lambda = 0, \tag{2}$$

Hier gilt das negative Zeichen, wenn die Normale nach dem Dampf zu mit der positiven z-Achse einen spitzen Winkel bildet. Die Konstante λ wird je nach dem willkürlichen Nullpunkt von z festgelegt.

14. Kapillarröhren. Wir behandeln zunächst den Fall kapillarer Röhren, in welchen die Flüssigkeit hochsteigt (Abb. 11). Man rechnet zweckmäßig z vom äußeren Niveau, wo sowohl p wie $\dot{p}$ verschwinden, dann lautet Gleichung (2) von Ziff. 13

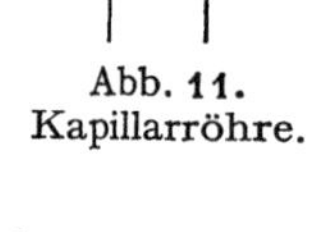

Abb. 11. Kapillarröhre.

$$-\frac{\alpha}{r}\frac{d}{dr}\frac{rp}{\sqrt{1+p^2}} + 2z = 0. \tag{1}$$

Man setzt nun wieder

$$z = z_0 + z',$$

wobei $z' \ll z_0$, so daß in erster Näherung

$$\frac{d}{dr}\frac{rp}{\sqrt{1+p^2}} = \frac{2z_0 r}{\alpha}$$

und

$$\frac{p}{\sqrt{1+p^2}} = \frac{z_0 r}{\alpha}, \tag{2}$$

da $r = 0$ für $p = 0$ ist. Ist ϑ der Randwinkel und $2r_0$ der Röhrendurchmesser, dann ist

$$z_0 = \frac{\alpha\cos\vartheta}{r_0}. \tag{3}$$

Die Bedeutung von z_0 ersieht man aus folgendem. Die kapillaren Kräfte suchen die Säule nach oben zu heben. Die Arbeit, die sie bei einer Hebung um δz verrichten, ist (s. Abb. 6)

$$2\pi r_0(\gamma_{2f} - \gamma_{1f})\delta z.$$

Gemäß Ziff. 8, Gleichung (1b) ist dies aber

$$2\pi r_0 \gamma \cos\vartheta\, \delta z.$$

Also ist die mechanische Kraft $2\pi r_0 \gamma \cos\vartheta$. Diese hält dem Gewicht der Säule $V\varrho g$ (V = Volumen) das Gleichgewicht. Also ist [vgl. Gleichung (3)]

$$V = \frac{2\pi r_0 \gamma \cos\vartheta}{\varrho g} = \alpha \pi r_0 \cos\vartheta = r_0^2 \pi z_0.$$

Die Größe z_0 ist also die mittlere Höhe der Kapillarsäule, falls das Volumen richtig berücksichtigt wird; z_0 gibt also nicht etwa die tiefste Stelle der Kuppe an, sondern einen etwas höheren Punkt.

Eine bessere Annäherung an die Wirklichkeit als die ebene Begrenzung erzielt man durch Integration von (2), wo $p = dz'/dr$ bedeutet:

$$z' = \frac{\alpha - \sqrt{\alpha^2 - z_0^2 r^2}}{z_0},$$

da $z' = 0$ für $r = 0$ sein muß. Wegen (3) wird daraus

$$z' = \frac{r_0 - \sqrt{r_0^2 - r^2 \cos^2\vartheta}}{\cos\vartheta}. \tag{4}$$

Es ergibt sich also die Oberfläche in zweiter Näherung als Kugelfläche vom Radius $r_0/\cos\vartheta$, insbesondere für völlig benetzende Flüssigkeiten vom Radius r_0. Weitere Näherungen kann man jetzt in ganz ähnlicher Weise erhalten wie früher, indem man in Gleichung (1) $z = z_0 + z'$ setzt [z' aus (4)] und sie integriert. Für $r = r_0$ ergibt sich dann

$$z_0 = \frac{\alpha \cos\vartheta}{r_0} - \frac{r_0}{\cos\vartheta}\left(1 - \frac{2}{3}\,\frac{1 - \sin^3\vartheta}{\cos^2\vartheta}\right).$$

Um den Betrag des zweiten Terms liegt die Kuppe der Kugelfläche tiefer als bei ebener Begrenzung. Eine abermalige Integration führt dann zu einer Oberflächenform, welche der Wirklichkeit noch besser entspricht als die Kugelfläche.

Eine andere Art von Kapillaren, sog. offene, die der Länge nach aufgeschnitten sind, betrachtet K. SCHULTZE[1]). Die Oberfläche der Flüssigkeit neigt sich hier gegen die Horizontale. Kapillaren von eckigem Querschnitt nennt er gemischte, weil die einzelnen Ecken offenen Kapillaren entsprechen. Seine Betrachtungen sind aber rein qualitativer Art.

15. Liegender Tropfen. Wir behandeln jetzt den auf einer ebenen Unterlage ruhenden Tropfen (Abb. 12). Je nachdem die Flüssigkeit benetzt oder nicht, wird eine Ebene nach Art von 1 oder 2 den Tropfen als Unterlage schneiden. Den Ausgangspunkt bildet wieder Gleichung (2) von Ziff. 13. Da jetzt das Niveau in unbestimmter Höhe liegt, so setzen wir z bei A an der Kuppe Null und können dementsprechend die Konstante λ nicht weglassen. Sind die Flüssigkeit und die Wand (α, ϑ) gegeben, so bleibt offenbar nur die Menge bzw. das Volum des Tropfens als einziger unabhängiger Parameter, der die Konstante λ bestimmt. Für A ist nämlich

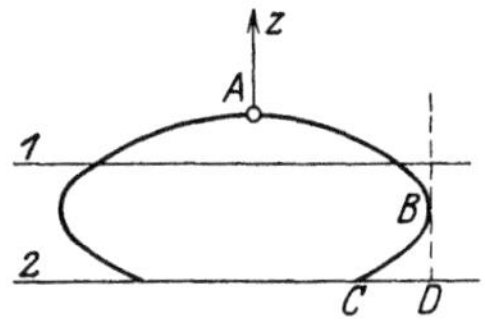

Abb. 12. Liegender Tropfen.

$$\lambda = \frac{2\alpha}{R_0},$$

wo R_0 den Krümmungsradius des Tropfens an der Kuppe bezeichnet. Andererseits liegt der Tropfen um so flacher, je größer er ist; R_0 nimmt also in der Tat mit dem Volum zu.

[1]) K. SCHULTZE, Kolloid-ZS. Bd. 36, S. 65. 1925.

Die Gleichung (2) von Ziff. 13 ist allgemein nicht in endlicher Form lösbar. Man kennt verschiedene Lösungen für gewisse Grenzfälle, sodann Reihenentwicklungen, die für einzelne Bereiche brauchbar sind.

Für **große** Tropfen ist in erster Näherung $\lambda = 0$ zu setzen. Außerdem ist in Ziff. 13, Gleichung (1) $1/R_2$, also die zum Meridianschnitt senkrechte Krümmung, wie ersichtlich, praktisch auch Null, so daß nur der erste Term übrigbleibt. Den Wert von $1/R_1$ entnimmt man aus Ziff. 9, Gleichung (1), so daß man hat

$$\mp \frac{\alpha}{p} \frac{d}{dr} \frac{1}{\sqrt{1+p^2}} + 2z = 0,$$

also genau die Gleichung (2) von Ziff. 9, aus welcher sich wiederum

$$z^2 + \alpha\left(\mp \frac{1}{\sqrt{1+p^2}} - 1\right) = 0 \tag{2}$$

errechnet. Die Lösung (3) von Ziff. 10 geht von einem Punkt ($x = 0$) aus, für welchen die Bedingung des Randwinkels erfüllt ist. Nimmt man dagegen r für $z = 0$ auch Null an, so ergeben sich für endliche z-Werte unendlich große Radien, wie auch in Ziff. 10 der Punkt $z = 0$ streng genommen bei $x = \infty$ lag. Für die Praxis berechnet man meist die Größe von Strecken im Bereiche der endlichen Krümmungen, also z. B. die Länge CD, welche für Meßzwecke in Betracht kommt. Für B ist $p = \infty$ und $z_B^2 = \alpha$, eine Beziehung, welche zur Messung von γ geeignet ist. Man mißt dann die vertikale Entfernung der Kuppe von der Äquatorialebene.

Für **kleine** Tropfen läßt man dagegen das zweite Glied der Gleichung (2) von Ziff. 13 fort, und zwar wird sie, falls $zr/\alpha \ll 1$,

$$\mp \frac{d}{dr} \frac{rp}{\sqrt{1+p^2}} + \frac{r\lambda}{\alpha} = 0,$$

woraus

$$\mp \frac{p}{\sqrt{1+p^2}} + \frac{r\lambda}{2\alpha} = 0.$$

Dies ist aber die Gleichung (2) von Ziff. 14, so daß ebenso wie dort eine Kugel die Näherung darstellt:

$$z = -\frac{2\alpha}{\lambda} \pm \sqrt{\frac{4\alpha^2}{\lambda^2} - r^2}$$

mit dem Radius $2\alpha/\lambda$. Setzt man nun

$$z = -\frac{2\alpha}{\lambda} \pm \sqrt{\frac{4\alpha^2}{\lambda^2} - r^2} + z'$$

und führt diesen Wert in Ziff. 13, Gleichung (2) ein, wobei jetzt nur die Glieder mit α^2 im Nenner vernachlässigt werden, so erhält man weitere Näherungen. Aus der erhaltenen Kurvengleichung läßt sich durch Integration das Volumen bilden, welches ja durch

$$V = \pi \int_{-h}^{0} r^2\, dr$$

dargestellt ist (h = Tropfenhöhe, Funktion von ϑ). Dadurch erhält man den gewünschten Zusammenhang zwischen V und λ. Nach der zweiten Näherung ergibt sich auf diese Weise

$$V = \frac{8\pi\alpha^3}{3\lambda^3}(1 - \cos\vartheta)^2\left(2 + \cos\vartheta - \frac{4\alpha}{\lambda^2}\right).$$

16. Hängender Tropfen. Wichtig ist noch der Fall des sich am Ende einer Kapillaren bildenden Tropfens, da er viel zur Bestimmung von γ verwendet wird (Abb. 13). Der Tropfen haftet am äußeren Rand der Kapillare K unter dem Randwinkel ϑ mit der Wand. Die Kapillare kommunizere mit dem Gefäß G, dann wird im Gleichgewicht das Niveau N etwas oberhalb der Mündung M der Kapillaren liegen. Für diesen Fall gilt wieder die Gleichung (1) von Ziff. 15; z rechnen wir von der Kuppe an. Wir haben dann

$$\mp \frac{\alpha}{r}\frac{d}{dr}\frac{r p}{\sqrt{1+p^2}} + 2z - \frac{2\alpha}{R_0} = 0. \qquad (1)$$

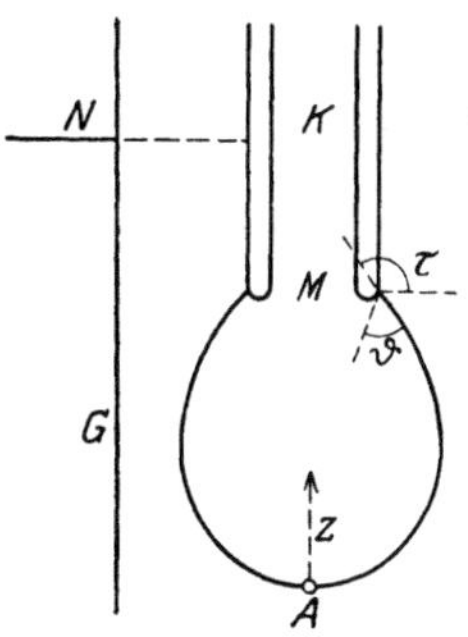

Abb. 13. Hängender Tropfen.

Die Form der Kurve ist jetzt wenig von Belang. Es ist dagegen ein Leichtes, das Gewicht bzw. Volumen eines Tropfens zu ermitteln, welcher durch Änderung des Niveaus N zum Abfallen gebracht werden kann. Zu jedem Niveau bildet sich ein Tropfen aus, dessen Volumen jedoch ein gewisses Maximum nicht überschreiten kann; ein weiterer Zufluß zum Tropfen ist daher physikalisch nicht möglich und der Tropfen muß abreißen.

Das Volumen V des ausgebildeten Tropfens errechnet sich auf Grund der Abb. 13 folgenderweise: Der Tropfen hängt an einem Kreis vom Radius R; die Kraft, welche die Wand auf ihn in Richtung des Vertikalen ausübt, ist daher $2\pi R\gamma \sin\tau$, wo $\operatorname{tg}\tau = p$. Diese Kraft muß dem Gewicht des Tropfens $V\varrho g$ vermehrt um das der Säule zwischen M und N gleich sein. Nun ist $\overline{MN} = \overline{AN} - z_R$, falls z_R die Höhe der Mündung über der Kuppe bedeutet. Aus der Differentialgleichung (1) folgt jedoch

$$\overline{AN} = \frac{\alpha}{R_0},$$

so daß

$$V = \alpha\pi R \sin\tau - R^2\pi\left(\frac{\alpha}{R_0} - z_R\right)$$

wird. Das Volumen ist also auf die Variable R_0 zurückgeführt, nur daß auch z_R und τ explizit darin vorkommen. LOHNSTEIN[1]) hat die Gleichung (1) numerisch integriert und so für verschiedene Werte von R_0 das Volumen errechnet. Er fand, daß mit zunehmendem R_0, also steigendem Flüssigkeitszufluß, V bei gegebenem R durch ein Maximum ging, welches eben das Abreißvolumen ist. Allerdings gibt V noch nicht das Volum des heruntergefallenen Tropfens, da ein Teil nach dem Abreißen hängen bleibt. Wird auch diesem Umstand durch eine wahrscheinliche Annahme Rechnung getragen, so erhält man Tropfengewichte, die mit den experimentell von RAYLEIGH[2]) ermittelten Gewichten gut übereinstimmen.

17. Axialsymmetrische Probleme ohne äußere Kraft. Zum Schluß seien diejenigen axialsymmetrischen statischen Probleme behandelt, bei denen ein äußeres Potential nicht vorkommt. Solche Fälle sind in zweierlei Weise herzustellen. Erstens kann man eine Flüssigkeit in einer anderen nicht mit ihr mischbaren von gleicher Dichte schweben lassen, so daß die Wirkung der Schwere aufgehoben wird. Dann bilden sich wie bei den Versuchen von PLATEAU[3]) verschiedene Oberflächen aus, die sich auch theoretisch voraussagen lassen. Zweitens gehören hierher die dünnen Lamellen, wie Seifenblasen, welche allerdings nicht absolut stabile Gebilde darstellen, da innerhalb der Lamelle die Flüssigkeit

[1]) TH. LOHNSTEIN, Ann. d. Phys. Bd. 20, S. 237. 1906.
[2]) Lord RAYLEIGH, Phil. Mag. (5) Bd. 48, S. 321. 1899.
[3]) J. PLATEAU, Statique exp. et théor. d. liquides. Paris 1873.

stets langsam nach unten abfließt. Jedoch erfolgt dieses Fließen wegen der hohen inneren Reibung oft so langsam, daß man solche Gebilde wenigstens quasistatisch auffassen kann. Jede Variation eines Oberflächenelementes ruft sofort eine ebensolche des gegenüberliegenden Elementes der zweiten Oberfläche hervor, da ein Fließen der Flüssigkeit parallel zu den Flächen, wie gesagt, sehr langsam erfolgt. Das hat aber zur Folge, daß bei beliebiger Variation der Oberfläche die Änderung der Schwereenergie klein von zweiter Ordnung sein wird und demnach gegenüber der Änderung der Oberflächenenergie vernachlässigt werden darf. Es gilt daher für alle hierhergehörigen Fälle die Gleichung

$$\gamma\left(\frac{1}{R_1}+\frac{1}{R_2}\right)-\lambda=0,$$

oder, da wir es mit axialsymmetrischen Problemen zu tun haben,

$$\mp\gamma\frac{d}{dr}\frac{rp}{\sqrt{1+p^2}}-\lambda r=0. \tag{1}$$

Integriert ergibt das

$$\mp\frac{rp}{\sqrt{1+p^2}}-\frac{\lambda r^2}{2\gamma}+K=0 \tag{2}$$

und

$$z=\int\frac{\frac{\lambda r^2}{2\gamma}-K}{\sqrt{r^2-\left(\frac{\lambda r^2}{2\gamma}-K\right)^2}}\,dr, \tag{3}$$

also ein elliptisches Integral. Ist K positiv, dann hängt sein Wert mit jenem Radius r_0 zusammen, für welchen die Kurve des Meridianschnittes senkrecht zur z-Achse verläuft, also $p=0$ ist. Es wird dann nämlich

$$K=\frac{\lambda}{2\gamma}r_0^2.$$

Ist K negativ, so folgt durch Differenzieren aus (2), daß dann

$$-K=\frac{\lambda}{2\gamma}r_0'^2,$$

wo r_0' den Wendepunkt der Kurve bedeutet, für welchen $dp/dr=0$ ist. Die Analyse des elliptischen Integrals (3) ergibt für diese beiden Fälle zwei verschiedene Kurven. Für positive K bekommt man als Rotationsfläche das Nodoid (Abb. 14a), dessen Meridianschnitt durch den Brennpunkt einer Hyperbel beschrieben wird, falls man diese an der z-Achse entlang rollen läßt. Die andere Hälfte der Hyperbel erzeugt die entsprechende Kurve links von z. Für $p=\infty$ hat man

$$\mp r-\frac{\lambda r^2}{2\gamma}+K=0,$$

woraus

$$r_{1,2}=\mp\frac{\gamma}{\lambda}+\sqrt{\frac{\gamma^2}{\lambda^2}+r_0^2}.$$

Ein Grenzfall des Nodoids ist die Kugel, wenn nämlich $r_1=r_0=K=0$; es fehlen die inneren Schleifen, und die Spitzen reichen bis zur z-Achse. Die Kurve besteht aus einer Reihe von nebeneinanderliegenden Kreisen. Die abrollenden Hyperbeln arten in diesem Fall zu Geraden aus.

Ein anderer Grenzfall ergibt sich für $\lambda=0$; dann ist $\gamma/\lambda=\infty$, ebenso $r_2=\infty$. Die Kurve besitzt bloß eine nach außen konkave Schleife, die Gleichung (2) läßt sich wegen $\lambda=0$ in endlicher Form integrieren, man erhält, wie sich leicht zeigen läßt, die Gleichung einer Kettenlinie (Abb. 14b). Ihre Rotationsfläche heißt Katenoid. Die Kurve entsteht durch Abrollen einer Parabel längs der z-Achse. Da $\lambda/2\gamma$ die mittlere Krümmung bedeutet, die bei all diesen Fällen konstant ist, so folgt, daß die mittlere Krümmung des Katenoids stets Null ist, die Konkavität der Längsrichtung nach hebt die Konvexität der Querrichtung nach gerade auf.

Für negative K erhält man als Fläche das Unduloid (Abb. 14c). Der Meridianschnitt entsteht durch Abrollen einer Ellipse. Für die kleinste und größte Entfernung von der z-Achse hat man

$$r_{1,2} = \frac{\gamma}{\lambda} \pm \sqrt{\frac{\gamma^2}{\lambda^2} - r_0^2}\,.$$

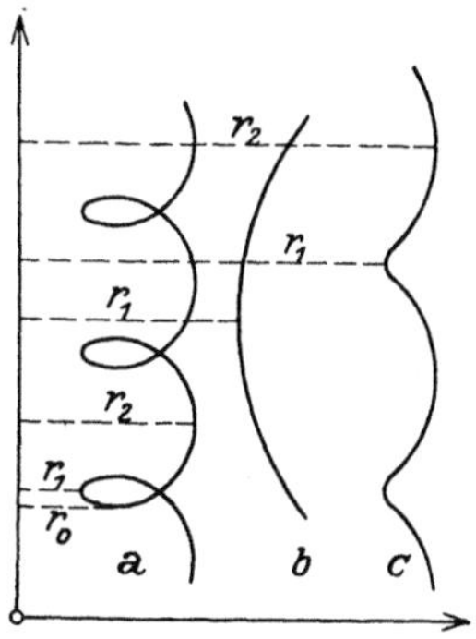

Abb. 14. Grenzfläche bei Abwesenheit äußerer Kräfte.
a Nodoid *b* Katenoid *c* Unduloid.

Als Grenzfälle hat man den Zylinder: $r_1 = r_2 = r_0 = \gamma/\lambda$; die Kugel: $r_1 = r_0 = 0$; und das Katenoid: $r_2 = \gamma/\lambda = \infty$.

Im ganzen sind es also fünf verschiedene Kurven, die man in der Tat je nach den Versuchsbedingungen erhalten konnte. Wohl die am meisten bekannte Form ist die Kugel, die, wie schon erwähnt, immer dann entsteht, falls $r_1 = 0$, d. h. wenn die Fläche bis an die Drehachse heranreicht. Wird die Flüssigkeit nicht durch einen axialen Körper durchbohrt, so entsteht immer die Kugel, wird sie dagegen axial von einem festen Körper durchsetzt, so entstehen auch die genannten anderen Flächen. Die Kugel braucht nicht an beiden Achsenpunkten ausgebildet zu sein, taucht z. B. von unten ein Körper in die Kugel ein, so wird diese unterbrochen, wobei an der Berührungsstelle der Randwinkel zum Vorschein kommt. Eine andere Frage ist, welche von den anderen Formen die stabile ist. Hierüber bestehen auch gewisse durch das Experiment bestätigte Gesetzmäßigkeiten.

18. Dynamische Probleme. Wir gehen nun von den statischen Erscheinungen zu den dynamischen über. Hierbei handelt es sich allgemein um folgendes. Es sei eine Flüssigkeitsoberfläche gegeben, von der nach dem Vorausgegangenen bekannt ist, welche Form sie im Falle des Gleichgewichts annehmen würde. Nun soll von außen her an einer Stelle die Oberfläche deformiert werden. Dadurch werden die Kapillarkräfte wachgerufen, die Flüssigkeit strömt der Gleichgewichtslage zu, wobei die Teilchen eine gewisse Geschwindigkeit erlangen, vermöge deren sie über die Gleichgewichtslage hinausschießen, die entgegengesetzte Deformation hervorrufen, so daß sich das Spiel wiederholen wird. Es werden daher Schwingungen entstehen, ebenso wie etwa bei einer aus dem Gleichgewicht gebrachten Feder. Die Schwingungsdauer oder die Wellenlänge dieser Schwingungen wird hierbei durch die Materialkonstanten bestimmt, man kann in den meisten Fällen von Eigenfrequenzen reden. Ihre Messung führt daher zu einer Anzahl von Methoden zur Bestimmung der Kapillaritätskonstanten. Meistens gibt es nicht nur eine bestimmte Frequenz, sondern deren unendlich viele, welche die Oberschwingungen zu einer Grundschwingung darstellen.

Die Aufgabe, die jeweils zu lösen ist, besteht also darin, den Zusammenhang zwischen der Frequenz der Schwingung und den Materialkonstanten abzuleiten. Dies geschieht auf Grund hydrodynamischer Betrachtungen. Und zwar gilt allgemein, daß die Flüssigkeiten, die in Betracht fallen, eine verhältnismäßig geringe innere Reibung haben, so daß der Geschwindigkeitsvektor als Gradient eines skalaren Geschwindigkeitspotentiales ψ dargestellt werden kann[1]). Da

[1]) Vgl. Kap. 1 ds. Bd. des Handb.

die Flüssigkeiten inkompressibel angenommen werden, so folgt die LAPLACEsche Gleichung

$$\varDelta \psi = 0, \tag{1}$$

der das Potential stets genügen muß. Die Lösung hat die jeweiligen Grenzbedingungen zu befriedigen, insbesondere die, daß an der Grenzfläche die Summe der Abweichungen von dem hydrostatischen und dem statisch-kapillaren Druck verschwinden muß. Dieser letzte Satz ist der eigentliche Kern der Betrachtung, da in der Hydrodynamik die Druckglieder zu der Energiegleichung der starren Körper additiv hinzutreten; wirkt doch der Gradient des Druckes ebenso als Kraft, wie der Gradient des Potentials. Die genannte Grenzbedingung stellt daher nur eine andere Formulierung der Konstanz der Summe von potentieller und kinetischer Energie dar und enthält die Grundlage für das Zustandekommen der Schwingung. Die Abweichung vom hydrostatischen Druck ist der hydrodynamische Druck, der seiner Größe nach durch

$$-\varrho \frac{\partial \psi}{\partial t} - \frac{1}{2} \varrho v^2 \tag{2}$$

gegeben ist, wo v die Geschwindigkeit bedeutet. Da diese als klein anzunehmen ist, so kann man das zweite Glied vernachlässigen.

Die Abweichung vom statisch-kapillaren Druck ist durch

$$\gamma \left(\frac{1}{R_1} + \frac{1}{R_2} - \frac{1}{R_{01}} - \frac{1}{R_{02}} \right) \tag{3}$$

gegeben, wo R_1 und R_2 die Hauptkrümmungsradien und die mit Null bezeichneten Größen die entsprechenden Radien im statischen Zustand bedeuten. (3) ist als Funktion der Lagekoordinaten auszudrücken. Außer der genannten Grenzbedingung kommen dann auch noch andere hinzu, die jeweils der speziellen Aufgabe entsprechen.

19. Der schwingende Tropfen. Als erster Fall sei der schwingende Tropfen behandelt. Dieser sei entweder klein, oder aber in einer zweiten Flüssigkeit gleicher Dichte suspendiert, so daß er im Gleichgewicht Kugelgestalt annimmt. Außerdem sei angenommen, daß stets Rotationssymmetrie herrsche. Wir führen zunächst Kugelkoordinaten r, φ, ϑ ein. Als Lösung der Differentialgleichung (1) von Ziff. 18 hat man dann

$$\psi = \sum_{n=0}^{\infty} \beta_n r^n P_n(\cos\vartheta), \tag{1}$$

wo die β_n reine Zeitfunktionen und die P_n LEGENDREsche Kugelfunktionen erster Art n-ter Ordnung bedeuten. Eine Abhängigkeit von φ besteht nicht. Über die Funktionen β_n läßt sich Genaueres durch Berücksichtigung der Grenzbedingungen angeben. Zunächst ist es möglich, den Radiusvektor des Meridianschnittes als Funktion von $\cos\vartheta$ in eine Reihe von Kugelfunktionen zu entwickeln, da die Abweichungen von der Kugelgestalt als klein angenommen werden; diese Entwicklung ist hier vorteilhaft, da ψ auch aus einer solchen Reihe besteht. Also setzt man

$$R = \sum_{0}^{\infty} \alpha_n P_n(\cos\vartheta), \tag{2}$$

wo die α_n Zeitfunktionen und im Verhältnis zu α_0 klein sind. Die Normalgeschwindigkeit an der Oberfläche ist einerseits durch $\partial R/\partial t$, andererseits durch $\partial\psi/\partial r$ gegeben, so daß aus (1) und (2) folgt

$$\beta_n n R_0^{n-1} = \frac{d\alpha_n}{dt}, \tag{3}$$

wo $R_0 = \alpha_0$ der mittlere Radius ist. Dies ist der Zusammenhang zwischen den Koeffizienten β_n und α_n. Wäre α_n als Funktion der Zeit bekannt, dann wäre die Oberfläche für jeden Augenblick gegeben, also die Aufgabe gelöst. Diese Funktion wird geliefert durch die Grenzbedingung, wonach die Summe von Gleichung (2) und (3) in Ziff. 18 Null sein muß. Es ist

$$\frac{\partial \psi}{\partial t} = \sum_0^\infty \frac{R_0}{n} \frac{d^2 \alpha_n}{d t^2} P_n(\cos\vartheta). \tag{4}$$

Andererseits ist Gleichung (3) von Ziff. 18 aus Ziff. 13, Gleichung (1) zu erhalten, wenn man von den Zylinderkoordinaten z, r_z mittels der Beziehungen

$$z = r\cos\vartheta, \qquad r_z = r\sin\vartheta$$

auf Kugelkoordinaten ϑ, r transformiert. Man erhält dann

$$\frac{p}{\sqrt{1+p^2}^3} = \frac{1}{r}\left(1 - \frac{1}{r}\frac{d^2 r}{d\vartheta^2}\right)$$

und

$$\frac{1}{r_z}\frac{p}{\sqrt{1+p^2}} = \frac{1}{r}\left(1 - \frac{1}{r}\frac{dr}{d\vartheta}\operatorname{ctg}\vartheta\right).$$

Berücksichtigt man hier, daß $R - R_0$ klein gegen R_0 ist, so wird

$$\gamma\left(\frac{1}{R_1} + \frac{1}{R_2} - \frac{2}{R_0}\right) = \frac{\gamma}{R_0^2}\left[2(R - R_0) + \frac{1}{\sin\vartheta}\frac{d}{d\vartheta}\left(\sin\vartheta\frac{dR}{d\vartheta}\right)\right].$$

Führt man

$$\mu = \cos\vartheta, \qquad d\mu = -\sin\vartheta\, d\vartheta$$

ein, so ergibt die Grenzbedingung

$$\varrho\sum \frac{1}{n}\frac{d^2\alpha_n}{dt^2} P_n(\mu) = \frac{\gamma}{R_0^3}\left[2\sum \alpha_n P_n(\mu) + \sum \alpha_n \frac{d}{d\mu}(1-\mu^2)\frac{dP_n(\mu)}{d\vartheta}\right].$$

Nun gilt bekanntlich

$$\frac{d}{d\mu}\left[(1-\mu^2)\frac{dP_n(\mu)}{d\vartheta}\right] = -n(n+1)P_n(\mu).$$

Setzt man dies in die Bedingungsgleichung ein, so muß, da die Gleichung für alle μ-Werte gültig, also eine Identität sein muß, jedes Glied der Summe für sich allein der Gleichung genügen, d. h. wenn man durch P_n dividiert,

$$\frac{d^2\alpha_n}{dt^2} = -n(n-1)(n+2)\frac{\gamma}{\varrho R_0^3}\alpha_n. \tag{5}$$

Dies führt zur Schwingungsgleichung für α_n

$$\alpha_n = a_n \sin 2\pi\nu(t - t_0)$$

mit der Frequenz

$$\nu = \frac{1}{2\pi}\sqrt{\frac{\gamma\, n(n-1)(n+2)}{\varrho R_0^3}}.$$

Die Grundschwingung beginnt offenbar bei $n = 2$ und hat die Frequenz

$$\nu = \frac{1}{\pi}\sqrt{\frac{2\gamma}{\varrho R_0^3}}.$$

Vermöge dieser Gleichung läßt sich γ aus ν ermitteln, wobei also ν die Schwingungszahl angibt, mit welcher ein aus der Gleichgewichtslage gebrachter Tropfen um diese Lage schwingt.

20. Kapillarwellen. Als zweites Beispiel soll die freie Oberfläche einer ausgedehnten Flüssigkeit behandelt werden. Die in Ziff. 18 besprochene Schwingung wird sich hier von der Störungsstelle aus nach allen Richtungen verteilen; es werden sich sinusförmige Wellen bilden. Hier kann man von Eigenfrequenz offenbar nicht reden, vielmehr wird es sich darum handeln, die zu einer bestimmten Frequenz, die wir von außen aufdrücken, zugehörige Wellenlänge, oder was dasselbe ist, Ausbreitungsgeschwindigkeit zu ermitteln. Die Oberfläche einer Flüssigkeit läßt sich von der Wirkung der Schwere nicht so einfach befreien wie die eines Tropfens. Man müßte sie dazu ganz mit einer zweiten mit ihr unmischbaren ausgedehnten Flüssigkeitsmasse derselben Dichte überschichten, was bei der Ausführung auf Schwierigkeiten stoßen dürfte. Die ausführliche Rechnung zeigt jedoch, daß bei höherer Frequenz die Wirkung der Schwere neben der der Oberflächenspannung zu vernachlässigen sein wird. Wir beschränken uns daher im folgenden auf solche Frequenzen und wollen dann von der Schwere einfach absehen. Als weitere Vereinfachung sei ein geradliniger Wellenzug angenommen, der in der x-Richtung fortschreitet. Dann gilt für die Oberfläche ($z = 0$)

$$z = Z \sin 2\pi\left(\frac{x}{\lambda} - \nu t\right), \tag{1}$$

wo ν die Frequenz, λ die Wellenlänge und Z die Amplitude bezeichnet. Das Geschwindigkeitspotential ψ als Lösung der Differentialgleichung (1) von Ziff. 18 muß auch eine solche periodische Funktion von derselben Frequenz sein, nur muß die Amplitude für $z = -\infty$ verschwinden. Außerdem soll $\partial z/\partial t$ für $z = 0$, also

$$-2\pi\nu Z \cos 2\pi\left(\frac{x}{\lambda} - \nu t\right)$$

den Ausdruck $\partial\psi/\partial z$ für $z = 0$ darstellen. Diesen Bedingungen entspricht, wie leicht nachzuweisen,

$$\psi = -\lambda\nu Z e^{2\pi z/\lambda} \cos 2\pi\left(\frac{x}{\lambda} - \nu t\right).$$

Jetzt ist der hydrodynamische Druck zu bilden. Es ist

$$\frac{\partial\psi}{\partial t_{(z=0)}} = -2\pi\lambda\nu^2 Z \sin 2\pi\left(\frac{x}{\lambda} - \nu t\right).$$

Der kapillare Überdruck ($z = 0$) ist nach dem ersten Ausdruck in Ziff. 9, Gleichung (1) für kleine p-Werte

$$\gamma s = \gamma \frac{\partial^2 z}{\partial x^2}.$$

Also muß gelten

$$\gamma \frac{\partial^2 z}{\partial x^2} = -2\pi\lambda\nu^2 \varrho Z \sin 2\pi\left(\frac{x}{\lambda} - \nu t\right).$$

Aus (1) $\partial^2 z/\partial x^2$ berechnet und in die letzte Gleichung eingesetzt, ergibt als Bedingung der Identität

$$\frac{4\pi^2\gamma}{\lambda^2} = 2\pi\lambda\nu^2\varrho,$$

woraus

$$\gamma = \frac{\varrho\lambda^3\nu^2}{2\pi}. \tag{2}$$

Mißt man bei bekanntem ν die entstandene Wellenlänge oder die Fortpflanzungsgeschwindigkeit $v = \lambda\nu$, so läßt sich γ berechnen.

21. Schwingender Strahl. Fließt ein Flüssigkeitsstrahl aus einer Öffnung heraus, so bildet er, falls die Öffnung kreisförmig ist, einen Zylinder. Anders, wenn die Öffnung von der Kreisform abweicht, also z. B. eine Ellipse ist (Abb. 15). Die Ebene des Ausflusses sei durch 1 gekennzeichnet. Die Oberflächenkräfte werden bestrebt sein, den Strahlenquerschnitt kreisförmig zu gestalten, er wird sich bei a und c zusammenziehen, bei b und d ausdehnen. Dabei wird die Kreisform infolge der Trägheit übersprungen, bis beim Querschnitt 2 die Ellipse um 90° gedreht wieder erscheint, wo dann die Oberflächenkräfte die Geschwindigkeitsrichtungen umkehren und bei 3 der Zustand 1 wieder hergestellt ist, so daß das Spiel von neuem beginnt. Der Fall in Abb. 15 ist natürlich stark spezialisiert, und man sieht wohl ein, daß im allgemeinsten Fall der Radiusvektor sich sowohl in der Abhängigkeit von z wie von φ in eine FOURIERsche Reihe entwickeln lassen wird:

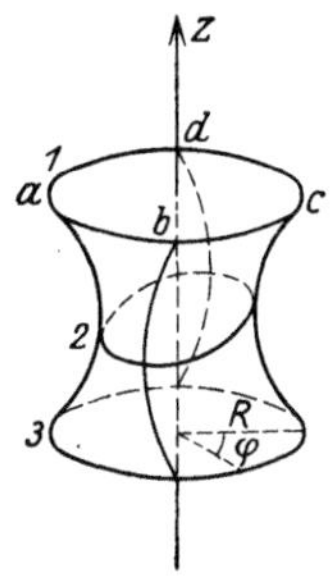

Abb. 15. Schwingender Strahl.

$$R = R_0 + \sum_{n=0}^{\infty} A_n \cos n\varphi \cos m z\,,$$

wo sich die Koeffizienten A_n aus der Form der Ausflußöffnung berechnen lassen. Die einzelnen Glieder der Reihe sind voneinander unabhängig, so daß wir unbeschadet der Allgemeinheit mit nur einem Glied rechnen wollen:

$$R = R_0 + A_n \cos n\varphi \cos m z\,. \tag{1}$$

Es wird sich nämlich zeigen, daß zu jedem n eine bestimmte Schwingungszahl ν gehört, so daß sich im Falle mehrerer n die Schwingungen einfach superponieren. Ist die Geschwindigkeit des Strahles v, dann gilt für die Wellenlänge $\lambda = v/\nu$ und, da aus (1) $m = 2\pi/\lambda$ folgt, so wird

$$m = \frac{2\pi\nu}{v}\,;$$

m wird also durch die Ordnungszahl der Schwingung ebenfalls bestimmt.

Das Geschwindigkeitspotential ψ, welches der LAPLACEschen Gleichung genügen muß, wird bei Anwendung von Zylinderkoordinaten bekanntlich durch harmonische Funktionen von z und φ und zugleich durch BESSELsche Funktionen von r dargestellt. In Übereinstimmung mit (1) wird also

$$\psi = B_n J_n(i m r) \cos n\varphi \cos m z\,. \tag{2}$$

Der Zusammenhang zwischen A_n und B_n ergibt sich wieder daraus, daß

$$\frac{\partial R}{\partial t} = \left(\frac{\partial \psi}{\partial r}\right)_R$$

sein soll; also wird

$$\frac{d A_n}{d t} = i m B_n J_n'(i m R_0)\,, \tag{3}$$

wo wir statt R einfach R_0 geschrieben haben wegen $R - R_0 \ll R$. Die Abhängigkeit der A_n von der Zeit, also ν, wird wiederum durch die Grenzbedingung ermittelt. Die mittlere Krümmung wird sich als Summe der Krümmungen im Quer- und Längsschnitt darstellen lassen. Für die Zunahme der ersten über $1/R_0$ hat man nach einfacher Rechnung

$$\left(\frac{n^2-1}{R_0^2}\right) A_n \cos n\varphi \cos m z\,,$$

für die der zweiten

$$m^2 A_n \cos n\varphi \cos m z\,.$$

Weiter wird

$$\left(\frac{\partial \psi}{\partial t}\right)_{R_0} = \frac{J_n(i m R_0) \cos n\varphi \cos m z}{i m J_n'(i m R_0)} \frac{d^2 A_n}{d t^2}\,.$$

Demnach kommt

$$\frac{d^2 A_n}{d t^2} = -\frac{i m \gamma}{\varrho R_0^2}\left(n^2 - 1 + m^2 R_0^2\right) \frac{J_n'(i m R_0)}{J_n(i m R_0)} A_n\,.$$

Dies entspricht einer harmonischen Schwingung, deren Schwingungszahl ν durch

$$\nu^2 = \frac{i m \gamma (n^2 - 1 + m^2 R_0^2)}{4\pi^2 \varrho R_0^2} \frac{J_n'(i m R_0)}{J_n(i m R_0)},$$

oder wenn man für kleine Werte des Arguments (große Wellenlängen) die Reihenentwicklung der BESSELschen Funktion mit dem ersten Glied abbricht, durch

$$\nu^2 = \frac{\gamma (n^3 - n)}{4\pi^2 \varrho R_0^3}$$

bestimmt ist. Setzt man $\nu = v/\lambda$ ein, so hat man mit $n = 2$

$$\gamma = \frac{2\pi^2 \varrho R_0^3 v^2}{3\lambda^2}.$$

Fließt aus einer schwach elliptischen Öffnung ($n = 2$) vom mittleren Radius R_0 eine Flüssigkeit von der Dichte ϱ mit einer Geschwindigkeit v aus, so gibt die Messung der Wellenlänge, d. h. der Entfernung der periodischen Einschnürungen eine Methode zur Ermittlung der Oberflächenspannung.

22. Aufstieg in Kapillarröhren. In neuer Zeit hat GUYE[1]) den Versuch gemacht, eine neue Art von dynamischer Behandlung einzuführen, speziell für den Fall des Aufstieges in kapillaren Röhren. Seine Ausführungen seien andeutungsweise wiedergegeben. In einer Kapillare wird die Flüssigkeit von den obersten Schichten hochgezogen. Die oberste Schicht verdunstet allmählich, wird neu gebildet, zieht die unter ihr liegenden Molekeln hinauf, was einem mechanischen Zug gleichgesetzt werden kann. Ist die Energie der obersten Schicht in Abhängigkeit von der Dicke $E(e)$, so ist die Kraft gegeben durch $-dE/de$. Dieser Kraft wirken die Schwere der gehobenen Säule und die Reibung entgegen.

Zunächst kann man daraus gewisse Folgerungen auf den ausgebildeten stationären Zustand ziehen. Als Grenzbedingung hat man die durch die äußeren Umstände bewirkte Verdunstungsgeschwindigkeit, der sich automatisch eine solche Dicke e der obersten Schicht zuordnen wird, daß die so hervorgerufene Sauggeschwindigkeit den durch die Verdunstung bewirkten Verlust gerade ersetzen kann.

Zweitens aber wird durch Integration der Differentialgleichung zwischen den Kräften das Entstehen der kapillaren Säule behandelt. Man kann den Zusammenhang zwischen augenblicklicher Höhe der Säule h und der Zeit t berechnen. Für den Beginn des Aufstieges erhält man eine Gleichung von der Form

$$h = k\sqrt{t},$$

für große Zeiten dagegen wird

$$h = H - e^{-k't},$$

wo H die Höhe für $t = \infty$ ist. Jegliche experimentelle Bestätigung dieser Gleichungen steht noch aus.

III. Kapillarität und chemische Konstitution.

23. Allgemeine Bemerkungen. Als erstes behandeln wir die Oberflächenspannung einheitlicher Stoffe. Diese sind schon vielfach zahlenmäßig bestimmt worden. Da hierfür viele, z. T. genaue, z. T. nur rohe Methoden vorliegen (s. Abschnitt VI), so sind die Bestimmungen dementsprechend verschieden ver-

[1]) C. E. GUYE, Arch. sc. phys. et nat. Bd. 42, S. 63. 1925.

läßlich. Theoretisch liegt ein hohes Interesse vor, diese Zahlen zu kennen, da sie einen unmittelbaren Einblick in die Stärke der molekularen Anziehung der Stoffe gewähren.

Bevor wir einen Auszug des vorhandenen Experimentalmaterials mitteilen, seien einige allgemeine Bemerkungen vorausgeschickt. Es ist zu erwarten, daß alle Eigenschaften, die mit der molekularen Anziehung irgendwie zusammenhängen, auch einen Zusammenhang mit der Kapillarkonstanten aufweisen werden. Am deutlichsten ist die Symbasie mit der VAN DER WAALSschen a-Konstante, ferner mit der Verdampfungswärme, die um so größer sein muß, je stärker die Molekeln sich anziehen. Über diese zweite Größe soll später (Abschnitt V) ausführlicher gesprochen werden.

Neuerdings versuchte ILIIN[1]) auf Grund einer elektrischen Theorie der Adsorption einen zahlenmäßigen Zusammenhang zwischen Adsorptionswärme bei der Adsorption von Gasen an festen Adsorbenzien und deren Oberflächenenergie zu ermitteln. Die Oberflächenenergie wird somit ein Maß für die Adsorptionsaktivität fester Körper. Allerdings sind von CASSEL[2]) gewisse Einwände gegen diese Theorie erhoben worden.

Andererseits gibt es Größen, die der Kapillarkonstanten antibat laufen, und zwar alle jene, welche durch eine lockere Anordnung der Molekeln begünstigt werden. So insbesondere die Kompressibilität, welche um so stärker sein wird, je weniger dicht die durch die eigene Anziehung bewirkte Packung der Molekeln ist; sodann die Lösefähigkeit für fremde Stoffe, wie ohne weiteres verständlich.

Aus der in Ziff. 3 gegebenen Darlegung folgt auf jeden Fall, daß γ außer vom Molekulargewicht μ noch von zwei wesentlichen Konstanten, nämlich dem elektrischen Moment m der Molekeln und der kleinsten Entfernung d zwischen denselben abhängt. Bezüglich m sei erwähnt, daß es nicht unbedingt ein Dipolmoment zu sein braucht. Die Theorie ist auch leicht für den Fall auszudehnen, daß nur die Quadrupolmomente von Null verschieden sind, n nimmt dann statt 6 den Wert 8 an. Jedenfalls wird man, falls nach dem Zusammenhang zwischen Kapillarkonstanten und chemischer Konstitution gefragt wird, daran denken müssen, daß große Dipol- (oder Quadrupol-) Momente für hohe γ-Werte günstig sind (daher auch ein gewisser Parallelismus mit der Dielektrizitätskonstanten).

Aber ebenso wichtig ist die Größe d. Die Formel für sie, nämlich $\sqrt[3]{\mu/\varrho N}$ kann, wie schon im ersten Abschnitt erwähnt, höchstens zum Anhaltspunkt dienen und ist überdies abgeleitet, insofern nicht d von ϱ, der Dichte abhängt, sondern umgekehrt ϱ durch d bestimmt wird. Die Entfernung, bis zu welcher sich die Molekeln nähern können, hängt eng mit ihrem speziellen Bau zusammen. Sie besagt nämlich, wie sich jene Gruppen, von der die Momente bedingt werden, gegenseitig nähern können, ohne daß die durch die Elektronenhüllen bewirkte Abstoßung die Oberhand gewinnt, wie weit also die Molekeln sozusagen ineinander greifen können.

Es sei noch auf zwei Punkte hingewiesen, welche zu der hier in Rede stehenden Frage beitragen können. Die Ableitungen der Oberflächenspannung bedürfen nämlich zweier Ergänzungen. Auf die eine ist von LANGMUIR[3]) hingewiesen worden. Wie schon erwähnt und weiter unten etwas näher ausgeführt wird, besteht große Wahrscheinlichkeit, daß die Molekeln an den Oberflächen gerichtet sind. Die Berücksichtigung dieses Umstandes führt nicht nur zu einer Abänderung der mathematischen Entwicklungen, sondern zu einem weiteren Berührungspunkt zwischen γ und chemischer Konstitution. LANGMUIR sagt, wenn

[1]) B. ILIIN, ZS. f. phys. Chem. Bd. 116, S. 431. 1925.
[2]) H. CASSEL, Phys. ZS. Bd. 26, S. 862. 1925.
[3]) I. LANGMUIR (Fußn. 6, S. 344).

auch nicht sehr exakt, daß die Oberflächenenergie hauptsächlich durch die nach außen ragenden Gruppen bedingt wird. In der Tat werden gerade jene Gruppen, die nach außen stehen, ungesättigte Valenzen aufweisen. LANGMUIR gelang es auch auf diese Weise, einige Gesetzmäßigkeiten aufzuklären, z. B. die gleiche Oberflächenspannung vieler organischer Verbindungen, wenn nur ihre weniger aktiven, also nach außen stehenden Gruppen dieselben sind.

Der zweite Punkt ist die ebenfalls schon erwähnte Abstoßungsenergie der Molekeln. Da das Abstoßungspotential an der Grenze — im Gegensatz zur Anziehung — abnehmen muß, so würde daraus ein weiterer negativer Term in den Ausdruck für γ eingehen. Wie weit aber die Größenordnung dieses Terms der des schon vorhandenen positiven vergleichbar ist, müßte noch gesondert untersucht werden.

24. Werte der Kapillarkonstanten. Nach diesen kurzen Andeutungen mögen die wichtigsten Ergebnisse der Messungen mitgeteilt werden[1]). Die Temperatur ist in Celsiusgraden, γ in dyn/cm ausgedrückt.

1. Elemente.

Stoff	Gasphase	Temperatur	γ	Beobachter	Methode
Antimon	CO_2	432	317	QUINCKE[2])	Tropfengewicht
Blei	Vakuum	377	394	HAGEMANN[3])	Schwing. Strahl
Brom	Luft	13	44,1	QUINCKE	Steighöhe
Eisen	,,	geschm.	970	,,	Tropfenhöhe
Gold	,,	1070	612	HEYDWEILLER[4])	Tropfenkrümm.
Kadmium	Vakuum	350	546	HAGEMANN	Schwing. Strahl
Kalium	CO_2	62	412	QUINCKE	Tropfengewicht
Kupfer	Luft	geschm.	581	,,	Tropfenhöhe
Natrium	CO_2	90	294	,,	Tropfengewicht
Phosphor	,,	geschm.	52	,,	,,
Platin	Luft	2000	1819	,,	,,
Quecksilber	Dampf	20	472	HAGEMANN	Schwing. Strahl
Schwefel	Luft	141	58	ZICKENDRAHT[5])	Druck i. Blase
Selen	,,	217	93	QUINCKE	Tropfengewicht
Silber	,,	1000	782	,,	,,
Wismut	Vakuum	365	300	HAGEMANN	Schwing. Strahl
Zink	Luft	360	967	QUINCKE	Tropfengewicht
Zinn	Vakuum	247	540	HAGEMANN	Schwing. Strahl

2. Anorganische Verbindungen.

Stoff	Gasphase	Temperatur	γ	Beobachter	Methode
Antimontrichlorid	N_2	74,5	49,6	JAEGER[6])	Max. Druck i. Bl.
Arsentrichlorid	,,	20,8	39,4	,,	,,
Bariumchlorid	Luft	geschm.	171	MOTYLEWSKI[7])	Tropfengewicht
Kaliumbichromat	N_2	420	140,1	JAEGER	Druck i. Blasen
Kaliumbromid	,,	775	85,7	,,	,,
Kaliumchlorid	,,	799,5	95,8	,,	,,
Kaliumjodid	,,	737	75,2	,,	,,
Kaliumnitrat	,,	380	110,4	,,	,,
Kaliumsulfat	,,	1070,2	143,7	,,	,,
Kalziumchlorid	Luft	geschm.	152	MOTYLEWSKI	Tropfengewicht
Lithiumchlorid	N_2	614	137,8	JAEGER	Druck i. Blasen
Lithiumnitrat	,,	358,5	111,5	,,	,,

[1]) Unter Benutzung der Tabellen von G. MEYER in LANDOLT-BÖRNSTEIN-ROTH, Physik.-chem. Tabellen. Berlin 1923.

[2]) G. QUINCKE, Pogg. Ann. Bd. 160, S. 337. 1877; Wied. Ann. Bd. 64, S. 618. 1898.

[3]) HAGEMANN, Dissert. Freiburg 1914.

[4]) A. HEYDWEILLER, Wied. Ann. Bd. 62, S. 694. 1901; Ann. d. Phys. Bd. 33, S. 145. 1910.

[5]) H. ZICKENDRAHT, Ann. d. Phys. Bd. 21, S. 141. 1906.

[6]) F. M. JAEGER, Wiener Ber. Bd. 101, S. 158. 1892.

[7]) MOTYLEWSKI, ZS. f. anorg. Chem. Bd. 38, S. 410. 1904.

2. Anorganische Verbindungen. (Fortsetzung.)

Stoff	Gasphase	Temperatur	γ	Beobachter	Methode
Lithiumsulfat . . .	N_2	860	223,8	JAEGER	Druck i. Blasen
Natriumazetat . .	Luft	geschm.	38,8	MOTYLEWSKI	Tropfengewicht
Natriumborat . . .	,,	1000	212	QUINCKE	,,
Natriumbromid . .	N_2	760,9	105,8	JAEGER	Druck i. Blasen
Natriumchlorid . .	,,	802,6	113,8	,,	,,
Natriumjodid . . .	,,	705,5	85,6	,,	,,
Natriumkarbonat .	Luft	geschm.	179	QUINCKE	Tropfenhöhe
Natriumnitrat . . .	N_2	321,5	119,7	JAEGER	Druck i. Blasen
Natriumsulfat . . .	,,	900	194,8	,,	,,
Natriumwolframat .	,,	710	203,3	,,	,,
Phosphortrichlorid .	,,	35,2	25,8	,,	,,
Rubidiumchlorid .	,,	750	95,7	,,	,,
Rubidiumnitrat . .	,,	326,5	107,5	,,	,,
Rubidiumsulfat . .	,,	1086	132,5	,,	,,
Silberbromid . . .	Luft	geschm.	121,4	GRADENWITZ [1]	Tropfen
Silberchlorid . . .	,,	450,2	125	LORENZ u. Mitarb. [2]	Steighöhe
Stannochlorid . . .	N_2	307	97	JAEGER	Druck i. Blasen
Thallonitrat	,,	210	117,3	,,	,,
Wasser	Luft + Dampf	20	72,53	VOLKMANN [3]	Steighöhe
Wismuttrichlorid .	Luft	271	66,2	JAEGER	Druck i. Blasen
Zäsiumchlorid . . .	N_2	663,7	89,2	,,	Max. Druck i. Bl.
Zäsiumnitrat . . .	,,	425,5	91,8	,,	,,
Zäsiumsulfat . . .	,,	1036	111,3	,,	,,

3. Verflüssigte Gase.

Stoff	Temperatur	γ	Beobachter	Methode
Ammoniak	− 29	41,8	GRUNMACH [4]	Kapillarwellen
Argon	−183	10,5	BALY u. DONNAN [5]	Steighöhe
Chlor	− 72	33,7	GRUNMACH	Kapillarwellen
Kohlendioxyd	+ 20,9	1,0	VERSCHAFFELT [6]	Steighöhe
Kohlenmonoxyd	−183	9,36	BALY u. DONNAN	Steighöhe
Sauerstoff	−183	13,2	BALY u. DONNAN	Steighöhe
Schweflige Säure	− 25	33,3	GRUNMACH	Kapillarwellen
Stickstoff	−183	6,16	BALY u. DONNAN	Steighöhe
Stickstoffoxydul	+ 19,8	1,74	VERSCHAFFELT	Steighöhe
Wasserstoff	−252,8	2,13	KAMERLINGH-ONNES [7]	Steighöhe

4. Organische Verbindungen.

Stoff	Gasphase	Temperatur	γ	Beobachter	Methode
Äthylalkohol . . .	Dampf	20	22,03	RAMSAY u. SHIELDS [8]	Steighöhe
Äthylamin	N_2	9,9	20,4	JAEGER	Blasendruck
Äthyläther	Dampf	20	16,49	RAMSAY u. SHIELDS	Steighöhe
Äthylazetat	N_2	25,1	22,2	JAEGER	Druck i. Blase
Äthylbenzoat . . .	,,	25	34,6	,,	Blasendruck
Äthylcinnamat . .	Luft	19	37,08	WALDEN u. SWINNE [9]	Steighöhe

[1] A. GRADENWITZ, Wied. Ann. Bd. 67, S. 467. 1899.
[2] R. LORENZ, ZS. f. anorg. Chem. Bd. 94, S. 301. 1916.
[3] VOLKMANN, Wied. Ann. Bd. 56, S. 457. 1895.
[4] L. GRUNMACH, Ann. d. Phys. Bd. 22, S. 707. 1907.
[5] BALY u. DONNAN, Trans. chem. soc. Bd. 81, S. 907. 1902.
[6] J. E. VERSCHAFFELT, Versl. Akad. Amsterdam Bd. 4, S. 74. 1895/96.
[7] H. KAMERLINGH-ONNES, Comm. Leiden 1916, S. 39.
[8] W. RAMSAY u. J. SHIELDS, ZS. f. phys. Chem. Bd. 12, S. 433. 1893.
[9] P. WALDEN u. R. SWINNE, ZS. f. phys. Chem. Bd. 79, S. 700. 1912.

4. Organische Verbindungen. (Fortsetzung.)

Stoff	Gasphase	Temperatur	γ	Beobachter	Methode
Äthylenchlorid	N_2	29,9	30,1	JAEGER	Blasendruck
Äthylformiat	Dampf	10	24,15	RAMSAY u. ASTON[1])	Steighöhe
Äthyljodid	,,	19,1	30,0	RAMSAY u. SHIELDS	,,
Äthylsenföl	,,	18,4	35,02	,,	,,
Allylalkohol	,,	14,8	25,99	,,	,,
Ameisensäure	,,	16,8	37,47	,,	,,
Amylazetat	,,	14,4	24,46	HOMFRAY u. GUYE[2])	Blasendruck
i-Amylalkohol	,,	16,4	23,72	RAMSAY u. SHIELDS	Steighöhe
Anilin	N_2	26,2	42,5	JAEGER	Blasendruck
Anisol	Dampf	9	35,48	GUYE u. BAUD[3])	Steighöhe
Azeton	Dampf	16,8	23,35	RAMSAY u. SHIELDS	,,
Azetophenon	N_2	24,8	40,1	JAEGER	Druck i. Kapill.
Benzaldehyd	Dampf	15,4	39,19	RAMSAY u. SHIELDS	Steighöhe
Benzol	Luft	17,5	29,16	VOLKMANN	,,
Benzonitril	Dampf	8	39,61	GUYE u. BAUD	,,
Benzylbenzoat	N_2	0	45,2	JAEGER	Blasendruck
n-Buttersäure	Dampf	15	26,74	RAMSAY u. SHIELDS	Steighöhe
n-Butylalkohol	,,	17,4	24,42	,,	,,
n-Butylamin	N_2	25,3	21,2	JAEGER	Blasendruck
i-Capronsäure	Dampf	17	25,97	RAMSAY u. SHIELDS	Steighöhe
Chinolin	N_2	24,8	44,7	JAEGER	Blasendruck
Chloroform	Dampf	10,2	27,62	RAMSAY u. ASTON	Steighöhe
Cyclohexan	N_2	9	28,3	JAEGER	Blasendruck
Diäthylketon	Luft	0	25,97	MORGAN u. OWEN[4])	Tropfengewicht
Dichloressigsäure	N_2	0	38,1	JAEGER	Blasendruck
Dimethylamin	,,	0	18,1	,,	,,
Essigsäure	Dampf	20	23,46	RAMSAY u. SHIELDS	Steighöhe
Formamid	Luft	5,3	57,93	WALDEN[5])	,,
Glyzerin	Luft	18	64,7	DOMKE[6])	,,
Guajokol	Dampf	19,6	37,35	RAMSAY u. SHIELDS	,,
Hexan	,,	8,2	18,54	DUTOIT u. FRIEDERICH[7])	,,
Jodbenzol	N_2	25,4	37,1	JAEGER	Blasendruck
o-Kresol	Dampf	41,4	36,21	BOLLE u. GUYE[8])	Steighöhe
Mercaptan	,,	16,7	21,62	RAMSAY u. SHIELDS	,,
Methylazetat	,,	10	25,14	RAMSAY u. ASTON	,,
Methylalkohol	,,	20	23,02	RAMSAY u. SHIELDS	,,
Naphthalin	,,	127	27,98	DUTOIT u. FRIEDERICH	,,
Nitrobenzol	,,	13,6	42,75	RAMSAY u. SHIELDS	,,
o-Nitrophenol	N_2	110	40,00	JAEGER	Blasendruck
n-Octan	Dampf	15,5	21,31	RAMSAY u. SHIELDS	Steighöhe
Paraffin	Luft	54	30,56	QUINCKE	Tropfen
Phenol	N_2	41,2	37,0	JAEGER	Blasendruck
Piperidin	Dampf	16,5	29,89	RAMSAY u. SHIELDS	Steighöhe
Propionsäure	,,	16,6	26,57	,,	,,
Pyridin	,,	17,5	36,69	DUTOIT u. FRIEDERICH	,,
Salizylaldehyd	N_2	0	44,8	JAEGER	Blasendruck
Schwefelkohlenstoff	Dampf	19,4	33,58	RAMSAY u. SHIELDS	Steighöhe
Tetrachlorkohlenstoff	,,	20	25,68	,,	,,

1) W. RAMSAY u. F. W. ASTON, ZS. f. phys. Chem. Bd. 15, S. 98. 1894.
2) HOMFRAY u. C. E. GUYE, Journ. chim. phys. Bd. 1, S. 544. 1904.
3) C. E. GUYE u. BAUD, Arch. sc. phys. et nat. (4) Bd. 11, S. 449. 1901.
4) J. L. R. MORGAN u. OWEN, Journ. Amer. Chem. Soc. Bd. 33, S. 1713. 1911.
5) P. WALDEN, ZS. f. phys. Chem. Bd. 75, S. 555. 1911.
6) DOMKE, Abh. Eich.-Komm. Bd. 3, S. 1. 1902.
7) DUTOIT u. FRIEDERICH, Arch. sc. phys. et nat. (4) Bd. 9, S. 105. 1900.
8) BOLLE u. C. E. GUYE, Journ. chim. phys. Bd. 3, S. 38. 1905.

4. Organische Verbindungen. (Fortsetzung.)

Stoff	Gasphase	Temperatur	γ	Beobachter	Methode
Thiophen	N_2	0	33,5	JAEGER	Blasendruck
o-Toluidin	Dampf	8,1	39,09	DUTOIT u. FRIEDERICH	Steighöhe
Toluol	Luft	21,2	27,39	WALDEN u. SWINNE	,,
Traubenzucker . .	,,	160	56,4	QUINCKE	Tropfen
Triäthylamin . . .	N_2	0	20,0	JAEGER	Blasendruck
Trichloressigsäure .	,,	80,2	27,8	,,	,,
Triolein	,,	21	34,8	,,	,,
Tripalmitin	,,	64,3	30,4	,,	,,
Tristearin	,,	121	26,0	,,	,,
i-Valeriansäure . .	Dampf	17	25,64	RAMSAY u. SHIELDS	Steighöhe
m-Xylol	,,	15,7	28,97	DUTOIT u. FRIEDERICH	,,

25. Grenzflächenspannung zweier Flüssigkeiten. Um jetzt auf die Kapillarkonstante an der Grenze zweier flüssiger Phasen einzugehen, so ist zu bemerken, daß die Grenzflächenspannung keineswegs in einfacher Weise von den beiden Einzelspannungen abhängt. Man erhält die Grenzspannung so, daß man die beiden Einzelspannungen addiert und daraus einen Ausdruck, welcher der gegenseitigen Anziehung entspricht, abzieht, so wie es in Ziff. 3 Gleichung (5) dargestellt ist. Hierbei geht die neue Größe d_{12} in die Formel ein, welche angibt, wie stark sich die beiden fremden Molekelarten nähern können, sie hängt also in spezifischer Weise von den beiden Phasen ab.

Gemäß dem Gesagten werden die Werte für die Grenzspannung im allgemeinen kleiner sein als die für Oberflächenspannungen, wenn auch von derselben Größenordnung. Die Grenzspannung ist um so kleiner, je stärker die gegenseitige Löslichkeit der beiden Phasen ist. Sind die beiden Flüssigkeiten miteinander mischbar, so gibt es streng genommen keine Grenzspannung, da es auch keine im Gleichgewicht befindliche Grenzfläche gibt. Unterscheidet man von dem üblichen statischen Wert von γ den sog. dynamischen, welcher mit der Zeit veränderlich ist und keinem Gleichgewicht entspricht, so kann man allerdings eine solche dynamische Grenzspannung zwischen mischbaren Flüssigkeiten messen. Ihre Zahlenwerte liegen natürlich alle sehr niedrig.

Hier folgen die Ergebnisse der Messungen zwischen Wasser bzw. Quecksilber gegen einige organische Flüssigkeiten.

1. Wasser gegen organische Verbindungen.

Stoff	Temperatur	γ	Beobachter	Methode
Benzol	20	35,0	HARKINS u. CHENG[1])	Tropfengewicht
Chloroform	20	25,8	QUINCKE	Tropfenhöhe
Heptylsäure	20	7,54	HARKINS u. CHENG	Tropfengewicht
Hexan	10	51,3	,,	,,
Kohlenstofftetrachlorid . .	20	45,1	,,	,,
Octan	20	50,8	,,	,,
n-Octylalkohol	30	8,97	,,	,,
Olivenöl	20	18,2	QUINCKE	Tropfenhöhe
Petroleum	20	48,3	POCKELS[2])	Tropfengewicht
Schwefelkohlenstoff . . .	20	38,8	QUINCKE	Tropfenhöhe

[1]) W. D. HARKINS u. CHENG, Journ. Amer. Chem. Soc. Bd. 43, S. 35. 1921.
[2]) A. POCKELS, Wied. Ann. Bd. 67, S. 668. 1899.

2. Quecksilber gegen andere Flüssigkeiten.

Stoff	Temperatur	γ	Beobachter	Methode
Aceton	20	390	HARKINS u. EWING[1])	Tropfengewicht
Äthyläther	20	379	,,	,,
Äthylalkohol	20	364	,,	,,
Amylalkohol	25	262	CANTOR[2])	Max.Druck i.Tropfen
Anilin	20	341	HARKINS u. EWING	Tropfengewicht
Benzol	20	363	,,	,,
Chloroform	20	357	,,	,,
Hexan	20	378	,,	,,
Kohlenstofftetrachlorid	20	362	,,	,,
Nitrobenzol	20	350	,,	,,
n-Octylalkohol	20	352	,,	,,
Oleinsäure	20	322	,,	,,
Schwefelkohlenstoff	20	339	,,	,,
Toluol	20	359	,,	,,
Wasser	20	375	,,	,,

26. Oberflächenspannung von Flüssigkeitsgemischen. Bei der Oberflächenspannung von Gemischen zweier Flüssigkeiten gegen Gasphase ist wieder außer den beiden Einzelmolekeln ihre gegenseitige Beeinflussung zu beachten. Wäre letztere nicht vorhanden, so würde die Kapillarkonstante eine lineare Funktion des Mischungsverhältnisses sein, die Additivitätsregel würde streng gelten. So aber ist in allen Fällen bedeutende Abweichung von dieser Regel vorhanden.

Die beiden Hauptfälle sind die, daß etwa zu Wasser ein kapillaraktiver oder ein elektrolytartiger Stoff in wachsender Konzentration beigefügt wird. Im ersten Falle (z. B. Äthylalkohol) besteht die Neigung, daß der zugefügte Stoff in die Grenzfläche übergeht (s. später); die Oberflächenspannung wird daher schon bei relativ kleinen Konzentrationen stark herabgesetzt. Im zweiten Falle (z. B. Schwefelsäure) wird das Anziehungspotential durchschnittlich erhöht wegen der starken Hydratisierung der Ionen (s. weiter unten), daher die Grenzspannung zunächst erhöht; und nur wenn die Wassermolekeln an Zahl immer mehr zurücktreten, geht sie allmählich wieder herunter, indem sie dem Wert für reine Schwefelsäure zustrebt. Diese beiden Möglichkeiten seien kurz tabellarisch angeführt. Die erste Reihe ist von WEINSTEIN[3]) bei 15 °C nach der Steighöhenmethode ausgeführt, die zweite von RÖNTGEN und SCHNEIDER[4]) bei 18 °C nach derselben Methode.

Äthylalkohol %	γ	H_2SO_4 %	γ
0	72,2	0	72,8
10	51,2	6,57	72,9
20	40,6	12,70	73,5
30	34,7	35,76	76,1
40	31,2	47,58	76,7
50	29,1	62,37	75,4
60	27,7	76,56	72,4
70	26,6	80,33	71,2
80	25,4	84,49	68,5
90	24,1	90,00	63,6
100	22,5	92,70	60,3
		95,40	57,6
		97,10	55,3
		98,70	53,7

27. Oberflächenspannung von Lösungen. Wir wenden uns jetzt der Oberflächenspannung von Lösungen zu. Zugleich wird hier die schon angeschnittene Frage der Struktur der Grenzflächen erörtert. Daß die Grenzfläche eine vom Inneren verschiedenen Bau hat, und zwar nicht nur in bezug auf Dichte, sondern

[1]) W. D. HARKINS u. EWING, Journ. Amer. Chem. Soc. Bd. 42, S. 2539. 1920.
[2]) M. CANTOR, Wied. Ann. Bd. 47, S. 399. 1892.
[3]) WEINSTEIN, Metron. Beitr. 1889, Nr. 6; Norm. Eich.-Komm.
[4]) W. C. RÖNTGEN u. J. SCHNEIDER, Wied. Ann. Bd. 29, S. 209. 1886.

auch auf Anordnung der Molekeln, ist in Ziff. 1 wahrscheinlich gemacht worden. Nun sind aber reine Flüssigkeiten zum Studium dieser Frage nicht allzu geeignet, weil sie wenig Variationsmöglichkeiten bieten. Dagegen hat man in der Konzentration und Art des gelösten Stoffes bei demselben Lösungsmittel eine zweifache Mannigfaltigkeit zur Hand, wodurch ein besserer Einblick in den Aufbau der Grenzfläche gewonnen werden kann. Und zwar wird dies dadurch ermöglicht, daß der gelöste Stoff sich an der Grenzfläche anders verteilt als im Innern. Was also für die Molekeln eines einheitlichen Stoffes nur äußerst wahrscheinlich ist, das ist für Lösungen mit Sicherheit nachzuweisen. Die verschiedensten Beobachtungen über die Beeinflussung der Oberflächenspannung durch gelöste Stoffe lassen sich nur unter Zugrundelegung zweier Grundannahmen erklären, die in ihren Einzelheiten allerdings noch nicht ganz feststehen:

1. Die Konzentration des gelösten Stoffes ist an der Grenze eine andere als im Inneren, die Grenzfläche ist an dem gelösten Stoffe entweder angereichert oder verarmt. Man nennt diese Erscheinung positive und negative Adsorption.

2. Die an der Oberfläche vorhandenen Molekeln des gelösten Stoffes sind bezüglich ihrer Lage nicht so regellos verteilt wie im Innern, sondern zeigen bestimmte Vorzugsrichtungen.

Beide Annahmen folgen unmittelbar aus einer näheren Betrachtung der im ersten Abschnitt entwickelten elektrischen Theorie der VAN DER WAALSschen Kräfte. Dort wurde an jedem Punkt die mittlere elektrische Feldstärke aus der Gesamtwirkung aller Molekeln errechnet. Jede Grenzfläche stellt in dieser Beziehung eine Singularität dar, wo die Feldstärke andere Werte hat als im Innern. Es werden daher die gelösten Molekeln dem Gradienten der Feldstärke folgen und zwar stets in dem Sinne, daß dadurch die elektrische Energie abnimmt. Damit ist Annahme 1 erklärt. Fügt man hinzu, daß die gelösten Molekeln keine kugelsymmetrische Form haben, so wird verständlich, daß sie sich zwar in einem Feld, dessen Mittelwert in jeder Raumrichtung derselbe ist, wie im Innern der Phase regellos orientieren, dagegen in einem Feld, welches eine bestimmte Vorzugsrichtung hat, wie eben die Normale zu einer Grenzfläche, bezüglich dieser Normalen auch in bestimmter Weise einstellen. Dadurch ist auch Annahme 2 erklärt.

Was den ersten dieser beiden Sätze betrifft, so läßt sich mathematisch zeigen, daß eine Adsorption die Oberflächenspannung stets in dem Sinne beeinflussen muß, daß Stoffe, welche sie erniedrigen, positiv adsorbiert werden und umgekehrt. Dies ist selbstverständlich, da eine Erniedrigung eben eine Abnahme der Energie bedeutet. Der diesen Sachverhalt ausdrückende Satz, der GIBBSsche[1]) Satz, kann ohne jede spezielle Annahme über den Adsorptionsmechanismus folgenderweise durch Betrachtung eines Kreisprozesses abgeleitet werden.

28. Der GIBBSsche Satz. Es sei eine Lösung von der Molkonzentration c und vom Volumen V gegeben. Die Oberfläche sei O und enthalte in der Flächeneinheit q Mole adsorbiert, also insgesamt Oq. Dann gilt für beliebige Variationen des Volums und der Oberfläche

$$Vc + Oq = C, \tag{1}$$

wo C eine Konstante.

Der erste Schritt eines nunmehr zu betrachtenden Kreisprozesses sei eine Vergrößerung der Oberfläche. Hierdurch wird vom System die Arbeit

$$-\gamma\, dO$$

[1]) J. W. GIBBS, Scient. Pap. Bureau of Stand. Bd. 1, S. 336.

geleistet. Da jetzt mehr Stoff adsorbiert wird, muß c und damit der osmotische Druck p abnehmen. Er beträgt also

$$p + \frac{\partial p}{\partial O} dO .$$

Der zweite Schritt ist eine Vergrößerung des Volumens um dV. Das System leistet die Arbeit

$$\left(p + \frac{\partial p}{\partial O} dO\right) dV .$$

Da sich die Konzentration verringert, wird, weil zwischen q und c irgendeine Symbasie bestehen muß, q verkleinert und dadurch auch die Größe γ verändert. Sie wird zu

$$\gamma + \frac{\partial \gamma}{\partial V} dV .$$

Daß $\partial \gamma / \partial V$ einen von Null verschiedenen Wert haben muß, ist damit nicht unbedingt gesagt.

Der dritte Schritt ist eine Verkleinerung der Oberfläche um dO. Das System leistet die Arbeit

$$\left(\gamma + \frac{\partial \gamma}{\partial V} dV\right) dO .$$

Der osmotische Druck steigt wieder zu p an.

Viertens verkleinert man das Volumen, wobei das System die Arbeit

$$-p\, dV$$

leistet. Die Oberflächenspannung wird zu γ und das System befindet sich im Anfangszustand. Folglich muß die gesamte Abnahme der freien Energie verschwinden. Addiert man die vier Arbeiten, so folgt

$$\frac{\partial \gamma}{\partial V} = - \frac{\partial p}{\partial O} .$$

Da die rechte Seite sicher von Null verschieden ist, muß es auch die linke sein. Man formt die letzte Gleichung zweckmäßig um, indem man schreibt

$$\frac{\partial \gamma}{\partial c} \frac{\partial c}{\partial V} = - \frac{\partial p}{\partial c} \frac{\partial c}{\partial O} . \tag{2}$$

Nun hat man aus (1)

$$\frac{\partial c}{\partial V} = - \frac{(C - Oq)}{V^2} = - \frac{c}{V}$$

und

$$\frac{\partial c}{\partial O} = - \frac{q}{V} .$$

Aus der idealen Gasgleichung, welche in der homogenen Lösung — jedoch nicht unbedingt an der Grenzfläche — gelten soll, nämlich

$$p = cRT$$

folgt

$$\frac{\partial p}{\partial c} = RT .$$

Alle diese Werte in (2) eingesetzt, hat man

$$q = - \frac{c}{RT} \frac{\partial \gamma}{\partial c} , \tag{3}$$

die Gibbssche Gleichung. Sie ist eine Differentialgleichung zwischen γ und c. Man kann sie integrieren, falls die Funktion

$$q = f(c) \tag{4}$$

bekannt ist. Setzt man in die integrierte Form wieder q anstatt c ein, so hat man γ als Funktion von q, eine Gleichung, welche als die Zustandsgleichung der Adsorptionsschicht bezeichnet wird. Man geht nämlich am besten von der Vorstellung aus, daß die adsorbierten Molekeln in gewisser Hinsicht eine Art Sonderexistenz auf der Oberfläche der Lösung führen. Daß ihnen eine Sonderstellung zukommt, wird durch Einführung der Annahme 2 der vorigen Ziffer noch deutlicher. Sie werden zwar durch äußere Kräfte an die Flüssigkeit gebunden, aber in ihrer Bewegung und gegenseitigen Beeinflussung längs der Oberfläche also im Rahmen von zwei Dimensionen nicht gehindert. Sie bilden daher ein ganz eigenartiges System, das man mit vollem Recht als ein zweidimensionales bezeichnen kann.

Diese zweidimensionale Schicht, deren selbständige, reelle Existenz übrigens auch experimentell festgestellt ist [wir nennen die Arbeiten von RAYLEIGH[1]), LANGMUIR[2]), HARKINS[3]), MARCELIN[4]) und ADAM[5])], übt nun genau so einen Druck aus, wie jedes Gas, nur daß dieser Druck entsprechend der um 1 verminderten Dimensionszahl nicht auf eine Fläche, sondern auf eine Linie ausgeübt wird. Man kann diesen Druck, bezogen auf die Längeneinheit, mit π bezeichnen und bemerkt sofort, daß er eine Größe darstellt, welche ebenso wirkt wie die Oberflächenspannung, nur in entgegengesetztem Sinne. Er sucht durch seine Neigung zur Ausbreitung die Oberfläche zu vergrößern.

Ist demnach die Oberflächenspannung einer Lösung γ und diejenige des reinen Lösungsmittels γ_0, so gilt die Beziehung

$$\gamma = \gamma_0 - \pi. \tag{5}$$

Führt man also in die integrierte GIBBSsche Gleichung die Beziehung (5) ein, so hat man π als Funktion von q. Ebenso wie π dem Druck, ist q der Moldichte eines Gases analog, und ebenso wie $p = cRT$ die Zustandsgleichung des idealen Gases ist, wird die Beziehung $\pi(q)$ die Zustandsgleichung der zweidimensionalen Schicht genannt.

Es leuchtet ein, daß, ebenso wie die Kenntnis der Funktion (4), der sog. Adsorptionsisotherme (weil sie für konstante Temperatur gilt) zur Zustandsgleichung der Schicht führt, auch der umgekehrte Weg gangbar ist. Um ein Beispiel zu nennen, hat FRUMKIN[6]) diesen zweiten Weg eingeschlagen, indem er zu der Zustandsgleichung ein Anziehungsglied fügte, welches dem VAN DER WAALSschen Glied für reelle Gase analog ist, und aus diesem Ansatz die übrigen Beziehungen herleitete.

29. Integration der GIBBSschen Gleichung. Wir wollen zunächst den ersten Weg einschlagen. Es kommen zwei Isothermen in Betracht, die von FREUNDLICH[7]) und LANGMUIR. Die FREUNDLICHsche, nämlich

$$q = k c^{\frac{1}{n}},$$

[1]) LORD RAYLEIGH, Phil. Mag. Bd. 48, S. 331. 1899.
[2]) I. LANGMUIR (Fußn. 6, S. 344).
[3]) W. D. HARKINS, Journ. Amer. Chem. Soc. Bd. 47, S. 2083. 1925.
[4]) A. MARCELIN, Journ. chim. phys. Bd. 22, S. 319. 1925.
[5]) N. K. ADAM, Journ. phys. chem. Bd. 29, S. 87. 1925.
[6]) A. FRUMKIN, ZS. f. phys. Chem. Bd. 116, S. 466. 1925.
[7]) H. FREUNDLICH, Kapillarchemie, S. 150ff.

wo k und n Konstanten sind ($n > 1$), ist rein empirischer Natur und wird entschieden einem sehr großen Experimentalmaterial gerecht. Für kleine Konzentrationen c ist sie ganz sicher der LANGMUIRschen überlegen, da sie ja dann diese als Spezialfall enthält ($n = 1$). Jedoch versagt sie für höhere Konzentrationen, da q nach ihr nicht einem Grenzwert zustrebt, wie das doch experimentell durchweg gefunden wird.

Die LANGMUIRsche Gleichung, die wir in der Form schreiben

$$q = \frac{kc}{1 + \frac{k}{q_\infty} c}, \tag{1}$$

(wo k und q_∞ Konstanten), ist andererseits nicht nur vielfach bestätigt worden und drückt nicht nur den Übergang in den Grenzwert q_∞ für hohe Konzentrationen aus, sondern hat eine recht einfache ungezwungene theoretische Deutung. Sie soll deshalb als weitere Grundlage dienen.

Bevor wir sie anwenden, soll kurz auf ihre Ableitung eingegangen werden. Sie ist nichts anderes als der Ausdruck zweier Grundannahmen[1]), daß nämlich für kleinere Konzentrationen eine ideale Verteilung zwischen Innerem und Grenzfläche herrscht, während für hohe Konzentrationen eine Sättigung der Grenzfläche eintritt. Die Verteilung ist so gedacht, daß die Überführung einer Molekel in die Grenzfläche mit einer bestimmten Arbeitsleistung verknüpft ist, ebenso wie die Überführung zwischen zwei sich berührenden Phasen. In solchen Fällen ist für die Verteilung das BOLTZMANNsche Prinzip maßgebend, wonach das Verhältnis der Konzentrationen dem Ausdruck $e^{\varphi/RT}$ gleichzusetzen ist, wo φ die molare Übergangsarbeit bedeutet. Diesen Satz wenden wir auch hier an. Bei der Überführung eines Mols in die Grenze sei die Arbeit φ vom System geleistet. Ist d die Dicke der Adsorptionsschicht, so ist die Konzentration daselbst q/d; daher gilt

$$q = d e^{\frac{\varphi}{RT}} c. \tag{2}$$

Setzt man

$$d e^{\frac{\varphi}{RT}} = k, \tag{2a}$$

so erfüllt Gleichung (1) für kleine Konzentrationen ohne weiteres den Verteilungssatz. Jedoch kann die Dichte in der Grenzschicht nicht über die Sättigungsgrenze hinauswachsen, so daß Gleichung (2) ihre Gültigkeit allmählich verlieren muß. Die Größe q steigt langsamer an als c und strebt dem Sättigungswert q_∞ zu. Auch diese Bedingung erfüllt Gleichung (1). Und zwar ist sie die einfachste Form, welche beide Bedingungen erfüllt; daher ihre Berechtigung.

LANGMUIR leitet übrigens seine Gleichung mittels einer kinetischen Betrachtung ab, indem er sagt, daß die in der Zeiteinheit festhaftende Anzahl aller Molekeln, die auf die Grenzfläche aufprallen, sowohl der Konzentration c wie der noch unbesetzten Fläche, also insgesamt $c(q_\infty - q)$ proportional sein muß, während die in der Zeiteinheit von der Grenzfläche wegfliegende Anzahl q proportional ist. Im Gleichgewicht sind beide Größen einander gleich, also

$$c(q_\infty - q) = aq,$$

woraus

$$q = \frac{a q_\infty c}{1 + ac},$$

was mit (1) identisch ist, wenn man $a q_\infty = k$ setzt.

[1]) A. GYEMANT, Grundzüge der Kolloidphysik, S. 77.

Nimmt man jetzt für Ziff. 28, Gleichung (4) die Gleichung (1), so kann man die GIBBSsche Gleichung integrieren. Für kleine Konzentrationen hat man

$$q = kc,$$

also

$$RT\,k\,dc = -\,d\gamma$$

und

$$\pi = \gamma_0 - \gamma = kc\,RT = RT\,q. \tag{3}$$

Der seitliche Druck ist proportional der Flächendichte, gehorcht also der idealen Gasgleichung. Die Oberfläche ist ganz im Sinne einer zweiten Phase aufgefaßt, zwischen welcher und dem Innern, der ersten Phase, das ideale Verteilungsgesetz gilt. Die negative Oberflächenspannung ist nichts anderes als das Zusammenwirken der osmotischen Kräfte des gelösten Stoffes in beiden Phasen, da durch eine Vergrößerung der Oberfläche trotz konstanten Volumens die Konzentration überall abnimmt.

Ist die Konzentration dagegen groß, so gilt der andere Grenzfall, nämlich

$$q = q_\infty,$$

womit

$$RT\,q_\infty\,d\ln c = -d\gamma$$

und

$$\pi = \gamma_0 - \gamma = K + RT\,q_\infty \ln c. \tag{4}$$

wird. Die Oberflächenspannung ändert sich jetzt logarithmisch mit der Konzentration. Daß der seitliche Druck in der Schicht sich ändert, obwohl die Konzentration des gelösten daselbst konstant ist, klingt zunächst paradox. Dies rührt daher, daß die vorhin erwähnte Selbständigkeit nur begrenzt ist. Der osmotische Druck im Inneren wird eben auf die Schicht übertragen. Dehnt sich die Oberfläche aus, so nimmt ja die Konzentration auch ab, allerdings nicht in der Schicht, nur im Inneren. Daher ist auch die Abhängigkeit von c nur logarithmisch.

30. Versuchsergebnisse. Der durch Ziff. 29, Gleichung (3) und (4) dargestellte Zusammenhang zwischen γ und c entspricht ziemlich getreu den experimentellen Tatsachen. Als erster hat die beiden Sätze TRAUBE[1]) aufgestellt. Man kann die beiden Sätze einheitlich in die für den ganzen Konzentrationsbereich gültige Gleichung zusammenziehen

$$\pi = \gamma_0 - \gamma = RT\,q_\infty \ln\left(1 + \frac{k}{q_\infty}\,c\right) \tag{1}$$

mit

$$K = RT\,q_\infty \ln\frac{k}{q_\infty}.$$

Diese Gleichung ist das Integral der GIBBSschen Gleichung unter Berücksichtigung der LANGMUIRschen Isotherme. Ebenso wie diese ist sie auch zu schematisch. Sie wurde empirisch von SZYSZKOWSKI[2]) auf Grund seiner Messungen aufgestellt. Seine Zahlen gestatten recht interessante Schlüsse. q_∞ berechnet sich daraus zu 31 Å^2. Dies ist die bei der Sättigung pro Molekel eingenommene Fläche und entspricht, wie ersichtlich, recht gut dem Quadrat der linearen molekularen Dimension. Die Konstante k nimmt in homologen Reihen zu, und zwar in geometrischer Progression; die Verhältniszahl beträgt etwa 3,4. Aus Ziff. 29, Gleichung (2a) folgt daraus

$$e^{\frac{\Delta\varphi}{RT}} = 3{,}4,$$

[1]) I. TRAUBE, Ann. d. Chem. Bd. 265, S. 27. 1891.

[2]) v. SZYSZKOWSKI, ZS. f. phys. Chem. Bd. 64, S. 385. 1908.

wenn $\Delta\varphi$ die Zunahme des Adsorptionspotentials für die CH_2-Gruppe bedeutet. Man erhält für $\Delta\varphi$ 710 cal/Mol.

Die neuen schon erwähnten Untersuchungen führen zu Zahlen, welche mit den obigen übereinstimmen. Die Versuche werden meistens so ausgeführt, daß eine kleine bekannte Menge einer schwerlöslichen Substanz auf eine reine Wasseroberfläche gebracht und nun der Zusammenhang zwischen spezifischer Fläche und seitlichem Druck kurvenmäßig aufgenommen wird. Die Kurven zeigen anfangs starke, von einem bestimmten Punkte ab plötzlich schwache Komprimierbarkeit. Von diesem Punkte ab sind die Molekeln in dichter monomolekularer Packung. Die spezifische Oberfläche bei diesem Punkt gestattet daher die Ermittlung des Querschnitts einer Molekel. Aus der Dichte der organischen Stoffe läßt sich die Dicke der Schicht, also bei Annahme paralleler Lagerung, die Molekellänge berechnen. Die so erhaltenen Zahlen stimmen gut mit anderweitig erhaltenen Ergebnissen bezüglich der Molekeldimensionen. So finden z. B. GOARD und RIDEAL[1]) für den Querschnitt der Phenolmolekel 23,8 $Å^2$ und für ihre Länge 6,4 Å.

Auch unabhängig von diesen speziellen Annahmen über den Oberflächenbau wurde die GIBBSsche Gleichung mehrfach bestätigt. BANCELIN[2]) untersucht die Adsorption von Farbstoffen an der freien Oberfläche. Durch Überleiten von Luftblasen bekannter Zahl und Größe wird ein Teil der Flüssigkeit an Farbstoff verarmen, ein anderer daran angereichert. Daraus berechnet er q in Abhängigkeit von c. Mit der Tropfenmethode bestimmt er γ in Abhängigkeit von c. Dadurch ließ sich Gleichung (3) von Ziff. 28 prüfen; sie konnte bestätigt werden.

FRUMKIN[3]) findet aus der GIBBSschen Gleichung für die bei der Sättigung adsorbierte Menge von Laurinsäure $5{,}7 \cdot 10^{-10}$ Mol/cm². Bringt er andererseits Laurinsäure in Petroläther gelöst auf Wasser, so verschwinden die Tropfen sehr schnell, vom Augenblick der Sättigung ab viel langsamer. Es ergibt sich für die Sättigung in Übereinstimmung mit dem vorigen Wert $5{,}2 \cdot 10^{-10}$ Mol/cm².

Theorie und Experiment stehen somit in guter Übereinstimmung. Nur die genauen Messungen im Übergangsgebiet zwischen kleinen und großen Konzentrationen erfordern eine erweiterte theoretische Behandlung, da Ziff. 29, Gleichung (1) und auch (1) hier nur Annäherungen sind. Wir erwähnten schon den Versuch FRUMKINS. Seine Zustandsgleichung lautet [als Erweiterung von (1)]

$$\gamma_0 - \gamma = -RT\,q_\infty \ln\left(1 - \frac{q}{q_\infty}\right) - a\,q^2,$$

wo durch a der gegenseitigen Anziehung der Fettsäuremolekeln Rechnung getragen wird. Der Vergleich mit der Erfahrung fordert, daß a mit zunehmender Länge der Kohlenstoffkette zunimmt.

Ein ähnlicher Versuch ist der von SCHOFIELD und RIDEAL[4]). Sie setzen für die Zustandsgleichung [als Erweiterung von Ziff. 29, Gleichung (3)]

$$(\pi - b) = x\,q\,RT,$$

wo b die Volumkorrektur für die adsorbierten Molekeln ist und x, welches für größere Druckbereiche praktisch konstant, sonst aber druckabhängig ist, indem es mit abnehmendem Druck zunimmt und dem Wert 1 zustrebt, der gegenseitigen Anziehung Rechnung trägt. VOLMER[5]) berücksichtigt nur die Volumkorrektur; er setzt

$$(\pi - b) = q\,RT.$$

---

1) A. K. GOARD u. E. K. RIDEAL, Journ. chem. soc. Bd. 127, S. 1668. 1925.
2) J. BANCELIN, Journ. chim. phys. Bd. 22, S. 518. 1925.
3) A. FRUMKIN, ZS. f. phys. Chem. Bd. 116, S. 498. 1925.
4) F. H. SCHOFIELD u. E. K. RIDEAL, Proc. Roy. Soc. London Bd. 109, S. 57. 1925.
5) M. VOLMER, ZS. f. phys. Chem. Bd. 115, S. 253. 1925.

Auch in anderer Hinsicht zeigt die Theorie gewisse Unstimmigkeiten. Eine besonders schwerwiegende dürfte sein, daß auch in dem Gebiet, wo Gleichung (3) von Ziff. 29 erfüllt ist, die Konstante R nicht den aus der Gasgleichung bekannten Wert hat. Wie MARCELIN zeigte, ist sie nur $^1/_{60}$ von R. Auch in den Kurven von HARKINS beginnt der seitliche Druck überhaupt erst von einer bestimmten Grenzkonzentration aufwärts. Außer den soeben genannten Korrekturen muß man hier noch berücksichtigen, daß die Theorie für streng im Gleichgewicht befindliche Adsorptionsschichten gilt. Die unmittelbaren Untersuchungen beziehen sich dagegen auf Schichten schwerlöslicher Stoffe, die in einem fremden flüchtigen Lösungsmittel von außen auf das Wasser aufgetropft werden. Diese Schichten sind also mit dem Wasser nicht streng im Gleichgewicht, gehen vielmehr allmählich in Lösung, so daß dieser Umstand die zu kleinen Drucke erklären könnte. Nichtsdestoweniger haben gerade diese Messungen unsere Einsicht in das Wesen der Adsorptionsschicht vertieft. Übrigens zeigen ADAM und JESSOP in einer ihrer letzten Arbeiten[1]), daß die anderen Autoren sich stets auf dem Gebiet kondensierter Schichten befinden. Mit einer sehr empfindlichen Anordnung lassen sich jedoch Drucke auch über 5000 Å² molekularer Fläche messen und sie erhielten stets den richtigen Wert der idealen Gaskonstante.

31. Einfluß von Elektrolyten. Zum Schluß sei der Einfluß von Elektrolyten auf die Oberflächenspannung erwähnt, da die bisherigen Betrachtungen hauptsächlich auf kapillaraktive Stoffe sich bezogen haben. Elektrolyte zeigen dagegen stets eine Erhöhung der Oberflächenspannung, wenn auch dieser Einfluß nicht so stark ausgesprochen ist wie die Erniedrigung durch organische Substanzen. Meistens ist die Abhängigkeit bei kleinen Konzentrationen eine lineare; man hat eine Gleichung von der Form

$$\gamma = \gamma_0(1 + m c)\,, \qquad (1)$$

wo m spezifisch von dem Elektrolyten abhängt. Und zwar zeigt m deutliche Additivität in Abhängigkeit von den Ionen, was in Betracht auf die vollständige Dissoziation selbstverständlich ist: jedes Ion wirkt eben für sich. Die Erhöhung der Oberflächenspannung rührt daher, daß die Ionen infolge ihrer elektrostatischen Ladung stark hydratisiert sind. Die Arbeit, um ein Ion aus dem Wasser zu entfernen, ist nach der Theorie von BORN[2]) umgekehrt proportional dem Radius des Ions; demnach müssen die kleinen Ionen gleicher Wertigkeit die Oberflächenspannung stärker erhöhen, also mehr zu dem Wert von m beitragen als die größeren. Dies zeigt sich deutlich bei der Vergleichung der m-Werte einiger Elektrolyte, wie aus folgender Tabelle[3]) ersichtlich (gültig für 18°C).

	SO_4	Cl	Br	NO_3
Li		0,0286	0,0271	0,0192
Na	0,0357	0,0228	0,0184	0,0176
K	0,0418	0,0210	0,0151	0,0158
NH_4	0,0326	0,0195		0,0174

Etwas gewagt haben HARKINS und LAUGHLIN[4]) das GIBBSsche Theorem auch auf die negative Adsorption von Salzen angewendet. Aus dem Wert von q und der Konzentration der Lösung berechnen sie die Dicke der salzfreien Wasserschicht. Diese Dicke nimmt mit steigender Konzentration etwas ab, im Falle des Kochsalzes von 4 Å bei 0,1 molarer bis 2,3 Å bei 5 molarer Konzentration.

[1]) N. K. ADAM u. G. JESSOP, Proc. Roy. Soc. London Bd. 110, S. 423. 1926.
[2]) M. BORN, ZS. f. Phys. Bd. 1, S. 45. 1920.
[3]) Aus H. FREUNDLICH, Kapillarchemie, S. 79.
[4]) W. D. HARKINS u. H. M. LAUGHLIN, Journ. Amer. Chem. Soc. Bd. 47, S. 2083. 1925.

Es versteht sich, daß, falls schon solche Rechnungen gemacht werden, anstatt Konzentrationen stets mit der Ionenaktivität zu rechnen ist.

Der genannte Gegensatz zwischen Ionen und Nichtelektrolyten wird dazu benutzt[1]), um manche schwache Elektrolyte auf Grund dieser Erscheinung als Indikatoren zu gebrauchen. Der undissoziierte Bestandteil ist nämlich kapillaraktiv, die Ionen dagegen sind inaktiv. Im Laufe der Titration wird die Oberflächenspannung verfolgt, wobei am Neutralisationspunkt eine sprunghafte Änderung der Oberflächenspannung eintreten muß. Geeignet hierfür ist z. B. Eukupinchlorid.

IV. Elektrokapillarität.

32. Äußere elektrische Felder. Im allgemeinen wird dem Ausdruck Elektrokapillarität ein recht weites Gebiet untergeordnet, hier jedoch wollen wir ihm eine engere Definition zugrunde legen. Er soll jene Erscheinungen umfassen, welche von der Beeinflussung der Grenzflächenspannung durch die elektrischen Kräfte herrühren. Die Elektrokinetik, welche oft mitbehandelt wird, jedoch mit der Grenzspannung selbst nichts zu tun hat, soll also hier ausscheiden. Die elektrischen Kräfte, von denen im folgenden die Rede ist, werden entweder von außen dem System aufgedrückt, oder aber sie rühren vom Bau der Oberflächenschicht selbst her, sie sind eingeprägter Natur. In diesem zweiten Fall hat man das Recht, zu sagen, daß man es mit einer veränderten Grenzflächenspannung zu tun hat. Im ersten Fall dagegen handelt es sich bloß um ein Zusammenwirken elektrischer und Oberflächenkräfte.

Es sei zunächst kurz auf den ersten Fall eingegangen. In Abschnitt II wurde gezeigt, daß die Form der Oberflächen von der Grenzspannung und vom Potential äußerer Kräfte abhängt. Wir behandelten dann nur solche Fälle, wo als äußere Kraft die Schwere allein wirkte, oder wo eine solche überhaupt fehlte. Ebenso kann man aber auch noch etwa die Zentrifugalkraft (bei einer rotierenden Flüssigkeit) oder aber die elektrischen Kräfte berücksichtigen.

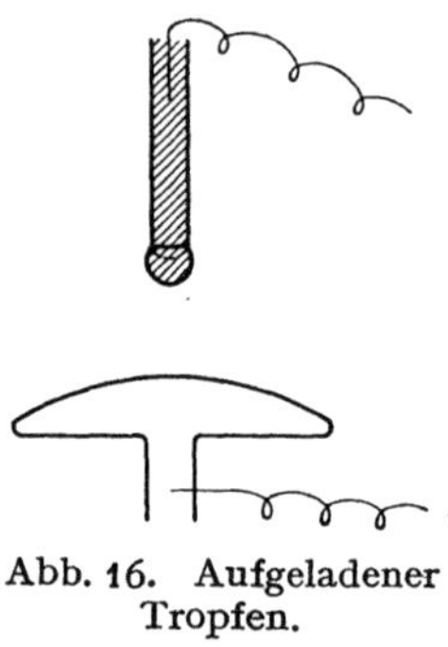
Abb. 16. Aufgeladener Tropfen.

Diese können in verschiedener Weise auf die Flüssigkeit einwirken. Wohl die unmittelbarste Wirkung ist die, daß die Flüssigkeit — falls leitend — selbst aufgeladen wird. Die Versuchsanordnung zeigt Abb. 16. Einer Metallelektrode gegenüber steht eine Glasröhre, als Fortsetzung eines Behälters gedacht, mit einer leitenden Flüssigkeit gefüllt, welche an der unteren Mündung einen flachen hängenden Tropfen bildet. Legt man an die Metallelektrode und die Flüssigkeit Hochspannung an, so wird der Tropfen ausgebaucht. Die freie Grenzfläche wird nämlich aufgeladen, und diese wahren Ladungen befinden sich im hochgespannten Feld, wodurch mechanische Kräfte auf den materiellen Träger der Ladungen ausgeübt werden. Die Folge ist teils Vergrößerung der Oberfläche, teils Annäherung derselben an die untere Elektrode. Solche Versuche sind z. B. von ZELENY[2]) ausgeführt worden. Eine exakte mathematische Theorie steht noch aus.

Vielleicht gehören hierher auch die Fälle, wo Beeinflussung der Oberflächenspannung durch die Einwirkung strahlender Energie statthat, da infolge Elektronenemission Aufladung stattfindet. GRUMBACH und SCHLIVITCH[3]) finden

[1]) J. TRAUBE u. R. SOMOGYI, Intern. ZS. f. phys.-chem. Biol. Bd. 1. 1914.
[2]) J. ZELENY, Phys. Rev. (2) Bd. 3, S. 69. 1914.
[3]) A. GRUMBACH u. S. SCHLIVITCH, C. R. Bd. 181, S. 241. 1925.

eine wenn auch sehr schwache Erhöhung der Oberflächenspannung von bestimmten Flüssigkeiten, z. B. einer Fluoreszeinlösung oder Anthrazen gelöst in Xylol, bei Bestrahlung mit ultraviolettem Licht. Es sind ähnliche Flüssigkeiten, welche, mit bestimmten Elektroden kombiniert, photoelektrische Elemente liefern. POPESCO[1]) untersucht die Oberflächenspannung von Quecksilber und findet eine Abnahme desselben, während der Tropfen zur photoelektrischen Emission angeregt wird.

Eine zweite Wirkungsart ist die auf dielektrische Flüssigkeiten. Man betrachte etwa den Fall einer flüssigen Kugel von hoher Dielektrizitätskonstante in einem Medium von geringer Dielektrizitätskonstante schwebend, also z. B. eine Wasserkugel in einer Mischung von Chloroform und Äther gleicher Dichte. In diese Mischung tauchen zwei Metallelektroden (Abb. 17), an welche Hochspannung angelegt wird. Die Wasserkugel hat keine wahre, nur freie Ladung, welche durch die hohe Polarisierbarkeit zustande kommt. Die Kugel wird bestrebt sein, eine möglichst hohe Polarisation anzunehmen, weil damit eine Abnahme der Energie einhergeht. Die Polarisation ist aber um so größer, je gestreckter der Körper in Richtung des Feldes ist. Es wird daher eine Dehnung der ursprünglichen Kugel stattfinden. Nun hat aber die Oberflächenenergie bei der Kugelgestalt ein Minimum gehabt, sie nimmt daher ständig zu. Die Dehnung geht so weit, bis die Oberflächenenergie vermehrt um die elektrische Energie durch ein Minimum geht.

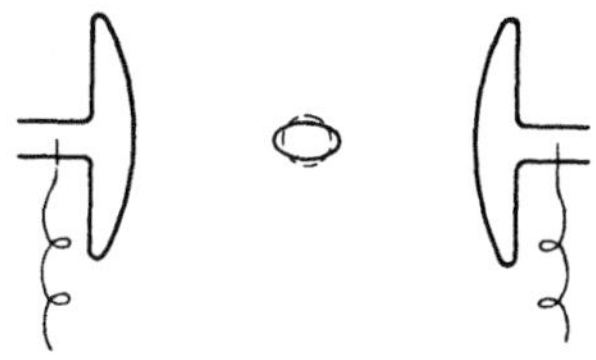

Abb. 17. Flüssige dielektrische Kugel im elektrischen Feld.

Es ist versucht worden[2]), diese Frage theoretisch zu lösen. Es gelang nur unter der vereinfachenden Annahme, daß die Gestalt ein Rotationsellipsoid sein würde. Die Oberflächenenergie ist dann

$$\gamma\left(2\pi a^2 + \frac{2\pi a c}{e} \arcsin e\right),$$

wo a = kleine, c = große Halbachse und e = Exzentrizität. Die elektrische Energie wird

$$-\frac{\dfrac{2\pi r^3 \varkappa \mathfrak{E}^2}{3}}{1 + 4\pi\varkappa \dfrac{1-e^2}{e^2}\left(\dfrac{1}{2e}\ln\dfrac{1+e}{1-e} + 1\right)},$$

wo r = Kugelradius, $\varkappa$ = Elektrisierungszahl und $\mathfrak{E}$ = äußere Feldstärke. Führt man die Rechnung durch, so erhält man eine mit zunehmender Feldstärke anwachsende Streckung. Die angedeutete Lösung ist natürlich sehr vereinfacht, da die gestreckte Form höchstwahrscheinlich kein Rotationsellipsoid ist.

Experimentelle Beobachtungen hierüber liegen noch nicht vor. EVERSHED[3]) hat beobachtet, daß sich die Wasserhaut, welche in Glaskapillaren befindliche Luftblasen umgibt, verdickt, falls man in Längsrichtung der Kapillaren eine Spannung anlegt. Er erklärte die Erscheinung durch Abnahme der Grenzflächenspannung, die Anordnung ist jedoch nicht sehr übersichtlich, so daß wahrscheinlich noch ganz andere Momente, z. B. elektroendosmotische, mit im Spiel sind. NOLAN[4]) untersuchte neuerdings den Zerfall von Wassertropfen im elektrischen Feld und kommt experimentell zu dem Ergebnis, wonach

[1]) J. G. POPESCO, Ann. de phys. (10) Bd. 3, S. 402. 1925.
[2]) A. GYEMANT, ZS. f. Phys. Bd. 33, S. 789. (1925).
[3]) S. EVERSHED, Journ. Inst. Electr. Eng. Bd. 52, S. 51. 1913.
[4]) J. J. NOLAN, Proc. Roy. Irish. Acad. Bd. 37, S. 28. 1926.

$F\sqrt{r} =$ konst., wo $F =$ Zerreißfeldstärke und $r =$ Teilchenradius. Dieser Befund steht im Einklang mit der Untersuchung von GYEMANT.

Eine dritte Gruppe von Beobachtungen ergibt sich, falls eine dielektrische Flüssigkeit im ungleichmäßigen Felde sich befindet. In diesem Fall wird die Flüssigkeit nach Orten höherer Feldstärke hingezogen, und es können sich so sehr starke Abweichungen der Grenzflächenform von der ohne angelegte Spannung vorhandenen ergeben. Hierüber liegt auch eine Experimentaluntersuchung vor[1]) und zwar über das Ansteigen eines flüssigen Dielelektrikums an einer hochgespannten Kugel.

33. Eingeprägte elektrische Kräfte. Wesentlich verschieden von den bisher betrachteten Fällen sind die, wo die Grenzfläche selbst Sitz elektrischer Kräfte ist und somit auch ohne äußere Spannung Abweichungen vom neutralen Zustand zeigt. Es handelt sich hier wieder nicht um wahre Ladungen, vielmehr um elektrische Doppelschichten. Über deren Ursprung und Bau muß das Wesentlichste mitgeteilt werden, da ihre Wirkung der einer tatsächlichen negativen Oberflächenspannung gleichzusetzen ist.

Im allgemeinen beruht das Entstehen einer Doppelschicht auf thermodynamischer Grundlage. Die beiden sich berührenden Phasen sind aus bestimmten Gründen vielfach nicht in innerem thermodynamischen Gleichgewicht. Steht z. B. ein Metall in Berührung mit der Lösung eines seiner Salze von willkürlich festgelegter Konzentration, so ist kein osmotisches Gleichgewicht, da das Metall nur mit einer der Lösungstension entsprechenden Konzentration in Gleichgewicht steht. Um den Zustand stabil zu gestalten, wird sich eine elektrische Potentialdifferenz ausbilden, so daß das elektrische Potential mit dem thermodynamischen Potential zusammen ein Minimum hat. Solche Potentiale kommen in der mannigfaltigsten Weise zustande, so z. B. an der Grenze zweier Flüssigkeiten. Hier wäre der Austausch durch Diffusion durchaus möglich, jedoch der Umstand, daß der Verteilungskoeffizient der negativen und positiven Ionen ein verschiedener ist, verhindert das Ausbilden des osmotischen Gleichgewichtes, und elektrische Potentialsprünge werden auch hier die Folge sein.

Die Verteilung der Ionen zwischen den beiden Phasen, also die Ausbildung des thermodynamischen elektrischen Potentialsprunges, rührt von den Kräften her, welche die Molekeln der Phasen auf die gelösten Ionen ausüben. Die Molekularkräfte wirken aber auch von der einen Phase auf die in der anderen befindlichen Ionen hinüber, indem ihre Wirkungssphäre in die andere Phase eine kleine Strecke weit hineinragt. Man muß sich jedoch vergegenwärtigen, daß die Kräfte, durch welche ein Ion in das Innere einer Phase hineingezogen wird, verschieden sind von jenen, welche dasselbe Ion bis an die Phasengrenze heranziehen. Abgesehen davon, daß, wie im vorigen Abschnitt gezeigt, gerade die Grenzschichten einen vom Inneren abweichenden Bau haben und demnach auch andere Kräfte ausüben können, kann man sich die Sache auch noch so denken, daß beim Eindringen der Ionen in die Phase ein bestimmter Arbeitsbetrag zur Überwindung der gegenseitigen Anziehung der Phasenmolekeln infolge der Raumbeanspruchung der Ionen erforderlich ist, welcher Betrag bei einer Anreicherung an der Grenzfläche wegfällt. Die Folge ist, daß beide Kräfte, oder genauer gesagt, die den beiden entsprechenden Potentiale, nämlich des Phaseninneren und der Grenze, durchaus nicht symbat gehen müssen. Das von der Grenze herrührende Potential nennt man Adsorptionspotential, und dieses wird unabhängig von der thermodynamischen Verteilung auch zur Ausbildung von Doppelschichten führen. Da jede Doppelschicht einem Potentialsprung entspricht, die Adsorption jedoch

[1]) A. GYEMANT, Wiss. Veröff. a. d. Siem.-Konz. Bd. 5, II, S. 55. 1926.

auf die Gesamtpotentialdifferenz keinen Einfluß haben darf, so muß die Adsorption stets zu Doppeldoppelschichten Anlaß geben. Es wird eben in der Adsorptionsschicht eine Anhäufung von einer Ladungsart auftreten, derzufolge beiderseits von ihr Ansammlung entgegengesetzter Elektrizität stattfinden wird.

34. Elektrische Doppelschichten. Zum näheren Verständnis des Aufbaues der Doppelschichten gelangt man durch Überlegungen über monomolekulare und diffuse Schichten. Erstere werden sich stets direkt an der Grenzfläche ausbilden, letztere in den darauffolgenden Molekularlagen. Ein wesentlicher Unterschied ist der, daß bei ersteren die Adsorptionspotentiale auch mitspielen werden, während sie bei den letzteren schon als praktisch unwirksam betrachtet werden können. Man darf allerdings nicht fehlerhaft die Trennung monomolekular-diffus der Trennung adsorptiv-thermodynamisch gleichsetzen. Eine monomolekulare Schicht besteht auch bei Abwesenheit von Adsorptionskräften.

Was zunächst die monomolekulare Schicht betrifft, so wird für sie die LANGMUIRschen Isotherme [Ziff. 29, Gleichung (1)] Gültigkeit haben. Man hat also für jede Molekel- bzw. Ionenart

$$q = \frac{k\,c}{1 + \frac{k}{q_\infty}\,c}\,.$$

Eine gewisse Schwierigkeit liegt darin, daß q_∞ die Sättigungskonzentration ist, daß aber hierüber im Falle von Elektrolyten nicht so leicht Genaueres auszusagen ist wie im Falle kapillaraktiver Molekeln, von welchen nur eine Art zugegen ist, während doch Ionen mindestens zu zweit sind. Die überhaupt vorhandenen Stellen einer Grenzfläche sind aus der Betrachtung der Molekulardimensionen angenähert zu ermitteln; wieviel davon je ein Ion bei der Sättigung einnimmt, bleibt jedoch fraglich. O. STERN[1]) nimmt an, daß jedes der beiden Ionen die Hälfte des Raumes beansprucht; man kann auch an die Gültigkeit einer Beziehung denken[2])

$$\frac{q_\infty}{q'_\infty} = \frac{k}{k'}\,,$$

wo sich die gestrichenen Größen auf das zweite Ion beziehen. Eine solche Beziehung würde in Gegenwart beliebig vieler Adsorptive gelten können und hat den Vorzug, daß sie den Verdrängungserscheinungen Rechnung trägt, wonach nämlich ein Adsorptiv das andere gemäß des Verhältnisses ihrer Adsorbierbarkeit verdrängen kann. Es sei noch daran erinnert, daß $k = e^{\varphi/RT}$ ist. Für φ ist hier die Summe aus elektrischem Potential an der Grenzschicht und Adsorptionspotential einzusetzen.

Die Kapazität einer monomolekularen Schicht ist auch bekannt. Es sei das Potential des Adsorbens gegen das Lösungsinnere φ_0 und es befinde sich vor ihr eine monomolekulare Schicht von der Ladung ω_1, so sind die geladene Adsorbensfläche und die monomolekulare Schicht als Belegungen eines Kondensators aufzufassen. Die Dicke derselben beträgt d, wenn man damit die Entfernung zweier benachbarter Molekeln bezeichnet. Der Wert der Dielektrizitätskonstanten ist allerdings sehr unbestimmt. Da es benachbarte Molekeln sind, könnte man daran denken, er sei 1. Die Molekeln selbst werden sich aber zwischen den Ladungen befinden, und da sie auch polarisierbar sind, ist die Dielektrizitätskonstante größer als 1. Läßt man jedoch diesen Umstand außer

[1]) O. STERN, ZS. f. Elektrochem. Bd. 30, S. 508. 1924.
[2]) A. GYEMANT, Grundzüge der Kolloidphysik, S. 78.

Betracht, so hat die Kapazität den Wert $1/4\pi d$, wie bei einem Luftkondensator. Daraus läßt sich die Ladung des Adsorbens berechnen, und zwar zu

$$\omega_0 = \frac{\varphi_0}{4\pi d}.$$

Dies gilt, falls dieselbe Ladung auch in der monomolekularen Schicht sich befindet, also $\omega_1 = \omega_0$ wäre. Dies ist aber nicht unbedingt erforderlich. Ein Teil von ihr, ω_2, kann und, wie sich zeigen läßt, muß sogar diffus verteilt sein. Dann ist das elektrische Potential an der monomolekularen Schicht nicht Null, sondern ζ, und die Gesamtladung ergibt sich somit zu

$$\omega_0 = \frac{\varphi_0 - \zeta}{4\pi d}. \tag{1}$$

Betrachten wir φ_0 als thermodynamisch gegeben, so fragt es sich nach obigem, ob ζ tatsächlich einen von Null verschiedenen Wert haben wird bzw. ob ein Teil der Belegung diffus verteilt ist. Setzt man ζ in die LANGMUIRschen Gleichungen an Stelle von φ ein, so erhält man die Ladung der monomolekularen Schicht, welche aber allgemein von der Gesamtladung verschieden sein wird. Die Differenz beider ist aber die Ladung der diffusen Schicht ω_2, welche somit als Funktion von ζ zu berechnen ist. Da andrerseits anzunehmen ist, daß zwischen Potential ζ und Ladung ω_2 der diffusen Schicht ein allgemein gültiger Zusammenhang besteht, so muß dieser Zusammenhang zu einer Gleichung führen, welche ζ aus φ_0 und den sonstigen Konstanten eindeutig zu berechnen gestattet. Es sei nochmals betont, daß die Verschiedenheit von φ_0 und ζ ohne jedes Adsorptionspotential abgeleitet wurde. Das thermodynamische Potential würde also für sich allein etwa den gestrichelten Verlauf in Abb. 18 nehmen. Zu diesem gestrichelten Verlauf tritt nun infolge der Adsorption eine punktiert gezeichnete Doppeldoppelschicht hinzu, wodurch als Endergebnis der ausgezogene Potentialverlauf zur Geltung kommt. Der oben skizzierte Beweis der gleichzeitigen Existenz einer monomolekularen und diffusen Schicht rührt von O. STERN her.

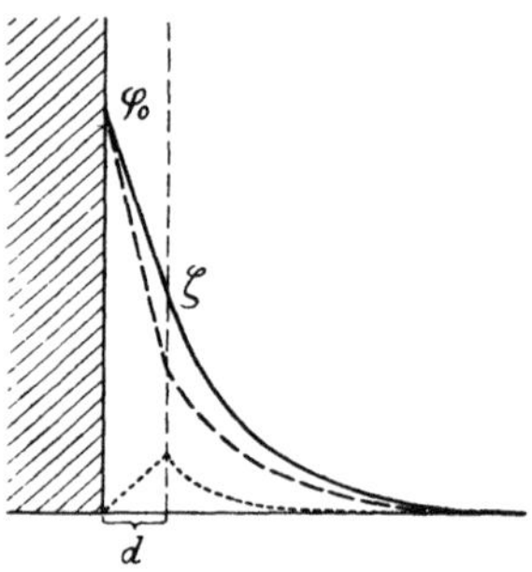

Abb. 18. Verlauf des elektrischen Potentials an der Grenzfläche.

Weiterhin ist es nötig, Klarheit über den Bau der diffusen Schicht zu erhalten, um den angenommenen Zusammenhang zwischen Spannung und Ladung zu kennen. Diese Betrachtung rührt von GOUY[1]) her, ist aber seitdem von mehreren anderen Autoren [CHAPMAN[2]), HERZFELD[3]) usw.] weitergebaut worden. Sie geht aus von der POISSONschen Differentialgleichung

$$\Delta\varphi = -\frac{4\pi\varrho}{\varepsilon},$$

wo ϱ durch die Ionenkonzentrationen $\varrho = \sum Fc$ und die c vermittels des BOLTZMANNschen Theorems durch das Potential gegeben sind

$$c = c_0 e^{-\frac{\varphi F}{RT}}.$$

Damit lautet die Differentialgleichung für ein einwertiges Salz

$$\Delta\varphi = \frac{8\pi F c_0}{\varepsilon}\,\mathfrak{Sin}\frac{\varphi F}{RT} = a\,\mathfrak{Sin}\,\alpha\varphi.$$

1) G. GOUY, Journ. de phys. et le Radium (4) Bd. 9, S. 457. 1910.
2) D. CHAPMAN, Phil. Mag. Bd. 25, S. 475. 1913.
3) K. F. HERZFELD, Phys. ZS. Bd. 21, S. 28. 1920.

Ist die Richtung der Normalen auf der Grenzfläche x, so wird $\Delta\varphi \equiv d^2\varphi/dx^2$, so daß die Lösung lautet

$$\mathfrak{Tg}\frac{\alpha\varphi}{4} = A e^{-\beta x},$$

wo A die Integrationskonstante und $\beta = \sqrt{a\,\alpha}$. Daraus hat man weiter

$$\dot{\varphi} = -2\sqrt{\frac{a}{\alpha}}\,\mathfrak{Sin}\frac{\alpha\varphi}{2}$$

oder, falls ω_2 als Ladung eingeführt wird, in der Gleichung

$$\omega_2 = \frac{\varepsilon}{2\pi}\sqrt{\frac{a}{\alpha}}\,\mathfrak{Sin}\frac{\alpha\zeta}{2} \tag{2}$$

den gewünschten Zusammenhang. Für kleine Potentiale hat man

$$\omega_2 = \frac{\varepsilon\beta}{4\pi}\zeta,$$

und die Kapazität ist

$$\frac{\varepsilon\beta}{4\pi}.$$

Faßt man also die diffuse Schicht auch als ebenen Kondensator auf, so entspricht sie einem solchen von der Dicke $1/\beta$.

35. Die Elektrokapillarkurve. Die gewonnenen Beziehungen sollen nunmehr zur Erklärung der Erscheinung herangezogen werden, welche an der Grenze Quecksilber-Elektrolyt bei Anlegung einer polarisierenden Spannung beobachtet werden. Die Anordnung zeigt Abb. 19. Eine Elektrolytlösung, z. B. verdünnte Schwefelsäure, verbindet eine breite und eine kapillare Quecksilberoberfläche, an welche mittels eines Potentiometers eine allmählich zunehmende Spannung angelegt wird. Die Kapillarfläche zeigt stets ein ganz bestimmtes Niveau, welche die Oberflächenspannung mißt. Je höher das Niveau, um so größeren Druck hält sie aus, um so größer die Oberflächenspannung.

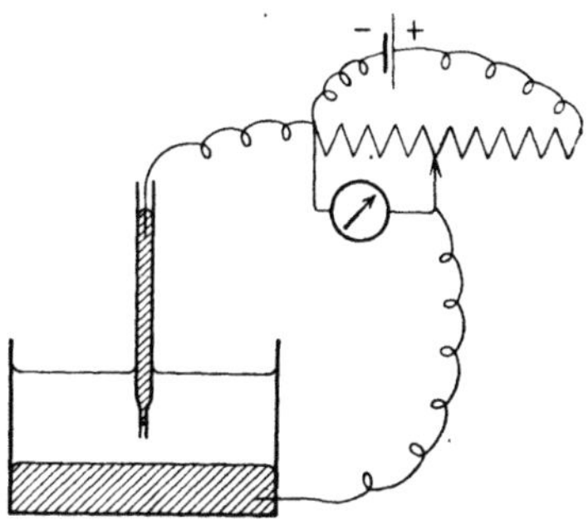

Abb. 19. Polarisation der Grenze Quecksilber-Elektrolyt.

Es sei zunächst die Grenzfläche im unpolarisierten Zustand betrachtet. Als metallische Fläche in Berührung mit einer wäßrigen Lösung wird sie eine thermodynamische Potentialdifferenz φ_0 aufweisen. Diese hängt von der Quecksilberionenkonzentration der Lösung ab, gemäß der NERNSTschen Formel

$$\varphi_0 = \frac{RT}{F}\ln\frac{c}{c_0}, \tag{1}$$

wo c_0 die Lösungstension der Hg-Ionen ist. Das Potential ist eindeutig durch die Ionenkonzentration bestimmt und nur durch sie beeinflußbar.

Dem Potentialsprung entspricht die vorhin beschriebene Doppelschicht. sie hat ihre positive Belegung an der Quecksilberseite und ihre negative in der Lösung. Aus φ_0 ist, wie gezeigt, ζ zu ermitteln, so daß der Bau der Doppel-Schicht vollständig bekannt wird. Die monomolekulare Schicht wird, falls man die Adsorptionspotentiale vernachlässigt, die Ladung haben

$$F d\left(\frac{c\,e^{-\frac{\zeta F}{RT}}}{1+\frac{c}{q_\infty}e^{-\frac{\zeta F}{RT}}} - \frac{c\,e^{\frac{\zeta F}{RT}}}{1+\frac{c}{q'_\infty}e^{\frac{\zeta F}{RT}}}\right).$$

Beschränken wir uns auf nicht zu große Konzentrationen, so kann man die Nenner jeweils gleich 1 setzen. Die Ladung wird dann

$$-2Fdc\,\mathfrak{Sin}\frac{\zeta F}{RT} = -2Fdc\,\mathfrak{Sin}\,\alpha\,\zeta$$

mit der vorigen Abkürzung. Die Ladung der diffusen Belegung ist gemäß Gleichung (1) von Ziff. 34

$$\frac{\varphi_0-\zeta}{4\pi d} - 2Fdc\,\mathfrak{Sin}\,\alpha\,\zeta,$$

und dies ist nun in Gleichung (2) von Ziff. 34 einzusetzen, um die Beziehung zu erhalten, welche ζ aus φ_0 zu berechnen gestattet:

$$\frac{\varphi_0-\zeta}{4\pi d} - 2Fdc\,\mathfrak{Sin}\,\alpha\,\zeta = \frac{\varepsilon}{2\pi}\sqrt{\frac{a}{\alpha}}\,\mathfrak{Sin}\frac{\alpha\zeta}{2}. \tag{2}$$

Die Kapazität der gesamten Doppelschicht ist definiert durch

$$C = \frac{\omega_0}{\varphi_0} = \frac{\varphi_0-\zeta}{4\pi d\varphi_0}, \tag{3}$$

wo ζ aus Gleichung (2) zu berechnen ist.

Diese Doppelschicht tritt nun bei dem beschriebenen Polarisationsvorgang deutlich in Erscheinung. Man findet nämlich, daß die Grenzflächenspannung Quecksilber-Lösung von der angelegten Spannung abhängt, die am Voltmeter direkt ablesbar ist. Die angelegte Spannung erzeugt primär einen Strom, wodurch die Quecksilberionenkonzentration c in der Nähe der kapillaren Elektrode so weit verarmt, daß die Abnahme des Potentials die angelegte Spannung gerade kompensiert. Dann hört der weitere Stromdurchgang auf. Mit zunehmender angelegter Spannung wird daher φ_0 der Kapillarelektrode stets abnehmen, schließlich durch Null gehen und dann weiterhin negative Werte annehmen. Es zeigt sich nun, daß die Grenzflächenspannung eine Funktion von φ_0 ist, und zwar nimmt sie mit zunehmender Polarisation zu, geht durch ein Maximum und nimmt wieder ab. Ihr Verlauf wird durch die Elektrokapillarkurve wiedergegeben. Der Gang ist also übereinstimmend mit dem Gang von φ_0, in dem Sinne, daß γ bei $\varphi_0 = 0$ ein Maximum hat. Jede Aufladung muß daher γ erniedrigen, und der Gedanke liegt nahe, daß die elektrische Doppelschicht einen negativen Beitrag zur Grenzflächenspannung liefert. Dies ist ganz selbstverständlich. Aus der Elektrostatik ist nämlich bekannt, daß jedes Feld eine Querspannung vom Betrag der Energiedichte auf die Materie ausübt. Diese Querspannung ist bei einem Kondensator, bezogen auf die Längeneinheit, gleich $\frac{1}{2}C\varphi_0^2$, und somit ist die Grenzflächenspannung

$$\gamma = \gamma_0 - \tfrac{1}{2}C\varphi_0^2, \tag{4}$$

wenn man mit γ_0 den Wert von γ für $\varphi_0 = 0$ bezeichnet.

Von den ersten Beobachtern [LIPPMANN[1]), HELMHOLTZ[2])] wurde C als von φ_0 unabhängig betrachtet, was aber nur in allererster Näherung richtig ist. Gleichung (2) gilt zunächst nur bei Abwesenheit von Adsorptionspotentialen, gibt aber auch so schon keine Konstante für C. Nur wenn man sich auf kleine Potentiale beschränkt, so läßt sich die Reihe für $\mathfrak{Sin}$ beim ersten Gliede abbrechen, Gleichung (2) liefert eine lineare Beziehung zwischen φ_0 und ζ und C wird nach (3) von φ_0 unabhängig. In diesem Falle ist (4) die Gleichung einer Parabel, wie man sie in der Tat angenähert experimentell erhält. In dieser Parabel entspricht γ_0 zugleich dem Maximalwert von γ. An diesem Punkt ist das thermodynamische

[1]) G. LIPPMANN, Pogg. Ann. Bd. 149, S. 547. 1873.

[2]) H. HELMHOLTZ, Ges. Abh. Bd. I, S. 925.

Potential Null und die ganze äußere Spannung fällt an der großen Elektrode ab. Diese Spannung gibt also das Quecksilberpotential in absoluter Zählung. Aus (3) läßt sich die Kapazität der Größenordnung nach berechnen, sie stimmt gut mit dem experimentellen Wert von 27 Mikrofarad/qcm überein. Aber man sieht, daß bei Berücksichtigung weiterer Glieder in der Hyperbelfunktion die Gleichung keine reine Parabel darstellen wird. Die Abweichungen, wie sie experimentell beobachtet werden, finden also durch diese Theorie eine ungezwungene Erklärung, während man früher, als man vom Bau der Doppelschicht keine so deutlichen Vorstellungen besaß, nur durch ad hoc erfundene Annahmen die Abweichungen erklären konnte. Schon die ursprüngliche Ableitung der Gleichung (4), die noch in den neuesten Darstellungen anzutreffen ist, ist ziemlich unübersichtlich (es wird ein besonderer Kreisprozeß betrachtet), so daß wir auf deren Wiedergabe verzichtet haben.

Beiläufig sei erwähnt, daß das in Abb. 19 gezeichnete Gefäß in passender Form als Meßinstrument für geringe Spannungen (bis etwa 10^{-6} Volt) als sog. Kapillarelektrometer verwendet wird. Jede angelegte Spannung zeigt sich in einer Verschiebung der kapillaren Quecksilberkuppe, welche mittels eines kleinen Mikroskops abgelesen wird. Am ehesten eignet sich das Kapillarelektrometer als Nullinstrument.

36. Einfluß der Adsorption. Besonders das Vorhandensein von spezifischer Adsorption pflegt die Elektrokapillarkurve zu verzerren. Dieses Verhalten war schon lange bekannt, eine quantitative Darstellung konnte indessen nicht gegeben werden. Dies ist jetzt an Hand der gegebenen Theorie nicht schwer[1]). Man geht aus von Gleichung (2) der Ziff. 35 und beschränkt sich der Einfachheit halber auf kleine Werte aller Potentiale. Für größere Werte werden dann eben die Formeln komplizierter, ohne daß das Wesentliche sich ändert. Bezeichnet man mit C_0 die Kapazität ohne Adsorptionspotentiale und mit A das Adsorptionspotential für das stark adsorbierbare Ion (positiv, falls für das Kation, negativ, falls für das Anion gültig), so nimmt Gleichung (2) von Ziff. 35 die Form an

$$\frac{\varphi_0 - \zeta}{4\pi d} = -\frac{F d c A}{RT} + \frac{C_0 \zeta}{1 - 4\pi d C_0},$$

wie durch Nullsetzen von A leicht nachzuweisen ist. Man hat nun aus dieser Gleichung ζ als Funktion von φ_0 auszudrücken und in die Definitionsgleichung

$$C = \frac{\varphi_0 - \zeta}{4\pi d \varphi_0}$$

einzusetzen. Man erhält dann

$$C = C_0 - \frac{A'(1 - 4\pi d C_0)}{\varphi_0}, \tag{1}$$

falls

$$A' = \frac{F d c}{RT} A$$

gesetzt wird. Da der Klammerausdruck für $|\varphi_0| > |\zeta|$ positiv ist, so folgt für diesen (häufigsten) Fall, daß, wenn $A \neq 0$, die Kapazität von φ_0 abhängt. Ist letzteres positiv, wie etwa bei der Quecksilberelektrode, so nimmt die Kapazität bei Gegenwart kapillaraktiver Kationen ab, bei kapillaraktiven Anionen zu, und zwar in um so stärkerem Maße, je größer der Absolutbetrag von A ist. Daß $C = \infty$ für $\varphi_0 = 0$ wird, rührt nur von der Definitionsgleichung von C her, da eben ζ von Null verschieden ist. Man hat dann einen Fall von reiner Doppeldoppelschicht vor sich. In der monomolekularen Schicht ist eine Ansammlung

[1]) Die Gleichungen (1) bis (3) sind hier zum erstenmal abgeleitet.

der adsorbierbaren Ionen, beiderseits von ihr, an der Metallfläche, wie in der diffusen Schicht befindet sich die entgegengesetzte Elektrizität.

Uns interessiert Gleichung (1) deshalb, weil sie das unsymmetrische Verhalten der Elektrokapillarkurve erklärt. Setzt man sie nämlich in Ziff. 34, Gleichung (4) ein, so ergibt sich

$$\gamma = \gamma_0 - \frac{1}{2} C_0 \varphi_0^2 + \frac{A'(1 - 4\pi d C_0)\varphi_0}{2}. \tag{2}$$

Es sei A positiv, dann ist γ für positive φ_0 größer, für negative kleiner als bei der Abwesenheit von Adsorptionspotentialen, die Kurve ist also seitlich verschoben. Das Maximum liegt auch nicht bei $\varphi_0 = 0$, sondern bei einem bestimmten φ_{0m}. Differenziert man (2), so wird

$$\frac{d\gamma}{d\varphi_0} = -C_0 \varphi_0 + \frac{A'(1 - 4\pi d C_0)}{2},$$

woraus

$$\varphi_{0m} = \frac{A'(1 - 4\pi d C_0)}{2 C_0}. \tag{3}$$

Das Maximum liegt für $A > 0$ bei positivem Potential (Abb. 20).

Aus der letzten Beziehung wäre A zu berechnen. Nur scheint für zahlenmäßige Berechnungen die Genauigkeit der Formel nicht auszureichen. In Wirklichkeit liegt der linke sog. aufsteigende Ast der Kurve (zunehmende Polarisation) meist nicht so hoch wie nach der Gleichung (3). Bessere Annäherung wird durch Berücksichtigung weiterer Glieder in den Funktionen erreicht. Jedenfalls ist ersichtlich, wie nach der heutigen Auffassung die Erscheinungen der Elektrokapillarität sich behandeln lassen.

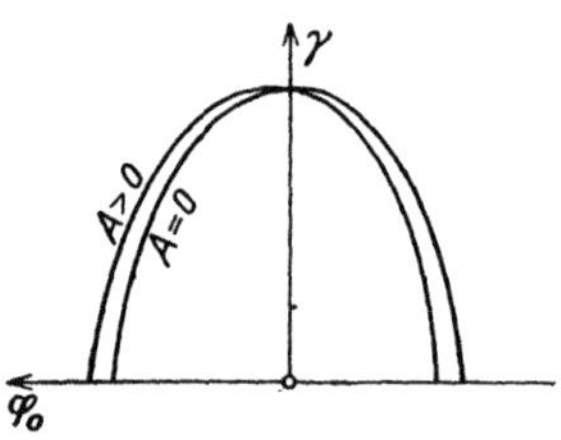

Abb. 20. Verschiebung der Elektrokapillarkurve.

Eine weitere Theorie gibt FRUMKIN[1]), welche sich nicht auf adsorbierbare Ionen, sondern Neutralmolekeln bezieht, welche die Elektrokapillarkurven auch verschieben. Besonders GOUY[2]) hat hierüber großes Untersuchungsmaterial geliefert. Die dort entwickelten Gesichtspunkte dürften wahrscheinlich auch bei der Ionenadsorption berücksichtigt werden, indessen sei auf sie nicht weiter eingegangen.

37. Emulsionen. Ein zweites Gebiet, in welchem die Grenzflächenspannung neben der elektrischen negativen Spannung der Doppelschichten eine Rolle spielt, ist das der Emulsionen. Bei diesen versucht die positive Spannung die Grenzfläche zu verkleinern, also den Dispersitätsgrad zu verringern, während die negative die Oberfläche zu vergrößern, die Dispersität zu erhöhen bestrebt ist. Jedoch sind die Verhältnisse nicht so einfach, wie etwa bei der Elektrokapillarkurve. Erstens tritt die Hydratation der emulgierten Teilchen als Komplikation hinzu. Die adsorbierten Ionen halten eine gewisse Menge Wasser fest, wodurch die Teilchen vor dem Zusammenschmelzen mechanisch geschützt werden. Dieser Umstand erhöht also die Stabilität. Zweitens sind die Verhältnisse nicht statisch zu behandeln, da die Teilchen stets im Zusammenstoßen und Auseinanderprallen begriffen sind, der Vorgang also ein dynamischer ist. Auch ist nicht wahrscheinlich, daß die Doppelschichten so wirken wie vorhin; bei kleinen Konzentrationen tritt die diffuse Schicht an Bedeutung hinter der monomolekularen, fest adsorbierten Schicht zurück.

---

[1]) A. FRUMKIN, ZS. f. Phys. Bd. 35, S. 792. 1926.

[2]) G. GOUY, Ann. chim. phys. (8) Bd. 8, S. 294. 1908.

Es ist versucht worden[1]), auf Grund des Wechselspieles zwischen positiver und negativer Spannung die Gleichgewichte in Emulsionen (sowie in hydrophoben kolloiden Lösungen) zu deuten, besonders die Erscheinung, daß diese Systeme stets einem ganzen Intervall von Teilchengrößen entsprechen und nicht nur einer einzigen Größe. Man hat stets eine bestimmte Größenverteilung mit einem maximal vertretenen Teilchendurchmesser. Die Theorie führt in erster Näherung zur Proportionalität zwischen mittlerer Krümmung der Teilchen und Flächendichte der Doppelschicht. Daß die Dispersität mit zunehmender Aufladung (z. B. bei Ölemulsionen in Wasser durch Zusatz von Natronlauge) zunimmt, ist ja bekannt.

Erwähnt sei eine Arbeit von O. K. RICE[2]), welche dasselbe Problem behandelt, und zwar auf Grund einer von TOLMAN[3]) aufgestellten verallgemeinerten Phasenregel, jedoch zum Ergebnis kommt, daß im Gleichgewicht entweder alle Teilchen gleich groß sind oder nur einzelne bestimmte Größen vertreten sein können.

V. Thermodynamik der Kapillarität.

38. Temperaturabhängigkeit der Oberflächenspannung. Daß die Kapillaritätslehre auch für thermodynamische Überlegungen zugänglich ist, rührt daher, daß die Grenzflächenspannung temperaturabhängig ist. Diese Temperaturabhängigkeit ist Gegenstand vieler Experimentaluntersuchungen gewesen. Aber auch theoretisch auf Grund der im ersten Abschnitt gegebenen Darlegungen läßt sich die Veränderlichkeit mit der Temperatur voraussagen, wenn auch eine wahrheitsgetreue Wiedergabe der tatsächlichen Verhältnisse noch nicht durchgeführt ist. Es sollen deshalb die theoretischen Überlegungen nur kurz behandelt werden.

Wie aus der GAUSSschen Theorie Ziff. 2 ersichtlich, geht in den Ausdruck von γ das Quadrat der Dichte als Faktor ein. Es ist daher anzunehmen, daß γ insofern von der Temperatur abhängt, als die Dichte dies tut. Dafür spricht auch der Umstand, daß in der Nähe der kritischen Temperatur statt ϱ^2 genauer $(\varrho - \varrho')^2$ zu setzen ist, welcher Faktor gleichzeitig mit γ beim kritischen Punkt verschwindet. Jedoch wird in dem Integral hinter ϱ^2 die Temperatur auch noch eine Rolle spielen. Diese Rolle ist wesentlich von den speziellen Annahmen über das Anziehungspotential abhängig. Diese Annahmen sind aber noch nicht eindeutig festgelegt. Wir führten die Theorie an, nach der die Dipol- oder Quadrupolmomente der Molekeln in den gegenseitigen Feldern gerichtet werden. Dann ist die Größe K der absoluten Temperatur umgekehrt proportional. Außerdem tritt noch in der Endformel von γ die Größe d^2 im Nenner auf, welche aber mit steigender Temperatur ebenso wie das spezifische Volum zunehmen muß.

Geht man aber nicht von festen Momenten aus, sondern von solchen, die erst durch Polarisation in den Nachbarfeldern entstehen, so wird die Größe K, wie DEBYE gezeigt hat, temperaturunabhängig, da dann die Temperaturbewegung der Molekeln außer Betracht bleibt. In diesem Fall muß natürlich auch γ anders von der Temperatur abhängen. Da beide Möglichkeiten zu erwägen sind, so wird wahrscheinlich eine Summierung der beiden Effekte eintreten, indem je nach dem Charakter des Stoffes bald der eine, bald der andere in den Vordergrund tritt.

---

[1]) A. GYEMANT, ZS. f. Phys. Bd. 36, S. 457. 1926.
[2]) O. K. RICE, Journ. phys. chem. Bd. 30, S. 189. 1926.
[3]) TOLMAN, Journ. Amer. Chem. Soc. Bd. 35, S. 307. 1913.

Es sei hier die Überlegung mitgeteilt, die CANTOR[1]) über diesen Gegenstand angestellt hat. Sie ist zwar recht willkürlich in den Annahmen, zeigt aber immerhin die Art dieser Gedankengänge. CANTOR geht von dem LAPLACEschen Ausdruck aus. Diesen haben wir nicht abgeleitet, er ist aber dem GAUSSschen sehr ähnlich. Er lautet

$$\gamma = 2\pi\,\varrho^2 \int_0^\infty r\,\Pi'(r)\,dr\,,$$

wo $\Pi'(r)$ eine Funktion des Potentials Π ist. Die Temperaturabhängigkeit von ϱ^2 hängt mit dem kubischen Ausdehnungskoeffizienten α zusammen. Es ist

$$\alpha = \frac{dv}{v\,dT}\,,$$

wo v das spezifische Volum bedeutet. Demnach wird

$$\frac{d\varrho^2}{dT} = \frac{d\left(\frac{1}{v^2}\right)}{dT} = -\frac{2}{v^3}\frac{dv}{dT} = -\frac{2\alpha}{v^2} = -2\alpha\,\varrho^2\,.$$

Setzen wir $\alpha = 3\beta$, wo β der lineare Ausdehnungskoeffizient, so ist das erste Glied in $d\gamma/dT$:

$$-12\pi\,\varrho^2\beta \int_0^\infty r\,\Pi'(r)\,dr\,.$$

Unter dem Integral differenziert man zuerst r, wobei

$$\frac{dr}{r\,dT} = \beta\,,$$

da es sich um die Linienelemente der Flüssigkeit handelt, und erhält als zweites Glied

$$2\pi\,\varrho^2\beta \int_0^\infty r\,\Pi'(r)\,dr\,.$$

Als drittes hat man

$$2\pi\,\varrho^2 \int_0^\infty r\,\frac{d\Pi'(r)}{dT}\,dr\,.$$

Mittels partieller Integration wird daraus

$$2\pi\,\varrho^2\beta \int_0^\infty r^2\,\frac{d\Pi'(r)}{dr}\,dr = 2\pi\,\varrho^2\beta\,|\,r^2\,\Pi'(r)\,|_0^\infty - 4\pi\,\varrho^2\beta \int_0^\infty r\,\Pi'(r)\,dr\,.$$

Für $r = \infty$ verschwindet der erste Term. Endlich liefert die Variation der unteren Grenze

$$-2\pi\,\varrho^2\beta\,|\,r^2\,\Pi'(r)\,|_0\,.$$

Alle Glieder addiert, hat man

$$\frac{d\gamma}{dT} = -14\pi\,\varrho^2\beta \int_0^\infty r\,\Pi'(r)\,dr = -7\gamma\beta$$

oder

$$\frac{d\gamma}{\gamma\,dT} = -2{,}33\,\alpha\,. \qquad (1)$$

[1]) M. CANTOR, Wied. Ann. Bd. 47, S. 421. 1892.

Die Temperaturabhängigkeit der Oberflächenspannung ist somit auf den Ausdehnungskoeffizienten zurückgeführt. Das Experiment hat diese Beziehung vielfach bestätigt. Einen Auszug der Ergebnisse gibt folgende Tabelle[1]:

Stoff	$d\gamma/\gamma dT$	α	$d\gamma/\gamma dT:\alpha$
Äthylalkohol . . .	0,0022	0,00106	2,1
Anilin	0,0025	0,00092	2,7
Argon	0,013	0,00454	2,9
Benzol	0,0035	0,00139	2,5
Blei	0,00029	0,000129	2,2
Essigsäure	0,0038	0,00116	3,3
Kadmium	0,00042	0,000170	2,5
Kohlenoxyd . . .	0,013	0,00491	2,6
Nitrobenzol	0,0028	0,00089	3,1
Phenol	0,0029	0,00089	3,3
Quecksilber	0,00035	0,000181	1,9
Stickstoff	0,018	0,00558	3,2
Zinn	0,00027	0,000144	1,9

Über das Verhalten von γ in der Nähe der kritischen Temperatur gibt aber die LAPLACEsche Gleichung keine befriedigende Auskunft. Zunächst könnte man denken, daß sie mit der Erfahrung in Widerspruch steht, falls man nämlich bloß den Faktor $(\varrho - \varrho')^2$ im Auge hat. Denn in der Nähe des kritischen Punktes ändert sich $(\varrho - \varrho')^2$ erfahrungsgemäß linear mit der Temperatur (Gesetz des geradlinigen Durchmessers von MATHIAS), so daß der Differentialquotient auch hier eine Konstante ist. Nun hört aber die Konstanz von $d\gamma/dT$, welche in weitem Bereich tatsächlich erfüllt ist, in der Nähe der kritischen Temperatur auf; die gerade Linie, welche den Zusammenhang von γ und T darstellt, biegt hier in einen zur T-Achse konvexen Ast um und γ nähert sich asymptotisch dem Nullwert (Abb. 21). Nun muß man aber bedenken, daß das Integral hinter $(\varrho - \varrho')^2$ keineswegs unabhängig von der Temperatur ist, so daß die LAPLACEsche Theorie nicht unbedingt in Widerspruch mit der Erfahrung zu stehen braucht.

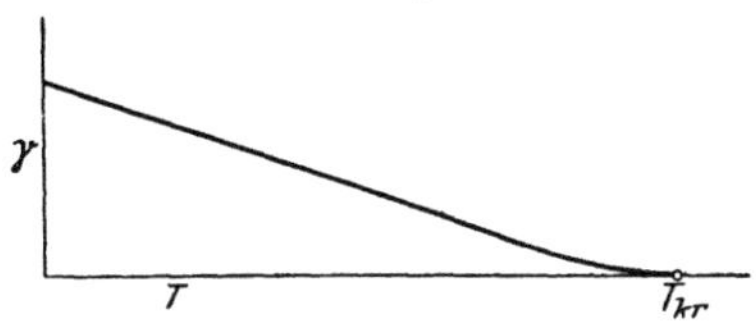

Abb. 21. Temperaturverlauf der Oberflächenspannung.

Zu einer näheren Einsicht in den Verlauf von γ in der Nähe der kritischen Temperatur eignet sich indessen die VAN DER WAALSsche Gleichung besser, da sie eben auf jener Zustandsgleichung beruht, welche gerade dem kritischen Zustand sehr gut angepaßt ist. In der Tat liefert sie eine Abhängigkeit, welche den experimentellen Befunden gerecht wird.

Die VAN DER WAALSsche Theorie ergab für die Oberflächenspannung (Ziff. 5)

$$\gamma = \sqrt{2c_2}\int\sqrt{p_0 - a\varrho^2 - \frac{RT\varrho}{\mu}\ln\left(\frac{1}{\varrho} - b\right) - \varrho\,\psi_0}\;d\varrho\,,$$

genommen zwischen den Dichten der flüssigen und dampfförmigen Phase. Dieser Ausdruck läßt sich zwar allgemein nicht integrieren, jedoch führt VAN DER WAALS die Integration für die Nähe der kritischen Temperatur aus, da hier verschiedentliche Vereinfachungen möglich sind. Setzt man $1/\varrho = v$, so wird durch Multiplikation des Zählers und Nenners mit v

$$\gamma = \sqrt{2c_2}\int v^{-\frac{5}{2}}\sqrt{p_0 v - \frac{a}{v} - \frac{RT}{\mu}\ln(v - b) - \psi_0}\;dv\,,$$

woraus mit Berücksichtigung der früher gegebenen Beziehungen

$$\gamma = \sqrt{2c_2}\int v^{-\frac{5}{2}}\sqrt{p_0(v - v_0) - \int_{v_0}^{v} p\,dv}\;dv$$

[1] Aus FREUNDLICH, Kapillarchemie, S. 41.

folgt, wo sich der Zeiger Null auf die eine der homogenen Phasen bezieht. Zweckmäßigerweise führt man reduzierte Größen ein, mittels der Definitionen

$$\pi = \frac{p}{p_k}, \qquad \nu = \frac{v}{v_k}, \qquad \tau = \frac{T}{T_k},$$

wo sich der Zeiger k auf den kritischen Zustand bezieht. Dann wird

$$\gamma = \frac{\sqrt{2c_2 p_k}}{v_k} \int \nu^{-\frac{5}{2}} \sqrt{\pi_0(\nu - \nu_0) - \int_{\nu_0}^{\nu} \pi\, d\nu}\; d\nu .$$

Man kann den Radikanden R nach TAYLOR entwickeln und, wenn man berücksichtigt, daß am kritischen Punkt sowohl $d\pi/d\nu$ als auch $d^2\pi/d\nu^2$ verschwinden, mit dem dritten Gliede abbrechen. Es folgt dann für die Nähe des kritischen Punktes, wo die beiden Phasen nur wenig voneinander abweichen,

$$R = -(\nu - \nu_0)^2 \left(\frac{1}{2}\frac{d\pi}{d\nu} + \frac{\nu - \nu_0}{6}\frac{d^2\pi}{d\nu^2} + \frac{(\nu - \nu_0)^2}{24}\frac{d^3\pi}{d\nu^3}\right).$$

Nach der Regel von MAXWELL muß der Inhalt des Vierecks $\pi_0(\nu_0 - \nu_0')$, falls sich die gestrichene Größe auf die Dampfphase bezieht, dem Inhalt des Integrals $\int_{\nu_0}^{\nu_0'} \pi\, d\nu$ gleich sein, also R für $\nu = \nu_0'$ verschwinden. Demnach muß sein

$$\frac{1}{2}\frac{d\pi}{d\nu} + \frac{\nu_0' - \nu_0}{6}\frac{d^2\pi}{d\nu^2} + \frac{(\nu_0' - \nu_0)^2}{24}\frac{d^3\pi}{d\nu^3} = 0 .$$

Man kann auch π nach TAYLOR entwickeln und erhält

$$\pi = \pi_0 + (\nu - \nu_0)\frac{d\pi}{d\nu} + \frac{(\nu - \nu_0)^2}{2}\frac{d^2\pi}{d\nu^2}.$$

Wendet man den Ausdruck für die zweite Phase an und bedenkt, daß der Druck überall konstant ist, so folgt

$$\frac{d\pi}{d\nu} + \frac{\nu_0' - \nu_0}{2}\frac{d^2\pi}{d\nu^2} + \frac{(\nu_0' - \nu_0)^2}{6}\frac{d^3\pi}{d\nu^3} = 0 .$$

Eliminiert man aus dieser Gleichung und der MAXWELLschen Bedingung einmal $d\pi/d\nu$, ein andermal $d^2\pi/d\nu^2$, so erhält man

$$\frac{d^2\pi}{d\nu^2} = -\frac{1}{2}(\nu_0' - \nu_0)\frac{d^3\pi}{d\nu^3}$$

und

$$\frac{d\pi}{d\nu} = \frac{1}{12}(\nu_0' - \nu_0)^2\frac{d^3\pi}{d\nu^3}.$$

Diese Ausdrücke sind nun in γ einzusetzen:

$$\gamma = \frac{1}{v_k}\sqrt{-\frac{c_2 p_k}{12}\frac{d^3\pi}{d\nu^3}} \int \nu^{-\frac{5}{2}} (\nu - \nu_0)(\nu_0' - \nu)\, d\nu .$$

Da am kritischen Punkt

$$\frac{d^3\pi}{d\nu^3} = -9$$

ist, wie aus der reduzierten Zustandsgleichung folgt, so ergibt die Integration mit einiger Vernachlässigung

$$\gamma = \frac{\sqrt{3c_2 p_k}}{12 v_k}(\nu_0' - \nu_0)^3,$$

aber nur für die Nähe des kritischen Punktes. Berücksichtigt man nach VAN DER WAALS, daß

$$3 p_k = \frac{a}{v_k^2}$$

ist, so wird

$$\gamma = \frac{\sqrt{c_2 a v_k}}{12} (\varrho_0 - \varrho_0')^3. \tag{2}$$

Der Faktor $(\varrho - \varrho')$ steht also im Gegensatz zu der Laplaceschen Gleichung hier in der dritten Potenz, die übrigen Faktoren sind außerdem unabhängig von der Dichte, so daß hier die Temperaturabhängigkeit klar zutage tritt. Da nämlich $(\varrho - \varrho')^2$ eine lineare Funktion der Temperatur ist, so enthält der Differentialquotient $(\varrho - \varrho')$ als Faktor, verschwindet also beim kritischen Punkt, entsprechend der Erfahrung.

39. Die Formel von Eötvös. Eine empirische Gleichung, welche die Temperaturabhängigkeit wiedergibt und für alle Stoffe gültig sein soll, stammt von Eötvös[1]) und ist von Ramsay und Shields[2]) modifiziert worden. Sie ist linear, gilt aber nur bis einige Grade unterhalb der kritischen Temperatur, von wo ab die Kurve eben sehr flach weiterläuft, und lautet

$$\gamma \left(\frac{\mu}{\varrho}\right)^{\frac{2}{3}} = k(T_k - T - \tau), \tag{1}$$

wo τ etwa 6° beträgt. Der Proportionalitätsfaktor k ist eine allgemeine Konstante, falls die Grenzspannung mit der Oberfläche eines kugelförmig gedachten Mols multipliziert wird. Dieses Produkt ist die molare Oberflächenenergie. Die Konstante k bewegt sich im Mittel um 2,12. Folgende Tabelle gibt hierüber Auskunft:

Stoff	k	Stoff	k
Äthyläther	2,17	Pyridin	2,23
Anilin	2,05	Sauerstoff	1,92
Argon	2,02	Schwefelkohlenstoff	2,02
Benzol	2,10	Siliziumtetrachlorid	2,03
Chlor	2,10	Stickstoff	2,00
Kohlenoxyd	2,00	Sulfurylchlorid	2,16
Nitrobenzol	2,23	Tetrachlorkohlenstoff	2,11

Es gibt allerdings viele Stoffe, die Abweichungen von dieser Konstanz zeigen, k ist manchmal zu klein, manchmal zu groß. In manchen Fällen rührt ein zu kleiner Wert k daher, daß der Stoff assoziiert ist, für μ also ein größerer Wert einzusetzen wäre, als es dem einfachen Molekulargewicht entspricht.

Es sind manche Ableitungen des Eötvösschen Gesetzes versucht worden, die, entgegen dem bisherigen, nicht von der statischen Oberflächenenergie ausgehen, sondern der Oberflächenenergie einen zweiten kinetischen Term zuschreiben, welcher auch temperaturabhängig sein soll. Dies steht allerdings in Widerspruch mit gewissen thermodynamischen Folgerungen, auf die wir weiter unten eingehen, wonach nämlich ein solcher kinetischer Anteil nicht existiert. Als Beispiel soll die Ableitung von Brillouin[3]) kurz wiedergegeben werden. Die thermische Energie der Oberflächeneinheit sei

$$\varepsilon = \frac{3RT}{S_m}$$

(S_m ist die von einem Mol besetzte Oberfläche) entsprechend sechs Freiheitsgraden. Der Druck längs der Begrenzungslinie beträgt auf die Längeneinheit $3\varepsilon/4$. Infolgedessen ist die Oberflächenspannung bei T Grad

$$\gamma = \gamma_0 - \frac{9RT}{4S_m},$$

[1]) R. Eötvös, Wied. Ann. Bd. 27, S. 448. 1886.
[2]) W. Ramsay u. J. Shields, ZS. f. phys. Chem. Bd. 12, S. 433. 1893.
[3]) L. Brillouin, C. R. Bd. 180, S. 1248. 1925.

wo der zweite Term negativ ist, weil die Molekularbewegung die Oberfläche auseinanderdrängt. Daraus folgt

$$-\frac{d\gamma}{dT} S_m = \frac{9R}{4}.$$

Führt man mittels der Beziehung $S_m = N^{\frac{1}{3}} V_m^{\frac{2}{3}}$ das Molvolumen V_m ein, so hat man

$$-\frac{d\gamma}{dT} V_m^{\frac{2}{3}} = \frac{9}{4} R N^{-\frac{1}{3}} = 2{,}2.$$

Dies ist aber die differenzierte Form der EÖTVÖSschen Gleichung.

Wie gesagt, ist ein solcher kinetischer Anteil, wie er bei Lösungen (vgl. Ziff. 29) theoretisch sichergestellt ist, in homogenen Flüssigkeiten nicht wahrscheinlich.

40. Die Formeln von KLEEMAN und LEWSCHIN. Während die EÖTVÖSsche Gleichung unmittelbar die Abhängigkeit von der Temperatur wiedergibt, stellt eine von KLEEMAN[1]) herrührende und dann auch von anderen, so von MC LEOD bestätigte Formel die Größe γ als Funktion der Dichte dar. Während die LAPLACEsche Gleichung den Ausdruck $(\varrho - \varrho')$ in der zweiten, die VAN DER WAALSsche ihn in der dritten Potenz enthält, lautet die Gleichung von KLEEMAN

$$\gamma = k(\varrho - \varrho')^4. \qquad (1)$$

KLEEMAN hat für k auch eine theoretische Ableitung gegeben. Die theoretischen Werte von k stimmen mit den experimentellen für Benzol, Äther usw. gut überein.

Diese Gleichung wird nur dann nicht für den ganzen Temperaturbereich gelten, wenn Assoziationserscheinungen vorliegen, worauf schon hingewiesen wurde. Eine Bestätigung dieser Ansicht gab ANTONOFF[2]), der zeigte, daß in den Fällen, wo ϱ sich sprungweise ändert, an denselben Stellen auch k eine Änderung erfährt. So gilt für viele Stoffe (z. B. Benzol) ein Ausdruck von der Form

$$A\, e^{\lambda \varrho} = T + B$$

(A, B und λ = Konstanten). Wegen stöchiometrischen Assoziationserscheinungen ändern sich die Konstanten plötzlich bei zwei bestimmten Temperaturen. Dort tritt auch ein Sprung in k auf, weil das scheinbare Molekulargewicht ein anderes wird.

Als Vereinigung der EÖTVÖSschen und KLEEMANschen Gleichung setzt LEWSCHIN[3]) eine Gleichung von der Form

$$\gamma = k(T_k - T)^p (\varrho - \varrho')^q$$

an; p und q sollen universelle Konstanten sein, k dagegen individuell. Aus den besten Messungen wird p zu 0,5, q zu 2,36 bestimmt. Aus dem Theorem der übereinstimmenden Zustände schließt LEWSCHIN auf die Konstanz des Ausdruckes

$$T_k^{0,5}\, k^{-1}\, \mu^{-0,67}\, \varrho_k^{-1,693},$$

der sich in der Tat um 4,27 bewegt.

41. Thermodynamische Folgerungen. Zu den eingangs erwähnten thermodynamischen Folgerungen gelangt man unter Berücksichtigung der drei Wärmesätze. Nach dem zweiten ist

$$F = U - TS,$$

[1]) R. D. KLEEMAN, Phil. Mag. (6) Bd. 21, S. 83. 1911.
[2]) G. N. ANTONOFF, ZS. f. phys. Chem. Bd. 112, S. 461. 1924.
[3]) W. L. LEWSCHIN, ZS. f. phys. Chem. Bd. 112, S. 167. 1924.

wo F die freie Energie, U die Gesamtenergie und S die Entropie bezeichnet. Die freie Energie ist in unserem Fall die Arbeit, die bei Vergrößerung der Oberfläche dem System zugeführt wird. Man denkt hierbei am besten an das Modell eines viereckigen Rahmens mit einer ausgespannten Flüssigkeitshaut, dessen eine Seite beweglich angeordnet ist. Im Gleichgewicht ist die bewegliche Seite nach außen hin mit einer Kraft 2γ zu belasten, bei Vergrößerung der Oberfläche wird von der äußeren Kraft pro cm^2 die Arbeit γ geleistet. Also ist, falls obige Zustandsgrößen auf die Flächeneinheit bezogen werden, $F = \gamma$. Die Entropie ist andererseits durch die Beziehung

$$S = -\frac{\partial F}{\partial T} = -\frac{d\gamma}{dT}$$

definiert. Über die Temperaturabhängigkeit von γ sind wir nach dem Vorangegangenen genügend unterrichtet. Wir sahen, daß $d\gamma/dT$ vielfach eine Konstante ist, falls nämlich die EÖTVÖSsche Beziehung erfüllt ist. Der zweite Differentialquotient ist also meistens Null, aber nur praktisch; theoretisch wird er wohl doch einen, wenn auch kleinen Betrag haben. Damit haben wir für U_γ, die Gesamtenergie der Flächeneinheit

$$U_\gamma = \gamma - T\frac{d\gamma}{dT}. \tag{1}$$

Diese Gleichung besagt, daß bei isothermer, reversibler Änderung die Gesamtenergie nicht bloß um die äußere Arbeit, sondern auch noch um einen bestimmten Betrag latenter Wärme zunimmt; diese gebundene Energie ist

$$G = -T\frac{d\gamma}{dT},$$

also positiv. Bei Vergrößerung der Oberfläche wird von der Flüssigkeit Wärme aufgenommen, bei Verminderung abgegeben. Sorgt man nicht für Konstanz der Temperatur, so wird bei Vergrößerung der Oberfläche eine Abkühlung, bei Verminderung eine Erwärmung eintreten. Dies steht im Einklang mit dem Prinzip von LE CHATELIER-BRAUN, da die bei Oberflächenvergrößerung eintretende Abkühlung die Oberflächenspannung erhöht und somit der Vergrößerung entgegenarbeitet.

Man könnte nach dem Mechanismus dieser Wärmezufuhr bzw. -abfuhr fragen. Soviel läßt sich jedenfalls sagen, daß er mit dem Mechanismus zusammenhängt, nach welchem γ temperaturabhängig ist, da doch gerade $d\gamma/dT$ als Faktor in G auftritt. Stellt man sich auf dem theoretisch am meisten gesicherten Standpunkt, daß diese Abhängigkeit von der Temperaturveränderlichkeit der Dichte herrührt, so wird man zu folgendem Bild geführt. Ebenso wie erhöhte Temperatur ein Auseinanderrücken der Molekeln bewirkt, wird eine Dichteabnahme einer erhöhten Wärmekapazität entsprechen. Da die Oberfläche infolge ihrer nur einseitigen Begrenzung seitens der flüssigen Masse in gewissem Sinne einer geringeren Dichte entspricht, so wird ihre Erzeugung eine gewisse, der erhöhten Kapazität entsprechende Wärmezufuhr erfordern. Umgekehrt wird es sich bei Verkleinerung der Oberfläche verhalten. Dieses Bild ist insofern von Belang, als es zeigt, wie G einen von Null verschiedenen Wert haben kann, ohne daß die spezifische Wärme der Flüssigkeit bei konstanter Oberfläche einen besonderen Beitrag seitens der Oberfläche zu haben braucht. Dies wäre dann der Fall, wenn besondere Freiheitsgrade an der Oberfläche auftreten würden, etwa im Sinne der BRILLOUINschen Ableitung. Dies ist zwar möglich, jedoch nicht erforderlich.

Nähere Auskunft hierüber erhält man durch folgende Betrachtung, welche zu einer zuerst von Lord KELVIN[1]) aufgestellten Beziehung führt. Der erste Hauptsatz liefert

$$dU = c_v dT + U_\gamma dO;$$

c_v ist die spezifische Wärme bei konstantem Volumen und konstanter Oberfläche, U_γ die Gesamtoberflächenenergie der Flächeneinheit. Da die Energie durch Temperatur und Oberfläche eindeutig bestimmt ist, ist dU ein totales Differential, und es gilt

$$\frac{\partial c_v}{\partial O} = \frac{\partial U_\gamma}{\partial T}.$$

Differenzieren wir den Ausdruck (1) für U_γ nach der Temperatur, so haben wir

$$\frac{\partial c_v}{\partial O} = -T\frac{\partial^2 \gamma}{\partial T^2}. \tag{2}$$

Die spezifische Wärme ist also nur dann von der Oberfläche abhängig, falls die Gesamtenergie temperaturabhängig ist. Nach der EÖTVÖSschen Regel dürfte dies nicht der Fall sein, was aber, wie nochmals betont sei, nur in erster Näherung gilt. Direkte diesbezügliche Untersuchungen von BENNETT und MITCHELL[2]) ergaben die Gesamtenergie als temperaturabhängig. Jedenfalls ist diese Abhängigkeit nur gering, so daß in erster Näherung auch die spezifische Wärme als von der Oberfläche unabhängig betrachtet werden kann, was, wie gesagt, gegen eine größere Bedeutung besonderer Freiheitsgrade in der Oberfläche spricht.

In der Nähe des kritischen Punktes, wo die Gerade $\gamma - T$ umbiegt, wird natürlich $d^2\gamma/dT^2$ größere Werte annehmen. Ebensolche Abweichungen werden sich am anderen Kurvenende, nämlich am absoluten Nullpunkt, zeigen. Nach dem dritten Hauptsatz ist ja

$$\left(\frac{dF}{dT}\right)_{T=0} = 0,$$

und somit biegt die Kurve auch hier in einen zur T-Achse parallelen Ast um.

42. Beziehungen zur Verdampfungswärme. Die Oberflächenenergie ist vielfach zur inneren Verdampfungswärme in Beziehung gebracht worden, oft wird auch die gesamte Oberflächenenergie herangezogen. Der Gedanke ist zuerst von STEFAN[3]) ausgesprochen worden. Er setzt die Arbeit, die erforderlich ist, um eine Molekel an die Oberfläche zu bringen, gleich der, die dazu nötig ist, sie in den Gasraum zu schaffen. Letztere Arbeit, mit N multipliziert, gibt die innere molare Verdampfungswärme

$$L_i = L - RT.$$

(L = gesamte Verdampfungswärme). Setzt man den molekularen Durchmesser d und die Grenzschicht monomolekular, so ist die molare Oberflächenarbeit $\gamma N d^2$, und so wird

$$\gamma N d^2 = L - RT. \tag{1}$$

Aus dieser Beziehung berechnet MOKROUSHIN[4]) den molekularen Durchmesser. Ähnliche, aber kompliziertere Rechnungen führt auch SIRK[5]) aus. Mittels der TROUTONschen Regel

$$\frac{L}{T_s} = \text{konst.}$$

[1]) Lord KELVIN, Proc. Roy. Soc. London Bd. 9, S. 255. 1858.
[2]) BENNETT u. MITCHELL, ZS. f. phys. Chem. Bd. 84, S. 475. 1913.
[3]) J. STEFAN, Wied. Ann. Bd. 29, S. 655. 1886.
[4]) S. MOKROUSHIN, Phil. Mag. (6) Bd. 48, S. 765. 1924.
[5]) H. SIRK, ZS. f. phys. Chem. Bd. 114, S. 114. 1924.

(T_s = Siedetemperatur unter Normaldruck) erhält man eine Beziehung zwischen Oberflächenspannung und Siedepunkt.

Die Annahme bei MOKROUSHIN, daß die Grenzschicht, die für γ in Betracht kommt, eine Molekel dick ist, dürfte nur für tiefere Temperaturen zutreffen, in der Nähe der kritischen nicht mehr. Dies berücksichtigt WILLIAMS[1]), der für die Anzahl Molekeln der Grenzflächeneinheit N_s und statt der Oberflächenspannung die Gesamtenergie setzt. Dann hat er

$$L_i > \frac{N}{N_s}\left(\gamma - T\frac{d\gamma}{dT}\right),$$

da die Arbeit bis zum Gasraum stets größer ist als bis zur Grenze. Ist n die Anzahl der Molekelschichten in der Grenzfläche und $(N/V_m)^{\frac{2}{3}}$ die Anzahl der Molekeln in einer Schicht, so gilt

$$n = N_s\left(\frac{N}{V_m}\right)^{-\frac{2}{3}}$$

und

$$n > N^{\frac{1}{3}} V_m^{\frac{2}{3}} L_i^{-1}\left(\gamma - T\frac{d\gamma}{dT}\right).$$

Rechts steht der Minimalausdruck für die Schichtenzahl, der demnach zu berechnen ist. Er beträgt z. B. für Benzol für tiefere Temperaturen 0,2 und nimmt dann in der Nähe der kritischen Temperatur plötzlich bis 1 zu. Setzt man n für tiefere Temperaturen 1, so würde er also in kritischer Nähe etwa 5 betragen. Soviel Molekeln dick wäre hier die Grenzschicht.

VI. Die Messung der Kapillarkonstanten.

43. Überblick über die Meßmethoden. Die Methoden zur Messung der Kapillarkonstanten γ beruhen zum größten Teil darauf, daß geeignete geometrische Merkmale von besonderen Oberflächenbildungen beobachtet werden, aus denen nach den in Abschnitt II dargestellten Grundsätzen γ zu berechnen ist. Die zylindrischen Probleme werden wegen experimenteller Schwierigkeiten hierfür nicht sehr geeignet sein. Höchstens kommt der Aufstieg zwischen zwei parallelen Platten in Betracht (Ziff. 11). Wir erinnern an Gleichung (3a) von Ziff. 11. Setzt man $h' = r$, wo $2r$ die Entfernung der beiden Platten bedeutet, so hat man

$$\gamma = \frac{r z_0 \varrho g}{(1 - \sin\vartheta)}.$$

Der Nenner wird im Falle völliger Benetzung gleich 1.

Wesentlich wichtiger sind die axialsymmetrischen Anordnungen. Am einfachsten ist der Aufstieg in kapillaren Röhren (Ziff. 14). Aus Gleichung (3) in Ziff. 14 haben wir .

$$\gamma = \frac{r_0 z_0 \varrho g}{2\cos\vartheta}.$$

SCHMIDT und STEYER[2]) messen nach diesem Prinzip die zeitliche Änderung der Oberflächenspannung des Wassers. Um die Oberfläche rein zu erhalten, wird sie durch Zersprühen erneuert. Die Anordnung wird folgenderweise getroffen (Abb. 22): a ist ein Windkessel, der aus einer Luftpumpe gespeist wird. Die Luft gelangt durch eine Schwefelsäurewaschflasche b, durch ein Wattefilter c und ein Manometer d, woran der Strömungsdruck gemessen wird, in ein Gehäuse e,

[1]) A. M. WILLIAMS, Manchester Mem. Bd. 68, S. 1. 1923/24.

[2]) F. SCHMIDT u. H. STEYER, Ann. d. Phys. (4) Bd. 79, S. 442. 1926.

dessen Öffnung elektromagnetisch durch eine Blende bewerkstelligt wird. Beim Öffnen des Stromes des Elektromagneten wird das Gehäuse durch eine Federvorrichtung geschlossen. An der Spitze f gelangt der Luftstrom nach außen und zerstäubt die Oberfläche der in der Kapillare g befindlichen Flüssigkeit. In einem bestimmten Augenblick wird der Luftstrom gesperrt und die Zeit t gemessen, während welcher der Meniskus an der Spitze hängen bleibt, bevor er auf den statischen Wert herabsinkt. Dieser Zeit t entspricht jener dynamische Wert von γ, der sich aus der Höhe der Spitze als Steighöhe berechnet. Indem die Spitzenhöhe variiert wird, erhält man verschiedene Zeiten t und kann so die $\gamma - t$ Kurve aufnehmen.

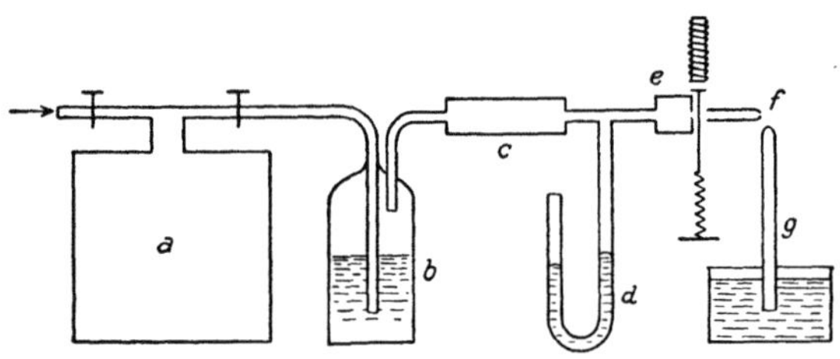

Abb. 22. Apparat zur Messung der zeitlichen Änderung der Oberflächenspannung nach SCHMIDT und STEYER.

KLEINMANN[1]) untersucht mittels einer ähnlichen Anordnung die zeitliche Änderung der Spannung von Kochsalzlösungen.

Da die Bestimmung des Niveaus, von wo aus z_0 zu nehmen ist, gewisse Schwierigkeiten bereitet, so empfiehlt MICHAELIS[2]) für relative Messungen, die am meisten in Betracht kommen, den Gebrauch zweier Röhren (Abb. 23) von den Radien r_0 und r_0', deren Höhendifferenz $\bar{z}_0$ leichter zu bestimmen ist. Man hat (für $\vartheta = 0$)

$$\bar{z}_0 = \alpha\left(\frac{1}{r_0} - \frac{1}{r_0'}\right).$$

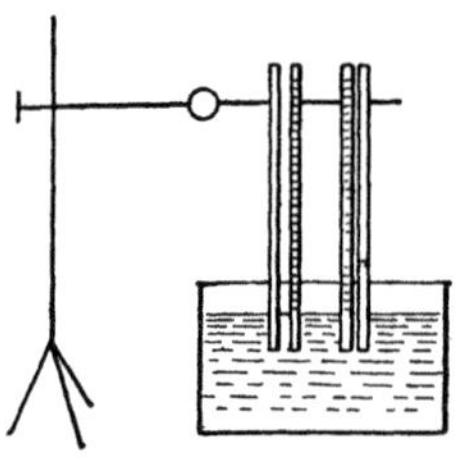
Abb. 23. Relative Bestimmung der Oberflächenspannung nach MICHAELIS.

Die Größen $\bar{z}_0$ verhalten sich bei zwei verschiedenen Flüssigkeiten wie die Oberflächenspannungen.

Nach einer anderen Methode[3]) wird der Druck bestimmt, der erforderlich ist, um das Niveau bis zum unteren Röhrenende herabzudrücken.

Die an ebenen Unterlagen liegenden Tropfen (Ziff. 15) werden auch zur Bestimmung von γ benutzt. Ebenso kann man natürlich eine Gasblase, welche in einer Flüssigkeit der unteren Seite einer wagerechten Platte anliegt, verwenden. Für große Tropfen gilt, wie dort gezeigt,

$$\gamma = \tfrac{1}{2} z_B^2 \varrho g,$$

wo z_B die Entfernung der Kuppe von der Äquatorialebene bezeichnet. Deren Niveau wird auf optischem Wege ermittelt.

Für kleine Tropfen zeigten wir, wie sich das Volumen als Funktion von α, ϑ und λ darstellen ließ, wobei

$$\lambda = \frac{2\alpha}{R_0}$$

und R_0 den Krümmungsradius an der Kuppe bezeichnete. Durch Messung dieses letzteren (ebenfalls auf optischem Wege) läßt sich γ bei Kenntnis des Volums und Randwinkels ermitteln.

Ein Nachteil dieser Methode ist außer den experimentellen Schwierigkeiten die Ungenauigkeit der abgeleiteten Gleichungen. Es wird auch vielfach an ihrer

1) E. KLEINMANN, Ann. d. Phys. (4) Bd. 80, S. 245. 1926.
2) L. MICHAELIS, Prakt. d. physikal. Chemie, S. 62. Berlin: Julius Springer 1921.
3) BARKAT ALI, Proc. Indian Ass. for the Cultiv. of Sc. Bd. 9, S. 155 1925.

Stelle mit den Tabellen von BASHFORTH und ADAMS[1]) gearbeitet, die auf Grund numerischer Integration gewonnen worden sind.

Ein Apparat, der nach dem geschilderten Prinzip arbeitet, ist von STÖCKLE[2]) im Institut von G. MEYER gebaut worden (Abb. 24). Er untersuchte die Oberflächenspannung von Quecksilber im Vakuum. In die Glasglocke *a* mündet die Röhre *b*, welche mit Quecksilber gefüllt ist. Mittels des Tauchers *c* kann an der stählernen konischen Öffnung *d* ein Tropfen herausgepreßt werden. Die Leitung *e* führt zur Pumpe. An der Glasplatte *f* befindet sich eine scharfe Linie, welche mittels des totalreflektierenden Prismas *g* von der Seite beleuchtet wird. Am Mikroskop beobachtet man das Spiegelbild der Linie im Tropfen und stellt scharf darauf ein. Den Taucher verschiebt man so lange, bis die Bildgröße ein Minimum wird. Dann ist die Krümmung des Tropfens an der Kuppe am größten, was dann eintritt, wenn die Randelemente des Tropfens lotrecht stehen. Der Lochdurchmesser gibt in diesem Fall den Durchmesser am Bauche des Tropfens an.

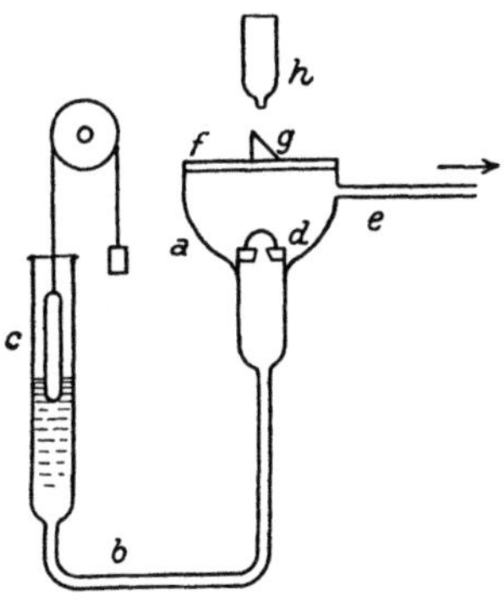

Abb. 24. Spiegelung an liegenden Tropfen nach STÖCKLE.

Die Ausrechnung ist ähnlich wie beim Apparat von GOEBEL[3]) ebenfalls aus dem Institut von G. MEYER. Hier fehlt die Vakuumanordnung, dagegen ist die Quecksilberoberfläche von einem Elektrolyten bedeckt, gegen welches die Grenzspannung gemessen wird.

Für die Berechnung wollen wir insofern Vereinfachungen treffen, als wir von brechenden Medien zwischen Quecksilberkuppe und Mikroskop, also von der Glasplatte bei STÖCKLE, oder vom Elektrolyten bei GOEBEL absehen. Die Verhältnisse sind in Abb. 25 dargestellt. Von dem Endpunkt *P* der Linie *p* in der Platte ausgehend, ist jener Lichtstrahl gezeichnet, der nach Reflexion an der Quecksilberoberfläche bei *A* in das Objektiv *O* fällt. Der Bildpunkt *P'* liegt in der Verlängerung des reflektierten Strahles. Die Entfernung *e* eines scharfgesehenen Bildpunktes vom Objektiv wird vorher ausgemessen. Die Entfernung *s* der Kuppe von der Platte, sowie die Entfernung *f* der Kuppe vom Objektiv werden mit Kathetometer gemessen. Die Länge der Linie *p* ist bekannt, die des Bildes *r* mittels eines Okularmikrometers ermittelt. Nun gelten die drei Gleichungen

$$\operatorname{tg}\gamma = \frac{r}{e}, \qquad x = f \operatorname{tg}\gamma,$$

$$p - x = s \operatorname{tg}(\gamma + 2\varphi).$$

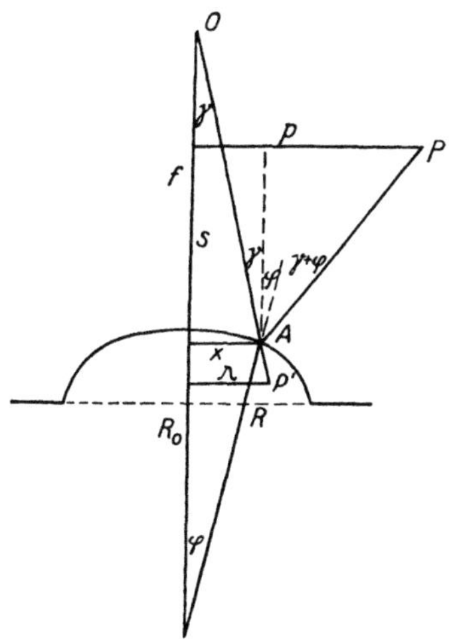

Abb. 25. Schema der Spiegelung an liegenden Tropfen.

Daraus werden x und φ berechnet. φ ist der Winkel des Krümmungsradius in A mit der Achse. Indem x von der Kuppe bis zum Äquator von Null bis R zunimmt,

---

[1]) BASHFORTH u. ADAMS, An attempt to test the theories of capillary action. Cambridge 1883.

[2]) J. STÖCKLE, Dissert. Freiburg 1898.

[3]) A. GOEBEL, Dissert. Freiburg 1913.

nimmt φ von Null bis $\pi/2$ zu; x und φ sind also Koordinaten der Kurvenpunkte. In den Tafeln von BASHFORTH und ADAMS sind die zusammengehörigen Werte von x/R_0 (R_0 = Krümmungsradius an der Kuppe) und φ in Abhängigkeit von $\beta = \varrho g R_0^2/\gamma$ dargestellt. Man sucht aus den Tabellen jenes β heraus, für welches die x/R_0 für φ und $\pi/2$ im Verhältnis von x/R stehen. Dann ist aus x/R_0 auch R_0 gegeben und

$$\gamma = \frac{\varrho g R_0^2}{\beta}.$$

Zu dieser Gruppe ist auch die Methode des Tropfengewichts zu rechnen (Ziff. 16). Wir zeigten, daß mit zunehmendem Krümmungsradius das Volumen durch ein Maximum geht. Dieses Volumen ist daher das Abreißvolumen, welches demnach außer von γ nur von R, dem Mündungsradius der Ausflußröhre, abhängt. LOHNSTEIN[1]) gibt für diese Abhängigkeit den Ausdruck

$$V = \alpha \pi R f\left(\frac{R}{\sqrt{\alpha}}\right)$$

und für die Funktion f eine Tabelle. Für die meisten praktisch in Betracht kommenden Fälle ist $f \backsim 0{,}62$, so daß obige Formel in die von TATE[2]) angegebene

$$V = k \alpha \pi R$$

(k = Konstante) übergeht.

Geht man von der Richtigkeit der TATEschen Gleichung aus, so lassen sich leicht relative Messungen mit dem Stalagmometer von TRAUBE[3]) ausführen, welches bei gegebener Flüssigkeitsmenge die austretende Tropfenzahl der Messung zugrunde legt (Abb. 26).

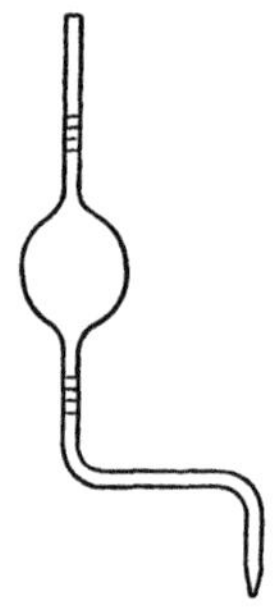

Abb. 26. Stalagmometer nach TRAUBE.

Mittels einer Stoppuhr wird die Zeit gemessen, während welcher der Meniskus von einem der oberen bis zu einem der unteren Teilstriche gelangt. Die Anzahl der währenddessen abgefallenen Tropfen wird gezählt. Die Länge eines Teilstrichintervalls wird für die Korrektur durch vorherige Eichung in Bruchteilen eines Tropfens ausgedrückt.

44. Blasendruck und Adhäsionsplatte. Aus der Gruppe der axialsymmetrischen Methoden seien zwei wegen der häufigen Anwendung noch besonders erwähnt. Die eine ist die des maximalen Druckes in Blasen. In ein Gefäß, welches mit Flüssigkeit gefüllt ist, sei durch eine obere Öffnung (a) Gas hineingepreßt (Abb. 27). *1* bezeichnet den Gasraum, *2* den Flüssigkeitsraum. Die Blase hat in erster Näherung Kugelgestalt. Es gilt an jeder Stelle die Gleichung (3) von Ziff. 7

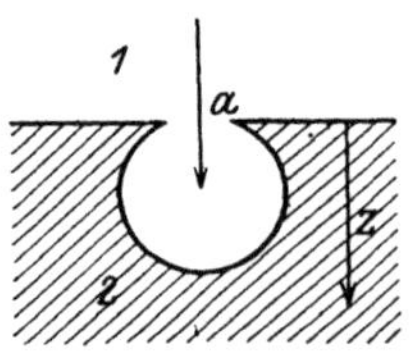

Abb. 27. Schema zur Methode des maximalen Blasendrucks.

$$p = \gamma\left(\frac{1}{R_1} + \frac{1}{R_2}\right) + \varrho g z;$$

p ist der Druck in der Blase, ϱ die Dichte der Flüssigkeit. Da z mit der Höhe variiert, kann die Krümmung nicht streng konstant sein. Ist aber die Blase nicht groß, so ist dieser Umstand zu vernachlässigen und man hat

$$p = \frac{2\gamma}{R}.$$

[1]) T. LOHNSTEIN, Ann. d. Phys. Bd. 22, S. 767. 1907.
[2]) TATE, Phil. Mag. (4) Bd. 27, S. 176. 1864.
[3]) I. TRAUBE, Chem. Ber. Bd. 20, S. 2644. 1887.

Solange die Blase kleiner ist als eine Halbkugel, ist $R > R_0$, falls R_0 der Öffnungsradius. Wird die Blase größer als eine Halbkugel, so ist ebenfalls $R > R_0$; R geht demnach bei R_0 durch ein Minimum und p durch ein Maximum. Ist der Raum 1 mit einem Manometer verbunden, so läßt sich der Maximaldruck ermitteln und man hat

$$\gamma = \frac{p_{\max} R_0}{2}. \tag{1}$$

Wie gesagt, ist die Gleichung nur eine Annäherung. Die genauere Form lautet[1])

$$\gamma = \frac{p_{\max} R_0}{2}\left(1 - \frac{2\varrho g R_0}{3 p_{\max}} - \frac{\varrho^2 g^2 R_0^2}{6 p_{\max}^2}\right).$$

Nach dieser Methode hat JAEGER[2]) eine große Anzahl von Messungen an organischen Flüssigkeiten gegen Stickstoff ausgeführt. Seine Apparatur bestand in der Hauptsache aus folgendem (Abb. 28): *a* ist ein Thermostat, welches das Versuchsgefäß *b* enthält mit der zu untersuchenden Flüssigkeit. Darein taucht die Kapillare *c*, die nach innen scharf abgeschnittene Kanten hat. Die Abdichtung erfolgt bei *d* mittels Quecksilber, da die Kapillare vertikal verschiebbar angeordnet ist. Aus *e* wird das Gas, dessen Überdruck an dem Manometer *f* gemessen werden kann, mittels des Mikrometerhahnes *g* in die Kapillare eingelassen. Das Gas kommt aus dem Gasometer *h*, nachdem es die Waschflasche *i* und die Phosphorpentoxydröhre *j* passiert hat. Die Kapillare wird mittels der Stellschrauben *k* lotrecht gestellt und mittels der Schraube *l* so weit bewegt, bis sie gerade die Flüssigkeitsoberfläche berührt. *g* wird so eingestellt, daß ganz langsame Blasenbildung stattfindet. Die geplatzten Blasen entweichen durch die Chlorkalziumröhre *m*. Der Druck in der Blase während der Vergrößerung wird im Manometer *n* gemessen, dessen weite Schenkel mit Quecksilber und dessen rechtes Kapillarrohr über dem Quecksilber mit Oktan gefüllt wird, um die Ausschläge zu erhöhen. Mit der freien Atmosphäre steht das Manometer durch die Chlorkalziumröhre *o* in Verbindung. Der maximale Druck kann im Laufe der Blasenbildung an dem Meniskus des Oktans abgelesen werden.

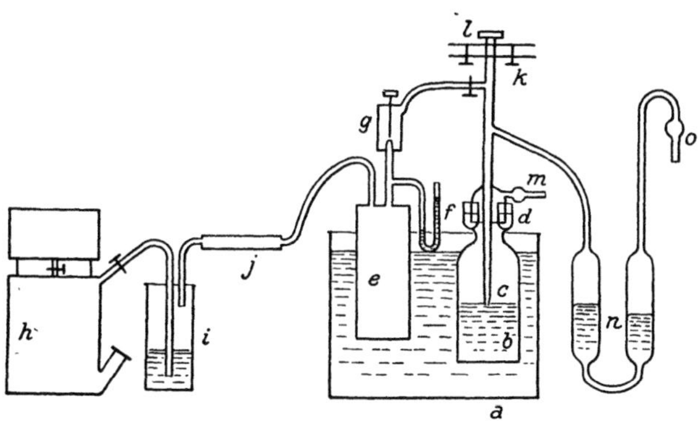

Abb. 28. Apparat gemäß des Blasendruckprinzips nach JAEGER.

Die zweite Methode ist die der Adhäsionsplatten und -ringe (Abb. 29). Bei *e* sei das Flüssigkeitsniveau. Die Platte *P* wird zunächst

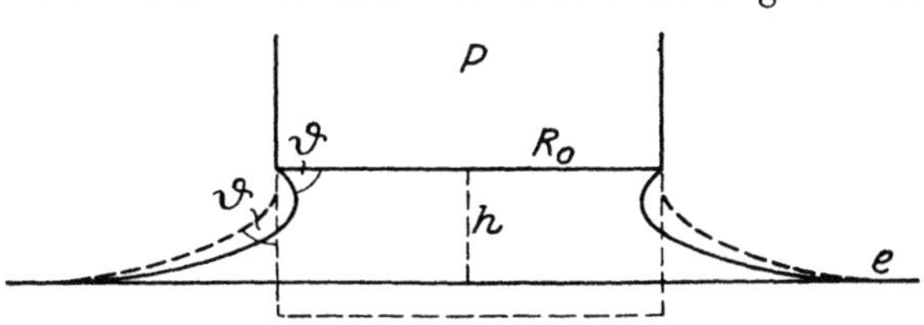

Abb. 29. Schema zur Methode der Adhäsionsplatten.

[1]) SCHRÖDINGER, Ann. d. Phys. Bd. 46, S. 413. 1915.
[2]) F. M. JAEGER, ZS. f. anorg. Chem. Bd. 101, S. 1. 1917.

eingetaucht und dann hochgezogen. P befindet sich an dem einen Ende eines Wagebalkens, an dessen anderem Ende zunehmend Gewichte aufgelegt werden. Die Gewichte müssen das von der Platte hochgehobene Flüssigkeitsgewicht gerade kompensieren. Das Gewicht im Augenblick des Abreißens wird abgelesen.

Das Abreißvolum ist aber theoretisch abzuleiten, wodurch dann γ berechenbar wird. Wir erinnern hierbei an Ziff. 8. Durch die dortige Gleichung (2) ist zwar die Bedingung für das Grenzgleichgewicht gegeben, jedoch nur für den Winkel ϑ. Eine Verschiebung der ganzen Masse längs der Wand unter Beibehaltung des Randwinkels wird dadurch noch nicht verhindert. Dieses Gleichgewicht wird erst unter Berücksichtigung der Differentialgleichung (3) von Ziff. 7 erreicht. Fassen wir nun die ganze Flüssigkeit als starr auf, so verschwinden die inneren Kräfte, und es bleibt nur erstens die von der Wand ausgeübte Kraft übrig, welche mit der Intensität $\gamma\cos\vartheta$ die Masse nach oben zu verschieben sucht, zweitens das Gewicht der ganzen Masse. Daraus folgt die Gleichheit der beiden. Das unterhalb der Platte befindliche Volumen wird hierbei natürlich nicht mitgerechnet; dessen Gewicht ist zu dem seitlich durch die Kapillarkräfte hochgezogenen noch zu addieren. Man hat demnach für das gesamte gehobene Gewicht

$$G = 2\pi R_0 \gamma \cos\vartheta + R_0^2 \pi h \varrho g\,,$$

falls R_0 den Radius der Platte und h die Hubhöhe bezeichnet.

Wenn die Platte groß genug ist, so läßt sich das Problem nach Art der zylindrischen behandeln, wobei dann zwischen h und dem Randwinkel ϑ die Beziehung (2) von Ziff. 10 besteht. Indem man die Platte hochhebt, geht die Oberflächenform von der gestrichelten in die ausgezogene über, wobei es zur Einschnürung kommt. Für diesen Fall lautet die Beziehung

$$h = \sqrt{2\alpha}\cos\frac{\vartheta}{2}\,.$$

Größere Randwinkel als ϑ werden wegen der abgerundeten Kante zwar möglich sein, kleinere jedoch nicht, so daß obige Höhe h die Abreißhöhe angibt, weil bei weiterer Hebung der Randwinkel kleiner werden müßte. Dieser Wert für h ist in G einzusetzen; außerdem statt des cos der sin:

$$G = 2\pi R_0 \gamma \sin\vartheta + R_0^2 \pi \varrho g \sqrt{2\alpha}\cos\frac{\vartheta}{2}$$

oder für benetzende Flüssigkeiten

$$\gamma = \frac{G^2}{4\varrho g \pi^2 R_0^4}\,. \tag{2}$$

Berücksichtigt man, daß die Anordnung axialsymmetrisch ist, so erhält man las zweite Näherung (für $\vartheta = 0$)

$$G = R_0^2 \pi \varrho g \sqrt{2\alpha}\left(1 - \frac{1}{3R_0}\sqrt{\frac{\alpha}{2}}\right).$$

Ähnlich ist die Berechnung, wenn statt der Platte ein Ring verwendet wird. Ist der Ring unendlich schmal, so folgt offenbar

$$\gamma = \frac{G}{4\pi R_0 \cos\vartheta}\,. \tag{3}$$

GALLENKAMP[1]) bestimmt nicht das Abreißgewicht, vielmehr jenes Gewicht, welches ausreicht, um die Säule so weit zu heben, bis die Flächenelemente am Rand der Platte vertikal stehen. Er läßt parallel und horizontal verlaufende

[1]) W. GALLENKAMP, Ann. d. Phys. (4) Bd. 9; S. 475. 1902.

Lichtstrahlen auf den Rand auffallen und betrachtet die reflektierten Strahlen mit einem passend eingestellten Mikroskop. Seine Berechnungen werden in einer Arbeit von LOHNSTEIN[1]) einer Kritik unterzogen.

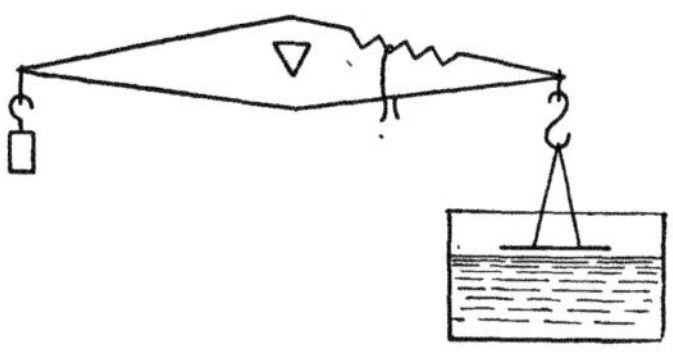

Abb. 30. MOHRsche Wage für die Abreißmethode.

Bestimmt man das Abreißgewicht, so eignet sich hierfür z. B. eine MOHRsche Wage (Abb. 30). Im Augenblick des Abreißens muß der Wagebalken horizontal liegen, was man durch passende Höhe des Gefäßes erreicht. Nach der Ringmethode hat z. B. TIMBERG[2]) gearbeitet.

45. Dynamische Methoden. Endlich werden auch die dynamischen Erscheinungen zur Bestimmung von γ verwendet. Sie zeichnen sich dadurch aus, daß keine feste Phase mit der Flüssigkeit in Berührung ist. Dadurch fällt erstens die Berücksichtigung von ϑ weg, zweitens bleibt die Oberfläche stets rein, was bei der hohen Kapillaraktivität mancher Stoffe von großem Vorteil ist. Außerdem gibt die Methode den dynamischen Wert der Oberflächenspannung an, welcher von dem statischen immer dann abweicht, wenn die Ausbildung der Oberfläche eine gewisse Zeit in Anspruch nimmt, z. B. wegen Adsorption in eiweißhaltigen Lösungen[3]).

Die Methode der schwingenden Tropfen besteht darin, daß Tropfen, die aus einer Kapillare herabfallen, im ersten Augenblick ellipsoidisch verformt sind, so daß sie im Herabfallen gemäß Ziff. 14 um die Kugelgestalt schwingen werden. Durch ein photographisches Verfahren läßt sich die Schwingungszahl ν messen. Man hat dann

$$\gamma = \frac{\nu^2 \pi^2 \varrho R_0^3}{2},$$

wo R_0 der Radius des Tropfens ist, der sich aus seinem Gewicht ermitteln läßt.

Diese Methode ist zuerst von LENARD[4]) ausgearbeitet worden. Er ließ Tropfen aus einer Röhrenmündung herabfallen und bestimmte die Schwingungsdauer mittels einer optischen Reflexionsmethode.

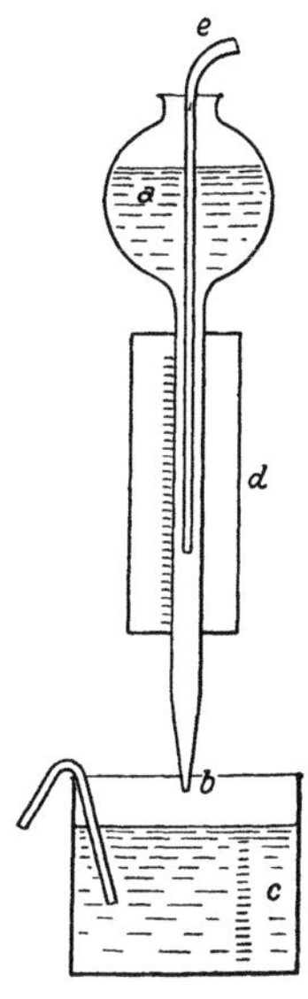

Abb. 31. Apparat für schwingende Tropfen nach KUTTER.

Wesentlich einfacher ist die von KUTTER[5]) beschriebene Methode (Abb. 31). Aus dem Behälter *a* tropft die Flüssigkeit durch die Kapillare *b* in ein Becherglas *c*, aus dem sie mittels eines Hebers abfließt. Die in die Flüssigkeit hereinfallenden Tropfen bilden, wie THOMSON[6]) beobachtete, Wirbelringe, die umso tiefer in die Flüssigkeit eindringen, je größer die vertikale Rotationsachse des Ellipsoids ist. Die Einfalltiefe ändert sich also periodisch mit zunehmender Entfernung der Kapillare *b* vom Flüssigkeitsspiegel. Diese Entfernung wird variiert, indem man das Gefäß *a* in der graduierten Röhre *d* beweglich macht. Das Becherglas ist auch graduiert, so daß die Einfalltiefe in Abhängigkeit von der Fallhöhe ge-

---

[1]) T. LOHNSTEIN, Ann. d. Phys. (4) Bd. 25, S. 807. 1908.
[2]) G. TIMBERG, Wied. Ann. Bd. 30, S. 545. 1887.
[3]) P. L. DU NOÜY, Phil. Mag. (6) Bd. 48, S. 264. 1924.
[4]) P. LENARD, Wied. Ann. Bd. 30, S. 209. 1887.
[5]) V. KUTTER, Phys. ZS. Bd. 17, S. 573. 1916.
[6]) J. J. THOMSON, Proc. Roy. Soc. London Bd. 39, S. 417. 1885.

messen werden kann. Damit läßt sich aus der Kenntnis der Fallgeschwindigkeit die Schwingungsperiode berechnen. Ein verschiebbarer Glasfaden *e* reguliert durch Änderung der Reibung die Tropfgeschwindigkeit.

Um die Wirbelringe gut sichtbar zu machen, wird jeweils eine besondere Indikatorflüssigkeit verwendet. So dient z. B. für reines Wasser oder Lösungen von Neutralsalzen als Indikator eine angesäuerte Antimonchloridlösung. Es bildet sich mit Wasser ein weißer Niederschlag von Antimonoxychlorid, welcher dann in der Säure gelöst wird.

Ferner werden die Oberflächenwellen verwendet (Ziff. 20). Mittels einer Stimmgabel wird von einem Punkte aus eine bestimmte Frequenz ν auf eine Fläche aufgedrückt; die Wellen, die sich kreisförmig ausbreiten, werden mikroskopisch photographiert. Es ist dann

$$\gamma = \frac{\varrho \lambda^3 \nu^2}{2\pi},$$

wo λ die gemessene Wellenlänge. Bei kleineren Frequenzen ist auch die Schwere zu berücksichtigen, nach der Formel

$$\gamma = \frac{\varrho \lambda^3 \nu^2}{2\pi} - \frac{g \lambda^2 \varrho}{4\pi^2}.$$

Die Wellenmethode wurde unter anderem von GRUNMACH[1]) zu seinen Messungen verwendet. Die Hauptschwierigkeit besteht in der genauen Messung der Wellenlänge. GRUNMACH erzeugt die Wellen (Abb. 32) mittels zweier Stimm-

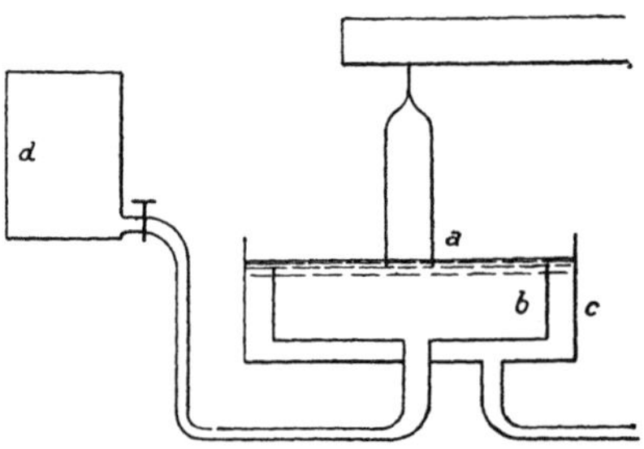

Abb. 32. Erzeugung von Oberflächenwellen nach GRUNMACH.

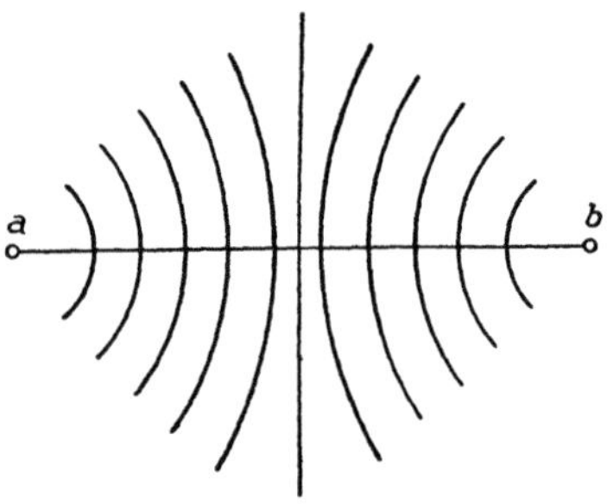

Abb. 33. Oberflächenwellen nach GRUNMACH.

gabelspitzen *a*, welche die Flüssigkeitsoberfläche berühren. Da es auf Reinheit der Oberfläche besonders ankommt, so befindet sich sein Gefäß *b* in einem größeren *c*; die von *d* einströmende Flüssigkeit hebt sich bis zum oberen Rande von *a* und fließt dann in *c* ab. Durch diese Art wird erreicht, daß die Oberfläche stets erneuert wird. Die beiden Gefäße sind praktisch auch durch zwei ineinanderpassende Trichter herzustellen.

Die beiden Stimmgabelspitzen erzeugen durch Interferenz stehende Wellen, so daß das Bild der Oberfläche (Abb. 33) — da stationär — ohne weiteres betrachtet werden kann. *a* und *b* sind die Erregerzentren und zwischen ihnen sieht man in der angedeuteten Weise die Interferenzlinien als Hyperbeln. Mittels eines Mikroskopes wird die Entfernung zweier Linien, also die Wellenlänge, gemessen. Da die Frequenz der Stimmgabeln vorher bestimmt wird, sind alle Daten zur Berechnung von γ bekannt.

Eine andere Abart der Kapillarwellenmethode besteht darin, daß man fortschreitende Wellen erzeugt, sie aber stroboskopisch beobachtet. Das auf diese

[1]) L. GRUNMACH, Ann. d. Phys. (4) Bd. 9, S. 1261. 1902.

Weise künstlich stationär gemachte Bild der Oberfläche eignet sich dann gut zur Messung oder Photographie. So dreht sich z. B. bei der Anordnung von GANAPATI SUBRAMANYAM[1]) mittels eines Synchronmotors gleichzeitig mit der Bewegung der elektromagnetisch betriebenen Stimmgabel eine stroboskopische Scheibe.

Eine andere Methode ebenfalls an fortschreitenden Wellen beschreiben GHOSH, BANERJI und DATTA[2]) (s. die perspektivische Abb. 34): *a* ist eine elektromagnetisch mittels der Spule *b* betriebene Stimmgabel, an der die Schneide *c* befestigt ist, welche die Oberfläche der Flüssigkeit berührt und die Wellen in der angedeuteten Richtung erzeugt. Ein durch eine Linse parallel gemachter Lichtstrahl fällt in der Richtung des Pfeiles *d* schräg auf die Flüssigkeit und wird in Richtung von *e* in eine photographische Kammer reflektiert. Unterwegs passiert der Strahl den ebenfalls an die Stimmgabel befestigten Aluminiumrahmen *f*, in welchem zwei wagerechte Stahldrähte eingespannt sind. Die Bewegung der Drähte und die der Wellen ist somit zwangsläufig synchron. Auf der photographischen Platte sieht man daher die Schatten der Drähte in Form von sinusförmigen Kurven, welche die Wellenlänge bequem auszumessen gestatten.

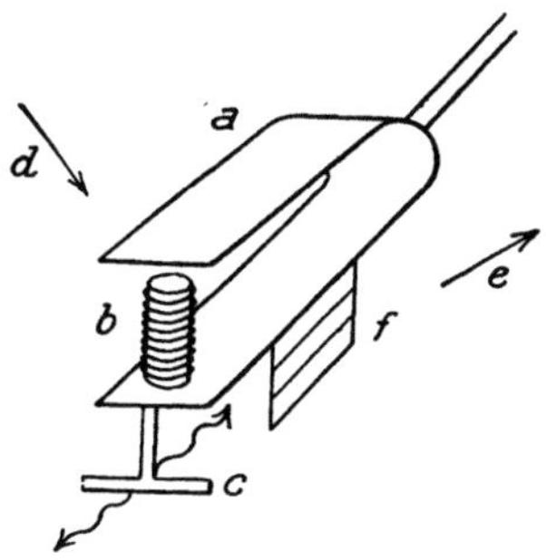

Abb. 34. Apparat für fortschreitende Wellen nach GHOSH, BANERJI und DATTA.

Endlich werden die Flüssigkeitsstrahlen herangezogen (Ziff. 21). Die Abstände der Knoten werden photographisch ermittelt, ν läßt sich bei bekannter Ausflußgeschwindigkeit v, daraus errechnen. Diese Geschwindigkeit beträgt nach TORICELLI $\sqrt{2gh}$, wo h die Niveauhöhe über die Mündung ist. Für schwach elliptische Öffnungen hat man dann

$$\gamma = \frac{2\pi^2 \varrho R_0^3 v^2}{3\lambda^2},$$

wo R_0 den mittleren Radius der Mündung bezeichnet.

MEYER[3]) hat nach dieser Methode die Grenzflächenspannung von Quecksilber gegen verschiedene Gase bestimmt. Er benutzte dazu folgenden Apparat (Abb. 35): bei *a* war ein Stahlrohr an die Glasröhre angebracht, an dessen unterem Ende eine Membran mit einer elliptischen Öffnung sich befand. Aus dieser Öffnung floß das in der *U*-Röhre *b* befindliche Quecksilber heraus in das Gefäß *c*, wobei es unterhalb von *a* einen schwingenden Strahl bildete. Bei *d* konnte der Apparat an die Pumpe angeschlossen werden. Danach wurde er mit dem gewünschten Gase gefüllt. Der äußere Meniskus des Quecksilbers war bei *e*. Dann befand sich der Quecksilberstrahl unter dem Überdruck $e - a$, von welchem seine Ausflußgeschwindigkeit abhängt. Der Strahl wurde mit einem Mikroskop beobachtet und der Abstand zweier Ein-

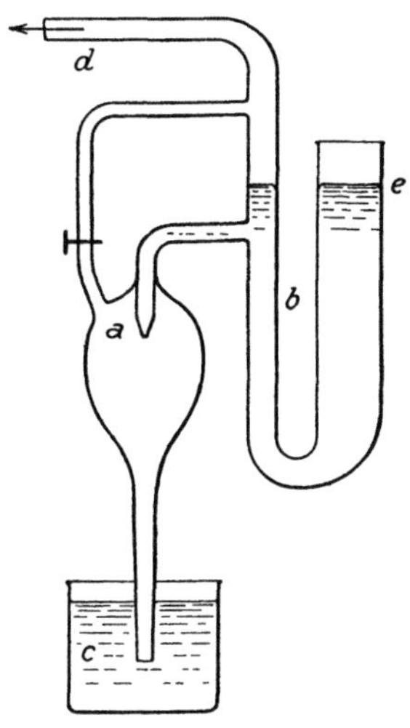

Abb. 35. Apparat für Strahlen von Quecksilber nach G. MEYER.

[1]) S. GANAPATI SUBRAMANYAM, Phys. Rev. (2) Bd. 27. S. 632, 1926.
[2]) P. GHOSH, D. BANERJI u. S. DATTA, Phil. Mag. (7) Bd. 1, S. 1252. 1926.
[3]) G. MEYER, Wied. Ann. Bd. 66, S. 523. 1898.

schnürungen mittels Okularmikrometers gemessen. Bezeichnet p den Überdruck, λ die Wellenlänge und beziehen sich die gestrichenen Größen auf ein bestimmtes Gas und die ungestrichenen auf Vakuum, so folgt

$$\gamma' = \gamma \frac{p'}{p} \left(\frac{\lambda}{\lambda'}\right)^2.$$

Aus der anderweitigen Kenntnis von γ läßt sich jedes γ' berechnen.

Eine ähnliche Anordnung benutzt SCHMIDT[1]) (Abb. 36). Er untersuchte die Grenzflächenspannung von verschiedenen Amalgamen. Das Quecksilber befand sich in a, wohin es durch b mittels Destillation gelangte. An c war die Pumpe angeschlossen. Fremde Metallzusätze sind auch durch b hereingebracht worden. Dann führte man das Amalgam durch Kippen des Apparates durch die Röhre d in den Raum e hinüber. Von da aus floß es durch die elliptische Mündung f heraus. Im Augenblick, wo der Meniskus die Marke g erreichte, ist eine Momentaufnahme des Strahles verfertigt worden. Die Zeitpunkte des Meniskusstandes in g und h wurden mittels Stoppuhr gemessen, ihre Differenz sei t. Beziehen sich die gestrichenen Größen auf ein Amalgam, die ungestrichenen Größen auf reines Quecksilber, so gilt wiederum

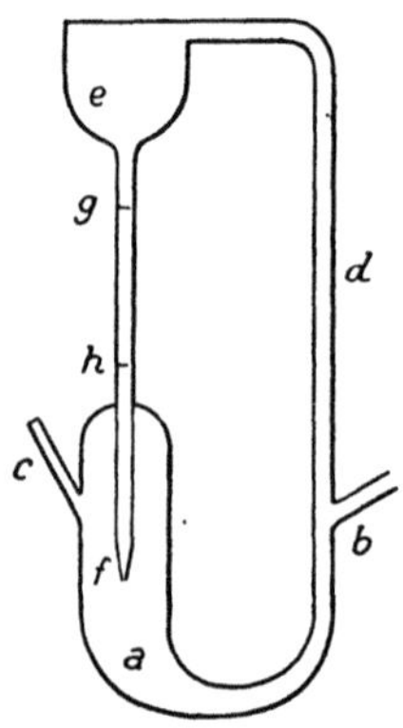

Abb. 36. Apparat für Strahlen von Amalgamen nach SCHMIDT.

$$\gamma' = \gamma \frac{\varrho' t^2}{\varrho t'^2} \left(\frac{\lambda}{\lambda'}\right)^2.$$

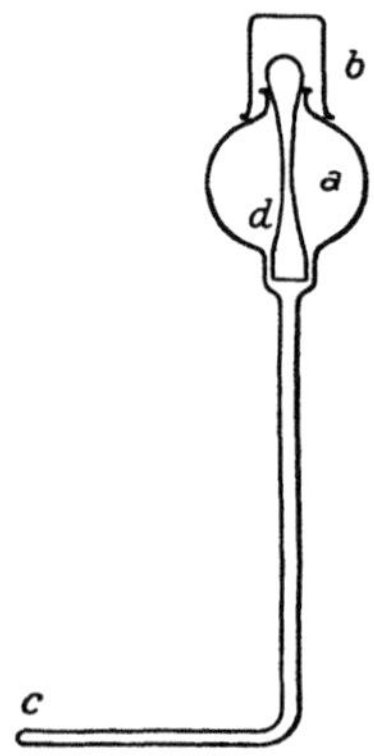

Abb. 37. Apparat für Strahlen von Salzlösungen nach STOCKER.

Auch andere Flüssigkeiten lassen sich nach dieser Methode untersuchen. So benutzt sie STOCKER[2]) zur Untersuchung wäßriger Salzlösungen (Abb. 37). Der Strahl fließt aus dem Behälter a, der mit dem Becherglas b bedeckt ist, aus der Kapillare c in horizontaler Richtung heraus. Die Mündung bestand aus dem elliptischen Querschnitt einer Thermometerröhre. Der Fluß kann durch den gläsernen Stöpsel d unterbrochen werden. Die genaue Druckhöhe wird unter seitlicher Beleuchtung von a eingestellt und dann der Strahl bei c photographiert. Die Ausflußgeschwindigkeit wird aus dem in der Zeiteinheit ausfließenden Volumen m und dem mittleren Strahlenhalbmesser r nach der Formel

$$v = \frac{m}{r^2 \pi}$$

berechnet.

[1]) F. SCHMIDT, Dissert. Freiburg 1911.
[2]) H. STOCKER, Dissert. Freiburg 1914.

Sachverzeichnis.